AF549665

SAP® BW/4HANA

SAP PRESS ist eine gemeinschaftliche Initiative von SAP SE und der Rheinwerk Verlag GmbH. Unser Ziel ist es, Ihnen als Anwendern qualifiziertes SAP-Wissen zur Verfügung zu stellen. SAP PRESS vereint das Know-how der SAP und die verlegerische Kompetenz von Rheinwerk. Die Bücher bieten Ihnen Expertenwissen zu technischen wie auch zu betriebswirtschaftlichen SAP-Themen.

Damit Sie nach weiteren Titeln Ihres Interessengebiets nicht lange suchen müssen, haben wir eine kleine Auswahl zusammengestellt.

Marlene Knigge, Ruth Heselhaus

# SAP® BW/4HANA

Das umfassende Handbuch

# Liebe Leserin, lieber Leser,

vielen Dank, dass Sie sich für ein Buch von SAP PRESS entschieden haben.

»Daten sind das Öl des 21. Jahrhunderts.« Auch wenn dieser Satz mittlerweile wie eine Plattitüde klingt, die in jedem Text über Data Warehousing mindestens einmal fallen muss, so ist der Kern der Aussage nicht weniger wahr. Und genau wie Öl müssen Daten gereinigt, aufbereitet und fachgerecht gelagert werden, um ihren vollen Wert für ein Unternehmen zu entfalten. Mit SAP BW/4HANA nutzen Sie die Performancevorteile der In-Memory-Datenbank SAP HANA voll aus, um Ihre Geschäftsdaten zu verwalten und zu analysieren.

Die Autorinnen Marlene Knigge und Ruth Heselhaus stellen Ihnen in diesem Buch alle wichtigen Funktionen von SAP BW/4HANA 2.0 ausführlich vor. Der Schwerpunkt liegt dabei auf den Neuerungen gegenüber dem klassischen SAP BW. Von der Einrichtung der Modellierungswerkzeuge über die Datenbeschaffung bis hin zur Datenmodellierung und dem Einsatz verschiedener Frontend-Tools erfahren Sie Schritt für Schritt und anhand zahlreicher Screenshots, welche Möglichkeiten Ihnen die Lösung bietet. Zusätzlich haben Sie die Möglichkeit, die Datenmodellierung anhand eines Praxisbeispiels noch einmal konkret nachzuvollziehen.

Wir freuen uns stets über Lob, aber auch über kritische Anmerkungen, die uns helfen, unsere Bücher zu verbessern. Scheuen Sie sich nicht, sich bei mir zu melden; Ihr Feedback ist jederzeit willkommen.

**Ihre Simone Bechtold**
Lektorat SAP PRESS

simone.bechtold@rheinwerk-verlag.de
www.rheinwerk-verlag.de
Rheinwerk Verlag · Rheinwerkallee 4 · 53227 Bonn

# Auf einen Blick

Wir hoffen, dass Sie Freude an diesem Buch haben und sich Ihre Erwartungen erfüllen. Ihre Anregungen und Kommentare sind uns jederzeit willkommen. Bitte bewerten Sie doch das Buch auf unserer Website unter **www.rheinwerk-verlag.de/feedback**.

An diesem Buch haben viele mitgewirkt, insbesondere:

**Lektorat** Simone Bechtold, Eva Tripp
**Korrektorat** Petra Biedermann, Reken
**Herstellung** Denis Schaal
**Typografie und Layout** Vera Brauner
**Einbandgestaltung** Silke Braun
**Coverbild** Shutterstock: iStock: 629668612 © MATJAZ SLANIC
**Satz** III-Satz, Husby
**Druck** Beltz Grafische Betriebe, Bad Langensalza

Dieses Buch wurde gesetzt aus der TheAntiquaB (9,35/13,7 pt) in FrameMaker. Gedruckt wurde es auf chlorfrei gebleichtem Offsetpapier (90 g/m²). Hergestellt in Deutschland.



Bibliografische Information der Deutschen Nationalbibliothek:
Die Deutsche Nationalbibliothek verzeichnet diese Publikation in der Deutschen Nationalbibliografie; detaillierte bibliografische Daten sind im Internet über *http://dnb.dnb.de* abrufbar.

**ISBN 978-3-8362-7854-6**

1. Auflage 2021


Informationen zu unserem Verlag und Kontaktmöglichkeiten finden Sie auf unserer Verlagswebsite **www.rheinwerk-verlag.de**. Dort können Sie sich auch umfassend über unser aktuelles Programm informieren und unsere Bücher und E-Books bestellen.

# Inhalt

## 5 Grundlegende Modellierungsobjekte: Datenhaltung 143

# Einleitung

Seit dem Jahr 2016 ist *SAP BW/4HANA* als Nachfolger von *SAP Business Warehouse* (*SAP BW*) *7.5* auf dem Markt. Anders als bei den vorhergehenden Releases von SAP BW handelt es sich bei SAP BW/4HANA nicht nur um eine neue Version von SAP BW, sondern um eine neu konzipierte Anwendung. SAP BW/4HANA ist in Teilen neu implementiert worden und weist im Vergleich zum »klassischen« SAP BW eine Reihe von fundamentalen technischen Unterschieden auf. In diesem Buch verwenden wir den Begriff *klassisches SAP BW* für die Vorgängerversionen SAP BW 7.5 und früher.

**SAP HANA und Code-Pushdown**

SAP BW/4HANA baut auf der In-Memory-Datenbank *SAP HANA* auf. Dabei nutzt SAP BW/4HANA die SAP HANA jedoch nicht nur als Datenbank. Für bestimmte Rechenoperationen, die besonders gut durch SAP HANA unterstützt werden, findet ein sogenannter *Code-Pushdown* statt. Das bedeutet, dass diese Operationen nicht mehr auf dem SAP BW/HANA-Applikationsserver, sondern auf der darunterliegenden, leistungsstarken SAP-HANA-Datenbank ausgeführt werden. Auf diesem Wege können die Fähigkeiten von SAP HANA voll ausgenutzt werden, während zugleich der Datentransfer zwischen SAP-HANA-Datenbank und SAP-BW/4HANA-Applikationsserver minimiert wird. Beides führt zu einer deutlich verbesserten Performance bei vielen Data-Warehouse-typischen Operationen wie z. B. Aggregationen.

**LSA**

Dieser Paradigmenwechsel bietet noch weitere neue Möglichkeiten: Unter anderem lassen sich neue Architekturkonzepte umsetzen. So bietet SAP HANA eine hohe Performance bei der Datenbereitstellung, z. B. bei feingranularen Daten und hohem Datenvolumen, aber auch beim Aggregationsverhalten. Dies erlaubt eine Vereinfachung der von SAP als Referenzmodell für eine Schichtenarchitektur im Business Warehouse vorgeschlagenen Layered Scalable Architecture (LSA).

**LSA++**

Das weiterentwickelte Referenzmodell für die Datenarchitektur in SAP BW/4HANA, die Layered Scalable Architecture ++, vermeidet eine beispielsweise durch vorberechnete Aggregationen bedingte redundante Datenhaltung, indem die Aggregationen und andere Funktionen nun zur Laufzeit ohne die persistente Speicherung von Zwischenergebnissen berechnet werden können.

Für SAP BW-EntwicklerInnen und -Entwickler bedeutet der Wechsel auf SAP BW/4HANA einen größeren Einschnitt als frühere Releasewechsel. Sie müssen sich mit den neuen und geänderten Funktionen und Architekturkonzepten auseinandersetzen und sich von einigen bekannten Objekten wie den InfoCubes und MultiProvidern verabschieden. Mit diesem Buch möchten wir sowohl neue SAP-BW-Entwicklerinnen und -Entwickler unterstützen als auch solche, die aus der klassischen SAP-BW-Welt umsteigen.

**SAP BW/4HANA 2.0**

SAP BW/4HANA wird von SAP laufend weiterentwickelt und um neue Funktionen ergänzt. Seit 2019 ist das Release SAP BW/4HANA 2.0 verfügbar. In diesem Buch beschäftigen wir uns mit den Funktionen, die SAP BW/4HANA 2.0 bietet. Beim Schreiben stand uns ein SAP BW/4HANA 2.0 SP07 zur Verfügung.

## Zielgruppe dieses Buches

Dieses Buch richtet sich an In-House-Betreuerinnen von SAP-BW-Systemen sowie an externe Berater, die vom klassischen SAP BW auf SAP BW/4HANA 2.0 umsteigen möchten. Wir erläutern neue Konzepte und Modellierungsobjekte sowie ihre Verwendung. Für Modellierungsobjekte aus dem klassischen SAP BW, die in SAP BW/4HANA 2.0 nicht mehr genutzt werden, erläutern wir, wie die entsprechenden Funktionen in der neuen Welt abgebildet werden.

Darüber hinaus adressiert dieses Buch auch angehende In-House-Betreuer und externe Beraterinnen ohne SAP-BW-Erfahrung, die sich neu in SAP BW/4HANA 2.0 einarbeiten möchten. Daher stellen wir in Kapitel 5, »Grundlegende Modellierungsobjekte: Datenhaltung«, Kapitel 6, »Grundlegende Modellierungsobjekte: Datentransformation und -präsentation«, und Kapitel 7, »Komplexere Modellierungsobjekte«, alle wichtigen Modellierungsobjekte vor und beschreiben das Anlegen und Verwalten. Neueinsteiger und Neueinsteigerinnen können Absätze mit Vergleichen zwischen SAP BW und SAP BW/4HANA 2.0 getrost überspringen – diese sollen Umsteigerinnen und Umsteigern zur Orientierung dienen.

## Aufbau dieses Buches

Dieses Buch umfasst 13 Kapitel. Die ersten vier Kapitel beschäftigen sich mit dem Einsatzzweck von SAP BW/4HANA 2.0 und einer allgemeinen Einführung inklusive der Installation und Einrichtung der Modellierungswerkzeuge, die SAP-BW-Beraterinnen und -Berater häufig selbstständig durchführen müssen. Es folgt die Einführung in die Architektur von in SAP BW/4HANA 2.0 zu implementierenden Anwendungen. Wir bezeichnen diese im Verlauf dieses Buches als *SAP-BW-Anwendungen*. In den nächsten drei Kapiteln stellen wir alle wesentlichen Modellierungsobjekte in SAP BW/4HANA 2.0 vor, bevor wir in den darauffolgenden zwei Kapiteln die Beschaffung von Daten und die Datenflussmodellierung auf Grundlage der zuvor erworbenen Kenntnisse beschreiben. Bis hierhin bauen die Kapitel des Buches somit aufeinander auf.

Im zehnten Kapitel stellen wir weit verbreitete Frontend-Tools für SAP BW/4HANA vor, bevor wir in Kapitel 11 auf den Betrieb der SAP-BW-Anwendungen eingehen. Es folgt ein Überblick über die Implementierung von Planungsfunktionen in SAP BW/4HANA 2.0, wonch wir mit einem Ausblick das Buch abschließen. Der Anhang enthält ein praktisches Beispiel zur Veranschaulichung der Implementierung der wichtigsten Modellierungsobjekte zum Nachbauen in Ihrem eigenen System.

Zur besseren Orientierung bieten wir im Folgenden zu jedem Kapitel eine kurze Inhaltsangabe.

**Business Intelligence mit SAP**

**Kapitel 1, »Entwicklungsgeschichte und Einsatzgebiete von SAP BW/SAP BW/4HANA 2.0«,** beginnt für alle, die sich einen größeren Überblick zur Einordnung des Themas Business Intelligence (BI) verschaffen möchten, mit einer allgemeinen Einführung in das Thema BI mit SAP von den Anfängen bis zu einem Blick in die Zukunft. Dabei gehen wir auf die historische Entwicklung von SAP BW sowie die Möglichkeiten, die SAP BW/4HANA 2.0 in der aktuellen Version bietet, ein.

[«]

**Einsatz verschiedener SAP-BW-Versionen in Unternehmen**

In vielen Unternehmen sind auch heute noch ältere Versionen von SAP BW im Einsatz. Diese werden in Teilen noch viele Jahre weiter genutzt werden, bevor die letzten Systeme auf SAP BW/4HANA 2.0 – oder Drittsysteme – migriert werden.

**Technische Grundlagen**

In **Kapitel 2, »Einführung in SAP BW/4HANA 2.0«,** stellen wir Ihnen grundlegende Konzepte von SAP BW/4HANA 2.0 vor. Dazu gehören die Unterschiede zwischen Online Transaction Processing (OLTP) und Online Analytical Processing (OLAP) sowie eine Einführung in das In-Memory-Computing im Allgemeinen und eine Vorstellung der Appliance SAP HANA im Speziellen. Anschließend werfen wir einen Blick auf die Entwicklungs- und Administrationsumgebungen, die bei der Arbeit mit SAP BW/4HANA genutzt werden: das SAP HANA Studio sowie das SAP BW/4HANA Web Cockpit.

Anschließend geben wir einen kurzen Überblick über die Einführung von SAP BW/4HANA 2.0. Insbesondere der Umstieg von einem klassischen SAP BW auf eine relationale Datenbank auf SAP BW/4HANA 2.0 geht aufgrund des eingangs erwähnten Paradigmenwechsels mit größerem Aufwand als ein Releasewechsel in SAP BW einher. In jedem Fall sind für einen Umstieg das Aufsetzen eines Projektes und eine sorgfältige Planung notwendig. Nicht alle Objekte, die in SAP BW genutzt wurden, lassen sich deckungsgleich in ein SAP-BW/4HANA-2.0-System migrieren. Dieses Buch bietet dabei einen groben Überblick über die Einführungs- und Migrationsszenarien, während der Schwerpunkt dieses Buches auf der Modellierung von SAP-BW-Anwendungen in SAP BW/4HANA 2.0 liegt. Abschließend gehen wir in diesem Kapitel auf SAP-BW/4HANA-2.0-Cloud-Szenarien ein.

**Modellierungswerkzeuge**

In **Kapitel 3, »Installation und Einrichtung der Modellierungs- und Administrationswerkzeuge für SAP BW/4HANA 2.0«**, stellen wir die Installation und Einrichtung sowie grundlegende Funktionen der Modellierungswerkzeuge vor, die Sie bei der Entwicklung in SAP BW benötigen. Diese Werkzeuge müssen in der Praxis häufig von externen SAP-BW-Beraterinnen und -Beratern selbst für die Arbeit in Unternehmen auf dem Entwicklungsrechner installiert und eingerichtet werden.

**Datenarchitektur: LSA und LSA++**

**Kapitel 4, »Datenarchitektur in SAP BW/4HANA 2.0«**, befasst sich mit der Schichtenarchitektur, die der Speicherung und Verarbeitung von Daten in SAP-BW-Anwendungen zugrunde liegen sollte. Wir geben einen Überblick über die Entwicklung von der klassischen Referenzarchitektur LSA zur LSA++ sowie Empfehlungen zur Ableitung moderner, unternehmensspezifischer SAP-BW-Architekturen. Ziel ist die Einordnung, in welchen Schichten zukünftig datenpersistierende und virtuelle Modellierungsobjekte sowie logische Regeln implementiert werden, insbesondere dann, wenn eine Schicht aus der LSA nicht mehr in der gewohnten Form in der LSA++ vorhanden ist.

**Modellierungsobjekte für die Datenhaltung**

In **Kapitel 5, »Grundlegende Modellierungsobjekte: Datenhaltung«**, führen wir detailliert die grundlegenden Modellierungsobjekte ein, die für die persistente Datenhaltung in SAP BW/4HANA 2.0 genutzt werden. Das reicht von den strukturierenden InfoAreas und Anwendungskomponenten über Quellsysteme und DataSources bis hin zu InfoObjects für Kennzahlen, Merkmale, Einheiten und die Zeit sowie den neuen advanced DataStore-Objekte (aDSOs). Dabei erläutern wir jeweils typische Verwendungszwecke, das Vorgehen bei der Implementierung sowie die grundlegende Administration der Objekte an praktischen Beispielen. In diesem Zuge gehen wir darauf ein, wo Modellierungsobjekte aus der klassischen SAP-BW-Welt nicht mehr verwendet werden sollen oder können – und wie die entsprechenden Szenarien heute abgebildet werden.

**Modellierungsobjekte für Datentransformationen und -präsentation**

Im nächsten Schritt stellen wir in **Kapitel 6, »Grundlegende Modellierungsobjekte: Datentransformation und -präsentation«**, die Modellierungsobjekte für den Transfer der Daten zwischen den einzelnen Datenhaltungsobjekten vor: Transformationen und Datentransferprozesse (DTPs).

Sie lernen die Objekte kennen, die die Schnittstelle zur Präsentation der Daten im Frontend bieten: CompositeProvider (CP) und Queries. Bis hierher haben Sie alle Objekte zum Aufbau einfacher Datenflüsse kennengelernt.

Erweiterte Modellierungsobjekte und Experteneinstellungen

In **Kapitel 7, »Komplexere Modellierungsobjekte«,** stellen wir Ihnen weitere Modellierungsobjekte und Experteneinstellungen vor, die Sie für den Aufbau komplexerer Datenflüsse benötigen: Open-Operational-Data-Store-Views (Open ODS Views), Datenflüsse, InfoSources sowie Start-, End- und Expertenroutinen, die zur Implementierung von komplexer Logik in Transformationen genutzt werden können.

Datenbeschaffung, Quellsystemanbindung

In **Kapitel 8, »Datenbeschaffung«,** stellen wir Ihnen die Technologien zur Anbindung von Quellsystemen an Ihr SAP-BW/4HANA-2.0-System vor. Wir listen die wichtigsten Datenquellen wie die SAP Business Suite 4 SAP HANA (SAP S/4HANA) sowie das Vorgängersystem SAP ERP, SAP Business ByDesign, Nicht-SAP-Systeme und Flat Files auf und erläutern, wie Sie sie als Quellen in SAP BW/4HANA 2.0 verfügbar machen können.

Datenmodellierung, Skalierung und Data Aging

In **Kapitel 9, »Datenflussmodellierung und Datenverwaltung«,** befassen wir uns mit der Modellierung von Datenflüssen unter Verwendung der zuvor vorgestellten Modellierungsobjekte. Wir stellen die Modellierung von Datenflüssen unter Nutzung von Datenflussobjekten vor.

Wir erläutern, wie Sie über die Open Hub Destination Daten aus SAP BW/4HANA 2.0 für die Verwendung in nachgelagerten Anwendungen verfügbar machen können.

Anschließend befassen wir uns mit dem Konzept des Data Agings. Über dieses können Daten, auf die häufiger zugegriffen wird (*Hot Data*), im Arbeitsspeicher abgelegt und weniger häufig benötigte Daten (*Warm Data* und *Cold Data*) in günstigeren Speicherbereichen gespeichert werden.

Abschließend erläutern wir das Löschen von Daten aus SAP BW/4HANA 2.0.

Frontend-Tools

In **Kapitel 10, »Frontend-Tools«,** geben wir Ihnen einen Überblick über die aktuell gängigen Frontend-Tools für SAP BW/4HANA 2.0. Dazu gehören SAP Lumira 2.x für Dashboard-Anwendungen und SAP Analysis for Microsoft Office für die Integration von BW-Daten in Microsoft Excel oder Microsoft PowerPoint. Wir stellen die SAP Analytics Cloud als Cloud-Frontend-Tool vor und gehen am Beispiel von Tableau auf die Möglichkeit ein, mit externen Frontend-Tools auf SAP-BW/4HANA-2.0-Daten zuzugreifen.

Prozessketten, Sicherheit, Transportwesen und BW Workspaces

In **Kapitel 11, »Betrieb und Administration«,** stellen wir die Automatisierung der Beladung von SAP BW Anwendungen über Prozessketten vor. Wir gehen auf die sicherheitsrelevanten Themen Berechtigungen und die Unterstützung des Datenschutzes durch die Data Protection Workbench ein.

Die Übertragung von Änderungen am SAP-BW/4HANA-2.0-System vom Entwicklungs- ins Test- und ins Produktivsystem wird über Transporte abgebildet. Wir stellen das Transportwesen vor, bevor wir die Administration von BW Workspaces erläutern.

**Planung**

Das **Kapitel 12, »Planung«**, beschäftigt sich mit dem Thema Planung in SAP BW/4HANA 2.0 und dem Aufbau von Planungsszenarien.

**Roadmap und Weiterentwicklungen**

In **Kapitel 13, »Ausblick«**, geben wir einen Ausblick auf zum Zeitpunkt des Druckes dieses Buches bekannte mögliche zukünftige Weiterentwicklungen für SAP BW/4HANA 2.0. Wir stellen als perspektivische alternative Cloud-Lösung die SAP Data Warehouse Cloud vor und gehen auf die SAP HANA Cloud und SAP Data Intelligence ein.

## Praxisbeispiele

Die Einführungen zu den Modellierungsobjekten in diesem Buch werden durch ein praktisches Beispiel unterstützt. Sie finden es im Anhang. Die praktischen Übungen können Sie in einem SAP-BW/4HANA-2.0-System nachvollziehen. Die praktischen Übungen sind jeweils mit Screenshots illustriert, sodass Sie sich auch ohne Zugriff auf ein SAP-BW/4HANA-2.0-System einen Eindruck verschaffen können.

## Empfehlungen zum Arbeiten mit SAP BW/4HANA

Für die meisten Entwicklungsumgebungen gibt es Richtlinien, die bei der Implementierung beachtet werden sollten, um performante, wartbare Anwendungen zu erstellen. Auch für die Entwicklung von SAP-BW-Anwendungen in SAP BW/4HANA 2.0 sind Richtlinien für die Modellierung und Entwicklung sinnvoll und auch durchaus verbreitet. Sie erhöhen die Lesbarkeit und Wartbarkeit von SAP-BW-Modellierungsobjekten und unterstützen ihre Wiederverwendbarkeit. Darüber hinaus können sie das Berechtigungsmanagement erleichtern.

**Namenskonventionen und Entwicklungsrichtlinien**

Neben den Empfehlungen von SAP zur Architektur in Form der Referenzarchitektur LSA++ sind insbesondere Namenskonventionen und Entwicklungsrichtlinien weit verbreitet. Dabei ist es üblich, dass in Unternehmen, die SAP BW/4HANA 2.0 nutzen, aufbauend auf allgemein verbreiteten Vorgaben wie der LSA++ oder den in SAP-Schulungsunterlagen vorgeschlagenen Konventionen eigene, unternehmensspezifische Richtlinien erarbeitet und angewendet werden.

Spätestens wenn die im SAP-BW/4HANA-2.0-System implementierten SAP-BW-Anwendungen einen gewissen Umfang erreicht haben und die Übersichtlichkeit aufgrund der wachsenden Anzahl an SAP-BW-Modellierungsobjekten leidet, wird die Notwendigkeit zur Erstellung von Entwicklungsrichtlinien und Namenskonventionen deutlich. Diese können dann jedoch nur auf neu zu implementierende oder im Rahmen von Projekten stark anzupassende bestehende SAP-BW-Anwendungen angewendet werden. Für die Remodellierung bereits bestehender produktiver Anwendungen fehlen üblicherweise die notwendigen Ressourcen.

Aus diesem Grund können wir nur dringend empfehlen, bereits bei der Neueinführung eines SAP-BW-Systems Architekturvorgaben, Namenskonventionen und Entwicklungsrichtlinien festzulegen und dabei auf das Wissen erfahrener SAP-BW-Entwicklerinnen und -Entwickler zurückzugreifen. All diese Konventionen sind nicht für die Zukunft fest in Stein gemeißelt; bei Änderungen oder neuen Entwicklungen spricht nichts dagegen, diese Konventionen hin und wieder den neuen Gegebenheiten anzupassen.

### Namenskonventionen

**Technische Namen und Beschreibungen**

Jedes Objekt in SAP BW 4/HANA 2.0 – wie z. B. ein InfoObject oder eine Query – ist über einen technischen Namen systemweit eindeutig identifizierbar. Dieser technische Name besteht meist aus einer Kombination aus Buchstaben und Zahlen einer bestimmten Maximallänge (z. B. 8 Zeichen). Zusätzlich können die Objekte über eine sprechende Beschreibung verfügen. Auch diese ist in SAP BW/4HANA 2.0 in den meisten Fällen auf eine bestimmte Zeichenlänge begrenzt. Für viele Objekte ist die Eingabe einer Beschreibung in SAP obligatorisch; häufig können ein Kurz- (20 Zeichen), ein mittellanger (40 Zeichen) und/oder ein Langtext (60 Zeichen) gepflegt werden. Im Gegensatz zu den technischen Namen können Sie eine solche Beschreibung im System mehrfach in identischer Form verwenden. Objekte in SAP BW bzw. in SAP BW/4HANA sind daher nur über ihre technischen Namen eindeutig identifizierbar.

**Namenskonventionen**

Namenkonventionen beschreiben, nach welchem Schema diese technischen Namen für definierte Objekte (z. B. InfoObjects) innerhalb eines Unternehmens aufgebaut werden sollen.

Bei den Praxisbeispielen zu diesem Buch halten wir uns an Namenskonventionen, die wir jeweils an den Stellen im Buch, an denen sie erstmalig relevant werden, erläutern. Eine vollständige Aufstellung der in diesem Buch verwendeten Namenskonventionen finden Sie im Anhang. Bei der Entwicklung der Namenskonventionen für dieses Buch haben wir auf Erfahrungen aus unserer beruflichen Praxis zurückgegriffen.

Wenn Sie vor der Aufgabe stehen, neue Namenskonventionen für Ihr SAP-BW/4HANA-2.0-System entwickeln zu müssen, dürfen Sie sie gerne als Best-Practice-Inspiration heranziehen. Es kann aber auch gute Gründe geben, sich für eine andere Ausgestaltung der eigenen Namenskonventionen zu entscheiden. Während einige Entscheidungen funktional bedingt sind, sind andere schlichtweg Geschmackssache.

### Entwicklungsrichtlinien

Neben Architekturvorgaben, die festlegen, welche BW-Objekte für welche Zwecke genutzt werden und welche Schichten die Architektur im SAP BW im eigenen Unternehmen haben soll, und neben den Namenskonventionen gibt es Entwicklungsrichtlinien mit Vorgaben für das SQLScript- beziehungsweise das ABAP-Coding in SAP BW/4HANA 2.0.

Bei der Implementierung komplexerer Anwendungen können Sie neben der Modellierung von SAP-BW-Objekten einzelne Programmteile – wie z. B. Transformationen oder auch Funktionsbausteine – mit SQLScript oder ABAP ausprogrammieren. Legen Sie in Ihrem Unternehmen individuell fest, welche Richtlinien bei der Programmierung gelten sollen. Ein einheitliches Programmiervorgehen erhöht die Wartbarkeit und Lesbarkeit des Codings und kann die Erstellung wiederverwendbarer Programmteile unterstützen.

Die Praxisbeispiele in diesem Buch dienen der Illustration der Implementierung der Modellierungsobjekte und sind einfach gehalten. Daher verzichten wir auf die Auflistung umfangreicher Entwicklungsrichtlinien. Wir können Ihnen aber für die Arbeit in der Praxis nur empfehlen, sich Gedanken darüber zu machen, wie in Ihrem Unternehmen Entwicklungen im SAP-BW/4HANA-2.0-Umfeld aussehen sollen, welche Objekte Sie nutzen möchten, welche vielleicht nicht, und diese Richtlinien niederzuschreiben und zu leben.

## Symbole im Buch

In hervorgehobenen Informationskästen finden Sie in diesem Buch Inhalte, die wissenswert und hilfreich sind, aber etwas außerhalb der eigentlichen Erläuterung stehen. Damit Sie die Informationen in den Kästen sofort einordnen können, haben wir die Kästen mit Symbolen gekennzeichnet:

In Kästen, die mit diesem Symbol versehen sind, finden Sie Informationen zu weiterführenden Themen oder wichtigen Inhalten, die Sie sich merken sollten. [«]

Dieses Symbol weist Sie auf Besonderheiten hin, die Sie beachten sollten. Es warnt Sie außerdem vor häufig gemachten Fehlern oder Problemen, die auftreten können. [!]

Die mit diesem Symbol gekennzeichneten Tipps geben Ihnen spezielle Empfehlungen, die Ihnen die Arbeit erleichtern können. [+]

## Danksagung

Wir bedanken uns herzlich beim Rheinwerk Verlag und besonders bei Simone Bechtold, Eva Tripp und Daniela Kämmerer für das Angebot und die Möglichkeit, dieses Buch zu schreiben. Vielen Dank für die angenehme Betreuung und die konstruktive Zusammenarbeit.

Ein weiterer Dank geht an die Windhoff Group und unsere Vorgesetzten, die uns ermöglicht haben, dieses Projekt neben unserer hauptberuflichen Beratungstätigkeit erfolgreich zu stemmen. Die Windhoff Group hat uns für dieses besondere Projekt den Zugriff auf ein SAP BW/4HANA 2.0 eingeräumt und uns damit erst in die Lage versetzt, Beispiele am System aufzubauen und praktische Übungen zu entwickeln. Darüber hinaus konnten wir stets in Diskussionen, Chats und Telefonaten auf das Knowhow unserer Kollegen zählen.

Besonders bedanken möchten wir uns bei unseren Familien, die uns die Zeit geschenkt haben, dieses Buch zu schreiben, und uns motivierend und unterstützend zur Seite standen.

Wir hoffen, dass Sie sich schnell in SAP BW/4HANA 2.0 einarbeiten und Freude an der erfolgreichen Nutzung finden.

**Marlene Knigge** und **Ruth Heselhaus**

# Kapitel 1
# Entwicklungsgeschichte und Einsatzgebiete von SAP BW/ SAP BW/4HANA 2.0

*Dieses Kapitel gibt einen Überblick über die Entwicklung von Business-Intelligence-Ansätzen in Unternehmen im Allgemeinen. Anschließend erhalten Sie einen Einblick in die Geschichte der BI-Werkzeuge bei SAP: vom SAP Business Warehouse bis hin zu SAP BW/4HANA. Abschließend liegt der Fokus auf den Neuerungen mit SAP BW/4HANA 2.0.*

Nahezu jedes größere Unternehmen generiert heute täglich eine Vielzahl von Daten. Um gute Unternehmensentscheidungen treffen zu können, gilt es, diese Daten zu sammeln, zu verknüpfen und auszuwerten. Dieser Prozess wird als Business Intelligence bezeichnet. Zur Bewältigung der anfallenden Datenmengen ist die Unterstützung durch die IT notwendig, softwareseitig insbesondere durch sogenannte Data Warehouses. Abschnitt 1.1, »Business Intelligence und Data Warehousing«, bietet zunächst einen Überblick über Business Intelligence und Data Warehousing im Allgemeinen und zeigt Ihnen, wie ein Data Warehouse den BI-Prozess unterstützen kann.

In Abschnitt 1.2, »SAP Business Warehouse«, skizzieren wir die Entwicklung des Data Warehouse von SAP von den Anfängen im Jahr 1997, damals unter dem Namen SAP Business Information Warehouse (SAP BIW), bis hin zu Release SAP BW 7.5. Abschnitt 1.3, »SAP Business Warehouse Edition für SAP HANA«, widmet sich schließlich dem neuen Produkt SAP Business Warehouse Edition für SAP HANA (SAP BW/4HANA) und dort insbesondere der aktuellen Version SAP BW/4HANA 2.0.

## 1.1 Business Intelligence und Data Warehousing

Es gibt viele Definitionen für die Begriffe Business Intelligence und Data Warehouse. Im Folgenden beleuchten wir diese beiden zentralen Begriffe, um Ihnen eine erste Orientierung zu geben. Es folgt ein kurzer Abriss der historischen Entwicklung dieser Konzepte und ihrer Bedeutung in Unternehmen.

### 1.1.1 Business Intelligence

**Definition Business Intelligence (BI)**

*Business Intelligence* (*BI*) bezeichnet die Aufbereitung, Auswertung und Verwendung von im Unternehmen verfügbaren Daten, Informationen und Wissen. Der Begriff wurde 1996 von der Gartner Group geprägt: »Business Intelligence is the process of transforming data into information and, through discovery, into knowledge« (Behme, 1996). Nach dieser Definition wird BI als Prozess verstanden. Dieser erzeugt im ersten Schritt aus Daten durch das Hinzufügen von Kontext Informationen. Im zweiten Schritt wird aus den Informationen Wissen generiert.

**Zeichen, Daten, Informationen und Wissen**

Abbildung 1.1 veranschaulicht die Definition von BI an einem Beispiel. Aus den Zeichen oder Symbolen »1«, »,« (Komma), »5« und »0« wird ein Datum, wenn man sie zusammenfügt: »1,50«. Mit »Datum« ist an dieser Stelle kein Tagesdatum gemeint, sondern ein Wert, der aus mehreren Zeichen besteht, also der Singular zu »Daten«. Die Regeln, nach denen einzelne Zeichen kombiniert werden können, werden als *Syntax* bezeichnet. Ergänzt man nun die Einheit »Euro«, wird deutlich, dass der Geldbetrag »1,50 Euro« gemeint ist – das Datum wird zur Information, indem es eine Bedeutung erhält (Semantik).

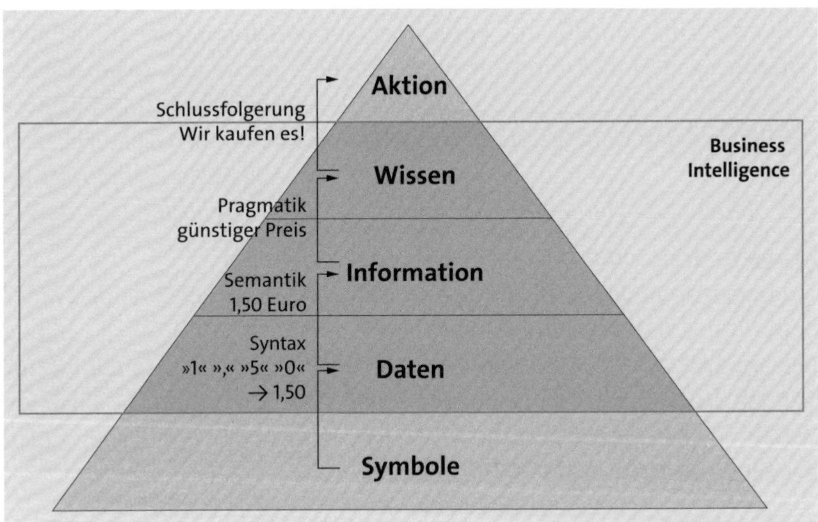


**Abbildung 1.1** Übersicht über den Business-Intelligence-Prozess

Wenn Sie diesen Geldbetrag als Preis erkennen und mit anderen Preisen für das gleiche Produkt vergleichen, kommen Sie zu dem Schluss, dass der Preis für dieses Produkt (in unserem Beispiel für ein appetitlich aussehendes Fischbrötchen aus einer sauberen Fischbude) sehr günstig ist. Die Information wird durch diese kontextabhängige Bedeutung (Pragmatik) zu Wissen. Diesem Wissen kann nun die Tat (Aktion) folgen: Das Fischbrötchen wird gekauft, weil es zu einem guten Preis angeboten wird.

BI gewinnt also Informationen aus Daten und leitet im nächsten Schritt aus diesen Informationen Wissen ab. Dieses Wissen kann dann als Entscheidungsgrundlage für zukünftige Handlungen herangezogen werden.

**Online Transaction Processing (OLTP)**

Der BI-Prozess wird in der Regel unternehmensspezifisch und mit IT-Unterstützung implementiert. Die BI-Werkzeuge greifen dabei auf die in den operativen Systemen gespeicherten *transaktionalen* (*operativen*) Daten zu. Operative – oder transaktionale – Systeme, wie ein Enterprise-Resource-Planning-(ERP-)System, verarbeiten ihre Daten durch das sogenannte *Online Transaction Processing* (*OLTP*). Typische Beispiele für OLTP-Systeme sind SAP ERP oder SAP S/4HANA.

**Online Analytical Processing**

Transaktionale Daten aus den OLTP-Systemen werden zur weiteren Analyse im Rahmen des BI-Prozesses zusammengeführt, normiert und miteinander in Verbindung gesetzt. Die Ergebnisse können in Tabellen, *mehrdimensionalen Cubes* (»Datenwürfeln«) oder grafisch dargestellt werden. Die so gewonnenen Informationen sind zum einen an den Bedürfnissen der verschiedenen Abteilungen wie dem Controlling, dem Einkauf oder dem Vertrieb ausgerichtet. Zum anderen sind die Darstellungsart und das Aggregationslevel/die Granularität abhängig von der Hierarchieebene der Zielgruppe (z. B. Mitarbeitende im Vertrieb, Abteilungsleitung, Controlling, Management). IT-seitig wird die Verarbeitung der Daten häufig durch ein Data Warehouse unterstützt. Im Unterschied zu den operativen OLTP-Systemen handelt es sich bei einem Data Warehouse um ein *Online-Analytical-Processing-(OLAP-)System*. Ein typisches Beispiel ist SAP BW.

In der klassischen Abbildung des BI-Prozesses werden die Daten aus den operativen Systemen vor der analytischen Weiterverarbeitung in das Data Warehouse kopiert, um zu vermeiden, dass die Aufbereitung und Präsentation der Daten die Performance von Transaktionen in den operativen Systemen beeinträchtigt.

Details zu OLTP- und OLAP-Systemen finden Sie in Abschnitt 2.1.1, »Trennung von Online Transaction Processing und Online Analytical Processing«, und Abschnitt 2.1.2, »Technischer Vergleich von OLTP- und OLAP-Transaktionen«. Im nächsten Abschnitt gehen wir näher auf Data Warehouses im Allgemeinen ein.

### 1.1.2 Data Warehousing

**Data Warehouse**

Die wohl bekannteste Definition des Begriffs *Data Warehouse* stammt von W. H. Inmon (Inmon, 1996). Danach ist ein Data Warehouse – auch Information Warehouse genannt – eine Sammlung von Unternehmensinformationen, die die folgenden Merkmale aufweisen:

- *Subjektorientiert*: Die Informationen werden nach Fragestellungen und Themengebieten sortiert abgelegt, z. B. alle Controlling-relevanten Daten oder alle für den Einkauf oder für den Vertrieb relevanten Daten. Darüber hinaus können Daten aus verschiedenen Bereichen gemeinsam zur Beantwortung einer Fragestellung aufbereitet abgelegt werden, z. B. für das Vorstandsreporting.
- *Integriert*: Daten aus verschiedenen Quellsystemen werden auf ein einheitliches Format gebracht (*normiert*) und zusammengeführt, sodass über die Gesamtmenge der Daten quellsystemunabhängig ausgewertet werden kann.
- *Zeitabhängig*: Zum aktuellen Datum können Daten aus der Vergangenheit, also der Stand zu einem festgelegten Zeitpunkt, betrachtet werden. So kann z. B. die Personalabteilung Informationen zur Belegschaft des Vormonats auswerten, auch wenn in der Zwischenzeit eventuell Personen ausgeschieden sind oder neu eingestellt wurden oder sich der Familienstand oder die Abteilungszugehörigkeit geändert hat. Diese Daten kann die Personalabteilung mit den aktuellen Daten vergleichen. Sie sieht dann z. B. in der Auswertung, dass sich im betrachteten Zeitraum die Anzahl der Mitarbeiterinnen und Mitarbeiter oder deren Status (z. B. »ledig«, »verheiratet«, »geschieden«) geändert hat. Beim Aufbau von Datenflüssen und Anwendungen in einem Data Warehouse ist es wichtig, zu entscheiden, für welche Themen und Objekte Zeitabhängigkeit in welcher Form abgebildet werden soll.
- *Persistent*: Daten werden dauerhaft für einen definierten Zeitraum – z. B. von mehreren Jahren – im Data Warehouse abgelegt. Dies ermöglicht z. B. Umsatz- und Kostenvergleiche über mehrere Quartale oder Jahre, sofern die entsprechenden Daten lange genug gesammelt wurden.

Im nächsten Abschnitt werfen wir einen Blick auf die historische Entwicklung von Business-Intelligence-Systemen.

### 1.1.3 Die Evolution von Business-Intelligence-Systemen bis heute

Der Begriff Business Intelligence tauchte bereits 1958 in einem Artikel von P. Luhn (Luhn, 1958) für IBM auf und setzt sich wie folgt zusammen:

- *Business*: Sammlung von Aktivitäten zu einem beliebigen Zweck, z. B. Wissenschaft, Technologie, Handel, Industrie ...
- *Intelligence*: die Fähigkeit, Wechselbeziehungen bekannter Fakten auf eine Art und Weise zu begreifen, die zu einem gewünschten Ziel hinführt

**Aufbau eines Business-Intelligence-Systems**

Ein *Business-Intelligence-System* (*BIS*) der Zukunft war für P. Luhn 1958 ein automatisches System, das Informationen für verschiedene Bereiche jedweder industrieller, wissenschaftlicher oder Regierungsorganisation verteilt. Ein solches BIS nutzt Datenverarbeitungsmaschinen, um Dokumente automatisch zu abstrahieren und zu kodieren und um »Interessensprofile« für alle »Handlungsorte« in einer Organisation zu schaffen. Sowohl eingehende als auch intern generierte Dokumente werden automatisch abstrahiert, mithilfe von Sprachmustern charakterisiert und automatisch den passenden Handlungsorten zugesendet. (Luhn, 1958)

Luhn sah mit dieser Beschreibung eines bis dahin noch nicht bestehenden BIS bereits die weitere Entwicklung vorher, auch wenn er die Details und die Granularität späterer Data Warehouses noch nicht beschreiben konnte. Bekannterweise war die folgende Geschichte der Entwicklung der Informatik und der Informationssysteme durch zahlreiche technologische Sprünge und Hypes geprägt, sodass uns heute völlig andere, mächtige technische Möglichkeiten zur Verfügung stehen als Luhn. Immerhin übertrifft die Rechenleistung eines modernen Smartphones bei Weitem die Rechenleistung, die den Amerikanern während der Mondlandung zur Verfügung stand. Dies lässt erahnen, in welchem Umfang auch die Methoden der BI weiterentwickelt werden konnten. Abbildung 1.2 gibt einen Überblick über die Entwicklung von Business-Intelligence-Systemen im weiteren Zeitverlauf.

| | |
|---|---|
| **1996 (Fayyad und andere)** | **Knowledge Discovery in Databases (KDD)-Prozess** mit **Data Mining** und **maschinellem Lernen** |
| **1993 (Codd und andere)** | **Online Analytical Processing (OLAP)**: Auswahl und Übernahme von Daten aus unterschiedlichen **Quellsystemen**, Überführung der Daten in **multidimensionale Datenmodelle (Cubes)**. Verschiedene Möglichkeiten der **Datenanalyse** auf den **Datenmodellen**. Physische Trennung von den **Online Transaction Processing (OLTP)-Systemen**: eigener **Applikationsserver** |
| **1992 (Kaplan und Norton)** | **Balanced Scorecard** zur Analyse **betrieblicher Kennzahlen**, **Strategy Maps** für **Ursache-Wirkungsanalysen** zwischen zentralen **Key Performance Indikatoren (KPIs)** und der **Ableitung von Maßnahmen**. Beides finden wir heute in **Kennzahlensystemen** und zur Unterstützung von **Entscheidungsprozessen** in Form von **Kennzahlen-Cockpits** oder -**Dashboards** wieder. |
| **1988** | • Devlin und Murphy: **Business Data Warehouse (BDW)**: **Informationssuche** und **Berichterstellung**<br>• Autovermieter Hertz: Informationssystem mit **Ausnahmereporting (ExceptionReporting)** und **Dashboard**<br>• Parallelentwicklungen: **BIS, Data Warehouse, CMS.** Gartner Group: BIS: **Analysewerkzeuge** und **Berichterstellung** exkl. **Datenhaltung** und **Datenladeprozess (Extract – Transform – Load; ETL)** |
| **1979** | **Spreadsheet Systeme**: Visible Calculator (VisiCalc) von Personal Software (VisiCorp) für Apple II und PC. Im Nachgang SuperCalc, Multiplan, Lotus 1-2-3, ab 1993 Microsoft (MS) Excel mit **anpassbarem Aussehen** der Spreadsheets |
| **1978** | Interactive Financial Planning System (IFPS/Execucuom) mit Sprachumgebung zur Unterstützung der Finanzplanung über mehrere Perioden; **Makros** für finanzmathematische und statistische Methoden: einfache Berechnungen, **Sensitivitätsanalysen**, **Zielerreichungsberechnungen** |
| **1958 (Luhn)** | **Content Management System (CMS)** mit **Text Mining** und **Profilvergleich** |

**Abbildung 1.2** Entwicklung Business-Intelligence-Systeme (Hummeltenberg, 2008)

Auf OLTP- und OLAP-Systemen gehen wir in Abschnitt 2.1.1, »Trennung von Online Transaction Processing und Online Analytical Processing«, und Abschnitt 2.1.2, »Technischer Vergleich von OLTP- und OLAP-Transaktionen«, näher ein.

**BIS für Kunden (B2B und B2C)**

Heute gibt es eine Vielzahl von BIS, die Sie in allen Arten von Organisationen im Einsatz finden. Neben dem Reporting innerhalb von Unternehmen stellen viele Anbieter über BIS auch ihren Kunden im geschäftlichen oder privaten Bereich ein Reporting zur Verfügung (Business-to-Business [B2B] und Business-to-Customer [B2C]). Beispielweise bieten einige Banken als Service zum Konto ein Dashboard, in dem der Kunde unter anderem sehen kann, wie viel Prozent seiner monatlichen Ausgaben er für Wohnen oder Lebensmittel ausgegeben hat. Hinter diesen Kunden-Dashboards stehen im Unternehmen BIS, die die entsprechenden Daten sammeln und entsprechend aufbereiten.

**Reporting auf transaktionalen Daten**

Auch das Reporting direkt auf transaktionalen Daten gewinnt durch leistungsfähigere Hard- und Software an Relevanz. Boten einige ERP-Systeme – wie auch das SAP ERP – bereits in der Vergangenheit ein rudimentäres Reporting direkt auf den transaktionalen Daten an, sehen wir heute – z. B. bei SAP S/4HANA – einen deutlichen Ausbau der direkten Reportingmöglichkeiten – auch ohne Nutzung eines Data Warehouse. Data Warehouses verlieren dadurch jedoch keineswegs an Bedeutung. Insbesondere wenn das Reporting auf großen Datenmengen oder auch aus Daten aus verschiedenen Quellsystemen erfolgen soll, werden sie weiterhin eingesetzt, um zunächst eine qualitätsgesicherte Datengrundlage für alle weiteren Datenverarbeitungs- und Reportingzwecke zu schaffen (*Single Point of Truth*, siehe Abschnitt 4.1.1, »Nutzen von Referenzarchitekturen«).

Darüber hinaus können auf Daten in Data Warehouses durch ihre technische Ausstattung und ihre Datenarchitektur Auswertungen mit weit größerer Komplexität als noch vor wenigen Jahren in annehmbarer Zeit und zu akzeptablen Kosten durchgeführt werden – man denke hier auch an die Analyse der Daten durch ressourcenintensive Algorithmen wie beim *Data Mining* (siehe Hinweiskasten »Data Mining«). Bei all dem lässt sich nicht für jeden Reportingzweck trennscharf sagen, ob er idealerweise direkt im ERP-System oder in einem Data Warehouse umgesetzt werden sollte. Tendenziell würden wir sagen, dass alles, wo Daten aus verschiedenen Quellen verwendet werden sowie Daten, die für mehrere Reportingzwecke wiederverwendbar verfügbar sein sollten, gut in einem Data Warehouse aufgehoben sind.

[«]

1

**Data Mining**

Ziel von *Data Mining* ist es, durch die Anwendung komplexer Algorithmen auf eine Datenmenge (Data) neue Erkenntnisse zu gewinnen, die auf den ersten Blick nicht sichtbar sind (Mining). Damit sind nicht mehr oder weniger triviale Berechnungen wie das Aufsummieren von Erlösen je Kunde oder je Monat gemeint, sondern es sollen neue Sachverhalte in den Daten entdeckt werden.

Ein Beispiel ist die *Warenkorbanalyse*, bei der untersucht wird, welche Produkte in welchen Kombinationen je Verkaufsvorgang zusammen gekauft werden. Hieraus kann ein Unternehmen beispielsweise ableiten, dass Kunden, die ein Fahrrad kaufen, häufig auch einen Fahrradhelm kaufen. Diese Waren könnten dann im Laden zusammen platziert oder gemeinsam beworben werden.

Ein weiteres Beispiel ist die *ABC-Analyse*, bei der z. B. Kunden von einem Algorithmus abhängig von bestimmten Kriterien, u. a. von einer Kennzahl wie dem Umsatz, in die Kategorien A, B und C eingeordnet werden. Für die Kunden in den einzelnen Kategorien könnte es anschließend gezielte Rabatt- oder Treueprogramme oder zielgruppengerechte Ansprachen geben.

Visualisierung

Neben nach wie vor erforderlichen komplexen Datenanalysen und der Darstellung von Ergebnissen in Tabellenform haben sich auch Dashboards mit Drill-down-Funktionen und Tablet- oder Smartphone-taugliche *Visualisierungen* mit Navigationsmöglichkeiten durchgesetzt. Häufig genutzt werden – zum Teil auch für relativ komplexe Szenarien – immer noch die Microsoft-Anwendungen MS Access und MS Excel.

Ad-hoc-Analysen

Insbesondere für einmalige *Ad-hoc-Analysen* – also neue, vielleicht auch einmalige Anfragen, die einer schnellen Beantwortung bedürfen – kann speziell MS Excel sehr hilfreich sein. Häufig wird so aber auch der lange Weg über die Implementierung einer BI-Anwendung über die BI-Systembetreuung (häufig eine Abteilung im Bereich IT) mit einer im Fachbereich gebauten Lösung überbrückt oder sogar umgangen. Insbesondere sei hier erwähnt, dass MS-Excel-Lösungen in der Regel nicht den Anforderungen von Wirtschaftsprüfern oder der Revision standhalten, was Datenhaltung, Transparenz und Nachvollziehbarkeit anbelangt. Darüber hinaus sind sie technisch schwer wartbar, insbesondere dann, wenn der Ersteller das Unternehmen verlässt.

BI-Systembetreuung als Enabler

Die Aufgabe der *BI-Systembetreuung* ist es daher, eine verlässliche Datengrundlage aufzubauen und dem Fachbereich für einen definierten Reportingzweck eine sinnvolle Auswahl der Daten und geeignete Reports oder

Self-Service-Tools (siehe Abschnitt 1.1.4, »Auswirkungen der Digitalisierung und Ausblick in die Zukunft«) zur Verfügung zu stellen (*Enabling*; englisch für befähigen, ermöglichen). Insbesondere kann die BI-Systembetreuung auch Daten für Ad-hoc-Analysen durch die Fachbereiche in gesonderten Bereichen zur Verfügung stellen. Hier sollte allen Anwenderinnen und Anwendern dann klar sein, dass sie mit Ad-hoc-Anwendungen arbeiten und nicht mit getesteten, abgenommenen Analysen.

Im nächsten Abschnitt betrachten wir die Auswirkungen der Digitalisierung auf BI und wagen einen Blick in die Zukunft.

### 1.1.4 Auswirkungen der Digitalisierung und Ausblick in die Zukunft

Technologische Entwicklungen wie Sensoren, aber auch Social-Media-Anwendungen im Internet führen dazu, dass heute unüberschaubare Mengen an Daten generiert werden, die noch vor einigen Jahren allein aufgrund der puren Datenmenge schwer zu speichern und kaum zu verarbeiten gewesen wären. Somit hat die zunehmende *Digitalisierung* nahezu aller Lebens- und Arbeitsbereiche, die wir heute erleben, großen Einfluss auf die Erhebung, Speicherung und Verarbeitung von Daten.

**Massendaten von Sensoren oder aus Social Media**

Konkret werden heute viel größere Mengen an Daten erzeugt als noch vor einigen Jahren. Beispiele sind Sensoren, die eine Vielzahl an Messpunkten generieren und somit Massendaten erzeugen wie z. B. die Temperaturentwicklung an einer Maschine, die Öltemperatur und der -füllstand, Bewegungstracking oder Helligkeitsmessungen. Aber auch Social-Media-Anwendungen sorgen dafür, dass ihre Nutzerinnen und Nutzer – potenzielle Kunden von Unternehmen – täglich nicht gekannte Mengen an Daten erzeugen. Dazu gehören Online-Unternehmens-, Produkt- oder Technologiebewertungen, deren Auswertungen für Unternehmen äußerst wertvoll sein können. In beiden – und auch weiteren – Anwendungsgebieten werden sehr große Datenmengen (*Big Data*) erzeugt. Bei sinnvoller Auswertung und Analyse dieser Daten kann wertvolles Wissen für Unternehmen generiert werden. Erst die technologischen Entwicklungen in den letzten Jahren ermöglichen es, solche Analysen auf Big Data wirtschaftlich durchzuführen, beispielsweise mithilfe von In-Memory-Datenbanken.

**In-Memory-Computing**

Das Konzept des *In-Memory-Computings*/der *In-Memory-Datenbanken* ist nicht neu, kann aber durch die geringer werdenden Hardwarekosten erst seit einigen Jahren wirtschaftlich sinnvoll in größerem Maße um- und somit auch breiter eingesetzt werden. In-Memory-Computing ermöglicht eine performantere und kostengünstigere Speicherung und Verarbeitung großer und sehr großer Datenmengen, als dies mit klassischen relationalen

Datenbanken möglich ist. Dabei wird insbesondere auch die Anwendung komplexerer Algorithmen auf (Massen-)Daten unterstützt. So bietet z. B. SAP HANA heute in gewissem Rahmen den Einsatz von Data-Mining- und insbesondere auch Text-Mining-Algorithmen (siehe die Hinweiskästen »Data Mining« und »Text Mining« in diesem Abschnitt) an. Auf In-Memory-Datenbanken gehen wir tiefer in Abschnitt 2.1, »In-Memory-Computing mit SAP HANA«, ein.

[«]

**Text Mining**

*Text Mining* ist eine Spezialform des Data Minings. Anstelle von Kennzahlen wie Erlösen, Kosten, Temperaturen oder Druck werden beim Text Mining natürlichsprachliche Texte analysiert. Hierbei kann es sich um Abschnitte aus einem Buch oder einer Zeitung, aber auch um Texte aus Social-Media-Anwendungen wie Tweets (bis zu 280 Zeichen lange Nachrichten, die jeder mit einem Twitter-Account auf der Plattform Twitter posten kann) oder (Online-)Rezensionen und Bewertungen auf Verkaufs- und Bewertungsplattformen (eigener Unternehmenswebshop, Amazon, Google ...) handeln. An dieser Stelle sei darauf hingewiesen, dass bei der Verwendung öffentlicher Daten zunächst immer geklärt werden muss, **wem** die Daten gehören und inwieweit sie für Auswertungs- und Analysezwecke genutzt werden dürfen, insbesondere im kommerziellen Bereich.

Beim Text Mining werden die Texte zunächst analysiert (*Text Analysis*). Dabei werden sie für das Text Mining aufbereitet, indem beispielsweise definierte Ausdrücke, die für die weitere Auswertung nicht relevant sind, entfernt werden (»äh«, »halt«, »eigentlich« ...). Häufig werden dabei auch Wörter auf Wortstämme zurückgeführt (»Fahrrad«, »Rad«, »Fietse«, »Drahtesel« = »Fahrrad«). Anschließend werden Text-Mining-Algorithmen angewandt, die beispielsweise analysieren, welche Begrifflichkeiten zusammen erwähnt werden, wie häufig bestimmte Begriffe vorkommen (z. B. für die Darstellung in einer *Word Cloud*, die einen schnellen Überblick über häufig genannte Begriffe bietet) oder auch, welche Emotionen in einem Text vorherrschen (*Sentiment Analysis*). Ein Anwendungsfall ist die Abschätzung der Akzeptanz einer neuen Technologie – beispielsweise in der Twitter-Community.

Echtzeitdaten

Klassisches Data-Warehouse-Reporting greift im Wesentlichen auf die Daten vom Vortag zurück, die häufig in der Nacht nach Abschluss aller – oder der meisten – Transaktionen eines Geschäftstages in das Data Warehouse geladen werden. *Near Realtime*- oder echte *Realtime-(Echtzeit-)Daten* werden dabei aufgrund der hohen Kosten nur selektiv in wenigen Fällen eingebunden und untertägig verarbeitet. Technologische Weiterentwicklungen wie das In-Memory-Computing ermöglichen und erleichtern die Einbindung von Echtzeitdaten in BI-Szenarien.

**Business Intelligence auf mobilen Endgeräten**

Der technologische Fortschritt erweitert auch die Möglichkeiten der *Visualisierung* von BI-Szenarien. Das Layout von BI-Szenarien passt sich immer häufiger dem oft übersichtlichen, intuitiven Layout von Anwendungen auf Tablets und Smartphones an. Die Anwender von BI-Szenarien haben sich schnell an die mobile Welt gewöhnt und fordern ein ähnliches Verhalten nun auch für BI-Szenarien. Darüber hinaus erwarten sie, dass BI-Systeme in der graphischen Darstellung von Sachverhalten anderen Anwendungen, allen voran MS Excel, heute in nichts mehr nachstehen. Gleichzeitig fordert ein Teil der Endanwenderinnen und Endanwender eine größere Flexibilität bei der Auswertung von Daten ein. Sie möchten in der Lage sein, selbst Auswertungen zu erstellen und anzupassen (*Ad-hoc-Szenarien*, *Self-Service*).

**Rolle der BI-Systembetreuung**

Zusammenfassend lässt sich sagen, dass nicht nur die Möglichkeiten größer geworden sind, auch die Anforderungen und Erwartungen von Endanwendern an BI-Anwendungen sind gewachsen. Vom Schwerpunkt der Datenbeschaffung und -aufbereitung erweitert sich die Aufgabe der BI-Systembetreuung auch in Richtung eines anspruchsvolleren Visualisierungs- und Anwendungsdesigns sowie der Konzeption und Bereitstellung von Self-Service-Anwendungen, aber damit einhergehend auch entsprechender Schulung der Endanwenderinnen und Endanwender. Die Forderungen nach Reporting in Echtzeit und mit höherem Detaillierungsgrad nehmen zu. Nach wie vor wird es Aufgabe der BI-Systembetreuung bleiben, kritische Anwendungen im BI-System umzusetzen und »Wildwuchs« von beispielsweise Excel-Anwendungen in den Fachbereichen zugunsten von Verlässlichkeit, Compliance und Wartbarkeit zu vermeiden. Die Flexibilisierung des Reportings durch gut konzipierte Self-Service-Anwendungen kann hierbei unterstützen.

**Data Science**

Sollen über typisches BI hinausgehende, komplexere Szenarien unter Anwendung von Data-Analytics-, Data-Mining- und Machine-Learning-Algorithmen zum Einsatz kommen, bedeutet dies, dass im System nicht nur die entsprechenden Datentransformationen implementiert werden müssen. Die Anwendung komplexer Algorithmen geht darüber hinaus, insbesondere müssen hier auch die Algorithmen selbst programmiert – oder zumindest parametrisiert – werden, was tiefgehende mathematische Kenntnisse voraussetzt. Einige Algorithmen müssen vor ihrer produktiven Nutzung zunächst *trainiert* werden – sie müssen *lernen*. Diese Tätigkeiten werden unter dem Begriff *Data Science* zusammengefasst. Mathematisch versierte *Data Scientists* sind in der Lage, Algorithmen sinnvoll zu parametrisieren, gegebenenfalls zu trainieren und die Aussagekraft der so gewonnenen Erkenntnisse zu bewerten und die Ergebnisse zu interpretieren. Grob kann gesagt werden, dass der Schwerpunkt von BI eher darauf liegt, Vergangenheitsdaten auszuwerten, wohingegen Data Science den Fokus auf die hinreichend genaue Vorhersage der Zukunft legt. BI stellt von den Fachbereichen definierte Kennzahlen zur Verfügung – wobei die Berechnungsformeln bekannt sind; Data Science versucht, Methoden zu finden, völlig neue Fragestellungen zu beantworten, arbeitet also verstärkt mit dem Unbekannten.

**Cloud, hybrid und on-premise**

Seit einigen Jahren bieten BI-Softwareprovider neben den weit verbreiteten *On-Premise-Lösungen*, die beim Kunden vor Ort auf seiner eigenen oder gegebenenfalls geleasten Hardware installiert werden, weitere Installationsvarianten für BI-Software an. Ein Trend sind *Cloud-Lösungen*, bei denen die Software vom Softwareprovider oder über einen Infrastruktur-Anbieter angeboten und nicht mehr beim Kunden vor Ort installiert wird. Daneben gibt es *hybride Szenarien*, bei denen Teile der Software beim Kunden vor Ort (on-premise) und andere Teile in der Cloud bereitgestellt werden. Vorteile von Cloud-Szenarien sind der schnelle Zugang des Kunden zu Upgrades und Innovationen, die häufig hohe Skalierbarkeit sowie der Wegfall des eigenen Hostings der Anwendungen.

Allerdings bringt der Umstieg auf Cloud- oder hybride Szenarien in den meisten Fällen auch große Umstellungen mit sich, angefangen bei Fragen der Datensicherheit und des Datenschutzes über die Abhängigkeit vom Cloud-Releasezyklus bis zu Veränderungen der Aufgabengebiete und Jobprofile der betroffenen Mitarbeitenden.

Ein prominentes Beispiel für ein hybrides Szenario wäre die Nutzung eines On-Premise-Data-Warehouse in Kombination mit einer Cloud-Frontend-Lösung: SAP BW/4HANA 2.0 mit der *SAP Analytics Cloud* (siehe Abschnitt 10.2, »SAP Analytics Cloud«) als Frontend. Im Laufe dieses Buches gehen wir auf verschiedene Cloud-Szenarien im SAP-BW/4HANA-2.0-Umfeld ein. Zunächst beschäftigen wir uns im nächsten Abschnitt mit der Vorstellung des SAP Business Warehouses.

## 1.2 SAP Business Warehouse

**Die Data Warehouse-Lösung von SAP**

Nachdem wir uns bis hierher allgemein mit BI und der Unterstützung durch Anwendungen wie Data Warehouses beschäftigt haben, steigen wir in diesem Abschnitt in Vorstellung der Data Warehousing-Lösung von SAP, dem *SAP Business Warehouse* (*SAP BW*) ein, das – unter wechselnden Bezeichnungen – seit 1997 auf dem Markt ist.

**Klassisches SAP BW**

Im Folgenden geben wir den interessierten Leserinnen und Lesern, die gegebenenfalls schon seit vielen Jahren im SAP-BW-Umfeld tätig sind, zunächst einen Überblick über die SAP-BW-Versionen der letzten Jahre und heben jeweils wichtige Entwicklungen hervor, von denen Ihnen sicher einiges bekannt vorkommt. Im weiteren Verlauf dieses Buches bezeichnen wir die älteren Versionen von SAP BW generell als *klassisches SAP BW*. Damit sind die Versionen und Releases vor SAP BW/4HANA gemeint. Sie können diesen Teil auch überspringen und direkt mit Abschnitt 1.3, »SAP Business Warehouse Edition für SAP HANA«, fortfahren. Für Neueinsteiger und Neueinsteigerinnen ist es keine Voraussetzung, die SAP-BW-Historie und die nicht mehr genutzten Objekte zu kennen, auch wenn sie bei der täglichen Arbeit, insbesondere mit Kollegen mit langjähriger SAP-BW-Erfahrung, gelegentlich auftauchen dürften. Für bereits seit längerer Zeit im SAP-BW-Umfeld tätige oder mit Migrationen von klassischen SAP-BW- auf SAP-BW/4HANA-Systeme beschäftigte Entwicklerinnen und Entwickler stellt eine Übersicht über die Entwicklung der Systeme und Objekte aus unserer Sicht eine hilfreiche Orientierungsmöglichkeit dar. Sie kann hilfreich sein, wenn zu bewerten ist, ob und wann auf ein SAP-BW/4HANA-System umgestiegen werden soll oder muss, und Anhaltspunkte dafür bieten, den Aufwand einer Migration von einem klassischen SAP-BW- auf ein SAP-BW/4HANA-System abzuschätzen.

**Daten aus Quellsystemen**

Häufig werden im SAP BW Daten aus einem SAP-ERP-System geladen und ausgewertet, es ist aber auch möglich, andere *Quellsysteme*, auch von *Drittanbietern (nicht-SAP)*, sowie *Dateien* als Quellen für ein SAP-System zu nutzen (siehe Kapitel 8, »Datenbeschaffung«). Da die Datenladeprozesse im klassischen SAP BW eine gewisse Zeit beanspruchen, laufen sie dort häufig über Nacht. So stehen im klassischen SAP BW hauptsächlich vortagesaktuelle Daten zur Verfügung. Üblicherweise werden nicht die gesamten Daten aus einem Quellsystem ins klassische SAP BW transferiert, sondern die Ausschnitte der Daten, mit denen anschließend unter Nutzung des SAP BW betriebswirtschaftliche Fragestellungen beantwortet werden sollen.

**Datenverarbeitung im SAP BW**

Im klassischen SAP BW können *komplexe Auswertungen* auf den aus den Quellsystemen kopierten Daten ausgeführt werden, ohne die Ressourcen der Quellsysteme zu belasten und somit die Performance von Transaktionen in den Quellsystemen zu beeinträchtigen. Die Daten werden für die verschiedenen *betriebswirtschaftlichen Fragestellungen* aufbereitet im SAP BW abgelegt. Dabei werden im klassischen SAP BW durchaus Daten redundant gespeichert, z. B. wenn Teile derselben Daten für unterschiedliche *Reportingzwecke* oder in unterschiedlicher Granularität benötigt werden. Der Fokus der Datenhaltung im SAP BW liegt somit nicht auf einer hochnormalisierten, möglichst redundanzfreien Datenhaltung, sondern auf der Bereitstellung von für bestimmte Reportingzwecke vorbereiteten Daten. Der Fokus liegt darauf, dass das Reporting und die Navigation in den Daten durch die Anwenderinnen und Anwender möglichst *performant* ablaufen. Für die Verarbeitung der Daten im SAP BW gibt SAP Empfehlungen für den Aufbau einer Datenarchitektur im SAP BW mit verschiedenen Schichten von den Quellsystemdaten bis hin zu den für einzelne Reportingzwecke optimierten Daten. Auch hieraus ergibt sich eine gewisse Redundanz in der Datenhaltung (siehe Abschnitt 4.2.1, »Layered Scalable Architecture«), da die Daten regelmäßig im ersten Schritt so abgelegt werden, wie sie aus den Quellsystemen kommen, dann gegebenenfalls einmal normiert und quellsystemunabhängig zusammengeführt werden und schließlich mit *Business-Logik* angereichert und optimiert für die spezifischen Reportingzwecke gespeichert werden.

SAP BW/4HANA

*SAP BW/4HANA* ist keine Weiterentwicklung der vorhergehenden SAP-BW-Versionen. Erstmalig wurde die Anwendung in großen Teilen neu aufgesetzt – wobei Teile des neuen Codings auch bereits in *SAP BW 7.5 powered by SAP HANA* verwendet werden. SAP BW/4HANA setzt nicht mehr auf dem SAP NetWeaver auf (siehe Hinweiskasten »SAP NetWeaver« in Abschnitt 1.2.1, »Von den Anfängen bis zu SAP Business Intelligence 7«).

Es ist mit SAP BW/4HANA nicht mehr möglich, auf unterschiedlichen Datenbanken aufzusetzen; SAP BW/4HANA läuft ausschließlich auf der In-Memory-Datenbank SAP HANA und ist hierfür optimiert, was zu großen Performancegewinnen bei Berechnungen, beispielsweise insbesondere bei Aggregationen führt. Hieraus ergibt sich ein großer Unterschied in der Datenmodellierung: Es muss nicht mehr der Großteil der datenverarbeitenden Schritte *vorberechnet persistiert* werden, um ein performantes Reporting zu ermöglichen, da viele Berechnungen nun zur Laufzeit stattfinden können. Im Vergleich zum klassischen SAP BW ergeben sich hieraus Änderungen an der Referenz-Datenarchitektur (siehe Abschnitt 4.2, »SAPs Referenzarchitekturen für das SAP BW«). Generell gibt es weniger Schichten mit persistenten Daten. Dies spiegelt sich im Datenfluss jeder SAP-BW/4HANA-Anwendung und auch in den neuen oder veränderten Modellierungsobjekten wider. Mit SAP BW/4HANA ändert sich also nicht nur die technische Plattform gravierend, sondern auch die Modellierungsobjekte und der Aufbau von Datenflüssen – etwas, was alle SAP-BW Entwicklerinnen und -Entwickler direkt betrifft.

Im folgenden Abschnitt geben wir Ihnen einen Überblick über verschiedene Entwicklungsstufen des klassischen SAP BW.

### 1.2.1 Von den Anfängen bis zu SAP Business Intelligence 7

**Die ersten SAP-BW-Versionen**

Die erste Version des SAP BW kam 1997 unter dem Namen *SAP Business Information Warehouse* (*SAP BIW*) heraus. Es folgten die Versionen SAP BIW 1.x und SAP BIW 2.x. Ab 2001 wurde die Software unter dem Namen *SAP Business Warehouse* (*SAP BW*) vertrieben (Versionen 3.0x). 2002 kam SAP BW 3.1 auf den Markt, 2003 SAP BW 3.3 und 2004 SAP BW 3.5.

Seit 2003/2004 setzen die SAP-Produkte SAP ERP (siehe Abschnitt 8.2.1, »SAP Enterprise Resource Planning (SAP ERP)«) und SAP BW auf der Plattform *SAP NetWeaver* auf (siehe Hinweiskasten »SAP NetWeaver«).

**SAP NetWeaver**

Seit 2003 ist *SAP NetWeaver* (erste Version: *SAP NetWeaver 2004*) die von SAP bereitgestellte Plattform für die Integration von Geschäftsanwendungen. Auf ihm bauen sowohl SAP ERP (siehe Abschnitt 8.2.1, »SAP Enterprise Resource Planning (SAP ERP)«) als auch SAP BW auf.

SAP NetWeaver umfasst vier *Integrationsebenen*:

- Benutzerintegration
- Informationsintegration
- Prozessintegration
- Applikationsintegration

Die Plattform ist offen, das heißt, über eine sogenannte *serviceorientierte Architektur* können Drittsysteme integriert werden (Prozessintegration). Zur Benutzerintegration gehört u. a. *SAP Enterprise Portal*, das zur Kommunikation von Anwendern mit den SAP-Systemen dient (z. B. Anzeigen von Berichten).

Technisch beruht SAP NetWeaver hauptsächlich auf der SAP-eigenen Programmiersprache *ABAP* (siehe Hinweiskasten »Die SAP-Programmiersprache ABAP«), neben C, C++ und Java.

**Die SAP-Programmiersprache ABAP**

*ABAP* ist die Programmiersprache von SAP. Ursprünglich stand ABAP für **A**llgemeiner **B**erichts**a**ufbereitungs**p**rozessor, später für **A**dvanced **B**usiness **A**pplication **P**rogramming.

Seit 1990 basieren alle SAP-ERP-Module auf ABAP. Ebenso wurde SAP BW auf ABAP entwickelt. Mit SAP NetWeaver bot SAP eine alternative Ablauf- und Entwicklungsumgebung für Java an (*ABAP-Stack* und *Java-Stack*). ABAP wurde mehrfach erweitert, beispielsweise um Objektorientierung: *ABAP Objects* (*ABAP OO*).

Der Zugriff auf die jeweils zugrundeliegende Datenbank erfolgt aus ABAP mit *Open SQL*, einer von SAP definierten SQL-Variante. Dies ermöglicht eine datenbankunabhängige Implementierung. Open SQL wird vom System in die jeweilige datenbankspezifische SQL-Variante übersetzt.

ABAP ist *abwärtskompatibel*. Das bedeutet, dass alte (durch performantere Befehle ersetzte) Anweisungen weiterhin funktionieren. Dadurch ergibt sich ein umfangreicher Sprachumfang. Entwickler sollten darauf achten, stets die jeweils neueren Befehle zu nutzen.

**SAP Business Intelligence 7**

2005 kam die SAP-BW-Version 7 unter dem Namen *SAP Business Intelligence* (*SAP BI*) auf den Markt. Der Wechsel von SAP BW 3.x zu SAP BI 7 ging mit größeren Änderungen einher. Beispielsweise wurden *Übertragungsregeln* und *Fortschreibungsregeln* durch *Transformationen* ersetzt. Letztere finden auch in der SAP-BW/4HANA-Umgebung weiterhin Verwendung. Für die Leserinnen und Leser, die bereits mit SAP BW in einer 3.x-Version gearbeitet haben – und natürlich auch alle anderen, die sich für die historische Entwicklung des SAP BW interessieren – bietet Abbildung 1.3 eine exemplarische Übersicht über signifikante Änderungen in der Datenmodellierung zwischen SAP BW 3.x und SAP BI 7.

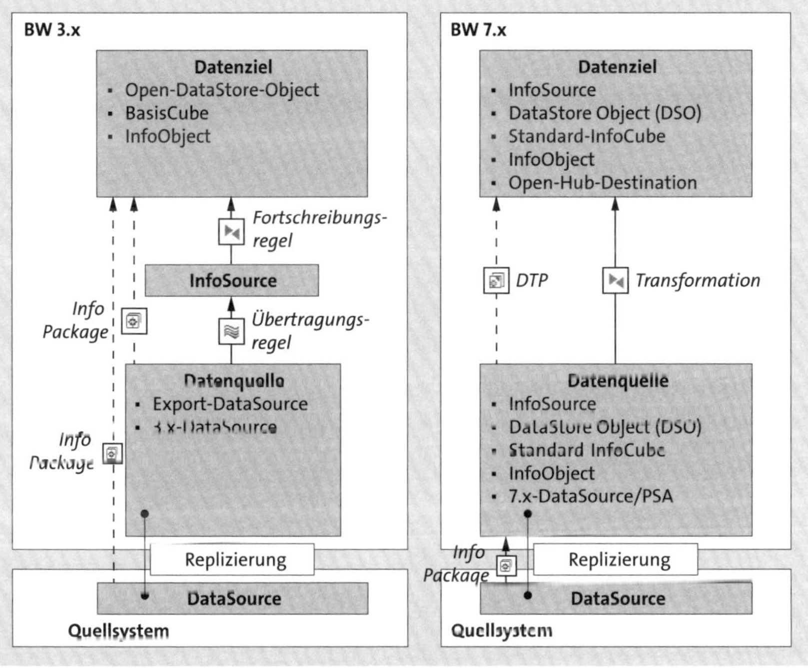


**Abbildung 1.3** Veränderungen an den Modellierungsobjekten für den Datenfluss zwischen SAP BW 3.x und SAP BW 7.x (in Anlehnung an A. Jüttner et al. (2009): »Leitfaden SAP® BW 7«, dpunkt.verlag)

**SAP-BW-3.x-Logik in SAP BW 7.x**

Auch wenn die SAP-BW-7.x-Welt bereits seit 2005 existiert, spielt die ältere SAP-BW-3.x-Logik bei der Datenflussmodellierung auch in der SAP-BW-7.x-Welt noch immer eine Rolle. Wenn Datenflusselemente aus dem *BI Content* (siehe Hinweiskasten »BI Content«) genutzt werden, sind sie häufig noch in der SAP-BW-3.x-Logik umgesetzt. Während 3.x-Objekte für Eigenentwicklungen nicht mehr genutzt werden sollen, müssen SAP-BW-Betreuerinnen und -Betreuer dennoch in der Lage sein, sie zu verstehen und anzuwenden, wenn entsprechende BI-Content-Objekte verwendet werden.

[»]

**BI Content**

Mit *BI Content* werden Objekte wie *DataSources*, *InfoPackages*, *InfoObjects*, *DataStore-Objekte* (*DSOs*), *Transformationen*, *Datentransferprozesse* (*DTPs*), *InfoCubes*, *MultiProvider*, *Queries* etc. bezeichnet, die von SAP implementiert wurden und dem Kunden für die Verwendung zur Verfügung stehen.

Zur Veranschaulichung ein Beispiel: Eine große Rolle spielen DataSources für das Quellsystem SAP ERP (siehe Abschnitt 8.2.1, »SAP Enterprise Resource Planning (SAP ERP)«), die auch im SAP-ERP-System entsprechend modelliert sind. Durch die Replizierung einer SAP-ERP-DataSource ins SAP BW wird die DataSource im SAP BW bekannt gemacht (Replizierung: Kopie der Schnittstelle aus dem SAP-ERP- ins SAP-BW-System). Sie muss nun noch im SAP BW aktiviert werden und kann anschließend zum Laden von Daten genutzt werden. So lassen sich unter Nutzung des BI Contents sehr schnell Datenextraktionen aus einem SAP-ERP- in ein SAP-BW-System implementieren.

Wie bei DataSources kann der SAP-Kunde auch für alle anderen Objekte des BI Contents entscheiden, welche er nutzen möchte, und diese entsprechend aktivieren. Alternativ kann er seine benötigten SAP-BW-Objekte selbst »von Hand« aufbauen. BI-Content-Objekte können im Kundensystem kundenspezifisch angepasst werden.

Für weitere Informationen zum BI Content verweisen wir auf die Schulungsunterlagen von SAP und die zahlreich im Internet zu findenden Webseiten zum Thema.

### 1.2.2 SAP HANA

**SAP HANA**

Die Entwicklung von *SAP HANA* wurde ab 2008 von SAP, dem Hasso-Plattner-Institut (HPI) in Potsdam und der Stanford University mit dem Ziel der Echtzeitanalyse großer Datenmengen zunächst unter den Namen *SanssouciDB* oder *NewDB* vorangetrieben. 2010 wurde SAP HANA der Öffentlichkeit vorgestellt.

In-Memory-Technologie

SAP HANA nutzt die *In-Memory-Technologie* (siehe Abschnitt 2.1, »In-Memory-Computing mit SAP HANA«), bei der ein Großteil der Daten nicht auf der (langsameren) Festplatte, sondern im (schnelleren) Arbeitsspeicher vorgehalten wird. So können auch sehr große Datenmengen mit höherer Performance ausgewertet werden als mit klassischen relationalen Datenbanken.

Appliance

Mit SAP HANA wurde schnell nicht mehr nur eine In-Memory-Datenbank, sondern darüber hinaus auch eine Entwicklungs- und Integrationsplattform für betriebliche Softwareanwendungen sowie die zugrundeliegende Hardware bezeichnet. SAP benutzt für diese Kombination aus Hard- und Software den Begriff *Appliance*. Ursprünglich stand SAP HANA für **H**igh Performance **An**alytic **A**ppliance (oder scherzhaft auch **Ha**nno's **N**ew **A**rchitecture) – heute steht der Name SAP HANA für sich.

SAP Business Suite 4 SAP HANA (SAP S/4HANA)

Ab 2013 standen erste Kernanwendungen des SAP-ERP-Systems (siehe Abschnitt 8.2.1, »SAP Enterprise Resource Planning (SAP ERP)«) auf der Basis SAP HANA zur Verfügung. Seit 2015 gibt es das Nachfolgeprodukt von SAP ERP, SAP S/4HANA (siehe Abschnitt 8.2.2, »SAP Business Suite 4 SAP HANA und SAP S/4HANA Cloud«). SAP S/4HANA basiert auf einem auf SAP HANA neu aufgebauten Datenmodell. Die Nutzung von SAP HANA auch für SAP BW folgte im Anschluss. Sie wird in den folgenden Abschnitten beschrieben. In Abschnitt 2.1.6, »SAP HANA«, beschäftigen wir uns näher mit den technischen Grundlagen von SAP HANA.

**Add-on: SAP Business Warehouse Accelerator**

Der *SAP Business Warehouse Accelerator* (*SAP BWA*) ist ein Add-on für SAP BW 7.x, das auf der *In-Memory-Technology* beruht und im Umfeld der SAP-HANA-Entwicklung entstanden ist. Somit war der SAP BWA quasi ein Vorgriff auf die spätere komplette Umstellung von SAP BW auf SAP HANA.

Der SAP BWA ermöglicht eine schnellere und performantere Auswertung großer Datenmengen im klassischen SAP BW – die ohne den SAP BWA durchaus viele Stunden bis hin zu Tagen in Anspruch nehmen können. Der gezielte Einsatz des SAP BWA für einzelne, performanceintensive im SAP BW implementierte Anwendungen ist jedoch immer gegen die relativ hohen Kosten für den Einsatz des SAP BWA abzuwägen.

### 1.2.3 SAP BW 7.x – powered by SAP HANA

SAP BW 7.3 (powered by SAP HANA)

Seit 2011 gibt es *SAP BW 7.3*. Hierbei handelt es sich um die erste SAP-Version, die auf der In-Memory-Datenbank SAP HANA laufen kann (ausschließliche Nutzung von SAP HANA als reine Datenbank). Allein der Austausch der Datenbank führt jedoch nicht dazu, dass die gesamten Vorteile von SAP HANA genutzt werden können. Allerdings können gegebenenfalls durchaus nur durch den Austausch einer relationalen Datenbank gegen die In-Memory-Datenbank SAP HANA bereits Performancegewinne entstehen. Läuft das SAP BW 7.3 auf der SAP HANA, wird dieses Konstrukt als *SAP BW 7.3 powered by SAP HANA* bezeichnet. SAP BW 7.3 powered by SAP HANA und die Folgereleases bieten zunehmend Objekte für die Datenmodellierung an, die für SAP HANA optimiert sind. Es handelt sich hierbei um Erweiterungen der bereits existierenden Objekttypen, wobei die alten Objekte weiterhin parallel genutzt werden können.

**SAP BW 7.4 (powered by SAP HANA)**

*SAP BW 7.4* ist seit 2013 verfügbar. Diese Version kann sowohl auf einer herkömmlichen Datenbank als auch auf der In-Memory-Datenbank SAP HANA betrieben werden. Im zweiten Fall sprechen wir von einem *SAP BW 7.4 powered by SAP HANA*. Ab SAP BW 7.4 unternimmt SAP verstärkte Anstrengungen, SAP BW und SAP HANA zu integrieren. So bietet SAP BW 7.4 powered by SAP HANA neue Funktionen wie eine *HANA-optimierte Archivierung von DSO-Requests* oder *durch HANA verarbeitete Datentransfers mit Transformationen*. Erstmalig können die neuen *advanced DataStore-Objekte* (*aDSOs*, siehe Abschnitt 5.6, »Advanced DataStore-Objekte«) sowie die neuen *CompositeProvider* (siehe Abschnitt 6.3, »CompositeProvider«) verwendet werden, die die klassischen *DataStore-Objekte* (*DSOs*), *MultiProvider* und *InfoSets* in *SAP BW/4HANA* komplett ersetzen werden.

**Code-Pushdown**

Für HANA-optimierte Objekte gilt, dass Berechnungen nicht mehr auf dem SAP-BW-Applikationsserver, sondern zunehmend bereits in SAP HANA, also auf Datenbankebene durchgeführt werden (*Code-Pushdown*). So können die Stärken von SAP HANA ausgenutzt und die Performance verbessert werden.

**Neue Administrationstools**

In SAP BW 7.4 können die klassischen SAP-BW-Objekte weiter über das klassische *SAP Graphical User Interface* (das *SAP GUI*) implementiert werden. Im SAP-HANA-Kontext gibt es zusätzlich neue Administrationstools, die zunehmend die Funktionen des SAP GUI abbilden können und sie mehr und mehr ersetzen: Die neuen SAP-HANA-Objekte werden im Eclipse-basierten *SAP HANA Studio* entwickelt und verwaltet. Hierfür stehen im SAP HANA Studio die *SAP BW Modeling Tools* zur Verfügung (siehe Abschnitt 2.2, »Entwicklungs- und Administrationsumgebungen für SAP BW/4HANA 2.0«).

**SAP BW 7.5**

Seit 2015 gibt es *SAP BW 7.5*. Auch diese Version kann noch auf einer herkömmlichen Datenbank installiert werden. Wird sie auf einer SAP HANA installiert, wird dies als *SAP BW 7.5 powered by SAP HANA* bezeichnet. SAP BW 7.5 powered by SAP HANA stellt wie SAP BW 7.4 powered by SAP HANA eine Zwischenstufe zwischen dem klassischen SAP BW und einem für SAP HANA optimierten SAP BW dar. SAP BW 7.5 ist dabei die letzte Version von SAP BW, die auch auf alternativen Datenbanken laufen kann.

**SAP HANA Studio und SAP BW Modeling Tools**

SAP BW 7.5 powered by SAP HANA bietet verstärkt die Nutzung neuer Objekte wie der neuen aDSOs und der Eclipse-basierten Entwicklungsumgebung SAP HANA Studio. Mit steigender *Support-Package-*(*SP-*)Nummer steht immer mehr Funktionalität in den SAP BW Modeling Tools im SAP HANA Studio zur Verfügung (zu Support Packages im Kontext von SAP BW/4HANA siehe Hinweiskasten »Support Packages« in Abschnitt 1.3.1, »SAP BW/4HANA 1.0«). SAP BW 7.5 powered by SAP HANA bietet darüber hinaus neue Funktionen an, z. B. die Erweiterung der *externen SAP-HANA-Views* für den SQL-Zugriff auf SAP-BW-Objekte.

**Kompatibilitätsmodi**

SAP BW 7.5 kann in drei verschiedenen *Kompatibilitätsmodi* laufen:

- *BW Mode*: Das SAP-Release läuft analog zu klassischen Releases wie SAP BW 7.4 powered by SAP HANA, mit Optimierung für SAP HANA.
- *Compatibility Mode*: SAP BW 7.5 powered by SAP HANA mit SAP-BW/4HANA-Add-on. Objekte wie InfoCubes können weiter genutzt, aber nicht mehr neu erstellt oder verändert werden (Ausnahmen können über eine Whitelist verwaltet werden).
- *B4H Mode*: Das System verhält sich wie ein SAP-BW/4HANA-System. Es können nur HANA-optimierte Funktionen verwendet werden. Dies ist die ideale Vorstufe zum Upgrade auf SAP BW/4HANA.

Abschließend zur Betrachtung der historischen Entwicklung von SAP BW bis hin zu SAP BW/4HANA illustriert Abbildung 1.4 die wichtigsten Entwicklungsschritte und legt sie auf die Zeitachse.

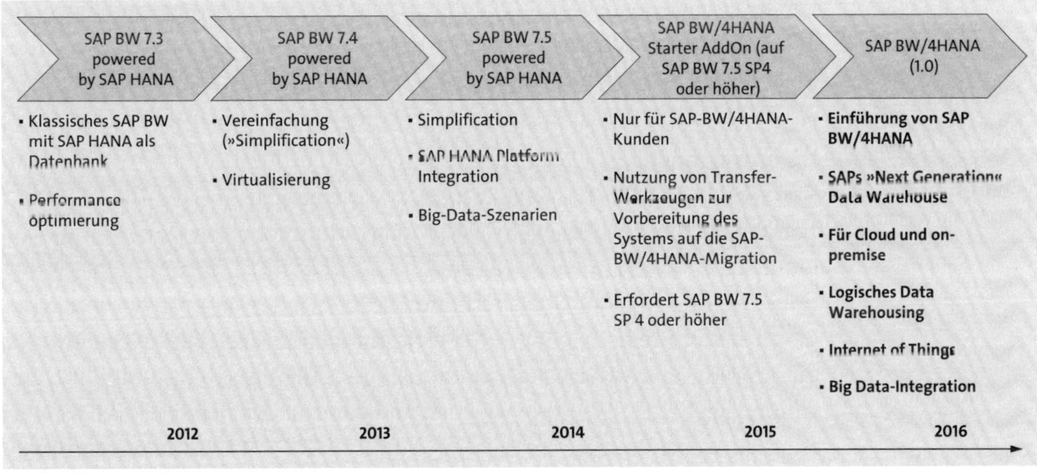


**Abbildung 1.4** Von SAP BW zu SAP BW/4HANA (in Anlehnung an SAP)

Im nächsten Abschnitt stellen wir SAP BW/4HANA als aktuelle Entwicklungsstufe vor.

## 1.3 SAP Business Warehouse Edition für SAP HANA

**SAP BW/4HANA**

Um die Vorteile der In-Memory-Datenbank SAP HANA vollumfänglich nutzen zu können, wurden gravierende Änderungen an den SAP-Anwendungen SAP ERP und SAP BW erforderlich. Wie bereits erwähnt, ist seit 2015 der Nachfolger des SAP-ERP-Systems, SAP S/4HANA auf dem Markt. Anschließend wurde die Entwicklung des Nachfolgers von SAP BW, *SAP BW/4HANA*, vorangetrieben.

**ABAP Application Server**

Bei beiden Systemen wurden erstmalig große Teile des Codings und – im Falle von SAP S/4HANA – auch des Datenmodells neu aufgesetzt. Bei SAP BW/4HANA waren Teile des neuen, HANA-optimierten Codings bereits in SAP BW 7.5 powered by SAP HANA verfügbar. Beide Systeme nutzen dabei weiter den *ABAP Application Server*. Die Programmiersprache ABAP findet also auch in der neuen SAP-BW/4HANA-Welt weiter Verwendung.

**Code-Pushdown und Skalierbarkeit**

Sowohl SAP S/4HANA als auch SAP BW/4HANA setzen derzeit ausschließlich auf der SAP-HANA-Datenbank auf. Rechenoperationen, für die die SAP-HANA-Datenbank optimiert ist, werden nicht mehr auf den jeweiligen Applikationsservern ausgeführt, sondern auf die Datenbankschicht von SAP HANA transferiert (*Code-Pushdown*). Mit dieser Ausnutzung der Vorteile der In-Memory-Technologie lassen sich große Performancegewinne bei vielen Berechnungsoperationen, insbesondere auch mit sehr großen Datenmengen, erzielen (*Skalierbarkeit*). Darüber hinaus sollen zukünftig verstärkt *heterogene Datentypen* verarbeitet werden können und Big-Data-Technologien verfügbar gemacht werden. Details zur In-Memory-Technologie finden Sie in Abschnitt 2.1, »In-Memory-Computing mit SAP HANA«.

**SAPs Strategie: Cloud first**

Die erklärte Strategie von SAP lautet *Cloud first*; SAP möchte seinen Kunden zukünftig möglichst viele Anwendungen in der Cloud anbieten. Neben SAP BW/4HANA wird derzeit als Cloud-Data-Warehouse-Lösung die *SAP Data Warehouse Cloud* entwickelt (siehe Abschnitt 13.2, »SAP Data Warehouse Cloud«. SAP BW/4HANA als *On-Premise-Lösung* wird aufgrund seines Funktionsumfangs und der Unsicherheiten bezüglich der Datensicherheit in der Cloud sicher noch viele Jahre für viele Kunden das relevante Szenario für die Abbildung großer Data-Warehousing-Lösungen sein. Bereits jetzt gewinnen aber auch hybride Szenarien an Bedeutung, beispielsweise die Nutzung einer On-Premise-Installation von SAP BW/4HANA 2.0 in Kombination mit der SAP Analytics Cloud (siehe Abschnitt 10.2, »SAP Analytics Cloud«) als Frontend.

### 1.3.1 SAP BW/4HANA 1.0

SAP BW/4HANA 1.0

2016 kam *SAP BW/4HANA 1.0* als Nachfolger von SAP BW und als erste Version der neuen Generation der SAP-BW-Linie auf den Markt. SAP BW/4HANA läuft ausschließlich auf einer SAP-HANA-Datenbank. So kann SAP BW/4HANA voll für die SAP-HANA-Datenbank optimiert werden. Ältere SAP-BW-Versionen konnten auf verschiedenen Datenbanksystemen aufgesetzt werden, wobei diese Flexibilität dadurch erkauft wurde, dass stets die Eigenheiten aller unterstützten Datenbanksysteme berücksichtigt werden mussten, was im Umgang mit jedem einzelnen Datenbanksystem an der ein oder anderen Stelle einen Kompromiss statt der »besten« Lösung bedeuten konnte. Erkenntnisse und Innovationen aus den früheren Versionen von SAP BW powered by SAP HANA sind in die Entwicklung von SAP BW/4HANA mit eingeflossen.

Designprinzipien

Die *Designprinzipien* für SAP BW/4HANA umfassen:

- *Hohe Performance*: schnellere Queryperformance; Laden großer Datenmengen in Echtzeit möglich
- *Offenheit*: erleichterter Zugang zu Informationen durch die Möglichkeit, im BW-Modus, mit nativem SQL oder mit beidem zu arbeiten
- *Einfachheit* (*Simplicity*): reduzierter Entwicklungsaufwand und geringere Betriebskosten
- Ein *modernes Interface*: ein neues, vereinfachtes User Interface (UI) für alle Nutzer soll den Zugang auch für Nicht-Datenbankexperten vereinfachen
- *Transition*: unterstützen bei der Migration von SAP BW zu SAP BW/4HANA

Simplicity – Modellierungsobjekte

Ein anschauliches Beispiel für die Vereinfachung der Modellierung von Datenflüssen in SAP BW/4HANA illustriert Abbildung 1.5. Auf der linken Seite sehen Sie die aus dem klassischen SAP BW bekannten Modellierungsobjekte – unterteilt nach Objekten mit persistenter und virtueller Datenhaltung. Auf der rechten Seite sehen Sie die entsprechenden Datenobjekte zur Abbildung desselben Sachverhaltes in SAP BW/4HANA. Es wird deutlich, dass es weniger verschiedenartige Modellierungsobjekte gibt, da beispielsweise ein aDSO die Aufgaben sowohl von klassischen DSOs als auch von InfoCubes übernehmen kann. Dies reduziert entscheidend die Komplexität bei der Modellierung und dem Betrieb von Anwendungen in SAP BW/4HANA.

Die neuen/angepassten Modellierungsobjekte sind in SAP BW/4HANA explizit für die Nutzung auf SAP HANA und die Modellierung einer Schichtenarchitektur nach Vorbild der *Layered Scalable Architecture ++* (LSA++, siehe Abschnitt 4.2.2, »Layered Scalable Architecture ++«) designt und modelliert. Die Modellierungsobjekte in SAP BW/4HANA behandeln wir ausführlich in Kapitel 5, »Grundlegende Modellierungsobjekte: Datenhaltung«, Kapitel 6, »Grundlegende Modellierungsobjekte: Datentransformation und -präsentation«, sowie Kapitel 7, »Komplexere Modellierungsobjekte«.

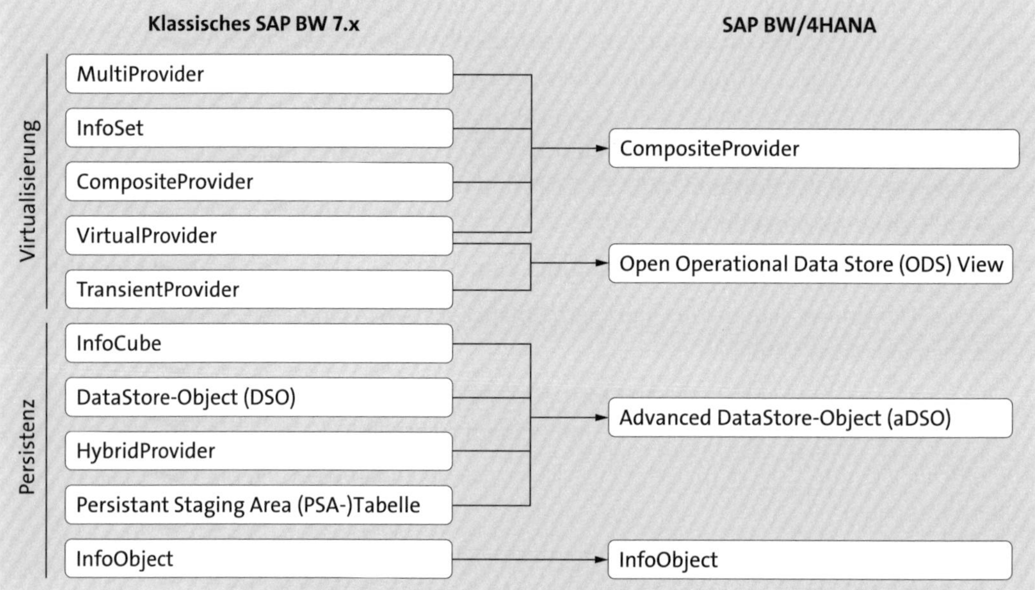


**Abbildung 1.5** Simplicity: SAP-BW-Objekte und die entsprechenden SAP-BW/4HANA-Objekte (in Anlehnung an SAP)

**Data Tiering Optimization**

SAP BW/4HANA bietet erstmalig *Data Tiering Optimization* (*DTO*), die Unterscheidung von Daten in heiße (*hot*), warme (*warm*) und kalte (*cold*) Daten, je nachdem, wie häufig auf die Daten zugegriffen wird (siehe Abschnitt 9.4, »Data Tiering und Multi-Temperature-Speicherstrategien«). Während heiße Daten im Arbeitsspeicher vorgehalten werden müssen, können warme und kalte Daten in günstigeren – aber auch langsameren – Speicherbereichen abgelegt werden. Dadurch können die Betriebskosten (*Total Cost of Ownership*, TCO) insbesondere bei stark wachsenden und großen Datenmengen reduziert werden. Mit den Support Packages (siehe Hinweiskasten) SP04 (2017) und SP08 (2018) wurde die DTO jeweils erweitert und verbessert.

[«]

**Support Packages**

Aktuell gibt es die SAP-BW/4HANA-Releases 1.0 und 2.0. Zu jedem Release gibt es – meist mehrmals im Jahr – *Support Packages* (SP), die eingespielt werden können (und auch regelmäßig eingespielt werden sollten), um das SAP-BW/4HANA-System auf einem aktuellen Stand zu halten.

Support Packages enthalten Korrekturen zu Programmfehlern, aber auch Erweiterungen der Funktionalität (sogenannte *Enhancements*).

Seit SP04 (2017) gibt es ein verbessertes Laden von Stammdaten in SAP BW/4HANA sowie eine enge Integration mit dem SAP Data Hub (siehe Hinweiskasten). Ferner wurde die *Analytical Engine* zur Unterstützung von OLAP-Funktionen weiter verbessert.

[«]

**SAP Data Hub**

Beim *SAP Data Hub* handelt es sich um eine Plattform zur Orchestrierung aller relevanten Daten im Unternehmen: Unternehmensdaten, strukturierte und insbesondere unstrukturierte Rohdaten und Big Data für das Datenmanagement. Dabei werden die Daten und ihre Metadaten integriert und verwaltet, ohne dass die Daten an zentraler Stelle gemeinsam abgelegt werden müssen. Dabei werden die Daten über Interpretationsregeln (Metadaten) verarbeitet und sinnvoll miteinander verknüpft. Die Verarbeitung erfolgt mit *Flows* datenflussbasiert über *Datenpipelines*. Diese bestehen aus einem oder mehreren *Operatoren*, die die Daten transformieren.

Der SAP Data Hub kann on-premise oder als Cloudlösung verwendet und in SAP S/4HANA und SAP BW/4HANA integriert werden.

**Einheitliches User Interface (UI)**

Mit dem *SAP HANA Studio* gibt es eine Benutzeroberfläche (*User Interface*, UI) für alle Modellierungsaspekte in SAP BW/4HANA. Zunächst musste, insbesondere zur Erstellung und Administration von *Datentransferprozessen* (*DTPs*) und *Transformationen*, noch auf das klassische *SAP GUI* (*SAP Graphical User Interface*) zurückgegriffen werden, was einen Systembruch darstellte. Seit SP08 (2018) gibt es das *SAP BW/4HANA Web Cockpit* als zentralen Einstiegspunkt für die Administration und das Monitoring.

Abbildung 1.6 skizziert die verschiedenen Entwicklungsstufen von SAP BW/4HANA 1.0 mit wichtigen Support-Package-Ständen hin zum neuen Release SAP BW/4HANA 2.0 und legt sie entsprechend auf die Zeitachse. Im nächsten Abschnitt beschäftigen wir uns mit SAP BW/4HANA 2.0.

| SAP BW/4HANA 1.0 | SAP BW/4HANA 1.0 SP04 | SAP BW/4HANA 1.0 SP08 | SAP BW/4HANA 2.0 |
|---|---|---|---|
| • Das »Next Generation« Data Wareouse<br>• Baut auf den Innovationen von SAP BW powered by SAP HANA auf<br>• Löst sich von der Altlast der Datenbank-unabhängigkeit (»SAP BW on any DB«)<br>• Data Tiering Optimization (DTO) für die Verwaltung heißer, warmer und kalter Datenschichten | • Erweitere DTO-Optionen zur Reduzierung der Total Cost of Ownership (TCO)<br>• Erweitertes Laden von Stammdaten<br>• Enge Integration mit dem SAP Data Hub<br>• Verbesserte Analytical Engine | • Vereinheitlichte Benutzeroberfläche (User Interface, UI) für alle SAP BW/4HANA Modellierungsaspekte (inkl. DTPs und Transformationen)<br>• SAP BW/4HANA Web Cockpit als zentraler Einstiegspunkt für die Administration und das Monitoring<br>• Neue Speicheroptionen für das DTO | • SAPs Version für eine moderne, kompakte Data Warehouse-Lösung<br>• Vereinfacht alle Aspekte des Data Warehousings<br>• Intelligente Integration aller Geschäftsanwendungen und moderner Datenquellen |
| 2016 | 2017 | 2018 | 2019 |

**Abbildung 1.6** Die Entwicklung von SAP BW/4HANA 1.0 zu SAP BW/4HANA 2.0 (in Anlehnung an SAP)

### 1.3.2 SAP BW/4HANA 2.0

SAP BW/4HANA 2.0

Seit 2019 ist *SAP BW/4HANA 2.0* verfügbar. Wie sein Vorgänger ist es ausschließlich mit einer SAP-HANA-Datenbank einsetzbar. Das Coding von SAP BW/4HANA 2.0 ist hochoptimiert für SAP HANA und in der Lage, die charakteristischen Vorteile der In-Memory-Datenbank bestmöglich zu nutzen. Gleichzeitig verspricht SAP BW/4HANA 2.0 eine Vereinfachung typischer Data-Warehousing-Aspekte auf einer vereinheitlichten Plattform sowie die intelligente Einbindung moderner Datenquellen und Geschäftsanwendungen.

Leitwerte

SAP bezeichnet *Business Agility*, *Cloud Readiness* und *Modern Data Warehousing* als die Leitwerte von SAP BW/4HANA 2.0. Business Agility beschreibt dabei die Fähigkeit, durch Echtzeitauswertungen und schnelle Anpassungen an sich ändernde Anforderungen konkurrenzfähig zu sein. Cloud Readiness beschreibt die Möglichkeit, zunächst einen Prototyp in der Cloud zu implementieren und ihn anschließend weiterzuentwickeln. Hierfür kann SAP BW/4HANA 2.0 in einer Public Cloud (*Amazon Web Services*, *Google Cloud Platform* oder *Microsoft Azure*) oder auch in der von SAP gemanagten Cloud, der *SAP HANA Enterprise Cloud*, genutzt werden (siehe Abschnitt 2.3.4, »SAP BW/4HANA 2.0 in Cloud-Szenarien«). Modern Data Warehousing kennzeichnet SAP BW/4HANA 2.0 als hochperformante und zukunftssichere Plattform.

**Cloud Data Integration API**

SAP BW/4HANA 2.0 verfügt über eine enge Integration zu SAP S/4HANA und den SAP-Cloud-Anwendungen (z. B. SAP S/4HANA Cloud, SAP Analytics Cloud). Hierfür wird das *Cloud Data Integration Application Programming Interface* genutzt.

Mit SAP BW/4HANA 2.0 wurden weitere Funktionen in das SAP HANA Studio und das SAP BW/4HANA 2.0 Web Cockpit integriert, für die zuvor noch auf das SAP GUI zurückgegriffen werden musste, wie z. B. die Prozesskettenpflege. Für die Modellierung in SAP BW/4HANA 2.0 wird das SAP GUI nun nicht mehr benötigt. Funktionen, die noch nicht für die neuen Oberflächen implementiert sind, werden innerhalb des SAP HANA Studios in eigenen Tabs im alten SAP-GUI-Layout angezeigt. Ein Programmwechsel entfällt somit.

**SAP BW/4HANA 2.0 Web Cockpit**

Mit SAP BW/4HANA 2.0 steht das erweiterte *SAP BW/4HANA 2.0 Web Cockpit* zur Verfügung. Es bietet eine moderne Oberfläche (User Interface, UI), die an das von SAP propagierte *SAP-Fiori-Design* angelehnt ist. Das SAP BW/4HANA 2.0 Web Cockpit ist nun der zentrale Einstieg in die Administration in SAP BW/4HANA. Jeder Anwender kann das SAP BW/4HANA 2.0 Web Cockpit für seine Bedürfnisse anpassen (»personalisieren«). Es kann dabei um eigene Anwendungen und Gruppen erweitert werden. Auch benutzer- und berechtigungsabhängige Anpassungen sind möglich. Das SAP BW/4HANA 2.0 Web Cockpit stellen wir in Abschnitt 2.2.2, »Administration im SAP BW/4HANA 2.0 Web Cockpit«, ausführlich vor.

[«]

**SAP Fiori**

*SAP Fiori* ist ein Designansatz von SAP für UIs, der über die reine Schnittstelle zwischen Menschen und Computern hinausgehen soll und den Anwenderinnen und Anwendern eine »intuitive Erfahrung« bieten soll. Dieses einheitliche Erscheinungs- und Interaktionsdesign bezeichnet SAP nicht mehr nur als UI, sondern als *User Experience* (*UX*). Ziel des Ansatzes ist es, es Designern und Entwicklerinnen zu erleichtern, (*SAP Fiori*) *Apps* zu erstellen, die den SAP Fiori Guidelines entsprechen und sich für den Anwender vorhersehbar und konsistent verhalten. Typisch ist dabei die Verwendung von *Kacheln*, z. B. als Schaltflächen, die bereits eine hoch aggregierte Kennzahl oder einen kleinen Graphen enthalten. Durch Anklicken dieser Kacheln gelangen die Anwenderinnen und Anwender dann in die jeweilige App mit der Detailsicht. Die SAP Fiori Apps können Benutzern zentral über das *SAP Fiori Launchpad* zur Verfügung gestellt werden.

Die SAP-Fiori-Richtlinien enthalten die folgenden Grundprinzipien:

- *Rollenbasiert*: Apps sollen die Anwenderinnen und Anwender optimal bei ihren Aufgaben unterstützen und sind daher auf konkrete Benutzer und Aufgaben zugeschnitten. Alle Anwenderinnen und Anwender können ihre Apps im SAP Fiori Launchpad – in Grenzen – personalisieren (beispielsweise Kacheln ausblenden oder neu definieren).

- *Einheitlich*: Apps folgen in Aussehen und Bedienung dem SAP-Fiori-Design. Dadurch können die Anwenderinnen und Anwender auch für sie neue Apps intuitiv bedienen (UX).
- *Einfach*: Apps konzentrieren sich auf die notwendigen und wichtigen Aspekte und erlauben so eine schnelle und intuitive Nutzung durch die Anwenderinnen und Anwender.
- *Adaptiv*: Anwenderinnen und Anwender können Apps unabhängig vom Endgerät (stationär [Computer, Laptop] und insbesondere mobil [Tablet, Smartphone]) nutzen. Dafür stellen die von SAP für die Entwicklung von SAP Fiori Apps bereitgestellten Bibliotheken (*SAPUI5*) bereits *responsive Layoutelemente* zur Verfügung.
- *Begeisternd*: Apps sollen den Anwenderinnen und Anwendern ihre Arbeit erleichtern und sie begeistern.

SAP-Fiori-Interfaces können mit der Designsprache SAP Fiori erstellt werden. Sie sind für verschiedene SAP-Anwendungen verfügbar (z. B. auch SAP S/4HANA, SAP BW/4HANA, SAP Analytics Cloud), sodass sich hier dem Anwender auch bei der Verwendung verschiedener SAP-Anwendungen ein einheitliches Erscheinungs- und Interaktionsdesign bietet. Dabei können SAP-Fiori-Designs mit verschiedenen Technologien implementiert werden, SAP stellt jedoch *Fiori-UI-Bibliotheken* in der *SAPUI5-JavaScript-Bibliothek* und das *SAP Cloud Platform Software Development Kit* (*SDK*) für iOS und für Android zur Verfügung.

Der Entwicklungsprozess von SAP Fiori Apps stellt stark das Design und die UX in den Vordergrund und orientiert sich am *Design-Thinking*-Ansatz. Für weitere Informationen zur Entwicklung von SAP Fiori Apps verweisen wir auf die entsprechende Fachliteratur.

SAP BW/4HANA 2.0 bietet weitere neue oder verbesserte Funktionen wie eine vereinfachte Suchfunktion und ein verbessertes Management von Systemnachrichten (z. B. von Prozessketten, Requests oder DTPs) im SAP BW/4HANA 2.0 Web Cockpit, die Integration mit dem *SAP Data Hub* oder neue *ABAP-Core-Data-Service-*(*CDS-*)*Views* für die *SAP-BW/4HANA-Statistik*. Kapitel 2, »Einführung in SAP BW/4HANA 2.0«, bietet einen tieferen Einstieg mit einem Überblick über die Funktionen im SAP HANA Studio und im SAP BW/4HANA 2.0 Web Cockpit.

# Kapitel 2
# Einführung in SAP BW/4HANA 2.0

*Um die Vorteile eines Data Warehouse verstehen und nutzen zu können, lohnt es sich, einen Exkurs zur Entwicklung von In-Memory-Datenbanken zu machen. Wir wollen Ihnen damit ein Gefühl dafür geben, welche Stärken und Vorteile In-Memory-Datenbanken mitbringen und Sie so in die Lage versetzen, sie bei Ihrer Arbeit mit SAP BW/4HANA 2.0 zu nutzen. Anschließend stellen wir Ihnen die Entwicklungs- und Administrationsumgebungen von SAP BW/4HANA 2.0 vor und beschreiben verschiedene Einführungsszenarien.*

In Abschnitt 2.1, »In-Memory-Computing mit SAP HANA«, stellen wir Ihnen die theoretischen und technischen Grundlagen von SAP BW/4HANA 2.0 vor, insbesondere die zentrale Datenbank SAP HANA und das ihr zugrundeliegende Konzept des *In-Memory-Computings*. Abschnitt 2.2, »Entwicklungs- und Administrationsumgebungen für SAP BW/4HANA 2.0«, enthält eine Einführung in die Entwicklungs- und Administrationsumgebungen für SAP BW/4HANA 2.0. Das Kapitel schließt mit einem Überblick über die Möglichkeiten zur Einführung von und zur Migration von älteren SAP-BW-Versionen auf BW/4HANA 2.0 in Abschnitt 2.3, »Einführung von SAP BW/4HANA 2.0 im Unternehmen«.

## 2.1 In-Memory-Computing mit SAP HANA

**In-Memory-Datenbank SAP HANA**

Der Innovationstreiber im SAP-BW-Umfeld, der zum größten Umbruch in der jüngeren SAP-BW-Geschichte geführt hat, war die Einführung der In-Memory-Datenbank SAP HANA und der Nutzung mit einem zunehmend für SAP HANA optimierten SAP BW. Im Folgenden skizzieren wir, was zur Entwicklung von SAP HANA geführt hat, und arbeiten die Unterschiede einer In-Memory-Datenbank im Vergleich zu einer relationalen Datenbank heraus. Aufbauend darauf werfen wir einen Blick auf die Stärken von SAP HANA, die sich SAP BW/4HANA 2.0 heute zunutze macht.

### 2.1.1 Trennung von Online Transaction Processing und Online Analytical Processing

Traditionell wird in der Informatik zwischen *Online Transaction Processing* (*OLTP*) und *Online Analytical Processing* (*OLAP*) unterschieden. Im Folgenden stellen wir beide Konzepte sowie die wesentlichen Unterschiede zwischen ihnen vor.

**Online Transaction Processing**

Beim OLTP liegt der Schwerpunkt auf der Ausführung schreibender Transaktionen, d. h. auf dem Anlegen, Ändern oder Löschen von Daten. Ein typisches Beispiel für ein OLTP-System ist ein klassisches ERP-System. Hier werden regelmäßig Stammdaten angelegt und verändert und Bewegungsdaten wie Bestellungen, Kundenaufträge, Fertigungsaufträge und Rechnungen erfasst und fortgeschrieben (siehe Hinweiskasten »Stammdaten und Bewegungsdaten«.

[»]

**Stammdaten und Bewegungsdaten**

Mit *Stammdaten* werden Daten bezeichnet, die Informationen über bestimmte Objekte – oder Entitäten – enthalten, z. B. zu einem Kunden oder zu einem Material. Stammdaten werden auch als *Grunddaten* bezeichnet (Englisch: *master data* oder *core data*). Ein einzelnes Stammdatenobjekt, z. B. der Datensatz zu einem Kunden oder zu einem Material, wird als *Stammsatz* bezeichnet (Kundenstammsatz, Materialstammsatz oder auch kurz Kundenstamm und Materialstamm). Stammdaten verändern sich im Zeitverlauf eher selten. Sie werden idealerweise nur einmalig zentral gespeichert und dann von mehreren Anwendungen genutzt.

Im Gegensatz dazu bezeichnen *Bewegungsdaten* diejenigen Daten, die durch die Abwicklung von Transaktionen entstehen. Sie werden daher auch als *transaktionale* oder *operative Daten* bezeichnet. Häufig enthalten sie auch eine Zeitangabe (Datum, Uhrzeit). Beispiele für Bewegungsdaten sind ein Kundenauftrag, ein Produktionsauftrag oder eine Bestellung beim Lieferanten. Die Bewegungsdaten greifen dabei über Schlüssel wie die Kundennummer oder -ID, die Materialnummer oder -ID oder die Lieferantennummer oder -ID auf die in den Stammsätzen gespeicherten Detailinformationen zu einer Identität (»Kunde«, »Material«, »Lieferant« etc.) zu. Bewegungsdaten sind somit eher dynamisch und mit Zeitbezug. Sie werden häufig von nur einer oder wenigen Anwendungen genutzt.

**OLAP**

Im Unterschied zum OLTP liegt beim OLAP der Schwerpunkt auf lesenden Transaktionen. Ein Beispiel ist ein Data Warehouse, in das Daten geladen werden, die dann aber von der anwendenden Person grundsätzlich nicht weiter verändert, sondern nur (lesend) für Analysen und Auswertungen genutzt werden.

Um die Performance von OLTP-Systemen zu verbessern und nicht durch analytische Zugriffe auszubremsen, wurde es üblich, Reportingfunktionen in eigene (OLAP-)Systeme auszulagern und so von den operativen (OLTP-)Systemen zu trennen. Schließlich wäre es schwer hinnehmbar, wenn ein Kundenbetreuer während eines Telefonates mit einem Kunden nicht auf die Kundendaten zugreifen könnte, weil unglücklicherweise parallel eine komplexe Auswertung über diese Kundendaten durchgeführt würde.

Normalisierung

OLTP-Systeme konzentrieren sich somit darauf, operative Tätigkeiten in einem Unternehmen möglichst performant zu unterstützen. Sie bauen in der Regel auf einer hochnormalisierten relationalen Datenbank auf. *Normalisierung* bedeutet, dass Informationen, die sich wiederholen, nur einmal in einer separaten Tabelle abgespeichert werden. Auf diese Informationen wird dann von verschiedenen Stellen über einen Schlüssel zugegriffen. Durch den Wegfall von Redundanzen spart dies Speicherplatz und erhöht die Datenintegrität.

OLAP-Systeme – wie ein Data Warehouse – arbeiten üblicherweise auf Kopien der Daten aus den OLTP-Systemen und laufen von diesen entkoppelt, idealerweise auf eigenen Applikationsservern (Anwendungsserver) und Datenbanken. Sie können dank der Trennung vom OLTP-Betrieb komplexe, ressourcenintensive Rechenoperationen durchführen, ohne die Performance operativer Tätigkeiten zu beeinträchtigen. Dabei liegt der Fokus beim OLAP auf einer möglichst performanten Anzeige von Reports. Um sie zu gewährleisten, speichern OLAP-Systeme die Daten üblicherweise nicht hochnormalisiert in der zugrundeliegenden relationalen Datenbank. Die Daten werden in Teilen bewusst redundant abgelegt – immer mit dem Ziel eines möglichst performanten Reportings. Dabei können z. B. Datentöpfe für unterschiedliche Reportingzwecke sich überschneidende Daten enthalten – beim Reporting finden sich die Daten für *einen* Reportingzweck dann aber häufig zusammengeführt in *einem* Datentopf. In einem anderen Beispiel werden Daten werden parallel auf Tages- und aggregiert auf Monatsebene gespeichert, womit beim Monatsreporting die Aggregation zur Berichtslaufzeit entfällt, da sie ja bereits zuvor durchgeführt wurde. Die technischen Details erläutern wir im folgenden Abschnitt.

### 2.1.2 Technischer Vergleich von OLTP- und OLAP-Transaktionen

Schreibende Zugriffe

In relationalen Datenbanken werden Datensätze zeilenweise abgelegt. Ein zusammengehöriger Datensatz (ein sogenanntes *Tupel*) wird – vereinfacht ausgedrückt – in eine Zeile einer Tabelle geschrieben (siehe Abbildung 2.1). Der Zugriff auf ein solches Tupel ist sehr performant, wenn nur *ein* Tupel bearbeitet werden soll – z. B. beim Einfügen eines neuen Datensatzes oder beim Ändern eines Datensatzes (siehe Abschnitt 2.1.4, »Zeilen- und spaltenorientierte Datenhaltung«). Diese Zugriffsform entspricht den häufig verwendeten schreibenden Zugriffen in einem OLTP-System.

**Abbildung 2.1** Zeilenorientierte Datenhaltung

**Lesende Zugriffe**

Im Gegensatz dazu werden die Daten in OLAP-Systemen – wie bereits in Abschnitt 2.1.1, »Trennung von Online Transaction Processing und Online Analytical Processing«, angedeutet – in Teilen bewusst redundant und nicht hochnormalisiert abgelegt. Damit soll ein performantes Reporting, das im Wesentlichen lesende Zugriffe ausführen muss, unterstützt werden. Ein höherer Speicherbedarf wird dabei in Kauf genommen. Häufig werden die Daten in (erweiterten) Sternschemas abgelegt.

**InfoProvider**

Insbesondere, wenn Sie vom klassischen SAP BW auf SAP BW/4HANA umsteigen, dürften Sie bereits ein gutes Verständnis vom einfachen und vom erweiterten Sternschema haben. Auf dem von SAP erweiterten Sternschema ergeben sich die SAP-BW-Tabellen, in denen die Daten der datenhaltenden Objekte im SAP BW abgelegt werden. Diese Objekte werden als *InfoProvider* bezeichnet. Im klassischen SAP BW gehörten dazu die InfoCubes, DSOs und InfoObjects. Wir werden im weiteren Verlauf des Buches jeweils an den betreffenden Stellen auf die Änderungen und Vereinfachungen hinweisen, die mit SAP BW/4HANA einhergehen.

**Tabellen in SAP BW**

Auch wenn Sie neu in die Arbeit mit SAP BW einsteigen, sollten Sie sich mit dem Sternschema und dem SAP-erweiterten Sternschema (insbesondere

SID-, Attribut-, Text- und Hierarchietabellen von InfoObjects) grundsätzlich vertraut machen. In SAP BW/4HANA 2.0 werden zwar keine InfoCubes mehr genutzt, die das vollständige erweiterte Sternschema von SAP umsetzen, die verschiedenen Tabellen, in denen die Daten eines InfoObjects abgelegt werden, werden jedoch weiterhin verwendet.

An dieser Stelle geben wir zunächst einen Überblick über das einfache und anschließend über das erweiterte Sternschema, um den Unterschied zwischen der Datenhaltung in einem OLAP-System (typischerweise normalisierte Daten) und einem OLTP-System (häufig Verwendung verschiedener Ausprägungen eines Sternschemas) zu verdeutlichen.

### Das einfaches Sternschema

Ein *Sternschema* ist ein Datenmodell, dessen Ziel nicht die normalisierte Ablage von Daten ist. Stattdessen wird es genutzt, um Daten optimiert für Data Warehouses und OLAP-Anwendungen, und hier insbesondere für das Reporting (also für Leseoperationen), zur Verfügung zu stellen.

**Faktentabelle**

Im Zentrum eines einfachen Sternschemas steht die sogenannte *Faktentabelle*, die die Fakten, häufig auch als Kennzahlen bezeichnet, enthält. Daneben enthält die Faktentabelle Fremdschlüssel auf die sternförmig um sie herum angeordneten *Dimensionstabellen* – z. B. den Fremdschlüssel »Material-ID« für die Dimensionstabelle »Material«. Der Primärschlüssel der Faktentabelle setzt sich aus allen in der Faktentabelle enthaltenen Fremdschlüsseln (Dimensionsschlüsseln) zusammen. Die Datensätze in der Faktentabelle sind so eindeutig identifizierbar. Die Faktentabelle ist hochnormalisiert. Die Daten aus den Dimensionstabellen werden über Join-Operationen zu den Kennzahlen in der Faktentabelle hinzugelesen.

Abbildung 2.2 zeigt ein Beispiel für ein Datenmodell im einfachen Sternschema.

**Dimensionstabelle**

Die Dimensionstabellen enthalten die (Stamm-)Daten, die die Fakten näher beschreiben und ihnen somit erst eine Bedeutung geben. In einer Faktentabelle ist ein Umsatz von 2.000 Euro noch wenig aussagekräftig. Angereichert mit den entsprechenden Daten aus einer Dimensionstabelle wissen wir aber, dass die 2.000 Euro mit dem Kundenauftrag 100002 erzielt wurden, in dem die Materialien »EBIKETOUR« und »EBIKECITY« enthalten sind und der dem Kunden mit der Kundennummer 0000001015 zugeordnet ist. Die Daten in den Dimensionstabellen liegen in der Regel nicht normalisiert vor. So können bei Leseoperationen Join-Operationen eingespart werden.

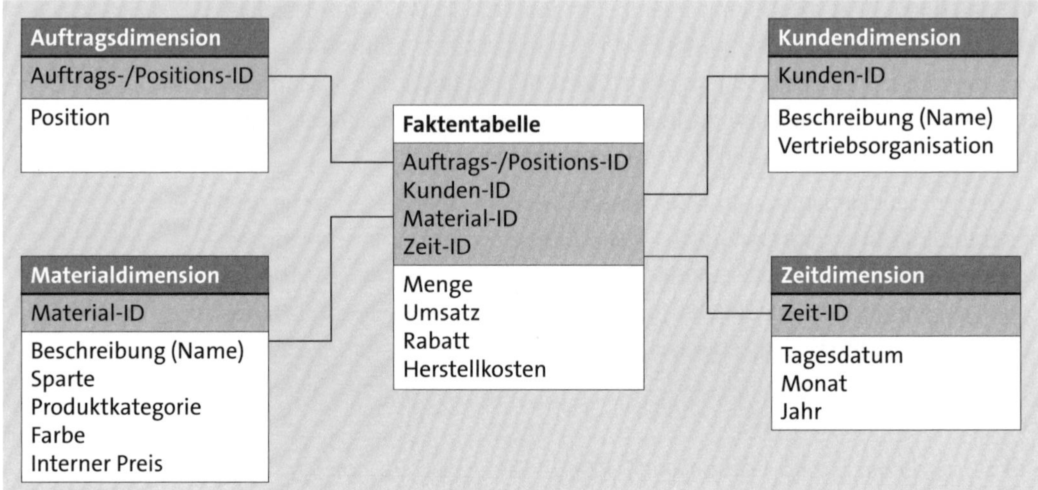


**Abbildung 2.2** Beispiel für ein Datenmodell im einfachen Sternschema

Die Faktentabelle in einem Sternschema darf sehr groß werden. Die Dimensionstabellen sollten dagegen klein gehalten werden. Werden sie zu groß, beeinträchtigt dies die Performance, was unter Umständen die Vorteile des Sternschemas wieder zunichtemachen kann.

### Das erweiterte Sternschema

Die Verwendung eines einfachen Sternschemas in einem Data Warehouse würde bedeuten, dass zu jeder Faktentabelle die benötigten Dimensionstabellen mit den Stammdaten gesondert gespeichert werden müssten. Die Stammdaten wären somit bei mehrfacher Verwendung redundant im System vorhanden, was Ressourcen kostet und zu Inkonsistenzen führen kann.

Es gibt verschiedene Ansätze, das einfache Sternschema zu erweitern, sodass die Dimensionstabellen von mehreren Faktentabellen gleichzeitig genutzt werden können. Diese werden als *erweiterte Sternschemas* bezeichnet. Da InfoCubes in SAP BW/4HANA 2.0 nicht mehr verwendet werden, verzichten wir darauf, das erweiterte Sternschema von SAP in diesem Buch detailliert zu erläutern. Aspekte des erweiterten Sternschemas, die in SAP BW/4HANA 2.0 auch weiterhin Anwendung finden, skizzieren wir jeweils im Zusammenhang mit der Erläuterung der entsprechenden Modellierungsobjekte in Abschnitt 5.5.8, »Physische Ablage der Daten bei Merkmals-InfoObjects in Tabellen und Views«, Abschnitt 5.6.4, »Physische Ablage der aDSO-Daten in Tabellen und Views«, und Abschnitt 6.3.2, »Union- und Join-Verknüpfungen in SAP BW und SAP BW/4HANA«.

### 2.1.3 Paradigmenwechsel

OLTP vs. OLAP

Die in Abschnitt 2.1.2, »Technischer Vergleich von OLTP- und OLAP-Transaktionen«, vorgestellte und weit verbreitete Annahme ist, dass sich die Zugriffe (lesend versus schreibend) bei OLTP- und OLAP-Systemen wesentlich unterscheiden – und daher technisch unterschiedlich abzubilden und zu unterstützen sind. Daher wurden OLAP-Systeme wie ERP-Systeme und OLTP-Systeme wie Data-Warehousing-Systeme als – häufig auch physisch – getrennte Applikationen mit unterschiedlichen Architekturen entwickelt. In der Folge müssen große Mengen an Daten zwischen den OLTP- und OLAP-Systemen transferiert werden. Häufig wird auf den Daten in einem ERP-System nur rudimentäres Reporting durchgeführt. Für weitergehende Analysen werden die benötigten Daten in ein Data Warehouse oder andere Systeme kopiert, insbesondere auch, um die Performance operativer Funktionen des ERP-Systems nicht durch den hohen Ressourcenbedarf von Reportinganalysen zu beeinflussen.

Mixed Workload

Modernere ERP-Systeme müssen zunehmend auch mit einem *Mixed Workload* (Kombination aus lesenden und schreibenden Zugriffen) umgehen können, da zunehmend mehr OLAP-Queries direkt auf den Daten im ERP-System durchgeführt werden. Anwendungsbeispiele sind das Mahnwesen, Available-to-Promise (ATP), Cross-Selling oder das operative Reporting wie die Auswertung offener Kundenaufträge.

Die Trennung in OLTP- und OLAP-Systeme führt zu folgenden Nachteilen:

- Die Daten im OLAP-System sind nicht aktuell (häufig vortagsaktuell).
- Im OLAP-System ist nur eine vordefinierte Teilmenge der Daten enthalten.
- Aufwendige, ressourcen- und kostenintensive ETL-Prozesse (Extract, Transform, Load) müssen implementiert werden, um OLTP- und OLAP-Systeme zu synchronisieren.
- Es gibt eine hohe Anzahl redundanter Daten.
- Unterschiedliche Datenstrukturen erhöhen die Komplexität bei der Zusammenführung von Daten aus unterschiedlichen Quellen.

Weitere Informationen finden Sie unter *open.hpi.de* im Massive Open Online Course (MOOC) »In-Memory Data Management: Week 1: The Future Of Enterprise Computing – Enterprise Application Characteristics« vom SAP-Mitbegründer Hasso Plattner aus dem Jahr 2012.

Vergleich der Zugriffe in OLTP- und OLAP-Systemen

Hasso Plattner hinterfragte und untersuchte diese klassische Aufteilung von System in die Kategorien OLTP und OLAP. Dafür analysierte er die Häufigkeiten von Lese- und Schreibzugriffen in beiden Systemarten. Der anschließende Vergleich führte zu der Erkenntnis, dass die Zugriffsarten sich in Ihrer Häufigkeit deutlich weniger als erwartet unterscheiden. Abbildung 2.3 illustriert die Unterschiede und Ähnlichkeiten von OLTP- und OLAP-Workload. Es fällt auf, dass über 80 % (OLTP) bzw. über 90 % (OLAP) lesende Zugriffe sind (Lookup, Tabellensuche, Range Select) und es in beiden Systemarten nur einen kleinen Teil schreibender Zugriffe (Einfügen, Ändern, Löschen) gibt. Hasso Plattner beschreibt dies 2012 im MOOC »In-Memory Data Management: Week 1: The Future Of Enterprise Computing – Enterprise Application Characteristics«, auf den Sie über *open.hpi.de* zugreifen können.

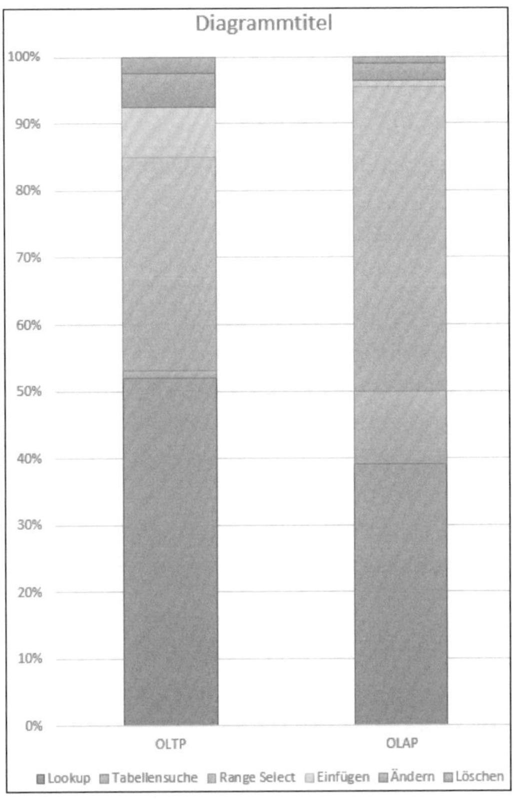


**Abbildung 2.3** OLTP-Workload im Vergleich zum OLAP-Workload (Quelle: Hasso Plattner)

Unter diesen Voraussetzungen schlug Hasso Plattner vor, die strikte Trennung zwischen OLTP- und OLAP-Systemen zukünftig aufzugeben. Ab 2008 entwickelte das Hasso-Plattner-Institut gemeinsam mit der Stanford University die Architektur für die In-Memory-Datenbank SAP HANA, insbesondere mit dem Ziel, die Auswertung großer Datenmengen in Echtzeit zu unterstützen (siehe Abschnitt 2.1.5, »In-Memory-Computing«, und Abschnitt 2.1.6, »SAP HANA«).

### 2.1.4 Zeilen- und spaltenorientierte Datenhaltung

Bevor wir uns mit dem In-Memory-Computing und SAP HANA als In-Memory-Datenbank von SAP beschäftigen, werfen wir einen Blick auf die physische Ablage der Daten in der Datenbank. Hier wird zwischen zeilen- und spaltenorientierter Datenhaltung unterschieden. Klassische relationale Datenbanken und OLTP-Systeme nutzen zumeist die zeilenorientierte Datenhaltung (siehe Abbildung 2.1). Die Anzeige der Daten an der Oberfläche ist jedoch unabhängig davon, ob die Daten in der Datenbank physisch zeilen- oder spaltenorientiert abgelegt sind. SAP HANA unterstützt sowohl die zeilen- als auch die spaltenorientierte Ablage von Daten in der Datenbank. Um in SAP BW/4HANA 2.0 die bestmögliche Performance zu erzielen, benötigen Sie ein grundlegendes Verständnis davon, welche Vorteile die beiden Paradigmen jeweils bieten.

**Zeilenorientierte Datenhaltung**

Bei der zeilenorientierten (*row-based*) Datenhaltung wird ein Datensatz als Tupel in der Datenbank abgelegt. Dieses Vorgehen ist aus Performance-Gesichtspunkten von Vorteil, wenn vollständige Tupel oder Teile von Tupeln verarbeitet werden sollen, z. B. wenn ein Tupel angelegt, verändert oder gelöscht werden soll.

**Spaltenorientierte Datenhaltung**

Im Gegensatz dazu werden bei der spaltenorientierten (*column-based*) Datenhaltung die Daten nicht tupelweise, sondern jeweils die Spalteninhalte gemeinsam abgelegt. Dieses Vorgehen bietet große Performancevorteile bei Rechenoperationen über Daten, die in verschiedenen Tupeln abgelegt sind, insbesondere z. B. bei Aggregationen (siehe Abbildung 2.4).

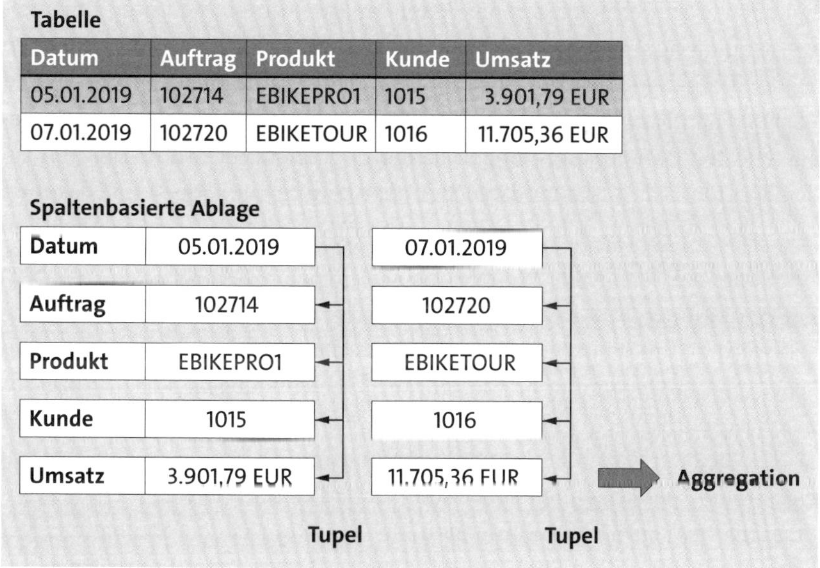


**Abbildung 2.4** Spaltenorientierte Datenhaltung

Abbildung 2.5 veranschaulicht noch einmal an einem (vereinfachten) Beispiel den Unterschied zwischen zeilen- und spaltenorientierter (physischer) Datenhaltung.

**Tabelle**

| Datum | Auftrag | Produkt | Kunde | Umsatz |
|---|---|---|---|---|
| 05.01.2019 | 102714 | EBIKEPRO1 | 1015 | 3.901,79 EUR |
| 07.01.2019 | 102720 | EBIKETOUR | 1016 | 11.705,36 EUR |
| 01.01.2019 | 102703 | EBIKETOUR | 1017 | 3.901,79 EUR |
| 06.01.2019 | 102716 | EBIKECITY | 1018 | 3.121,43 EUR |

**Zeilenorientierte Ablage**

| | |
|---|---|
| **Zeile 1** | 05.01.2019<br>102714<br>EBIKEPRO1<br>1015<br>3.901,79 EUR |
| **Zeile 2** | 07.01.2019<br>102720<br>EBIKEPRO1<br>1016<br>11.705,36 EUR |
| **Zeile 3** | 01.01.2019<br>102703<br>EBIKETOUR<br>1017<br>3.901,79 EUR |
| **Zeile 4** | 06.01.2019<br>102716<br>EBIKECITY<br>1018<br>3.121,43 EUR |

**Spaltenorientierte Ablage**

| | |
|---|---|
| **Datum** | 05.01.2019<br>07.01.2019<br>01.01.2019<br>06.01.2019 |
| **Auftrag** | 102714<br>102720<br>102730<br>102716 |
| **Produkt** | EBIKEPRO1<br>EBIKETOUR<br>EBIKETOUR<br>EBIKECITY |
| **Kunde** | 1015<br>1016<br>1017<br>1018 |
| **Umsatz** | 3.901,79 EUR<br>11.705,36 EUR<br>3.901,79 EUR<br>3.121,43 EUR |

**Abbildung 2.5** Zeilen- vs. spaltenorientierte Datenhaltung

### 2.1.5 In-Memory-Computing

Speichermedien

Bei der Verwendung klassischer Datenbanken werden die Daten üblicherweise auf (magnetischen) Festplatten physisch abgelegt. Festplatten waren in der Vergangenheit teurer als heute, daher wurden Archivdaten und Backups häufig auf Bändern gespeichert. Der Zugriff auf die auf Bändern gespeicherten Daten dauert länger als der Zugriff auf die auf Festplatten gespeicherten Daten. Da Bandspeicher aber deutlich günstiger sind, können hier kosteneffizient sehr große Datenmengen, die selten gelesen werden müssen, abgelegt werden.

Bei Operationen auf den Daten müssen die Daten von der Festplatte gelesen werden, um dann vom Prozessor verarbeitet werden zu können. Zwischenergebnisse werden häufig im Hauptspeicher abgelegt. Der Prozessor kann wesentlich schneller auf Daten im Hauptspeicher zugreifen als auf Daten, die er erst von der Festplatte lesen muss. Allerdings war Hauptspeicher in der Vergangenheit sehr teuer, sodass es schlichtweg nicht kosteneffizient war, große Datenmengen im Hauptspeicher vorzuhalten. Mit Flash-Laufwerken und Solid-State-Drives (SSD; Halbleiter-Festplatten) stehen mittlerweile schnellere Alternativen zu den magnetischen Festplatten zur Verfügung, deren Geschwindigkeit jedoch nicht an die des Arbeitsspeichers heranreicht. Abbildung 2.6 bietet einen Überblick über die verschiedenen Speichermedien von kostengünstig und langsam (unten) bis teuer und schnell (oben).



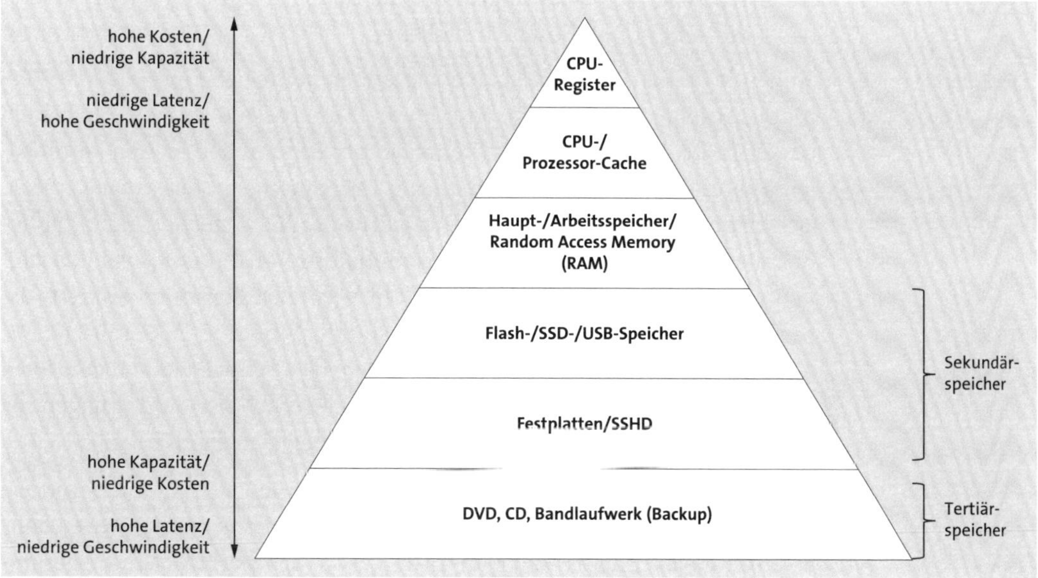


**Abbildung 2.6** Speicherpyramide

In-Memory-Computing

*In-Memory-Computing* verfolgt die Idee, Daten nicht mehr grundsätzlich auf der Festplatte zu speichern und für Operationen jedes Mal auslesen zu müssen. Stattdessen werden die Daten im (flüchtigen) Haupt- oder Arbeitsspeicher (Random Access Memory, RAM) vorgehalten. Die Lese- und Schreiboperationen auf dem physischen Speichermedium entfallen, der Datenzugriff wird exponentiell beschleunigt. Das Konzept an sich ist nicht neu, jedoch waren die Kosten für Hauptspeicher lange Zeit der limitierende Faktor für einen breiten Einsatz in der Praxis. Auch bei klassischen Datenbanken werden Daten im Arbeitsspeicher vorgehalten. Der Unterschied zum In-Memory-Computing ist, dass hier nicht nur ein kleiner Teil, sondern ein Großteil der Daten im Hauptspeicher vorgehalten werden.

In-Memory-Datenbanken

Bei einer *In-Memory-Datenbank* handelt es sich um ein Datenbankmanagementsystem (DBMS), dessen Daten im Arbeitsspeicher vorgehalten werden. Da es sich beim Arbeitsspeicher um ein flüchtiges Speichermedium handelt, würden – etwa bei einem Stromausfall – alle Daten verloren gehen. Daher liegt hinter einer In-Memory-Datenbank üblicherweise ein physischer Speicher (z. B. eine Festplatte), auf den die Daten aus dem Arbeitsspeicher regelmäßig gesichert werden. Zwischen den einzelnen Sicherungen werden die jüngsten Änderungen an den Daten in Protokolldateien gespeichert. Nach einem Ausfall können die Daten aus den Sicherungen und Protokolldateien kombiniert und wieder in den Arbeitsspeicher geladen werden. Die eigentlichen Rechenoperationen finden auf den Daten im Arbeitsspeicher statt. Der Zugriff auf die Daten im Arbeitsspeicher erfolgt dabei mit sehr hohen Geschwindigkeiten.

**Speicherkonzepte, Data Tiering**

Sinkende Preise für Arbeitsspeicher erlauben heute den Einsatz von In-Memory-Anwendungen und insbesondere -Datenbanken wirtschaftlich auch in der Breite. Im Rahmen der Digitalisierung sind in den letzten Jahren allerdings in vielen Bereichen auch die Datenmengen stark angewachsen (Stichwort *Big Data*). So werden beispielsweise für *Predictive Maintenance* (vorausschauende Wartung oder Instandhaltung) an (Produktions-)Maschinen oder Anlagen wie Windkrafträdern vermehrt Sensoren genutzt, die permanent Temperaturen, Flüssigkeitsstände, Vibrationen, Geräusche etc. messen. Die gesammelten Daten ermöglichen es, schnell auf von der Norm abweichende Daten zu reagieren. So können Maschinen und Anlagen gewartet werden, bevor sie tatsächlich durch einen Defekt ausfallen.

Auch Daten aus Social-Media-Anwendungen wie Tweets, Foreneinträge oder Rezensionen zu Produkten eines Unternehmens können wirtschaftlich interessant und es wert sein, zum Zwecke der Marktforschung gesammelt und ausgewertet zu werden.

Wenn nun sehr viele Daten gesammelt und ausgewertet werden sollen, ist es nach wie vor sinnvoll, die Daten in verschiedene Gruppen zu unterteilen: Daten mit häufigem Zugriff und Daten, die selten benötigt werden (z. B. ältere Daten, die hauptsächlich aufgrund gesetzlicher Vorgaben aufbewahrt werden müssen; Archivdaten). Hier kommen Speicherkonzepte zum Einsatz, bei denen die wichtigen und aktuellen, »heißen« Daten (auch *Hot Data* genannt) im Arbeitsspeicher gehalten werden, während weniger oft frequentierte Daten in günstigeren und langsameren Speicherbereichen abgelegt werden (*Warm Data* und *Cold Data*). Dies wird auch als *Data Tiering* bezeichnet. Auf Data Tiering im Umfeld von SAP BW/4HANA 2.0 gehen wir in Abschnitt 9.4, »Data Tiering und Multi-Temperature-Speicherstrategien«, weiter ein. DBMS, die sowohl die In-Memory-Technologie als auch das Speichern auf Festplatten oder anderen Medien nutzen, werden gelegentlich auch als *hybride In-Memory-Datenbanken* bezeichnet.

### 2.1.6 SAP HANA

**Entwicklung von SAP HANA**

Ab 2008 entwickelte das HPI gemeinsam mit der Stanford University die Architektur für die In-Memory-Datenbank SAP HANA. Das Projekt lief zunächst unter den Namen SanssouciDB oder NewDB, bevor das Produkt 2010 unter dem Namen SAP HANA vorgestellt wurde. Während SAP HANA heute für sich steht, stand es in der Vergangenheit für **H**igh Performance **An**alytic **A**ppliance oder – inoffiziell – für **Ha**sso's **N**ew **A**rchitecture.

**Appliance**

SAP HANA ist nicht nur eine In-Memory-Datenbank, sondern auch eine Entwicklungs- und Integrationsplattform. In der In-Memory-Datenbank können OLTP- und OLTP-Anwendungen in einer gemeinsamen Datenbank kombiniert werden. Neben einer Datenbank umfasst SAP HANA weitere Software und auch entsprechende Hardware. Durch die Haltung der Daten im Arbeitsspeicher kann wesentlich schneller auf diese zugegriffen werden, als dies bei einer Datenhaltung auf einer Festplatte der Fall wäre. Diese Kombination aus Software- und Hardwareelementen wird als *Appliance* bezeichnet.

SAP HANA arbeitet sowohl mit den für In-Memory-Datenbanken typischen spaltenorientierten Tabellen als auch mit den in relationalen Datenbanken verwendeten zeilenorientierten Tabellen. Spaltenorientierte Tabellen ermöglichen ein schnelles Lesen und eine schnelle Aggregation von Datensätzen (z. B. über alle Umsätze verschiedener Kunden), während zeilenorientierte Datenbanken einzelne Datensätze (Tupel) effizienter verarbeiten können. Je nach vorgesehener Nutzung einer Datenbanktabelle kann festgelegt werden, ob diese zeilen- oder spaltenorientiert angelegt werden soll. Wie bereits erwähnt, ändert diese Festlegung nichts an der Präsentation der Daten an der Oberfläche. Die Daten werden konsequent im Arbeitsspeicher vorgehalten. So können operative OLTP-Funktionen und OLAP-Analysen im selben System auf denselben Daten beinahe in Echtzeit stattfinden.

**Performance**

SAP HANA ist für Kunden seit November 2010 verfügbar. Zunächst konnte SAP HANA als Datenbank für SAP ERP oder SAP BW genutzt werden, wobei jedoch die Vorteile der In-Memory-Technologie nicht vollständig zum Tragen kamen. Im Folgenden redesignte SAP die Anwendungen SAP ERP und SAP BW, sodass mit SAP S/4HANA (seit 2015) und SAP BW/4HANA (seit 2016) die Kernprodukte von SAP als für SAP HANA optimierte Releases zur Verfügung stehen (siehe Abschnitt 1.3.1, »SAP BW/4HANA 1.0«). Bei beiden Systemen spricht man nicht vom nächsten Release, sondern von neuen Produkten, da erstmals Teile der Software komplett neu entwickelt wurden.

**Code-Pushdown**

Neben neuen Datenmodellen führt im Wesentlichen der Code-Pushdown zu einer erheblichen Verbesserung der Performance. Beim Code-Pushdown werden Rechenoperationen, die vormals vom Applikationsserver des SAP-ERP-Systems bzw. des SAP-BW-Systems durchgeführt wurden, auf die Datenbankebene geschoben.

Die *Calculation Engine* von SAP HANA, also das Modul für die Ausführung von Berechnungen, ist für diese Rechenoperationen optimiert und kann sie äußerst performant durchführen. Zudem ist aufgrund der Verwendung der In-Memory-Technologie kein Transfer der für die Berechnungen benötigten Daten von der Datenbank zum Applikationsserver erforderlich, was ebenfalls zu einer verbesserten Performance führt.

**SAP Cloud Platform**

Seit 2014 war eine Cloud-Version von SAP HANA – die SAP Cloud Platform – erhältlich (ursprünglicher Name war SAP HANA Cloud Platform). Neben dem reinen On-Premise- und dem reinen Cloud-Betrieb konnte hier in einem hybriden Szenario gearbeitet werden.

**SAP HANA Extended Application Services Advanced**

Neben der Nutzung von SAP HANA als Basis für SAP-Geschäftsanwendungen bietet *SAP HANA XS Advanced* (*SAP HANA XSA*) als Nachfolger von SAP HANA XS die Möglichkeit, auch native SAP-HANA-Anwendungen zu programmieren. Das *XS* steht dabei für *Extended Application Services*. Es handelt sich bei SAP HANA XSA um einen Applikationsserver für die native Entwicklung von SAP-HANA-Anwendungen, der sowohl on-premise als auch in der Cloud genutzt werden kann. Während SAP HANA XS JavaScript unterstützte, bietet SAP HANA XSA neben JavaScript auch Node.js, Java und C++. Eine Applikation kann dabei auch mehrere Laufzeiten verwenden. Für weitere Informationen verweisen wir Sie auf den SAP HANA Developer Guide für SAP HANA XS Advanced Models siehe *http://s-prs.de/v785400*.

**SAP HANA Enterprise Cloud**

Die *SAP HANA Enterprise Cloud* steht seit 2013 zur Verfügung und kann als Einstiegspunkt für die Nutzung des ERP-Systems als hybride oder als Cloud-Version genutzt werden. Darüber hinaus können weitere kundeneigene und Standardanwendungen auf SAP-HANA-Basis genutzt werden, so auch SAP BW/4HANA. Die SAP HANA Enterprise Cloud ermöglicht es Kunden so, SAP HANA in einer von SAP verwalteten Private-Cloud-Umgebung auszuprobieren, ohne dafür eine eigene On-Premise-Umgebung aufbauen zu müssen. Das Angebot im Rahmen der SAP HANA Enterprise Cloud soll so die Einführung von SAP HANA in Unternehmen beschleunigen (siehe Abschnitt 2.3.4, »SAP BW/4HANA 2.0 in Cloud-Szenarien«).

**SAP HANA Enterprise Cloud, Customer Edition**

Im August 2020 wurden Pläne von SAP und Hewlett Packard Enterprise (HPE) bekannt, eine Kundenversion der SAP HANA Enterprise Cloud zur Verfügung zu stellen, sodass Kunden die Vorteile einer Cloud im eigenen Rechenzentrum nutzen können. Die *SAP HANA Enterprise Cloud, Customer Edition* wird auf Basis von *HPE GreenLake* als Dienstleistung beim Kunden vor Ort (Rechenzentrum oder anderer Firmenstandort) bereitgestellt und betrieben. SAP wird sich bei den Punkten Betriebssystem, SAP-HANA-Datenbank sowie den Applikationen, z. B. SAP BW/4HANA 2.0, mit einbringen.

So bleibt der Betrieb der SAP-Anwendungen im eigenen Gebäude, trotzdem wird der Kunde Cloud-Vorteile wie die verbrauchsabhängige Abrechnung nutzen können. Insbesondere für die öffentliche Verwaltung und andere stark sicherheitsgetriebene Branchen wie z. B. Banken könnte dieser Ansatz eine praktikable Alternative zu einer Public-Cloud-Lösung darstellen.

**SAP S/4HANA Cloud**

Das ERP-System SAP S/4HANA kann on-premise und innerhalb der SAP HANA Enterprise Cloud genutzt werden. Alternativ besteht die Möglichkeit, das ERP-System *SAP S/4HANA Cloud* als Software-as-a-Service-Angebot zu nutzen. Da es sich hier um ein ERP-Produkt von SAP handelt, gehen wir in diesem Buch nicht weiter im Detail auf diese Option ein. In den Release Highlights unter *http://s-prs.de/v785401* können Sie die neuesten Funktionen nachlesen.

**SAP Data Warehouse Cloud**

Als rein cloudbasierte Alternative zu SAP BW/4HANA bietet SAP die *SAP Data Warehouse Cloud* an. Wir geben Ihnen in Abschnitt 13.2, »SAP Data Warehouse Cloud«, einen Überblick über diese Lösung.

Im nächsten Abschnitt stellen wir die Entwicklungs- und Administrationsumgebungen für SAP BW/4HANA 2.0 vor.

## 2.2 Entwicklungs- und Administrationsumgebungen für SAP BW/4HANA 2.0

Mit der Entwicklung von SAP HANA als Basis für SAP BW und der zunehmenden Integration beider Produkte sind neue Softwaretools für die Entwicklung und Administration von SAP-BW/4HANA-Anwendungen verfügbar geworden. In der Vergangenheit war es möglich, die komplette Modellierung von SAP-BW-Anwendungen inklusive des ETL-Prozesses, Datenflüssen, Prozessketten, Queries etc. über das SAP GUI und die *SAP-Business-Explorer-*(*Bex-*)Anwendungen, insbesondere mit dem *SAP BEx Query Designer* durchzuführen. Die Anwender konnten über das Frontend-Tool *SAP BEx Analyzer* auf die Queries zugreifen. Auch die Administration der SAP-BW-Anwendungen, wie das Einplanen und Überwachen von Prozessketten und Jobs und das Housekeeping (z. B. regelmäßiges Löschen nicht mehr benötigter Daten), wurde über das SAP GUI durchgeführt. Diese Anwendungen werden mit SAP BW/4HANA 2.0 nicht mehr genutzt.

Die im klassischen SAP GUI durchgeführten Modellierungsoperationen wurden mit SAP BW/4HANA 2.0 nun größtenteils in die SAP BW Modeling Tools im SAP HANA Studio überführt (siehe Abschnitt 2.2.1, »Die SAP BW Modeling Tools im SAP HANA Studio«). Wenn Funktionen aufgerufen werden, die noch immer ausschließlich im SAP GUI zur Verfügung stehen, öffnet sich hierfür im SAP HANA Studio ein neuer Tab, in dem die Funktion im alten SAP GUI angezeigt wird. Ein Wechsel zwischen SAP HANA Studio und SAP GUI ist somit nicht mehr notwendig. Aus diesem Grund stellen wir das SAP GUI nicht mehr als alleinstehende Entwicklungs- oder Administrationsumgebung vor. Daneben gibt es das SAP BW/4HANA 2.0 Web Cockpit (siehe Abschnitt 2.2.2, »Administration im SAP BW/4HANA 2.0 Web Cockpit«), das sich vom Funktionsumfang in Teilen mit dem SAP HANA Studio überschneidet, den Schwerpunkt aber auf die administrativen Tätigkeiten im SAP-BW-Umfeld legt.

**Frontend-Tools**

Die SAP-BEx-Tools werden mit SAP BW/4HANA 2.0 nicht mehr unterstützt. Queries werden nun direkt im SAP HANA Studio in den SAP BW Modeling Tools definiert. Zur Visualisierung und Analyse der Daten stehen diverse Frontend-Tools zur Verfügung, z. B. SAP Analytics Cloud und die SAP-BusinessObjects-Tools *Analysis for Microsoft Office* (*AfO*) und *SAP Lumira* (siehe Kapitel 10, »Frontend-Tools«).

### 2.2.1 Die SAP BW Modeling Tools im SAP HANA Studio

**SAP HANA Studio**

Mit SAP BW/4HANA 2.0 kann die gesamte Modellierung im SAP HANA Studio, das auf Eclipse basiert, stattfinden. Das klassische SAP GUI wird für die Modellierung nicht weiter benötigt. Dies führt zu einer Beschleunigung in der Entwicklung von Datenflüssen, da kein Systembruch während der Modellierung mehr vorliegt. Die Administration wird größtenteils über das SAP BW/4HANA 2.0 Web Cockpit abgebildet (siehe Abschnitt 2.2.2, »Administration im SAP BW/4HANA 2.0 Web Cockpit«). Administrationsfunktionen, die weiterhin nur im SAP GUI implementiert sind, stehen innerhalb des SAP HANA Studios analog zu den SAP-HANA-Funktionen jeweils in eigenen Tabs zur Verfügung – wenn auch noch im alten SAP-GUI-Design. Die folgende Liste gibt einen Überblick über die Objekte, die bereits mit SAP BW/4HANA 1.0 im SAP HANA Studio modelliert werden konnten:

- Quellsysteme
- Datenflüsse
- aDSOs: InfoObject-basierte und feldbasierte aDSOs
- InfoObjects
- Transformationen
- DTPs
- CompositeProvider
- Dokumentenablage
- Anwendungskomponenten

Mit SAP BW/4HANA 2.0 wurden folgende Objekte ergänzt:

- vereinfachte Suche
- Prozesskettenintegration

- aDSOs: optimierter Editor, Remodellierung
- Datenflüsse: erweiterte Optionen, Anzeige der SAP-HANA-Sichten im CompositeProvider
- DTO
- neue Editoren: Währungsumrechnungsart, Einheitenumrechnungsart, Stichtagsableitung
- Analytic Engine: erweiterte Funktionen, höhere Performance durch Pushdown der Berechnungen in SAP HANA

**SAP BW Modeling Tools**

Das SAP HANA Studio basiert auf Eclipse. Wichtig ist das Plug-in *SAP BW Modeling Tools* (zur Installation siehe Abschnitt 3.1.3, »Installation der SAP BW Modeling Tools«). Wenn das Plug-in installiert ist, wird rechts oben im SAP HANA Studio das entsprechende Icon zum Öffnen der Perspektive SAP BW Modeling Tools angezeigt (siehe Abbildung 2.7). Den Aufbau der SAP BW Modeling Tools sowie die grundlegende Navigation im SAP HANA Studio erläutern wir in Abschnitt 3.2.2, »Modellierung mit den SAP BW Modeling Tools im SAP HANA Studio«. Das konkrete Anlegen und Verwalten von Objekten werden wir in den späteren Kapiteln bei der Einführung der entsprechenden Modellierungsobjekte skizzieren.

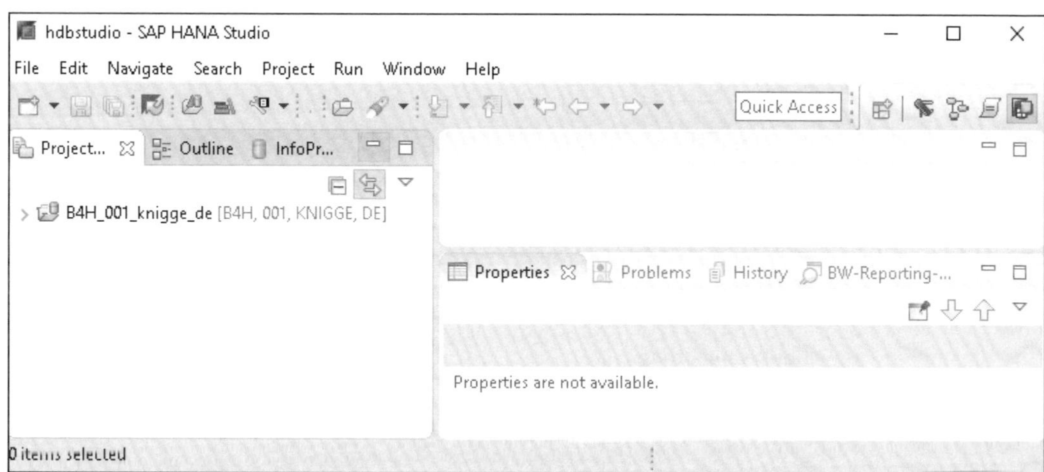


**Abbildung 2.7** Die SAP BW Modeling Tools im SAP HANA Studio

## 2.2.2 Administration im SAP BW/4HANA 2.0 Web Cockpit

**SAP BW/4HANA 2.0 Web Cockpit**

Das *SAP BW/4HANA 2.0 Web Cockpit* deckt eine Vielzahl der administrativen Tätigkeiten für SAP BW/4HANA 2.0 ab. Im Web Cockpit werden diese Funktionen als *Apps* bezeichnet. Darüber hinaus stehen Apps aus dem Bereich der Modellierung im Web Cockpit zur Verfügung. Im Verlauf dieses

Buches werden wir viele der Apps im Detail erläutern, und Sie finden in den betreffenden Kapiteln entsprechende Verweise auf das SAP BW/4HANA 2.0 Web Cockpit.

**Funktionsübersicht**

Ab SAP BW/4HANA 2.0 SP6 stehen Ihnen im SAP BW/4HANA 2.0 Web Cockpit Apps zu den in Tabelle 2.1 aufgeführten Themen zur Verfügung. Einige dieser Funktionen stehen sowohl im SAP HANA Studio als auch im Web Cockpit zur Verfügung. Bei gleicher Funktionalität ist es Geschmackssache, in welchem Tool Sie diese Funktionen aufrufen. Wir möchten Sie ermutigen, sich mit beiden Tools vertraut zu machen und dann selbst zu probieren, welche Wege für Sie im jeweiligen Kontext am besten zum Ziel führen. Jede einzelne App des SAP BW/4HANA 2.0 Web Cockpits zu erklären würde den Rahmen des Buches sprengen und weit über das hinausgehen, was Sie für einen guten Einstieg in SAP BW/4HANA 2.0 benötigen.

| | |
|---|---|
| **Apps auf Startseite**<br>■ Datenverwaltung<br>■ Modellierung<br>■ Monitoring | **Benutzerverwaltung**<br>■ Rollenverwaltung<br>■ Benutzerverwaltung<br>■ Verwaltung der Analyseberechtigungen |
| **Data-Tiering**<br>■ Nearline-Storage-Verbindungen<br>■ DataStore-Objekte (Data Tiering verwalten)<br>■ Datenarchivierungsprozess-Pflege | **Datenanzeige und -pflege**<br>■ InfoProvider-Datenanzeige<br>■ InfoObject-Hierarchie (Hierarchien pflegen)<br>■ InfoObject-Hierarchiepflege (Hierarchien pflegen)<br>■ Pflege der Gültigkeitsscheibe<br>■ InfoObject-Stammdatenpflege (Daten pflegen) |
| **Datenverwaltung**<br>■ Externe SAP-HANA-Views (View verwalten)<br>■ InfoObjects (Requests verwalten)<br>■ DataStore-Objekte (Requests verwalten)<br>■ Open Hub Destinations (Requests verwalten) | **Konfiguration**<br>■ RSADMINA-Pflege<br>■ Bucketdefinition<br>■ Statistikeinstellungen<br>■ Sperrverwaltung für BI-Planung<br>■ Workspace bearbeiten<br>■ BW-Suche (Nach Objekten suchen)<br>■ Konfiguration der BW-Suche (Suchparameter festlegen) |

**Tabelle 2.1** SAP BW/4HANA 2.0 Web Cockpit – Funktionsübersicht

| | |
|---|---|
| **Datenverwaltung (Forts.)** | ▪ BI Hintergrundverwaltung, Protokolle<br>▪ Währungsumrechnungsarten<br>▪ Laufzeitparameter für DataStore-Objekte<br>▪ Mengenumrechnungsarten<br>▪ Customizing-Projekt bearbeiten<br>▪ Pflege der BW-Suche (Suchbare Objekte festlegen) |
| **Metadaten und Transport**<br>▪ Pflege des Quellsystems<br>▪ Analyse und Reparatur von BW-Objekten<br>▪ Transport Organizer Tools<br>▪ Transport Management System<br>▪ Metadata Repository<br>▪ Transport Organizer (erweitert)<br>▪ Transport Organizer | **Modellierung**<br>▪ Workspace Query Designer<br>▪ Prozessketten-Editor (In InfoArea-Hierarchie bearbeiten)<br>▪ Analyseberechtigungs-Editor (Berechtigungen bearbeiten) |
| **Überwachung**<br>▪ OLAP Cache Monitor<br>▪ Prozessketten (Neuesten Status anzeigen)<br>▪ Prozessketten (Aktive Ketten anzeigen)<br>▪ Remodellierungs-Requests (Requests anzeigen)<br>▪ Datenauswahlstatistik (Dashboard)<br>▪ Prozesskettenläufe (Läufe anzeigen)<br>▪ Prozesse (Fehlgeschlagene Prozesse anzeigen)<br>▪ SAP-HANA-Remote-Abonnements<br>▪ Prozessketten (Fehlgeschlagene Ketten anzeigen)<br>▪ Prozessketten (Dashboard anzeigen)<br>▪ Datenvolumenstatistik (Dashboard)<br>▪ Prozesse (Prozesse anzeigen)<br>▪ Operational Data Provisioning (Queues überwachen)<br>▪ Prozesse (Aktive Prozesse anzeigen) | **Überwachung der Systeme**<br>▪ Systemnachrichten<br>▪ Workprozesse des Application Servers<br>▪ Systemtrace<br>▪ Betriebssystemmonitor<br>▪ Berechtigungsprüfungsanalyse<br>▪ Sperren anzeigen und löschen<br>▪ Application Server-Instanzen<br>▪ Performancetrace<br>▪ ABAP-Dump-Analyse<br>▪ Analyse des Benutzerpuffers |

**Tabelle 2.1** SAP BW/4HANA 2.0 Web Cockpit – Funktionsübersicht (Forts.)

Neue oder verbesserte Funktionen

Insbesondere bietet das SAP BW/4HANA 2.0 Web Cockpit folgende neue oder verbesserte Funktionen, auf die wir im Detail in Abschnitt 3.2.4, »Administration im SAP BW/4HANA 2.0 Web Cockpit«, eingehen:

- eine vereinfachte Suche nach Objekten
- Personalisierung des SAP BW/4HANA 2.0 Web Cockpits
- Benachrichtigungen zu Prozessketten, Requests oder Jobs
- Stammdatenpflege
- ABAP-CDS-Views für die SAP-BW/4HANA-Anwendungsstatistik
- DTO
- Management externer SAP-HANA-Views

**Zugriff auf SAP-BW-fremde Daten in SAP-HANA-Views**

In SAP BW/4HANA 2.0 können Sie über Open SQL auf Tabellen und Views zugreifen. Der Zugriff beschränkt sich dabei auf Datenbankobjekte, die als Repository-Objekt im ABAP Dictionary abgelegt sind.

*SAP-HANA-Views*, die auf der SAP-HANA-Datenbank definiert wurden, finden sich nicht im ABAP Dictionary wieder, da sie außerhalb des SAP BW/4HANA 2.0-Systems angelegt wurden. Sie können andere, SAP-HANA-spezifische Datentypen verwenden, die es so im SAP-BW/4HANA-2.0-System nicht gibt, außerdem gelten andere Namenskonventionen. Daher kann auf diese SAP-HANA-Views nicht ohne Weiteres aus SAP BW/4HANA 2.0 über Open SQL zugegriffen werden.

Soll dennoch ein Zugriff auf SAP-HANA-Views erfolgen, geschieht dies über das Konstrukt der sogenannten *externen SAP-HANA-Views*, die im ABAP Dictionary angelegt werden können und als Proxy für den Zugriff mit Open SQL dienen.

SAP empfiehlt die Verwendung externer SAP-HANA-Views nur dann, wenn der Zugriff nicht über die ABAP Core Data Services erfolgen kann.

### 2.2.3 SAP-Systemlandschaften

Dreisystemlandschaft

Häufig kommt im Rahmen von On-Premise-Installationen von SAP-Systemen in Unternehmen eine sogenannte *Dreisystemlandschaft* zum Einsatz. Eine Dreisystemlandschaft umfasst dabei drei SAP-Systeme (z. B. drei SAP-BW/4HANA-2.0-Systeme), idealerweise grundsätzlich in gleichem Releasestand, die für unterschiedliche Zwecke genutzt werden:

- *Produktivsystem (P)*: Dieses System enthält die produktiven Daten und wird von den fachlichen Anwenderinnen und Anwendern für die tägliche Arbeit genutzt. Release-Upgrades, Support Packages, Korrekturen in Form von SAP-Hinweisen und kundeneigene Entwicklungen sollten hier nur nach erfolgreich abgeschlossenen Tests in den anderen beiden Systemen eingespielt werden. Auf dem Produktivsystem sollte das Entwicklungsteam keine Änderungen durchführen. In einigen Unternehmen haben die Entwicklerinnen und Entwickler keinen Zugriff auf die Produktivsysteme.

- *Test-, Konsolidierungs-* oder *Qualitätssicherungssystem* (*T*, *K* oder *Q*): Das Testsystem ist häufig eine Kopie des Produktivsystems und enthält ältere oder anonymisierte, aber keine aktuellen Produktivdaten. Release-Upgrades, Support Packages, SAP-Hinweise und kundeneigene Entwicklungen können hier von Key-Usern aus den Fachbereichen und von Entwicklerinnen und Entwicklern getestet werden, bevor sie in das Produktionssystem übernommen werden. Auf dem Testsystem sollten die Entwicklerinnen und Entwickler möglichst keine Änderungen durchführen.
- *Entwicklungssystem* (E): Im Entwicklungssystem werden kundeneigene Entwicklungen durchgeführt. Release-Upgrades, Support Packages und SAP-Hinweise sowie die kundeneigenen Entwicklungen werden hier von den Entwicklerinnen und Entwicklern einem ersten, häufig rein technischen Test unterzogen. Die Daten im Testsystem können Kopien von älteren Produktivdaten sein, häufig ist der Datenbestand im Entwicklungssystem aber dürftig und nicht repräsentativ.

[«]

**Transportwesen**

Während oder im Nachgang zu Entwicklungen von neuen Funktionen oder Korrekturen im Entwicklungssystem werden die durchgeführten Änderungen im SAP-Umfeld auf einen sogenannten *Transportauftrag* geschrieben.

Nachdem das Entwicklungsteam die von ihm durchgeführten Änderungen einem (technischen) Test unterzogen und mindestens sichergestellt hat, dass sie lauffähig sind, kann das Team den Transportauftrag freigeben. Der Transportauftrag kann anschließend – je nach Prozessvorgabe – von der Entwicklerin oder dem Entwickler, von einer oder einem Transportbeauftragten oder vom SAP-Basis-Team in das Testsystem transportiert werden. Dabei meldet das System zurück, ob der Transportauftrag erfolgreich in das Zielsystem importiert werden konnte. Ist dies nicht der Fall, muss sich die Entwicklerin oder der Entwickler zunächst auf Fehlersuche begeben und eine Korrektur vornehmen.

Nach erfolgreichem Transport in das Testsystem können die Änderungen, die sich auf dem Transportauftrag befinden, nun auf dem Testsystem von den Entwicklerinnen und Entwicklern sowie den Key-Userinnen und Key-Usern aus den Fachbereichen getestet werden. Erst wenn alle erforderlichen Tests im Testsystem erfolgreich durchgeführt werden konnten, sollte der Transportauftrag anschließend von der oder dem Transportbeauftragten oder vom SAP-Basis-Team in das Produktivsystem transportiert werden. Nach erfolgreichem Import stehen die Änderungen anschließend im Produktivsystem zur Verfügung.

In Abbildung 2.8 ist links eine Dreisystemlandschaft mit ihren Transportwegen schematisch dargestellt.

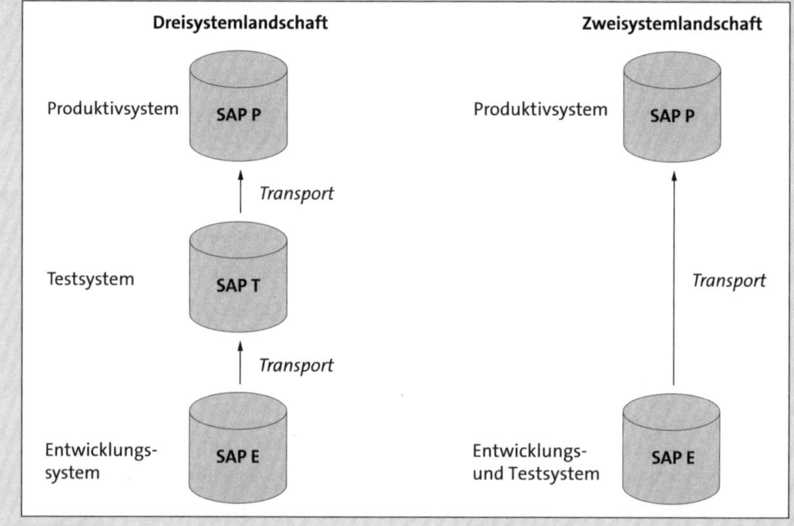


**Abbildung 2.8** Drei- und Zweisystemlandschaft

Mit dem Einsatz einer Dreisystemlandschaft soll gewährleistet werden, dass im Produktivsystem stets nur getesteter, lauffähiger Code vorhanden ist. So wird sichergestellt, dass Produktivdaten nur durch zulässige Operationen verarbeitet und verändert werden können und im Produktivsystem stets Datenvollständigkeit, -integrität und -konsistenz gewährleistet bleiben. Der Transportprozess zwischen den einzelnen Systemen wird von jedem Unternehmen selbst ausgestaltet. Wer wann transportieren darf und welche Freigaben durch welche Akteure gegebenenfalls für einen Transport notwendig sind, kann dabei äußerst unterschiedlich und auch unterschiedlich restriktiv ausgestaltet sein.

**Zweisystemlandschaft**

Einige Unternehmen arbeiten aus Kosten- und Ressourcengründen statt mit einer Dreisystemlandschaft mit einer *Zweisystemlandschaft*. In diesem

Fall ist das Produktivsystem wie bei der Dreisystemlandschaft definiert, das zweite System übernimmt alle Funktionen des Entwicklungs- sowie des Testsystems. Dies führt zu weniger Komplexität, aber auch zu geringerer Sicherheit. Es kann bei kleineren und betriebswirtschaftlich nicht hochrelevanten SAP-Systemen zum Einsatz kommen. In Abbildung 2.8 sehen Sie rechts eine Zweisystemlandschaft.

Im nächsten Abschnitt befassen wir uns mit verschiedenen Einführungsmöglichkeiten von SAP BW/4HANA 2.0 in Ihrem Unternehmen.

## 2.3 Einführung von SAP BW/4HANA 2.0 im Unternehmen

**SAP-BW-Releases und -Upgrades**

Der Einstieg in die Arbeit mit SAP BW erfolgt über eine System-Neuinstallation. SAP stellt regelmäßig neue Releases für SAP BW zur Verfügung. Mit jedem neuen Release nimmt der Funktionsumfang von SAP BW zu, zudem läuft für alte Releases irgendwann die Wartung aus, sodass sie zwar noch weiter genutzt werden können, es im Fehlerfall aber keinen Support durch SAP mehr gibt. Um sich weiterhin Support durch SAP zu sichern, sollten Sie spätestens kurz vor dem Wartungsende ein Upgrade auf die nächste Version durchführen. Ein Grund für einen frühen Releasewechsel könnte sein, dass Sie neu angebotene Funktionen sofort nutzen möchten. Beim Wechsel vom klassischen SAP BW auf eine SAP-BW/4HANA-Installation sind die technischen Unterschiede so groß, dass hier nicht mehr von einem klassischen Upgrade, sondern von einer Migration auf das neue System gesprochen werden muss. In diesem Abschnitt geben wir einen Überblick über verschiedene Installations- und Migrationsoptionen für SAP BW/4HANA 2.0.

### 2.3.1 SAP BW/4HANA 2.0 als On-Premise-Installation

**Einführungsszenarien SAP BW/4HANA 2.0**

SAP BW/4HANA 2.0 kann in einem Unternehmen on-premise installiert werden. Die IT oder ein Dienstleister des Unternehmens kümmert sich hier selbst um Hardware, Betriebssysteme, Installation und Betrieb. Alternativ dazu ist die Nutzung von SAP BW/4HANA 2.0 auch in einer Cloud-Umgebung möglich.

Wenn Sie sich entschieden haben, SAP BW/4HANA 2.0 on-premise einzuführen, gibt es je nach Ausgangslage verschiedene Wege, die zum Ziel führen:

- Sie haben keine Vorgängerversion von SAP BW/4HANA 2.0 im Einsatz.
- Sie haben bereits eine Vorgängerversion von SAP BW/4HANA 2.0 im Einsatz, entscheiden sich aber, SAP BW/4HANA 2.0 unabhängig von der im Einsatz befindlichen Version völlig neu aufzusetzen.
- Sie nutzen bereits eine ältere Version von SAP BW – ohne SAP HANA.
- Sie nutzen bereits eine ältere Version von SAP BW – powered by SAP HANA.

**Sizing** In den ersten beiden Fällen können Sie SAP BW/4 HANA 2.0 auf der grünen Wiese neu aufbauen. Sie müssen keine bereits vorhandenen SAP-BW-Anwendungen übernehmen, sondern können Ihre Quellsysteme nach der Installation neu anschließen und die SAP-BW-Anwendungen neu konzipieren und aufbauen. In diesem Rahmen müssen sich mit dem *Sizing* Ihres neuen SAP-BW/4HANA-2.0-Systems auseinandersetzen. Bei dieser Abschätzung, welche Ressourcen Sie für Ihr neues System sinnvollerweise bereitstellen sollten, können Sie auf die Unterstützung des SAP-Supports zurückgreifen. Kontaktieren Sie hierfür Ihren SAP-Ansprechpartner.

**Migration** Trifft auf Sie der dritte oder vierte Fall zu, können Sie auch über ein *Migrationsszenario* nachdenken, bei dem Sie (Teile) Ihre(r) vorhandenen SAP-BW-Anwendungen aus Ihrem Altsystem in das neue SAP-BW/4HANA-2.0-System überführen. Während ein Upgrade von SAP BW/4HANA 1.0 auf SAP BW/4HANA 2.0 gut machbar ist, ist eine Migration von einer älteren SAP-BW-Version auf SAP BW/4HANA 1.0 oder 2.0 sehr aufwendig. Am Ende werden Sie jedoch die Vorteile des SAP-BW/4HANA-Systems zu schätzen lernen. Grundsätzlich ist ein Upgrade auf ein neues SAP-BW-Release bzw. eine Migration nie trivial, sondern sollte immer als Projekt geplant werden. Details zu Migrationsszenarien finden Sie in Abschnitt 2.3.3, »Migrationsszenarien«.

### 2.3.2 Technische Voraussetzungen für die On-Premise-Installation

**On-Premise-Installation** SAP BW/4HANA 2.0 basiert auf der ABAP Platform 1809, dem SAP-Kernel 7.73 bzw. 7.77. Um SAP BW/4HANA 2.0 installieren zu können, benötigen Sie zwingend eine SAP-HANA-2.0-Installation mit Support Package 03 oder höher. Abbildung 2.9 zeigt die Anforderungen des Applikationsservers und der Datenbank an die Hardware. (Quelle: SAP, Stand März 2020, für aktuelle Informationen rufen Sie bitte die *Product Availability Matrix* [*PAM*] aus dem Internetauftritt von SAP auf: *http://s-prs.de/v785402*).

| | Windows | AIX* | Linux | | | |
|---|---|---|---|---|---|---|
| | | | SUSE Linux Enerprise Server (SLES)** | | Red Hat Enterprise Linux (RHEL)*** | |
| | Server 2016, 2019 x64 | 7.1, 7.2 Power | 12, 15 x86_64 | 12, 15 Power LE | 7, 8 x86_64 | 7, 8 Power LE |
| Minimum SAP HANA DB 2.0 SP03 | AS | AS | AS + DB | AS + DB | AS + DB | AS + DB |

*SAP-Hinweis 1780629 **SAP-Hinweis 2235581 ***SAP-Hinweise 2235581 und 2871484
AS: nur Application Server
AS + DB: Application Server und Datenbank

**Abbildung 2.9** Technische Voraussetzungen für SAP BW/4HANA 2.0 (Quelle: SAP, Stand: Sommer 2021)

Die Installation von SAP HANA 2.0 und SAP BW/4HANA 2.0 wird üblicherweise vom SAP-Basis-Team durchgeführt.

### 2.3.3 Migrationsszenarien

**Projekt Releasewechsel SAP BW**

Bereits in der Vergangenheit war ein Upgrade des SAP-BW-Releases meist ein größeres Projekt mit Tests – idealerweise in einem Sandbox-System und Frozen Zones während der Upgrades und Tests im Entwicklungs-, Test- und Produktivsystem. Um einen reibungslosen Produktionsbetrieb zu gewährleisten, wird häufig zunächst ein Sandbox-System mit dem neuen Releasestand implementiert, in dem die korrekte Lauffähigkeit kritischer Unternehmensanwendungen und insbesondere auch von Eigenentwicklungen vorab und unabhängig von der produktiven Zwei- oder Dreisystemlandschaft getestet werden kann (siehe Abschnitt 2.2.3, »SAP-Systemlandschaften«). Bei Änderungen an SAP-BW-Modellierungsobjekten können auch diese im Sandbox-System gefahrlos ausprobiert werden.

Anschließend empfehlen wir Ihnen, nacheinander die Entwicklungs- und Transporttätigkeiten einzufrieren. Diese Zeiten, in der je System – außer in Notfällen – keine Änderungen erlaubt sind, werden als *Frozen Zones* bezeichnet. In den Frozen Zones wird zunächst das Entwicklungssystem auf den neuen Releasestand gehoben. Wenn dieses Upgrade erfolgreich war, können im Entwicklungssystem insbesondere kritische Anwendungen getestet werden. Nach erfolgreichen Tests folgt gegebenenfalls analog das

Upgrade des Testsystems und zu guter Letzt das Upgrade des Produktivsystems. Je nach Umfang und unternehmerischer Relevanz der im SAP BW implementierten Anwendungen und der daraus resultierenden Anforderungen an Umfang und Detaillierungsgrad der Tests kann ein Releasewechsel so durchaus zu einem mehrmonatigen Projekt werden.

**Umstieg von SAP BW 7.x auf SAP BW/4HANA**

Der Unterschied zwischen einem SAP-BW-7.x- und einem SAP-BW/4HANA-System ist bedingt durch den Umstieg auf die SAP-HANA-Datenbank ein bedeutend größerer als der zwischen zwei verschiedenen SAP-BW-7.x-Releases. SAP bezeichnet SAP BW/4HANA nicht als Nachfolger der vorhergehenden SAP-BW-Releases, sondern als neues Produkt – daher wird auch nicht von einem Upgrade, sondern von einer Migration gesprochen. Auf Objektebene entfallen einige der Standard-Modellierungsobjekte und werden durch neue oder stark veränderte Objekte ersetzt.

Die alten Modellierungsobjekte stehen nach der Migration nicht mehr zur Verfügung (siehe Kapitel 5, »Grundlegende Modellierungsobjekte: Datenhaltung«, und Kapitel 6, »Grundlegende Modellierungsobjekte: Datentransformation und -präsentation«). Die Konvertierung von Modellierungsobjekten kann daher in der Praxis häufig nicht sauber und vollautomatisiert durch Migrationstools und -routinen abgebildet werden. Hier sind umfangreiche Tests und auch manuelle Migrationen bzw. Redesigns von Objekten erforderlich, sodass die Migration auf SAP BW/4HANA ein nicht zu unterschätzendes Projekt darstellt. SAP weist darauf hin, dass die Releases von SAP BW powered by SAP HANA weiterhin gewartet werden, aber keine großen Weiterentwicklungen mehr erfahren, und empfiehlt daher die Migration auf SAP BW/4HANA.

**Migrationsszenarien**

Für den Umstieg von einem älteren SAP-BW-Release auf SAP BW/4HANA sieht SAP drei verschiedene Migrationsszenarien vor: Die In-Place Conversion, die Remote Conversion und die Shell Conversion. Welches Migrationsszenario im konkreten Fall zum Einsatz kommt, hängt im Einzelfall von der Ausgangssituation und den Anforderungen und Bedürfnissen ab. Wir geben an dieser Stelle einen Überblick über die Möglichkeiten und Unterschiede der drei genannten Migrationsszenarien.

**In-Place Conversion**

Bei der *In-Place Conversion* wird das bestehende SAP-BW-System in ein SAP-BW/4HANA-System umgewandelt. Voraussetzung ist eine Installation von SAP BW 7.5 powered by SAP HANA. Bei dieser Art der Migration werden die klassischen SAP-BW-Objekte nach und nach in ihre SAP-HANA-Äquivalente umgewandelt. Die In-Place Conversion lässt sich in zwei Phasen unterteilen, die jeweils in vier Schritte untergliedert sind. Der zeitliche Ablauf der In-Place Conversion ist in Abbildung 2.10 dargestellt, Abbildung 2.11

illustriert die Umwandlung der Systemlandschaft während des Migrationsprojekts.

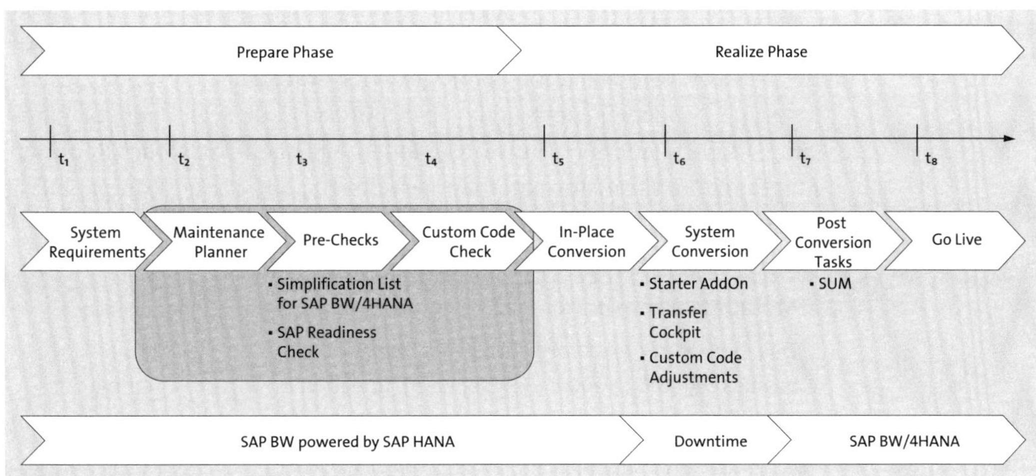


**Abbildung 2.10** Phasen der In-Place Conversion (Quelle: SAP)

Ausgangssituation
Projektlandschaft (parallel)
Ziel-Landschaft
SAP BW
SAP BW + Starter AddOn
SAP BW/4HANA (Ziel)
SAP BW/4HANA
1. Inhaltsübertragung
2. Technische Systemkonvertierung
3. Nach-Konvertierungs-Aufgaben
RFC/HTTP
RFC/HTTP
RFC/HTTP
RFC/HTTP
Quellsysteme
Quellsysteme
Quellsysteme
Quellsysteme

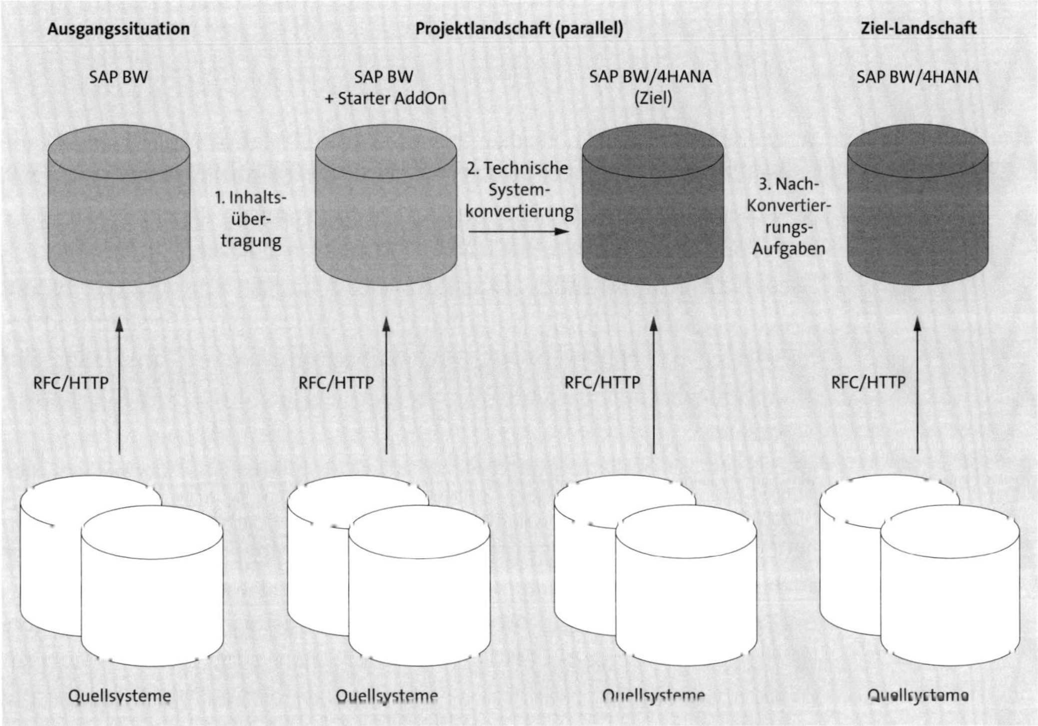

**Abbildung 2.11** Systemlandschaft während der In-Place Conversion (Quelle: SAP)

**Migrationsvorbereitung**

SAP bietet zur Vorbereitung der Migration (Prepare-Phase) ein Pre-Check-Tool, mit dem das Metadata-Repository (siehe Hinweiskasten »Metadata-Repository«) des SAP BW analysiert werden kann. Weiter bietet SAP einen Sizing Report an, der Sie dabei unterstützt, den Umfang der für die SAP-BW/4HANA-2.0-Installation benötigten Hardware zu bestimmen. Zur Prüfung von kundeneigenem Code stellt SAP das Code Scan Tool zur Verfügung, das z. B. auch in Transformationen eingebetteten Code (Routinen, Abschnitt 7.6, »Transformationen (erweitert)«) auf dessen Kompatibilität mit SAP BW/4HANA 2.0 untersuchen kann.

**Metadata-Repository**

Das *Metadata-Repository* enthält Informationen zu den Metadaten-Objekten des SAP BW, also zu den Objekten, in denen die eigentlichen betriebswirtschaftlichen Daten abgelegt sind (z. B. InfoObjects, aDSOs, DataSources). Es stellt wichtige Eigenschaften der einzelnen Objekte zur Verfügung und informiert Sie über die Verknüpfungen der einzelnen Objekte untereinander.

In SAP BW/4HANA 2.0 steht das Metadata-Repository im SAP BW/4HANA 2.0 Web Cockpit zur Verfügung (siehe Abschnitt 2.2.2, »Administration im SAP BW/4HANA 2.0 Web Cockpit«).

**Migrationsumsetzung**

Während der Migration (Realize-Phase) einer In-Place Conversion werden die Datenmodelle und -flüsse im SAP BW Schritt für Schritt in SAP-BW/4HANA-2.0-kompatible Objekte überführt. Das Scope Transfer Tool unterstützt Sie beim Anlegen der neuen SAP-HANA-optimierten Objekte, auch für die klassischen SAP-BW-Objekte – im ersten Schritt im SAP BW powered by SAP HANA, danach on HANA. Natürlich müssen auch Benutzerrollen und Berechtigungen nach SAP BW/4HANA 2.0 überführt werden. Zum Schluss der Migration wird der alte SAP-BW-Code gelöscht und durch SAP BW/4HANA 2.0 ersetzt.

**Remote Conversion**

Für die *Remote Conversion* benötigen Sie ein SAP BW 7.3 on AnyDB oder höher. Im ersten Schritt wird ein neues SAP-BW/4HANA-2.0-System installiert. Die Remote Conversion bietet Ihnen die Möglichkeit, ganze – oder auch nur ausgewählte – Datenflüsse inklusive der Daten aus dem alten SAP-BW-System in die neue SAP-BW/4HANA-2.0-Installation zu übertragen. Hierbei können Sie selbst festlegen, ob und welche alten oder ungenutzten Objekte von der Migration ausgeschlossen werden sollen. Falls das alte SAP-BW-System noch nicht auf Unicode umgestellt war, erfolgt die Konvertierung im Rahmen der Migration. Der große Vorteil der Remote Conversion ist die Möglichkeit, nur wirklich benötigte Datenflüsse und Objekte in ein neues, sauberes System zu überführen. Abbildung 2.12 illustriert den

Ablauf der Remote Conversion, Abbildung 2.13 stellt die Umwandlung der Systemlandschaft während des Migrationsprojektes dar.

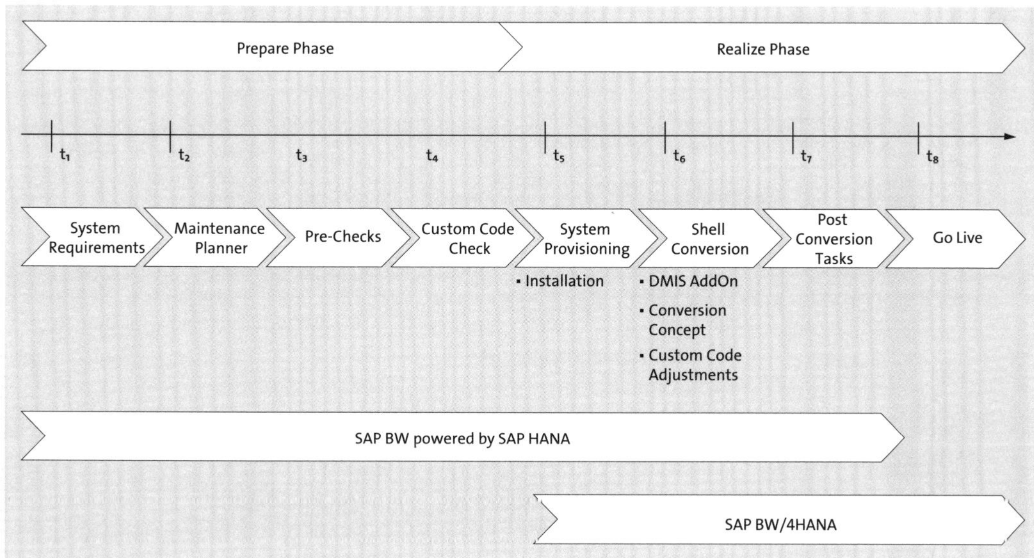


**Abbildung 2.12** Phasen der Remote Conversion (Quelle: SAP)

Ausgangssituation
Projektlandschaft (parallel)
Ziel-Landschaft
SAP BW
SAP BW
+ Starter AddOn
SAP BW/4HANA
(Ziel)
SAP BW/4HANA
1. Inhalts-
über-
tragung
Transport der
Konfiguration
RFC/HTTP
RFC/HTTP
RFC/HTTP
Quellsysteme
Quellsysteme
Quellsysteme

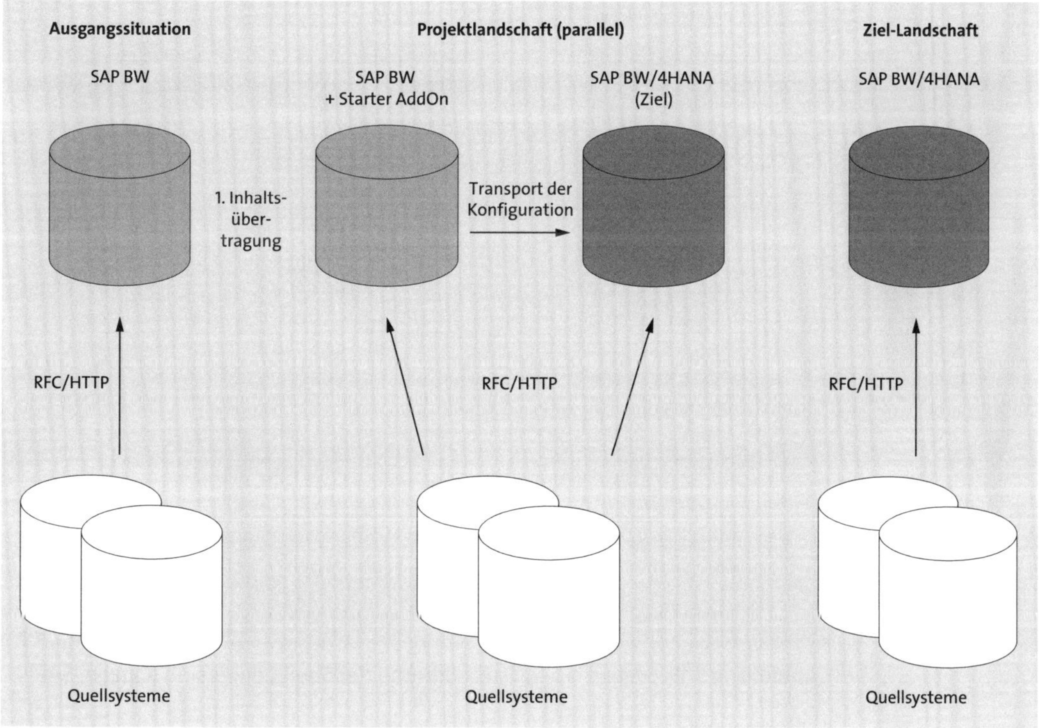

**Abbildung 2.13** Systemlandschaft während der Remote Conversion (Quelle: SAP)

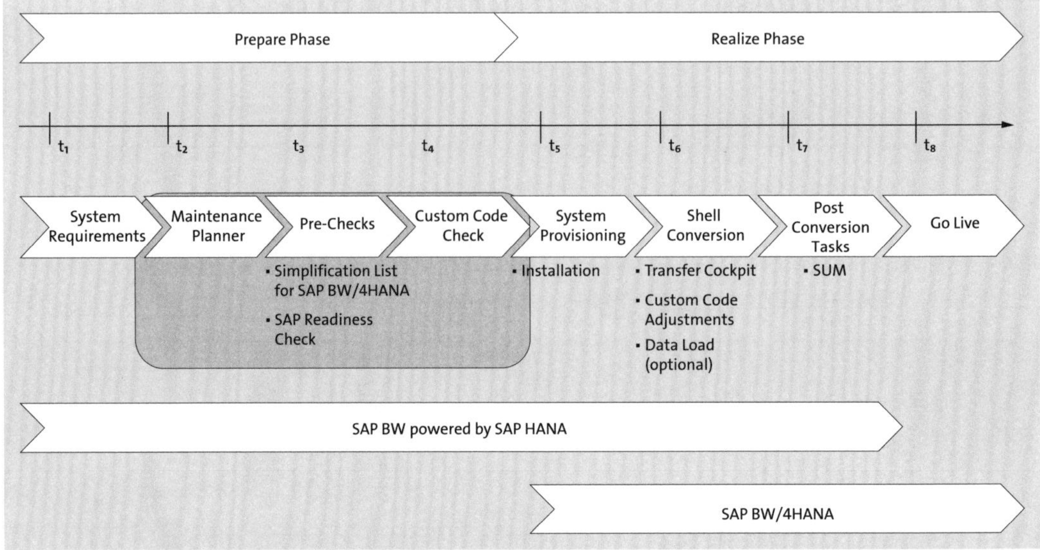


**Abbildung 2.14** Phasen der Shell Conversion (Quelle: SAP)

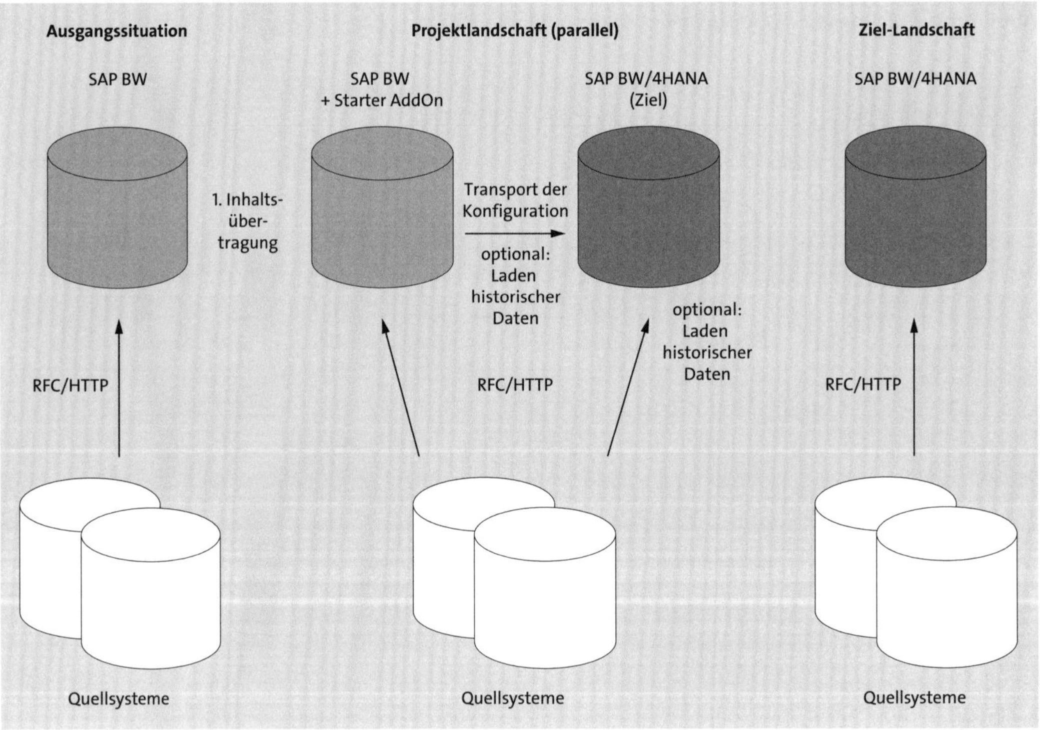

**Abbildung 2.15** Systemlandschaft während der Shell Conversion (Quelle: SAP)

Die *Shell Conversion* entspricht der Remote Conversion, allerdings ohne Datentransfer, und stellt somit einen Greenfield-Ansatz dar. Voraussetzung ist ein SAP BW 7.0 oder höher. Das neue SAP-BW/4HANA-2.0-System wird parallel zur bestehenden Landschaft installiert. Daten werden aus den Originalquellen in das neue System geladen. Auch das alte SAP-BW-System kann als Datenquelle angeschlossen werden – sofern historische Daten genutzt werden müssen. Abbildung 2.14 illustriert die Schritte während der Shell Conversion, Abbildung 2.15 zeigt die Umwandlung der Systemlandschaft während des Migrationsprojektes.

**Shell Conversion**



### 2.3.4 SAP BW/4HANA 2.0 in Cloud-Szenarien

**Cloud-Szenarien**

Neben einer On-Premise-Installation besteht die Möglichkeit, SAP BW/4HANA 2.0 im Rahmen eines Cloud-Szenarios zu nutzen. Vorteile sind hier die schnelle Implementierung – durch von SAP bereitgestellte, vorkonfigurierte SAP-BW/4HANA-2.0-Pakete, die Sie direkt einsetzen können –, sowie die Skalierbarkeit der Infrastruktur in der Cloud. Bei Bedarf können Sie Leistung hinzukaufen. Ein Nachteil ist für viele Unternehmen weiterhin, dass die Unternehmensdaten mit dem Schritt in die Cloud das Unternehmen verlassen. Darüber hinaus sind die Kosten für die Cloud-Infrastruktur und die Lizenzen nicht unerheblich – und es entsteht eine gewisse Abhängigkeit vom Cloud-Betreiber. Folgende Optionen stehen Ihnen bei der Nutzung von SAP BW/4HANA 2.0 in einem Cloud-Szenario zur Verfügung:

- *SAP Cloud Appliance Library* (*SAP CAL*): In der Onlinebibliothek SAP CAL stehen Ihnen vorkonfigurierte, direkt einsetzbare SAP-BW/4HANA-2.0-Pakete zur Verfügung (siehe *cal.sap.com*). Diese Pakete (siehe Abbildung 2.16) können Sie in Ihrer Public Cloud – aktuell über Amazon Web Services, Microsoft Azure oder die Google Cloud Platform – nutzen. Auf diesem Wege können Sie durch die Installation eines vorkonfigurierten Pakets sehr schnell eine SAP-BW/4HANA-2.0-Landschaft für Projekte einsetzen. Kosten entstehen bei diesem Szenario zum einen für Ihre Public Cloud beim jeweiligen Anbieter, zum anderen fallen monatlich Abonnementskosten an, wenn Sie SAP BW/4HANA 2.0 nach 30 Tagen weiternutzen möchten. Gegenüber einer On-Premise-Installation verkürzt sich die Bereitstellungszeit auf wenige Stunden oder Tage.

  Viele Firmen entscheiden sich derzeit nach wie vor gegen die Migration ihrer Anwendungen in die Public Cloud. Hier spielen Bedenken bezüglich der Sicherheit, der Datenhoheit und der Compliance eine große Rolle. Zudem bestehen Unsicherheiten in Bezug auf Latenzzeiten und die vergleichsweise hohen Kosten für den Betrieb in der Public Cloud, die

Lizenzen und den Transport der Daten in die Cloud bzw. aus der Cloud heraus.

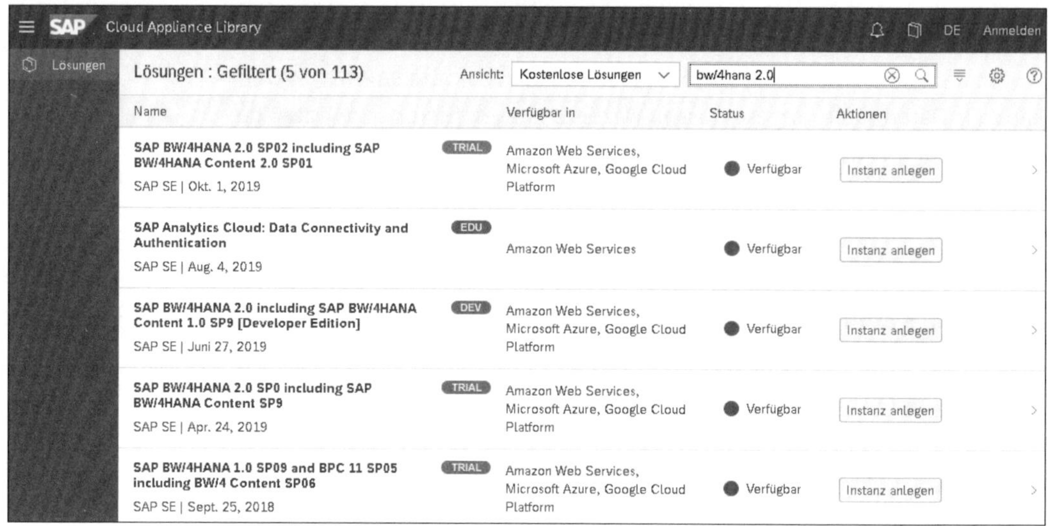


**Abbildung 2.16** SAP BW/4HANA 2.0 in der SAP Cloud Appliance Library

- *SAP HANA Enterprise Cloud*: SAP BW/4HANA kann neben der Nutzung in einer Public Cloud auch in der Managed Cloud SAP HANA Enterprise Cloud betrieben werden. Bei SAP HANA Enterprise Cloud handelt es sich um die erste Private Cloud von SAP. Wenn Sie eine noch stärkere Kontrolle der Infrastruktur wünschen oder benötigen, kann auch die von SAP und HPE angekündigte *SAP HANA Enterprise Cloud, Customer Edition* eine Alternative sein (siehe Abschnitt 2.1.6, »SAP HANA«).

# Kapitel 3
# Installation und Einrichtung der Modellierungs- und Administrationswerkzeuge für SAP BW/4HANA 2.0

*In diesem Kapitel stellen wir Ihnen die Installation und Einrichtung der Modellierungs- und Administrationswerkzeuge für SAP BW/4HANA 2.0 vor. Wir beschränken uns dabei auf typische Tätigkeiten, die beispielsweise eine SAP-BW-Beraterin häufig selbst erledigen muss, um arbeitsfähig zu werden. Außerdem bieten wir einen Überblick über die jeweiligen Funktionen der Tools und geben eine grundsätzliche Einführung in die Oberflächen und Interaktionsmöglichkeiten der Tools.*

**Infrastruktur, Installation, Einrichtung**

Die Installation und Einrichtung von SAP BW/4HANA 2.0 inklusive der gesamten dahinterliegenden Infrastruktur (Hardware, Netzwerke ...) in einem Unternehmen erfolgt üblicherweise durch die interne IT-Abteilung oder einen externen Dienstleister. Ein SAP-Basis-Verantwortlicher oder ein SAP-Basis-Team kümmert sich in vielen Fällen um die Einrichtung und später um Upgrades der SAP-BW/4HANA-2.0-Software selbst sowie häufig auch um Berechtigungen und die Benutzerverwaltung. Mit Bezug auf diese Tätigkeiten verweisen wir auf entsprechende Fachliteratur aus dem Bereich SAP-BW/4HANA-2.0-Administration und SAP Basis und gehen im Rahmen dieses Buches nicht weiter darauf ein.

**Installation und Einrichtung der Client-Tools**

Um mit SAP BW/4HANA 2.0 entwickeln zu können, ist es für die Anwendungsbetreuerin oder den SAP-BW-Berater notwendig, auf ihren Rechnern die entsprechende Client-Software – hier insbesondere das *SAP HANA Studio* mit dem Plug-in *SAP BW Modeling Tools* sowie das *SAP BW/4HANA 2.0 Web Cockpit* – ausführen zu können. Beim SAP BW/4HANA 2.0 Web Cockpit handelt es sich um eine browserbasierte Anwendung, die von der IT-Abteilung oder SAP Basis bereitgestellt wird. Die Entwicklerinnen und Entwickler benötigen hier die entsprechende Berechtigung, um das SAP BW/4HANA 2.0 Web Cockpit starten zu können, müssen aber auf ihrem Client keine weitere Installation durchführen. Das SAP HANA Studio mit den SAP BW Modeling Tools hingegen muss auf dem Client installiert werden. Dies kann gegebenenfalls ebenfalls von der IT-Abteilung übernommen werden,

z. B. auch durch eine zentrale Softwareverteilung. Häufig – insbesondere bei SAP-BW-Beraterinnen und -Beratern – muss das SAP HANA Studio aber auch selbst auf dem eigenen Client installiert werden. Wie dies geht, erläutern wir daher in Abschnitt 3.1, »Installation und Einrichtung des SAP HANA Studios«.

In Abschnitt 3.2, »Einführung in die Modellierungs- und Administrationswerkzeuge«, stellen wir Ihnen die Benutzeroberflächen und das grundsätzliche Interaktionsdesign der beiden Anwendungen SAP HANA Studio und SAP BW/4HANA 2.0 Web Cockpit vor. Einzelne – insbesondere die häufig genutzten – Funktionen oder Apps erläutern wir im weiteren Verlauf des Buches jeweils in den Abschnitten, wo sie benötigt werden. Es würde den Rahmen dieses Buches sprengen, jede einzelne Funktion oder App im Detail vorzustellen. Wir möchten Sie ermuntern, sich auch Funktionen oder Apps, auf die wir in diesem Buch nicht weiter eingehen, anzusehen; hier lohnt sich immer ein Blick auf die zahlreichen Onlinedokumentationen von SAP oder in die Onlineforen, die Sie häufig gut über eine Suche in einer Suchmaschine finden können.

## 3.1 Installation und Einrichtung des SAP HANA Studios

**Installationspaket oder Software-download**

Wenn Sie auf Ihrem Client noch nicht über das SAP HANA Studio verfügen, kann es sein, dass es Ihnen nicht zentral von Ihrer IT-Abteilung zur Verfügung gestellt wird und Sie sich selbst um die Installation und Einrichtung kümmern müssen. Wir unterscheiden hier im Folgenden zwei Fälle:

1. Ihre IT-Abteilung oder SAP Basis stellt Ihnen ein *Installationspaket* zur Verfügung.
2. Sie müssen sich die Software selbst von den SAP-Seiten herunterladen und installieren.

Im ersten Fall sollten Sie das bereitgestellte Installationspaket nutzen. Eventuell wurde genau diese Version von Ihrer IT-Abteilung in Ihrer spezifischen Unternehmenslandschaft getestet und für die Nutzung freigegeben. Sie sollte (halbwegs) aktuell sein und auf jeden Fall zur SAP-BW/4HANA-2.0-Version passen. Bevor Sie in diesem Fall selbst – vielleicht aktuellere – Installationsdateien aus dem Internet herunterladen und installieren, empfehlen wir Ihnen, Rücksprache mit Ihrer IT-Abteilung oder Ihrem SAP-Basis-Team zu halten.

**S-User**

Im zweiten Fall müssen Sie die Software zur Installation des SAP HANA Studios zunächst selbst von den SAP-Webseiten, genauer gesagt aus dem *SAP*

*Support Launchpad*, herunterladen. Dafür benötigen Sie einen S-User von SAP (siehe Hinweiskasten »S-User«). Wenn Sie selbst über keinen S-User verfügen, fragen Sie Ihre Vorgesetzten oder Ihr SAP-Basis-Team nach einem S-User, oder bitten Sie darum, Ihnen die Installationsdateien entsprechend zur Verfügung zu stellen.



[«]

**S-User**

Mit einem sogenannten *S-User* (*Service-User*) von SAP können Sie sich mit dem SAP-Support in Verbindung setzen und sich an den Serviceportalen anmelden. Die S-User sind an SAP-Partner, SAP-Kunden und SAP-Produkte gebunden. Sie können mit unterschiedlichen Berechtigungen für die Nutzungen der SAP-Services ausgestattet sein. Services, für die ein S-User benötigt wird, sind beispielsweise die folgenden:

- Benutzermanagement (andere S-User verwalten)
- Softwaredownloads (Installationsdateien herunterladen, Lizenzschlüssel abfragen)
- Remote-Verbindungen pflegen

Einen S-User erhalten Sie bei Bedarf üblicherweise von dem Unternehmen, für das Sie tätig sind.

Wir beschreiben in Abschnitt 3.1.1, »Download der Installationsdateien für das SAP HANA Studio«, den Download und das Entpacken der Installationsdateien für das SAP HANA Studio. Wenn Ihnen in Ihrem Unternehmen Installationsdateien zur Verfügung gestellt werden, können Sie diesen Abschnitt überspringen.

In Abschnitt 3.1.2, »Installation des SAP HANA Studios«, erläutern wir die Installation des SAP HANA Studios mit den heruntergeladenen oder von Ihrem Unternehmen bereitgestellten Installationsdateien. Abschnitt 3.1.3, »Installation der SAP BW Modeling Tools«, enthält die Beschreibung der Installation des Plug-ins SAP BW Modeling Tools.

### 3.1.1 Download der Installationsdateien für das SAP HANA Studio

**Download Installationsdateien für das SAP HANA Studio**

Wenn Ihnen keine Installationsdatei für die Installation des SAP HANA Studios auf Ihrem Client von Ihrem Unternehmen bereitgestellt wird, müssen Sie sich zunächst eine Installationsdatei aus dem SAP Support Launchpad herunterladen. Rufen Sie das SAP Support Launchpad über die Seite *https://launchpad.support.sap.com* auf (siehe Abbildung 3.1).

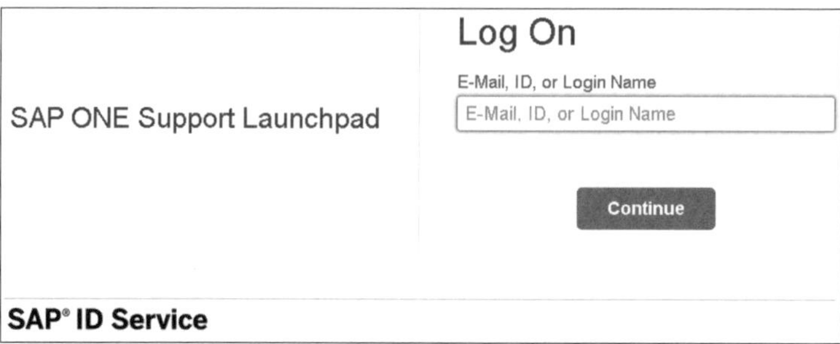


**Abbildung 3.1** SAP Support Launchpad – Startseite

Melden Sie sich mit Ihrem S-User (siehe Abbildung 3.2) bzw. der im S-User hinterlegten E-Mail-Adresse sowie dem zugehörigen Passwort am SAP Support Launchpad an (siehe Abschnitt 3.1, »Installation und Einrichtung des SAP HANA Studios«).

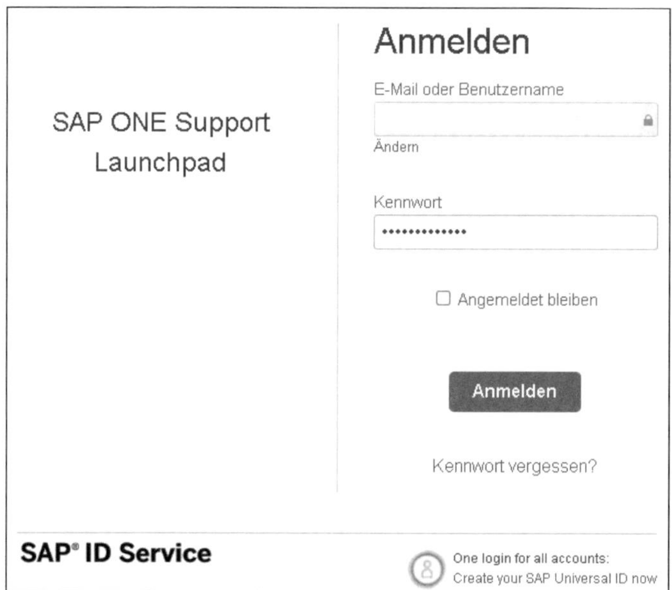


**Abbildung 3.2** Anmeldung im SAP Support Launchpad

Wählen Sie im SAP Support Launchpad im Dropdown-Menü oben rechts den Eintrag **Downloads** aus (siehe Abbildung 3.3).

Suchen Sie nun über das Suchfeld rechts neben dem Dropdown-Menü nach dem Begriff »SAP HANA Studio«. Wählen Sie nun aus den im Tab **Software Categories** angezeigten Ergebnissen den Eintrag **SAP HANA STUDIO 2** aus (siehe Abbildung 3.4).

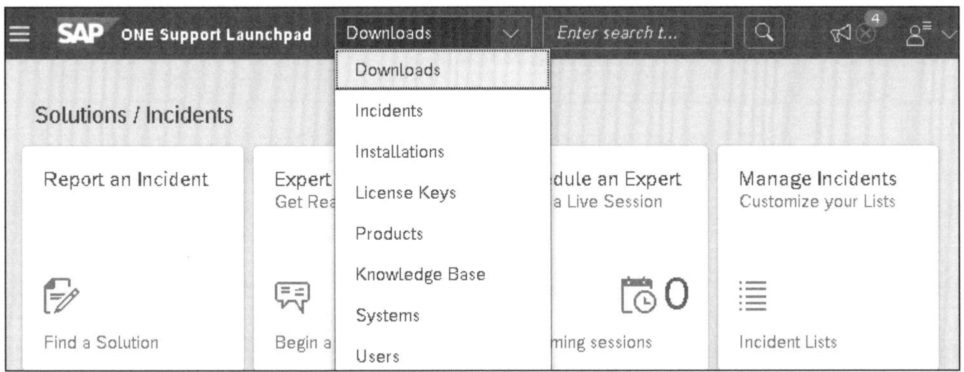


**Abbildung 3.3** SAP Support Launchpad – Downloads

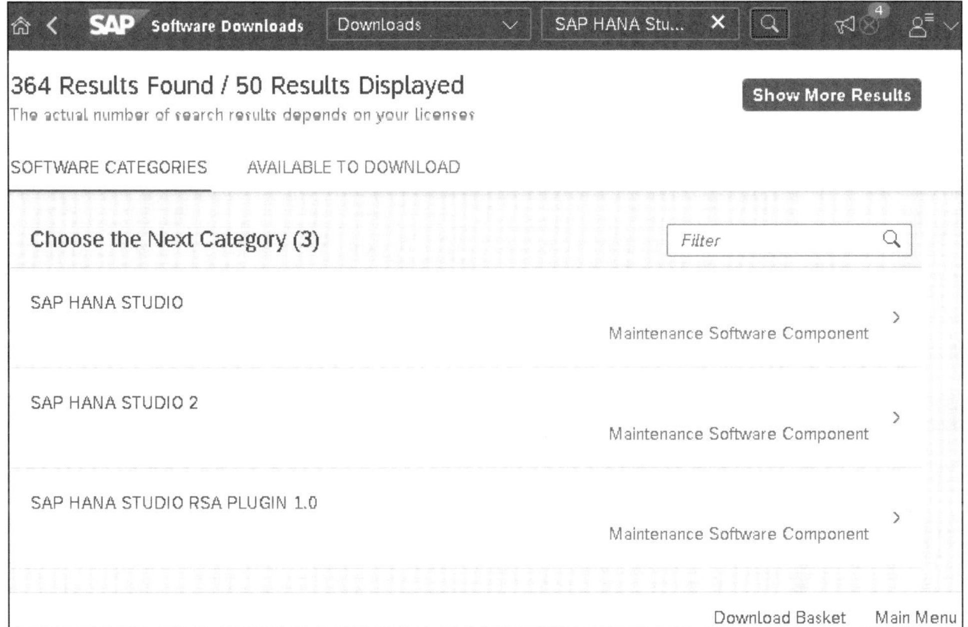


**Abbildung 3.4** Auswahl von SAP HANA STUDIO 2

Laden Sie die aktuellste Version des SAP HANA Studios herunter (siehe Abbildung 3.5).

**SAR-Datei entpacken mit SAPCAR**

Bei der Installationsdatei für das SAP HANA Studio handelt es sich um eine gepackte Datei im SAP-eigenen Format *SAP Compressed File Archiv* (*SAR*). Sie müssen dieses SAR-Archiv vor der Installation entpacken. Dafür benötigen Sie die SAP-Software *SAPCAR*, die Sie ebenfalls aus dem SAP Support Launchpad herunterladen können.

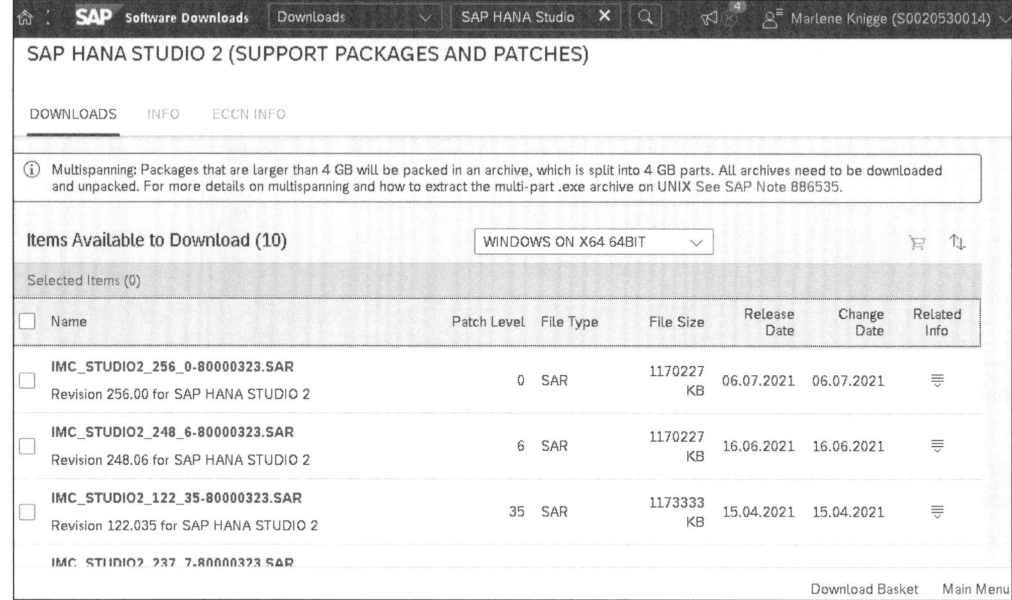


**Abbildung 3.5** Verfügbare Versionen des SAP HANA Studios

Zum Herunterladen von SAPCAR suchen Sie erneut im SAP Support Launchpad in den Downloads nach »SAPCAR«. Wählen Sie nun in den Downloads die aktuellste Version von SAPCAR zum Herunterladen (siehe Abbildung 3.6).

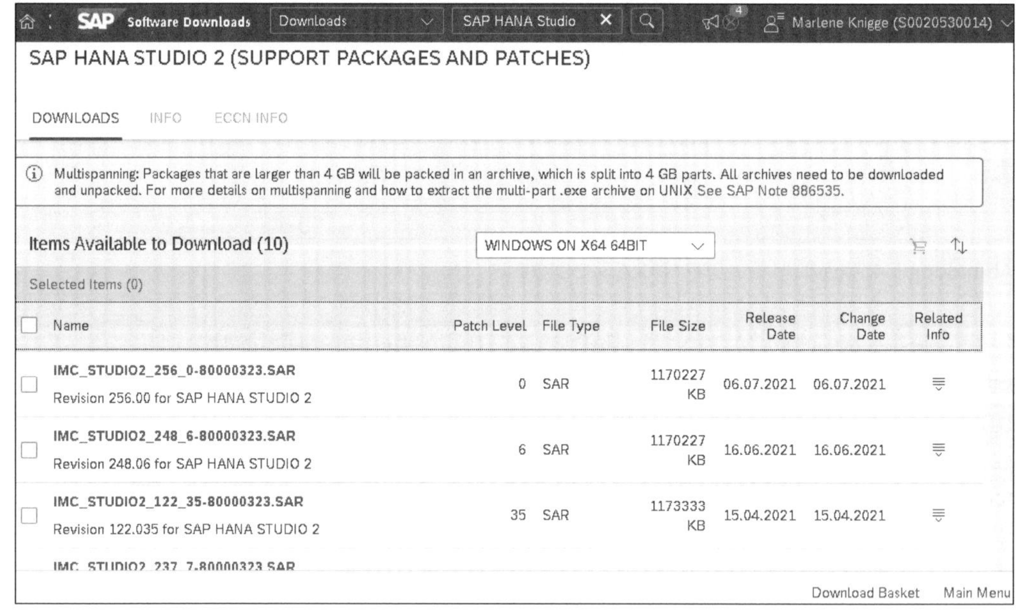


**Abbildung 3.6** Verfügbare SAPCAR-Versionen

Legen Sie die beiden Installationsdateien für das SAP HANA Studio und für SAPCAR in einem lokalen Ordner auf Ihrem Client-Rechner ab. In unserem Beispiel haben wir dafür den Ordner **C:\Install** gewählt. Der Einfachheit halber empfehlen wir, die Datei **SAPCAR_1320-80000938.EXE** (siehe Abbildung 3.7) in »SAPCAR.exe« umzubenennen.

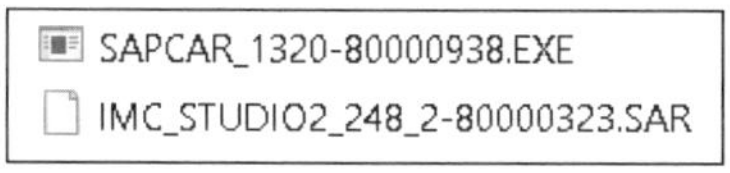

SAPCAR_1320-80000938.EXE
IMC_STUDIO2_248_2-80000323.SAR

**Abbildung 3.7** Heruntergeladene Dateien

Rufen Sie anschließend die *Windows-Eingabeaufforderung* über das Windows-Startmenü auf (Befehl `CMD`). Navigieren Sie in den Ordner, in dem die Installationsdateien liegen. Wenn Sie den Ordner **C:\Install** analog zu unserem Beispiel angelegt haben, navigieren Sie mit `cd..` und [↵] jeweils einen Ordner aufwärts, bis Sie auf **C:** angekommen sind, dann `cd Install` und [↵] (siehe Abbildung 3.8).

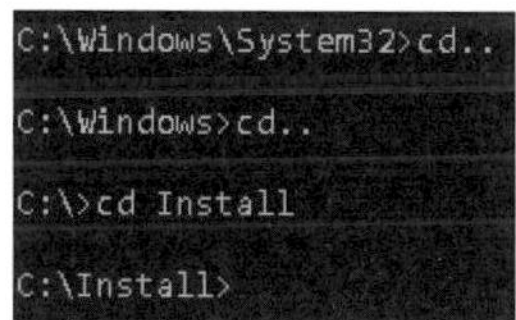


**Abbildung 3.8** Navigation über die Windows-Eingabeaufforderung

Um die SAP-HANA-Studio-Installationsdateien im Ordner (im Beispiel **C:\Install**) zu entpacken, geben Sie in der Eingabeaufforderung nun folgenden Befehl ein und führen ihn mit [↵] aus; wenn Ihre Ordner und Dateien anders heißen, müssen Sie den Befehl entsprechend anpassen: `C:\Install> SAPCAR.EXE -xvf C:\Install\IMC_STUDIO2_248_2-80000323.sar -R C:\Install` (siehe Abbildung 3.9).

C:\Install>SAPCAR.EXE -xvf C:\Install\IMC_STUDIO2_248_2-80000323.sar -R C:\Install

**Abbildung 3.9** Ausführen des Befehls zum Entpacken in der Windows-Eingabeaufforderung

Nach erfolgreichem Ausführen des Befehls finden Sie in Ihrem Ordner (im Beispiel **C:\Install**) nun zusätzlich den Unterordner **SAP_HANA_STUDIO**. Darin liegen die entpackten Installationsdateien für das SAP HANA Studio (siehe Abbildung 3.10).

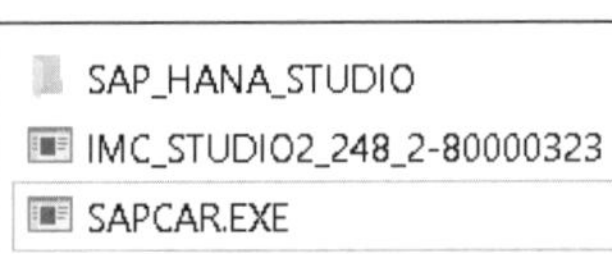


**Abbildung 3.10** Dateien im Ordner »C:\Install« nach Abschluss des Entpackens

### 3.1.2 Installation des SAP HANA Studios

**Installation SAP HANA Studio**

Sie haben die Installationsdateien für das SAP HANA Studio entweder von Ihrem Unternehmen enthalten oder heruntergeladen und entpackt (siehe Abschnitt 3.1.1, »Download der Installationsdateien für das SAP HANA Studio«). Im Installationsordner finden Sie nun die Datei **hdbsetup.exe** (siehe Abbildung 3.11). Führen Sie diese Datei zur Installation des SAP HANA Studios per Rechtsklick auf die Datei als Administrator aus. Bestätigen Sie dabei gegebenenfalls Nachfragen des Systems zur Installation.

**Abbildung 3.11** Installationsdateien in »C:\Install«

In Schritt 1 können Sie den Ordner für die Neuinstallation des SAP HANA Studios auswählen. Bestätigen Sie Ihre Auswahl über die Schaltfläche **Next >** (siehe Abbildung 3.12).

Warten Sie, bis das Installationsprogramm zu Schritt 2 springt (siehe Abbildung 3.13). Hier können Sie die zu installierenden Features auswählen. Bestätigen Sie Ihre Auswahl wieder mit der Schaltfläche **Next >**.

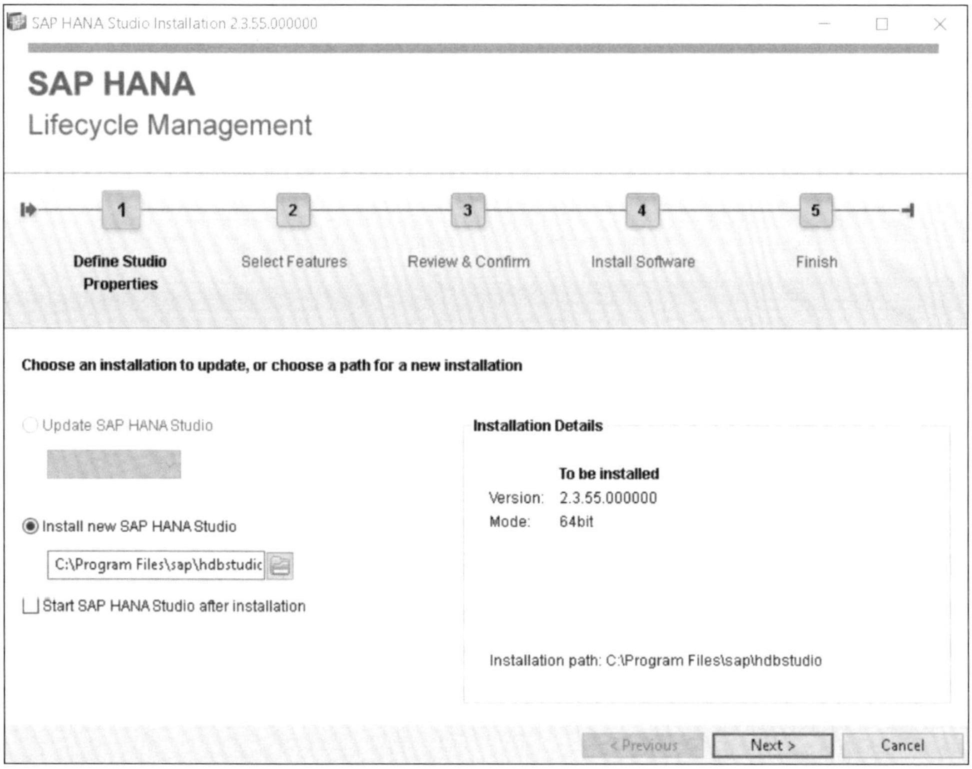

**Abbildung 3.12** Installation SAP HANA Studio – Schritt 1

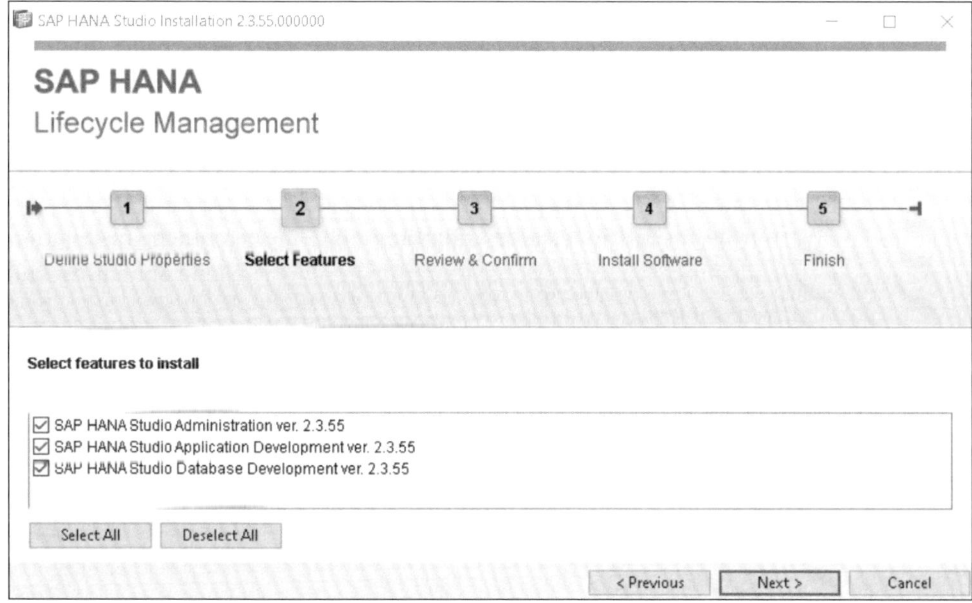


**Abbildung 3.13** Installation SAP HANA Studio – Schritt 2

Das Installationsprogramm wechselt nun zu Schritt 3 (siehe Abbildung 3.14). Starten Sie hier die Installation über die Schaltfläche **Install**.

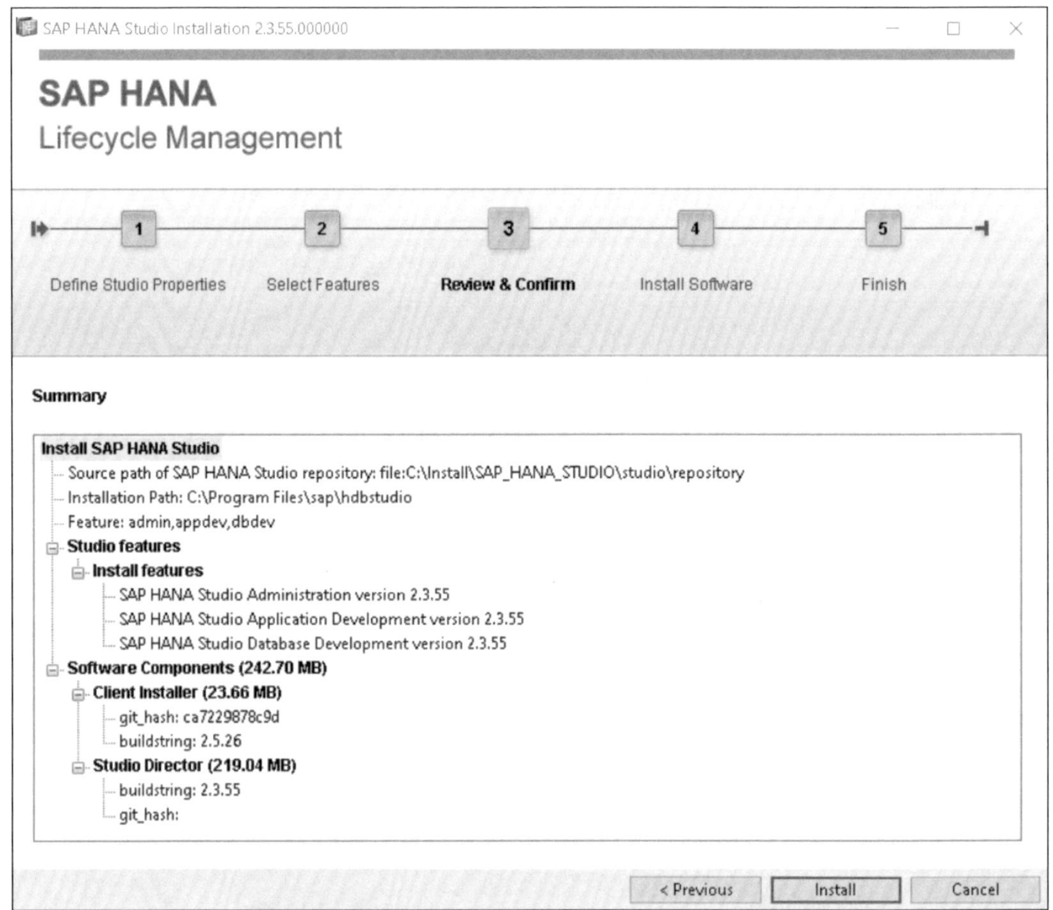


**Abbildung 3.14** Installation SAP HANA Studio – Schritt 3

Warten Sie, bis Schritt 4 (siehe Abbildung 3.15) – die eigentliche Installation – beendet und das Installationsprogramm in Schritt 5 (siehe Abbildung 3.16) angekommen ist.

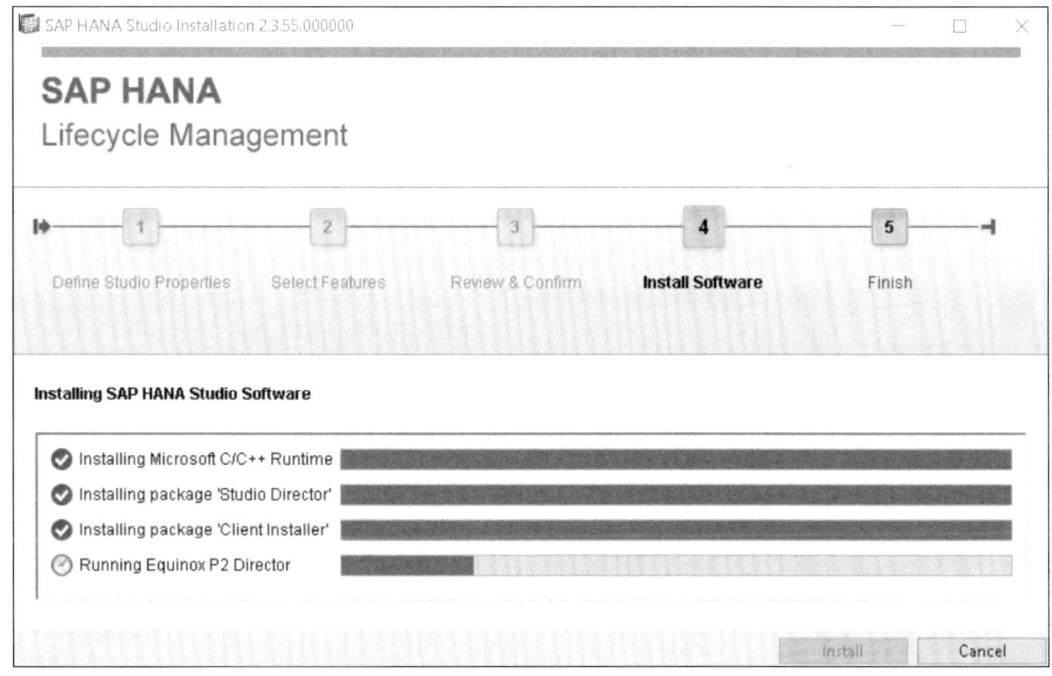


**Abbildung 3.15** Installation SAP HANA Studio – Schritt 4

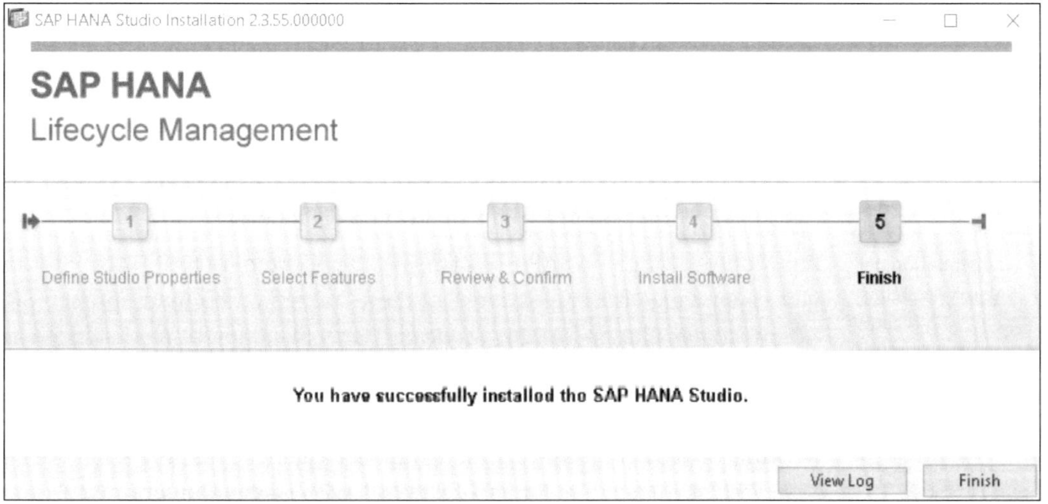


**Abbildung 3.16** Installation SAP HANA Studio – Schritt 5

Das SAP HANA Studio ist nun fertig installiert.

**Einrichten des SAP HANA Studio Workspaces**

Starten Sie das SAP HANA Studio. Beim ersten Start werden Sie aufgefordert, den Speicherort für den *SAP HANA Studio Workspace* auszuwählen (siehe Abbildung 3.17). Um zu vermeiden, dass diese Abfrage bei jedem Start des SAP HANA Studios erneut aufpoppt, können Sie den Haken bei der Option **Use this as the default and do not ask again** setzen. Bestätigen Sie über die Schaltfläche **Launch**.

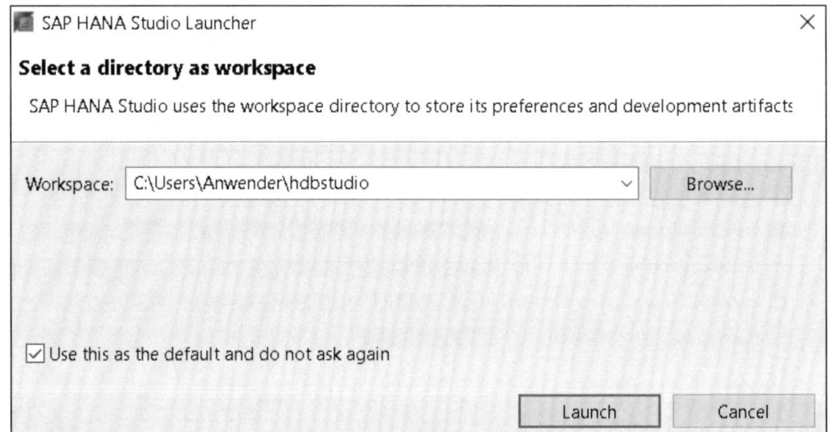


**Abbildung 3.17** SAP HANA Studio – Workspace wählen

### 3.1.3 Installation der SAP BW Modeling Tools

**Perspektiven in Eclipse/im SAP HANA Studio**

Das SAP HANA Studio basiert auf der Entwicklungsumgebung *Eclipse*. In Eclipse gibt es verschiedene *Perspektiven*. Jede Perspektive bietet eine Sammlung von Funktionen zur Bearbeitung bestimmter Aufgaben. Die Entwicklerinnen und Entwickler wählen für ihre Arbeit jeweils die Perspektive, die die Funktionen enthält, die sie gerade benötigen.

**Installation der SAP BW Modeling Tools**

Zur Modellierung von SAP-BW/4HANA-2.0-Objekten im SAP HANA Studio gibt es eine eigene Perspektive. Um diese nutzen zu können, müssen Sie nun noch das Plug-in *SAP BW Modeling Tools* installieren. Wechseln Sie in das SAP HANA Studio. Klappen Sie dort den Menüeintrag **Help** auf. Wählen Sie hier den Unterpunkt **Install New Software...** (siehe Abbildung 3.18).

Es öffnet sich das Pop-up-Fenster **Install**. Betätigen Sie hier die Schaltfläche **Add...** rechts neben dem Eingabefeld **Work with** (siehe Abbildung 3.19).

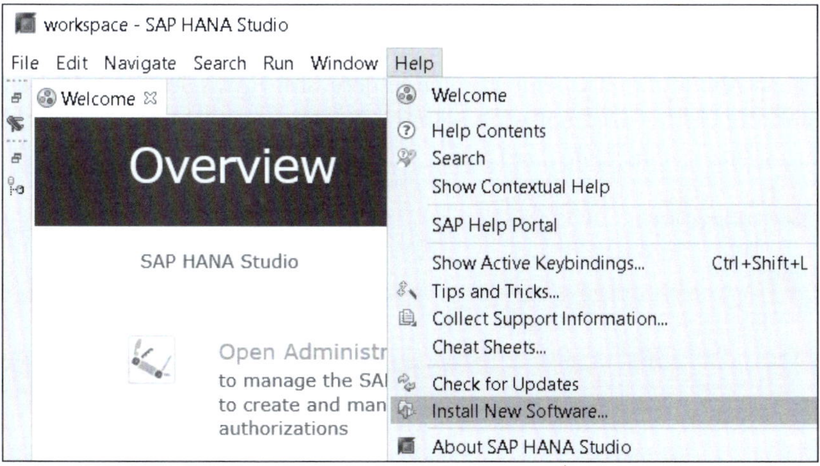


**Abbildung 3.18** Neue Software in SAP HANA Studio installieren

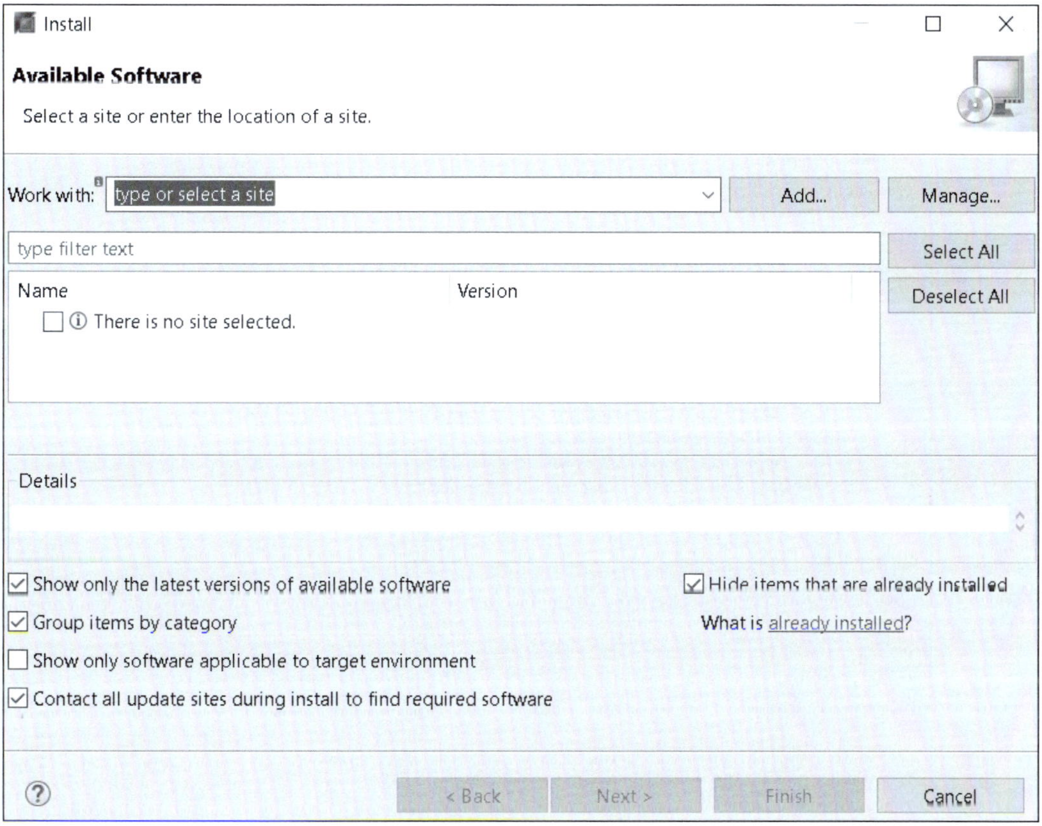

**Abbildung 3.19** Software hinzufügen

Tragen Sie im Eingabefeld **Location** die URL »https://tools.hana.ondemand.com/latest« ein, und bestätigen Sie Ihre Auswahl mit der Schaltfläche **Add** (siehe Abbildung 3.20). Für etwaige andere SAP-HANA-Studio-Versionen sind die verfügbaren Software-Seiten auf folgender Webseite zu finden: *https://tools.hana.ondemand.com*.

Add Repository
Name:
Local...
Location:
https://tools.hana.ondemand.com/latest
Archive...
OK
Add
Cancel

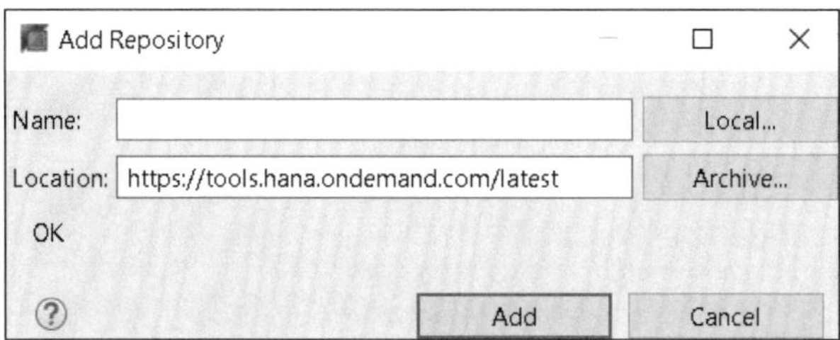

**Abbildung 3.20** Repository hinzufügen

Wählen Sie die gewünschten zu installierenden Funktionen, und klicken Sie auf die Schaltfläche **Next >** (siehe Abbildung 3.21). Schließen Sie die Installation über die Schaltfläche **Finish** ab.

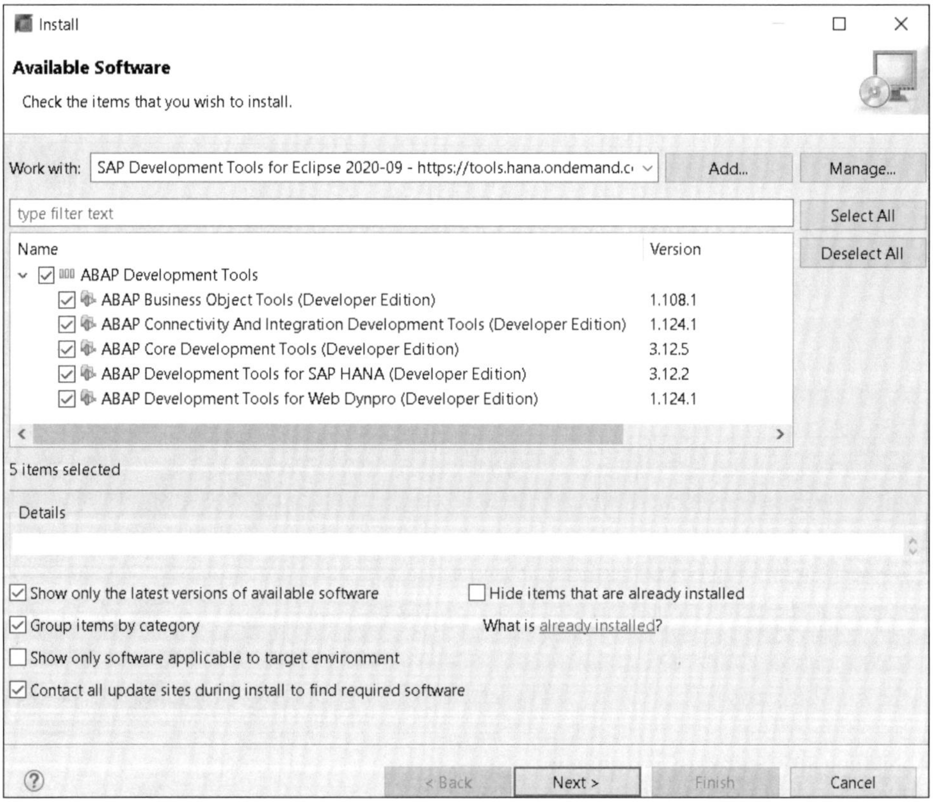

Install
Available Software
Check the items that you wish to install.
Work with:
SAP Development Tools for Eclipse 2020-09 - https://tools.hana.ondemand.c
Add...
Manage...
type filter text
Select All
Deselect All
Name
Version
ABAP Development Tools
ABAP Business Object Tools (Developer Edition) 1.108.1
ABAP Connectivity And Integration Development Tools (Developer Edition) 1.124.1
ABAP Core Development Tools (Developer Edition) 3.12.5
ABAP Development Tools for SAP HANA (Developer Edition) 3.12.2
ABAP Development Tools for Web Dynpro (Developer Edition) 1.124.1
5 items selected
Details
Show only the latest versions of available software
Hide items that are already installed
Group items by category
What is already installed?
Show only software applicable to target environment
Contact all update sites during install to find required software
< Back
Next >
Finish
Cancel

**Abbildung 3.21** SAP BW Modeling Tools auswählen

### 3.1.4 Installation und Einrichtung des SAP BW/4HANA 2.0 Web Cockpits

Die Installation und Einrichtung des SAP BW/4HANA 2.0 Web Cockpits wird üblicherweise durch die IT-Abteilung oder das SAP-Basis-Team durchgeführt. Insbesondere werden dabei die benötigten Berechtigungen vergeben und die *SAP-Fiori-Launchpad-Kataloge* und *-Gruppen* den Benutzern zugeordnet. Dies geschieht über die aus der Vergangenheit bekannten *PFCG-Rollen*. Alle Apps, die Fiori-Launchpad-Katalogen zugeordnet sind, die einem Anwender zugewiesen sind, kann dieser später im App Finder finden (siehe Abschnitt 2.2.2, »Administration im SAP BW/4HANA 2.0 Web Cockpit«). Sind Apps zusätzlich SAP-Fiori-Launchpad-Gruppen zugeordnet, die einem Anwender zugewiesen sind, erscheinen die entsprechenden Kacheln direkt im SAP BW/4HANA 2.0 Web Cockpit (siehe Abschnitt 2.2.2, »Administration im SAP BW/4HANA 2.0 Web Cockpit«). Auch die kontextsensitive Hilfe muss vor der Nutzung konfiguriert werden. Da diese Aufgaben keine originären Aufgaben von SAP-BW-Anwendungsbetreuerinnen und -Beratern sind, gehen wir an dieser Stelle nicht weiter darauf ein.

## 3.2 Einführung in die Modellierungs- und Administrationswerkzeuge

Bereits in Kapitel 2, »Einführung in SAP BW/4HANA 2.0«, haben Sie einen Überblick über das SAP HANA Studio und insbesondere die Funktionen der SAP BW Modeling Tools als Modellierungswerkzeug für SAP BW/4HANA 2.0 erhalten (siehe Abschnitt 2.2.1, »Die SAP BW Modeling Tools im SAP HANA Studio«). Daneben haben wir das SAP BW/4HANA 2.0 Web Cockpit als Werkzeug mit dem Schwerpunkt auf den administrativen Tätigkeiten in SAP BW/4HANA 2.0 vorgestellt (siehe Abschnitt 2.2.2, »Administration im SAP BW/4HANA 2.0 Web Cockpit«). In Abschnitt 3.1, »Installation und Einrichtung des SAP HANA Studios«, haben wir erläutert, welche Schritte Sie gegebenenfalls selbst ausführen müssen, falls das SAP HANA Studio mit den SAP BW Modeling Tools noch nicht auf Ihrem Client-Rechner installiert ist. In den folgenden Abschnitten möchten wir Sie mit der Bedienung der beiden Tools bekanntmachen.

### 3.2.1 Versionsanzeige im SAP HANA Studios und für die einzelnen installierten Plug-ins und Komponenten

**Installierte Version des SAP HANA Studios anzeigen**

Zunächst zeigen wir Ihnen, wie Sie herausfinden können, welche Version des SAP HANA Studios auf Ihrem Client installiert ist. Dies kann sehr hilfreich sein, wenn Sie beispielsweise von Ihrer IT-Abteilung, Ihrem SAP-Basis-Team oder dem SAP-Support nach der von Ihnen verwendeten SAP-HANA-Studio-Version gefragt werden. Sie können auch bei bekannten Fehlerfällen anhand der Version überprüfen, ob diese bei Ihnen noch zum Tragen kommen – oder ob Sie bereits eine höhere Version des SAP HANA Studios installiert haben, in der ein bekannter Fehler nicht mehr auftreten sollte. Öffnen Sie dazu das SAP HANA Studio, und wählen Sie den Menüeintrag **Help**. Rufen Sie den Unterpunkt **About SAP HANA Studio** auf. Es öffnet sich das in Abbildung 3.22 gezeigte Pop-up-Fenster **About SAP HANA Studio**. In unserem Beispiel ist die Version 2.3.46 installiert.

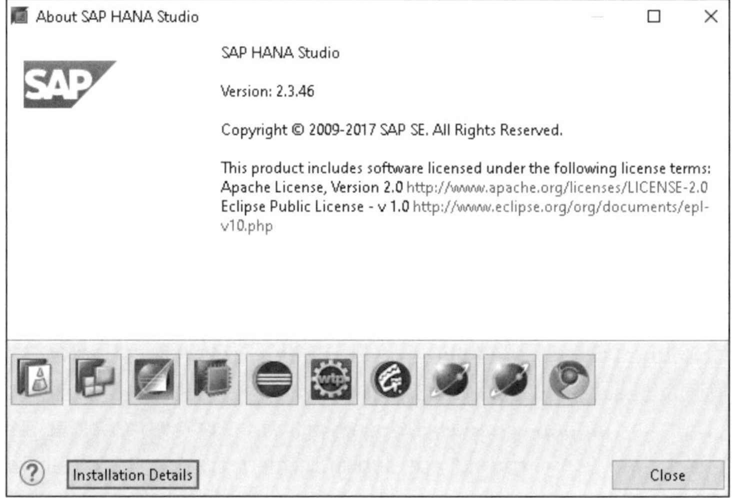


**Abbildung 3.22** Versionsanzeige

**Versionen einzelner Komponenten anzeigen**

Insbesondere wenn Sie ganz neue Features einsetzen möchten oder wenn es darum geht, ob Sie SAP-HANA-Studio-Komponenten nutzen, bei denen es gegebenenfalls bekannte Fehler gibt, interessieren Sie sich vielleicht auch für die Versionen der in Ihrem SAP HANA Studio installierten Plug-ins. Auch diese können Sie im Detail einsehen. Über die Schaltflächen unten im Pop-up-Fenster **About SAP HANA Studio** können Sie sich auch die installierten Versionen der einzelnen Komponenten anzeigen lassen. Über die Schaltfläche mit dem Icon [icon] können Sie beispielsweise im Pop-up-Fenster **About SAP HANA Studio Features** die Versionen zu den Komponenten der **ABAP Development Tools for SAP NetWeaver** anschauen. Die Schaltfläche mit dem Icon [icon] führt Sie zum Pop-up-Fenster **About SAP HANA Studio Features** mit den Versionen der Komponenten der **Modeling Tools for SAP BW/4HANA and SAP BW powered by SAP HANA**, diese sind beispielhaft in Abbildung 3.23 dargestellt.

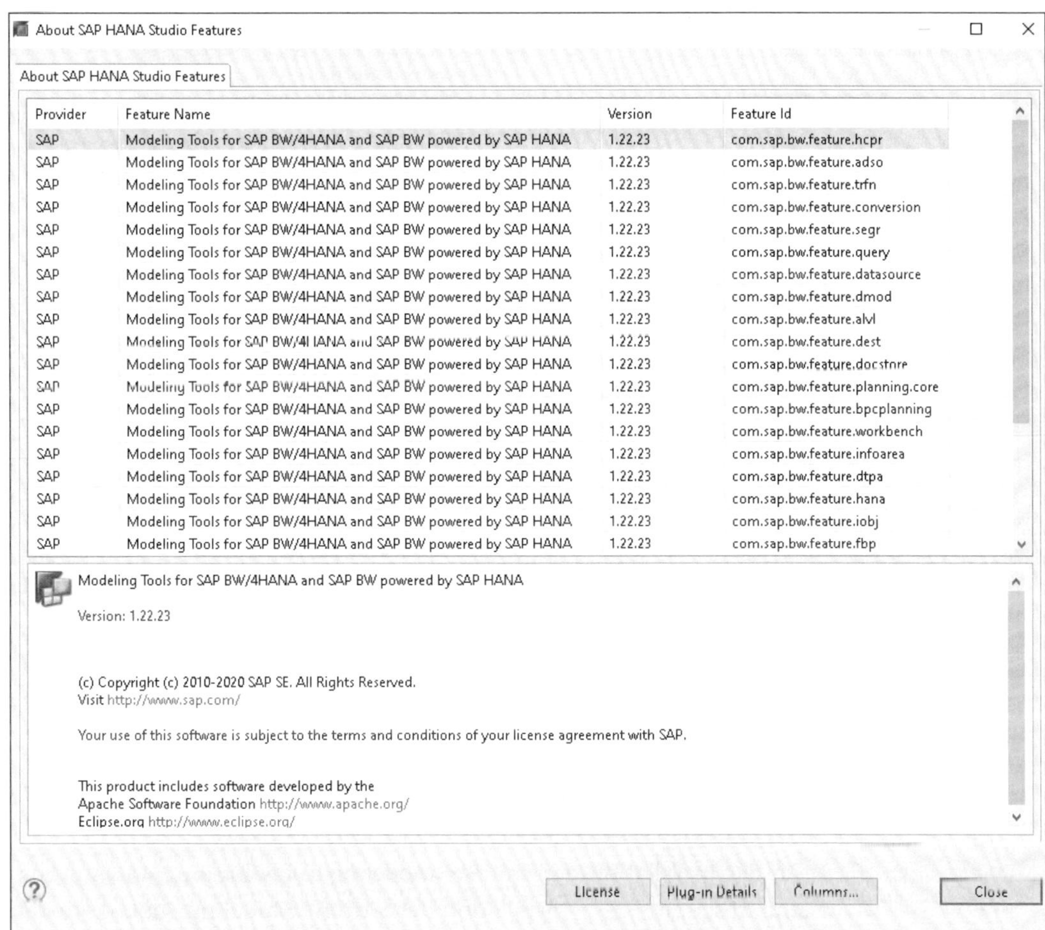


**Abbildung 3.23** Versionsinformationen zu den SAP BW Modeling Tools

Über die Schaltfläche **Installation Details** im Pop-up-Fenster **About SAP HANA Studio** gelangen Sie in eine detaillierte Übersicht über die auf Ihrem Client installierten Komponenten und die jeweiligen Versionen (siehe Abbildung 3.24).

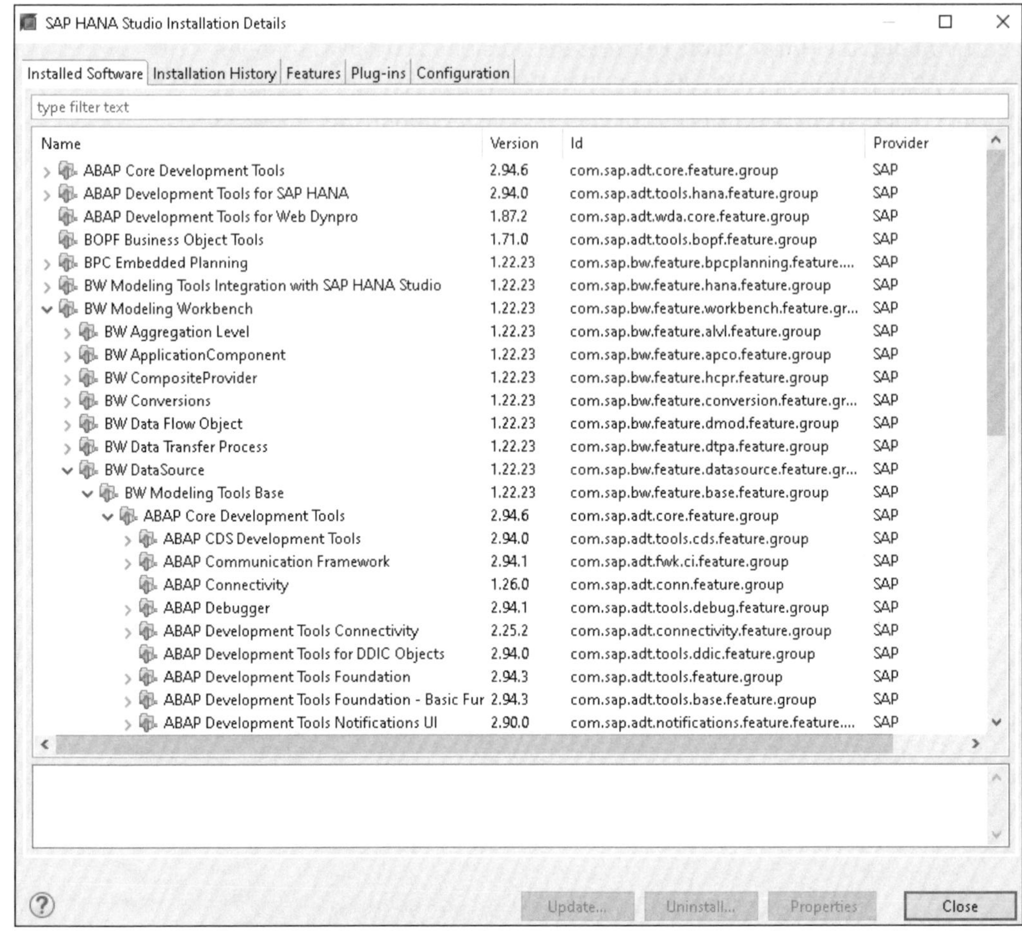


**Abbildung 3.24** Installationsdetails in SAP HANA Studio

### 3.2.2 Modellierung mit den SAP BW Modeling Tools im SAP HANA Studio

**Die Perspektive SAP BW Modeling Tools**

Nach der Installation der SAP BW Modeling Tools im SAP HANA Studio (siehe Abschnitt 3.1.3, »Installation der SAP BW Modeling Tools«) wird in der Regel rechts oben im SAP HANA Studio das entsprechende Icon zum Öffnen der Perspektive *SAP BW Modeling Tools* angezeigt (siehe Abbildung 2.7).

Nicht alle Objekte des SAP HANA Studios sind durchgängig ins Deutsche übersetzt worden. Wenn Sie eine andere Version verwenden, kann es im Laufe der Zeit zu Abweichungen zu dem Stand im vorliegenden Buch kommen.

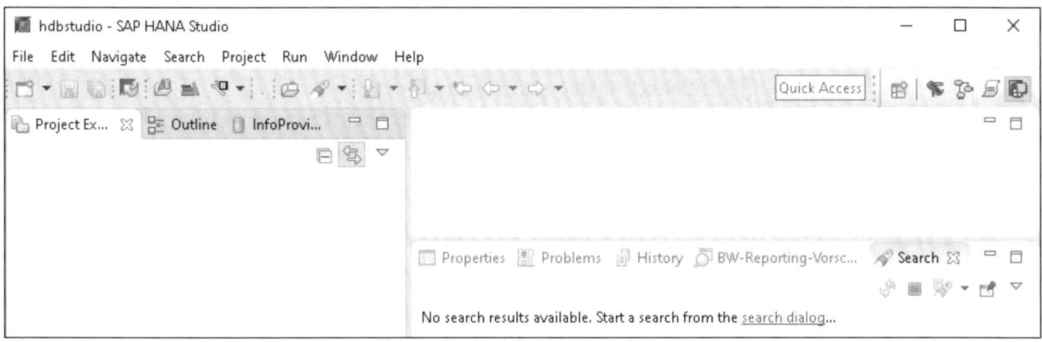


**Abbildung 3.25** SAP BW Modeling Tools: Übersicht

**Verbindung zum SAP-BW/4HANA-2.0-System anlegen**

Nachdem Sie das SAP HANA Studio installiert haben, müssen Sie im SAP HANA Studio nun noch die *Verbindung* zu Ihrem SAP-BW/4HANA-2.0-System anlegen. Sofern Sie mit mehreren SAP-BW/4HANA- oder onHANA-Systemen arbeiten, können Sie auch mehrere Verbindungen für die unterschiedlichen Systeme (z. B. auch Entwicklungs-, Test- und Produktivsystem; siehe Abschnitt 2.2.3, »SAP-Systemlandschaften«) anlegen. Das Vorgehen zum Anlegen einer Systemverbindung ist dabei immer dasselbe. Sie bekommen die im SAP HANA Studio hinterlegten Systeme auf der linken Seite im Tab **Project Explorer** angezeigt. Um sich mit einem neuen bzw. weiteren SAP-BW/4HANA-2.0-System zu verbinden, öffnen Sie das Kontextmenü des Project Explorers mit einem Rechtsklick. Wählen Sie im Kontextmenü den Eintrag **New • Project...** (siehe Abbildung 3.26).

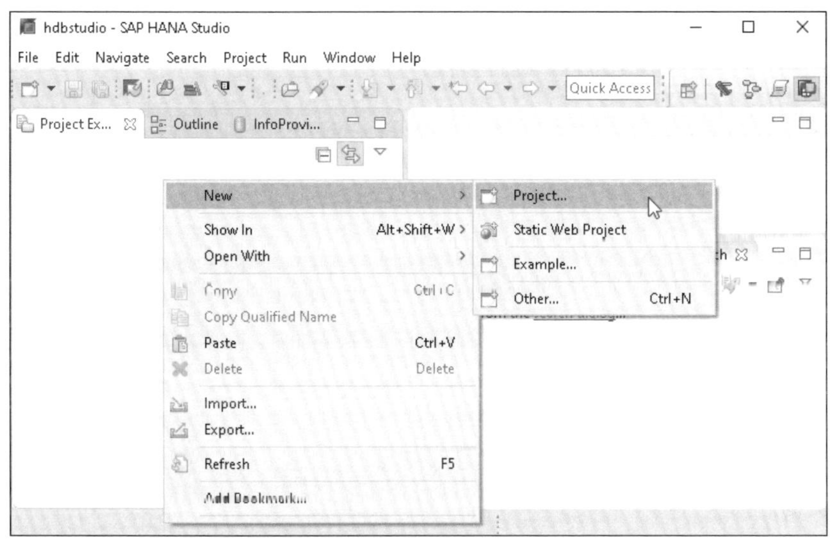


**Abbildung 3.26** Systemverbindung herstellen

Klappen Sie im Pop-up-Fenster **New Project** den Ordner **Business Warehouse** auf. Wählen Sie hier den Eintrag **BW-Projekt**, und klicken Sie auf die Schaltfläche **Next >** (siehe Abbildung 3.27).

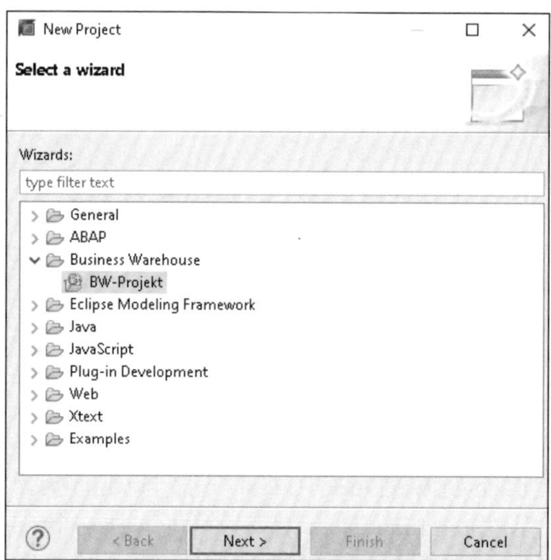


**Abbildung 3.27** Neues Projekt anlegen

Im Pop-up-Fenster **Neues BW-Projekt** werden Ihnen nun gegebenenfalls bereits auf Ihrem Client vorhandene Systemverbindungen angezeigt (in Abbildung 3.28 ausgeblendet). Ist das gewünschte System hier enthalten, markieren Sie es und klicken auf die Schaltfläche **Next >**. Anderenfalls klicken Sie auf den Link **new system connection**.

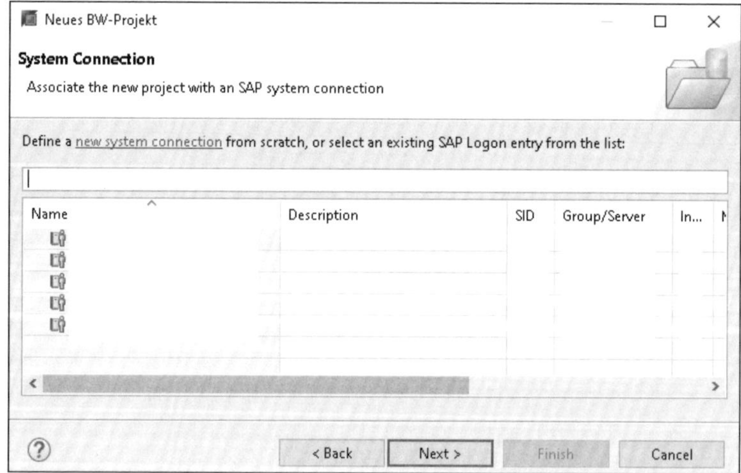


**Abbildung 3.28** Vorhandene Verbindung auswählen oder neue Verbindung anlegen

Geben Sie nun im folgenden Pop-up-Fenster **Neues BW-Projekt** die *Verbindungsdaten* zu Ihrem SAP-BW/4HANA-2.0-System ein, die Sie von Ihrer IT-Abteilung oder Ihrem SAP-Basis-Team erhalten haben. Die mit einem * markierten Felder sind dabei Pflichtfelder. Bei der **System ID** handelt es sich um ein dreistelliges, alphanumerisches Kürzel für Ihr spezifisches SAP-BW-System. Bestätigen Sie Ihre Eingaben wieder über die Schaltfläche **Next >** (siehe Abbildung 3.29).

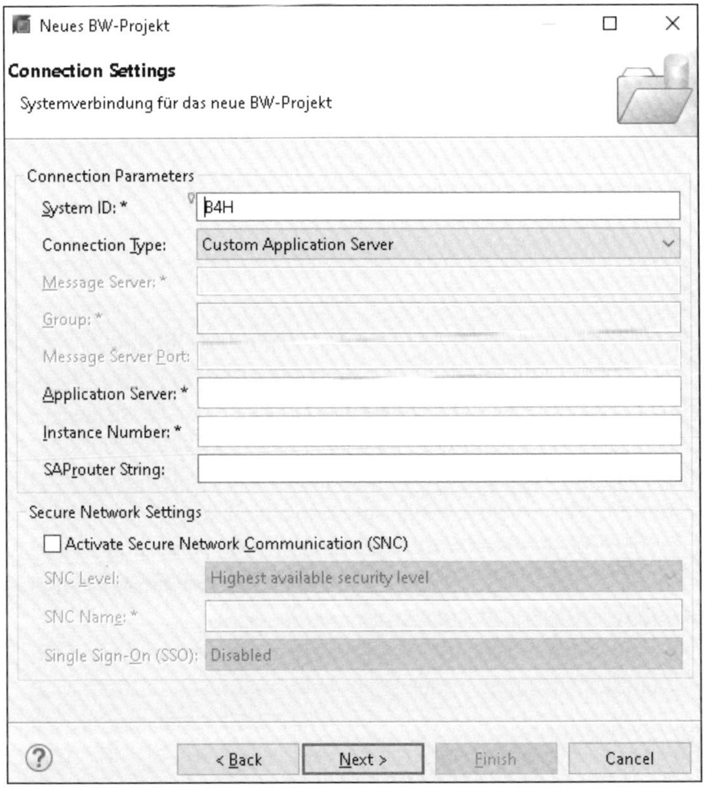

**Abbildung 3.29** Verbindungsdetails eingeben

Zugangsdaten

Geben Sie im nächsten Pop-up-Fenster **Neues BW-Projekt** Ihre persönlichen *Zugangsdaten* zu Ihrem SAP-BW/4HANA-2.0-System ein, die Sie von Ihrer IT-Abteilung oder Ihrem SAP-Basis-Team erhalten haben. Zum einen geben Sie den Mandanten (**Client**) ein, an dem Sie sich anmelden möchten (siehe Hinweiskasten »Mandanten«), zum anderen Ihren Benutzernamen (**User**) und Ihr Kennwort (**Password**) sowie die Sprache (**Language**), mit der Sie sich am System anmelden möchten. Bestätigen Sie Ihre Eingaben mit **Next >** (siehe Abbildung 3.30). Bei späteren Anmeldungen müssen Sie lediglich die Eingabe Ihres Kennwortes wiederholen, die weiteren Daten speichert das System.

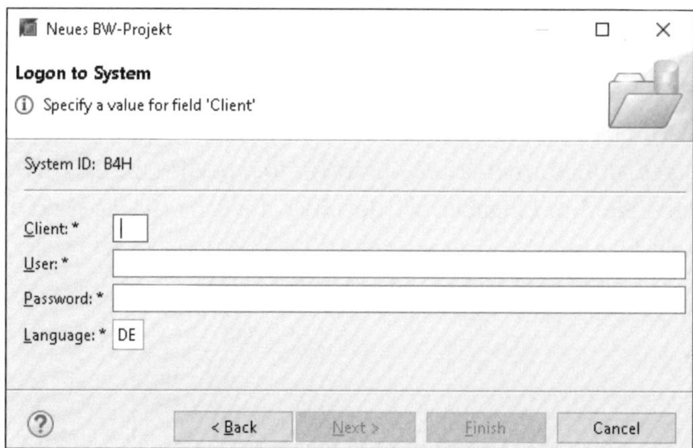


**Abbildung 3.30** Systemverbindung herstellen: Logon-Daten eingeben

[»]

**Mandanten**

SAP-Systeme können einen oder mehrere *Mandanten* umfassen. In SAP-ERP-Systemen stellen Mandanten in der Regel einen Konzern dar, der in mehrere Buchungskreise (Niederlassungen, Tochterunternehmen ...) unterteilt sein kann. Im SAP-BW-Umfeld wird häufig nur mit einem Mandanten gearbeitet, der dann beispielsweise verschiedene SAP-ERP-Mandanten als Quellsysteme nutzt. Einige Einstellungen in SAP-Systemen sind *mandantenübergreifend* bzw. *mandantenunabhängig*, d. h., Änderungen wirken sich in allen Mandanten gleichermaßen aus. Andere Einstellungen sind *mandantenspezifisch* bzw. *mandantenabhängig*, sie gelten also jeweils nur für den Mandanten, für den sie vorgenommen wurden. Zwischen zwei Mandanten findet in der Regel **kein** Austausch betriebswirtschaftlicher Daten und Objekte statt. In einem SAP BW können aber Daten aus verschiedenen SAP-ERP-Mandanten sinnvoll zusammengeführt und übergreifend ausgewertet werden.

Der Mandant, mit dem gearbeitet werden soll, muss beim Anmelden am SAP-System jeweils gemeinsam mit Benutzernamen, Kennwort und Sprache explizit angegeben werden.

Projektnamen festlegen

Abschließend vergeben Sie noch im nächsten Pop-up-Fenster **Neues BW-Projekt** einen Projektnamen (**Project Name**) für Ihre neue SAP-BW/4HANA-2.0-Verbindung (siehe Abbildung 3.31). Diese erscheint anschließend als Eintrag im **Project Explorer** im SAP HANA Studio. Über diesen Eintrag können Sie im Folgenden auf die Objekte in Ihrem SAP-BW/4HANA-2.0-System zugreifen. Durch Drücken der Schaltfläche **Finish** legen Sie die neue Verbindung an.

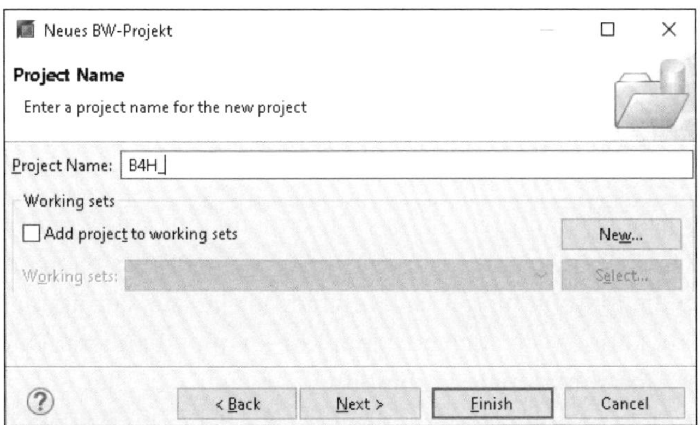


**Abbildung 3.31** Systemverbindung herstellen: Projektnamen vergeben

**Project Explorer**

Sie finden Ihre neue Systemverbindung nun im SAP HANA Studio im **Project Explorer**. Wenn Sie die Verbindung zukünftig aufklappen, finden Sie darunter Ihre SAP-BW/4HANA-2.0-Modellierungsobjekte aufgeteilt in die Bereiche **BW-Repository** und **Datenquellen** (siehe Abbildung 3.32). Im Ordner **Favoriten** können Sie Ihre häufig genutzten SAP-BW-Objekte für einen besonders schnellen Zugriff zusätzlich hinterlegen. Details über die SAP-BW-Modellierungsobjekte finden Sie in Kapitel 5, »Grundlegende Modellierungsobjekte: Datenhaltung«, Kapitel 6, »Grundlegende Modellierungsobjekte: Datentransformation und -präsentation«, und Kapitel 7, »Komplexere Modellierungsobjekte«. Nach einem Neustart des SAP HANA Studios werden Sie jeweils zur Anmeldung mit Ihrem Kennwort aufgefordert.

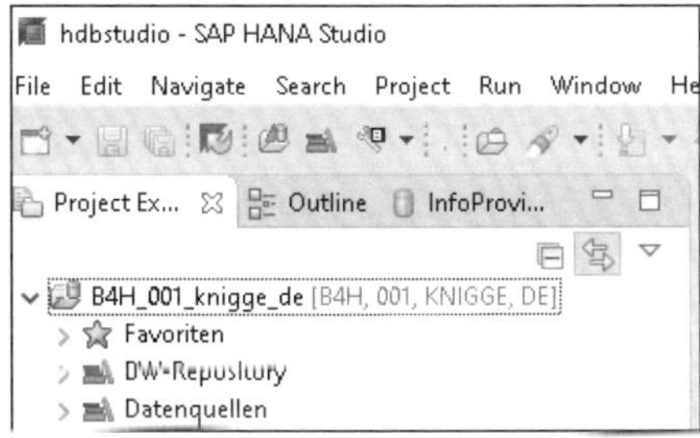


**Abbildung 3.32** SAP HANA Studio – Project Explorer: Systemverbindung

**Menüleiste**

Im SAP HANA Studio finden Sie oben eine Menüleiste mit den Einträgen **File**, **Edit**, **Navigate**, **Search**, **Project**, **Run**, **Window** und **Help**. Häufig genutzte Funktionen aus den Menüs und der Symbolleiste werden wir in diesem Abschnitt, andere im weiteren Verlauf des Buches erläutern. Dabei ist es nicht unser Ziel, jeden einzelnen Menüeintrag im Detail zu erklären, sondern Ihnen einen Überblick über grundlegende Funktionen zu geben, auf dessen Basis Sie sich weitere Funktionen selbstständig erarbeiten können.

**Symbolleiste**

Unter der Menüleiste finden Sie eine Symbolleiste. Darüber können Sie auf die verschiedenen Funktionen zugreifen, von denen wir die am häufigsten verwendeten im Folgenden kurz erläutern. Steht eine Funktion im aktuellen Kontext nicht zur Verfügung, ist das Icon gegebenenfalls inaktiv und nicht anklickbar.

**Neues Objekt anlegen**

Mit Klick auf das Icon öffnen Sie das Untermenü zur Anlage eines neuen SAP-BW/4HANA-2.0-Objektes im SAP HANA Studio. Dabei stehen Ihnen grundsätzlich die in Abbildung 3.33 gezeigten Objekte zur Verfügung. Viele dieser Objekte können Sie auch aus dem Kontextmenü anderer Objekte, zu denen es eine funktionale Verbindung gibt, anlegen. Dies erläutern wir insbesondere in Kapitel 5, »Grundlegende Modellierungsobjekte: Datenhaltung«, Kapitel 6, »Grundlegende Modellierungsobjekte: Datentransformation und -präsentation«, und Kapitel 7, »Komplexere Modellierungsobjekte«, für die dort vorgestellten Modellierungsobjekte.

**Abbildung 3.33** Untermenü zum Anlegen neuer Objekte

**Speichern**

Mit einem Klick auf das Icon speichern Sie Änderungen am gerade geöffneten Objekt. Ein Klick auf das Icon bewirkt, dass die Änderung an allen derzeit geöffneten Objekten im SAP HANA Studio gespeichert werden.

**Absprung in SAP GUI**

Über das Icon können Sie in das *SAP GUI* abspringen – was zukünftig immer seltener benötigt werden sollte (siehe Abschnitt 2.2, »Entwicklungs- und Administrationsumgebungen für SAP BW/4HANA 2.0«).

**SAP-BW-Objekt öffnen**

Wenn Sie auf das Icon klicken, erscheint das in Abbildung 3.34 gezeigte Pop-up-Fenster **BW-Objekt öffnen**. Hier können Sie den Namen oder den Teil eines Namens eines SAP-BW-Objektes im Suchfeld eingeben – im gezeigten Beispiel **0calm**. Im Bereich **Matching items** werden Ihnen die Treffer, d. h. die BW-Objekte, die im Namen eine Übereinstimmung zu Ihrem *Suchstring* haben, angezeigt. Dabei kann Ihr Suchstring das Zeichen »?« als Platzhalter für **ein** beliebiges Zeichen oder ein »*« für **mehrere** beliebige Zeichen enthalten. Sie können einen der Treffer markieren und auf die Schaltfläche **OK** klicken – oder alternativ einen der Treffer doppelt anklicken. Das Objekt öffnet sich zur Ansicht und zum Bearbeiten im SAP HANA Studio. Ein alternativer grundsätzlicher Weg, ein SAP-BW-Objekt zu öffnen, ist, dieses Objekt da, wo es an der Oberfläche angezeigt wird, einfach doppelt anzuklicken.

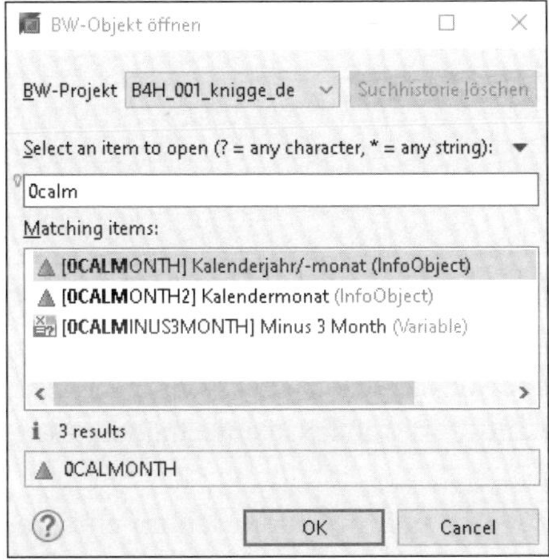


**Abbildung 3.34** SAP HANA Studio – BW-Objekt öffnen

**Absprung in das SAP BW/4HANA 2.0 Web Cockpit**

Durch Klick auf das Icon können Sie aus dem SAP HANA Studio direkt in das SAP BW/4HANA 2.0 Web Cockpit abspringen.

**Darstellung Text/ Schlüssel ändern**

Über das Icon können Sie das Untermenü zur Änderung der Darstellung des angezeigten Namens von Objekten öffnen. Sie können für Objekte entweder den (sprechenden) Text oder den (technischen, systemweit eindeutigen) Namen bzw. Schlüssel oder eine Kombination aus beiden anzeigen lassen (siehe Hinweiskasten »Beschreibung/Text und Name/Schlüssel« und Abbildung 3.35).

**Beschreibung/Text und Name/Schlüssel**

Fast alle Objekte im SAP BW verfügen über eine Beschreibung bzw. einen Text, der angibt, um was für ein Objekt es sich fachlich handelt. Diese Beschreibung bzw. dieser Text wird auch als *sprechend* bezeichnet, ist systemweit allerdings nicht eindeutig. So könnte es mehrere InfoObjects geben, die als Beschreibung »Kalenderjahr/-monat« haben. Hier fällt es gegebenenfalls schwer, das im jeweiligen Kontext richtige Objekt zu identifizieren.

*Technisch systemweit eindeutig identifizierbar* sind Objekte in SAP BW nur über ihren *technischen Namen*, auch *Schlüssel* genannt. Im Beispiel wäre dies 0CALMONTH, wenn das SAP-InfoObject Kalenderjahr/-monat gemeint ist.

Dies gilt jedoch nicht nur für SAP-BW-Modellierungsobjekte. Auch für Unternehmensobjekte, wie einen Kunden, Lieferanten oder ein Material, finden wir eine technisch systemweit eindeutige Kunden-, Lieferanten- oder Materialnummer sowie eine sprechende Beschreibung, die aber durchaus für mehrere Objekte (z. B. Kunde »Meyer«) identisch sein kann.

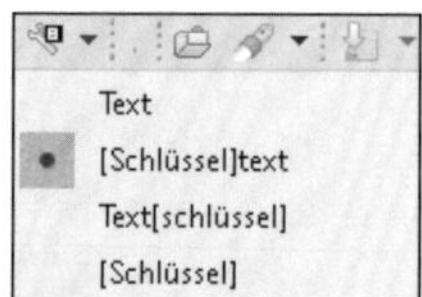


**Abbildung 3.35** Darstellung von Text/Schlüssel ändern

Suchfunktion

Hinter dem Icon verbirgt sich die Suchfunktion. Hier können Sie entweder das Untermenü aufklappen und dort zunächst entscheiden, nach was für einem Objekt Sie suchen möchten (siehe Abbildung 3.36). Sie springen dann ab in das Pop-up-Fenster **Search** und befinden sich im entsprechenden Tab für die Suchfunktion des gewählten Objekttyps (siehe Abbildung 3.37).

**Abbildung 3.36** Untermenü der Suchfunktion

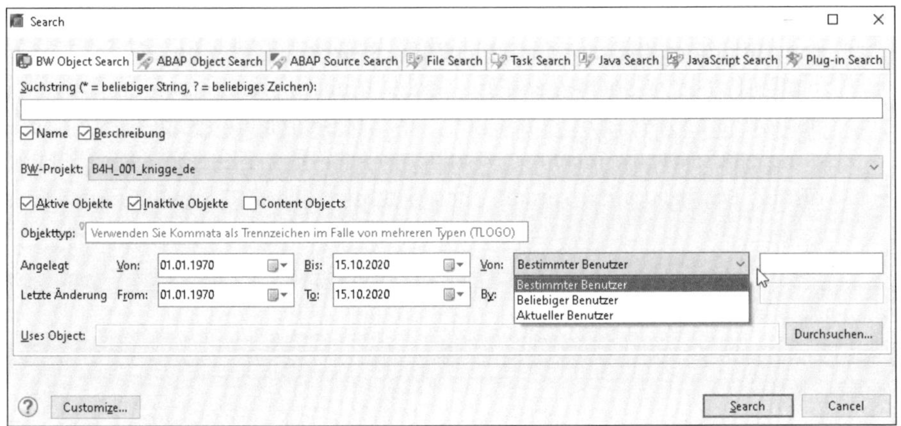


**Abbildung 3.37** Suchfunktion

**Objekte suchen**

Beispielhaft beschreiben wir hier die Suchfunktion nach SAP-BW-Objekten (siehe Abbildung 3.37). Sie finden im Pop-up-Fenster **Search** wieder ein Feld, in das Sie einen Suchstring, gegebenenfalls unter Verwendung der bereits bekannten Platzhalter »*« bzw. »?«, eingeben können. Wichtig: Sie können hier entscheiden, ob nur in den (technischen) Namen oder den (sprechenden) Beschreibungen der Objekte gesucht werden soll. Wenn Sie hier beispielsweise nach »0CALMONTH« suchen, aber nur den Haken bei **Beschreibung**, nicht aber den bei **Name** gesetzt haben, wird Ihre Ergebnisliste leer sein. Genauso umgekehrt, wenn Sie nach »Kalender*« suchen, aber nur den Haken bei **Name**, nicht aber bei **Beschreibung** gesetzt haben.

Außerdem können Sie unterscheiden, ob Sie *aktive*, *inaktive* oder *Content-Objekte* oder eine beliebige Kombination in der Ergebnisliste angezeigt bekommen möchten. Wenn Sie z. B. ein neues aDSO angelegt und gespeichert, aber noch nicht aktiviert haben, müssen Sie bei der Suche auf jeden Fall den Haken auch bei **inaktiv** setzen.

**Anlage- und Änderungsdatum suchen**

Außerdem können Sie bei der Suche nach SAP-BW-Objekten das Anlagedatum und das Datum der letzten Änderung jeweils auf ein Intervall einschränken. Sowohl für die Anlage als auch für die letzte Änderung können Sie darüber hinaus die Suche auf einen beliebigen oder bestimmten Benutzer oder den aktuellen (Ihren) Benutzer einschränken. So können Sie sich beispielsweise anzeigen lassen, welche Objekte Sie selbst in der letzten Woche angelegt haben.

Im Feld **Uses Object** können Sie ein SAP-BW-Objekt, beispielsweise ein InfoObject wie 0CALMONTH, eingeben. Die Suche wird Ihnen dann alle SAP-BW-Objekte liefern, die 0CALMONTH verwenden (und gleichzeitig alle anderen gegebenenfalls getätigten Sucheinschränkungen erfüllen).

Wenn Sie alle Sucheinstellungen vorgenommen haben, starten Sie die Suche mit einem Klick auf die Schaltfläche **Search**. Das Pop-up-Fenster **Search** schließt sich. Die Suchergebnisse werden Ihnen im rechten unteren Bereich des SAP HANA Studios in der Registerkarte **Search** angezeigt (siehe Abbildung 3.38). Das gewünschte Objekt können Sie dann mit einem Doppelklick öffnen. Es wird dann im linken oberen Bereich des SAP HANA Studios angezeigt.

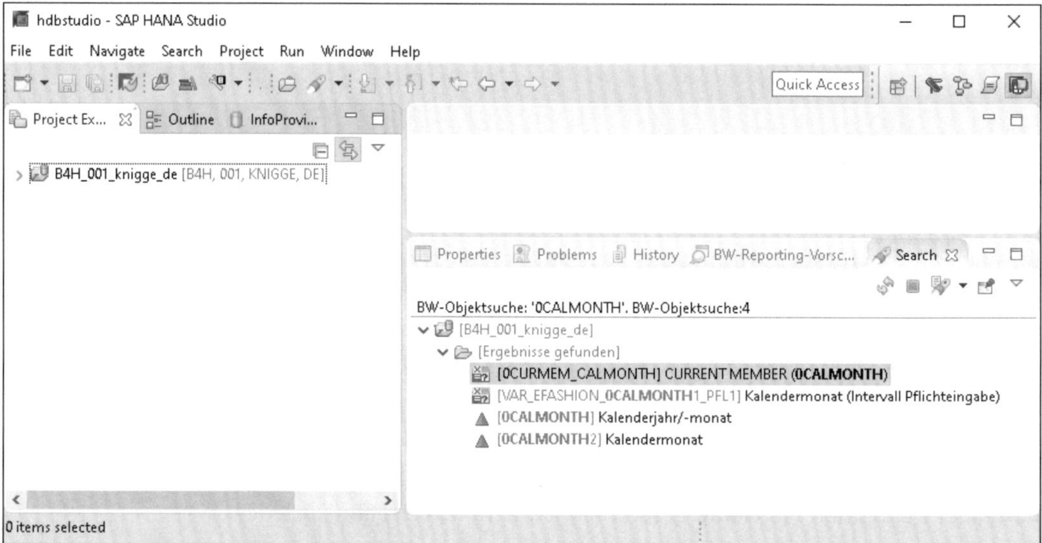


**Abbildung 3.38** Ergebnisse der Suche

**Bildschirmbereiche**

Grundsätzlich ist der Bildschirm der Perspektive SAP BW Modeling Tools im SAP HANA Studio unter der Menü- und der Symbolleiste in drei Bereiche aufgeteilt: Links sehen Sie den bereits vorgestellten **Project Explorer**, in dem Sie Ihre Systemverbindungen und die Objekte in den einzelnen Systemen finden. Rechts oben werden Ihnen die aktuell von Ihnen geöffneten Modellierungsobjekte in einzelnen Tabs angezeigt. Rechts unten finden Sie Informationen zu Eigenschaften des aktuell angezeigten Objektes (**Properties**), zu Problemen (**Problems**), zur Objekthistorie (**History**), Vorschaudaten (**BW-Reporting-Vorschau**) und – wie bereits vorgestellt – Suchergebnisse (**Search**) (siehe Abbildung 3.39).

**Objekte im Project Explorer anzeigen**

Eine sehr nützliche Funktion ist es, sich das Objekt, das Sie gerade auf der rechten Seite bearbeiten, in der Ordnerstruktur im **Project Explorer** auf der linken Seite anzeigen zu lassen. Aktivieren Sie dafür durch Anklicken das Icon , sodass es dunkelblau hinterlegt ist. Nun wird Ihnen das jeweils rechts aktive Objekt passend links in der Baumstruktur im **Project Explorer** angezeigt.

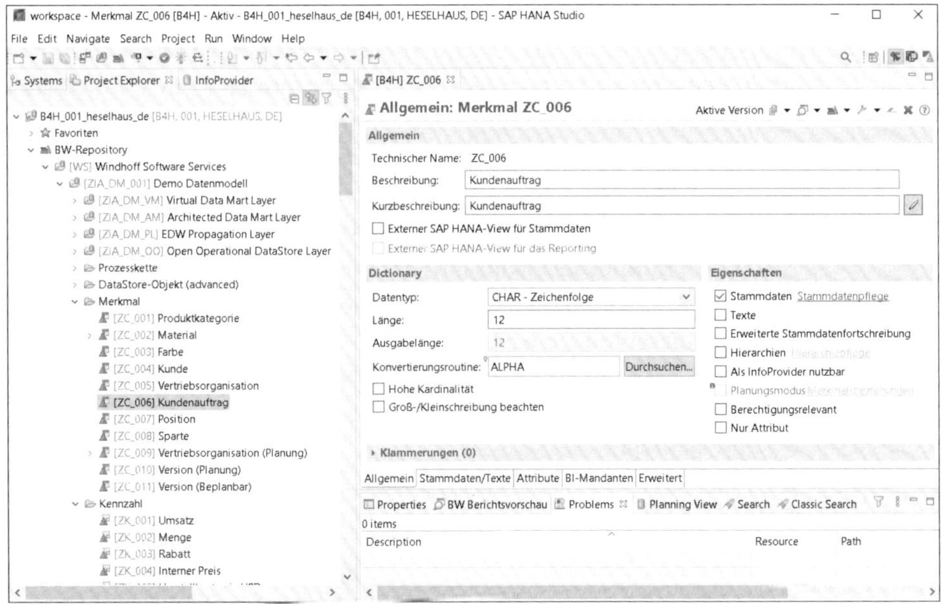


**Abbildung 3.39** Bildschirmbereiche

**Bildschirmbereiche anpassen**

Details zu einzelnen Funktionen lernen Sie im weiteren Verlauf des Buches kennen. Sie können die einzelnen Bereiche jeweils durch Anklicken des Icons [icon] auf den Vollbildmodus vergrößern oder über das Icon [icon] ausblenden. Sie können die Größen der einzelnen Bereiche auch manuell anpassen und die Bereiche verschieben. Wenn Sie die Ausgangssituation der Perspektive SAP BW Modeling Tools wiederherstellen möchten, öffnen Sie den Menüeintrag **Window**, wählen den Unterpunkt **Perspective** und dort die Option **Reset Perspective...**

### 3.2.3 Versionsanzeige im SAP BW/4HANA 2.0 Web Cockpit

**SAP BW/4HANA 2.0 Web Cockpit**

Das *SAP BW/4HANA 2.0 Web Cockpit* ist eine webbasierte Benutzeroberfläche, die den von SAP propagierten *SAP-Fiori-Designmustern* folgt (siehe Hinweiskasten »SAP Fiori« in Abschnitt 1.3.2, »SAP BW/4HANA 2.0«, und Abbildung 3.41). Somit bietet sich ein einheitliches Erscheinungsbild und eine einheitliche Benutzerführung im Zusammenspiel mit den Oberflächen weiterer SAP-Produkte, wie beispielsweise SAP S/4HANA.

**Starten des SAP BW/4HANA 2.0 Web Cockpits**

Sie können das SAP BW/4HANA 2.0 Web Cockpit auf unterschiedlichen Wegen starten. Sie können in einem Browser direkt die URL zum Aufruf des SAP BW/4HANA 2.0 Web Cockpits eingeben, wenn Sie sie z. B. von Ihrer IT-Abteilung oder ihrem SAP-Basis-Team erhalten haben oder wenn Sie sie sich bei einem früheren Aufruf als Lesezeichen im Browser abgespeichert haben. Sie können das SAP BW/4HANA 2.0 Web Cockpit auch aus den SAP BW Modeling Tools im SAP HANA Studio aufrufen: Wählen Sie dazu den Eintrag **Navigate** auf der Menüleiste und im Untermenü den Eintrag **BW/4 Cockpit öffnen** (siehe Abbildung 3.40). Alternativ können Sie auch auf das Icon in der Symbolleiste klicken, wie in Abschnitt 3.2.2, »Modellierung mit den SAP BW Modeling Tools im SAP HANA Studio«, beschrieben. Die vierte Möglichkeit ist der Aufruf des SAP BW/4HANA 2.0 Web Cockpits aus dem SAP GUI mithilfe des Transaktionscodes `bw4web`. Da wir das SAP GUI in diesem Buch nicht mehr detailliert vorstellen, beschränken wir uns auf die Erwähnung dieser Möglichkeit.

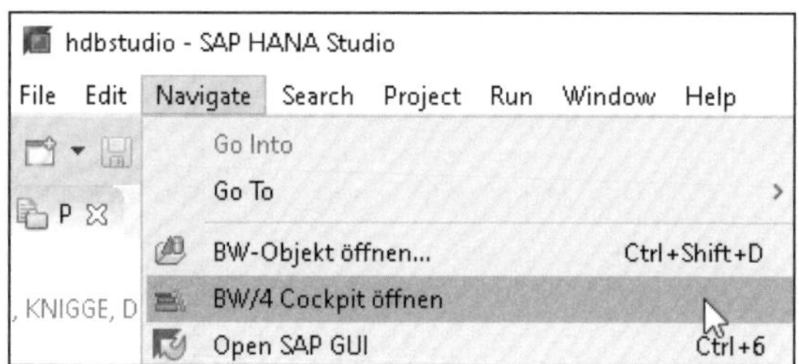


**Abbildung 3.40** Aufruf des SAP BW/4HANA Web Cockpits aus SAP HANA Studio

**Anmeldung am SAP BW/4HANA 2.0 Web Cockpit**

Das SAP BW/4HANA 2.0 Web Cockpit wird in einem Webbrowser gestartet. Sie müssen sich zunächst mit den Anmeldedaten, die Sie von Ihrer IT-Abteilung oder Ihrem SAP-Basis-Team erhalten haben, am SAP BW/4 HANA 2.0 Web Cockpit anmelden. Der Anmeldebildschirm kann dabei – abhängig von den Anmeldedaten, die in Ihrem Unternehmen genutzt werden – unterschiedlich aussehen. Nach der Anmeldung öffnet sich die Startseite Ihres SAP BW/4HANA 2.0 Web Cockpits (siehe Abbildung 3.41). Diese erläutern wir detaillierter in Abschnitt 3.2.4, »Administration im SAP BW/4HANA 2.0 Web Cockpit«.

**Systeminformationen anzeigen**

An dieser Stelle möchten wir zunächst zeigen, wie Sie sich im SAP BW/4HANA 2.0 Web Cockpit Informationen über das installierte System anzeigen lassen können. Diese benötigen Sie gegebenenfalls, wenn Probleme mit dem SAP BW/4HANA 2.0 Web Cockpit auftreten, in der Kommunikation mit dem SAP-Support oder bei der Fehlersuche. Klicken Sie dazu auf das Icon links oben auf dem Bildschirm. Klicken Sie auf dem folgenden Bildschirm im linken oberen Bereich auf das Icon zum Öffnen der **Einstellungen** (siehe Abbildung 3.42).

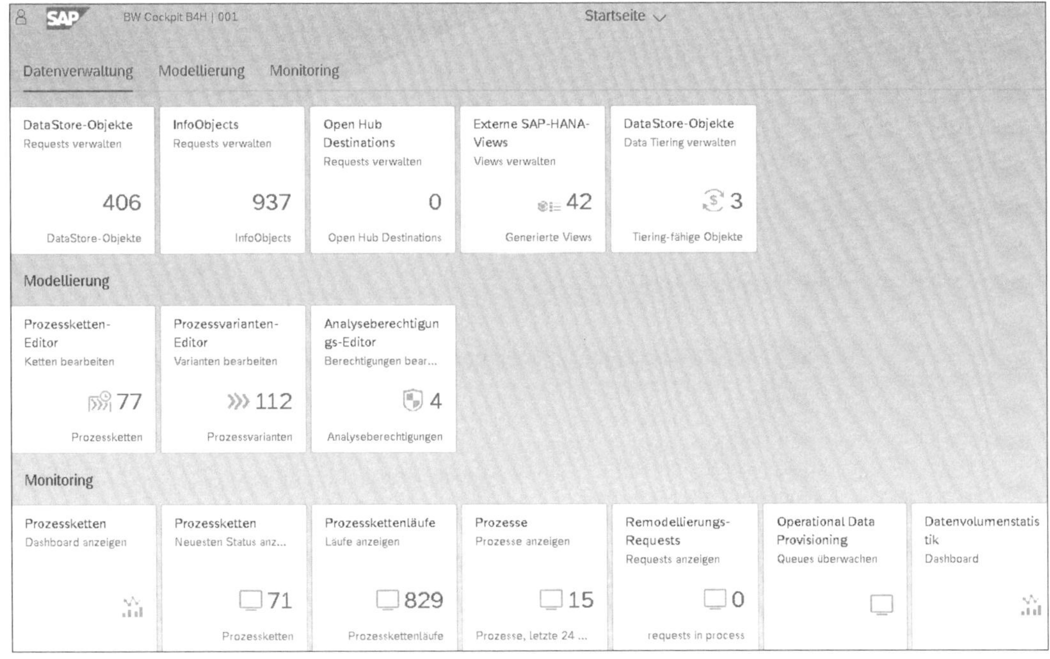


**Abbildung 3.41** Startseite des SAP BW/4HANA 2.0 Web Cockpit

**Abbildung 3.42** Einstellungen im SAP BW/4HANA 2.0 Web Cockpit

Einstellungen

Es öffnet sich das Pop-up-Fenster **Einstellungen** (siehe Abbildung 3.43). Wählen Sie hier links im Menü den Eintrag **BW-Systeminformationen**. Im rechten Teil des Fensters werden Ihnen nun technische Informationen zum System, untergliedert in die Bereiche **Server**, **Kernel**, **Betriebssystem** und **Datenbank**, angezeigt.

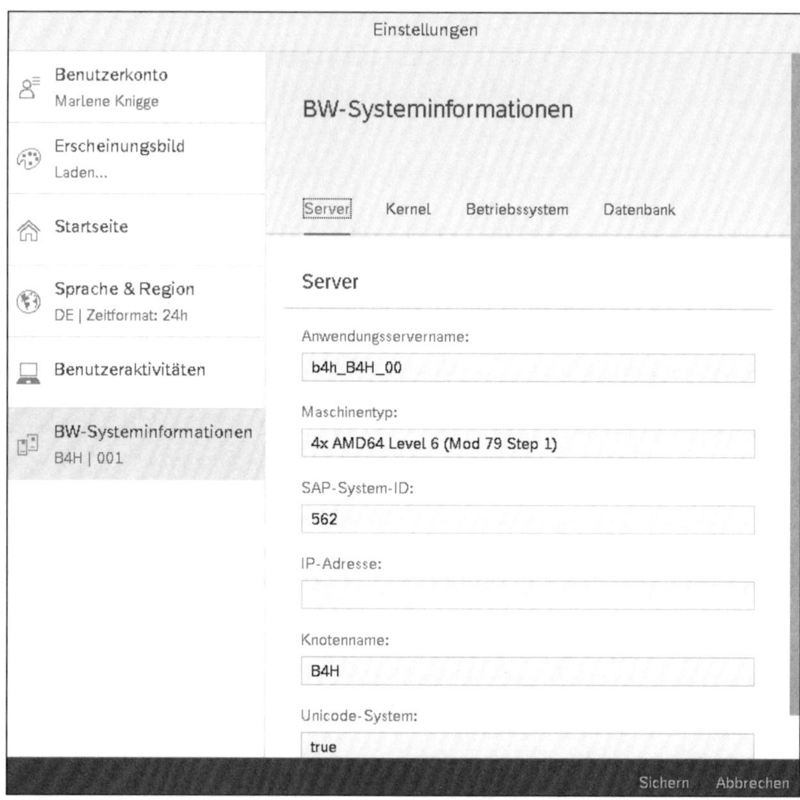


**Abbildung 3.43** BW-Systeminformationen

### 3.2.4 Administration im SAP BW/4HANA 2.0 Web Cockpit

**Startseite, Gruppen und Kacheln**

Die rollenabhängigen und personalisierbaren Kacheln im SAP BW/4HANA Web Cockpit sind in Gruppen angeordnet – im in Abbildung 3.41 gezeigten Beispiel sind dies die Gruppen **Datenverwaltung**, **Modellierung** und **Monitoring**. Passen die Gruppen nicht vollständig in die Ansicht, können Sie wahlweise nach unten scrollen oder durch Anklicken des jeweiligen Gruppennamen über der ersten Gruppe direkt zum gewünschten Punkt navigieren. Durch Klick auf eine Kachel wird die entsprechende Funktion aufgerufen. Fiori-Kacheln können generell bereits wichtige Informationen, wie in diesem Beispiel die Anzahl vorhandener **InfoObjects** im System, anzeigen. Bei Kacheln mit fachlichen Funktionen für Anwender können hier auch wichtige Kennzahlen angezeigt werden und so eine erste Orientierung bieten.

**Navigation**

Durch Aufklappen des Eintrags oben in der Mitte des Cockpits – hier **Startseite** – öffnen Sie das Menü zur Navigation im SAP BW/4HANA 2.0 Web Cockpit. Auf diesem Weg können Sie auch von anderen Punkten immer wieder zur **Startseite** zurücknavigieren (siehe Abbildung 3.44). Über den Eintrag **Apps auf Startseite** können Sie auch auf diesem Wege eine Gruppe wählen und aus dieser Gruppe dann die sonst durch eine Kachel repräsentierte App öffnen.

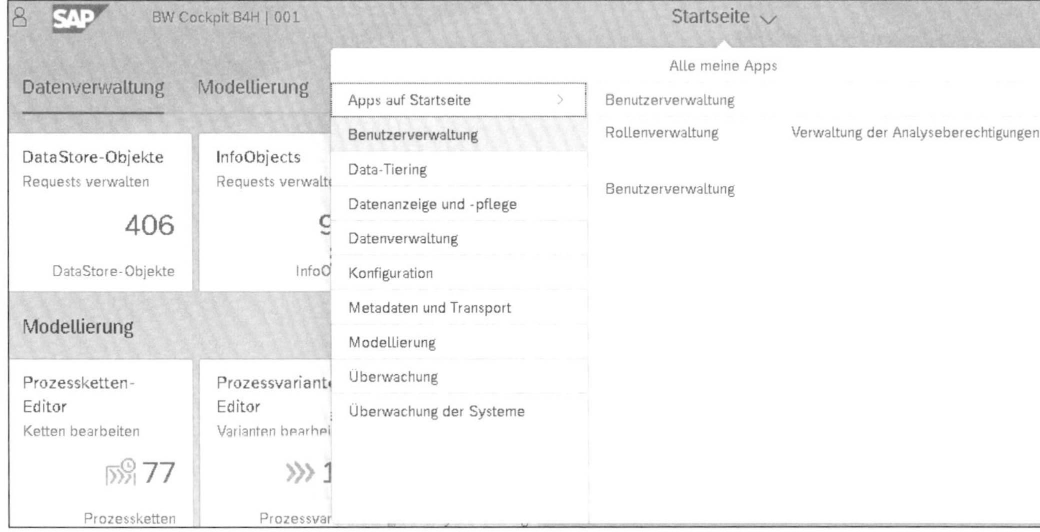


**Abbildung 3.44** Navigation im SAP BW/4HANA 2.0 Web Cockpit

Insbesondere bietet das SAP BW/4HANA 2.0 Web Cockpit folgende neue bzw. verbesserte Funktionen: **Neue Funktionen**

- *Vereinfachte Suche*: Die Suche ist im SAP BW/4HANA Cockpit eingebettet und liefert bei der Suche nach Objekttypen umfangreiche Ergebnisse. Die Suchfunktion rufen Sie über die Lupe [Lupe] am rechten oberen Bildschirmrand auf. Es öffnet sich das in Abbildung 3.45 gezeigte Eingabefenster, in das Sie einen Suchbegriff eintippen.

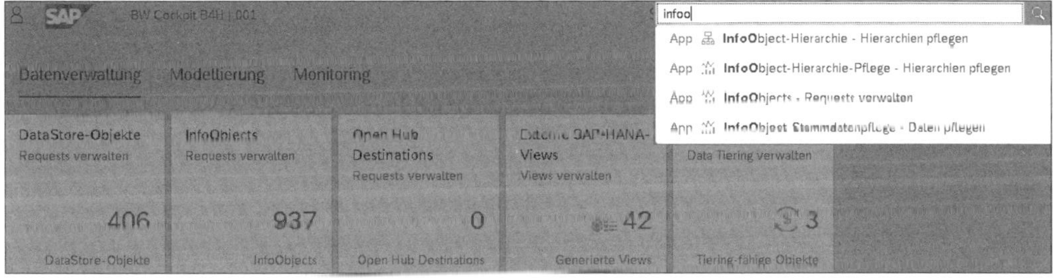


**Abbildung 3.45** Erweiterte Suchfunktion

Nach Druck auf [↵] werden die Suchergebnisse angezeigt, in diesem Falle alle Apps zum Suchstring **infoo**. Sie können sie direkt aus der Ergebnisliste anklicken (siehe Abbildung 3.46).

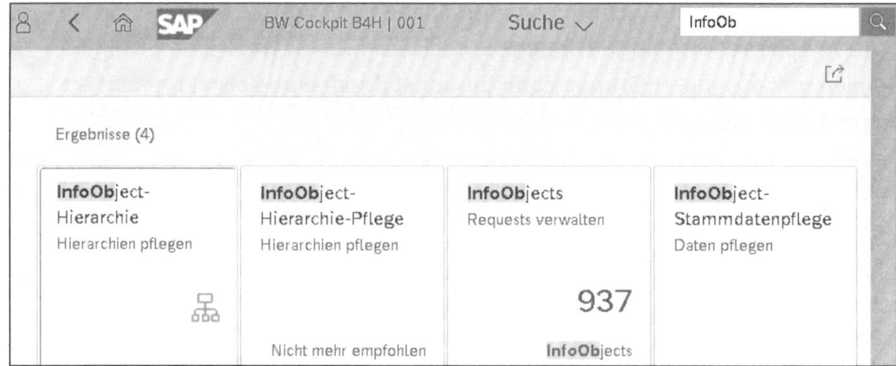


**Abbildung 3.46** Suchergebnisse

- *Personalisierung*: Der Hauptbildschirm des SAP BW/4HANA 2.0 Web Cockpits ist anpassbar: Gruppen und Apps sowie neue (personalisierte) Kacheln können hinzugefügt und mit anderen Anwendern gemeinsam genutzt werden. Klicken Sie dazu auf das Icon für die Benutzereinstellungen . Links im SAP BW/4HANA 2.0 Web Cockpit werden nun die Benutzereinstellungen eingeblendet (siehe Abbildung 3.47).

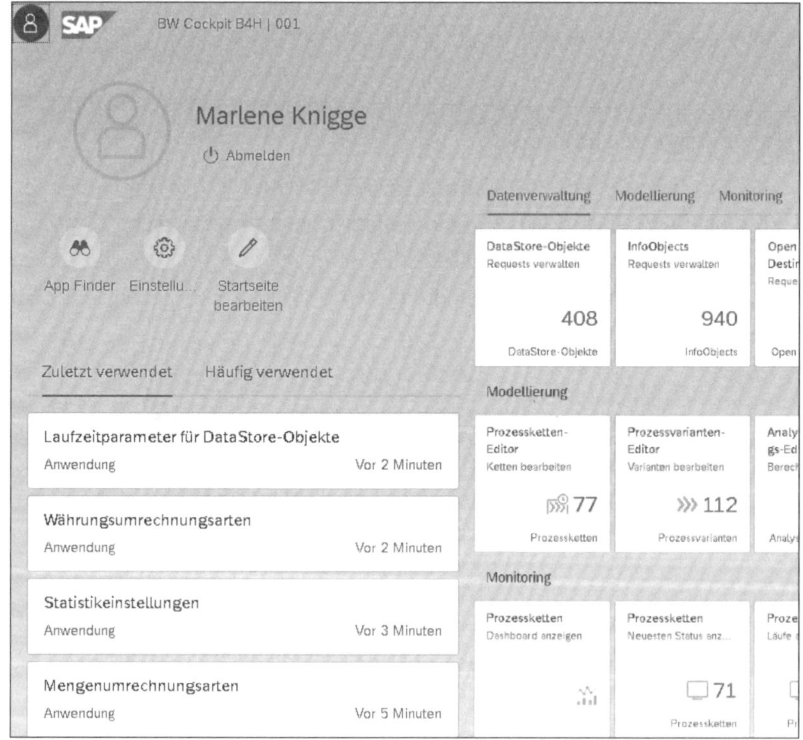


**Abbildung 3.47** Benutzereinstellungen

Im **App Finder**, den Sie über das Icon [icon] öffnen, können Sie definieren, welche Apps (Kacheln) Sie nicht mehr oder zusätzlich, und gegebenenfalls in welcher Gruppe, angezeigt bekommen möchten (siehe Abbildung 3.48).

**Abbildung 3.48** SAP BW/4HANA 2.0 Web Cockpit – App Finder

Über das Icon [icon] gelangen Sie in die benutzerdefinierten **Einstellungen** und können sie nach Belieben anpassen (siehe Abbildung 3.49). Hierzu gehören beispielsweise unter dem Menüpunkt **Sprache & Region** lokale Einstellungen zur Darstellung von **Sprache**, **Datum** und **Uhrzeit**. Speichern Sie Ihre Einstellungen mit Klick auf die Schaltfläche **Sichern**.

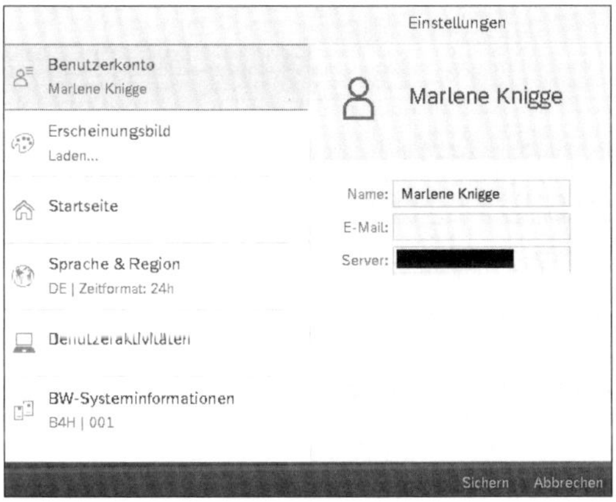

**Abbildung 3.49** Benutzerdefinierte Einstellungen

Über das Icon [icon] können Sie die Apps und Gruppen auf Ihrer Startseite personalisieren. Über die Schaltfläche **Zurücksetzen** können Sie jeweils den Ursprungszustand wiederherstellen.

- *Benachrichtigungen*: Aus Benachrichtigungen von Prozessketten, Requests oder Jobs können Sie direkt in die entsprechenden Objekte navigieren. Die Benachrichtigungen können Sie nach Zeitstempel, Typ oder Priorität sortieren. Die Sortiereinstellungen können Sie in den Benutzereinstellungen individuell konfigurieren und speichern. Falls Benachrichtigungen für Sie vorhanden sind, erscheint oben rechts neben der Suchfunktion ein entsprechendes Icon.
- *Stammdatenpflege*: Die Stammdatenpflege steht im SAP BW/4HANA 2.0 Web Cockpit in der Gruppe **Datenanzeige und -pflege** als App **InfoObject-Stammdaten pflegen** zur Verfügung (siehe Abbildung 3.50). Sie ermöglicht das Anlegen, Ändern und Löschen von Stammdaten. Vergessen Sie nicht, Ihre Änderungen über die Schaltfläche **Sichern** zu speichern. Neu ist eine Copy-and-Paste-Funktion zur Massendatenerstellung und -Änderung. InfoObjects können im Streaming-Modus geladen werden.

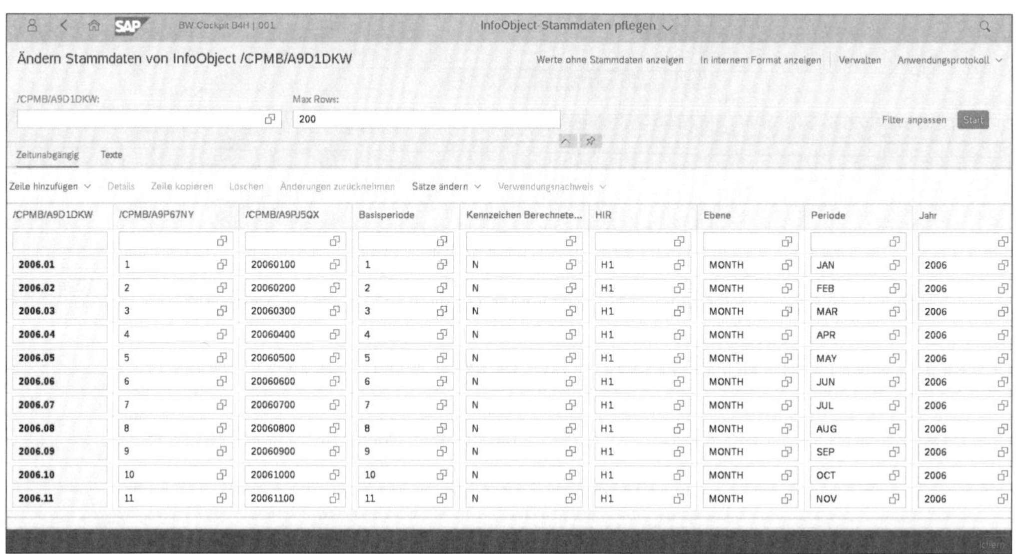


**Abbildung 3.50** SAP BW/4HANA 2.0 Web Cockpit – Stammdatenpflege

- *Data Tiering Optimization (DTO)* (siehe Abschnitt 9.4.6, »Data Tiering Optimization«): Neu im SAP BW/4HANA 2.0 Web Cockpit sind die Administration und Überwachung des Data Tierings, eingebettet in die Apps **Datenvolumenstatistik** (Datenwachstum) und die **Datenauswahlstatistik** (Zugriff auf Zeitscheiben).
- *External SAP HANA View Management*: Die App **Externe SAP-HANA-Views** ermöglicht die Administration und Überwachung von externen SAP-HANA-Views hinsichtlich ihrer Objektdetails und -berechtigungen, analytischen und Datenbank-Privilegien sowie allgemeine Einstellungen.

# Kapitel 4
# Datenarchitektur in SAP BW/4HANA 2.0

4

*In diesem Kapitel stellen wir Ihnen SAPs Referenzarchitektur LSA++ als Grundlage für die Datenarchitektur in SAP BW/4HANA 2.0 vor. Sie erfahren, wie Sie daraus eine konkrete Datenarchitektur für Ihr Unternehmen ableiten können.*

Ein Data Warehouse ist kein Programm, das in einem Unternehmen installiert und anschließend sofort produktiv für betriebswirtschaftliche Auswertungen genutzt werden kann. Zunächst muss jedes Unternehmen mehr oder weniger individuell entscheiden, welche betriebswirtschaftlichen Fragestellungen mithilfe des Data Warehouse beantwortet werden sollen. Daraus kann abgeleitet werden, welche Daten aus welchen Quellsystemen in das Data Warehouse übernommen werden müssen. An dieser Stelle sei der Hinweis erlaubt, dass einige Hersteller die Implementierung von gängigen Reportinganforderungen in ihrem Data Warehouse unterstützen, indem sie die Modellierungsobjekte für bestimmte Themengebiete mit ausliefern. Kunden können beim Aufbau ihrer Reportinganwendungen darauf zurückgreifen – oder kundenindividuelle Anwendungen im Data Warehouse aufbauen. Auch SAP stellt entsprechende Objekte bereit, den BI Content (siehe Hinweiskasten »BI-Content« in Abschnitt 1.2.1, »Von den Anfängen bis zu SAP Business Intelligence 7«).

Weit verbreitet ist in klassischen Data Warehouses das Vorgehen, zunächst Quellsystemdaten (nahezu) unverändert in ein Data Warehouse zu kopieren, um die transaktionalen Quellsysteme vor Performanceeinbußen durch die Ressourcenbelastung durch Analysen und Reporting zu schützen. Anschließend werden Daten aus verschiedenen Quellen zusammengeführt und gegebenenfalls verdichtet bzw. harmonisiert. Für verschiedene Reportingzwecke werden dann Ausschnitte der Daten, die zur Beantwortung konkreter Fragestellungen notwendig sind, für das Reporting optimiert gemeinsam abgelegt und gespeichert. Dabei wird Business-Logik auf die Daten angewendet. In diesem mehrstufigen Prozess werden Daten unweigerlich redundant gespeichert – mindestens im Quellsystem und im Data Warehouse (siehe Abschnitt 2.1.1, »Trennung von Online Transaction Processing und Online Analytical Processing«), aber auch im Data Warehouse selbst, wie Sie in diesem Kapitel sehen werden.

**Reportinganwendungen: Silos**

Wenn die Entwicklung von Anwendungen in einem Data Warehouse nicht koordiniert und strukturiert wird, führt dies häufig dazu, dass Daten, die für die Beantwortung verschiedener betriebswirtschaftlicher Fragestellungen erforderlich sind, mehrfach aus den Quellsystemen abgezogen werden. Berechnungen bei der Aufbereitung im Data Warehouse selbst werden mehrfach durchgeführt – was zu Dateninkonsistenzen führen kann, wenn Berechnungen nicht einheitlich definiert sind oder sich etwas an einer Formel ändert, diese Änderung aber nicht konsequent an allen relevanten Stellen im Data Warehouse umgesetzt wird. Im Prinzip werden im schlimmsten Fall für jede Anwendung die Daten neu aus den Quellsystemen extrahiert und für jeden einzelnen Reportingzweck neu verarbeitet, ohne dass mögliche Synergien zwischen den einzelnen Anwendungen genutzt werden. Bei so aufgebauten Reportinganwendungen wird auch von *Silos* gesprochen.

**Silos**

Abbildung 4.1 zeigt ein Beispiel (Beispiel 1), in dem dieselben Quellsystemdaten (Kunden-, Material-, Vertriebs- und Einkaufsdaten) mehrfach in ein Data Warehouse geladen werden. Die weitere Verarbeitung findet dann für die drei Reportinganwendungen Vertriebs-, Marketing- und Einkaufsreporting jeweils isoliert – in einem abgeschlossenen Silo je Reportinganwendung – ein- oder mehrstufig statt. Dabei ist teilweise dieselbe Logik in jeder Anwendung implementiert, jedoch für den Vertrieb in mehreren Schritten, für die Anwendungen Marketing und Einkauf in einzelnen – und somit komplexeren – Schritten, die sowohl die Harmonisierung und Normierung der Quellsystemdaten als auch die Umsetzung von Business-Logik enthalten können. Hier wird nicht getrennt. Wenn im Reporting nun Inkonsistenzen zwischen den Daten in den einzelnen Anwendungen auftauchen, kann es sehr schwierig und aufwendig werden, nachzuvollziehen, woher die Unterschiede resultieren.

**Silos mit Redundanzen**

In Beispiel 2 wurden die Daten für die drei Reportinganwendungen jeweils mehrstufig verarbeitet, wobei zur Verarbeitung dieselben Schichten genutzt wurden (Q – Quellsysteme, H – Harmonisierung und Normierung, C – Kombination, R – Reporting). Hier wird noch deutlicher als in Beispiel 1, dass hier an mehreren Stellen exakt dieselbe Logik implementiert sein müsste. Abbildung 4.2 illustriert dieses Beispiel 2.

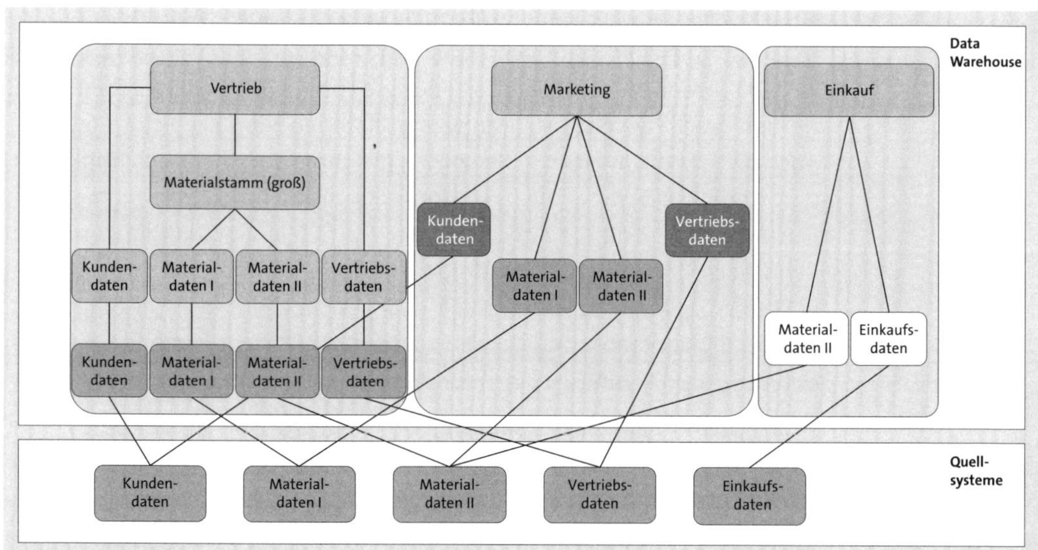


**Abbildung 4.1** Reportinganwendungen ohne Nutzung von Synergien: Beispiel 1 mit Silos

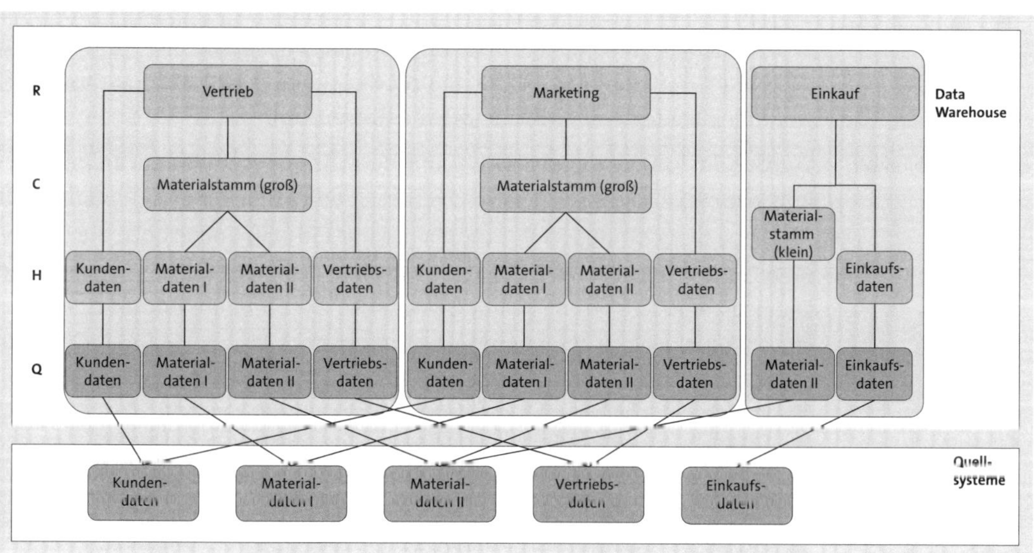


**Abbildung 4.2** Reportinganwendungen ohne Nutzung von Synergien: Beispiel 2 mit Silos und zahlreichen Redundanzen

Wie in Beispiel 1 gibt es auch in Beispiel 2 die drei Reportinganwendungen (Zeile R): Vertriebs-, Marketing- und Einkaufsreporting. Die benötigten Daten werden zunächst aus den Quellsystemen in das Data Warehouse kopiert (Zeile Q). Bereits hier werden dieselben Kunden-, Material- und Vertriebsdaten wieder mehrfach extrahiert. Anschließend werden die Daten jeweils harmonisiert, d. h. in das benötigte Format gebracht, gegebenenfalls werden auch Qualitätssicherungsmaßnahmen durchgeführt (Zeile H). Auch diese Logik müsste im Beispiel in gleicher Form mehrfach implementiert werden. Die Materialdaten aus unterschiedlichen Quellsystemen werden – zumindest für die Anwendungen Vertrieb und Marketing – anschließend noch kombiniert (C), außerdem werden sie unter der Nutzung von Business-Logik angereichert. Auch dies geschieht im Beispiel redundant. Für das Einkaufsreporting werden Schritte der Harmonisierung/Qualitätssicherung und Business-Logik hier sogar vermischt durchgeführt.

Wohlgemerkt handelt es sich bei diesen beiden Beispielen um zwei kleine, überschaubare Szenarien, in denen wir aber bereits eine Vielzahl an Datentransformationen redundant vorliegen haben können. Ändert sich nun etwas an der Logik, muss diese Änderung entsprechend an allen Stellen identisch nachvollzogen werden, damit die Konsistenz der Daten in den Reportinganwendungen gewahrt bleibt. Anderenfalls tritt schnell der Fall auf, dass Kennzahlen aus dem Vertriebs- und dem Marketingreporting verglichen werden – und die Fachbereiche dabei auf Differenzen stoßen, die sie so nicht erklären können: eine unschöne Situation, die das Vertrauen in das Reporting nicht gerade stärkt und die zu einer langwierigen und aufwendigen Fehler- bzw. Differenzsuche führen kann.

**Referenzarchitektur**

Werden Redundanzen an Daten und Berechnungen in einem Data Warehouse möglichst gering gehalten, verbessert dies den Ressourcenverbrauch (dieselbe Berechnung erfolgt möglichst nur einmal) und erhöht die Datenqualität. Dazu ist es wichtig, ein Vorgehen festzulegen, das steuert, wie Quellsystemdaten an das Data Warehouse anzubinden sind und an welchen Stellen welche Berechnungen erlaubt sind, sodass sie möglichst nur einmal durchgeführt, die Ergebnisse dann aber an vielen Stellen genutzt werden können. Dieses Vorgehen wird auch als *extract once – deploy many* bezeichnet. Gleichzeitig gibt es so im Unternehmen einen definierten Ort, an dem qualitätsgesicherte Daten für die weitere Verarbeitung und das Reporting zur Verfügung stehen, einen *Single Point of Truth*. Zum Erreichen können Regeln zur Datenmodellierung in Form einer *Referenzarchitektur* beschrieben werden. Auf die Vorteile einer Referenzarchitektur gehen wir in Abschnitt 4.1, »Referenzarchitekturen für Data Warehouses«, ein.

**Layered Scalable Architecture**

SAP hat für die Datenarchitektur im SAP BW eine eigene Referenzarchitektur, die *Layered Scalable Architecture* (*LSA*), entwickelt. Es handelt sich hierbei um eine skalierbare Schichtenarchitektur. Diese macht Vorgaben darüber, welche *Datenschichten* es in einem SAP-BW-System geben sollte und welche Arten von Operationen auf den Daten in welchen Schichten stattfinden sollten. Dabei hat SAP die LSA so konstruiert, dass sie sowohl für kleine Reportinganwendungen als auch für große Szenarien nutzbar ist (*skalierbar*). Ein Unternehmen kann nun diese von SAP vorgeschlagene Referenzarchitektur als Vorlage nehmen und davon seine eigene konkrete Ausprägung einer Datenarchitektur für das eigene SAP BW ableiten. Je konsequenter sich die SAP-BW-Entwicklerinnen und -Entwickler innerhalb des Unternehmens an die eigene Datenarchitektur halten, desto größer wird die Wiederverwendbarkeit von Daten und Berechnungen innerhalb des SAP-BW-Systems. Ressourcen werden geschont, die Datenqualität erhöht. Nicht zuletzt erleichtert eine konsistente, konsequent umgesetzte Datenarchitektur den SAP-BW-Anwendungsbetreuenden das Verständnis und die Wartung aller SAP-BW-Anwendungen in ihrem System und auch die Fehlersuche, da alle Anwendungen in ihrem Aufbau einer ähnlichen Struktur folgen.

**Layered Scalable Architecture ++**

Mit SAP BW/4HANA und den technischen Veränderungen haben sich auch die Anforderungen an eine Referenzarchitektur verändert. So ist es heute möglich, darauf zu verzichten, die Ergebnisse von Berechnungsschritte so häufig wie zuvor zu persistieren. Wo früher Daten mehrfach gespeichert wurden, kann dank der In-Memory-Technologie heute in vielen Fällen auf das Speichern von Zwischenergebnissen verzichtet werden – die Berechnungen können mit angemessener Performance zur Laufzeit erfolgen (*Virtualisierung*). So führt das In-Memory-Computing zu veränderten Anforderungen an die Referenzarchitektur in SAP BW/4HANA, da Schichten, die sich im klassischen SAP BW durch persistente Datenhaltung auszeichneten, nun überflüssig geworden sind – oder heute überwiegend virtuell abgebildet werden. SAP hat daher die LSA als Grundlage für Datenarchitekturen in SAP BW/4HANA zur *LSA++* weiterentwickelt.

In Abschnitt 4.2, »SAPs Referenzarchitekturen für das SAP BW«, stellen wir Ihnen die von SAP vorgeschlagenen Referenzarchitekturen für das Arbeiten mit SAP BW bzw. SAP BW/4HANA vor. Um Umsteigern mit Erfahrungen im klassischen SAP-BW-Umfeld den Übergang zu erleichtern, geben wir in Abschnitt 4.2.1, »Layered Scalable Architecture«, zunächst einen kurzen Überblick über die Referenzarchitektur des klassischen SAP BW. Neueinsteigerinnen und Neueinsteiger können diesen Abschnitt überspringen. In Abschnitt 4.2.2, »Layered Scalable Architecture ++«, betrachten wir dann die für SAP BW/4HANA 2.0 relevante LSA++. In Abschnitt 4.3, »Ableitung einer unternehmensspezifischen Referenzarchitektur aus der LSA++«, erläutern wir, wie sich aus der LSA++ eine konkrete Datenarchitektur zur Verwendung in SAP BW/4HANA 2.0 ableiten lässt.

## 4.1 Referenzarchitekturen für Data Warehouses

Der Aufbau von Anwendungen in einem Data Warehouse ist komplex – und ohne Regeln und Vorgaben droht die Gefahr von Wildwuchs. Entwicklerinnen und Entwickler könnten versucht sein, für jede neue Reportinganforderung die erforderlichen Quellen neu anzubinden und das Reporting darauf aufzubauen, wodurch Silos entstehen. Die Wiederverwendung von Daten und Berechnungen wäre in diesem Fall gleich null, was zu einem hohen Ressourcenverbrauch, zu einer unnötigen Belastung der Quellsysteme sowie gegebenenfalls auch zu Einbußen bei der Datenqualität führen würde, da eventuell zwei Entwickler dieselbe Kennzahl berechnen, aber mit unterschiedlichen – unabgestimmten – Formeln. Die beiden einleitenden Beispiele zu Beginn dieses Kapitels (und es ließen sich noch zahlreiche andere konstruieren) verdeutlichen dieses Dilemma (siehe Abbildung 4.2).

### 4.1.1 Nutzen von Referenzarchitekturen

**Referenzarchitektur**

Um den Nutzen von Referenzarchitekturen zu illustrieren, greifen wir auf die Beispiele aus der Einleitung zurück und erörtern exemplarisch im Detail, welche Verbesserungen hier mit gut durchdachten Vorgaben zur Modellierung in einem Data Warehouse erreicht werden könnten. Dabei werden die Vorgaben zur Modellierung in einer Referenzarchitektur dokumentiert. Da jedes Unternehmen seine Reportinganforderungen selbst definiert – und diese durchaus in Bezug auf Umfang, Aktualität und Komplexität äußerst unterschiedlich sein können –, hat auch jedes Unternehmen seine ganz eigenen Anforderungen an Reportinganwendungen. Daher gibt es nicht die eine, übergreifende Empfehlung, wie Reportinganwendungen in einem Data Warehouse idealerweise aufzubauen sind; vielmehr muss jedes Unternehmen erkennen, welche Rahmenbedingungen und Prioritäten bei ihm gelten sollen, und dann überlegen, wie sie technisch ideal unterstützt werden können. Daraus resultiert für jedes Unternehmen eine unternehmensspezifische Referenzarchitektur, wobei sich bestimmte Vorgehensweisen im Laufe der Jahre in der Praxis etabliert haben und in vielen Referenzarchitekturen ähnliche Konstrukte zu finden sind.

**Datenextraktion aus den Quellsystemen**

Ein wichtiger Grundsatz ist es, Daten, die aus Quellsystemen für die weitere Nutzung beispielsweise in einem Data Warehouse extrahiert werden sollen, nur einmal abzuziehen und dann für alle nachfolgenden Reportinganforderungen zentral zur Verfügung zu stellen (»extract once – deploy many«, siehe auch Einleitung zu diesem Kapitel). Zum einen hält dies die Belastung der Quellsysteme durch die Datenextraktionen möglichst niedrig, zum anderen setzt das gesamte Reporting auf demselben Datenstand auf. Werden die gleichen Daten zweimal abgezogen, mit ein paar Minuten Abstand dazwischen, kann dies bereits zu Abweichungen im Reporting führen, etwa wenn in Extrakt 1 ein Verkaufsvorgang noch nicht vorhanden ist, der aber in Extrakt 2 enthalten ist. Die resultierenden Differenzen müssen den Anwendern bekannt sein und erläutert werden. Sie führen aber schnell zu Missverständnissen oder komplizierten Überführungsrechnungen und im Ergebnis dazu, dass das Vertrauen in die Datenbasis in einem Data Warehouse geschwächt wird. In unserem Beispiel wären von den zehn Datenabzügen aus den Quellsystemen fünf überflüssig, da sie redundant sind (siehe Abbildung 4.3).

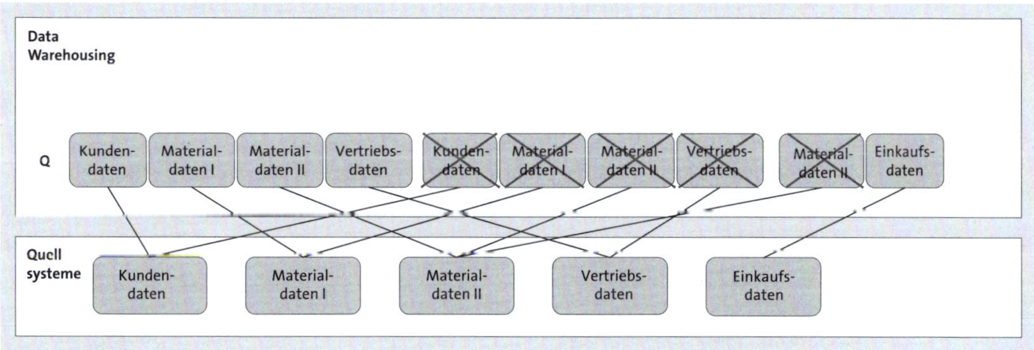


**Abbildung 4.3** »Extract once…«

Abbildung 4.4 zeigt die um Redundanzen bereinigte Eingangsschicht mit den extrahierten Quellsystemdaten im Data Warehouse. Bei den Einkaufsdaten wurde für die Übernahme in das Data Warehouse zwischen Stammdaten (Lieferanten) und Bewegungsdaten (Einkaufsdaten, z. B. Anfragen, Angebote, Bestellungen) unterschieden. Die Datentöpfe in der untersten Schicht im Data Warehouse enthalten inhaltlich überschneidungsfreie Daten.

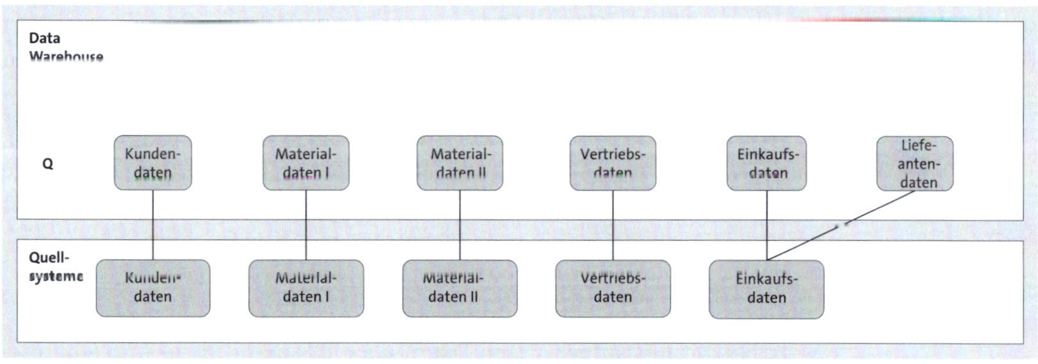


**Abbildung 4.4** Extraktion aus den Quellsystemen, um Redundanzen bereinigt

**Harmonisierung und Qualitätssicherung**

In unseren Beispielen wurden die Quellsystemdaten in einem gesonderten zweiten Schritt – oder auch in Kombination mit der Business-Logik – *harmonisiert*. Das heißt, es wurden Formate angepasst und vereinheitlicht und gegebenenfalls Qualitätssicherungsmaßnahmen durchgeführt. Dazu können Tätigkeiten gehören wie das Abschneiden oder Hinzufügen führender Nullen, die Anpassung von Datums- und Uhrzeitformaten oder das Ersetzen von nicht erlaubten Sonderzeichen. Wenn dieselben Daten jeweils nur noch möglichst ein einziges Mal aus den Quellsystemen abgezogen wurden, ist es sinnvoll, auch die Harmonisierungs- und Qualitätssicherungsschritte jeweils nur einmal durchzuführen – und nicht für jeden Reportingzweck gesondert (redundant). Auch hier gilt, wie bei der Extraktion, dass die Vermeidung von Redundanzen zu einer höheren Datenkonsistenz und einer höheren Transparenz und Wartbarkeit der Anwendungen führt. Abbildung 4.5 illustriert die mögliche Vereinfachung durch die Implementierung der Harmonisierung und Qualitätssicherung der Daten in einem eigenen Bearbeitungsschritt. Es ist wichtig, an dieser Stelle zu bemerken, dass die Daten bis hierher noch völlig unabhängig vom späteren Reportingzweck verarbeitet wurden.

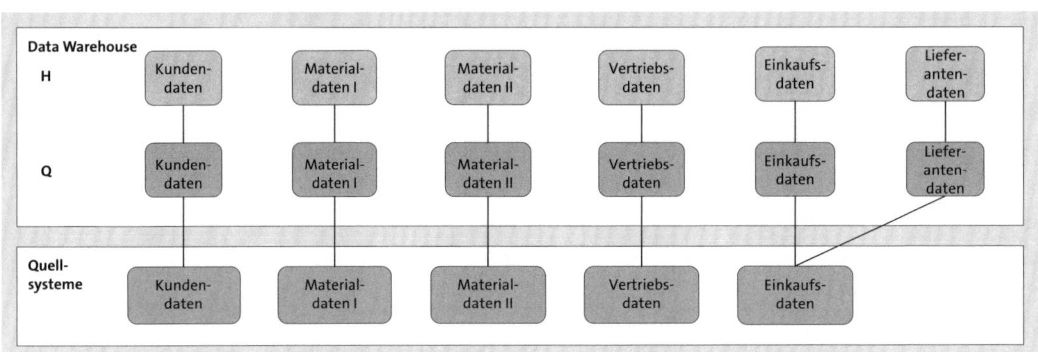


**Abbildung 4.5** Harmonisierung der Daten

**Single Point of Truth**

Werden mehrfach benötigte Daten nur einmal abgezogen, harmonisiert und qualitätsgesichert und stehen danach zur Verwendung in mehreren Anwendungen zur Verfügung, spricht man auch von einem Single Point of Truth. Die Extraktion und die Aufbereitung der Daten sollten sorgfältig implementiert werden. So erreichen Sie eine stabile, vertrauenswürdige Datenbasis für die folgenden Reportinganwendungen und vermeiden erklärungsbedürftige Inkonsistenzen. Der Aufwand bei der Implementierung mag hier ein wenig größer sein, wird aber durch die Vorteile der höheren Datenkonsistenz, eine bessere Wartbarkeit sowie die Wiederverwendbarkeit der aufbereiteten Daten auch in zukünftig zu implementierenden Anwendungen schnell wieder aufgewogen.

Bis zu dieser Stelle wurden die Daten quellsystemabhängig behandelt. In unserem Beispiel haben wir zwei Quellsysteme, aus denen Daten zum Material bezogen werden. Beispielsweise könnten die generellen Materialstammdaten aus einem ERP-System kommen, die Einkaufspreise aber aus einem anderen Einkaufsunterstützungssystem. In der Harmonisierungsschicht sind gegebenenfalls bereits Schritte durchgeführt worden wie die Vereinheitlichung der Materialnummern: Wenn z. B. ein System 8-stellige Materialnummern führt, das andere System aber 9-stellige Materialnummern, die zwar denen aus dem ersten System entsprechen, aber denen stets ein »K« vorangestellt ist, kann dieses K entweder für alle 8-stelligen Materialnummern ergänzt oder für alle 9-stelligen Materialnummern entfernt werden, um zu einer einheitlichen Materialnummer zu kommen.

In der nächsten Schicht in unserem Beispiel wird Business-Logik implementiert, die nicht mehr quellsystemabhängig – also somit für alle Daten allgemeingültig –, aber noch nicht spezifisch für eine Reportinganwendung ist. Als Beispiel könnte aus den vorliegenden Daten zum Material eine bislang noch fehlende Kennzahl wie die Herstellkosten an dieser Stelle berechnet werden. Diese stände dann allen nachfolgenden Reportinganwendungen zur Verfügung und müsste nur einmal an dieser Stelle berechnet werden. Abbildung 4.6 verdeutlicht, an welcher Stelle diese Berechnung stattfinden könnte.

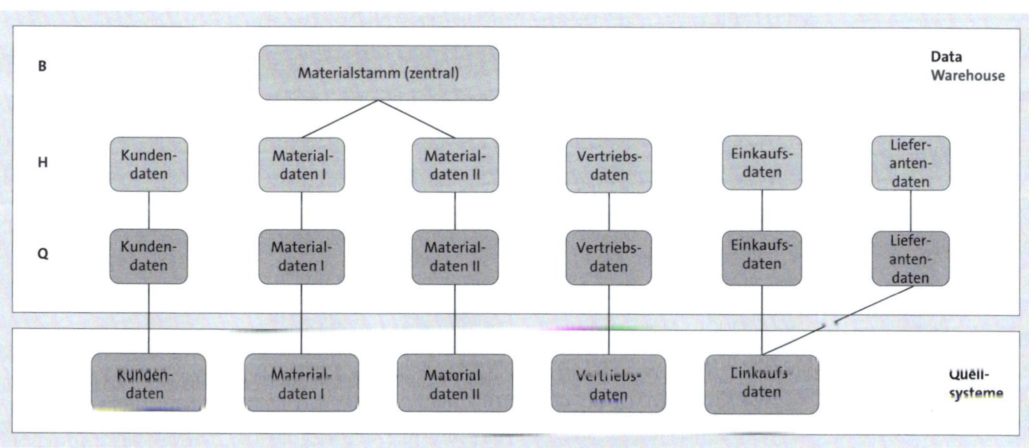


**Abbildung 4.6** Anreicherung der Daten mit Business-Logik

Nachdem die Daten entsprechend aufbereitet wurden, folgen nun noch die einzelnen Reportinganwendungen – in unserem Beispiel Vertrieb, Marketing und Einkauf. Sie setzen nun auf den nur noch einmalig vorhandenen, vorbereiteten Daten auf. Nur die je Reportinganwendung spezifische Logik muss noch implementiert werden. Die Silos wurden somit aufgelöst und wartungsintensive und fehleranfällige Redundanzen abgebaut. Abbildung 4.7 veranschaulicht das Ergebnis.

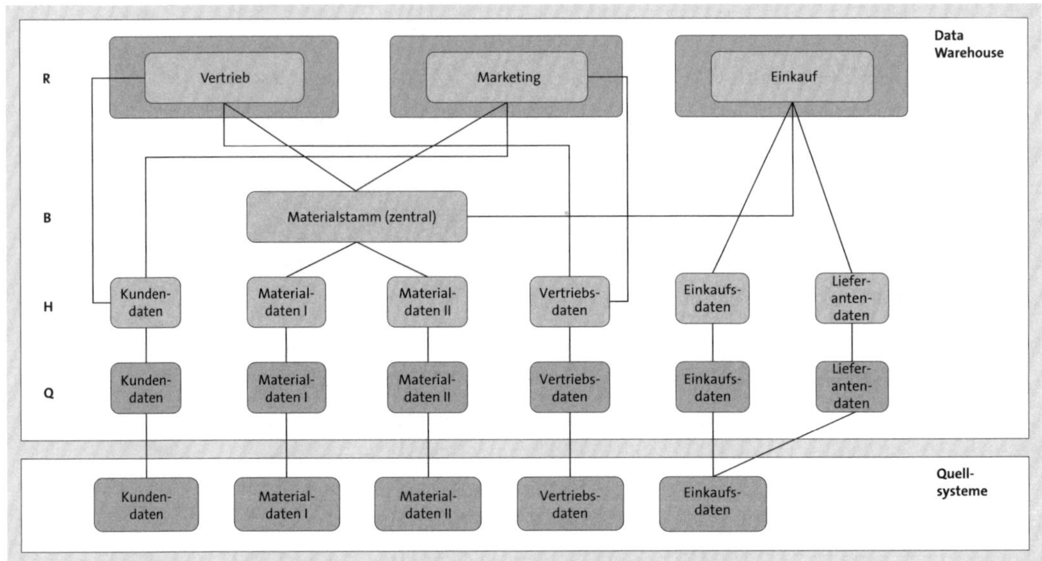


**Abbildung 4.7** Reportinganwendungen – »... deploy many«

### 4.1.2 Eigenschaften von Referenzarchitekturen

**Ziele einer Referenzarchitektur**

Eine Referenzarchitektur für ein Data Warehouse verfolgt nun also den Zweck, generelle Vorgaben für den Aufbau von Anwendungen – die Datenarchitektur – im Data Warehouse zu machen. Dabei sollte klar sein, welche Ziele mit der Referenzarchitektur erreicht werden sollen. Dies könnten z. B. sein:

- eine hohe Datenqualität
- das Vermeiden redundant implementierter Logik (»extract once – deploy many«)
- eine verlässliche Datenquelle als Grundlage für die Beantwortung betriebswirtschaftlicher Fragestellungen (Single Point of Truth)
- eine klare Architektur, die Wiederverwendbarkeit von Objekten und Daten und somit schnellere Entwicklungen beim Aufbau neuer Anwendungen ermöglicht
- eine höhere Wartbarkeit der Anwendungen im Data Warehouse
- Vorhalten historisierter Daten in einer Form, die es erlaubt, auch für neue Anwendungen die Historie nachzuladen

**Unternehmensspezifische Referenzarchitekturen**

Grundsätzlich gibt eine Referenzarchitektur eine Struktur vor, der möglichst alle Anwendungen im Data Warehouse folgen sollten – nur dann können die Vorteile voll zum Tragen kommen. Je nachdem, welche Ziele mit der Referenzarchitektur verfolgt werden sollen, können die Referenzarchitekturen für Data Warehouses für verschiedene Unternehmen sehr unterschiedlich aussehen. Anders gesagt sollte jedes Unternehmen seine eigene, individuelle Referenzarchitektur für die unternehmenseigenen Anforderungen entwickeln. Dabei muss nicht jedes Unternehmen bei null anfangen, es gibt durchaus Vorgehensweisen und Vorlagen, die sich im Laufe der Jahre bewährt haben und die ein Unternehmen übernehmen und individuell anpassen kann. SAP stellt als Blaupause zur Ableitung unternehmensspezifischer Referenzarchitekturen die LSA und die LSA++ zur Verfügung (siehe Abschnitt 4.2, »SAPs Referenzarchitekturen für das SAP BW«).

**Anwendung einer Referenzarchitektur**

Damit die Vorteile einer Referenzarchitektur zum Tragen kommen, muss die Referenzarchitektur beim Aufbau jeder neuen Anwendung sowie bei Änderungen an bestehenden Anwendungen berücksichtigt werden – sowohl von der internen Anwendungsbetreuung als auch von externen Beratern und Projekten. Die Referenzarchitektur muss dafür dokumentiert und allen Beteiligten kommuniziert und letztendlich auch vom Management unterstützt werden. Bei Fragen oder Unklarheiten sollte es eine verantwortliche Person oder Abteilung geben, die die Anwendung der Referenzarchitektur unterstützt. Die Prüfung von Konzepten für neue Anwendung hinsichtlich ihrer Konformität bezüglich der Referenzarchitektur vor Beginn der eigentlichen Implementierung fördert die Einhaltung der Vorgaben.

**Weiterentwicklung von Referenzarchitekturen**

Der Einsatz neuer bzw. schnellerer Technologien ermöglicht neue Vorgehensweisen bei der Ablage und Transformation von Daten. Beispielsweise ist es heute nicht mehr notwendig, die Ergebnisse jeder Transformation auch physisch in der Datenbank festzuschreiben, da Transformationen heute in großen Teilen auch zur Laufzeit performant durchlaufen werden können. Statt physischer Ablage der Zwischenergebnisse können heute häufig virtuelle Objekte genutzt werden.

**Referenzarchitektur vs. Self-Service**

Eine häufige Kritik an Data Warehouses ist die lange Entwicklungszeit für eine Anwendung innerhalb des Data Warehouse. Sie ergibt sich häufig u. a. aus dem Anspruch, neue Anwendungen referenzarchitekturkonform und somit wiederverwendbar und wartbar, aber auch unter Einhaltung gewisser Qualitätsstandards zu implementieren. Den klassisch strukturierten Data-Warehouse-Anwendungen steht der Ruf nach dem schnelleren und flexibleren Aufbau von Reportinganwendungen, idealerweise auch durch die Anwender in den Fachbereichen selbst (*Self-Service*), gegenüber. Wir glauben, dass beide Konstrukte – die wohlstrukturierten, qualitätsgesicherten Data-Warehouse-Anwendungen, aber auch agile oder per Self-Service entwickelte Reportinganwendungen – ihre Daseinsberechtigung haben und gegebenenfalls durchaus nebeneinander existieren können. Beide Varianten haben ihre Vor- und Nachteile, die wir in Tabelle 4.1 skizzieren.

| Art der Anwendung | Vorteile | Nachteile |
|---|---|---|
| klassische Data-Warehouse-Anwendung mit Aufbau nach Referenzarchitektur | ▪ Single Point of Truth/ gesicherte Datenqualität<br>▪ idealerweise qualitätsgesicherte und getestete Anwendungen | ▪ lange Implementierungszeiten<br>▪ fachliche Anforderungen aus den Fachbereichen, aber Implementierung durch die Anwendungsbetreuung |
| Self-Service-Anwendungen, agile Entwicklungen, Ad-hoc-Reporting | ▪ schnellere Implementierung von Anwendungen<br>▪ schnelle und flexible Umsetzung von Ad-hoc-Abfragen<br>▪ Fachbereich kann selbst tätig werden. | ▪ kein oder eingeschränkter Single Point of Truth, nur zum Teil gesicherte Datenqualität<br>▪ Im Fachbereich muss das Wissen zum Aufbau sinnvoller Reportinganwendungen vorhanden sein.<br>▪ Im Fachbereich muss ein grundlegendes Verständnis der unter Umständen sehr komplexen Daten gegeben sein.<br>▪ Daten müssen für Self-Service-Anwendungen im Normalfall auch von der Anwendungsbetreuung aufbereitet werden (in der Realität kein Selbstläufer).<br>▪ Gefahr des »Wildwuchses« nicht qualitätsgesicherter und getesteter Anwendungen<br>▪ Verantwortlichkeit für Wartung von Reportinganwendungen muss geklärt sein. |

**Tabelle 4.1** Vor- und Nachteile verschiedener Anwendungen

Ein guter Weg kann es sein, dass die Data-Warehouse-Anwendungsbetreuung den Fachbereichen zum einen qualitätsgesicherte, getestete Anwendungen zur Verfügung stellt. Daneben könnte sie eine qualitätsgesicherte Datenbasis anbieten – auf der alle Data-Warehouse-Anwendungen aufbauen und auf der auch die Fachbereiche ihr eigenes Ad-hoc-Reporting aufbauen können. Bei großen und vielfältigen Datenmengen sind gegebenenfalls auch Datentöpfe zu einzelnen Anwendungsbereichen denkbar, auf denen die Fachbereiche Self-Service-Anwendungen bauen können – ohne die Gesamtheit aller verfügbaren Daten überschauen und bewerten können zu müssen. Für die Konsumenten der Berichte sollte immer transparent sein, ob sie gerade mit einem qualitätsgesicherten, getesteten Bericht oder mit einer Self-Service- oder Ad-hoc-Lösung arbeiten, damit sie die Aussagekraft des jeweiligen Berichtes einschätzen können. Stellt sich heraus, dass ein Ad-hoc- oder Self-Service-Bericht häufiger und länger genutzt werden soll oder besonders kritische Daten enthält, kann er nachträglich durch die Data-Warehouse-Anwendungsbetreuung als architekturkonformer Standardbericht implementiert werden. Auf diesem Wege sichern Sie sich zum einen einen höheren Grad an Flexibilität und Implementationsgeschwindigkeit, behalten zum anderen aber die Datenqualität im Auge



## 4.2 SAPs Referenzarchitekturen für das SAP BW

**Layered Scalable Architecture und Layered Scalable Architecture ++**

Für SAP BW hat SAP eine Referenzarchitektur, die *Layered Scalable Architecture (LSA)*, entworfen und später zur *Layered Scalable Architecture ++ (LSA++)* weiterentwickelt. SAP ermutigt Unternehmen, daraus eine eigene, unternehmensspezifische Datenarchitektur abzuleiten und umzusetzen. Es handelt sich hierbei um eine skalierbare Schichtenarchitektur. Das heißt, SAP empfiehlt, die Daten in verschiedenen Schichten zu halten, wobei jeder Schicht eine Funktion zukommt und es Regeln gibt, welche Operationen auf den Daten beim Transfer zwischen den einzelnen Schichten stattfinden dürfen. Dabei wird grob zwischen dem Enterprise Data Warehouse (EDW) Layer und dem Architected Data Mart Layer unterschieden. Da durch SAP keine konsequente Übersetzung der Schichten in die deutsche Sprache durchgeführt wurde und die Schichten auch in vielen deutschsprachigen Unternehmen mit den englischen Bezeichnungen benannt sind, nutzen wir aus Konsistenzgründen in diesem Buch die englischen Bezeichnungen für die einzelnen Schichten. Während die EDW-Schicht die quellsystemnahen Transaktionsdaten umfasst, ist die Aufgabe der Architected-Data-Mart-Schicht die Beantwortung konkreter betriebswirtschaftlicher Fragestellungen. In Abschnitt 4.2.1, »Layered Scalable Architecture«, skizzieren wir – insbesondere für Leserinnen und Leser, die aus der klassischen SAP-BW-Welt kommen – die klassische LSA mit ihren Schichten, bevor wir in Abschnitt 4.2.2, »Layered Scalable Architecture ++«, die Folgeversion der Referenzarchitektur detailliert betrachten. Dabei benennen wir die Modellierungsobjekte, die bei der Implementierung von Anwendungen, die auf der LSA bzw. der LSA++ beruhen, zum Einsatz kommen. Die LSA++ ist die von SAP bereitgestellte und empfohlene Referenzarchitektur für die Ausgestaltung konkreter Datenarchitekturen in SAP BW/4HANA 2.0.

**Modellierungsobjekte in der LSA++**

Die *Modellierungsobjekte*, die in der LSA++ und SAP BW/4HANA 2.0 relevant sind, stellen wir Ihnen mit Beschreibung ihrer Anlage und Administration in Kapitel 5, »Grundlegende Modellierungsobjekte: Datenhaltung«, Kapitel 6, »Grundlegende Modellierungsobjekte: Datentransformation und -präsentation«, und Kapitel 7, »Komplexere Modellierungsobjekte«, vor. Bei der Beschreibung der einzelnen Modellierungsobjekte stellen wir jeweils, wo sinnvoll, einen Verweis auf die Vorgängerobjekte aus dem klassischen SAP BW ein, die in SAP BW/4HANA zum Teil in veränderter Form – oder auch gar nicht mehr – verwendet werden können. Neueinsteiger und Neueinsteigerinnen brauchen sich hiermit nicht weiter auseinandersetzen, für Umsteigerinnen und Umsteiger oder bei Systemmigrationen sind diese Informationen aber äußerst hilfreich.

### 4.2.1 Layered Scalable Architecture

**Schichten der LSA**

Abbildung 4.8 gibt einen Überblick über die von SAP vorgeschlagene Referenzarchitektur LSA. Die acht Schichten sind zwei Bereichen zugeordnet. Zum Enterprise Data Warehouse Layer gehören der Data Acquisition Layer, der Quality & Harmonization Layer, der Data Propagation Layer sowie das Corporate Memory. Zum Architected Data Mart Layer gehören der Business Transformation Layer, der Reporting Layer, der die Architected Data Marts enthält, der Virtualization Layer sowie der Operational Data Store. Die einzelnen Schichten, ihre Bedeutung und ihre Verwendung werden wir im Folgenden kurz erläutern.

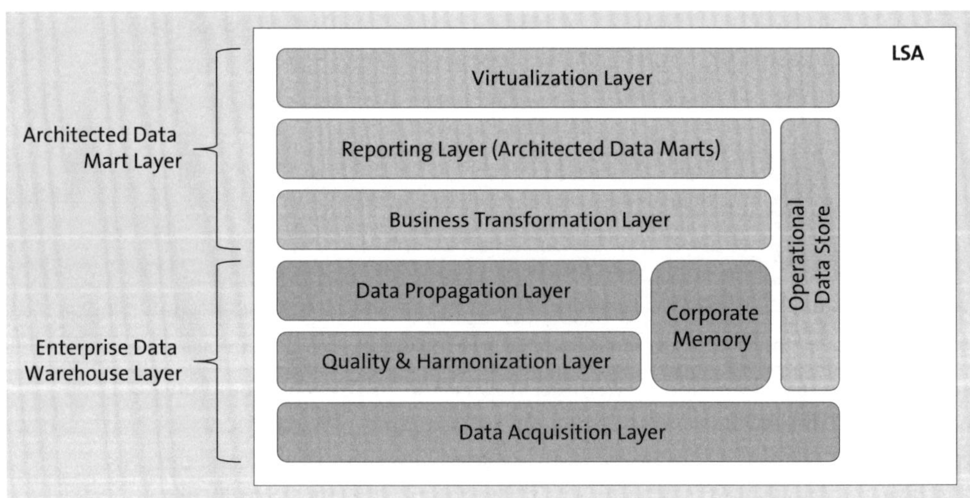


**Abbildung 4.8** Layered Scalable Architecture (Quelle: SAP)

**Enterprise Data Warehouse Layer**

Der untere Teil der LSA wird als *Enterprise Data Warehouse (EDW) Layer* bezeichnet. Er enthält die Daten in der Form, wie sie aus den Quellsystemen kommen, sowie Daten, die harmonisiert und gegebenenfalls qualitätsgesichert und – unabhängig von Reportingzwecken – zusammengeführt wurden. Operationen auf den Daten, die sich auf einen bestimmten Geschäftsprozess beziehen und somit der Beantwortung einer konkreten betriebswirtschaftlichen Fragestellung dienen, werden im Business Transformation Layer des Architected Data Mart Layers durchgeführt, niemals im EDW Layer.

**Architected Data Mart Layer**

Der obere Teil der LSA wird als *Architected Data Mart Layer* bezeichnet. In diesem Bereich wird Business-Logik auf die Daten angewendet, und die Daten werden für die einzelnen Reportinganforderungen entsprechend aufbereitet und manipuliert.

**Data Acquisition Layer**

Im *Data Acquisition Layer* befinden sich die Daten in der Form, wie sie aus den Quellsystemen kommen. Von hier aus wird das SAP-BW-System mit den Daten versorgt. Im klassischen SAP BW werden hier zur Datenablage Persistent Staging Areas (PSAs) und klassische DSOs genutzt (siehe Abschnitt 5.6, »Advanced DataStore-Objekte«).

**Quality & Harmonization Layer**

Zwischen dem Data Acquisition Layer und dem Data Propagation Layer dürfen im *Quality & Harmonization Layer* nur Operationen auf den Daten durchgeführt werden, die geschäftsprozessunabhängig sind. Hierbei handelt es sich um Transformationen zur Vereinheitlichung (Harmonisierung) der Daten (z. B. Vereinheitlichung des Datumsformats) oder zur Sicherstellung der Datenqualität. An dieser Stelle wird jedoch keine Business-Logik implementiert. Wenn nötig, wurden hier im klassischen SAP BW neben den Transformationen mit den Übertragungsregeln klassische DSOs zur Speicherung von Zwischenergebnissen genutzt.

**Data Propagation Layer**

Der *Data Propagation Layer* repräsentiert das Prinzip »extract once – deploy many«. Er enthält die aufbereiteten Daten in noch anwendungsneutraler Form. Das heißt, es wurden noch keine Transformationen, z. B. mit Business-Logik, durchgeführt, die einer Mehrfachverwendung der Daten aus dem Data Propagation Layer entgegenständen. Die einzelnen SAP-BW-Anwendungen – die Architected Data Marts – setzen auf dem Data Propagation Layer auf. Im klassischen SAP BW wurden die Daten des Data Propagation Layers in klassischen DSOs sowie in InfoObjects – auch zeitabhängig – abgelegt.

**Corporate Memory**

Das *Corporate Memory* enthält die vollständige Historie der ins SAP BW geladenen Daten, ebenfalls in anwendungsneutraler Form. Es wird benötigt, wenn die Daten einzelner Anwendungen neu aufgebaut werden müssen oder wenn neue Anwendungen implementiert wurden und nun auch mit historischen Daten beladen werden sollen. Im klassischen SAP BW besteht das Corporate Memory aus klassischen DSOs.

**Business Transformation Layer**

Im *Business Transformation Layer* kommt die Business-Logik zur Anwendung, mit der die Daten aus dem Data Propagation Layer anwendungsspezifisch aufbereitet werden. Im klassischen SAP BW wurde die Logik im Business Transformation Layer über Transformationen und – falls Zwischenergebnisse abgelegt werden sollten – klassische DSOs abgebildet.

**Reporting Layer und Architected Data Marts**

Der *Reporting Layer* enthält die *Architected Data Marts*, auf denen die Queries zur Wiedergabe der Daten in den Frontend-Anwendungen aufsetzen können. Im klassischen SAP BW wurden diese durch InfoCubes mit persistenter Datenhaltung abgebildet. Die Empfehlung von SAP lautete stets, nicht direkt auf diesen zu reporten, sondern zusätzlich einen virtuellen MultiProvider oder ein InfoSet zu nutzen.

**Virtualization Layer**

Der *Virtualization Layer* enthält virtuelle Objekte – im klassischen SAP BW MultiProvider oder InfoSets – die die Queries von den InfoCubes entkoppeln und so die Flexibilität und Wartbarkeit erhöhen. Bei Änderungen an den Architected Data Marts müssen so nicht alle Queries angepasst werden.

**Operational Data Store**

Der *Operational Data Store* steht gewissermaßen – ähnlich wie das Corporate Memory – neben der eigentlichen Schichtenarchitektur. Der Operational Data Store bietet die Möglichkeit, Daten aus den Quellsystemen direkt und schnell für das Reporting zur Verfügung zu stellen (*operative Datenanalyse*). Daher ist er dem Architected Data Mart Layer zugeordnet. Der Operational Data Store erlaubt die Implementierung von Anwendungen ohne Berücksichtigung der sonst vorgegebenen Schichtenarchitektur. Er wird typischerweise für schnell zu implementierende Ad-hoc-Anfragen genutzt oder aber auch zur schnellen Bedienung neuer Reportinganforderungen, die dann anschließend sauber unter Beachtung der Architekturvorgaben zum stabilen Betrieb in der Zukunft sauber implementiert werden. Die Daten liegen im Operational Data Store häufig in granularer Form vor, während im Architected Data Mart Layer häufig nur Tagesendstände Berücksichtigung finden. Im klassischen SAP BW wird der Operational Data Store durch klassische DSOs gebildet.

Wenn ein Unternehmen von der LSA seine eigene, unternehmensspezifische Datenarchitektur ableitet, kann es selbst entscheiden, welche der Schichten im gegebenen Kontext relevant sind und genutzt werden sollen. Es können also Schichten aus der LSA weggelassen werden, wenn sie im konkreten Fall nicht benötigt werden. Viele Unternehmen nutzen beispielsweise kein Corporate Memory und keinen – oder nur einen sehr kleinen – Operational Data Store. Daneben ist es ebenso erlaubt, zusätzliche weitere Schichten in die eigene Datenarchitektur einzubeziehen. Diese sollten dann aber auch für mehrere Datenextraktions- oder Reportingzwecke relevant sein und genutzt werden. Für diese zusätzlichen Schichten muss festgelegt werden, welche Aufgabe sie übernehmen und welche Operationen auf den Daten im Kontext der jeweiligen Schicht durchgeführt werden dürfen. Dies gilt ebenso für die LSA++. Da diese im Kontext SAP BW/4HANA die relevante Architektur darstellt, gehen wir in Abschnitt 4.3, »Ableitung einer unternehmensspezifischen Referenzarchitektur aus der LSA++«, detaillierter auf die Ableitung einer unternehmensspezifischen Referenzarchitektur von der LSA++ ein. Mit der älteren LSA befassen wir uns in diesem Buch nicht weiter.

### 4.2.2 Layered Scalable Architecture ++

**Übersicht**

Mit SAP HANA als Datenbank für das SAP BW eröffnen sich neue technische Möglichkeiten zum Aufbau von Datenarchitekturen. SAP hat in diesem Kontext die LSA++ entwickelt. Abbildung 4.9 gibt einen Überblick über die LSA++. Wenn Sie bereits aus der Vergangenheit mit der LSA bekannt sind, werden Sie einige bekannte Begrifflichkeiten hier wiederfinden. Im Folgenden werden wir die einzelnen Schichten dem Aufbau der Grafik von unten nach oben folgend erläutern.

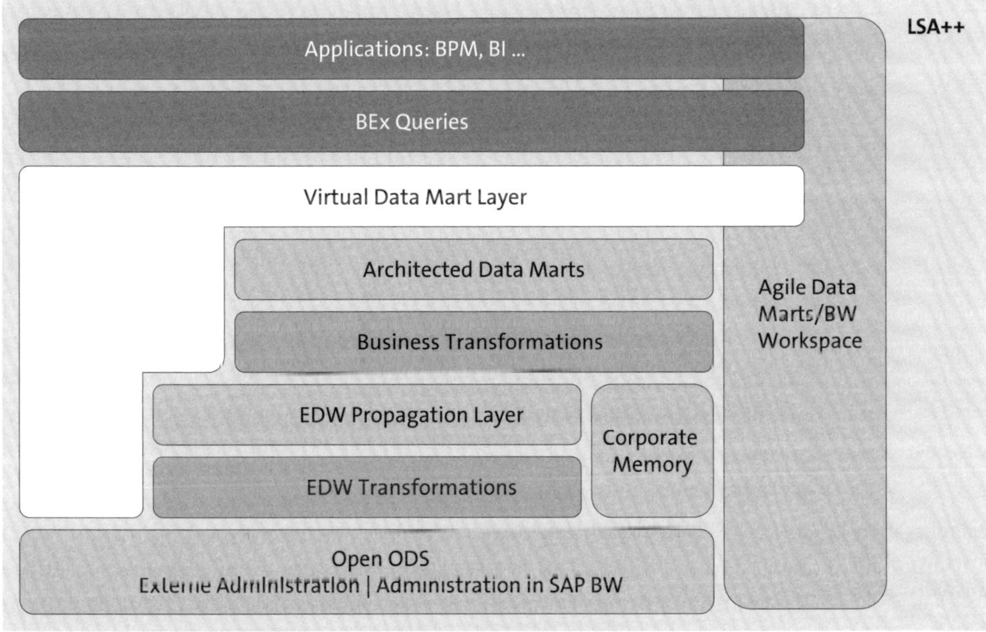


**Abbildung 4.9** Layered Scalable Architecture ++ (Quelle: SAP)

Eine Anmerkung sei an dieser Stelle erlaubt: Während es für die LSA im Netz im Wesentlichen eine einheitliche Darstellung gibt, finden sich für die LSA++ durchaus verschiedene grafische Ausprägungen – auch auf den verschiedenen Seiten von SAP selbst. Wir haben uns hier für eine Darstellungsweise entschieden, die alle aus unserer Sicht relevanten Aspekte enthält und auch den Raum bietet, mögliche Varianten in der Datenmodellierung aufzuzeigen. Im Vergleich zur LSA spielt bei der LSA++ die Virtualisierung von Modellierungsobjekten eine größere Rolle. Darüber hinaus ist die LSA++ offener für die Flexibilisierung von Datenarchitekturen, z. B. zur Unterstützung von Ad-hoc- oder Self-Service-Reportinglösungen.

**Open Operational Data Store inklusive Data Acquisition Layer**

Der *Open Operational Data Store* (*Open ODS*) ist die Schnittstelle von SAP BW/4HANA 2.0 zu den Quellsystemen. Er darf dabei nicht mit dem Operational Data Store der LSA verwechselt werden, sondern übernimmt zunächst einmal alle Aufgaben des aus der LSA bekannten Data Acquisition Layers (Administration in SAP BW). Die Daten werden in SAP BW/4HANA 2.0 hierbei nicht mehr in PSAs gespeichert, sondern in aDSOs. Dabei ist für die Definition der aDSOs nicht mehr zwingend das Vorhandensein entsprechender InfoObjects notwendig. aDSOs können mit SAP BW/4HANA 2.0 nun auch feldbasiert angelegt werden, eine Eigenschaft, die speziell bei der Verwendung im Sinne eines Data Acquisition Layers zum Einsatz kommt (siehe Abschnitt 5.6, »Advanced DataStore-Objekte«). Außerdem geht die Funktion des Open Operational Data Stores über die des Data Acquisition Layers hinaus. Während Letzterer der passiven Übernahme von Daten in das SAP BW diente, kann auf dem Open ODS insbesondere durch die Verwendung der aDSOs auch direkt reportet werden – beispielsweise durch den Zugriff über Queries. Diese Fähigkeit ermöglicht eine sehr schlanke Ausprägung einer Data-Warehouse-Architektur. Es sollte in einer unternehmensspezifischen Referenzarchitektur jedoch festgeschrieben werden, in welchen konkreten Anwendungsszenarien der Direktzugriff auf die Daten im Open ODS erlaubt bzw. nicht erlaubt sein soll. Ferner können auf beliebigen Daten in SAP HANA – auch Nicht-SAP-BW-Daten – *Open ODS Views* angelegt werden. Auf diese kann ebenfalls über den Open ODS zugegriffen werden. Die Open ODS Views sind die zentralen Objekte für die Einbindung externer Daten in SAP BW/4HANA 2.0 (siehe Abschnitt 7.1, »Open ODS Views«).

**EDW Propagation Layer und EDW Transformations**

Im *EDW Propagation Layer* werden die Daten aus den unterschiedlichen Quellen semantisch und wertemäßig vereinheitlicht abgelegt. Erlaubte Operationen auf den Daten dienen der Harmonisierung (z. B. die Vereinheitlichung von Datums- und Zeitformaten) und Qualitätssicherung. Hierfür werden aDSOs und InfoObjects – auch zeitabhängig – genutzt. Die

Daten liegen im EDW Propagation Layer somit in der harmonisierten Form vor. Die Datentransformationen, die während der Überführung der Daten aus dem Open ODS in den EDW Propagation Layer durchgeführt werden, sind der Schicht *EDW Transformations* zugeordnet. Wie bereits erwähnt sind an dieser Stelle lediglich Operationen zur Harmonisierung der Daten erlaubt, Business-Logik darf an dieser Stelle nicht umgesetzt werden. Die Schicht EDW Transformations umfasst somit keine virtuellen oder Daten persistierenden Objekte, sondern lediglich die Übertragungslogik. Liegen die Daten im EDW Propagation Layer bereits inhaltlich in der Form vor, dass keine Business-Logik mehr angewendet werden muss, kann das Reporting, beispielsweise mit Queries, direkt auf den Objekten in dieser Schicht zugreifen. Auf eine Persistierung der Daten im Architected Data Marts Layer kann und sollte dann verzichtet werden – zugunsten einer schlankeren Datenarchitektur.

**Corporate Memory**

Das *Corporate Memory* dient – wie bereits in der LSA – dazu, die gesamte Historie der geladenen Daten auf granularer Ebene vorzuhalten. Dies ermöglicht es, in Fehlerfällen oder beim Aufbau neuer SAP-BW/4HANA-Anwendungen auf die historischen Daten zuzugreifen und diese für die neuen Anwendungen aufzubereiten, auch wenn sie aus den Objekten im Data Acquisition Layer gegebenenfalls bereits gelöscht wurden. Das Corporate Memory besteht aus aDSOs.

**EDW Layer**

Der Data Acquisition Layer, die EDW Transformations und der EDW Propagation Layer sowie das Corporate Memory übernehmen somit innerhalb der LSA++ die klassischen Aufgaben des EDW Layers. Dieser zeichnet sich nach wie vor insbesondere dadurch aus, dass an dieser Stelle Daten aus verschiedenen Quellsystemen zusammengeführt, harmonisiert und gegebenenfalls qualitätsgesichert werden, aber keine Business-Logik implementiert wird.

**Architected Data Mars und Business Transformations**

In den *Architected Data Marts* stehen die Daten für den Zugriff beispielsweise über Queries (siehe Abschnitt 6.4, »Queries«) zur Verfügung. Die Daten in den Data Marts liegen durch die Anwendung von Business-Logik für spezifische Reportingzwecke aufbereitet vor. Die entsprechenden Datentransformationen zwischen dem EDW Propagation Layer und den Architected Data Marts sind der Schicht *Business Transformations* zugeordnet. Wie die Schicht EDW Transformations enthält die Schicht Business Transformations somit keine virtuellen oder Daten persistierenden Objekte, sondern lediglich die Übertragungslogik. Die Architected Data Marts werden in Form von aDSOs und InfoObjects abgebildet. InfoCubes können nicht mehr genutzt werden. An dieser Stelle sei der Hinweis erlaubt, dass Queries auf aDSOs anders als bei klassischen DSOs genauso schnell laufen wie auf Info-

Cubes. Wenn keine Business-Logik benötigt wird, können und sollten Queries daher auch – natürlich idealerweise unter Verwendung eines CompositeProviders – direkt auf die aDSOs im EDW Propagation Layer aufsetzen. Das heißt, der CompositeProvider im Virtual Data Mart Layer greift in SAP BW/4HANA 2.0 nicht mehr standardmäßig auf die Architected Data Marts zu, sondern – sofern die Daten bereits in der richtigen Form vorliegen – auch direkt auf die aDSOs im Open ODS oder im EDW Propagation Layer, was zu einer deutlichen Verschlankung der Reportinganwendungen führen kann. Die Architected Data Marts als explizite, persistierende Reportingschicht sind in einem solchen Szenario nicht mehr erforderlich.

Virtual Data Mart Layer

Im *Virtual Data Mart Layer* können persistente InfoProvider mit virtuellen Providern kombiniert werden. Diese Virtual Data Marts werden in SAP BW/4HANA 2.0 durch CompositeProvider und Open ODS Views abgebildet. Die in der Vergangenheit genutzten MultiProvider und InfoSets wurden durch die CompositeProvider vollständig ersetzt. Die CompositeProvider können sowohl Join- als auch Union-Verknüpfungen abbilden (siehe Abschnitt 6.3, »CompositeProvider«). Noch einmal sei an dieser Stelle explizit darauf hingewiesen, dass der Virtual Data Mart Layer nicht mehr wie in der LSA ausschließlich auf dem Reporting Layer mit den Architected Data Marts aufsetzen muss, sondern aufgrund der verbesserten Performance der aDSOs gegenüber den klassischen DSOs auch auf aDSOs im EDW Propagation Layer zugreifen kann. Technisch ist ebenso der direkte Zugriff auf aDSOs im Data Acquisition Layer möglich – es sollte jedoch in der unternehmensspezifischen Referenzarchitektur definiert werden, ob und unter welchen Voraussetzungen und Rahmenbedingungen dies erlaubt ist oder eben nicht. Queries und andere Frontend-Anwendungen sollten – wie auch bereits in der LSA – über die Objekte im Virtual Data Mart Layer auf die Daten zugreifen. So werden wie zuvor Queries und Frontend von der Datenablage abgekoppelt, was zu größerer Flexibilität bei Änderungen am Datenmodell führt. Anders als im klassischen SAP BW kommen mit SAP BW/4HANA 2.0 hier nicht mehr die virtuellen Objekte MultiProvider und InfoSet zum Einsatz, sondern die neuen CompositeProvider.

Agile Data Mart Layer

Neben dieser geschichteten Architektur ist eine zweite Reportingstrecke vorgesehen, die – wie in der LSA der Operational Data Store – auf die gestapelten Schichten verzichtet und schnelleres, flexibleres Reporting und Ad-hoc-Szenarien unterstützt. In der LSA++ sind dies der *Agile Data Mart Layer* inklusive der BW Workspaces (einige Quellen sehen hier auch die BW Workspaces nicht als Teil des Agile Data Mart Layers, sondern als eigenständigen Layer parallel dazu). Der Agile Data Marts Layer ersetzt dabei den Operational Data Store aus der LSA (nicht zu verwechseln mit der Eingangsschicht der LSA++, dem Open ODS!). Hier können schlanke Szenarien ohne

Berücksichtigung der sonst üblichen Schichten aufgebaut werden – zur schnellen Umsetzung neuer Reportinganforderungen oder für Ad-hoc-Reporting. Bei häufigerer Verwendung können diese Anwendungen später in die Standard-Schichtenarchitektur überführt werden.

**BW Workspaces**

*BW Workspaces* hingegen sind definierte Bereiche, die den Anwendern in den Fachabteilungen zur eigenverantwortlichen Erstellung von Ad-hoc-Reporting zur Verfügung stehen. Die IT-Abteilung bzw. die SAP-BW-Anwendungsbetreuung definiert und verwaltet die BW Workspaces. In einem BW Workspace kann sie den Anwenderinnen und Anwendern SAP-BW-Daten aus den anderen Schichten der Referenzarchitektur zur Verfügung stellen. Darüber hinaus können die Anwenderinnen und Anwender den BW Workspaces selbst eigene (lokale) Daten hinzufügen. Sie sind somit ein Mittel für die besonders schnelle, flexible Bearbeitung von einmaligen oder auch neuen Reportinganforderungen. BW Workspaces beschreiben wir detailliert in Abschnitt 10.4, »BW Workspaces für den agilen Zugriff auf Informationen«.

## 4.3 Ableitung einer unternehmensspezifischen Referenzarchitektur aus der LSA++

**Unternehmensspezifische Referenzarchitektur**

In diesem Abschnitt gehen wir darauf ein, wie aus der LSA++ eine *unternehmensspezifische Referenzarchitektur* abgeleitet werden kann.

Wie Sie sicher erkannt haben, handelt es sich bei der LSA++ um eine Referenzarchitektur, die durchaus in der Lage ist, komplexe Anforderungen und Szenarien zu bedienen. Nicht jedes Unternehmen benötigt jede in der LSA++ vorgesehene Schicht, um seine spezifischen Anforderungen zu bedienen. Insbesondere wenn ein Data Warehouse ganz neu eingeführt wird oder es innerhalb des Data Warehouse lediglich eher wenig komplexe SAP-BW-Anwendungen gibt, kann auf Schichten verzichtet werden. Ein typisches Beispiel ist, dass ein Unternehmen kein Corporate Memory aufbauen möchte. Das bedeutet dann, dass jeder neu implementierten SAP-BW-Anwendung schlimmstenfalls nur die Daten zur Verfügung stehen, die ab dem Zeitpunkt der Fertigstellung der Implementierung geladen werden können. Ein Rückgriff auf historische Daten ist dann häufig für die neue Anwendung nicht möglich. Viele Unternehmen können mit dieser Einschränkung aber gut leben und verzichten in ihrer unternehmensspezifischen Referenzarchitektur auf ein Corporate Memory.

Andere Unternehmen haben hochkomplexe SAP-BW-Anwendungen aufgebaut, in denen an verschiedenen Stellen sehr viel Logik implementiert wurde. Es kann gegebenenfalls sinnvoll sein, aus Gründen der Konsistenz und der Wiederverwendbarkeit die konsequente Nutzung einer Schicht wie der Architected Data Marts für alle Anwendungen vorzuschreiben – auch wenn diese aus Sicht einzelner Anwendungen gegebenenfalls obsolet wäre. Es ist ebenso möglich, der unternehmensspezifischen Referenzarchitektur weitere Schichten hinzuzufügen, die in der LSA++ so nicht vorgesehen sind. Dies sollte nicht für einzelne SAP-BW-Anwendungen erfolgen. Vielmehr sollten sich die Verantwortlichen Gedanken machen, welche Anforderungen konkret vorliegen und auch in ähnlicher Weise in weiteren SAP-BW-Anwendungen auftreten könnten. Die zusätzlichen Schichten sollten dann so definiert und benannt werden, dass sie nicht spezifisch für eine SAP-BW-Anwendung, sondern möglichst für viele zukünftige SAP-BW-Anwendungen genutzt werden können.

**So wenige Schichten wie möglich – so viele wie nötig**

Generell gilt, dass so wenige Schichten wie möglich und so viele wie notwendig genutzt werden sollten. Die Schichten der unternehmensspezifischen Referenzarchitektur sollten dabei klar definiert werden, sodass alle Entwicklerinnen und Entwickler – egal, ob intern oder extern – ein Verständnis dafür entwickeln können, welche Objekte aus welchen Gründen in welchen Schichten anzulegen sind. Eine klare Referenzarchitektur erleichtert auch die Fehlersuche, Wartung und Weiterentwicklung von SAP-BW-Anwendungen, da SAP-BW-Betreuerinnen und -Betreuer, die die Architektur kennen, sich im System schnell orientieren und so schnell die richtigen Objekte finden können. Wenn zusätzliche Schichten genutzt werden sollen, ist es insbesondere wichtig, den Sinn dahinter zu verstehen, damit bei der Entwicklung neuer Anwendungen die zusätzlichen Schichten nicht einfach aus dem Grund weggelassen werden, weil sie für die spezifische Anwendung eventuell keinen Mehrwert bieten. Es könnte trotzdem sein, dass diese zusätzlichen Schichten für andere SAP-BW-Anwendungen relevant sind – was aus Sicht der Entwicklerinnen und Entwickler mit dem Fokus auf ihre spezifische Anwendung gegebenenfalls nicht klar ersichtlich ist.

In einigen Unternehmen schlagen sich die Schichten, denen Modellierungsobjekte zugeordnet sind, in der Benennung der Modellierungsobjekte nieder. Beispielsweise könnten Objekte, die Quellsystemdaten enthalten und somit zum Open ODS – oder funktional zum Data Acquisition Layer – gehören, ein »AL« für Acquisition Layer im Namen haben. So ist für jeden schnell ersichtlich, welchem Zweck ein Objekt dient. Da mit wachsender Anzahl an Anwendungen in einem SAP-BW-System in der Regel aber auch zunehmend Ausnahmen von der Referenzarchitektur auftreten können – und sich die technischen Namen von Modellierungsobjekten wie aDSOs nachträglich nicht mehr ändern lassen –, sollte gut überlegt sein, ob ein solches Vorgehen umgesetzt werden soll. Falls ja, müssen entsprechende Kürzel definiert und in den Namenskonventionen (siehe Hinweiskasten »Namenskonventionen« in Abschnitt 5.1, »Allgemeine Hinweise zur Modellierung«) für die Modellierungsobjekte niedergeschrieben werden.

**Arbeiten mit unternehmensspezifischen Referenzarchitekturen**

1. Leiten Sie Ihre **unternehmensspezifische Referenzarchitektur** für SAP BW/4HANA 2.0 von der von SAP vorgeschlagenen LSA++ ab. Abweichungen sollten Sie begründen können.
2. Definieren Sie **so wenige Schichten wie möglich – aber so viele wie nötig**.
3. **Schreiben** Sie Ihre unternehmensspezifische Referenzarchitektur verständlich – und gegebenenfalls mit praktischen Beispielen versehen – nieder. **Dokumentieren** Sie dabei das Ziel Ihrer unternehmensspezifischen Referenzarchitektur sowie Ihre Entscheidungen, das macht es den SAP-BW-Entwicklerinnen und Entwicklern leichter, diese nachzuvollziehen und zu leben.
4. Definieren Sie, in welchem Rahmen Ihre unternehmensspezifische Referenzarchitektur **Gültigkeit** besitzen soll (für welche SAP-BW-Systeme, gegebenenfalls für welche Bereiche).
5. Definieren Sie, welche **Abweichungen** (insbesondere auch **Vereinfachungen**) gegebenenfalls erlaubt sind und welche nicht.
6. **Kommunizieren** Sie die unternehmensspezifische Referenzarchitektur allen SAP-BW-Entwicklerinnen und -Entwicklern und gegebenenfalls Projektmitarbeitenden im (technischen) SAP-BW-Umfeld.
7. Definieren Sie **Verantwortlichkeiten** und gegebenenfalls einen Ansprechpartner für praktische Fragen zur unternehmensspezifischen Referenzarchitektur. Wie stellen Sie sicher, dass in Projekten, insbesondere mit externen Mitarbeitenden, Ihre Architekturvorgaben bekannt gemacht und gelebt werden? Müssen Konzepte für neue SAP BW Anwendungen gegebenenfalls vor Beginn der Implementierung vorgelegt und abgenommen werden? Wer entscheidet über Abweichungen?
8. Reagieren Sie auf **neue Anforderungen**. Ihre unternehmensspezifische Referenzarchitektur hat eine gewisse Lebensdauer. Wenn neue technologische Möglichkeiten oder neue Anforderungen auftreten, kann es erforderlich werden, auch an der Referenzarchitektur Änderungen vorzunehmen. Prüfen Sie also von Zeit zu Zeit, ob Ihre unternehmensspezifische Referenzarchitektur noch einen aktuellen Stand hat, und passen Sie sie bei Bedarf an.

Kapitel 5

# Grundlegende Modellierungsobjekte: Datenhaltung

*In diesem Kapitel stellen wir Ihnen die grundlegenden Modellierungsobjekte vor, die in SAP BW/4HANA 2.0 bei der Datenhaltung zum Einsatz kommen – von den Quellsystemen bis zu den neuen advanced DataStore-Objekte. Sie lernen die Objekte und ihre Anwendungsbereiche kennen. Wir erläutern die notwendigen Schritte und Einstellungen zum Anlegen und Administrieren der Objekte.*



In diesem Kapitel stellen wir alle grundlegenden *Modellierungsobjekte* von den Quellsystemen bis zu den neuen aDSOs vor, die zur Datenhaltung in SAP BW/4HANA 2.0 benötigt werden. Wir beginnen in Abschnitt 5.1 mit allgemeinen Hinweisen zur Modellierung. In Abschnitt 5.2 stellen wir Ihnen InfoAreas und Anwendungskomponenten vor, die zur strukturierten Ablage der Modellierungsobjekte im SAP HANA Studio dienen. Danach lernen Sie in Abschnitt 5.3 das Modellierungsobjekt Quellsystem und darauf aufbauend in Abschnitt 5.4 die DataSources kennen. In Abschnitt 5.5 beschäftigen wir uns mit InfoObjects und ihrer Verwendung, in Abschnitt 5.6 die neuen aDSOs.

Neben der Beschreibung der Objekte und ihrer Verwendung erläutern wir in den einzelnen Abschnitten jeweils, welche Schritte und Einstellungen beim Anlegen und bei der Administration der Objekte relevant sind. Im Anhang finden Sie eine Übungsaufgabe, in der auf die in diesem und den beiden folgenden Kapiteln erläuterten Modellierungsobjekte eingegangen wird.

## 5.1 Allgemeine Hinweise zur Modellierung

Bereits in den SAP-BW-on-HANA-Systemen gibt es neue Objekttypen wie den CompositeProvider, die Erweiterungen der klassischen SAP-BW-Objekte darstellen. So war der CompositeProvider eine Erweiterung des MultiProviders und des InfoSets. In SAP BW/4HANA 2.0 gilt dies nicht mehr. Die Modellierungsobjekte sowie die zugehörigen Prozesse und Schnittstellen wurden explizit für die Nutzung auf der SAP-HANA-Datenbank, auch in Kombination mit externen SAP-HANA-Views, sowie für die Umsetzung einer an die LSA++ angelehnten Schichtenarchitektur neu implementiert (siehe Abschnitt 4.2.2, »Layered Scalable Architecture ++«). Die alten Objekte, insbesondere die klassischen DSOs, InfoCubes, MultiProvider und InfoSets, können in SAP BW/4HANA 2.0 nicht mehr genutzt werden.

**Neue Objekte anlegen**

Grundsätzlich können in SAP BW/4HANA 2.0 Objekte über den Menüeintrag **File • New**, das Icon in der Symbolleiste oder alternativ über die Tastenkombination Alt+⇧+N angelegt werden (siehe Abbildung 5.1 und Abschnitt 3.2.2, »Modellierung mit den SAP BW Modeling Tools im SAP HANA Studio«).

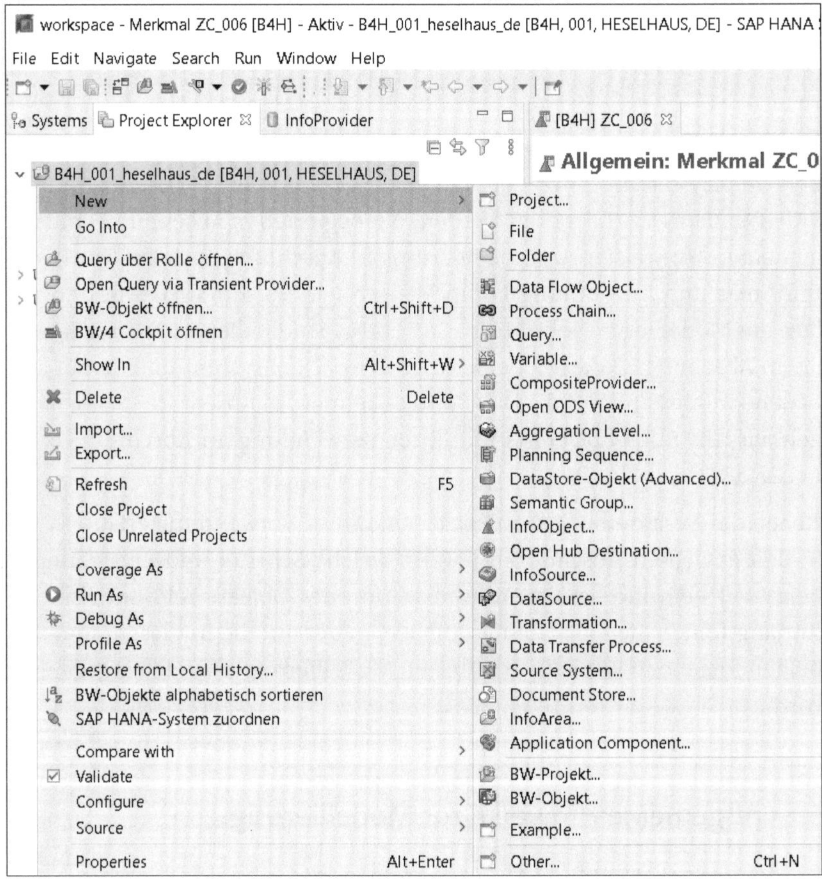


**Abbildung 5.1** Objekte neu anlegen über das Hauptmenü

Bei der folgenden Beschreibung der wichtigsten Modellierungsobjekte in SAP BW/4HANA 2.0 setzen wir diesen Weg als bekannt voraus. Wo sinnvoll, beschreiben wir auch praktische Alternativen zum jeweils betrachteten Objekt. Im SAP-Umfeld gibt es häufig mehrere Navigationspfade, die zu einer bestimmten Funktion oder zu einem bestimmten Ergebnis führen. Entscheiden Sie selbst, welcher Weg Ihnen am meisten zusagt.

**Technische Namen und Beschreibungen von Objekten**



Alle Modellierungsobjekte in SAP BW/4HANA 2.0 bekommen beim Anlegen von Ihnen oder vom System (je nach Objekttyp) einen systemweit eindeutigen technischen Namen zugewiesen (siehe Hinweiskasten »Beschreibung/Text und Name/Schlüssel« in Abschnitt 3.2.2, »Modellierung mit den SAP BW Modeling Tools im SAP HANA Studio«). Dieser ist nachträglich nicht änderbar. Achten Sie daher bei der Vergabe eines technischen Namens stets auf die Einhaltung der unternehmensinternen Namenskonventionen!

[«]

**Namenskonventionen**

Jedes Modellierungsobjekt in SAP BW/4HANA hat einen systemweit eindeutigen technischen Namen. Dieser kann aus einer Kombination aus Buchstaben und Zahlen bestehen. Für die Namen unterschiedlicher Modellierungsobjekte gelten dabei unterschiedliche Beschränkungen für die Länge.

Für Namenskonventionen gibt es verschiedene Konzepte – jedes Unternehmen sollte seine eigenen, durchgängigen Namenskonventionen für Objekte im SAP BW festlegen und sich bei Entwicklungen möglichst strikt an diese halten. Auch die Berechtigungsvergabe kann auf die technischen Namen von Objekten zurückgreifen. Daneben erleichtern Ihnen Namenskonventionen, sich im System mit häufig vielen Tausend Modellierungsobjekten zu orientieren.

Bei der Festlegung von Namenskonventionen gibt es einige Vorgaben, wie z. B. die, dass von SAP bereitgestellte Objekte stets mit einer »0« beginnen. Im SAP-ERP-Umfeld starten viele kundeneigene Objekte mit einem »Z«. Dies spiegelt sich bei der Übernahme von Daten aus einem SAP-ERP- in ein SAP-BW-System häufig in der Form wider, dass auch im SAP-BW-System korrespondierende Objekte mit einem »Z« beginnen – auch wenn dies hier nicht vorgegeben ist. Die für das im Rahmen dieses Buches zur Verfügung gestellte praktische Beispiel geltenden Namenskonventionen werden jeweils an geeigneter Stelle beschrieben, beispielsweise für InfoObjects im Hinweiskasten »Namenskonventionen für InfoObjects« in Abschnitt 5.5.2, »InfoObject anlegen«. Eine Übersicht über alle in diesem Buch verwendeten Namenskonventionen finden Sie im Anhang.

Neben dem technischen Namen für ein Modellierungsobjekt können Sie eine sprechende Beschreibung hinterlegen, die auch nachträglich geändert werden kann (siehe Hinweiskasten »Beschreibung/Text und Name/Schlüssel« in Abschnitt 3.2.2, »Modellierung mit den SAP BW Modeling Tools im SAP HANA Studio«). Die Beschreibung können Sie im System mehrsprachig hinterlegen. Melden Sie sich dazu in einer anderen Sprache am System an, und pflegen Sie die zusätzlichen Beschreibungen Ihrer Objekte in der gewählten Sprache.

**Objekte prüfen, speichern und aktivieren**

Nachdem Sie ein Objekt in SAP BW angelegt haben, sollten Sie es auf Korrektheit prüfen. Dabei achtet das System z. B. darauf, ob alle Pflichtfelder für das Objekt befüllt wurden (siehe Hinweiskasten »Pflichtfelder in SAP BW«). Klicken Sie zum Prüfen auf das Icon . Nach erfolgreicher Prüfung speichern Sie das Objekt über das Icon . Sie können das Objekt später weiterbearbeiten, die meisten Objekte aber noch nicht im Datenfluss o. Ä. nutzen. Eine Ausnahme stellen hier Queries dar, die sofort nach dem Speichern genutzt werden können. Wenn Sie das Objekt erstmalig bzw. nach Änderungen für die Nutzung freigeben wollen, müssen Sie es zuvor noch aktivieren: Klicken Sie dazu auf das Icon . Sie können nach Änderungen auch direkt auf **Aktivieren** klicken – die Schritte der Prüfung und Speicherung werden dabei direkt mit ausgeführt und müssen nicht explizit vorab durchgeführt werden.

**BW-Repository und Datenquellen**

Viele der Modellierungsobjekte werden vom System im Bereich bzw. Ordner **BW-Repository** abgelegt. Dazu gehören InfoAreas, aDSOs, CompositeProvider und Queries. Quellsysteme und Anwendungskomponenten mit DataSources werden hingegen vom System im Ordner **Datenquellen** gespeichert (siehe Abbildung 5.2).

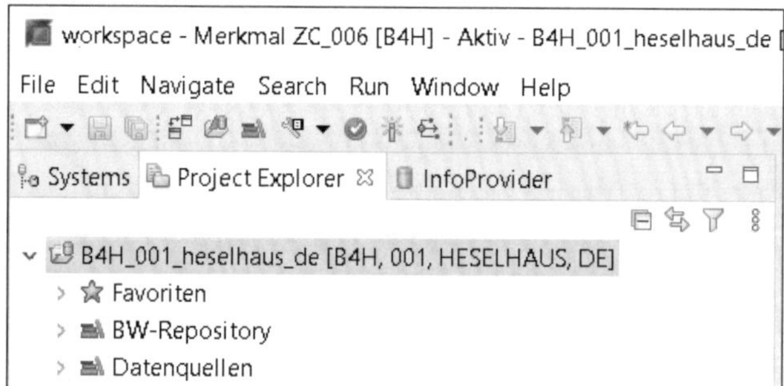


**Abbildung 5.2** Ablageorte der Modellierungsobjekte

[»]

**Pflichtfelder in SAP BW**

Pflichtfelder, die Sie beim Arbeiten mit SAP BW, also auch bei der Modellierung, befüllen **müssen**, um weiterarbeiten zu können, sind mit einem * gekennzeichnet.

### 5.1.1 Suchfunktion

**Objektsuche**

Häufig steht Ihnen, z. B. zur Befüllung eines Feldes mit einem (technischen) Objektnamen, eine Suchfunktion zur Verfügung (z. B. über die Schaltfläche **Durchsuchen...**). Die Suche erfolgt in einem Pop-up-Fenster ähnlich dem in Abbildung 5.3 für das Beispiel der Suche nach einem InfoProvider dargestellten. Sie geben oben im Suchfeld Teile des Namens des gesuchten Objektes ein. Dabei können Sie die Platzhalter »?« für einzelne Zeichen bzw. »*« für beliebige Zeichenketten verwenden. Im Bereich **Matching items** zeigt Ihnen das System entsprechende Treffer an, aus denen Sie den benötigten Eintrag auswählen können. Wenn Sie Ihr gesuchtes Objekt nicht finden, aber gleichzeitig die Warnmeldung **More than 200 results** angezeigt bekommen, ist Ihre Sucheingabe noch zu unspezifisch. Bekommen Sie keine Suchergebnisse angezeigt, kann es helfen, Ihrem Suchstring jeweils ein »*« am Anfang und am Ende hinzuzufügen.



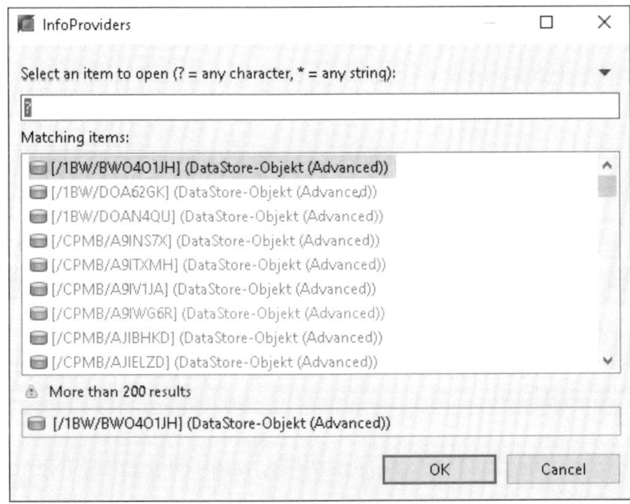


**Abbildung 5.3** Suchfunktion für SAP-BW-Objekte

### 5.1.2 Datenvorschau

**Vorschau**

Für viele Objekte steht Ihnen im SAP HANA Studio eine *Vorschau* auf die Daten des Objektes zur Verfügung. Diese Sicht auf die Daten können Sie ähnlich wie beim Erstellen von Queries verändern. Insbesondere beim Testen und bei der Fehlersuche sind die Vorschaufunktionen sehr hilfreich.

Klappen Sie das Menü zum Icon auf, und wählen Sie dort zwischen den Einträgen **Berichtsvorschau** und **BW-Cockpit-Vorschau** (siehe Abbildung 5.4).

**Abbildung 5.4** Vorschau öffnen

In der *Berichtsvorschau* können Sie ähnlich wie beim Erstellen einer Query per Drag & Drop Merkmale aus dem Bereich **Freie Merkmale** in den Bereich **Zeilen** ziehen und so den Aufriss im Bereich **Datenraster** verändern (siehe Abbildung 5.5).

BW Berichtsvorschau

[B4H] ZADPL_001 - E-Bikes (EDW Data Propagation Layer)

Spalten: Kennzahlen

Zeilen: Kalendermonat

Freie Merkmale: Währung, Kalenderjahr, Kalendertag, Basis-ME

Datenraster

| Kennzahlen / Kalendermonat | Anzahl Sätze | Umsatz | Menge | Rabatt |
|---|---|---|---|---|
| 1 | 2.278 | * | 3.809 ST | * |
| 2 | 3.067 | * | 6.043 ST | * |
| 3 | 3.826 | * | 8.541 ST | * |
| 4 | 5.456 | * | 22.885 ST | * |
| 5 | 5.716 | * | 29.532 ST | * |
| 6 | 5.924 | * | 36.418 ST | * |
| 7 | 5.010 | * | 18.022 ST | * |
| 8 | 4.864 | * | 15.624 ST | * |
| 9 | 4.278 | * | 12.454 ST | * |
| 10 | 3.509 | * | 8.037 ST | * |
| 11 | 2.182 | * | 3.848 ST | * |
| 12 | 2.274 | * | 3.641 ST | * |
| **Ergebnis** | **48.384** | * | **168.854 ST** | * |

**Abbildung 5.5** Berichtsvorschau

Über das Icon [Filter-Icon] öffnen Sie das Pop-up-Fenster **Dynamischer Filter** (siehe Abbildung 5.6). Hier können Sie ein Merkmal markieren, auf dem Sie filtern wollen. Drücken Sie anschließend die Schaltfläche **Bearbeiten....**

Im Pop-up-Fenster **Filter bearbeiten für** nehmen Sie nun die Filtereinstellungen für das gewählte Merkmal vor, indem Sie beispielsweise per Drag & Drop Einzelwerte aus dem Bereich **Werte** in den Bereich **Filterdefinition** ziehen oder über die Schaltfläche **Bereich anlegen** auf einen Wertebereich filtern (siehe Abbildung 5.7). Im Feld **Direkteingabe** können Sie Filterwerte eintippen und sie dann dem Bereich **Filterdefinition** über die Schaltfläche **Hinzufügen** hinzufügen. Im Menü der Schaltfläche **Operator ändern** können Sie zwischen den Operatoren **Gleich**, **Größer als oder gleich**, **Größer als**, **Kleiner als oder gleich**, **Kleiner als** und **Enthält Muster** wählen. Für den **Änderungsmodus** stehen Ihnen die Optionen **Ausschließen** und **Berücksichtigen** zur Verfügung.

**Abbildung 5.6** Dynamische Filter: Merkmal wählen

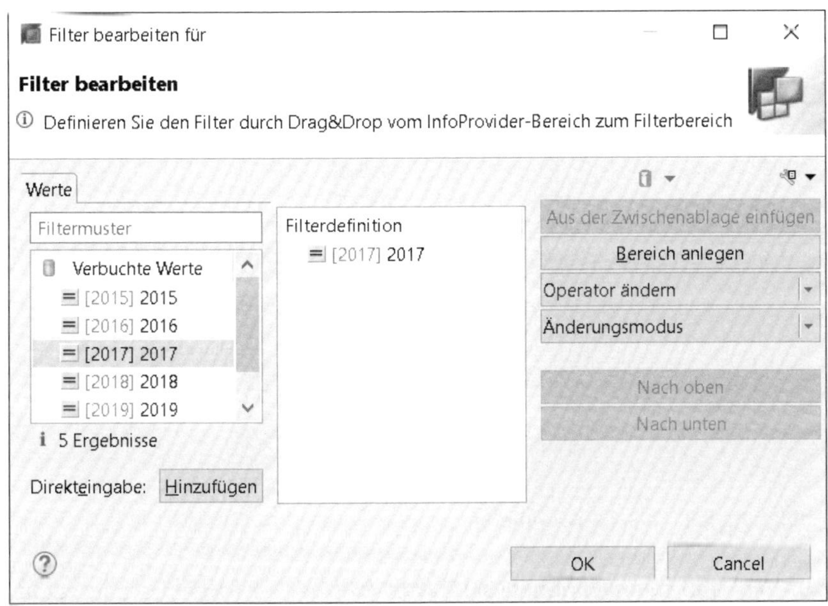


**Abbildung 5.7** Filtereinstellungen

Über die Schaltfläche **OK** kommen Sie zurück zur **Berichtsvorschau**, die nun die gefilterten Werte enthält. Um Ihre Filtereinstellungen wieder zu löschen, öffnen Sie über das Icon wieder das Pop-up-Fenster **Dynamischer Filter** (siehe Abbildung 5.6). Löschen Sie den Filter hier über die Schaltfläche **Löschen**.

**BW-Cockpit-Vorschau**

Die *BW-Cockpit-Vorschau* verfügt über einen größeren Funktionsumfang. Hier müssen Sie zunächst über das Icon die Gesamtansicht öffnen (siehe Abbildung 5.8).

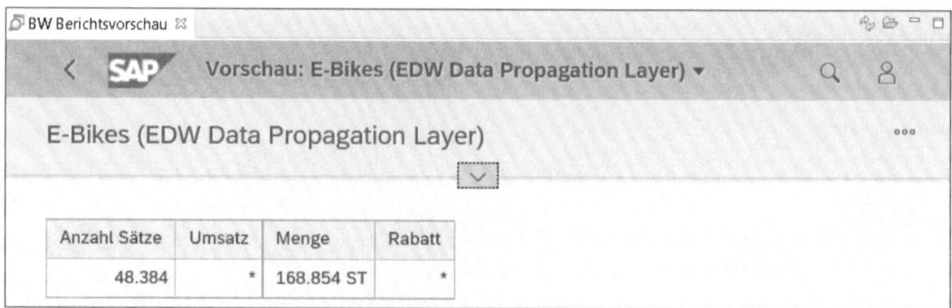


**Abbildung 5.8** BW-Cockpit-Vorschau komprimiert

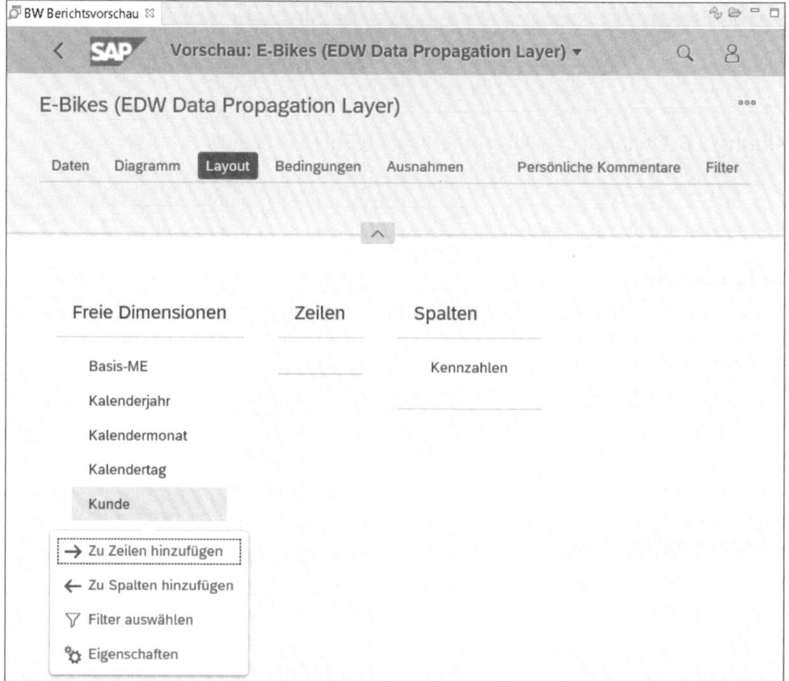


**Abbildung 5.9** Vorschau definieren

Layout

Auf dem Tab **Layout** können Sie das Layout der Berichtsvorschau verändern. Wenn Sie auf ein Merkmal aus dem Bereich **Freie Dimensionen** klicken, können Sie anschließend im Kontextmenü (Rechtsklick) wählen, ob das Merkmal zu den Zeilen oder den Spalten hinzugefügt werden soll, ob Sie Filterwerte für das Merkmal einstellen wollen (siehe Abbildung 5.10) oder ob Sie sich die **Eigenschaften** des Merkmals anschauen und gegebenenfalls die Einstellungen für die Anzeige in der Vorschau verändern möchten (siehe Abbildung 5.12).

Bei der Bearbeitung von Filtern können Sie auf dem Tab **AUS LISTE AUSWÄHLEN** auf Einzelwerte filtern (siehe Abbildung 5.10).

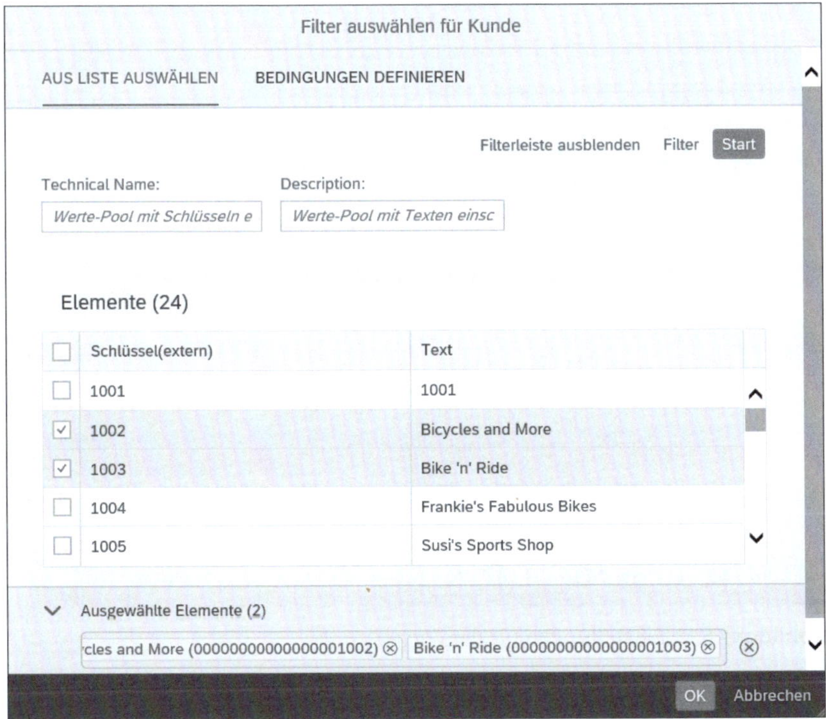


**Abbildung 5.10** Filtereinstellungen

Auf dem Tab **BEDINGUNGEN DEFINIEREN** können Sie Filterbereiche festlegen (siehe Abbildung 5.11). Entscheiden Sie, ob Sie Bereiche beim Filtern **Einschließen** oder **Ausschließen** möchten. Über das Icon ⊗ löschen Sie die Filterwerte wieder.

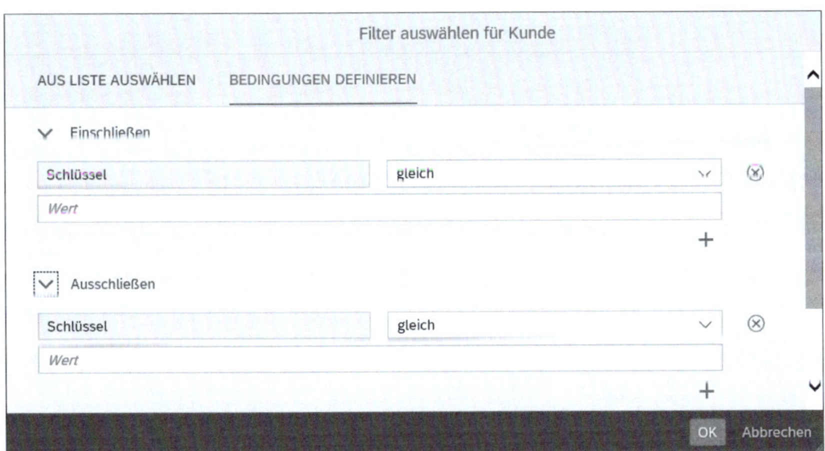


**Abbildung 5.11** Filterbereiche

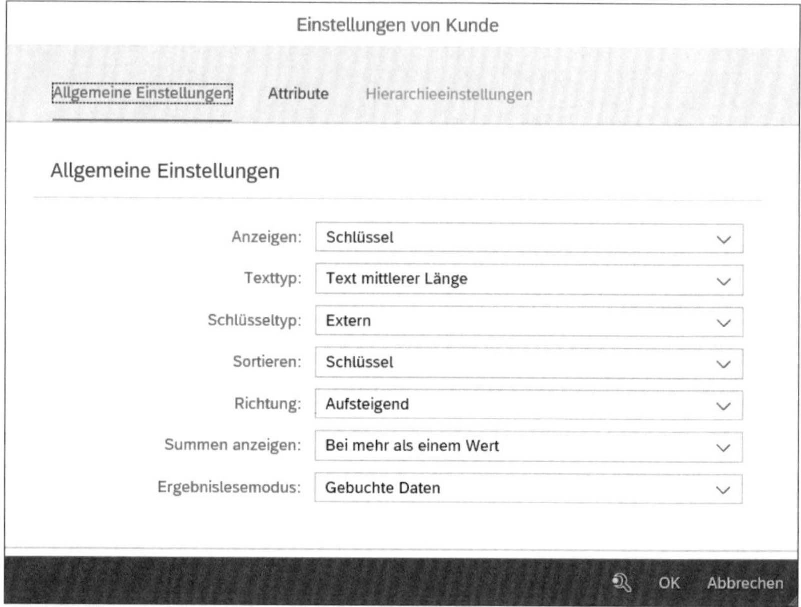


**Abbildung 5.12** Einstellungen für die Vorschau

Die konfigurierte Vorschau auf die Daten wird Ihnen auf dem Tab **Daten** angezeigt (siehe Abbildung 5.13).

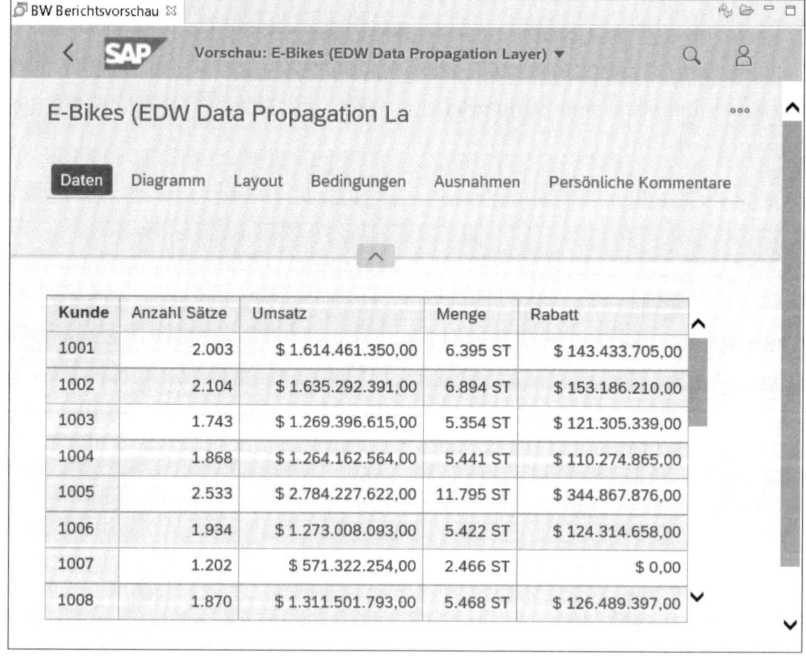


| Kunde | Anzahl Sätze | Umsatz | Menge | Rabatt |
|---|---|---|---|---|
| 1001 | 2.003 | $ 1.614.461.350,00 | 6.395 ST | $ 143.433.705,00 |
| 1002 | 2.104 | $ 1.635.292.391,00 | 6.894 ST | $ 153.186.210,00 |
| 1003 | 1.743 | $ 1.269.396.615,00 | 5.354 ST | $ 121.305.339,00 |
| 1004 | 1.868 | $ 1.264.162.564,00 | 5.441 ST | $ 110.274.865,00 |
| 1005 | 2.533 | $ 2.784.227.622,00 | 11.795 ST | $ 344.867.876,00 |
| 1006 | 1.934 | $ 1.273.008.093,00 | 5.422 ST | $ 124.314.658,00 |
| 1007 | 1.202 | $ 571.322.254,00 | 2.466 ST | $ 0,00 |
| 1008 | 1.870 | $ 1.311.501.793,00 | 5.468 ST | $ 126.489.397,00 |

**Abbildung 5.13** Berichtsvorschau

In der **BW-Cockpit-Vorschau** können Sie darüber hinaus auf den entsprechenden Tabs ähnlich wie in Queries **Bedingungen** und **Ausnahmen** definieren (siehe Abbildung 5.13). Beachten Sie hierzu die Ausführungen in Abschnitt 6.4.6, »Queries administrieren: Bedingungen«, und Abschnitt 6.4.7, »Queries administrieren: Ausnahmen«.



## 5.2 InfoAreas und Anwendungskomponenten

**InfoAreas**

*InfoAreas* dienen der Strukturierung der Modellierungsobjekte in SAP BW/4HANA 2.0. Dabei stellen InfoAreas eine Ordnerstruktur für die Objekte des BW-Repositories dar (siehe Abschnitt 5.1, »Allgemeine Hinweise zur Modellierung«), die wir im Verlauf dieses und des nächsten Kapitels beschreiben. InfoAreas können verschachtelt sein, also weitere InfoAreas enthalten. Eine InfoArea verfügt über einen **Technischen Namen** sowie über eine sprechende **Beschreibung** (siehe Abbildung 5.14). Sie können auch im Rahmen der Berechtigungsvergabe auf InfoAreas zurückgreifen (siehe Abschnitt 11.2.2, »Analyseberechtigungen in SAP BW/4HANA 2.0«).

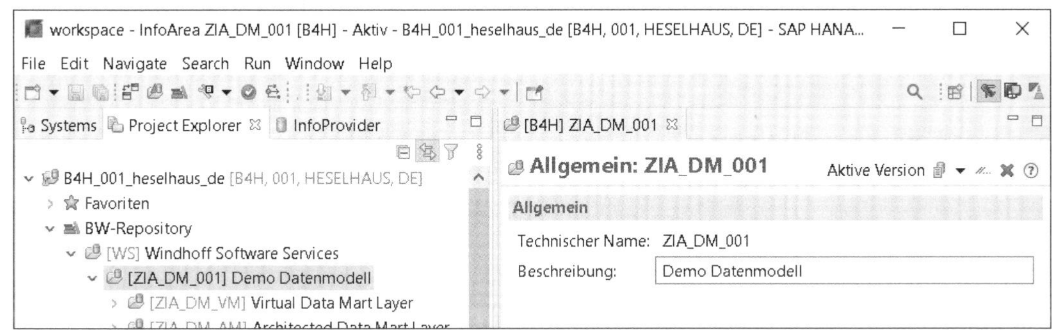


**Abbildung 5.14** Übersicht InfoAreas

Objekte, die keiner InfoArea zugewiesen wurden, werden vom System der InfoArea **Nicht zugeordnete Knoten** (**NODESNOTCONNECTED**) zugewiesen (siehe Abbildung 5.15).

**Anwendungskomponenten**

DataSources werden in SAP BW nicht in InfoAreas, sondern analog in sogenannten *Anwendungskomponenten* im Bereich **Datenquellen** abgelegt (siehe Abschnitt 5.1, »Allgemeine Hinweise zur Modellierung«). Anwendungskomponenten stellen ebenso wie InfoAreas eine Ordnerstruktur – in diesem Fall für die Organisation der DataSources – dar. Eine Anwendungskomponente besitzt dabei genau wie eine InfoArea einen **Technischen Namen** sowie eine **Beschreibung** (siehe Abbildung 5.16).

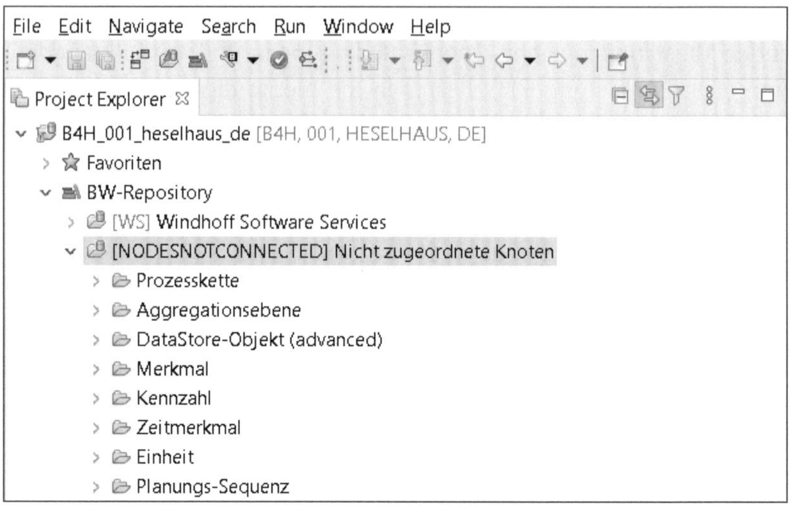


**Abbildung 5.15** InfoArea »Nicht zugeordnete Knoten«

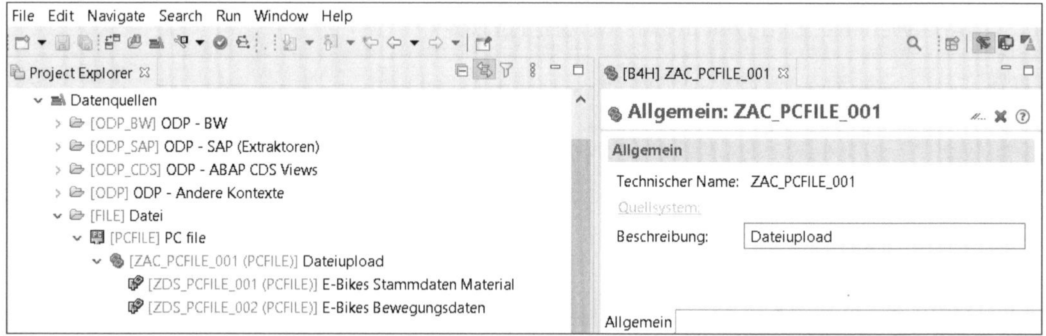


**Abbildung 5.16** Übersicht Anwendungskomponenten

DataSources, die keiner Anwendungskomponente zugewiesen wurden, werden der Anwendungskomponente **NODESNOTCONNECTED** zugeordnet (siehe Abbildung 5.17).

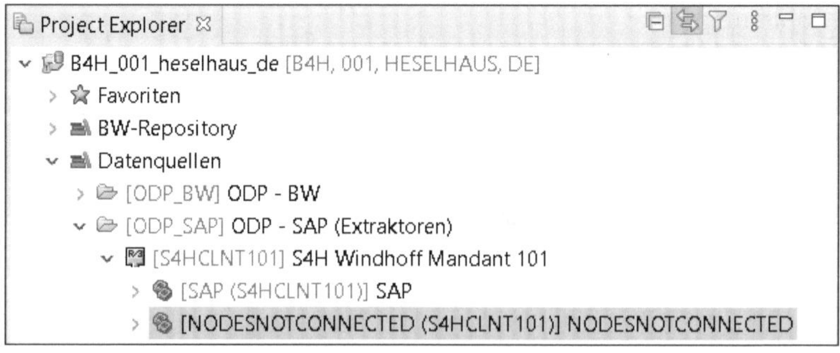


**Abbildung 5.17** Anwendungskomponente NODESNOTCONNECTED

## 5.3 Quellsysteme

**Datenherkunft: Quellsysteme**

Ein klassisches Data-Warehouse-System zeichnet sich dadurch aus, dass es Daten aus anderen Systemen, insbesondere aus *transaktionalen Quellsystemen*, sammelt und anschließend für das Reporting und ähnliche Zwecke aufbereitet zur Verfügung stellt. Dies ist auch mit SAP BW/4HANA 2.0 noch weitestgehend so, auch wenn zukünftig eine engere Verzahnung des Reportings mit dem transaktionalen SAP S/4HANA forciert und zunehmend direkt auf die transaktionalen Daten zugegriffen wird. In vielen Szenarien gibt es Daten, die aus anderen SAP- und Nicht-SAP-Quellsystemen hinzugelesen und aufbereitet werden sollen. Die grundsätzlichen technischen Möglichkeiten zur Anbindung von Quellsystemen, also die Schnittstellen von SAP BW/4HANA 2.0 zu Quellsystemen, besprechen wir in Kapitel 8, »Datenbeschaffung«. In diesem Abschnitt beschränken wir uns auf die Verwaltung und Nutzung des Modellierungsobjektes Quellsystem im Rahmen der Datenflussmodellierung in SAP BW/4HANA 2.0.

**Datenquellen/ DataSources**

In SAP BW/4HANA 2.0 muss zunächst ein Quellsystem erstellt werden, bevor für dieses System einzelne Datenquellen angelegt werden können. Die einzelnen Datenquellen werden in SAP BW/4HANA 2.0 als *DataSources* bezeichnet. DataSources wurden in ähnlicher Form auch im klassischen BW verwendet.

Quellsysteme und DataSources werden in SAP BW/4HANA 2.0 nicht wie die meisten anderen Modellierungsobjekte im BW-Repository verwaltet, sondern im Bereich **Datenquellen** (siehe Abbildung 5.18).

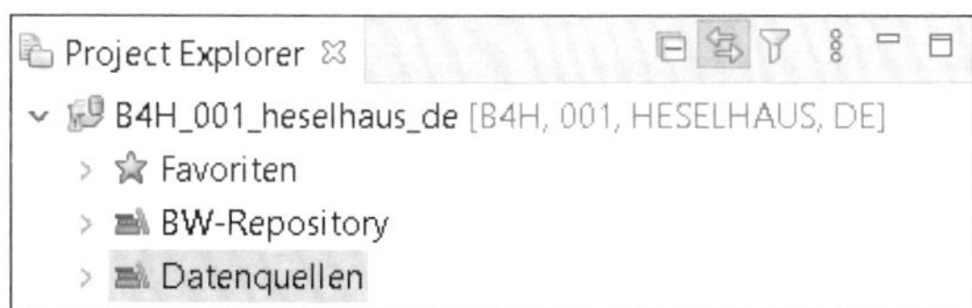


**Abbildung 5.18** Modellierung von Objekten: Datenquellen

**Quellsystem anlegen**

In der Regel sind in einer produktiv betriebenen SAP-BW/4HANA-2.0-Umgebung die benötigten Quellsysteme bereits im Bereich **Datenquellen** verfügbar. Sie können direkt neue DataSources anlegen. Sollte dies einmal nicht der Fall sein, weil beispielsweise im Rahmen eines Projektes ein weiteres Quellsystem angebunden werden muss, öffnen Sie per Rechtsklick das Kontextmenü zu **Datenquellen** und wählen den Eintrag **Neu**. Im Untermenü wählen Sie nun den Eintrag **Quellsystem...** (siehe Abbildung 5.19).

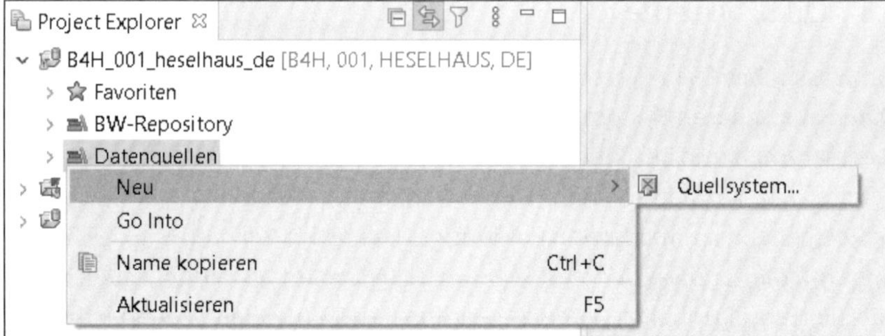


**Abbildung 5.19** Anlegen eines Quellsystems aus dem Kontextmenü zu Datenquellen

Im in Abbildung 5.20 gezeigten Pop-up-Fenster **Neues Quellsystem** vergeben Sie einen technischen Namen (**Name**) für das neue Quellsystem sowie eine sprechende **Beschreibung**. Über die Schaltfläche **Next >** gelangen Sie zum nächsten Schritt.

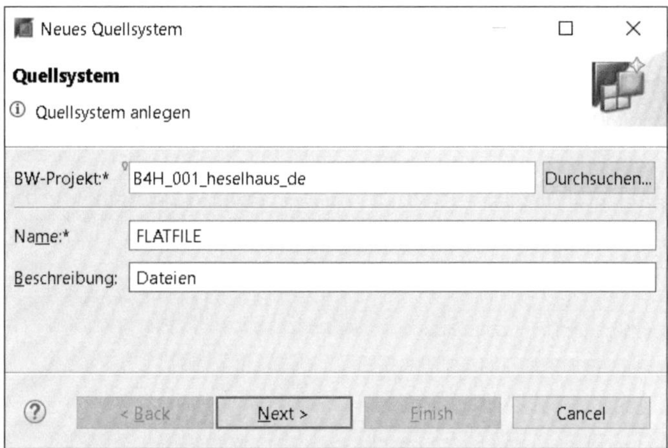


**Abbildung 5.20** Name und Beschreibung für das Quellsystem festlegen

Im nächsten Bild (siehe Abbildung 5.21) wählen Sie die **Verbindungsart** für das neue Quellsystem aus. Folgende Auswahlmöglichkeiten stehen dabei zur Verfügung:

- **SAP HANA Local Database Schema**
- **SAP HANA Smart Data Access**
- **SAP HANA Tenant Data Base Schema**
- **Big Data**
- **ODP**
- **Datei**

Die einzelnen Verbindungsarten erläutern wir in Abschnitt 8.1, »Technologien zur Quellsystemanbindung«. Im Beispiel entscheiden wir uns für die Verbindungsart **Datei**. Sie gelangen wieder über die Schaltfläche **Next >** zum nächsten Schritt.

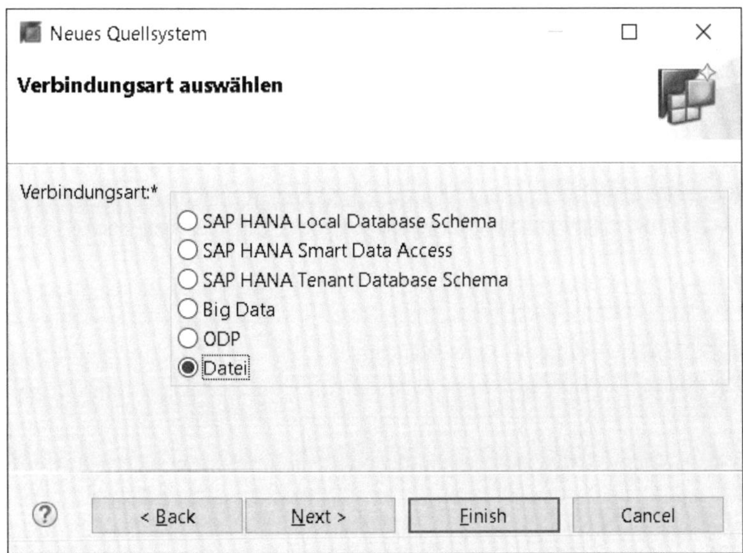


**Abbildung 5.21** Verbindungsart für das Quellsystem wählen

In unserem Beispiel, der Anbindung eines neuen Quellsystems vom Typ *Flatfile* (also **Datei**, siehe Abschnitt 8.2.5, »Flatfiles«), folgt als nächstes Bild eine Bestätigungsseite, auf der Informationen zum neuen Quellsystem noch einmal zusammengefasst sind. Über die Schaltfläche **Finish** wird das Quellsystem angelegt (siehe Abbildung 5.22).

**Abbildung 5.22** Das Quellsystem wird angelegt.

**Quellsystem aktivieren**

Das neue Quellsystem müssen Sie nun noch aktivieren, bevor es Ihnen in SAP BW/4HANA 2.0 zur Verfügung steht (siehe Abbildung 5.23 und Abbildung 5.24).

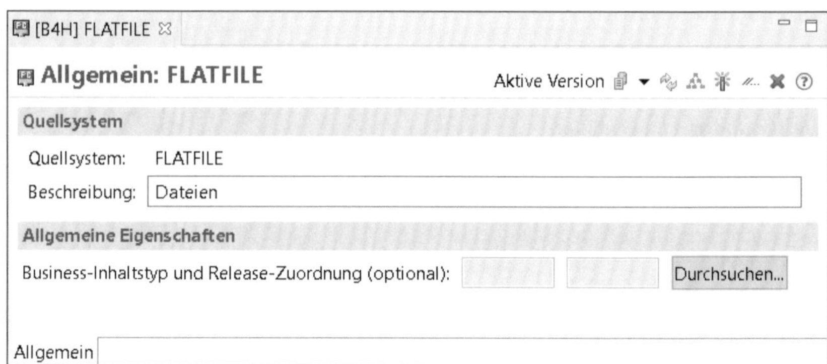


**Abbildung 5.23** Aktivierung des Quellsystems

**Abbildung 5.24** Das neue Quellsystem ([FLATFILE]-Dateien)

Nachdem Sie ein Quellsystem angelegt haben, müssen Sie als Nächstes eine DataSource einrichten, über die Sie Daten aus dem Quellsystem in SAP BW/4HANA 2.0 übertragen können.

## 5.4 DataSources

Im SAP BW werden selten alle Daten aus einem Quellsystem benötigt. Meistens gibt es in einem Quellsystem viele ungenutzte Tabellen und Felder, deren Übertragung keinen Mehrwert bietet, da sie ohnehin leer sind. Letztendlich ist es auch aus Kostengründen nicht sinnvoll, die Gesamtheit aller Daten ins SAP BW zu übertragen. Daher werden aus einem Quellsystem jeweils Daten zu bestimmten Themengebieten zusammen ins SAP BW übertragen. Dies können z. B. Kundendaten oder Auftragsdaten sein. In SAP BW/4HANA 2.0 werden, wie auch in den Vorgängerreleases, *DataSources* genutzt, um eine definierte Menge an Daten, die vom Quellsystem per Direktanbindung oder auch per Flatfile bereitgestellt wird, ins System einzulesen. Dabei bestimmt die DataSource, in welche Felder mit welchem Format die Daten eingelesen werden sollen. Die DataSource bildet somit die Schnittstellendefinition beim Datentransfer von einem Quellsystem in SAP BW/4HANA 2.0.



**BI-Content-DataSources und generische DataSources**

Bei SAP-Quellsystemen gibt es eine Besonderheit: Hier können Sie DataSources bereits im Quellsystem anlegen und die Logik zur Befüllung implementieren. Diese Quellsystem-DataSources können ins SAP BW kopiert werden (*Replikation*). Nachdem sie im SAP BW aktiviert wurden, können sie direkt zum Laden von Daten genutzt werden. Für alle anderen Quellsysteme werden die DataSources in SAP BW/4HANA 2.0 definiert. SAP stellt für die Übertragung von Daten aus einem SAP-ERP-System im Rahmen des BI Contents (siehe Hinweiskasten »BI Content« in Abschnitt 1.2.1, »Von den Anfängen bis zu SAP Business Intelligence 7«) vorgefertigte DataSources zur Verfügung. Diese können im SAP-ERP-System aktiviert und ins SAP-BW-System repliziert oder alternativ im SAP-BW-System angelegt, ebenfalls aktiviert und anschließend genutzt werden. Diese vordefinierten DataSources können auch angepasst (üblicherweise um Felder erweitert) werden. Selbst erstellte DataSources, auf die wir im Folgenden näher eingehen, werden auch als *generische* DataSources bezeichnet.

In den folgenden Abschnitten beschreiben wir das Anlegen einer DataSource am Beispiel einer Flatfile-DataSource, insbesondere auch, da Sie eine solche auch in den Übungen im Anhang des Buches nutzen werden. Viele Schritte sind beim Anlegen aller Arten von DataSources gleich oder zumindest ähnlich.

### 5.4.1 DataSource anlegen

**DataSource anlegen**

Um eine neue DataSource anzulegen, wählen Sie per Rechtsklick im Kontextmenü zu der Anwendungskomponente, in der Sie die neue DataSource platzieren möchten, oder im Kontextmenü zum Quellsystem, aus dem die Daten ausgelesen werden sollen, den Eintrag **Neu • DataSource...** (siehe Abbildung 5.25).

Im folgenden Pop-up-Fenster ist beim Anlegen aus dem Kontextmenü per Rechtsklick das **Quellsystem** bereits voreingetragen. Sie können an dieser Stelle auch ein anderes Quellsystem für Ihre neue DataSource auswählen. Dabei steht Ihnen über die Schaltfläche **Durchsuchen...** die Suchfunktion zur Verfügung (siehe Abbildung 5.26). Mit **Next >** gelangen Sie zum nächsten Bild.

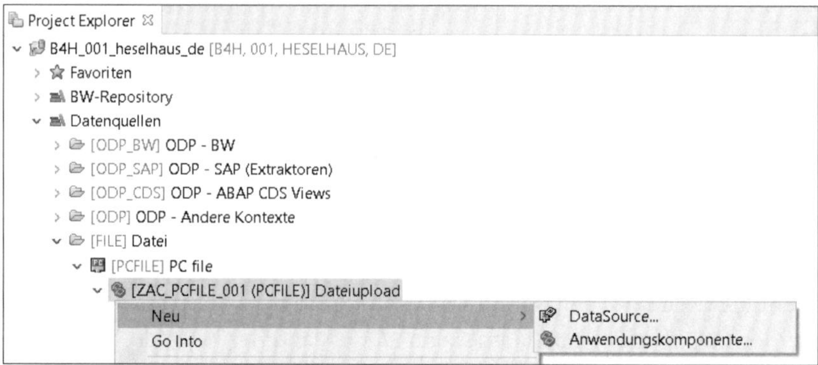


**Abbildung 5.25** DataSource anlegen aus dem Kontextmenü einer Anwendungskomponente

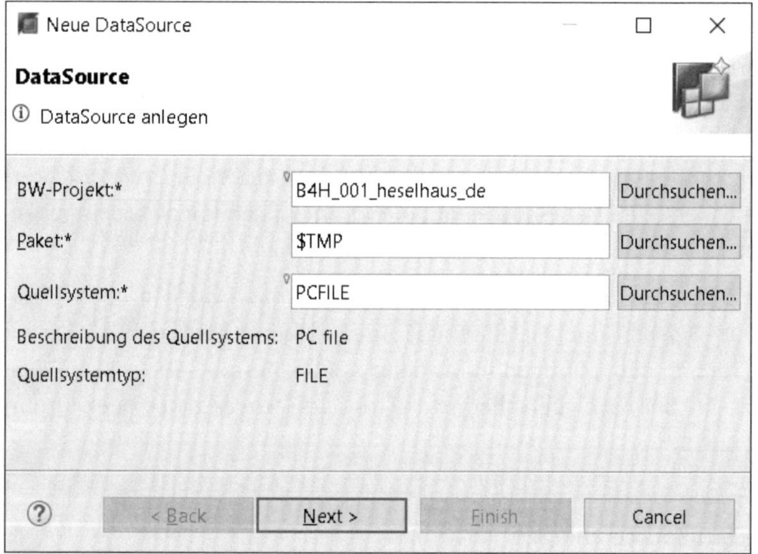


**Abbildung 5.26** Quellsystem auswählen

**Struktur für DataSource kopieren**

Im nächsten Bild des Pop-up-Fensters können Sie eine Vorlage für die neue DataSource bestimmen, aus der die Felder und ihre Datentypen übernommen werden sollen (hier als **Template** bezeichnet, siehe Abbildung 5.27). Dabei stehen Ihnen verschiedene SAP-HANA- und SAP-BW-Objekte zur Verfügung. Wenn Sie die Option **Nicht verfügbar** auswählen, müssen Sie die Felder und Datentypen Ihrer neuen DataSource explizit selbst festlegen. Allerdings können auch in diesem Fall Daten aus der Quelle zur Vorschau gelesen und aus diesen ein Vorschlag für die Felder der DataSource generiert werden. Mit **Next >** gelangen Sie zum nächsten Bild.

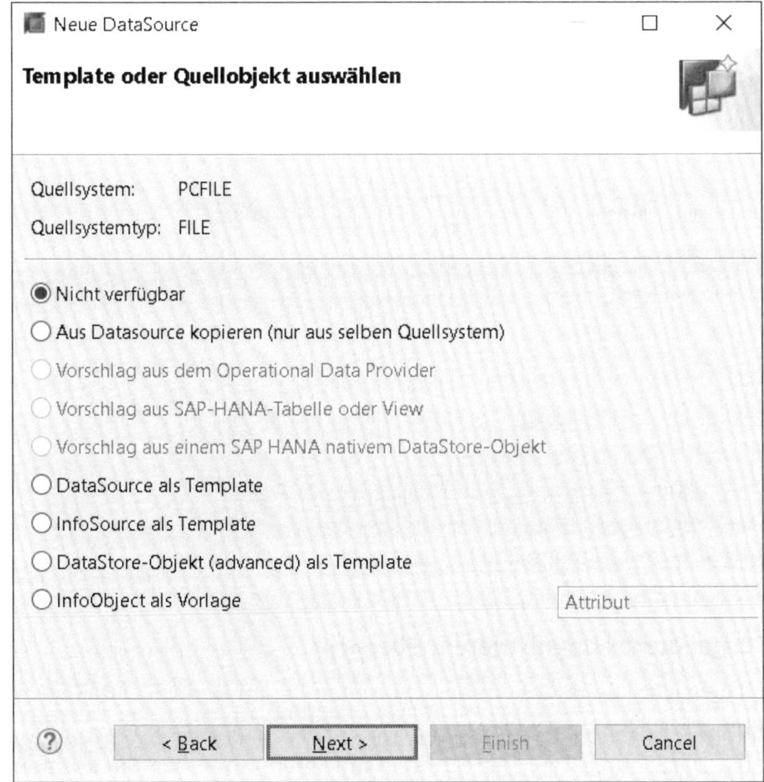


**Abbildung 5.27** Template oder Quellobjekt wählen

**DataSource-Typ**

Auf der folgenden **Bestätigungsseite** haben Sie die Möglichkeit, Ihre neue DataSource einer anderen als der vorbelegten **Anwendungskomponente** zuzuordnen. Sie können die DataSource optional Ihren Favoriten-Objekten hinzufügen (siehe Abschnitt 3.2.2, »Modellierung mit den SAP BW Modeling Tools im SAP HANA Studio«). An dieser Stelle müssen Sie einen technischen Namen (**Name**) für Ihre neue DataSource vergeben, zusätzlich können Sie eine sprechende **Beschreibung** eingeben. Anschließend legen Sie noch den **DataSource-Typ** für die neue DataSource fest, der darüber entscheidet, welche Art von Daten über die DataSource ins System geladen werden. Zur Auswahl stehen Ihnen **Stammdatenattribute**, **Stammdatentexte**, **Hierarchien** oder **Transaktionsdaten**. Über **Finish** legen Sie Ihre DataSource an.

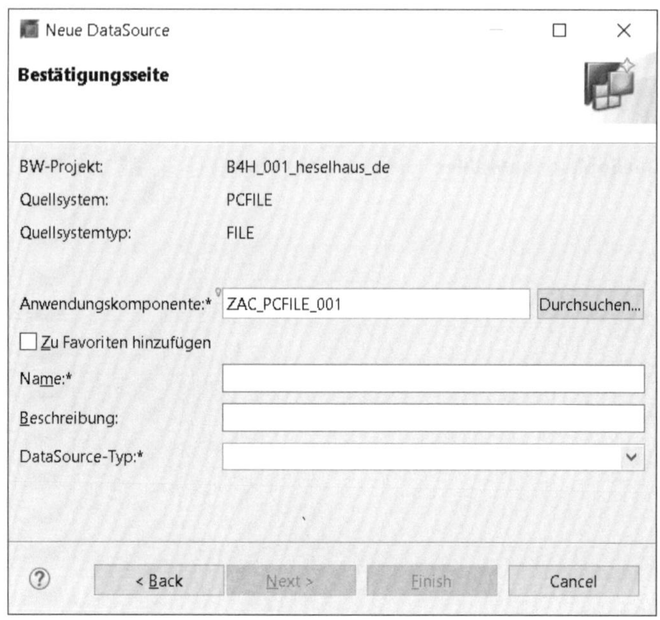


**Abbildung 5.28** Bestätigungsseite beim Anlegen einer DataSource

### 5.4.2 DataSource administrieren: Übersicht

**Der Tab »Übersicht«**

Im Tab **Übersicht** (siehe Abbildung 5.29) sehen Sie im Bereich **DataSource** den technischen Namen (**DataSource**), das **Quellsystem**, auf das sie zugreift, sowie den **DataSource-Typ**. Diese Felder sind nicht änderbar. Sie können aber die **Beschreibung** ändern. Im Bereich **Allgemeine Eigenschaften** stehen Ihnen, abhängig von der jeweils konkreten Ausprägung der DataSource, folgende Einstellungen zur Verfügung:

- **DS für Datenabgleich**: Eine DataSource für den Datenabgleich kann zur Prüfung der Datenkonsistenz im BW genutzt werden. Sie wird zum Vergleich von Anwendungsdaten per Direktzugriff mit produktiv im BW geladenen und verarbeiteten Daten herangezogen.
- **Anfangsbestand**: Die DataSource baut zunächst einen Anfangsbestand auf.
- **Daten sind sprachabhängig**: Laden von Daten in mehreren Sprachen
- **Daten sind zeitabhängig**: Laden von zeitabhängigen Daten (mit Gültig-ab- und Gültig-bis-Datum)
- **Anlieferung von doppelten Datensätzen**: Wenn die Option **Zulässig** gewählt wurde, überträgt die DataSource doppelte Datensätze auch doppelt. Wenn die Option **Keine** gewählt wurde, wird generell der letzte Datensatz zu einem Schlüssel verbucht, alle weiteren werden ignoriert.

Ist die Option **Nicht definiert** gesetzt, führen doppelte Datensätze zu einem Fehler.

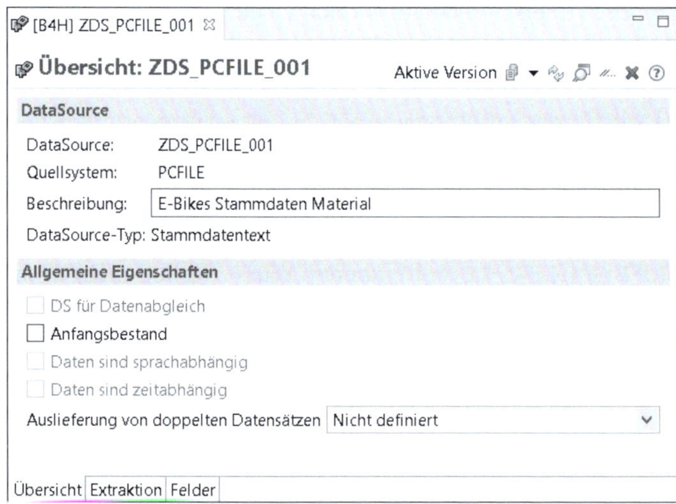


**Abbildung 5.29** Übersicht und Einstellungen zur DataSource

## 5.4.3 DataSource administrieren: Extraktion

**Der Tab »Extraktion«**

Auf dem Tab **Extraktion** (siehe Abbildung 5.30) stellen Sie unter **Extraktionseigenschaften** im Feld **Delta-Prozess** ein, in welchem Modus die Daten geladen werden sollen.

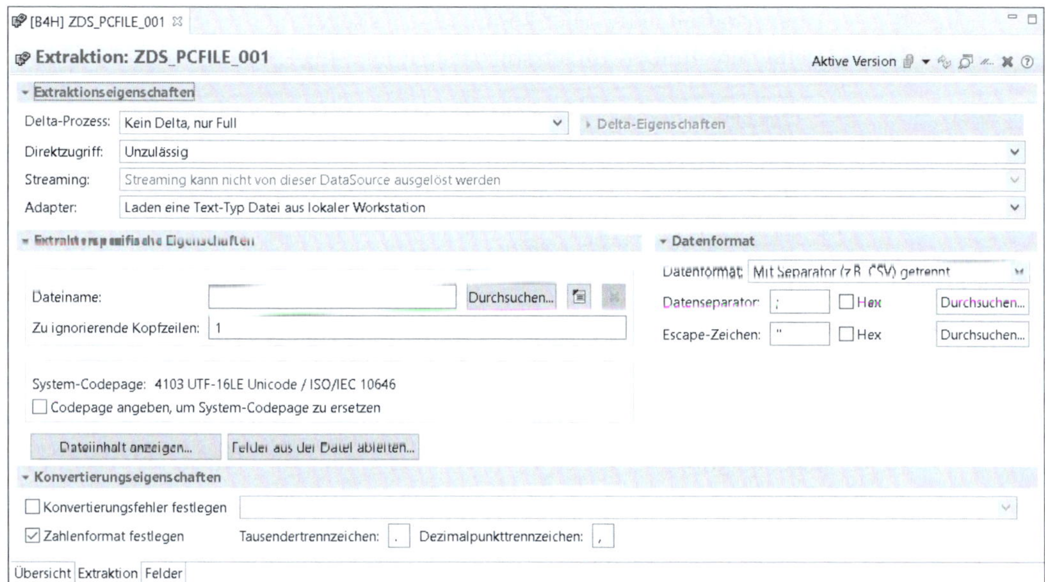


**Abbildung 5.30** Extraktionseigenschaften der Data Source

**Full Verarbeitung und Delta-Verarbeitung**

Es stehen folgende Delta-Modi zur Verfügung (siehe Abbildung 5.31):

- **Kein Delta, nur Full**: Es werden immer alle verfügbaren Daten geladen.
- **Delta ohne Löschen überschreiben (BW Lokal)**: Jeder neu zu ladende Satz liefert den neuen Zustand für alle Kennzahlen und Merkmale. Die bereits in SAP BW/4HANA 2.0 vorhandenen Werte werden überschrieben. Diese DataSource kann für die Befüllung von aDSOs und Stammdatentabellen genutzt werden.
- **Reines additives Delta (BW Lokal)**: Der neu zu ladende Datensatz liefert für summierbare Kennzahlen nur die Änderungen der Kennzahlen. Die bereits in SAP BW/4HANA 2.0 vorhandenen Daten werden nicht überschrieben, sondern die neuen Daten werden hinzuaddiert. Diese DataSource kann für die Befüllung von aDSOs genutzt werden.

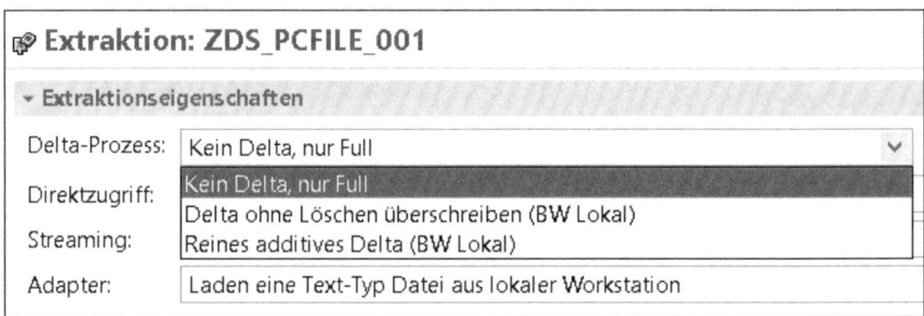


**Abbildung 5.31** Delta-Modus der DataSource

Sofern eine DataSource im Delta-Modus laden soll, wird der Bereich **Delta-Eigenschaften** aktiv. Hier können Sie festlegen, auf welches Feld sich die Delta-Berechnung stützen soll (siehe Abbildung 5.32).

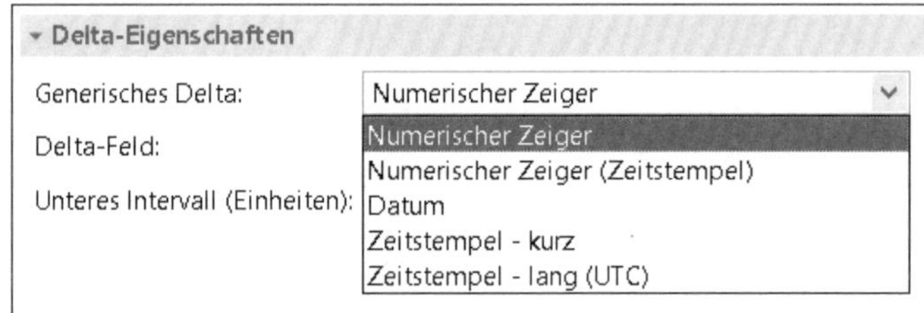


**Abbildung 5.32** Delta-Eigenschaften der DataSource

**Direktzugriff und Streaming**

Zurück im Bereich **Extraktionseigenschaften** entscheiden Sie im Feld **Direktzugriff** über die Optionen **Zulässig** oder **Unzulässig**, ob diese DataSource für einen Direktzugriff auf die Quellsystemdaten genutzt werden darf oder nicht. DataSources können als Streaming-DataSources genutzt werden, wobei das Streaming im Pull-Modus über Prozessketten (siehe Abschnitt 11.1, »Prozessketten«) gesteuert werden kann, die z. B. jede

Minute angestoßen werden. Push-DataSources (z. B. aus SAP S/4HANA) können hingegen auch selbst den Start einer Prozesskette auslösen.

**Adapter bei Flatfile-DataSources**

Bei Flatfile-DataSources müssen Sie über die Einstellung **Adapter** festlegen, welche Art von Datei (Binärdatei, Microsoft-Excel-Datei oder Text-Typ-Datei) Sie laden möchten und ob diese von Ihrem Rechner (**lokale Workstation**) oder vom **Anwendungsserver** geladen werden soll (siehe Abbildung 5.33).

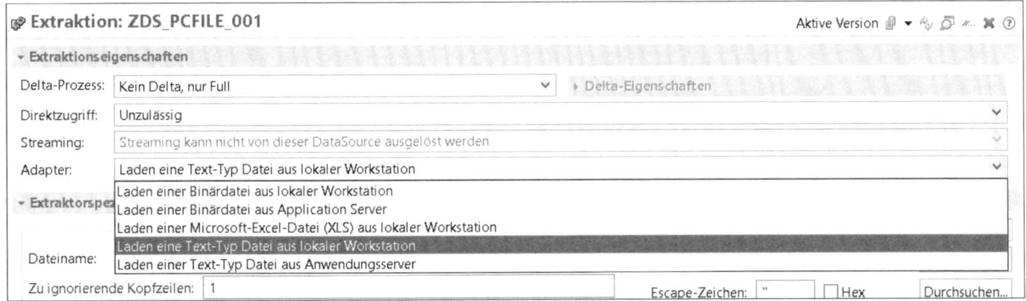


**Abbildung 5.33** Adapter für die DataSource (bei Flatfile-DataSources)

**Extraktorspezifische Eigenschaften für Flatfiles**

Im Bereich **Extraktorspezifische Eigenschaften** geben Sie für Flatfiles den **Dateinamen** (inklusive Pfad) an sowie wie viele **Zu ignorierende Kopfzeilen** es gegebenenfalls gibt. Außerdem können Sie hier und im Bereich **Datenformat** dateispezifische Eigenschaften wie das **Datenformat**, den **Datenseparator** und das **Escape-Zeichen** hinterlegen. Über die Schaltfläche **Dateiinhalt anzeigen...** können Sie sich eine Vorschau der Daten anzeigen lassen, die Ihnen dabei hilft, die richtigen Spalten zu identifizieren und die Ihnen Orientierung bei der Wahl der richtigen Datentypen gibt. Über die **Schaltfläche Felder aus der Datei ableiten...** schlägt Ihnen das System auf Grundlage der Daten in der Beispieldatei Feldnamen und Datentypen für Ihre DataSource vor – eine praktische Funktion, Sie müssen anschließend nur Namen und Datentypen kontrollieren und gegebenenfalls anpassen.

**Zahlenformat**

Im Bereich »Konvertierungseigenschaften« können Sie das »Zahlenformat« festlegen. Dies ist insbesondere dann wichtig, wenn z. B. englische Daten in ein deutsches System geladen werden sollen oder umgekehrt, da im Englischen Tausender- und Dezimaltrennzeichen vertauscht sind (deutsch: 1.000,50 entspricht englisch: 1,000.50).

### 5.4.4 DataSource administrieren: Felder

**Der Tab »Felder«**

Im Tab **Felder** sehen Sie, welche Felder aus der Quelle zur Verfügung stehen (**Feld**) und ob diese gegebenenfalls als **Schlüssel** definiert sind. Nur wenn in der Spalte **Übertragen** ein Haken gesetzt ist, wird das Feld aus der Quelle in SAP BW/4HANA 2.0 übertragen. Außerdem werden der **Datentyp**, die **Länge** und gegebenenfalls der **Feldtyp** und die **InfoObject-Vorlage** angezeigt. Über die Schaltfläche **InfoObjects hinzufügen...** können Sie statt einer Felddefinition ein InfoObject einfügen, was beispielsweise bei Datumsfeldern bereits an dieser Stelle von Vorteil sein kann. Alternativ können über die entsprechende Schaltfläche Felder hinzugefügt werden. Ein kleiner Vorgriff: In SAP BW/4HANA 2.0 ist es üblich, im Data Propagation Layer feldbasierte aDSOs (sogenannte *Staging-DataStore-Objekte*) zu nutzen und erst in den darüberliegenden Schichten die aDSOs aus InfoObjects aufzubauen (siehe Abschnitt 5.6.5, »aDSO administrieren: Allgemein«). Außerdem können Sie Felder über die Schaltfläche **Entfernen** löschen oder über die Schaltflächen **Nach oben** und **Nach unten** in der Reihenfolge verschieben (siehe Abbildung 5.34).

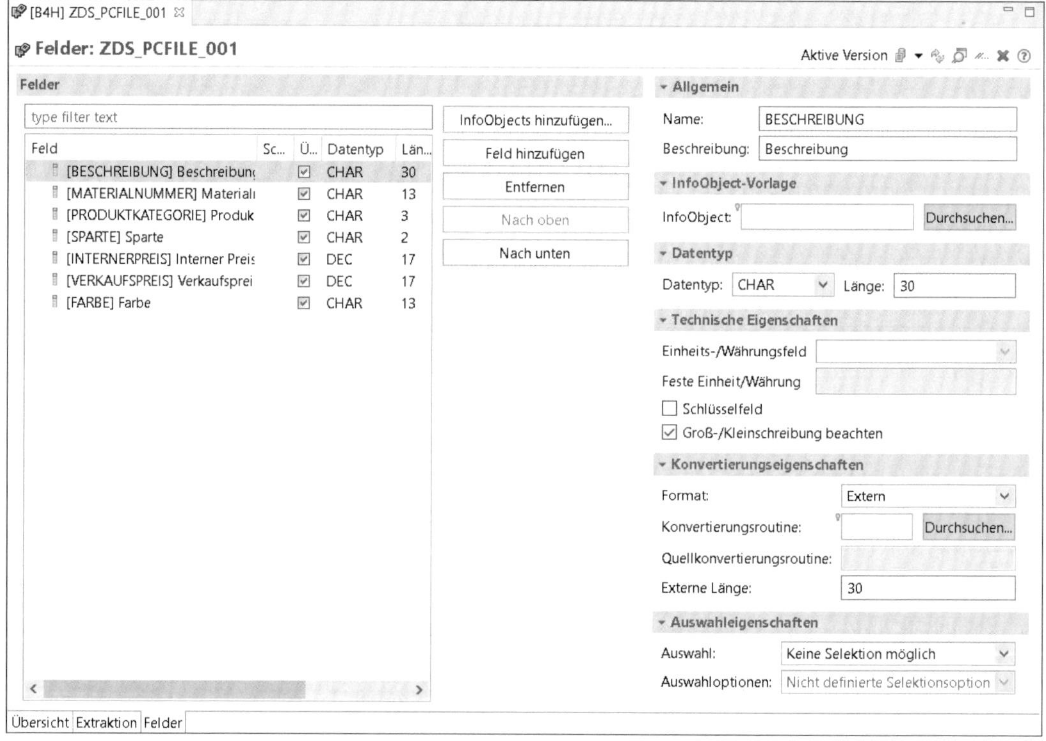


**Abbildung 5.34** Felder der DataSource

**Feldliste**

Wenn Sie in der Feldliste ein Feld markieren, werden Ihnen auf der rechten Seite des Tabs **Felder** die Eigenschaften zu diesem Feld angezeigt, und Sie können sie dort anpassen. Dabei können Sie im Bereich **Allgemein** den technischen Namen (**Name**) des Feldes ändern, sofern es sich nicht um ein InfoObject handelt. Sie können auch die sprechende **Beschreibung** pflegen. Im Bereich **InfoObject-Vorlage** kann ein **InfoObject** eingegeben werden, dessen Eigenschaften (Datentyp) das Feld übernehmen soll. Im Bereich **Datentyp** verändern Sie Datentyp und Länge des Feldes.

Im Bereich **Technische Eigenschaften** kann für das gewählte Feld, wenn es sich um eine Kennzahl handelt, angegeben werden, bei welchem weiteren Feld es sich um das zugehörige **Einheits-/Währungsfeld** handelt, alternativ können Sie eine **Feste Einheit/Währung** (z. B. **EUR oder kg**) angeben. Für jedes Feld können Sie einzeln entscheiden, ob es ein **Schlüsselfeld** sein soll und ob bei den enthaltenen Werten zwischen Groß- und Kleinschreibung (**Groß-/Kleinschreibung beachten**) unterschieden werden soll (siehe Abschnitt 5.5.3, »Merkmals-InfoObject anlegen«).



**Internes und externes Format**

Im Bereich **Konvertierungseigenschaften** können Sie für das **Format** zwischen den Optionen **Intern**, **Extern** und **Prüfung** wählen. Es kann eine **Konvertierungsroutine** hinterlegt werden. Außerdem können Sie die **Externe Länge** angeben (zu internem und externem Format und Konvertierungsroutinen siehe ebenfalls Abschnitt 5.5.3).

**Auswahleigenschaften/Selektionen**

Im Bereich **Auswahleigenschaften** legen Sie im Feld **Auswahl** fest, ob beim Laden der Daten eine Selektion (im DTP) über dieses Feld möglich (**Selektion möglich**) oder zwingend notwendig (**Selektion erforderlich**) sein soll oder nicht (**Keine Selektion möglich**). Im Feld Auswahloptionen können Sie festlegen, welche Arten von Selektionen erlaubt sind (siehe Abbildung 5.35):

- **Nicht definierte Selektionsoptionen**: Alle Arten von Selektionen sind erlaubt.
- **Selektion von EQ erlaubt**: Es darf nur mit *Equals* (**EQ:** =) selektiert werden.
- **Selektion von BT erlaubt**: Es darf nur mit *Between* (**BT**: Intervall) selektiert werden.
- **Selektion von EQ,BT erlaubt**: Es darf mit *Equals* und/oder *Between* selektiert werden.
- **Selektion von EQ,BT,CP erlaubt**: Es darf mit *Equals*, *Between* und/oder *Compare* (**CP**: Vergleich von Zeichenfolgen) selektiert werden.

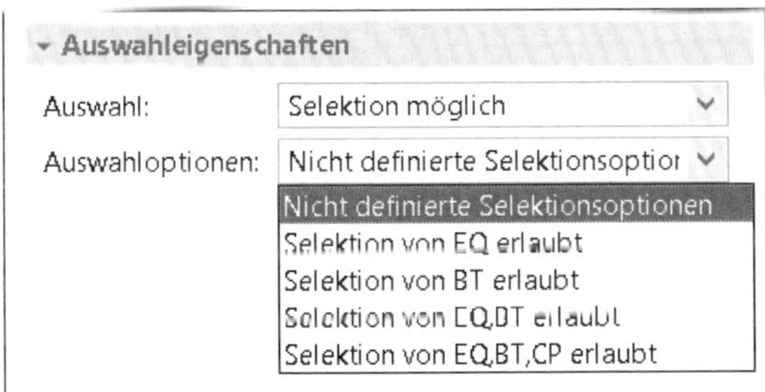


**Abbildung 5.35** Auswahleigenschaften festlegen

Über das Icon [icon] können Sie sich eine Vorschau auf die Daten anzeigen lassen (siehe Abschnitt 5.1.2, »Datenvorschau«).

Die DataSource ist nun fertig definiert. Abschließend müssen Sie die Änderungen über [icon] aktivieren, bevor Sie sie nutzen können. Im nächsten Abschnitt stellen wir Ihnen die verschiedenen InfoObjects vor, in die Sie Daten laden können.

## 5.5 InfoObjects

In diesem Abschnitt stellen wir Ihnen die zentralen Objekte für die Modellierung von Merkmalen, Kennzahlen, Einheiten und XXL-InfoObjects in SAP BW/4HANA 2.0 vor. Diese Objekte werden insgesamt als *InfoObjects* bezeichnet. Wir erläutern die verschiedenen Arten von InfoObjects, ihre Verwendung, die Befüllung sowie die Konzepte der Speicherung der Daten im Hintergrund.

**Merkmale, Kennzahlen, Einheiten**

Ein InfoObject ist die kleinste im BW verfügbare Einheit, die betriebswirtschaftliche Daten strukturiert darstellt. InfoObjects sind persistente Objekte, also Objekte mit physisch im BW/4HANA 2.0 gespeicherten Daten. Es gibt vier verschiedene Arten von InfoObjects:

- *Merkmals-InfoObjects*
- *Kennzahlen-InfoObjects*
- *Einheiten-InfoObjects*
- *XXL-InfoObjects*

**ABAP Dictionary**

Unabhängig von der Art und der weiteren Ausprägung eines InfoObjects wird die Definition eines InfoObjects im ABAP Dictionary (DDIC) abgelegt, das die Metadaten zu einzelnen InfoObjects bereithält. Hierbei handelt es sich um die Strukturdefinition zum InfoObject, die z. B. Format und Länge des Objektes umfasst. Beachten Sie hierzu auch den Hinweiskasten »Präfixe für SAP-Objekte und für kundeneigene Objekte« in Abschnitt 5.5.8, »Physische Ablage der Daten bei Merkmals-InfoObjects in Tabellen und Views«.

### 5.5.1 Vorgängerobjekte im klassischen SAP BW

**InfoObject-Kataloge (alt)**

Wenn Sie bereits mit SAP BW gearbeitet haben, kennen Sie InfoObjects bereits. Bei der Erstellung von InfoObjects in SAP BW/4HANA 2.0 **muss** grundsätzlich eine InfoArea ausgewählt werden. Eine Änderung zu früheren SAP-BW-Releases ist, dass es innerhalb der InfoAreas keine expliziten

InfoObject-Kataloge mehr gibt. Diese entsprachen den heute verwendeten und vom System automatisch angelegten und verwalteten Unterordnern (**Merkmal**, **Kennzahl** usw.) in den InfoAreas, in denen die InfoObjects gespeichert werden (siehe Abschnitt 5.5.2, »InfoObject anlegen«).



### 5.5.2 InfoObject anlegen

Um ein neues InfoObject anzulegen, wählen Sie per Rechtklick aus dem Kontextmenü der InfoArea, der Sie es hinzufügen möchten, den Eintrag **Neu • InfoObject...** (siehe Abbildung 5.36).

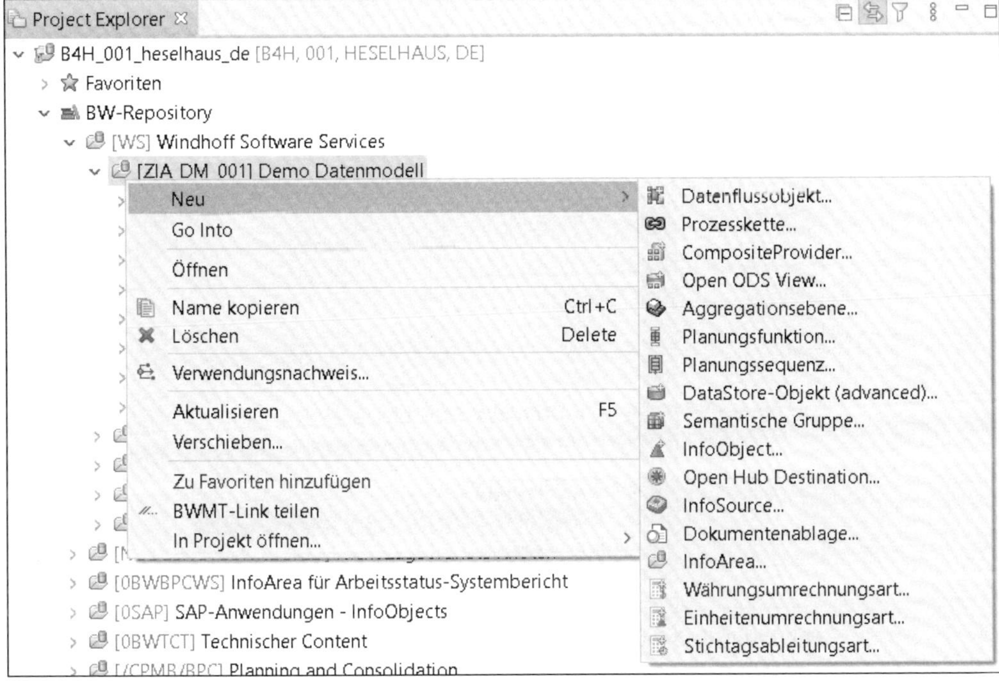


**Abbildung 5.36** Anlegen eines InfoObjects

Es öffnet sich ein Pop-up-Fenster (siehe Abbildung 5.37). Die zuvor ausgewählte **InfoArea** wird nun angezeigt.

Im nächsten Schritt müssen der (technische) **Name** sowie der **InfoObject-Typ** festgelegt werden. Wählen Sie hier aus den vier InfoObject-Typen **Merkmal** (siehe Abschnitt 5.5.3, »Merkmals-InfoObject anlegen«), **Kennzahl** (siehe Abschnitt 5.5.9, »Kennzahlen-InfoObjects anlegen«), **Einheit** (siehe Abschnitt 5.5.12, »Einheiten-InfoObject anlegen«) und **XXL-InfoObject** (siehe Abschnitt 5.5.14, »XXL-InfoObjects anlegen«) aus (siehe Abbildung 5.38). Wie gewohnt ist nur die Beschreibung im Nachhinein änderbar.

**Abbildung 5.37** Eigenschaften des InfoObjects

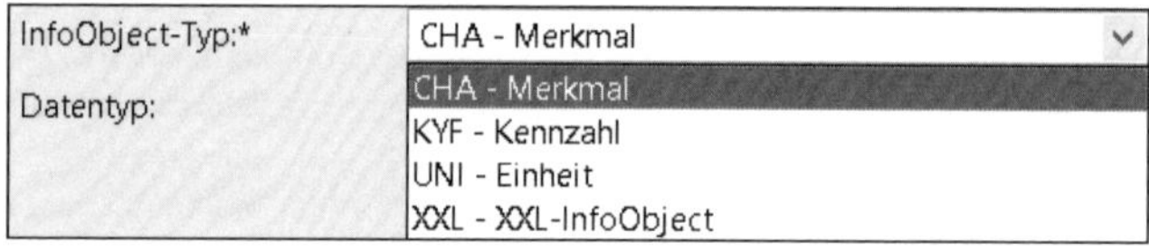


**Abbildung 5.38** Auswahl des InfoObject-Typs

**Eigenschaften kopieren oder referenzieren**

Sie können nun entscheiden, ob Sie die Eigenschaften des neuanzulegenden InfoObjects von einem anderen InfoObject kopieren möchten. Hierzu wählen Sie **Kopieren aus • Durchsuchen** und wählen das entsprechende InfoObject aus. Zudem ist es möglich, auf ein anderes InfoObject zu referenzieren, dabei werden dem neu angelegten InfoObject die technischen Eigenschaften des Referenz-InfoObjects zugewiesen. Pflegbar sind die Eigenschaften anschließend aber nur beim Referenz-InfoObject:

- Datentyp, Länge und Stammdaten bei Merkmals-InfoObjects
- Datentyp und Währungs- oder Mengeneinheitszuordnung bei Kennzahl-InfoObjects

Bei Kennzahlen können Sie für das neu erstellte InfoObject allerdings eine von der Aggregation des Referenz-InfoObjects abweichende Aggregation einstellen.

**Ordner für InfoObjects**

Nachdem Sie die ersten InfoObjects angelegt haben, werden Sie feststellen, dass in Ihrer InfoArea vom System ein Ordner je verwendetem InfoObject-Typ angelegt wurde, in dem die entsprechenden InfoObjects einsortiert wurden (siehe Abbildung 5.39).

Project Explorer
B4H_001_heselhaus_de [B4H, 001, HESELHAUS, DE]
Favoriten
BW-Repository
[WS] Windhoff Software Services
[ZIA_DM_001] Demo Datenmodell
Merkmal
Kennzahl

**Abbildung 5.39** Ordner unterhalb der InfoArea

Alle InfoObjects aus den Beispielen und Übungen in diesem Buch werden in der InfoArea ZIA_DM_001 angelegt. Generell gilt, dass der InfoObject-Speicherort nicht allgemeingültig für alle Unternehmen festgelegt werden kann. Jedes Unternehmen entscheidet sich für eine eigene Struktur und Architektur, die in seinem SAP BW/4HANA 2.0 umgesetzt werden soll. Aus dieser kann der richtige Speicherort für ein InfoObject abgeleitet werden.

**Namenskonventionen für InfoObjects**

InfoObjects sollten aus Gründen der Wartbarkeit und zur Unterstützung der Berechtigungsvergabe (siehe Abschnitt 11.2.2, »Analyseberechtigungen in SAP BW/4HANA 2.0«) immer einer Namenskonvention unterliegen (siehe Hinweiskasten zu Namenskonventionen in Abschnitt 5.1, »Allgemeine Hinweise zur Modellierung«). Eine Übersicht über alle in diesem Buch verwendeten Namenskonventionen finden Sie im Anhang.

**Namenskonventionen für InfoObjects**

In den Beispielen in diesem Buch werden alle InfoObjects fortlaufend nummeriert, beginnend mit 001. Wir verwenden in diesem Buch für InfoObjects die folgenden Konventionen:

- ZC<nnn> für Merkmals-InfoObjects (C = Characteristic)
- ZK<nnn> für Kennzahl-InfoObjects (K = Key Figure)
- ZU<nnn> für Einheiten-InfoObjects (U = Unit)
- ZX<nnn> für XXL-InfoObjects

Hierbei stellt <nnn> stets die fortlaufende, dreistellige Nummer dar.

### 5.5.3 Merkmals-InfoObject anlegen

**Merkmals-InfoObjects**

In den folgenden Abschnitten zeigen wir Ihnen, wie Sie die verschiedenen InfoObjects anlegen. Wir beginnen mit den Merkmals-InfoObjects (Characteristics; **InfoObject-Typ CHA-Merkmal**, siehe Abbildung 5.40). Merkmal-InfoObjects können verschiedene Ausprägungen haben. Sie werden zur Ablage von Stammdaten genutzt, die Kennzahlen näher beschreiben und ihnen so eine Bedeutung geben. Sie dienen somit der Klassifizierung sowie der zeitlichen Strukturierung der Daten in SAP BW/4HANA 2.0. Sie können beispielsweise Stammdaten, Datumsangaben, Zeitangaben (auch Zeitmerkmale) sowie Texte enthalten. Beispiele für Merkmale sind Kunde, Kundengruppe, Material und das Geschäftsjahr.

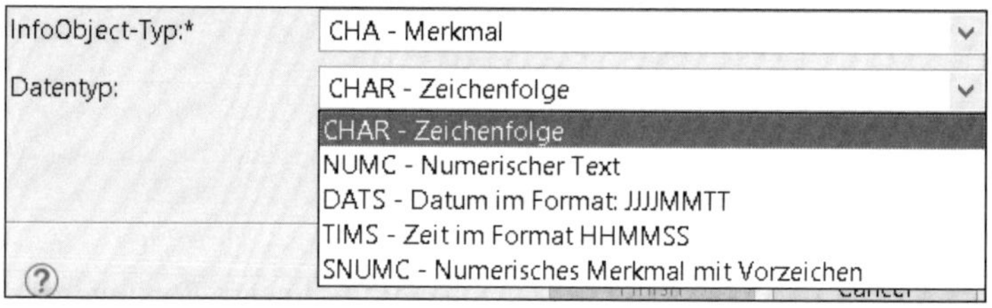

InfoObject-Typ:* CHA - Merkmal
Datentyp: CHAR - Zeichenfolge
CHAR - Zeichenfolge
NUMC - Numerischer Text
DATS - Datum im Format: JJJJMMTT
TIMS - Zeit im Format HHMMSS
SNUMC - Numerisches Merkmal mit Vorzeichen

**Abbildung 5.40** Auswahl des Datentyps

**Datentypen von Merkmals-InfoObjects**

Als Nächstes legen Sie den **Datentyp** des Merkmals-InfoObjects fest. Dabei stehen die in Tabelle 5.1 genannten Datentypen zur Auswahl.

| Datentyp | Format | Länge |
|---|---|---|
| **CHAR** (Characteristic/ Zeichenfolge) | alphanumerisch | maximal 1.333 Zeichen |
| **NUMC** (Numeric/ numerischer Text) | numerisch | maximal 255 Zeichen |
| **DATS** (Date/Datum) | JJJJMMTT | 8 Zeichen, Ausgabeformat hängt von den Systemeinstellungen ab |
| **TIMS** (Time/Zeit) | HHMMSS | 6 Zeichen |
| **SNUMC** (Numeric/ numerischer Text mit Vorzeichen) | numerisch mit Vorzeichen | maximal 255 Zeichen |

**Tabelle 5.1** Verschiedene Datentypen für Merkmals-InfoObjects

### 5.5.4 Merkmals-InfoObject administrieren: Allgemein

**Der Tab »Allgemein«**

In diesem Abschnitt erläutern wir Ihnen die Einstellungen des Tabs **Allgemein** für Merkmals-InfoObjects. Im gleichnamigen Bereich lassen sich der

**Technische Name** und die sprechende **Beschreibung** des InfoObjects einsehen. Während der technische Name nicht verändert werden kann, können Sie die **Beschreibung** über das Icon bearbeiten (siehe Abbildung 5.41).

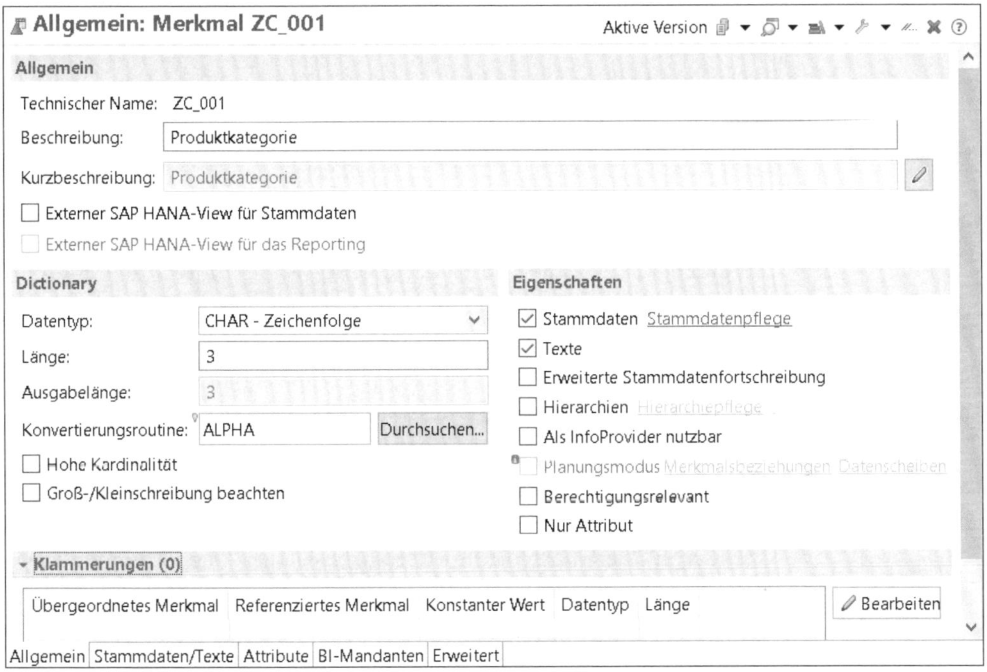

**Abbildung 5.41** Einstellungen für Merkmals-InfoObjects

Externe SAP-HANA-Views

Sie können einstellen, ob ein **Externer SAP HANA-View für Stammdaten** oder **für das Reporting** genutzt werden soll.

**Externer Zugriff auf SAP-BW-Daten über externe SAP-HANA-Views**

Externe SAP-HANA-Views ermöglichen die Nutzung von im SAP BW modellierten Daten durch SAP-BW-unabhängige SAP-HANA-Tools. Diese Art der Nutzung wird auch *Mixed Scenarios* genannt. Beim Anlegen externer SAP-HANA-Views werden die enthaltenen SAP-BW-Daten in SAP HANA veröffentlicht. Dabei zeigen die externen SAP-HANA-Views direkt auf die entsprechenden Daten und Tabellen. Externe SAP-HANA-Views können in SAP BW/4HANA 2.0 für InfoCubes, aDSOs, InfoObject, Queries und CompositeProvider angelegt werden.

Externe SAP-HANA-Views bilden somit eine Schnittstelle zwischen Daten, die von SAP BW/4HANA 2.0 verwaltet werden, und der Welt außerhalb von SAP BW. So können SAP-Frontend-Tools, aber auch Drittsoftware über SQL auf die Daten in den externen SAP-HANA-Views zugreifen. Der Zugriff erfolgt dabei direkt auf die Daten – ohne Ansprache des SAP-BW-Systems.

Zur Wahrung der Datenintegrität dürfen von SAP BW/4HANA 2.0 generierte externe SAP-HANA-Views nicht manuell verändert werden. Zudem können sie jederzeit von SAP BW/4HANA 2.0 überschrieben werden – etwaige manuelle Änderungen gehen dabei verloren. Die externen SAP-HANA-Views werden gemeinsam mit den zugehörigen SAP-BW-Objekten aktiviert und auch transportiert. Auch die Analyseberechtigungen werden von SAP BW/4HANA 2.0 auf die externen SAP-HANA-Views übertragen.

Für das Anlegen dieser generierten externen SAP-HANA-Views gelten die folgenden Einschränkungen:

- Nur Navigationsattribute von Merkmals-InfoObjects, für die die Stammdaten-Zugriffsart **Standard** eingestellt ist, werden unterstützt. Wenn ein Navigationsattribut berechtigungsrelevant ist, kann kein SAP-HANA-View erzeugt werden.
- Damit Navigationsattribute in einem CompositeProvider unterstützt werden, darf das CompositeProvider-Merkmal des Navigationsattributs keinem PartProvider zugeordnet sein. Außerdem darf es bei einem PartProvider keinem anderen Basismerkmal zugeordnet sein als dem des CompositeProvider-Merkmals.
- Texte von Merkmals-InfoObjects, für die nicht die Stammdaten-Zugriffsart **Standard** eingestellt ist, werden nicht angezeigt.
- OLAP-Engine-unterstützte Felder werden nur in SAP-HANA-Views unterstützt. Jedoch kann dies im Customizing erweitert werden, damit alle Feldtypen bis auf RAW-STRING, RAW, D16R und D34R unterstützt werden.
- Nicht kumulative Zahlen werden nur für SAP-HANA-Views für Queries unterstützt.
- Kennzahl-InfoObjects, für die **Keine Aggregation** eingestellt ist, werden nicht unterstützt.
- Datums- und Alphakonvertierung werden nicht unterstützt.
- BW-Hierarchien sind nur in SAP-HANA-Views auf InfoObjects verfügbar.
- Kennzahl-InfoObjects vom Typ **Datum** oder **Zeit** können nicht mit der Aggregation `SUM` genutzt werden.
- Merkmal-InfoObjects mit der Einstellung **Nur Attribut** werden nicht unterstützt.
- Die technische Kennzahl **Anzahl Sätze** (`1ROWCOUNT`) wird nur für aDSOs, CompositeProvider und Queries unterstützt, die auf einem aDSO oder CompositeProvider aufbauen.
- Der Stichtag für zeitabhängige Attribute und Texte wird über den Eingabeparameter **Stichtag** (Format: JJJJMMDD, analog zum ABAP-Daten-

typ DATS) des SAP-HANA-Views befüllt. Ist er nicht explizit angegeben, wird das aktuelle Datum gewählt.

- SAP-HANA-Views können nur für Queries mit Bestandskennzahlen und nicht für andere Objekte mit Bestandskennzahlen erstellt werden.
- Bestandsreichweite Kennzahlen sind nicht verfügbar.
- Geklammerte Objekte werden nicht unterstützt.



**Eigenschaften von Merkmals-InfoObjects**

Abhängig vom ausgewählten Datentyp können Sie im Bereich **Eigenschaften** verschiedene zentrale Einstellungen für das Merkmal-InfoObject vornehmen. Bei der nun folgenden Erläuterung der Einstellungen werden wir, wo sinnvoll, auf die Tabellen in Abschnitt 5.5.8, »Physische Ablage der Daten bei Merkmals-InfoObjects in Tabellen und Views«, verweisen. Wenn Sie gerade erst in die Modellierung einsteigen, sind die verschiedenen Tabellen zum Speichern der Stammdaten noch nicht relevant und können bei Bedarf zunächst überblättert werden.

**Stammdaten**

Es gibt typische Daten, die über längere Zeit unverändert bleiben. Dazu gehören Daten wie Namen, Adressen und PLZ. Zudem werden diese Daten immer wieder benötigt. In SAP BW werden diese Daten auch *Stammdaten* genannt (siehe Hinweiskasten »Stammdaten und Bewegungsdaten« in Abschnitt 2.1.1, »Trennung von Online Transaction Processing und Online Analytical Processing«). Im SAP BW gibt es drei verschiedene Arten von Stammdaten:

- *Attribute*: Sind dem Merkmal logisch zugeordnet, auf (Anzeige-)Attribute kann nicht gefiltert werden. Ein Beispiel kann die Postleitzahl zum Kunden sein. Einen Sonderfall stellen Navigationsattribute dar (siehe Hinweiskasten »Anzeigeattribute und Navigationsattribute«).
- *Texte*: Textbeschreibungen zu Stammdaten. Beispiele wären der Name des Kunden zur Kundennummer oder die Bezeichnung des Materials zur Materialnummer.
- *Hierarchien*: hierarchische Gliederung von Merkmalen über verschiedene Ordnungskriterien. Beispiele wären hier Kostenstellenhierarchien, Hierarchie über Verkaufsorganisation, Gebiet, Verkäufer und Kunden.

[«]

**Anzeigeattribute und Navigationsattribute**

Attribute oder auch *Anzeigeattribute* bieten zusätzliche Informationen zu einem Merkmal. Es gilt jedoch die Einschränkung, dass z. B. in Queries nicht auf Anzeigeattribute gefiltert werden kann. *Navigationsattribute* hingegen verhalten sich in einer Query wie normale Merkmals-InfoObjects, d. h., auf sie kann in einer Query auch gefiltert werden.

Wenn Sie im Bereich **Eigenschaften** eine der Optionen **Stammdaten**, **Texte** oder **Hierarchien** aktivieren, können Sie anschließend weitere Einstellungen auf den korrespondierenden Tabs **Attribute**, **Stammdaten/Texte** bzw. **Hierarchien** vornehmen (siehe Abschnitt 5.5.5, »Merkmals-InfoObject administrieren: Attribute« und Abschnitt 5.5.7, »Merkmals-InfoObject administrieren: Hierarchien«). Die Option **Erweiterte Stammdatenfortschreibung** beschreiben wir in Abschnitt 5.5.6, »Merkmals-InfoObject administrieren: Stammdaten/Texte«.

**Als InfoProvider nutzbar**

Für ein Merkmals-InfoObject mit Attributen müssen Sie die Option **Als InfoProvider nutzbar** setzen, wenn Sie auch die Attribute über Transformationen mit Stammdaten beladen und/oder Queries auf den Stammdaten dieses Merkmals erstellen wollen.

**Planungsmodus**

Wenn Sie die Option **Planning Mode** aktivieren, unterstützt das Merkmals-InfoObject den Planungsmodus. Hierbei gilt die Voraussetzung, dass das Merkmal aktivierbare Stammdaten hat und als InfoProvider nutzbar ist (siehe Kapitel 12, »Planung«).

**Berechtigungsrelevanz**

Über die Option **Berechtigungsrelevant** legen Sie fest, ob für dieses Merkmals-InfoObject über Berechtigungen gesteuert werden kann, welche Daten des InfoObjects eine Anwenderin oder ein Anwender sehen darf (siehe Abschnitt 11.2.2, »Analyseberechtigungen in SAP BW/4HANA 2.0«).

**Ausschließlich als Attribut**

Wenn das Kennzeichen **Nur Attribut** gesetzt ist, kann das Merkmals-InfoObject lediglich als Anzeigeattribut für ein anderes Merkmal verwendet werden, nicht aber als Navigationsattribut.

[!]

**Änderungen an der Definition von stammdatentragenden InfoObjects**

Änderungen an der Modellierung von stammdatentragenden InfoObjects sind nur so lange uneingeschränkt möglich, bis Stammdaten geladen wurden. Danach können Sie beispielsweise die im Bereich **Eigenschaften** festgelegte Länge nicht mehr ändern, solange das Objekt Stammdaten enthält. Die Stammdaten müssen vor einer Änderung am Objekt gelöscht werden. Existieren Bewegungsdaten zu den zu löschenden Stammdaten, müssen sie ebenfalls gelöscht werden. Nach der Änderung der Länge müssen Sie das Merkmals-InfoObject erneut aktivieren.

Nicht für alle Merkmals-InfoObject-Typen stehen sämtliche der vorgestellten Einstellungsmöglichkeiten zur Verfügung. Tabelle 5.2 zeigt eine Übersicht, welche Einstellungen jeweils möglich sind.

| | CHAR | NUMC | DATS | TIMS | SNUMC |
|---|---|---|---|---|---|
| Stammdaten | ja | ja | ja | nein | ja |
| Texte | ja | ja | nein | nein | ja |
| erweiterte Stammdaten-fortschreibung | ja | ja | nein | nein | ja |
| Hierarchien | ja | ja | ja | nein | ja |
| als InfoProvider nutzbar | ja | ja | ja | nein | ja |
| Planning Mode | ja | ja | nein | nein | ja |
| berechtigungs-relevant | ja | ja | ja | ja | ja |
| nur Attribut | ja | ja | ja | ja | ja |

**Tabelle 5.2** Einstellungsmöglichkeiten für die einzelnen Datentypen

**Datentyp und -länge**

Im Bereich **Dictionary** können Sie den **Datentyp** und die **Länge** des InfoObjects ändern. Auch dies ist nur so lange möglich ist, wie das Objekt keine Stammdaten trägt. Die **Ausgabelänge** gibt an, wie die Daten beim Abruf präsentiert werden. Ein Beispiel ist das Merkmals-InfoObject **0DATE**, es hat die Länge 8 und wird im Format JJJJMMTT gespeichert (siehe Abbildung 5.42). Abhängig von den Einstellungen der Nutzerinnen und Nutzer wird das Datum beispielsweise als TT.MM.JJJJ oder MM.TT.JJJJ dargestellt.

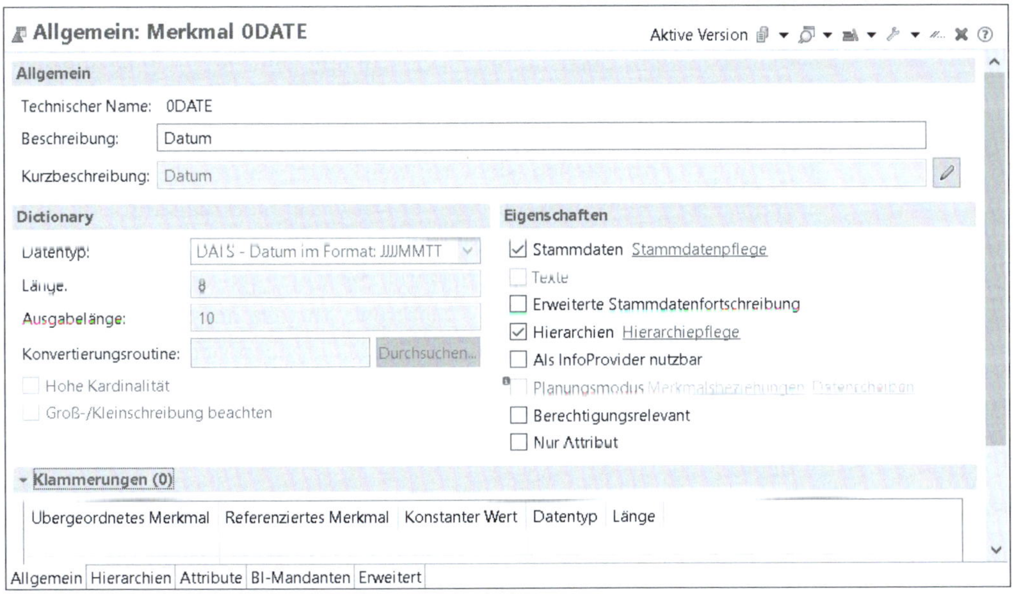

**Abbildung 5.42** Optionen des Merkmals 0DATE

Außerdem können Sie hier die **Konvertierungsroutine** für das Merkmal einstellen (siehe Hinweiskasten »Konvertierungsroutinen«).

**Konvertierungsroutinen**

*Konvertierungsroutinen* wandeln Objekte aus dem externen Format in das interne Format um. Das interne Format ist dabei das Format, in dem die Daten in SAP BW/4HANA 2.0 abgelegt werden (beim Datum z. B. JJJJMMTT). Das externe Format kann beispielsweise das Format sein, in dem die Daten aus dem Quellsystem angeliefert wurden (beim Datum z. B. TT.MM.JJJJ). Mithilfe einer Konvertierungsroutine wird das externe in das interne Format umgewandelt.

Als weiteres Beispiel überprüft die Konvertierungsroutine **ALPHA** bei einem nicht numerischen InfoObject, ob der Input nur aus Zahlen besteht, und füllt in diesem Fall den Input auf der linken Seite mit Nullen auf, falls der Input kürzer ist als die Länge des InfoObjects. In diesem Fall wird »1357« zu »00001357«, wenn das InfoObject von der Länge 8 ist.

Besteht das Objekt nicht nur aus Zahlen, wird der Wert von rechts nach links kopiert, und die Werte auf der rechten Seite bleiben leer. So wird »ABCD« zu »ABCD    « mit vier Leerzeichen.

**Hohe Kardinalität**

Wenn Sie in Ihrem Merkmal mehr als zwei Milliarden Merkmalsausprägungen benötigen, so müssen Sie den Haken bei **Hohe Kardinalität** setzen. Für dieses Merkmal werden dann anders als in Abschnitt 5.5.8, »Physische Ablage der Daten bei Merkmals-InfoObjects in Tabellen und Views«, beschrieben keine persistenten SID-Werte und keine SID-Tabelle angelegt. Bei *SIDs* handelt es sich um *Surrogate-IDs*. Dies sind künstliche, numerische Schlüssel in SAP, die zusätzlich erzeugt werden, um ein schnelleres Reporting zu ermöglichen (siehe Hinweiskasten »Surrogate-IDs (SIDs)« in Abschnitt 5.5.8, »Physische Ablage der Daten bei Merkmals-InfoObjects in Tabellen und Views«). Die Einstellung **Hohe Kardinalität** bringt jedoch einige Einschränkungen mit sich: Durch die fehlenden SID-Werte und SID-Tabellen muss der Schlüssel des Merkmals anstelle des SID-Werts in den InfoProvidern gespeichert werden. Dadurch ergeben sich folgende Eigenschaften:

- Diese Merkmale können nicht in SAP-HANA-Analyseprozessen verwendet werden.
- Sie können nicht als Klammervater in einer Klammerung verwendet werden (siehe Hinweiskasten »InfoObjects und Klammerungen«).

- Sie können nicht als Navigationsattribut verwendet werden.
- Sie können nicht in Hierarchien verwendet werden.

Die Verwendung der Eigenschaft **Hohe Kardinalität** sollte demnach gut bedacht und nur in Ausnahmefällen eingestellt werden.

Groß-/Kleinschreibung

Ein weiterer Punkt im Bereich **Dictionary** ist die Option **Groß- und Kleinschreibung beachten**. Ist diese Option nicht aktiviert, werden z. B. »Fahrrad«, »FAHRRAD« und »fahrrad« als identische Werte interpretiert.



**InfoObjects und Klammerungen**

Es gibt Fälle, in denen InfoObjects nicht eindeutig sind. Ein Beispiel ist der Lagerort: Dieser ist nur in Kombination mit der Angabe des Werkes, zu dem er gehört, eindeutig, da Lagerorte an verschiedenen Werken gleich bezeichnet werden können. Mit der Zuordnung zum Werk wird die Angabe eindeutig. In SAP BW/4HANA 2.0 kann das Merkmals-InfoObject für den Lagerort daher an das Merkmals-InfoObject für das Werk geklammert werden. Im Bereich **Klammerungen** sehen Sie die übergeordneten Merkmale für ein InfoObject (siehe Abbildung 5.43).

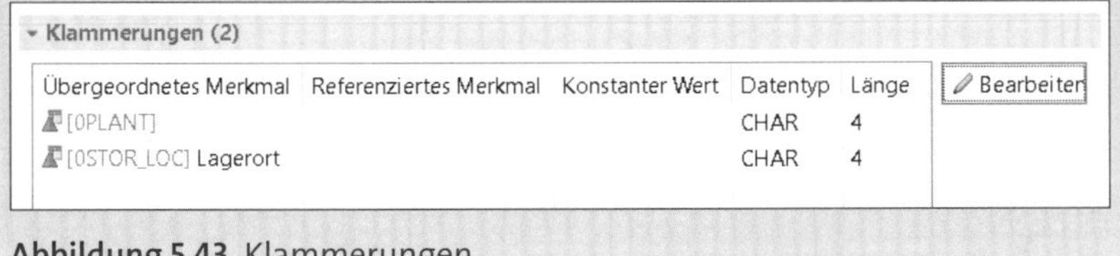

Klammerungen (2)

| Übergeordnetes Merkmal | Referenziertes Merkmal | Konstanter Wert | Datentyp | Länge |
|---|---|---|---|---|
| [0PLANT] | | | CHAR | 4 |
| [0STOR_LOC] Lagerort | | | CHAR | 4 |

Bearbeiten

**Abbildung 5.43** Klammerungen

Über das Icon können Sie sich eine Vorschau auf die Daten des Merkmals-InfoObjects anzeigen lassen (siehe Abschnitt 5.1.2, »Datenvorschau«).

### 5.5.5 Merkmals-InfoObject administrieren: Attribute

Der Tab »Attribute«

Erst mit der Aktivierung der Einstellung **Stammdaten** auf dem Tab **Allgemein** (siehe Abschnitt 5.5.4, »Merkmals-InfoObject administrieren. Allgemein«) kann ein Merkmals-InfoObject Attribute besitzen. Auf dem Tab **Attribute** können Sie die Anzeige- und Navigationsattribute zu einem Merkmal verwalten. Sie erhalten hier eine Übersicht über die zugeordneten Anzeige- und Navigationsattribute sowie die XXL-Attribute. Bei XXL-Attributen handelt es sich um XXL-InfoObjects (siehe Abschnitt 5.5.14, »XXL-InfoObjects anlegen«), die dem Merkmal zugeordnet sind.

Anzeigeattribute lassen sich durch Setzen des Kennzeichens in der Spalte **Navigationsattribut** oder alternativ im Bereich **Allgemein** unter **Attributs-**

**typ** zu einem Navigationsattribut machen. Dabei empfehlen wir aus Performancegründen, Navigationsattribute nur dann zu verwenden, wenn es wirklich notwendig ist. Ein Navigationsattribut wird unter dem technischen Namen *<Merkmal>__<Attribut>* geführt. Somit lassen sich Navigationsattribute immer am vorangestellten technischen Namen des Merkmals erkennen (siehe Abbildung 5.45).

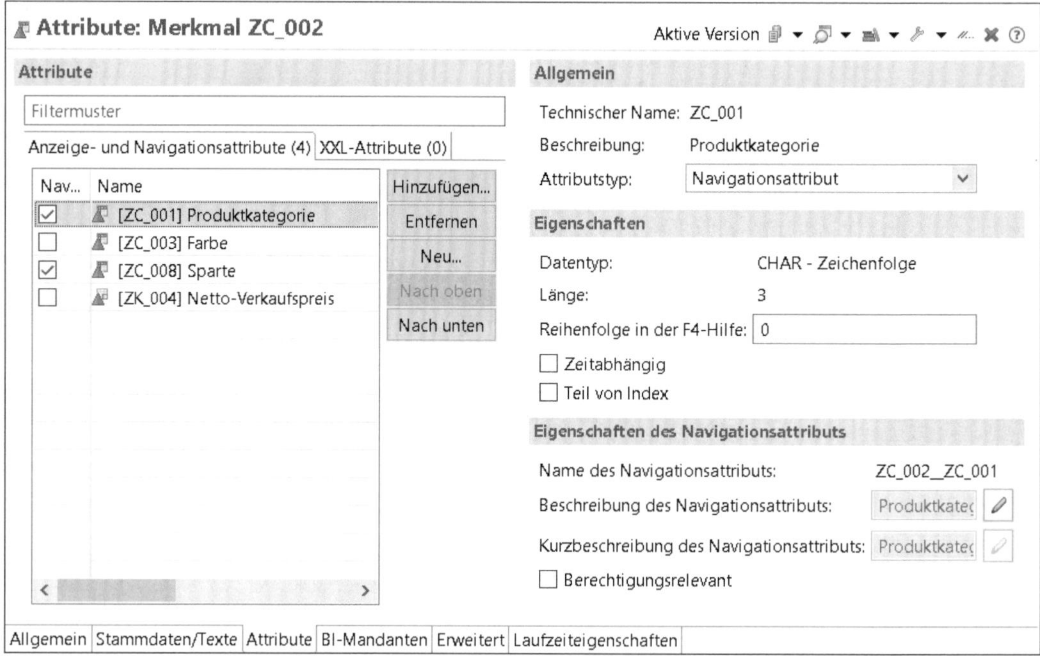


**Abbildung 5.44** Attribute administrieren

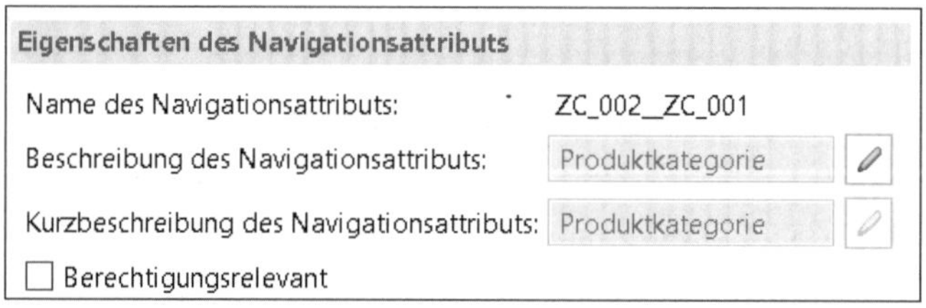

Eigenschaften des Navigationsattributs

Name des Navigationsattributs: ZC_002__ZC_001

Beschreibung des Navigationsattributs: Produktkategorie

Kurzbeschreibung des Navigationsattributs: Produktkategorie

Berechtigungsrelevant

**Abbildung 5.45** Eigenschaften des Navigationsattributs

Prüfen Sie bei der Änderung von Attributen in Navigationsattribute oder anderen Änderungen an InfoObjects nach der Aktivierung der Änderungen stets, ob die Objekte, in denen das InfoObject verwendet wird, weiterhin aktiv sind oder ob sie ebenfalls erneut aktiviert werden müssen.

Bei der Aktivierung der Einstellung **Stammdaten** auf dem Tab **Allgemein** eines Merkmals-InfoObjects (siehe Abschnitt 5.5.4, »Merkmals-InfoObject administrieren: Allgemein«) werden die P- und Q-Tabelle für die Ablage zeitunabhängiger bzw. zeitabhängiger Anzeigeattribute bzw. die X- und Y-Tabelle für die Ablage zeitunabhängiger bzw. zeitabhängiger Navigationsattribute für das Merkmals-InfoObject angelegt (siehe Abschnitt 5.5.8, »Physische Ablage der Daten bei Merkmals-InfoObjects in Tabellen und Views«). Die Stammdaten und die entsprechenden Attribute werden technisch in die entsprechenden Tabellen geladen und müssen danach aktiviert werden (siehe Abbildung 5.46). Dieses Verfahren zur Stammdatenfortschreibung ist insbesondere für kleine Datenmengen geeignet. Für größere Datenmengen bietet sich die in diesem Abschnitt beschriebene erweiterte Stammdatenfortschreibung an (siehe Abbildung 5.49).

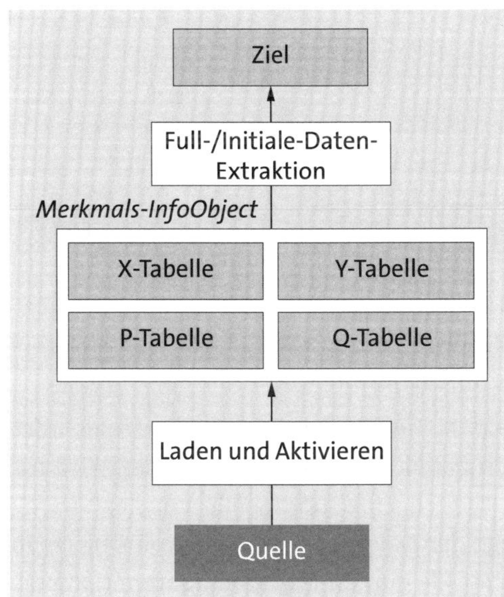


**Abbildung 5.46** Stammdatenfortschreibung (Quelle: SAP)

**Stammdatenpflege**

Die Stammdaten werden über das SAP BW/4HANA 2.0 Web Cockpit gepflegt. Aus dem SAP HANA Studio haben Sie die Möglichkeit, über das Icon und den Unterpunkt die Stammdatenpflege aufzurufen. Sie gelangen so in die Übersicht **InfoObject-Stammdaten pflegen** (siehe Abbildung 5.47). Hier haben Sie die Möglichkeit, neue Stammdaten hinzuzufügen, sich für markierte Zeilen einen **Verwendungsnachweis** geben zu lassen, Sätze zu ändern oder Stammdaten zu löschen. Mit **Sichern** bestätigen Sie die ausgewählte Aktion. Wichtig: Stammdaten sollten Sie nur mit großer Vorsicht löschen! Sie können nur gelöscht werden, wenn sie von keinen Bewegungsdaten im System mehr verwendet werden.

**Abbildung 5.47** Stammdatenpflege im SAP BW/4HANA 2.0 Web Cockpit

### 5.5.6 Merkmals-InfoObject administrieren: Stammdaten/Texte

**Der Tab »Stammdaten/Texte«**

Wenn Sie auf dem Tab **Allgemein** (siehe Abschnitt 5.5.4, »Merkmals-InfoObject administrieren: Allgemein«) die Option **Texte** aktivieren, wird für dieses Merkmals-InfoObject zusätzlich eine Texttabelle angelegt (siehe Abschnitt 5.5.8, »Physische Ablage der Daten bei Merkmals-InfoObjects in Tabellen und Views«). Zudem haben Sie nun im Tab **Stammdaten/Texte** die Möglichkeit, zu definieren, welche Textlänge(n) der Text bzw. die Texte haben sollen (siehe Abbildung 5.48). Standardeinstellung sind Kurztexte. Zur Auswahl stehen folgende Optionen:

- Kurztext: 20 Zeichen
- Mitteltext: 40 Zeichen
- Langtext: 60 Zeichen

**Sprach- und Zeitabhängigkeit**

Setzen Sie das Kennzeichen **Langtext ist besonders lang**, wird ein Langtext mit bis zu 1.333 Zeichen in der Texttabelle erzeugt. Außerdem besteht die Möglichkeit, die Kennzeichen **Sprachenabhängig** und **Zeitabhängig** zu setzen.

Stammdaten/Texte: Merkmal ZC_002 Aktive Version

Schreibzugriff

Zugriffstyp: Generischer Zugriff Details...

Texte

Kurztext
Mitteltext
Langtext
Langtext ist besonders lang
Sprachenabhängig
Zeitabhängig

Berechtigungspflege

Stammdatenpflege mit Berechtigungsprüfung

Allgemein | Stammdaten/Texte | Attribute | BI-Mandanten | Erweitert | Laufzeiteigenschaften

**Abbildung 5.48** Der Tab »Stammdaten/Texte«

**Sprachabhängigkeit/Mehrsprachigkeit**

Mit der Sprachabhängigkeit lässt sich Mehrsprachigkeit im SAP BW abbilden. So lassen sich bei Merkmalen wie dem Kunden (`0CUSTOMER`), der über eine eindeutige Kundennummer definiert ist, die Texte, z. B. der Name des Kunden, in mehreren Sprachen hinterlegen. Ein zweites Beispiel ist das Material (`0MATERIAL`), bei dem zu einer eindeutigen Materialnummer Beschreibungen in mehreren Sprachen gespeichert werden können (z. B. »Fahrrad« und »Bicycle«).

**Zeitabhängigkeit**

Zeitabhängigkeit bedeutet, dass bestimmte Informationen für ein gewisses Zeitintervall (jeweils mit Gültig-von- und Gültig-bis-Datum) gelten sollen. Dies ermöglicht Ihnen ein historisiertes Reporting. Somit entstehen bei eingeschalteter Zeitabhängigkeit zu jedem Stammdatensatz mehrere Datenbankeinträge, jeweils mit einem Gültigkeitsintervall. Diese Intervalle sind überschneidungsfrei. Ein Beispiel wäre die Zuordnung von Verkäufern zu Gebieten, die sich im Verlauf der Zeit ändern kann. Dabei ist zu beachten, dass das Setzen von Zeitabhängigkeit nur bei wichtigen Felder durchgeführt werden sollte, da es zu großen Datenmengen führen kann.

**Erweiterte Stammdatenfortschreibung**

Die *erweiterte Stammdatenfortschreibung* ermöglicht die parallele Befüllung von Stammdaten aus verschiedenen Quellen. Hierfür werden vom System zusätzlich eine Eingangstabelle und ein Change Log für die zu verarbeitenden Stammdaten erstellt. Die neuen Stammdaten aus den unterschiedlichen Quellen werden zunächst parallel in die Eingangstabelle geschrieben. Durch die Aktivierung werden die entsprechenden Merkmals-InfoObject-Tabellen und das Change Log aktualisiert (siehe Abbildung 5.49).

Durch Verwendung des Change Logs lassen sich auch Delta-Fortschreibungen von einem InfoObject in ein anderes realisieren.

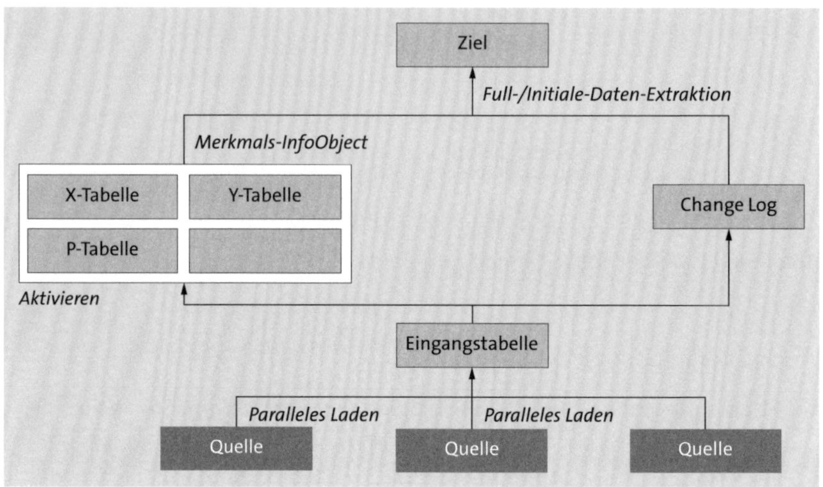


**Abbildung 5.49** Erweiterte Stammdatenfortschreibung (Quelle: SAP)

### 5.5.7 Merkmals-InfoObject administrieren: Hierarchien

**Der Tab »Hierarchien«**

**Hierarchien** ordnen Daten nach bestimmten Ordnungskriterien. Auch in SAP BW/4HANA 2.0 können Daten über Hierarchien gegliedert werden. In SAP BW/4HANA 2.0 wird diese Gliederung durch *Hierarchien* abgebildet. Durch Setzen des Kennzeichens **Hierarchien (Hierarchiepflege)** auf dem Tab **Allgemein** wird das Merkmals-InfoObject zu einem *Hierarchiebasismerkmal* (siehe Abschnitt 5.5.4, »Merkmals-InfoObject administrieren: Allgemein«). Sie können für dieses Merkmal eine baumartige Struktur definieren. Die Speicherung der Merkmalshierarchie erfolgt in der sogenannten *Hierarchietabelle*, die beim Setzen des Kennzeichens generiert wird (siehe Abschnitt 5.5.8, »Physische Ablage der Daten bei Merkmals-InfoObjects in Tabellen und Views«). Sie können die angelegten Hierarchien in allen InfoProvidern mit diesem Merkmal nutzen. Sobald ein Merkmals-InfoObject zu einem Hierarchiebasismerkmal wird, wird der Tab **Hierarchien** für dieses InfoObject verfügbar (siehe Abbildung 5.50).

**Lokale und Standardhierarchien**

Im Bereich **Hierarchietyp** können Sie **Standard** oder **Lokale Implementierung** auswählen. Die lokale Implementierung erläutern wir im Zusammenhang mit BW Workspaces in Abschnitt 10.4, »BW Workspaces für den agilen Zugriff auf Informationen«. Bei Auswahl der Option **Standard** haben Sie die Möglichkeit, zu entscheiden, ob die Hierarchien **Versionabhängig** oder **Zeitabhängig** sein sollen.

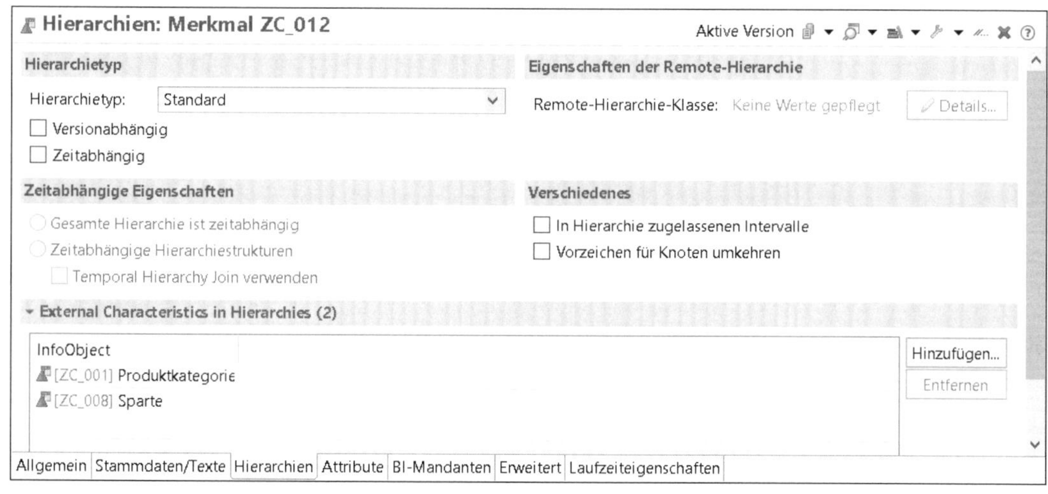


**Abbildung 5.50** Hierarchien für Merkmals-InfoObjects

**Hierarchien in InfoProvidern und Attributen**

Darüber hinaus gibt es die Möglichkeit, Hierarchien über die Objekte eines InfoProviders zu nutzen. Auch die Attribute eines Merkmals können eine Hierarchie enthalten. Ein Beispiel für hierarchische Strukturen auf InfoProvidern sind die InfoObjects Kalendertag (0CALDAY), Kalenderjahr/-monat (0CALMONTH) und Kalenderjahr (0CALYEAR). Als Beispiel für Hierarchien in Attributen eines Merkmals lassen sich die InfoObjects Material (0MATERIAL), Warengruppe (0MATL_GROUP), Materialart (0MATL_TYPE) und Branche (IND_SECTOR) nennen, jedoch mit der Einschränkung, dass die Attribute dann Navigationsattribute sein müssen.

Hierarchien für Merkmale können Sie in SAP BW/4HANA 2.0 aus dem InfoObject heraus pflegen. Dazu klappen Sie das Menü über [Werkzeug-Symbol ▾] auf und rufen den Eintrag **Hierarchiepflege** auf (siehe Abbildung 5.51).

**Abbildung 5.51** Aufruf der Hierarchiepflege aus dem InfoObject

Es öffnet sich das SAP BW/4HANA 2.0 Web Cockpit. Dort werden alle vorhandenen Hierarchien zum ausgewählten Merkmals-InfoObject angezeigt (siehe Abbildung 5.52). Durch Auswahl der entsprechenden Hierarchie können Sie diese pflegen. Unten rechts auf der Seite haben Sie die Möglichkeit, über **Anlegen** eine neue Hierarchie zu erstellen, über **Aktivieren** eine gerade angelegte oder geänderte Hierarchie zu aktivieren oder auch ausgewählte Hierarchien zu kopieren oder zu löschen. Für eine detaillierte Beschreibung der Modellierung von Merkmalshierarchien lesen Sie bitte Abschnitt 7.2, »Modellierung von Merkmalshierarchien«.

**Abbildung 5.52** Hierarchiepflege

### 5.5.8 Physische Ablage der Daten bei Merkmals-InfoObjects in Tabellen und Views

Wie schon zu Beginn dieses Kapitels erwähnt, sind InfoObjects in SAP BW/4HANA 2.0 datenpersistierende Objekte. Die Art der Speicherung ist von zentraler Bedeutung und wird nachfolgend erklärt.

**InfoObject-Tabellen**

Die Vermutung liegt nahe, dass die Daten jedes Merkmals-InfoObjects im Hintergrund in jeweils einer (flachen) Tabelle gespeichert werden. Die Realität ist allerdings komplexer: In SAP BW/4HANA 2.0 stehen, wie auch aus den vorhergehenden SAP-BW-Releases bekannt, hinter jedem InfoObject mehrere *Tabellen*. Für ein tiefgehenderes Verständnis des SAP-BW-Datenmodells ist es hilfreich, wenn Sie sich hiermit einmal auseinandersetzen. Spätestens aber, wenn Sie mit selbstgeschriebenem Code (z. B. in der Start-, End- oder Expertenroutine einer Transformation während der Beladung und Verarbeitung der Daten, siehe Abschnitt 6.1, »Transformationen«, und Abschnitt 7.6, »Transformationen (erweitert)«) Datensätze aus einem InfoObject nachlesen oder verändern wollen, ist es notwendig, dass Sie die Tabellen, in denen die Daten zu einem InfoObject abgelegt sind, kennen. Dies ist die Voraussetzung dafür, dass Sie die für den vorgesehenen Zweck richtigen Daten sicher auswählen können. Daher stellen wir Ihnen im Folgenden die InfoObject-Tabellen kurz vor.

Bei der Aktivierung eines stammdatentragenden Merkmals-InfoObjects legt das SAP-BW-System, je nach Einstellung, Stammdatentabellen für Attribute, Texte und Hierarchien an.

**Stammdatentabellen**

Für ein Merkmal, das Texte enthält, legt das System eine *Texttabelle* (*T-Tabelle*) an. Diese kann Kurztexte, Mitteltexte, Langtexte, und/oder besonders lange Langtexte enthalten. Diese Texte können dabei sowohl sprachenabhängig als auch zeitabhängig sein (siehe Abschnitt 5.5.6, »Merkmals-InfoObject administrieren: Stammdaten/Texte«). Die Namen von Texttabellen von SAP-Standard-Objekten lauten */BIO/T<techn. Name InfoObject>*, die Namen von Texttabellen von kundendefinierten InfoObjects lauten */BIC/T<techn. Name InfoObject>*. Je InfoObject wird nur eine Texttabelle angelegt, die alle Texte in den verschiedenen Sprachen, Längen und Gültigkeitszeiträumen enthält.

**(T-)Texttabellen**



Diese allgemeinen Namenskonventionen für die Texttabellen gelten analog für die im Folgenden aufgeführten Tabellen und Views. Tabelle 5.3 bietet eine Übersicht über die technischen Namen aller beschriebenen Tabellen und Views.

[«]

**Präfixe für SAP-Objekte und für kundeneigene Objekte**

Statt des Präfixes »/BIC/« für kundeneigene Objekte können kundenindividuell auch andere Namensräume definiert werden. In diesen Fällen wäre »/BIC/« jeweils durch das kundendefinierte Präfix zu ersetzen. Der Einfachheit halber nutzen wir in diesem Buch das Standardpräfix »/BIC/« repräsentativ auch für andere kundendefinierte Präfixe. SAP-Objekte sind am Präfix »/BI0/« erkennbar.

Wird ein InfoObject als stammdatentragend angelegt, können Attribute für dieses stammdatentragende Merkmal gepflegt werden.

**(P- und Q-)Attributstabellen für Anzeigeattribute**

Betrachten wir zunächst den Fall, dass diese Attribute als Anzeigeattribute angelegt werden. Diese können Sie sowohl als zeitunabhängig wie auch als zeitabhängig definieren: Die *P-Tabelle* enthält Merkmale mit zeitunabhängigen Anzeigeattributen; die *Q-Tabelle* enthält Merkmale mit zeitabhängigen Anzeigeattributen. Sobald die P- oder die Q-Tabelle (oder beide) existieren, legt das System auch einen View, des *M-View*, über die P- oder die Q-Tabelle oder, falls vorhanden, über beide Tabellen an.

**(X- und Y-)Attributstabellen für Navigationsattribute**

Werden Attribute eines stammdatentragenden InfoObjects als Navigationsattribute angelegt, können Sie auch diese sowohl als zeitunabhängig wie auch als zeitabhängig definieren: Die *X-Tabelle* enthält Merkmale mit zeitabhängigen Navigationsattributen; die *Y-Tabelle* enthält Merkmale mit zeitunabhängigen Navigationsattributen. Die X- bzw. die Y-Tabelle wird nur dann angelegt, wenn mindestens ein entsprechendes (zeitunabhängiges oder zeitabhängiges) Navigationsattribut definiert wird.

**SID-Tabellen**

InfoObjects in SAP BW besitzen eine *SID-Tabelle* – auch *S-Tabelle* genannt. In dieser SID-Tabelle werden die meistens alphanumerischen Schlüsselwerte des InfoObjects (z. B. Materialnummer) numerischen Schlüsseln, den *SIDs*, zugeordnet (siehe Hinweiskasten). Der Einsatz von SIDs verbessert die Performance von Datenbankoperationen.

**Surrogate-IDs**

Für jedes Merkmal gibt es einen *Schlüssel* – z. B. die Materialnummer oder die Kundennummer, manchmal auch als *Material-ID* oder *Kunden-ID* bezeichnet. Zusätzlich können zu einem Merkmal weitere Informationen wie Texte in unterschiedlichen Längen und Sprachen oder Attribute gespeichert werden. Attribute zu einem Material können beispielsweise die Farbe, das Gewicht oder das Volumen sein.

Ein Objekt wie ein Kundenauftrag enthält dann nur die Materialnummer, die Kundennummer und weitere auftragsspezifische Daten. Alle Informationen zum Material sind in den Tabellen zum Material gespeichert und werden ausschließlich über die Materialnummer hinzugelesen – das Gleiche gilt für die Kundennummer. So können die Stammdaten zum Material und zum Kunden zentral an einer Stelle gehalten und gepflegt werden. Dieses Vorgehen vermeidet die redundante Ablage derselben Daten und führt so direkt zu einer höheren Integrität der Daten, beispielsweise da zu einem Kunden nicht versehentlich mehrere Adressen gleichzeitig gespeichert werden können.

Schlüssel wie eine Materialnummer oder eine Kundennummer sind zumeist alphanumerisch. Der Datenbankzugriff auf alphanumerische Schlüssel, z. B. bei der Suche nach einem Material, um die entsprechenden Detaildaten auszulesen, ist weniger performant als Operationen auf ausschließlich numerischen Schlüsseln. Daher werden in SAP BW zusätzliche Schlüssel verwendet, die *Surrogate-IDs* (*SIDs*). Eine SID-Tabelle enthält dabei die eigentlichen Schlüssel – z. B. die Materialnummern – als Werte. Der Schlüssel einer SID-Tabelle ist eine Spalte mit den ausschließlich numerischen SIDs, die vom System erzeugt und häufig einfach hochgezählt werden.

Wird nun ein InfoObject in einem aDSO verwendet, liest das System die Detaildaten zum InfoObject über die SID-Tabelle nach. Auch wenn zwischen den eigentlichen Daten und dem aDSO nun zusätzlich die SID-Tabelle steht (ein zusätzlicher Join), überwiegen die Vorteile der schnelleren Datenbankoperationen auf den numerischen SIDs.

**(H- I-, J- und K-) Hierarchietabellen**

Wenn für ein Merkmal eine Hierarchie hinterlegt ist, enthält die *H-Tabelle* zu diesem Merkmal die Hierarchiestruktur. Die *I-Tabelle* enthält die Hierarchiestruktur für alle Versionen der Hierarchie sowie den Vorgänger und Nachfolger zu jedem Knoten oder Blatt der Hierarchie. Anstelle der Schlüssel sind in der I-Tabelle die SID-Werte abgelegt. SID-Werte für Knoten sind dabei immer negativ, SID-Werte für Blätter immer positiv. Unterstützt eine Hierarchie Intervalle, werden diese in der *J-Tabelle* abgelegt. Die *K-Tabelle* enthält die Hierarchieknoten und die (negativen) SID-Werte für alle Hierarchieknoten.

**Pflege von (Merkmals-) Hierarchien**

Tabelle 5.3 zeigt eine Übersicht über die besprochenen sowie weitere Tabellen und Views zu einem InfoObject, inklusive der entsprechenden Namenskonventionen für SAP- bzw. kundeneigene InfoObjects.

| Tabelle/ View | Inhalt | Namenskonvention |
|---|---|---|
| 6 | Modellview der zeitabhängigen Stammdaten-Tabelle | */BI0/6<InfoObject>* <br> */BIC/6<InfoObject>* |
| 7 | Projektion der zeitunabhängigen SID-Tabelle | */BI0/7<InfoObject>* <br> */BIC/7<InfoObject>* |
| 8 | Projektion der zeitabhängigen SID-Tabelle | */BI0/8<InfoObject>* <br> */BIC/8<InfoObject>* |
| H | Hierarchien: Hierarchiestruktur | */BI0/H<InfoObject>* <br> */BIC/H<InfoObject>* |
| I | Hierarchien: SID-Struktur aller Hierarchieversionen | */BI0/I<InfoObject>* <br> */BIC/I<InfoObject>* |
| J | Hierarchien: Intervalle | */BI0/J<InfoObject>* <br> */BIC/J<InfoObject>* |
| K | Hierarchien: Hierarchieknoten mit SID-Werten | */BI0/K<InfoObject>* <br> */BIC/K<InfoObject>* |
| M | View über Stammdatentabellen | */BI0/M<InfoObject>* <br> */BIC/M<InfoObject>* |

**Tabelle 5.3** Tabellen zum InfoObject

| Tabelle/View | Inhalt | Namenskonvention |
|---|---|---|
| P | Stammdaten: zeitunabhängige Anzeige-attribute | */BIO/P<InfoObject>*<br>*/BIC/P<InfoObject>* |
| Q | Stammdaten: zeitabhängige Anzeige-attribute | */BIO/Q<InfoObject>*<br>*/BIC/Q<InfoObject>* |
| R | View SIDs und Merkmalswerte | */BIO/R<InfoObject>*<br>*/BIC/R<InfoObject>* |
| S | Zuordnung der Schlüsselwerte des Merkmals zu den SIDs | */BIO/S<InfoObject>*<br>*/BIC/S<InfoObject>* |
| T | Texte: sprachabhängig und zeitabhängig | */BIO/T<InfoObject>*<br>*/BIC/T<InfoObject>* |
| X | Stammdaten: zeitunabhängige Navigations-attribute | */BI<K>/X<InfoObject>* |
| Y | Stammdaten: zeitabhängige Navigations-attribute | */BI<K>/Y<InfoObject>* |
| Z | View Hierarchie SIDs und Knoten | */BI<K>/Z<InfoObject>* |

**Tabelle 5.3** Tabellen zum InfoObject (Forts.)

### 5.5.9 Kennzahlen-InfoObjects anlegen

Kennzahltypen

Grundlegend für die meisten Entscheidungen, die Steuerung sowie die Kontrolle in einem Unternehmen sind Kennzahlen. In SAP BW/4HANA 2.0 werden diese Kennzahlen als *Kennzahl-InfoObjects* angelegt. Sie lassen sich in verschiedene Kennzahltypen (Betrag, Datum, Integer, Nummer, Menge und Zeit) kategorisieren.

Datentyp

Die Anlage eines Kennzahl-InfoObjects unterscheidet sich nicht wesentlich von der Anlage eines Merkmal-InfoObjects: Sie wählen als InfoObject-Typ jedoch **KYF – Kennzahl**. Danach können Sie den Datentyp auswählen (siehe Abbildung 5.53).

Es ist wichtig, zu wissen, welcher *Kennzahltyp* in welchem Datentyp gespeichert wird, da Sie erst im Tab **Allgemein** des Kennzahl-InfoObjects auswählen können, welcher Kennzahltyp verwendet werden soll. In Tabelle 5.4 erläutern wir die Datentypen und ergänzen die jeweils verfügbaren Kennzahltypen. Sie können den Datentyp nach dem Anlegen noch ändern, solange keine Daten geladen wurden.

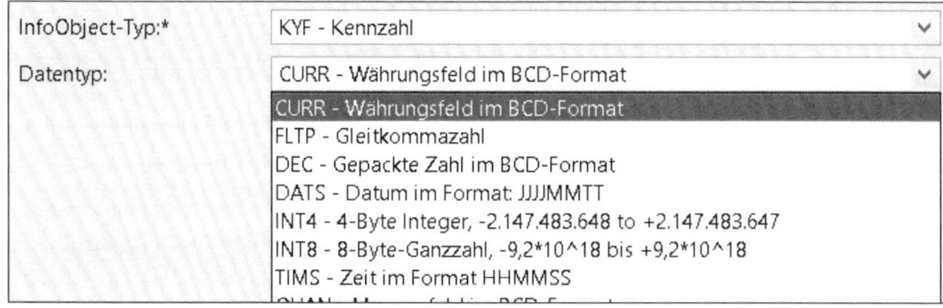


**Abbildung 5.53** Kennzahl-InfoObjects anlegen

| Datentyp | Name | Erklärung | Kennzahltyp |
|---|---|---|---|
| CURR | Währungsfeld im BCD-Format | Dem Datentyp muss ein Währungs-InfoObject zugeordnet werden (siehe Abschnitt 5.5.12, »Einheiten-InfoObject anlegen«). Der Datentyp hat eine maximale Lange von 31 Zeichen und ist sonst analog zum Datentyp DEC. | Betrag |
| FLTP | Gleitkommazahl | Die Länge der Gleitkommazahl beträgt 16 Zeichen inklusive der Nachkommastellen. | Betrag<br>Menge<br>Nummer |
| DEC | gepackte Zahl im BCD-Format | Eine gepackte Zahl hat eine Gesamtlänge von 31 Zeichen mit voreingestellter Anzahl an Nachkommastellen inklusive der Vorzeichen, Tausendertrennzeichen und Punkt zum Separieren der Nachkommastellen. | Datum<br>Nummer<br>Zeit |
| DATS | Datum im Format JJJJMMTT | Die Länge des Feldes beträgt 8 Zeichen. Das Ausgabeformat hängt von den Benutzereinstellungen ab und kann beispielsweise das Format TT.MM.JJJJ lauten. | Datum |
| INT4 | 4-Byte-Ganzzahl | Die maximale Länge der Ganzzahl beträgt 10. Die Zahl liegt zwischen dem Minimalwert –2.147.483.648 und dem Maximalwert +2.147.483.647. | Integer |
| INT8 | 8-Byte-Ganzzahl | Die maximale Länge der Ganzzahl beträgt 19. Die Zahl liegt zwischen dem Minimalwert –9,2 * $10^{18}$ und dem Maximalwert +9,2 * $10^{18}$. | Integer |

**Tabelle 5.4** Datentypen für Kennzahl-InfoObjects

| Datentyp | Name | Erklärung | Kennzahltyp |
|---|---|---|---|
| TIMS | Zeit im Format HHMMSS | Das TIMS-Format hat die Länge 6. Das Ein- und Ausgabeformat hat die Form HH:MM:SS. | Zeit |
| QUAN | Mengenfeld im BCD-Format | Dem Datentyp muss ein Einheits-InfoObject zugeordnet werden. Der Datentyp hat eine maximale Länge von 31 Zeichen und ist ansonsten analog zum Datentyp DEC. | Menge |

**Tabelle 5.4** Datentypen für Kennzahl-InfoObjects (Forts.)

**BCD-Format**

Im *BCD-Format* (*Binary Coded Decimal Format*) werden die Ziffern 0 bis 9 im Binärsystem, also durch Nullen und Einsen, mit jeweils vier Bit dargestellt:

0 = 0000

1 = 0001

2 = 0010

3 = 0011

4 = 0100

5 = 0101

6 = 0110

7 = 0111

8 = 1000

9 = 1001

Nach der Auswahl des Datentyps drücken Sie **Finish**. Das Kennzahl-InfoObject ist nun angelegt, aber noch inaktiv. Zum Aktivieren klicken Sie wie gewohnt auf das Icon .

### 5.5.10 Kennzahlen-InfoObjects administrieren: Allgemein

**Der Tab »Allgemein«**

Nach dem Anlegen eines neuen Kennzahl-InfoObjects oder nach dem Öffnen einer schon bestehenden Kennzahl sehen Sie im Tab **Allgemein** im Bereich **Allgemein** den technischen Namen, die **Beschreibung** und die **Kurzbeschreibung** (siehe Abbildung 5.54). Sie können die Kurzbeschreibung über das Icon  bearbeiten.

**Kennzahltyp auswählen**

Im Bereich **Dictionary** haben Sie die Möglichkeit, den **Kennzahltyp** auszuwählen und den entsprechenden **Datentyp** festzulegen. Die jeweils möglichen Kombinationen entnehmen Sie Tabelle 5.4.

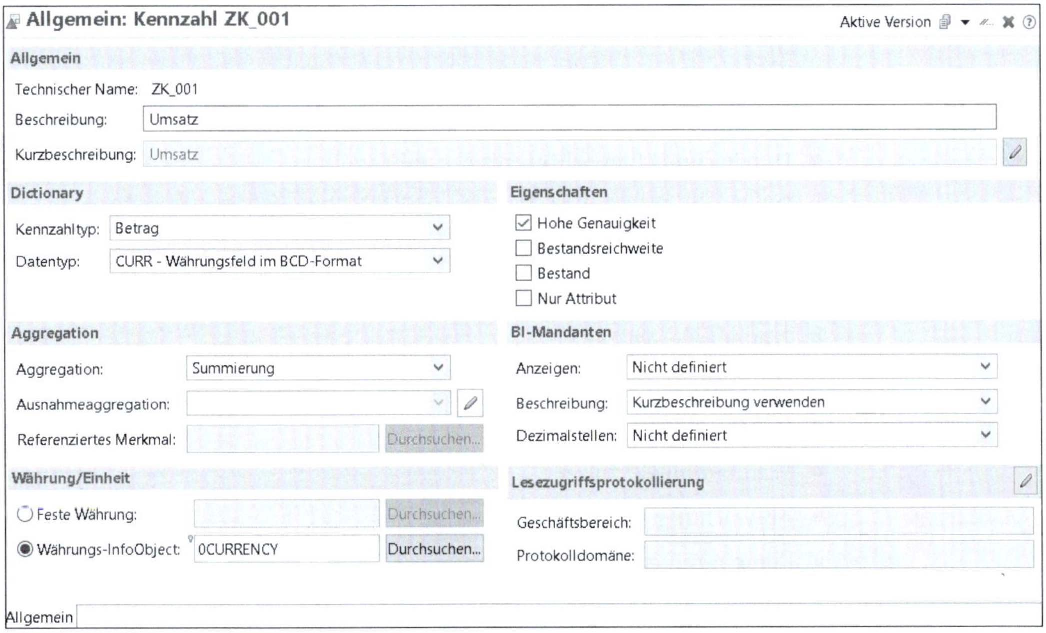

**Abbildung 5.54** Optionen zu Kennzahl-InfoObjects

**(Standard-) Aggregation**

Im Bereich **Aggregation** können Sie die Standardaggregation auswählen, die beschreibt, wie die Kennzahl im Normalfall aggregiert werden soll (siehe Abbildung 5.54). Hier stehen Ihnen folgende Optionen zur Auswahl:

- **Summierung**
- **Maximum**
- **Minimum**
- **Keine Aggregation (X – wenn mehr als ein Wert vorhanden)**

**Ausnahmeaggregation**

Sie können auch eine **Ausnahmeaggregation** anlegen. Für diese müssen Sie ein **Referenziertes Merkmal** angeben. Wenn über dieses Merkmal aggregiert wird, kommt nicht die Standardaggregation, sondern die Ausnahmeaggregation für die Kennzahl zur Anwendung. Beispielsweise können Sie den Lagerstand über verschiedene Lagerbereiche bei der Aggregation aufsummieren. Es macht aber in der Regel wenig Sinn, den Lagerbestand über die Zeit zu summieren. Hier interessiert z. B. nur der erste Wert, nur der letzte Wert oder der Durchschnitt. Ihnen stehen folgende Ausnahmeaggregationen zur Verfügung:

- **Maximum**
- **Minimum**
- **Keine Aggregation (X = wenn mehr als ein Wert ungleich 0 vorhanden)**
- **Keine Aggregation (X = wenn mehr als ein Satz vorhanden)**
- **Keine Aggregation (X = wenn mehr als ein Wert vorhanden)**
- **Durchschnitt (Werte ungleich null)**
- **Durchschnitt (gewichtet mit Anzahl Tage)**
- **Durchschnitt (gewichtet mit Anzahl Arbeitstage; Fabrikkalender)**
- **Durchschnitt (alle Werte)**
- **Zähler (Werte ungleich null)**
- **Zähler (alle Werte)**
- **Erster Wert**
- **Letzter Wert**
- **Standardabweichung**
- **Abweichung**
- **Keine Aggregation in Hierarchie**
- **Keine Aggregation in Knoten von Hierarchie**
- **Median**
- **Einfache lineare Regression: Anstieg**
- **Einfache lineare Regression: Y-Schnittpunkt**
- **Einfache lineare Regression: Korrelationskoeffizient**

**Währungen und Einheiten**

Für die Kennzahltypen Betrag und Menge können Sie eine **Feste Währung** oder **Feste Einheit** festlegen. Alternativ können Sie auch ein **Währungs-InfoObject** bzw. ein **Einheits-InfoObject** festlegen, das die Währungen bzw. Einheiten zuordnet (siehe Abbildung 5.55).

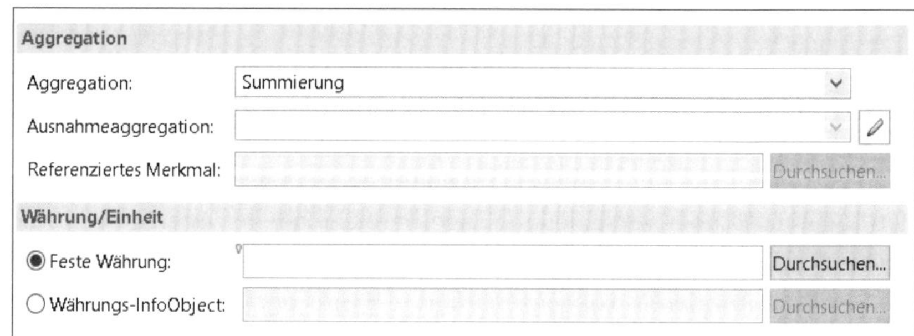


**Abbildung 5.55** Aggregation und Währung/Einheit der Kennzahl-InfoObjects

**Hohe Genauigkeit**

Im Bereich **Eigenschaften** lässt sich für die Datentypen DEC, CURR und QUAN die **Hohe Genauigkeit** einstellen (siehe Abbildung 5.56). In diesem Fall wird nicht mehr wie im Standard mit dezimalen Gleitpunktzahlen mit 16 Stellen, sondern mit 34 Stellen gerechnet. Dies ist bei Anwendungen sinnvoll, bei denen eine hohe Rechengenauigkeit wichtig ist. Jedoch sollten Sie beachten, dass diese Einstellung einen höheren Speicherverbrauch zur Folge hat.

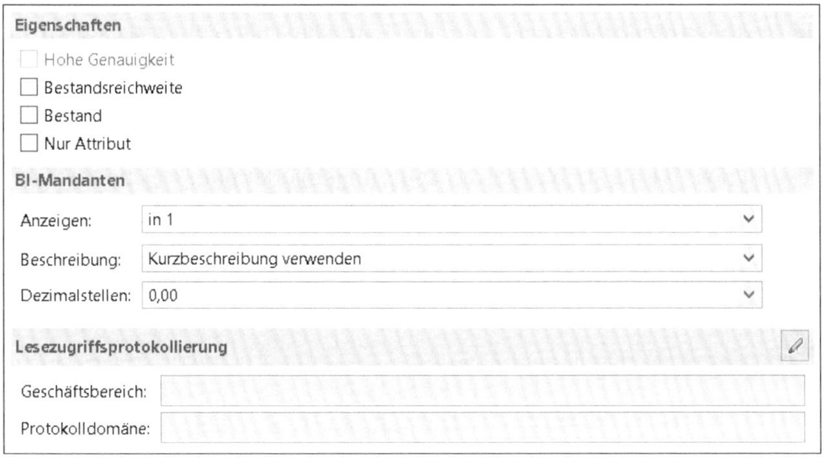

**Abbildung 5.56** Eigenschaften, BI-Mandanten und Lesezugriffsprotokollierung

**Kennzahl-InfoObject als ausschließliches Attribut**

Für Kennzahl-InfoObjects haben Sie wie bei Merkmal-InfoObjects die Möglichkeit, sie mit dem Kennzeichen **Nur Attribut** zu versehen. Ein Beispiel für Kennzahlen wäre hier die Größe einer Abteilung, die durch eine Kostenstelle repräsentiert wird, in Quadratmetern, somit kann das Attribut nicht als Navigationsattribut verwendet werden. Dies kann hilfreich sein, wenn Sie auf die Performance achten müssen und daher nicht zu viele Navigationsattribute verwenden möchten.

**Bestandskennzahlen**

Eine Besonderheit stellen *Bestandskennzahlen* dar. Hierbei handelt es sich um nicht kumulative Kennzahlen. Ein Beispiel: Wenn Sie den Bestand vom 01.01.2021 bis zum 03.01.2021 betrachten, dann ist die Summe hierüber nicht der Gesamtbestand von diesen drei Tagen, sondern es lässt sich nur der Bestand zu einem bestimmten Zeitpunkt angeben, also zum 01., 02. oder 03.01.2021. Häufig wird nicht für jeden Tag der Bestand gespeichert, sondern es gibt einen Anfangsbestand (z. B. Monatsanfang oder nach Inventur) oder einen Endbestand am Ende einer Periode. Die weiteren Bestände werden mithilfe der Zu- und Abgangsbuchungen berechnet.

**Flusskennzahlen**

Im Unterschied dazu stellt die Summe der Verkäufe vom 01.01.2021 bis zum 03.01.2021 die tatsächliche Summe der Verkäufe der drei Tage dar. Diese

Kennzahlen sind sogenannte *Flusskennzahlen* – oder auch kumulative Kennzahlen.

### 5.5.11 Kennzahlen-InfoObjects administrieren: Bestand

**Der Tab »Bestand«**

Zur Definition nicht kumulativer Kennzahlen setzen Sie ein Kennzeichen bei **Bestand**. Der Bestand zu einem bestimmten Zeitpunkt wird dann über die Formel *Anfangsbestand + Zugänge – Abgänge* berechnet. Nachdem Sie das Kennzeichen für den **Bestand** im Bereich **Eigenschaften** gesetzt haben, erscheint zusätzlich der neue Tab **Bestand** (siehe Abbildung 5.57). Hier können Sie festlegen, über welche Kennzahl **Bestandswertänderungen** (d. h. sowohl positive als auch negative Änderungen) oder über welche zwei verschiedenen Kennzahlen Zu- und Abgänge zur Bestandskennzahl abgebildet werden sollen.

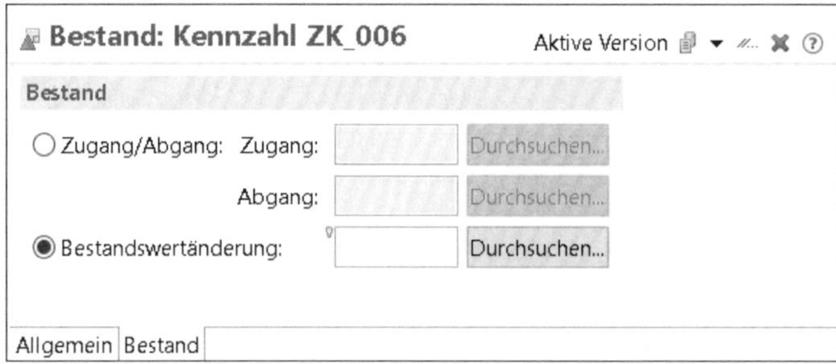


**Abbildung 5.57** Festlegung der Kennzahlen für Zu- und Abgänge bzw. Bestandswertänderungen

**Bestandsreichweite**

Die **Bestandsreichweite** gibt nun abhängig von einem Zeitmerkmal an, wie lange der derzeitige geplante oder erwartete Bestand unter Berücksichtigung eines erwarteten Verbrauchs reichen wird. Setzen Sie nun das Kennzeichen **Bestandsreichweite** im Bereich **Eigenschaften**, wird der neue Tab **Bestandsreichweite** zur Kennzahl hinzugefügt (siehe Abbildung 5.58).

Bestandsreichweite: Kennzahl ZK_006 — Aktive Version

Bestandsreichweite

Bestandsart: Beginn der Periode

Maximale Anzahl abgedeckter Perioden: 0

Referenzierte Bestandskennzahl: Durchsuchen...

Referenzierte Bedarfskennzahl: Durchsuchen...

Referenziertes Zeitgranularitätsmerkmal: Durchsuchen...

Allgemein | Bestandsreichweite

**Abbildung 5.58** Der Tab »Bestandsreichweite«

Bestandsreichweite berechnen

Im Bereich **Bestandsreichweite** können Sie bei der **Bestandsart** auswählen, ob die Bestandswerte vom Beginn der Periode oder vom Ende der Periode sind. Je größer die **Maximale Anzahl abgedeckter Perioden**, die Sie angeben, desto genauer wird die Berechnung, dies erhöht gegebenenfalls aber auch die Berechnungsdauer. Die **Referenzierte Bedarfskennzahl** gibt den erwarteten Bedarf für die Perioden an.

Das **Referenzierte Zeitgranularitätsmerkmal** spezifiziert, um welche Perioden es sich handelt: Dies können Jahre, Kalendermonate, Wochen oder auch Tage sein, jedoch müssen die Zeitmerkmale, wenn sie zum Filtern benutzt werden oder im Aufriss sind, kompatibel sein. Nicht kompatible Zeitmerkmale sind beispielsweise der Kalendermonat und die Kalenderwoche, da eine Kalenderwoche in zwei aufeinanderfolgenden Monaten liegen kann und eine Berechnung der Bestandsreichweite somit keine validen Ergebnisse liefert.

In Tabelle 5.5 ist eine beispielhafte Berechnung der Bestandsreichweite für Anfangsbestände dargestellt. Die nicht benötigten Felder sind leer. Der Anfangsbestand des Kalendermonats 05.2021 beträgt 15, dabei wird der Bedarf für Mai 2021 gedeckt. Im Juni 2021, nach einem Monat, ist ein errechneter Bestand von neun vorhanden, der den Bedarf für den Monat ebenfalls deckt. Im Juli ist der errechnete Bestand vier und deckt somit nicht mehr den ganzen Monat ab. Es ergibt sich also die Bestandsreichweite von 2,8, da Mai und Juni vollständig abgedeckt werden können, im Juli jedoch nur ein Bedarf von 4 anstatt von 5 gedeckt werden kann.

| Kalendermonat | Bestand | Bedarf | Bestandsreichweite |
|---|---|---|---|
| 05.2021 | 15 | 6 | 2,8 |
| 06.2021 | | 5 | |
| 07.2021 | | 5 | |

**Tabelle 5.5** Bestandsreichweite bei Anfangsbeständen

In der beispielhaften Berechnung der Bestandsreichweite von Endbeständen bleiben ebenfalls alle nicht benötigten Felder leer (siehe Tabelle 5.6). Bei der Berechnung wird jedoch im Gegensatz zur Berechnung mit Anfangsbeständen der Bedarf im Anfangsmonat nicht berücksichtigt. Dementsprechend ist der Bestand nach einem Monat (06.2021) nach Abzug des Bedarfs auf zehn. Zum Ende von 08.2021 ist dann entsprechend noch ein Bestand von drei vorhanden, der den Bedarf für 09.2021 nicht vollständig deckt. Somit beträgt die Bestandsreichweite 3,75.

| Kalendermonat | Bestand | Bedarf | Bestandsreichweite |
|---|---|---|---|
| 05.2021 | 14 | | 3,75 |
| 06.2021 | | 4 | |
| 07.2021 | | 3 | |
| 08.2021 | | 4 | |
| 09.2021 | | 4 | |

**Tabelle 5.6** Bestandsreichweite bei Endbeständen

### 5.5.12 Einheiten-InfoObject anlegen

**Kennzahl und Einheit**

Das vorletzte InfoObject, das wir Ihnen vorstellen möchten, ist das *Einheiten-InfoObject*. Es ist immer mit einem Kennzahlen-InfoObject verknüpft und dient dazu, die Vergleichbarkeit von Kennzahlen herzustellen. Ein Beispiel ist ein Kennzahlen-InfoObject mit einer Zahl und ein Einheits-InfoObject, in dem für jede Kennzahl-Ausprägung die entsprechende Einheit (z. B. Millimeter, Zentimeter, Dezimeter) abgelegt wird.

Zur Anlage eines Einheits-InfoObject wählen Sie per Rechtsklick aus dem Kontextmenü einer InfoArea **Neu • InfoObject**. Vergeben Sie einen technischen Namen und eine Beschreibung entsprechend Ihrer Namenskonventionen, und wählen Sie bei **InfoObject-Typ** den Eintrag **UNI – Einheit** (siehe Abbildung 5.59). Beim **Datentyp** können Sie aus zwei verschiedenen Datentypen auswählen: **CUKY – Währungsschlüssel für Währungsfelder** oder **UNIT – Einheitenschlüssel von Mengenfeld**. Legen Sie das Einheiten-InfoObject über **Finish** an, und aktivieren Sie es über das Icon .

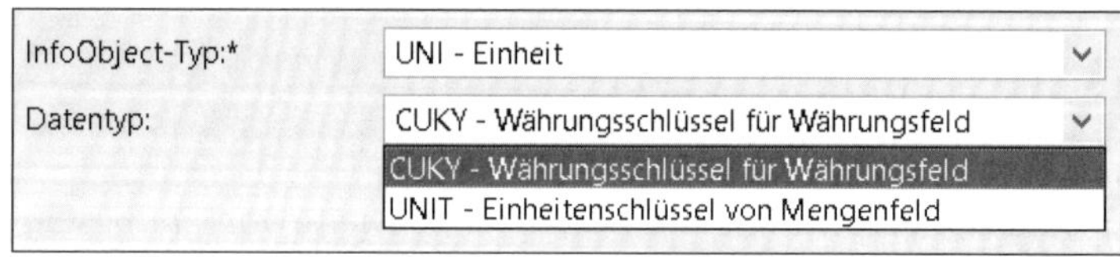


**Abbildung 5.59** Einheiten-InfoObjects anlegen

### 5.5.13 Einheiten-InfoObjects administrieren: Allgemein

**Der Tab »Allgemein«**

Im Bereich **Allgemein** auf dem Tab **Allgemein** können Sie für das Einheiten-InfoObject die Beschreibung und die Kurzbeschreibung unter Verwendung des Icons [✎] anpassen (siehe Abbildung 5.60). Im Bereich **Dictionary** kann der **Einheitstyp** ausgewählt werden. Hier stehen Ihnen **Währung** und **Einheit** zur Verfügung. Abhängig von der Auswahl ändert sich die **Referenzierte Einheit** von **0CURRENCY** bei Währungen in **0UNIT** bei Einheiten.

**Abbildung 5.60** Einstellungen zu Einheiten-InfoObjects

Im Feld **Anzeigen** im Bereich **BI-Mandaten** können Sie festlegen, wie der Einheitstyp dargestellt werden soll: als Text, Text und Schlüssel, nur Schlüssel etc. Im Feld **Beschreibung** bestimmen Sie, ob den Anwenderinnen und Anwendern die **Beschreibung** aus dem Bereich **Allgemein** oder die **Kurzbeschreibung** angezeigt werden soll.

### 5.5.14 XXL-InfoObjects anlegen

**Zusätzliche Informationen speichern**

Abschließend stellen wir Ihnen das *XXL-InfoObject* vor. Anwendungsfälle, bei denen Grafikdateien, Medien, lange Texte oder andere Dateien als zusätzliche Informationen gespeichert werden, lassen sich mit diesen InfoObjects abbilden.

Zum Anlegen eines XXL-InfoObjects wählen Sie im Kontextmenü einer InfoArea (Rechtsklick) den Eintrag **Neu • InfoObject**. Vergeben Sie wie gewohnt einen technischen Namen und eine Beschreibung entsprechend Ihrer Namenskonventionen, und wählen Sie bei **InfoObject-Typ** den Eintrag **XXL – XXL-InfoObject** (siehe Abbildung 5.61). Anschließend bestimmen Sie den **Datentyp**. Wählen Sie hierfür zwischen **STRG – Zeichenstring (CLOB)** und **RSTR – Byte String (BLOB)** aus. Legen Sie das XXL-InfoObject über **Finish** an, und aktivieren Sie es über das Icon [icon].

**Abbildung 5.61** XXL-InfoObjects anlegen

### 5.5.15 XXL-InfoObjects administrieren: Allgemein

**Der Tab »Allgemein«**

Beim Öffnen oder Anlegen eines XXL-InfoObjects haben Sie wie bei allen InfoObjects die Möglichkeit, die **Beschreibung** und die **Kurzbeschreibung** im Bereich **Allgemein** auf dem Tab **Allgemein** zu ändern. Beim Zeichenstring (CLOB steht für *Character Large Object*) müssen Sie keine weiteren Einstellungen im Bereich **Dictionary** vornehmen, da diese direkt als Textfile erkannt werden.

Bei einem Byte-String (BLOB bedeutet *Binary Large Object*) muss nach dem Erstellen im Bereich **Dictionary** des XXL-InfoObjects noch ein *MIME-Typ* (Multipurpose Internet Mail Extensions) für die Zuordnung des Formats angegeben werden. Dabei können MIME-Types unter anderem sein: CSS-Datei, Microsoft Word oder Icon.

Im folgenden Abschnitt stellen wir Ihnen die aDSOs vor, die Sie aus InfoObjects und Feldern aufbauen können und in denen alle Arten von Daten abgelegt werden können.

## 5.6 Advanced DataStore-Objekte

aDSOs

In diesem Abschnitt stellen wir Ihnen die in SAP BW/4HANA neuen *advanced DataStore-Objekte* (*aDSO s*) vor. Diese aDSOs sind in SAP BW/4HANA 2.0 grundlegend für die Persistierung und Konsolidierung von Daten und wurden bereits mit den Releases von SAP BW 7.x on HANA eingeführt. Dabei lösen die aDSOs neben den klassischen DSOs auch die Persistent Staging Areas (PSAs) im Data Acquisition Layer der LSA, die InfoCubes im Reporting Layer sowie die HybridProvider ab. In diesem Abschnitt lernen Sie die neuen aDSOs im Detail kennen. In Abschnitt 5.6.1, »Vorgängerobjekte im klassischen SAP BW«, erfahren Sie zunächst, wie Sie die abgelösten Objekte aus dem klassischen SAP BW in die neuen aDSOs überführen können.



### 5.6.1 Vorgängerobjekte im klassischen SAP BW

Persistant Staging Areas

Im klassischen SAP BW werden Daten aus dem Quellsystem über DataSources in den Data Acquisition Layer der LSA geladen. In der Regel werden die Daten dabei nicht direkt in ein klassisches DSO geschrieben (wobei auch das möglich war), sondern zunächst ohne große Änderungen an den Daten in eine *Persistant Staging Area* (*PSA*). Bei einer PSA handelt es sich um eine flache (zweidimensionale) Tabelle, die über die DataSource administrierbar ist. Anschließend werden die Daten aus der PSA in entsprechende DSOs oder InfoObjects weiterverbucht. Wenn sichergestellt ist, dass die Daten korrekt weiterverbucht wurden, werden sie häufig aus der PSA gelöscht. In SAP BW/4HANA 2.0 werden keine PSAs mehr genutzt. Stattdessen werden die Daten aus dem Quellsystem in aDSOs vom Typ Staging-DataStore-Objekt geschrieben. Diese entsprechen den schreiboptimierten (a)DSOs. Die Daten werden direkt ins aDSO geschrieben, eine Aktivierung ist nicht notwendig, es wird kein Change Log verwendet (siehe Abschnitt 5.6.5, »aDSO administrieren: Allgemein«). So konfigurierte aDSOs funktionieren ähnlich wie die im klassischen SAP BW verwendeten PSAs.

klassische DSOs vs. aDSOs

In den SAP-BW-7.x-on-HANA-Releases können neben den klassischen DSOs bereits die neuen aDSOs verwendet werden. Mit SAP BW/4HANA 2.0 kommen nur noch die neuen aDSOs zur Anwendung. Sie sind dabei für unterschiedliche Zwecke konfigurierbar, z. B. wie bereits erwähnt als schreiboptimierte Staging-aDSOs für den Einsatz im Open ODS Layer der LSA++. Die verschiedenen Konfigurationen für klassische DSOs können in ähnlicher Weise auch in den neuen aDSOs abgebildet werden.

Neue Funktionen

Die neuen aDSOs besitzen aber auch neue Funktionen: So müssen die in einem aDSO enthaltenen Datenfelder nicht mehr ausschließlich über Info-

Objects definiert werden, sondern es ist nun auch möglich, Felder über einen Namen, einen Datentyp und die Feldlänge zu definieren und zum Aufbau des aDSO zu nutzen (feldbasierte Modellierung, siehe Abschnitt 5.6.2, »Das aDSO in SAP BW/4HANA 2.0«).

**InfoCubes (alt)**

Auch die z. T. sehr komplexen InfoCubes mit ihrem zugrundeliegenden SAP-erweiterten Sternschema finden in SAP BW/4HANA 2.0 keine Verwendung mehr. Sie wurden ebenfalls durch aDSOs ersetzt – weswegen wir in diesem Buch auf die detaillierte Beschreibung der Datenarchitektur in einem InfoCube verzichten. Hier kommen die neuen aDSOs vom Typ Data-Mart-DataStore-Objekt zum Einsatz (siehe Abschnitt 5.6.5, »aDSO administrieren: Allgemein«). Wenn Sie neu in das Thema einsteigen und direkt mit den neuen aDSOs starten, stellt dies sicher eine Erleichterung dar. Umsteigerinnen und Umsteiger müssen sich vom InfoCube verabschieden und den neuen aDSO-Typ kennenlernen, der nun die Funktionen des InfoCubes übernimmt. Dabei entfallen die Dimensionen, die für InfoCubes zur Strukturierung der Daten angelegt werden müssen. Insgesamt reduziert sich die Komplexität. Wir empfehlen Ihnen in jedem Fall, einfach praktisch zu starten, ein paar Test-aDSOs zu bauen und sich so mit dem neuen Modellierungsobjekt vertraut zu machen.

**HybridProvider**

In SAP BW/4HANA 2.0 kommen auch keine HybridProvider mehr zum Einsatz. Auch sie werden durch aDSOs (gegebenenfalls in Kombination mit CompositeProvidern, siehe Abschnitt 6.3, »CompositeProvider«) ersetzt.

Insgesamt sind die neuen aDSOs eine mächtige Erweiterung der klassischen DSOs, die zum einen einige der alten Modellierungsobjekte ersetzen, zum anderen aber auch an vielen Stellen eine Vereinfachung des Datenmodells mit sich bringen.

### 5.6.2 Das aDSO in SAP BW/4HANA 2.0

**Feldbasierte Modellierung**

Durch die Ablösung der PSAs, DSOs, InfoCubes und HybridProvider durch aDSOs wurde die Anzahl der datenpersistierenden Objekte in SAP BW/4HANA 2.0 auf zwei reduziert (aDSOs und InfoObjects). Dabei vereint das neue aDSO die Funktionen der abgelösten Objekte auf sich. Von der Struktur her ist das aDSO noch am ehesten mit dem klassischen DSO zu vergleichen – jedoch ermöglichen aDSOs eine sehr viel schnellere Modellierung als klassische DSOs, da nicht in jedem Fall zunächst alle InfoObjects angelegt werden müssen. Es ist nun auch möglich, Felder ohne InfoObjects über einen Namen, einen Datentyp und die Länge zu definieren (dieser Vorgang nennt sich *feldbasierte Modellierung*). Ein zentraler Anwendungsfall für feldbasierte aDSOs sind aDSOs im Open ODS (ehemaliger Data Acquisition Layer). Hier werden alle Daten aus dem Quellsystem 1:1 als Felder in SAP BW/4HANA übernommen.

**Schlüssel im aDSO**

Für aDSOs müssen ebenso wie bei klassischen DSOs (Standard-DataStore-Objekt und DataStore-Objekt mit direkter Fortschreibung) Schlüsselfelder definiert werden. Diese spielen eine zentrale Rolle beim Verhalten des aDSO bei der Datenbeladung, da die Daten immer anhand der Schlüssel aggregiert werden (siehe Hinweiskasten »Schlüsselfelder«).

[«]

**Schlüsselfelder**

*Schlüsselfelder* sind Felder in einer Tabelle, die jeden Satz eindeutig identifizieren.

Ein Beispiel: Sie möchten über Verkäufe von verschiedenen Materialen aus verschiedenen Niederlassungen reporten. Setzen Sie alleinig das Material als Schlüsselfeld, geschieht Folgendes: Alle Verkäufe für je ein Material werden aggregiert, und es ist nicht mehr ersichtlich, aus welchen Niederlassungen die Verkäufe getätigt worden sind. Fügen Sie aber die Niederlassung mit in den Schlüssel ein, ist der eindeutige Schlüssel die Kombination aus Material und Niederlassung, und die Verkäufe lassen sich entsprechend je Material und Niederlassungsebene auseinanderhalten.

In der Konzeption von Datenmodellen sollten Sie sich im Vorfeld immer Gedanken um die benötigte granularste Ebene machen und sicherstellen, dass die entsprechenden Objekte auch im Schlüssel der konzipierten Objekte vorhanden sind.

**InfoObject-basierte aDSOs**

Ein aDSO kann neben Feldern auch InfoObjects enthalten. Ob Felder oder InfoObjects – oder beide Typen – verwendet werden, hängt vom Typ des aDSO ab. Wie bereits erwähnt wird in der Open-ODS-Schicht eher ein feldbasiertes aDSO erwartet, bei einem aDSO für das Reporting hingegen ein InfoObject-basiertes aDSO. Gerade diese Unterschiede spiegeln sich auch in der Konfiguration der aDSOs wider, die wir in Abschnitt 5.6.5, »aDSO administrieren: Allgemein«, näher beleuchten. In Abschnitt 5.6.4, »Physische Ablage der aDSO-Daten in Tabellen und Views«, werfen wir einen Blick auf die physische Ablage der Daten von aDSOs, da das Wissen um die Tabellen im Hintergrund grundlegend ist, um später gegebenenfalls in Transformationen unter Nutzung von AMDP- oder ABAP-Routinen auf die Daten zuzugreifen (siehe Abschnitt 6.1, »Transformationen« und Abschnitt 7.6, »Transformationen (erweitert)«).

### 5.6.3 aDSO anlegen

Um ein aDSO anzulegen, wählen Sie im Kontextmenü einer InfoArea den Eintrag **Neu • DataStore-Objekt (advanced)** (siehe Abbildung 5.62).

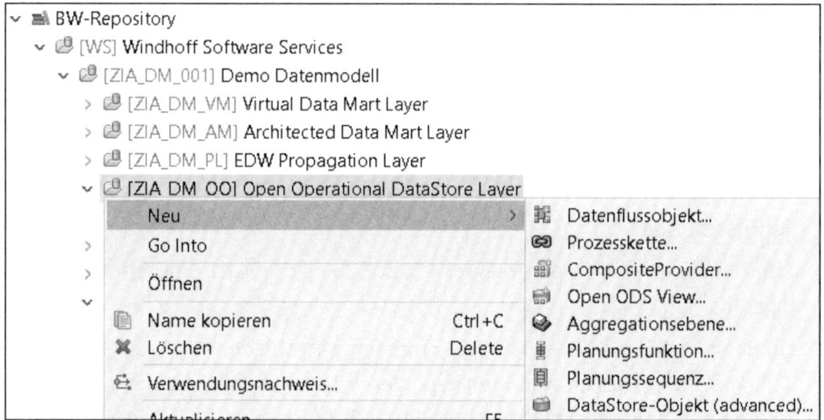


**Abbildung 5.62** aDSO neu anlegen

Im ersten Schritt vergeben Sie den technischen Namen (**Name**) und optional eine **Beschreibung** (siehe Abbildung 5.63).

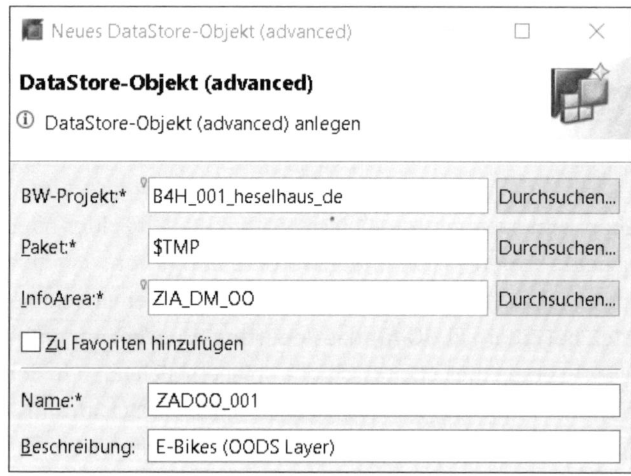


**Abbildung 5.63** Technischen Namen für das aDSO vergeben

Sie haben die Möglichkeit, über **Kopieren aus** die Elemente eines vorhandenen aDSO zu übernehmen (siehe Abbildung 5.64). Dies bietet sich an, wenn es bereits ein aDSO gibt, das (annähernd) die geforderte Struktur besitzt. Alternativ können Sie auch folgende Objekte als **Vorlagen** verwenden:

- DataSources
- InfoProvider
- InfoObjects
- InfoSources

Zur Auswahl einer Vorlage klicken Sie auf **Durchsuchen** und wählen ein geeignetes Objekt aus.



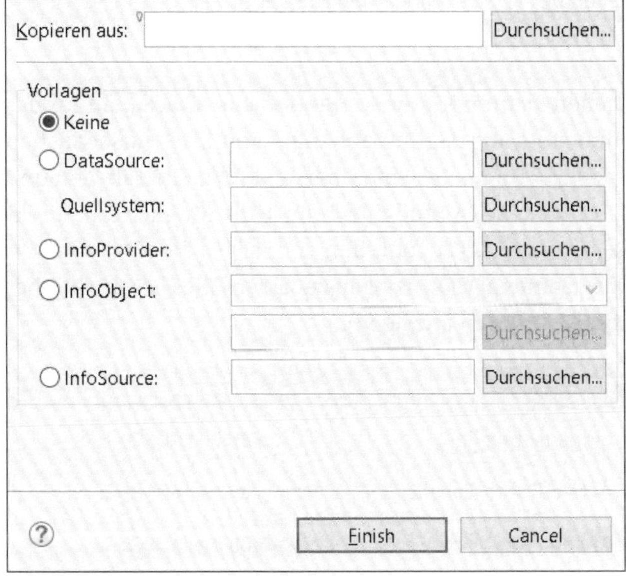


**Abbildung 5.64** Anlegen eines aDSO mit Vorlage

## 5.6.4 Physische Ablage der aDSO-Daten in Tabellen und Views

**aDSO: Tabellen**

Wie bei InfoObjects werden die Daten bei aDSOs in verschiedene Tabellen geschrieben. Dabei werden je aDSO drei verschiedene Tabellen verwendet: die Eingangstabelle (*Inbound Table*), die Aktive-Daten-Tabelle und die Change-Log-Tabelle (siehe Abbildung 5.65). Zunächst werden neue Daten mit Request-Informationen und den Nummern der Datenpakete in die *Eingangstabelle* geschrieben. Hier steht insbesondere das schnelle Schreiben der Daten im Vordergrund. Werden die Daten aktiviert, werden sie aus der Eingangstabelle gelöscht und in die *Aktive-Daten-Tabelle* geschrieben. Die *Change-Log-Tabelle* wird in der Delta-Fortschreibung genutzt, um damit aus dem aDSO Daten im Delta-Modus in weitere Datenziele fortschreiben zu können.

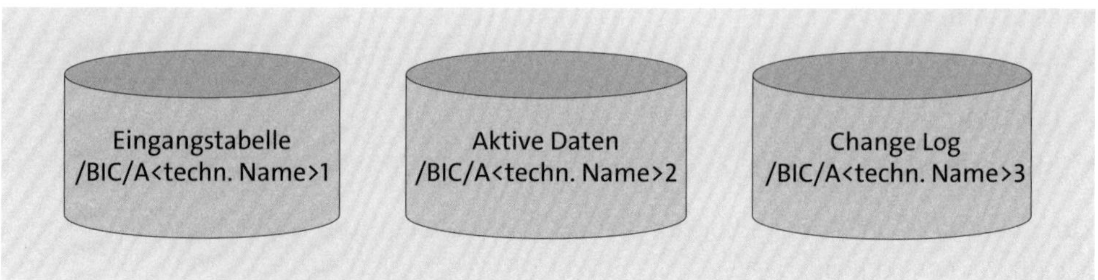


**Abbildung 5.65** Tabellen der aDSOs mit Namenskonventionen (hier: kundeneigene aDSOs)

**aDSO: Sichten**

Zusätzlich gibt es sieben Sichten für die Extraktion aus aDSOs und für das Reporting. Sie werden stets angelegt, unabhängig von ihrer tatsächlichen Verwendung. In Tabelle 5.7 finden Sie eine Übersicht über alle Tabellen und Sichten der aDSOs. Im SAP HANA Studio haben Sie die Möglichkeit, direkt auf den 7er-View (Reportingsicht) zuzugreifen, um sich so die für das Reporting verfügbaren Daten eines aDSO anzeigen zu lassen. Dies geschieht über das Icon (**Reportingsichtdaten anzeigen**).

| Tabelle/View | Inhalt | Namenskonvention |
|---|---|---|
| 1 (Tabelle) | Eingangstabelle | /BIC/A<ADSO>1 |
| 2 (Tabelle) | Aktive-Daten-Tabelle | /BIC/A<ADSO>2 |
| 3 (Tabelle) | Change Log | /BIC/A<ADSO>3 |
| 4 (Tabelle) | Validitätstabelle | /BIC/A<ADSO>4 |
| 5 (Tabelle) | Referenzpunkt-Tabelle | /BIC/A<ADSO>5 |
| 6 (View) | Sicht für Extraktion | /BIC/A<ADSO>6 |
| 7 (View) | Sicht für Reporting | /BIC/A<ADSO>7 |
| 8 (View) | für externen Zugriff, neu in SAP BW/4HANA 2.0 | /BIC/A<ADSO>8 |

**Tabelle 5.7** Tabellen und Views der aDSOs

### 5.6.5 aDSO administrieren: Allgemein

**Modellierungseigenschaften**

Für die Modellierung von aDSOs ist der Bereich **Modellierungseigenschaften** im Tab **Allgemein** von zentraler Bedeutung (siehe Abbildung 5.66). Abhängig von den Einstellungen, die Sie hier vornehmen, erhalten Sie aDSOs mit bestimmten Eigenschaften für bestimmte Einsatzgebiete. Diese Eigenschaften erläutern wir im Folgenden.

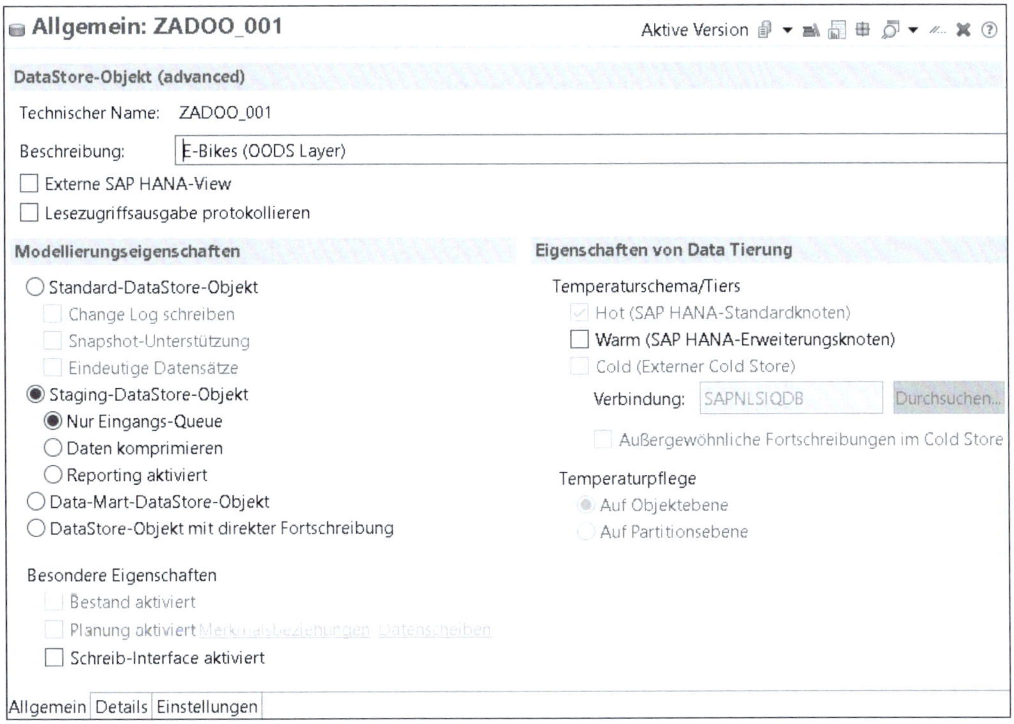

**Abbildung 5.66** Modellierungseigenschaften des aDSO

### Standard-DataStore-Objekt

Wird in den **Modellierungseigenschaften** die Eigenschaft **Standard-DataStore-Objekt** ausgewählt, werden die Daten bei der Beladung zunächst in der Eingangstabelle gespeichert und anschließend durch die Aktivierung in die Aktive-Daten-Tabelle fortgeschrieben (siehe Abbildung 5.67). Das Reporting sowie etwaige Datenextraktionen finden auf den aktiven Daten statt.

**Standard-DataStore-Objekt mit Change Log**

Wählen Sie zusätzlich zum Standard-DataStore-Objekt-Kennzeichen die Option **Change Log schreiben** aus, werden die neuen und geänderten Sätze, also das Delta zur vorherigen Beladung, im Change Log gespeichert (siehe Abbildung 5.68). Wenn anschließend mit einer Beladung Sätze aus der Eingangstabelle des aDSO gelöscht werden, wird diese Änderung im Change Log über den Recordmode (siehe Hinweiskasten »Recordmode«) festgehalten und bleibt nachvollziehbar. Die Verwendung eines Change Logs erlaubt das requestweise Löschen von Daten. Ohne Change Log ist ausschließlich ein selektives Löschen von Daten möglich, also z. B. alle Daten zu einem bestimmten Material oder Datum (siehe Abschnitt 9.5, »Löschen von Daten«). Das Change Log verbraucht zusätzlichen Speicherplatz. Daher sollten ältere Change-Log-Einträge entfernt werden. Diese Bereinigung der

Change Logs kann manuell erfolgen (siehe Abschnitt 9.5, »Löschen von Daten«). Sinnvoller ist die regelmäßige Bereinigung der Change Logs, die Sie durch das Einplanen als Schritt in einer regelmäßig eingeplanten Prozesskette erreichen (siehe Abschnitt 11.1, »Prozessketten«). Das Reporting auf einem aDSO mit Change Log findet wie im ersten Fall auf der Aktive-Daten-Tabelle statt. Darüber hinaus kann das Change Log für Delta-Extraktion in nachfolgenden aDSOs genutzt werden.

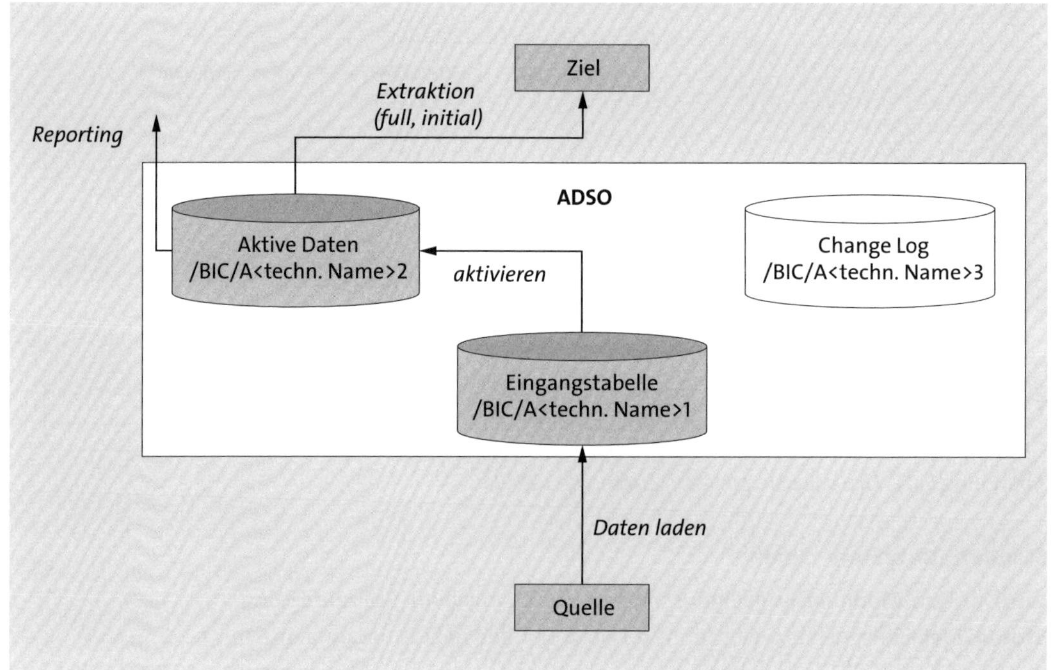


**Abbildung 5.67** Standard-DataStore-Objekt (Quelle: SAP)

[»]

**Recordmode**

Um Änderungen in Datensätzen nachhalten zu können, wird im *Recordmode* jedes einzelnen Satzes festgehalten, ob es sich um einen neuen Satz, einen geänderten Satz oder einen gelöschten Satz handelt. Folgende Status kann ein Datensatz im Recordmode haben:

- »N« – *New Image*: Dieser Satz enthält neue Daten, es wird ein neuer Datensatz angelegt.
- »X« – *Before Image*: Der Datensatz wurde geändert, dieser Datensatz bildet den Zustand vor der Änderung ab.
- » « – *After Image*: Der Datensatz wurde geändert, dieser Datensatz bildet den Zustand nach der Änderung oder dem Hinzufügen von Daten ab.

- »A« – *Add*: Der Datensatz enthält additive numerische Werte.
- »D« – *Delete*: Der Datensatz muss gelöscht werden.
- »R« – *Reverse Image*: Der Datensatz enthält die gleichen Werte wie ein Before Image. Wird ein DataStore-Objekt mit einem Satz mit einem Reverse Image gefüllt, dann wird der entsprechende Schlüssel gelöscht.

**Standard-DataStore-Objekt und eindeutige Datensätze**

Bei der gleichzeitigen Auswahl der Optionen **Standard-DataStore-Objekt** und **Eindeutige Datensätze** müssen Sie sicherstellen, dass nur Sätze mit eindeutiger Schlüsselkombination geladen werden. Wird bei der Aktivierung der Daten festgestellt, dass nicht eindeutige Sätze vorhanden sind, bricht der Request mit Fehlern ab. Dabei erfolgt die Datenladung wie in Abbildung 5.68 illustriert.

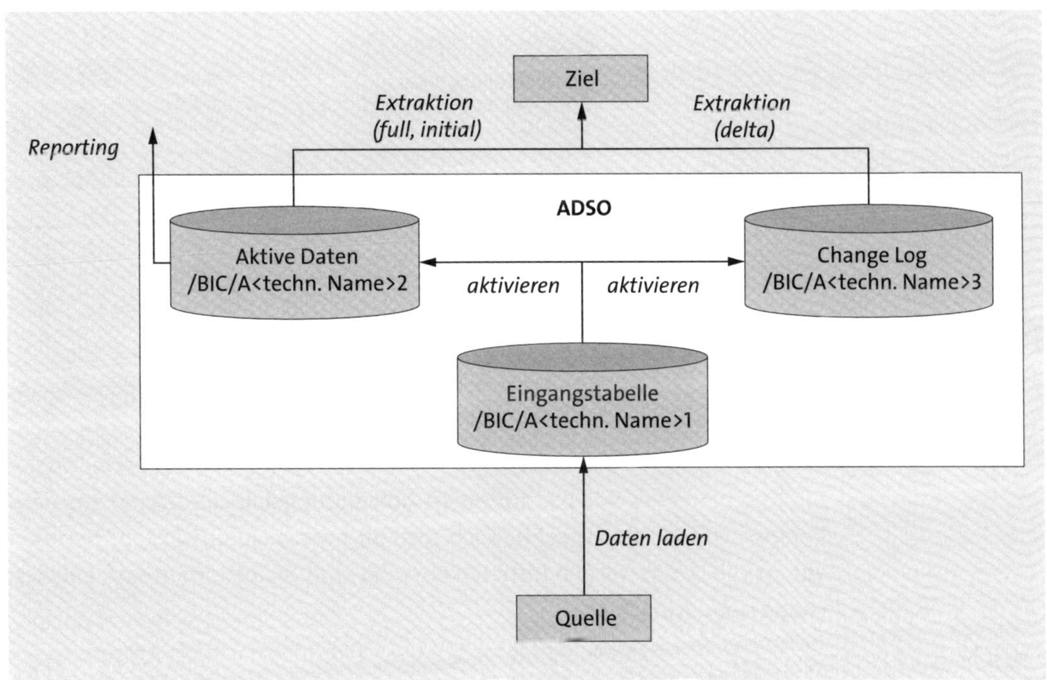


**Abbildung 5.68** Standard-DataStore-Objekt mit Change Log (Quelle: SAP)

**Snapshot-Unterstützung**

Damit Sie die Option **Snapshot-Unterstützung** auswählen können (siehe Abbildung 5.69), müssen Sie zuvor die Optionen **Daten Aktivieren** und **Change Log schreiben** auswählen. Snapshot-Unterstützung sollten Sie dann wählen, wenn die DataSource nur im Full Daten (es werden also immer die gesamten Daten übertragen) liefert. Dadurch werden gelöschte Sätze automatisch erkannt und fortgeschrieben. Dies geschieht unter Verwendung der sogenannten *Reverse Images* im Change Log, wie im folgenden Beispiel beschrieben. Bei der Aktivierung der Daten werden die Daten der aktiven Tabelle mit den Lade-Requests abgeglichen. Gelöschte Daten fehlen dabei im Lade-Request. Sie werden als Reverse Image in das Change Log geschrieben.

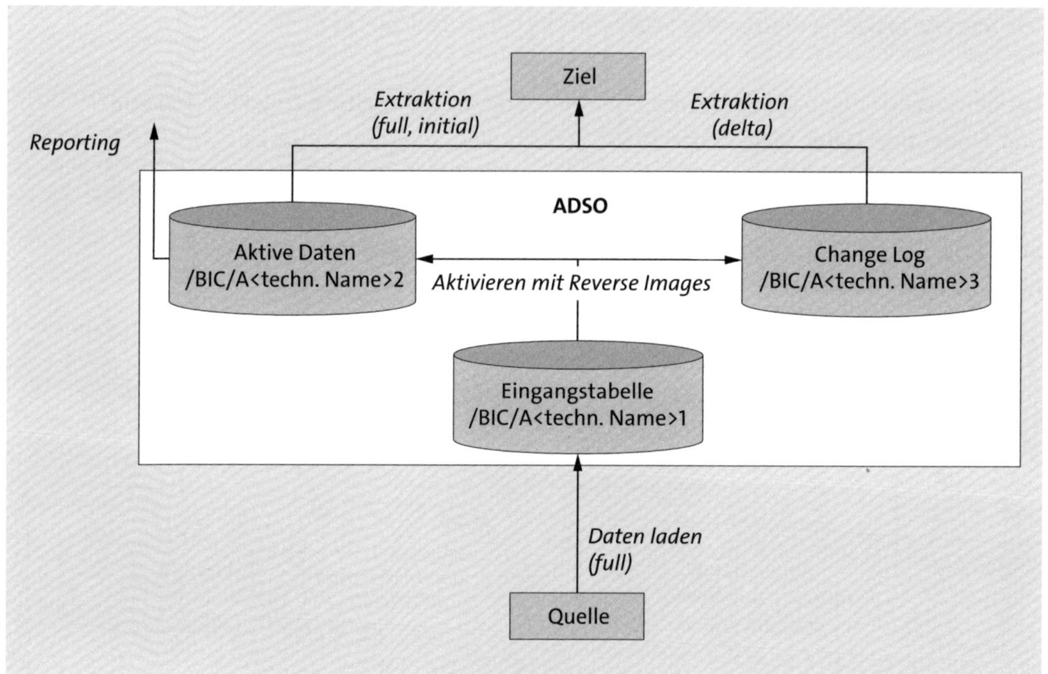


**Abbildung 5.69** Standard-DataStore-Objekt: Snapshot-Unterstützung (Quelle: SAP)

Ein anschauliches Beispiel für einen Anwendungsfall sind Daten aus dem Personalwesen, die ausschließlich im Full hochgeladen werden. Nehmen wir an, die Daten werden initial in ein aDSO mit Snapshot-Support geladen (siehe Abbildung 5.70).

Data Browser: Tabelle /BIC/AZADOO_0021 3 Treffer

Tabelle: /BIC/AZADOO_0021

| REQTSN | DATAPAKID | RECORD | RECORDMODE | KALENDERTAG | STATUS | ANGESTELLTER | VOLLTEILZEIT | ZHLER |
|---|---|---|---|---|---|---|---|---|
| 20210725142438000000000 | 000001 | 1 | | 01.05.2020 | A | A00001 | V | 1 |
| 20210725142438000000000 | 000001 | 2 | | 01.05.2020 | A | A00002 | V | 1 |
| 20210725142438000000000 | 000001 | 3 | | 01.05.2020 | A | A00003 | V | 1 |

**Abbildung 5.70** Eingangstabelle eines Standard-DataStore-Objektes nach initialer Beladung

Nach dem Aktivieren der Daten ist die Eingangstabelle leer, und die Aktive-Daten-Tabelle sieht wie in Abbildung 5.71 gezeigt aus.

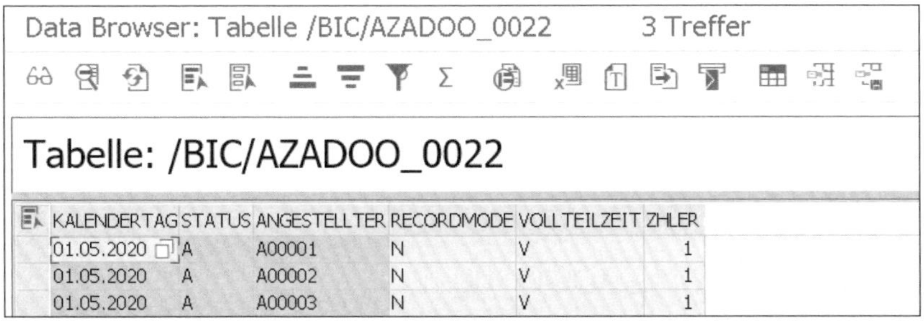

Data Browser: Tabelle /BIC/AZADOO_0022 3 Treffer

Tabelle: /BIC/AZADOO_0022

| KALENDERTAG | STATUS | ANGESTELLTER | RECORDMODE | VOLLTEILZEIT | ZHLER |
|---|---|---|---|---|---|
| 01.05.2020 | A | A00001 | N | V | 1 |
| 01.05.2020 | A | A00002 | N | V | 1 |
| 01.05.2020 | A | A00003 | N | V | 1 |

**Abbildung 5.71** Aktive-Daten-Tabelle eines Standard-DataStore-Objektes nach initialer Beladung

Das Change Log wird während der initialen Beladung ebenfalls aufgebaut (siehe Abbildung 5.72). Da die Daten bisher nicht im System vorhanden waren, sind alle Zeilen in den aktiven Daten und im Change Log mit einem **N** für »New Image« versehen.

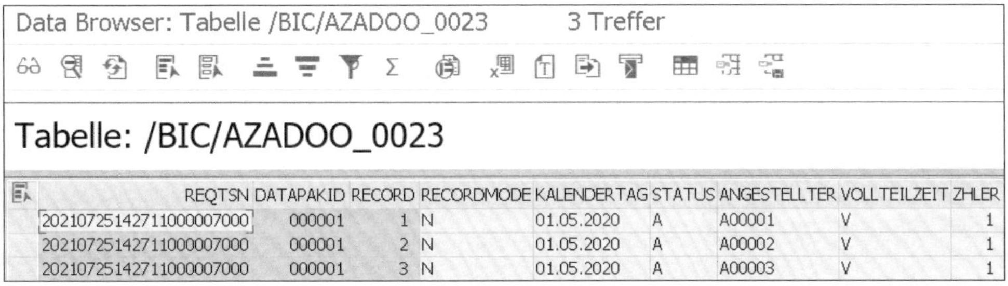

Data Browser: Tabelle /BIC/AZADOO_0023 3 Treffer

Tabelle: /BIC/AZADOO_0023

| REQTSN | DATAPAKID | RECORD | RECORDMODE | KALENDERTAG | STATUS | ANGESTELLTER | VOLLTEILZEIT | ZHLER |
|---|---|---|---|---|---|---|---|---|
| 20210725142711000007000 | 000001 | 1 | N | 01.05.2020 | A | A00001 | V | 1 |
| 20210725142711000007000 | 000001 | 2 | N | 01.05.2020 | A | A00002 | V | 1 |
| 20210725142711000007000 | 000001 | 3 | N | 01.05.2020 | A | A00003 | V | 1 |

**Abbildung 5.72** Change-Log-Tabelle eines Standard-DataStore-Objektes nach initialer Beladung

Wenn sich Daten ändern, also z. B. der Angestellte **A00002** in Teilzeit wechselt und die Angestellte **A00003** das Unternehmen verlässt, dann ergibt sich für die Eingangstabelle, da diese im Full geladen werden, ein neues Bild (siehe Abbildung 5.73).

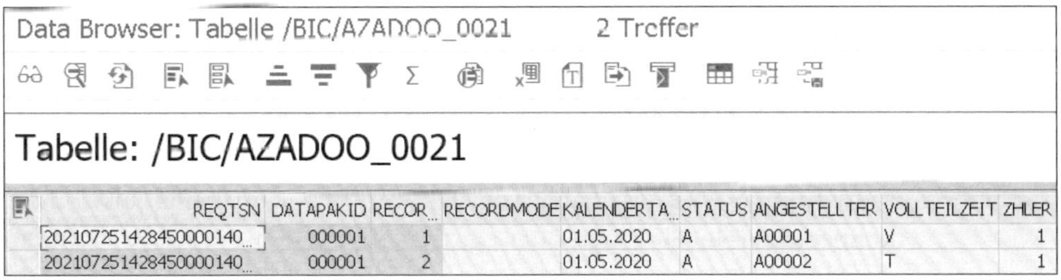

Data Browser: Tabelle /BIC/AZADOO_0021 2 Treffer

Tabelle: /BIC/AZADOO_0021

| REQTSN | DATAPAKID | RECOR... | RECORDMODE | KALENDERTA... | STATUS | ANGESTELLTER | VOLLTEILZEIT | ZHLER |
|---|---|---|---|---|---|---|---|---|
| 2021072514284500000140... | 000001 | 1 | | 01.05.2020 | A | A00001 | V | 1 |
| 2021072514284500000140... | 000001 | 2 | | 01.05.2020 | A | A00002 | T | 1 |

**Abbildung 5.73** Eingangstabelle eines Standard-DataStore-Objektes nach neuem Upload

In der Aktive-Daten-Tabelle ist der Satz des Angestellten **A00001** unverändert und hat entsprechend noch den Recordmode-Status **N** (siehe Abbildung 5.74). Der Status des Angestellten **A00002** hat sich von **N** in After Image (leer) geändert, da sich sein Status geändert hat. Die Löschung der Angestellten A00003 ist nicht ersichtlich.

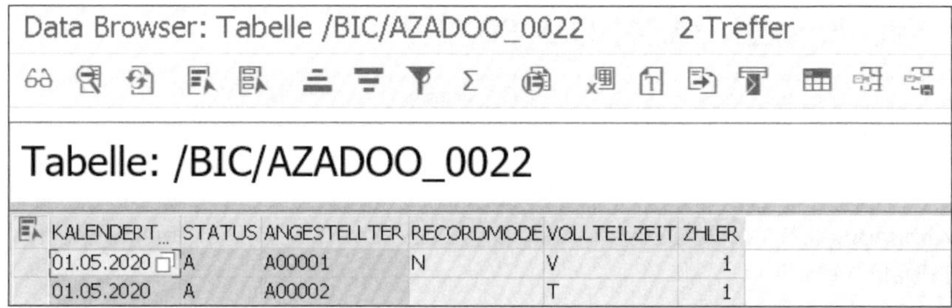

Data Browser: Tabelle /BIC/AZADOO_0022 2 Treffer

Tabelle: /BIC/AZADOO_0022

| KALENDERT... | STATUS | ANGESTELLTER | RECORDMODE | VOLLTEILZEIT | ZHLER |
|---|---|---|---|---|---|
| 01.05.2020 | A | A00001 | N | V | 1 |
| 01.05.2020 | A | A00002 | | T | 1 |

**Abbildung 5.74** Aktive-Daten-Tabelle eines Standard-DataStore-Objektes nach neuem Upload

Aus dem Change Log wird ersichtlich, dass es für die Angestellte **A00003** einen Eintrag gab, der nun als **X** für »Before Image« gekennzeichnet ist (siehe Abbildung 5.75). Der Eintrag der Angestellten wird über das Reverse Image gelöscht. Die Änderung des Angestellten **A00002** wird wie in den aktiven Daten über das Setzen des After-Image-Kennzeichens ersichtlich.

Data Browser: Tabelle /BIC/AZADOO_0023 6 Treffer

Tabelle: /BIC/AZADOO_0023

| REQTSN | DATAPAKID | RECOR... | RECORDMODE | KALENDERTA... | STATUS | ANGESTELLTER | VOLLTEILZEIT | ZHLER |
|---|---|---|---|---|---|---|---|---|
| 20210725142711000007O... | 000001 | 1 | N | 01.05.2020 | A | A00001 | V | 1 |
| 20210725142711000007O... | 000001 | 2 | N | 01.05.2020 | A | A00002 | V | 1 |
| 20210725142711000007O... | 000001 | 3 | N | 01.05.2020 | A | A00003 | V | 1 |
| 20210725142949000007O... | 000001 | 1 | X | 01.05.2020 | A | A00002 | V | 1 |
| 20210725142949000007O... | 000001 | 2 | | 01.05.2020 | A | A00002 | T | 1 |
| 20210725142949000007O... | 000001 | 3 | R | 01.05.2020 | A | A00003 | V | 1 |

**Abbildung 5.75** Change-Log-Tabelle eines Standard-DataStore-Objektes nach neuem Upload

### Staging-DataStore-Objekt

**Nur Eingangs-Queue**

Das Staging-DataStore-Objekt kann auf drei verschiedene Weisen befüllt werden. Dabei wird das Change Log nicht verwendet. Im ersten Fall wird das Kennzeichen **Nur Eingangs-Queue** gesetzt. Sie erhalten ein aDSO, das nur in der Eingangstabelle Daten hält (siehe Abbildung 5.76). Ob diese Daten in

Feldern oder InfoObjects abgelegt werden, hängt von der Architektur ab und hat auf die Befüllung der Tabellen keinen Einfluss. Dieses aDSO ist nicht für das Reporting geeignet, kann nicht in einem CompositeProvider verwendet werden und stellt mit seiner Konfiguration ein aDSO für die Nutzung im Open ODS der LSA++ dar (siehe Abschnitt 4.2.2, »Layered Scalable Architecture ++«).



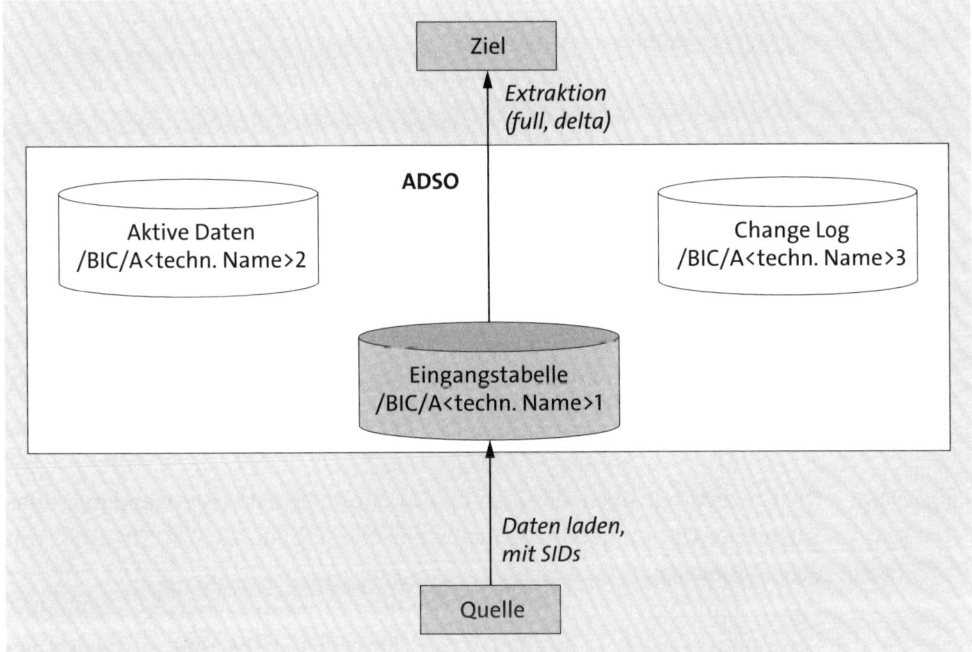


**Abbildung 5.76** Staging-DataStore-Objekt: nur Eingangs-Queue (Quelle: SAP)

**Daten komprimieren**

Wenn Sie beim Staging-DataStore-Objekt die zweite Option, **Daten komprimieren**, wählen, dann werden die Daten bei Aktivierung aus der Eingangstabelle durch Komprimierung in die Aktive-Daten-Tabelle geschoben. Das bedeutet, dass die Eingangstabelle danach leer ist. Bei der Aktivierung findet eine Aggregation anhand der im aDSO definierten Schlüssel statt, wodurch insgesamt eine kleinere Datenmenge gespeichert wird. Das Change Log wird, wie bei allen Staging-DataStore-Objekten, nicht gefüllt (siehe Abbildung 5.76). Somit kann auch nicht requestweise gelöscht werden (siehe Abbildung 5.77). Eine Extraktion aus einem aDSO mit der Eigenschaft **Daten komprimieren** ist stets ein Union aus Eingangstabelle und den aktiven Daten, dies muss den Anwenderinnen und Anwendern bewusst sein. Zudem ist dieses aDSO ebenfalls nicht für das Reporting geeignet und kann nicht in einem CompositeProvider verwendet werden.

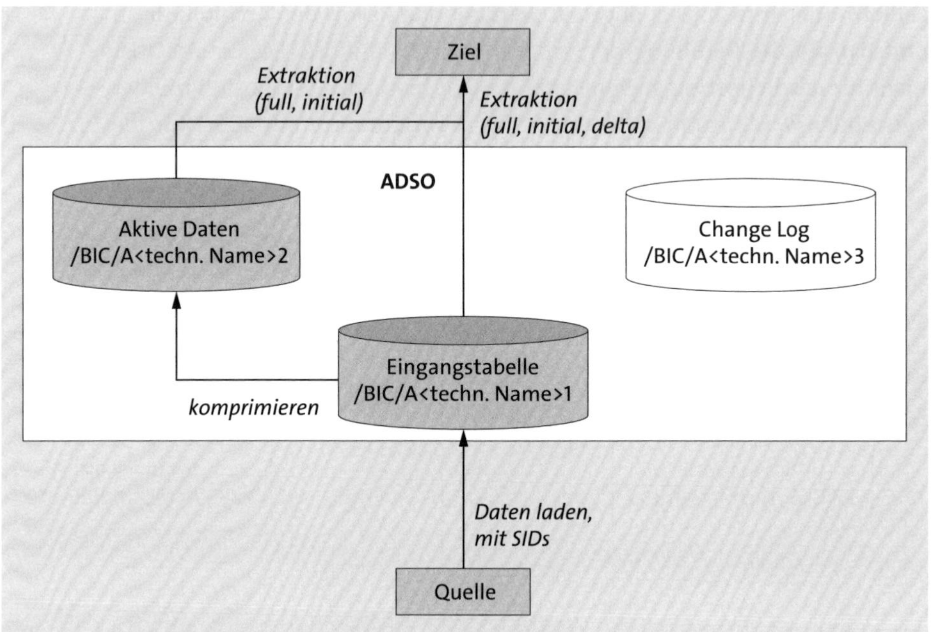


**Abbildung 5.77** Staging-DataStore-Objektdaten komprimieren (Quelle: SAP)

**Reporting Enabled**

Die dritte Möglichkeit, das Staging-DataStore-Objekt zu verwenden, ist das Setzen der Option **Reporting Enabled** (siehe Abbildung 5.78). Ein aDSO mit dieser Eigenschaft lässt sich im Gegensatz zu einem Staging-aDSO mit der Eigenschaft **Daten komprimieren** in einen CompositeProvider einbinden. Die Daten werden redundant in der Eingangstabelle und in der Aktive-Daten-Tabelle gehalten.

Ein aDSO mit dieser Eigenschaft verbraucht somit mehr Speicherplatz als ein aDSO mit der Eigenschaft **Daten komprimieren**. Jedoch gehen bei einem Reporting mit der Eigenschaft **Reporting Enabled** auch keine Request-Informationen verloren, die Daten aus der Aktive-Daten-Tabelle können gelöscht und aus der Eingangstabelle wieder aufgebaut werden. Zudem kann requestweise gelöscht werden.

Queries können auf die Daten der Aktive-Daten-Tabelle zugreifen, somit stehen Ihnen im Reporting auch nur die Daten der aktiven Tabelle zur Verfügung. Allerdings wird bei einer Extraktion von Daten auf die Eingangstabelle zugegriffen, da Daten aus der Aktive-Daten-Tabelle gelöscht sein könnten und nur beim Zugriff auf die Eingangstabelle sichergestellt ist, dass diese die vollständigen Daten enthält.

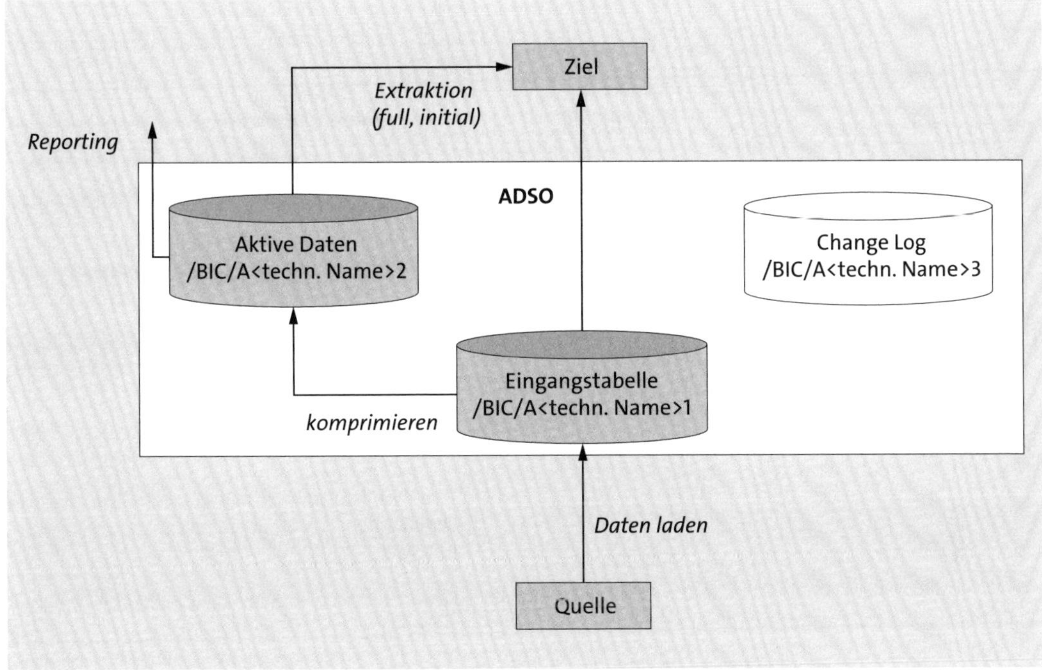


**Abbildung 5.78** Staging-DataStore-Objekt: Reporting Enabled (Quelle: SAP)

### Data-Mart-DataStore-Objekt

In einem aDSO mit der Option **Data-Mart-DataStore-Objekt** werden alle Merkmale als Schlüssel gesetzt. Beim Aktivieren der Daten werden die Daten in der Aktive-Daten-Tabelle anhand der Schlüssel aggregiert und aus der Eingangstabelle gelöscht. Dementsprechend werden immer additive Deltas geladen (siehe auch 5.4.3, »DataSource administrieren: Extraktion«). Abbildung 5.79 veranschaulicht dieses Szenario. Mit diesen Einstellungen wird das Ladeverhalten eines InfoCubes im klassischen SAP BW nachgebildet.

**Delta-Extraktion**

Bei einer Full Extraktion und einer initialen Delta-Extraktion in ein weiteres Datenziel werden die Daten aus der Eingangstabelle und der Aktive-Daten-Tabelle gelesen. Bei jeder weiteren Delta-Extraktion in ein weiteres Datenziel werden die Daten aus der Eingangstabelle gelesen.

Wird aus dem Data-Mart-DataStore-Objekt in mehrere Ziele über eine Delta-Extraktion fortgeschrieben, so kann der Request nur dann aktiviert werden, wenn alle Delta-Extraktoren die Requests geladen haben.

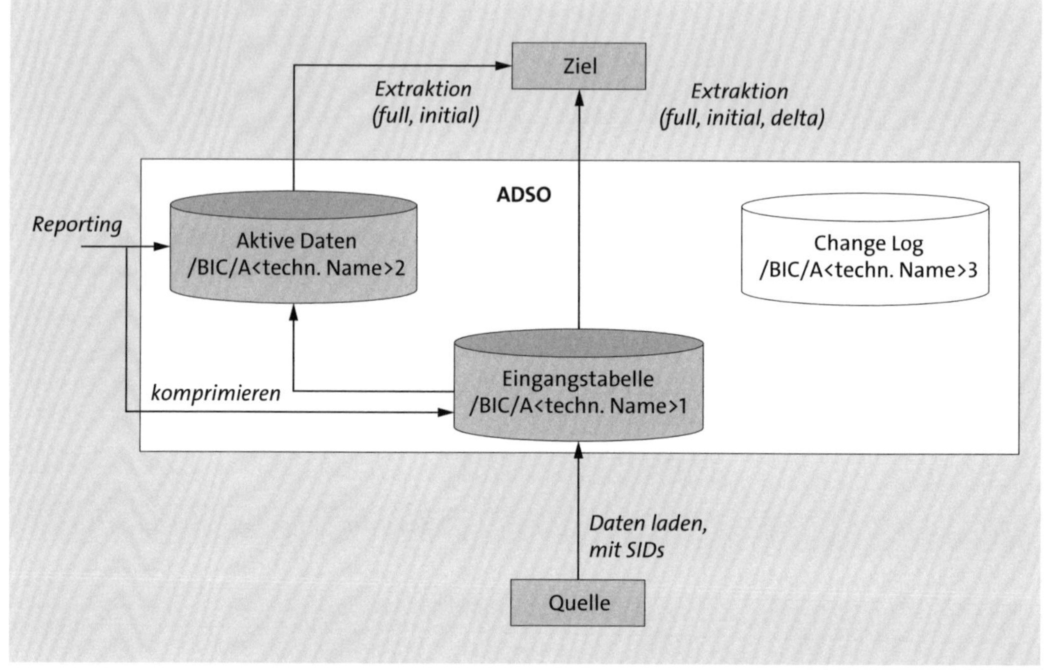


**Abbildung 5.79** Data-Mart-DataStore-Objekt (Quelle: SAP)

Queries greifen für das Reporting auf die Aktive-Daten-Tabelle und die Eingangstabelle zu. Dies führt dazu, dass auch inaktive Daten aus der Eingangstabelle gelesen und angezeigt werden. Die Daten bleiben selbst dann noch konsistent, wenn es einen fehlerhaften Request gibt, da nur Daten berücksichtigt werden, die bis zu diesem Request in das aDSO geschrieben wurden.

### DataStore-Objekt mit direkter Fortschreibung

**Beladen durch Schnittstellen**

Bei einem **DataStore-Objekt mit direkter Fortschreibung** werden die Daten über eine Schnittstelle (eine API, siehe Hinweiskasten »Application Programming Interfaces«) in das aDSO geschrieben. Hierbei wird die Eingangstabelle ausgelassen, die Daten werden direkt in die Aktive-Daten-Tabelle geschrieben (siehe Abbildung 5.80). Dabei kann die Erstbeladung durch einen DTP oder das API erfolgen. Alle weiteren Ladevorgänge sollten über das API erfolgen. Bei der Beladung über APIs werden SID- und Konsistenzprüfungen durchgeführt. Das Aktivieren der Daten und das requestweise Löschen sind bei diesem aDSO nicht möglich. Dafür stehen die Daten direkt nach dem Laden im Reporting zur Verfügung. Möchten Sie Daten aus einem DataStore-Objekt mit direkter Fortschreibung extrahieren, ist dies nur mit einer Full Extraktion aus der Aktive-Daten-Tabelle möglich.

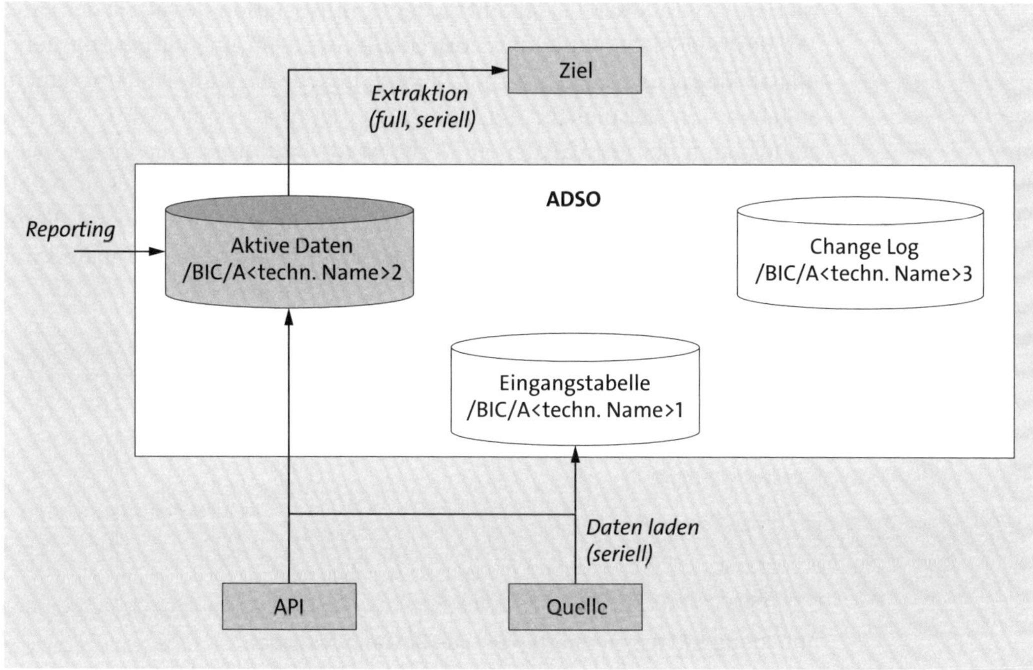


**Abbildung 5.80** aDSO mit direkter Fortschreibung (Quelle: SAP)

[«]

**Application Programming Interfaces**

Bei einem *Application Programming Interface* (*API*) handelt es sich um eine Programmier- oder Anwendungsschnittstelle in einem Programm, die anderen Programmen zur Verfügung steht. Zu einer API gehört üblicherweise eine Dokumentation inklusive der verfügbaren Schnittstellenfunktionen und -parameter.

#### Besondere Eigenschaften

Bestand, Bestandsführung

Um die Besonderheiten der Bestandsführung und die damit verbundene nicht kumulative Darstellung von Bestandskennzahlen (siehe Abschnitt 5.5.10, »Kennzahlen-InfoObjects administrieren: Allgemein«) besser darstellen zu können, gibt es in SAP BW/4HANA für aDSOs die Option **Bestand aktivieren**. Über dieses Kennzeichen stellen Sie sicher, dass der Datentransport, die Datenhaltung und der Datenbankzugriff für die Auswertung der Bestandskennzahlen optimiert werden.

Bezugs- und Gültigkeitsmerkmal für Bestand

Um die Option **Bestand aktiviert** setzen zu können, muss die Option **Standard-DataStore-Objekt** ausgewählt und ein Change Log geschrieben werden. Alternativ können Sie auch die Option **Data-Mart-DataStore-Objekt** wählen. Anschließend erscheint in der Administration des aDSO der neue Tab **Bestand** (siehe Abbildung 5.81). Hier müssen Sie ein gültiges Zeitmerkmal als Bezugsmerkmal angeben. Zudem lassen sich Gültigkeitsmerkmale angeben. Ein Beispiel für ein Gültigkeitsmerkmal ist das Werk. Die Bestandsdaten der verschiedenen Werke werden zu unterschiedlichen Zeitpunkten gemeldet, dadurch können sich unterschiedliche Gültigkeitsbereiche ergeben. Beispielsweise gilt der Bestand für ein Werk nur in einem gewissen Zeitraum. Diese Gültigkeitsmerkmale können Sie im Tab **Bestand** im Bereich **Bestand** festlegen.

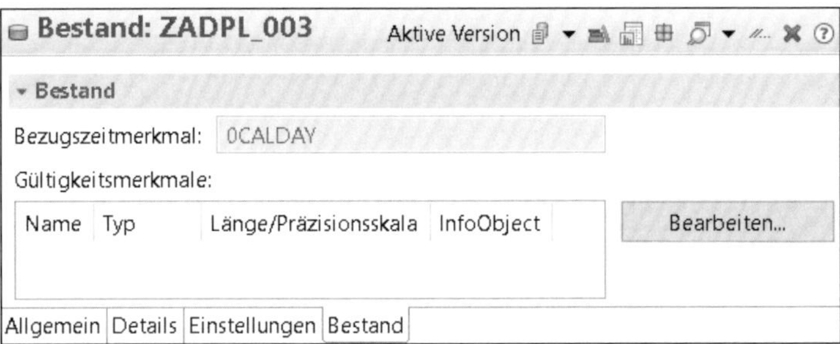


**Abbildung 5.81** Eigenschaften für den Bestand festlegen

**Planung aktiviert**

Für Standard-DataStore-Objekte, Data-Mart-DataStore-Objekte und DataStore-Objekte mit direkter Fortschreibung haben Sie die Möglichkeit, die Option **Planung aktiviert** zu setzen. Eine ausführliche Beschreibung der Planung finden Sie in Kapitel 12, »Planung«.

**Schreib-Interface aktiviert**

Für Standard-DataStore-Objekte und Staging-DataStore-Objekte kann das Kennzeichen **Schreib-Interface aktiviert** gesetzt werden. Ist diese Eigenschaft gesetzt, kann die Eingangstabelle mit Tools wie SAP Data Services (Datenintegrations- und Datentransformations-Software) oder der SAP Integration Suite (Verknüpfung von Cloud und On-Premise-Lösungen mit anderen SAP- und nicht SAP-Cloud und SAP-on-Premise-Lösungen) über Push mit Daten befüllt werden. Die Optionen **Planung aktiviert** und **Bestand aktiviert** können nicht gleichzeitig mit der Eigenschaft **Schreib-Interface aktiviert** aktiv sein.

Außerdem können Sie Produkte von Drittanbieterschnittstellen (APIs) zum Schreiben von Daten nutzen. Die Daten selbst werden über RFC oder HTTP in das aDSO geladen. Hierbei können die Daten ohne Request gesendet werden, dann wird intern ein neuer Request pro Call gesendet. Alternativ können die Daten mit Request gesendet werden, dabei kommen die Sequenzen Open Request, Send Data und Close Request zum Einsatz. Wenn die Daten über RFC geladen werden sollen, finden Sie entsprechende die Funktionsbausteine in der Funktionsgruppe RSO_PUSH (siehe Hinweiskasten »Funktionsbausteine und Funktionsgruppen«).

[«]

**Funktionsbausteine und Funktionsgruppen**

*Funktionsbausteine* kapseln globale Funktionalitäten in SAP-Systemen und sollen sie wiederverwendbar machen. Zudem unterstützen Funktionsbausteine die Interaktion verschiedener SAP-Systeme und werden in einer zentralen Funktionsbibliothek verwaltet.

*Funktionsgruppen* sind Rahmenprogramme von Funktionsbausteinen. Innerhalb einer Funktionsgruppe greifen alle Funktionsbausteine auf die gleichen Daten zu.

Data Tiering

Ein weiterer Bereich im Tab **Allgemein** sind die **Eigenschaften von Data Tiering** (siehe Abbildung 5.82, im SAP HANA Studio übersetzt mit »Tierung«). Das *Data Tiering* wurde mit der Veröffentlichung von SAP BW/4HANA 1.0 SP4 eingeführt. Es erlaubt Ihnen die Kategorisierung von Daten in **Hot**, **Warm** und **Cold Data** und damit die Speicherung der Daten in verschiedenen Speicherbereichen bzw. auf verschiedenen Speichermedien. Auf das Thema Data Tiering gehen wir in Abschnitt 9.4, »Data Tiering und Multi-Temperature-Speicherstrategien« ein.

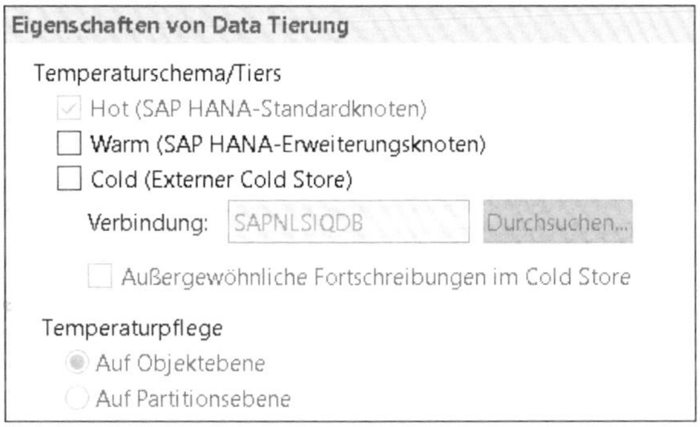

**Abbildung 5.82** Eigenschaften von Data Tiering

Über das Icon können Sie sich eine Vorschau auf die Daten des aDSO anzeigen lassen, sofern bereits welche geladen wurden (siehe Abschnitt 5.1.2, »Datenvorschau«).

### 5.6.6 aDSO administrieren: Details

Der Tab »Details«

In diesem Abschnitt erläutern wir Ihnen den Tab **Details**, der zentral für die Struktur des aDSO ist. Hier werden die im aDSO verwendeten Objekte festgelegt und über Gruppen strukturiert sowie die Schlüsselfelder des aDSO ausgewählt.

**Felder/InfoObjects eines aDSO**

Im Bereich **Felder** erhalten Sie eine Übersicht über die im aDSO vorhandenen Felder und/oder InfoObjects (siehe Abbildung 5.84). Ferner sehen Sie die durch die Gruppen gegebene Struktur des aDSO. Die Gruppen dienen dabei lediglich der Strukturierung für die SAP-BW-Entwicklerinnen und -Entwickler und haben keinen Einfluss auf die Performance des aDSO (siehe Hinweiskasten »Struktur der Objekte in einem aDSO«).

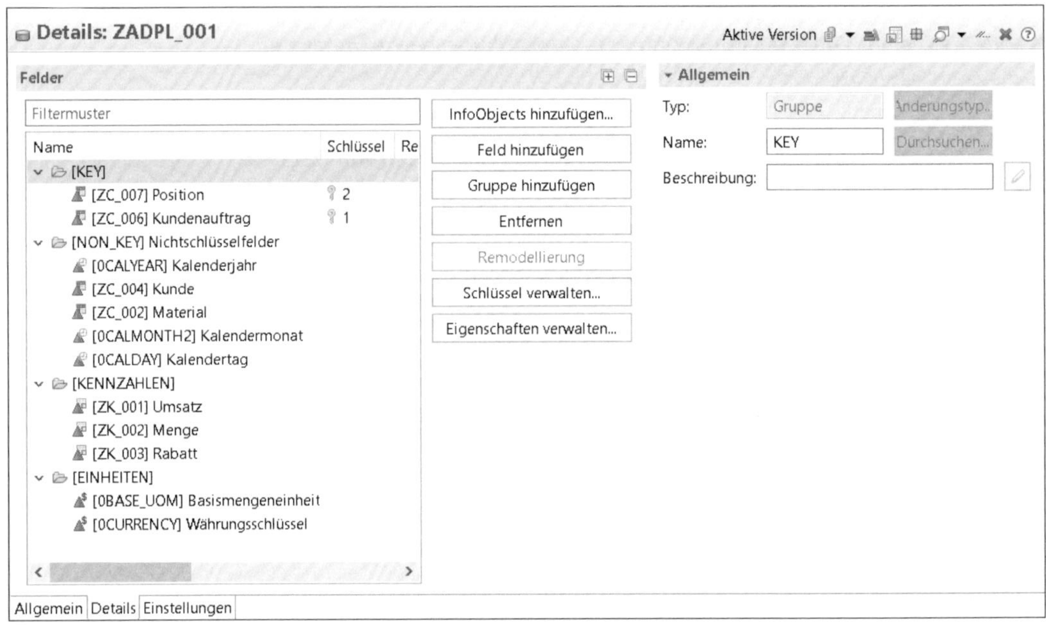


**Abbildung 5.83** Die Detailansicht eines aDSO

**InfoObjects hinzufügen**

Über die Schaltfläche **InfoObjects hinzufügen...** haben Sie die Möglichkeit, dem aDSO neue InfoObjects hinzuzufügen. Es öffnet sich das Fenster **InfoObjects hinzufügen**. Sie können über die Suchfunktion nach dem InfoObject suchen und das ausgewählte InfoObject per Drag & Drop oder per Doppelklick in den **Auswahlbereich** aufnehmen. Zudem können Sie die Elemente mit der Schaltfläche **Aus der Zwischenablage einfügen** zum **Auswahlbereich** hinzufügen (siehe Abbildung 5.84). Dies ist sehr hilfreich, wenn Sie alle Objekte kennen und beispielsweise aufgrund Ihres Konzepts schon in einer Excel-Tabelle oder einem DV-Konzept aufgelistet haben. Mit einem Klick auf **OK** fügen Sie die ausgewählten InfoObjects hinzu.

**Felder hinzufügen**

Über die Schaltfläche **Feld hinzufügen** fügen Sie dem aDSO ein neues Feld hinzu. Das neu erstellte Feld wird standardmäßig **FIELD1** benannt. Sie sollten dem Feld einen sinnvollen Namen geben. Die Feldeinstellungen können Sie im Bereich **Allgemein** anpassen.

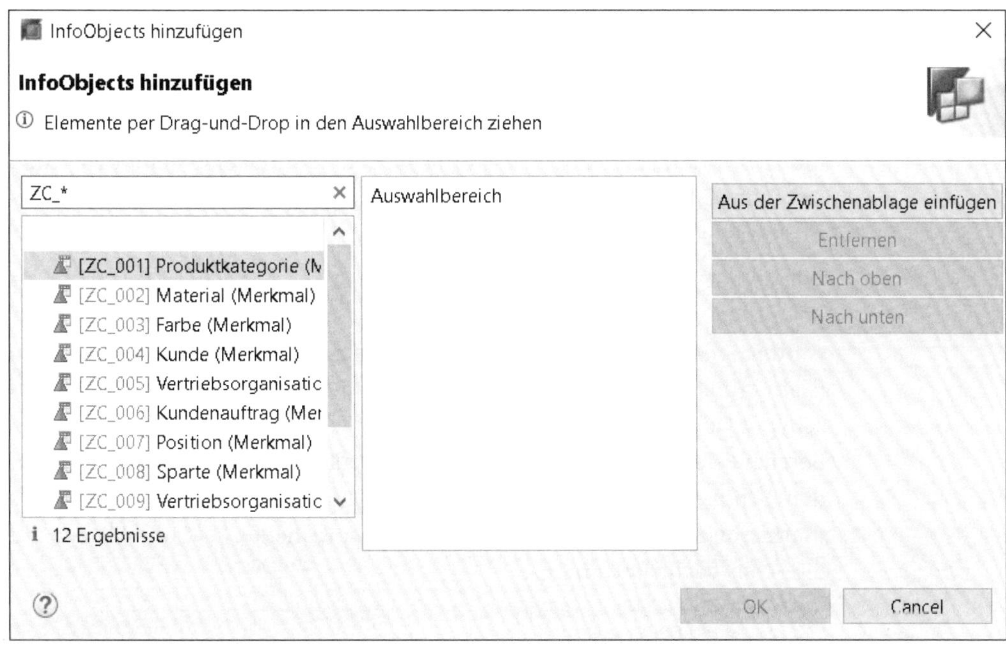


**Abbildung 5.84** InfoObjects hinzufügen

**Gruppe hinzufügen**

Für die Strukturierung von Objekten im aDSO stehen Ihnen Gruppen zur Verfügung. Diese werden über die Schaltfläche **Gruppe hinzufügen** erstellt. Per Drag & Drop können Sie Objekte in eine Gruppe ziehen oder daraus entfernen. Dabei lassen sich die Objekte in dem aDSO durch Gruppen gut in eine logische Struktur bringen (siehe Abbildung 5.83).

[!]

**Struktur der Objekte in einem aDSO**

Zur Erhöhung der Übersichtlichkeit ist es sinnvoll, die Objekte, die in einem aDSO vorhanden sind, logisch zu strukturieren. Beispielsweise sortieren Sie die Schlüssel in eine Gruppe und die Kennzahlen, Zeitmerkmale, Vertriebsorganisationsmerkmale in jeweils weitere Gruppen. Dabei stellen Gruppen lediglich logische Ordner zur besseren Übersicht und Lesbarkeit der Objekte dar. Sie haben **keine** Auswirkungen auf die Performance – im Unterschied zu den Dimensionen, wie sie in den InfoCubes im klassischen SAP BW genutzt wurden.

**Objekte entfernen**

Zum Entfernen von Objekten aus dem aDSO haben Sie zwei Möglichkeiten: Sie können per Rechtsklick das Kontextmenü des zu entfernenden Elements öffnen und dort **Entfernen** auswählen. Alternativ nutzen Sie die Schaltfläche **Entfernen**, um das aktuell markierte Element aus dem aDSO zu entfernen.

**Remodellierung**

Bestimmte Änderungen an aDSOs wie das Löschen von InfoObjects und Feldern aus dem aDSO kann in SAP BW/4HANA 2.0 nur erfolgen, wenn das aDSO noch nicht beladen wurde oder alle Daten vollständig aus dem aDSO gelöscht wurden. Wenn die Löschung der Daten nicht möglich ist, gibt es die Option, ein aDSO ohne Löschung der Daten durch eine Remodellierung zu verändern. Diese Option beschreiben wir in Abschnitt 7.3, »Remodellierung von aDSOs«.

**Schlüsselfelder definieren**

Wie bereits erwähnt, ist die Definition von Schlüsselfeldern zentral bei der Erstellung von aDSOs. Mit einem Klick auf die Schaltfläche **Schlüssel verwalten...** öffnet sich das Pop-up-Fenster **Schlüsseldefinition verwalten** (siehe Abbildung 5.85). Hier fügen Sie das ausgewählte Objekt den Schlüsseln per Doppelklick oder Drag & Drop hinzu. Alternativ können Sie das im Bereich **Felder** markierte Objekt auch über die Schaltfläche **Hinzufügen** zu den Schlüsselfeldern hinzufügen. Zum Entfernen eines Schlüsselfeldes markieren Sie im Bereich **Schlüssel** das entsprechende Feld und klicken auf die Schaltfläche **Entfernen**.

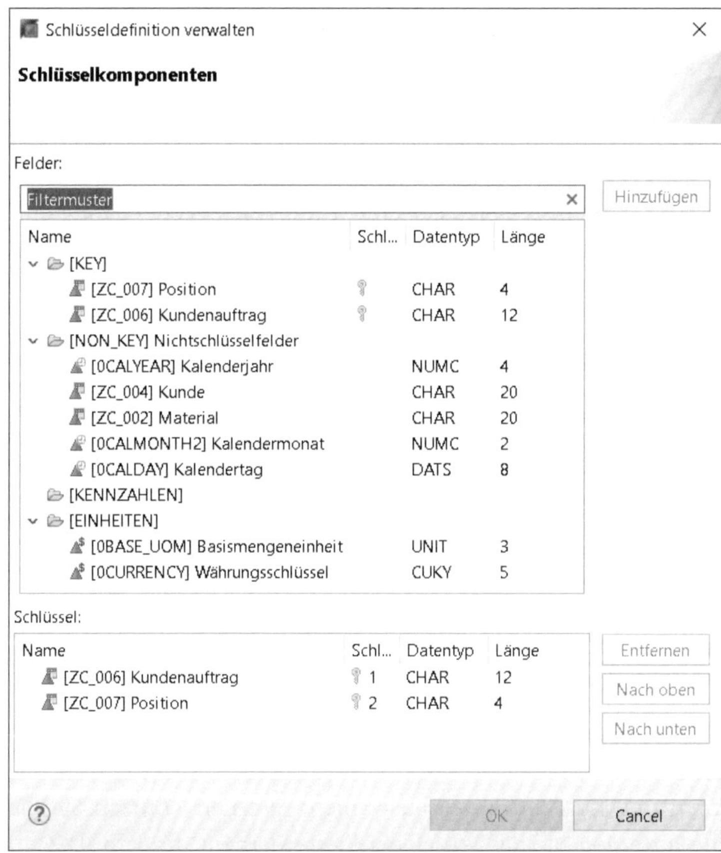


**Abbildung 5.85** Schlüsseldefinition von aDSOs verwalten

Über die Schaltflächen **Nach oben** und **Nach Unten** sortieren Sie die Schlüssel, idealerweise nach Granularität. Nachdem Sie die Schlüsselfelder definiert haben, bestätigen Sie Ihre Auswahl mit **OK**. Wenn Sie nur ein einzelnes Objekt zum Schlüssel hinzufügen oder aus dem Schlüssel entfernen möchten, erreichen Sie dies per Rechtsklick auf das entsprechende Objekt und die Option **Zu Schlüssel hinzufügen** oder **Von Schlüssel entfernen**.



**Massenpflege der Eigenschaften**

Zum Festlegen der Aggregationseinstellung und Stammdatenüberprüfungseinstellungen für alle Elemente des aDSO klicken Sie auf die Schaltfläche **Eigenschaften verwalten...**. Es öffnet sich das Fenster **Massenpflege der Eigenschaften** (siehe Abbildung 5.86). Hier können Sie die (Standard-)Aggregation für das aDSO festlegen. Dabei wird die ausgewählte Einstellung auf alle Elemente angewendet, die diese Auswahl unterstützen. Bei der **Aggregation** können Sie zwischen **Kennzahlen summieren**, **Minimum**, **Maximum** oder **keine Aggregation** wählen.

**Abbildung 5.86** Massenpflege der Eigenschaften

Bei der Stammdatenprüfung wird für stammdatentragende InfoObjects überprüft, ob für jeden Wert eines InfoObjects, der in das aDSO geladen wird, auch ein Stammdatensatz vorhanden ist. Dies wird auch *referenzielle Integrität* genannt. Sie können nun bei der Stammdatenüberprüfung entscheiden, ob und wann diese Prüfung stattfinden soll. Zur Auswahl bei der Stammdatenprüfung stehen Ihnen:

- **Keine Stammdatenprüfung/Kein Reporting**
- **Stammdatenprüfung beim Reporting**
- **Stammdatenprüfung beim Laden/Aktivieren**
- **Stammdatenprüfung beim Laden/Aktivieren und SID-Speicherung im Datastore**

Ist der Wert des InfoObjects nicht in den Stammdaten vorhanden, so ist die Stammdatenprüfung nicht erfolgreich und führt abhängig vom gewählten

Vorgehen zu einem Fehler. Diese Einstellung ist wichtig zur Wahrung der Datenqualität.

**Einstellungen der Objekte des aDSO**

Im Bereich **Allgemein** können Sie Änderungen an den Einstellungen für jedes einzelne Objekt des aDSO vorzunehmen sowie das ausgewählte Objekt umbenennen oder austauschen. Über die Schaltfläche **Änderungstyp...** können Sie ein InfoObject in ein Feld umwandeln und umgekehrt. Dabei können Sie unter **Name** für Felder einen passenden technischen Namen hinterlegen. Die **Beschreibung** lässt sich über das Icon anpassen. Die weiteren Möglichkeiten der Änderung bei den InfoObjects sind jedoch beschränkt, da sie bereits bei der Anlage der InfoObjects festgelegt wurden. Bei Feldern können Sie den Datentyp und die Länge festlegen bzw. ändern (siehe Abbildung 5.87). Zudem erhalten Sie im Bereich **Eigenschaften** bei Feldern und InfoObjects eine Übersicht über die eingestellte (Standard-)Aggregation, Einheiten bzw. Währungen sowie die Konvertierungsroutine und können bei InfoObjects einstellen, wann die **Stammdatenüberprüfung** erfolgen soll.

**Navigationsattribute in der Extraktion verwenden**

Darüber hinaus können Sie einstellen, ob und welche Navigationsattribute in der Extraktion verwendet werden können sollen. Diese Navigationsattribute können als Filterkriterien im DTP und auch in Transformationen verwendet werden, falls das aDSO Quelle der Transformationen ist.

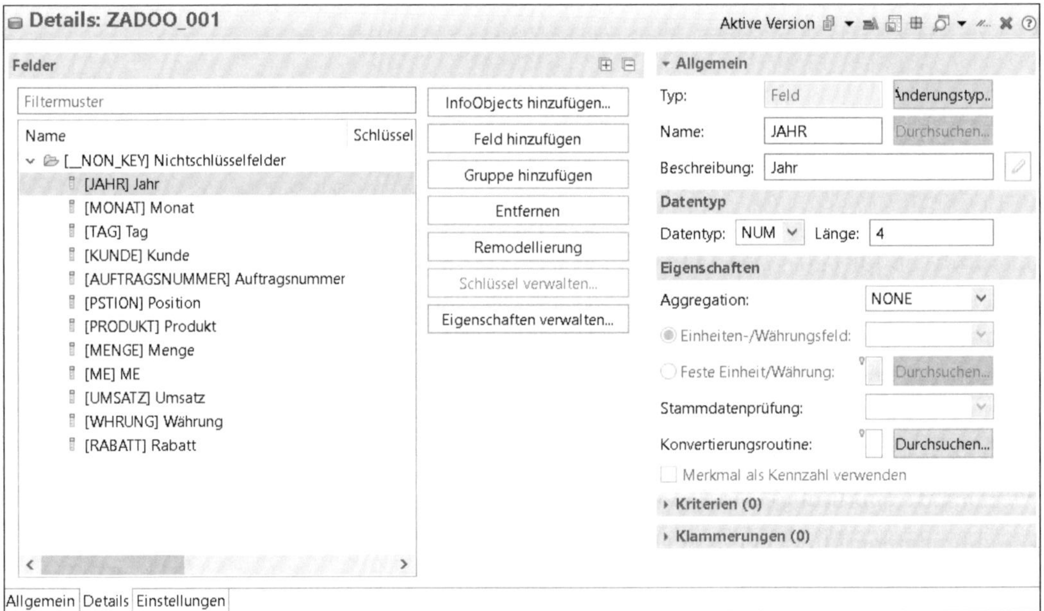


**Abbildung 5.87** Übersicht der Detaileinstellungen

Kriterien, Pruning

Im Bereich **Kriterien** haben Sie die Möglichkeit, Kriterien einzugeben, anhand derer die Metadaten des Objects eingeschränkt werden. Dies wird für das Pruning (siehe Hinweiskasten) benötigt und dient der Performanceverbesserung.

[«]

**Pruning**

Besteht ein CompositeProvider (siehe Abschnitt 6.3, »CompositeProvider«) aus vielen verschiedenen aDSOs, wird Pruning genutzt. Dies gilt, wenn die aDSOs auch semantisch partitioniert, also beispielsweise überschneidungsfrei in Zeitintervalle oder verschiedene Materialnummernintervalle aufgeteilt sind.

Beim Pruning werden die Tabellen im aDSO nicht partitioniert, sondern es wird festgelegt, welche Daten in das aDSO geschrieben werden. Die semantische Partitionierung besteht gegenüber der anderen aDSOs. Hierfür erstellen sie in den aDSOs Kriterien, auf die beim Abruf der Daten im CompositeProvider zugegriffen wird. Anhand dieser Kriterien wird überprüft, ob die geforderten Daten im Selektionsbereich des jeweiligen aDSO vorhanden sind. In unserem Beispiel gilt bezüglich eines Zeitpunktes bzw. eines Zeitintervalls Folgendes: Die Daten liegen genau in dem aDSO oder in den aDSOs, die den gewählten Zeitpunkt bzw. das gewählte Zeitintervall abdecken – nicht aber in den (möglichen) weiteren aDSOs. Dadurch verteilt sich die Last auf das System, und die Abfragelast wird reduziert.

### 5.6.7 aDSO administrieren: Einstellungen

Der Tab »Einstellungen«: Partitionen und Indizes

Im Tab **Einstellungen** können Sie über optionale Experteneinstellungen Partitionen und Indizes erstellen (siehe Abbildung 5.88). Im Normalfall sollten die Voreinstellungen des Systems genügen.

Zur *Partitionierung* unterteilen Sie den Datenbestand des aDSO in mehrere kleine, physisch selbstständige und redundanzfreie Einheiten. Dies ist insbesondere dann erforderlich, wenn das aDSO Gefahr läuft, die Größen-Obergrenze von zwei Milliarden Datensätzen zu erreichen. Statt einer großen Tabelle erhalten Sie mehrere überschneidungsfreie kleine. Diese Partitionierung ersetzt nicht die Architektur und Modellierung im Data Warehouse, sondern dient lediglich der technischen Administration. Eine Partitionierung kann nur gesetzt werden, wenn im Tab **Allgemein** in den Modellierungseigenschaften bei den Sondertypen nicht die Option **Alle Merkmale sind Schlüssel; Reporting für Union von Eingangs- und aktiver Tabelle** gesetzt ist. Wird diese Option nachträglich gesetzt, wird die eingestellte Partitionierung gelöscht.

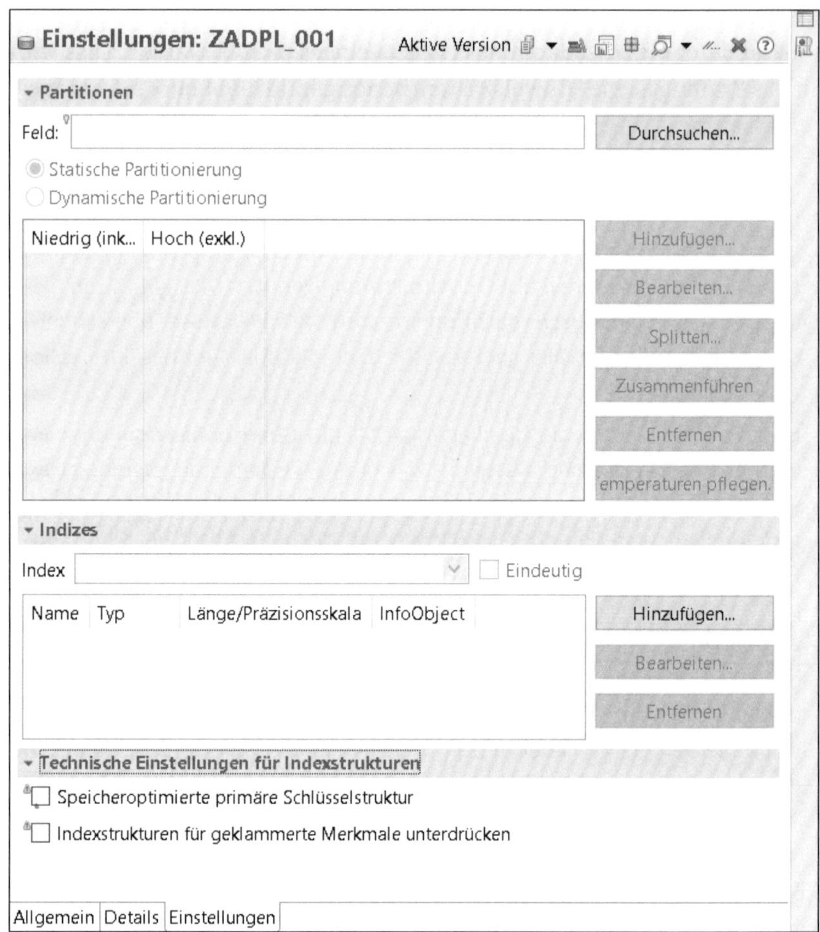


**Abbildung 5.88** Experteneinstellungen für Partitionen und Indizes

**Schlüsselfeld auswählen**

Ein Schlüsselfeld, das für die Partitionierung genutzt werden soll, geben Sie entweder direkt ein oder wählen es über die Schaltfläche **Durchsuchen...** aus.

**Grenzen der Partition festlegen**

Über **Hinzufügen...** öffnet sich das Fenster **Partition hinzufügen**, und Sie können die untere (inklusive) und obere (exklusive) Begrenzung festlegen (siehe Abbildung 5.89). Dabei dient eine Partition zur Performanceoptimierung bei Laden von großen Datensätzen, da maximal 2 Milliarden Datensätze in einer Partition und damit auch in einer unpartitionierten Tabelle vorhanden sein können. Mit **OK** fügen Sie die Grenzen hinzu. Wichtig hierbei ist, dass die Bereiche sich nicht überschneiden (dies wird vom System geprüft). Über die Schaltfläche **Bearbeiten** passen Sie bereits erstellte Partitionen an. Über die Schaltfläche **Splitten** teilen Sie bereits erstellte Partitionen erneut auf. Möchten Sie bereits erstellte Partitionen zusammenführen, markieren Sie zwei oder mehrere Partitionen und klicken auf die Schaltfläche **Zusammenführen**. Eine bereits angelegte Partition löschen Sie über die Schaltfläche **Entfernen**.

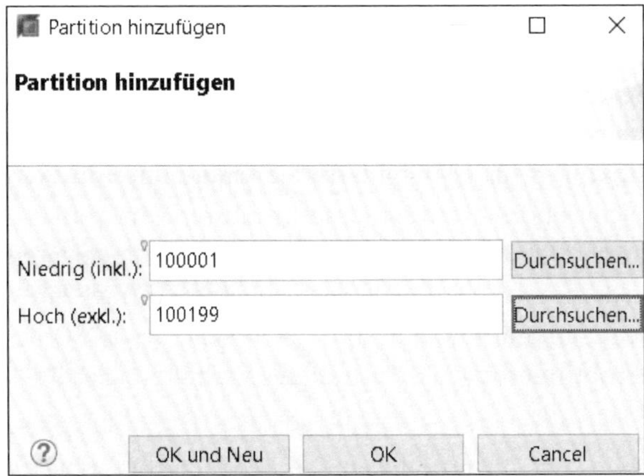


**Abbildung 5.89** Obere und untere Grenze der Partitionen eines aDSO festlegen

Wenn Sie im Tab **Allgemein** ein anderes Temperaturschema als **Hot** (siehe auch Abschnitt 9.4, »Data Tiering und Multi-Temperature-Speicherstrategien«) ausgewählt haben, gelangen Sie nun über die Schaltfläche **Temperaturen pflegen...** in das SAP GUI zur **Data-Tiering-Pflege – Änderungsmodus** (siehe Abbildung 5.90). Sie haben hier die Möglichkeit, den Partitionen Temperaturen zuzuordnen. Dabei ist es sinnvoll, häufig genutzte Partitionen in einen wärmeren Bereich zu schieben und selten genutzte Partitionen (z. B. bei Partitionierung über ein Zeitmerkmal Partitionen mit älteren Daten) in einen kälteren Bereich.

**Abbildung 5.90** Der Änderungsmodus der Data-Tiering-Pflege

Indizes

*Indizes* unterstützen die schnellere Selektion von Zeilen. Dabei wird eine sortierte Kopie der Daten mit einem zusätzlichen Zeiger auf die ursprüngliche Zeile angelegt. Standardmäßig werden zu jeder Tabelle sogenannte *Primärindizes* angelegt, die eine sortierte Kopie der Schlüsselfelder und den Zeiger auf die ursprünglichen Daten enthalten. Zusätzliche Indizes, sogenannte *Sekundärindizes*, sind in SAP BW/4HANA 2.0 in der Regel nur sinnvoll, wenn häufig auf Nicht-Schlüsselfelder des aDSO zugegriffen wird. Diese Sekundärindizes können Sie im Bereich **Index** erstellen. Dabei werden sie für die Aktive-Daten-Tabelle angelegt. Ist diese für das betroffene aDSO nicht vorhanden, werden die Indizes auf der Eingangstabelle angelegt.

Jeder angelegte Index verbraucht Speicher. Wenn gerade der Fokus auf Speicherminimierung und nicht auf Performance liegt, können Sie im Bereich **Technische Einstellungen für Indexstrukturen** die Optionen **Speicheroptimierte primäre Schlüsselstruktur** (es wird kein Primärschlüssel angelegt) und **Indexstrukturen für geklammerte Merkmale unterdrücken** setzen. Im Falle der speicheroptimierten Schlüsselstrukturen wird kein Primärindex angelegt. Durch die normalerweise standardmäßig angelegten Indexstrukturen für geklammerte Merkmale wird bei einer Abfrage einer Query der Abgleich zwischen Stammdaten und der Tabelle des aDSO beschleunigt. Zur Speicheroptimierung lässt sich dieses Verhalten allerdings unterdrücken.

In diesem Kapitel haben Sie die grundlegenden Modellierungsobjekte Quellsystem bis zum neuen advanced DataStore-Objekt (aDSO) kennengelernt, die zur Datenhaltung in SAP BW/4HANA 2.0 genutzt werden. Im nächsten Kapitel stellen wir Ihnen die Modellierungsobjekte vor, die für den Transfer der Daten zwischen den datenhaltenden Objekten und für die Manipulation der Daten genutzt werden können.

Kapitel 6

# Grundlegende Modellierungsobjekte: Datentransformation und -präsentation

6

*In diesem Kapitel stellen wir Ihnen zunächst die Modellierungsobjekte vor, mit denen Sie in SAP BW/4HANA 2.0 Daten verarbeiten und zwischen den datenhaltenden Objekten transferieren können, die Transformationen und Datentransferprozesse. Anschließend führen wir die für das Reporting verwendeten Views auf die Daten ein: CompositeProvider und Queries. Wir erläutern die notwendigen Schritte und Einstellungen zum Anlegen und Administrieren der Objekte.*

Nach dem Sie in Kapitel 5, »Grundlegende Modellierungsobjekte: Datenhaltung«, die Objekte kennengelernt haben, in denen in SAP BW/4HANA 2.0 Daten persistent abgelegt werden können, befassen wir uns in diesem Kapitel mit den Modellierungsobjekten, die benötigt werden, um die Daten zwischen den Datenhaltungsobjekten zu transferieren: Transformationen (siehe Abschnitt 6.1, »Transformationen«) und Datentransferprozesse (DTPs; siehe Abschnitt 6.2, »Datentransferprozesse (DTPs)«). Darüber hinaus stellen wir Ihnen mit dem CompositeProvider (siehe Abschnitt 6.3, »CompositeProvider«) und den Queries (siehe Abschnitt 6.4, »Queries«) die Objekte vor, die die Schnittstelle zur Präsentation der Daten im Frontend bieten. Wir beginnen im nächsten Abschnitt mit den Transformationen.

## 6.1 Transformationen

**Transformationsregeln**

Daten werden in SAP BW/4HANA 2.0 hauptsächlich in InfoProvidern vom Typ aDSO und InfoObject persistent gehalten. Wenn Daten aus einem Quellsystem in einen InfoProvider oder von einem InfoProvider in einen anderen InfoProvider geladen werden sollen, müssen *Regeln* festgelegt werden, die beschreiben, welche Feldinhalte aus der Quelle bzw. dem *Quellprovider* in welche Felder im *Zielprovider* geschrieben werden sollen. Diese Regeln werden auch als *Übertragungsregeln* oder *Transformationsregeln* bezeichnet. Dabei können Berechnungen stattfinden, beispielsweise die Multiplikation zweier Quellfelder und die Fortschreibung des Produktes in ein Zielfeld, Einschränkungen (Selektionen) oder Formatumwandlungen. Darüber hinaus können Daten aus anderen InfoProvidern durch ein Lookup hinzugelesen werden. Diese Regeln werden im SAP-BW-Umfeld in Modellierungsobjekten hinterlegt, die *Transformationen* heißen.

**Datentransferprozess (DTP)**

Nachdem eine Transformation definiert wurde, werden für sie ein oder mehrere *Datentransferprozesse* (DTPs) angelegt (siehe Abschnitt 6.2, »Datentransferprozesse (DTPs)«). Ein DTP überführt die Daten unter Anwendung der in der Transformation festgelegten Übertragungsregeln von einem Quell- in einen Zielprovider (siehe Abbildung 6.1).

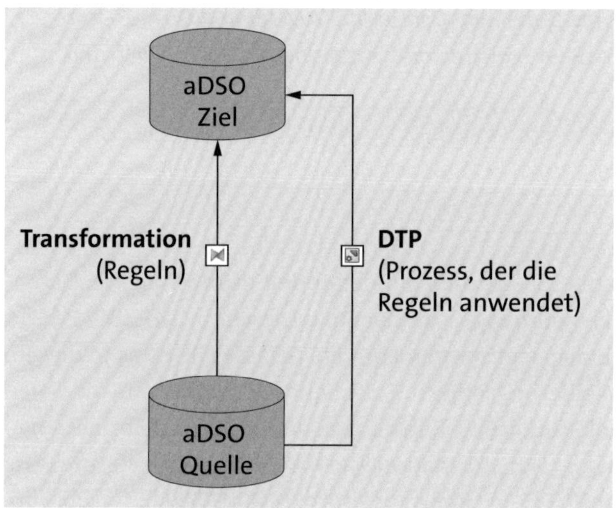


**Abbildung 6.1** Einfacher Datenfluss: Transformation und DTP

**Transformationen im Datenfluss**

Zwischen einer spezifischen Kombination aus Quell- und Zielprovider kann es in SAP BW immer nur genau eine Transformation geben. Auf einem Quellprovider kann es aber mehrere Transformationen zu dann jeweils unterschiedlichen Zielprovidern geben. Ebenso kann es zu einem Zielprovider mehrere Transformationen zu dann jeweils unterschiedlichen Quellprovidern geben. Im Beispiel in Abbildung 6.2 ist die durchgestrichene Transformation nicht zulässig, da es zwischen den aDSOs **Quelle 1** und **Ziel 1** bereits eine gültige Transformation gibt.

Werden dennoch zwischen einer Kombination aus einem Quell- und einem Zielprovider mehrere Transformationen benötigt, so können Sie dies lösen, indem Sie auf InfoSources zurückgreifen. Das Vorgehen stellen wir Ihnen in Abschnitt 7.3, »Remodellierung von aDSOs«, vor.

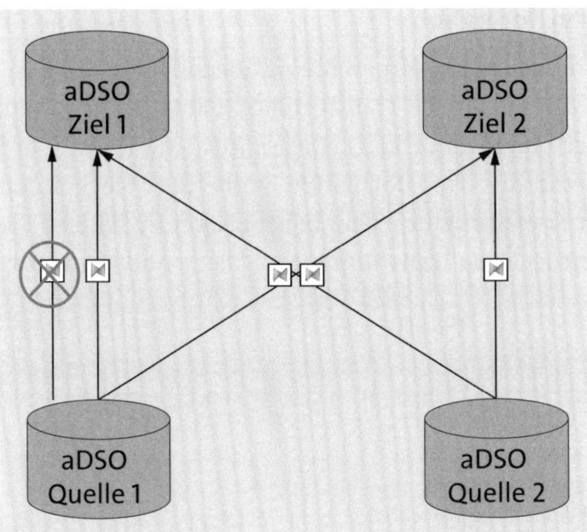


**Abbildung 6.2** Datenfluss: zulässige und nicht zulässige Transformationen



### 6.1.1 Vorgängerobjekte im klassischen BW

**InfoPackages und Übertragungsregeln**

In den SAP-BW-7.x-Releases wurden insbesondere bei der Anbindung von Daten aus Quellsystemen über DataSources noch *InfoPackages* genutzt. Wenn BI-Content-Objekte mit 3.x-Datenfluss eingesetzt wurden, kamen auch noch *Übertragungsregeln* zum Einsatz. Diese Objekte finden in SAP BW/4HANA 2.0 keine Anwendung mehr. Ihr Einsatz wird vollständig durch Transformationen in Kombination mit DTPs ersetzt. Wenn Sie noch mit InfoPackages und Übertragungsregeln gearbeitet haben, so sind Sie sehr wahrscheinlich auch seit langer Zeit mit Transformationen und DTPs vertraut, da diese für die Fortschreibung von Daten oberhalb des Data Acquisition Layers (siehe Abschnitt 4.2.1, »Layered Scalable Architecture«) die Standardobjekte in SAP BW sind. Daher verzichten wir an dieser Stelle sowie in Abschnitt 6.2, »Datentransferprozesse (DTPs)«, auf eine detaillierte Überführung zwischen den alten und den neuen Modellierungsobjekten.

**AMDP-Routinen**

Transformationen und DTPs entsprechen in SAP BW/4HANA 2.0 weitestgehend den Objekten in den SAP-BW-7.x-Releases, allerdings gibt es kleinere Änderungen und Erweiterungen. Als prominentes Beispiel sei erwähnt, dass Routinen nicht mehr ausschließlich mit ABAP, sondern zukünftig auch als *ABAP-Managed-Database-Procedures*-Routinen (AMDP-Routinen) implementiert werden können (für einen Überblick siehe Abschnitt 6.1.3, »Transformation administrieren: Allgemeine Einstellungen«, sowie für Details Abschnitt 7.6, »Transformationen (erweitert)«).

### 6.1.2 Anlegen einer Transformation

**Transformation anlegen**

Um eine Transformation anzulegen, öffnen Sie mit Rechtsklick das Kontextmenü des Objektes, zu dem Sie die Transformation anlegen möchten, z. B. zu einem aDSO oder einem InfoObject. Dieses Ausgangsobjekt wird dann bereits als Zielobjekt der Transformation vorbefüllt, Sie können Quell- und Zielobjekt der Transformation aber beliebig ändern. Wählen Sie im Kontextmenü den Eintrag **Neu • Transformation...** (siehe Abbildung 6.3).

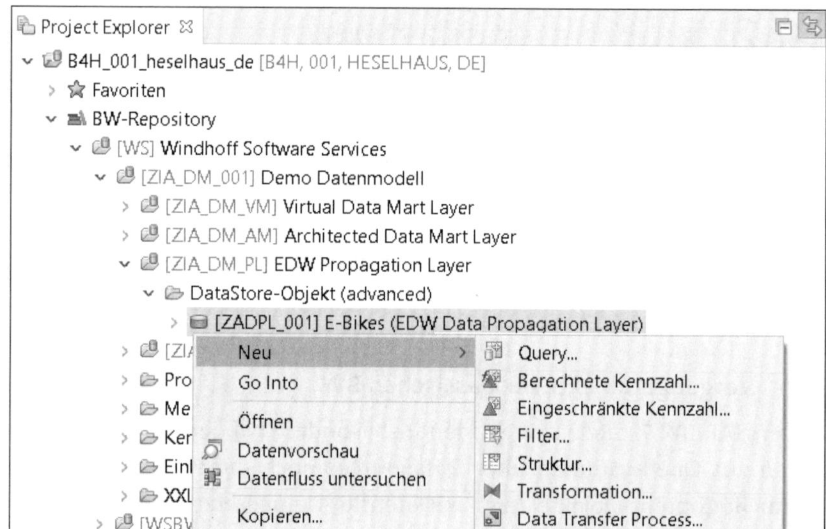


**Abbildung 6.3** Transformation – Anlegen aus dem Kontextmenü eines aDSO

Transformationen zu einem Objekt werden vom System unter dem Zielobjekt im Ordner mit dem Namen **Transformation** gespeichert. Über das Kontextmenü zu diesem Ordner können Sie weitere Transformationen anlegen. Auch hier ist das aktuelle Objekt dann bereits als Zielobjekt der neuen Transformation vorbelegt, aber frei änderbar. Wählen Sie im Kontextmenü den Eintrag **Neu • Transformation...** (siehe Abbildung 6.4).

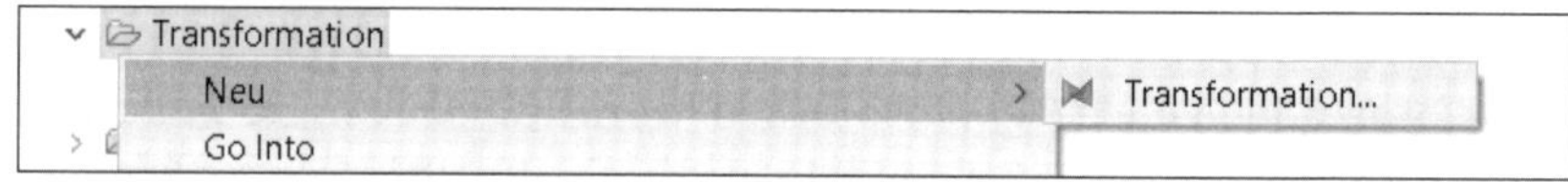


**Abbildung 6.4** Transformation anlegen aus dem Kontextmenü eines Ordners, der bereits Transformationen enthält

**Quell- und Zielprovider auswählen**

Beim Anlegen einer neuen Transformation öffnet sich im ersten Schritt das in Abbildung 6.5 gezeigte Pop-up-Fenster **Neue Transformation**. Wählen Sie über **Ziel** den Zielprovider Ihrer Transformation aus, sofern er nicht bereits korrekt vorbelegt ist. Dazu stellen Sie zunächst den **Objekttyp** ein. Zur Auswahl stehen hier aDSOs, die InfoObject-Komponenten Attribute, Hierarchien, Texte und XXL-Attribute (siehe Abschnitt 5.5, »InfoObjects«), InfoSources (siehe Abschnitt 7.3, »Remodellierung von aDSOs«) sowie die Open Hub Destination (siehe Abschnitt 9.3, »Open Hub Destination«) (siehe Abbildung 6.6).

**Abbildung 6.5** Quell- und Zielprovider wählen



**Abbildung 6.6** Ziel-Objekttypen

Anschließend geben Sie im Feld **Objektname** den Namen des Zielproviders ein. Sie können hierfür die Suchhilfe über die Schaltfläche **Durchsuchen...** nutzen.

Analog zum Zielprovider wählen Sie als Nächstes den Quellprovider aus (siehe Abbildung 6.7). Als Objekttypen für Quellprovider stehen Ihnen hier zusätzlich zur Verfügung: CompositeProvider (siehe Abschnitt 6.3, »CompositeProvider«), DataSource (siehe Abschnitt 5.4, »DataSources«), SAP-HANA-Analyseprozesse (siehe Hinweiskasten »SAP-HANA-Analyseprozesse«), ein Segment einer Hierarchie zum InfoObject (siehe Abschnitt 5.5.6, »Merkmals-InfoObject administrieren: Stammdaten/Texte«) sowie die Query (siehe Abschnitt 6.4, »Queries«). Bei Quellprovidern vom Typ DataSource muss zusätzlich das Quellsystem angegeben werden.

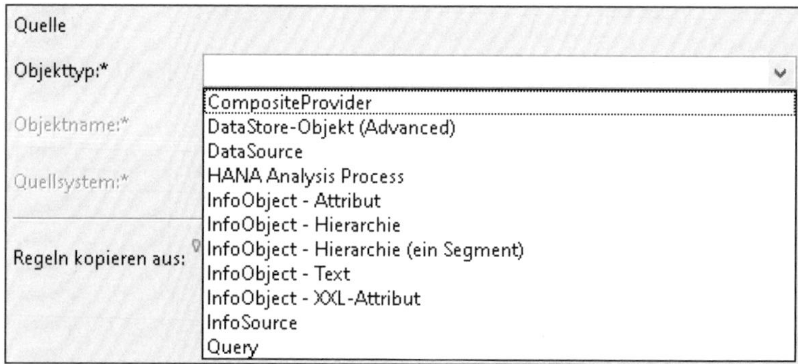


**Abbildung 6.7** Quell-Objekttyp auswählen

[»]

**SAP-HANA-Analyseprozesse**

Mit SAP-HANA-Analyseprozessen können Benutzerinnen und Benutzer die Funktionalitäten der SAP-HANA-Datenbank verwenden und auch mit den Funktionalitäten des SAP-BW/4-HANA-Systems kombinieren, um beispielsweise ABC-Klassen zu erstellen. Dabei besteht ein SAP-HANA-Analyseprozess immer aus einem InfoProvider als Datenquelle, einer Transformation, die die Funktionen zur Datenanalyse auf der SAP-HANA-Datenbank ausführt und einem Ziel, das ein InfoProvider oder View sein kann.

**Transformationsregeln kopieren**

Wenn Sie für Ihre neue Transformation Regeln aus einer bereits bestehenden Transformation kopieren möchten, können Sie die bereits bestehende Transformation im Feld **Regeln kopieren aus** eintragen. Auch hier steht Ihnen die Schaltfläche **Durchsuchen...** bei der Suche nach der Vorlage-Transformation zur Verfügung. Nachdem Sie Quell- und Zielprovider eingetragen haben, bestätigen Sie Ihre Eingaben mit **OK**.

### 6.1.3 Transformation administrieren: Allgemeine Einstellungen

Sie gelangen nun in die Administrationssicht der Transformation mit den zwei Tabs **Allgemein** und **Regeln** (siehe Abbildung 6.8).

**Abbildung 6.8** Transformation – Tab »Allgemein«

**Transformation: Allgemein**

Auf dem Tab **Allgemein** finden Sie im Bereich **Allgemein** das Feld **Technischer Name** mit dem vom System vergebenen technischen Namen der Transformation. Darunter schlägt das System im Feld **Beschreibung** einen sprechenden Namen für die Transformation vor, den Sie beliebig ändern können. Hier ist es in vielen Unternehmen üblich, dem Systemvorschlag zu folgen und die Beschreibung nach dem Muster *<Quellprovider>* -> *<Zielprovider>* aufzubauen (siehe Hinweiskasten »Namenskonventionen« in Abschnitt 5.1, »Allgemeine Hinweise zur Modellierung«). Dies vereinfacht die Orientierung, wenn Sie in den InfoAreas oder über die Suchfunktion nach einer bestimmten Transformation suchen. Unter der Beschreibung werden **Quelle** und **Ziel** der Transformation angezeigt.

**SAP-HANA- und ABAP-Laufzeitumgebungen**

Im Bereich **Laufzeiteigenschaften** können Sie auswählen, ob Ihre Transformation in der **SAP-HANA-Laufzeit**-Umgebung oder in der **ABAP-Laufzeit**-Umgebung ausgeführt werden soll. Grundsätzlich sollten Sie in SAP

BW/4HANA 2.0 immer die SAP-HANA-optimierten Funktionen nutzen und somit auch hier in den meisten Fällen die SAP-HANA-Laufzeit auswählen, da diese eine deutlich bessere Performance bietet. Da sich die beiden Laufzeitumgebungen technisch sehr stark unterscheiden, können Sie gegebenenfalls bei der Ausführung derselben Transformation in beiden Umgebungen zu unterschiedlichen Ergebnissen gelangen. Daher müssen Sie insbesondere bei der Umstellung bestehender ABAP-Transformationen auf die SAP-HANA-Laufzeitumgebung darauf achten, dass die Ergebnisse korrekt berechnet werden. Wesentliche Unterschiede gibt es in folgenden Fällen:

- Die *Typkonvertierung* (z. B. Character in Integer, wenn der Character nur Ziffern enthält) kann in ABAP automatisch stattfinden. In SAP HANA muss sie explizit in der Formel oder im SAP-HANA-Script angegeben werden, sonst kann es zu einem Laufzeitfehler kommen.
- In der ABAP-Laufzeitumgebung werden Nachkommastellen gerundet, in der SAP-HANA-Umgebung werden sie abgeschnitten. Eine Rundung kann hier nur durch zusätzliche Konvertierungen und eine explizite Rundung erreicht werden.
- Die *DTP-Fehlerbehandlung* gibt es derzeit nur in der ABAP-Laufzeitumgebung (siehe Abschnitt 6.2.4, »DTP administrieren: Aktualisieren«). Eine Lösung für die SAP-HANA-Laufzeit befindet sich laut SAP in der Überarbeitung. Wird die DTP-Fehlerbehandlung benötigt, muss auf die ABAP-Laufzeitumgebung zurückgegriffen werden.

**Regeln, Start-, End- und Expertenroutinen**

**ABAP-Managed-Database-Procedures-Routinen**

Die einfachste Form, Regeln in einer Transformation zu definieren, wird auf dem Tab **Regeln** vorgenommen und in Abschnitt 6.1.4, »Transformation administrieren: Regeln«, beschrieben. Wenn die Möglichkeiten, die der Tab **Regeln** bietet, nicht ausreichen, um komplexere Übertragungsregeln zwischen Quell- und Zielprovider abzudecken, können Sie zusätzlich zu den Regeln auf dem Tab **Allgemein** im Bereich **Globale Routinen** *Startroutinen* implementieren, die *vor* der Anwendung der Regeln durchlaufen werden. Analog gibt es die Möglichkeit, *Endroutinen* zu schreiben, die *nach* der Anwendung der Regeln durchlaufen werden. Darüber hinaus können Sie auf Start- und Endroutine sowie die Regeln verzichten und die gesamte Logik einer Transformation in einer *Expertenroutine* implementieren. Im klassischen SAP BW wurden diese Routinen in ABAP programmiert. Das ist auch weiterhin möglich, in SAP BW/4HANA besteht daneben die Möglichkeit, AMDP-Routinen zu implementieren, die in vielen Fällen Vereinfachungen und Performancevorteile mit sich bringen und in SAP BW/4HANA 2.0 die erste Wahl sein sollten. Routinen als komplexere Konstrukte beschreiben wir detaillierter in Abschnitt 7.6, »Transformationen (erweitert)«.

**Extraktion/ Semantische Gruppierung**

Im Bereich **Extraktion** können Sie Quellfelder für die *semantische Gruppierung* bei der Extraktion auswählen (siehe Abbildung 6.9). Bei der Ausführung eines DTP werden die Daten nicht als Ganzes, sondern paketweise verarbeitet (siehe Abschnitt 6.2.2, »DTP administrieren: Allgemein«). Datensätze mit den gleichen Werten in den selektierten Feldern bilden einen logischen Schlüssel und werden gemeinsam in einem Paket verarbeitet. Dies ist insbesondere von Bedeutung, wenn über mehrere Datensätze aggregiert werden soll oder wenn Sie in Routinen mehrere Datensätze verarbeiten und in einen Zieldatensatz fortschreiben.



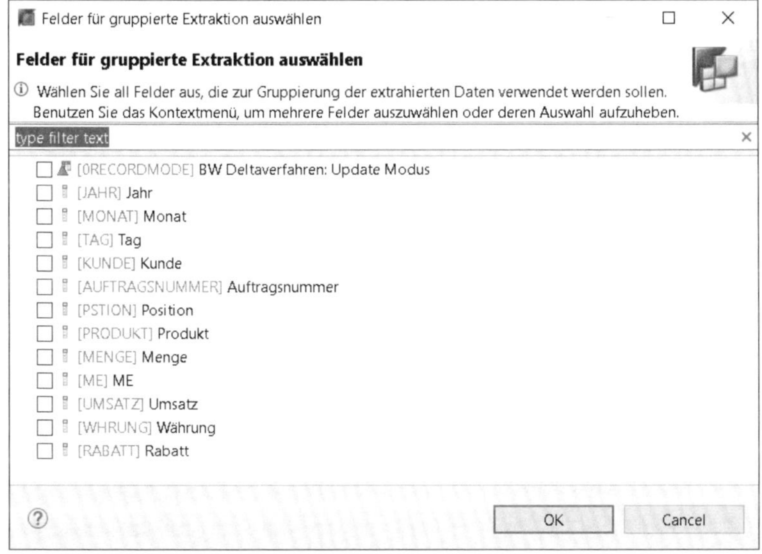


**Abbildung 6.9** Gruppierte Extraktion

**Regelgruppen**

Eine Gruppe von Transformationsregeln enthält zu jedem Schlüsselfeld des Zielproviders genau eine Transformationsregel und wird als *Regelgruppe* bezeichnet. Beim Anlegen enthält jede Transformation zunächst eine Standard-Regelgruppe. Eine Transformation kann mehrere Regelgruppen enthalten. Diese können Sie im Bereich **Zusätzliche Regelgruppen** anlegen und verwalten. Beispiel: Im Quellprovider haben Sie die drei Datumsmerkmale Bestell-, Liefer- und Rechnungsdatum. Im Ziel haben Sie nur ein allgemeines Datumsmerkmal. Über drei Regelgruppen wird das Datum nun je nach Kennzahl im Ziel jeweils über das Bestell-, das Liefer- oder das Rechnungsdatum befüllt.

### 6.1.4 Transformation administrieren: Regeln

**Übertragungsregel**

Auf dem Tab **Regeln** pflegen Sie die konkreten *Übertragungsregeln*, die bei der Überführung aus dem Quellprovider in den Zielprovider Anwendung finden (siehe Abbildung 6.10). Dabei sehen Sie auf der linken Seite den Quellprovider und auf der rechten Seite den Zielprovider. Sie können die einzelnen Felder per Drag & Drop miteinander verbinden. Das System schlägt Ihnen beim Anlegen einer Transformation bereits entsprechende Verbindungen vor, die Sie jedoch beliebig anpassen können. Sie können eine Regel bearbeiten, indem Sie sie mit der Maus markieren. Im unteren Teil des Fensters treffen Sie dann die gewünschten Einstellungen. Im Feld **Beschreibung der Regel** können Sie der Regel einen sprechenden Namen geben. Häufig bleibt dieses Feld in der Praxis einfach leer.

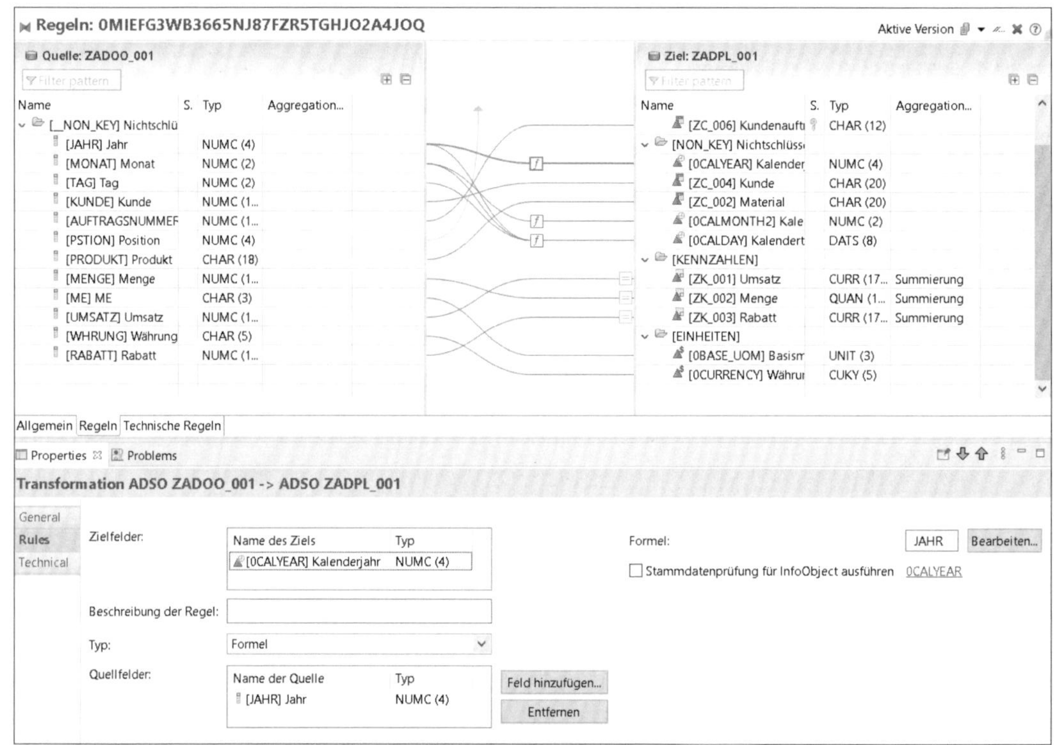


**Abbildung 6.10** Regeln verwalten

**Regeltypen**

Die einfachste Übertragungsregel liest ein Feld aus dem Quellprovider und schreibt es 1:1 in den Zielprovider fort – ohne jegliche Veränderungen oder Berechnungen. Hierbei handelt es sich um den Regeltyp **Direkte Zuordnung** (Feld **Typ**, siehe Abbildung 6.10). Darüber hinaus gibt es die Möglichkeiten, eine **Formel** zu nutzen, Stammdaten aus anderen InfoProvidern nachzulesen (**Nachlesen**), eine **Konstante** festzulegen, eine (Feld-)**Routine** zu schreiben oder auch für ein Feld explizit **Keine Fortschreibung** festzulegen (siehe Abbildung 6.11). Dabei kann ein Zielfeld durchaus durch mehrere **Quellfelder** befüllt werden, die z. B. gemeinsam in einer Formel oder Routine verarbeitet werden. Umgekehrt kann ein Quellfeld auch an der Befüllung mehrerer Zielfelder beteiligt sein (Beispiel: Befüllung der Zielfelder Jahr, Monat und Tag aus dem Quellfeld Kalenderdatum).

**Abbildung 6.11** Auswahl der Regeltypen

**Formeln**

Wenn Sie als Regeltyp **Formel** wählen, erscheinen im rechten Teil des Bereichs das Feld **Formel**, in das Sie direkt eine Formel eingeben können, sowie die Schaltfläche **Bearbeiten...** (siehe Abbildung 6.12).

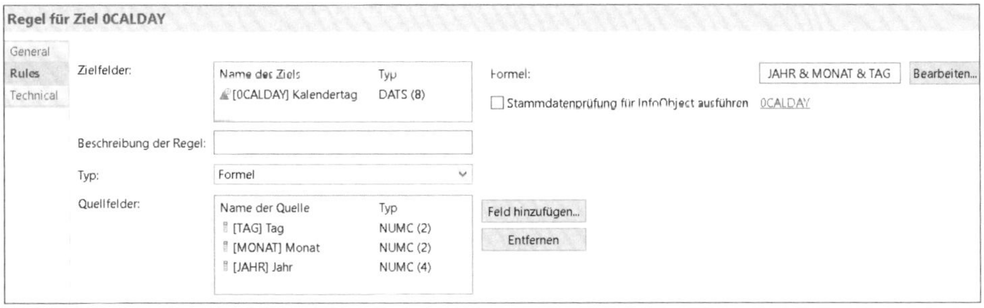

**Abbildung 6.12** Formel einfügen

**Formel-Editor**

Über die Schaltfläche **Bearbeiten...** gelangen Sie in den Formel-Editor (siehe Abbildung 6.13). Im Bereich **Formel** können Sie die Formel editieren. Dafür stehen Ihnen rechts neben dem Feld Schaltflächen zur Verfügung, über die Sie Zahlen und Rechenzeichen in die Formel einfügen können. Unten links im Bereich der Formelgruppen stehen vordefinierte Formeln zur Verfügung, die in die folgenden Gruppen unterteilt sind und über Doppelklick oder über Markieren und die Schaltfläche **Token hinzufügen** der Formel hinzugefügt werden können:

- **Quelle**: Quellfeld(er) der Regel
- Systemfelder: Felder, die standardmäßig vom SAP-BW/4HANA-2.0-System zur Verfügung gestellt und die beispielsweise in Formeln genutzt werden können, z. B. **aktuelles Datum** (**SYST-DATUM**), **SAP-System-ID** (**SYST-SYSID**) und **Benutzername** (**SYST-UNAME**)
- Datumsfunktionen: Funktionen zur Verarbeitung von Datumsangaben, z. B. **Tage zu einem Datum addieren** (**ADD_TO_DATE**) oder **Datum-> Woche** (**DATE_TO_WEEK**)

- Mathematische Funktionen: Mathematische Berechnungsfunktionen wie **Betrag** (**ABS**), Winkel- und Exponenzialfunktionen, ganzzahlige Division etc.
- Sonstige Funktionen: Funktionen wie **Prüfung auf Initialwert** (**IS_INITIAL**), **Vorzeichenumkehr** (**NEGATIVE**) oder **Wenn** (**IF**)
- Funktionen für Zeichenketten: Funktionen zur Verarbeitung von Zeichenketten wie Konkatenieren (**CONCATENATE**), die Behandlung führender oder abschließender Leerzeichen oder **Länge einer Zeichenkette** (**STR_LEN**)
- Grundfunktionen: Logische und mathematische Operatoren wie **Und** (**AND**), **Oder** (**OR**), **Addition** (**+**), **Subtraktion** (-), **Grösser gleich** (**>=**) und **Kleiner gleich** (**<=**)
- Integrierte HANA-Funktionen: Funktionen aus verschiedenen Bereichen, die für die Bearbeitung durch SAP HANA optimiert sind, wie das Addieren von Tagen (**ADD_DAYS**) und andere Datumsfunktionen, Winkelfunktionen, Typkonvertierungen etc.

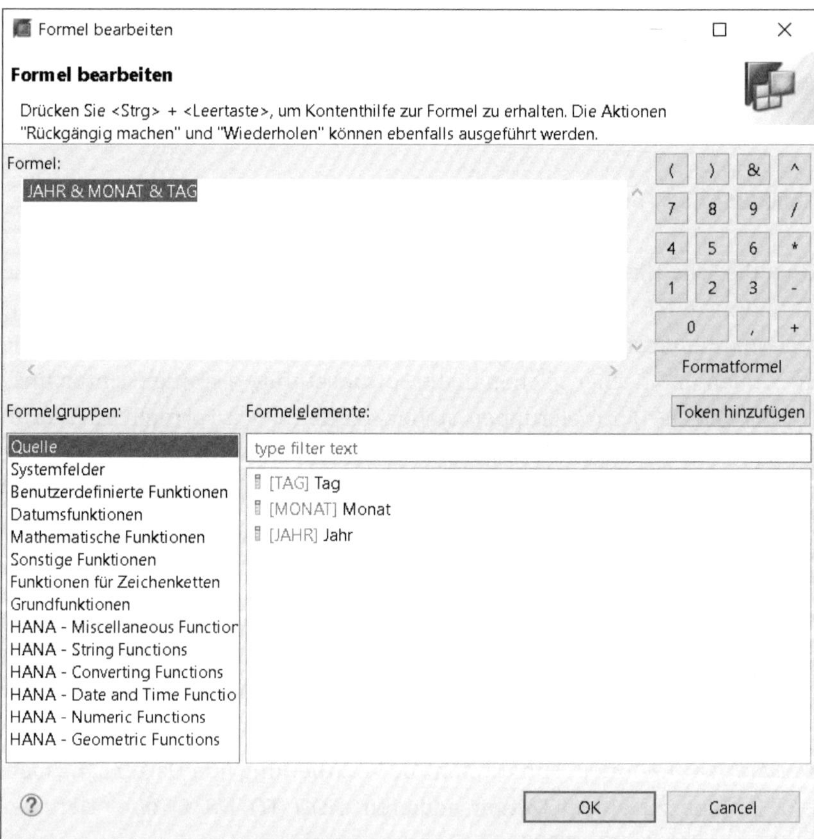


**Abbildung 6.13** Formel für die Systemfelder bearbeiten

**Nachlesen**

Mit dem Regeltyp **Nachlesen** können Daten beispielsweise aus Stammdatenobjekten nachgelesen werden, die nicht im Quellprovider vorhanden sind. Wenn dieser Regeltyp gewählt wird, kann rechts im Bereich das Objekt ausgewählt werden, aus dem beispielsweise Stammdaten nachgelesen werden sollen (siehe Abbildung 6.14). Dazu geben Sie im Feld **Nachlese-Objekt** den Namen des Objektes ein. Sie können hier wieder die Schaltfläche **Durchsuchen...** zur Unterstützung nutzen. Anschließend wird die Schaltfläche **Felder des Nachlese-Objektes zuordnen** aktiv. Über sie gelangen Sie in das gleichnamige Pop-up-Fenster, in dem Sie die Zuordnung vornehmen können, welche Felder genau nachgelesen werden sollen (siehe Abbildung 6.15).

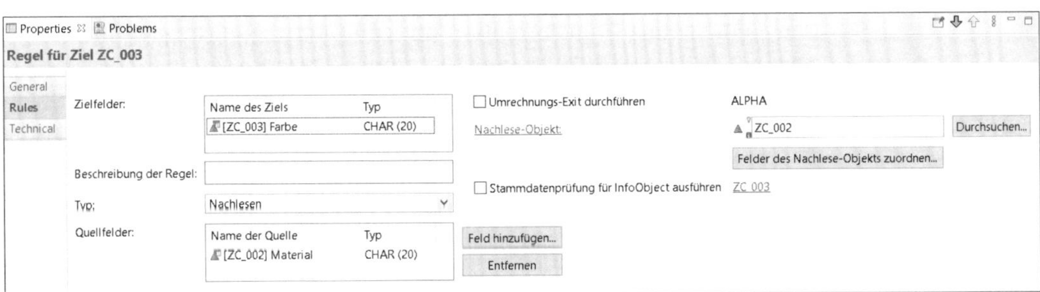


**Abbildung 6.14** Daten nachlesen

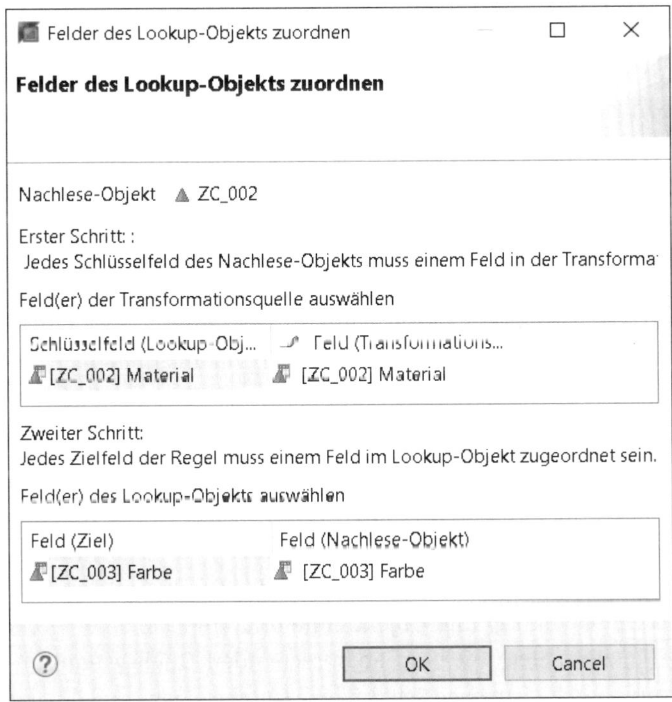


**Abbildung 6.15** Feldzuordnung nachlesen

**Konstanten** Wenn Sie den Regeltyp **Konstante** wählen, können Sie im rechten Teil des Bereichs einen konstanten Festwert eingeben, der in das Zielfeld fortgeschrieben werden soll, beispielsweise für ein Datumsfeld den Wert »01.01.2021«.

**Routinen** Der Regeltyp **Routine** erlaubt Ihnen, das Zielfeld durch eine selbstimplementierte AMDP-Routine zu befüllen. Im rechten Teil des Bereichs erscheint eine Schaltfläche **Bearbeiten...**, mit der Sie direkt ins Coding gelangen. Da das Schreiben von Routinen zumindest einige Erfahrung mit SAP BW voraussetzt, werden wir an dieser Stelle nicht näher darauf eingehen. Eine Einführung finden Sie in Abschnitt 7.6.2, »Die neuen ABAP Managed Database Procedures«, und Abschnitt 7.6.5, »Feldroutinen«.

Nachdem Sie Ihre Transformation mit den Übertragungsregeln für die einzelnen Zielfelder definiert haben, müssen Sie sie vor der Nutzung noch über die Schaltfläche [icon] aktivieren. Als Nächstes müssen Sie einen DTP anlegen, der bei seiner Ausführung auf die Transformationsregeln zurückgreift.

## 6.2 Datentransferprozesse (DTPs)

Nachdem Sie in Ihrem SAP-BW/4HANA-2.0-System DataSources und InfoProvider wie InfoObjects und aDSOs angelegt haben, haben wir Ihnen die Transformationen vorgestellt, die die Übertragungsregeln von Feldern in einem Quellprovider in Felder in einem Zielprovider enthalten. Um nun tatsächlich Daten unter Berücksichtigung dieser Regeln von einem Quell- in ein Zielsystem zu transferieren, müssen Sie noch einen *Datentransferprozess* (*DTP*) anlegen. Wenn Sie bisher mit SAP-BW-7.x-Releases gearbeitet haben, kennen Sie diese Objekte bereits.

### 6.2.1 Anlegen eines DTP

**DTP anlegen** Um einen DTP anzulegen, wählen Sie im Kontextmenü eines InfoProviders – idealerweise Ihres Zielproviders – den Eintrag **Neu** und im aufklappenden Untermenü den Eintrag **Data Transfer Process...** (siehe Abbildung 6.16). Bei diesem Vorgehen ist der Zielprovider im folgenden Pop-up-Fenster bereits vorbelegt (siehe Abbildung 6.17).

**Quell- und Zielprovider auswählen** Analog zum Anlegen einer Transformation (siehe Abschnitt 6.1.2, »Anlegen einer Transformation«) geben Sie nun im Pop-up-Fenster zum Anlegen eines neuen DTP in den Bereichen **Quelle** und **Ziel** den Quell- und den Zielprovider jeweils mit **Objekttyp** und **Objektname** und, im Falle einer DataSource als Quelle, zusätzlich mit dem entsprechenden **Quellsystem** ein. Dabei steht Ihnen über die jeweilige Schaltfläche **Durchsuchen...** wieder die Suchfunktion zur Verfügung (siehe Abbildung 6.17).

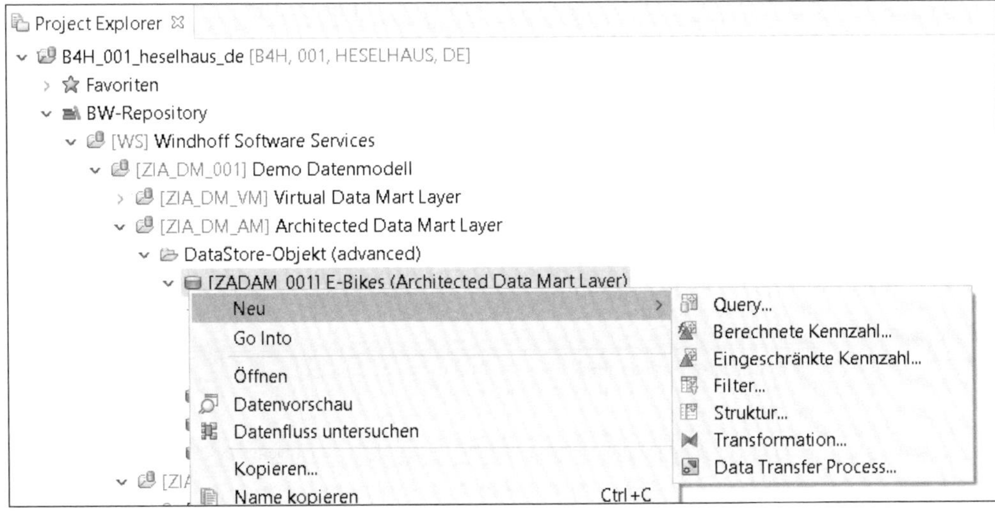


**Abbildung 6.16** DTP neu anlegen

**Abbildung 6.17** DTP anlegen – Provider wählen

**DTP kopieren**

Auch einen DTP können Sie kopieren, wenn Sie beispielsweise mehrere DTPs mit gleichen Einstellungen, aber unterschiedlichen Filterwerten zwischen einer Quell- und Zielobjekt-Kombination anlegen möchten. Geben Sie dazu im Feld **Kopieren aus** den technischen Namen des zu kopierenden DTP ein. Bestätigen Sie Ihre Eingaben abschließend mit **Next >**.

Im Pop-up-Fenster wird Ihnen nun eine Bestätigungsseite angezeigt, die die Informationen zum neuen DTP zusammenfasst (siehe Abbildung 6.18). Wählen Sie **Finish**, um den DTP anzulegen und in seine Administrationssicht zu wechseln.

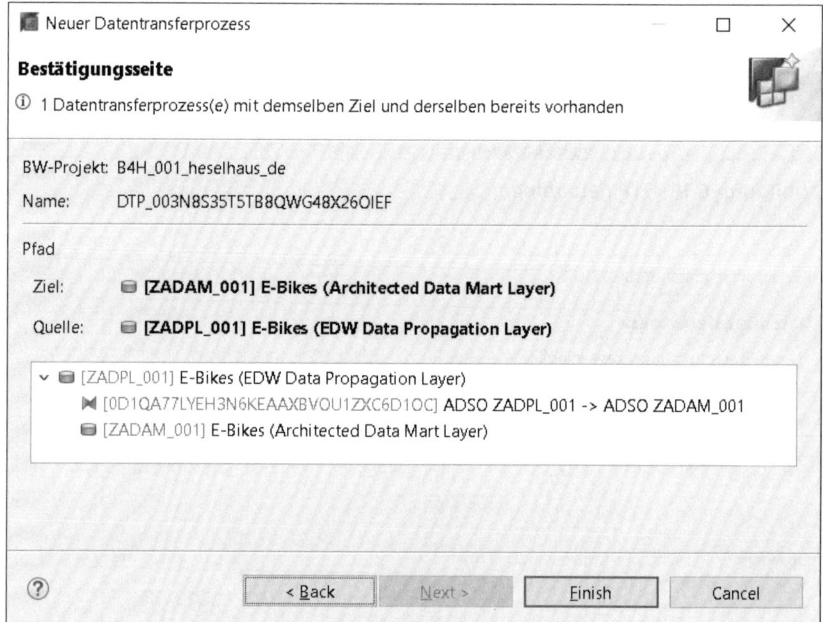


**Abbildung 6.18** DTP anlegen – Bestätigungsseite

### 6.2.2 DTP administrieren: Allgemein

**Der Tab »Allgemein«**

Auf dem Tab **Allgemein** sehen Sie im Bereich **Allgemein** den technischen Namen, den **Typ** sowie **Ziel** und **Quelle** des DTP. Die Beschreibung können Sie wie gewohnt ändern (siehe Abbildung 6.19). Im Bereich **Allgemeine Experteneinstellungen** können Sie den **Extraktionsmodus** festlegen: **Vollständig** (*Full*) oder **Delta**. Diese Einstellung müssen Sie vor der ersten Aktivierung des neuen DTP festlegen, sie lässt sich nachträglich nicht ändern. In der **Request-Auswahl** können Sie festlegen, welche Requests bei Ausführung des DTP aus der Quelle abgeholt werden sollen:

- **Nur letzten Request abrufen**: Nur der letzte in die Quelle geladene Request wird geladen – unabhängig davon, ob die Requests in der Quelle davor bereits an SAP BW/4HANA 2.0 übertragen wurden oder nicht.
- **Alle neuen Daten requestweise abrufen**: Wenn es in der Quelle mehrere Requests gibt, die noch nicht ins Ziel verbucht wurden, werden sie einzeln, also Request für Request verbucht. Dabei entsteht für jeden Request im Quellprovider ein korrespondierender Request im Zielprovider.
- **Alle grünen Requests extrahieren**: Es werden aus dem Quellprovider alle Requests verbucht, die dort den Status grün haben. Rote oder gelbe Requests werden übersprungen.
- **Delta-Initialisierung ohne Daten durchführen**: Es werden bei der Delta-Initialisierung nicht alle vorhandenen Daten aus der Quelle gelesen und ins Ziel geschrieben. Stattdessen wird die Delta-Initialisierung ohne Daten durchgeführt. Bei der nächsten Ausführung des DTP werden nur die Daten im Delta abgeholt, die *nach* der Delta-Initialisierung neu in die Quelle geschrieben wurden.
- **Delta nur einmal abrufen**: Wenn dieses Kennzeichen nicht gesetzt ist und aus dem Zielprovider Requests gelöscht werden, werden die Requests bei der nächsten Delta-Verbuchung erneut aus der Quelle ins Ziel verbucht. Ist das Kennzeichen gesetzt, werden die Requests *nicht* neu verbucht, auch wenn sie aus dem Zielprovider gelöscht wurden.



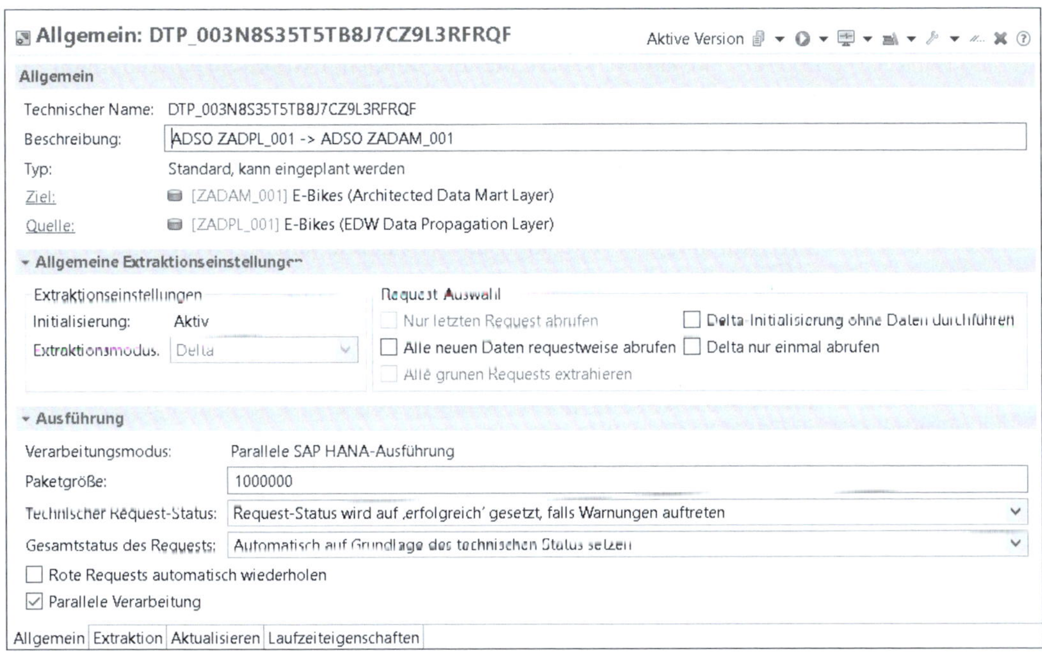


**Abbildung 6.19** DTP – der Tab »Allgemein«

**Datenpakete/ Paketgröße**

Im Bereich **Ausführung** können Sie in der Einstellung **Paketgröße** festlegen, wie groß die Datenpakete sein sollen, in die die Daten aus der Quelle für die Verarbeitung unterteilt werden. Wenn es beispielsweise 100.000 Datensätze in der Quelle gibt und Sie eine Paketgröße von 10.000 einstellen, so werden die Daten für die Verarbeitung in 10 Datenpakete aufgeteilt. Insbesondere wenn Sie mit Start-, End- oder Expertenroutinen arbeiten, müssen Sie bei bestimmten Operationen die paketweise Verarbeitung beachten (siehe Abschnitt 7.6.6, »Startroutinen«).

**Status eines Requests**

Mit der Einstellung **Technischer Request-Status** legen Sie fest, was passieren soll, wenn bei der Verbuchung eines Requests Fehler auftreten. Zur Auswahl stehen die Optionen **Request-Status wird auf ‚erfolgreich' gesetzt, falls Warnungen auftreten** und **Request-Status wird auf ‚fehlgeschlagen' gesetzt, falls Fehler auftreten**. Mit der Einstellung **Gesamtstatus des Requests** können Sie eine der folgenden Optionen wählen: **Den Gesamtstatus des Requests Automatisch auf Grundlage des technischen Status setzen** (bei regelmäßig eingeplanten DTPs die Standardeinstellung) oder den Gesamtstatus **Manuell setzen**.

Ferner können Sie festlegen, dass fehlerhafte (rote) Requests automatisch wiederholt werden sollen, und die **Parallele Verarbeitung** mehrerer Datenpakete eines Requests ein- oder ausschalten.

### 6.2.3 DTP administrieren: Extraktion

**Extraktion und Filter**

Im Tab **Extraktion** sehen Sie im Bereich **Extraktionseinstellungen für <Quell-Objekt>** Informationen zum Quellobjekt der Transformation (siehe Abbildung 6.20). Im Bereich **Filter** können Sie für Felder oder InfoObjects, für die dies in der Transformation als zulässig definiert wurde, Filter definieren, die bei der Datenextraktion angewendet werden – z. B. `CALYEAR >= 2020` –, um nur Daten zu laden, die als Kalenderjahr den Wert 2020 oder später besitzen. Wenn Sie zu einer Transformation mehrere Full DTPs bzw. mehrere Delta-DTPs anlegen möchten, so ist dies nur dann möglich, wenn die DTPs sich in ihren Filtern unterscheiden.

**Gruppierung und semantische Gruppen**

Im Bereich **Extraktion gruppiert durch** können Sie festlegen, welche Datensätze auf jeden Fall zusammen in einem Datenpaket verarbeitet werden sollen. Dazu legen Sie fest, welche Felder eine semantische Gruppe mit logischem Schlüssel bilden sollen. Auch dieser Punkt kann bei der Verwendung von Start-, End- oder Expertenroutinen von elementarer Bedeutung sein (siehe Abschnitt 6.1.3, »Transformation administrieren: Allgemeine Einstellungen«).

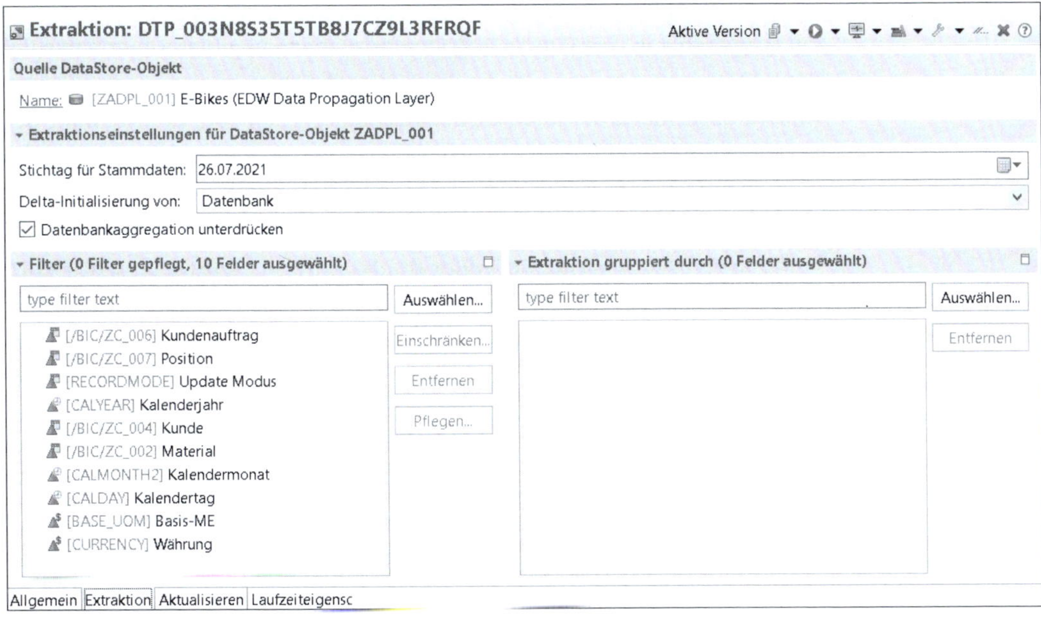


**Abbildung 6.20** DTP – Extraktion



### 6.2.4 DTP administrieren: Aktualisieren

**Aktualisieren**

Im Tab **Aktualisieren** finden Sie in den **Fortschreibungseinstellungen für <Ziel-Objekt>** die Einstellmöglichkeit **Datenbankzusammenführung auslösen** (siehe Abbildung 6.21). Wenn diese aktiviert ist, wird bei jeder Ausführung des DTP ein Merge der Daten auf der SAP-HANA-Datenbank durchgeführt.

Aktualisieren: DTP_003N8S35T5TB8J7CZ9L3RFRQ
Aktive Version
Ziel DataStore-Objekt
Name: [ZADAM_001] E-Bikes (Architected Data Mart Layer)
Fortschreibungseinstellungen für DataStore-Objekt ZADAM_001
Datenbankzusammenführung auslösen
Weitere Verarbeitung mit Stammdaten
Historische Transaktionen
Fehlerbehandlung
Fehlerprozess: Objekt nicht generiert
DTIS-Pflege öffnen...
Request-Behandlung: Request wird abgebrochen, Datensätze werden nicht verfolgt, Ziel wird nicht fortgeschrieben
Anzahl Fehler: 100
Datensätze nach fehlgeschlagenem Request verfolgen
Allgemein
Extraktion
Aktualisieren
Laufzeiteigenschaften

**Abbildung 6.21** DTP – Aktualisieren

**Fehlerbehandlung**

Im Bereich **Fehlerbehandlung** können Sie definieren, wie der DTP im Fehlerfall reagieren soll. Die Einstellung **Request-Behandlung** bietet hier verschiedene Optionen: Sie können im Feld **Anzahl Fehler** festlegen, ab welcher Anzahl an Fehlern die Request-Behandlung greifen soll. Bei Auswahl der Option **Request wird abgebrochen, Datensätze werden nicht verfolgt, Ziel wird nicht fortgeschrieben** wird ein Request im Fehlerfall abgebrochen und auf den Status rot gesetzt, ohne dass die Daten in das Zielobjekt oder in einen Fehler-Stack fortgeschrieben werden. Mit der Option **Request wird auf ‚fehlgeschlagen' gesetzt, Fehler-Stack wird geschrieben, gültige Sätze werden fortgeschrieben** wird ein Request im Fehlerfall ebenfalls auf den Status rot gesetzt, Fehler werden aber in einen Fehler-Stack geschrieben, die gültigen Sätze werden in den Zielprovider verbucht. Ein *Fehler-Stack* ist dabei ein Zwischenspeicher, in dem die fehlerhaften Datensätze gesammelt werden. Nachdem sie korrigiert wurden, können Sie über einen *Fehler-DTP* nachträglich in den Zielprovider verbucht werden. Der Fehler-DTP kann über das Icon hinter dem Feld **Fehlerprozess** erzeugt werden. Bei Auswahl der Option **Request wird auf ‚erfolgreich' gesetzt, Fehler-Stack wird geschrieben, gültige Sätze werden fortgeschrieben** wird der Request auch im Fehlerfall auf den Status grün gesetzt, wobei Fehler in den Fehler-Stack geschrieben und gültige Sätze in den Zielprovider verbucht werden (siehe Abbildung 6.22). Nur Requests mit dem Status grün können in weitere Zielprovider fortgeschrieben werden.

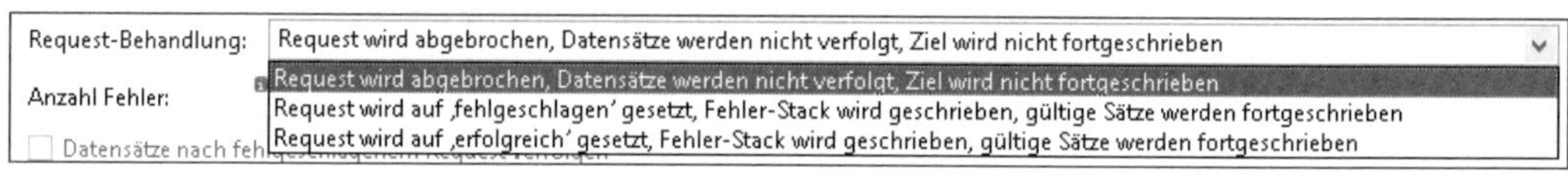


**Abbildung 6.22** DTP – Fehlerbehandlung

### 6.2.5 DTP administrieren: Laufzeiteigenschaften

**Laufzeiteigenschaften**

Im Tab **Laufzeiteigenschaften** (siehe Abbildung 6.23) können Sie keine Einstellungen vornehmen, wenn für die dem DTP zugrundeliegenden Transformation die SAP-HANA-Laufzeit ausgewählt ist (siehe Abschnitt 6.1.3, »Transformation administrieren: Allgemeine Einstellungen«). Wenn für die Transformation die ABAP-Laufzeit ausgewählt ist, können Sie auf diesem Tab Einstellungen zur Nutzung des *Zwischenspeichers* und zur *SAP-BW-Hintergrundverarbeitung* während der Ausführung eines DTP vornehmen. Zwischenspeicher sind dabei Tabellen, in die zu bestimmten Zeitpunkten während der Ausführung eines DTP die entsprechenden Datensätze geschrieben werden. Sie ermöglichen im Fehlerfall ein performantes und konsistentes Wiederaufsetzen des Prozesses. Die SAP-BW-Hintergrundverarbeitung ermöglicht die Parallelisierung von Ladeprozessen. Diese Einstellungen gelten allerdings wie bereits erwähnt lediglich für die ABAP-Laufzeitumgebung und gehen technisch tief ins Detail. In diesem Buch gehen wir an dieser Stelle nicht weiter in die Tiefe.

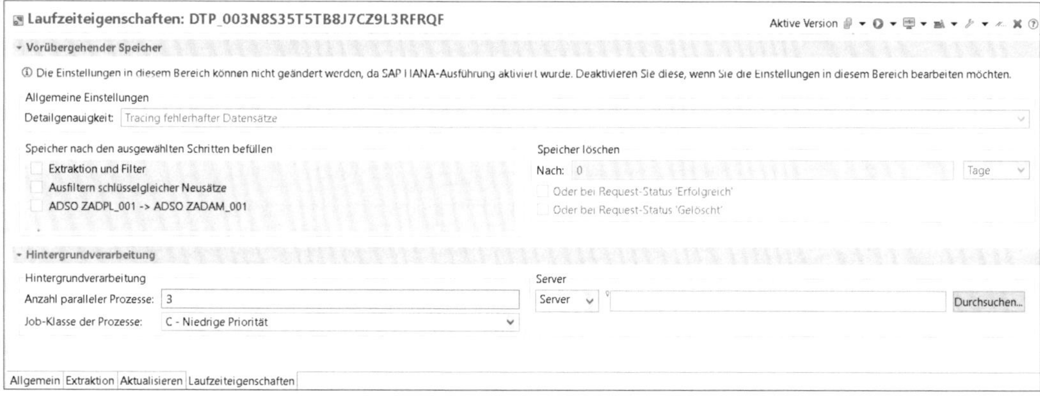


**Abbildung 6.23** DTP – Laufzeiteigenschaften

## 6.2.6 DTP ausführen

**Ausführung**

Um einen DTP auszuführen, also die Daten mithilfe eines DTP von einem Quell- in einen Zielprovider zu laden, öffnen Sie mit Rechtsklick das Kontextmenü des DTP und wählen dort den Punkt **Ausführen** (siehe Abbildung 6.24).

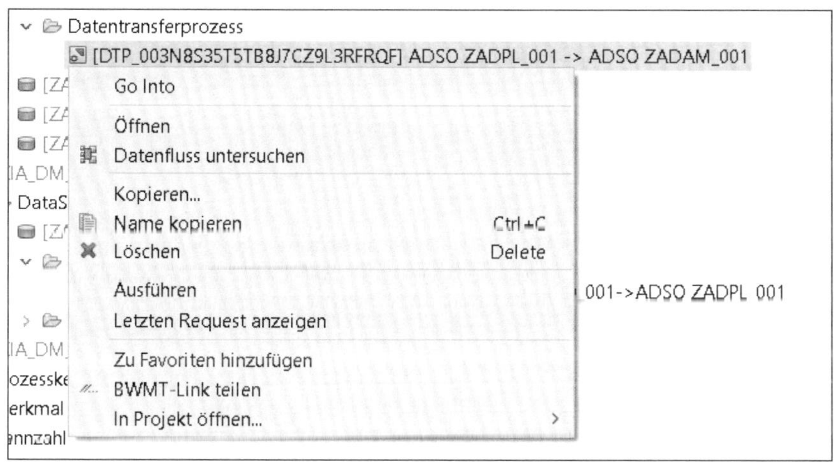


**Abbildung 6.24** DTP über das Kontextmenü ausführen

**Ausführungsmodus und Monitor**

Es öffnet sich das Pop-up-Fenster **Im Hintergrund ausführen** (siehe Abbildung 6.25). Sie können den DTP im Hintergrund ausführen und später die

Daten im Zielprovider prüfen. Alternativ können Sie die Option **Ausführen und Monitor öffnen** wählen (siehe Abbildung 6.25). Sie können dann den Verlauf des DTP in einem Monitor verfolgen. In der diesem Buch zugrundeliegenden Version von SAP BW/4HANA 2.0 springt das System für den Monitor noch in das klassische SAP GUI ab. Dieses wird in einem neuen Tab im SAP HANA Studio angezeigt (siehe Abbildung 6.26).

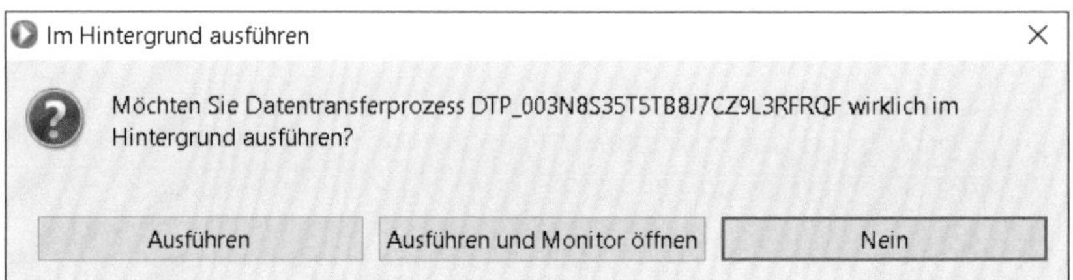


**Abbildung 6.25** Ausführungsmodus wählen

**Verarbeitung der Datenpakete**

Im Tab **Detail** (siehe Abbildung 6.26) können Sie die Verarbeitung der einzelnen Datenpakete verfolgen. Zum Aktualisieren der Ansicht klicken Sie auf das Icon . Jeder DTP erzeugt einen (Lade-)Request.

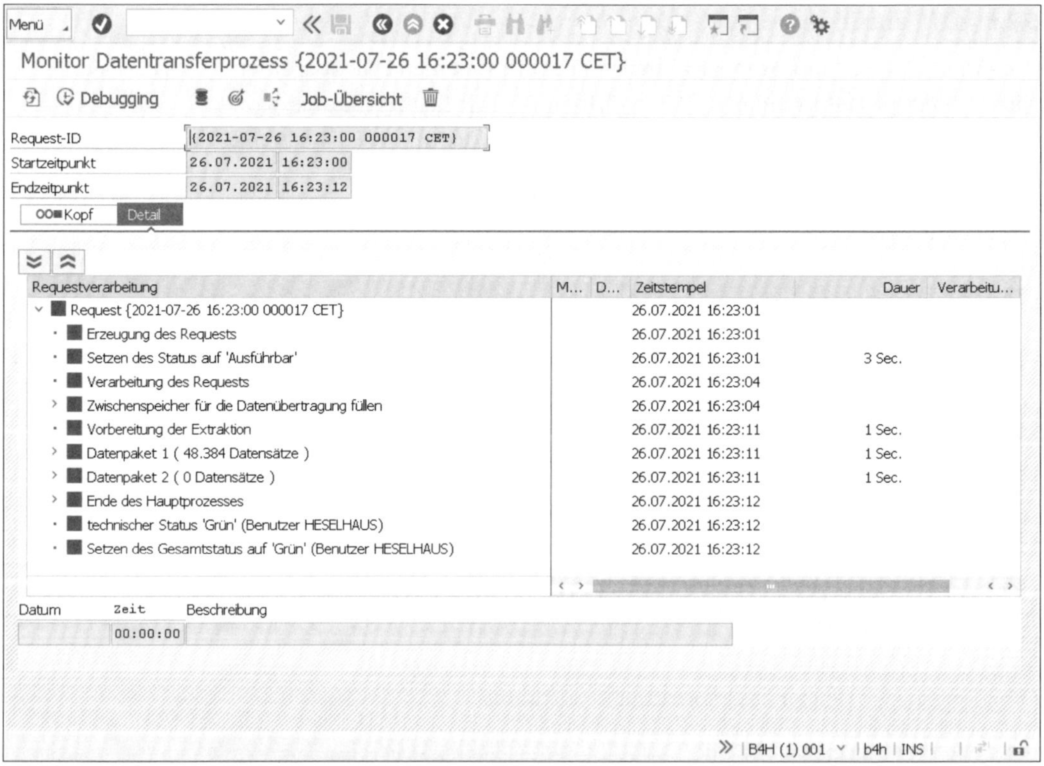

**Abbildung 6.26** Der Tab »Detail«

Wenn der Request am Ende den Status grün erreicht hat, ist der DTP erfolgreich durchgelaufen, und die Daten wurden geladen. Je nach aDSO-Typ müssen die Daten nach Abschluss des DTP aktiviert werden, bevor sie für Weiterverbuchung oder das Reporting zur Verfügung stehen (siehe Abschnitt 5.6.4, »Physische Ablage der aDSO-Daten in Tabellen und Views«).

Wenn Sie auf den Tab **Kopf** wechseln, sehen Sie die in Abbildung 6.27 gezeigten allgemeinen Informationen zum aktuell betrachteten DTP.



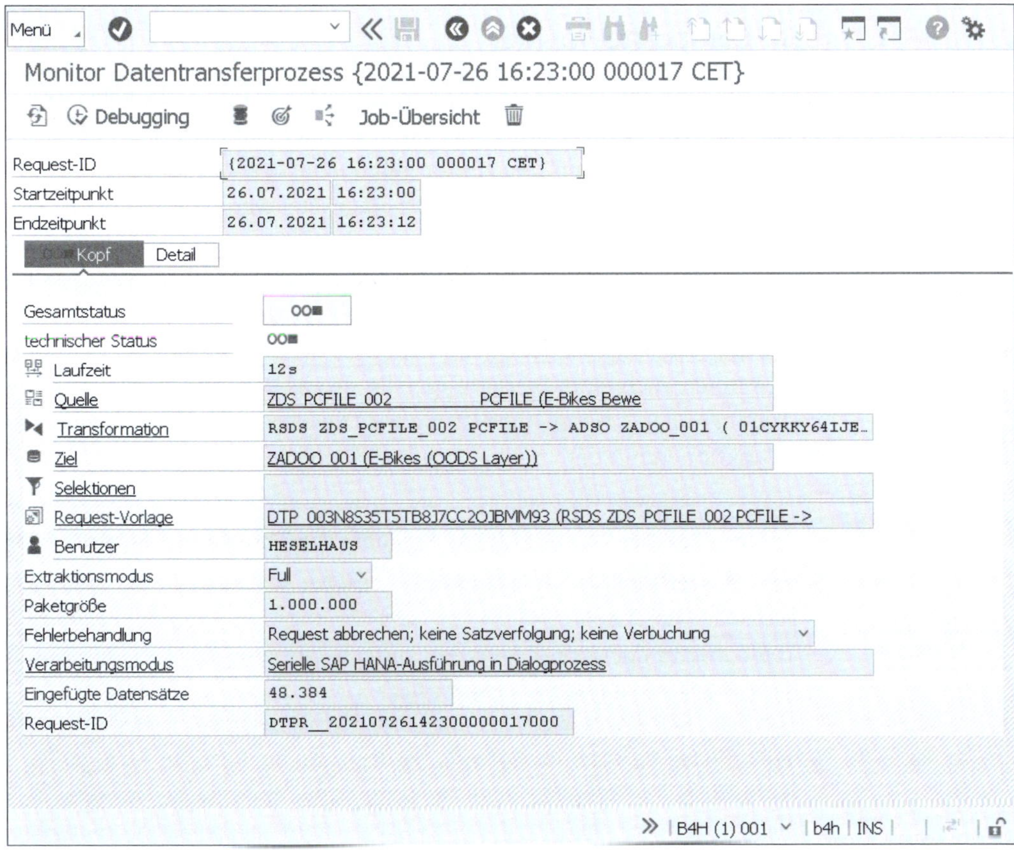


**Abbildung 6.27** Der Tab »Kopf«

**Regelmäßige Beladungen über Prozessketten**

Natürlich möchten Sie einen DTP nicht für jede Beladung manuell ausführen. Dies dient eher zu Testzwecken oder kommt bei einmaligen oder unregelmäßigen Beladungen oder im Rahmen von Korrekturen in Fehlerfällen zur Anwendung. Für regelmäßige Beladungen werden DTPs und andere notwendige Prozesse (z. B. die Aktivierung von Daten) in *Prozessketten* zusammengefasst. Diese können dann beispielsweise zeitlich eingeplant oder durch Events getriggert werden (siehe Abschnitt 11.1, »Prozessketten«).

Vor der Nutzung müssen Sie den DTP über die Schaltfläche aktivieren.

Nachdem Sie nun wissen, wie Sie datenhaltende Objekte anlegen und die Daten mit den in den Transformationen hinterlegten Übertragungsregeln über DTPs von einem Objekt zum nächsten transportieren, lernen Sie im nächsten Abschnitt die CompositeProvider kennen, die die Schnittstelle zur Präsentation der Daten für den Anwender bilden.

## 6.3 CompositeProvider

**CompositeProvider statt MultiProvider**

Mit dem *CompositeProvider* hat SAP in den SAP-BW-on-HANA-Releases ein neues virtuelles Objekt (ohne persistente Datenhaltung) eingeführt, das zunächst parallel neben den bisher gebräuchlichen virtuellen Providern, den MultiProvidern und den InfoSets, eingesetzt werden konnte. Mit SAP BW/4HANA 2.0 werden MultiProvider und InfoSets nun vollständig vom neuen CompositeProvider ersetzt und abgelöst, wobei der Composite-Provider die Funktionen beider Vorgängerobjekte in sich vereint. In diesem Abschnitt stellen wir nicht nur den neuen CompositeProvider vor, sondern bieten Ihnen auch eine Überleitung, falls Sie aus dem klassischen SAP BW kommen. Anhand dieser Überleitung wird deutlich, wie Sie die gewünschten Funktionen mit dem neuen Objekt abbilden können.

**CompositeProvider mit SAP SAP Business Warehouse Accelerator**

Um Missverständnissen vorzubeugen, weisen wir darauf hin, dass es bereits im klassischen SAP BW ein Modellierungsobjekt mit dem Namen CompositeProvider gab, das aber lediglich im Zusammenspiel mit dem SAP BWA (siehe Abschnitt 1.2.2, »SAP HANA«) genutzt werden konnte. Da es sich beim SAP BWA um ein Add-on handelte, das zusätzlich lizensiert werden musste und das mit SAP BW/4HANA nicht mehr benötigt wird, gehen wir auch auf dieses ursprüngliche CompositeProvider-Objekt in diesem Buch nicht weiter ein.

### 6.3.1 Vorgängerobjekte im klassischen SAP BW

**InfoCubes und MultiProvider**

Im klassischen SAP BW war der multidimensionale InfoCube mit physischer Datenhaltung das Standardobjekt, auf dem das Reporting mit den SAP BEx Queries aufsetzte. Es galt die Empfehlung, auf einen InfoCube möglichst immer noch eine Sicht bzw. ein virtuelles Objekt zu setzen, um die SAP BEx Queries unabhängig von Änderungen am Datenmodell im SAP-BW-Backend zu machen. Hierfür wurden MultiProvider genutzt, die eine Sicht auf einen oder mehrere InfoCubes und/oder weitere InfoProvider wie klassische DSOs und InfoObjects darstellten. Die beteiligten InfoCubes, DSOs und InfoObjects wurden dann als PartProvider des MultiProviders bezeichnet. Idealerweise setzen also alle SAP BEx Queries auf einem MultiProvider auf.

**InfoSets**

Die Zusammenführung der Daten aus verschiedenen InfoProvidern in einem MultiProvider erfolgte über eine Union-Verknüpfung (zur Union-Verknüpfung siehe Abschnitt 6.3.2, »Union- und Join-Verknüpfungen in SAP BW und SAP BW/4HANA«). Wenn statt der Union-Verknüpfung der Daten eine Join-Verknüpfung benötigt wurde, musste statt eines MultiProviders das InfoSet die Sicht auf die physikalischen Daten abbilden (zu Join-Verknüpfungen siehe Hinweiskasten in Abschnitt 6.3.2). InfoSets ermöglichten Joins über verschiedene PartProvider, also InfoProvider wie InfoCubes, DSOs und InfoObjects. In diesem Fall setzten die SAP BEx Queries auf dem InfoSet auf. Bei der Verwendung von InfoSets galt es, Rahmenbedingungen (z. B. die Anzahl der verwendeten InfoProvider) zu beachten, um anderenfalls häufig auftretende Performanceeinbußen beim Reporting zu vermeiden.

**SAP-erweitertes Sternschema**

Der InfoCube enthielt im klassischen SAP BW die Daten nicht in flachen Tabellenstrukturen, sondern für spezifische Reportingzwecke aufbereitet in einem speziellen, von SAP erweiterten Sternschema (zum einfachen Sternschema siehe Abschnitt 2.1.2, »Technischer Vergleich von OLTP- und OLAP-Transaktionen«). Hätte den InfoCubes ein einfaches Sternschema zugrunde gelegen, hätte jeder InfoCube seine eigenen Dimensionstabellen mit Kundendaten, Materialdaten etc. besessen. In der Regel benötigen verschiedene InfoCubes zumindest in Teilen dieselben Stammdaten. Das Material, der Kunde, aber auch andere Stammdaten finden üblicherweise an vielen Stellen Verwendung (*starke Entitäten*). Die betreffenden Dimensionstabellen wären also vielfach redundant im System abgelegt gewesen. Ein weiterer Nachteil des einfachen Sternschemas ist, dass mit den alphanumerischen Schlüsseln der Dimensionstabellen gearbeitet wird (z. B. Kunden-ID »0000001015« oder »K000001015«). Der Umgang mit Schlüsseln wird deutlich performanter, wenn sie ausschließlich aus numerischen Werten bestehen.

Aus diesen Gründen nutzt SAP ein *erweitertes Sternschema*. So wurden durch zusätzliche Dimensionstabellen die Stammdaten vom InfoCube gekapselt, sodass die Stammdaten gleichzeitig von mehreren InfoCubes genutzt werden konnten. Zusätzlich wurde durch den Einsatz von SIDs (siehe Abschnitt 5.5.8, »Physische Ablage der Daten bei Merkmals-InfoObjects in Tabellen und Views«) die Performance mit Hinblick auf die Schlüssel von Merkmalen verbessert. Das erweiterte Sternschema wird in diesem Buch nicht im Detail beschrieben, da InfoCubes, MultiProvider und InfoSets in SAP BW/4HANA 2.0 nicht mehr verwendet werden. Konzepte wie die Kapselung von Stammdaten und die Nutzung von SIDs kommen jedoch weiterhin zur Anwendung. Stammdaten werden in InfoObjects einmalig gepflegt und können in verschiedenen Szenarien genutzt werden. Auch die SIDs werden weiterhin im Rahmen der Performanceoptimierung genutzt.

### 6.3.2 Union- und Join-Verknüpfungen in SAP BW und SAP BW/4HANA

**Union-Verknüpfungen**

Die Daten verschiedener InfoProvider können in Sichten oder in weiteren InfoProvidern miteinander kombiniert werden. Hier ist zwischen Union- und Join-Verknüpfungen zu unterscheiden.

#### Union-Verknüpfung im SAP BW

Mit einer *Union-Verknüpfung* werden im SAP BW die Daten zweier oder mehrerer InfoProvider zu einer Ergebnistabelle zusammengeführt. Diese enthält die *Vereinigungsmenge* – es werden alle Daten aus allen Quellen aufgenommen.

Abbildung 6.28 enthält ein Beispiel für eine Union-Verknüpfung. Die Ergebnistabelle enthält sowohl alle Datensätze aus InfoProvider 1 wie auch aus InfoProvider 2. InfoProvider 2 enthält jedoch nicht die Spalte **Kunde seit**, sodass die entsprechenden Felder in der Spalte in der Ergebnistabelle für die Datensätze, die nicht auch in InfoProvider 1 enthalten sind, nicht gefüllt werden können.

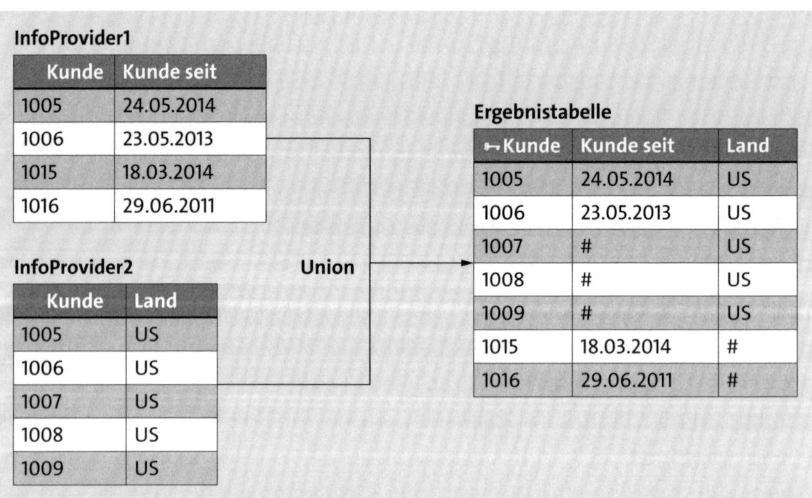

**InfoProvider1**

| Kunde | Kunde seit |
|---|---|
| 1005 | 24.05.2014 |
| 1006 | 23.05.2013 |
| 1015 | 18.03.2014 |
| 1016 | 29.06.2011 |

**InfoProvider2**

| Kunde | Land |
|---|---|
| 1005 | US |
| 1006 | US |
| 1007 | US |
| 1008 | US |
| 1009 | US |



**Ergebnistabelle**

| Kunde | Kunde seit | Land |
|---|---|---|
| 1005 | 24.05.2014 | US |
| 1006 | 23.05.2013 | US |
| 1007 | # | US |
| 1008 | # | US |
| 1009 | # | US |
| 1015 | 18.03.2014 | # |
| 1016 | 29.06.2011 | # |

**Abbildung 6.28** Union-Verknüpfung

Im SAP-System steht der Wert »#« für »nicht zugeordnet«. Analog können in der Ergebnistabelle die Felder in der Spalte **Land** nur für Datensätze gefüllt werden, die in InfoProvider 2 enthalten sind, nicht aber für solche, die ausschließlich in InfoProvider 1 enthalten sind. Auch in diesem Fall erhalten die betroffenen Felder den Wert »#« für »nicht zugeordnet«.

**Achtung**: Die hier beschriebene Version der Union-Verknüpfung, die so bei SAP Verwendung findet (beispielsweise beim alten MultiProvider), entspricht einem *Full Outer Join*. Im Allgemeinen wird bei einer Union-Verknüpfung abweichend von dieser Beschreibung vorausgesetzt, dass beide Eingangstabellen dieselben Spalten haben müssen.



### Join-Verknüpfungen

Durch eine *Join-Verknüpfung* können Datensätze aus zwei Tabellen einer relationalen Datenbank zu einer Ergebnistabelle zusammengefügt werden. Dabei wird – anders als bei einer Union-Verknüpfung – nicht die Vereinigungsmenge der Ursprungstabellen gebildet, sondern verschiedene Schnittmengen. Die verschiedenen Arten von Join-Verknüpfungen werden im Folgenden skizziert. Dabei ist die Rede von linker und rechter Tabelle. In der Regel ist dabei die linke Tabelle diejenige, die zuerst genannt wird:

- *Left Outer Join* (linker äußerer Join): Beim Left Outer Join werden jeweils alle Daten aus der linken Tabelle gelesen. Aus der rechten Tabelle werden nur diejenigen Datensätze hinzugelesen, deren Schlüssel auch in der linken Tabelle vorhanden ist.
- *Right Outer Join* (rechter äußerer Join): Beim Right Outer Join werden jeweils alle Daten aus der rechten Tabelle gelesen. Aus der linken Tabelle werden nur diejenigen Datensätze hinzugelesen, deren Schlüssel auch in der rechten Tabelle vorhanden ist.
- *Full Outer Join* (vollständiger äußerer Join): Beim Full Outer Join werden alle Datensätze aus der linken und alle aus der rechten Tabelle gelesen.
- *Inner Join* (innerer Join): Beim Inner Join werden nur diejenigen Datensätze gelesen, deren Schlüssel sowohl in der linken als auch in der rechten Tabelle vorhanden ist.
- *Left Anti Join* (linker Anti-Join): Beim Left Anti Join werden nur diejenigen Datensätze aus der linken Tabelle gelesen, deren Schlüssel sich *nicht* in der rechten Tabelle findet.
- *Right Anti Join* (rechter Anti-Join): Beim Right Anti Join werden nur diejenigen Datensätze aus der rechten Tabelle gelesen, deren Schlüssel sich *nicht* in der linken Tabelle findet.

Abbildung 6.29 illustriert die genannten Ausprägungen der Join-Verknüpfung. Der Teil der Schnittmenge, der beim jeweiligen Join-Typ selektiert wird, ist jeweils eingefärbt. Abbildung 6.30 zeigt die Ergebnistabellen, die sich aus den verschiedenen Join-Verknüpfungen ergeben, wenn die Eingangstabellen aus dem Beispiel für die Union-Verknüpfung aus Abbildung 6.28 zugrunde gelegt werden.

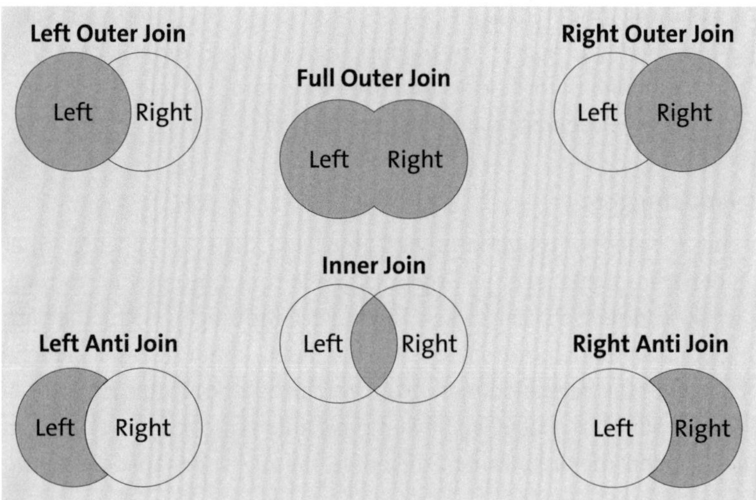


**Abbildung 6.29** Verschiedene Ausprägungen der Join-Verknüpfung

**Ergebnistabelle Left Outer Join**

| Kunde | Kunde seit | Land |
|---|---|---|
| 1005 | 24.05.2014 | US |
| 1006 | 23.05.2013 | US |
| 1015 | 18.03.2014 | # |
| 1016 | 29.06.2011 | # |

**Ergebnistabelle Full Outer Join**

| Kunde | Kunde seit | Land |
|---|---|---|
| 1005 | 24.05.2014 | US |
| 1006 | 23.05.2013 | US |
| 1007 | # | US |
| 1008 | # | US |
| 1009 | # | US |
| 1015 | 18.03.2014 | # |
| 1016 | 29.06.2011 | # |

**Ergebnistabelle Right Outer Join**

| Kunde | Kunde seit | Land |
|---|---|---|
| 1005 | 24.05.2014 | US |
| 1006 | 23.05.2013 | US |
| 1007 | # | US |
| 1008 | # | US |
| 1009 | # | US |

**Ergebnistabelle Left Anti Join**

| Kunde | Kunde seit | Land |
|---|---|---|
| 1015 | 18.03.2014 | # |
| 1016 | 29.06.2011 | # |

**Ergebnistabelle Inner Join**

| Kunde | Kunde seit | Land |
|---|---|---|
| 1005 | 24.05.2014 | US |
| 1006 | 23.05.2013 | US |

**Ergebnistabelle Right Anti Join**

| Kunde | Kunde seit | Land |
|---|---|---|
| 1007 | # | US |
| 1008 | # | US |
| 1009 | # | US |

**Abbildung 6.30** Ergebnistabellen für die verschiedenen Join-Verknüpfungen für die Beispieltabellen

In SAP HANA und SAP BW/4HANA 2.0 werden von den vorgestellten allgemeinen Join-Verknüpfungen der Inner Join, der Left Outer Join und der Right Outer Join genutzt. Darüber hinaus gibt es drei spezielle Join-Verknüpfungstypen, die im SAP-HANA-Umfeld zusätzlich zur Anwendung kommen und hier erläutert werden sollen.

**Spezielle SAP-HANA-Join-Verknüpfungen**

### Weitere Join-Verknüpfungen



**Referential Join**

Beim *Referential Join* handelt es sich um eine spezielle Form eines Inner Joins ist in der Ausführung jedoch performanter. Allerdings muss vor der Nutzung eines Referential Joins die referenzielle Integrität der beteiligten Tabellen sichergestellt sein. Das bedeutet, dass zu jedem Schlüsselwert der linken Tabelle ein entsprechender Eintrag in der rechten Tabelle enthalten sein muss, anderenfalls kann der Referential Join nicht ausgeführt werden. Für eine verbesserte Performance sollte immer dann statt eines Inner Joins ein Referential Join genutzt werden, wenn sichergestellt ist, dass die referenzielle Integrität zwischen den beteiligten Tabellen gegeben ist. Im Zweifelsfall muss zur Sicherheit der Inner Join gewählt werden.

**Text Join**

Der *Text Join* kommt im Rahmen der Mehrsprachigkeit zur Anwendung. In SAP BW/4HANA können Texte am InfoObject gepflegt werden, z. B. die Materialbeschreibung (Text) zur Materialnummer (Schlüssel). Über den Schlüssel des InfoObjects werden die Texte dann aus der Texttabelle des InfoObjects (siehe Abschnitt 5.5.8, »Physische Ablage der Daten bei Merkmals-InfoObjects in Tabellen und Views«) ausgelesen. Bei der Pflege mehrsprachiger Texte ist dieser Schlüssel allein nicht mehr eindeutig. Zu einer Materialnummer kann es dann mehrere Texteinträge in unterschiedlichen Sprachen geben. Bei Mehrsprachigkeit enthält die zugrundeliegende Texttabelle daher eine zusätzliche Spalte, in der das jeweilige Sprachkennzeichen hinterlegt ist (z. B. »DE« für Deutsch, »EN« für Englisch). Beim Join von Texten muss zusätzlich zum eigentlichen Schlüssel (z. B. Materialnummer) der Sprachschlüssel (technischer Name `LANGU`; z. B. »DE«) mit angegeben werden. SAP bezeichnet dies als Text Join. Das Beispiel in Abbildung 6.31 veranschaulicht die Bedeutung des erweiterten Schüssels für die Texttabelle.

**Temporal Join**

Sobald ein zeitabhängiger InfoProvider in einem Join verwendet wird, spricht man von einem *Temporal Join* (zeitabhängiger Join). Mit einem Temporal Join können Zeitverläufe in den Daten abgebildet werden. Dabei können in SAP BW/4HANA lediglich Stammdaten (Merkmals-InfoObjects) als zeitabhängige Datenquellen definiert werden. In diesem Fall bekommt das Merkmal die beiden zusätzlichen Attribute `0DATEFROM` (als Schlüsselfeld) und `0DATETO` (siehe Abschnitt 5.5.3, »Merkmals-InfoObject anlegen«). aDSOs können zwar nicht als zeitabhängig definiert werden; sie können aber Zeitmerkmale (wie OCALMONTH, OCALQUARTER, OCALWEEK, OCALYEAR oder OFISCPER) oder mindestens zwei InfoObjects, die auf ODATE referenzieren, enthalten, aus denen sich ein Zeitintervall ableiten lässt. Ein solches aDSO kann als pseudo-zeitabhängig bezeichnet werden und ebenfalls als Grundlage für einen Temporal Join dienen. Bei pseudo-zeitabhängigen InfoProvidern wird allerdings vom System nicht sichergestellt, dass es keine Lücken oder Überschneidungen in den Zeitintervallen gibt.

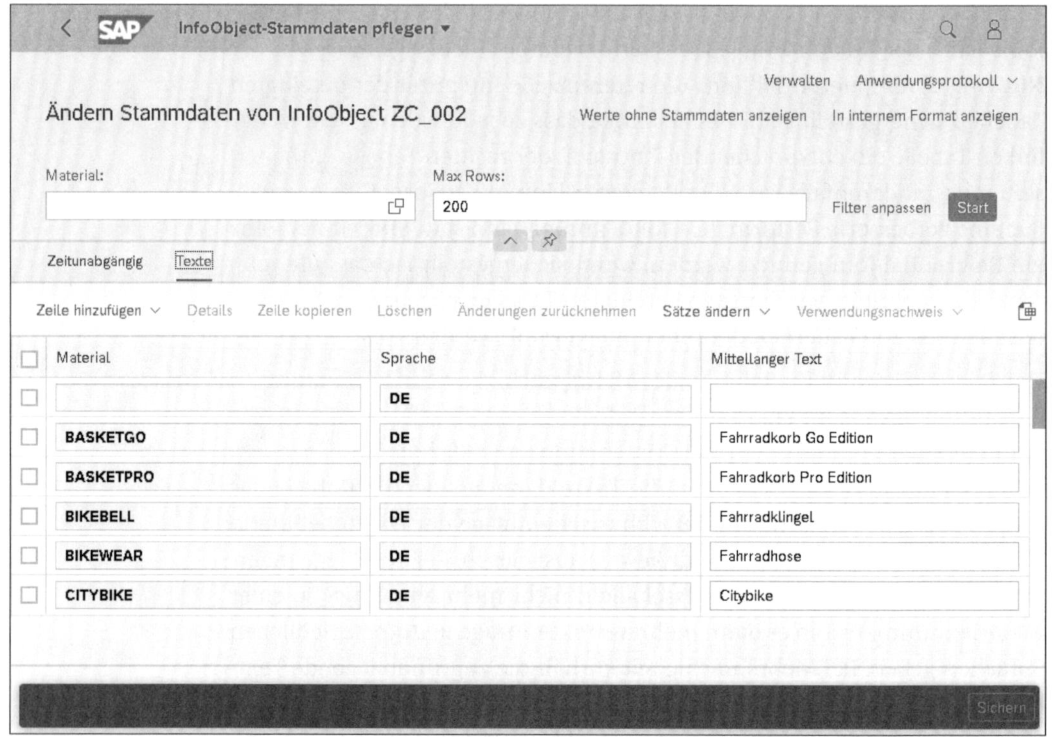


**Abbildung 6.31** Texttabelle mit sprachabhängigen Texten

### 6.3.3 Der CompositeProvider in SAP BW/4HANA 2.0

**CompositeProvider Queries**

In SAP BW/4HANA 2.0 kommen keine InfoCubes mehr zum Einsatz. Stattdessen werden aDSOs genutzt (siehe Abschnitt 5.6, »Advanced DataStore-Objekte«). Queries (siehe Abschnitt 6.4, »Queries«) können direkt auf den aDSOs aufsetzen. Allerdings ist auch in SAP BW/4HANA 2.0 zu empfehlen, eine Sicht dazwischenzuschieben, damit die Queries von möglichen Änderungen an den PartProvidern gekapselt sind.

**CompositeProvider mit Union-Verknüpfung**

In einem CompositeProvider mit einer Union-Verknüpfung können Daten aus verschiedenen InfoProvidern (aDSOs, InfoObjects, Open ODS Views; siehe Abschnitt 7.1, »Open ODS Views«) und Aggregationsebenen (siehe

Abschnitt 12.1.2, »Aggregationsebenen«), aber auch aus externen SAP-HANA-Views (nur Berechnungs- und Analysesichten; siehe Abschnitt 5.5.4, »Merkmals-InfoObject administrieren: Allgemein«) kombiniert werden. aDSOs sollten dabei über reportingrelevante Eigenschaften verfügen:

- Data-Mart-aDSO
- Standard-aDSO mit der Eigenschaft `Write ChangeLog`
- Staging-aDSO mit der Eigenschaft `Reporting Enabled` (siehe Abschnitt 5.6.5, »aDSO administrieren: Allgemein«).



Open ODS Views dürfen nur Felder mit den InfoObject-konformen Datentypen `CHAR`, `CUKY`, `CURR`, `DEC`, `DATS`, `FLTP`, `INT4`, `NUMC`, `TIMS`, `QUAN` und `UNIT` und zusätzlich `STRG` enthalten (zu den Datentypen siehe Abschnitt 5.5, »InfoObjects«).

**CompositeProvider mit mehreren Verknüpfungen**

CompositeProvider mit mehreren Union- und/oder Join-Verknüpfungen unterstützen die gleichen Provider wie CompositeProvider mit nur einer Union-Verknüpfung, allerdings mit folgenden Einschränkungen:

- keine Aggregationsebenen
- Open ODS Views nur, wenn das Kennzeichen `CalcScenario Used` auf den Wert `true` gesetzt ist
- Bei aDSOs kann mit Union- oder Join-Verknüpfungen auch aus dem Nearline-Storage gelesen werden (zu Nearline-Storage siehe Abschnitt 9.4.4, »SAP Hadoop Near-line Storage für SAP BW/4HANA«).

**Einsatz des CompositeProviders**

Die Kombination der Daten aus verschiedenen Providern im CompositeProvider kann somit über Union- wie auch über Join-Verknüpfungen umgesetzt werden. Der CompositeProvider deckt damit sowohl die Funktionen des alten MultiProviders als auch des InfoSets ab. Queries werden auf dem CompositeProvider definiert. Es gilt analog zum klassischen SAP BW die Empfehlung, die Datenbereitstellung und -aufbereitung durch die Verwendung des virtuellen Objektes CompositeProvider vom Reporting zu kapseln. So können InfoProvider verändert, hinzugefügt oder entfernt werden, ohne dass alle Queries, die auf dem CompositeProvider aufsetzen, angepasst werden müssen. Sie sollten zur Unterstützung dieser Kapselung von Datenhaltung und Reporting also auch dann jeweils einen CompositeProvider anlegen, wenn zunächst nur ein InfoProvider verwendet werden soll.

**SQL-Zugriff über SAP-HANA-Views**

Zusätzlich bietet der CompositeProvider die Möglichkeit, auf seine Daten per SQL zuzugreifen. Wenn Sie diese Funktion nutzen möchten, müssen Sie aus dem CompositeProvider einen externen SAP-HANA-View (siehe Abschnitt 5.5.4, »Merkmals-InfoObject administrieren: Allgemein«) generieren lassen.

Sie können die technischen Merkmale Request ID (0REQUID) und Satztyp (0RECORDTP) beim Anlegen eines CompositeProviders nicht verknüpfen. Dies übernimmt das System automatisch zur Laufzeit. Außerdem wird die technische Kennzahl Anzahl Sätze (1ROWCOUNT), die in der Auswertung zum Zählen der Zeilen genutzt werden kann, nicht angezeigt. Ist sie in einem der Provider des CompositeProviders enthalten, wird sie automatisch als Kennzahl in den CompositeProvider integriert.

**Bestandskennzahlen**

Bestandskennzahlen (siehe Abschnitt 5.5.7, »Merkmals-InfoObject administrieren: Hierarchien«) müssen über eine 1:1-Beziehung mit der Zielstruktur des CompositeProviders verknüpft werden. Bei ihnen muss das Kennzeichen **Direct Usage of Associated Object by Name** gesetzt werden.

**Temporaler Join**

Mithilfe eines temporalen Joins (siehe Abschnitt 6.3.2, »Union- und Join-Verknüpfungen in SAP BW und SAP BW/4HANA«) können Sie im CompositeProvider Daten im Zeitverlauf abbilden. Der temporale Join enthält dabei mindestens ein zeitabhängiges Merkmal oder einen pseudo-zeitabhängigen InfoProvider. Beim temporalen Join gibt es folgende Einschränkungen:

- Als InfoProvider sind nur InfoObjects und aDSOs erlaubt.
- Union-Knoten, Aggregation und Projection dürfen nicht genutzt werden.
- SQL-Filter, SQL-Expressions, Force Group By, Änderungen der Aggregation und konstantes Mapping sind nicht möglich.
- Der CompositeProvider kann nur zugeordnete Felder enthalten.

### 6.3.4 Anlegen eines CompositeProviders

**CompositeProvider anlegen**

Zum Anlegen eines CompositeProviders öffnen Sie das Kontextmenü der InfoArea, in der Sie den CompositeProvider anlegen möchten. Wählen Sie im Kontextmenü den Eintrag **Neu • CompositeProvider...** (siehe Abbildung 6.32).

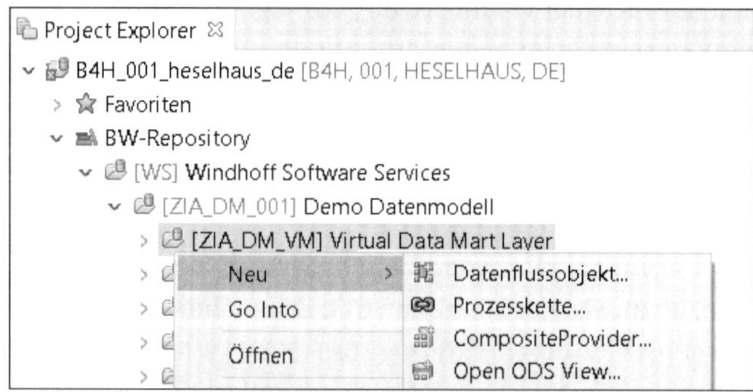


**Abbildung 6.32** CompositeProvider neu anlegen

Im Pop-up-Fenster **Neuer CompositeProvider** ist die **InfoArea** bereits vorausgefüllt, Sie können aber auch eine andere InfoArea wählen (siehe Abbildung 6.33). Auch hier unterstützt Sie eine entsprechende **Durchsuchen...**-Schaltfläche. Wenn Sie das Kennzeichen **Zu Favoriten hinzufügen** setzen, wird der CompositeProvider Ihren persönlichen Favoriten hinzugefügt (siehe Abschnitt 3.2.2, »Modellierung mit den SAP BW Modeling Tools im SAP HANA Studio«). Im Feld **Name** legen Sie den technischen Namen des neuen CompositeProviders fest. Halten Sie sich bei der Vergabe des technischen Namens stets an Ihre firmeneigenen Namenskonventionen. Außerdem können Sie optional die sprechende **Beschreibung** für den CompositeProvider pflegen.

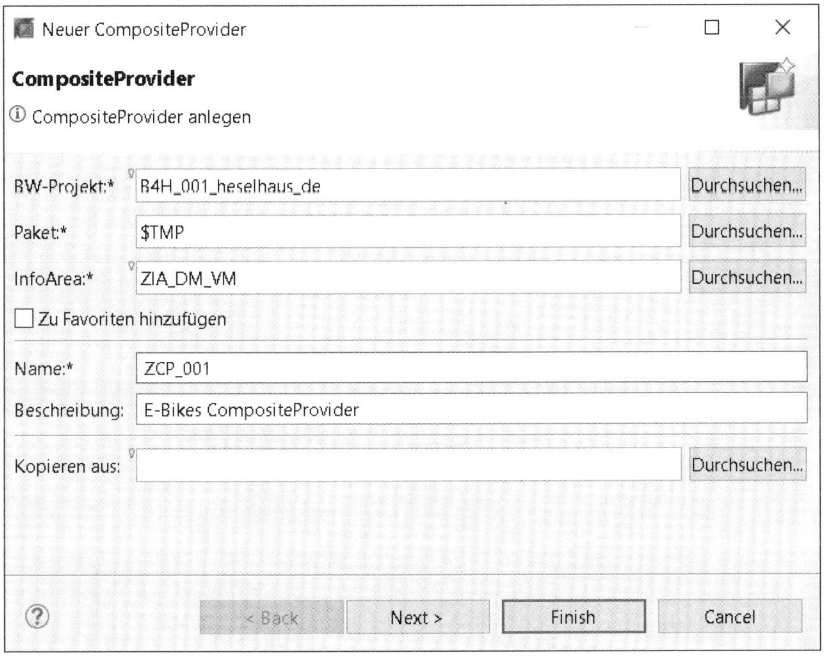

Neuer CompositeProvider

**CompositeProvider**

CompositeProvider anlegen

BW-Projekt:* B4H_001_heselhaus_de Durchsuchen...

Paket:* $TMP Durchsuchen...

InfoArea:* ZIA_DM_VM Durchsuchen...

☐ Zu Favoriten hinzufügen

Name:* ZCP_001

Beschreibung: E-Bikes CompositeProvider

Kopieren aus: Durchsuchen...

< Back Next > Finish Cancel

**Abbildung 6.33** CompositeProvider anlegen – Zuordnung und Namen

**CompositeProvider kopieren**

Wenn Sie Ihren neuen CompositeProvider nicht komplett von Hand anlegen möchten, sondern einen bereits bestehenden als Kopiervorlage nutzen und gegebenenfalls anpassen wollen, geben Sie im Feld **Kopieren aus** den technischen Namen des Vorlage-CompositeProviders ein. Hier steht Ihnen wieder mit **Durchsuchen...** eine Hilfe zur Auswahl des Vorlagenobjektes zur Verfügung.

Nachdem Sie Ihre Eingaben vervollständigt haben, klicken Sie auf **Next >**, um sich Schritt für Schritt durch die notwendigen Schritte zum Anlegen des neuen CompositeProviders führen zu lassen. Wenn Sie an dieser Stelle bereits auf die Schaltfläche **Finish** klicken, gelangen Sie direkt in die Administrationssicht des neuen CompositeProviders, wo Sie alle Eigenschaften pflegen können – dann aber ohne die Schritt-für-Schritt-Führung durch das System.

**PartProvider auswählen**

Als *PartProvider* werden die InfoProvider bezeichnet, die dem CompositeProvider als Quellen dienen. Im nächsten Bild, **PartProvider-Objekte auswählen**, können Sie Provider für Join- und/oder für Union-Verknüpfungen auswählen (siehe Abbildung 6.34 und Abschnitt 6.3.2, »Union- und Join-Verknüpfungen in SAP BW und SAP BW/4HANA«). Über die Schaltfläche **Finish** gelangen Sie in die allgemeine Administration des CompositeProviders.

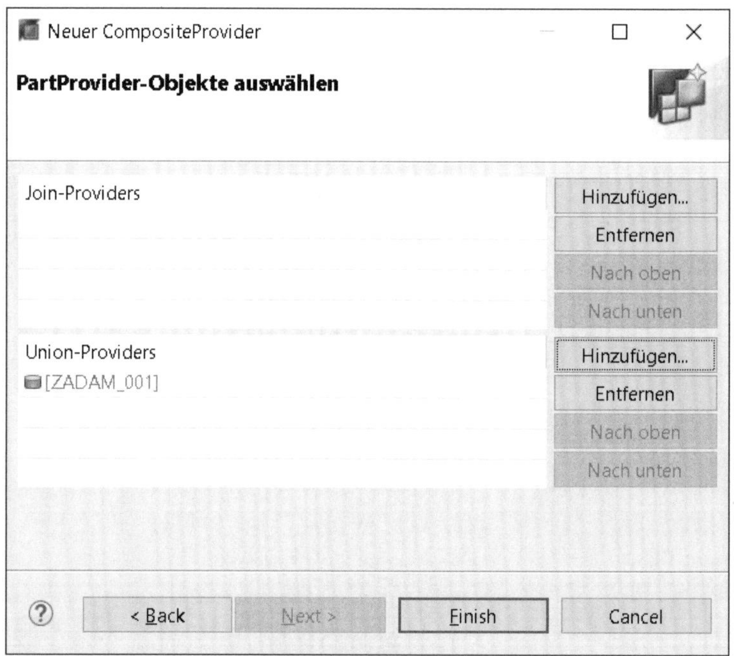


**Abbildung 6.34** PartProvider auswählen

**CompositeProvider administrieren**

### 6.3.5 CompositeProvider administrieren: Allgemein

Die Administrationssicht eines CompositeProviders erreichen Sie, indem Sie im **Project Explorer** auf den CompositeProvider doppelklicken. Die Administration des CompositeProvider ist in drei Tabs unterteilt: **Allgemein** (siehe Abbildung 6.35), **Szenario** (siehe Abbildung 6.38) und **Ausgabe** (siehe Abbildung 6.45).

**Der Tab »Allgemein«**

Der Tab **Allgemein** (siehe Abbildung 6.35) umfasst die Bereiche **Allgemein**, **Allgemeine Laufzeiteigenschaften** und **Laufzeitprofileigenschaften**. Sie sehen im Bereich **Allgemein** den technischen Namen des CompositeProviders, der beim Anlegen des Objektes vergeben wurde und der systemweit eindeutig und nicht änderbar ist. Darunter sehen Sie die **Beschreibung** in der Sprache, in der Sie gerade am System angemeldet sind. Wenn Sie das Kennzeichen **Externe SAP HANA-View** setzen, wird für den CompositeProvider vom System zusätzlich einen externen SAP-HANA-View mit derselben Struktur wie der des CompositeProviders angelegt.

Allgemein: ZCP_001 Aktive Version

Allgemein

Technischer Name: ZCP_001

Beschreibung: E-Bikes CompositeProvider

☐ Externe SAP HANA-View

☐ CompositeProvider kann zu anderem CompositeProvider hinzugefügt werden

☐ Audit-Merkmale in Query anzeigen

☐ Lesezugriffsausgabe protokollieren

▾ Allgemeine Laufzeiteigenschaften

| | |
|---|---|
| Kennzahl mit hoher Genauigkeit verarb.: | Nein |
| keine Parallelverarbeitung: | Nein |
| Cold-Store-Zugriff: | [0] Cold Store nicht lesen (Standard) |
| Cache trotz virtueller Merkmale/Kennzahl: | Nein |

▾ Laufzeitprofileigenschaften Regeln anwenden

| | |
|---|---|
| *Datenintegritätsprofil:* | [0] Standard: Kein Profil (Experteneinstell. werden verwendet) |
| Query-Lesemodus: | [H] Query soll bei Navigation/Hierarchieexpansion nachlesen |
| Query-Cache-Modus: | [D] Cache in Datenbank |
| Cache-Verwendungsmodus: | [0] Daten von Query-Start, falls möglich, sonst aktuelle Daten |
| Art SP-Gruppierung für Deltacache-Verf.: | [1] Abhängig vom InfoProvider-Typ |
| Cache-Gültigkeitszeitraum in Sekunden: | 0 |
| Operationen in SAP HANA: | [M] Standard |
| Query Zwischenergebnis materialisieren: | Nein |
| Selektion der Strukturelemente nutzen: | Ja |
| Auch Kindelemente mitlesen: | Nein |

Allgemein | Szenario | Ausgabe

**Abbildung 6.35** Administrationsübersicht im Tab »Allgemein«

Wenn Sie das Kennzeichen **CompositeProvider kann zu anderem CompositeProvider hinzugefügt werden** setzen, ist es erlaubt, den gerade bearbeiteten

CompositeProvider als Quellprovider für einen anderen CompositeProvider zu nutzen. Das Setzen des Kennzeichen **Audit-Merkmale in Query anzeigen** bewirkt, dass in einer auf dem CompositeProvider definierten Query zusätzlich bestimmte Merkmale angezeigt werden können, die *Audit-Informationen* enthalten. Diese werden mit dem technischen Content des SAP BW ausgeliefert und vom System verwaltet. Da es sich hier um eine Spezialfunktion handelt, gehen wir auf die Audit-Informationen im Rahmen dieses Buches nicht weiter ein.

**Laufzeiteigenschaften**

Im Bereich **Allgemeine Laufzeiteigenschaften** können Sie Einstellungen vornehmen, die die Laufzeiteigenschaften der Queries auf diesem Provider beeinflussen. Diese Einstellungen werden dann von den Queries übernommen, können aber auch für jede Query in der Querydefinition überschrieben werden (siehe Abschnitt 6.4, »Queries«).

Mit welchem Detaillierungsgrad Kennzahlen gespeichert werden, können Sie über die Einstellung **Kennzahl mit hoher Genauigkeit verarb.** festlegen. Standardmäßig ist hier der Wert **Nein** voreingestellt. Wenn Sie diese Einstellung ändern möchten, können Sie das Feld über das Icon rechts neben dem Eingabefeld änderbar machen. Von dieser Einstellung zur Rechengenauigkeit hängt ab, welches Zahlenformat intern zu Berechnung der Kennzahl verwendet wird. Dezimale Gleitpunktzahl mit 16 Stellen (DECFLOAT16) sind der Standard, dezimale Gleitpunktzahl mit 34 Stellen (DECFLOAT34) führen zu einer höheren Genauigkeit. Die höhere Genauigkeit sollte nur für Kennzahlen gewählt werden, für die es wirklich notwendig ist. Der Verarbeitungsaufwand für beide Zahlenformate ist gleich, allerdings ist der Speicherbedarf (Hauptspeicher!) für DECFLOAT34-Kennzahlen höher. Mit der Einstellung **keine Parallelverarbeitung** legen Sie fest, ob die Teil-Queries zu einem CompositeProvider parallel verarbeitet werden dürfen. Hier ist der Wert **Nein** voreingestellt, der die Parallelverarbeitung erlaubt (Achtung, doppelte Verneinung!). In den meisten Fällen führt dies zu einer besseren Queryperformance. Die Einstellung **Ja** bewirkt die sequenzielle Verarbeitung der Query. Die Standardeinstellung für den **Cold-Store-Zugriff** ist **Cold Store nicht lesen (Standard)** (**0**). Daneben stehen die Optionen **Cold Store lesen** (**X**) und **Zugriff auf Cold Store wie für PartProvider gesetzt** (**P**) zur Verfügung (siehe Abbildung 6.36. Zum Cold-Store siehe Abschnitt 9.4, »Data Tiering und Multi-Temperature-Speicherstrategien«).

**Abbildung 6.36** Option Cold-Store-Zugriff

Die Einstellung **Cache trotz virtueller Merkmale/Kennzahlen** bewirkt, dass die im virtuellen CompositeProvider enthaltenen Daten explizit in den Cache geschrieben werden. Es handelt sich hierbei um eine Experteneinstellung, die Standardeinstellung ist **Nein**.

**Datenintegritätsprofile**

Weitere Optionen zur Beeinflussung der Laufzeiten der Queries auf dem CompositeProvider finden Sie im Bereich **Laufzeitprofileigenschaften**. Auch hier können Sie die Einstellung auf Ebene des CompositeProviders vornehmen, die dann von den Queries auf diesem Provider übernommen werden. Die Eigenschaften können aber auch für jede Query in der Querydefinition überschrieben werden (siehe Abschnitt 6.4, »Queries«).



Der Standardwert für das verwendete **Datenintegritätsprofil** ist **Standard: Kein Profil (Experteneinstell. werden verwendet)** (**0**). Über die Auswahl eines der folgenden vorgegebenen Profile anstelle der Verwendung der folgenden Experteneinstellungen (beginnend mit **Query-Lesemodus** und **Query-Cache-Modus**) können Sie jedoch sicherstellen, dass das System technisch konsistente Einstellungen verwendet, die sich nicht widersprechen. SAP empfiehlt die Nutzung eines der vorgegebenen Profile (siehe Abbildung 6.37):

- **Garantiert stabile Daten von Query-Start** (**G**): Bei der Verwendung dieses Profils sind in der Query stets die Daten vom Start der Query sichtbar. Zum Startzeitpunkt wird ein Snapshot der Daten gemacht, der die Daten für alle Aufrisse und Navigationsschritte enthält. Dabei wird der **Query-Lesemodus Query soll alle Daten auf einmal lesen** (**A**) verwendet. Der Queryaufruf kann dadurch sehr lange dauern. SAP empfiehlt diesen Modus nur für Queries mit sehr wenigen Merkmalen und eingeschränkter Navigation, da er zu einem hohen Speicherverbrauch und in der Konsequenz zu einem Abbruch der Query führen kann. Dieses Profil verbietet das Hinzufügen von freien Merkmalen in der Query und die BW-integrierte Planung. Bei der Änderung von Variablen, die zum statischen Filter der Query gehören, wird ein neuer Snapshot erstellt.
- **Daten von Query-Start** (**S**): aDSOs mit der Eigenschaft **Alle Merkmale sind Schlüssel, Reporting für Union von Eingangs- und aktiver Tabelle** werden mit der Einstellung **Alle InfoProvider bis zum freigegebenen Stand** (**RQTSO**) gelesen. Bei der Verwendung dieses Profils ist die Nutzung der BW-integrierten Planung nicht möglich.
- **Provider-spezifisch: Transakt. Provider mit aktuellen Daten** (**P**). Dieses Profil entspricht dem Standardverhalten des Systems, sofern keine Experteneinstellungen geändert wurden. Beplanbare/transaktionale InfoProvider werden bis zum aktuellen Stand gelesen.

- **Konsistente aktuelle Daten (C)**: Es werden immer dann aktuelle Daten geliefert, wenn eine neue Liste berechnet wird, z. B. beim Filtern, Ändern von Merkmalseigenschaften oder bei Änderungen an den Einstellungen von Zeilen- und Spaltenachsen. aDSOs mit der Eigenschaft **Alle Merkmale sind Schlüssel, Reporting für Union von Eingangs- und aktiver Tabelle** und beplanbare/transaktionale InfoProvider werden bis zum aktuellen Stand ausgelesen.
- **Aktuellste Daten (M)**: Bei Verwendung dieses Profils werden immer neue Daten angezeigt. Die Daten werden beim Listenaufriss nicht konsistent gehalten. aDSOs mit der Eigenschaft **Alle Merkmale sind Schlüssel, Reporting für Union von Eingangs- und aktiver Tabelle** und beplanbare/transaktionale InfoProvider werden mit der Einstellung **Alle InfoProvider komplett (auch rote Requests)** gelesen.
- **Unbereinigte Daten – Kein Caching (D)**: Entspricht **Aktuelle Daten (M)**, aber mit deaktiviertem Cache im Analytic Manager. Die Antwortzeit kann sehr lang sein.

**Abbildung 6.37** Datenintegritätsprofile

**Experteneinstellungen**

Wenn Sie sich nicht für ein Datenintegritätsprofil entscheiden und somit die Einstellung **Standard: Kein Profil (Experteneinstell. werden verwendet) (0)** gewählt haben, können Sie selbst in den folgenden Feldern die Experteneinstellungen vornehmen. In diesem Fall sollten Sie entsprechendes Expertenwissen haben, um zu vermeiden, dass Sie gegebenenfalls widersprüchliche Einstellungen vornehmen. Weitere Hinweise zu diesen Experteneinstellungen finden Sie in Abschnitt 7.4, »Experteneinstellungen für CompositeProvider«.

Über das Icon können Sie sich eine Vorschau auf die Daten anzeigen lassen (siehe Abschnitt 5.1.2, »Datenvorschau«).

### 6.3.6 CompositeProvider administrieren: Szenario

**Der Tab »Szenario«**

Auf dem Tab **Szenario** können Sie die am CompositeProvider beteiligten PartProvider mit Union- und Join-Verknüpfungen miteinander verbinden und die im CompositeProvider verfügbaren Felder festlegen (siehe Abbildung 6.38).

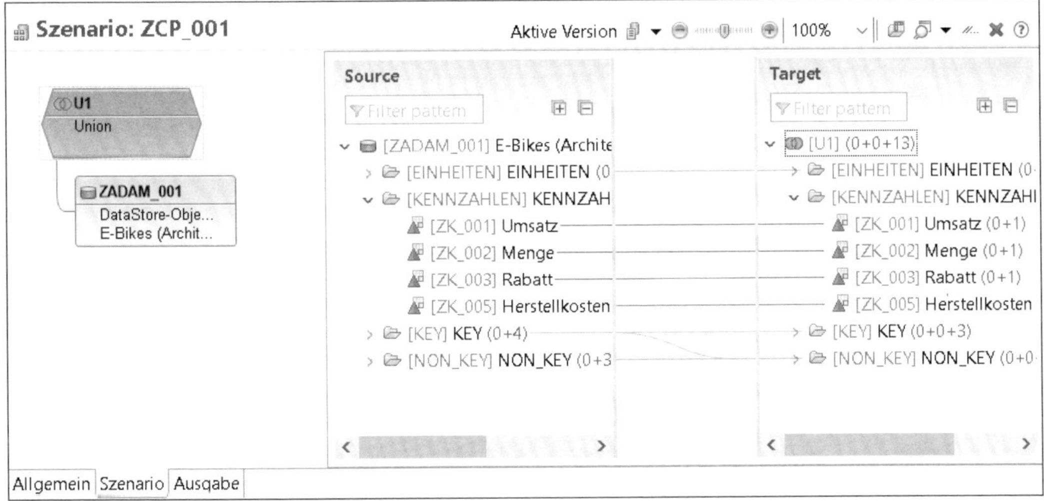


**Abbildung 6.38** CompositeProvider – Szenario

**PartProvider und Verknüpfungen**

Im linken Teil des **Szenario**-Tabs können Sie die an Ihrem Szenario beteiligten InfoProvider und ihre Verknüpfungen bearbeiten. Über die Schaltflächen mit Icons, die erscheinen, wenn Sie die Maus über einem Objekt positionieren, können Sie weitere Provider für Ihren CompositeProvider auswählen und miteinander verbinden, indem Sie sie dem Union hinzufügen (Icon ) oder über einen oder mehrere neue Joins mit ihrem Szenario verbinden (Icon ). Über das Icon  entfernen Sie InfoProvider aus Ihrem CompositeProvider (siehe Abbildung 6.39). Über  ersetzen Sie einen bereits im Szenario vorhandenen InfoProvider durch einen anderen (siehe Abbildung 6.40). Alternativ finden Sie diese Optionen auch im Kontextmenü der grafischen Objekte.

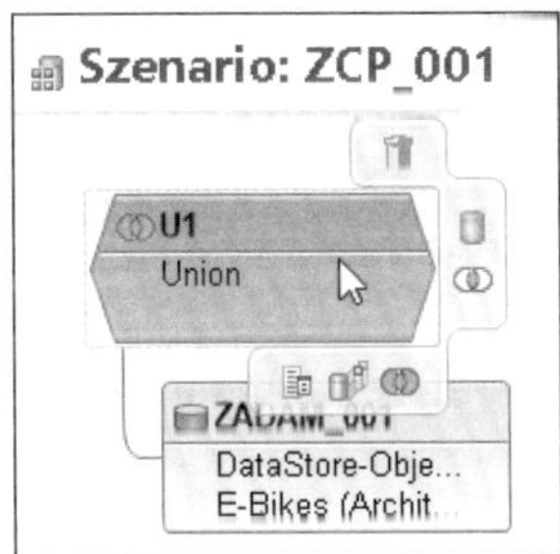


**Abbildung 6.39** PartProvider auswählen und verbinden oder löschen

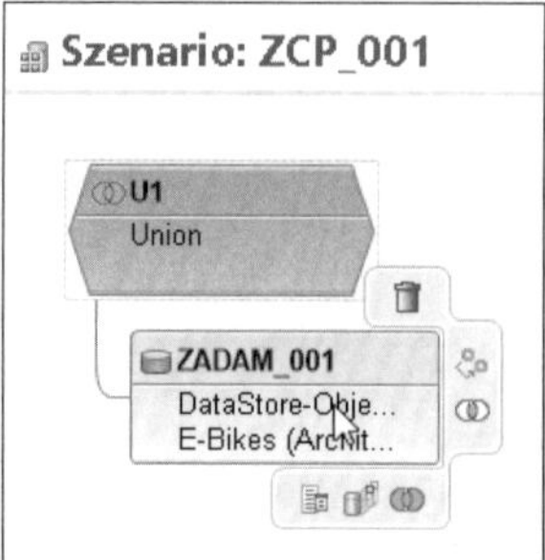


**Abbildung 6.40** PartProvider ersetzen oder löschen

Wenn Sie einer Union-Verbindung einen neuen Provider hinzufügen möchten, öffnet sich das in Abbildung 6.41 gezeigte Fenster. Sie können hier nach InfoProvidern und SAP-HANA-Views suchen. Durch einen Klick auf **OK** wird der neu gewählte Provider dem CompositeProvider hinzugefügt.

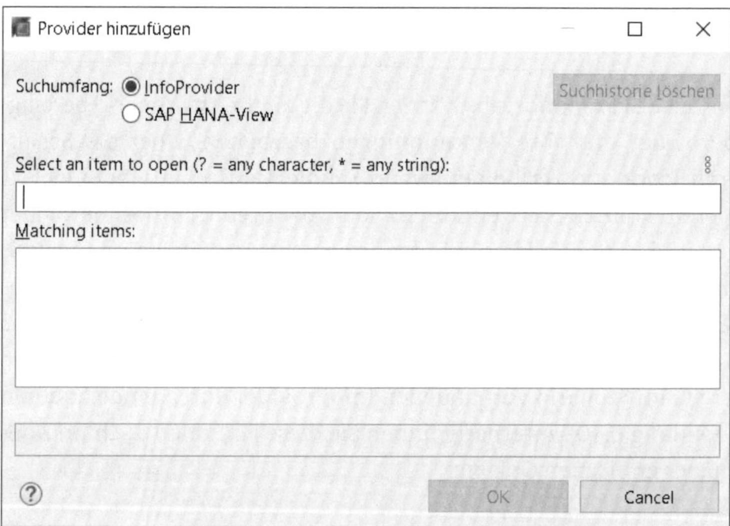


**Abbildung 6.41** Provider einer Union-Verbindung hinzufügen

Wenn Sie einen neuen Provider über eine Join-Verbindung einfügen möchten, öffnet sich das in Abbildung 6.42 gezeigte Pop-up-Fenster. Wählen Sie hier einen Provider oder einen SAP-HANA-View, und binden Sie ihn über einen Klick auf **OK** in Ihr Szenario ein.

Über den Eintrag **Join-Typ** aus dem Kontextmenü zur Join-Verbindung können Sie auswählen, welcher Join-Typ (siehe Abschnitt 6.3.2, »Union- und Join-Verknüpfungen in SAP BW und SAP BW/4HANA«) zur Anwendung kommen soll (siehe Abbildung 6.43). In unserem einfachen Beispiel stehen hier nur der **Inner**-Join und der **Left Outer**-Join zur Verfügung.

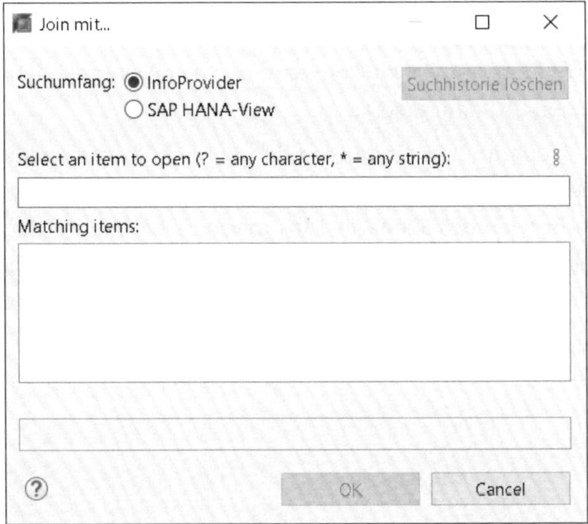


**Abbildung 6.42** Provider über eine neue Join-Verbindung einbinden

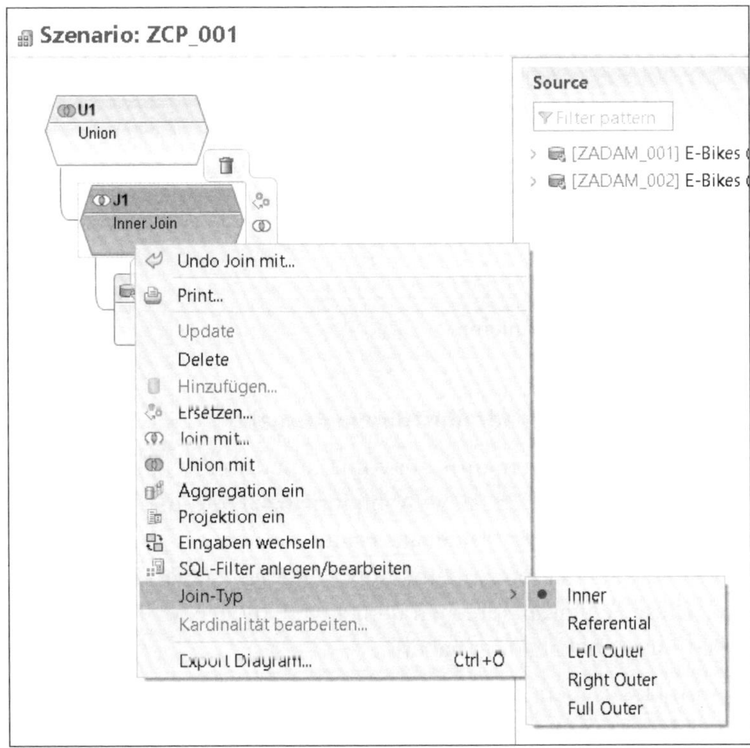


**Abbildung 6.43** Kontextmenü zur Join-Verbindung

Das Löschen müssen Sie in der Regel zusätzlich in einem Pop-up-Fenster bestätigen. Wenn Sie einen Provider im CompositeProvider durch einen anderen ersetzen möchten, öffnet sich ein vergleichbares Fenster wie beim Einfügen eines neuen Providers (siehe Abbildung 6.41). Wenn Sie nach der Auswahl des neuen Providers auf **OK** klicken, wird der bisher verwendete Provider durch den neuen Provider ersetzt.

**Quellfelder (Source) und Zielfelder (Target)**

Im mittleren Teil des **Szenario**-Tabs finden Sie den Bereich **Source** (siehe Abbildung 6.44). Abhängig davon, welchen PartProvider oder welche Verknüpfung Sie links im Bereich des **Szenario**-Tabs markiert haben, werden Ihnen hier die entsprechenden Felder aus der gewählten Quelle angeboten. Sie können Sie per Drag & Drop in den rechten Teil des **Szenario**-Tabs, den Bereich **Target**, ziehen. Auf diesem Wege definieren Sie, welche Felder aus den PartProvidern (**Source**) im CompositeProvider (**Target**) zur Verfügung stehen werden.

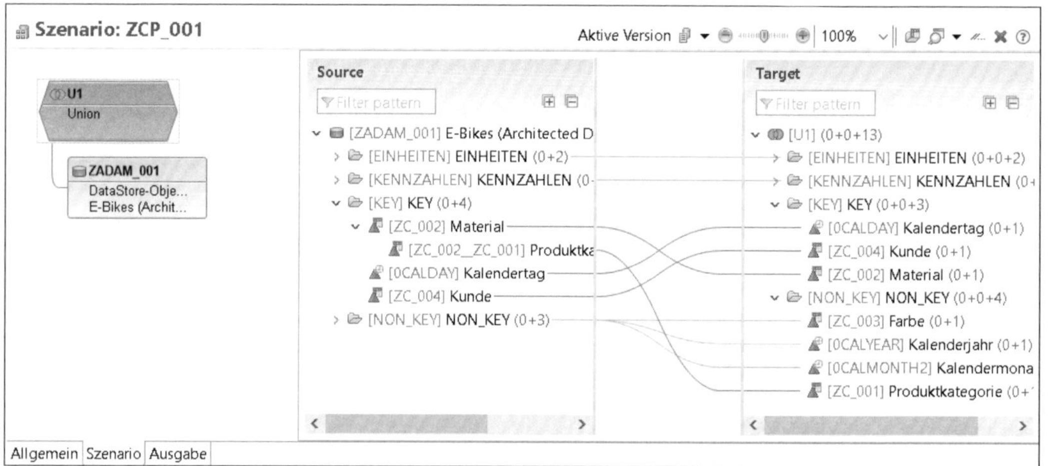


**Abbildung 6.44** Szenario definieren

### 6.3.7 CompositeProvider administrieren: Ausgabe

**Der Tab »Ausgabe«**

Im Tab **Ausgabe** kann die Semantik der vom CompositeProvider angebotenen Felder bearbeitet werden (siehe Abbildung 6.45). Auf der linken Seite sehen Sie im Bereich **Provider-Felder** alle Felder, die der CompositeProvider bereitstellt, z. B. zur weiteren Nutzung durch Queries (siehe Abschnitt 6.4, »Queries«). Diese Felder entsprechen denjenigen, die Sie im Tab **Szenario** dem Bereich **Target** hinzugefügt haben.

**Feldgruppen**

Anders als im klassischen SAP BW sind die Felder nicht nach Datentypen wie Kennzahlen und Merkmalen gruppiert, sondern in logischen Feldgruppen organisiert, z. B. Schlüssel- und Nichtschlüsselfelder. Die Gruppen sind rein logisch und haben keine Auswirkung auf die Performance. Über das Icon öffnen Sie das Pop-up-Fenster **Gruppen verwalten** (siehe Abbildung 6.46).

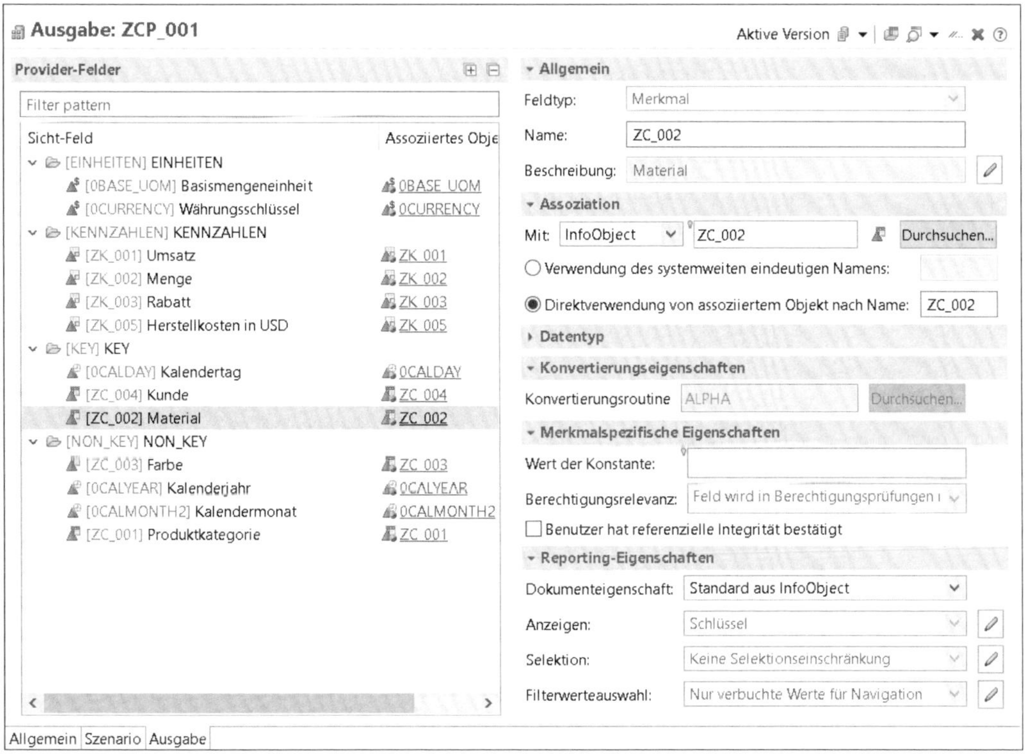

**Abbildung 6.45** Ausgabe eines Merkmals

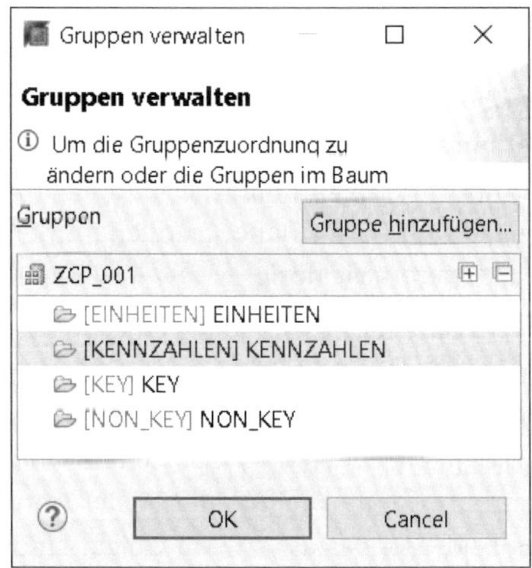


**Abbildung 6.46** Gruppen verwalten

**Einstellungen auf Feldebene**

Im Bereich **Provider-Felder** können Sie nun ein Ausgabefeld markieren und auf der rechten Seite Einstellungen zu diesem Feld vornehmen. Diese gelten anschließend für alle Queries, die auf dem CompositeProvider aufbauen. Wir betrachten die möglichen Einstellungen im Folgenden am Beispiel eines Merkmals.

Sie haben die Möglichkeit, über einen Rechtsklick auf ein Merkmals-InfoObject auf die Eigenschaften des InfoObjects zuzugreifen (siehe Abbildung 6.47). Sie können das ausgewählte Objekt in eine andere Gruppe verschieben und geklammerte InfoObjects in der entsprechenden Gruppe öffnen und sich die übergeordneten Felder und Assoziationen anzeigen lassen.

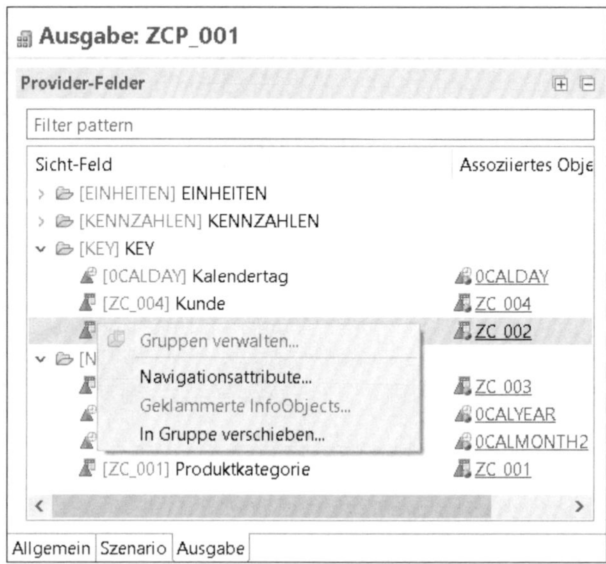


**Abbildung 6.47** Navigationsattribute verwalten

**Navigationsattribut**

Mit einem Klick auf **Navigationsattribute...** (siehe Abbildung 6.48) öffnet sich nun das Pop-up-Fenster **Navigationsattribute**. Sie haben hier die Möglichkeit, Navigationsattribute im CompositeProvider über die Option **Ein/Aus** nutzbar zu machen. Dabei sollten Sie aus Performancegründen immer nur so wenige Navigationsattribute aktivieren wie nötig.

**Assoziation**

Im Bereich **Allgemein** können Sie die sprechende **Beschreibung** eines Feldes ändern. Im Bereich **Assoziation** können Sie ein Feld des CompositeProviders mit einem InfoObject vom Typ **Merkmal**, **Zeit** oder **Einheit** oder einem Open ODS View (siehe Abschnitt 7.1, »Open ODS Views«) assoziieren. Dies ist insbesondere dann sinnvoll, wenn im CompositeProvider Felder statt InfoObjects verwendet werden. Das Feld und das assoziierte Objekt sind dabei idealerweise vom gleichen Datentyp und haben dieselbe Datenlänge.

Im CompositeProvider stehen dann auch die Stammdaten, Navigationsattribute und Texte des assoziierten Objektes zur Verfügung. Sie werden zur Querylaufzeit hinzugelesen. Nach erfolgter Assoziation werden die assoziierten Felder links im Bereich **Provider-Felder** sichtbar. SAP empfiehlt die Nutzung der Assoziation mit InfoObjects, wenn im System entsprechend passende InfoObjects vorhanden sind.

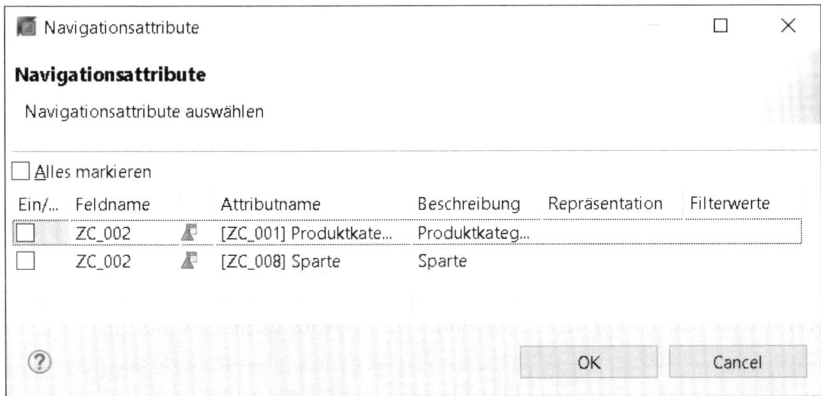


**Abbildung 6.48** Navigationsattribute auswählen

**Konvertierungseigenschaften**

Der Bereich **Datentyp** zeigt den Datentyp und die Länge des ausgewählten Feldes an, im Bereich **Konvertierungseigenschaften** sehen Sie ein, welche **Konvertierungsroutine** (siehe Abschnitt 5.5.3, »Merkmals-InfoObject anlegen«) gegebenenfalls eingestellt ist. Im Bereich **Merkmalspezifische Eigenschaften** können Sie im Feld **Wert der Konstante** einen konstanten Wert für das betrachtete Feld eingeben. Im Feld **Berechtigungsrelevanz** kann festgelegt werden, ob das Feld in Berechtigungsprüfungen einbezogen wird. Wenn Sie das Feld **Benutzer hat referenzielle Integrität bestätigt** aktivieren, müssen Sie sicherstellen, dass für jeden Wert des Merkmals im Provider genau *ein* Stammdatensatz vorhanden ist. Dies muss auch für die Zukunft gelten, anderenfalls kann es passieren, dass in der Query Datensätze fehlen, da bei referenzieller Integrität die Daten mit einem Inner Join verknüpft werden. Die Aktivierung dieser Einstellung kann die Performance der Queries verbessern, sollte aber nur wohlüberlegt eingesetzt werden.

**Reporting-Eigenschaften**

Im letzten Bereich, den **Reporting-Eigenschaften**, können Sie weitere Einstellungen vornehmen, die darüber entscheiden, wie sich das betrachtete Feld während des Reportings verhält. Für den Punkt Dokumenteigenschaft können Sie zwischen den Einstellungen **Standard aus InfoObject** und **Ausgeschaltet** wählen. Im ersten Fall können Sie in der Query Dokumente zu InfoObjects anzeigen lassen, sofern dort welche hinterlegt wurden. Über die Einstellung **Anzeigen** können Sie wählen, wie der Merkmalswert in der

Query angezeigt wird. Die möglichen Einstelloptionen können Sie Abbildung 6.49 entnehmen.

Anzeigen: Schlüssel und Text
Selektion:
Filterwerteauswahl:
Schlüssel und Text
Text
Schlüssel
Text und Schlüssel
Langtext
Mitteltext
Keine Anzeige
Kurztext
Text und Schlüssel als Kurztext
Text und Schlüssel als Mitteltext
Text und Schlüssel als Langtext
Schlüssel und Text als Kurztext
Schlüssel und Text als Mitteltext
Schlüssel und Text als Langtext

**Abbildung 6.49** Anzeigeoptionen in den Reporting-Eigenschaften

Über die Einstellung **Selektion** können Sie die Selektionsbedingungen einschränken. Die möglichen Optionen sind in Abbildung 6.50 dargestellt.

Selektion: Keine Selektionseinschränkung
Filterwerteauswahl:
Keine Selektionseinschränkung
Nur Einzelwerte in Intervallen
Eindeutig für jede Zelle
Nur Einzelwerte oder Knoten
Nicht zulässig
Eindeutig für Query

**Abbildung 6.50** Selektionsoptionen in den Reporting-Eigenschaften

Die Einstellung **Filterwerteauswahl** erlaubt Ihnen, festzulegen, wie die Auswahl von Filterwerten für die Query erfolgen soll (siehe Abbildung 6.51). Mit der Option **Nur verbuchte Werte für Navigation** werden nur die gebuchten Werte angezeigt. Mit der Option **Nur Werte in InfoProvider** sehen Sie in der Query nur Werte, die im InfoProvider vorhanden sind. Mit der Option **Werte in Stammdatentabelle** sehen Sie alle Merkmalswerte aus den Stammdaten – unabhängig davon, ob es zu diesen Werten auch Bewegungsdaten gibt. Mit dieser Option können Sie also auch Stammdaten analysieren, zu denen es keine Bewegungen gibt, beispielsweise Kunden, zu denen es keine Aufträge gibt.

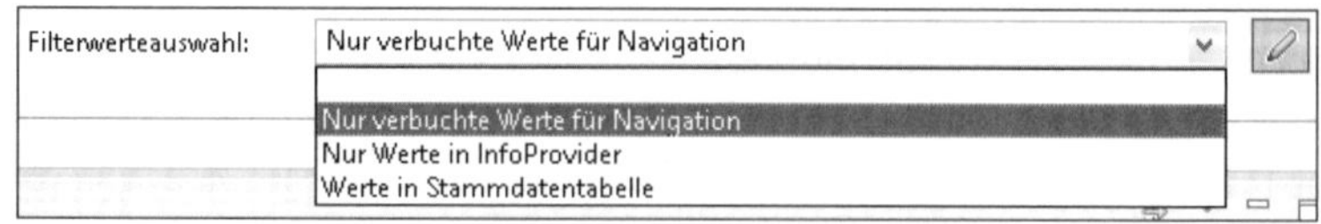


**Abbildung 6.51** Filter in den Reporting-Eigenschaften

Einige Einstellungen auf dem **Ausgabe**-Tab sind für Merkmals- und Kennzahlfelder gleich, insbesondere in den Bereichen **Allgemein**, **Assoziation** und **Datentyp**. Für Kennzahlen gibt es daneben die spezifischen Bereiche **Kennzahlspezifische Eigenschaften** und **Reporting-Eigenschaften** (siehe Abbildung 6.52).

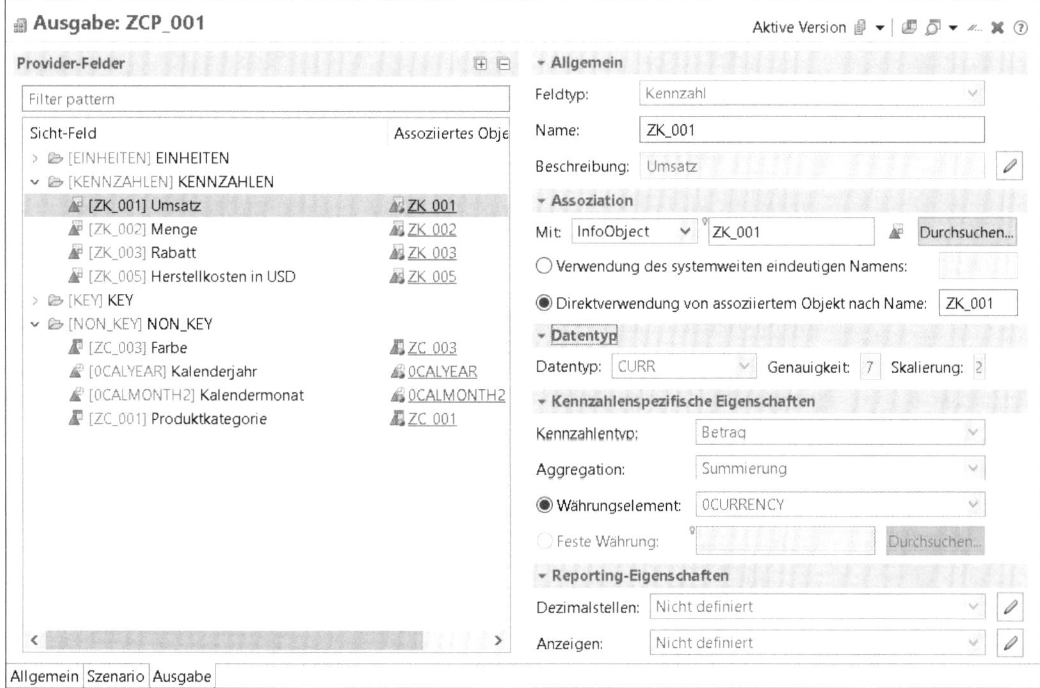


**Abbildung 6.52** Ausgabe der Kennzahlfelder

In den **Kennzahlspezifischen Eigenschaften** sind der **Kennzahlentyp** (z. B. Betrag oder Menge), die voreingestellte **Aggregation** (z. B. Summierung) und die Einstellungen zu Währungs- oder Mengeneinheiten einsehbar. In den **Reporting-Eigenschaften** können Sie festlegen, mit wie vielen **Dezimalstellen** die Kennzahl in den Queries standardmäßig angezeigt werden soll. Über die Einstellung **Anzeigen** können Sie den Skalierungsfaktor bei der Anzeige der Query einstellen (siehe Abbildung 6.53).

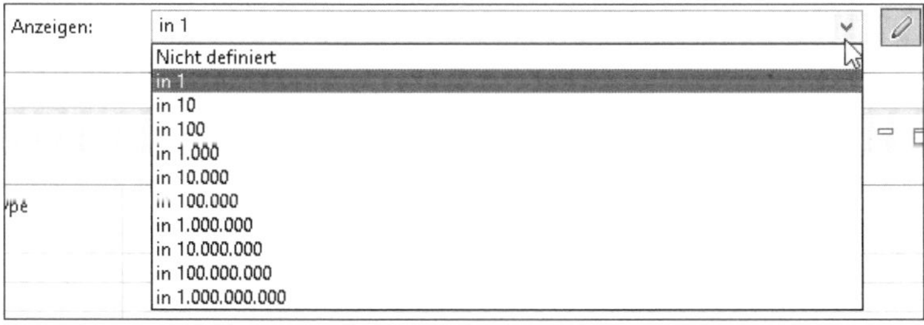


**Abbildung 6.53** Skalierung der Kennzahl

Nachdem Sie alle Einstellungen vorgenommen haben, müssen Sie den CompositeProvider vor der Nutzung über die Schaltfläche [ ] aktivieren.

Im folgenden Abschnitt stellen wir Ihnen Queries vor. Dabei handelt es sich um Abfragen von Daten in einem CompositeProvider. Jede Query dient der Beantwortung einer betriebswirtschaftlichen Fragestellung.

## 6.4 Queries

Für die Analyse von Daten sind Queries in SAP BW/4HANA 2.0 unerlässlich. Dabei wird eine *Query* angelegt, in SAP BW/4HANA 2.0 typischerweise auf einem CompositeProvider. Queries können aber auch direkt auf anderen InfoProvidern – aDSOs, InfoObjects, Open ODS Views oder anderen Queries – aufsetzen. Sie bestehen aus ausgewählten Kennzahlen und Merkmalen eines InfoProviders, die nach bestimmten Kriterien wie z. B. Berechtigungen oder Zeiträumen angeordnet und gefiltert werden können.

Im klassischen SAP BW wurden SAP BEx Queries mit dem SAP BEx Query Designer modelliert. Seit SAP BW 7.4 SP09 gibt es einen in die SAP BW Modeling Tools des SAP HANA Studios integrierten Query Designer, diese Queries werden im Gegensatz zu den *BEx Queries* nun *BW Queries* genannt. Diese Unterscheidung ist wichtig, da Queries und Queryelemente, die im SAP HANA Studio erstellt oder geändert wurden, in vielen Fällen nicht mehr im SAP BEx Query Designer geöffnet und/oder bearbeitet werden können. Im SAP HANA Studio stehen neue Elemente zur Verfügung, die der SAP BEx Query Designer nicht verarbeiten kann.

**SAP HANA Studio verpflichtend**

Ab SAP BW/4HANA ist die Benutzung des SAP HANA Studios verpflichtend für die Erstellung von Queries. Der SAP BEx Query Designer kann nicht mehr genutzt werden. Die Oberfläche zur Modellierung von BW Queries im SAP HANA Studio ist für Umsteiger vom SAP BEx Query Designer gut erlernbar, da sich viele Elemente aus dem SAP BEx Query Designer hier wiederfinden (siehe Abbildung 6.54).

Die Anordnung der Bereiche im SAP HANA Studio lässt sich beliebig verändern. Für die Querymodellierung mit den SAP BW Modeling Tools ist es jedoch hilfreich, die InfoProvider-Sicht (links) für eine Übersicht über den InfoProvider geöffnet zu haben und die Problem-Sicht (rechts unten) vor allem beim Speichern nicht außer Acht zu lassen. Die **Outline** (links, Reiter neben **InfoProvider**) bietet eine gute Übersicht über die Struktur der Query. Zur eigentlichen Definition einer BW Query dient der rechte obere Bereich mit den Tabs **Allgemein**, **Filter**, **Datenblatt-Definition** etc., die wir Ihnen im Folgenden im Detail erläutern.

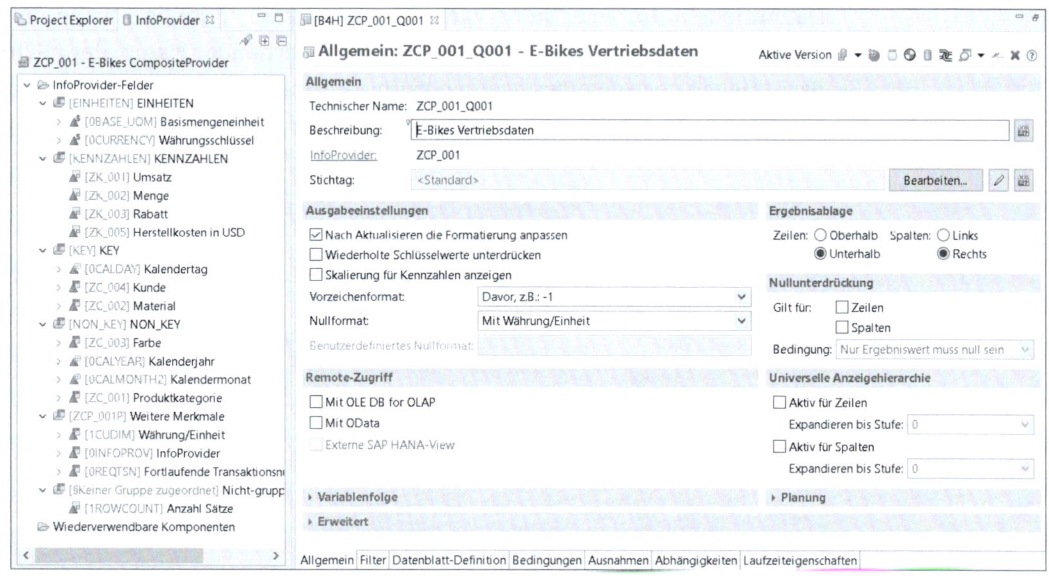


**Abbildung 6.54** Entwicklung von BW Queries in SAP HANA Studio

### 6.4.1 Query anlegen

Zum Anlegen einer Query wählen Sie aus dem Kontextmenü des entsprechenden InfoProviders den Eintrag **Neu • Query...** (siehe Abbildung 6.55).

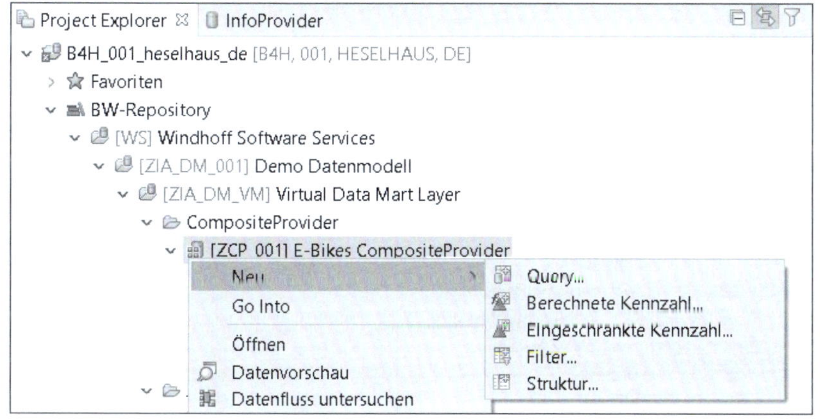


**Abbildung 6.55** Anlegen einer Query

Es öffnet sich das Pop-up-Fenster **Neue Query** (siehe Abbildung 6.56). Im Feld **InfoProvider** ist der ausgewählte InfoProvider eingetragen. Grundsätzlich sollte für Queries ein CompositeProvider als Grundlage gewählt werden, um beispielsweise bei Änderungen am Datenmodell die Funktionalität die Query weiterhin zu gewährleisten (Entkopplung der Query vom

Datenmodell). Im Feld **Name** wird der technische eindeutige Name der Query festgelegt, Im Feld **Beschreibung** ein sprechender Name, der auch nachträglich noch geändert werden kann. Mit **Finish** legen Sie die Query an.

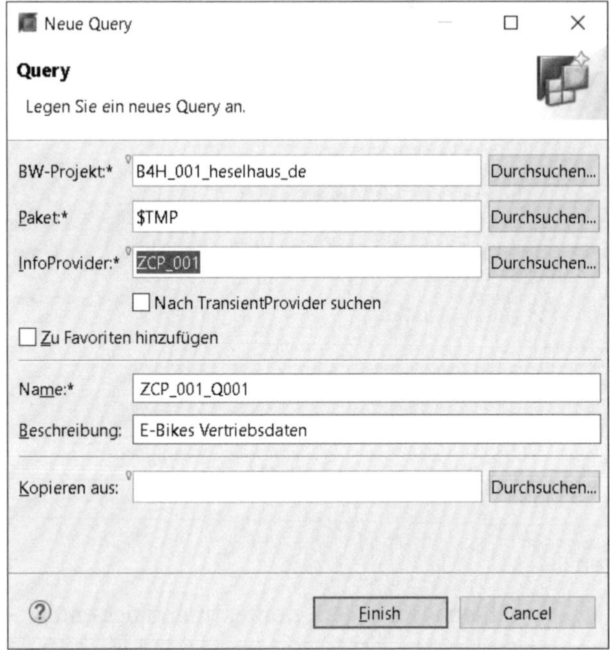


**Abbildung 6.56** Neue Query

Anschließend öffnet sich die neu angelegte Query (siehe Abbildung 6.57). Auf der linken Seite sehen Sie den Tab **InfoProvider**.

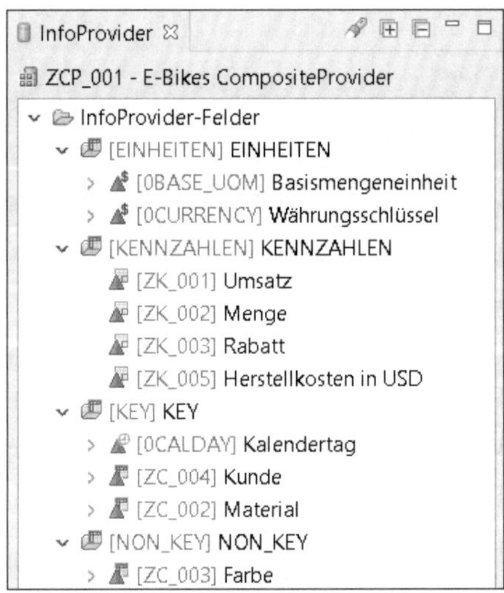


**Abbildung 6.57** Der Tab »InfoProvider«

Er enthält die Übersicht über die bei der Modellierung der Query zur Verfügung stehenden Objekte. Die dargestellte Struktur entspricht der der ausgewählten Datengrundlage, also in unserem Beispiel der des Composite-Providers ZVPVL_001.

### 6.4.2 Queries administrieren: Allgemein

**Der Tab »Allgemein«**

Der Tab **Allgemein** (siehe Abbildung 6.58) umfasst die Bereiche **Allgemein**, **Ausgabeeinstellungen**, **Ergebnisablage** und **Nullunterdrückung** sowie die Bereiche **Remote-Zugriff**, **Universelle Anzeigehierarchie**, **Variablenfolge**, **Planung** und **Erweitert**.

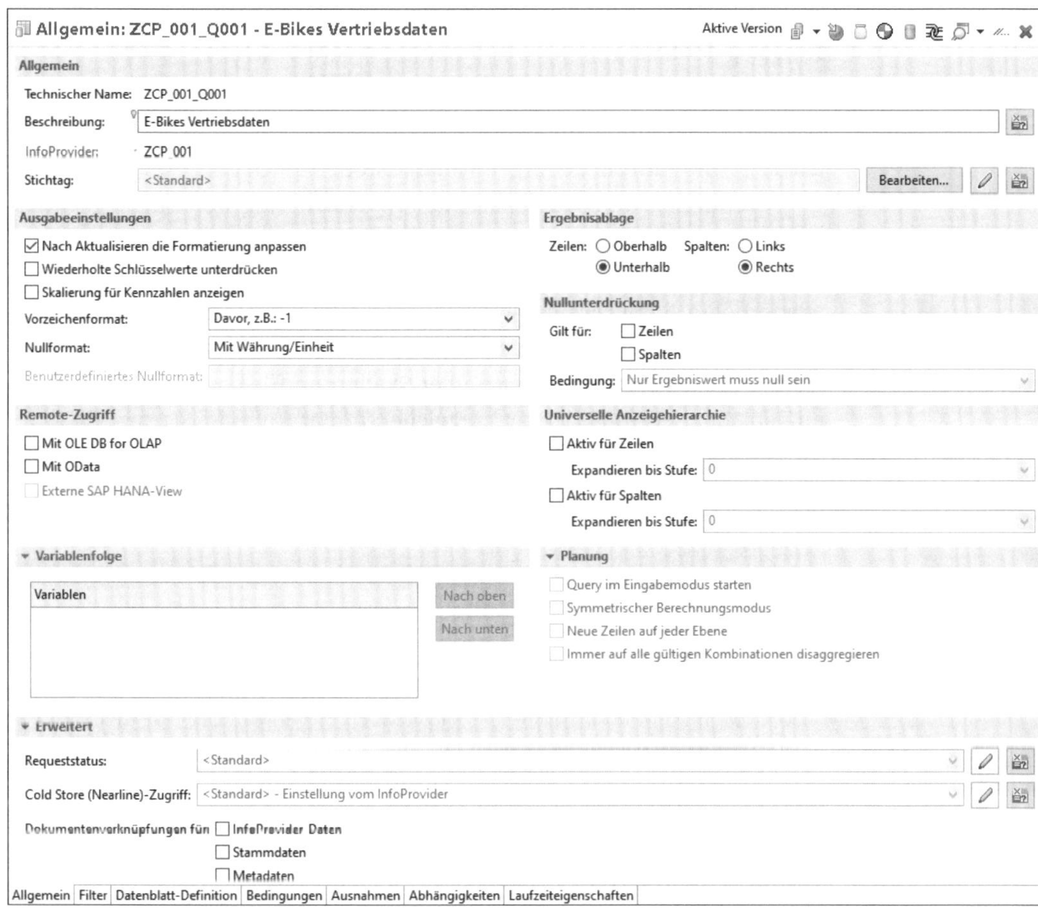


**Abbildung 6.58** Allgemeine Übersicht

Im Bereich **Allgemein** ist der technische Name zu sehen. Die **Beschreibung** können Sie ändern. Über das Icon haben Sie die Möglichkeit, der Query über eine Textvariable einen dynamischen Namen zu geben (siehe Abschnitt 6.4.4, »Queries administrieren: Variablen«). Zudem wird Ihnen der der Query zugrundeliegende **InfoProvider** angezeigt. Mit einem Klick auf den Link **InfoProvider** öffnet sich dessen Administrationssicht in einem weiteren Tab, und Sie können dort Änderungen vornehmen, sofern Sie über die entsprechenden Berechtigungen verfügen.

Im Feld **Stichtag** können Sie auswählen, zu wann die zeitabhängigen Daten Ihrer Query gelesen werden sollen. Sie können das Queryergebnis auf einen festen Tag oder über das Icon auf eine Variable einschränken (siehe Abschnitt 6.4.4). Über das Icon können Sie zwischen manuellem und Standard-Stichtag wechseln; dabei ist der manuelle Stichtag der vom Benutzer zur Laufzeit eingegebene und der Standard-Stichtag der Ausführungstag der Query.

**Ausgabeeinstellungen**

In den **Ausgabeeinstellungen** können Sie das Kennzeichen **Nach Aktualisieren die Formatierung anpassen** setzen. Diese Einstellung ist standardmäßig aktiviert und führt in der Ergebnisdarstellung zu sich anpassenden Zellgrößen, wenn sich die Daten nach der Aktualisierung der Query geändert haben. Mit der Einstellung **Wiederholte Schlüsselwerte unterdrücken** verhindern Sie, dass sich Schlüsselwerte in jeder Zeile der Ergebnisdarstellung wiederholen. Entsprechend werden Schlüsselwerte nur noch in der Zeile, in der sie erstmalig vorkommen, angezeigt. Falls für Kennzahlen eine Skalierung eingestellt ist, kann diese über **Skalierung für Kennzahlen anzeigen** eingeblendet werden. Unter **Vorzeichenformat** können Sie festlegen, ob Vorzeichen vor oder nach der Zahl oder negative Werte in Klammern angezeigt werden sollen (siehe Abbildung 6.59).

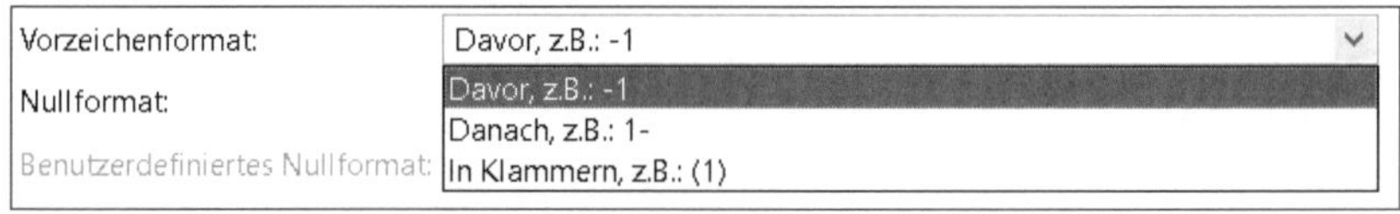


**Abbildung 6.59** Vorzeichenformat wählen

Nullwerte können Sie über die Einstellung **Nullformat** wie folgt ausgeben lassen (siehe Abbildung 6.60):

- **Mit Währung/Einheit**: EUR 0,00
- **Ohne Währung/Einheit**: 0,00
- **Als Leerzeichen**: » «
- **Benutzerdefiniert**: Sie haben auch die Möglichkeit, Buchstaben oder Zeichen zu definieren. Dabei werden die Nullwerte mit dem definierten Zeichen gefüllt. Wenn Sie **Benutzerdefiniert** ausgewählt haben, können Sie im Feld **Benutzerdefiniertes Nullformat** das gewünschte Format eingeben.

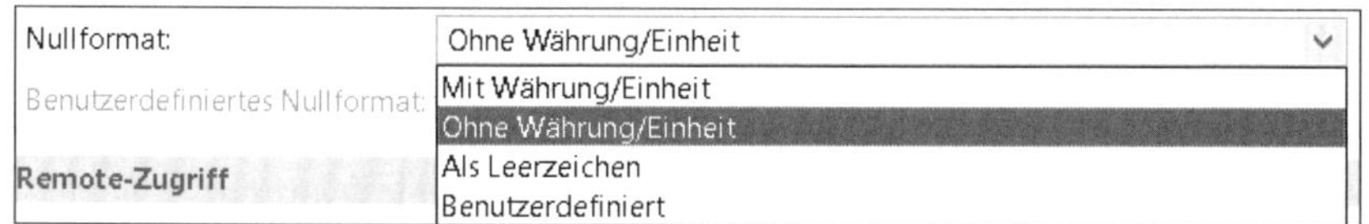


**Abbildung 6.60** Einstellung des Nullformats

**Nullunterdrückung Ergebnisablage**



In der **Ergebnisablage** definieren Sie, wo die Ergebniszeilen und -spalten stehen sollen. Dabei können Sie oberhalb oder unterhalb für die Zeilen bzw. links oder rechts für die Spalten auswählen. Im Feld **Nullunterdrückung** legen Sie fest, ob Zeilen bzw. Spalten, die ausschließlich Nullwerte enthalten, dargestellt werden sollen. Unter **Bedingung** können Sie einstellen, ob dann alle einzelnen, granularen Werte null sein müssen oder nur das gesamte Ergebnis null sein muss (siehe Abbildung 6.61).

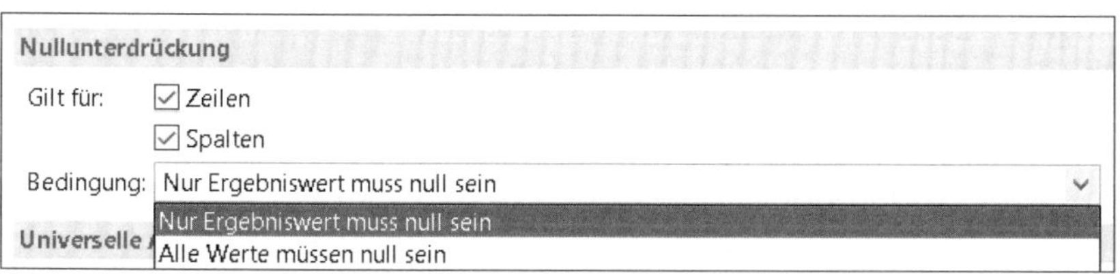


**Abbildung 6.61** Optionen zur Nullunterdrückung

**Remote-Zugriff**

Im Bereich **Remote-Zugriff** können Sie folgende Einstellungen vornehmen:

- Mit **OLE DB for OLAP** wird die Query für das Reporting für externe Werkzeuge freigegeben, die über die Schnittstelle OLE DB for OLAP kommunizieren. Ein solches Beispiel ist die SAP-Business-Objects-Anwendung *Web Intelligence*. Beachten Sie, dass Queries mit den Operatoren `%RT`, `%CT`, `%GT`, `SUMRT`, `SUMCT`, `SUMGT` und `LEAF` (siehe Abschnitt 6.4.5, »Queries administrieren: Datenblatt-Definition«) nicht für OLE DB for OLAP freigegeben werden können.
- Wird **Mit ODATA** aktiviert, so können Applikationen auf die Query über *Representational State Transfer* (REST) zugreifen. Die Schnittstelle für REST-Zugriffe wird also aktiviert.
- Unterstützt der InfoProvider der Query externe SAP-HANA-Views (siehe Abschnitt 5.5.4, »Merkmals-InfoObject administrieren: Allgemein«), so wird mit Setzen des Kennzeichens **Externe SAP HANA-View** ein entsprechender externer SAP-HANA-View zur aktuellen Query erzeugt.

**Universelle Anzeigehierarchie**

Im Bereich **Universelle Anzeigehierarchie** können Sie einstellen, ob die Daten ohne eine hinterlegte Hierarchie hierarchisch angezeigt werden sollen. Die hierarchische Anzeige der Daten kann **Aktiv für Zeilen** oder **Aktiv für Spalten** sein. Ist die **Universelle Anzeigehierarchie** aktiv, können Sie außerdem die Ebene einstellen, bis wohin sie automatisch beim Aufruf der Query angezeigt werden soll. Dabei bezieht sich die universelle Anzeigehierarchie immer auf den aktuellen Aufriss, also diejenigen Merkmale und Kennzahlen, die gerade in Zeilen und Spalten angezeigt werden.

Variablenfolge

Im Bereich **Variablenfolge** können Sie die Abfragereihenfolge der Variablen in Ihrer Query ändern. Über **Nach Oben** oder **Nach Unten** verschieben Sie die ausgewählte Variable. Die wichtigsten und obligatorischen Filter wie beispielsweise Berechtigungen und Filter auf zentrale Merkmale wie Verkaufsorganisationen sollten dabei zu Beginn gesetzt werden. So verhindern Sie, dass die Anwenderinnen und Anwender zu den Pflichtfeldern scrollen müssen. Der Bereich **Planung** wird in Kapitel 12, »Planung«, gesondert erläutert.

Erweitert

In den Einstellungen im Bereich **Erweitert** haben Sie die Möglichkeit, den **Requeststatus** auszuwählen. Mit dieser Einstellung legen Sie fest, welche Daten in Abhängigkeit von ihrem jeweiligen Ladestatus in der Query angezeigt werden sollen und welche gegebenenfalls nicht:

- **Alle Provider bis zum vorgegebenen Stand (RQTSO)**: Dies ist die Standardeinstellung. Es werden die Daten bis zum ersten fehlerhaften oder noch offenen Request gelesen.
- **Planungsmodus-unterstützungsfähige ADSOs bis zum aktuellen Stand**: Das gleiche Verhalten wie bei der Standardeinstellung, allerdings mit dem Zusatz, dass auch aDSOs mit dem Kennzeichen **Planung** (siehe Abschnitt 5.6.5, »aDSO administrieren: Allgemein«, und Kapitel 12) bis zum ersten offenen Request gelesen werden.
- **Alle InfoProvider bis zum aktuellen Stand (bis Qualok)**: Das gleiche Verhalten wie bei der Standardeinstellung mit dem Zusatz, dass alle Daten einschließlich des ersten offenen Requests gelesen werden.
- **Alle InfoProvider bis zum aktuellen Stand (alle grünen Requests)**: Hierbei werden auch Daten aus grünen Requests nach einem offenen oder fehlerhaften Request gelesen.
- **Jeden InfoProvider in HCPR gemäß seiner Einstellung**: Diese Einstellung gilt nur für CompositeProvider (HCPR): Es wird die Datenintegritätseinstellung aus den PartProvider-Laufzeiteigenschaften des CompositeProviders genutzt. Diese beschreiben wir in Abschnitt 6.3.6, »CompositeProvider administrieren: Szenario«, und Abschnitt 7.6, »Transformationen (erweitert)«.
- **Alle InfoProvider komplett (auch rote Requests)**: Es werden alle Daten gelesen, unabhängig davon, ob ein Request noch offen oder fehlerhaft ist.

[«]

**Request-Status**

InfoProvider können drei verschiedene Request-Status haben:

- Grün: Der Request wurde erfolgreich geladen.
- Gelb: Der Request lädt noch.
- Rot: Der Request ist fehlerhaft.

6

Beim **Cold Store (Nearline)-Zugriff** können Sie auswählen, ob Daten, die im Cold Store (siehe Abschnitt 9.4, »Data Tiering und Multi-Temperature-Speicherstrategien«) gespeichert sind, zur Laufzeit der Query mit ausgelesen werden sollen oder nicht. Hierbei ist die zu erwartende schlechtere Performance beim Lesen von Daten aus dem Cold Store zu beachten.

Falls Dokumente für InfoProvider-Daten, Stammdaten oder Metadaten der Query angelegt sind, haben Sie unter **Dokumentenverknüpfungen** die Möglichkeit, den Anwenderinnen und Anwendern den Zugriff auf sie zu erlauben. Über das Icon [icon] können Sie sich eine Vorschau auf die Daten anzeigen lassen (siehe Abschnitt 5.1.2, »Datenvorschau«).

### 6.4.3 Queries administrieren: Filter

Festwerte und Standardwerte festlegen

Im Tab **Filter** (siehe Abbildung 6.62) können Sie **Festwerte** und **Standardwerte** für Ihre Query festlegen. Dabei sind Festwerte Werte, die zur Laufzeit fest eingeschränkt werden und von den Anwenderinnen und Anwendern nicht geändert werden können. Standardwerte können die Anwenderinnen und Anwender zur Laufzeit ändern.

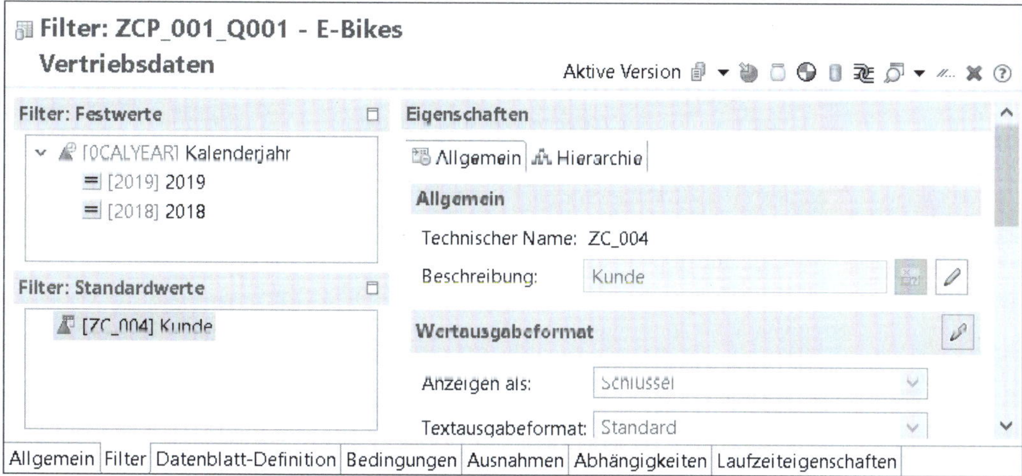


**Abbildung 6.62** Optionen im Tab »Filter«

**Festwerte und Standardwerte einschränken**

Zum Einschränken von Fest- oder Standardwerten ziehen Sie das zu filternde Merkmal in den entsprechenden Bereich und klicken dann mit der rechten Maustaste darauf. In dem sich öffnenden Kontextmenü wählen Sie **Einschränken** (siehe Abbildung 6.63).

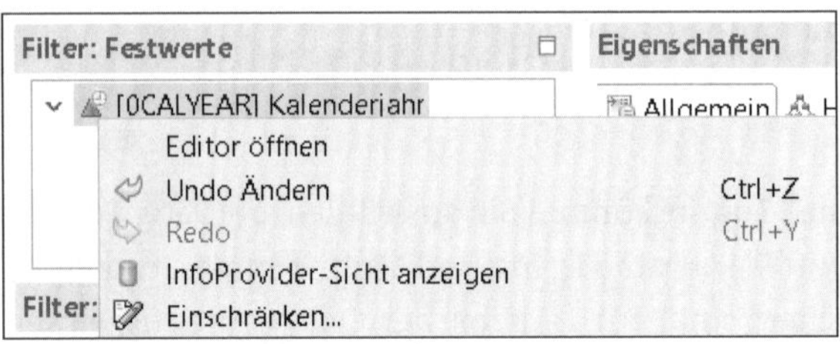


**Abbildung 6.63** Merkmale einschränken

Es öffnet sich das Pop-up-Fenster **Filter bearbeiten für** (siehe Abbildung 6.64). Wählen Sie hier aus, auf welche Werte Sie einschränken möchten:

- **Verlauf**
- (verbuchte) **Werte**
- **Variablen**
- **Hierarchieknoten-Variablen**
- **Hierarchieknoten**

Per Doppelklick oder Drag & Drop fügen Sie die ausgewählten Objekte zur **Filterdefinition** hinzu. Über **Direkteingabe** können Sie Werte direkt zur Filterdefinition hinzufügen.

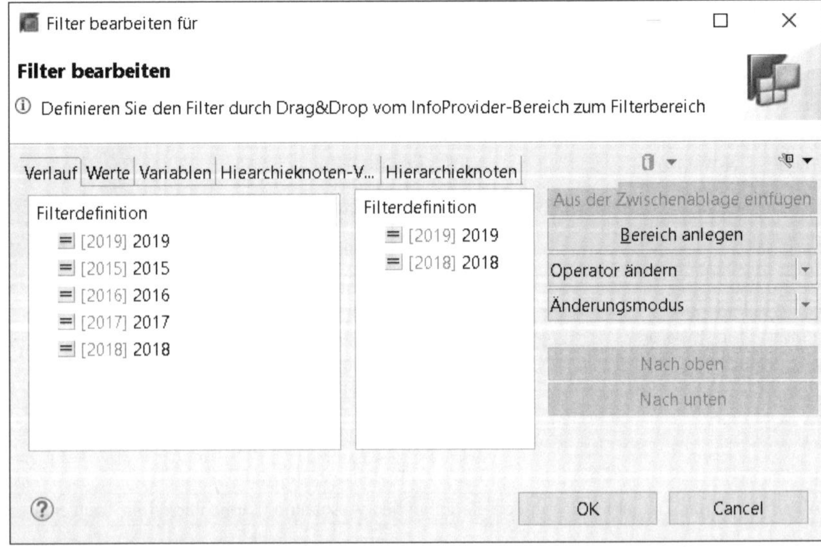


**Abbildung 6.64** Filter bearbeiten

Wenn Sie die zu filternden Werte schon in der Zwischenablage gespeichert haben, können Sie sie über die Schaltfläche **Aus der Zwischenablage einfügen** direkt einfügen. Zudem können Sie einen Bereich anlegen, indem Sie zwei Werte der Filterdefinition markieren und dann auf die Schaltfläche **Bereich anlegen** klicken. Unter **Operator ändern** können Sie die Filterfunktion auswählen:

- [=]: Wert muss gleich sein.
- [≥]: Wert muss größer oder gleich sein.
- [>]: Wert muss größer sein.
- [≤]: Wert muss kleiner oder gleich sein.
- [<]: Wert muss kleiner sein.
- [*]: Wert muss Muster enthalten (die Werte werden entsprechend dem eingegebenen Muster gefiltert).

6

Im **Änderungsmodus** können Sie auswählen, ob ein Filterelement berücksichtigt oder ausgeschlossen werden soll (siehe Abbildung 6.65).

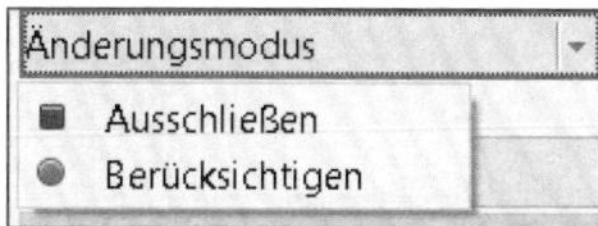


**Abbildung 6.65** Änderungsmodus für den Filter

Offset

Wenn Sie auf Einzelwert-Variablen filtern, können Sie mit Rechtsklick auf das Merkmals-InfoObject den **Offset-Wert ändern** (siehe Abbildung 6.66). Somit wird, wenn Sie beispielsweise eine Variable verwenden, die auf das aktuelle Kalenderjahr einschränkt und sie den Offset-Wert **–1** im Pop-up-Fenster **Variablen-Offset-Wert bearbeiten** setzen, auf das Vorjahr (aktuelles Jahr –1) gefiltert (siehe Abbildung 6.67).

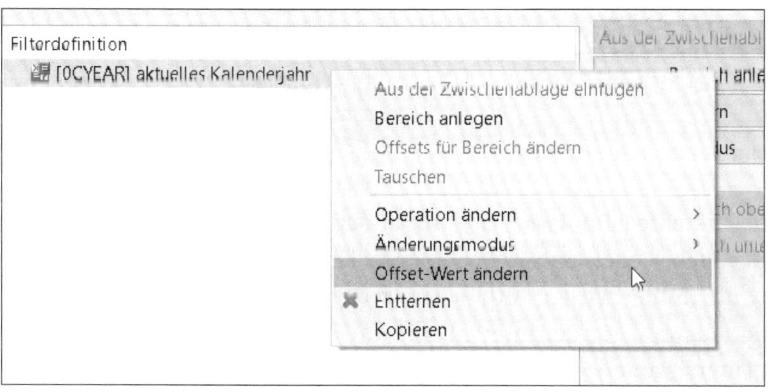


**Abbildung 6.66** Offset-Wert festlegen

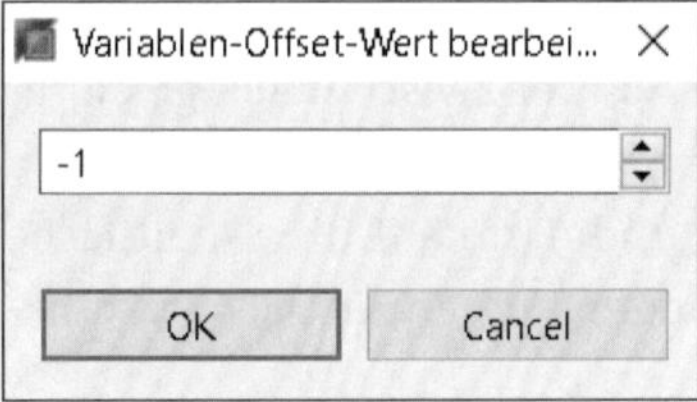


**Abbildung 6.67** Variablen-Offset-Wert bearbeiten

Sie haben ebenfalls die Möglichkeit, einen Bereich mit zwei Einzelwerten oder Einzelwert-Variablen (siehe Abschnitt 6.4.4, »Queries administrieren: Variablen«) anzulegen. Markieren Sie dazu einen niedrigeren Wert und einen höheren Wert in der Filterdefinition, und klicken Sie auf die Schaltfläche **Bereich anlegen**. Damit Sie den Bereich anlegen können, muss der niedrigere Werte über dem höheren stehen. Etwaige Anpassungen erreichen Sie über das Markieren eines Objektes und einen Klick auf **Nach oben** bzw. **Nach unten** (siehe Abbildung 6.68).

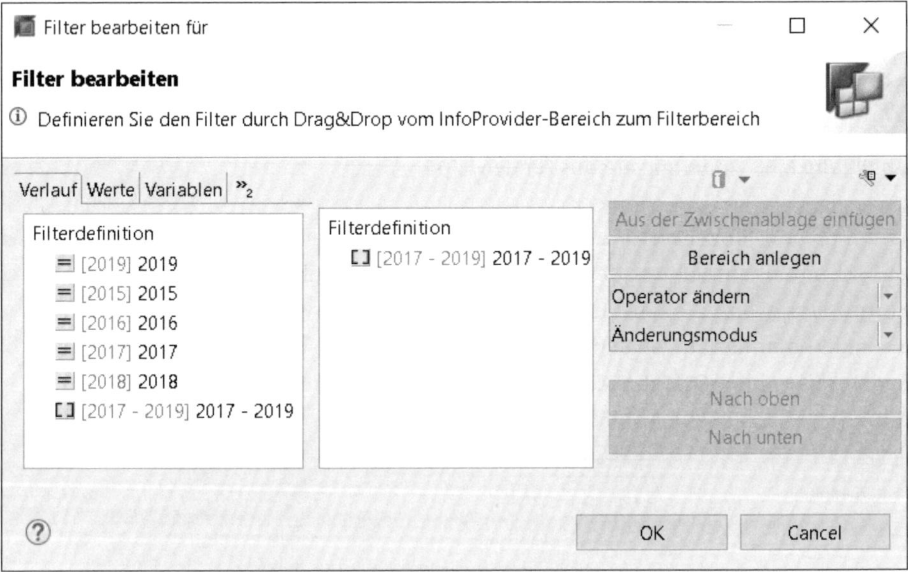


**Abbildung 6.68** Bereich anlegen

**Wiederverwendbarkeit**

Manuell erstellte Filter lassen sich für andere Queries auf demselben InfoProvider auch wiederverwendbar anlegen. Dies bietet sich bei Filterstrukturen an, die immer wieder auftauchen, z. B. bei der Berechtigungsfilterung oder der Auswahl von Zeitintervallen. Zum Erstellen eines wiederverwendbaren Filters wählen Sie nach dem Rechtsklick auf einen Filter **Als wiederverwendbaren Filter sichern...** (siehe Abbildung 6.69).

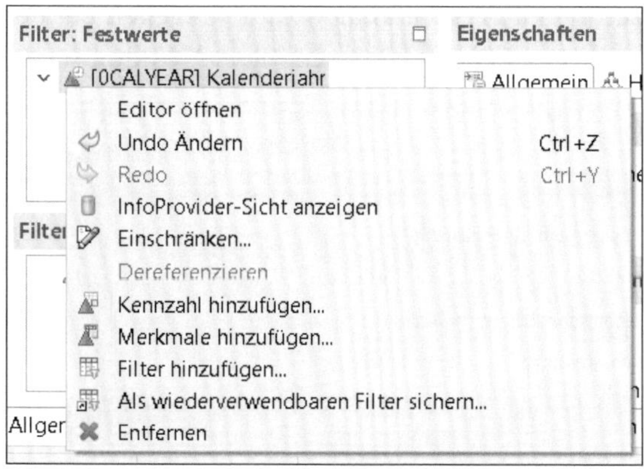


**Abbildung 6.69** Wiederverwendbaren Filter anlegen

Es öffnet sich das Pop-up-Fenster **Sichern unter** (siehe Abbildung 6.70). Nach Vergabe des Namens und der **Beschreibung** bestätigen Sie die Anlage des Filters mit **Finish**. Dieser Filter lässt sich nun in jeder Query auf diesem InfoProvider verwenden.

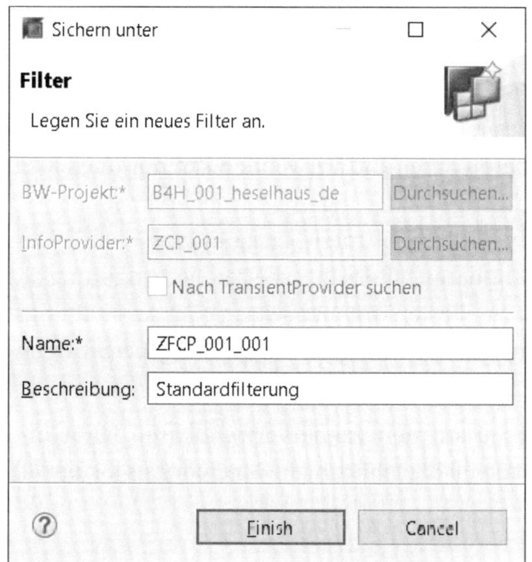


**Abbildung 6.70** Sichern des wiederverwendbaren Filters

**Wiederverwendbare Filter bearbeiten**

Sie können auch einen wiederverwendbaren Filter später weiter anzupassen. Beachten Sie, dass eine Änderung des Filters für alle Queries mit diesem Filter greift. Zum Ändern navigieren Sie in der InfoProvider-Sicht zu **Wiederverwendbare Komponenten • Filter** und öffnen mit einem Doppelklick den gewünschten Filter. In der Administrationssicht des Filters können Sie auf dem Tab **Filter** die Filterwerte analog zum Vorgehen bei der Administration eines Filters in einer Query anpassen (siehe Abbildung 6.71).

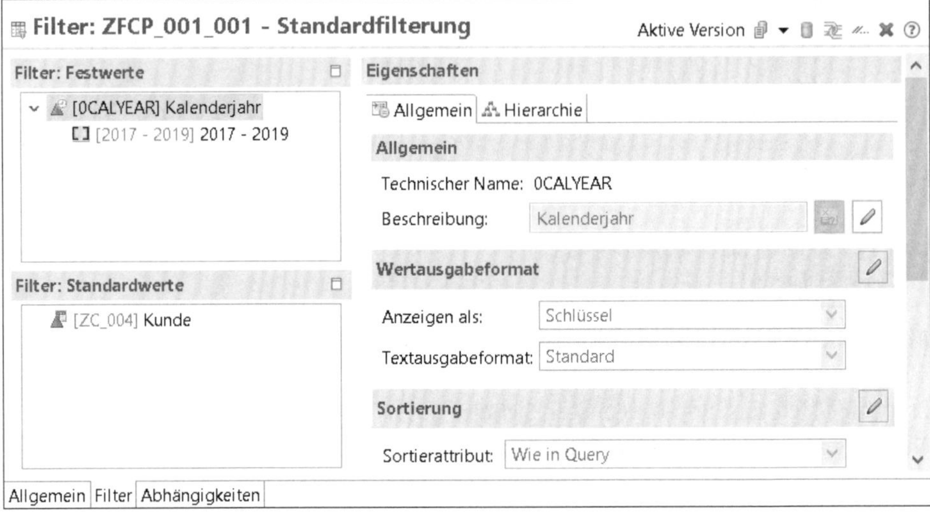


**Abbildung 6.71** Wiederverwendbare Filter administrieren

**Dereferenzieren**

Um zu verhindern, dass eine Änderung an einem wiederverwendbaren Filter für alle Queries, die diesen verwenden, greift, gibt es die Möglichkeit des *Dereferenzierens*. Durch das Dereferenzieren lösen Sie die Verbindung des Filters zum wiederverwendbaren Filter und verwenden ihn nur noch lokal in der aktuellen Query. Zukünftige Änderungen am wiederverwendbaren Filter greifen in dieser Query dann nicht mehr. Es kann gravierende Vorteile haben, mit wiederverwendbaren Filtern zu arbeiten (Verringerung des Pflegeaufwands). Hier hängt die ideale Vorgehensweise vom Anwendungsfall und im Zweifel auch von den vorhandenen Entwicklungsberechtigungen ab.

Zum Derefenzieren klicken Sie auf den wiederverwendbaren Filter und wählen **Derefenzieren**. Dabei bleibt die Filterung in der Query als lokaler Filter erhalten.

### 6.4.4 Queries administrieren: Variablen

**Variablen**

Auf Merkmals-InfoObjects können Sie *Variablen* anlegen. Variablen bieten den Anwenderinnen und Anwender die Möglichkeit, Daten vorzufiltern und somit die abgefragte Datenmenge kleiner zu halten. Es können auch Berechtigungen in der Variablen hinterlegt sein, über die sichergestellt wird, dass eine Anwenderin oder ein Anwender nur Daten angezeigt bekommt, für die sie oder er berechtigt ist. In diesem Fall bekommt die Person beim Aufruf der Query nicht mit, dass die Daten passend zu ihren Berechtigungen gefiltert werden. Die angelegten Variablen sind für alle Queries im InfoProvider verfügbar. Variablen zu einem Merkmals-InfoObject legen Sie über Rechtsklick auf das InfoObject und den Eintrag **Neues Objekt Variable** an (siehe Abbildung 6.72).

**Abbildung 6.72** Neue Variable anlegen

Es öffnet sich das Pop-up-Fenster **Neue Variable**, in dem Sie einen technischen Namen und eine Beschreibung vergeben (siehe Abbildung 6.73).

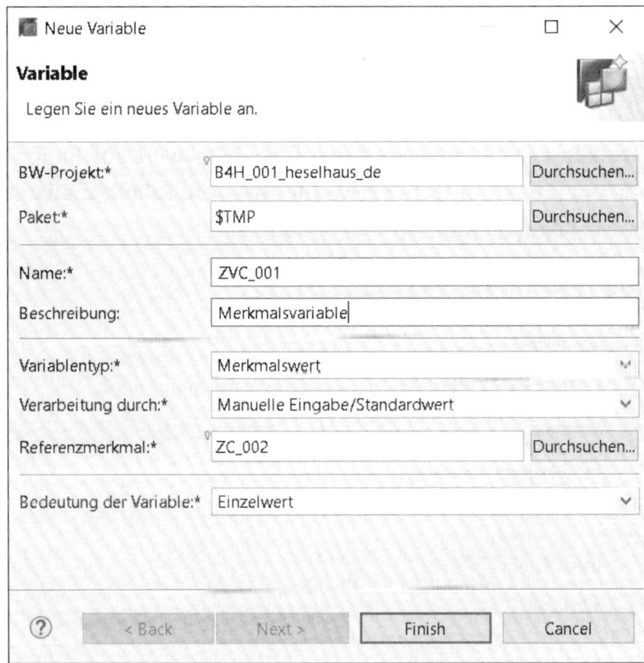


**Abbildung 6.73** Anlegen einer Merkmalswert-Variablen

Variablentypen

Beim **Variablentyp** können Sie aus den folgenden Typen auswählen:

- **Merkmalswert**: Einschränkung der Daten auf Merkmalsausprägungen
- **Hierarchieknoten**: Einschränkung auf Hierarchieknoten
- **Text**: Textvariablen werden zur Beschreibung von Queries, eingeschränkten oder berechneten Kennzahlen und Auswahlen oder Formeln verwendet. Wird eine Auswahl, beispielsweise der Umsatz, auf das Kalenderjahr 2019 eingeschränkt, so bietet eine Textvariable die Möglichkeit, diese Auswahl abhängig vom ausgewählten Kalenderjahr zu benennen. Die Variable wird auf der Ebene des Merkmals-InfoObject gespeichert und steht in allen InfoProvidern zur Verfügung, in denen das Merkmals-InfoObject verwendet wird.
- **Formel**: berechnete Kennzahl, die alle anderen Kennzahlen enthalten kann. Ebenso kann eine Formel auch durch eine Konstante belegt sein.
- **Hierarchie**: Anwenderinnen und Anwender können eine Hierarchie zur Analyse auszuwählen.

Verarbeitungsart

Unter **Verarbeitung durch** stehen Ihnen folgende Verarbeitungsarten zur Auswahl:

- **Manuelle Eingabe/Standardwert**: Die Anwenderinnen und Anwender wählen einen Wert aus. Dabei kann ein Standardwert voreingestellt werden, wenn bestimmte Werte sehr häufig genutzt werden. Dieser kann durch die Anwenderinnen und Anwender überschrieben werden.
- **Ersatzpfad**: Der Wert der Variablen wird beim Ausführen der Query durch eine andere Variable ersetzt. Wird beispielsweise auf das Kalenderjahr 2019 gefiltert, so kann mit einem Ersatzpfad der Filterwert zur Benennung der entsprechenden Kennzahl verwendet werden. Tabelle 6.1 listet die verschiedenen Möglichkeiten für Ersatzpfade auf.

| Variablentyp | Ersatzpfad |
|---|---|
| Merkmalswert | Variable<br>Aktuelles Element<br>Query |
| Text | InfoObject<br>Variable |
| Formel | InfoObject<br>Variable |

**Tabelle 6.1** Ersatzpfade der Variablentypen

- **BRFplus-Exit**: In SAP BW/4HANA ist es möglich, auf die Funktionalität der API der SAP-Regelmaschine Business Rule Framework plus (BRFplus, ein ABAP-basiertes Framework zur Definition und Verarbeitung von Businesslogiken) zuzugreifen. Einer BRFplus-Variablen ordnen Sie eine BRFplus-Funktion zu. Für die Zuordnung werden entsprechende BRFplus-Kontexte und ein Ergebnis-Datenobjekt benötigt.
- **Customer-Exit**: Ein Customer-Exit ist eine auf die Variable abgestimmte Schnittstelle, in der kundenspezifische Business-Logik programmiert werden kann.
- **SAP-Exit**: Ein SAP-Exit befüllt eine Variable über vorgefertigten BI Content von SAP. Zum Beispiel gibt die Variable `0CMONTH` zum Merkmal Kalendermonat (`0CALMONTH`) den aktuellen Kalendermonat aus.
- **SAP-HANA-Exit**: SAP-HANA-Exits werden für Queries empfohlen, für die ein externer SAP-HANA-View generiert werden soll. Es handelt sich hierbei um eine Spezialform des Customer-Exits. Im SAP-HANA-Exit werden über eine AMDP-Klassenimplementierung (für einen Überblick siehe Abschnitt 6.1.3, »Transformation administrieren: Allgemeine Einstellungen«, sowie für Details Abschnitt 7.6, »Transformationen (erweitert)«) Vorschlagswerte (vorbefüllter Variablenwert) für Variablen verarbeitet.
- **Berechtigung**: Eine Berechtigungsvariable wird automatisch mit den Werten befüllt, für die die jeweilige Anwenderin bzw. der Anwender berechtigt ist.

Nicht jeder Variablentyp kann mit allen Verarbeitungsmöglichkeiten verknüpft werden. Eine Übersicht der möglichen Kombinationen bietet Tabelle 6.2.

| | Merkmalswert | Hierarchieknoten | Text | Formel | Hierarchie |
|---|---|---|---|---|---|
| manuelle Eingabe/Standardwert | ja | ja | ja | ja | ja |
| Ersatzpfad | ja | | ja | ja | |
| Customer-Exit | ja | ja | ja | ja | ja |
| SAP-Exit | ja | ja | ja | ja | ja |
| SAP-HANA-Exit | ja | | | ja | |
| BRFplus-Exit | ja | | ja | ja | |
| Berechtigung | ja | ja | | | |

**Tabelle 6.2** Mögliche Kombinationen von Variablentyp und Verarbeitungsart

**Referenzmerkmal**

Das **Referenzmerkmal** gibt das Merkmal an, für das die Variable angelegt wird. Es ist automatisch vorgefüllt, wenn die Variable über Rechtsklick auf ein Merkmal angelegt wurde, andernfalls muss es bei der Anlage der Variable angegeben werden. Bei der **Bedeutung der Variable** können Sie abhängig vom Variablentyp auswählen, ob die Variable aus einem Einzelwert, einem Intervall, mehreren Einzelwerten oder Auswahlmöglichkeiten bestehen und ob sie vorberechnet sein soll.

### 6.4.5 Queries administrieren: Datenblatt-Definition

**Der Tab »Datenblatt-Definition«**

Auf dem Tab **Datenblatt-Definition** legen Sie die Gestaltung des Aufrisses einer BW Query fest. In diesem Zusammenhang erläutern wir Ihnen die wichtigsten Objekte einer Query. Gerade für Neueinsteigerinnen und Neueinsteiger ist die Unterscheidung und die Verwendung der Objekte von zentraler Bedeutung. Per Drag & Drop können Sie den Spalten oder Zeilen der Query Merkmale oder Kennzahlen hinzufügen (siehe Abbildung 6.74).

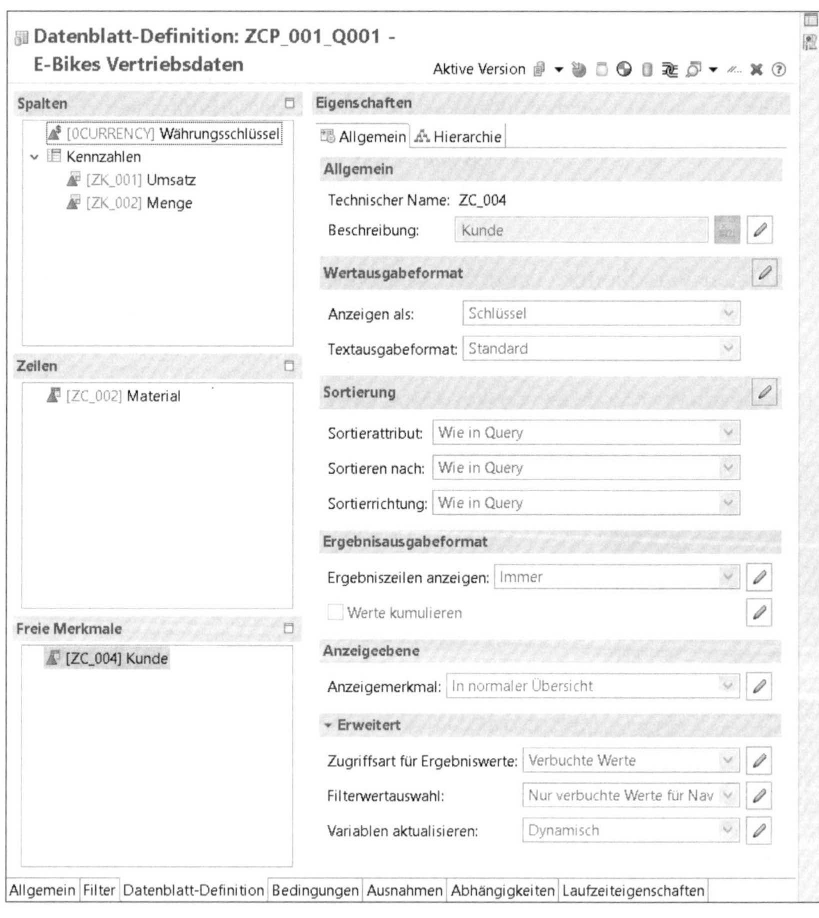


**Abbildung 6.74** Datenblatt-Definition

Dabei können Kennzahlen entweder nur in den Spalten oder nur in den Zeilen vorhanden sein, aber nicht in beiden gleichzeitig.

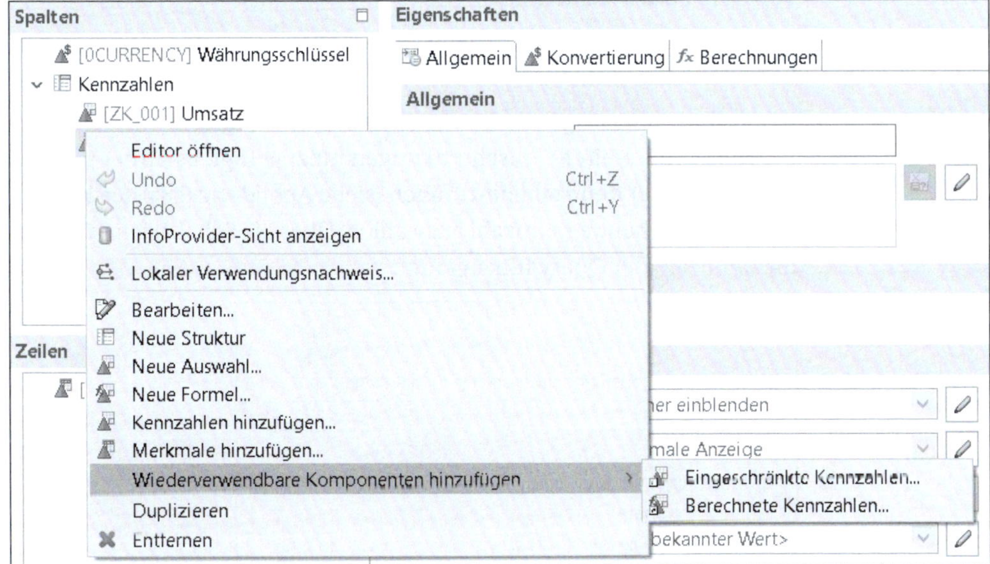


**Abbildung 6.75** Möglichkeiten zur Bearbeitung der Zeilen, Spalten und freien Merkmale

Mit einem Rechtsklick auf einen der Bereiche **Zeilen**, **Spalten** oder **Freie Merkmale** öffnen Sie das Kontextmenü, wo Sie aus den in Abbildung 6.75 gezeigten Aktionen auswählen können:

- **Editor öffnen**: Das markierte Objekt wird geöffnet. Sie gelangen in die Administrationssicht.
- **Undo**: Die letzte Änderung im Editor wird rückgängig gemacht.
- **Redo**: Sie wiederholen die zuletzt rückgängig gemachte Aktion.
- **InfoProvider-Sicht anzeigen**: Das Fenster zum InfoProvider wird geöffnet bzw., wenn es bereits geöffnet ist, in den Vordergrund gebracht.
- **Lokaler Verwendungsnachweis** (nur bei Kennzahlen): Eine Liste mit den Queries, in denen diese Kennzahl genutzt wird, wird ausgegeben.
- **Bearbeiten** (nur bei Kennzahlen): Im Fenster **Auswahl bearbeiten** können Sie Kennzahlen einschränken und ändern.
- **Neue Struktur**: Nähere Informationen zu dieser Option finden Sie in Abschnitt 6.4.8, »Queries administrieren: Strukturen«.
- **Neue Auswahl...**: Sie können eine neue Auswahl hinzufügen, indem Sie im sich öffnenden Fenster **Auswahl bearbeiten** eine Kennzahl hinzufügen und diese wahlweise auf Merkmale einschränken. Schränken Sie

also eine Auswahl `Umsatz` auf das Merkmal `Kalenderjahr` und den Merkmalswert `2019` ein, so werden in der Auswahl lediglich die Umsatzdaten von 2019 berücksichtigt.

- **Neue Formel...**: Es wird eine neue Formel angelegt. Details folgen innerhalb dieses Abschnittes.
- **Kennzahlen hinzufügen...**: Der Query wird eine Kennzahl aus dem InfoProvider ohne weitere Einschränkungen hinzugefügt. Es öffnet sich das Pop-up-Fenster **Kennzahl hinzufügen** (siehe Abbildung 6.85). Sie können eine entsprechende Kennzahl auswählen. Über die Schaltfläche **OK** wird die Kennzahl der Query hinzugefügt.

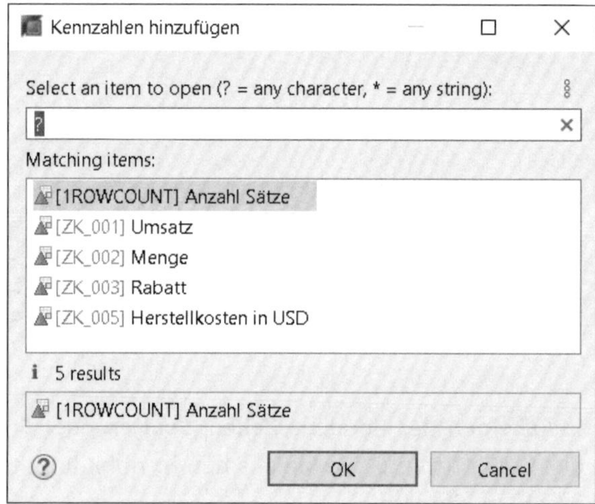


**Abbildung 6.76** Kennzahl hinzufügen

- **Merkmale hinzufügen...**: Der Query wird ein Merkmal aus dem InfoProvider hinzugefügt. Es öffnet sich das Pop-up-Fenster **Merkmal hinzufügen**, in dem Sie aus den im InfoProvider vorhandenen Merkmalen die hinzuzufügenden Merkmale auswählen (siehe Abbildung 6.77). Dabei werden lediglich Merkmale angezeigt, die noch nicht Bestandteil der Query sind.
- **Wiederverwendbare Komponente hinzufügen**: Über dieses Feld fügen Sie der Query entweder eingeschränkte oder berechnete Kennzahlen hinzu.
- **Duplizieren** (nur bei Kennzahlen): Sie duplizieren eine schon vorhandene Kennzahl, unabhängig davon, ob es sich um eine Basiskennzahl, eine Auswahl oder eine eingeschränkte Kennzahl handelt.
- **Attribute** (nur bei Merkmalen): Sie fügen der Query Attribute des ausgewählten Merkmals hinzu. Diese sind dann automatisch im Aufriss (Zeile oder Spalte), wenn das Merkmal im Aufriss ist.

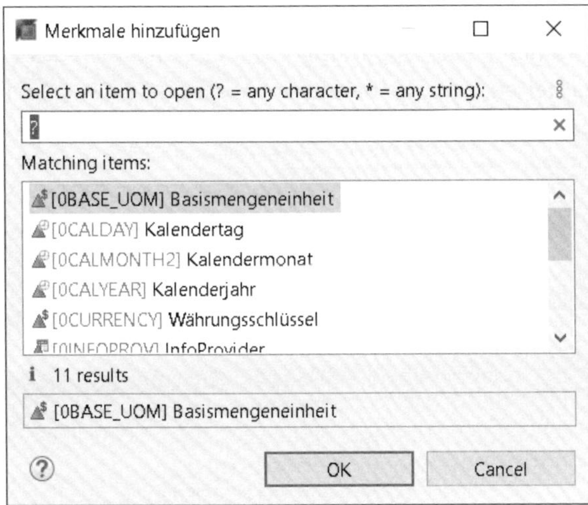


**Abbildung 6.77** Merkmal hinzufügen

- **Als wiederverwendbare Struktur sichern...**: Details folgen innerhalb dieses Abschnittes.
- **Entfernen**: Das markierte Objekt wird aus der Query entfernt.

Nachdem Sie nun die grundlegenden Möglichkeiten zur Modellierung kennengelernt haben, gehen wir in den nächsten Abschnitten auf die unterschiedlichen Kennzahltypen in Queries ein.

**Basiskennzahl, Auswahl und eingeschränkte Kennzahlen**

### Basiskennzahlen

Kennzahlen können Sie ohne weitere Einschränkungen aus dem InfoProvider in die Query übernehmen. Diese Kennzahlen nennt man *Basiskennzahlen*. Basiskennzahlen werden der Query über die InfoProvider-Sicht per Drag & Drop hinzugefügt oder über das Kontextmenü den Bereichen **Zeilen** oder **Spalten** hinzugefügt.

### Auswahlen

Sie können einer Query auch Kennzahlen hinzufügen, die auf bestimmte Merkmale und Merkmalsausprägungen eingeschränkt sind, wie im bereits genannten Beispiel des Umsatzes des Jahres 2019. Diese Kennzahlen bezeichnet man als *Auswahl*. Eine Kennzahl in einer Query kann auch im Nachhinein zu einer Auswahl werden, wenn nachträglich Einschränkungen auf Merkmale vorgenommen werden. Eine Auswahl wird über das Kontextmenü dem Bereich **Zeilen** oder **Spalten** hinzugefügt. Es öffnet sich das Pop-up-Fenster **Auswahl bearbeiten** (siehe Abbildung 6.78). Hier können Sie auf bestimmte Merkmale einschränken, indem Sie das Merkmal per Drag &

Drop in die **Auswahldetails** ziehen und danach im Kontextmenüs des Merkmals **Einschränken...** wählen (siehe Abbildung 6.79). Es öffnet sich das Pop-up-Fenster **Filter bearbeiten**, das wir bereits in Abschnitt 6.4.3, »Queries administrieren: Filter«, beschrieben haben.

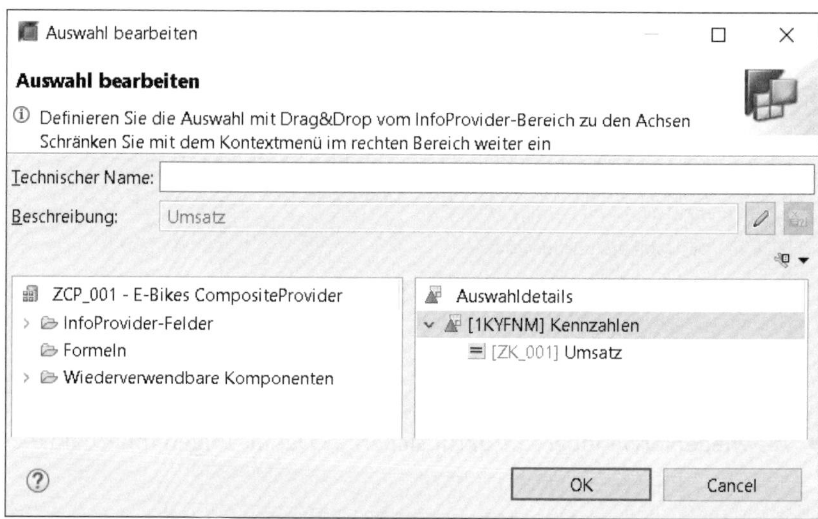


**Abbildung 6.78** Kennzahl einschränken

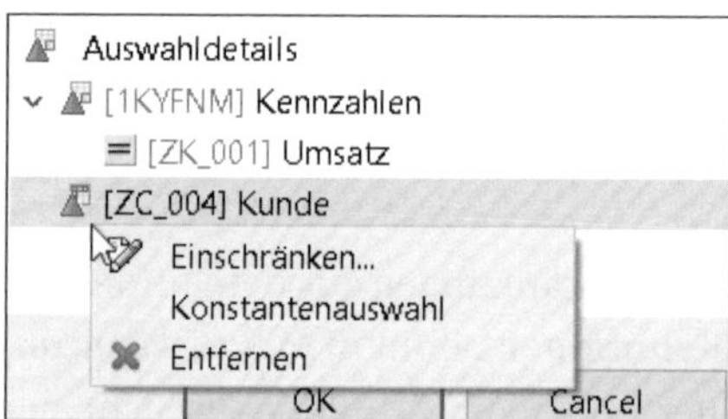


**Abbildung 6.79** Kennzahl auf Merkmal einschränken

[»]

**Kennzahl in einer Query austauschen**

Grundsätzlich gilt, dass Sie beim Austausch von Kennzahlen in einer Query, die bereits im Frontend produktiv eingebunden ist, besonders vorsichtig sein müssen. Jedes Objekt in einer Query hat eine eindeutige ID. Wird ein Element gelöscht und stattdessen ein anderes neu angelegt, bekommt dieses eine neue ID – selbst, falls es die gleiche Kennzahl ist, die zuvor gelöscht wurde. Anschließend stimmt die Zuordnung im Frontend möglicherweise nicht mehr. Daher ist eine enge Abstimmung mit den Frontend-Verantwortlichen erforderlich. Im Zweifelsfall sollte nicht die Basiskennzahl, sondern eher die Kennzahl in der Auswahl ausgetauscht werden.

### Einstellungen bei Auswahlen

Bei der Verwendung einer Auswahl in der Kennzahlenstruktur, die angelegt wird, sobald die erste Auswahl zu einer Query hinzugefügt wird (siehe 6.4.8, »Queries administrieren: Strukturen«), erscheint durch Anklicken der Kennzahl auf der rechten Seite für diese der Bereich **Eigenschaften**. Er bietet Ihnen einen Überblick über die Einstellungsmöglichkeiten für die Auswahl und ist unterteilt in die Tabs **Allgemein** (siehe Abbildung 6.80), **Konvertierung** (siehe Abbildung 6.82) und **Berechnungen** (siehe Abbildung 6.83). Zum Ändern wählen Sie das Icon hinter der Einstellung, die Sie ändern möchten.

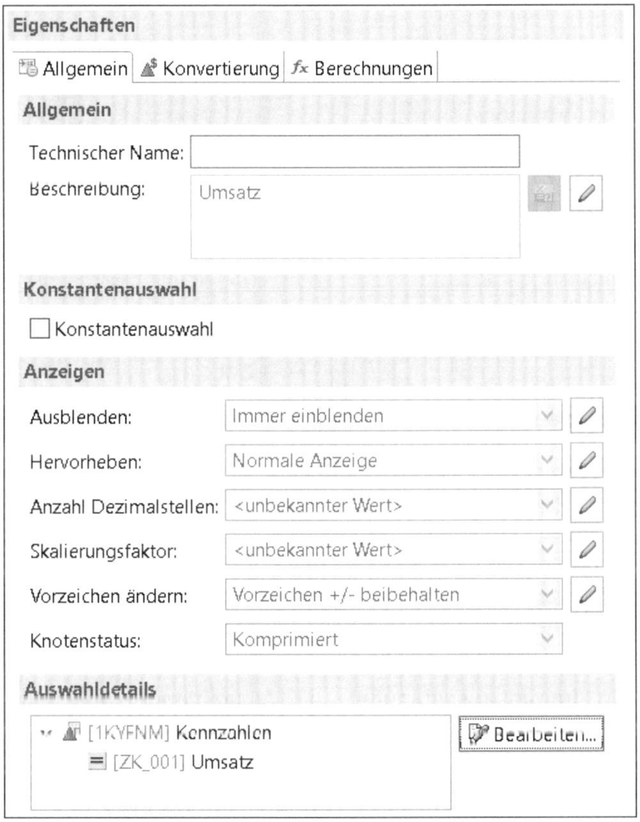

**Abbildung 6.80** Allgemeiner Überblick über Auswahleigenschaften

**Der Tab »Allgemein«**

Im Tab **Allgemein** (siehe Abbildung 6.80) lassen sich die Einstellungen zur Anzeige der Query ändern. Außerdem erhalten Sie einen Überblick über die Auswahldetails, also gegebenenfalls vorhandene Einschränkungen. Im Bereich **Allgemein** sehen Sie den technischen Namen. Die **Beschreibung** können Sie anpassen.

Konstantenauswahl

Um die Auswahl der Kennzahl als konstant zu markieren, setzen Sie im Bereich **Konstantenauswahl** das entsprechende Kennzeichen. Eventuelle Filter werden dann ignoriert. Der Wert der Kennzahl bleibt zur Laufzeit unverändert. Darüber hinaus haben Sie die Möglichkeit, einzelne Einschränkungen einer Kennzahl als konstant zu markieren, sie also zur Laufzeit unveränderbar zu machen. Über den Bereich **Auswahldetails • Bearbeiten** öffnet sich das Pop-up-Fenster **Auswahl bearbeiten** (siehe Abbildung 6.81). Sie können hier ein Merkmal zur Auswahl hinzufügen und auf Filterwerte oder Variablen einschränken. Mit einem Rechtsklick auf das ausgewählte Merkmal und der Auswahl **Konstantenauswahl** wird das einzelne Merkmal als konstant markiert.

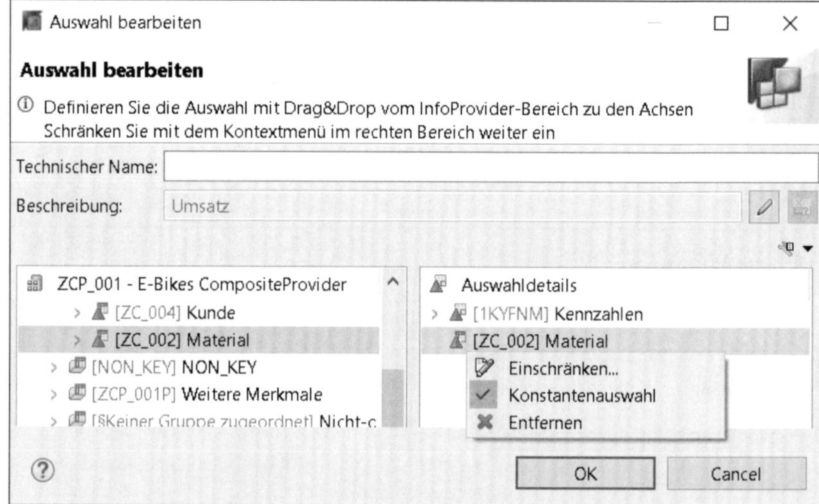


**Abbildung 6.81** Konstantenauswahl in einer Auswahl

Anzeige

Im Bereich **Anzeigen** stellen Sie die Ausgabeeinstellungen der Kennzahl ein (siehe Abbildung 6.80). Im Feld **Ausblenden** legen Sie fest, ob die Kennzahl **Immer eingeblendet**, **Immer ausgeblendet** oder **Ausgeblendet (aber einblendbar)** sein soll. Durch die Auswahl von **Hervorgehobener Anzeige** im Feld **Hervorheben** wird die Kennzahl beim Ausgeben durch fette Schrift hervorgehoben. Standardmäßig sind alle Kennzahlen auf **Normale Anzeige** eingestellt. Die Anzahl der Dezimalstellen können Sie unter **Anzahl Dezimalstellen** festlegen. Soll die Kennzahl skaliert werden, so kann der entsprechende **Skalierungsfaktor** (von 1:1 bis 1:1.000.000.000) ausgewählt werden. Die Vorzeichen kehren Sie über die Option **Vorzeichen Ändern** um. Den **Knotenstatus** können Sie bei Kennzahlen auswählen, die weitere Kennzahlen Elemente in der Query hierarchisch untergeordnet haben. Sie haben die Möglichkeit, zu wählen, ob diese komprimiert oder aufgeklappt angezeigt werden sollen.

Konvertierung

Im Tab **Konvertierung** haben Sie abhängig vom ausgewählten InfoObject die Möglichkeit, eine Währungsumrechnung oder eine Einheitenumrechnung einzustellen (siehe Abbildung 6.82). Nähere Informationen finden Sie später in diesem Abschnitt.

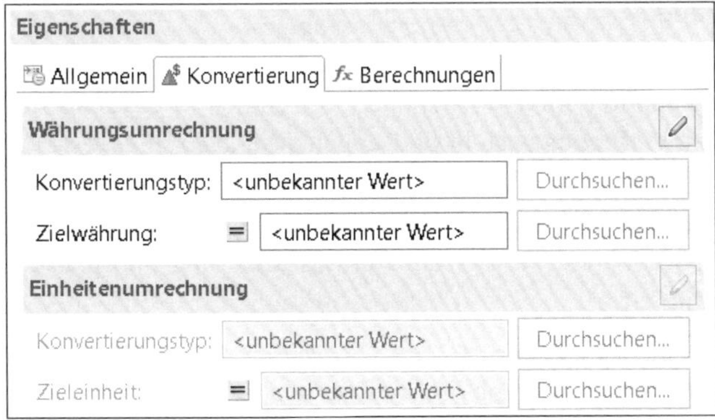


**Abbildung 6.82** Kennzahlen-Eigenschaften zur Konvertierung

Berechnungen

Im Tab **Berechnungen** können **Lokale Berechnungen** eingestellt werden (siehe Abbildung 6.83). Lokale Berechnungen werden auf der Ergebnismenge der BW Query durchgeführt und gegebenenfalls in der Query angezeigt. Dabei sind allerdings einige Besonderheiten zu beachten.

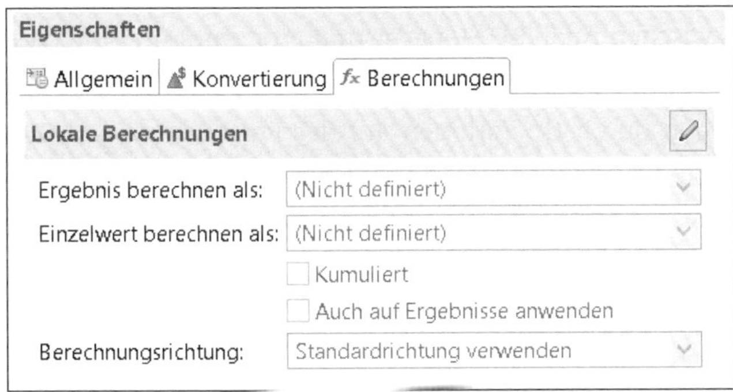


**Abbildung 6.83** Kennzahlen-Eigenschaften für Berechnungen

Lokale Berechnungen

**Lokale Berechnungen** beachten nur die *angezeigten* Daten. Werden in einer Formel weitere Berechnungen vorgenommen, werden diese auf Basis der von SAP BW/4HANA 2.0 zurückgegebenen Daten vorgenommen, und somit sind die lokalen Berechnungen nicht für die Berechnung von Formeln relevant. Lokale Berechnungen lassen sich nicht auf Hierarchien anwenden. Bei großen Ergebnismengen kann es zu einer schlechten Performance kommen. Idealerweise sollten Sie hier besser mit Ausnahmeaggregationen als mit lokalen Berechnungen arbeiten, da sie im Gegensatz zu den lokalen Berechnungen auf der SAP-HANA-Datenbank ausgeführt werden und somit performanter sind.

[»]

**Ergebnismenge, Analytic Manager, OLAP-Funktionen und OLAP-Aufwand**

Alle Daten, die über eine Query angefordert und verarbeitet werden, werden über den sogenannten *Analytic Manager* (in früheren Releases auch *Analytic Engine*) zur Verfügung gestellt und stellen die *Ergebnismenge* dar. Der Analytic Manager stellt Frontend-Anwendungen über OLAP- aufbereitete Daten zur Verfügung. Dabei ist der Analytic Manager eine Komponente des SAP-BW/4HANA-Servers und für das Reporting und große Datenmengen optimiert.

Der *OLAP-Cache* ist der Arbeitsspeicher des SAP-BW/4HANA-Servers. Dort werden die Abfragen an die Datenbank zwischengespeichert, sodass bei einer erneuten Abfrage mit gleichen Selektionskriterien nicht mehr auf die Datenbank zugegriffen werden muss.

Der *OLAP-Aufwand* ist dabei der erwartete maximale Aufwand vom Analytic Manager, um die Ergebnismenge zu verarbeiten.

**OLAP-Controller**

Abbildung 6.84 verdeutlicht, wie Operationen auf der Ergebnismenge, also lokalen Berechnungen, durch sogenannte *OLAP-Controller* (Schicht zur Kommunikation zwischen Analytic Manager und Frontend) und Analytic Engine ablaufen.

**Analytic Manager**

Grundsätzlich werden durch Operationen auf der Ergebnismenge keine Daten von der Datenbank angefordert. Die Anforderungen der Berechnung werden an den OLAP-Controller übergeben. Daraufhin werden die Daten vom OLAP-Controller aus dem Analytic Manager gelesen und aufbereitet. Danach werden die Berechnungen auf den Daten ausgeführt.

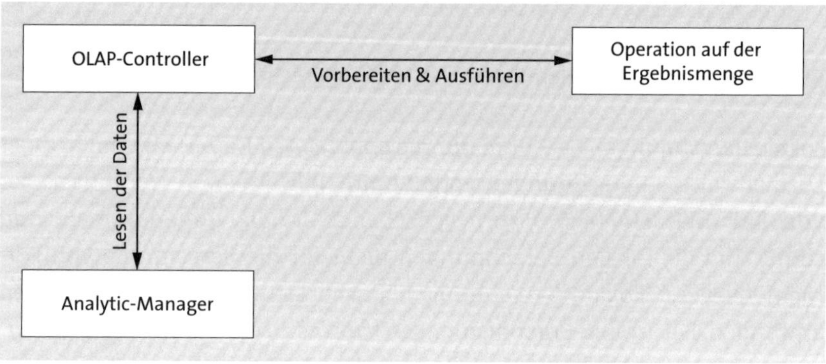


**Abbildung 6.84** Operationen auf der Ergebnismenge (Quelle: SAP)

Im Bereich **Lokale Berechnungen** stehen bei **Ergebnis berechnen als** folgende Operationen zur Verfügung:

**Ergebnisse berechnen**

- **(Nicht definiert)**
- **Ausblenden**
- **Durchschnitt**
- **Durchschnitt der Detailwerte, die nicht Null sind oder 0 oder Fehler enthalten**
- **Erster Wert**
- **Letzter Wert**
- **Maximum**
- **Minimum**
- **Standardabweichung**
- **Summierung**
- **Summierung der gerundeten Werte**
- **Varianz**
- **Zähler für alle detaillierten Werte**
- **Zähler für alle Detailwerte, die nicht Null sind oder 0 oder Fehler enthalten**

Die lokale Berechnung der Werte auf granularster Ebene, also ohne Zwischenergebnisse, können sie über **Einzelwert berechnen als** festlegen. Dabei stehen Ihnen folgenden Operationen zur Verfügung:

**Einzelwerte berechnen**

- **(Nicht definiert)**
- **Ausblenden**
- **Gleitender Durchschnitt**
- **Gleitender Durchschnitt, die nicht Null sind oder 0 oder Fehler enthalten**
- **Maximum**
- **Minimum**
- **Nach Ergebnis der nächsten Gruppenebene normieren**: Dabei werden die Daten prozentual zu dem nächsten Gruppenergebnis dargestellt (siehe Tabelle 6.3).

| Kunden | Umsatz | Umsatz nach Gruppenebene normiert |
|---|---|---|
| Kunde 1 | 100 € | 25 % |
| Kunde 2 | 300 € | 75 % |

**Tabelle 6.3** Nach Ergebnis der nächsten Gruppenebene normieren

| Kunden | Umsatz | Umsatz nach Gruppenebene normiert |
|---|---|---|
| **Gebiet A** | **400 €** | **400 €** |
| Kunde 3 | 200 € | 50 % |
| Kunde 4 | 200 € | 50 % |
| **Gebiet B** | **400 €** | **400 €** |
| **Gesamt** | **800 €** | **800 €** |

**Tabelle 6.3** Nach Ergebnis der nächsten Gruppenebene normieren (Forts.)

- **Nach Gesamtergebnis normieren**: Es werden die Daten prozentual zum Gesamtergebnis in Prozent dargestellt (siehe Tabelle 6.4).

| Kunden | Umsatz | Umsatz nach Gesamtergebnis normiert |
|---|---|---|
| Kunde 1 | 100 € | 12,5 % |
| Kunde 2 | 300 € | 37,5 % |
| **Gebiet A** | **400 €** | **400 €** |
| Kunde 3 | 200 € | 25 % |
| Kunde 4 | 200 € | 25 % |
| **Gebiet B** | **400 €** | **400 €** |
| **Gesamt** | **800 €** | **800 €** |

**Tabelle 6.4** Nach dem Gesamtergebnis normieren

- **Nach unbeschränktem Gesamtergebnis normieren**: Das unbeschränkte Gesamtergebnis einer Kennzahl ist die Aggregation einer Kennzahl über alle Merkmale. Dabei ist das unbeschränkte Gesamtergebnis gleich dem Queryergebnis, wenn keine Filterung eines Merkmals in der Filterdefinition erfolgt ist. Für unser Beispiel bedeutet dies bei einer Filterung auf **Gebiet A** in dem Standardfilter, dass der prozentuale Umsatzanteil am Gesamtumsatz – also auch am ausgeblendeten Anteil – angezeigt wird (siehe Tabelle 6.5).

| Kunden | Umsatz | Umsatz nach Gruppenebene normiert |
|---|---|---|
| Kunde 1 | 100 € | 12,5 % |

**Tabelle 6.5** Nach dem unbeschränkten Gesamtergebnis normieren

| Kunden | Umsatz | Umsatz nach Gruppenebene normiert |
|---|---|---|
| Kunde 2 | 300 € | 37,5 % |
| **Gebiet A** | **400 €** | **400 €** |
| **Gesamt** | **400 €** | **400 €** |

**Tabelle 6.5** Nach dem unbeschränkten Gesamtergebnis normieren (Forts.)



- **Olympische Rangnummer**: Olympische Rangnummern vergeben bei Gleichstand den gleichen Rang und überspringen dann eine Nummer (siehe Tabelle 6.6 ).

| Kunden | Umsatz | Umsatz nach Gruppenebene normiert |
|---|---|---|
| Kunde 1 | 100 € | 4 |
| Kunde 2 | 300 € | 1 |
| Kunde 3 | 200 € | 2 |
| Kunde 4 | 200 € | 2 |

**Tabelle 6.6** Olympische Rangnummer

- **Rangnummer**
- **Zähler für alle detaillierten Werte**
- **Zähler für alle Detailwerte, die nicht Null sind oder 0 oder Fehler enthalten**

Wählen Sie das Kennzeichen **Kumuliert**, werden die Berechnungen über Zeilen oder Spalten kumuliert. Ebenfalls können Sie die lokalen Berechnungen **Auch auf Ergebnisse anwenden**. Bei der **Berechnungsrichtung** steht Ihnen die Standardrichtung, von oben nach unten bei Kennzahlen in den Zeilen und von links nach rechts bei Kennzahlen in den Spalten zur Verfügung. Sie können aber auch auswählen, ob Sie eine andere Berechnungsart verwenden möchten.

### Eingeschränkte Kennzahlen

Die Einschränkung einer Auswahl ist lokal in einer Query definiert und kann nicht in weiteren Queries auf dem gleichen InfoProvider wiederverwendet werden. Falls dies gewünscht ist, können Sie *eingeschränkte Kennzahlen* als wiederverwendbare Objekte nutzen. Eingeschränkte Kennzahlen werden im InfoProvider angelegt, eingeschränkt und gespeichert. Anschließend stehen sie allen Queries auf dem InfoProvider zur Verfügung. Tabelle 6.7 bietet eine kurze Übersicht über die verschiedenen Eigenschaften der Objekte.

| Objekt | Speicherort | Eingeschränkt | Wiederverwendbar |
|---|---|---|---|
| Basiskennzahl | InfoProvider | nein | ja |
| Auswahl | Query | ja | nein |
| eingeschränkte Kennzahl | InfoProvider | ja | ja |

**Tabelle 6.7** Übersicht über Kennzahl, Auswahl und eingeschränkte Kennzahlen

Eine eingeschränkte Kennzahl legen Sie über den Menüeintrag **Neues Objekt Eingeschränkte Kennzahl** aus dem Kontextmenü des Ordners **Wiederverwendbare Komponenten** des InfoProviders an (siehe Abbildung 6.85).

**Abbildung 6.85** Wiederverwendbare Komponenten

Im Pop-up-Fenster **Neue eingeschränkte Kennzahl** können Sie einen technischen Namen und optional eine Beschreibung eingeben und die einzuschränkende Kennzahl auswählen (siehe Abbildung 6.86). Mit **Finish** bestätigen Sie Ihre Auswahl.

**Abbildung 6.86** Eingeschränkte Kennzahl anlegen

### Einstellungen von eingeschränkten Kennzahlen

Die neu angelegte Kennzahl wird im Tab **Allgemein** angezeigt (siehe Abbildung 6.87). Die Einstellungen, die Sie hier vornehmen können, sind identisch mit denen für Auswahlen (siehe weiter vorn in diesem Abschnitt).

**Abbildung 6.87** Anlegen einer eingeschränkten Kennzahl im Tab »Allgemein«

Im Tab **Selektion** schränken Sie die Kennzahl wie eine Auswahl ein. In früheren Releases sowie im SAP BEx Query Designer wurden Auswahlen *Selektionen* genannt.

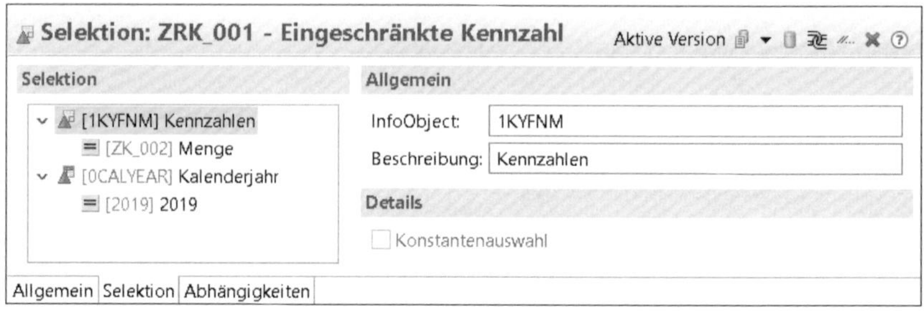


**Abbildung 6.88** Eingeschränkte Kennzahl im Tab »Selektion«

Im Tab **Abhängigkeiten** sehen Sie eventuelle Verknüpfungen mit anderen BW-Objekten (siehe Abschnitt 6.4.11, »Queries administrieren: Abhängigkeiten«).

### Formeln und berechnete Kennzahlen

**Formel und berechnete Kennzahlen**

In einer Query können Sie Berechnungen durchführen. Diese Berechnungen können lokal in einer Query anhand einer Formel erstellt werden oder alternativ durch eine berechnete Kennzahl im InfoProvider. Dabei ist eine Formel analog zu einer Auswahl, das heißt nicht wiederverwendbar und in der Query angelegt. Berechnete Kennzahlen sind analog zu einer eingeschränkten Kennzahl wiederverwendbar im InfoProvider angelegt (siehe Tabelle 6.8). Allgemein lohnt es sich immer, wiederverwendbare Komponenten anzulegen, wenn die Einschränkung oder Berechnung komplex ist und mehr als einmal benötigt wird. Dieses Vorgehen erspart Zeit bei der Queryerstellung und hilft bei der Vermeidung von Inkonsistenzen.

| Objekt | Speicherort | Wiederverwendbar |
|---|---|---|
| Basiskennzahl | InfoProvider | ja |
| Formel | Query | nein |
| Berechnete Kennzahl | InfoProvider | ja |

**Tabelle 6.8** Übersicht über Formel und berechnete Kennzahl

**Formel erstellen**

Eine *Formel* wird über den Eintrag **Neue Formel** aus dem Kontextmenü der Kennzahlen angelegt (siehe Abbildung 6.89). Im Pop-up-Fenster **Formel bearbeiten** können Sie die Formel konfigurieren.

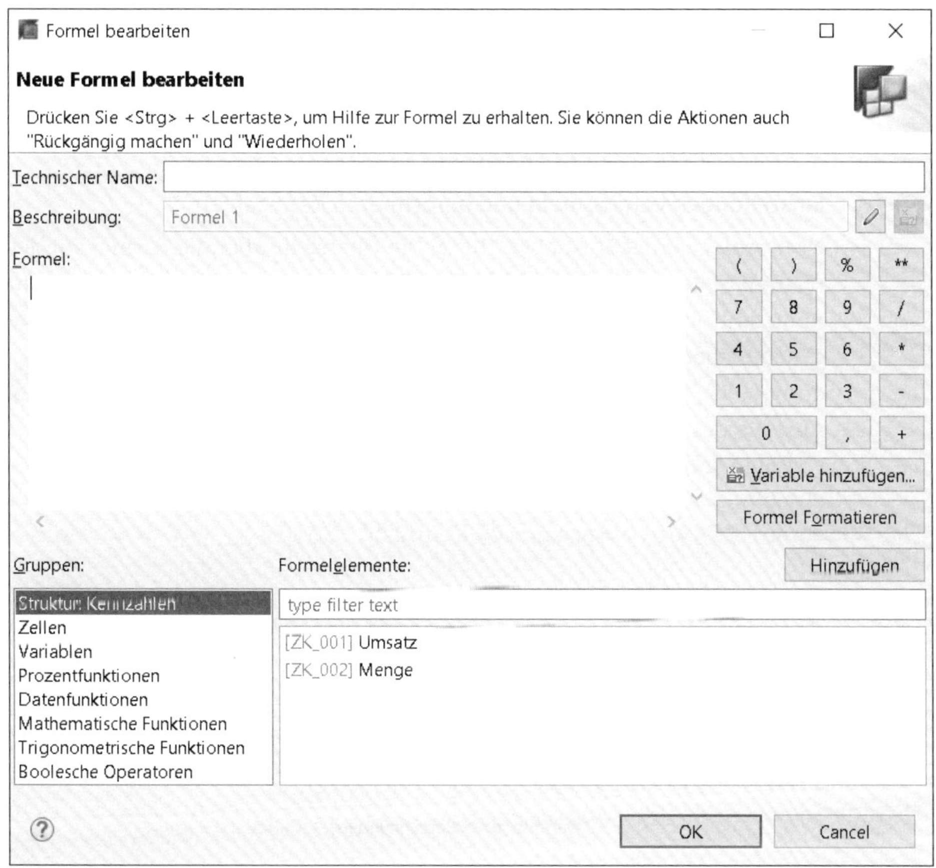


**Abbildung 6.89** Neue Formel erstellen

Dabei stehen Ihnen folgende Gruppen von Funktionen zur Verfügung:

- **Struktur: Kennzahlen**
- **Zellen**
- **Variablen**
- **Prozentfunktionen**
- **Datenfunktionen**
- **Mathematische Funktionen**
- **Trigonometrische Funktionen**
- **Boolesche Operatoren**

In den Gruppen stehen Ihnen Formelelemente zur Verfügung, beispielsweise bei Prozentfunktionen mit `%CT` eine Funktion, die den prozentualen Anteil am Ergebnis widerspiegelt.

Mit **OK** bestätigen Sie die Anlage der Formel. Beachten Sie, dass die Formel nicht leer bleiben darf, da dies zu einem Fehler bei der Ausführung der Query führt, dabei ist es jedoch möglich, die Formel zu speichern, und es wird lediglich ein Hinweis im Problems View angezeigt.

### Einstellungen von Formeln und berechneten Kennzahlen

Nach Anlage einer Formel erscheint die Übersicht über die Formel auf der rechten Seite in der Datenblatt-Definition. Bei Anlage einer berechneten Kennzahl öffnet sich die berechnete Kennzahl, und Sie erhalten fast die gleiche Übersicht wie bei den eingeschränkten Kennzahlen (siehe Abbildung 6.90). Im Tab **Allgemein** gibt es zusätzlich den Bereich **Aggregation**. Anstelle des Tabs **Selektion** gibt es den Tab **Formel**, in dem Sie die Formel erstellen können.

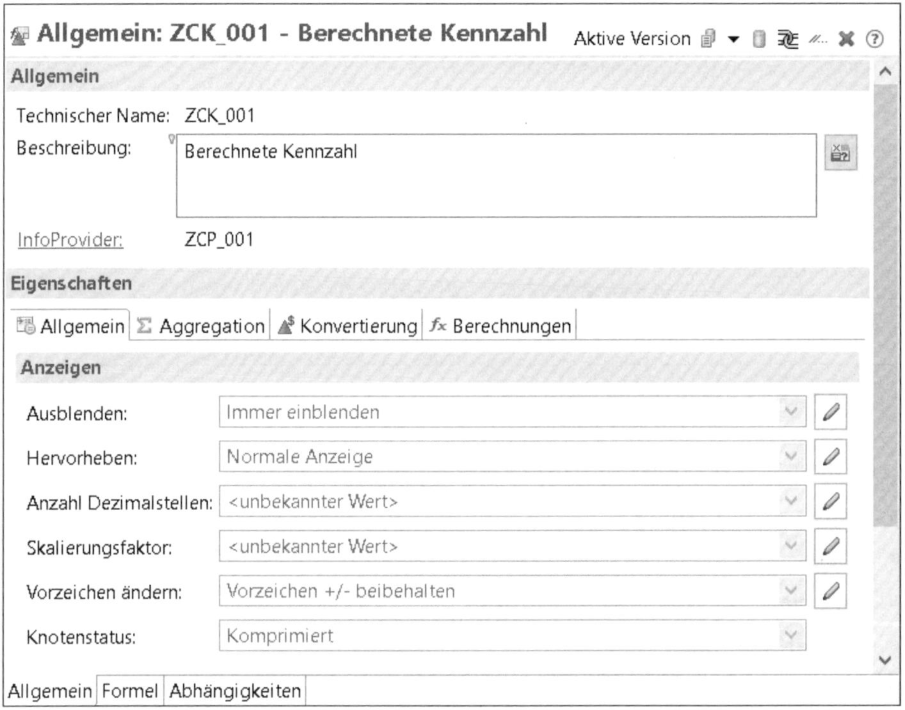


**Abbildung 6.90** Anlegen einer berechneten Kennzahl im Tab »Allgemein«

**Ausnahme-aggregation**

Im Tab **Aggregation** stellen Sie die Art und Weise ein, wie die Werte der Kennzahl aggregiert werden sollen (siehe Abbildung 6.91). Als Standardaggregationen stehen in SAP BW/4HANA 2.0 Summe, Minimum oder Maximum zur Verfügung.

**Abbildung 6.91** Aggregation wählen

Im Bereich **Ausnahmeaggregation** können Sie eine Ausnahmeaggregation einstellen. In diesem Fall wird die Kennzahl abhängig von Merkmalen aggregiert. Das folgende Beispiel verdeutlicht die Notwendigkeit einer Ausnahmeaggregation. Dabei wird eine Formel verwendet, bei der der Preis mit der Anzahl eines Materials multipliziert wird. Auf aggregierter Ebene wird der Gesamtpreis nicht korrekt berechnet:

Sie wollen den Materialwert berechnen. Solange Sie das Material mit im Aufriss belassen, wird der Materialwert korrekt berechnet (siehe Tabelle 6.9).

| Material | Preis | Menge | Materialwert |
|---|---|---|---|
| A | 50 | 100 | 5000 |
| B | 20 | 20 | 400 |
| C | 10 | 150 | 1500 |
| Ergebnis | 80 | 270 | 6500 |

**Tabelle 6.9** Berechnung des Materialwerts mit dem Material in den Zeilen

Wird das Material aus dem Aufriss entfernt, wird der Materialwert nicht mehr richtig berechnet, da einfach die Summe der Preise mit der Summe der Menge multipliziert wird (siehe Tabelle 6.10).

| | Preis | Menge | Materialwert |
|---|---|---|---|
| **Ergebnis** | 80 | 270 | 21600 |

**Tabelle 6.10** Berechnung des Materialwerts ohne das Material in den Zeilen

Referenzmerkmal

Abhilfe schafft hier die Summierung über eine Ausnahmeaggregation mit dem Material als Referenzmerkmal. Fügen Sie hierzu das Material im Bereich **Referenzmerkmale** hinzu. Wenn Sie nun als **Ausnahmeaggregation** die **Summierung** verwenden, wird das Material bei der Berechnung – anders als zuvor – berücksichtigt. Es können maximal fünf Referenzmerkmale hinzugefügt werden. Beachten Sie, dass bei großen Datenmengen eine Beeinträchtigung der Performance nicht auszuschließen ist. Die Einstellung der Aggregation erfolgt bei Formeln auf Queryebene und bei berechneten Kennzahlen in der berechneten Kennzahl auf der Ebene des InfoProviders.

### Exkurs: Währungs- und Mengenumrechnung

Währungsumrechnung

Eine *Währungsumrechnung* wird beispielsweise notwendig, wenn Umsätze in verschiedenen Währungen (Belegwährungen) erfasst werden, Sie aber übergreifend reporten und die Ergebnisse in Haus- oder Konzernwährung darstellen möchten. Bei der Umrechnungsart sind verschiedene Abhängigkeiten zu berücksichtigen (siehe Abbildung 6.92):

- Quell- und die Zielwährung: In welcher Währung ist der Umsatz angefallen, und in welche Währung möchten Sie ihn konvertieren?
- Kurstypen: Mit welchem Umrechnungskurs arbeiten Sie? Wofür wird der Umrechnungskurs verwendet: Umrechnung, Planung oder Konvertierung? Dabei können Kurstypen beispielsweise Geld- (Was ist der Kaufpreis?), Mittel- (arithmetisches Mittel aus Geld- und Briefkurs) oder Briefkurse (Was ist der Verkaufspreis?) sein. Diese sind im selben Zeitraum nebeneinander gültig und werden in der Standard-SAP-BW-Tabelle Kurstypen für Währungsumrechnung, TCURV, gepflegt. Der Kurstyp kann alternativ über eine Variable ausgewählt werden.
- Zeitbezug: Wann ist der Umsatz angefallen?

Mit diesen Informationen werden Konvertierungstypen angelegt, die Sie im Bereich der Währungsumrechnung auswählen können. Danach legen Sie die Zielwährung fest, und die Kennzahl wird in die gewünschte Währung konvertiert.

Es ist möglich, für jedes einzelne InfoObject in der Query den Kurstyp auszuwählen. Sie können auch mehrere Kurstypen in einer Query verwenden, beispielsweise um die Differenz von Geld- und Briefkurs zu betrachten. Beachten Sie jedoch, dass bei der Verwendung von Strukturen (siehe Abschnitt 6.4.8, »Queries administrieren: Strukturen«) in Zellen von Strukturen an den Kreuzungspunkten zwei verschiedene Umrechnungsarten zum Tragen kommen können. In diesem Fall muss entschieden werden, welche Umrechnung zum Tragen kommen soll. Des Weiteren können die Quellwährung, die Zielwährung, der Kurstyp und der Zeitbezug auch von Variablen abhängen, wodurch die Berechnung flexibler gestaltet werden kann.



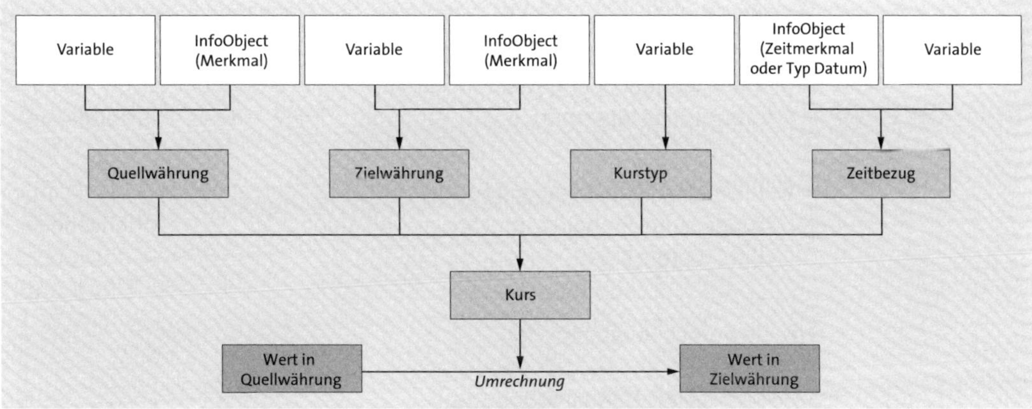


**Abbildung 6.92** Abhängigkeiten der Umrechnungsart bei Währungsumrechnung (Quelle: SAP)

**Mengenumrechnung**

Bei der Mengenumrechnung werden einfache Umrechnungen wie Meter in Kilometer vorgenommen, aber auch komplexere wie Palette in Kisten, Riegel, Gramm oder Kilogramm, wenn gefragt ist, wie viele Stücke eines Produkts auf einer Palette verpackt werden. Diese Konvertierungstypen können Sie für jede Kennzahl einzeln festlegen, ebenso wie die Zieleinheit. Dabei erfolgt die Mengenumrechnung nach den gleichen Prinzipien wie die Währungsumrechnung. Sie wählen den Konvertierungstyp (Welche Mengenumrechnung soll verwendet werden?) und die Zieleinheit. Wie die Währungs- und Mengenumrechnung in das Ergebnis einer Kennzahl einfließen, erfahren Sie im Hinweiskasten zu den Schritten der Aggregation.

[«]

**Schritte der Aggregation**

Für das Ergebnis einer Kennzahl ist es entscheidend, wann welche Aggregation, Umrechnung etc. vorgenommen wird. Zudem können durch den Ablauf der Aggregation und verschiedene Ausnahmeaggregationen große

Datenmengen verarbeitet werden. In Abbildung 6.93 wird beschrieben, wie sie abläuft:

1. Im ersten Schritt findet die Standardaggregation `MIN`, `MAX` oder `SU M` von Basiskennzahlen statt. Dabei werden Währungen und Einheiten nicht aggregiert.
2. Im zweiten Schritt findet die Umrechnung von in der Query eingestellten Währungs- und Einheitenumrechnung statt.
3. Im dritten Schritt werden die Währungs- und Einheitenumrechnung der Standardaggregation durchgeführt.
4. Im vierten Schritt findet die Ausnahmeaggregation eingeschränkter und berechneter Kennzahlen statt. In diesem Zuge werden auf der neuen Aggregationsebene erneut Währungen und Einheiten umgerechnet.
5. Im vorletzten Schritt findet die Formelrechnung inklusive Währungs- und Einheitsumrechnung statt, mit der Ausnahme der kommutativen Berechnung (siehe Abschnitt 6.4.12, »Queries administrieren: Laufzeiteigenschaften«).
6. Im letzten Schritt wird die Formelausnahmeaggregation inklusive Währungs- und Einheitsumrechnung auf der neuen Aggregationsebene durchgeführt.

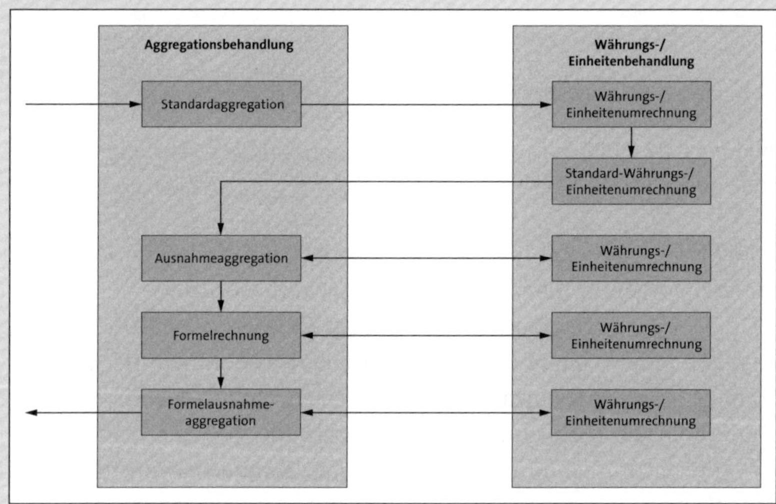


**Abbildung 6.93** Schritte der Aggregation (Quelle: SAP)

### 6.4.6 Queries administrieren: Bedingungen

*Bedingungen* – in früheren Releases auch als *Conditions* bezeichnet – unterstützen die Datenanalyse. Dabei schränken sie die Ergebnismenge auf die für Sie signifikanten Werte ein, beispielsweise »alle Umsatzwerte, die größer als 50.000 € sind«.

Zum Anlegen einer Bedingung klicken Sie im Tab **Bedingungen** mit der rechten Maustaste in den Bereich **Bedingungen** und wählen **Neue Bedingung** (siehe Abbildung 6.94).

**Der Tab »Bedingungen«**



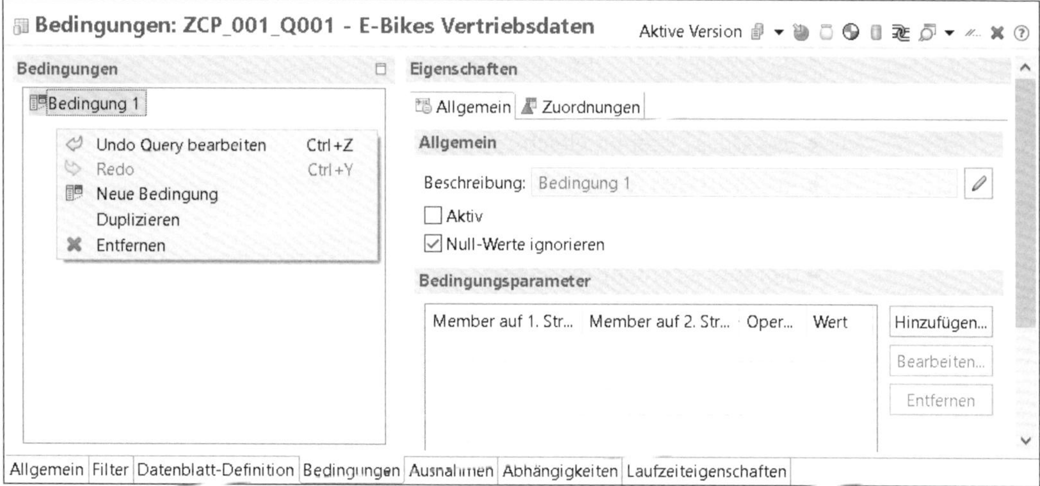


**Abbildung 6.94** Neue Bedingung erstellen

Im Bereich **Eigenschaften** können Sie im Tab **Allgemein** die **Beschreibung** der Bedingung anpassen und auswählen, ob diese **Aktiv** sein soll und ob Sie **Null-Werte ignorieren** möchten. Beide Kennzeichen sind standardmäßig gesetzt.

Im Bereich **Bedingungsparameter** öffnen Sie über die Schaltfläche **Hinzufügen...** das Pop-up-Fenster **Bedingungsparameter definieren** (Abbildung 6.95). Legen Sie dort fest, für welche Kennzahl (**Erstes Member**) Sie die Bedingung erstellen möchten.

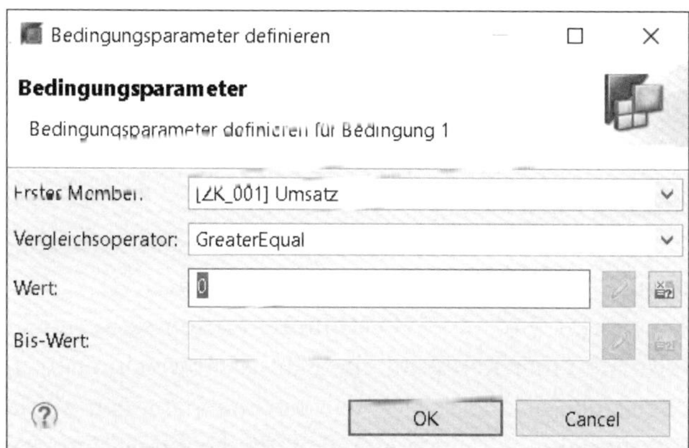


**Abbildung 6.95** Bedingungsparameter definieren

**Schwellenwertbedingungen**

Als **Vergleichsoperator** stehen Ihnen die folgenden Operatoren zur Verfügung:

- `Equal`: gleich
- `NotEqualTo`: ungleich
- `LessThan`: kleiner als
- `GreaterThan`: größer als
- `LessEqual`: kleiner gleich
- `GreaterEqual`: größer gleich
- `Between`: zwischen
- `NotBetween`: nicht zwischen

**Ranglistenbedingungen**

Ranglistenbedingungen stehen Ihnen wie folgt zur Auswahl:

- `TopN`: die oberen n Werte
- `BottomN`: die unteren n Werte
- `Top%`: die oberen n Prozent
- `Bottom%`: die unteren n Prozent
- `TopSUM`: die obere Summe bis zum Wert n
- `BottomSUM`: die untere Summe bis zum Wert n

Wenn Sie eine Kennzahlenstruktur und eine Struktur ohne Kennzahlen verwenden, erscheint im Pop-up-Fenster **Bedingungsparameter definieren** das Feld **Zweites Member** (siehe Abbildung 6.95 und Abschnitt 6.4.8, »Queries administrieren: Strukturen«). Im Feld **Erste Member** wählen Sie immer ein Feld aus der Struktur ohne Kennzahlen aus, im Feld **Zweites Member** wählen Sie ein Feld aus der Kennzahlenstruktur aus.

Im Tab **Zuordnungen** (siehe Abbildung 6.96) wählen Sie im Bereich **Modus** die **Merkmalszuordnung** aus. Diese gibt an, wie mit den Merkmalen in Zeile und Spalte umgegangen werden soll. Dabei stehen Ihnen folgende Zuordnungen zur Verfügung:

- **Unabhängig**: Alle Merkmale werden im Aufriss unabhängig voneinander betrachtet. Somit können die Ergebnisse abhängig vom Aufriss variieren. Diese Einstellung ist ideal für Ranglistenbedingungen, kann aber auch für Schwellenwertbedingungen mit relativen Werten verwendet werden, wenn also geprüft wird, ob ein bestimmter Prozentsatz erreicht wird, beispielsweise auf einer Kennzahl, die Plan-Ist-Abweichungen in Prozent angibt. Beispielsweise lässt sich bei der unabhängigen Merkmalszuordnung immer eine Rangliste erstellen, die abhängig von den verwendeten Merkmalen ist, da die Merkmale auch immer ausgetauscht werden können und es somit für verschiedene Merkmale verschiedene Ranglisten geben kann.

- **Höchste Detailstufe über Zeilen**: Die Bedingung wird auf den detailliertesten Wert in den Zeilen angewendet und ist somit ideal auf Schwellenwertbedingungen ausgerichtet. Wenn mehrere Merkmale in den Zeilen vorhanden sind, wird die Bedingung auf den granularsten Wert angewendet, also den, der am weitesten rechts in den Zeilen steht.
- **Höchste Detailstufe über Spalten**: Die Bedingung wird auf den detailliertesten Wert in den Spalten angewendet und ist somit ebenfalls ideal auf Schwellenwertbedingungen ausgerichtet.

Im Bereich **Einzelmerkmale auswählen** können Sie die Bedingung auf bestimmte Merkmale oder Merkmalskombinationen im Aufriss beschränken. Mit der Markierung einzelner Merkmale wird die Bedingung dann nur ausgeführt, wenn das ausgewählte Merkmal oder die ausgewählte Merkmalskombination im Aufriss ist.

**Abbildung 6.96** Der Bereich »Zuordnungen« bei den Eigenschaften der Bedingung

### 6.4.7 Queries administrieren: Ausnahmen

**Der Tab »Ausnahmen«**

Zur Unterstützung der Analyse von Daten bietet eine Query die Möglichkeit, *Ausnahmen* zu definieren. Diese hießen in älteren Releases auch *Exceptions*. Hierzu können Sie im Tab **Ausnahmen** Abweichungen in den Werten farblich markieren. Darunter fallen beispielsweise Umsatzwerte, die unter einem gewissen Wert liegen, beispielsweise 1.000 €, oder Kosten, die einen bestimmten Wert überschreiten. Zum Anlegen einer Ausnahme klicken Sie mit der rechten Maustaste in den Bereich **Ausnahmen** und wählen **Neue Ausnahme** (siehe Abbildung 6.97).

**Abbildung 6.97** Neue Ausnahme erstellen

Es öffnet sich für die neu angelegte Ausnahme der Bereich **Eigenschaften**, der die Tabs **Allgemein**, **Definition** und **Zelleneinschränkungen** umfasst.

Im Tab **Allgemein** können Sie die **Beschreibung** über [✎] pflegen (siehe Abbildung 6.98). Mit dem Kennzeichen **Aktiv** wird die Ausnahme in der Query zur Laufzeit ausgeführt. Ist dieses Kennzeichen nicht gesetzt, kann die Ausnahme in einem Frontend-Tool wie Analysis for Office (siehe Abschnitt 10.3, »SAP Analysis for Microsoft Office«) aktiviert werden.

**Abbildung 6.98** Der Bereich »Allgemein« für die Eigenschaften der Ausnahme

Über **Hinzufügen...** öffnet sich das Pop-up-Fenster **Ausnahmeparameter definieren**. Dort können Sie im Bereich **Ausnahmeparameter** eine von neun verschiedenen Alert-Stufen festlegen (siehe Abbildung 6.99). Aus einigen Frontend-Tools können Sie auf diese Alert-Stufen zuzugreifen. Wählen Sie anschließend aus den acht verfügbaren Operatoren einen **Vergleichsoperator** aus. Abhängig vom ausgewählten Vergleichsoperator wählen Sie nun einen **Wert** und gegebenenfalls einen **Bis-Wert**, wenn Sie beispielsweise ein Intervall wählen. Über **OK** legen Sie den Parameter an. Sie können mehrere Ausnahmeparameter mit verschiedenen Alert-Stufen festlegen.

Über **Bearbeiten...** können Sie die zuvor angelegten Ausnahmeparameter bearbeiten. Über **Entfernen** löschen Sie den ausgewählten Ausnahmeparameter.

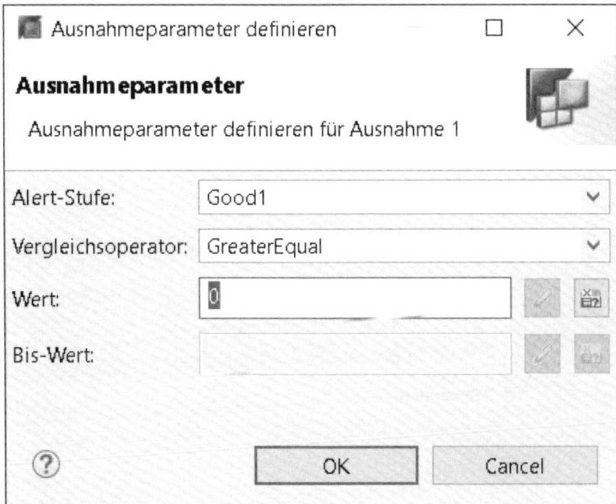


**Abbildung 6.99** Ausnahmeparameter festlegen

Nachdem Sie im Tab **Allgemein** die verschiedenen Ausnahmeparameter festgelegt haben, können Sie nun im Tab **Definition** (siehe Abbildung 6.100) festlegen, auf welche Queryelemente die Ausnahmeparameter (die farbliche Markierung) gesetzt werden soll, also ob die Ausnahme nur für eine bestimmte Kennzahl oder alle Kennzahlen definiert wird. Im Bereich **Ist definiert auf** legen Sie fest, auf welche Elemente in der Struktur der Kennzahlen die Ausnahme angewendet werden soll. Es stehen das angegebene Element (**GivenElement**) oder alle Elemente (**All Elements**) zur Auswahl. Wählen Sie **GivenElement** aus, müssen Sie unter **Angegebenes Element** spezifizieren, auf welche Kennzahl die Ausnahme angewendet werden soll. Verwenden Sie eine zweite Struktur ohne Kennzahlen, können Sie ebenfalls festlegen, auf welche Objekte die Ausnahme gelten soll.

Evaluierungszeitpunkt

Im Bereich **Evaluierungszeitpunkt** können Sie auswählen, ob die Ausnahme vor oder nach einer lokalen Berechnung (siehe Hinweiskasten zu den Schritten der Aggregation in Abschnitt 6.4.2, »Queries administrieren: Allgemein«) in einer Kennzahl angewendet werden soll. Mehr Informationen zu lokalen Berechnungen erhalten Sie weiter vorn in diesem Abschnitt. Voreingestellt ist immer **Vor Listenberechnung**.

**Abbildung 6.100** Der Bereich »Definition« in den Eigenschaften der Ausnahme

Im Bereich **Wird in Datenzellen angezeigt** können Sie festlegen, ob bei der Anzeige der Ausnahme **In Struktur der Kennzahlen** und gegebenenfalls in einer weiteren Struktur folgende Einstellungen zum Tragen kommen:

- `EvaluatedElements`: Ausnahme wird auf das Element, das gerade im Aufriss ist, angewendet.
- `AllElements`: Ausnahme wird auf alle Elemente angewendet.
- `GivenElement`: Ausnahme wird auf ein auszuwählendes Element angewendet.

Dabei bewirkt das Kennzeichen **Ausnahme betrifft Datenzellen**, dass die Datenzellen (also die Kennzahl) farblich markiert werden und nicht der entsprechende Merkmalswert.

Zudem können Sie bei der **Anzeige in Merkmalszellen** auswählen, ob die Ausnahme **Aktiv** sein soll, das heißt, ob auch Merkmalswerte farblich markiert werden sollen, und falls ja, ob die Anzeige sich auf Zeilen oder Spalten bezieht.

Zelleneinschränkungen

Im Tab **Zelleneinschränkungen** (siehe Abbildung 6.101) wird festgelegt, für welche Zellen die Einschränkung gelten soll und ob es Ausnahmen hierzu gibt. Im Bereich **Standardoperator für alle nicht aufgelisteten Merkmale** wählen Sie, ob die Ausnahme alle Merkmale im Bereich **Zelleneinschränkungen** betrifft oder nur die Ergebnisse. Sie können für alle in der Query verwendeten Merkmale (Zeilen, Spalten und freie Merkmale) Zelleneinschränkungen festlegen.



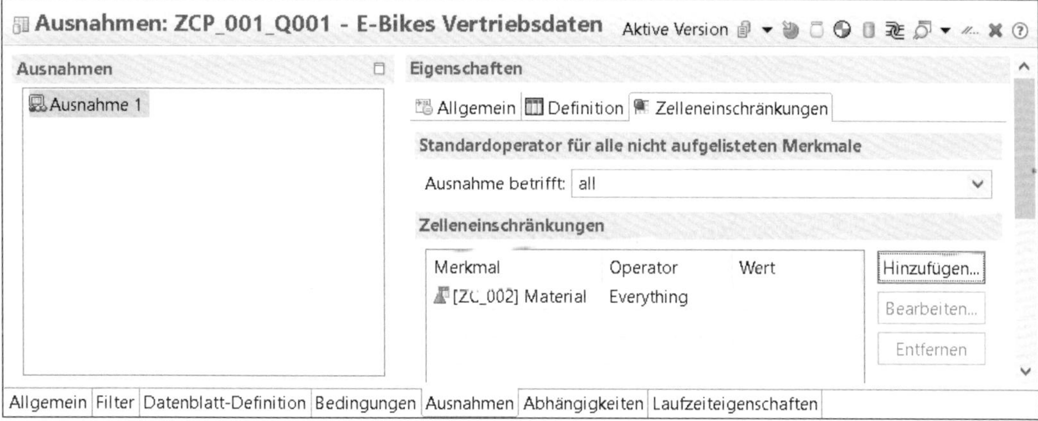


**Abbildung 6.101** Der Bereich »Zelleneinschränkungen«

Zelleneinschränkung definieren

Über **Hinzufügen...** fügen Sie eine neue Zelleneinschränkung hinzu. Im Pop-up-Fenster **Zelleneinschränkung definieren** können Sie das Merkmal und einen der folgenden Operatoren auswählen (siehe Abbildung 6.102):

- `Everything`: Die Ausnahme wird für jeden Aufriss des ausgewählten Merkmals ausgeführt.
- `TotalsOnly`: Die Ausnahme wird nur auf die Ergebnisse ausgeführt.
- `EverythingExceptTotals`: Die Ausnahme wird nicht auf aggregierte Werte des Merkmals angewendet.
- `FixedValue`: Die Ausnahme wird nur auf bestimmte Ausprägungen des Merkmals angewendet, diese Ausprägungen lassen sich über eine Variable steuern oder auch fest auswählen. Hier ist über `Strg` + Leertaste der Content-Assist (eine Unterstützung mit verfügbaren Objekten) verfügbar.
- `Level`: Die Ausnahme wird nur für die ausgewählte Hierarchiestufe angewendet. Diese kann auch über eine Variable festgelegt werden.

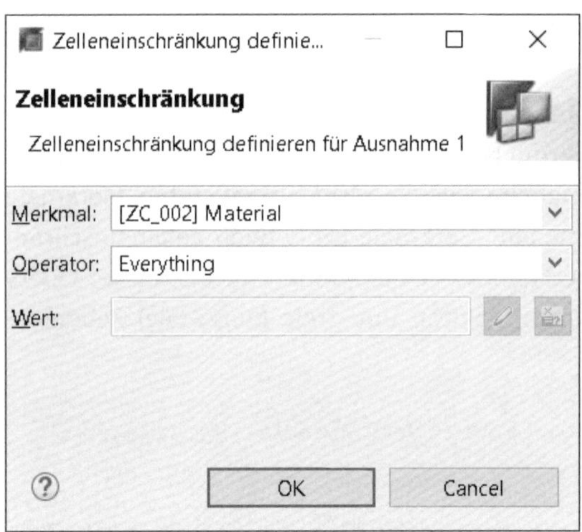


**Abbildung 6.102** Zelleneinschränkung definieren

### 6.4.8 Queries administrieren: Strukturen

Der Tab »Strukturen«

*Strukturen* in einer Query legen entweder die Zeilen- oder Spaltenstruktur fest. Beispielsweise wird die Ergebnisrechnung eines Unternehmens häufig in einer wiederverwendbaren Struktur gespeichert, damit die Darstellung der Ergebnisrechnung immer gleich bleibt. Strukturen werden im Tab **Strukturen** administriert.

Kennzahlen- und Merkmalsstruktur

Sie können in einer Query bis zu zwei Strukturen verwenden. Dabei kann höchstens eine von beiden eine *Kennzahlenstruktur* sein. Die andere Struktur muss dann eine *Merkmalsstruktur* sein. Kennzahlenstrukturen entstehen automatisch, wenn Kennzahlen zu den Zeilen oder Spalten hinzugefügt werden, und enthalten eine Auswahl von Kennzahlen. Dabei ist es unerheblich, ob Basiskennzahlen, Auswahlen, Formeln oder eingeschränkte Kennzahlen verwendet werden. Merkmalstrukturen können keine Kennzahlen enthalten. Sie bieten die Möglichkeit, wiederverwendbare Strukturen für Vergleiche auf Merkmalen zu erstellen, z. B. für Quartals- oder Jahresvergleiche oder den Anteil von Produkten am Gesamtumsatz. Verfügt eine Query über zwei Strukturen, so ist die Ergebnistabelle in ihren Zeilen und Spalten fest definiert (siehe Abbildung 6.103).

Nach der Auswahl einer Struktur werden auf der rechten Seite die Eigenschaften der Struktur angezeigt. Im Bereich **Anzeigen** können Sie festlegen, ob Strukturelemente mit einer Variablen angezeigt werden können und ob Nullwerte unterdrückt werden sollen.

**Abbildung 6.103** Strukturen in Zeilen und Spalten

**Wiederverwendbare Strukturen**

Eine Struktur kann zu einer wiederverwendbaren Struktur gemacht werden. Diese legen Sie über den Eintrag **Als wiederverwendbare Struktur sichern...** (siehe Abbildung 6.104) aus dem Kontextmenü der Struktur fest.

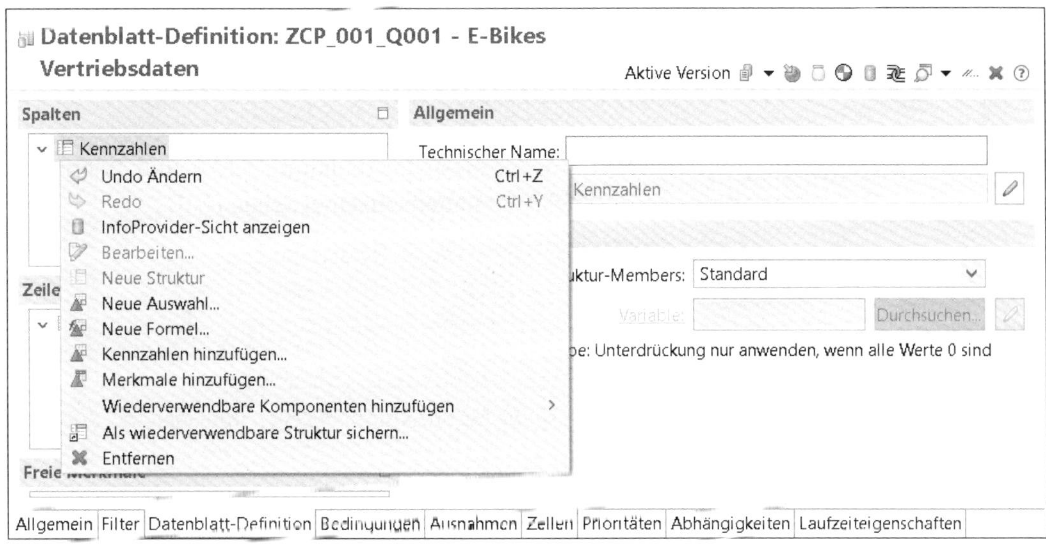


**Abbildung 6.104** Struktur als wiederverwendbare Struktur sichern

Es öffnet sich das Pop-up-Fenster **Sichern unter**. Legen Sie nach Vergabe des technischen Namens die wiederverwendbare Struktur über **Finish** an (siehe Abbildung 6.105).

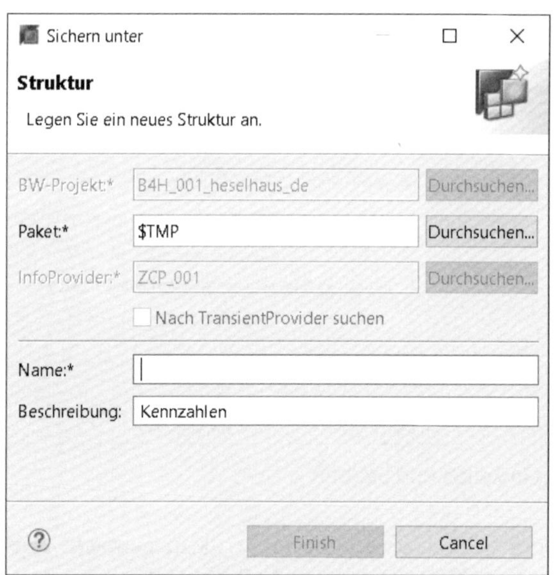


**Abbildung 6.105** Wiederverwendbare Struktur anlegen

### 6.4.9 Queries administrieren: Zellen

**Der Tab »Zellen«**

Sind in einer Query zwei Strukturen definiert, so stellt eine Zelle das Kreuzprodukt der beiden Strukturen dar (siehe Abbildung 6.106). In diesem Fall können Sie in den Tabs **Zellen** (siehe Abbildung 6.107) und **Prioritäten** (siehe Abbildung 6.109) das Verhalten einzelner Zellen festlegen.

Datenraster

| Kennzahlen | Menge letztes Geschäftsjahr | Menge Gesamt |
|---|---|---|
| Struktur | | |
| Kunde | 31.880 ST | 168.854 ST |
| Billy's Bikes | 1.211 ST | 6.395 ST |

**Abbildung 6.106** Datenausgabe bei Strukturen in Zeilen und Spalten

**Ausnahmezellen**

Möchten Sie den Inhalt einer Zelle überschreiben, so definieren Sie eine *Ausnahmezelle*, die die Werte der Zelle mit der expliziten Zuordnung der Ausnahmezelle überschreibt. Für die Definition einer Ausnahmezelle klicken Sie im Tab **Zellen** mit der rechten Maustaste in eine Zelle und wählen aus, wie Sie die Zelle definieren möchten (siehe Abbildung 6.108). Zur Auswahl stehen:

- **Neue Referenzzelle...**
- **Neue Formelzelle...**
- **Neue Selektionszelle...**

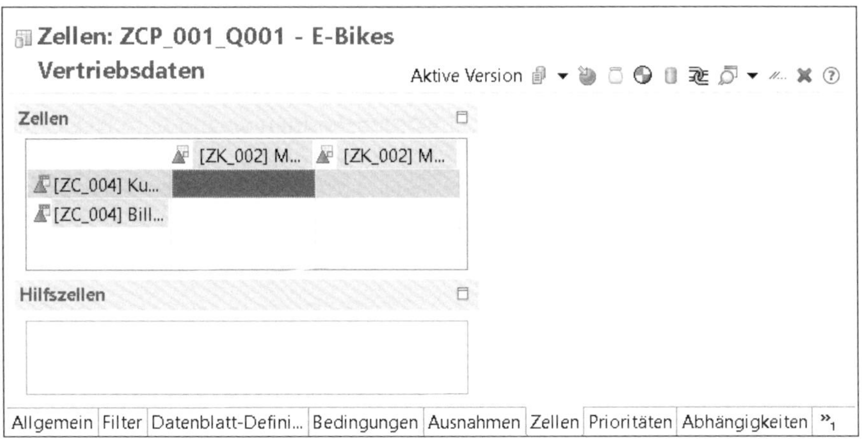


**Abbildung 6.107** Der Tab »Zellen«

Dabei lassen sich die Eigenschaften der definierten Ausnahmezelle wie in Abschnitt 6.4.5, »Queries administrieren: Datenblatt-Definition«, beschrieben einstellen.

**Hilfszellen**

Im Bereich **Hilfszellen** definieren Sie Zellen, die Sie in anderen Zellen oder Hilfszellen als Hilfsselektion oder Hilfsformel verwenden können und die keinen direkten Bezug zur Struktur haben. In einer Hilfszelle könnten Sie beispielsweise eine Konstante hinterlegen, auf die Sie dann für Berechnungen in anderen Zellen zurückgreifen.

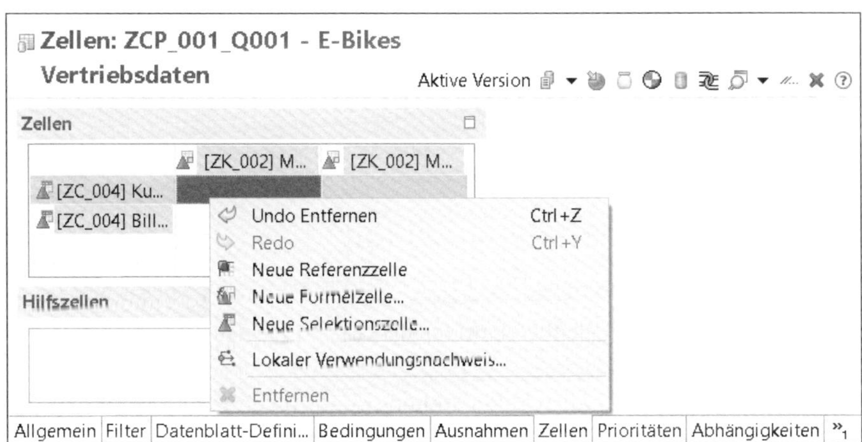


**Abbildung 6.108** Ausnahmezelle definieren

### 6.4.10 Queries administrieren: Prioritäten

**Der Tab »Prioritäten«**

Im Tab **Prioritäten** (siehe Abbildung 6.109) legen Sie fest, welche Berechnung in der jeweiligen Zelle Vorrang hat. Hierfür klicken Sie in die entsprechende Zelle und wählen aus, ob der Zeilen- oder der Spaltenwert übernommen werden soll. Die Auswahl erfolgt über **Zeilenwert übernehmen** oder **Spaltenwert übernehmen**. Sind vorher explizite Zellenwerte, beispielsweise über eine Referenzzelle, festgelegt worden, können Sie mit dem Flag **Explizite Zellenwerte beibehalten** festlegen, sie beizubehalten.

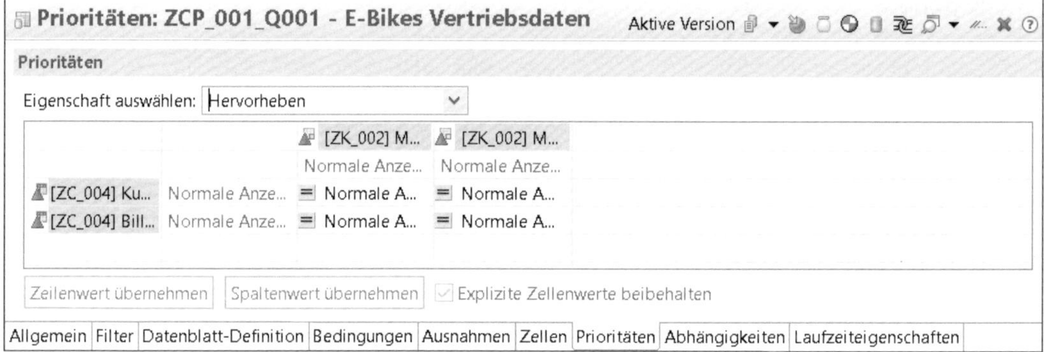


**Abbildung 6.109** Prioritäten festlegen

**Eigenschaften von Prioritäten**

Nach Festlegung der Prioritäten werden diese durch Pfeile angezeigt: seitwärts für einen übernommenen Zeilenwert und aufwärts für einen übernommenen Spaltenwert (siehe Abbildung 6.110).

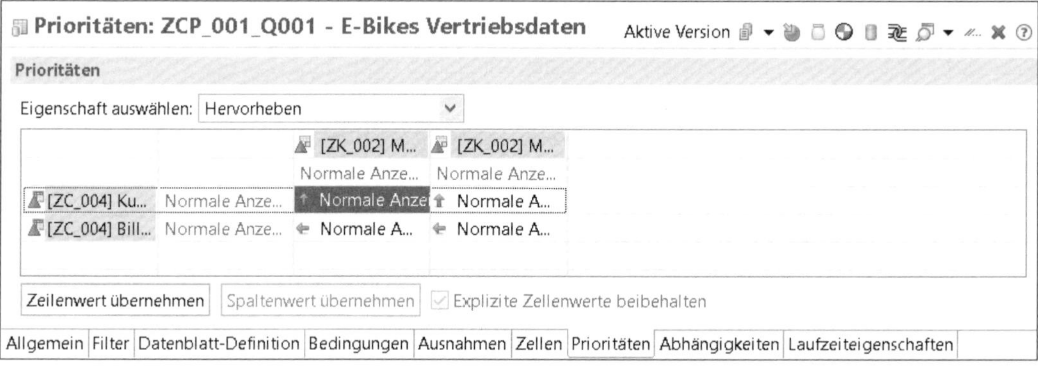


**Abbildung 6.110** Festgelegte Prioritäten bei zwei Strukturen

Unter **Eigenschaften auswählen** stehen Ihnen folgende Einstellungen zur Verfügung:

- Datenzelle beim Ausführen **Hervorheben**
- **Anzahl der Dezimalstellen**
- **Skalierungsfaktor**
- **Vorzeichen ändern**

- **Auflösung der Formelkollision**: Falls es eine Formelkollision gibt, kann sie hier gelöst werden.
- **Eingabebereit**: im Planungsmodus

### 6.4.11 Queries administrieren: Abhängigkeiten

**Abhängigkeiten überwachen**

Im Tab **Abhängigkeiten** erhalten Sie eine Übersicht über die in der Query verwendeten Komponenten (siehe Abbildung 6.111). Diese Übersicht kann Sie dabei unterstützen, eine komplette Übersicht über die zu transportierenden Objekte zu einer Query zu bekommen. Zudem werden eventuelle Abhängigkeiten zwischen den Komponenten sichtbar.

**Abbildung 6.111** Bestehende Abhängigkeiten

Mit einem Rechtsklick auf ein Element lassen sich weitere Funktionen aufrufen (siehe Abbildung 6.112). Über **Print...** können Sie die Visualisierung ausdrucken. **Editor öffnen** öffnet das ausgewählte Element zum Bearbeiten. Über **Beziehungen hervorheben** markieren Sie Abhängigkeiten in der Darstellung, und über **Export Diagramm...** können Sie die Visualisierung als Grafikdatei speichern.

**Abbildung 6.112** Optionen für die Abhängigkeiten

### 6.4.12 Queries administrieren: Laufzeiteigenschaften

**De Tab »Laufzeiteigenschaften«**

Neben der Möglichkeit, die Laufzeiteigenschaften (siehe Abbildung 6.113) eines CompositeProviders anzupassen, können Sie das Gleiche bei Queries im Tab **Laufzeiteigenschaften** tun. Die Einstellungen überschreiben dann die des CompositeProviders. Die Eigenschaften **Kennzahl mit hoher Genauigkeit**, **keine Parallelverarbeitung** und **Cache trotz virtueller Merkmale** haben wir bereits in Abschnitt 6.3.5, »CompositeProvider administrieren: Allgemein«, erläutert.

**Kommutative Berechnungen**

Wenn Sie Berechnungen in Ihrer Query haben, bei denen das Ergebnis unabhängig davon gleich ist, ob sie vor oder nach der Aggregation ausgeführt werden, dann sind dies *kommutative*, also vertauschbare, Berechnungen. Sie können die **Berechnung Kommutative Formeln nach Aggregation** einstellen, wenn eine hohe Aggregation (sehr starke Verdichtung der Daten, beispielsweise von Daten auf Kundenebene hochaggregiert auf Verkaufsorganisationsebene) nach Standard- und Ausnahmeaggregation vorliegt. Wägen Sie hier gut ab, da das Ergebnis vor einer Aggregation im OLAP-Cache (siehe Abschnitt 6.4.5, »Queries administrieren: Datenblatt-Definition«) gespeichert werden kann und eine berechnete Formel nach der Aggregation zur Laufzeit ausgewertet werden muss. Ist die Berechnung kommutativ, kann es für die Performance von Vorteil sein, wenn das Ergebnis nicht zur Laufzeit berechnet werden muss, sondern schon vorberechnet werden kann.

**Query als InfoProvider**

Setzen Sie das Kennzeichen **Query wird als InfoProvider verwendet**, kann diese Query als InfoProvider für weitere Queries genutzt werden.

**Generierung von Queries**

Beim Anlegen einer Query wird der Code der Query in Form eines Reports generiert. Es gibt einige Fälle von Änderungen, bei denen die Query nach den Änderungen neu generiert werden muss. Soll dies zu Test- und Supportzwecken protokolliert werden, muss ein **Generierungsprotokoll** angelegt werden. Dabei wird eine Query über das Icon generiert. Unter **OLAP-Aufwand für Query** bestimmen Sie, ob in der Query große Datenmengen geholt werden. Dies ist typischerweise bei komplexen Queries mit Ausnahmeaggregationen der Fall. So wird die Ergebnismenge (siehe Abschnitt 6.4.5) nach Ausnahmeaggregation eher klein sein. Sie müssen mit den Einstellungen entscheiden, ob Sie trotz langer Verarbeitungs- und Antwortzeit ein Ergebnis erhalten möchten oder Sie den Aufwand der Query begrenzen möchten. Dies kann zur Folge haben, dass die Query zunächst gefiltert oder Drilldowns entfernt werden müssen, wenn der maximale OLAP-Aufwand überschritten wurde. Dabei stehen Ihnen folgende Einstellungen zur Verfügung:

- **[0 Vorschlagswert]**: Standardmäßig ist der Wert »unendlich«.
- **[4 Niedrig]**: geeignet für einfache Queries mit kleiner Ergebnismenge
- **[5 Mittel]**: geeignet für einfache Queries ohne Ausnahmeaggregationen und komplexe Queries mit mittlerer Ergebnismenge
- **[6 Hoch]**: geeignet für einfache Queries mit großer Ergebnismenge oder auch für komplexere Queries mit kleineren oder mittelgroßen Ergebnismengen
- **[9 Unendlich]**: Der OLAP-Aufwand wird nicht eingeschränkt, und das Ergebnis wird in jedem Fall zurückgegeben.

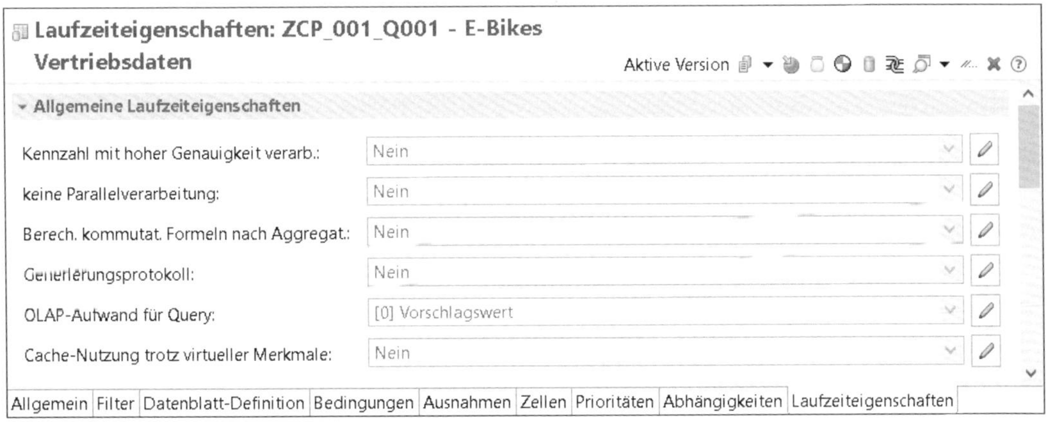

Laufzeiteigenschaften: ZCP_001_Q001 - E-Bikes Vertriebsdaten
Aktive Version
Allgemeine Laufzeiteigenschaften

| | |
|---|---|
| Kennzahl mit hoher Genauigkeit verarb.: | Nein |
| keine Parallelverarbeitung: | Nein |
| Berech. kommutat. Formeln nach Aggregat.: | Nein |
| Generierungsprotokoll: | Nein |
| OLAP-Aufwand für Query: | [0] Vorschlagswert |
| Cache-Nutzung trotz virtueller Merkmale: | Nein |

Allgemein | Filter | Datenblatt-Definition | Bedingungen | Ausnahmen | Zellen | Prioritäten | Abhängigkeiten | Laufzeiteigenschaften

**Abbildung 6.113** Allgemeine Laufzeiteigenschaften

Die Laufzeitprofileigenschaften (siehe Abbildung 6.114) haben wir bereits für CompositeProvider in Abschnitt 6.3.5, »CompositeProvider administrieren: Allgemein«, bzw. in Abschnitt 7.6, »Transformationen (erweitert)«, erläutert.

Der **Optimierungsmodus** gibt an, wann der Speicherbedarf des OLAP-Prozessors für die Query optimiert werden soll, dabei wird intern ein Parameter gesetzt, der den idealen Speicherbedarf ausgibt. Die Standardeinstellung ist die **Optimierung nach Generierung**. Werden die Daten des InfoProviders regelmäßig neu aufgebaut oder auch verändert, so bietet sich die Einstellung **Query-Optimierung mit individueller Periode in Tagen** an. Sie legen dabei den **Optimierungszeitraum** in Tagen fest, in denen die Optimierung stattfinden soll. Für Test- und Supportzwecke können Sie die Queryoptimierung inaktiv setzen.

**Statistikdetaillevel**

Der **Statistikdetaillevel** zeigt den im System festgelegten Detail-Level zum Objekttyp Query an, dabei werden Laufzeiteigenschaften der Query aufgezeichnet, dies ist für Performanceanalysen sinnvoll. Wenn Sie bei **Doku-**

**mente unterstützt** die Option **Ja** auswählen, können für die Query Dokumente erfasst werden. Dies kann hilfreich sein, wenn zusätzliche Informationen bereitgestellt werden sollen. Den Speicherort dieser Dokumente legen Sie im **Standard-Document Store** fest.

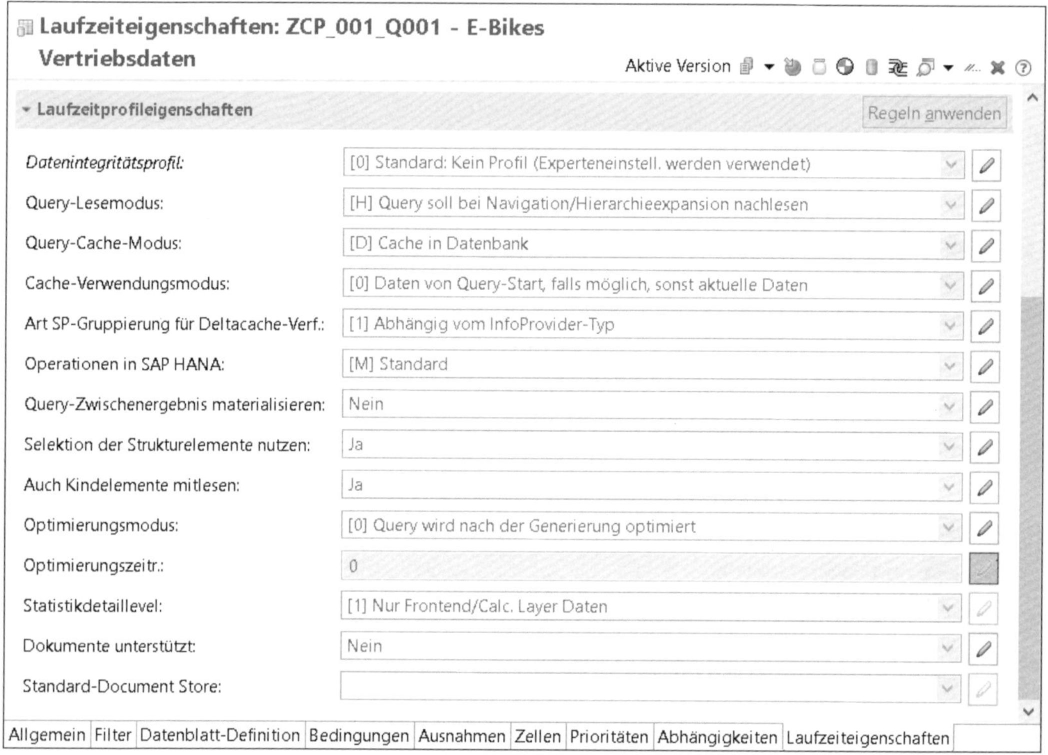


**Abbildung 6.114** Laufzeitprofileigenschaften

Mit den Modellierungsobjekten, die Sie in diesem und dem vorhergehenden Kapitel kennengelernt haben, können Sie Datenflüsse im SAP BW aufbauen. Wenn Ihre Anforderungen komplexer sind, stehen Ihnen weitere Möglichkeiten bis hin zum Coding eigener Routinen zur Verfügung. Diese stellen wir Ihnen im nächsten Kapitel vor.

# Kapitel 7
# Komplexere Modellierungsobjekte

*In den vorangegangenen Kapiteln haben Sie die Objekte kennengelernt, die Sie benötigen, um Datenflüsse in SAP BW/4HANA 2.0 aufzubauen. Wenn komplexere Logik benötigt wird und größere SAP-BW-Anwendungen gebaut werden sollen, gibt es darüberhinausgehende Objekte und Möglichkeiten, mit denen Sie Ihre Objekte und Datenflüsse erweitern können. Diese lernen Sie in diesem Kapitel kennen.*



In Kapitel 5, »Grundlegende Modellierungsobjekte: Datenhaltung«, und Kapitel 6, »Grundlegende Modellierungsobjekte: Datentransformation und -präsentation«, haben Sie die grundlegenden Modellierungsobjekte kennengelernt, die Sie für die Datenhaltung und zum Aufbau von Datenflüssen in SAP BW/4HANA 2.0 nutzen können. Viele Anforderungen können Sie mit diesen Objekten bereits problemlos abdecken. Bevor wir Ihnen in Kapitel 9, »Datenflussmodellierung und Datenverwaltung«, den Aufbau von einfachen und komplexeren Datenflüssen mit unterschiedlich großen Datenmengen vorstellen, möchten wir in diesem Kapitel auf weitere Modellierungsobjekte und Konfigurationsoptionen eingehen, mit denen Sie Ihre Modellierungsobjekte ausgestalten und Ihre Datenflüsse verfeinern können. Wenn Sie neu im SAP-BW-Umfeld sind, können Sie dieses Kapitel auch überfliegen und zunächst erste Erfahrungen mit den grundlegenden Modellierungsobjekten sammeln, um ein Gefühl für die Modellierung in SAP BW/4HANA 2.0 zu entwickeln. Sie können sich dann später bei Bedarf die weiteren, in diesem Kapitel vorgestellten Objekte und Optionen nach und nach erarbeiten.

In Abschnitt 7.1, »Open ODS Views«, stellen wir Ihnen die Open ODS Views vor, mit denen Sie externe Datenquellen ohne Staging, d. h. ohne das physische Laden in persistente SAP-BW-Objekte, in SAP BW/4HANA 2.0 einbinden können.

In Abschnitt 7.2, »Modellierung von Merkmalshierarchien«, zeigen wir Ihnen verschiedene Optionen, Merkmalshierarchien in SAP BW/4HANA 2.0 anzulegen oder hochzuladen.

Wenn ein aDSO bereits mit Daten beladen wurde, können Sie seine Struktur nicht mehr ohne Weiteres verändern, wenn Sie nicht zuvor alle Daten aus dem aDSO löschen möchten. Dies können Sie mit der Remodellierung von aDSOs umgehen, die es erlaubt, auch Änderungen an aDSOs durchzuführen, die bereits Daten enthalten. Diese stellen wir Ihnen in Abschnitt 7.3, »Remodellierung von aDSOs«, vor.

In Abschnitt 6.3, »CompositeProvider«, haben Sie den CompositeProvider als virtuellen InfoProvider kennengelernt, auf dem das Reporting und Queries im Normalfall aufsetzen sollten. In Abschnitt 7.4, »Experteneinstellungen für CompositeProvider«, können Sie Ihr Wissen um CompositeProvider bezüglich der Experteneinstellungen zum Verhalten des CompositeProviders bzw. der auf ihm aufsetzenden Queries im Reporting vertiefen.

Abschnitt 7.5, »InfoSources«, erläutert Ihnen das Anlegen und Administrieren von InfoSources, die Einbindung von InfoSources in Datenflüsse sowie eine Übersicht über verschiedene typische Einsatzszenarien für die Verwendung von InfoSources.

Transformationen, die beschreiben, welche Operationen auf Daten bei der Überführung von einem InfoProvider in den nächsten ausgeführt werden, haben Sie bereits in Abschnitt 6.1, »Transformationen«, kennengelernt. Dabei haben wir uns zunächst auf die Manipulation der Daten durch die Übertragungsregeln konzentriert, die Sie für jede Transformation in den SAP BW Modeling Tools auf der grafischen Oberfläche des SAP HANA Studios definieren können – einschließlich der Feldroutinen, mit denen Sie die Befüllung einzelner Felder ausprogrammieren können. Wenn Sie komplexere Transformationen bauen möchten und dabei feststellen, dass die Möglichkeiten, die Ihnen die Übertragungsregeln und die Verwendung von InfoSources bieten, für Ihre Zwecke nicht ausreichen, besteht die Möglichkeit, Transformationen mit explizitem Coding zu erweitern – oder komplett durch Coding zu ersetzen. Dabei gibt es neben der in der Vergangenheit verwendeten Programmiersprache ABAP in SAP BW/4HANA 2.0 nun die neuen AMDPs, die in einigen Anwendungsfällen gegenüber klassischem ABAP deutliche (Performance-)Vorteile mit sich bringen. Diese stellen wir Ihnen in Abschnitt 7.6, »Transformationen (erweitert)«, vor. Wir beginnen zunächst mit der Einführung der Open ODS Views.

## 7.1 Open ODS Views

**Virtuelle Open ODS Views**

In Abschnitt 6.3, »CompositeProvider«, haben Sie den CompositeProvider als virtuelles Objekt, d. h. als Modellierungsobjekt ohne eigene persistente Datenhaltung, kennengelernt. Bei einem *Open ODS View* handelt es sich um ein weiteres virtuelles Modellierungsobjekt. Open ODS Views ermöglichen es Ihnen, externe Datenquellen ohne Staging, also ohne das physische

Laden in persistente SAP-BW-Objekte, in SAP BW/4HANA 2.0 einzubinden und die enthaltenen Daten ohne die Implementation entsprechender InfoObjects zu integrieren. Ein Open ODS View ist ein View auf eine Datenquelle, also eine Struktur aus Attributen (Feldern) und den entsprechenden Datentypen. Die zur Verfügung stehenden Quelltypen erklären wir in Abschnitt 7.1.1, »Open ODS View anlegen«. Abschnitt 7.1.1, »Open ODS View anlegen«, Abschnitt 7.1.2, »Open ODS View administrieren: Allgemein«, und Abschnitt 7.1.3, »Open ODS View administrieren: Fakten/Stammdaten/Texte«, beschreiben das Anlegen und die Administration von Open ODS Views.



**Analytische Metadaten**

Open ODS Views können verhältnismäßig schnell und einfach implementiert werden. Bei der Definition müssen Sie lediglich die Felder und anschließend für jedes Feld festlegen, ob es eine Kennzahl oder ein Merkmal darstellt (die *analytischen Metadaten*), gegebenenfalls das Aggregationsverhalten und/oder die Berechtigungsrelevanz und den InfoObject-Namen eines Open-ODS-View-Feldes. Die Daten können direkt in SAP BW/4HANA 2.0 verwendet werden, z. B. von Queries. Dabei kann der Open ODS View schrittweise erweitert werden. Für Hierarchien können keine Open ODS Views verwendet werden.

**Einbindung von Open-ODS-View-Daten**

Um die in einem Open ODS View enthaltenen Daten in Kombination mit den SAP-BW-Daten zu nutzen, können Sie sie mit InfoObjects verknüpfen. So können Sie z. B. auf Stammdatenattribute und Texte zugreifen. Alternativ können Open ODS Views in Kombination mit CompositeProvidern oder zum Staging in ETL-Prozessen genutzt werden. In diesem Fall binden Sie den Open ODS View in einen Datenfluss ein. Die Daten werden in einem aDSO persistiert, und Sie können sie von dort aus wie gewohnt in SAP BW/4HANA 2.0 nutzen (siehe Abschnitt 7.1.4, »Datenfluss für einen Open ODS View«).

**Inaktive Quellsysteme**

Bei externen Quellsystemen kann es vorkommen, dass sie nicht permanent erreichbar sind. Ein Quellsystem kann auf **inaktiv** gesetzt werden, um den Zugriff zu unterdrücken. Anderenfalls tritt ein Fehler auf, wenn über einen Open ODS View versucht wird, auf eine nicht verfügbare Quelle zuzugreifen, oder wenn Queries auf CompositeProvidern ausgeführt werden, die einen Open ODS View mit nicht verfügbarer Quelle enthalten. Ist ein Quellsystem inaktiv, werden in den Queries gar keine Daten angezeigt, für die CompositeProvider nur die Daten der anderen enthaltenen Provider.

### 7.1.1 Open ODS View anlegen

**Open ODS View anlegen**

Zum Anlegen eines Open ODS Views wählen Sie den Eintrag **Neu • Open ODS View...** aus dem Kontextmenü einer InfoArea (siehe Abbildung 7.1).

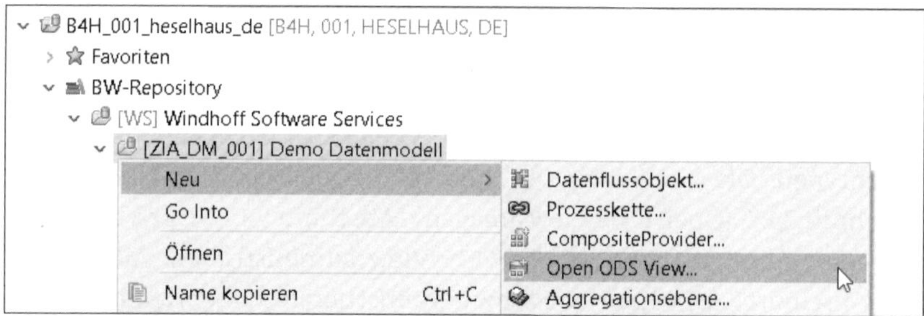


**Abbildung 7.1** Open ODS View aus einer InfoArea anlegen

Es öffnet sich das Pop-up-Fenster **Neue Open ODS View** (siehe Abbildung 7.2). Die Felder **BW-Projekt**, **Paket** und **InfoArea** sind bereits vorbelegt, Sie können die Einträge aber bearbeiten. Im Feld **Name** geben Sie den technischen Namen für den neuen Open ODS View ein. Im Feld **Beschreibung** geben Sie die sprechende, sprachabhängige Beschreibung für den neuen Open ODS View ein. Das Feld **Mit Vorschlag anlegen** ist per Default aktiviert. Wird diese Option beibehalten, erfolgt beim Anlegen des Open ODS Views eine automatische Zuordnung der Quellfelder zu den Kategorien Merkmal, Kennzahl etc. Sie können diese Felder auch manuell zuordnen sowie nachträglich anpassen.

**Abbildung 7.2** Open ODS View anlegen

Wenn Sie einen bereits bestehenden Open ODS View kopieren möchten, tragen Sie diese Kopiervorlage im Feld **Kopieren aus** ein. Im Bereich **Semantik** legen Sie fest, ob der neue Open ODS View **Fakten** (Kennzahlen), **Stammdaten** oder **Texte** zur Verfügung stellen soll. Fahren Sie mit Klick auf **Next >** fort.

**Quelltypen**

Wählen Sie auf der folgenden Seite den **Quelltyp** für den neuen Open ODS View (siehe Abbildung 7.3). Die folgenden Quelltypen werden Ihnen angeboten:



- **DataSources (BW)**: Daten aus SAP BW/HANA-2.0-DataSources für den Direktzugriff (ODP- und SAP-HANA-Quellsysteme)
- **Datenbanktabelle oder View**: Daten aus einem beliebigen Schema innerhalb der SAP-HANA-Datenbank. Das Schema wird im SAP-HANA-Quellsystem in der Verbindungsart **Lokales SAP-HANA-Datenbank-Schema** hinterlegt.
- **Datenbanktabellen oder Views über SAP HANA-MDC**: Daten aus einem Schema einer Tenant-Datenbank (wenn ein SAP-HANA-System im Mehrfach-Datenbank-Modus installiert wurde und mehr als eine Tenant-Datenbank enthält). Das Schema wird im SAP-HANA-Quellsystem in der Verbindungsart **SAP HANA-Tenant-Datenbank-Schema** hinterlegt.
- **Virtuelle Tabelle über SAP HANA Smart Data Access**: Nicht- SAP-HANA-Datenbanken können Sie über SAP HANA Smart Data Access anbinden. Die Quelle muss dafür als *Remote Source* angelegt werden. Das Schema wird über ein SAP-HANA-Quellsystem eingerichtet und in der Verbindungsart **SAP HANA Smart Data Access** hinterlegt. In der SAP-HANA-Datenbank wird eine virtuelle Tabelle erzeugt, die auf die Quelltabelle zeigt. Der Open ODS View greift auf diese virtuelle Tabelle zu. Ein Zugriff auf Remote Sources mit den Adaptern Spark SQL DESTINATION und VORA (ODBC) wird über den eigenen Quellobjekttyp Big Data umgesetzt (siehe Abschnitt 8.1.3, »Big-Data-Quellsysteme, SAP Vora und Apache Hadoop«).
- **Big Data**: Daten in einem Hadoop-Cluster, das als Big Data-Quellsystem über eine Remote Source mit den Adaptern Spark SQL DESTINATION oder VORA (ODBC) an die SAP-HANA-Datenbank angebunden ist (siehe Abschnitt 8.1.3, »Big-Data-Quellsysteme, SAP Vora und Apache Hadoop«).
- **DataStore-Objekt (advanced)**: aDSO (nur für aDSOs, bei denen das Reporting ausschließlich auf die aktive Tabelle zugreift; siehe Abschnitt 5.6, »Advanced DataStore-Objekte«)
- **Transformation**: Zugriff auf Daten über eine Transformation, z. B. wenn Datentypkonvertierungen erforderlich sind

In diesem Beispiel wählen wir als Quelle ein aDSO; dieses Szenario können Sie auch in einem SAP-BW/4HANA-2.0-System ohne Anschluss an ein gesondertes Quellsystem oder eine Datenbank nachstellen. Bestätigen Sie Ihre Auswahl über die Schaltfläche **Next >**.

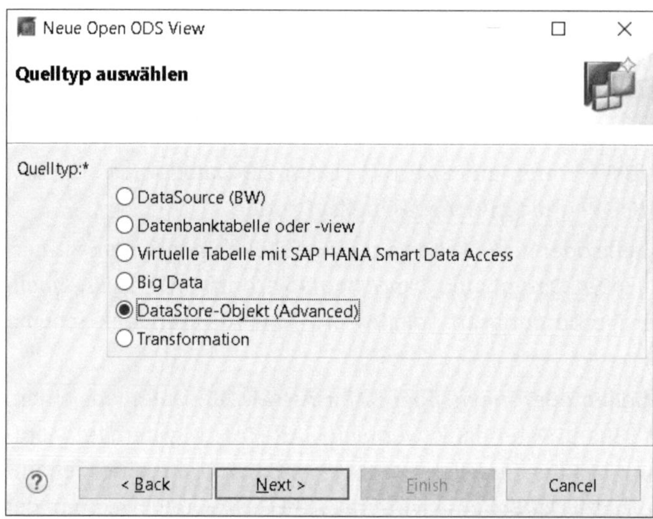


**Abbildung 7.3** Quelltyp für Open ODS View auswählen

Im nächsten Bild wählen Sie das konkrete Quellobjekt aus (siehe Abbildung 7.4). Sie können über die Schaltfläche **Finish** den Open ODS View anlegen oder sich über die Schaltfläche **Next >** zunächst die Bestätigungsseite anzeigen lassen (siehe Abbildung 7.5). Anschließend können Sie Ihren neuen Open ODS View weiterbearbeiten.

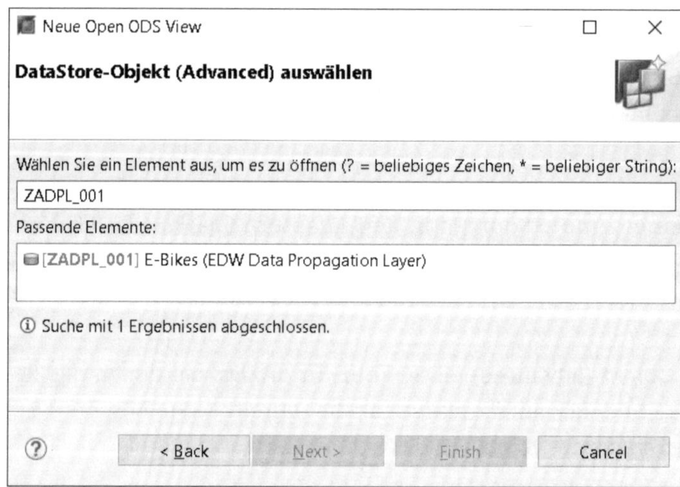


**Abbildung 7.4** Quellobjekt für Open ODS View auswählen

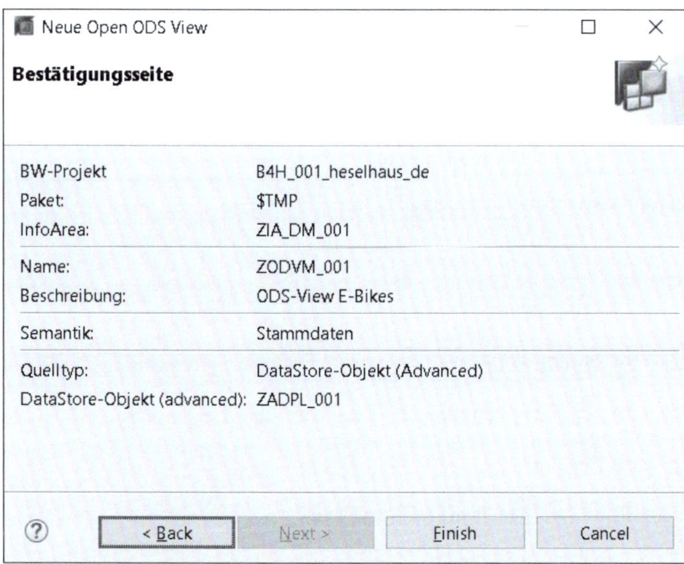


**Abbildung 7.5** Bestätigungsseite für den neuen Open ODS View



### 7.1.2 Open ODS View administrieren: Allgemein

**Der Tab »Allgemein«**

Auf dem Tab **Allgemein** können Sie im Bereich **Allgemein** die **Beschreibung** des Open ODS Views ändern (siehe Abbildung 7.6 und Abbildung 7.7).

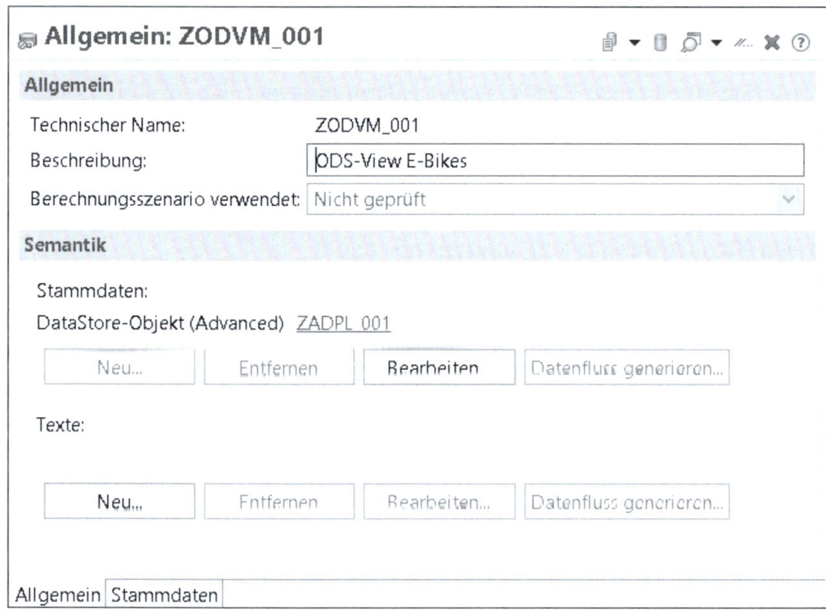


**Abbildung 7.6** Allgemeine Einstellungen für Stammdaten und Texte

Allgemein: ZODVM_002

Allgemein

| | |
|---|---|
| Technischer Name: | ZODVM_002 |
| Beschreibung: | ODS-View Fakten |
| Berechnungsszenario verwendet: | Nicht geprüft |

Semantik

Fakten:

DataStore-Objekt (Advanced) ZADPL_001

Bearbeiten... Datenfluss generieren...

Allgemein Fakten

**Abbildung 7.7** Allgemeine Einstellungen für Fakten

Wenn Sie einen Open ODS View für Stammdaten oder Texte angelegt haben, können Sie im Bereich **Semantik** für die Stammdaten und die Texte über die jeweilige Schaltfläche **Neu...** eine neue Quelle angeben oder über die jeweilige Schaltfläche **Bearbeiten...** die bereits gewählte Quelle austauschen (siehe Abbildung 7.6). Es öffnet sich dazu ein Pop-up-Fenster, das dem in Abbildung 7.3 gezeigten ähnelt. Die Schaltfläche **Datenfluss generieren...** erläutern wir in Abschnitt 7.1.4, »Datenfluss für einen Open ODS View«.

Wenn Sie einen Open ODS View für Fakten angelegt haben, stehen Ihnen im Bereich **Semantik** lediglich die Schaltflächen **Bearbeiten...** und **Datenfluss generieren...** zur Verfügung (siehe Abbildung 7.7).

Über das Icon können Sie sich eine Vorschau auf die Daten anzeigen lassen (siehe Abschnitt 5.1.2, »Datenvorschau«).

### 7.1.3 Open ODS View administrieren: Fakten/Stammdaten/Texte

**Tabs zu Stammdaten, Texten und Fakten**

Abhängig davon, ob Sie Ihren Open ODS View für Fakten, Stammdaten oder Texte angelegt haben, heißt der zweite Tab in der Open-ODS-View-Administration entsprechend **Fakten**, **Stammdaten** oder **Texte**. Die Registerkarten sind dabei analog aufgebaut und nur abhängig von der gewählten Datenart anders benannt (siehe Abbildung 7.8). Im Bereich **Quelle** wird Ihnen das Quellobjekt angezeigt. Der Bereich **Quellfelder** enthält die Struktur des Quellobjektes mit den verfügbaren Quellfeldern und ihren Eigenschaften (**Datentyp** und **Länge** und, wenn Sie das Fenster in die Breite ziehen, auch **Dezimalstellen**, **Groß-/Kleinschreibung beachten** und **Konver-**

**tierungsroutine**). Im Bereich **Sicht-Felder** wird die Struktur des Open ODS Views angezeigt. Die Felder sind dabei Kategorien wie **Merkmale (Schüssel)**, **Merkmale** (nicht Bestandteil des Schlüssels), **Kennzahlen**, **Währung** oder **Einheit** gruppiert. In der Spalte **Assoziiertes Objekt** sehen Sie, mit welchem InfoObject ein Feld gegebenenfalls assoziiert wurde. Falls es Felder mit Navigationsattributen gibt, können Sie sie über eine Pfeiltaste am Feldnamen aufklappen.

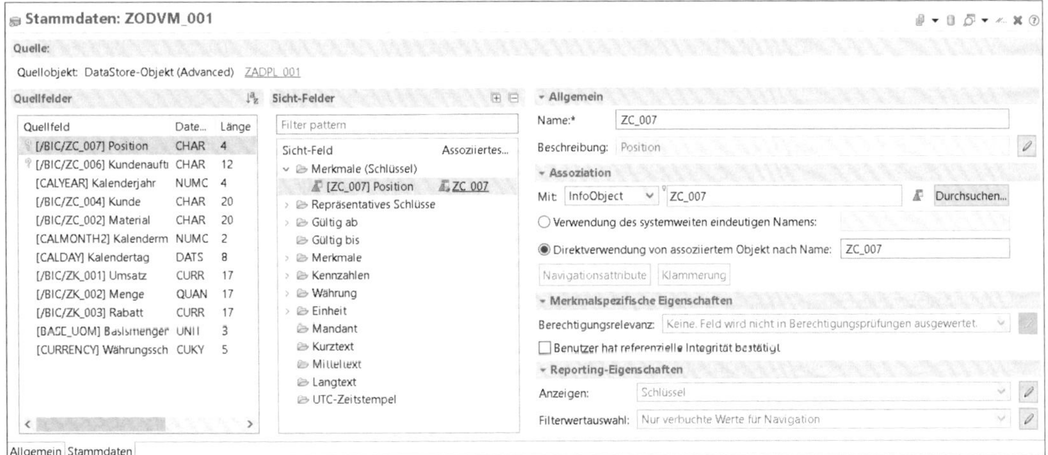


**Abbildung 7.8** Einstellungen für Stammdaten und Texte

**Assoziation von Feldern mit InfoObjects**

Auf der rechten Seite sehen Sie im Bereich **Allgemein** den Namen und die Beschreibung des links markierten Feldes. Darunter können Sie im Bereich **Assoziation** für jedes Feld ein assoziiertes InfoObject oder einen assoziierten Open ODS View einstellen. Felder vom Typ **Merkmal** erben so Eigenschaften wie den InfoObject-Namen, Einstellungen zur Berechtigungsrelevanz und Reporting-Eigenschaften. Es kann auf die Texte und Navigationsattribute des assoziierten Objektes zugegriffen werden. Felder vom Typ **Kennzahl** erben Eigenschaften wie den InfoObject-Namen, Aggregationseinstellungen und Reporting-Eigenschaften. Assoziationen ermöglichen hier die Nutzung von Formeln und Variablen, die am assoziierten InfoObject definiert wurden.

Jedes Feld eines Open ODS Views sowie seine Navigationsattribute können in der InfoProvider-Sicht und in Queries über InfoObject-Namen verwendet werden. Der Default-InfoObject-Name für ein Feld wird genutzt, wenn Sie die Option **Verwendung des systemweiten eindeutigen Namens** gewählt haben. Der systemweit eindeutige Name lautet `2F<Open ODS View><Open ODS View-Feld>` (Feld **Name** im Bereich **Allgemein**) und ist nicht änderbar – es sei denn, Sie ändern den Namen des Feldes, dann wird der systemweit eindeutige Name automatisch entsprechend angepasst. Wenn Sie die Option **Direktverwendung von assoziiertem Objekt nach Name** gewählt haben, wird direkt der Name des oben gewählten assoziierten InfoObjects `<InfoObject>` genutzt – im Falle der Assoziation mit einem Open ODS View der Name `2F<Open ODS View>`. Auch hier können Sie den Namen nicht manuell anpassen.

Wenn Sie bei Navigationsattributen die Option **Direktverwendung von assoziiertem Objekt nach Name** ausgewählt haben, können Sie das Navigationsattribut bei Assoziation über ein InfoObject über `<InfoObject>__<Navigationsattribut>` ansprechen, bei Assoziation über einen Open ODS View über `2F<Open ODS View>-<Navigationsattribut>`. Haben Sie die Option **Direktverwendung von assoziiertem Objekt nach Name** nicht ausgewählt, können Sie das Navigationsattribut über `2F<Open ODS View>-<Feldname des Navigationsattributes>`.

**Einstellungen für Merkmale**

Wenn Sie im Bereich **Sicht-Felder** ein Merkmal ausgewählt haben, können Sie im Bereich **Merkmalspezifische Eigenschaften** die **Berechtigungsrelevanz** für das im linken Bereich markierte Feld einstellen, sofern sie nicht von einem assoziierten Feld geerbt wurde. Sie ist nur überschreibbar, wenn bei der Assoziation die Option **Verwendung des systemweiten eindeutigen Namens** gewählt wurde. Wenn eine Anwenderin oder ein Anwender eine Query auf dem Open ODS View ausführt, wird dann geprüft, ob die Person über die entsprechenden Analyseberechtigungen verfügt. Weiter können Sie festlegen, ob für das Feld referenzielle Integrität besteht. Diese Option sollten Sie nur dann aktivieren, wenn Sie sicher sind, dass die referenzielle Integrität für das betreffende Objekt jederzeit gewährleistet ist. Sie kann zu einer besseren Performance führen. Im Bereich **Reporting-Eigenschaften** können Sie im Feld **Anzeigen** festlegen, ob und in welcher Form für die Werte des Feldes Schlüssel und/oder Text angezeigt werden sollen (siehe Abbildung 7.9 und zur Erläuterung Abschnitt 6.3.7, »CompositeProvider administrieren: Ausgabe«).

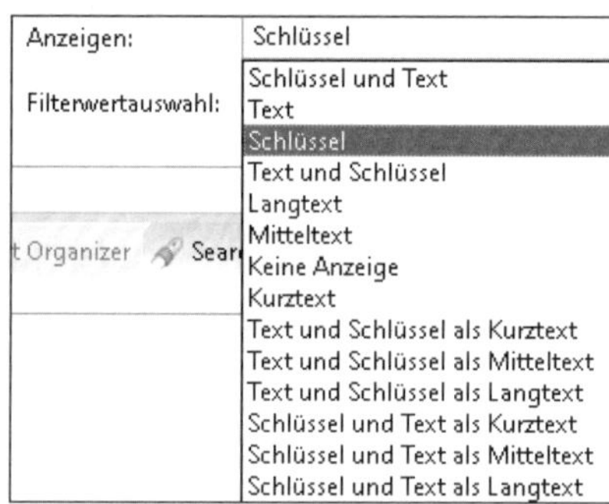


**Abbildung 7.9** Anzeigeoptionen

Im Feld **Filterwertauswahl** können Sie festlegen, welche Werte beim Filtern der Daten Berücksichtigung finden sollen (siehe Abbildung 7.10 und zur Erläuterung Abschnitt 6.3.7, »CompositeProvider administrieren: Ausgabe«).

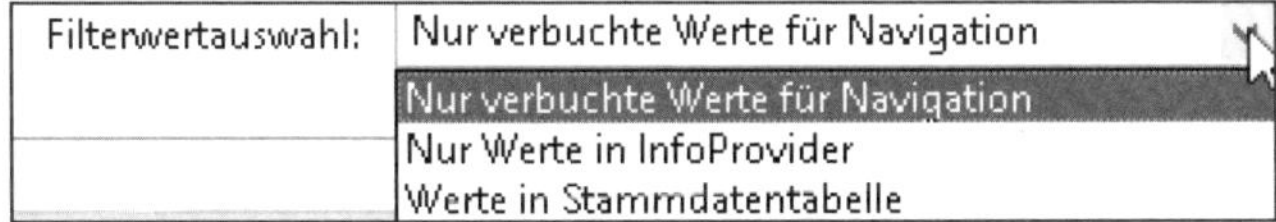


**Abbildung 7.10** Filterwertauswahl

**Einstellungen für Fakten**

Wenn Sie im Bereich **Sicht-Felder** eine Kennzahl ausgewählt haben, können Sie rechts im Bereich **Kennzahlspezifische Eigenschaften** das **Währungs-/ Einheitenelement** auswählen und das **Aggregationsverhalten** festlegen sowie im Bereich **Reporting-Eigenschaften** die **Anzahl der Dezimalstellen** und im Feld **Anzuzeigende Stellen** den **Skalierungsfaktor** einstellen (siehe Abbildung 7.11).

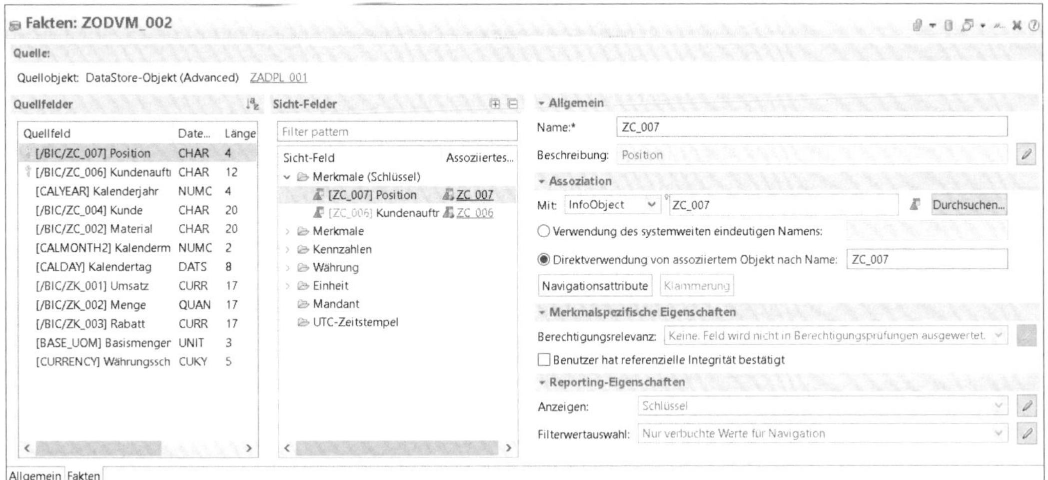


**Abbildung 7.11** Einstellungen für Fakten

**Transport von ODS Views**

Abschließend müssen Sie Ihren Open ODS View noch aktivieren. Beim Transport von Open ODS Views müssen Sie darauf achten, dass, falls Sie eine Tabelle oder einen View als Quellobjekt für den Open ODS View nutzen, diese Tabelle bzw. dieser View zuerst transportiert werden bzw. muss bei der Nutzung des SAP HANA Smart Data Access die Verbindungen so eingerichtet sein müssen, dass die Tabelle bzw. der View im Zielsystem verfügbar ist.

### 7.1.4 Datenfluss für einen Open ODS View

Datenfluss für einen Open ODS View anlegen

Für Open ODS Views mit den Quelltypen **Datenbanktabelle oder View**, **Virtuelle Tabelle über SAP HANA Smart Data Access** oder **Data Source (BW)** können Sie einen Datenfluss inklusive eines aDSO oder einer Transformation erzeugen.

Für die persistente Haltung der Daten eines Open ODS Views im SAP-BW/4HANA-2.0-System können Sie ein aDSO nutzen. Aus diesem können die Daten weiter in SAP BW/4HANA 2.0 verwendet werden. In Composite-Providern und beim Reporting sollten Sie direkt auf den Open ODS View zugreifen.

DataSource anlegen

Um den Datenfluss und die zugehörigen Objekte zu erzeugen, betätigen Sie die Schaltfläche **Datenfluss generieren...** im Tab **Allgemein** (siehe Abbildung 7.6). Hat der Open ODS View eine Datenbank- oder virtuelle Tabelle als Quelle, legen Sie zunächst eine DataSource an und pflegen sie entsprechend (siehe Abschnitt 5.4, »DataSources«). Diese DataSource wird in der Anwendungskomponente NODESNOTCONNECTED hinterlegt (siehe Abschnitt 5.2, »InfoAreas und Anwendungskomponenten«). Die DataSource wird vom System automatisch zum neuen Quellobjekt des Open ODS Views.

aDSO anlegen

Anschließend betätigen Sie erneut die Schaltfläche **Datenfluss generieren...** im Tab **Allgemein** (siehe Abbildung 7.6). Erzeugen Sie nun das aDSO als Zielobjekt für den Datenfluss, und pflegen Sie es entsprechend (siehe Abschnitt 5.6, »Advanced DataStore-Objekte«).

Transformation anlegen

Wenn Sie beim Laden der Daten Veränderungen an den Daten vornehmen möchten, müssen Sie eine Transformation dafür anlegen, in der Sie die entsprechende Logik hinterlegen. Hierfür muss für den Open ODS View bereits eine DataSource als Quellobjekt hinterlegt sein. Klicken Sie nun wieder auf **Datenfluss generieren...** im Tab **Allgemein** (siehe Abbildung 7.6). Wählen Sie nun zunächst InfoSource als Zielobjekttyp aus, und vergeben Sie einen Namen für die InfoSource (siehe Abschnitt 7.5, »InfoSources«. Sie können die InfoSource mit den Datentypen der Quelle (hier: DataSource) oder mit den Datentypen von SAP-BW-Objekten erzeugen. Anschließend können Sie eine Transformation zwischen der DataSource und der InfoSource anlegen und in dieser die gewünschte Logik hinterlegen. Als Quellobjekt ist im Open ODS View nun automatisch die Transformation eingetragen.

Im nächsten Abschnitt erläutern wir Ihnen verschiedene Möglichkeiten, Merkmalshierarchien in SAP BW/4HANA 2.0 zu modellieren und zu beladen.

## 7.2 Modellierung von Merkmalshierarchien

In diesem Abschnitt stellen wir Ihnen *Merkmalshierarchien* vor. Hierarchien dienen der Strukturierung von Daten und werden in Form von Knoten-IDs und Parent-IDs gespeichert. Dabei ist jeder Knoten eine Ausprägung der Hierarchie, d. h., er repräsentiert einen Wert an seinem Platz in der Hierarchie. Bei Merkmalshierarchien handelt es sich im Vergleich zu Anzeigehierarchien, die das System generiert (siehe Abschnitt 6.4.2, »Queries administrieren: Allgemein«), um explizit modellierte Hierarchien. Hier wird nach beliebigen Gesichtspunkten eine Hierarchie erstellt und gespeichert, die nicht vom Aufriss in der Query abhängt. Hierarchien können auch andere InfoObjects als Hierarchie-Objekte enthalten, beispielsweise eine Vertriebshierarchie auf das InfoObject Vertriebsgebiet. Weitere InfoObjects in dieser Hierarchie wären dann die InfoObjects Vertriebsorganisation und die Vertriebsregion. Zudem ist es möglich, zu einem InfoObject mehrere verschiedene Hierarchien anzulegen. Dies kann nötig sein, wenn ein Merkmal aus verschiedenen Gesichtspunkten betrachtet werden soll.

7

Es gibt verschiedene Wege, Merkmalshierarchien in Ihrem SAP-BW-System nutzbar zu machen. Sie können Merkmalshierarchien aus einem ERP-Quellsystem laden (siehe Abschnitt 7.2.1, »Beladung von Merkmalshierarchien aus anderen Systemen«). Dies bietet sich immer dann an, wenn dort eine Hierarchie vorhanden ist und gepflegt wird, die auch für die Auswertungen im SAP BW relevant ist. Die Konsistenz zwischen den Systemen bleibt gewährleistet, und die Hierarchie muss nicht an zwei Stellen gepflegt werden. Sie können Merkmalshierarchien auch im SAP BW/4HANA 2.0 Web Cockpit modellieren und pflegen (siehe Abschnitt 7.2.2, »Modellierung von Merkmalshierarchien im SAP HANA Studio 2.0 Web Cockpit«). Außerdem können Hierarchien aus Flatfiles erstellt und beladen werden (siehe Abschnitt 7.2.3, »Beladung von Hierarchien aus Flatfiles«).

### 7.2.1 Beladung von Merkmalshierarchien aus anderen Systemen

Wenn Merkmalshierarchien bereits in einem SAP Quellsystem, z. B. in einem SAP-S/4HANA-System vorhanden sind, können sie in das SAP-BW/4HANA-2.0-System, übertragen werden. Hier unterscheiden wir zwischen Hierarchien, die Bestandteil des BI Contents sind, und kundeneigenen Hierarchien. BI-Content-Hierarchien können im SAP-S/4HANA-System aktiviert und anschließend genutzt werden. Wenn der BI Content auch die entsprechenden DataSources enthält, können die DataSources ins SAP-BW-System repliziert werden. Die Merkmalshierarchien können anschließend im SAP-BW-System beladen werden. Gegebenenfalls enthält der BI Content auch bereits die entsprechenden in SAP BW/4HANA 2.0 benötigten InfoObjects. Diese müssen dann im SAP BW aktiviert werden, bevor Sie sie nutzen können.

**Beispiel für Merkmalshierarchie**

Ein Beispiel für eine Merkmalshierarchie ist die Produkthierarchie `0PROD_HIER_ODP`, die Sie für InfoObjects nutzen können, die Sie für Produkte und Materialien verwenden. Sie kann, nachdem sie im SAP-S/4HANA-System aktiviert wurde, in das SAP-BW/4HANA-2.0-System repliziert werden (siehe Abbildung 7.12). Wählen Sie nach dem Öffnen des Kontextmenüs zur Anwendungskomponente für das SAP-S/4HANA-System den Eintrag **Replizieren**.

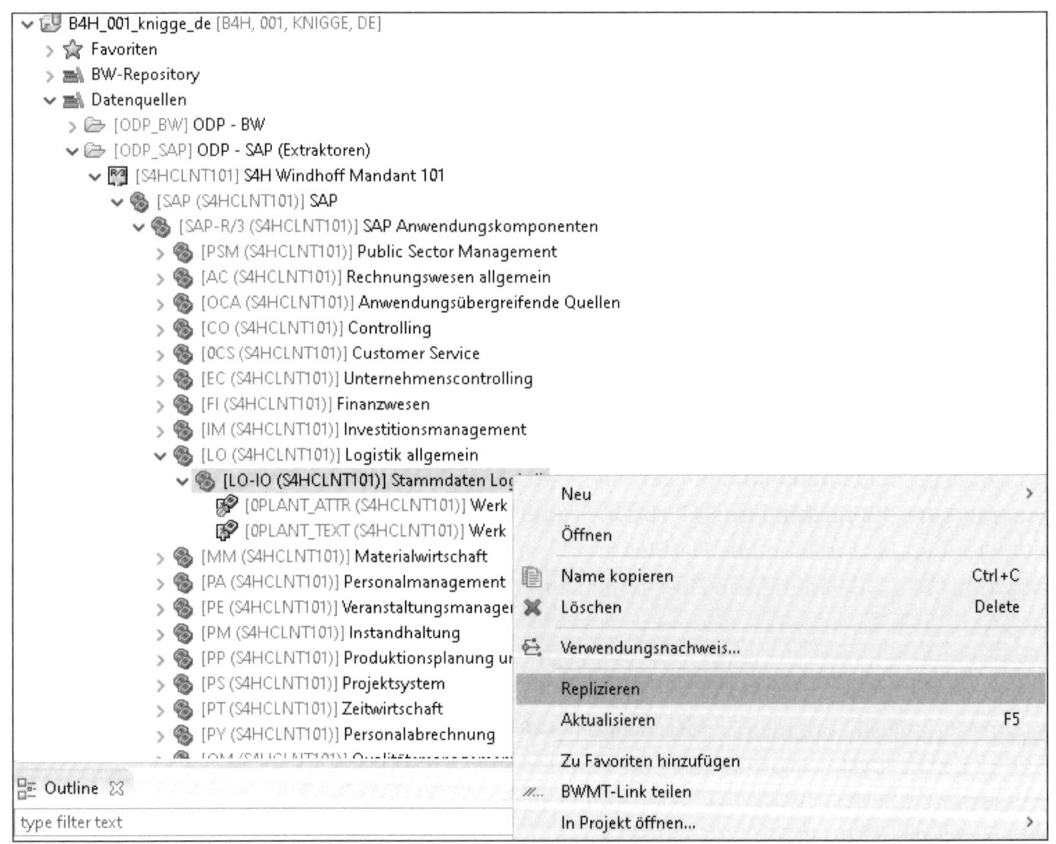


**Abbildung 7.12** Replizieren einer Datenquelle

Im Pop-up-Fenster **DataSource replizieren** haben Sie die Möglichkeit, die aktiven Datenquellen der ausgewählten Anwendungskomponente aus dem S/4HANA-System zu replizieren (siehe Abbildung 7.13). Achten Sie darauf, dass Sie ausschließlich die benötigten DataSources replizieren. Wenn Sie (versehentlich) alle verfügbaren DataSources replizieren, kann dies zu Inkonsistenzen in Ihrem SAP-BW/4HANA-System führen, falls dabei DataSources aktiviert werden, die schon aktiv waren, und somit eventuelle Änderungen überschrieben werden. Das ist in jedem Fall zu vermeiden. Mit **Next>** bestätigen Sie Ihre Auswahl.

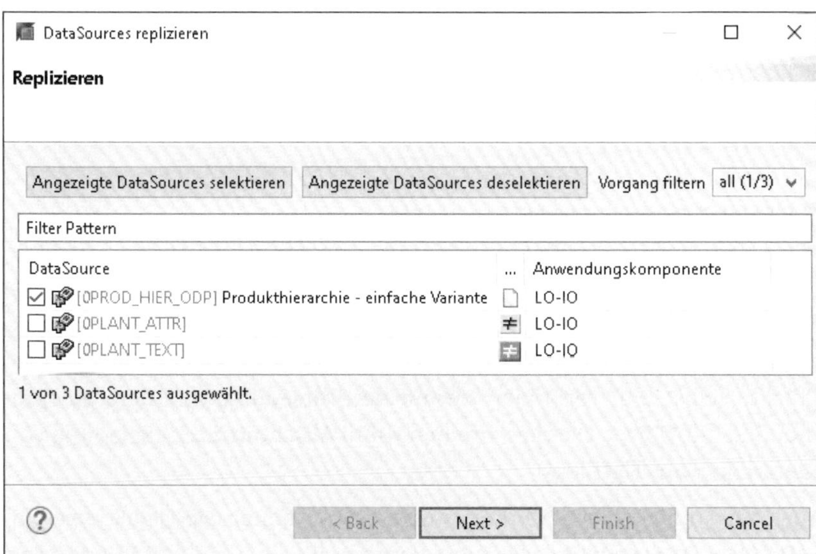


**Abbildung 7.13** DataSource replizieren

Im nächsten Fenster bestätigen Sie Ihre Auswahl und können dort die DataSource direkt aktivieren, indem Sie **Neue DataSources aktivieren** wählen. Mit **Finish** bestätigen Sie Ihre Auswahl (siehe Abbildung 7.14).

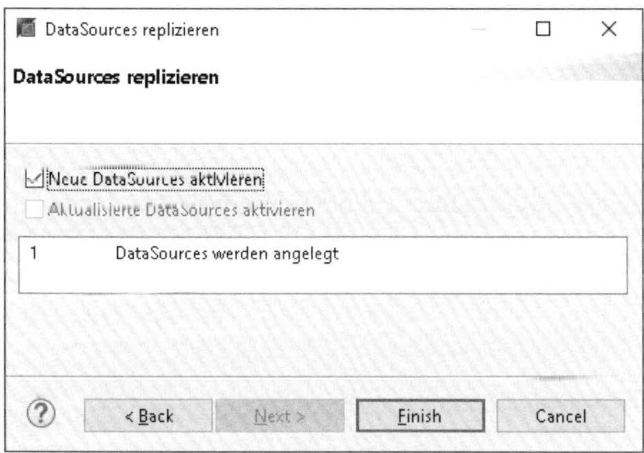


**Abbildung 7.14** Aktivieren einer DataSource nach Replikation

Nach erfolgreicher Replikation öffnet sich das Log zur Replikation (siehe Abbildung 7.15).

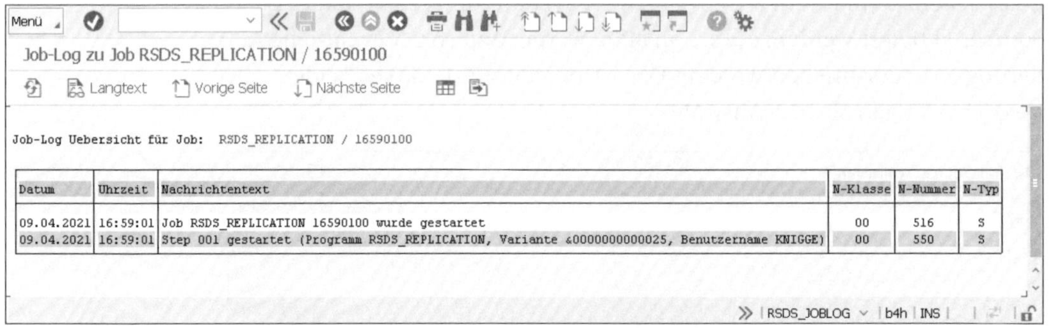


**Abbildung 7.15** Log zur Replikation der DataSource

Anschließend können Sie, sofern im BI-Content verfügbar, eine entsprechende Transformation und den zugehörigen DTP zum Beladen der Merkmalshierarchie über die DataSource aktivieren. Alternativ erstellen Sie die Objekte selbst und verbinden sie mit der DataSource und dem entsprechenden InfoObject. Dies beschreiben wir in Abschnitt 7.2.3, »Beladung von Hierarchien aus Flatfiles«.

Auch für kundeneigene Merkmalshierarchien können Sie DataSources im SAP-S/4HANA-System erstellen und diese anschließend ins SAP-BW/4HANA-2.0-System replizieren. So können Sie auch kundeneigene Hierarchien laden.

### 7.2.2 Modellierung von Merkmalshierarchien im SAP HANA Studio 2.0 Web Cockpit

**Merkmalshierarchie anlegen**

Für die Neuerstellung von Merkmalshierarchien im SAP BW/4HANA 2.0 Web Cockpit aktivieren Sie für das entsprechende InfoObject im Bereich **Eigenschaften** auf dem Tab **Allgemein** die Option **Hierarchien** (siehe Abbildung 7.16).

Möchten Sie andere InfoObjects in Ihrer Hierarchie verwenden, so müssen Sie sie im Tab **Hierarchien** hinterlegen (siehe Abbildung 7.17).

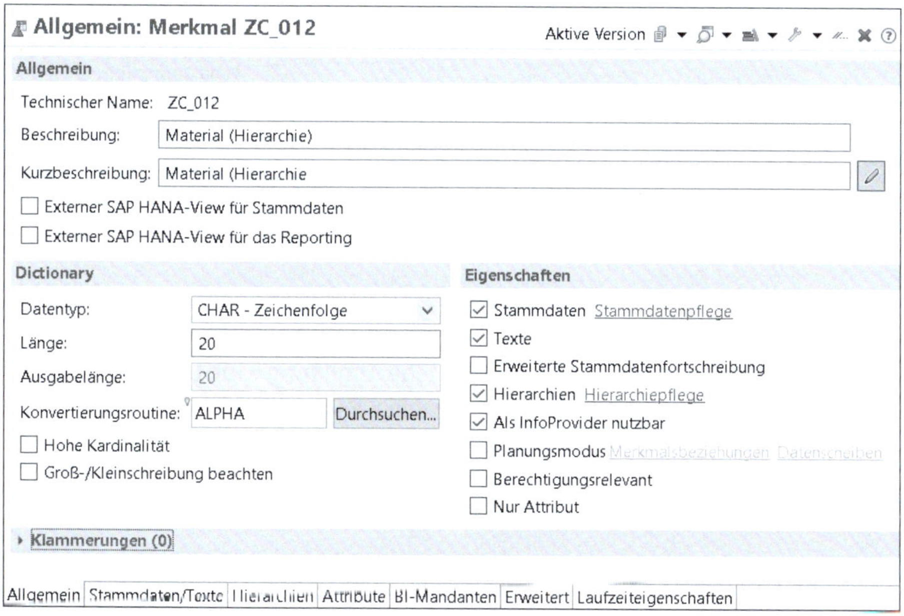

**Abbildung 7.16** Merkmals-InfoObject mit Hierarchien

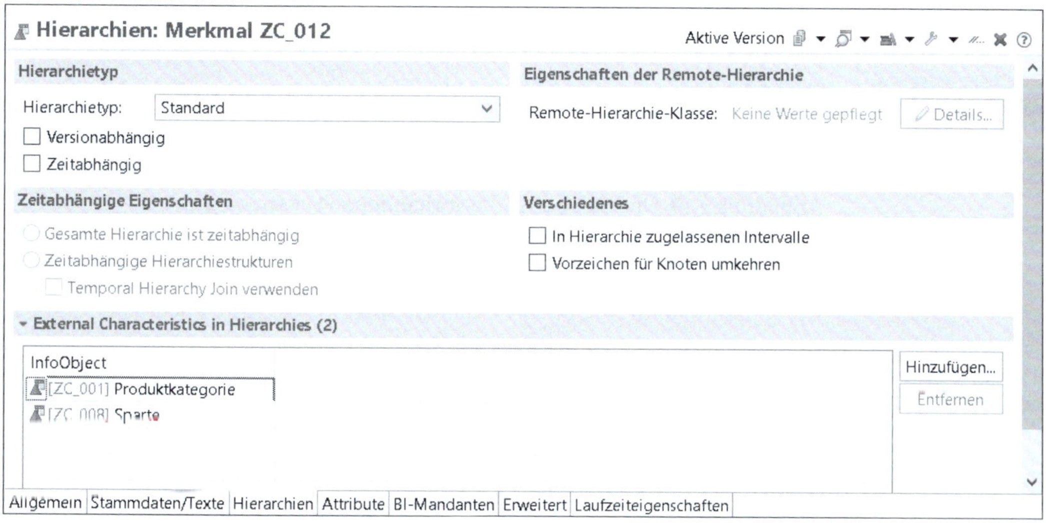

**Abbildung 7.17** Externe Merkmale in einer Hierarchie verwenden

**Hierarchiepflege**

Zum Aufruf der *Hierarchiepflege* klappen Sie über das Icon [Icon] das Menü auf und wählen den Unterpunkt **Hierarchiepflege** (siehe Abbildung 7.18).

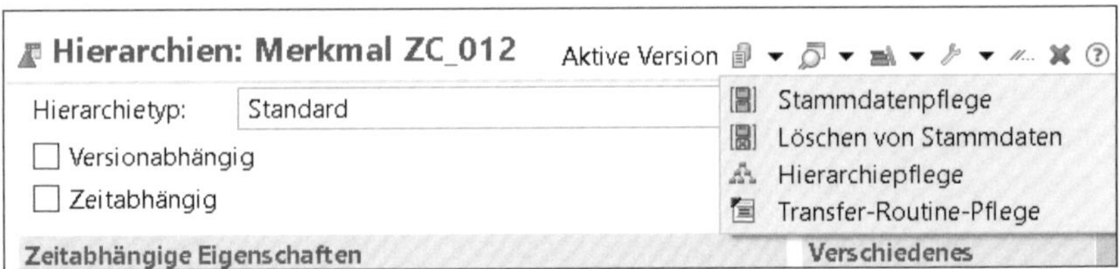


**Abbildung 7.18** Merkmals-Hierarchiepflege aufrufen

Es öffnet sich das SAP BW/4HANA 2.0 Web Cockpit, wo Sie die **InfoObject-Hierarchieliste** mit den bereits vorhandenen Hierarchien zum aktuellen InfoObject angezeigt bekommen (siehe Abbildung 7.19). Über die Schaltflächen in der unteren Leiste ändern oder löschen Sie die Hierarchien und legen neue Hierarchien an.

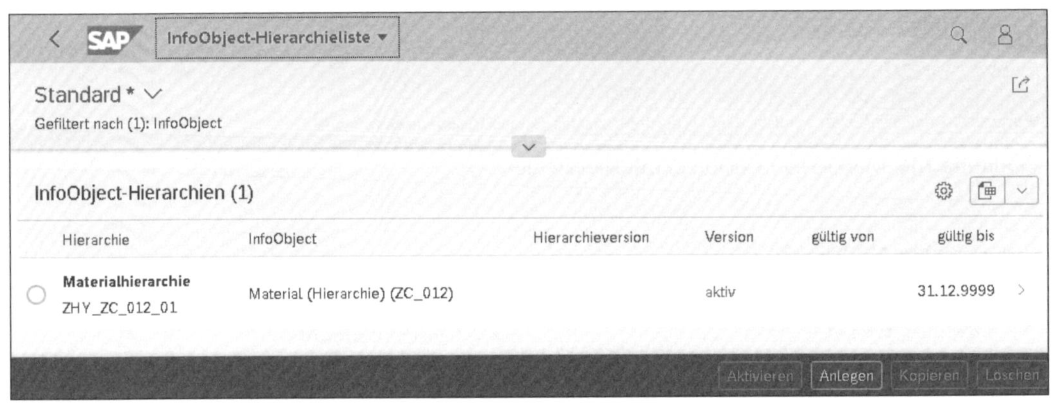


**Abbildung 7.19** Übersicht über die vorhandenen Hierarchien

**Hierarchie anlegen**

Zum Anlegen einer Hierarchie klicken Sie auf **Anlegen** und wählen im Pop-up-Fenster **Hierarchie anlegen** das entsprechende InfoObject (siehe Abbildung 7.20). Legen Sie anschließend einen (technischen) Hierarchienamen und die Kurzbeschreibung fest sowie optional längere Beschreibungen. Bestätigen Sie Ihre Eingaben über **OK**.

**Knoten in Hierarchien**

In einer Hierarchie lassen sich verschiedene Objekte verwenden. Dabei werden die Objekte in Hierarchien *Knoten* genannt. Grundsätzlich können die verwendeten Knoten in *Wurzelknoten*, *Blätter*, *Intervalle* und *Innere Knoten* unterteilt werden. Wurzelknoten sind keinen anderen Knoten untergeordnet. Dabei können auch mehrere Wurzelknoten existieren. Blätter sind Knoten, die keine untergeordneten Knoten haben, und bestehen aus Merkmalswerten des Hierarchiebasismerkmals, also einer Ausprägung des InfoObjects, auf dem die Hierarchie beruht. Intervalle sind Blätter, die durch Grenzen von oben und unten definiert sind, und innere Knoten sind Knoten mit untergeordneten Objekten, also alles außer Blättern. Eine Hierarchie kann man in verschiedene Ebenen aufteilen, sogenannte *Hierarchieebenen* oder auch Level. Dabei ist eine Hierarchieebene definiert als alle Knoten mit derselben Ebene. Somit sind alle Wurzelknoten der Hierarchieebene 1 zugeordnet.

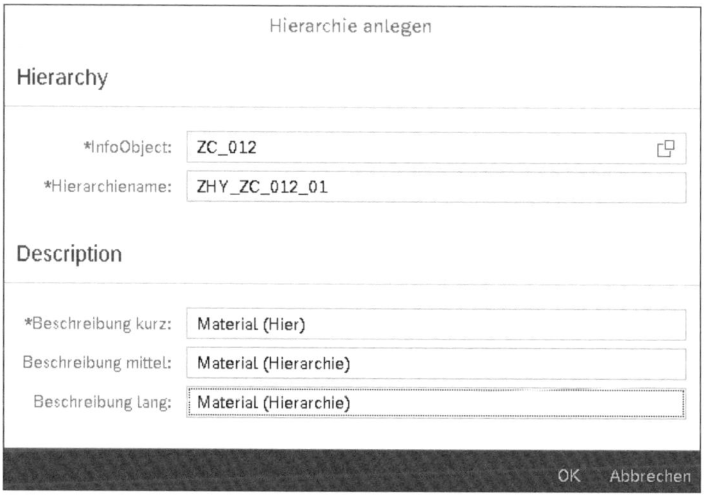

Hierarchie anlegen

Hierarchy

*InfoObject: ZC_012

*Hierarchiename: ZHY_ZC_012_01

Description

*Beschreibung kurz: Material (Hier)

Beschreibung mittel: Material (Hierarchie)

Beschreibung lang: Material (Hierarchie)

OK Abbrechen

**Abbildung 7.20** Hierarchie anlegen

**Bebuchbare und nicht bebuchbare Knoten**

Des Weiteren kann man die Knoten in *bebuchbare Knoten* und *nicht bebuchbare Knoten* unterteilen. Bebuchbare Knoten sind Merkmalswerte des Hierarchiebasismerkmals und werden mit Daten des InfoProviders gefüllt. *Nicht bebuchbare Knoten* sind *Text-* oder *fremde Merkmalsknoten*. Textknoten sind künstlich angelegte Hierarchiestufen, die die Daten strukturieren, und fremde Merkmalsknoten sind Ausprägungen von InfoObjects, die zum Hierarchiebasismerkmal hinzugefügt wurden.

Im Bild **InfoObject-Hierarchien pflegen** können Sie nun Textknoten, Merkmalsknoten oder Merkmale hinzufügen (siehe Abbildung 7.21)

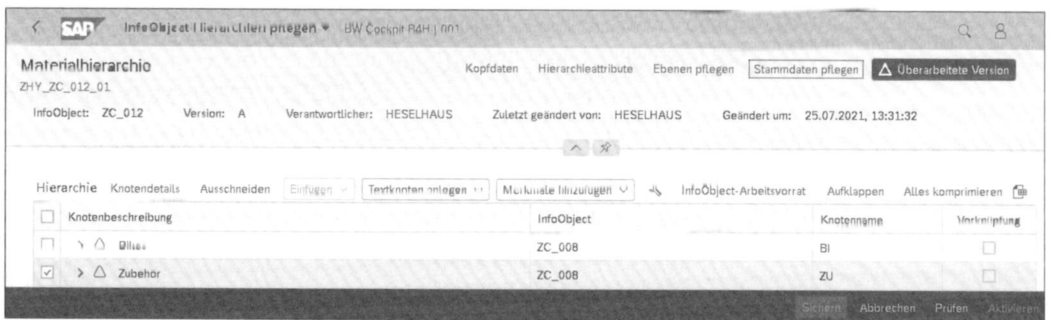


**Abbildung 7.21** Hierarchie pflegen

Unabhängig vom anzulegenden Text- oder Merkmalknoten können Sie auch immer auswählen, ob Sie den anzulegenden Knoten **Als nächsten Knoten** (auf derselben Hierarchieebene) oder **Als Kindknoten** (untergeordnet) anlegen möchten (siehe Abbildung 7.22).

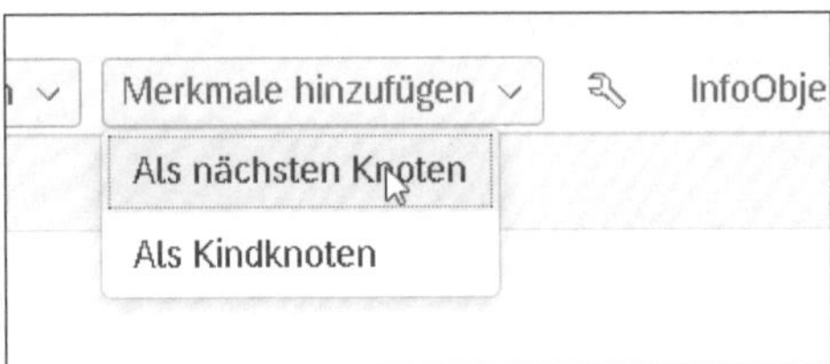


**Abbildung 7.22** InfoObject als nächsten Knoten oder Kindknoten einfügen

**Textknoten anlegen**

Bei der Auswahl von Textknoten können Sie unabhängig von den Merkmalsausprägungen bestehender InfoObjects eine hierarchische Struktur erstellen (siehe Abbildung 7.23). Dabei wird automatisch ein Textknotenname als technischer Name vergeben, und Sie vergeben einen sprechenden Namen in der **Beschreibung kurz**.

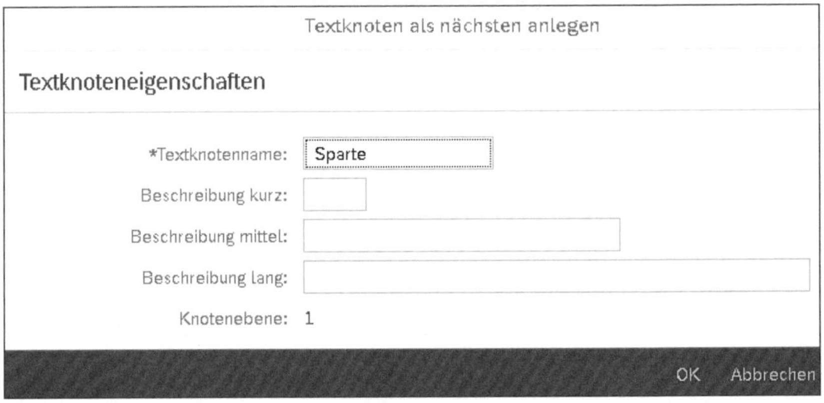

Textknoten als nächsten anlegen

Textknoteneigenschaften

*Textknotenname: Sparte

Beschreibung kurz:

Beschreibung mittel:

Beschreibung lang:

Knotenebene: 1

OK Abbrechen

**Abbildung 7.23** Hierarchien – Textknoten hinzufügen

Beim Anlegen eines Merkmalknotens wählen Sie im Pop-up-Fenster **Merknalknoten (sic!) als nächste hinzufügen** aus den zu dem InfoObject hinzugefügten externen Merkmalen (siehe Abbildung 7.17) ein Merkmal sowie einen entsprechenden Merkmalswert aus (siehe Abbildung 7.24).

Sie müssen die neue Hierarchie aktivieren, bevor sie zur Nutzung im SAP BW zur Verfügung steht. Über Umwege können Hierarchien auch innerhalb einer Zwei- oder Dreisystemlandschaft transportiert werden. SAP empfiehlt, stattdessen in SAP-BW-Systemen möglichst die Hierarchien aus den vorgelagerten SAP-ERP-Systemen zu laden.

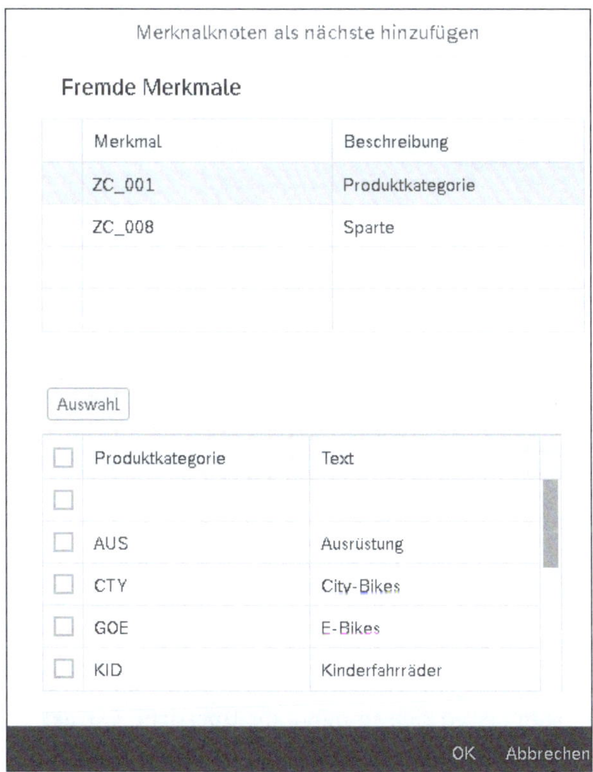


**Abbildung 7.24** Merkmalsknoten hinzufügen

### 7.2.3 Beladung von Hierarchien aus Flatfiles

**Hierarchien laden**

Es kann vorkommen, dass Hierarchien nicht direkt im ERP-System gepflegt werden. In diesem Falle lassen sich Hierarchien auch direkt über Flatfiles ins SAP-BW/4HANA-System laden. Für die Beladung eines InfoObjects muss die Option **Hierarchien** aktiviert sein (siehe Abbildung 7.16).

Wenn noch nicht vorhanden, müssen Sie als Nächstes in SAP BW/4HANA 2.0 eine entsprechende DataSource für das zu ladende Flatfile erstellen (siehe Abschnitt 5.4.1, »DataSource anlegen«). Beim Anlegen der DataSource wählen Sie das **Quellsystem** für Flatfiles aus. Häufig heißt es **PCFILE**. Als **Quellsystemtyp** wählen Sie **FILE**. In der gewünschten **Anwendungskomponente** legen Sie nun die DataSource unter Berücksichtigung der Namenskonvention (sofern vorhanden) an. Vergeben einen technischen **Namen**, eine **Beschreibung** und wählen Sie als DataSource-Typ **Hierarchien** aus. Über **Finish** legen Sie die DataSource an.

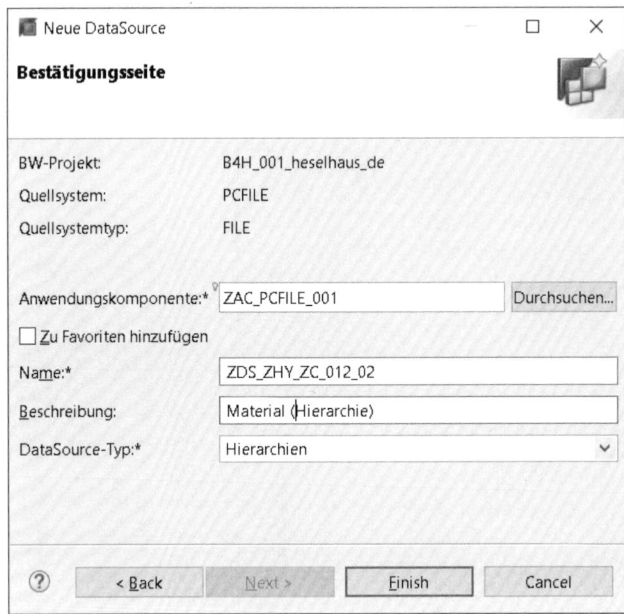


**Abbildung 7.25** Erstellung einer DataSource vom Typ Hierarchie

Alle weiteren Einstellungen lassen sich in den Tabs **Übersicht**, **Extraktion** und **Felder** der neuen DataSource festlegen (siehe Abschnitt 5.5, »InfoObjects«). Die benötigte Dateistruktur können Sie sich im Tab **Extraktion** unter **Dateistruktur anzeigen...** (siehe Abbildung 7.26) ausgeben lassen.

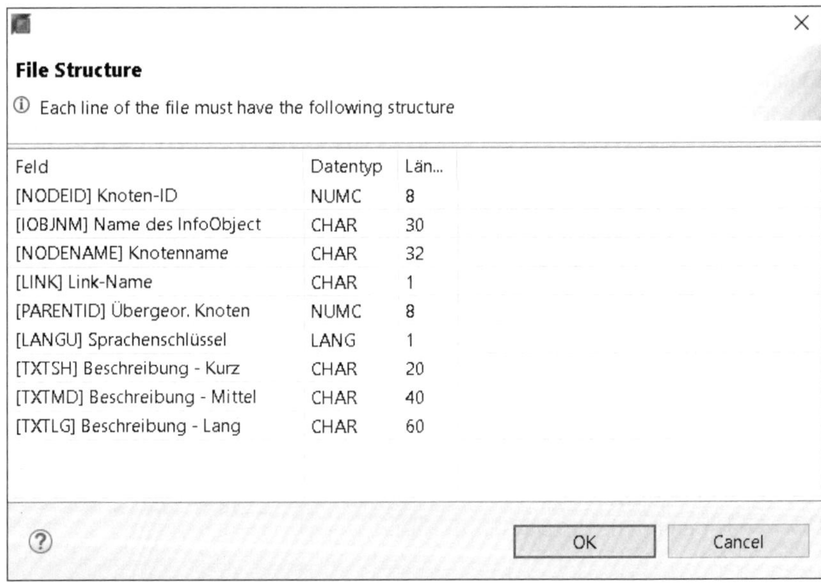

**File Structure**

Each line of the file must have the following structure

| Feld | Datentyp | Län... |
|---|---|---|
| [NODEID] Knoten-ID | NUMC | 8 |
| [IOBJNM] Name des InfoObject | CHAR | 30 |
| [NODENAME] Knotenname | CHAR | 32 |
| [LINK] Link-Name | CHAR | 1 |
| [PARENTID] Übergeor. Knoten | NUMC | 8 |
| [LANGU] Sprachenschlüssel | LANG | 1 |
| [TXTSH] Beschreibung - Kurz | CHAR | 20 |
| [TXTMD] Beschreibung - Mittel | CHAR | 40 |
| [TXTLG] Beschreibung - Lang | CHAR | 60 |

OK Cancel

**Abbildung 7.26** Dateistruktur für Hierarchie

Dabei ist ersichtlich, dass die **Knoten-ID** in Abbildung 7.26 eine eindeutige ID des Knotens ist. Bei **Name des InfoObject** handelt es sich entweder um einen Textknoten, einen Fremd-Merkmalsknoten oder das Hierarchiebasismerkmal. Der Knotenname ist die Ausprägung des InfoObjects. Der **Übergeordnete Knoten** gibt nun an, wie die hierarchische Strukturierung der Datei ist. Die Beschreibungen und Sprachen lassen sich ebenfalls über die Felder in der Datei anlegen.

**Transformation anlegen**

Haben Sie die Datei entsprechend aufgebaut, aktivieren Sie die Hierarchie, und legen Sie danach eine Transformation (siehe Abbildung 7.27) von der Hierarchie-DataSource zum Ziel-InfoObject an. Dabei werden die Übertragungsregeln vom System automatisch angelegt.

**Abbildung 7.27** Transformation von der DataSource zum InfoObject anlegen

Aktivieren Sie die Transformation. Um die Hierarchie laden zu können, legen Sie den dazugehörigen DTP an, aktivieren ihn und führen ihn aus. Achten Sie dabei im Tab **Aktualisieren** darauf, das Kennzeichen **Hierarchie**

**aktivieren** zu setzen, anderenfalls müssen Sie die Hierarchie im Nachgang aktivieren (siehe Abbildung 7.28).

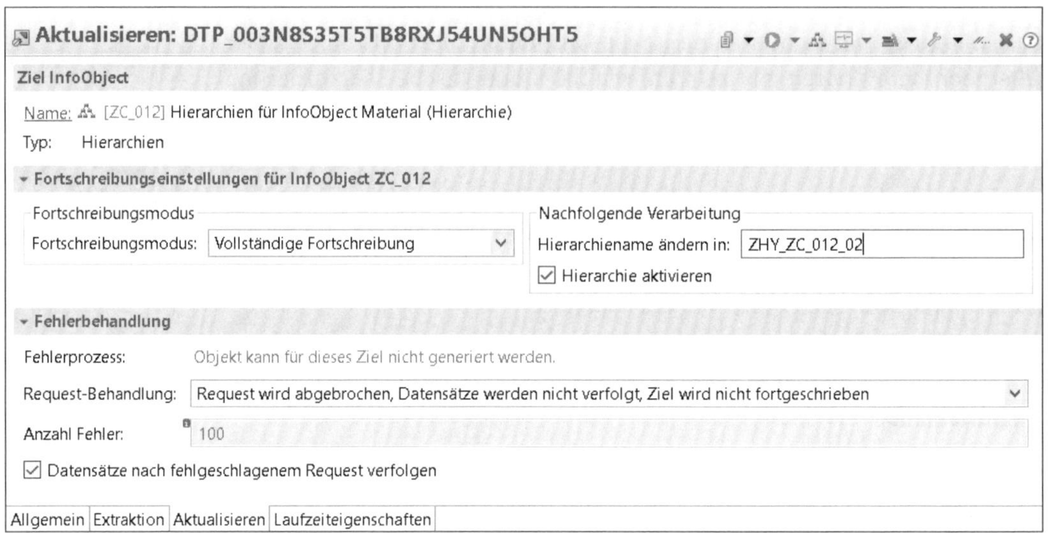


**Abbildung 7.28** Hierarchie im DTP direkt aktivieren

Im folgenden Abschnitt beschäftigen wir uns mit der Remodellierung von aDSOs, die dann nötig wird, wenn die Struktur von aDSOs geändert werden soll, obwohl diese bereits Daten enthalten.

## 7.3 Remodellierung von aDSOs

Die Struktur eines aDSO, das bereits Daten enthält, kann nicht mehr ohne Weiteres verändert werden. In der Praxis kommt es jedoch immer wieder vor, dass bereits beladene aDSOs angepasst werden müssen.

**Typ ändern**

Wenn Sie ein Feld in ein InfoObject umwandeln möchten oder umgekehrt, können Sie dies über die Schaltfläche **Änderungstyp...** im Bereich **Allgemein** tun (siehe Abbildung 7.29). Achtung: Hierbei gehen die bereits im aDSO vorhandenen Daten für das InfoObject bzw. Feld verloren.

**Remodellierung**

SAP BW/4HANA 2.0 ermöglicht Ihnen weitere Änderungen mithilfe der sogenannten *Remodellierung*. Sie kann auf dem Tab **Details** eines aDSO über die Schaltfläche **Remodellierung** angestoßen werden (siehe Abbildung 7.29).

Bei der Remodellierung bleiben die Daten im aDSO erhalten, während Sie die Namen von Objekten oder den Objekttyp (InfoObject oder Feld) ändern, neue Objekte hinzufügen und mit Daten befüllen oder InfoObjects oder Felder löschen können.

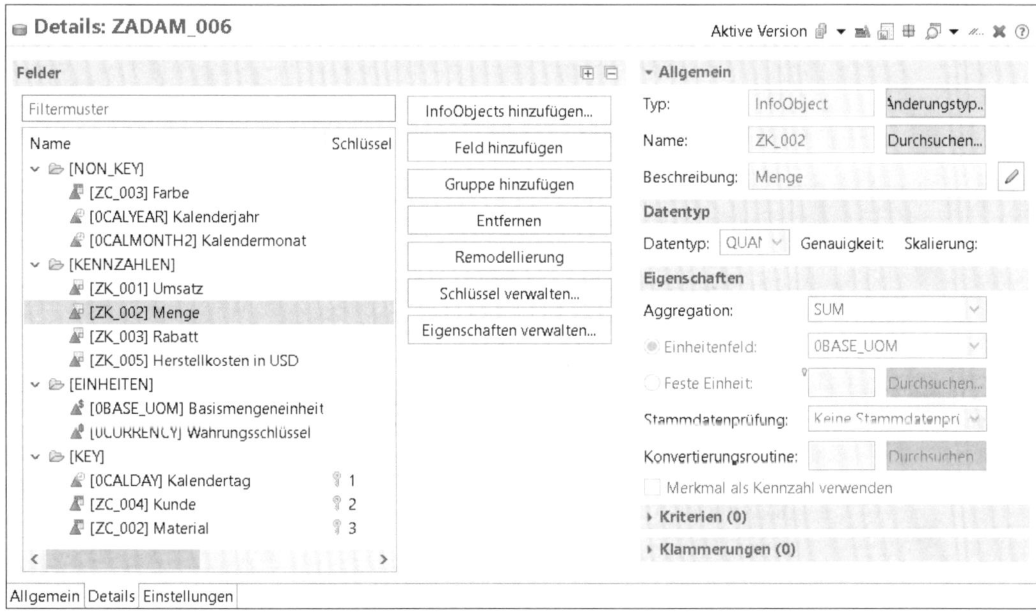


**Abbildung 7.29** Austauschen einzelner Objekte des aDSO

**Möglichkeiten der Remodellierung**

Markieren Sie das im Rahmen der Remodellierung zu verändernde Objekt im Bereich **Felder**. Sie können es ersetzen oder, falls das Objekt neu zum aDSO hinzugefügt wurde und das aDSO danach noch nicht aktiviert wurde, mit bereits vorhandenen Werten aus dem aDSO befüllen. Nach dem Markieren eines Objektes und einem Klick auf **Remodellierung** öffnet sich das Pop-up-Fenster **Feld-Modellierung** (siehe Abbildung 7.30), wo Sie eine der folgenden Aktionen ausführen können:

- **Durch InfoObject ersetzen**
- **Durch Feld ersetzen**
- **Mit dem Wert des InfoObjects füllen**
- **Mit Wert des Feldes füllen**
- **Mit Konstantenwert gefüllt**

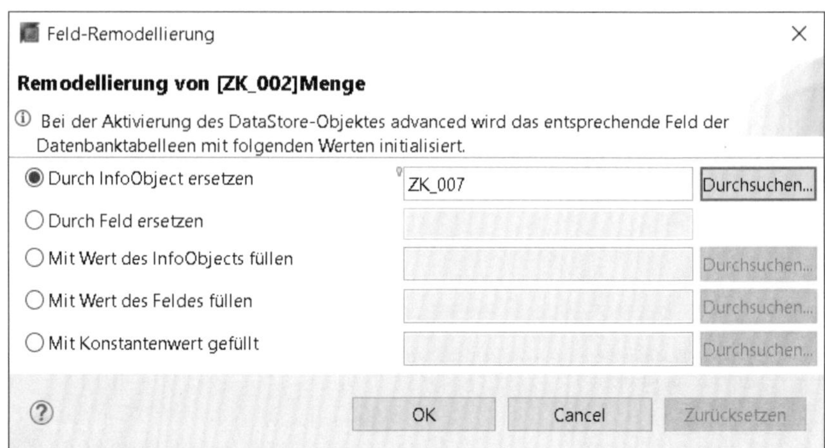


**Abbildung 7.30** Auswahl des neuen Objektes

**Einschränkungen beim Ersetzen**

Beim Ersetzen von InfoObjects oder Feldern gelten die folgenden Einschränkungen:

- Das Zielobjekt muss die gleichen Eigenschaften haben wie das Ausgangsobjekt. Das heißt, es muss in den folgenden Eigenschaften übereinstimmen:
  - im Datentyp
  - in der Länge
  - in der Anzahl der Nachkommastellen
  - in der Konvertierungsroutine
  - in der Einstellung für die Kleinschreibung
  - im Aggregationsverhalten
- Kriterien, die auf dem zu ersetzenden Objekt definiert sind (siehe Abschnitt 5.6.6, »aDSO administrieren: Details«), dürfen auf dem ersetzenden Objekt nicht restriktiver sein.
- Nach dem Ersetzen eines Ausgangsobjektes darf das Ausgangsobjekt im aDSO nicht mehr vorhanden sein.
- Das Zielobjekt muss bereits aktiv sein, darf jedoch noch nicht im aDSO vorhanden sein. Das Ausgangsobjekt muss in der aktiven Version des aDSO vorhanden sein.
- Steht das Ausgangsobjekt im Schlüssel, so wird das ersetzende Objekt ebenfalls im Schlüssel stehen und die Partitionierung wie auch die Indizes des Ursprungsobjektes übernehmen.

- Alle Partitionsmerkmale eines Ausgangsobjektes werden auf das ersetzende Objekt übertragen. Nach einer Änderung eines Objektes können Sie dieses nicht erneut ändern. Sie müssen die Änderung zunächst im Pop-up-Fenster **Feld-Remodellierung** zurücksetzen (siehe Abbildung 7.30). Nach Abschluss der Remodellierung können Sie erneut Änderungen vornehmen.
- Ein Objekt kann erst nach Aktivierung des aDSO erneut ersetzt werden.
- Das Zeitbezugsmerkmal bei Bestandskennzahlen (siehe Abschnitt 5.5.11, »Kennzahlen-InfoObjects administrieren: Bestand«) darf nicht ersetzt werden.
- Wenn Daten des aDSO im Cold Store gespeichert wurden (siehe Abschnitt 9.4.1, »Data Tiering«), kann kein InfoObject oder Feld ersetzt werden.
- Ist das Ausgangsobjekt Bestandteil einer semantischen Gruppe (siehe Abschnitt 9.1.2, »Partitionierung«), so darf das Referenzmerkmal der semantischen Gruppe nicht ersetzt werden.
- Ein Ersetzen von virtuellen Kennzahlen ist nicht möglich.



**Einschränkungen beim Befüllen neuer Objekte**

Sollen die Werte eines neuen InfoObjects oder Feldes mit bereits vorhandenen Werten des aDSO gefüllt werden, so ergeben sich ebenfalls Einschränkungen:

- Das aDSO darf nach dem Hinzufügen eines neuen InfoObjects oder Feldes noch nicht aktiviert worden sein.
- Ein Objekt mit Währungsbezug (CURR) muss mit dem Inhalt eines Objektes mit Währungsbezug gefüllt werden.
- Ein Objekt mit Einheitenbezug (QUAN) muss mit dem Inhalt eines Objektes mit Einheitenbezug gefüllt werden.
- Ein Objekt des Typs NUMC muss wiederrum durch ein NUMC-Objekt gefüllt werden, das denselben Datentyp und dieselbe Länge hat.
- Ausgangs- und Zielelement müssen dieselbe Konvertierungsroutine haben.
- Die Einstellung des Kennzeichens **Kleinbuchstaben erlaubt** darf nicht verändert werden.

**Remodellierungsregel**

Nachdem Sie die gewünschte Remodellierungsoperation eingestellt haben, aktivieren Sie das aDSO. Sie erhalten eine Warnung, dass anstelle der Aktivierung eine *Remodellierungsregel* (auch *Remodellierungs-Request* genannt) angelegt wurde (siehe Abbildung 7.31).

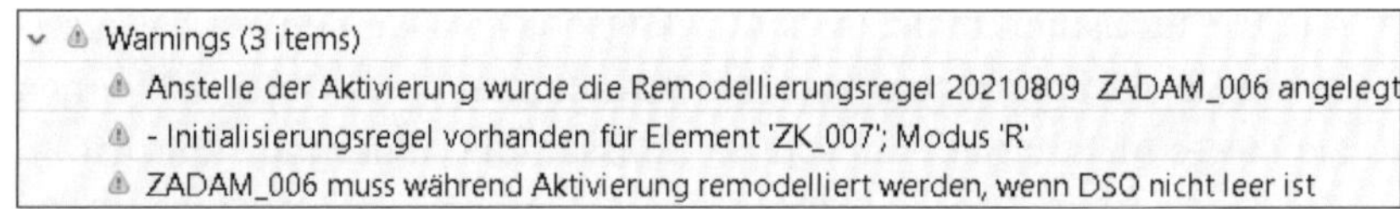


**Abbildung 7.31** Warnung nach Aktivierung

**Remodellierungs-Requests anzeigen**

Remodellierungs-Requests können über das SAP BW/4HANA 2.0 Web Cockpit ausgeführt werden. Sie können sie sich im Web Cockpit im Bereich **Monitoring** über die Kachel **Remodellierungs-Requests** anzeigen lassen (siehe Abbildung 7.32). Wird ein remodelliertes Objekt transportiert, so überprüft das importierende System, ob eine Remodellierung notwendig ist, und legt im Zweifel ebenfalls einen Remodellierungs-Request an. Ist der Remodellierungs-Request im Ursprungssystem noch nicht ausgeführt, so erhalten Sie eine Warnung und können nur die aktive Version transportieren.

**Abbildung 7.32** Remodellierungs-Requests anzeigen

**Remodellierungsschritte**

Ein Remodellierungslauf läuft technisch in fünf Schritten ab (siehe Abbildung 7.33):

1. **Überprüfen**: Das aDSO und die Remodellierungsroutine werden auf Konsistenz geprüft.
2. **Sichern**: Das aDSO wird für Remodellierung gesichert.
3. **Konvertieren**: Die Tabellen des aDSO werden in sogenannte *Schattentabellen* von der Form /BIC/ZA<ADSO><1,2,...>, erkennbar am Präfix ZA, kopiert.

4. **Aktivieren**: Es folgt die Aktivierung des aDSO inklusive aller Dictionary-Objekte. Bestehende Transformationen und DTPs werden gegebenenfalls deaktiviert. Die Tabellen des aDSO werden aus den Schattentabellen gefüllt und ebenfalls aktiviert.
5. **Aufräumen**: Nach der erfolgreichen Aktivierung werden die Schattentabellen und eventuelle Backups gelöscht.

**Abbildung 7.33** Remodellierungsschritte (Quelle: SAP)

Im Pop-up-Fenster **Remodellierungs-Requests** wird Ihnen eine Übersicht der Modellierungs-Requests angezeigt (siehe Abbildung 7.34). Für die Requests stehen die folgenden Funktionen zur Verfügung:

- **Ausführen**: Die Remodellierung wird ausgeführt.
- **Zurücksetzen**: Falls ein Remodellierungs-Request mit Fehlern beendet wurde, wird er auf den letzten erfolgreichen Schritt zurückgesetzt. Der nicht erfolgreiche Schritt erhält dann den Status **noch nicht durchgeführt**.
- **Neu starten**: Der Remodellierungs-Request wird an der zuvor abgebrochenen Stelle neu gestartet. Sollte ein Fehler während der Konvertierung aufgetreten sein, können Sie den Fehler beheben und anschließend den Remodellierungs-Request neu starten.

In der Detailsicht eines Requests haben Sie zusätzlich die Möglichkeit, einen fehlerhaften Schritt zurückzusetzen. Dieser hat danach den gleichen Status, als wäre er noch nicht gelaufen.

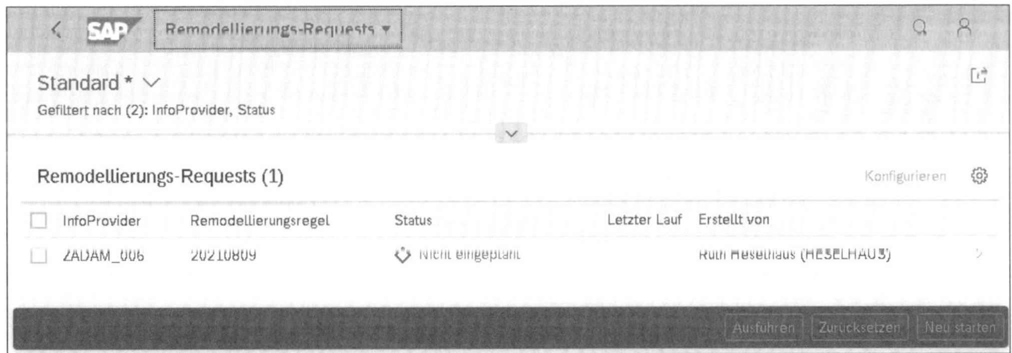


**Abbildung 7.34** Remodellierungs-Requests ausführen

Über die Schaltfläche **Konfigurieren** öffnen Sie das Pop-up-Fenster **Konfigurieren** (siehe Abbildung 7.35). Hier haben Sie die Möglichkeit, für jeden InfoProvider auszuwählen, mit welchen Einstellungen die Remodellierung durchgeführt werden soll. Zudem können Sie den Nutzer auswählen, mit dem der Request ausgeführt werden soll, hierbei kann es sich um einen technischen Nutzer oder die nutzende Person handeln.

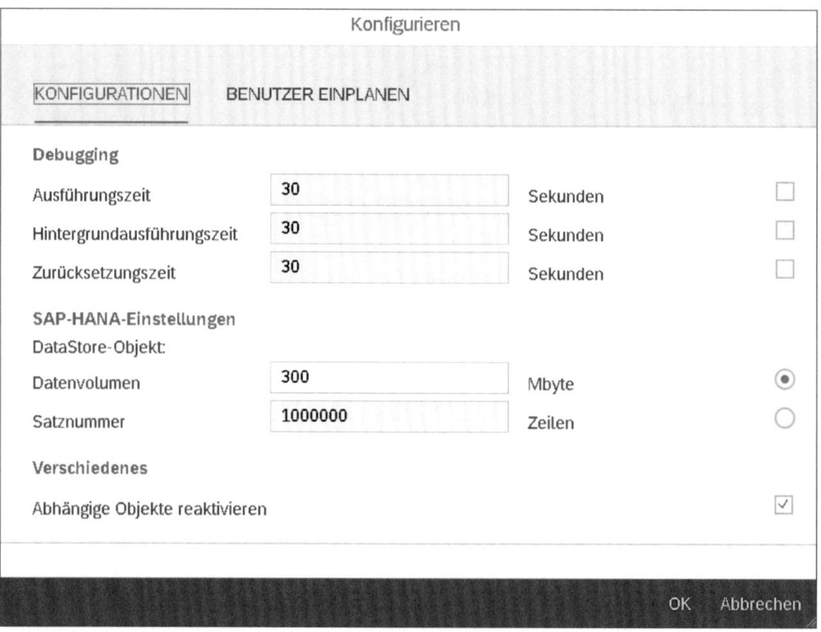


**Abbildung 7.35** Remodellierung konfigurieren

Wenn Sie einen Remodellierungs-Request ausführen, öffnet sich das Pop-up-Fenster **Job Scheduler** (siehe Abbildung 7.36). Sie können den Request entweder sofort ausführen oder einplanen.

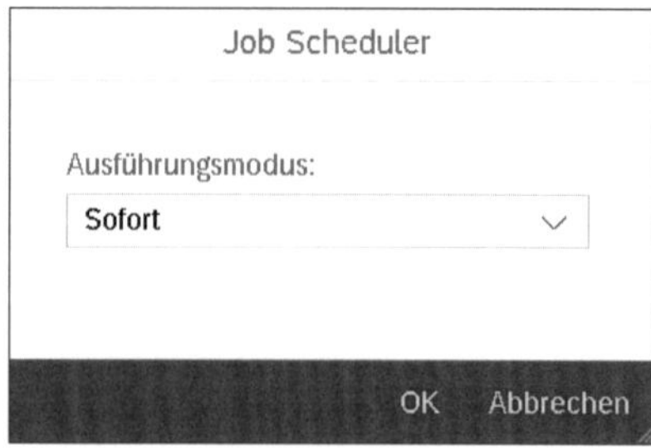


**Abbildung 7.36** Job Scheduler

Nach einer Remodellierung erhalten Sie eine Statusübersicht über die einzelnen Schritte des Requests (siehe Abbildung 7.37). Im Anschluss und vor allem im Fehlerfall können Sie auf den jeweiligen Schritt klicken, um die Detailsicht aufzurufen (siehe Abbildung 7.38) und um die Fehler zu beheben.

**Abbildung 7.37** Erfolgreiche Remodellierung

Nach einer erfolgreichen Remodellierung bleibt zu prüfen, ob die bestehenden Transformationen und DTPs erneut aktiviert werden müssen.

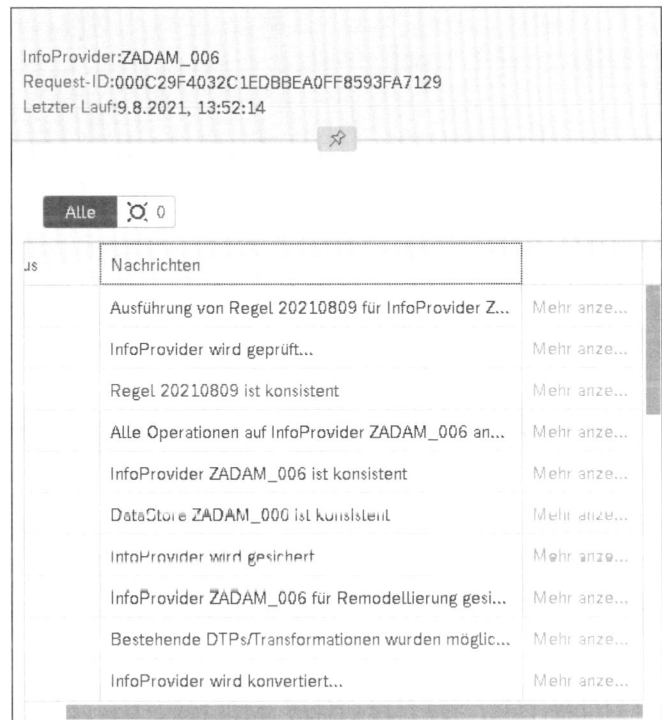


**Abbildung 7.38** Detailsicht Remodellierungsschritte

Im nächsten Abschnitt erläutern wir weitergehende Experteneinstellungen für CompositeProvider.

## 7.4 Experteneinstellungen für CompositeProvider

**Laufzeiteigenschaften festlegen**

In Abschnitt 6.3, »CompositeProvider«, haben wir Ihnen die Grundfunktionen des virtuellen CompositeProviders vorgestellt, der die Schnittstelle zwischen den Queries und der Datenhaltung in SAP BW/4HANA 2.0 bildet. Im Tab **Allgemein** des CompositeProviders gibt es den Bereich **Allgemeine Laufzeiteigenschaften**, den wir ebenfalls bereits in Abschnitt 6.3 erläutert haben. Darüber hinaus gibt es dort den Bereich **Laufzeitprofileigenschaften** (siehe Abbildung 7.39). Dort haben Sie die Möglichkeit, ein vordefiniertes Datenintegritätsprofil auszuwählen und anzuwenden, was so auch von SAP empfohlen wird. Die auswählbaren Datenintegritätsprofile haben wir in Abschnitt 6.3, »CompositeProvider«, erläutert.

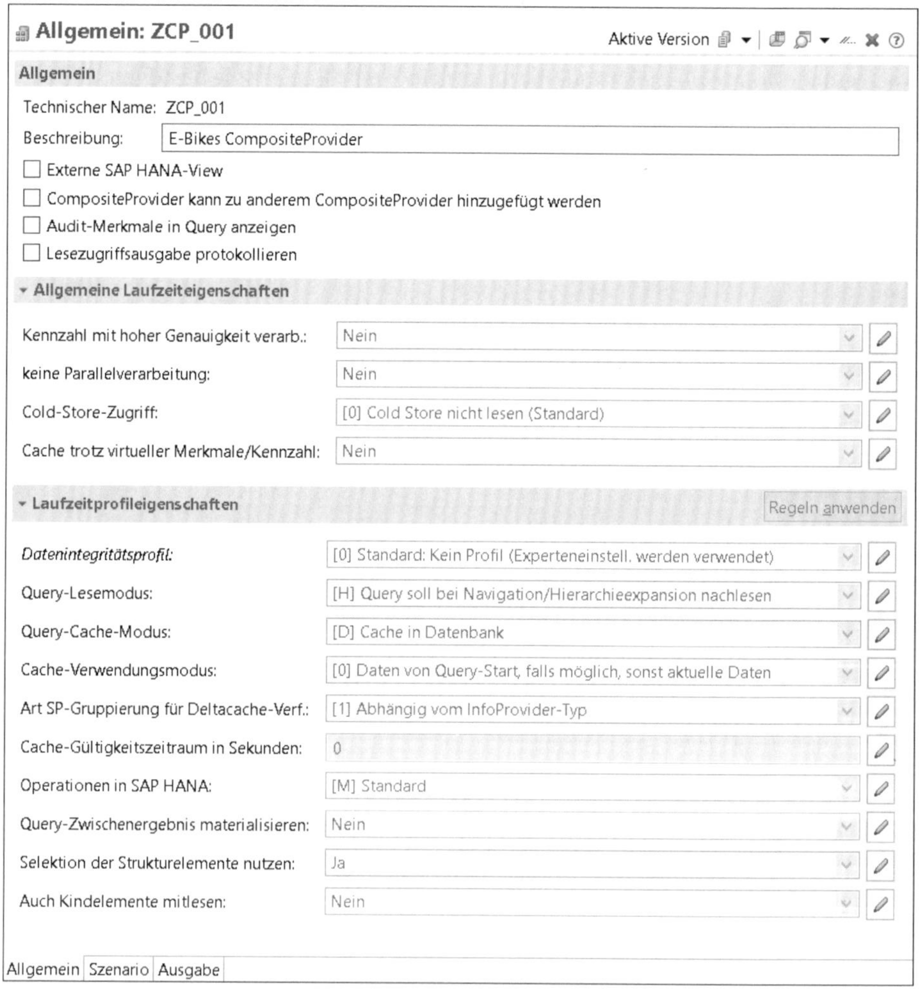

Allgemein: ZCP_001
Aktive Version
Allgemein
Technischer Name: ZCP_001
Beschreibung: E-Bikes CompositeProvider
Externe SAP HANA-View
CompositeProvider kann zu anderem CompositeProvider hinzugefügt werden
Audit-Merkmale in Query anzeigen
Lesezugriffsausgabe protokollieren
Allgemeine Laufzeiteigenschaften
Kennzahl mit hoher Genauigkeit verarb.: Nein
keine Parallelverarbeitung: Nein
Cold-Store-Zugriff: [0] Cold Store nicht lesen (Standard)
Cache trotz virtueller Merkmale/Kennzahl: Nein
Laufzeitprofileigenschaften
Regeln anwenden
Datenintegritätsprofil: [0] Standard: Kein Profil (Experteneinstell. werden verwendet)
Query-Lesemodus: [H] Query soll bei Navigation/Hierarchieexpansion nachlesen
Query-Cache-Modus: [D] Cache in Datenbank
Cache-Verwendungsmodus: [0] Daten von Query-Start, falls möglich, sonst aktuelle Daten
Art SP-Gruppierung für Deltacache-Verf.: [1] Abhängig vom InfoProvider-Typ
Cache-Gültigkeitszeitraum in Sekunden: 0
Operationen in SAP HANA: [M] Standard
Query-Zwischenergebnis materialisieren: Nein
Selektion der Strukturelemente nutzen: Ja
Auch Kindelemente mitlesen: Nein
Allgemein Szenario Ausgabe

**Abbildung 7.39** CompositeProvider: Tab »Allgemein«

Darüber hinaus haben Sie jedoch auch die Möglichkeit, anstelle eines der vorgefertigten Datenintegritätsprofile die Option **Standard: Kein Profil (Experteneinstell. werden verwendet)** (**0**) zu wählen. Auf diese Option sind wir in Abschnitt 6.3 aus Komplexitätsgründen nicht näher eingegangen und holen sie in diesem Abschnitt nach.

Wenn Sie sich nicht für ein Datenintegritätsprofil entscheiden und somit die Einstellung **Standard: Kein Profil (Experteneinstell. werden verwendet)** gewählt haben, können Sie die Experteneinstellungen in den folgenden Feldern selbst vornehmen. In diesem Fall sollten Sie sich aber gut damit auskennen, um widersprüchliche Einstellungen zu vermeiden.

Mithilfe der Experteneinstellung **Query-Lesemodus** können Sie festlegen, wann die Daten für eine Query geladen/nachgeladen werden sollen (siehe Abbildung 7.40). Die von SAP empfohlene Standardeinstellung ist **Query soll bei Navigation/Hierarchieexpansion nachlesen**. Bei dieser Einstellung ist die übertragene Datenmenge am kleinsten, sie führt aber zu vielen Leseoperationen (bei jedem Navigations- bzw. Expansionsschritt). Daneben gibt es die Option **Query soll bei Navigation nachlesen**. Hier werden je Navigationsschritt jeweils alle Daten so gelesen, als wenn die Hierarchie komplett expandiert wäre. Bei Hierarchieexpansionen liest das System dann die Daten aus dem Cache nach. Wenn die Daten beim Start der Query einmal komplett für alle Navigationsschritte und Aufrisse geladen werden sollen, wählen Sie **Query soll alle Daten auf einmal nachlesen**. Diese Option kann zu einer langen Ladezeit beim Aufriss der Query führen, daher sollten Sie sie nur für Queries mit wenigen Merkmalen verwenden.

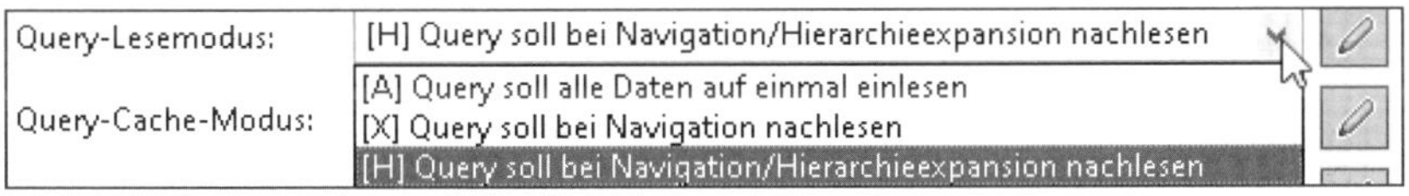

Query-Lesemodus: [H] Query soll bei Navigation/Hierarchieexpansion nachlesen
Query-Cache-Modus:
[A] Query soll alle Daten auf einmal einlesen
[X] Query soll bei Navigation nachlesen
[H] Query soll bei Navigation/Hierarchieexpansion nachlesen

**Abbildung 7.40** Query-Lesemodus

Die Experteneinstellung **Query-Cache-Modus** erlaubt Ihnen, festzulegen, ob und wie berechnete Queryergebnisse und Navigationszustände als hochkomprimierte Daten in einem Cache-Bereich gespeichert werden sollen. *Caching* dient dabei der Verbesserung der Queryperformance. SAP empfiehlt, aufbereitete Daten für besonders häufig genutzte sowie besonders komplexe Queries im Cache zu halten. Werden Daten häufig neu beladen, muss der Cache nach jeder Beladung neu aufgebaut werden. In diesem Fall rät SAP von der Nutzung des Cache ab.

Die Standardeinstellung ist **Cache in Datenbank**. Mit der Einstellung **Cache ist inaktiv** wird die Nutzung des Cache deaktiviert, und die Daten der Query werden bei jedem Navigationsschritt neu geladen. Bei der Verwendung der Option **Lokaler Cache** wird der Datenbank-Cache explizit abgeschaltet, und es wird ein lokaler Cache genutzt. Die Einstellung **Jeder Provider wie in InfoProvider-Definition festgelegt** ist nur für den CompositeProvider verfügbar. Sie bewirkt, dass für jeden PartProvider des CompositeProviders der jeweils für denjenigen Provider definierte Cachemodus genutzt wird (siehe Abbildung 7.41).

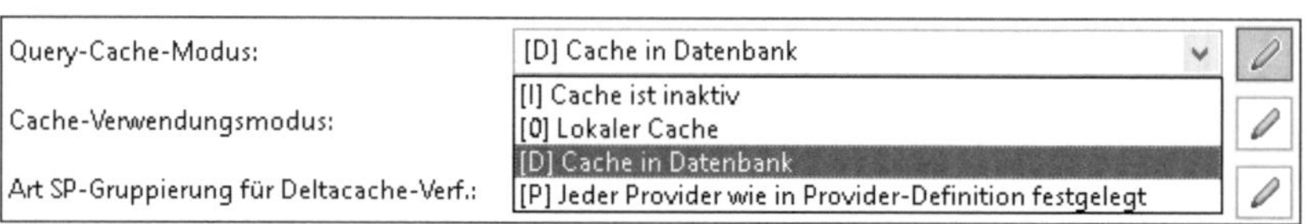


**Abbildung 7.41** Query-Cache-Modus

Mit der Experteneinstellung **Cache-Verwendungsmodus** können Sie festlegen, wann eine Query Cache-Einträge liest und wann die Daten erneut eingelesen werden müssen (siehe Abbildung 7.42). Die Standardeinstellung lautet **Daten von Query-Start, falls möglich, sonst aktuelle Daten**. Daneben gibt es die Option **Immer aktuelle Daten anzeigen**, bei der bei jedem Navigationsschritt aktuelle Daten geladen werden. Dabei werden die Daten aus dem Cache gelesen und nur dann nachgeladen, wenn sich der InfoProvider-Status geändert hat. Zusätzlich gibt es auch hier die Option **Wie in PartProvider-Einstellungen angegeben**, die die Daten abhängig von den Einstellungen in den jeweils zugrundeliegenden InfoProvidern ausliest.

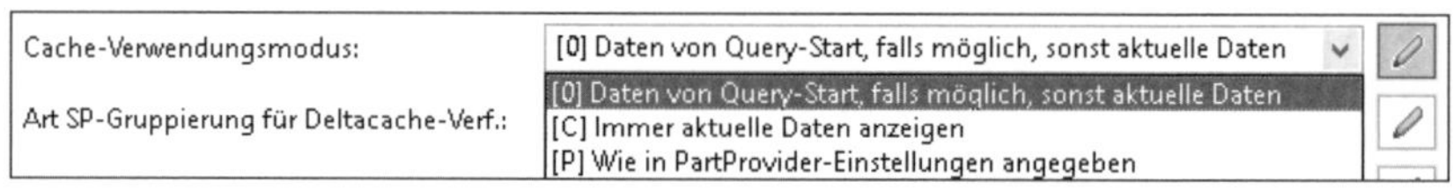


**Abbildung 7.42** Cache-Verwendungsmodus

Mit der Experteneinstellung **Art SP-Gruppierung für Deltacache-Verf.** können Sie das sogenannte *Delta-Cache-Verfahren* optimieren. Hierbei werden die Daten aus den einzelnen PartProvidern des CompositeProviders separat verarbeitet und separat im Cache abgelegt. Dies kann z. B. bewirken, dass bei Änderungen von Daten in einem PartProvider nur diese und nicht die aller PartProvider neu gelesen werden. Der Nachteil der separaten Speicherung ist, dass mehr Speicherplatz benötigt wird, da keine Aggregation über die verschiedenen InfoProvider erfolgen kann. Die Aggregation findet erst zur Laufzeit der Query statt. Die Standardeinstellung ist die Option **Keine Gruppierung**, bei der keine Partitionierung vorgenommen wird (siehe Abbildung 7.43). Hier werden die Ergebnisse aller PartProvider zusammengefasst. Wenn sich die Daten für einen PartProvider ändern, muss der gesamte Cache neu aufgebaut werden. Daneben gibt es die Option **Abhängig vom InfoProvider-Typ**, bei der die Daten nach dem Typ des PartProviders separiert werden. Alternativ wählen Sie die Option **Abhängig vom InfoPr.-typ, ADSOs m »All Merkm. Schl.« Separat**, bei der aDSOs mit der Einstellung **Alle Merkmale sind Schlüssel, Reporting für Union von Eingangs- und aktiver Tabelle** (siehe Abschnitt 5.6.7, »aDSO administrieren: Einstellungen«) getrennt von den aDSOs mit anderen Einstellungen behandelt werden. Außerdem gibt es die Option **Jeder Provider getrennt**, bei der die Daten aller PartProvider separat verarbeitet und abgelegt werden.



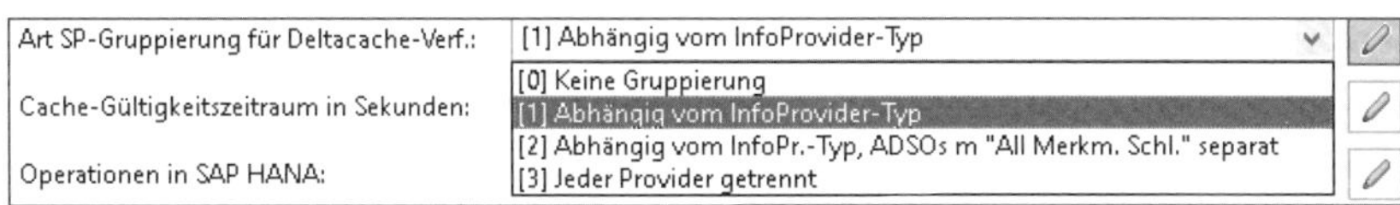


**Abbildung 7.43** Art der SP-Gruppierung für das Deltacache-Verfahren

Über die Experteneinstellung **Cache-Gültigkeitszeitraum in Sekunden** können Sie den Gültigkeitszeitraum für die Daten im Cache festlegen (siehe Abbildung 7.44).

**Abbildung 7.44** Cache-Gültigkeitszeitraum

Die Experteneinstellung **Operationen in SAP HANA** bietet die Optionen **Defensiv**, **Standard** und **Offensiv** (siehe Abbildung 7.45). Hierbei wird geprüft, ob optimierte Operationen in SAP HANA ausgeführt werden können. Diese Einstellung kommt aus Übergangszeiten zwischen SAP BW (on HANA) und SAP BW/4HANA. Sie sollten mit SAP BW/4HANA 2.0 möglichst immer die optimierten Operationen auf SAP HANA bevorzugen.

**Abbildung 7.45** Operationen in SAP HANA

In SAP BW/4HANA 2.0 findet ein großer Teil der Queryverarbeitung in SAP HANA statt. Während der Berechnung werden Zwischenergebnisse generiert. Queries, die viele Merkmale mit Zwischenergebnissen im Aufriss enthalten, können auf diese Zwischenergebnisse bei der Ergebnisberechnung erneut zugreifen. Meist geht es schneller, wenn Sie die Zwischenergebnisse jedes Mal neu berechnen lassen, die folgenden Fälle stellen jedoch Ausnahmen von dieser Regel dar:

- viele Merkmale im Aufriss, alle mit Zwischenergebnissen
- starke Datenreduktion durch die Standardaggregation
- wenig Datenreduktion durch Filter

In diesen Ausnahmefällen kann es von Vorteil sein, die Experteneinstellung **Query-Zwischenergebnis materialisieren** auf **Ja** zu setzen.

Die Experteneinstellung **Selektion der Strukturelemente nutzen** erlaubt es Ihnen, nur die Daten für die jeweils ausgewählten Strukturelemente zu lesen. Dabei werden nur Selektionen und Kennzahlen der Spalten (Strukturelemente) übergeben, die zur Ermittlung der gefilterten Elemente benötigt werden. Zeilen, die nur durch Strukturelemente außerhalb der Selektion entstehen würden, werden nicht angezeigt. Dies gilt nicht für Strukturelemente mit konstanter Selektion: In diesem Fall werden auch Daten zu weiteren Strukturelementen außerhalb der Selektion gelesen. Diese Einstellung bietet Performanceverbesserungen bei Queries mit vielen Selektionen und/oder eingeschränkten Kennzahlen, die aber nicht alle im initialen Aufriss angezeigt werden, oder wenn viele Operationen durchgeführt werden, bei denen auf Selektionen oder eingeschränkten Kennzahlen gefiltert wird (z. B. Filtern oder Aufrissen).

Im nächsten Abschnitt erläutern wir Ihnen, wie Sie Ihre Datenflüsse durch den Einsatz von InfoSources flexibler und komplexer gestalten können.

## 7.5 InfoSources

Bei einer *InfoSource* handelt es sich um eine Struktur ohne eigene Datenhaltung. Eine InfoSource kann dabei, ähnlich wie ein aDSO, aus InfoObjects und Feldern bestehen. Der Aufbau und das Anlegen von InfoSources beschrieben wir in Abschnitt 7.5.1, »InfoSource anlegen«, die Einbindung einer InfoSource in einen Datenfluss in Abschnitt 7.5.4, »Einbinden einer InfoSource in den Datenfluss«. InfoSources werden genutzt, um zwei oder mehr Transformationen nacheinander durchzuführen, ohne die Daten dabei zwischenzuspeichern. Gründe dafür, eine Transformation in mehreren Transformationen mit InfoSources dazwischen nutzen zu wollen, können semantischer Natur sein oder sich aus der Komplexität der abzubildenden Logik ergeben. Typische Szenarien für die Verwendung von

InfoSources behandeln wir in Abschnitt 7.5.5, »Szenarien für die Verwendung von InfoSources«.

### 7.5.1 InfoSource anlegen

**InfoSource anlegen**

Die gegebenenfalls in Ihrem Unternehmen vorhandene Referenzarchitektur und Namenskonventionen legen fest, in welcher InfoArea eine InfoSource anzulegen ist und welchen technischen Namen sie bekommt. In unserem Beispiel soll die InfoSource Business-Logik enthalten. Sie wird somit dem Business Transformation Layer zugeordnet, was durch BL im technischen Namen ersichtlich ist. Zum Anlegen einer InfoSource öffnen Sie mit einem Rechtsklick das Kontextmenü der InfoArea, in der die InfoSource angelegt werden soll. und wählen dort den Eintrag **Neu • InfoSource...** (siehe Abbildung 7.46).

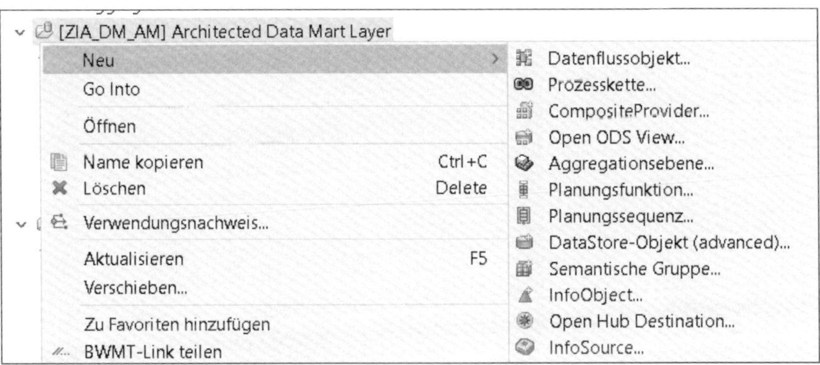


**Abbildung 7.46** InfoSource aus dem Kontextmenü einer InfoArea anlegen

Im Pop-up-Fenster **Neue InfoSource** sind die Felder **BW-Projekt**, **Paket** und **InfoArea** bereits vorbelegt (siehe Abbildung 7.47). Falls nötig, können Sie hier Änderungen vornehmen. Wenn Sie den Haken bei **Zu Favoriten hinzufügen** setzen, wird die InfoSource Ihren Favoriten hinzugefügt. Geben Sie hier im Feld **Name** den technischen Namen der InfoSource ein. Im Feld **Beschreibung** können Sie eine sprechende Beschreibung hinterlegen, die auch nachträglich angepasst werden kann.

**InfoSource mit Vorlage anlegen**

Falls Ihre neue InfoSource dieselbe Struktur wie eine bereits vorhandene InfoSource haben soll, können Sie die Kopiervorlage im Feld **Kopieren aus** eintragen. Dies ist nur möglich, wenn im Bereich **Vorlagen** das Feld **Keine** ausgewählt ist. Wenn die InfoSource dieselbe Struktur erhalten soll wie ein anderes bereits vorhandenes Objekt – beispielsweise ein aDSO –, haken Sie im Bereich **Vorlagen** die Art des bereits vorhandenen Objektes an, z. B. **DataSource** (in Kombination mit dem jeweiligen **Quellsystem**), **InfoProvi-**

**der** oder **InfoObject**. Geben Sie im Feld/den Feldern dahinter den technischen Namen und im Falle einer DataSource auch das Quellsystem des Vorlageobjektes an. Mit einem Klick auf **Finish** erstellen Sie die InfoSource. Sie können sie anschließend bearbeiten.

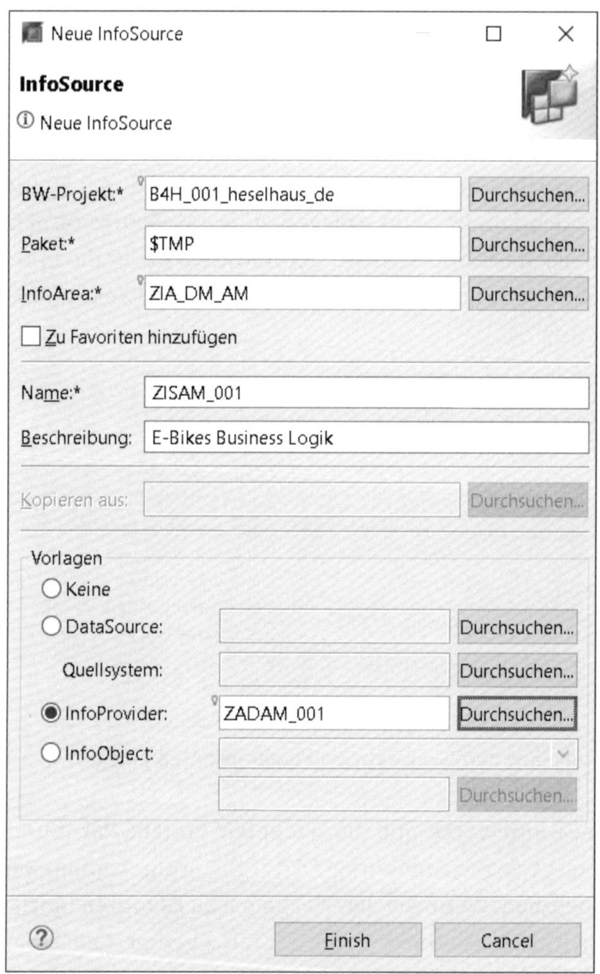


**Abbildung 7.47** InfoSource anlegen

### 7.5.2 InfoSource administrieren: Allgemein

**Der Tab »Allgemein«**

Auf dem Tab **Allgemein** können Sie die **Beschreibung** der InfoSource ändern (siehe Abbildung 7.48). Außerdem können Sie festlegen, wie sich die InfoSource verhält, wenn sie Ziel einer Transformation ist. So können Sie festlegen, ob die Sätze bezüglich der InfoSource-Schlüsselfelder aggregiert werden sollen und ob der Recordmode (das technische Feld `0RECORDMODE`, siehe Abschnitt 5.6.5, »aDSO administrieren: Allgemein«) so befüllt werden soll, als wenn die InfoSource ein aktiviertes aDSO wäre.

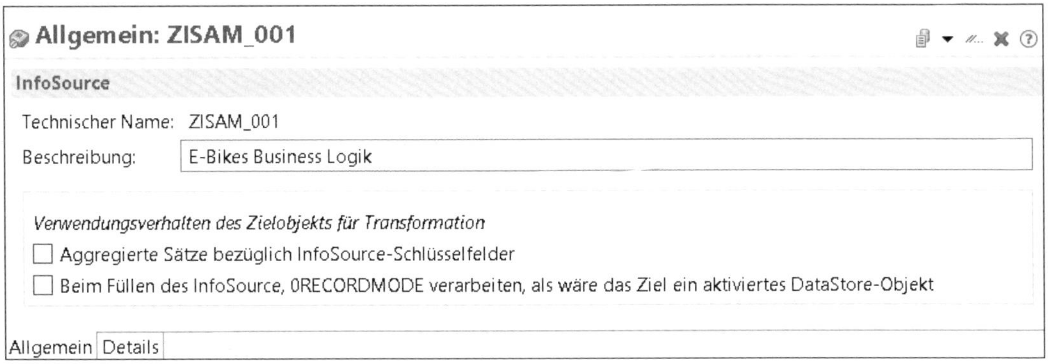

**Allgemein: ZISAM_001**

**InfoSource**

Technischer Name: ZISAM_001

Beschreibung: E-Bikes Business Logik

*Verwendungsverhalten des Zielobjekts für Transformation*

☐ Aggregierte Sätze bezüglich InfoSource-Schlüsselfelder

☐ Beim Füllen des InfoSource, 0RECORDMODE verarbeiten, als wäre das Ziel ein aktiviertes DataStore-Objekt

Allgemein | Details

**Abbildung 7.48** Allgemeine Einstellungen

### 7.5.3 InfoSource administrieren: Details

**Der Tab »Details«**

Auf dem Tab **Details** können Sie im Bereich **Felder** die Struktur der Info-Source definieren (siehe Abbildung 7.49). Dies geschieht größtenteils analog zur Definition eines aDSO (siehe Abschnitt 5.6.6, »aDSO administrieren: Details«).

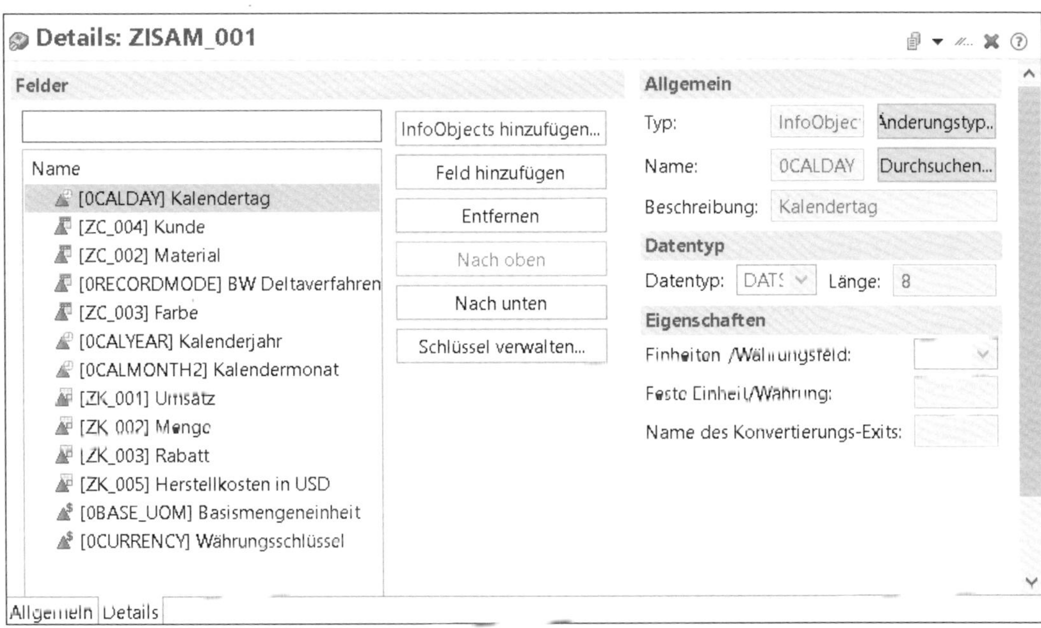


**Abbildung 7.49** Definition der Struktur

Zum Abschluss muss die InfoSource aktiviert werden, bevor Sie sie zum Aufbau von Datenflüssen verwenden können (siehe Abschnitt 7.5.4, »Einbinden einer InfoSource in den Datenfluss«). In der InfoArea, in der die InfoSource angelegt wurde, gibt es nun einen neuen Ordner **InfoSource**, in dem sich die InfoSource befindet (siehe Abbildung 7.50 in Abschnitt 7.5.4, »Einbinden einer InfoSource in den Datenfluss«).

### 7.5.4 Einbinden einer InfoSource in den Datenfluss

Wenn in einem Datenfluss eine InfoSource genutzt werden soll, bedeutet dies immer, dass mindestens zwei Transformationen angelegt werden müssen: mindestens eine eingehende und mindestens eine ausgehende Transformation. Im Prinzip können Sie eine InfoSource ähnlich wie ein aDSO in einen Datenfluss einbinden.

**Eingehende Transformation**

Zum Anlegen einer eingehenden Transformation öffnen Sie das Kontextmenü der InfoSource. Wählen Sie dort den Eintrag **Neu • Transformation...** (siehe Abbildung 7.50).

**Abbildung 7.50** Eingehende Transformation anlegen

Im Pop-up-Fenster **Neue Transformation**. ist die InfoSource im Bereich **Ziel** bereits vorbelegt (siehe Abbildung 7.51). Im Bereich **Quelle** tragen Sie nun das Quellobjekt, in der Regel eine DataSource oder ein aDSO, ein. Sollen Transformationsregeln aus einer bereits vorhandenen Transformation übernommen werden, wählen Sie diese andere Transformation im Feld **Regeln kopieren aus** aus. Über die Schaltfläche **Finish** wird die neue Transformation angelegt.

Wie jede andere Transformation auch kann diese Transformation Regeln sowie Programmierung zur Befüllung der Zielfelder (hier: der InfoSource) enthalten. Das Anlegen von Transformationen haben wir Ihnen in Abschnitt 6.1, »Transformationen«, und Abschnitt 7.6, »Transformationen (erweitert)«, bereits vorgestellt. Nachdem die Transformation aktiviert wurde, kann sie genutzt werden.

**Ausgehende Transformation**

Zum Anlegen einer ausgehenden Transformation öffnen Sie mit einem Rechtsklick das Kontextmenü des Zielobjektes. Wählen Sie dort den Menüeintrag **Neu • Transformation...** (siehe Abbildung 7.52).

**Abbildung 7.51** Eingehende Transformation definieren

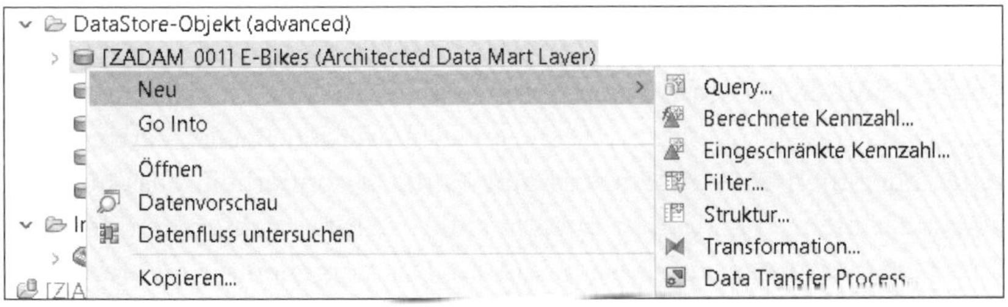

DataStore-Objekt (advanced)
[ZADAM_001] E-Bikes (Architected Data Mart Layer)
Neu
Go Into
Öffnen
Datenvorschau
Datenfluss untersuchen
Kopieren...
Query...
Berechnete Kennzahl...
Eingeschränkte Kennzahl...
Filter...
Struktur...
Transformation...
Data Transfer Process

**Abbildung 7.52** Ausgehende Transformation anlegen

Auch hier öffnet sich das Pop-up-Fenster **Neue Transformation** (siehe Abbildung 7.53). Wieder ist das **Ziel** – in unserem Beispiel ein aDSO – bereits vorbelegt. Im Bereich **Quelle** wählen Sie nun den Objekttyp **InfoSource** aus und tragen im Feld **Objektname** die konkrete InfoSource ein. Auch hier können Sie Transformationsregeln aus einer bereits vorhandenen Transformation übernehmen: Wählen Sie in diesem Fall die andere Transformation im Feld **Regeln kopieren aus** aus. Über die Schaltfläche **Finish** wird die neue Transformation angelegt.

**Abbildung 7.53** Ausgehende Transformation definieren

**DTP mit InfoSource**

Zum Ausführen der Transformationen muss noch ein DTP (siehe Abschnitt 6.2, »Datentransferprozesse (DTPs)«) angelegt werden. Bei der Verwendung einer oder mehrerer InfoSources gibt es die Besonderheit, dass ein DTP zwei oder mehr Transformationen ausführt. Wir betrachten hier den Fall, dass *eine* InfoSource zum Einsatz kommt. Das Vorgehen für mehrere InfoSources ist analog.

InfoSources haben keine Datenhaltung. Daher können sie nicht Start- oder Zielpunkt eines DTP sein. Ein DTP geht immer von einem InfoProvider zum nächsten InfoProvider, z. B. von einer DataSource zu einem aDSO oder InfoObject oder von einem aDSO zu einem anderen aDSO, unabhängig davon, ob sich InfoSources dazwischen befinden. Um einen DTP anzulegen, der die Eingangs- und die Ausgangstransformation zu einer InfoSource ausführt, öffnen Sie das Kontextmenü zu einer der beiden Transformationen (eingehend oder ausgehend). Wählen Sie dort den Eintrag **Neu • Data Transfer Process...** (siehe Abbildung 7.54).

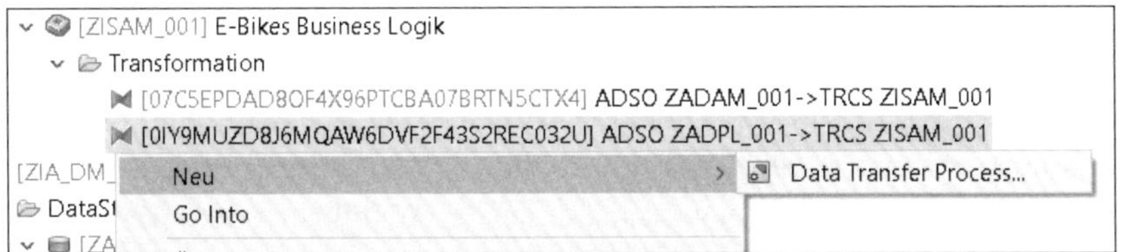


**Abbildung 7.54** DTP mit Verwendung einer InfoSource anlegen

Im Pop-up-Fenster **Neuer Datentransferprozess** müssen Sie nun eine **Quelle** und ein **Ziel** definieren (siehe Abbildung 7.55). Hier sind die entsprechenden InfoProvider auszuwählen. InfoSources können hier *nicht* angegeben werden – da es sich bei ihnen ja um virtuelle Objekte ohne eigene Datenhaltung handelt. Über **Next >** kommen Sie zum nächsten Schritt.

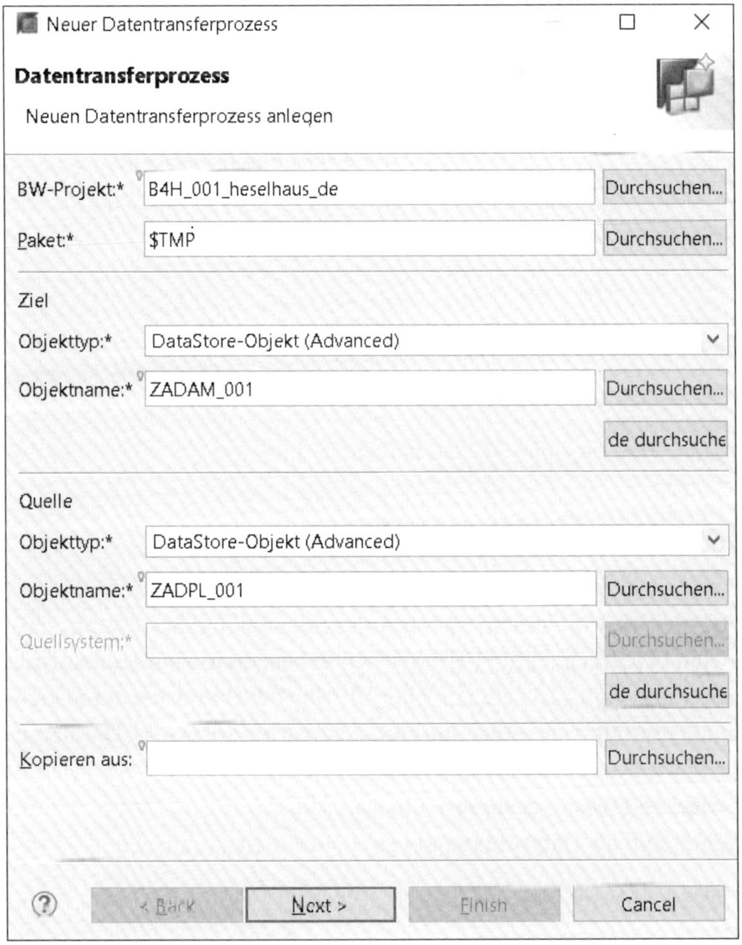

**Abbildung 7.55** DTP anlegen

Falls es zwischen dem Quell- und dem Zielobjekt mehrere mögliche Verbindungen gibt, z. B. eine direkte Transformation und eine oder mehrere InfoSources mit ein- und ausgehender Transformation, wird hier nun die **Pfadauswahlseite** angezeigt (siehe Abbildung 7.56). Hier können Sie einen Pfad auswählen. Nur dieser wird später bei der Ausführung des DTP berücksichtigt.

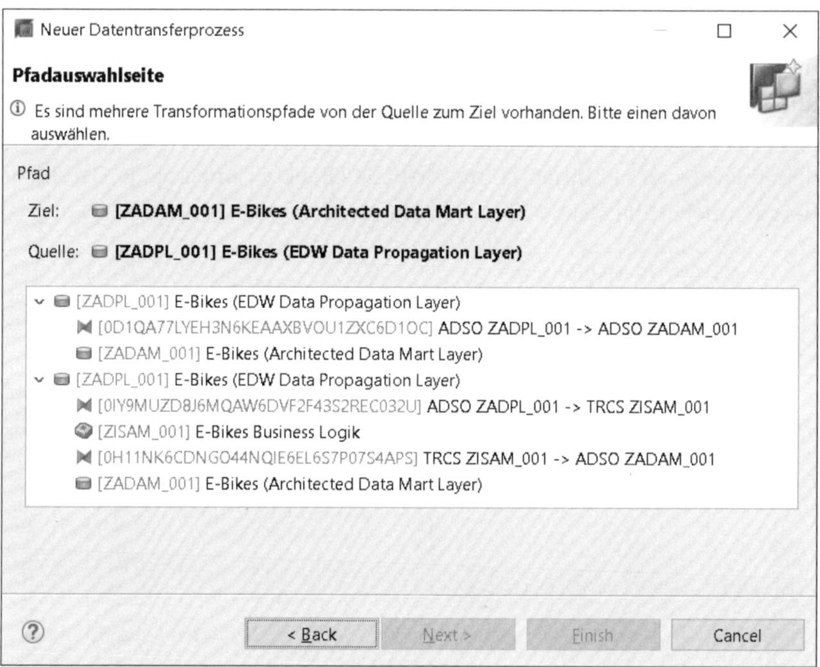


**Abbildung 7.56** Pfad für einen DTP auswählen

### 7.5.5 Szenarien für die Verwendung von InfoSources

**Datenfluss ohne InfoSources**

Der einfachste Datenfluss ist der zwischen einer Quell-DataSource/einem Quell-InfoProvider und einem Ziel-InfoProvider (siehe Abbildung 7.57). Zwischen den beiden Objekten befindet sich dabei genau eine Transformation, die die Übertragungsegeln zur Überführung der Daten aus dem Quell- ins Zielobjekt enthält (siehe Abschnitt 6.1, »Transformationen«). Die Datenübertragung wird durch entsprechende DTPs (siehe Abschnitt 6.2, »Datentransferprozesse (DTPs)«) gesteuert. Ein Datenfluss ohne InfoSources kann performanter sein als Datenflüsse, die eine oder mehrere InfoSources verwenden.

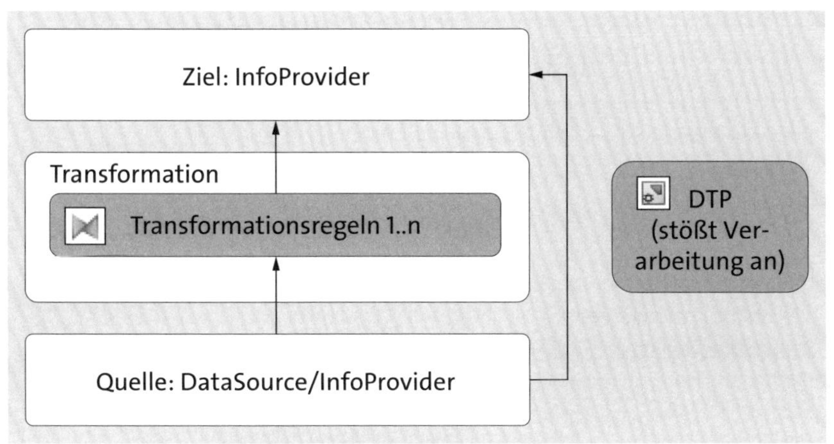


**Abbildung 7.57** Einfacher Datenfluss ohne InfoSource

**Transformationen zwischen derselben Quellobjekt-Zielobjekt-Paarung**

Zwischen einem Quell- und einem Zielobjekt kann in SAP BW/4HANA, wie auch in älteren SAP-BW-Systemen, immer nur eine Transformation definiert werden. Es sind aber Szenarien denkbar, in denen Sie gerne eine zweite Transformation zwischen derselben Paarung aus Quell- und Zielobjekt implementieren möchten, beispielsweise zur Korrektur von Daten. In diesem Fall können Sie eine zweite und gegebenenfalls weitere Transformationen zwischen derselben Quellobjekt-Zielobjekt-Paarung über die Verwendung von einer oder mehreren InfoSources realisieren (siehe Abbildung 7.58).

Dabei bietet es sich an, dass die InfoSource die Struktur des Quell- oder des Zielobjektes besitzt. Im ersten Fall enthält die Transformation zwischen Quellobjekt und InfoSource lediglich eine 1:1-Fortschreibung und keine weiteren Transformationsregeln. Die eigentliche Transformationslogik wird in der Transformation zwischen der InfoSource und dem Zielobjekt hinterlegt. Besitzt die InfoSource die Struktur des Zielobjektes, enthält die Transformation zwischen dem Quellobjekt und der InfoSource die eigentliche Transformationslogik. Zwischen der InfoSource und dem Zielobjekt wird dann keine weitere Logik implementiert.

**Einsatz von InfoSources**

Eine InfoSource kann grundsätzlich mit jeder beliebigen Struktur frei aufgebaut werden. Die Verteilung der Logik auf die ein- und die ausgehende Transformation können Sie ebenfalls beliebig vornehmen. Grundsätzlich ist es auch möglich, mehrere InfoSources zwischen derselben Quellobjekt-Zielobjekt-Paarung zu definieren. Diese Möglichkeit sollten Sie aber sparsam einsetzen.

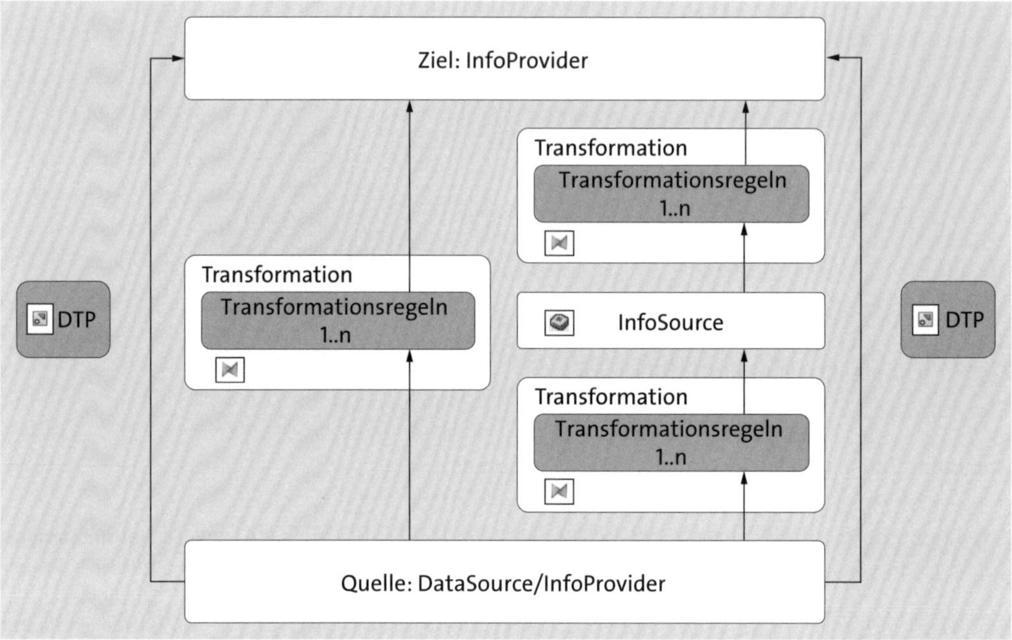

**Abbildung 7.58** Transformationen zwischen derselben Paarung aus Quell- und Zielobjekt

**Anwendungsszenario: gleiche Daten aus verschiedenen Quellen**

Wenn mehrere Quellobjekte mit unterschiedlichen Strukturen Daten an ein Zielobjekt liefern sollen, müssten sie jeweils mit einer eigenen Transformation an das Zielobjekt angeschlossen werden. Ein Beispiel ist die Verwendung von unterschiedlichen DataSources aus verschiedenen Quellsystemen mit anschließender Verbuchung der Daten in ein gemeinsames Ziel. Ein Teil der Logik müsste mehrfach im System gepflegt werden, einmal für jede Transformation. Hier kann die Verwendung einer InfoSource die redundante Implementierung der Business-Logik verhindern. Das Format der Daten aus den unterschiedlichen Quellen wird in spezifischen Transformationen zwischen Quellsystemen und InfoSource angepasst. Die Business-Logik wird dann nur einmal zwischen InfoSource und Zielobjekt implementiert und kann hier, falls erforderlich, zentral angepasst werden (siehe Abbildung 7.59).

**Gleiche Daten für verschiedenen Ziele**

Ein weiteres Szenario für die Verwendung von InfoSources ist die Verbuchung derselben Daten aus einer Quelle in verschiedene Ziele, wobei ein Teil der Logik für alle Ziele Anwendung finden soll. Diese Logik kann dann in einer Transformation zwischen Quellobjekt und InfoSource implementiert und dort zentral gepflegt werden. Die Transformationen zwischen der InfoSource und den Zielobjekten enthalten dann lediglich die zielspezifische Logik (siehe Abbildung 7.60).

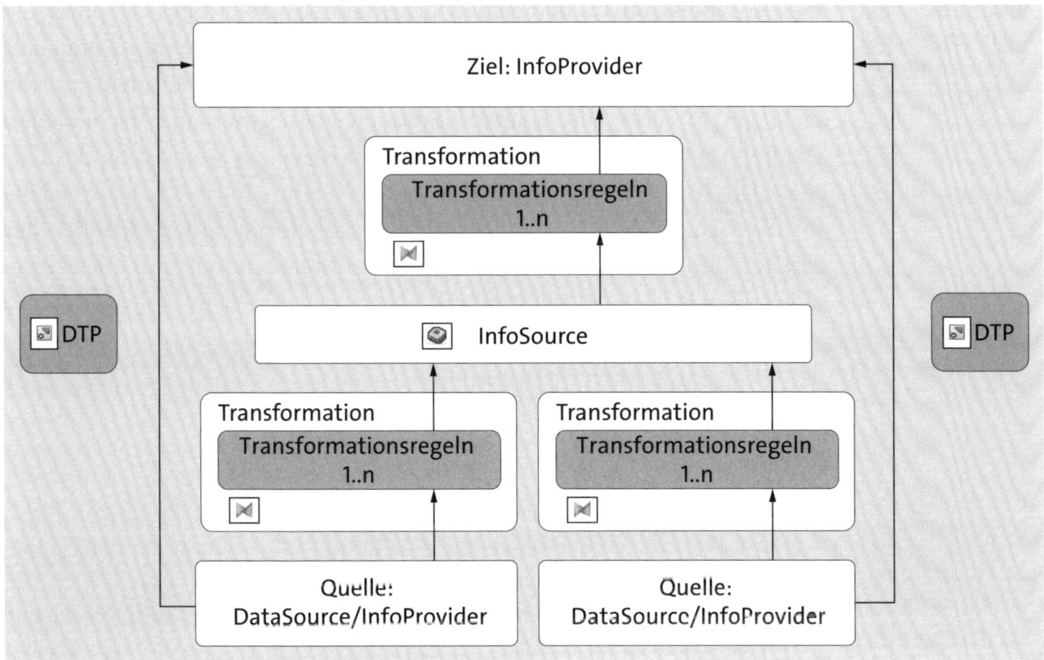


**Abbildung 7.59** Verschiedene Quellobjekte, ein Zielobjekt

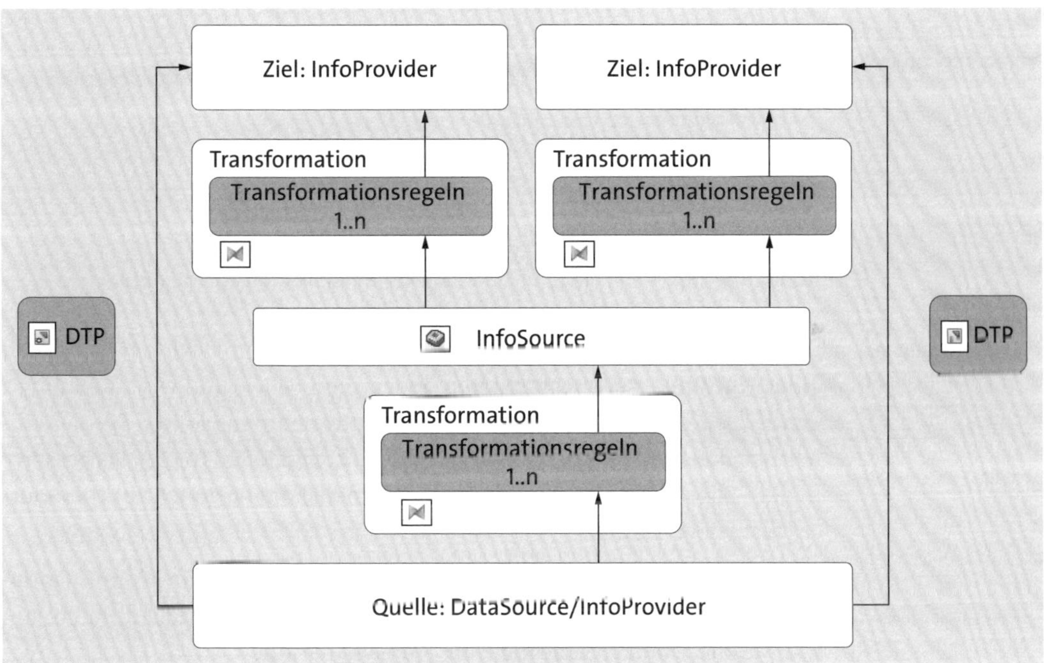


**Abbildung 7.60** Ein Quellobjekt, verschiedene Zielobjekte

**Gleiche Daten aus unterschiedlichen Quellen für verschiedene Ziele**

Eine Kombination aus den beiden vorgenannten Szenarien kann durch die Verwendung zweier InfoSources abgebildet werden: Gleiche Daten aus unterschiedlichen Quellen werden in mehrere identische oder ähnliche Ziele geschrieben. Die Transformationen zwischen den verschiedenen Quellen und der ersten InfoSource dienen dabei zur Anpassung des Formats. Die Transformation zwischen den beiden InfoSources hält zentral die Business-Logik, die für alle Ziele gilt. Die Transformationen zwischen der zweiten InfoSource und den Zielobjekten enthalten jeweils nur die zielspezifische Logik (siehe Abbildung 7.61).

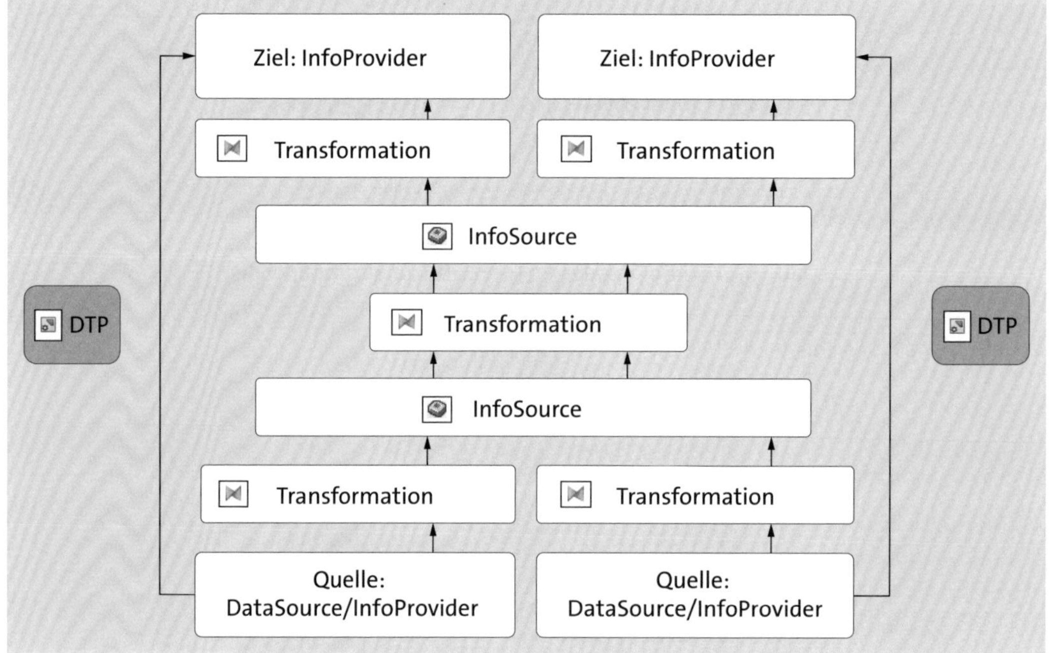


**Abbildung 7.61** Verschiedene Quellobjekte, verschiedene Zielobjekte

**Entwicklungsrichtlinien für InfoSources**

Grundsätzlich empfiehlt es sich, in den SAP-BW-Entwicklungsrichtlinien eines Unternehmens festzuhalten, in welchen Fällen und wie InfoSources genutzt werden dürfen. Innerhalb eines Unternehmens sollten Sie dies einheitlich handhaben, um die Wartbarkeit sicherzustellen und zu verbessern. In dem Zuge sollten auch einheitliche Namenskonventionen für InfoSources festgelegt werden.

Auch im letzten Abschnitt dieses Kapitels beschäftigen wir uns mit Optionen zur weiteren Ausgestaltung von Datenflüssen. Wir stellen Ihnen vor, wie Sie die Übertragungslogik in Transformationen durch Programmierung ergänzen oder frei gestalten können.

## 7.6 Transformationen (erweitert)

In Abschnitt 6.1, »Transformationen«, haben wir Transformationen bereits eingeführt. Transformationen enthalten in SAP BW/4HANA 2.0 die Übertragungsregeln, die zur Anwendung kommen, wenn Daten aus einer Quelle in ein Ziel fortgeschrieben werden sollen, z. B. von einer DataSource in ein aDSO oder in ein InfoObject, von einem aDSO in ein anderes aDSO oder auch von einer Quelle in eine InfoSource (siehe Abschnitt 7.5, »InfoSources«) und von dort weiter in ein Ziel. Für den Einstieg haben wir uns in Abschnitt 6.1, »Transformationen«, auf Datenoperationen konzentriert, die mit einfachen Transformationsregeln wie direkter Zuweisung, Formeln oder Feldroutinen auf der grafischen Oberfläche der SAP HANA Modeling Tools im SAP HANA Studio implementiert werden können. Wir hatten aber bereits darauf hingewiesen, dass SAP BW/4HANA 2.0 Ihnen die Möglichkeit bietet, auch komplexere Logik zur Datenmanipulation in Transformationen zu hinterlegen. Welche Möglichkeiten es hier gibt, lernen Sie in diesem Abschnitt.



**Komplexere Übertragungsregeln mit ABAP und AMDPs**

Umsteigerinnen und Umsteiger von älteren SAP-BW-Versionen kennen bereits die Start-, End- und Expertenroutinen. In der Vergangenheit konnten hier komplexere Übertragungsregeln in ABAP implementiert werden. Diese Möglichkeit besteht weiterhin, jedoch stehen in SAP BW/4HANA 2.0 daneben die neuen AMDPs zur Implementierung von Routinen zur Verfügung. Beide Verfahren stellen wir in diesem Abschnitt vor. Unser Fokus liegt darauf, die grundlegende Funktionsweise von Routinen im Rahmen einer Transformation vorzustellen, einen Überblick über die Implementierung der Routinen in beiden Programmiersprachen zu geben sowie die Stärken und Schwächen von ABAP und AMDP-Routinen gegenüberzustellen. Zur besseren Orientierung beginnen wir in Abschnitt 7.6.1 mit einem Überblick über den grundsätzlichen Ablauf einer Transformation mit und ohne Start-, End- und Expertenroutinen.

[!]

**Kein Code-Pushdown bei der Verwendung von ABAP-Routinen**

ABAP-Routinen können nicht in der SAP-HANA-Datenbank ausgeführt werden, sondern laufen auf dem Applikationsserver bzw. im SAP BW ab. Im Detail lädt die ABAP-Routine die Daten paketweise aus dem Quellobjekt in der SAP-HANA-Datenbank in den Speicher des ABAP-Applikationsservers, wo dann die Transformationslogik ausgeführt wird. Anschließend werden die bearbeiteten Datenpakete in das Zielobjekt in der SAP-HANA-Datenbank übertragen. Bei der Verwendung von ABAP-Routinen müssen die Daten also zweimal zwischen Datenbank- und Applikationsserver ausgetauscht werden.

Bei der Ausführung von AMDP-Routinen findet hingegen ein Code-Pushdown statt. Die Routinen werden nicht auf dem Applikationsserver oder im SAP BW, sondern direkt in der SAP-HANA-Datenbank ausgeführt, was in der Regel zu einer deutlich verbesserten Performance führt: zum einen, da der zweifache Datentransfer zwischen Datenbank- und Applikationsserver entfällt, zum anderen, da die Stärken der Calculation Engine der SAP HANA bei den Berechnungen zum Tragen kommen.

Grundsätzlich sollten Transformationen in SAP BW/4HANA 2.0 immer in der SAP-HANA-Datenbank ausgeführt werden. Enthält eine Transformation aber eine oder mehrere Komponenten, die dies nicht erlauben, beispielsweise in ABAP implementierte Routinen, ist dies nicht möglich. Um die Stärken von SAP HANA zu nutzen, sollten Sie Routinen daher in der Regel möglichst als AMDP-Routinen implementieren.

### 7.6.1 Ablauf einer Transformation mit Routinen

**Transformation ohne Routinen**

Im einfachsten Fall werden beim Ausführen eines DTP Daten aus dem Quellobjekt (DataSource, aDSO, InfoSource, InfoObject) extrahiert, durch die Transformationsregeln in einer Transformation verändert und anschließend in ein Zielobjekt (aDSO, InfoSource, InfoObject) übertragen (siehe Abbildung 7.62 und Abschnitt 6.2, »Datentransferprozesse (DTPs)«). Die Transformationsregeln können dabei wie in Abschnitt 6.1, »Transformationen«, erläutert auf der grafischen Oberfläche in den SAP Modeling Tools im SAP HANA Studio implementiert werden. In der Quelle liegt dabei eine bestimmte Anzahl an Datensätzen vor. Abhängig von den Einstellungen im DTP werden alle Datensätze oder nur ein Teil der Datensätze aus der Quelle gelesen. Aus Performancegründen werden die Datensätze dabei in Datenpakete unterteilt und anschließend paketweise gelesen. Die Größe der einzelnen Datenpakte können Sie im DTP festlegen (siehe Abschnitt 6.2.2, »DTP administrieren: Allgemein«). In der Transformation wird zunächst das erste Datenpaket verarbeitet und in das Ziel verbucht, anschließend das zweite und so weiter, bis alle Daten verarbeitet wurden. Bei erfolgreicher Verarbeitung aller Datenpakete enthält der entsprechende Request am Ende den Status grün (siehe Abschnitt 6.2.5, »DTP administrieren: Laufzeiteigenschaften«).

**Start- und Endroutinen**

Wenn in einer Transformation Logik implementiert werden soll, bei der die grafische Modellierung an ihre Grenzen stößt, können Sie zusätzlich je Transformation eine Start- und/oder eine Endroutine implementieren. Falls vorhanden, wird die Startroutine beim Ausführen des DTP für jedes Datenpaket durchlaufen. Anschließend werden die Transformationsregeln auf das Datenpaket angewendet. Nach den Transformationsregeln wird, falls vorhanden, die Endroutine durchlaufen, bevor die Daten in das Ziel fortgeschrieben werden. Die Ein- und Ausgangsparameter für Start- bzw. Endroutinen erläutern wir in Abschnitt 7.6.6, »Startroutinen«, und Abschnitt 7.6.7, »Endroutinen«.

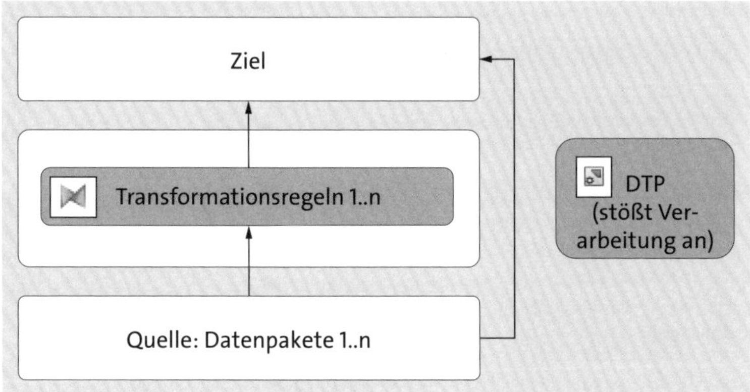


**Abbildung 7.62** Transformation mit Ablaufdiagramm ohne Routinen

**Expertenroutinen**

Alternativ können Sie anstelle der Transformationsregeln und gegebenenfalls der Start- und/oder Endroutine eine Expertenroutine implementieren. Die Expertenroutine enthält in diesem Fall die gesamte Transformationslogik, gegebenenfalls zuvor implementierte Transformationsregeln werden beim Anlegen der Expertenroutine gelöscht. Abbildung 7.63 veranschaulicht die Reihenfolge der Logik innerhalb einer Transformation. Die Nutzung von Expertenroutinen beschreiben wir in Abschnitt 7.6.8, »Expertenroutinen«.

**Eingangsstruktur und Zielstruktur**

Nach dem Auslesen der Daten aus der Quelle liegen die Daten im Format der Quelle vor. Die Ihnen gegebenenfalls aus der Vergangenheit bereits bekannte ABAP-Startroutine greift paketweise auf die Daten zu, die in der Eingangsstruktur `SOURCE_PACKAGE` bereitgestellt werden. Das Ergebnis der Startroutine wird wieder in die Eingangsstruktur `SOURCE_PACKAGE` geschrieben (siehe Abbildung 7.64). Aus der Startroutine kann nicht auf die Zielstruktur `RESULT_PACKAGE` zugegriffen werden. In der Startroutine können einzelne Werte verändert, ganze Datensätze gelöscht oder neu hinzugefügt oder die Daten aus der Quelle verworfen und in der Startroutine neue Daten generiert werden. Die Transformationsregeln greifen auf die (gegebenenfalls durch die Startroutine bereits veränderten) Daten in der Eingangsstruktur `SOURCE_PACKAGE` zu, unabhängig davon, ob eine Startroutine genutzt wird. Nach dem Durchlauf der Transformationsregeln werden die Daten in die Zielstruktur `RESULT_PACKAGE` geschrieben (siehe Abbildung 7.64). Die Endroutine greift dann paketweise auf die gegebenenfalls durch Transformationsregeln bereits veränderten Daten in der Zielstruktur RESULT_PACKAGE zu. Das Ergebnis der Endroutine wird dann ebenfalls wieder in die Zielstruktur geschrieben. Eine Expertenroutine greift paketweise auf die Daten in der Eingangsstruktur SOURCE_PACKAGE zu.

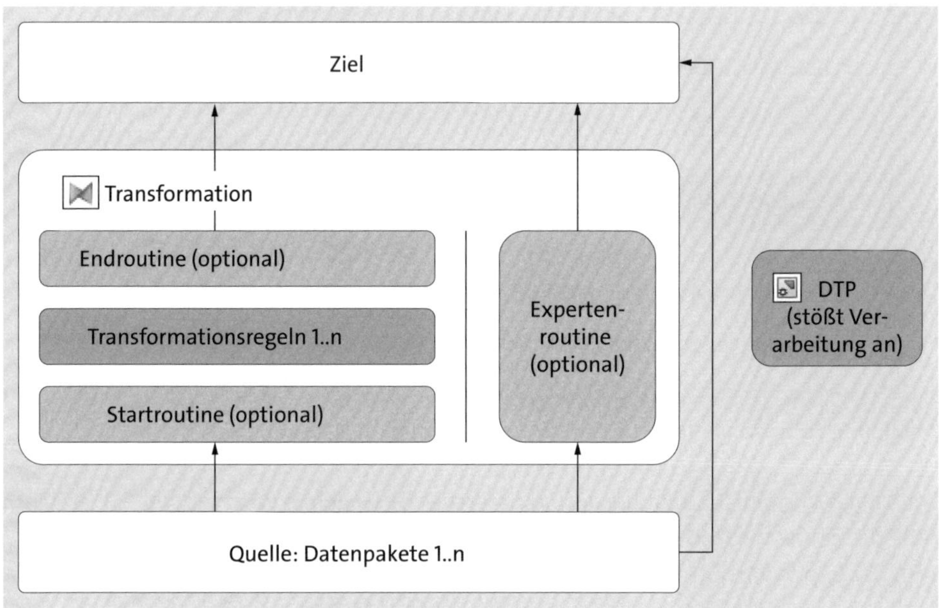


**Abbildung 7.63** Transformation mit Ablaufdiagramm mit Routinen

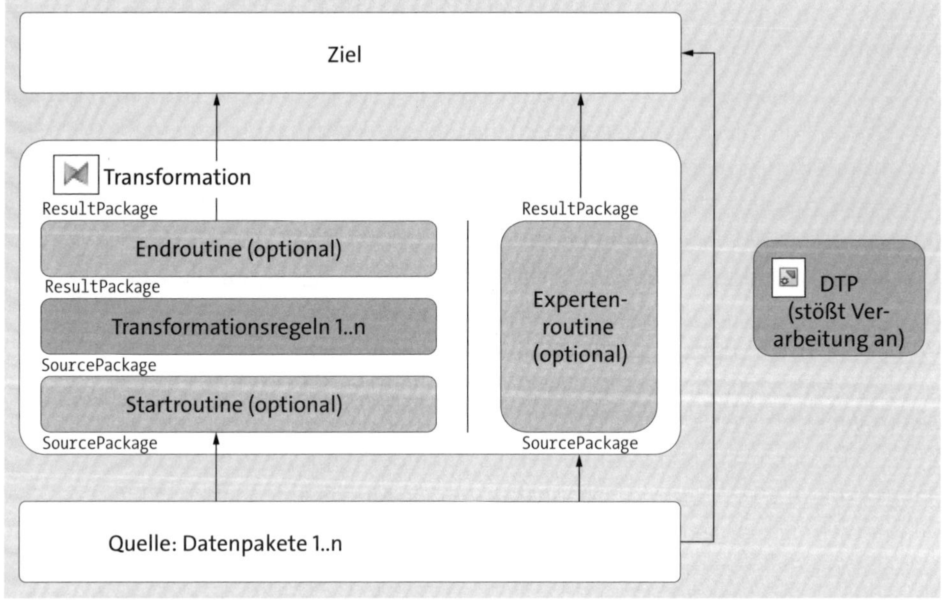


**Abbildung 7.64** SourcePackage und ResultPackage in der Transformation

Das Ergebnis einer Expertenroutine wird in die Zielstruktur RESULT_PACKAGE geschrieben. Zusätzliche Übertragungsregeln gibt es im Zusammenspiel mit einer Expertenroutine nicht.

### 7.6.2 Die neuen ABAP Managed Database Procedures

AMDP

Neu in SAP BW/4HANA ist, dass Transformationsroutinen neben ABAP auch als *ABAP Managed Database Procedures* (AMDPs) implementiert werden können. Bei AMDPs handelt es sich um ABAP-verwaltete Prozeduren. Das AMDP-Framework geht mittlerweile aber über die Verwaltung der Prozeduren hinaus und bietet weitere Funktionen wie CDS-Table Functions und skalare bzw. Tabellenfunktionen. SAP BW/4HANA stellt für ABAP-Klassen zur Verfügung, in denen die AMDP-Methoden in SQLScript implementiert werden können. Hierbei wird darauf zurückgegriffen, dass die SAP-HANA-Datenbank über die Standard-Datenbank-Abfragesprache SQL ansprechbar ist. Bei den AMDPs handelt es sich somit um eine SAP-seitige Erweiterung von SQL, die Ihnen die Erstellung längerer Programme ermöglicht.



AMDP-Methoden werden also als Methoden in ABAP-Klassen implementiert, wobei sie keinen ABAP-Code enthalten, sondern in *SQLScript* (auch *SAP HANA Script* oder *AMDP Script*) implementiert werden. Die AMDPs werden wie ABAP-Coding über das ABAP-Transportsystem zwischen den verschiedenen SAP-Systemen transportiert, z. B. Entwicklungs-, Test- und Produktivsystem.

### 7.6.3 AMDP- versus ABAP-Routinen

ABAP ist eine mächtige Programmiersprache für die Implementierung von Transformationsroutinen. In der Entwicklungsumgebung gibt es unterstützende Funktionen wie Syntax-Highlighting, Vorwärtsnavigation bei Fehlern oder Debugging. AMDP-Entwicklerinnen und -Entwickler mussten zu Beginn mit einem abgespeckten Funktionsumfang, beispielsweise ohne Debugging auskommen und zunächst SQLScript-Entwicklungskompetenz erwerben.

Vorteile

Mittlerweile finden AMDP-Routinen im SAP-BW/4HANA-Umfeld zunehmend Verbreitung, womit auch das Implementierungs-Knowhow im SAP-BW-Umfeld steigt. Das Syntax-Highlighting und die Debugging-Funktionen stehen nun auch für AMDP-Routinen zur Verfügung, sodass die AMDP-Umgebung im Rahmen der Implementierung von Transformationsroutinen zunehmend mächtiger wird.

Die direkt auf der SAP-HANA-Datenbank ausgeführten Transformationen sind häufig, aber nicht immer performanter.

### 7.6.4 Anlegen von Start-, End- und Expertenroutinen

**SAP-HANA-Laufzeit und ABAP-Laufzeit**

Grundsätzlich werden in SAP BW/4HANA 2.0 Routinen in Transformationen als AMDPs – also unter Verwendung von SQLScript – angelegt. Es ist aber nach wie vor möglich, klassische ABAP-Routinen anzulegen. Dafür muss je Transformation die entsprechende Laufzeit festgelegt werden. Sie finden die Einstellung in der Transformation im Tab **Allgemein** im Bereich **Laufzeiteigenschaften** (siehe Abbildung 7.65 und Abbildung 7.66). Das Anlegen von Start-, End- sowie Expertenroutinen erfolgt im Tab **Allgemein** aus dem Bereich **Globale Routinen**. In der SAP-HANA-Laufzeitumgebung erstellen Sie die AMDP-Startroutine über die obere **Anlegen...**-Schaltfläche (siehe Abbildung 7.65). Die AMDP-Endroutine können Sie über **SAP-HANA-Script anlegen...** erstellen und die Expertenroutinen über die untere der beiden **Anlegen...**-Schaltflächen. Alternativ können Sie hier auch eine ABAP-Endroutine über die Schaltfläche **ABAP anlegen...** erstellen. Die einzelnen Routinen, ihre Einsatzbereiche und Besonderheiten erläutern wir in den folgenden Abschnitten.

**Abbildung 7.65** AMDP-Laufzeitumgebung in einer Transformation

Aus der ABAP-Laufzeitumgebung können Sie Start-, End- und Expertenroutinen im Bereich **Globale Routinen** jeweils ausschließlich in ABAP über die Schaltfläche **Anlegen...** anlegen (siehe Abbildung 7.66). Ein Wechsel in die SAP-HANA-Laufzeitumgebung ist an dieser Stelle nur über die Schaltfläche **Laufzeit wechseln...** im Bereich **Laufzeiteigenschaften** möglich.

**ABAP-Projekt anlegen**

Wenn Sie im SAP HANA Studio eine ABAP- oder AMDP-Routine bearbeiten möchten, müssen Sie im SAP HANA Studio – sofern noch nicht geschehen –

zunächst ein zweites Projekt für Ihr SAP-BW/4HANA-2.0-System anlegen, in diesem Fall nicht wie üblich ein BW-Projekt, sondern ein ABAP-Projekt.

Allgemein: 0523XTCIK4SWR2ZR5TK5T40CDIYVWYHU
Überarbeitete Version
Allgemein
Technischer Name: 0523XTCIK4SWR2ZR5TK5T40CDIYVWYHU
Beschreibung: ADSO ZADPL_005 -> ADSO ZADAM_006
Ziel: [ZADAM_006] E-Bikes (Architected Data Mart Layer) (ADSO)
Quelle: [ZADPL_005] E-Bikes (EDW Data Propagation Layer) (ADSO)
Währungs- und Einheitenumrechnung ermöglichen
Einheiten auf Konsistenz prüfen
Fehlerbehebung für HANA-Routinen zulassen
Inverse Routinen für ABAP-Routinen anlegen
Initialisierung von Feldern, die NULL-Werte enthalten, für SAP HANA-Routinen
Laufzeiteigenschaften
Im Allgemeinen können Transformationen entweder in der SAP HANA-Laufzeit oder in der ABAP-Laufzeit ausgeführt werden. Dies hängt von dem verwendeten Feature-Set ab.
Transformation wird ausgeführt in **ABAP-Laufzeit** Laufzeit wechseln...
Globale Routinen
Startroutine: Anlegen...
Endroutine: Anlegen...
Expertenroutine: Anlegen...
Extraktion (0 Felder ausgewählt)
Zusätzliche Regelgruppen
Allgemein | Regeln | Technische Regeln

**Abbildung 7.66** ABAP-Laufzeitumgebung in einer Transformation

Öffnen Sie hierzu im SAP HANA Studio mit Rechtsklick das Kontextmenü des Bereichs **Project Explorer** und wählen Sie den Eintrag **New • Project...** (siehe Abbildung 7.67).

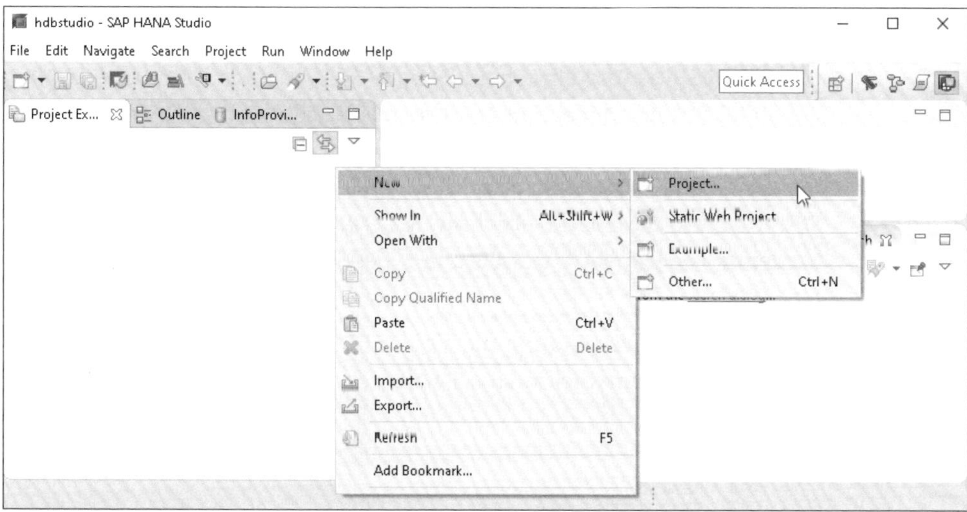


**Abbildung 7.67** ABAP-Projekt anlegen

Klappen Sie im Pop-up-Fenster **New Project** den Ordner **ABAP** auf. Wählen Sie hier den Eintrag **ABAP Project**, und klicken Sie auf **Next >** (siehe Abbildung 7.68).

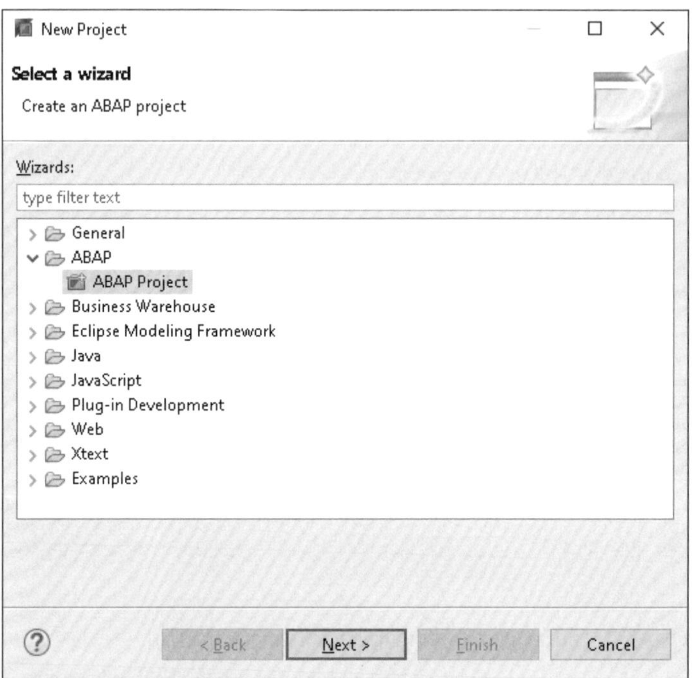


**Abbildung 7.68** ABAP-Projekt anlegen

Im Pop-up-Fenster **New ABAP Project** werden Ihnen die gegebenenfalls bereits auf Ihrem Client vorhandenen Systemverbindungen angezeigt (in Abbildung 7.69 ausgeblendet). Ist das gewünschte System hier enthalten, markieren Sie es und klicken auf **Next >**. Anderenfalls klicken Sie auf den Link **new system connection**. In diesem Fall sollte das gewünschte System bereits vorhanden sein: Es ist Ihr SAP-BW/4HANA-2.0-System, mit dem Sie bereits arbeiten. Die Eingabe der Daten zur Einrichtung der zusätzlichen Systemverbindung ist in Abschnitt 3.2.2, »Modellierung mit den SAP BW Modeling Tools im SAP HANA Studio«, beschrieben.

Im folgenden Pop-up-Fenster, **New ABAP Project**, werden Ihnen nach Auswahl der Systemverbindung die Verbindungsdaten angezeigt. Bestätigen Sie diese mit einem Klick auf die Schaltfläche **Next >** (siehe Abbildung 7.70).

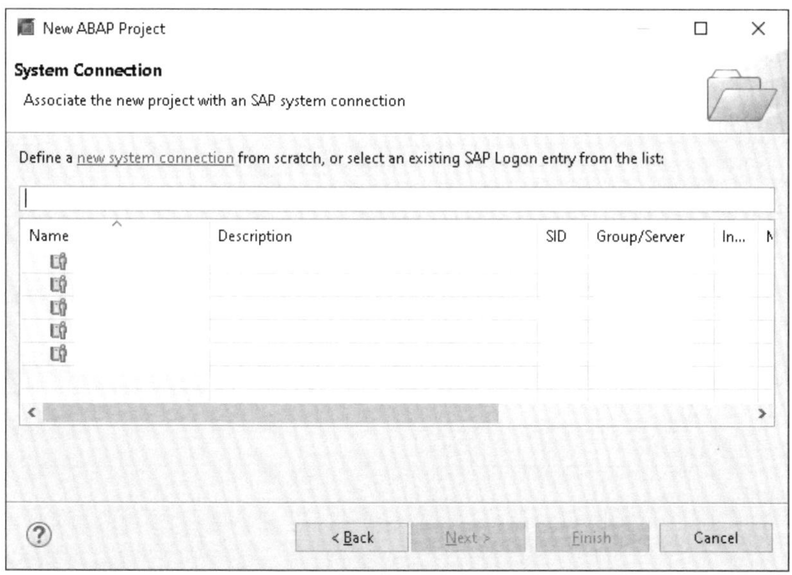


**Abbildung 7.69** Vorhandene Systemverbindung auswählen oder neue Verbindung anlegen

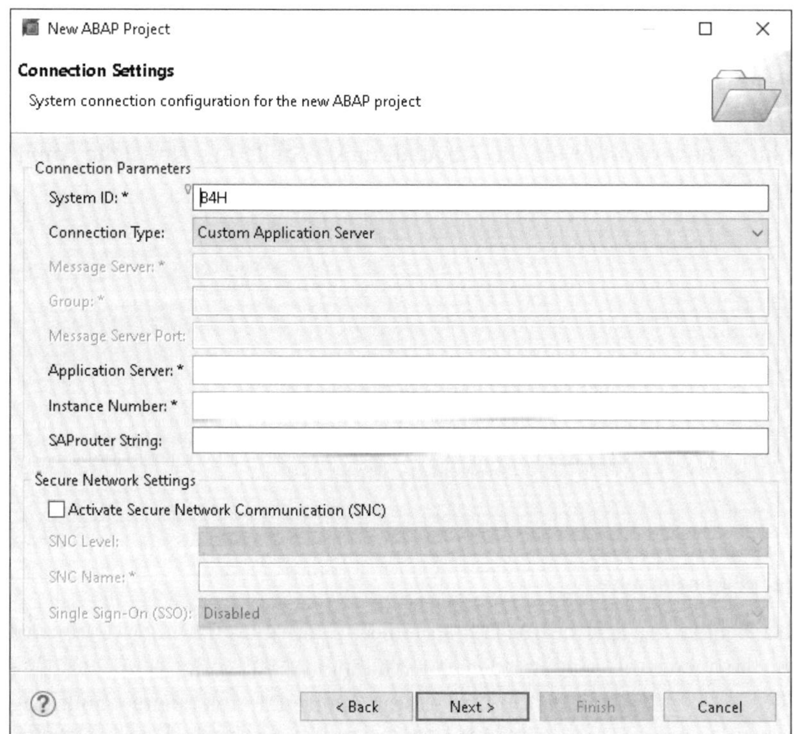


**Abbildung 7.70** Systemverbindung: Verbindungsdetails anzeigen

Geben Sie im folgenden Pop-up-Fenster **New ABAP Project** Ihre Anmeldedaten ein, um das ABAP-Projekt direkt mit Ihrem SAP-BW/4HANA-2.0-System zu verbinden. Bestätigen Sie mit einem Klick auf die Schaltfläche **Finish** (siehe Abbildung 7.71).

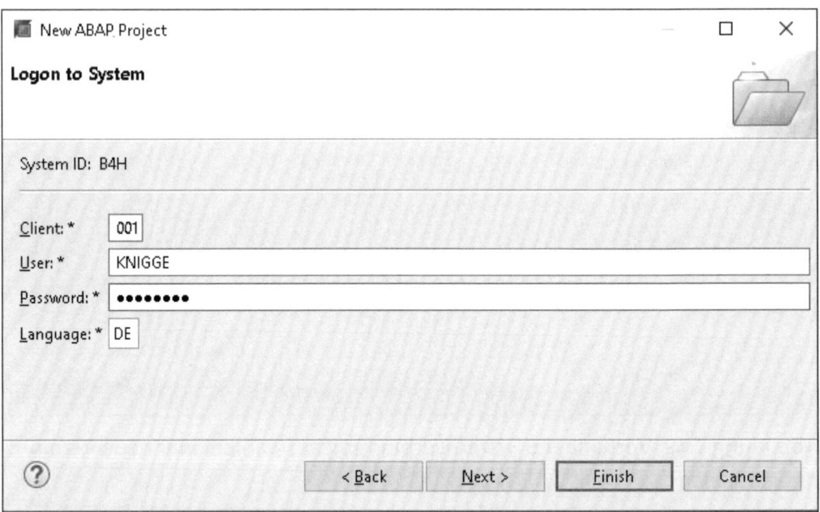


**Abbildung 7.71** Logon-Daten für die Systemverbindung eingeben

Im Pop-up-Fenster **Open Associated Perspective?** werden Sie gefragt, ob Sie die ABAP-Ansicht (die ABAP-Perspektive in SAP HANA Studio) öffnen möchten. Beantworten Sie die Frage an dieser Stelle mit **No** (siehe Abbildung 7.72).

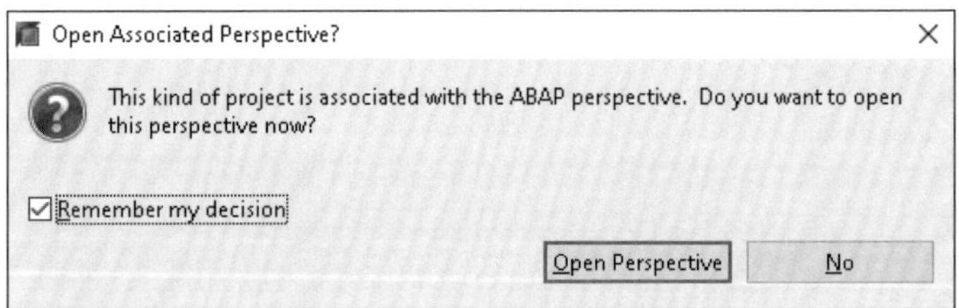


**Abbildung 7.72** ABAP-Projekt: Perspektive öffnen

Nachdem Sie das ABAP-Projekt eingerichtet haben, können Sie es auch im **Project Explorer** sehen.

Wenn Sie jetzt zurück in Ihre Transformation navigieren und dort eine der Schaltflächen zum Anlegen oder Ändern einer AMDP- oder ABAP-Routine betätigen, öffnet sich das Pop-up-Fenster **Open ADT Link** (siehe Abbildung 7.73). Wählen Sie hier das ABAP-Projekt zu Ihrem SAP-BW/4HANA-2.0-System aus, und bestätigen Sie die Auswahl mit **OK**.

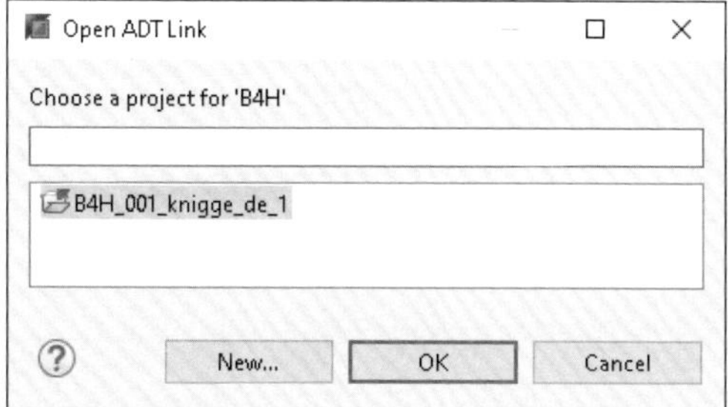


**Abbildung 7.73** ABAP-Projekt auswählen

In einem neuen Tab öffnet sich nun der Editor, in dem Sie Ihr AMDP- bzw. ABAP-Coding für die Transformation hinterlegen können (siehe Abbildung 7.74, Details zu den einzelnen Routinen finden Sie in Abschnitt 7.6.5, »Feldroutinen«, Abschnitt 7.6.6, »Startroutinen«, Abschnitt 7.6.7, »Endroutinen«, und Abschnitt 7.6.8, »Expertenroutinen«).

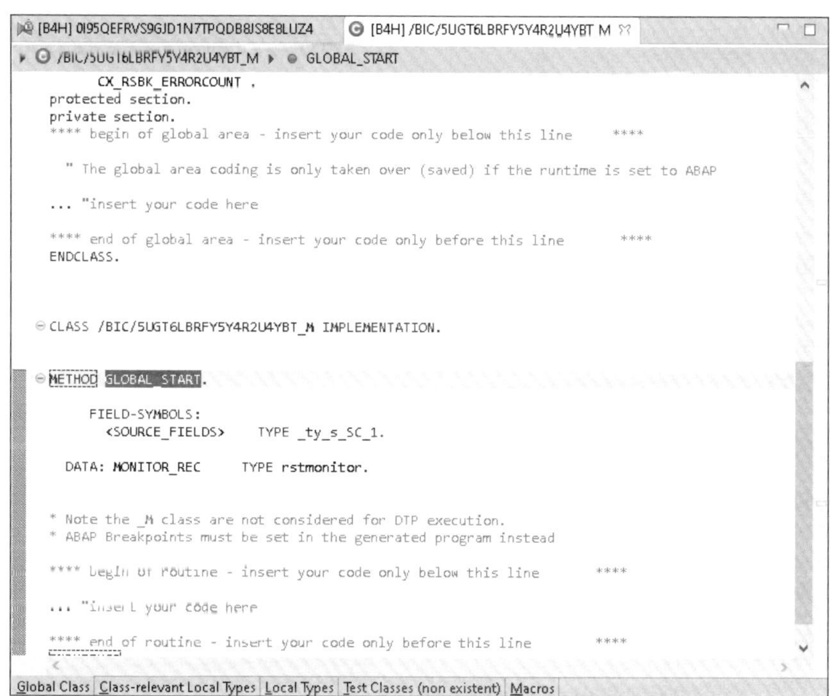


**Abbildung 7.74** AMDP-/ABAP-Editor

Wenn Sie, nachdem das ABAP-Projekt bereits angelegt wurde, eine Routine anlegen oder bearbeiten möchten, erscheint im Pop-up-Fenster **Logon for Project <IHR ABAP-PROJEKT>** sofort der Logon-Bildschirm zum ABAP-Projekt, und Sie können sich dort direkt anmelden (siehe Abbildung 7.75).

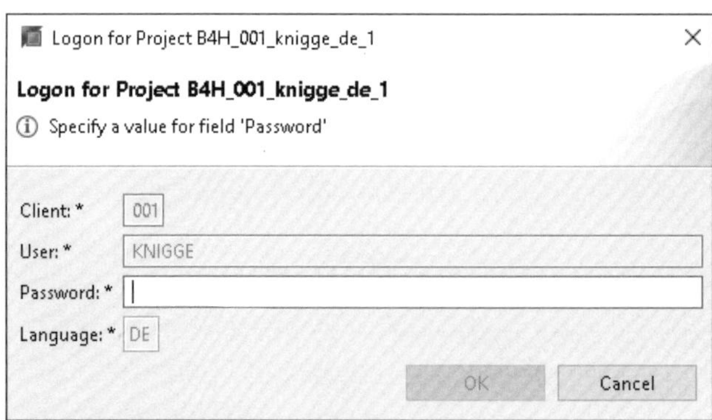


**Abbildung 7.75** Logon am ABAP-Projekt

### 7.6.5 Feldroutinen

**Feldroutinen**

In Abschnitt 6.1.4, »Transformation administrieren: Regeln«, haben Sie verschiedene Möglichkeiten kennengelernt, Übertragungsregeln für einzelne Felder festzulegen, wie z. B. die Direktzuweisung von Werten, die Verwendung von Formeln oder das Nachlesen von Stammdaten. Erwähnt haben wir dort auch bereits die Feldroutinen, in denen Sie Übertragungsregeln ausprogrammieren können. Wie dies konkret funktioniert, erfahren Sie in diesem Abschnitt. Zur Erläuterung schauen wir uns zunächst ein einfaches und im Anschluss ein etwas komplexeres Beispiel an.

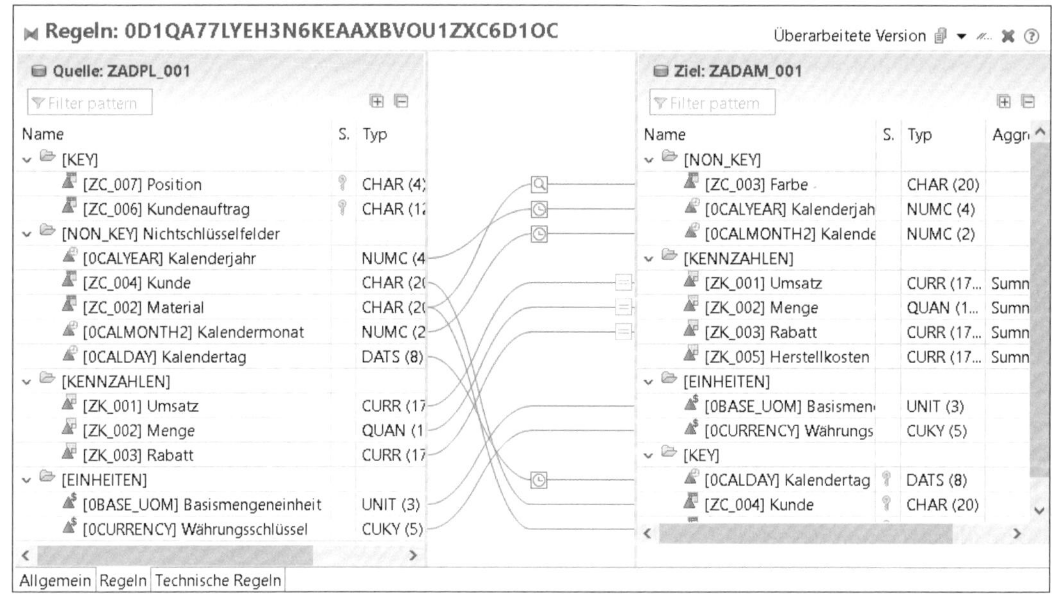


**Abbildung 7.76** Transformation ADSO ZADPL_001 -> ADSO ZADBL_001

In der Transformation **ADSO ZADPL_001 -> ADSO ZADAM_001** sind die Übertragungsregeln für die Übertragung der Daten aus dem aDSO **E-Bikes (EDW Propagation Layer)** (**ZADPL_001**) in das aDSO **E-Bikes (Architected Data Mart Layer)** (**ZADAM_001**) hinterlegt (siehe Abbildung 7.76). Das Material wird hier über eine direkte Zuordnung 1:1 fortgeschrieben.

### Beispiel 1a: Einfache Zuordnung über AMDP

Zunächst betrachten wir, wie die direkte Zuordnung als einfachster Fall einer Regel alternativ in einer Routine implementiert werden kann. Dazu doppelklicken Sie auf die Linie, die die Übertragungsregel für das Merkmal **Material** (**ZC_002**) zwischen der Quelle und dem Ziel repräsentiert (siehe Abbildung 7.77). Wählen Sie im unteren Teil des SAP HANA Studios den Tab **Rules** aus, um die Details der Regel zu bearbeiten. Unter **Zielfelder** sehen Sie die Zielfelder der neuen Regel im Zielprovider, in unserem Fall das Merkmals-InfoObject **Material** (**ZC_002**). Dies können ein oder auch mehrere Felder sein – etwa wenn Sie ein Datum in die Felder Tag, Monat und Jahr splitten möchten. Unter **Quellfelder** werden die Felder aus dem Quellprovider angezeigt, die in der Regel für Berechnungen zur Verfügung stehen.

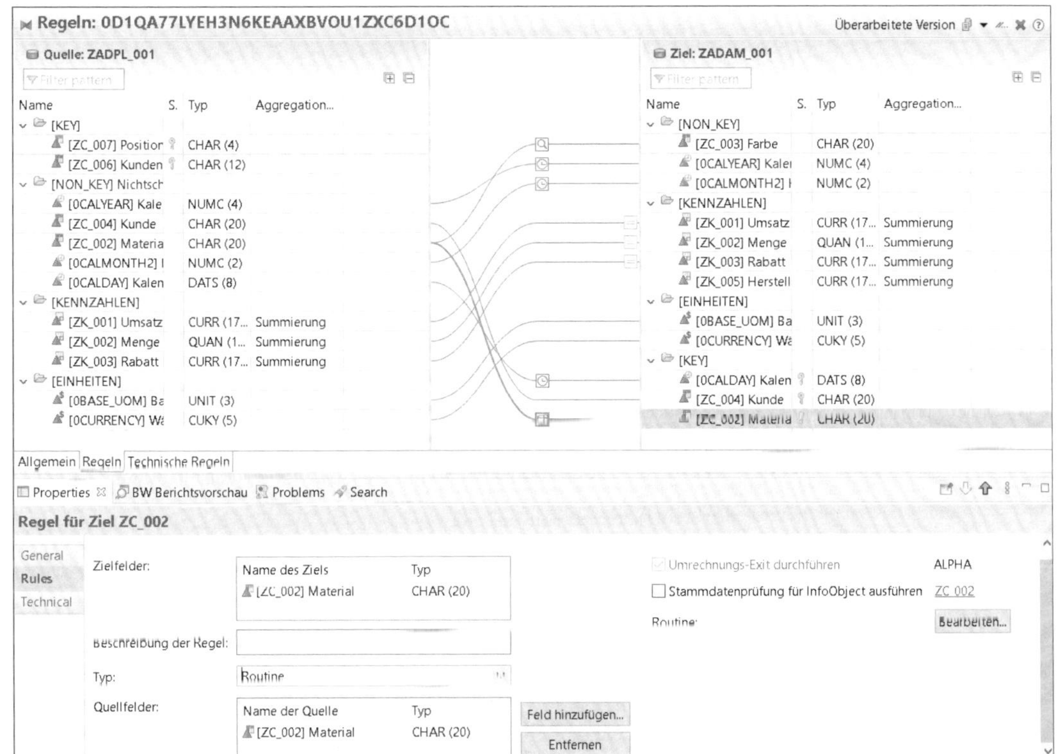


**Abbildung 7.77** Feldroutine anlegen

Wir haben hier das Merkmals-InfoObject **Material** (**ZC_002**) ausgewählt. Auch hier können Sie ein oder mehrere Quellobjekte angeben, etwa, wenn Sie aus den Feldern für Tag, Monat und Jahr ein Datum zusammenbauen möchten. Da wir eine (Feld-)Routine anlegen möchten, wählen wir als **Typ** den Eintrag **Routine**. Optional kann für die Regel eine sprechende Bezeichnung im Feld **Beschreibung der Regel** vergeben werden. Über die Schaltfläche **Bearbeiten...** springen Sie in das Coding der Routine ab. Im Folgenden betrachten wir die Vorgehensweise bei einer Transaktion, für die die SAP-HANA-Laufzeit eingestellt ist, für die die Feldroutine also als AMDP-Routine implementiert wird.

Falls die letzten Änderungen an der Transformation vor dem Absprung in die Routine noch nicht gespeichert wurden, öffnet sich das Pop-up-Fenster **Unsaved changes** (siehe Abbildung 7.78). Wählen Sie **Save and open**, um die letzten Änderungen zu speichern und weiter ins Coding abzuspringen (siehe Abschnitt 7.6.4, »Anlegen von Start-, End- und Expertenroutinen«).

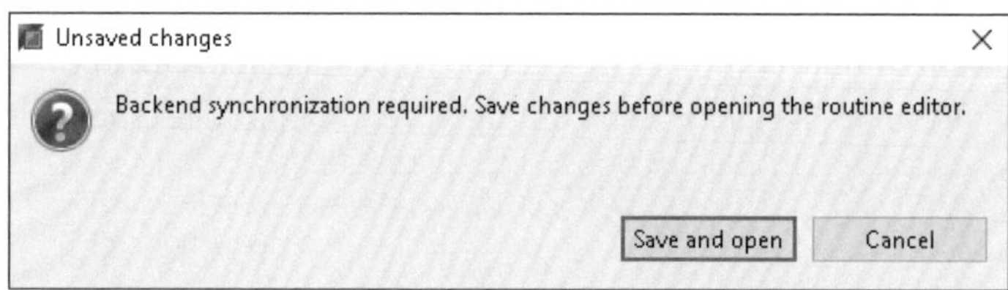


**Abbildung 7.78** Änderungen speichern und fortfahren

Es öffnet sich der in Abschnitt 7.6.4, »Anlegen von Start-, End- und Expertenroutinen«, vorgestellte Programmierbereich für die Transformation. Hier wird Ihnen direkt der vom System angelegte Bereich für die Ausprogrammierung der Feldroutine angezeigt (siehe Listing 7.1). Im Beispiel sehen Sie in den Kommentaren den Eintrag `-- target field: ZC_002`. An diesem Eintrag erkennen Sie, dass dies die richtige Stelle zur Befüllung des Zielfeldes **Material** (`ZC_002`) ist. Das entsprechende Coding fügen Sie zwischen den Einträgen `-- *** Begin of routine - insert your code only below this line ***` und `-- *** End of routine - insert your code only before this line ***` der Methode `S0001_G01_R1` ein.

```
CLASS /BIC/G49C9OUWL6TJHTWZSORD_M IMPLEMENTATION.

METHOD S0001_G01_R1 BY DATABASE PROCEDURE FOR HDB LANGUAGE SQLSCRIPT
OPTIONS READ-ONLY.
-- target field: ZC_002
-- *** Begin of routine - insert your code only below this line ***
```

```
-- Note the _M class are not considered for DTP execution.
-- AMDP Breakpoints must be set in the _A class instead.

-- outTab = SELECT * FROM :inTab;

-- *** End of routine - insert your code only before this line ***
ENDMETHOD.
```

**Listing 7.1** Dummy-Coding in der AMDP-Feldroutine



Es fällt auf, dass die Routine einen Fehler enthält (rote Markierung am Rand). Wenn Sie die Maus über die Fehlermeldung bewegen, wird der Text zur Fehlermeldung angezeigt (siehe Abbildung 7.79). Diese Meldung weist darauf hin, dass der Tabellenvariablen `outTab` nichts zugewiesen wird.

SQLSCRIPT Meldung: some out table variable is not assigned: OUTTAB NGUAGE SQLSCRIPT OPTIONS READ-ONLY.
-- target field: ZC_002

**Abbildung 7.79** Tabellenvariable »outTab« wurde nicht befüllt.

Bei der Verwendung von AMDPs enthält die Tabelle `outTab` immer das Ergebnis der jeweiligen Methode (hier der Feldroutine) und muss daher innerhalb der Routine gefüllt werden. Dies entspricht in etwa der Zuweisung `result = <Ergebnis>.` bei der Verwendung von ABAP. Als Dummy-Coding ist standardmäßig der durch die Zeichen -- am Zeilenanfang auskommentierte Eintrag `-- outTab = SELECT * FROM :inTab;` in der Routine enthalten (siehe Listing 7.1). Die Tabelle `inTab` repräsentiert dabei immer die Quelldaten für eine Methode. Wenn im einfachsten Fall die Werte aus der Quelle der Regel 1:1 in das Ziel der Regel übertragen werden sollen, können Sie an dieser Stelle einfach die Kommentarstriche - entfernen, und das Coding ist fertig (siehe Listing 7.2). Es muss noch über die Schaltfläche aktiviert werden. Sie springen im SAP HANA Studio zurück in die Transformation. Auch sie muss über die Schaltfläche aktiviert werden, damit die neue Regel aktiv wird. Beachten Sie, dass dieses Beispiel lediglich der Dokumentation der Funktionsweise einer Feldroutine dienen soll. Wenn Sie keine weitere Logik implementieren möchten, bietet es sich in einem solchen Fall an, auf die Feldroutine zu verzichten und mit der direkten Zuordnung zu arbeiten.

```
CLASS /BIC/G49C9OUWL6TJHTWZSORD_M IMPLEMENTATION.

METHOD S0001_G01_R1 BY DATABASE PROCEDURE FOR HDB LANGUAGE SQLSCRIPT
OPTIONS READ-ONLY.
-- target field: ZC_002
```

```
-- *** Begin of routine - insert your code only below this line ***

-- Note the _M class are not considered for DTP execution.
-- AMDP Breakpoints must be set in the _A class instead.

outTab = SELECT * FROM :inTab;

-- *** End of routine - insert your code only before this line ***
ENDMETHOD.
```

**Listing 7.2** Direkte Zuordnung in einer AMDP-Methode

**Klassendefinition**

Wenn Sie im Code weiter nach oben scrollen, sehen Sie die Klassendefinition (siehe Listing 7.3). Diese enthält die Typdeklarationen. Für unsere Routine (Methode S0001_G01_R1) werden die Typen deklariert, die den String S0001_G01_R1 enthalten. Ist diesem das Kürzel IN vorangestellt, handelt es sich um den Typ, der später der Tabelle inTab zugewiesen wird. Ist das Kürzel OUT vorangestellt, handelt es sich um den Typ, der der Tabelle outTab zugewiesen wird. Es fällt auf, dass die Typen für inTab und outTab jeweils nicht nur das Feld /BIC/ZC_002 für das InfoObject ZC_002 enthalten, sondern darüber hinaus jeweils die Standardfelder RECORD und SQL__PROCEDURE__SOURCE__RECORD, die technische Daten zum jeweiligen Datensatz enthalten. Diese beiden Felder sind immer vorhanden. InfoObjects werden immer über ihre Bezeichnungen aus dem ABAP Dictionary (siehe Abschnitt 5.5, »InfoObjects«) angesprochen: hier: /BIC/ZC_002.

```
class /BIC/G49C9OUWL6TJHTWZSORD_M definition
  public
  create public .

public section.

  interfaces IF_AMDP_MARKER_HDB .

  types:
    begin of TN_S_IN_S0001_G01_R1_1,
       /BIC/ZC_002 type /BIC/OIZC_002, " InfoObject: ZC_002
       RECORD type C length 56,
       SQL__PROCEDURE__SOURCE__RECORD type C length 56,
    end of TN_S_IN_S0001_G01_R1_1 .
  types:
    begin of TN_S_IN_S0001_G01_R1.
```

```
      include type TN_S_IN_S0001_G01_R1_1.
    types end of TN_S_IN_S0001_G01_R1 .
  types:
    TN_T_IN_S0001_G01_R1 TYPE STANDARD TABLE OF TN_S_IN_S0001_G01_R1 .
  types:
    begin of TN_S_OUT_S0001_G01_R1_1,
      /BIC/ZC_002 type /BIC/OIZC_002, " InfoObject: ZC_002
      RECORD type C length 56,
      SQL__PROCEDURE__SOURCE__RECORD type C length 56,
    end of TN_S_OUT_S0001_G01_R1_1 .
  types:
    begin of TN_S_OUT_S0001_G01_R1.
      include type TN_S_OUT_S0001_G01_R1_1.
    types end of TN_S_OUT_S0001_G01_R1 .
  types:
    TN_T_OUT_S0001_G01_R1 TYPE STANDARD TABLE OF TN_S_OUT_S0001_G01_R1 .
```

**Listing 7.3** Definition der Typen für »inTab« und »outTab«

**Schnittstellendefinition**

Etwas weiter unten im Code finden Sie die Schnittstellendefinition der Methode S0001_G01_R11. Hier werden neben Standardvariablen die Tabellen inTab und outTab mit den zuvor angelegten Typen deklariert und stehen so für die in Listing 7.4 gezeigte Implementierung der Methode S0001_G01_R11 zur Verfügung. In diesem Deklarationsteil können Sie stets nachschauen, wenn Ihnen nicht ganz klar ist, was durch inTab zur Verfügung gestellt wird bzw. was für outTab erwartet wird.

```
methods S0001_G01_R11
  importing
    value(i_req_dtp_name) type STRING
    value(i_req_logsys) type STRING
    value(i_req_src_name) type STRING
    value(i_req_src_type) type STRING
    value(i_req_tgt_name) type STRING
    value(i_req_tgt_type) type STRING
    value(i_req_requid) type STRING
    value(inTab) type TN_T_IN_S0001_G01_R11
  exporting
    value(outTab) type TN_T_OUT_S0001_G01_R11 .
```

**Listing 7.4** Definition der Schnittstelle der AMDP-Methode

### Beispiel 1b: Einfache Zuordnung über ABAP

Um dieselbe Logik in ABAP zu implementieren, müssen Sie zunächst für die Transformation die ABAP-Laufzeit einstellen und anschließend im Tab **Rules** über die Schaltfläche **Bearbeiten...** in das Coding wechseln (siehe Abbildung 7.77).

Listing 7.5 zeigt das Dummy-Coding für die Implementation in ABAP. Im Beispiel sehen Sie in den Kommentaren der Methode **S0001_G01_R1** den Eintrag `** target field: ZC_002`. An diesem Eintrag erkennen Sie, dass dies die richtige Stelle zur Befüllung des Zielfeldes **Material** (`ZC_002`) ist. Das entsprechende Coding fügen Sie zwischen den Einträgen `**** begin of routine - insert your code only below this line ****` und `**** End of routine - insert your code only before this line ****` ein. Eine Feldroutine enthält immer den Befehl `result = <Ergebnis>.`, mit dem das Zielfeld der Routine befüllt wird. In Abbildung 7.80 sehen Sie hier wieder eine rote Fehlermarkierung, da der Variablen `result` noch kein Wert zugeordnet wurde.

```
CLASS /BIC/G49C9OUWL6TJHTWZSORD_M IMPLEMENTATION.

METHOD S0001_G01_R1.

  DATA: MONITOR_REC      TYPE rsmonitor.

** target field: ZC_002

* Note the _M class are not considered for DTP execution.
* ABAP Breakpoints must be set in the generated program instead

**** begin of routine -
 insert your code only below this line        ****

... "insert your code here

 result = .

**** end of routine -
 insert your code only before this line        ****
ENDMETHOD.
ENDCLASS.
```

**Listing 7.5** Dummy-Coding für eine ABAP-Feldroutine

```
    ... "insert your code here

    result = .

    **** end of routine - insert your code only before this line        ****
    ENDMETHOD.
```

**Abbildung 7.80** Die Variable »result« wurde noch nicht befüllt.

Um herauszufinden, wie Sie die Variable `result` mit dem Wert des Info-Objects **Material** (`ZC_002`) aus der Quelle befüllen können, betrachten wir zunächst die Deklarationen in der ABAP-Klasse. Zu Beginn der Klasse werden die entsprechenden ABAP-Typen deklariert. Als technisches Feld enthält der eingehende Typ neben dem Material, ansprechbar über `/BIC/ZC_002`, das zusätzliche Feld `RECORD` (siehe Listing 7.6).

```
class /BIC/G49C90UWL6TJHTWZSORD_M definition
  public
  create public .

public section.

  interfaces IF_AMDP_MARKER_HDB .

  types:
    begin of TN_S_IN_S0001_G01_R1_1,
       /BIC/ZC_002 type /BIC/OIZC_002, " InfoObject: ZC_002
       RECORD type RSARECORD,
    end of TN_S_IN_S0001_G01_R1_1 .
  types:
    begin of TN_S_IN_S0001_G01_R1.
       include type TN_S_IN_S0001_G01_R1_1.
     types end of TN_S_IN_S0001_G01_R1 .
  types:
    begin of TN_S_OUT_S0001_G01_R1_1,
       /BIC/ZC_002 type /BIC/OIZC_002, " InfoObject: ZC_002
    end of TN_S_OUT_S0001_G01_R1_1 .
  types:
    begin of TN_S_OUT_S0001_G01_R1.
       include type TN_S_OUT_S0001_G01_R1_1.
     types end of TN_S_OUT_S0001_G01_R1 .

  data P_CHECK_MASTER_DATA_EXIST type RSODSOCHECKONLY read-only .
  data P_R_REQUEST type ref to IF_RSBK_REQUEST_ADMINTAB_VIEW read-only .
```

**Listing 7.6** Definition der Typen für die Eingangs- und Ausgangsdaten

Anschließend wird wieder die Schnittstellendefinition für die Methode S0001_G01_R1 deklariert (siehe Listing 7.7). Wichtig ist hier, dass die Struktur mit den in der Methode zur Verfügung stehenden Daten SOURCE_FIELDS heißt. Die Rückgabe erfolgt über RESULT. Daneben stehen weitere technische Felder zur Verfügung, insbesondere REQUEST, DATAPACKID, SEGID und MONITOR.

```
methods S0001_G01_R1
  importing
    !REQUEST type RSREQUEST
    !DATAPACKID type RSDATAPID
    !SEGID type RSBK_SEGID
    !SOURCE_FIELDS type TN_S_IN_S0001_G01_R1
  exporting
    !MONITOR type RSTR_TY_T_MONITORS
    !RESULT type TN_S_OUT_S0001_G01_R1-/BIC/ZC_002
  raising
    CX_RSROUT_ABORT
    CX_RSROUT_SKIP_RECORD
    CX_RSROUT_SKIP_VAL
    CX_RSBK_ERRORCOUNT .
```

**Listing 7.7** Definition der Schnittstelle der ABAP-Methode

Auch hier können Sie im Deklarationsteil nachsehen, welche Felder (SOURCE_FIELDS) für die Berechnungen in der Feldroutine zur Verfügung stehen und welches Format das Ergebnis (RESULT) haben muss. In unserem Beispiel wird die Materialnummer der Variablen result über den Befehl result = SOURCE_FIELDS-/BIC/ZC_002 zugewiesen (siehe Listing 7.8).

```
METHOD S0001_G01_R1.

  DATA: MONITOR_REC     TYPE rsmonitor.

** target field: ZC_002

* Note the _M class are not considered for DTP execution.
* ABAP Breakpoints must be set in the generated program instead

**** begin of routine -
 insert your code only below this line        ****

... "insert your code here
```

```
 result = SOURCE_FIELDS-/BIC/ZC_002.

**** end of routine -
 insert your code only before this line        ****
ENDMETHOD.
```

**Listing 7.8** Direkte Zuordnung in einer ABAP-Methode

### Beispiel 2a: Berechnung über AMDP

**Lookup**

Wir betrachten nun ein zweites Beispiel: Bislang wird in der Transformation die Kennzahl **Herstellkosten in USD** (**ZK_005**) nicht befüllt (siehe Abbildung 7.76). Das in beiden aDSOs verwendete Merkmals-InfoObject **Material** (**ZC_002**) besitzt als Attribut die Kennzahl **Interner Preis** (**ZK_004**) (siehe Abbildung 7.81). Die Werte, die im Attribut **Interner Preis** abgelegt sind, sollen nun abhängig vom Material im aDSO **ZADBL_001** in das Feld **Herstellkosten in USD** geschrieben werden. Dabei müssen sie mit der **Menge** (**ZK_002**) multipliziert werden, um zeilenweise die richtigen Herstellkosten zu ermitteln und diese dann z. B. mit dem Umsatz vergleichen zu können. Über die Nachlesen-Option können allerdings nur Stammdaten nachgelesen werden, aber keine Kennzahlen wie der interne Preis. Daher nutzen Sie in diesem Fall eine (Feld-)Routine zur Implementierung des Lookups zur Berechnung der **Herstellkosten**.

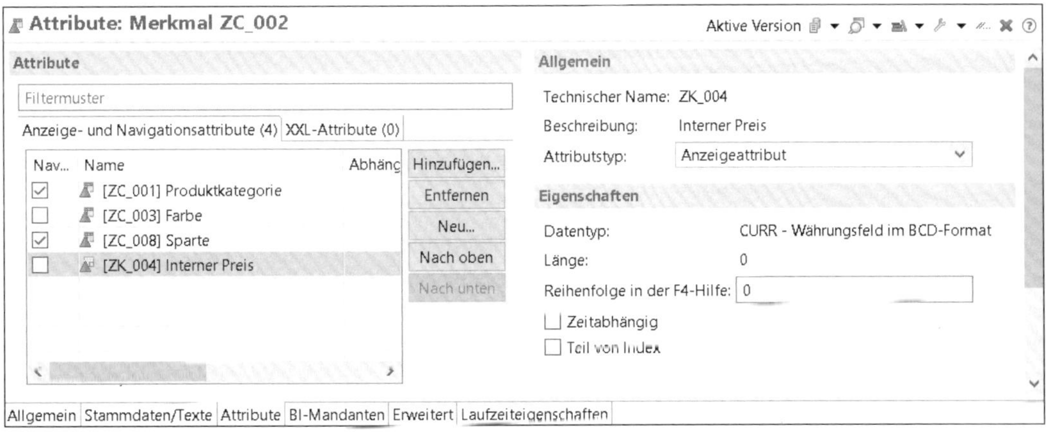

**Abbildung 7.81** Attribut »Interner Preis« (ZK_004)

Zunächst wird eine neue Regel angelegt. Da der **Interne Preis** (**ZK_004**) aus einem Attribut zum **Material** (**ZC_002**) ausgelesen werden soll, wird hierfür das Material aus der Quelle per Drag & Drop mit den **Herstellkosten in USD** (**ZK_005**) im Ziel verbunden, sodass die neue Regel grafisch sichtbar wird (siehe Abbildung 7.82). Zusätzlich wird jetzt die **Menge** (**ZK_002**) aus der

Quelle mit den **Herstellkosten in USD** (**ZK_005**) im Ziel verbunden, damit sie für die Berechnung zur Verfügung steht. Öffnen Sie die Konfiguration der neuen Regel im Tab **Rules** (siehe Abbildung 7.82).

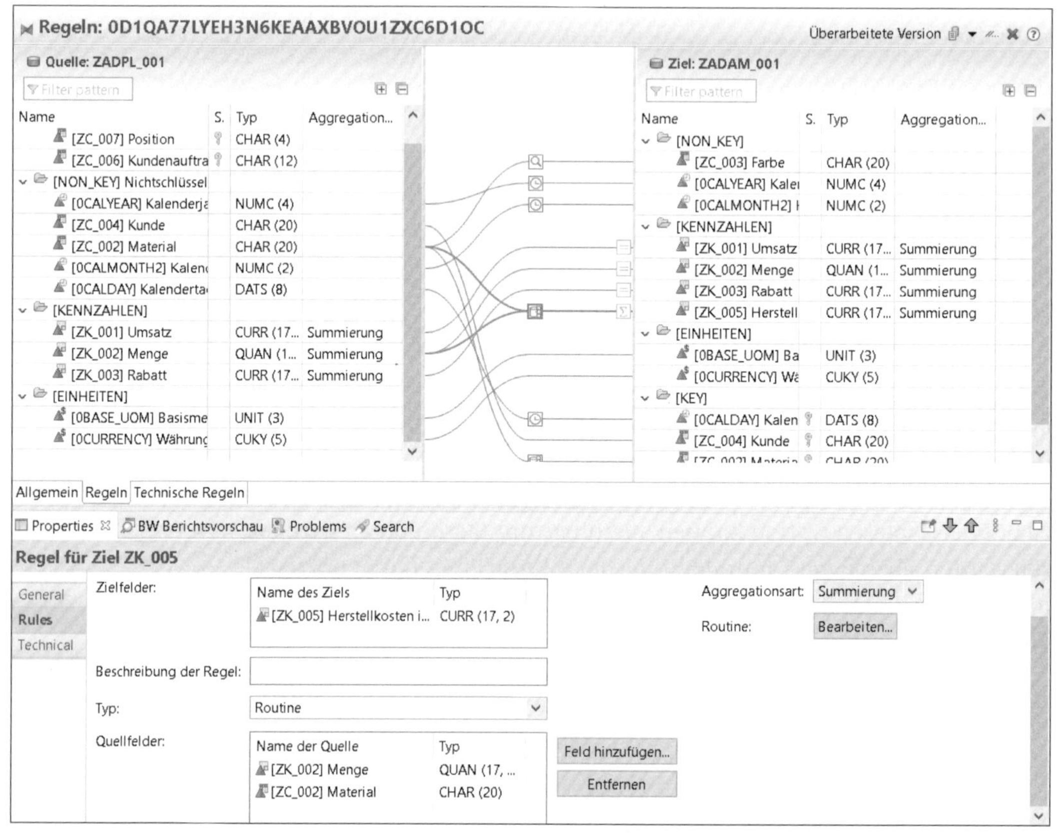


**Abbildung 7.82** Feldroutine anlegen

**Routine anlegen**

Unter **Zielfelder** werden die Zielfelder der neuen Regel im Zielprovider angezeigt, in diesem Fall das Kennzahl-InfoObject **Herstellkosten in USD** (**ZK_005**). Unter **Quellfelder** werden die Felder aus dem Quellprovider angezeigt, die in der Regel für Berechnungen zur Verfügung stehen. Wir haben hier das Merkmals-InfoObject **Material** (**ZC_002**) und das Kennzahl-InfoObject **Menge** (**ZK_002**) ausgewählt. Zum Anlegen einer (Feld-)Routine wählen Sie als **Typ** wieder den Eintrag **Routine**. Über die Schaltfläche **Bearbeiten...** gelangen Sie in das Coding (siehe Listing 7.9). Die obere Methode, **S0001_G01_R1**, ist dabei die, die Sie zuvor für die direkte Zuordnung des Materials angelegt haben. Für dieses zweite Beispiel muss nun die neue, untere Methode **S0001_G01_R11** ausprogrammiert werden. Im Beispiel sehen Sie in den Kommentaren den Eintrag `-- target field: ZK_005`. An diesem Eintrag erkennen Sie, dass dies die richtige Stelle zur Befüllung des

Zielfeldes **Herstellkosten in USD (ZK_005)** ist. Das entsprechende Coding fügen Sie wieder zwischen den Einträgen -- *** Begin of routine - insert your code only below this line *** und -- *** End of routine - insert your code only before this line *** ein.

```
CLASS /BIC/G49C9OUWL6TJHTWZSORD_M IMPLEMENTATION.


METHOD S0001_G01_R1 BY DATABASE PROCEDURE FOR HDB LANGUAGE SQLSCRIPT
OPTIONS READ-ONLY.
-- target field: ZC_002
-- *** Begin of routine - insert your code only below this line ***

-- Note the _M class are not considered for DTP execution.
-- AMDP Breakpoints must be set in the _A class instead.

outTab = SELECT * FROM :inTab;

-- *** End of routine - insert your code only before this line ***
ENDMETHOD.

METHOD S0001_G01_R11 BY DATABASE PROCEDURE FOR HDB LANGUAGE SQLSCRIPT
OPTIONS READ-ONLY.
-- target field: ZK_005
-- *** Begin of routine - insert your code only below this line ***

-- Note the _M class are not considered for DTP execution.
-- AMDP Breakpoints must be set in the _A class instead.

-- outTab = SELECT * FROM  :inTab;

-- *** End of routine - insert your code only before this line ***
ENDMETHOD.
```

**Listing 7.9** Dummy-Coding für die AMDP-Feldroutine

Weiter oben im Coding finden Sie die Definitionen von inTab und outTab (hier ohne die Deklarationen zur ersten Methode), sodass Sie auch direkt im Coding sehen können, welche Objekte zur Verfügung stehen bzw. gefüllt werden müssen (siehe Listing 7.10). Sie sehen, dass für den Typ für inTab die InfoObjects ZK_002 (Menge) (/BIC/ZK_002 type /BIC/OIZK_002, " InfoObject: ZK_002) und ZC_002 (Material) (/BIC/ZC_002 type /BIC/OIZC_002, " InfoObject: ZC_002) zur Verfügung stehen. Der Typ für outTab enthält die Kennzahl ZK_

005: Das ist der Herstellpreis in USD (/BIC/ZK_005 type /BIC/OIZK_005, " InfoObject: ZK_005).

```
types:
  begin of TN_S_IN_S0001_G01_R11_1,
     /BIC/ZK_002 type /BIC/OIZK_002, " InfoObject: ZK_002
     /BIC/ZC_002 type /BIC/OIZC_002, " InfoObject: ZC_002
     RECORD type C length 56,
     SQL__PROCEDURE__SOURCE__RECORD type C length 56,
  end of TN_S_IN_S0001_G01_R11_1 .
types:
  begin of TN_S_IN_S0001_G01_R11.
     include type TN_S_IN_S0001_G01_R11_1.
   types end of TN_S_IN_S0001_G01_R11 .
types:
  TN_T_IN_S0001_G01_R11 TYPE STANDARD TABLE OF TN_S_IN_S0001_G01_R11 .
types:
  begin of TN_S_OUT_S0001_G01_R11_1,
     /BIC/ZK_005 type /BIC/OIZK_005, " InfoObject: ZK_005
     RECORD type C length 56,
     SQL__PROCEDURE__SOURCE__RECORD type C length 56,
  end of TN_S_OUT_S0001_G01_R11_1 .
types:
  begin of TN_S_OUT_S0001_G01_R11.
     include type TN_S_OUT_S0001_G01_R11_1.
   types end of TN_S_OUT_S0001_G01_R11 .
types:
  TN_T_OUT_S0001_G01_R11 TYPE STANDARD TABLE OF TN_S_OUT_S0001_G01_R11 .
```

**Listing 7.10** Definition der Typen für »inTab« und »outTab«

In der Definition der Schnittstelle der Methode S0001_G01_R11 werden nun wieder inTab und outTab mit den neuen Typen deklariert (siehe Listing 7.11).

```
methods S0001_G01_R1
  importing
    value(i_req_dtp_name) type STRING
    value(i_req_logsys) type STRING
    value(i_req_src_name) type STRING
    value(i_req_src_type) type STRING
    value(i_req_tgt_name) type STRING
    value(i_req_tgt_type) type STRING
    value(i_req_requid) type STRING
    value(inTab) type TN_T_IN_S0001_G01_R1
  exporting
```

```
      value(outTab) type TN_T_OUT_S0001_G01_R1 .
  methods S0001_G01_R11
    importing
      value(i_req_dtp_name) type STRING
      value(i_req_logsys) type STRING
      value(i_req_src_name) type STRING
      value(i_req_src_type) type STRING
      value(i_req_tgt_name) type STRING
      value(i_req_tgt_type) type STRING
      value(i_req_requid) type STRING
      value(inTab) type TN_T_IN_S0001_G01_R11
    exporting
      value(outTab) type TN_T_OUT_S0001_G01_R11 .
```

**Listing 7.11** Definition der Schnittstelle der AMDP-Methode



**Views und Tabellen einbinden**

Listing 7.12 zeigt die Umsetzung des Codings der Methode für das Beispiel der Berechnung der Herstellkosten in USD durch Multiplikation des internen Preises je Stück in USD mit der Menge. Um aus den Attributen des Materials ZC_002 nachlesen zu können, wird im Methodenkopf zunächst den entsprechenden View (M-View, siehe Abschnitt 5.5.5, »Merkmals-InfoObject administrieren: Attribute«) unter Verwendung des Zusatzes USING bekannt gemacht: METHOD S0001_G01_R11 BY DATABASE PROCEDURE FOR HDB LANGUAGE SQLSCRIPT OPTIONS READ-ONLY USING /BIC/MZC_002. Danach können Sie in der Methode auf den so eingebundenen View (oder auch Tabelle) zugreifen. In der Methode wird die lokale Tabelle material definiert. Sie enthält alle Materialnummern und internen Preise aus /BIC/MZC_002. Zum Schluss wird die Rückgabe-Tabellenvariable outTab befüllt. Im Beispiel enthält sie zu jedem Material aus der Tabellenvariablen inTab (/BIC/ZC_002) das Produkt aus dem am Material hängenden Attribut **Interner Preis** (m."/BIC/ZK_004") und der Menge aus der inTab (i."/BIC/ZK_002"), gespeichert in der Kennzahl für die Herstellkosten in USD (/BIC/ZK_005). Abschließend müssen Sie zuerst das Coding und anschließend die Transformation jeweils über die Schaltfläche [Aktivieren] aktivieren.

```
METHOD S0001_G01_R11 BY DATABASE PROCEDURE FOR HDB LANGUAGE SQLSCRIPT
OPTIONS READ-ONLY USING /BIC/MZC_002.
-- target field: ZK_005
-- *** Begin of routine - insert your code only below this line ***

-- Note the _M class are not considered for DTP execution.
-- AMDP Breakpoints must be set in the _A class instead.
```

```
material = SELECT
  "/BIC/ZC_002",
  "/BIC/ZK_004"
  FROM "/BIC/MZC_002";

outTab = SELECT
  m."/BIC/ZK_004" * i."/BIC/ZK_002" AS "/BIC/ZK_005",
  RECORD,
  SQL__PROCEDURE__SOURCE__RECORD
  FROM :inTab as i
  LEFT JOIN :material AS m ON i."/BIC/ZC_002" = m."/BIC/ZC_002";

-- *** End of routine - insert your code only before this line ***
ENDMETHOD.
```

**Listing 7.12** AMDP-Coding Attribut nachlesen

Da für die Kennzahl **Interner Preis** (**ZK_004**) im Beispiel als **Feste Währung** bereits die Währung **USD** vorgegeben ist, muss an dieser Stelle keine Währungsumrechnung erfolgen (siehe Abbildung 7.83).

**Abbildung 7.83** Kennzahl für den internen Preis

### Beispiel 2b: Berechnung über ABAP

Um dieselbe Logik in ABAP zu implementieren, müssen Sie zunächst für die Transformation die ABAP-Laufzeit einstellen und anschließend im Tab **Rules** über die Schaltfläche **Bearbeiten...** in das Coding wechseln (siehe

Abbildung 7.82). Das System hat für diese zweite Routine auch im ABAP-Coding eine zweite Dummy-Methode angelegt, die nun noch fertiggestellt werden muss (siehe Listing 7.13). Auch hier muss wieder die Variable `result` befüllt werden.

```
CLASS /BIC/G49C9OUWL6TJHTWZSORD_M IMPLEMENTATION.

METHOD S0001_G01_R1.

  DATA: MONITOR_REC     TYPE rsmonitor.

** target field: ZC_002

* Note the _M class are not considered for DTP execution.
* ABAP Breakpoints must be set in the generated program instead

**** begin of routine -
 insert your code only below this line        ****

... "insert your code here

 result = SOURCE_FIELDS-/BIC/ZC_002.

**** end of routine -
 insert your code only before this line        ****
ENDMETHOD.


METHOD S0001_G01_R13.

  DATA: MONITOR_REC     TYPE rsmonitor.

** target field: ZK_005

* Note the _M class are not considered for DTP execution.
* ABAP Breakpoints must be set in the generated program instead

**** begin of routine -
 insert your code only below this line        ****

... "insert your code here

 result = .

**** end of routine -
```

```
 insert your code only before this line         ****
ENDMETHOD.
ENDCLASS.
```

**Listing 7.13** Dummy-Coding für die ABAP-Feldroutine

Auch für diese neue Methode können Sie zu Beginn der Klasse wieder – unter den Deklarationen aus Beispiel 1b – die vom System generierten Deklarationen für die neue Feldroutine einsehen (siehe Listing 7.14). Sie finden hier die technischen Namen der Quell- und Zielfelder der Regel wieder (ZK_002 für die Menge und ZC_002 für das Material sowie ZK_005 für die Herstellkosten in USD).

```
types:
  begin of TN_S_IN_S0001_G01_R13_1,
     /BIC/ZK_002 type /BIC/OIZK_002, " InfoObject: ZK_002
     /BIC/ZC_002 type /BIC/OIZC_002, " InfoObject: ZC_002
     RECORD type RSARECORD,
  end of TN_S_IN_S0001_G01_R13_1 .
types:
  begin of TN_S_IN_S0001_G01_R13.
     include type TN_S_IN_S0001_G01_R13_1.
   types end of TN_S_IN_S0001_G01_R13 .
types:
  begin of TN_S_OUT_S0001_G01_R13_1,
     /BIC/ZK_005 type /BIC/OIZK_005, " InfoObject: ZK_005
  end of TN_S_OUT_S0001_G01_R13_1 .
types:
  begin of TN_S_OUT_S0001_G01_R13.
     include type TN_S_OUT_S0001_G01_R13_1.
   types end of TN_S_OUT_S0001_G01_R13 .
```

**Listing 7.14** Definition der Typen für die Eingangs- und Ausgangsdaten

Weiter unten finden Sie die Schnittstellendefinition für die neue Feldroutine (siehe Listing 7.15). Beachten Sie, dass das Ergebnis RESULT den Typ des InfoObjects ZK_005 (Herstellkosten in USD) haben muss. Die Quelldaten können Sie wieder über SOURCE_FIELDS ansprechen.

```
methods S0001_G01_R13
  importing
    !REQUEST type RSREQUEST
    !DATAPACKID type RSDATAPID
    !SEGID type RSBK_SEGID
    !SOURCE_FIELDS type TN_S_IN_S0001_G01_R13
  exporting
```

```
      !MONITOR type RSTR_TY_T_MONITORS
      !RESULT type TN_S_OUT_S0001_G01_R13-/BIC/ZK_005
    raising
      CX_RSROUT_ABORT
      CX_RSROUT_SKIP_RECORD
      CX_RSROUT_SKIP_VAL
      CX_RSBK_ERRORCOUNT .
```

**Listing 7.15** Definition der Schnittstelle der ABAP-Methode



**Attribut nachlesen**

Das Nachlesen des Attributes **Interner Preis** (ZK_004) vom InfoObject Material (ZC_002) und die Berechnung der Herstellkosten in USD werden wie in Listing 7.16 gezeigt implementiert: Je Datensatz wird zunächst das Attribut **Interner Preis** (ZK_004) ausgelesen und in der Variablen zpreis zwischengespeichert. Als Ergebnis wird anschließend jeweils das Produkt aus zpreis und der Menge (Kennzahl ZK_002) zurückgegeben.

```
METHOD S0001_G01_R13.

  DATA: MONITOR_REC     TYPE rsmonitor.

** target field: ZK_005

* Note the _M class are not considered for DTP execution.
* ABAP Breakpoints must be set in the generated program instead

**** begin of routine -
 insert your code only below this line        ****

... "insert your code here

DATA: zpreis LIKE result.

  SELECT SINGLE /BIC/ZK_004
    FROM /BIC/MZC_002
    WHERE /BIC/ZC_002 = @SOURCE_FILEDS-/BIC/ZC_002
    INTO @zpreis.

   result = zpreis * SOURCE_FIELDS-/BIC/ZK_002.

**** end of routine -
 insert your code only before this line        ****
ENDMETHOD.
```

**Listing 7.16** Attribut nachlesen im ABAP-Coding

Dieses Beispiel dient der Veranschaulichung des Aufbaus der Klassen von Feldroutinen. Bei dieser Art der Implementierung des Nachlesens eines Attributes muss für jeden Datensatz ein SELECT-Statement ausgeführt werden, was bei größeren Datenmengen zu Performanceeinbußen führen kann. Um dies zu vermeiden, bietet es sich an, Funktionen mit Datenbankzugriff in Start-, End- oder Expertenroutinen zu implementieren, da dort das SELECT-Statement jeweils nur einmal je Datenpaket ausgeführt werden muss. Die Ergebnisse werden zwischengespeichert für die einzelnen Datensätze aus dem Zwischenspeicher gelesen.

### 7.6.6 Startroutinen

Wenn vor der Transformation der Daten durch die in der Transformation festgelegten Übertragungsregeln Manipulationen der Daten erforderlich oder sinnvoll sind, lassen sich diese in eine *Startroutine* auslagern. Wie in Abbildung 7.63 gezeigt, wird zu Beginn jeder Transformation die Startroutine durchlaufen, sofern eine vorhanden ist. Anschließend werden auf die Ergebnisdaten der Startroutine die Übertragungsregeln der Transformation angewandt. Die Verarbeitung der Daten erfolgt dabei paketweise (siehe Abschnitt 7.6.1, »Ablauf einer Transformation mit Routinen«).

Der Startroutine stehen die Daten grundsätzlich im Format des Quellobjektes zur Verfügung. Nach Durchlaufen der Startroutine muss diese die manipulierten Daten weiterhin im Format des Quellobjektes zur weiteren Verarbeitung durch die Übertragungsregeln übergeben.

**Auswahl der Quellfelder**

Wenn Sie eine Startroutine anlegen, müssen Sie zunächst die Felder aus der Quelle auswählen, die in der Startroutine zur Verfügung stehen sollen (siehe Abbildung 7.84). Felder, die in Übertragungsregeln verwendet werden, können nicht deaktiviert werden. Wenn Sie also bereits grafisch Übertragungsregeln definiert haben, können Sie hier weitere, bisher noch nicht in den Übertragungsregeln enthaltene Felder auswählen, wenn Sie auf diese in der Startroutine zugreifen möchten. Über die Schaltfläche **Routine bearbeiten...** gelangen Sie ins Coding.

**Übergabestrukturen Startroutine**

Die ausgewählten Felder werden in AMDPs in die Struktur inTab aufgenommen, in ABAP in die Struktur SOURCE_PACKAGE. In SAP BW/4HANA 2.0 findet das Coding aller AMDP- bzw. ABAP-Routinen je Transformation in einer Klasse – in einem Dokument – statt. Wenn Sie es gewohnt sind, ABAP-Routinen im klassischen SAP BW zu implementieren, mag dies vielleicht zunächst verwirren, da Feld-, Start- und Endroutinen dort jeweils in einzelnen Dokumenten implementiert wurden. Wenn Sie also für Ihre Transformation bereits Feldroutinen oder eine Endroutine angelegt haben, können

Sie diese nun in der Klasse bereits sehen. Beim Anlegen der Startroutine, die standardmäßig `GLOBAL_START` heißt (siehe Listing 7.17 bzw. Listing 7.7), wurden die Typ-, Variablen- und Schnittstellendeklarationen für die neue Routine dem Dokument vom System hinzugefügt. Dies geschieht analog zu den Feldroutinen (siehe 7.6.5, »Feldroutinen«). Die Deklarationen für die zur Verfügung stehenden Quellfelder werden dabei abhängig von Ihrer zuvor getroffenen Auswahl vom System erstellt.

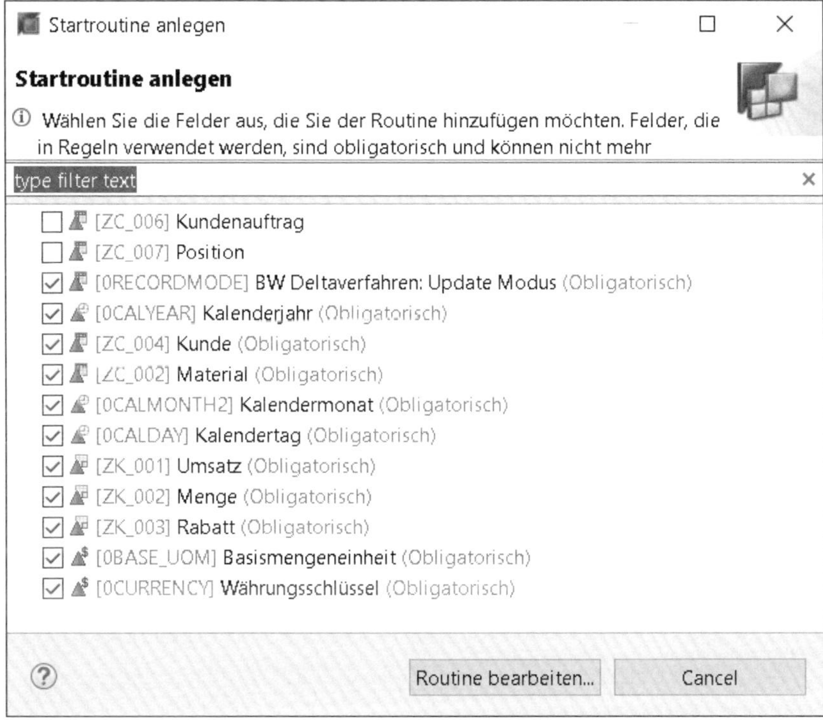


**Abbildung 7.84** Auswahl der Felder beim Anlegen einer Startroutine

Sie müssen nun lediglich noch die eigentliche Logik implementieren. Bei AMDPs erfolgt die Befüllung der Ergebnistabelle `outTab` auf Basis der durch die Eingangstabelle `inTab` zur Verfügung gestellten Daten analog zum Vorgehen bei den Feldroutinen (siehe Listing 7.17).

```
METHOD GLOBAL_START BY DATABASE PROCEDURE FOR HDB LANGUAGE SQLSCRIPT
OPTIONS READ-ONLY.
   *** Begin of routine - insert your code only below this line ***

-- Note the _M class are not considered for DTP execution.
-- AMDP Breakpoints must be set in the _A class instead.
```

```
-- outTab = SELECT * FROM :inTab;

-- *** End of routine - insert your code only before this line ***
ENDMETHOD.
```

**Listing 7.17** Dummy Coding für die AMDP-Startroutine

In ABAP-Startroutinen wird das Ergebnis nicht wie bei Feldroutinen über die Variable `result` übergeben. Stattdessen wird es wieder in die interne Tabelle `SOURCE_PACKAGE` geschrieben, wobei einzelne Datensätze über das Feldsymbol `<SOURCE_FIELDS>` angesprochen werden können, das dieselbe Struktur wie die interne Tabelle `SOURCE_PACKAGE` besitzt (siehe Listing 7.18).

```
METHOD GLOBAL_START.

     FIELD-SYMBOLS:
       <SOURCE_FIELDS>    TYPE _ty_s_SC_1.

  DATA: MONITOR_REC     TYPE rstmonitor.

* Note the _M class are not considered for DTP execution.
* ABAP Breakpoints must be set in the generated program instead

**** begin of routine -
 insert your code only below this line       ****

... "insert your code here

**** end of routine -
 insert your code only before this line       ****
ENDMETHOD.
```

**Listing 7.18** Dummy-Coding zur ABAP-Startroutine

Logik, die die Datenmenge reduziert, sollten Sie möglichst früh in einer Transformation implementieren, idealerweise also in der Startroutine. Die nachfolgenden Bearbeitungsschritte finden dann auf einer kleineren Datenmenge statt, was die Performance verbessert.

[!]

**Fehlerquelle bei der paketweisen Verarbeitung**

Achten Sie bei der Implementierung komplexer Logik darauf, dass die Daten paketweise verarbeitet werden. Wenn Sie beispielsweise im Coding den ältesten Datensatz oder den höchsten oder niedrigsten Wert ermitteln wollen, wird stets nur das Ergebnis bezogen auf das aktuell in Bearbeitung befindliche Datenpaket ermittelt. Sie müssen also entweder sicherstellen, dass alle Daten in einem einzigen Datenpaket verarbeitet werden, oder gegebenenfalls Werte zwischenspeichern.

[«]

**Loops in Routinen**

In ABAP-Start-, -End- und -Expertenroutinen laufen in der Regel Loops über die Datenpakete, um diese zeilenweise zu verarbeiten. In AMDP-Routinen ist dies nicht mehr üblich, da hier mit SQLScript-Statements gearbeitet wird. Dies erfordert bei Umsteigerinnen und Umsteigern ein Umdenken bezüglich der Implementierung von Routinen. Wir möchten Sie ermutigen, dies selbstständig an ein paar einfachen Beispielen auszuprobieren. Sie werden schnell merken, dass die Implementierung von AMDP-Routinen keineswegs komplexer ist als die von ABAP-Routinen. Die Logik, die zuvor durch die Loops abgebildet wurde, lässt sich in SQLScript häufig sogar einfacher und eleganter umsetzen.



### 7.6.7 Endroutinen

Innerhalb einer Transformation werden die Daten aus dem Quellobjekt durch die Übertragungsregeln manipuliert. In einigen Fällen lassen sich nicht alle gewünschten Operationen sauber oder performant über diese Übertragungsregeln abbilden. Daher besteht die Möglichkeit, die Daten im Anschluss durch eine *Endroutine* weiterzubearbeiten. Die Endroutine greift dabei auf die Ergebnisse der Datentransformation zu, die im Zielformat der Transformation vorliegen. Nach Durchlaufen der Endroutine müssen die manipulierten Daten weiterhin dem Zielformat entsprechen.

Wenn Sie eine Endroutine anlegen, müssen Sie zunächst, analog zur Startroutine, die Felder auswählen, die in der Endroutine zur Verfügung stehen sollen (siehe Abbildung 7.84). Hier einmal ausgewählte Felder können Sie nachträglich nicht wieder deaktivieren. Über die Schaltfläche **Routine anlegen...** gelangen Sie ins Coding.

Übergabestrukturen Endroutine

Die ausgewählten Felder werden in AMDPs wie gewohnt in die Struktur `inTab` der Methode aufgenommen, in ABAP in die Struktur `RESULT_PACKAGE`. Endroutinen heißen in BW/4HANA 2.0 standardmäßig `GLOBAL_END` (siehe Listing 7.19 und Listing 7.20). Beim Anlegen der Endroutine werden die Typ-, Variablen- und Schnittstellendeklarationen für die neue Routine dem Dokument vom System hinzugefügt, wieder analog zu den Feldroutinen (siehe Abschnitt 7.6.5, »Feldroutinen«). Die Deklarationen für die zur Verfügung stehenden Quellfelder wurden dabei vom System abhängig von Ihrer zuvor getroffenen Auswahl erstellt.

Sie müssen nun lediglich noch die eigentliche Logik implementieren. Bei AMDPs erfolgt die Befüllung der Ergebnistabelle `outTab` immer auf Basis der durch die Eingangstabelle `inTab` zur Verfügung gestellten Daten (siehe Listing 7.19).

```
METHOD GLOBAL_END BY DATABASE PROCEDURE FOR HDB LANGUAGE SQLSCRIPT
OPTIONS READ-ONLY.
-- *** Begin of routine - insert your code only below this line ***

-- Note the _M class are not considered for DTP execution.
-- AMDP Breakpoints must be set in the _A class instead.

-- outTab = SELECT * FROM :inTab;

-- *** End of routine - insert your code only before this line ***
ENDMETHOD.
```

**Listing 7.19** Dummy-Coding für eine AMDP-Endroutine

In ABAP-Endroutinen wird das Ergebnis wieder in die interne Tabelle `RESULT_PACKAGE` geschrieben, wobei einzelne Datensätze über das Feldsymbol `<RESULT_FIELDS>` angesprochen werden können, das dieselbe Struktur wie `RESULT_PACKAGE` besitzt (siehe Listing 7.20).

```
METHOD GLOBAL_END.

     FIELD-SYMBOLS:
       <RESULT_FIELDS>    TYPE _ty_s_TG_1.

  DATA: MONITOR_REC     TYPE rstmonitor.

* Note the _M class are not considered for DTP execution.
* ABAP Breakpoints must be set in the generated program instead

* ABAP Breakpoints within an ABAP End-Routine must be set
* in the _A class if the transformation runtime is set to SAP HANA!

**** begin of routine -
 insert your code only below this line       ****

... "insert your code here
```

```
**** end of routine -
 insert your code only before this line        ****
ENDMETHOD.
```

**Listing 7.20** Dummy-Coding für eine ABAP-Endroutine

Beachten Sie auch den Hinweiskasten zur paketweisen Verarbeitung, »Achtung: Fehlerquelle bei der paketweisen Verarbeitung«, in Abschnitt 7.6.6, »Startroutinen«, sowie den Hinweiskasten »Loops in Routinen« in Abschnitt 7.6.6, »Startroutinen«.



### 7.6.8 Expertenroutinen

Neben der Verwendung von Übertragungsregeln, Feld-, Start- und Endroutinen in Transformationen gibt es die Möglichkeit, die komplette Transformationslogik in einer einzigen *Expertenroutine* abzubilden. Sobald Sie eine Expertenroutine für eine Transformation anlegen, werden sämtliche gegebenenfalls bereits zuvor definierten Übertragungsregeln, Feld-, Start- und Endroutinen dieser Transformation gelöscht und durch die Expertenroutine ersetzt (siehe Abbildung 7.85). Das bedeutet, dass Sie bei Verwendung einer Expertenroutine die gesamte Transformationslogik selbst ausprogrammieren müssen. Dabei stehen Ihnen die Eingangsdaten paketweise in der Quellstruktur zur Verfügung. Sie müssen die benötigten Daten in der Expertenroutine selbst in die entsprechenden Felder der Zielstruktur überführen.

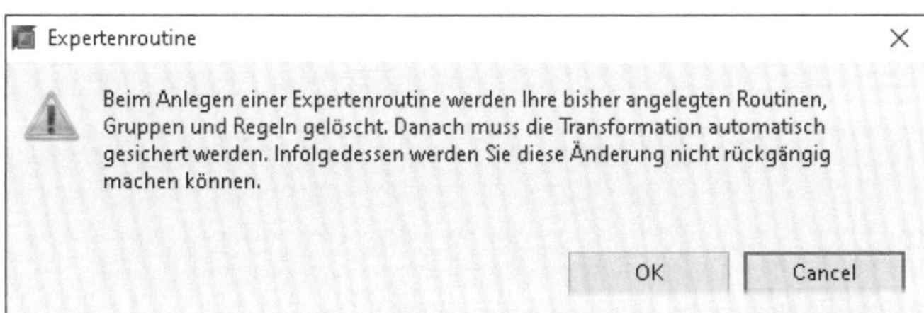


**Abbildung 7.85** Warnung beim Anlegen einer Expertenroutine

**Verwendung von Expertenroutinen**

Theoretisch können Sie alles, was Sie über Übertragungsregeln, Feld-, Start- und Endroutinen abbilden können, auch in eine Expertenroutine schreiben. Da die Expertenroutine aber aus reinem Coding besteht, ist sie schwieriger lesbar und wartbar als die mit grafischer Unterstützung angelegten Übertragungsregeln, gegebenenfalls in Kombination mit (kürzeren) Feld-, Start- und Endroutinen. In vielen Unternehmen ist daher in den Programmierrichtlinien festgehalten, dass, wo möglich, die mit grafischer Unterstützung anlegbaren Übertragungsregeln in Kombination mit Feldroutinen genutzt werden sollen. Nehmen die Feldroutinen überhand oder reichen diese Mittel nicht aus, um die gewünschte Logik abzubilden, kann die Transformation um Start- und Endroutinen ergänzt werden. Expertenroutinen sind häufig als letztes Mittel für komplexere Transformationen vorgesehen. Im Zweifelsfall sollten Sie sich vor der Implementierung einer Expertenroutine immer im jeweiligen Unternehmen erkundigen, ob und in welchem Umfang dies im Unternehmen zulässig und gewünscht ist.

Expertenroutinen heißen in SAP BW/4HANA 2.0 `GLOBAL_EXPERT` (siehe Listing 7.21 und Listing 7.22).

**AMDP-Expertenroutine**

Wenn Sie eine *AMDP-Expertenroutine* anlegen, stehen Ihnen für diese Routine die Parameter `inTab` und `outTab` zur Verfügung. `inTab` stellt der Expertenroutine als Eingangsparameter die Daten aus dem Quell-Datenpaket im Quellformat der Transformation zur Verfügung. Über `outTab` gibt die Expertenroutine das Ziel-Datenpaket im Zielformat der Transformation an das Programm zurück. Das Dummy-Coding `outTab = SELECT * FROM :inTab;` wird für Expertenroutinen in der Regel nicht funktionieren, da die Struktur von `inTab` und `outTab` sich in den meisten Fällen unterscheidet. In der AMDP-Expertenroutine wird das Datenpaket möglichst in einem Block verarbeitet.

```
METHOD GLOBAL_EXPERT BY DATABASE PROCEDURE FOR HDB LANGUAGE SQLSCRIPT
OPTIONS READ-ONLY.
-- *** Begin of routine - insert your code only below this line ***

-- Note the _M class are not considered for DTP execution.
-- AMDP Breakpoints must be set in the _A class instead.

-- outTab = SELECT * FROM :inTab;

-- *** End of routine - insert your code only before this line ***
ENDMETHOD.
```

**Listing 7.21** Dummy-Coding für eine AMDP-Expertenroutine

**ABAP-Expertenroutine**

In einer *ABAP-Expertenroutine* stehen Ihnen die Eingangsdaten im Quellformat `SOURCE_PACKAGE` zur Verfügung. Das Ergebnis müssen Sie im Zielformat `RESULT_PACKAGE` zurückgeben. Über das Feldsymbol `<SOURCE_FIELDS>` können Sie auf einzelne Zeilen der Eingangsdaten zugreifen (siehe Listing 7.22).

```
CLASS /BIC/G49C90UWL6TJHTWZSORD_M IMPLEMENTATION.

METHOD GLOBAL_EXPERT.
```

```
    FIELD-SYMBOLS:
      <SOURCE_FIELDS>    TYPE _ty_s_SC_1.

    DATA:
      RESULT_FIELDS      TYPE _ty_s_TG_1.

* Note the _M class are not considered for DTP execution.
* ABAP Breakpoints must be set in the generated program instead

**** begin of routine -
 insert your code only below this line       ****

... "insert your code here

**** end of routine -
 insert your code only before this line       ****
ENDMETHOD.
```

**Listing 7.22** Dummy-Coding für eine ABAP-Expertenroutine

Beachten Sie auch den Hinweiskasten zur paketweisen Verarbeitung, »Fehlerquelle bei der paketweisen Verarbeitung«, in Abschnitt 7.6.6, »Startroutinen«, sowie den Hinweiskasten »Loops in Routinen« in Abschnitt 7.6.6, »Startroutinen«.

Nun haben Sie die Modellierungsobjekte für den Aufbau von komplexen Datenflüssen in SAP BW/4HANA 2.0 ausführlich kennengelernt. Im folgenden Kapitel beschäftigen wir uns mit der Anbindung von Quellsystemen an SAP BW/4HANA 2.0 und stellen häufig genutzte Quellsysteme vor, bevor wir im übernächsten Kapitel auf die Datenflussmodellierung eingehen.

# Kapitel 8
# Datenbeschaffung

*Dieses Kapitel bietet Ihnen eine Übersicht über die Schnittstellen für die Quellsystemanbindung an SAP BW/4HANA 2.0, gefolgt von einer Vorstellung typischer Quellsysteme.*



Es gibt verschiedene Möglichkeiten, Daten aus unterschiedlichen Quellen in SAP BW/4HANA 2.0 verfügbar zu machen. Je nach Anforderung können Sie Daten wie aus der klassischen SAP-BW-Welt bekannt über ETL-Prozesse in SAP BW/4HANA 2.0 laden und dort physisch abspeichern. Daneben können Reporting und Analysen auch über Views direkt auf Daten in den Quellsystemen zugreifen, ohne dass diese Daten zuvor physisch in SAP BW/4HANA 2.0 geladen werden müssen.

**Quellsystemtypen**

In SAP BW/4HANA 2.0 wird das Modellierungsobjekt Quellsystem genutzt, um eine Verbindung zu einem Quellsystem herzustellen (siehe Abschnitt 5.3, »Quellsysteme«). Für die Übertragung von Daten werden DataSources genutzt, in denen vereinfacht gesagt festgelegt ist, welche Felder aus welchen Tabellen im Quellsystem an das Zielsystem übertragen werden sollen (siehe Abschnitt 5.4, »DataSources«). In diesem Kapitel werfen wir einen detaillierten Blick auf die verschiedenen *Quellsystemtypen* und ihre Anbindung an SAP BW/4HANA 2.0 (siehe Abschnitt 8.1, »Technologien zur Quellsystemanbindung«). Anschließend geben wir Ihnen einen Überblick über typische Quellsysteme (siehe Abschnitt 8.2, »Typische Quellsysteme für SAP BW/4HANA 2.0«).

## 8.1 Technologien zur Quellsystemanbindung

**Neues Quellsystem anlegen**

In Abschnitt 5.3, »Quellsysteme«, haben wir Ihnen bereits das Modellierungsobjekt *Quellsystem* vorgestellt, über das die Verbindung aus SAP BW/4HANA 2.0 zu einem Quellsystem hergestellt wird. Als Beispiel diente uns dort ein Flatfile (siehe Abschnitt 8.2.5, »Flatfiles«). Die weiteren Quellsystemtypen, die Sie in SAP BW/4HANA 2.0 verwenden können, erläutern wir im Folgenden. Zur Einrichtung eines neuen Quellsystems vergeben Sie zunächst im Pop-up-Fenster **Neues Quellsystem** einen Namen (siehe Abbildung 8.1 und Abschnitt 5.3).

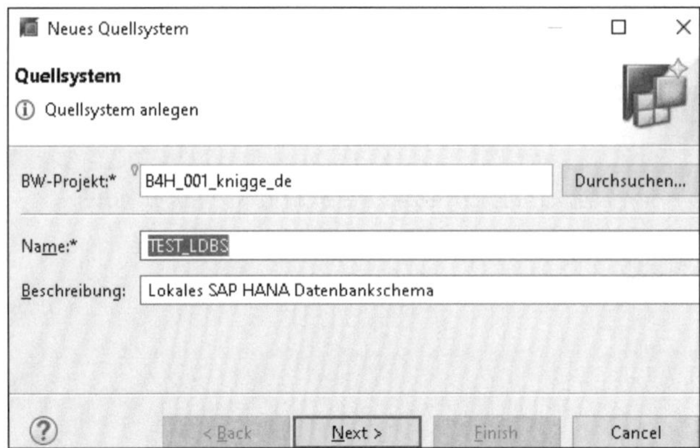


**Abbildung 8.1** Neues Quellsystem anlegen

**Quellsystemtypen**

Über die Schaltfläche **Next >** wechseln Sie ins nächste Bild. Wählen Sie dort den Quellsystemtyp **Datei** aus. Darüber hinaus stehen Ihnen folgende Quellsystemtypen zur Verfügung (siehe Abbildung 8.2):

- **SAP HANA Local Database Schema** (lokales SAP-HANA-Datenbankschema, siehe Abschnitt 8.1.1, »SAP-HANA-Quellsysteme«)
- **SAP HANA Smart Data Access** (siehe ebenfalls Abschnitt 8.1.1)
- **SAP HANA Tenant Data Base Schema** (SAP-HANA-Tenant-Datenbankschema, siehe ebenfalls Abschnitt 8.1.1)
- **Big Data** (Big-Data-Quellsysteme, siehe Abschnitt 8.1.3, »Big-Data-Quellsysteme, SAP Vora und Apache Hadoop«)
- **ODP** (Operational Data Provisioning, siehe Abschnitt 8.1.2, »Operational Data Provisioning (ODP)«)
- **Datei** (Flatfiles, bereits in Abschnitt 5.3, »Quellsysteme«, eingeführt)

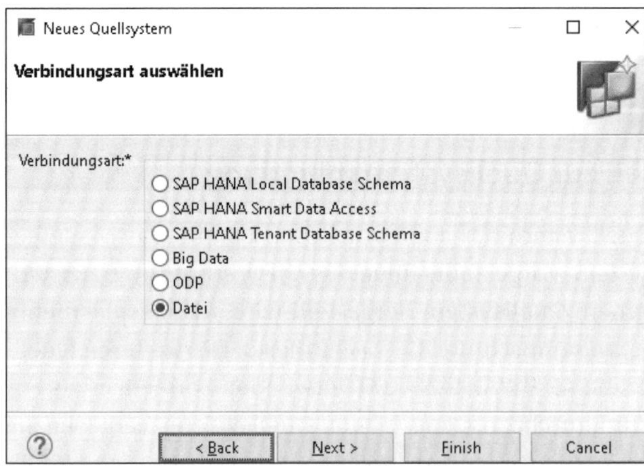


**Abbildung 8.2** Verbindungsarten für Quellsysteme

Über die Schaltfläche **Next >** kommen Sie jeweils zur weiteren Einrichtung der Verbindung. Im nächsten Abschnitt erläutern wir die weiteren Schritte für die Einrichtung von SAP-HANA-Quellsystemen, in den folgenden Abschnitten gehen wir auf die weiteren Quellsystemtypen ein.

### 8.1.1 SAP-HANA-Quellsysteme

**Verbindungstypen für SAP-HANA-Quellsysteme**

Für *SAP-HANA-Quellsysteme* stehen Ihnen die im Folgenden beschriebenen Verbindungstypen zur Verfügung:

- Lokales SAP-HANA-Datenbankschema
- SAP HANA Smart Data Access
- SAP HANA Smart Data Integration
- SAP-HANA-Tenant-Datenbankschema

Über Open ODS Views (siehe Abschnitt 7.1, »Open ODS Views«) und CompositeProvider (siehe Abschnitt 6.3, »CompositeProvider«) können Sie virtuell, also ohne zuvor einen ETL-Prozess durchzuführen, auf die Daten zugreifen. Für alle Quellen wird die Datenübertragung im Full-Modus unterstützt. Sofern die Quelle dies unterstützt, kann auch ein generisches Delta geladen werden.

**Verbindungstyp »Lokales SAP-HANA-Datenbankschema«**

Mit dem Verbindungstyp *Lokales SAP-HANA-Datenbankschema* können Sie als Quellsystem ein Schema in der lokalen SAP-HANA-Datenbank des SAP-BW/4HANA-2.0-Systems nutzen. Wählen Sie bei der Einrichtung im nächsten Schritt entsprechend ein lokales SAP-HANA-Datenbankschema aus (siehe Abbildung 8.3).

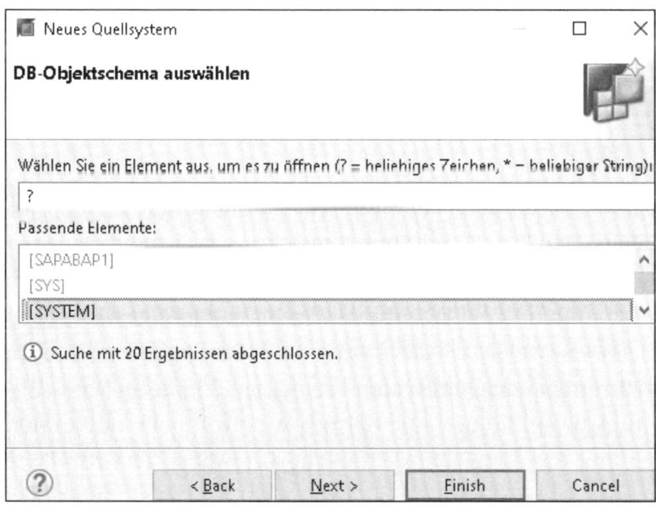


**Abbildung 8.3** Lokales SAP-HANA-Datenbankschema auswählen

Über **Next >** gelangen Sie ins Bild **Bestätigungsseite** (siehe Abbildung 8.4). Wenn Sie dort auf **Finish** klicken, wird Ihr neues Quellsystem vom Typ lokales SAP-HANA-Datenbankschema angelegt (siehe Abbildung 8.5). Bevor Sie es nutzen können, müssen Sie es über die Schaltfläche aktivieren.

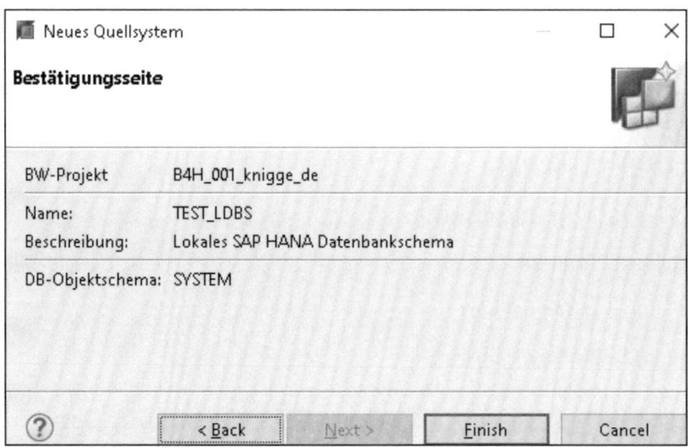


**Abbildung 8.4** Bestätigungsseite

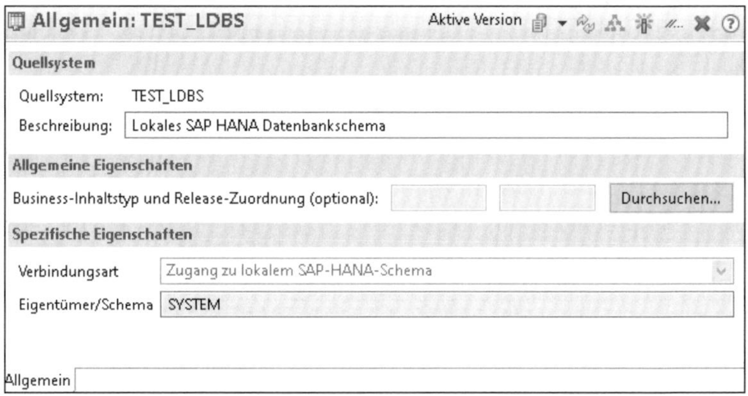


**Abbildung 8.5** Quellsystem vom Typ Lokales SAP-HANA-Datenbankschema

Jetzt können Sie über Ihr neues Quellsystem auf Datenbanktabellen, Views und native DataStore-Objekte des Schemas zugreifen, das Sie beim Anlegen angegeben haben und das Ihnen nun auf dem Tab **Allgemein** im Bereich **Spezifische Eigenschaften** im Feld **Eigentümer/System** angezeigt wird. Dazu legen Sie – beispielsweise im SAP HANA Studio unter **Datenquellen** aus dem Kontextmenü zu Ihrem neuen Quellsystem – eine DataSource an (siehe Abbildung 8.6). Beim Anlegen können Sie dann z. B. eine Tabelle oder einen View aus dem Schema, das dem Quellsystem zugrunde liegt, als Grundlage für die neue DataSource auswählen (siehe Abschnitt 5.4, »DataSources«).

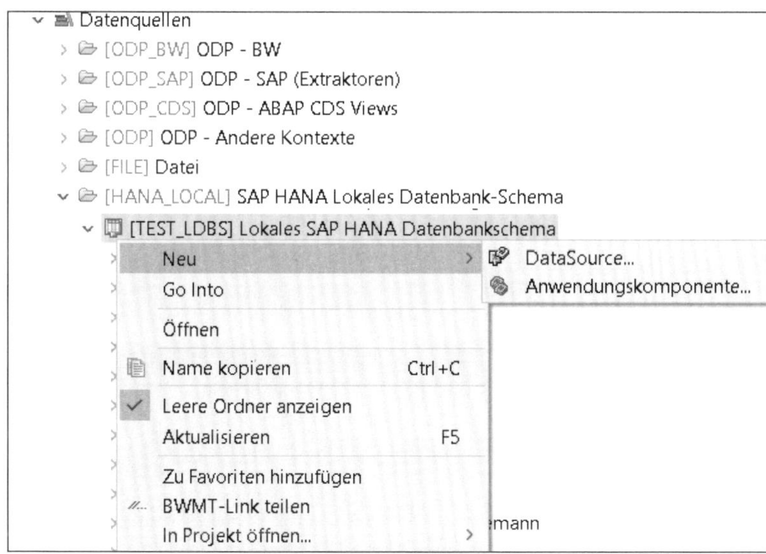


**Abbildung 8.6** Neues Quellsystem

Beim Anlegen eines Open ODS Views (siehe Abschnitt 7.1, »Open ODS Views«) können Sie direkt ein Quellsystem vom Typ Lokales SAP-HANA-Datenbankschema anlegen.

**Verbindungstyp »SAP HANA Smart Data Access«**

Über den Verbindungstyp *SAP HANA Smart Data Access* können Sie eine Verbindung zu einer externen Datenquelle aufbauen, wenn diese über SAP HANA Smart Data Access mit der SAP-HANA-Datenbank unter dem SAP-BW/4HANA-2.0-System verbunden ist oder die über SAP HANA Smart Data Integration angebunden ist. Die Verbindung zum jeweiligen Quellsystem wird dabei technisch über einen spezifischen Data-Provisioning-Adapter aufgebaut (siehe Hinweiskasten zum Data Provisioning Agent).

**Data Provisioning Agent (DPA)**

Ein *Data Provisioning Agent* (auch: *DP Agent* oder *DPA*) stellt eine sichere Verbindung zwischen einem SAP-HANA-System und einem On-Premise-System, das über einen Adapter angebunden werden kann, zur Verfügung. Der DPA hostet alle SAP-HANA-Smart-Data-Integration-Adapter und bildet somit die Schnittstelle zwischen dem SAP-HANA-System und den Adaptern zu den Quellsystemen.

Nachdem Sie den Verbindungstyp **SAP HANA Smart Data Access** gewählt haben, können Sie im Pop-up-Fenster **Neues Quellsystem** im Bild **Remote-**

**Source auswählen** das gewünschte System auswählen (siehe Abbildung 8.7). Bestätigen Sie Ihre Auswahl über **Next >**.

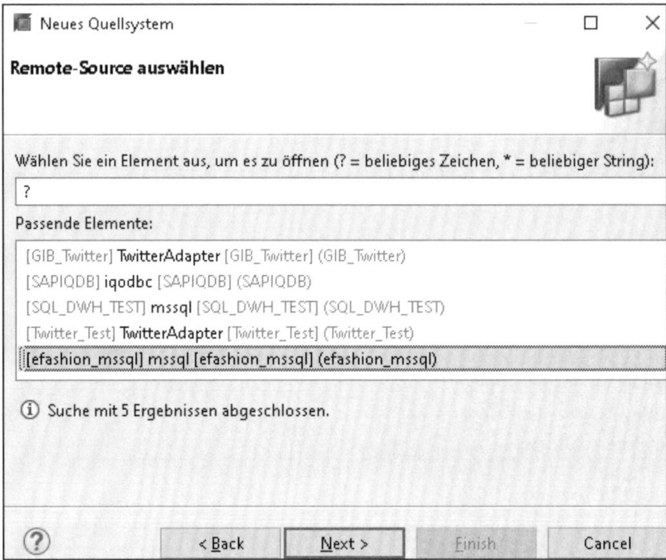


**Abbildung 8.7** Remote-Quelle beim SAP HANA Smart Data Access auswählen

Im nächsten Bild, **Remote-Datenbank auswählen**, können Sie anschließend die Datenbank aus dem entfernten System auswählen, auf die Sie zugreifen möchten (siehe Abbildung 8.8).

**Abbildung 8.8** Remote-Datenbank beim SAP HANA Smart Data Access auswählen

Über **Next >** kommen Sie wieder auf eine Bestätigungsseite, über **Finish** legen Sie die neue Verbindung an (siehe Abbildung 8.9). Vor der Nutzung muss sie noch über die Schaltfläche aktiviert werden. Anschließend können Sie auch für dieses Quellsystem DataSources anlegen.

**Abbildung 8.9** Quellsystem vom Typ SAP HANA Smart Data Access

**Verbindungstyp »SAP HANA Smart Data Integration«**

Der Verbindungstyp *SAP HANA Smart Data Integration* erlaubt den Zugriff auf Quelldaten sowohl per Datenübertragung als auch in Echtzeit. Auch hier erfolgt die Verbindung über DPAs. Auch Quellsysteme mit diesem Verbindungstyp können Sie direkt während der Erstellung von Open ODS Views anlegen.

**Verbindungstyp »SAP-HANA-Tenant-Datenbankschema«**

In einem SAP-HANA-System können mehrere isolierte SAP-HANA-Datenbanken installiert sein (Mehrfach-Datenbank-Modus). In diesem Fall werden die einzelnen Datenbanken als *Tenants* bezeichnet. Über den Verbindungstyp *SAP-HANA-Tenant-Datenbankschema* können Sie auf Tabellen, Views und native DataStore-Objekte in einem Schema in einer Tenant-Datenbank des SAP-HANA-Systems zugreifen.

Das Anlegen erfolgt analog zum Anlegen der zuvor beschriebenen SAP-HANA-Quellsysteme. Sie müssen dabei die Remote-Datenbank (den Tenant, siehe Abbildung 8.10) angeben und anschließend das Schema auswählen, das als Quelle dienen soll.

Auch Quellsysteme von diesem Verbindungstyp können bei der Erstellung von Open ODS Views direkt angelegt werden.

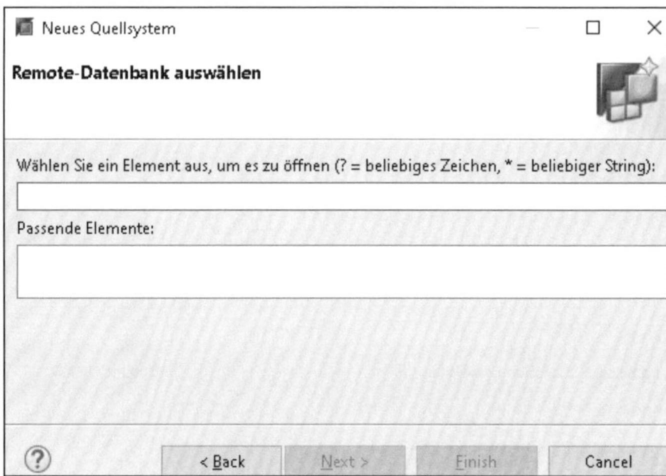


**Abbildung 8.10** Tenant des Quellsystems auswählen

Im nächsten Abschnitt befassen wir uns mit Verbindungen über Operational Data Provisioning.

### 8.1.2 Operational Data Provisioning (ODP)

**RFC und WebService**

Häufig dienen andere SAP-Systeme als Quellsysteme für SAP BW/4HANA 2.0. Zur Übertragung der Quelldaten bietet SAP das *Operational Data Provisioning* (ODP) an. Grundsätzlich wird dabei nach zwei Kommunikationskanälen unterschieden:

- *Remote Function Call* (RFC): Zugriff auf ABAP-Systeme über eine RFC-Verbindung
- *WebService* (SOAP kastenüber HTTP oder HTTPS): Die WebServices können, müssen aber nicht in ABAP implementiert werden.

**Remote Function Calls (RFCs) und Remote Procedure Calls (RPCs)**

*Remote Function Call* (*RFC*) ist der SAP-Begriff für einen *Remote Procedure Call* (*RPC*). Dabei handelt es sich um die Technologie zum Aufruf (Call) einer Funktion (Function) oder Prozedur (Procedure) in einem anderen, über ein Netzwerk oder das Internet angeschlossenen, also einem entfernten (remote) System. Dabei wird die Funktion üblicherweise im entfernten System ausgeführt. Die aufrufende Anwendung wartet auf eine Antwort.

Ein vereinfachtes Beispiel: Ein SAP-BW/4HANA-2.0-System fordert bei einem SAP-S/4HANA-System Daten an. Das SAP-S/4HANA-System stellt die Daten zusammen und schickt sie an das SAP-BW/4HANA-2.0-System.

[«]

**Simple Object Access Protocol (SOAP)**

Das *Simple Object Access Protocol* (SOAP) ist das erste weit verbreitete Netzwerkprotokoll zur Verbindung von WebServices in einer serviceorientierten Architektur (*Service-Oriented Architecture* oder SOA). Es unterstützt den Austausch von Daten zwischen Systemen und die Ausführung von RPCs.

**Operational Data Provider**

Bei der Datenübertragung per ODP stehen die Daten in der Quelle in sogenannten *Operational Data Providern* (ODP) bereit. Hierbei wird zwischen Bewegungs- und Stammdaten unterschieden, wobei die Stammdaten in Attribute, Texte und Hierarchien unterteilt werden. Sie erkennen hier die SAP-typische Datenmodellierung. Über ODP können die Daten per Full oder Delta in SAP BW/4HANA 2.0 übertragen werden. Die Delta-Queues werden dabei von den SAP-Quellsystemen verwaltet. Es stehen unterschiedliche SAP-Repositories als Quellen zur Verfügung, eine Übersicht sehen Sie in Tabelle 8.1).

| SAP-Repository | ODP-Kontext | RFC | HTTP |
|---|---|---|---|
| SAP-Systeme mit Extraktoren für die Übertragung | `SAPI`: SAP BI Service API (DataSources/Extraktoren; siehe Hinweiskasten »SAP Service API (SAPI)«) | x | – |
| SAP-BW- oder SAP-BW/4HANA-Systeme mit InfoProvidern bzw. Export-DataSources für die Übertragung | `BW`: SAP BW bzw. SAP BW/4HANA | x | – |
| SAP-Systeme mit ABAP-CDS-Views für die Übertragung (z. B. SAP S/4HANA, SAP S/4HANA Cloud, siehe Hinweise »Core Data Services (CDS)« und »SAP Core Data Services Views (SAP CDS Views)«) | `ABAP_CDS`: ABAP CDS | x | x |
| SAP-Systeme, die Tabellen unterstützter Quellen in Echtzeit per SAP Landscape Transformation Replication Server (SAP SLT Replication Server, siehe Hinweiskasten »SAP Landscape Transformation Replication Server (SAP SLT Replication Server)«) zur Verfügung stellen | `SLT-<Queue-Alias>`: SLT Queue Alias | x | – |

**Tabelle 8.1** SAP-Repositories und entsprechende ODP-Kontexte

| SAP-Repository | ODP-Kontext | RFC | HTTP |
|---|---|---|---|
| SAP-HANA-Datenbanken mit ABAP-System mit SAP HANA Views | HANA: SAP HANA Information Views | x | – |
| SAP-Business-ByDesign-Systeme (siehe Abschnitt 8.2.3, »SAP Business ByDesign«) | BYD (ByDesign) | – | x |

**Tabelle 8.1** SAP-Repositories und entsprechende ODP-Kontexte (Forts.)

[!]

**SAP Service API (SAPI)**

Über die *SAP Service API* (*SAPI*, gelegentlich auch *S-API*) können Daten aus SAP-Quellsystemen über DataSources/Extraktoren für SAP BW/4HANA bereitgestellt werden.

[»]

**SAP Core Data Services (SAP CDS)**

Die *SAP Core Data Services* (*SAP CDS*) bilden die Grundlage für die Entwicklung persistenter Datenmodelle, die für Anwenderinnen und Anwender zugänglich gemacht werden können, unabhängig von der Programmiersprache. Sie unterstützen auch komplexe betriebswirtschaftliche Datenmodelle in Unternehmen. Daten werden dabei durch die sogenannten *SAP CDS Views* verfügbar gemacht. Über diese SAP CDS Views können Daten systemübergreifend und flexibel genutzt werden (siehe Hinweiskasten »SAP Core Data Services Views«). SAP CDS enthalten neben einem Datenmodell auch eine semantische Ebene, die es den Anwenderinnen und Anwendern ermöglicht, über betriebswirtschaftliche Begriffe auf Daten zuzugreifen, um Berichte oder Analysen durchzuführen.

SAP CDS unterstützen SQL und Erweiterungen wie das *SAP Business Object Processing Framework* (*SAP BOPF*) für SAP ABAP und das *SAP Enterprise Objects Framework* in Java. SAP BOPF bietet Funktionen und Services zur schnelleren, standardisierten und modularisierten Implementierung von Geschäftsprozessen.

Ursprünglich gab es SAP CDS nur als *SAP HANA CDS*, mittlerweile ist das Konzept ebenso vollständig als *SAP ABAP CDS* in ABAP verfügbar. Dabei findet ein Code-Pushdown bei der Ausführung statt – die Berechnungen erfolgen also nicht auf dem Applikationsserver, sondern in der SAP-HANA-Datenbank. Im Gegensatz dazu wurden vorher durch SQL-Abfragen große Datenpakete aus der Datenbank auf den Applikationsserver geladen und dort weiterverarbeitet. Das angewandte Code-Pushdown-Paradigma kann zu deutlichen Performancegewinnen führen.

SAP CDS stellen eine Erweiterung von SQL dar und bieten eine Data Definition Language (DDL), mit der komplexe Datenmodelle mit Datenbanktabellen, -views (SAP-CDS-Entitäten) und benutzerdefinierten Typen erstellt werden können. Sie bieten eine Query Language (QL) für die Definition von Abfragen auf den Datenmodellen und zur Definition von Views. Mit einer Expression Language (EL) können berechnete Felder, Standardwerte, Einschränkungen etc. definiert werden.



[«]

**SAP Core Data Services Views**

*SAP Core Data Services Views* (*SAP CDS Views*) machen Daten systemübergreifend und flexibel verfügbar. Dabei können sie vordefinierte SELECT-Abfragen enthalten. Es können *Nested Views* erzeugt werden, was bedeutet, dass SAP CDS Views nicht nur auf Datenbanktabellen, sondern auch auf bereits definierte SAP CDS Views zugreifen können. Operationen können auch verschachtelt direkt auf der Datenbankebene berechnet werden.

*SAP HANA CDS Views* werden mit nativem SQL im SAP HANA Studio direkt auf Datenbankebene definiert. Sie werden in DDL-Dateien gespeichert. SAP HANA CDS Views benötigen die XS Engine, die ausschließlich mit einer SAP-HANA-Datenbank zur Verfügung steht.

*SAP ABAP CDS Views* werden mit Open SQL von SAP definiert. Auch hier ist (mit herstellerabhängigen Einschränkungen) ein Code-Pushdown möglich. SAP ABAP CDS Views können auf Datenbanken unterschiedlicher Hersteller zugreifen. Für weitere Details zu SAP CDS und SAP CDS Views verweisen wir auf die einschlägige Fachliteratur.

**SAP Landscape Transformation Replication Server**

Der *SAP Landscape Transformation Replication Server* unterstützt die Echtzeit-Replikation von Daten aus SAP- oder Drittanbieter-Quellsystemen in SAP-HANA-Systeme. Er ist Teil der *SAP Business Technology Platform* (*SAP BTP*, siehe Hinweiskasten »SAP Business Technology Platform« in Abschnitt 13.3, »SAP HANA Cloud«).

**ODP-Quellsystem anlegen**

Beim Anlegen eines neuen ODP-Quellsystems (siehe Abschnitt 5.3, »Quellsysteme«) gelangen Sie nach der Vergabe des Namens im Pop-up-Fenster **Neues Quellsystem** in das Bild **ODP-Seitenauswahl** (siehe Abbildung 8.11).

Im Beispiel legen wir eine Verbindung zum SAP-BW/4HANA-2.0-System selbst an.

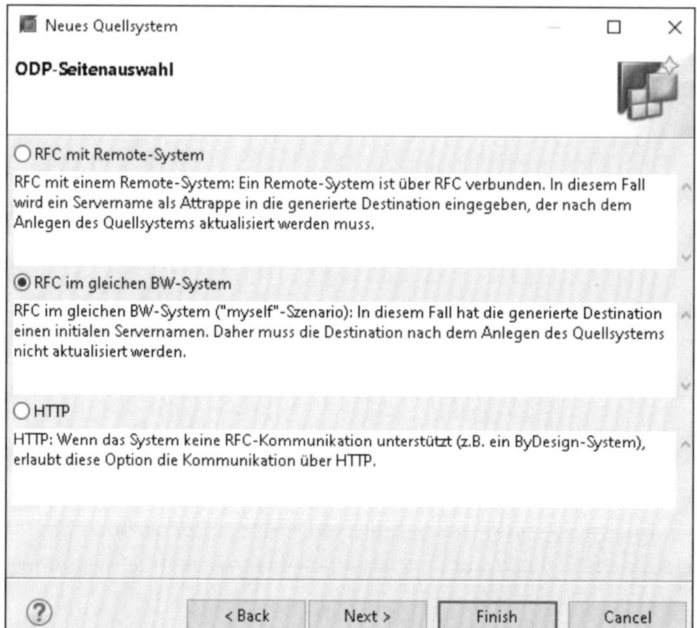


**Abbildung 8.11** Auswahl der Technologie beim Anlegen eines neuen ODP-Quellsystems

Sie können zwischen folgenden Optionen wählen (siehe Tabelle 8.1):

- **RFC mit Remote-System**: Bei dieser Option wird ein Remote-System, beispielsweise ein anderes SAP-System wie ein SAP S/4HANA-System oder ein anderes SAP-BW-System, über eine RFC-Verbindung als Quellsystem angelegt.
- **RFC im gleichen BW-System**: Bei dieser Option wird eine RFC-Verbindung zum SAP-BW/4HANA-2.0-System selbst hergestellt. Diese Option wählen wir im Beispiel.
- **HTTP**: Wenn keine RFC-Verbindung möglich ist, weil das Quellsystem diese Option nicht unterstützt, kann es über eine HTTP-Verbindung angeschlossen werden. SAP-Business-ByDesign-Systeme sind ein Beispiel für diese Verbindungsart.

Nachdem Sie Ihre Auswahl getroffen haben, kommen Sie über **Next >** zur Bestätigungsseite (siehe Abbildung 8.12).

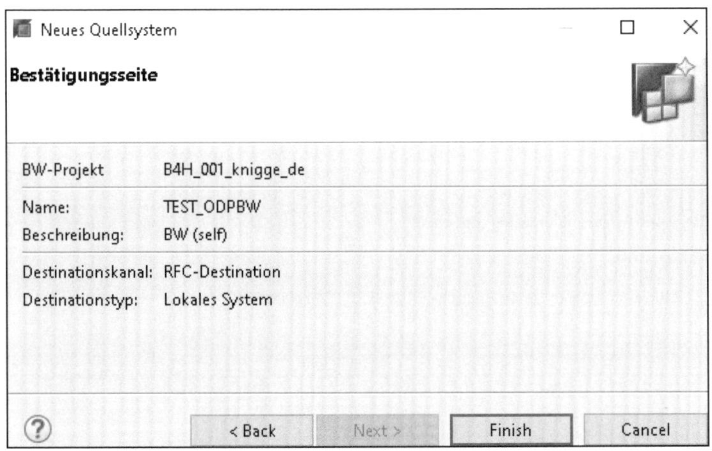


**Abbildung 8.12** Bestätigungsseite für ein ODP-Quellsystem mit RFC-Verbindung

Anschließend müssen Sie auf der Registerkarte **Allgemein** im Bereich **Spezifische Eigenschaften** noch den **ODP-Kontext** (siehe Tabelle 8.1) auswählen (siehe Abbildung 8.13).

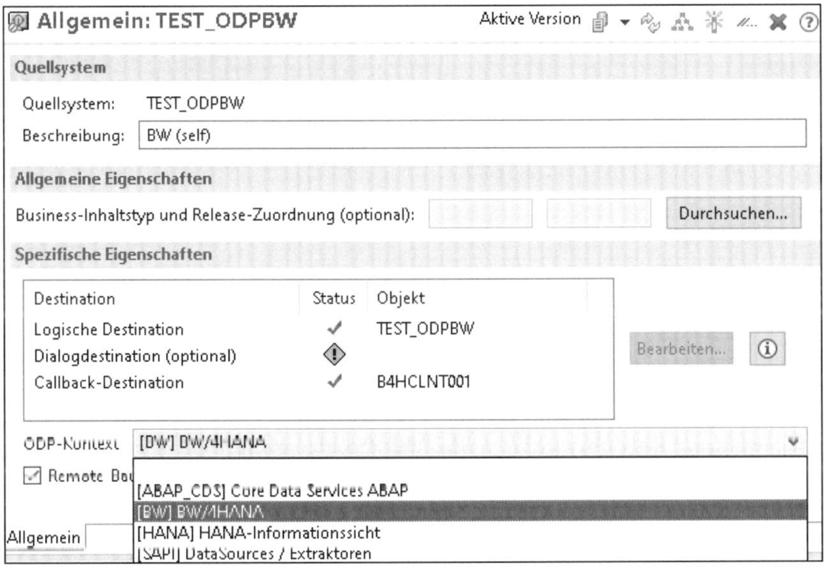

**Abbildung 8.13** ODP-Quellsystem (remote) administrieren

Falls Sie **HTTP** gewählt haben, erfolgt die Konfiguration der Verbindung über die Schaltfläche **SOA-Manager** im Bereich **Spezifische Eigenschaften** auf dem Tab **Allgemein** (siehe Abbildung 8.14).

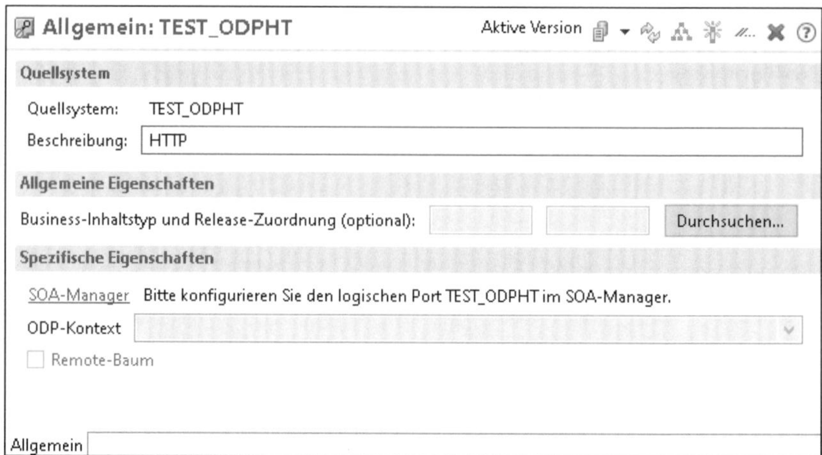


**Abbildung 8.14** ODP-Quellsystem (HTTP) administrieren

Zur Konfiguration der Verbindung öffnet sich im Browser das Bild **Web-Service-Konfiguration (<System-ID>;<Mandant>)** (siehe Abbildung 8.15). Wenden Sie sich für Unterstützung an Ihre IT-Administration/Ihr SAP-Basis-Team.

**Abbildung 8.15** WebService für ein HTTP-ODP-Quellsystem konfigurieren

Abschließend müssen Sie das neue ODP-Quellsystem noch über die Schaltfläche aktivieren, bevor Sie es verwenden können.

Sie können nun aus dem Kontextmenü zu Ihrem neuen ODP-Quellsystem DataSources anlegen (siehe Abschnitt 5.4, »DataSources«). Bei ODP-Quellsystemen gibt es zusätzlich die Besonderheit, dass Sie die DataSources auch aus dem Quellsystem kopieren können (*replizieren*, siehe Abschnitt 5.4).

Im nächsten Abschnitt betrachten wir den Quellverbindungstyp Big Data und die Einbindung von SAP Vora und Apache Hadoop.

### 8.1.3 Big-Data-Quellsysteme, SAP Vora und Apache Hadoop

**Verbindungstyp »Big-Data-Quellsysteme«**

Mit dem Verbindungstyp Big-Data-Quellsysteme können Sie auf Quellsysteme zugreifen, die sehr große Datenmengen (Big Data) enthalten. In SAP BW/4HANA 2.0 können Big-Data-Quellsysteme über SAP HANA Smart Data Access (siehe Abschnitt 8.1.1, »SAP-HANA-Quellsysteme«) mit dem SAP HANA Spark Controller und dem Adapter `SPARK SQL (DESTINATION)` oder dem Adapter `VORA(ODBC)` angebunden sein. Die Kombination von Geschäftsdaten in SAP HANA/SAP BW/4HANA 2.0 mit Big Data kann für die Anwenderinnen und Anwender in den Fachbereichen interessant sein, insbesondere aber auch für Data Scientists.

Über Open ODS Views und CompositeProvider können Sie anschließend virtuell (und somit auch ohne zuvor einen ETL-Prozess durchzuführen) auf die Daten zugreifen. Für alle Quellen wird die Datenübertragung im Full-Modus unterstützt. Sofern die Quelle dies unterstützt, kann auch ein generisches Delta geladen werden.

**SAP Vora**

SAP HANA stellt allein keine verteilte Lösung für Big Data dar, kann aber um *SAP Vora* ergänzt werden. SAP Vora nutzt und ergänzt dabei die Funktionen von Apache Hadoop und Apache Spark (siehe Hinweiskästen). SAP Vora bildet somit die Schnittstelle zwischen SAP HANA und den Apache-Frameworks Hadoop und Spark. Es handelt sich dabei um ein verteiltes Datenbanksystem für die Verarbeitung von Big Data. So können über SAP Vora sehr große Datenmengen in SAP BW/4HANA 2.0 integriert werden. SAP Vora ist eine sogenannte *SQL-on-Hadoop-Lösung*, die als Dienst auf bestehenden Hadoop-Knoten installiert wird. Dabei kann es auf einem Rechencluster ausgeführt werden und skaliert gemeinsam mit der Skalierung des Rechenclusters. SAP Vora kann Daten mittlerweile auch bidirektional zwischen SAP HANA und Apache Spark lesen, ohne dass die SAP-HANA-Daten zunächst physisch in das Hadoop-Dateisystem HDFS übertragen werden müssen.

[«]

**Apache Hadoop**

Bei *Apache Hadoop* handelt es sich um ein *Framework* (siehe Hinweiskasten zu Frameworks) für skalierbare, verteilte Software, das in Java implementiert ist und 2006 erstmalig vorgestellt wurde. Dieses Framework erlaubt die Durchführung intensiver Rechenprozesse mit Big Data auf einer definierten Gruppe vernetzter Computer (Computercluster oder Rechnerverbund). Apache Hadoop wird von der Apache Software Foundation als Open-Source-Software bereitgestellt. Es existieren verschiedene Apache-Hadoop-Distributionen (Forks oder Entwicklungszweige). Für die Nutzung von Apache Hadoop fallen Betriebskosten (Hardware oder Cloud, gegebenenfalls Betrieb) sowie Kosten für Support und gegebenenfalls erweiterte Dienste an.

Mit Hadoop können unstrukturierte und semistrukturierte Daten in verschiedenen, auch eigenentwickelten Dateiformaten für analytische Zwecke nutzbar gemacht werden. Hadoop nutzt vor allem für die Verwaltung großer Dateien das *Hadoop Distributed File System* (*HDFS*), in dem die Daten verteilt auf mehreren Rechnern (Knoten) abgelegt werden können, die zusammen einen Cluster bilden. Der Cluster kann lokal installiert werden oder sich in der Cloud befinden. Die Daten werden auf den Knoten redundant abgelegt, sodass der Ausfall einzelner Knoten kompensiert werden kann und das System hochverfügbar und skalierbar ist. Es wird zwischen Master- und Slaveknoten unterschieden. Masterknoten kümmern sich um Anfragen, die Verteilung von Daten auf die Slaveknoten sowie die Metadaten. In den Slaveknoten werden die Daten gespeichert. Die Verwendung alternativer Dateisysteme ist möglich. Zur Verwaltung kleinerer Dateien kann *Hadoop Archives* (*HAR*) genutzt werden.

Das Prinzip der *Datenlokalität* erlaubt es, Algorithmen auf den Daten direkt auf den Hadoop-Servern auszuführen – ähnlich wie beim Code-Pushdown. Dies erhöht die Geschwindigkeit, da die Übertragung der Daten zu den Client-Rechnern vor der Ausführung von Berechnungen entfällt: ein entscheidender Punkt bei der Verarbeitung von Big Data. Für weitere Details verweisen wir auf die einschlägige Fachliteratur zu Hadoop.

[!]

**Framework**

Bei einem *Framework* handelt es sich im Bereich der Softwaretechnik um ein Programmiergerüst. Frameworks kommen hier insbesondere in der objektorientierten oder komponentenbasierten Entwicklung vor. Sie stellen den Rahmen dar, in dem Entwicklerinnen und Entwickler Anwendungen erstellen können. Dabei können sie z. B. Entwurfsmuster enthalten und Strukturen für die Erstellung von Anwendungen vorgeben. Ein typisches Beispiel für ein Architekturmuster für Software ist Model View Controller (MVC).

[»]

**Apache Spark**

*Apache Spark* ist ein Framework (siehe Hinweiskasten »Framework«), das *Hadoop* (siehe Hinweiskasten »Apache Hadoop«) als schnelle *Unified Analytics-Engine* um mit SQL vergleichbaren Echtzeitabfragen erweitert. Die Open-Source-Lösung arbeitet mit In-Memory-Technologien und speichert Abfragen und Daten im Arbeitsspeicher der Hadoop-Clusterknoten und ist daher sehr gut geeignet für die Verarbeitung von Big Data. Dabei ist Verarbeitung von Big Data bis zu 100-mal schneller als mit Hadoop. Für Apache Spark gibt es zahlreiche Bibliotheken, z. B. für den Support für SQL-Anfragen, Streaming und Machine Learning. Für weitere Details verweisen wir auf die einschlägige Fachliteratur zu Apache Spark.

SAP Vora Engines

SAP Vora unterstützt verschiedene Datentypen wie relationale Daten, Diagramme, Sammlungen von und Zeitreihen. Jeder Datentyp wird durch eine spezielle Engine verwaltet. Diese umfasst passende Datenstrukturen und Algorithmen zur effizienten Unterstützung des jeweiligen Datentyps:



- *Relational In-Memory Engine*: Laden relationaler Daten in den Hauptspeicher für schnellen Zugriff und Queryausführung
- *Relational Disk Engine*: Verarbeitung relationaler Daten für Datensets, die nicht in den Hauptspeicher passen
- *Time Series Engine*: Speicherung, Analyse und Komprimierung von Zeitreihen mit verschiedenen Kompressionstechniken und Bereitstellung von Algorithmen, beispielsweise auch von Sensordaten
- *Graph Engine*: Für häufig verwendete Diagrammoperationen, insbesondere für analytische Anfragen für sehr große Diagramme
- *Document Store Engine*: Queryausführung auf *JavaScript-Object-Notation-(JSON-)*Dokumenten (dokumentenorientierte Datensätze: semistrukturiert)

SAP Vora strukturiert die unstrukturierten oder semistrukturierten Daten in Hadoop und bereitet sie so für die Integration mit den Daten in SAP HANA auf. Insbesondere können mit SAP Vora auch Hot Data and Cold Data gemeinsam verarbeitet werden (siehe Abschnitt 9.4, »Data Tiering und Multi-Temperature-Speicherstrategien«).

Nachdem wir uns in diesem Abschnitt mit Technologien zur Anbindung von Quellsystemen an SAP BW/4HANA 2.0 beschäftigt haben, geben wir Ihnen im nächsten Abschnitt einen Überblick über typische Quellsysteme für SAP BW/4HANA 2.0.

## 8.2 Typische Quellsysteme für SAP BW/4HANA 2.0

In diesem Abschnitt stellen wir Ihnen typische Datenquellen für SAP BW/4HANA 2.0 vor. Wir beginnen mit den SAP-Systemen, die als Quellsysteme angeschlossen werden können, und fahren anschließend mit der Anbindung von Systemen von anderen Anbietern fort, bevor wir auf Flatfiles und Streaming-Daten als Quellsysteme eingehen.

### 8.2.1 SAP Enterprise Resource Planning (SAP ERP)

**ERP-Systeme**

Eine der wichtigsten Quellen für SAP-BW-Systeme war und ist auch heute noch das SAP ERP.

**Enterprise-Resource-Planning-System**

Bei einem *Enterprise-Resource-Planning-*(*ERP-*)System handelt es sich um eine integrierte Anwendung, die die wesentlichen betriebswirtschaftlichen Prozesse in einem Unternehmen unterstützt. Dazu gehören heute in der Regel Finanzen, Controlling, Materialwirtschaft, Vertrieb, Produktion, Wartung und Instandhaltung, Lager sowie Personal. Darüber hinaus werden weitere Themen wie Projektmanagement, Customer Relationship Management (Kunden, CRM), Supplier Relationship Management (Lieferanten, SRM) oder das Product Lifecycle Management (PLM) unterstützt. Dies geschieht zum Teil über Erweiterungen oder zusätzliche Pakete. Klassische ERP-Systeme wie das SAP ERP bauen auf einer Client-Server-Architektur mit zentraler Datenhaltung auf. Änderungen an Daten stehen sofort allen im Unternehmen zur Verfügung und werden nachvollziehbar im System gespeichert, beispielsweise auch für Revisionszwecke.

**SAP ERP und SAP S/4HANA**

SAP ERP ist seit 1993 verfügbar. Im Laufe der Zeit wurden verschiedene Releases veröffentlicht, wie *SAP R/3* (für Release 3, bis 2003), *mySAP ERP* (bis 2007) oder der SAP-R/3-Nachfolger *SAP ERP Central Component* (*SAP ECC*) *6.0*. Dies läuft wie das klassische SAP BW in der SAP-NetWeaver-Umgebung (siehe Hinweiskasten »SAP NetWeaver« in Abschnitt 1.2.1, »Von den Anfängen bis zu SAP Business Intelligence 7«) und ist über die Programmiersprache ABAP erweiterbar (siehe Hinweiskasten »Die SAP-Programmiersprache ABAP« in Abschnitt 1.2.1). SAPs neuestes ERP-System ist SAP S/4HANA (seit 2015, siehe Abschnitt 8.2.2, »SAP Business Suite 4 SAP HANA und SAP S/4HANA Cloud«). Eine Stärke des SAP-ERP-Systems sind die im System abgebildeten Geschäftsprozesse, die Kunden nutzen oder an ihre Bedürfnisse anpassen können.

SAP ERP ist modular aufgebaut. Die einzelnen Module können unabhängig voneinander genutzt werden (z. B. nur SAP Human Resources). Werden mehrere Module genutzt, findet aber ein Austausch der Daten statt, es entsteht ein integriertes System. Die wichtigsten SAP-ERP-Module sind die folgenden:

- SAP MM (Materials Management: Materialwirtschaft)
- SAP SD (Sales and Distribution: Vertrieb)
- SAP PP (Production Planning: Produktionsplanung)

- SAP FI/CO (Finance, Controlling: internes und externes Rechnungswesen)
- SAP QM (Quality Management: Qualitätsmanagement)
- SAP EAM (Enterprise Asset Management:
  Wartung und Instandhaltung von Anlagen)
- SAP WM (Warehouse Management: Lagerverwaltung)
- SAP HR (Human Resources: Personalwesen)
  bzw. SAP HCM (Human Capital Management)
- SAP PS (Project System: Unterstützung der Abwicklung von Projekten)



Im SAP-ERP-Umfeld bietet SAP spezifische Branchenlösungen an, beispielsweise *SAP for Banking* oder *SAP for Healthcare*. Darüber hinaus unterstützt es Mehrsprachigkeit und länderspezifische Anforderungen wie z. B. Steuervorschriften und Währungen.

**BI-Content-DataSources**

Für die Übertragung von Daten aus SAP-ERP- in die SAP-BW-Systeme bietet SAP vorgefertigte Konnektoren. Diese *DataSources* haben Sie bereits in Abschnitt 5.4, »DataSources«, kennengelernt. Sie sind Teil des BI Contents. BI-Content-DataSources enthalten jeweils ein definiertes Datenset zu einer fachlichen Fragestellung. Im SAP BW gibt es entsprechende vorgefertigte Datenflüsse mit datenhaltenden Objekten und Transformation bis hin zu vorgefertigten Queries. Diese Objekte können im SAP ERP und im SAP BW aktiviert und anschließend produktiv genutzt werden. Es ist auch möglich, lediglich die vorgefertigten DataSources zu nutzen und die anschließenden Datenflüsse und das Reporting – oder Teile davon – selber neu zu implementieren.

**Generische DataSources**

Darüber hinaus ist es möglich, eigene DataSources im SAP-ERP-System anzulegen und für die Übertragung in ein SAP-BW-System zu nutzen – hier sprechen wir von *generischen DataSources* (siehe Abschnitt 5.4). Bei einer generischen DataSource für ein SAP-ERP-System muss definiert werden, welche Felder die DataSource aus dem SAP-ERP-System an das SAP-BW-System übertragen soll. Anschließend muss im ERP-System die Logik implementiert werden, mit der die Daten zur Befüllung dieser Felder aus dem SAP-ERP-System ermittelt werden sollen. Die DataSource kann aus dem SAP-ERP-System in das SAP-BW-System repliziert werden, das heißt, die DataSource wird quasi in das SAP-BW-System kopiert und muss dort nicht von Hand neu angelegt werden. Nachdem sie im SAP-BW-System aktiviert wurde, kann sie produktiv in Datenflüssen genutzt werden. DataSources für Daten aus Nicht-SAP-Systemen können ausschließlich im SAP-BW-System selbst angelegt werden.

Im folgenden Abschnitt stellen wir Ihnen SAP S/4HANA, den Nachfolger von SAP ERP, vor.

### 8.2.2 SAP Business Suite 4 SAP HANA und SAP S/4HANA Cloud

SAP S/4HANA

Die *SAP Business Suite 4 SAP HANA* (*SAP S/4HANA*) ist das Nachfolgeprodukt von SAP ERP (siehe Abschnitt 8.2.1, »SAP Enterprise Resource Planning (SAP ERP)«), das seit 2015 zur Verfügung steht. Hierbei handelt es sich nicht um ein weiteres SAP-ERP-Release, sondern – wie bei SAP BW/4HANA im Vergleich zum SAP BW – um ein neues Produkt auf einer neuen technischen Plattform (SAP HANA). Auch hier gibt es zwischen SAP S/4HANA und älteren SAP-Releases größere Unterschiede als zwischen den vorhergehenden Releases. SAP S/4HANA ist das Pendant zu SAP BW/4HANA.

SAP S/4HANA enthält folgende Bereiche:

- Sourcing and Procurement: Einkauf und Beschaffung
- Sales: Vertrieb
- Manufacturing: Fertigung
- Finance: Finanzwesen
- Asset Management: Anlagenverwaltung
- Human Resources: Personalwesen
- Service
- R&D/Engineering: Research and Development; F&E (Forschung und Entwicklung) und Konstruktion
- Supply Chain: Lieferketten
- Country-/Region-Specific Functions: länder-/regionenspezifische Funktionen

Darüber hinaus enthält SAP S/4HANA auch SAP Supplier Relationship Management (SAP SRM), SAP Customer Relationship Management (SAP CRM) und SAP Supply Chain Management (SAP SCM). Auch SAP S/4HANA unterstützt Mehrsprachigkeit, unterschiedliche Steuervorschriften und Währungen.

In SAP S/4HANA stehen ebenfalls vorgefertigte BI-Content-DataSources für die Übertragung von Daten an ein SAP-BW-System zur Verfügung. Bei einer Migration von einem älteren SAP-ERP-System auf SAP S/4HANA muss geprüft werden, ob zuvor genutzte BI-Content-DataSources in SAP S/4HANA weiterhin in gewohnter Form zur Verfügung stehen und welche Änderungen gegebenenfalls zu berücksichtigen sind. Ebenso ist es möglich, generische DataSources anzulegen und in SAP BW/4HANA zu replizieren.

SAP Business Suite 4 HANA Cloud

SAP S/4HANA steht als On-Premise-Version und seit 2017 auch als SaaS-Version in der Cloud zur Verfügung: *SAP S/4HANA Cloud*. SAP S/4HANA Cloud läuft auf einer SAP-HANA-Datenbank in der Cloud. Der Funktionsumfang der On-Premise- und der Cloud-Version ist ähnlich. Für Unternehmen entfallen bei der Nutzung von SAP S/4HANA Cloud die Einrichtung, der Betrieb und die Wartung der Hardware, der SAP-HANA-Datenbank und der Software. In der Cloud-Version werden regelmäßig Updates automatisch eingespielt. Hier muss zum einen bei Eigenentwicklungen darauf geachtet werden, dass diese auch danach weiterhin lauffähig sind. Zum anderen muss jedes Unternehmen entscheiden, ob es der Sicherheit seiner Daten in der Cloud vertraut. Eine weitere Alternative ist die Nutzung von SAP S/4HANA in einer privaten Cloud, der SAP S/4HANA Enterprise Cloud.

Im nächsten Abschnitt stellen wir Ihnen SAP Business ByDesign als cloudbasierte ERP-Lösung vor, die sich an kleinere mittelständische Unternehmen richtet.



### 8.2.3 SAP Business ByDesign

*SAP Business ByDesign* wurde 2007 vorgestellt. Bei SAP Business ByDesign handelt es sich um ein cloudbasiertes ERP-System, das sich an mittelständische Unternehmen wendet, die eine schlankere Lösung als SAP ERP bzw. SAP S/4HANA benötigen. Mit SAP Business ByDesign können Sie in Echtzeit Abfragen und Reports ausführen. SAP Business ByDesign deckt die folgenden Bereiche ab:

- Finanzbuchhaltung (FIN)
- Kundenmanagement (Customer Relationship Management, CRM)
- Lieferantenmanagement und Beschaffung (Supplier Relationship Management and Procurement, SRM)
- Supply Chain Management (SCM)
- Personalwesen (Human Resources Management, HRM)
- Projektmanagement (PRO)
- Professionelle Service-Automatisierung (Professional Service Automation, PSA)
- Business Analytics (BA bzw. BI)
- Managementunterstützung und Compliance

Darüber hinaus gibt es zahlreiche Erweiterungen von Partnern von SAP, beispielsweise für die Instandhaltung oder branchenspezifische Erweiterungen. SAP stellt alle drei Monate Updates für SAP Business ByDesign bereit. Customizing ist nicht möglich – lediglich eine Funktionsauswahl und Parametrisierung des Systems.

SAP Business ByDesign umfasst ein Globalisierungs- und Übersetzungstool, mit denen es sich an länderspezifische Anforderungen, wie Steuervorschriften, Währungen und Sprachen anpassen kann.

Nachdem wir Ihnen nun typische SAP-Quellsysteme für SAP BW/4HANA 2.0 vorgestellt haben, gehen wir im nächsten Abschnitt auf die Anbindung von Daten aus Drittsystemen ein.

### 8.2.4 Nicht-SAP-Systeme

**Anbindung von Nicht-SAP-Systemen**

An SAP BW/4HANA 2.0 können Sie über die in Abschnitt 8.1, »Technologien zur Quellsystemanbindung«, vorgestellten Schnittstellen auch Quellsysteme von anderen Anbietern als SAP anbinden. Typischerweise könnten dies ERP- oder andere Systeme mit transaktionalen, operativen Daten sein.

Lässt sich keine gemeinsame technische Schnittstelle implementieren, bleibt immer der Weg, die Daten aus dem Nicht-SAP-System in eine Datei (Flatfile) zu exportieren und aus dieser in SAP BW/4HANA 2.0 zu laden. Auf diese Option gehen wir im nächsten Abschnitt ein.

### 8.2.5 Flatfiles

**Binäre und Textdateien**

Bei sogenannten *Flatfiles* handelt es sich um einfache Dateien, die Daten in einem einheitlichen Format, häufig mit einem Datensatz pro Zeile, enthalten, jedoch keine expliziten Beziehungen zwischen Datensätzen oder Indizes. Es kann sich bei einem Flatfile um eine binäre Datei oder eine Textdatei handeln, aus der alle Textverarbeitungs- und Strukturzeichen entfern wurden. Typische Beispiele für Flatfiles sind **.txt**- oder **.csv**-Dateien. Daten aus vorgelagerten SAP-Systemen wie z. B. SAP ERP sollten nicht per Flatfile, sondern über entsprechende Quellsysteme und replizierte DataSources angeliefert werden.

**Testdaten und Daten aus Drittsystemen**

Flatfiles werden beim Aufbau von SAP-BW-Anwendungen häufig für Testdaten genutzt, für die Beladung von manuell zusammengestellten Daten oder auch für Daten, die aus Drittsystemen in ein Flatfile abgezogen wurden. Wenn für ein Drittsystem eine Anbindung an das SAP BW vorhanden ist, ist die Nutzung dieser direkten Anbindung in der Regel der Datenübertragung per Flatfile vorzuziehen, damit eine möglichst stabile, revisionssichere Datenverbindung genutzt wird.

**Quellsystem für Flatfiles anlegen und Daten laden**

Um Daten aus einem Flatfile nach SAP BW/4HANA 2.0 zu laden, müssen Sie zunächst ein Quellsystem vom Typ `Datei` anlegen. Das Vorgehen zum Anlegen eines Quellsystems für Flatfiles beschreiben wir beispielhaft in Abschnitt 5.3, »Quellsysteme«. Anschließend können Sie wie gewohnt entsprechende DataSources anlegen. In der DataSource definieren Sie die Struktur des Flatfiles – z. B. Spaltennamen und -formate für eine **.csv**-Datei. Der Ablageort des Flatfiles wird im System hinterlegt. Das Vorgehen zum Anlegen einer DataSource für ein Flatfile beschreiben wir beispielhaft in Abschnitt 5.4, »DataSources«. Anschließend können die Daten aus dem Flatfile über die DataSource in ein entsprechendes aDSO geladen werden.

### 8.2.6 Streaming-Daten

**Streaming-Prozessketten**



Zum Abschluss dieses Kapitels noch ein kurzer Hinweis zu Streaming-Daten: Das Laden von Daten im Streaming-Modus kann in SAP BW/4HANA 2.0 über spezielle Prozessketten, sogenannte *Streaming-Prozessketten*, realisiert werden, die sehr oft ausgeführt werden und somit neue Daten in sehr kurzen Abständen laden (siehe Abschnitt 11.1, »Prozessketten«).

Im nächsten Kapitel geben wir Ihnen Tipps zur Verwaltung der Daten in SAP BW/4HANA 2.0 und zur Skalierbarkeit Ihrer SAP-BW/4-HANA 2.0-Anwendungen.

# Kapitel 9
# Datenflussmodellierung und Datenverwaltung

*In diesem Kapitel befassen wir uns mit dem Aufbau von Datenflüssen unter Nutzung der zuvor kennengelernten Objekte. Darüber hinaus beschäftigen wir uns mit der Verteilung von Daten aus SAP BW/4HANA 2.0 in nachfolgende Systeme über Open-Hub-Destinationen, mit der Ablage von Daten in unterschiedlichen Speicherbereichen, Data Tiering sowie dem Löschen von Daten.*



In den vorangegangenen Kapiteln haben wir uns mit der Referenzarchitektur für SAP BW/4HANA 2.0 beschäftigt, die vorgibt, in welchen Schichten Daten abgelegt werden sollten, um Daten und Transferlogik übersichtlich, wiederverwendbar und wartbar anzulegen (siehe Kapitel 4, »Datenarchitektur in SAP BW/4HANA 2.0«). Sie haben die Modellierungsobjekte kennengelernt, in denen Daten abgelegt oder über die Daten bearbeitet werden können, sowie virtuelle Objekte zur Erzeugung verschiedener Sichten auf die Daten (siehe Kapitel 5, »Grundlegende Modellierungsobjekte: Datenhaltung«, Kapitel 6, »Grundlegende Modellierungsobjekte: Datentransformation und -präsentation«, und Kapitel 7, »Komplexere Modellierungsobjekte«). In Kapitel 8, »Datenbeschaffung«, haben wir uns mit der Anbindung von Quellsystemen an SAP BW/4HANA 2.0 befasst. Sie kennen somit alle Objekte, die Sie benötigen, um einen neuen Datenfluss zu modellieren. In diesem Kapitel beschäftigen wir uns damit, wie auf dieser Grundlage Datenflüsse vom Quellsystem bis zur Query für das Frontend-System oder die Endanwenderinnen und Endanwender aufgebaut werden können, welche Optionen Ihnen dabei zur Verfügung stehen und was zu beachten ist. In Abschnitt 9.1, »Datenflussmodellierung«, gehen wir zunächst auf grundlegende Aspekte zur Datenmodellierung ein und befassen uns dann mit dem Entwurf eines konkreten Datenflusses.

In Abschnitt 9.2, »Datenflussobjekte«, erläutern wir Ihnen, zu welchen Zwecken grafisch modellierbare Datenflussobjekte genutzt werden können, bevor wir Ihnen das Anlegen und die Administration zeigen.

Der Standardfall in den meisten SAP-BW/4HANA-2.0-Systemen ist die Verarbeitung von Quellsystemdaten und die Bereitstellung in einer Query, die von den Endanwenderinnen und Endanwendern direkt aufgerufen wird oder deren Daten gegebenenfalls zusammen mit denen anderer Queries in einem Frontend, beispielsweise einem Dashboard, präsentiert werden. Es kommt jedoch auch immer wieder vor, dass das SAP-BW-System nicht (nur) als Sammelpunkt für Daten am Ende der Nutzungskette als letzte Stufe vor dem Reporting verwendet werden soll. Es gibt Konstellationen, in denen Daten, die in einem SAP-BW-System aufbereitet wurden, in anderen Systemen verfügbar gemacht werden sollen.

Technisch kann neben dem Download von Daten nach Excel, der Listenausgabe und der Anbindung von nachgelagerten Zielen über APIs die reine Leseschnittstelle *Open Hub Destination* genutzt werden, um anderen Systemen SAP-BW-Daten zur Verfügung zu stellen. Wir stellen sie Ihnen in Abschnitt 9.3, »Open Hub Destination«, vor.

**Lizensierung der Nutzung von SAP-BW/4HANA-2.0-Daten in nachgelagerten Systemen**

Bei der Extraktion von Daten aus SAP BW/4HANA 2.0 in nachgelagerte, insbesondere nicht-SAP-Systeme müssen Sie immer zunächst klären, ob die Extraktion durch Ihr Lizenzmodell abgedeckt ist. Gegebenenfalls müssen Sie eine solche Nutzung der Daten gesondert lizensieren lassen. Dies gilt unabhängig davon, über welchen technischen Weg die Extraktion der Daten realisiert wird.

In Abschnitt 9.4, »Data Tiering und Multi-Temperature-Speicherstrategien«, beschäftigen wir uns mit der Ablage von Daten in unterschiedlichen Speicherbereichen. Wir unterscheiden dabei zwischen häufig genutzten Daten, die jederzeit performant zugreifbar sein müssen, und Daten, die z. B. hauptsächlich zu Dokumentationszwecken vorgehalten werden müssen und die somit in weniger leistungsfähigen Speicherbereichen abgelegt werden können. Wir gehen auf den SAP HANA Data Lake und SAP Hadoop Near-line Storage für SAP BW/4HANA ein.

Abschließend befassen wir uns in Abschnitt 9.5, »Löschen von Daten«, mit den Fragen, wann welche Daten gelöscht werden können/sollten und welche technischen Möglichkeiten dafür in SAP BW/4HANA 2.0 zur Verfügung stehen. Wir beginnen im nächsten Abschnitt mit allgemeinen Hinweisen zur Datenmodellierung und zum Aufbau von Datenflüssen.

## 9.1 Datenflussmodellierung

Neben der LSA++ als Referenzarchitektur für Anwendungen bzw. Datenflüsse in SAP BW/4HANA 2.0 haben Sie in den letzten Kapiteln alle Objekte kennengelernt, die Sie für den Aufbau von Datenflüssen benötigen. In diesem Abschnitt beschäftigen wir uns mit der Konzeption einer konkreten Anwendung, also eines konkreten Datenflusses in SAP BW/4HANA 2.0.

**Anforderungsanalyse**

Üblicherweise wird eine neue fachliche Anforderung vom Fachbereich an das SAP-BW-Team herangetragen. Es ist zu prüfen, welche Daten aus welchen Quellsystemen in welcher Granularität (also mit welchem Detailgrad) und Aktualität (also mit welcher Ladefrequenz) für die neue Anforderung benötigt werden. Häufig sind Daten in mehreren Systemen redundant vorhanden. In diesem Fall muss zunächst gemeinsam mit dem Fachbereich bestimmt werden, welches das *führende System* (auch Golden Source genannt) ist – nicht nur für die vorliegende Anforderung, sondern grundsätzlich immer, wenn die entsprechenden Daten benötigt werden. Je komplexer die IT-Landschaft ist, desto mehr lohnt es sich, führende Systeme für wichtige Entitäten (auch: *starke Entitäten*) zu definieren. Außerdem sollten Sie überlegen, ob das SAP-BW/4HANA-2.0-System der richtige Ort für die Umsetzung der Anforderung ist. Transaktionale Funktionen z. B. sollten üblicherweise in den vorgelagerten transaktionalen Systemen implementiert werden.

9

**Bestandsaufnahme**

Wenn sich herausgestellt hat, dass die Anforderung tatsächlich im SAP-BW-System umgesetzt werden soll, sollten Sie zunächst prüfen, ob die Anforderungen – oder Teile davon – bereits mit den im SAP-BW/4HANA-2.0-System vorhandenen Daten bedient werden können. Sie sollten vermeiden, dieselben Daten mehrfach ins SAP BW zu laden, und stattdessen darauf achten, Quellsystemdaten einmal sauber aufbereitet in den EDW Layer zu überführen und sie von dort an verschiedene Anwendungen zu verteilen (siehe Abschnitt 4.1.1, »Nutzen von Referenzarchitekturen«).

Prüfen Sie daher zunächst, ob es bereits CompositeProvider oder sogar Queries gibt, die die Anforderungen unter Berücksichtigung der geforderten Granularität und Aktualität bedienen können. Im besten Fall müssen Sie lediglich eine neue Query erstellen.

Sind die Daten noch nicht im Architected Data Marts Layer bzw. im Virtual Data Marts Layer enthalten, prüfen Sie im nächsten Schritt, ob die Quellsysteme, die die benötigten Daten enthalten, bereits an SAP BW/4HANA 2.0 angeschlossen sind. Falls ja, prüfen Sie, ob auch die erforderlichen Daten bereits ausreichend granular und häufig genug in SAP BW/4HANA 2.0 geladen werden – und gegebenenfalls bereits im EDW Propagation Layer bereitstehen. In diesem Fall müssen dann noch die gegebenenfalls erforderliche Business-Logik und der CompositeProvider im Virtual Data Mart Layer angelegt werden, bevor die Queries zur Bereitstellung der Daten für den Fachbereich erstellt werden können.

Im nächsten Abschnitt erläutern wir, wie Sie einen neuen Datenfluss konzipieren können, wenn die benötigten Daten noch nicht in SAP BW/4HANA 2.0 vorhanden sind.

### 9.1.1 Neuen Datenfluss konzipieren und implementieren

**Neuen Datenfluss konzipieren**

Sind die Daten noch nicht im SAP-BW-System vorhanden, müssen Sie einen neuen Datenfluss aufbauen. Diesen sollten Sie zunächst konzipieren, bevor Sie ihn im SAP-BW-System implementieren. Erstellen Sie also zunächst ein *DV-Konzept* für Ihre neue SAP-BW-Anwendung. Beachten Sie dabei etwaige Vorgaben für DV-Konzepte in Ihrem Unternehmen.

**Agile Data Marts**

Erfordert die neue Anforderung nur einmalig oder nur für kurze Zeit ein Reporting, können Sie überlegen, ob es sinnvoll ist, sie über Agile Data Marts abzubilden, ohne den Datenfluss über die verschiedenen Schichten der LSA++ zu implementieren (siehe Abschnitt 4.2.2, »Layered Scalable Architecture ++«). Der Vorteil ist die schnelle und weniger komplexe Umsetzung. Nachteilig ist, dass die Anwendung in diesem Fall nicht gemäß den Vorgaben der Referenzarchitektur aufgebaut ist und die Wiederverwendbarkeit der Daten für andere Zwecke nicht gegeben ist.

**Aufbau eines Referenzarchitektur-konformen Datenflusses**

Im Folgenden beschreiben wir die weiteren Schritte zum Aufbau eines an der LSA++ ausgerichteten Datenflusses. Im konkreten Fall halten Sie sich an Ihre unternehmenseigene Referenzarchitektur. Prüfen Sie in diesem Zuge auch, ob die Daten zusätzlich in den Corporate Memory Layer propagiert werden müssen.

**Stammdaten**

Listen Sie auf, welche Stammdaten Sie benötigen. Prüfen Sie, für welche Stammdaten bereits InfoObjects vorhanden sind und ob Sie diese auch für Ihre Zwecke nutzen können. Schauen Sie dazu auch, falls vorhanden, in der Dokumentation nach, und erkundigen Sie sich bei Ihren Kolleginnen und Kollegen, ob die vorhandenen InfoObjects für die Verwendung in Ihrem Anwendungsfall geeignet sind. Falls nötig, listen Sie auf, welche weiteren InfoObjects Sie für Stammdaten benötigen und welche Eigenschaften sie haben müssen (zeitabhängig/zeitunabhängig, mit Texten, mit Attributen etc., siehe Abschnitt 5.5, »InfoObjects«). Leiten Sie die technischen Namen für die neuen InfoObjects aus den Namenskonventionen ab. Notieren Sie, ob eine Beladung mit Stammdaten notwendig ist, und wenn ja, ob sie einmalig initial oder regelmäßig durchgeführt werden muss.

**Bewegungsdaten**

Anschließend konzipieren Sie den Datenfluss für die Bewegungsdaten. Je Quellsystem sollten Sie für einzelne Themenbereiche DataSources anlegen, über die sie die Daten in den Open ODS Layer laden. Sie müssen festlegen, wie häufig die Daten geladen werden sollen. Zum einen ergibt sich dies aus der Anforderung des Fachbereiches, zum anderen sollten Sie im Blick haben, ob möglicherweise für weitere (zukünftige) Anwendungen ein häufigerer Ladezyklus notwendig wäre. Ziel ist es, die Daten möglichst nur einmal ins SAP-BW-System zu laden. Überlegen Sie vor diesem Hintergrund auch, in welcher Schicht Aggregationen der Daten erfolgen sollen. Insbesondere bei global agierenden Unternehmen müssen Sie sich Gedanken machen, wann welche Daten in welchen Quellsystemen zur Verfügung stehen und ins SAP-BW-System geladen werden können. Gegebenenfalls kann hier eine Partitionierung nach Regionen sinnvoll sein, um beispielsweise Daten aus Asien schon für das Reporting aufzubereiten, während die Daten aus Europa oder Amerika noch nicht vorliegen (siehe Abschnitt 9.1.2, »Partitionierung«).



Nachdem Sie festgelegt haben, welche Quellsysteme, DataSources und aDSOs im Open ODS Layer benötigt werden, notieren Sie, welche aDSOs Sie im EDW Propagation Layer benötigen. Denken Sie daran, dass die Daten im EDW Propagation Layer noch anwendungsunabhängig sind, da sie als Grundlage für verschiedene Anwendungen dienen sollen. Im EDW Propagation Layer sollten die Daten in einem einheitlichen Format (also normalisiert) vorliegen. Überlegen Sie auch, ob die Daten zusätzlich im Corporate Memory abgelegt werden sollen.

Im nächsten Schritt konzipieren Sie das oder die aDSOs für den Architected Data Mart Layer. An dieser Stelle kommt die anwendungsspezifische Geschäftslogik zum Tragen. Notieren Sie fachliche Formeln zur Berechnung von Kennzahlen, und verifizieren Sie sie mit dem Fachbereich.

Über dem oder den Architected Data Mart(s), die die anwendungsspezifisch aufbereiteten Daten enthalten, sollten Sie einen oder mehrere CompositeProvider vorsehen, die dem Virtual Data Mart Layer zuzurechnen sind. Diese kapseln das Reporting von der Datenmodellierung und sind Grundlage für die Queries, über die die Endanwenderinnen und -anwender auf die Daten zugreifen können bzw. über die die Daten für die Endanwenderinnen und -anwender visualisiert werden können.

Beim Skizzieren des Datenflusses legen Sie für jedes aDSO fest, von welchem Typ es sein soll (siehe Abschnitt 5.6.5, »aDSO administrieren: Allgemein« und Abschnitt 4.2.2, »Layered Scalable Architecture ++«). Vergessen Sie nicht, die technischen Namen der neuen Objekte aus den Namenskonventionen abzuleiten, und notieren Sie sie in Ihrem Konzept. Legen Sie im nächsten Schritt fest, welche Felder oder InfoObjects die einzelnen aDSOs enthalten sollen. Notieren Sie sich jeweils die Datentypen und Längen dazu. Prüfen Sie anschließend für jedes InfoObject, ob bereits eine in Ihrem Anwendungsfall nutzbare Version im SAP-BW-System vorhanden ist oder ob Sie das InfoObject neu anlegen müssen.

**Transformationslogik**

Wenn alle datenhaltenden und virtuellen Objekte skizziert wurden, listen Sie auf, welche Transformationen Sie zwischen den Objekten durchführen müssen und welche Logik diese enthalten müssen. Notieren Sie dabei auch Formeln für Berechnungen und Einschränkungen durch Filter in DTPs.

**Beladungskonzept**

Im letzten Schritt legen Sie fest, wie häufig welche Objekte beladen werden müssen. Achten Sie auf Abhängigkeiten, etwa dass Stammdaten häufig vor den Bewegungsdaten geladen werden müssen und dass die Beladung vom Quellsystem bis zum Architected Data Mart Layer aufeinander aufbaut. Beladezeitpunkte müssen Sie auch abhängig davon festlegen, wann die benötigten Daten in den Quellsystemen zur Verfügung stehen. Dieses Beladungskonzept setzen Sie später in einer Prozesskette um (siehe Abschnitt 11.1, »Prozessketten«). Wichtig ist, dass Sie auch für jedes aDSO überlegen, wie lange die Daten dort vorgehalten werden sollen. Daten aus dem Open ODS Layer werden nach der erfolgreichen Weiterverarbeitung oft bereits bei der nächsten Beladung oder beispielsweise wöchentlich gelöscht. Planen Sie entsprechend Löschprozesse in Ihrem Beladungskonzept ein, und übernehmen Sie sie später in die Prozesskette (siehe Abschnitt 9.5, »Löschen von Daten«).

**Berechtigungen**

Abschließend müssen Sie sich noch Gedanken über die Berechtigungen machen, die sie für die neue Anwendung vergeben wollen, d. h., Sie müssen festlegen, welche Anwenderinnen und Anwender auf welche Daten zugreifen können sollen. Mehr zum Thema Berechtigungen erfahren Sie in Abschnitt 11.2, »Sicherheit«. Prüfen Sie vor der Implementierung Ihr fertiges Konzept noch einmal gegen die fachlichen Anforderungen.

**Implementierung, Test und Dokumentation**

Wenn Sie diese Konzeption sauber durchgeführt haben, ist die Implementierung in erster Linie ein reines Abarbeiten des Konzeptes. Testen Sie bei der Implementierung die einzelnen Schritte technisch auf Ausführbarkeit. Wenn die neue Anwendung läuft, transportieren Sie sie ins Testsystem (siehe Abschnitt 2.2.3, »SAP-Systemlandschaften«, und Abschnitt 11.3, »Transportwesen«) und beladen sie mit Testdaten. Bitten Sie anschließend den Fachbereich um einen Test und eine fachliche Abnahme. Schreiben Sie Ihr Konzept fort, sodass aus dem DV-Konzept die technische Dokumentation der neuen Anwendung wird. Dokumentieren Sie hier auch getroffene Annahmen und Entscheidungen sowie deren Begründungen.

GoLive

Nach erfolgreichen technischen und fachlichen Tests kann die Anwendung auf das Produktivsystem transportiert werden (siehe dazu ebenfalls Abschnitt 2.2.3 und Abschnitt 11.3). Führen Sie hier die Initialbeladung durch, und testen Sie dabei noch einmal alle Funktionen, inklusive der regelmäßigen Beladung über Prozessketten. Bitten Sie auch hier den Fachbereich um eine Abnahme, bevor die neue Anwendung zur Nutzung freigegeben wird. Dieser Schritt wird *GoLive* genannt.

Es steht Ihnen frei, bei der Konzeption eines neuen Datenflusses einzelne Schichten Ihrer Referenzarchitektur auszulassen. Sie sollten dies allerdings stets mit dem SAP-BW-Team abstimmen und nur durchführen, wenn dadurch keine Verwendung der Daten in anderen Anwendungen verhindert wird, sodass diese im Endeffekt doppelt geladen werden müssten.



### 9.1.2 Partitionierung

Semantische Partitionierung

In der klassischen SAP-BW-Welt mussten DSOs und InfoCubes, die viele Datensätze enthielten, in kleinere Einheiten unterteilt (*partitioniert*) werden, um eine angemessene Performanz beim Reporting zu gewährleisten. So wurden beispielsweise mehrere DSOs oder InfoCubes mit gleicher Struktur angelegt und nach Kriterien wie dem Kalenderjahr, der Region (Europa/Amerika, Nord/Süd) oder Ähnlichem partitioniert. Eine Query greift bei der Ausführung auf dem darüberliegenden MultiProvider (heute verwenden wir CompositeProvider) nur auf die InfoProvider zu, die im Selektionsbereich der Query lagen – also beispielsweise auf die InfoCubes zu den Jahren 2020 und 2021, aber nicht auf InfoCubes zu früheren Jahren. Um eine solche semantische Partitionierung umzusetzen, gab es zwei Optionen: die manuelle Anlage mehrerer gleicher Objekte und die Verteilung der Daten über entsprechende Filter in den DTPs oder Transformationen oder die Anlage eines *semantisch partitionierten Objektes* (SPO), bei dem ein Master-DSO oder Master-InfoCube angelegt wurde, für das das SPO die Verwaltung der Kopien teilweise übernahm. Die Partitionskriterien wurden dabei idealerweise so gewählt, dass bei der Ausführung von Queries auf möglichst wenige Partitionen zugegriffen werden musste. Ein einfaches Beispiel: Wenn beim Aufruf einer Query ein Datum oder ein Datumsbereich ausgewählt werden musste, war eine Partitionierung mit Bezug auf ein Datumsmerkmal sinnvoll. Sinnvolle Partitionierungskriterien zu finden, konnte für komplexere Fälle eine anspruchsvolle Aufgabe sein.

Mit SAP BW/4HANA 2.0 ist eine solche semantische Partitionierung nur noch in seltenen Fällen erforderlich, da die SAP-HANA-Datenbank Anfragen auf Objekte mit größeren Datenmengen performant unterstützt. Für eine

Partitionierung aus Performancegründen entfällt somit in SAP BW/4HANA 2.0 der administrative Aufwand für das Erstellen mehrerer gleicher Objekte und die Festlegung sinnvoller Partitionskriterien Ein Grund für eine semantische Partitionierung in SAP BW/4HANA 2.0 könnte die Beladung eines aDSOs mit Unternehmensdaten sein, die aufgrund der Verteilung von Niederlassungen rund um die Welt zu verschiedenen Uhrzeiten anfallen. So können jeweils auf den Regionen Reports erstellt werden, für die die Beladung bereits abgeschlossen ist, während sie in anderen Regionen noch aussteht.

**2 Milliarden Datensätze-Limit**

Es gibt einen weiteren Fall, der eine Partitionierung erforderlich macht: In SAP BW/4HANA 2.0 können Objekte maximal zwei Milliarden Datensätze halten. Wird diese Grenze (annähernd) erreicht, muss doch wieder mit Partitionen gearbeitet werden. Allerdings ist dies in SAP BW/4HANA 2.0 weniger komplex als in der Vergangenheit. Es ist keine semantische Partitionierung unter Berücksichtigung der Eingabeparameter beim Queryaufruf mehr notwendig, da SAP BW/4HANA 2.0 auch mit mehreren Partitionen ein performantes Reporting gewährleistet. Die Partitionierung erfolgt möglichst nach einem Kriterium, das eine ungefähre Gleichverteilung der Daten auf die einzelnen Partitionen bietet. Ein einfaches Beispiel: Wenn man davon ausgeht, dass im Laufe eines Jahres zu jeder Zeit in etwa gleich viele Kundenaufträge erfasst werden, könnten Kundenaufträge anhand des Monats des Erfassungsdatums in zwölf Partitionen aufgeteilt werden. Die Partitionen würden dann etwa gleichmäßig gefüllt.

Wie die Partitionierung für aDSOs erfolgt, haben Sie in Abschnitt 5.6.7, »aDSO administrieren: Einstellungen«, erfahren. Für die CompositeProvider und Queries, die auf einem partitionierten aDSO aufsetzen, macht die Tatsache, dass das aDSO partitioniert ist, keinen Unterschied.

Im nächsten Abschnitt zeigen wir Ihnen, wie Sie die Modellierung von Datenflüssen durch die Nutzung von Datenflussobjekten unterstützen können.

## 9.2 Datenflussobjekte

**Grafische Modellierung eines Datenflusses**

Sie können ein *Datenflussobjekt* benutzen, um einen Datenfluss grafisch zu modellieren. Dabei können Sie bereits angelegte Objekte wie DataSources, aDSOs, InfoObjects, InfoSources, Transformationen und DTPs nutzen (*Bottom-up-Modellierung*). Alternativ können Sie den Datenfluss zunächst schematisch mit Dummy-Objekten aufbauen und die Objekte erst später implementieren, was die schnelle und strukturierte Entwicklung komplexer Anwendungsszenarien unterstützen kann (*Top-down-Modellierung*). Diese Dummy-Objekte werden als *nicht persistente Objekte* bezeichnet, wohingegen die bereits existierenden Objekte als *persistente Objekte* bezeichnet werden. Eine dritte Verwendungsmöglichkeit für Datenflüsse ist als Vorlage für Entwicklungen, also zur Festlegung von unternehmensweit gültigen Implementierungsrichtlinien. In diesem Fall werden Datenflüsse als Vorlagen (*Blueprints*) vordefiniert. Solche Vorlagen-Datenflüsse können nur nicht persistente Objekte enthalten. Die Vorlagen können Sie anschließend in konkrete Datenflüsse übernehmen und dort anpassen, was eine standardisierte, schnelle Entwicklung unterstützt.



### 9.2.1 Datenflussobjekt anlegen

**Datenflussobjekt anlegen**

Um ein neues Datenflussobjekt anzulegen, öffnen Sie das Kontextmenü einer InfoArea und wählen **Neu • Datenflussobjekt...** (siehe Abbildung 9.1).

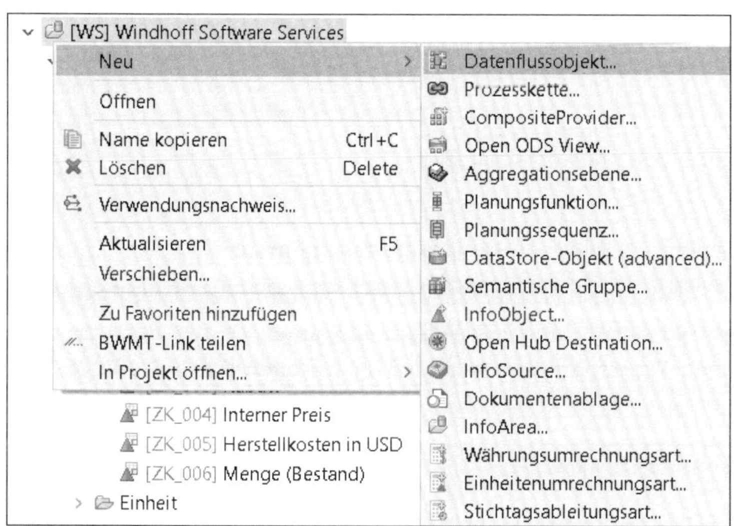


**Abbildung 9.1** Datenflussobjekt aus dem Kontextmenü anlegen

Im Pop-up-Fenster **Neues Datenflussobjekt** sind die Felder **BW-Projekt**, **Paket** und **InfoArea** bereits vorbefüllt und können bei Bedarf angepasst werden. Befüllen Sie die Felder **Name** und **Beschreibung**. Beachten Sie dabei gegebenenfalls in Ihrem Unternehmen vorhandene Namenskonventionen. Wollen Sie ein vorhandenes Datenflussobjekt als Kopiervorlage verwenden, so tragen Sie seinen Namen im Feld **Kopieren aus** ein. Erstellen Sie das neue Datenflussobjekt anschließend über die Schaltfläche **Finish** (siehe Abbildung 9.2).

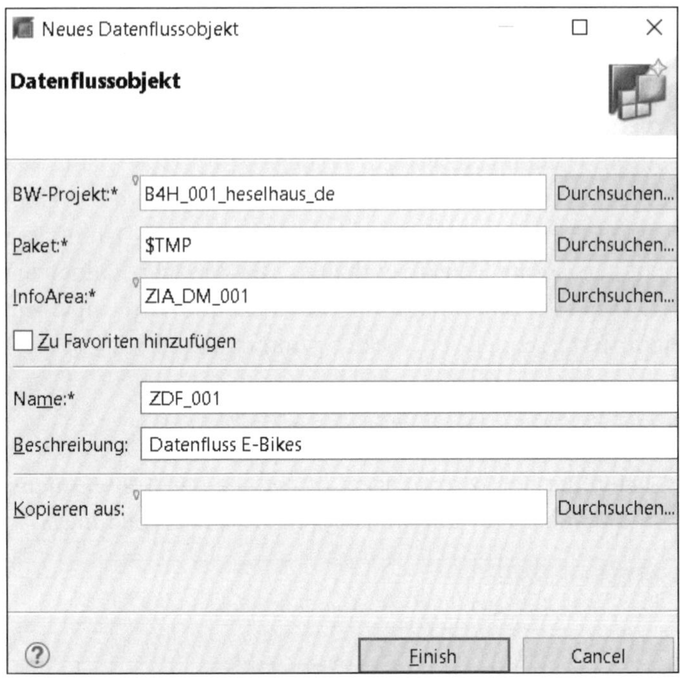


**Abbildung 9.2** Datenflussobjekt anlegen

### 9.2.2 Datenflussobjekt administrieren: Allgemein

**Der Tab »Allgemein«**

Auf dem Tab **Allgemein** können Sie die Beschreibung des Datenflussobjektes ändern (siehe Abbildung 9.3). Außerdem können Sie hier die Option **Alle vorhandenen Transformationen und DTPs automatisch hinzufügen** auswählen.

**Abbildung 9.3** Übersicht und Einstellungen zum Datenflussobjekt

### 9.2.3 Datenflussobjekt administrieren: Details

**Der Tab »Details«**

Im Tab **Details** können Sie den Datenfluss grafisch modellieren (siehe Abbildung 9.4). Im Bereich **Palette**, den Sie mit dem Icon ▷ aus- und mit dem Icon ◁ wieder einblenden, finden Sie im Ordner **BW-Objekttypen** die Objekttypen zur Modellierung von Datenflüssen. Ziehen Sie die benötigten Objekttypen per Drag & Drop auf die Zeichnungsfläche (links in Abbildung 9.4). Es werden zunächst nicht persistente Dummy-Objekte angelegt.

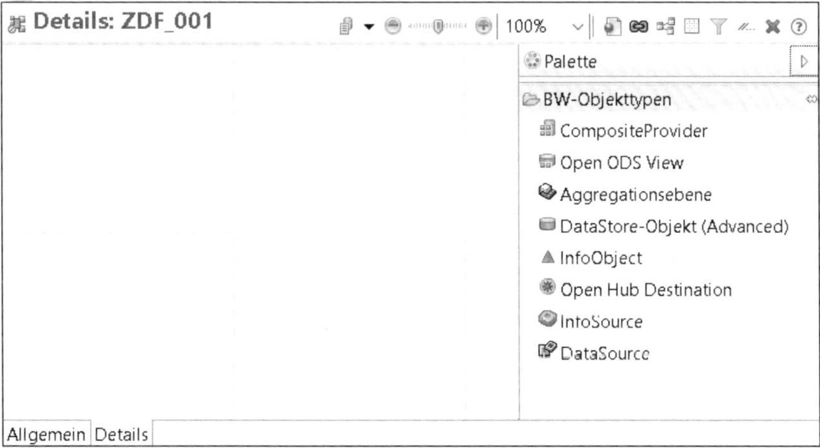


**Abbildung 9.4** Detailsicht zur Modellierung des Datenflusses

Alternativ können Sie der Zeichnungsfläche auch Objekte über das Kontextmenü hinzufügen (siehe Abbildung 9.5). Dabei können Sie einem Datenfluss auch bereits zuvor modellierte Datenflüsse hinzufügen.

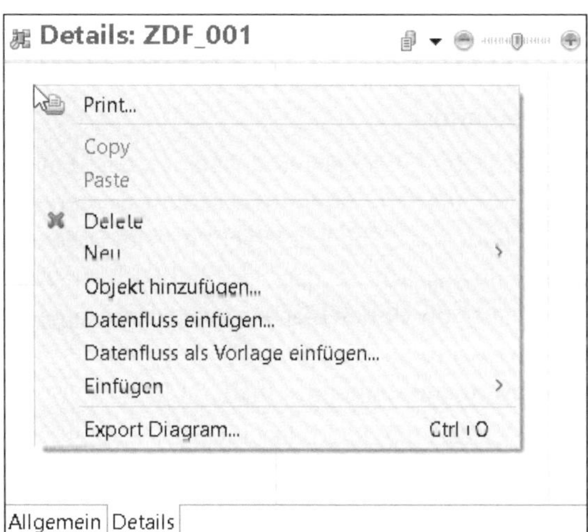


**Abbildung 9.5** Objekte oder Datenflüsse über das Kontextmenü hinzufügen

**Knoten im Datenfluss**

Objekte wie InfoObjects, aDSOs oder DataSources werden in einem Datenfluss als Knoten dargestellt (siehe Abbildung 9.6).

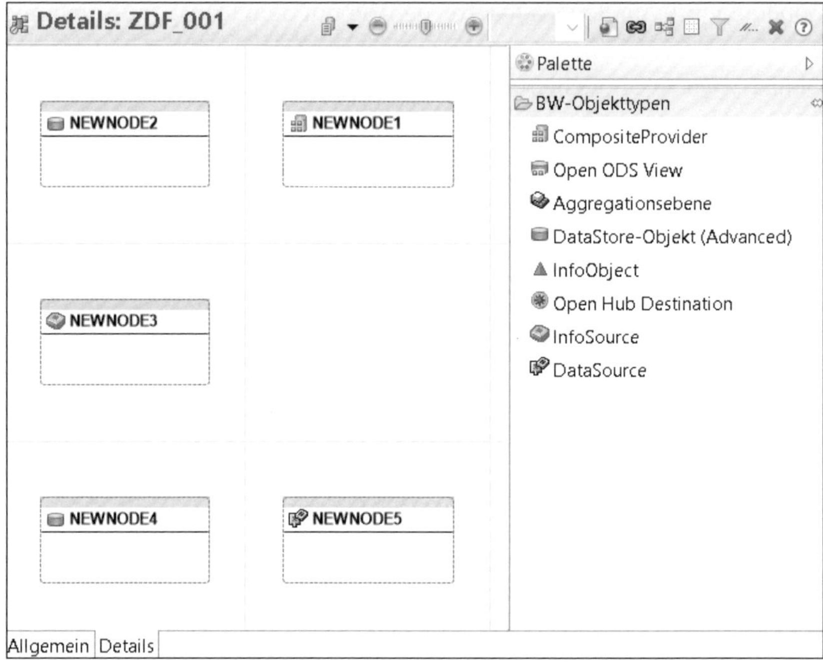


**Abbildung 9.6** Knoten hinzufügen

**Entfernen und Löschen von Objekten im Datenfluss**

Wenn Sie die Maus über einen Knoten bewegen, erscheint das in Abbildung 9.8 gezeigte Kontextmenü. Sie können den Knoten über das Icon aus dem Datenfluss entfernen (siehe Hinweiskasten »Entfernen und Löschen im Datenfluss«).

[!]

**Entfernen und Löschen im Datenfluss**

Beachten Sie bei der Arbeit mit Datenflussobjekten unbedingt, dass **Entfernen** bedeutet, dass Objekte nur aus dem Datenfluss entfernt werden – die Objekte selbst bleiben erhalten. In der Regel geschieht dies im Datenfluss über das Icon . Etwas unglücklich ist, dass im Kontextmenü zu Objekten im Datenfluss häufig auch die Option **Löschen** oder **Delete** angeboten wird (siehe Abbildung 9.7). Achtung: Die Option **Löschen** führt dazu, dass das Objekt selbst gelöscht wird und somit nicht mehr im SAP-BW-System zur Verfügung steht! In der Regel geschieht dies im Datenfluss über das Icon . An anderen Stellen werden beide Icons für das Löschen von Objekten verwendet.

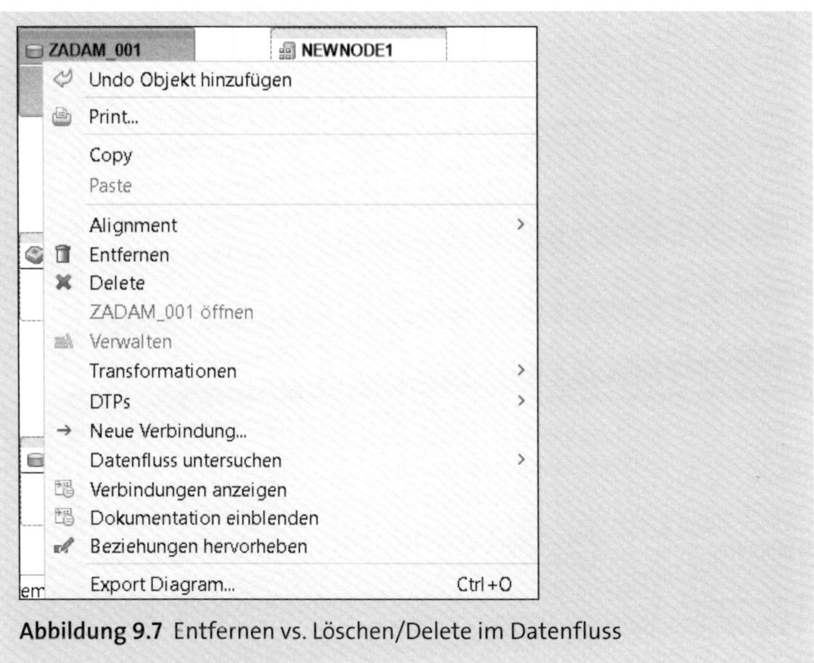


**Abbildung 9.7** Entfernen vs. Löschen/Delete im Datenfluss

Mit Klick auf das Icon können Sie die bestehenden Verbindungen des Knotens optisch hervorheben. Sie können die hervorgehobenen Verbindungen anschließend mit der Maus markieren und bearbeiten. Die Hervorhebung können Sie über dasselbe Icon wieder deaktivieren.

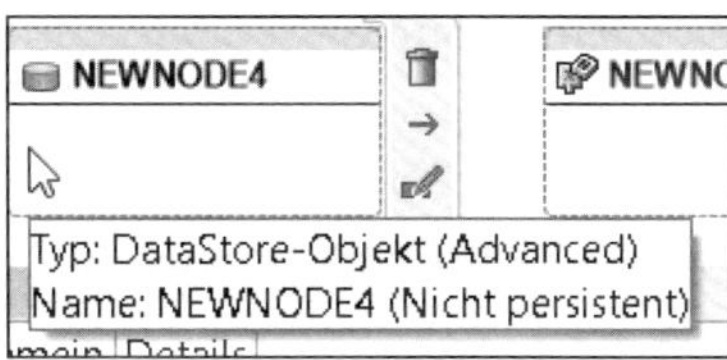


**Abbildung 9.8** Knoten entfernen, Verbindungen hervorheben

**Kanten im Datenfluss**

Über das Icon können Sie Verbindungen zwischen Knoten anlegen. Ziehen Sie dafür das Icon vom Startobjekt der neuen Verbindung auf das gewünschte Zielobjekt. Sobald Sie die Maustaste loslassen, wird die neue Verbindung angezeigt. Transformationen und DTPs werden als Pfeile zwischen den Knoten dargestellt, sie werden auch *Kanten* genannt. Abbildung 9.9 zeigt einen Datenfluss mit Objekten und Verbindungen.

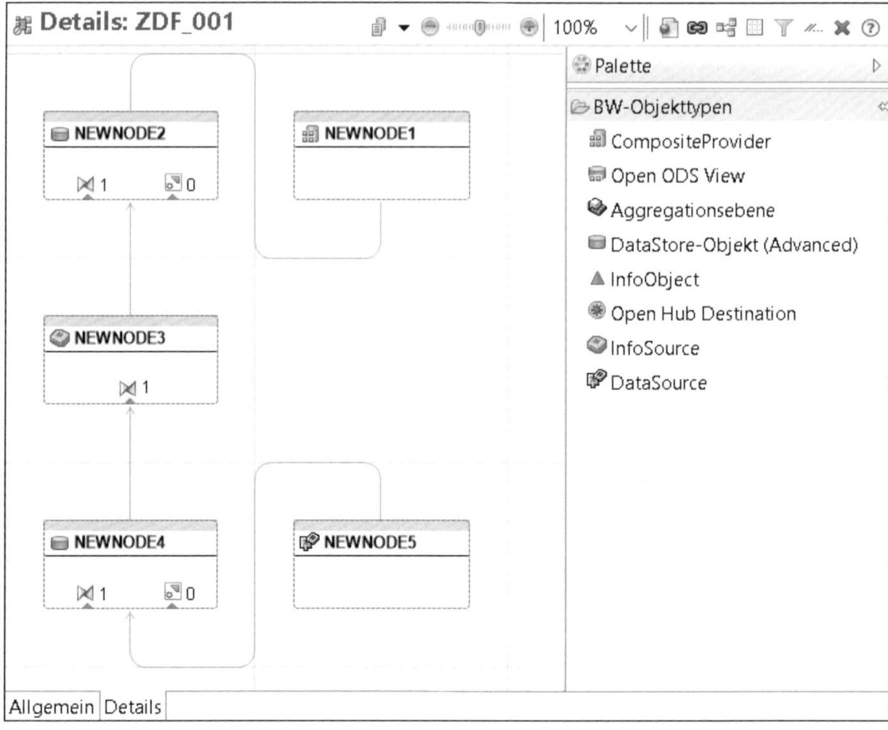


**Abbildung 9.9** Verbindungen (Kanten) hinzufügen

**Nicht persistentes Objekt implementieren**

Wenn Sie doppelt auf ein nicht persistentes Objekt – in unserem Beispiel auf die DataSource, eines der beiden aDSOs, die InfoSource oder den CompositeProvider – klicken, öffnet sich ein Pop-up-Fenster zum Anlegen eines entsprechenden Objektes. Abbildung 9.10 zeigt dies am Beispiel eines aDSOs. Sie können das aDSO wie gewohnt anlegen, danach wird es dann im Datenfluss anstelle des nicht persistenten Objektes angezeigt.

**Persistente Objekte einfügen**

Wenn Sie beispielsweise einen Vorlagedatenfluss verwenden und ihn nun auch mit bereits existierenden Objekten ausgestalten möchten, können Sie dies tun, indem Sie das Kontextmenü zu einem nicht persistenten Objekt im Datenfluss öffnen und dort den Eintrag **Objekt hinzufügen...** wählen (siehe Abbildung 9.11).

**Abbildung 9.10** Neues aDSO aus dem Datenfluss heraus anlegen

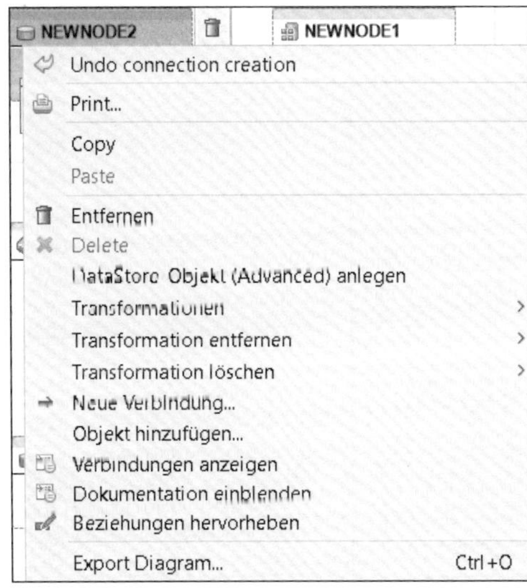


**Abbildung 9.11** Kontextmenü zu einem nicht persistenten Objekt

Im Pop-up-Fenster **Objekt hinzufügen** können Sie direkt den technischen Namen des hinzuzufügenden Objektes eingeben oder die Suchfunktion nutzen (siehe Abbildung 9.12). Klicken Sie anschließend auf die Schaltfläche **OK**.

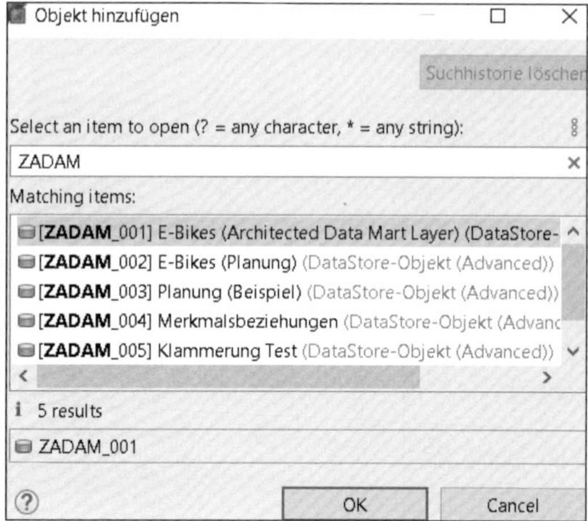


**Abbildung 9.12** Objekt auswählen zum Hinzufügen zu einem Datenfluss

Das nicht persistente Objekt in Ihrem Datenfluss wurde nun durch das persistente Objekt ersetzt (siehe Abbildung 9.13).

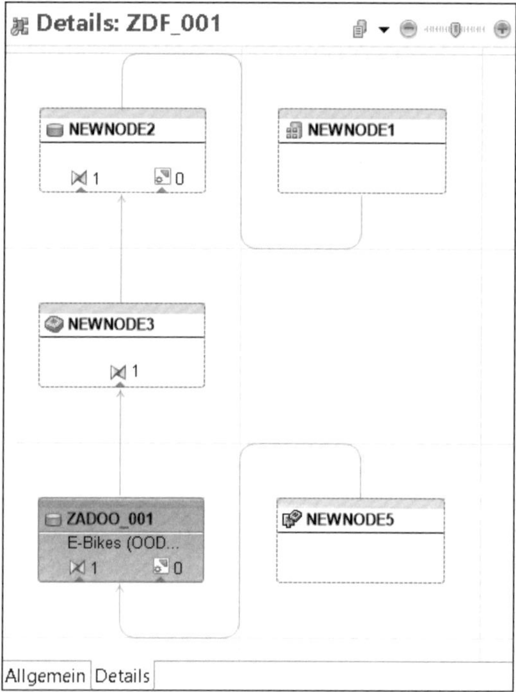


**Abbildung 9.13** Datenfluss mit persistentem aDSO

Alternativ können Sie auch die Struktur im **Project Explorer** aufklappen und persistente Objekte per Drag & Drop von dort in den Datenfluss ziehen, um sie dort einzubauen oder nicht persistente Objekte durch sie zu ersetzen (siehe Abbildung 9.14). In letzterem Fall ziehen Sie das persistente Objekt genau auf das zu ersetzende nicht persistente Objekt.

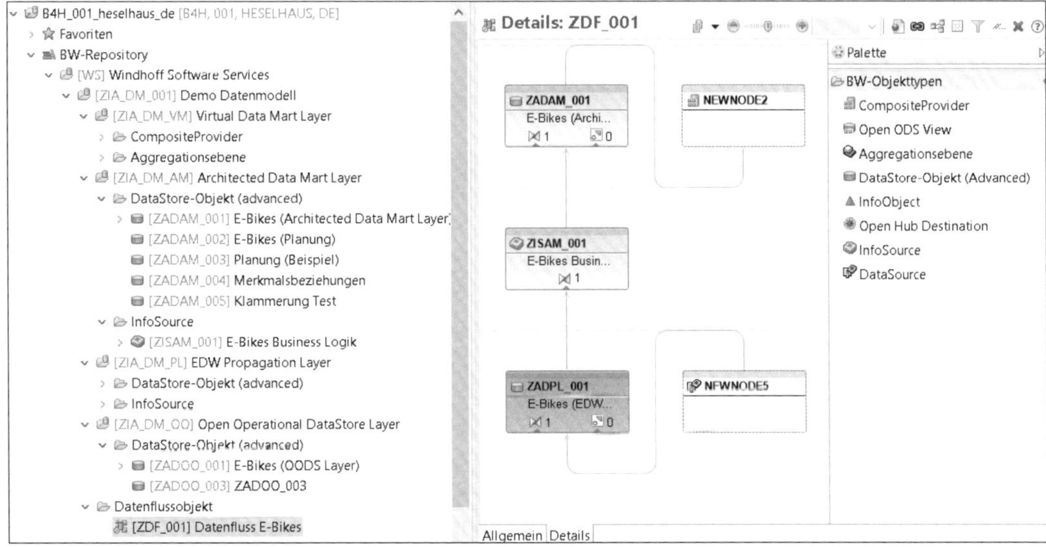


**Abbildung 9.14** Persistente Objekte aus dem Project Explorer hinzufügen

In unserem Beispiel (siehe Abbildung 9.14) haben wir dem Datenfluss die aDSOs ZADPL_001 und ZADAM_001 sowie die dazwischenliegende InfoSource ZISAM_001 hinzugefügt. Wir haben zuvor bereits Transformationen vom aDSO ZADPL_001 zur InfoSource ZISAM_001 sowie von der InfoSource ZISAM_001 zum aDSO ZADAM_001 angelegt. Wenn Sie in den Zielobjekten der Transformationen nun auf die weißen Dummy-Transformationen doppelklicken, werden diese durch die persistenten Transformationen ersetzt (siehe Abbildung 9.15). Die persistenten Transformationen erkennen Sie an ihrer grünen Markierung.

**Datenfluss zu einem persistenten Objekt einblenden**

Wenn Sie mit dem Mauszeiger auf ein persistentes Objekt in Ihrem Datenfluss gehen, werden Ihnen zusätzliche Optionen angeboten (siehe Abbildung 9.16). Mit dem einfachen Pfeil nach oben bzw. unten können Sie eine Ebene, d. h. die nächste Stufe des bereits existierenden Datenflusses zum Objekt nach oben bzw. unten, anzeigen lassen. Mit dem Doppelpfeil nach oben oder unten können Sie den gesamten Datenfluss vom gewählten Objekt aus nach oben bzw. unten einblenden.

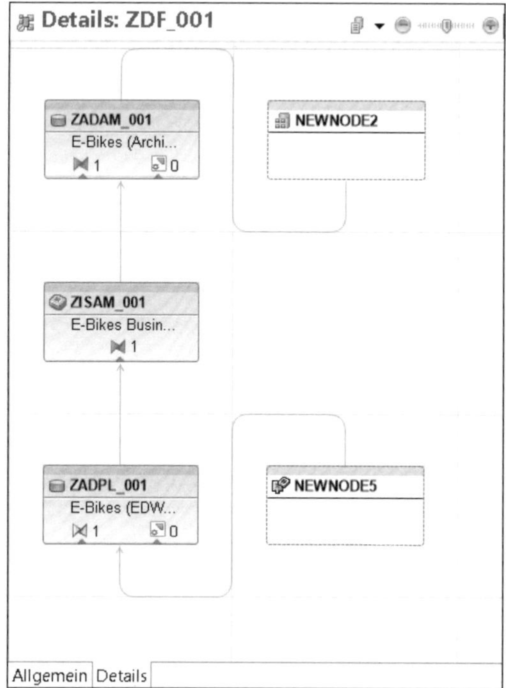


**Abbildung 9.15** Datenfluss mit Transformationen

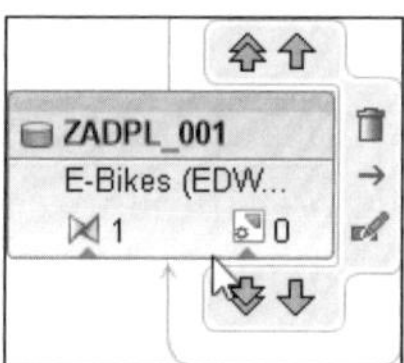


**Abbildung 9.16** Weitere Ebenen zu einem Objekt einblenden

Das Einblenden von Teilen des Datenflusses können Sie nicht wieder durch Ausblenden rückgängig machen. Sie müssen die Objekte gegebenenfalls manuell entfernen. Nur direkt nach dem Einfügen können Sie diesen Schritt noch über die Tastenkombination [Strg]+[Z] oder die Menüeinträge **Edit • Undo Alle tieferen Ebenen einblenden/Edit • Undo Alle höheren Ebenen einblenden** bzw. **Edit • Undo Nächst tiefere Ebene einblenden/Edit • Undo Nächst höhere Ebene einblenden** rückgängig machen (siehe Abbildung 9.17).

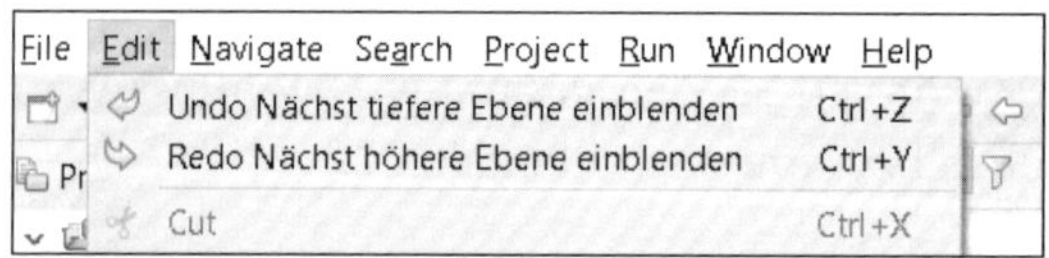


**Abbildung 9.17** Einblenden weiterer Ebenen rückgängig machen

**Datenflussobjekt aktivieren**

Das neue Datenflussobjekt muss abschließend über die Schaltfläche [icon] aktiviert werden. In der InfoArea gibt es nun einen neuen Ordner **Datenflussobjekt**, in dem Sie Ihr neues Datenflussobjekt finden (siehe Abbildung 9.18).

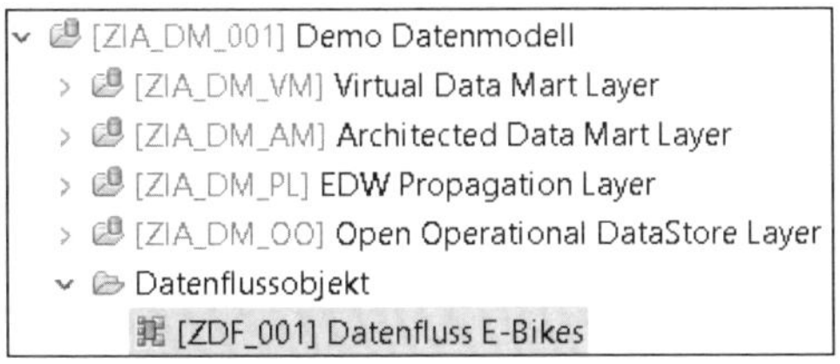

[ZIA_DM_001] Demo Datenmodell
- [ZIA_DM_VM] Virtual Data Mart Layer
- [ZIA_DM_AM] Architected Data Mart Layer
- [ZIA_DM_PL] EDW Propagation Layer
- [ZIA_DM_OO] Open Operational DataStore Layer
- Datenflussobjekt
  - [ZDF_001] Datenfluss E-Bikes

**Abbildung 9.18** Ordner »Datenflussobjekt« in der InfoArea



**Prozesskette zum Datenfluss generieren**

Mit dem Icon [icon] (siehe Abbildung 9.9) können Sie zu einem Datenfluss eine Prozesskette (siehe Abschnitt 11.1, »Prozessketten«) generieren lassen, die dann bereits die Objekte des Datenflusses enthält – ein großer Vorteil gegenüber dem manuellen Anlegen einer Prozesskette, bei dem Sie jeden einzelnen Schritt im Datenfluss der Prozesskette manuell hinzufügen müssen.

**Automatisches Layout und komprimierte Sicht**

Über das Icon [icon] (**Automatisches Layout**) können Sie Ihren Datenfluss vom System automatisch grafisch ausrichten lassen. Das Icon [icon] (**Komprimierte Sicht**) dient dazu, Details an den Knoten des Datenflusses zugunsten einer komprimierten Darstellung auszublenden (siehe Abbildung 9.19 im Vergleich zu Abbildung 9.15). Über das Icon [icon] (**Dekomprimierte Sicht**) blenden Sie die Details wieder ein. Über das Icon [icon] **Verbindungen ausblenden** öffnen Sie ein Kontextmenü, in dem Sie die Transformationen oder die DTPs (oder beide) ausblenden können.

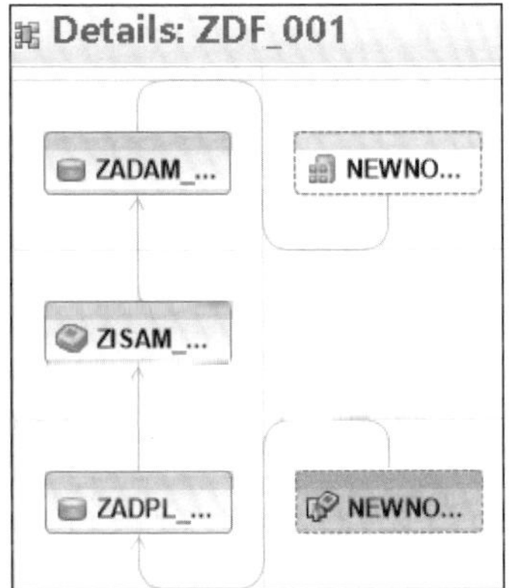


**Abbildung 9.19** Komprimierte Sicht

Im folgenden Abschnitt stellen wir Ihnen die Open Hub Destination vor, über die Sie Daten aus SAP BW/4HANA 2.0 für andere Anwendungen verfügbar machen können.

## 9.3 Open Hub Destination

Über die *Open Hub Destination* können Sie Daten aus einem SAP-BW/4HANA-2.0-System für andere Anwendungen bereitstellen. Es handelt sich hierbei um eine reine Leseschnittstelle, die in ABAP implementiert ist und Massendaten unterstützt. Eine Open Hub Destination kann dabei ein Flatfile sein, das anschließend in das Zielsystem eingelesen wird, oder Tabellen in der Datenbank des SAP-BW/4HANA-2.0-Systems oder einer anderen vom SAP NetWeaver unterstützten Datenbank. In diesem Fall werden die Daten aus der Datenbank in das Zielsystem eingelesen. Beachten Sie bei der Verwendung der Open Hub Destination die Informationen im Hinweiskasten »Lizensierung der Nutzung von SAP-BW/4HANA-2.0-Daten in nachgelagerten Systemen« zu Beginn dieses Kapitels.

**Open Hub Destination anlegen**

Sie können eine Open Hub Destination in SAP BW/4HANA 2.0 über das Kontextmenü zu einer InfoArea anlegen. Wählen Sie den Eintrag **Neu • Open Hub Destination...** (siehe Abbildung 9.20).

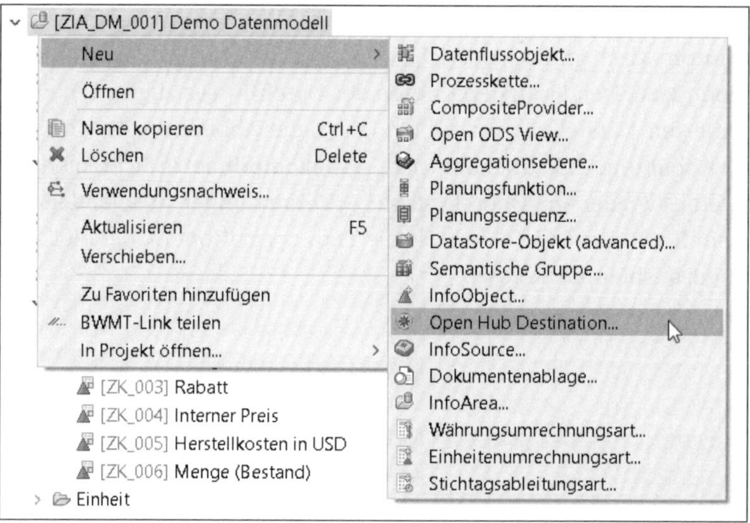


**Abbildung 9.20** Neue Open Hub Destination aus dem Kontextmenü einer InfoArea anlegen

Im Pop-up-Fenster **Neue Open Hub Destination** sind die Felder für das BW-Projekt, das Paket und die InfoArea bereits vorbefüllt (siehe Abbildung 9.21). Geben Sie einen technischen Namen im Feld **Name** sowie eine **Beschreibung** ein. Sie können eine **Vorlage** auswählen, wenn es bereits ein Objekt mit ähnlicher Struktur gibt. Im Feld **Open Destination Hub-Typ** legen Sie fest, ob die Open Hub Destination eine Datei oder eine Datenbanktabelle sein soll. Über die Schaltfläche **Finish** legen Sie die Open Hub Destination an.

**Abbildung 9.21** Open Hub Destination anlegen

Auf dem Tab **Allgemein** können Sie die **Beschreibung** der Open Hub Destination nachträglich ändern (siehe Abbildung 9.22). Auch den **Open Hub Destination-Typ** können Sie anpassen (**Datei** oder **Datenbanktabelle**).

**Zieltyp »Datei«**

Das System unterstützt die Dateitypen CSV, ASCII und XML. Den **Dateispeicherort** und den **Dateityp** legen Sie im Bereich **Datei Eigenschaften** fest. Dateien können auf dem Applikationsserver, lokal (maximal 0,5 GB pro Datei) oder, falls Sie Hadoop nutzen, als HDFS-Datei abgelegt werden (siehe Abbildung 9.23 und zu Hadoop und HDFS den Hinweiskasten »Apache Hadoop« in Abschnitt 8.1.3, »Big-Data-Quellsysteme, SAP Vora und Apache Hadoop«). Für HDFS-Dateien muss zunächst eine RFC-Verbindung vom Typ HTTP zum Hadoop-Server angelegt werden.

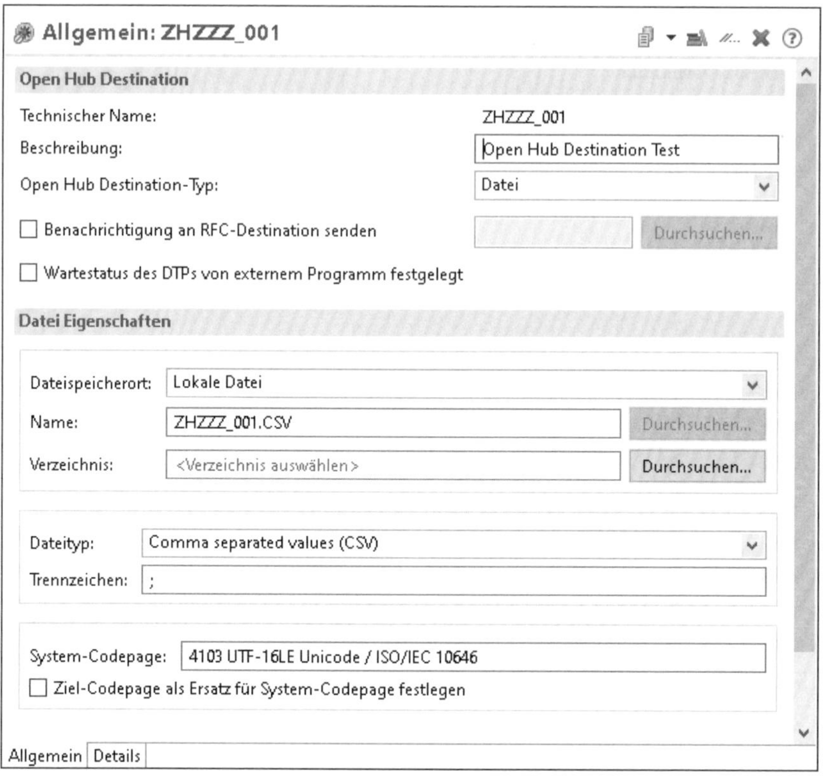


**Abbildung 9.22** Allgemeine Daten für ein Ziel vom Typ »Datei«

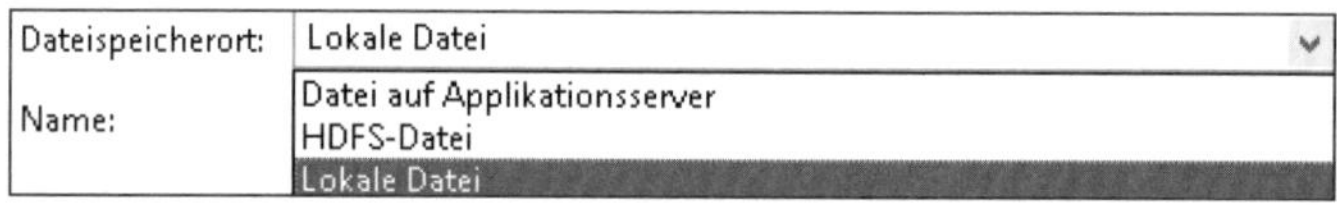


**Abbildung 9.23** Dateispeicherort

Der **Dateiname** lautet **<technischer Name der Open Hub Destination>.csv** (bzw. **.txt** oder **.xml**). Er ist bei der lokalen Ablage der Datei nicht änderbar. Beim Speichern auf dem Applikationsserver können Sie alternativ auch einen logischen Dateinamen verwenden, den Sie im Customizing festgelegt haben. Dazu legen Sie im Customizing einen Pfad an und ordnen diesem einen logischen Dateinamen zu. Ein logischer Dateiname kann Variablen wie Kalendertag und Uhrzeit enthalten, er kann auch zwischen Systemen transportiert werden.

**Zieltyp »Datenbanktabelle«**

Wenn Sie als **Open Hub Destination-Typ** die Option **Datenbanktabelle** ausgewählt haben, müssen Sie statt der Datei-Eigenschaften die **Eigenschaften der Datenbenktabelle** (sic!) festlegen (siehe Abbildung 9.24).

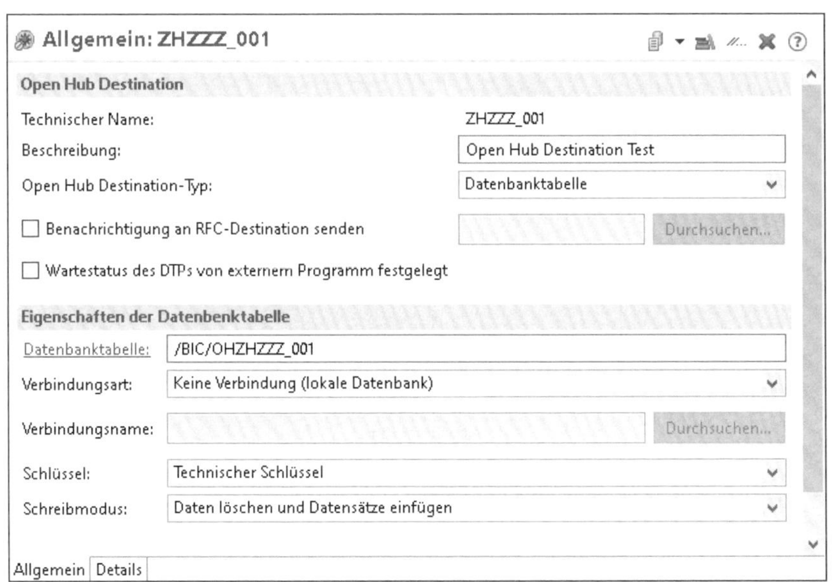


**Abbildung 9.24** Allgemeine Daten für ein Ziel vom Typ »Datenbanktabelle«

**DBA Cockpit**

Als Ziel wird eine Datenbanktabelle mit dem Namen `/BIC/OH<Technischer Name der Open Hub Destination>` generiert. Im Bereich **Eigenschaften der Datenbenktabelle** (sic!) können Sie zusätzlich eine zuvor im *DBA Cockpit* angelegte Datenbankverbindung eingeben. Die Daten werden dann sowohl in die generierte Tabelle als auch in die ausgewählte Datenbank geschrieben; hier in eine Tabelle mit dem Präfix `/BIC/`. Beachten Sie, dass dort keine gleichnamige Tabelle existieren darf! Zur Einrichtung von Datenbankverbindungen im DBA Cockpit sprechen Sie bitte Ihre IT-Abteilung bzw. Ihr SAP-Basis-Team an.

Im Feld **Schlüssel** legen Sie fest, ob für die Daten in der Datenbanktabelle ein **Technischer Schlüssel** oder ein **Semantischer Schlüssel** genutzt werden soll. Der eindeutige technische Schlüssel setzt sich aus den Feldern `OHREQUID` (SID des Open Hub Requests), `DATAPAKID` (ID des Datenpakets) und `RECORD` (Nummer des Datensatzes innerhalb eines Datenpakets) zusammen. Bei der Verwendung eines semantischen Schlüssels legen Sie die Felder fest, aus denen sich der Schlüssel zusammensetzen soll. Dabei kann es zu schlüsselgleichen Datensätzen kommen. Diese werden zunächst nicht aggregiert; jeder der Sätze wird in die Zieltabelle geschrieben.

Beim Schreiben von Daten in eine Datenbanktabelle stehen Ihnen verschiedene Modi zur Verfügung. Sie legen den Modus im Feld **Schreibmodus** fest (siehe Abbildung 9.25):

- **Daten löschen und Datensätze einfügen**: Alle Datensätze werden vor der Extraktion gelöscht, bevor die neuen Datensätze eingefügt werden. Es wird keine Historie erstellt.
- **Daten beibehalten und Datensätze überschreiben**: Die Datensätze werden beibehalten und gegebenenfalls geändert. Dies ist nur dann möglich, wenn ein semantischer Schlüssel verwendet wird.
- **Daten beibehalten und Datensätze einfügen**: Die Datensätze werden beibehalten, neue werden hinzugefügt. Es finden keine Änderungen statt, stattdessen wird eine Historie aufgebaut.

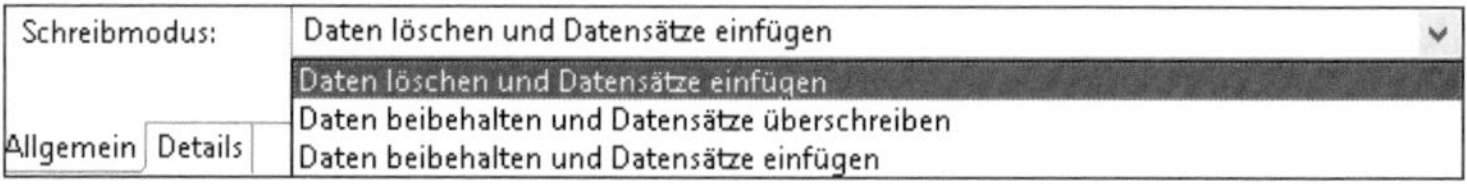


**Abbildung 9.25** Schreibmodus festlegen

Auf dem Tab **Details** legen Sie die *Zielstruktur* der Daten fest (siehe Abbildung 9.26). Dazu fügen Sie im Bereich **Felder** über die Schaltflächen **InfoObjects hinzufügen** und **Feld hinzufügen** InfoObjects bzw. Felder hinzu. Im Bereich **Allgemein** werden Ihnen die Informationen zum gewählten InfoObject oder Feld angezeigt.

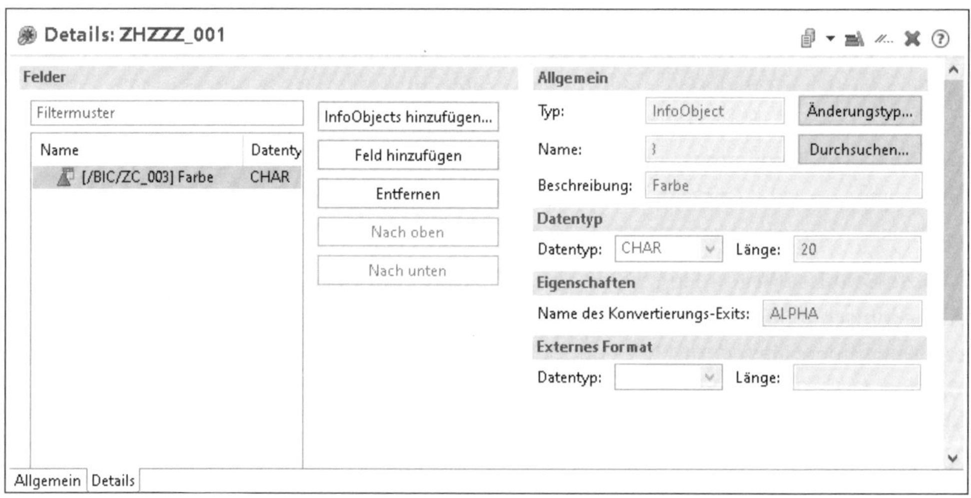


**Abbildung 9.26** Zielstruktur festlegen

Abschließend müssen die Open Hub Destination über die Schaltfläche aktivieren, bevor Sie sie verwenden können. Sie finden die neue Open Hub Destination nun in der InfoArea, in der Sie sie angelegt haben, im Unterordner **Open Hub Destination** (siehe Abbildung 9.27).

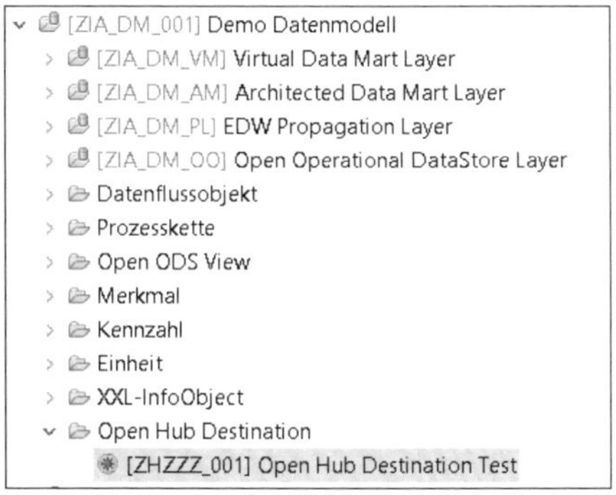

**Abbildung 9.27** Open Hub Destination in der InfoArea



**Datenübertragung zur Open Hub Destination**

Nachdem Sie eine Open Hub Destination angelegt haben, benötigen Sie eine Transformation zur Beladung der Open Hub Destination. Dabei stehen folgende Funktionen *nicht* zur Verfügung:

- Stammdaten nachlesen
- Zeitkonvertierung
- Währungs- und Mengenumrechnung

Nachdem Sie die Transformation angelegt haben, müssen Sie noch den entsprechenden DTP erstellen.

**Administration der Open Hub Destination**

Im SAP BW/4HANA 2.0 Web Cockpit steht Ihnen eine App für die Administration der Open Hub Destination zur Verfügung. Über diese App können Sie technische Informationen über den Inhalt der Open Hub Destinationen einsehen und verschiedene administrative Tätigkeiten wie z. B. das Löschen von Requests durchführen.

Nach dem Aufruf der App **Open Hub Destinations** aus dem Bereich **Datenverwaltung** im Web Cockpit (siehe Abbildung 9.28) wird Ihnen eine Übersicht aller Open Hub Destinations angezeigt (siehe Abbildung 9.29).

**Abbildung 9.28** Aufruf der App »Open Hub Destination«

**Abbildung 9.29** Verwaltung der Open Hub Destinationen

Durch Anklicken einer Open Hub Destination können Sie sich die dazugehörigen Requests anzeigen lassen und diese auch löschen (siehe Abbildung 9.30). Über die Schaltfläche **Erweiterte Sicht** können Sie sich den Quell-InfoProvider, den Fortschreibungsmodus (Delta oder Full) und den Namen des DTPs anzeigen lassen. In der Standardeinstellung werden in der Requestübersicht die letzten zehn Requests angezeigt. Über die Schaltfläche **Letzten 10 Requests** können Sie diese Einstellung verändern.

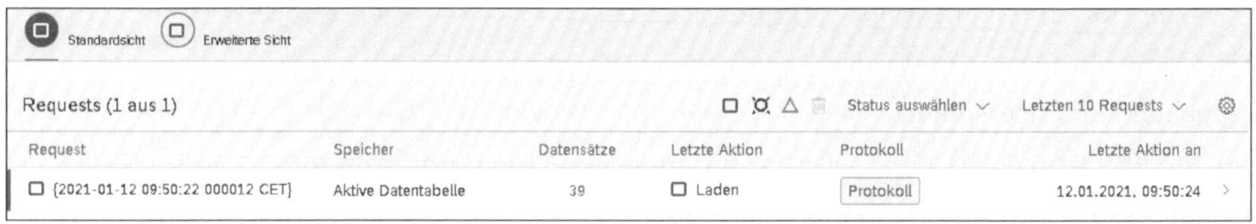


**Abbildung 9.30** Anzeige der Requests einer Open Hub Destination

Über die Schaltfläche **Status auswählen** blenden Sie gelöschte Requests ein (standardmäßig ausgeblendet, siehe Abbildung 9.31). Markieren Sie hierfür die Status, die Sie anzeigen lassen möchten, und bestätigen Sie Ihre Auswahl über die Schaltfläche **Übernehmen**.

**Abbildung 9.31** Status auswählen

Durch einen Klick auf einen Request lassen Sie sich die Details zu diesem Request anzeigen (siehe Abbildung 9.32). Sie finden hier Informationen zum Request, zum Quell-InfoProvider und zum DTP.

**Abbildung 9.32** Details zum Request

Über die Schaltfläche **DTP Monitor** lassen Sie sich wie bei jedem anderen DTP auch die Verarbeitungsschritte des Requests anzeigen, hier im SAP BW/4HANA 2.0 Web Cockpit (siehe Abbildung 9.33 sowie Abschnitt 6.2.6, »DTP ausführen«). Über die Schaltfläche **Protokoll** rufen Sie das Protokoll zur Verarbeitung des Requests auf.

Request {2021-01-12 09:50:22 000012 CET} ☐ Aktualisieren Jobübersicht Prozessmonitor Request verwalten Anderer Request

| Request-Verarbeitungsschritte | Gestartet um | Gesamtlaufzeit | Prozesslaufzeit | Details |
|---|---|---|---|---|
| ☐ Erzeugung des Requests | 12.01.2021, 09:50:22 | | | Meldungen anzeigen |
| ☐ Setzen des Status auf 'Ausführbar' | 12.01.2021, 09:50:22 | 1s | | Meldungen anzeigen |
| ☐ Verarbeitung des Requests | 12.01.2021, 09:50:23 | | | Meldungen anzeigen |
| ☐ Vorbereitung der Extraktion | 12.01.2021, 09:50:23 | 1s | | Meldungen anzeigen |
| > ☐ Datenpaket 1 ( 39 Datensätze ) | 12.01.2021, 09:50:23 | 1s | | Auswahlkriterien des Datenpakets anzeigen |
| > ☐ Ende der Verarbeitung | 12.01.2021, 09:50:24 | | | |
| ☐ technischer Status 'Grün' (Benutzer THIESSEN) | 12.01.2021, 09:50:24 | | | Meldungen anzeigen |
| ☐ Setzen des Gesamtstatus auf 'Grün' (Benutzer THIESSEN) | 12.01.2021, 09:50:24 | | | Meldungen anzeigen |

Löschen Reparieren Gesamtstatus ändern

**Abbildung 9.33** Verarbeitungsschritte des Requests

Im nächsten Abschnitt verschaffen wir uns einen Überblick die Themen Data Tiering und Data Aging, also die Ablage von Daten in unterschiedlichen Speicherbereichen.

## 9.4 Data Tiering und Multi-Temperature-Speicherstrategien

**Speichermedien**

Speicherplatz war in der Vergangenheit sehr teuer, ist im Laufe der Zeit aber stetig günstiger geworden. Speichermedien wie Festplattenspeicher, auf die langsamer zugegriffen werden kann, sind in der Regel günstiger in der Anschaffung und im Betrieb als Speichermedien wie Arbeitsspeicher, die schnellere Antwortzeiten bieten. Gleichzeitig zur Entwicklung der Speichermedien sind jedoch auch die Daten komplexer und die zu verwaltenden Datenmengen größer geworden. Das In-Memory-Computing kann in der Breite erst wirtschaftlich eingesetzt werden, seit auch die Preise für den benötigten Arbeitsspeicher signifikant gesunken sind.

Hauptspeicher ist im Verhältnis immer noch relativ teuer. Daher ist es auch beim In-Memory-Computing sinnvoll, Daten, die nur (noch) selten genutzt werden, oder solche, die nur aufgrund von gesetzlichen Aufbewahrungsfristen vorgehalten werden, aus dem Hauptspeicher zu entfernen und in günstigeren, wenn auch langsameren Speicherbereichen vorzuhalten. Aus diesem Ansatz hat sich im Bereich der Datenspeicherung eine Schichtenarchitektur entwickelt: das *Data Tiering* (englisch *tier* = Schicht) bzw. die *Multi-Temperature-Speicherstrategie*. Diese Themen behandeln wir in Abschnitt 9.4.1, »Data Tiering«. In Abschnitt 9.4.2, »SAP-HANA-Scale-Out-Knoten (Extension Nodes)«, Abschnitt 9.4.3, »SAP HANA Data Lake«, und

Abschnitt 9.4.4, »SAP Hadoop Near-line Storage für SAP BW/4HANA« gehen wir näher auf die Technologien für die Umsetzung des Warm Stores und des Cold Stores um.

In Abschnitt 9.4.5, »Datenarchivierungsprozesse«, beschreiben wir Datenarchivierungsprozesse zum Übertragen von Daten aus dem Hot Store bzw. Warm Store in den Cold Store. In Abschnitt 9.4.6, »Data Tiering Optimization«, stellen wir die Data Tiering Optimization (DTO) als Lösung zur Verwaltung der Daten in den unterschiedlichen Speicherbereichen vor. Im nächsten Abschnitt beginnen wir zunächst mit der Verteilung der Daten auf verschiedene Speicherbereiche (Data Tiering).



### 9.4.1 Data Tiering

In einer *Data Tiering*-oder auch *Multi-Temperature-Speicherarchitektur* werden Daten nach verschiedenen Kriterien unterteilt und verschiedenen Speichermedien zugewiesen. SAP gibt zur Unterteilung die folgenden Kriterien an:

- Datentyp
- operationale Anforderungen
- Performanceanforderungen
- Zugriffshäufigkeit
- Sicherheitsanforderungen

Hot, Warm und Cold Data

Dabei werden Daten mit hohen Anforderungen als *Hot Data*, Daten mit mittleren Anforderungen als *Warm Data* und Daten, auf die nur selten zugegriffen werden muss, als *Cold Data* bezeichnet. Die Speicherbereiche werden dementsprechend auch *Hot Store* (oder *Hot Storage*), *Warm Store* und *Cold Store* genannt. Es ist wichtig, dass Sie für Analysezwecke nahtlos auf alle Daten zugreifen können. Nach außen ist dabei nicht sichtbar, welche Daten in welchem Bereich abgelegt sind.

Temperaturschemas in SAP BW/4HANA 2.0

In SAP BW/4HANA 2.0 können Sie für einzelne InfoProvider festlegen, welchem Speicherbereich diese InfoProvider oder ihre Partitionen jeweils zugeordnet werden sollen. Abbildung 9.34 zeigt dies für ein aDSO. Im Bereich **Eigenschaften von Data Tierung** (sic!) können Sie den Daten hier eines der folgenden **Temperaturschema** zuordnen:

- **Hot (SAP HANA-Standardknoten)**: Die ist die Standardauswahl, die Daten werden im Hauptspeicher (in-memory) gehalten. In dieser Schicht finden Sie geschäftskritische Daten für besonders schnellen Zugriff.

- **Warm (SAP HANA-Erweiterungsknoten)**: Die Daten werden auf bestimmten SAP-HANA-Scale-Out-Knoten (Extension Nodes, siehe Abschnitt 9.4.2, »SAP-HANA-Scale-Out-Knoten (Extension Nodes)«) gehalten. In dieser Schicht finden Sie Daten, auf die seltener zugegriffen wird und für die geringere Ansprüche an die Performance gelten.
- **Cold (Externer Cold Store)**: Die Daten werden auf Festplatten, in SAP Intelligent Query (SAP IQ, siehe Hinweiskasten »SAP Intelligent Query (SAP IQ)« in Abschnitt 9.4.3, »SAP HANA Data Lake«), Hadoop HDFS oder SAP Vora abgelegt. In dieser Schicht werden große Datenmengen für seltene Zugriffe abgelegt. Diese Daten sind im SAP-BW/4HANA-2.0-Umfeld gegen Schreibzugriffe gesperrt.

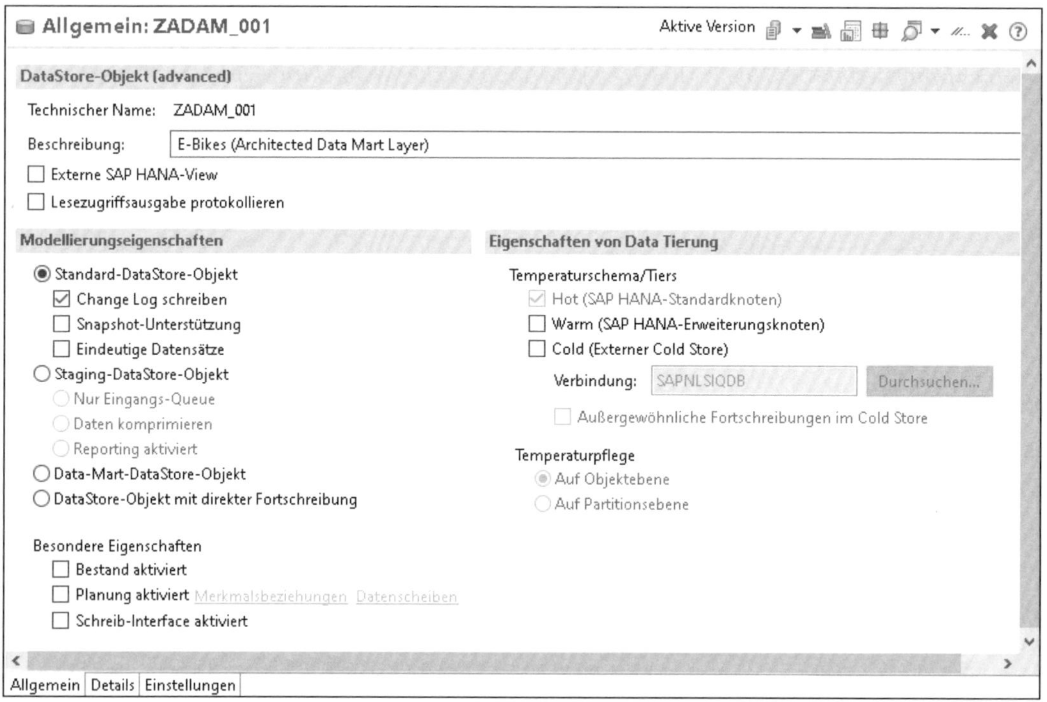


**Abbildung 9.34** Einstellungen zum Data Tiering für ein aDSO

**SAP-HANA-Scale-Out-Szenario**

Abbildung 9.35 veranschaulicht das *SAP-HANA-Scale-Out-Szenario* mit den drei Temperaturschichten für Hot Data, Warm Data und Cold Data unter der Verwendung von Extension Nodes und SAP IQ bzw. Hadoop.

In den folgenden Abschnitten geben wir Ihnen einen Überblick über die Technologien, die in den verschiedenen Temperaturschichten genutzt werden können. Wir beginnen mit den Extension Nodes.

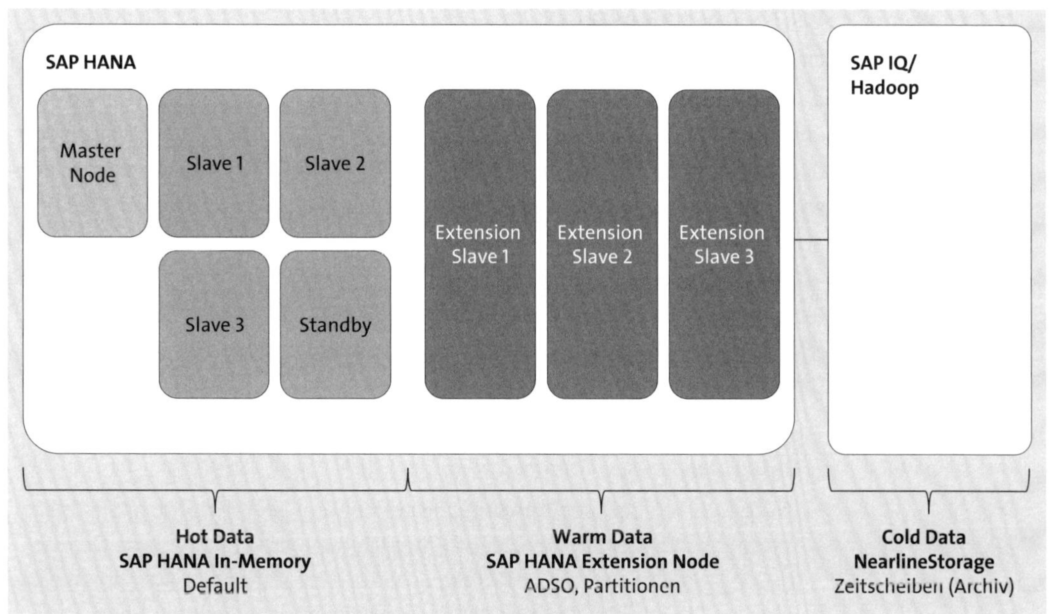


**Abbildung 9.35** SAP-HANA-Scale-Out-Scenario (Quelle: SAP)

### 9.4.2 SAP-HANA-Scale-Out-Knoten (Extension Nodes)

Dynamic Tiering mit Extension Nodes

*Dynamic Tiering* bietet unter Verwendung von *Extension Nodes* die Möglichkeit, die Verwendung des Hauptspeichers in SAP BW/4HANA 2.0 zu verbessern. Dabei wird eine *Scale-Out-Landschaft* genutzt, in der die Knoten in zwei Gruppen unterteilt werden:

- Hot Data in Knoten mit Standard-Sizing: Die Sizing-Guidelines von SAP fordern ein Verhältnis von 2:1 zwischen dem Hauptspeicher und der gespeicherten Datenmenge, damit jederzeit für alle Daten sowie die Zwischenergebnisse von Berechnungen ausreichend Platz vorhanden ist.
- Warm Data in Knoten mit kleinerem Sizing: Auf die warmen Daten wird weniger häufig zugegriffen, die Anforderungen an die Performance sind niedriger. Es wird nur auf Teile der warmen Daten zugegriffen, nicht auf alle gleichzeitig. Daher kann die SAP-HANA-Scale-Out-Landschaft mit weniger Knoten und somit weniger Hauptspeicher betrieben werden. Diese Knoten werden als Extension Nodes bezeichnet. SAP empfiehlt beispielsweise die Ablage von Corporate Memory-aDSOs (siehe Abschnitt 4.2.2, »Layered Scalable Architecture ++«) in Extension Nodes.

Voraussetzung für die Nutzung von Extension Nodes ist, dass das System entsprechend konfiguriert ist. Im nächsten Abschnitt stellen wir den SAP HANA Data Lake vor.

### 9.4.3 SAP HANA Data Lake

**Data Lakes** Die stetig anwachsende Menge an verfügbaren Unternehmensdaten hat dazu geführt, dass es zunehmend mehr Daten gibt, als sinnvollerweise in einem Data Warehouse wie SAP BW/4HANA 2.0 ständig vorgehalten werden können bzw. sollten. Zunehmend kommen Data Lakes (siehe Hinweiskasten »Data Lakes« auf der Grundlage von Amazon Web Services, Microsoft Azure, Google Cloud oder Apache Hadoop (siehe Hinweiskasten »Apache Hadoop« in Abschnitt 8.1.3, »Big-Data-Quellsysteme, SAP Vora und Apache Hadoop«) zum Einsatz. Mit dem *SAP HANA Data Lake* (*SAP HDL*) bietet SAP seit April 2020 eine eigene Lösung als Teil der SAP HANA Cloud Services an.

**Data Lakes**

Ein *Data Lake* ist ein sehr großer Speicher (System oder Repository) zur Speicherung von Daten im Rohdatenformat (Dateien oder Binary Large Objects (BLOBs). Dabei kann ein Data Lake strukturierte Daten aus Datenbanken, **.csv-**, **.xml-** oder **.json**-Dateien sowie unstrukturierte Daten wie Texte, **.pdf**-Dateien oder binäre Daten wie Bilder oder Audiodateien enthalten.

Im Unterschied zu einem Data Warehouse werden in einem Data Lake quasi *alle* Daten aus den Quellsystemen ohne größere Transformationen abgelegt. Zum Arbeiten mit Data Lakes sind sehr gute Kenntnisse der Datenstruktur erforderlich, da die Daten weitaus weniger strukturiert sind als in einem Data Warehouse und in granularer Form vorgehalten werden. Data Lakes bilden häufig die Grundlage für Data-Science-Anwendungen wie maschinelles Lernen und generische Analysen.

Bei SAP HDL handelt es sich um einen relationalen Data Lake für strukturierte und unstrukturierte Daten. Die Komponente basiert auf SAP Intelligent Query (SAP IQ, siehe Hinweiskasten zu SAP Intelligent Query). SAP HDL ist prädestiniert für die Nutzung von Cold Data mit sporadischem, typischerweise nur lesendem Zugriff.

**SAP Intelligent Query**

*SAP Intelligent Query* (*SAP IQ*; früher: (*SAP Sybase IQ*) ist ein spaltenbasiertes relationales Datenbankmanagementsystem für die Verarbeitung sehr großer Datenmengen, Enterprise Data Warehousing und Big Data Analytics. SAP IQ steht auch als Cloud-Lösung zur Verfügung.

Im nächsten Abschnitt stellen wir den SAP Hadoop Near-line Storage (NLS) als weiteres Konzept für die Ablage von Cold Data vor, auf die allerdings kein oder nur sehr restriktiver und ausschließlich lesender Zugriff erfolgen sollte.

### 9.4.4 SAP Hadoop Near-line Storage für SAP BW/4HANA

Nearline-Storage für SAP BW/4HANA 2.0

*SAP Hadoop Near-line Storage* (*SAP Hadoop NLS*) kann als *Nearline-Storage* für Cold Data verwendet werden. Der SAP Hadoop NLS-Adapter wird mit SAP BW/4HANA 2.0 ausgeliefert. SAP empfiehlt, als Grundlage eine Apache-Hadoop-Distribution zu nutzen und gemäß der entsprechenden Anleitung zu installieren. (Zu Apache Hadoop siehe Hinweiskasten »Apache Hadoop« in Abschnitt 8.1.3, »Big-Data-Quellsysteme, SAP Vora und Apache Hadoop«. Hinweise zur Installation finden Sie in SAP-Hinweis 2363218 unter *http://s-prs.de/v785403*. Der Zugriff auf die Daten im SAP Hadoop NLS erfolgt über SAP HANA Smart Data Access, siehe dazu Abschnitt 8.1.1, »SAP-HANA-Quellsysteme«.)

SAP empfiehlt die Nutzung von SAP Hadoop NLS nur dann, wenn Hadoop bereits in der IT-Landschaft vorhanden ist. Es sollten dort nur Daten aus der Eingangsschicht und dem Corporate Memory abgelegt werden, also Daten, auf denen kein Reporting erfolgt. Die SAP-BW/4HANA-2.0-Daten können dabei nicht direkt über HDFS-basierte Anwendungen verarbeitet werden.

Gegenüber SAP IQ hat Hadoop allerdings auch Vorteile. So bietet es eine größere Flexibilität und kann insbesondere auch für andere Use Cases wie Data-Science-Anwendungen als Nearline Storage genutzt werden. Im nächsten Abschnitt erfahren Sie, wie Sie Daten über Datenarchivierungsprozesse in den Nearline-Storage verschieben können.

### 9.4.5 Datenarchivierungsprozesse

Nach wie vor können Datenarchivierungsprozesse zur Auslagerung von Daten ins Archiv bzw. in den Cold Store genutzt werden. Voraussetzung sind der Einsatz von SAP IQ als Nearline-Storage und eine maximale Feldlänge von 18 Zeichen in den Feldern des zu archivierenden aDSO. Bei aDSOs, deren Daten aktiviert werden müssen, können nur bereits aktivierte Daten archiviert werden.

Für jeden InfoProvider wird ein *Nearline-Objekt* angelegt, das den Nearline-Storage adressiert. Dieses Objekt besteht aus unterschiedlichen Segmenten, die verschiedene Sichten auf den InfoProvider und gegebenenfalls auch auf verschiedene Versionen des InfoProviders darstellen.

Datenarchivierungsprozess anlegen

Legen Sie einen Datenarchivierungsprozess zum InfoProvider an. Der Datenarchivierungsprozess ist genau einem InfoProvider zugeordnet und trägt auch dessen Namen. Sie können zusätzlich eine Beschreibung vergeben.

**Selektionskriterien festlegen**

Auf dem Tab **Allgemein** legen Sie die *Nearline-Verbindung* für den neuen Datenarchivierungsprozess fest. Um Daten zu archivieren, müssen Sie zunächst festlegen, welche Daten archiviert werden sollen. Diese sollten in Queries nicht mehr abgefragt werden. Auf dem Tab **Selektionsschema** legen Sie die Kriterien für die Selektion der zu archivierenden Daten fest. Die Zeitscheibenarchivierung bildet immer direkt aufeinander folgende Zeitintervalle ab. Das gewählte Zeitmerkmal sollte für die Optimierung späterer Zugriffe über Queries auch für die Queries von zentraler Bedeutung sein.

Auf dem Tab **Nearline Storage** legen Sie die Maximalgröße für Datenpakete fest. Wird sie bei einem Archivierungslauf erreicht, erzeugt das System automatisch ein weiteres Datenpaket.

Sie müssen den Datenarchivierungsprozess über die Schaltfläche [Symbol] aktivieren, um den Anschluss an den Nearline-Storage zu erzeugen. Anschließend können Sie ihn ausführen oder über eine Prozesskette einplanen (siehe Abschnitt 11.1, »Prozessketten«).

**Änderungen an Datenarchivierungsprozessen**

Datenarchivierungsprozesse können Sie nachträglich nur noch begrenzt anpassen. Wenn Sie einen bestehenden Datenarchivierungsprozess löschen, geht die Verbindung zu den bereits archivierten Daten verloren. Sobald Daten geladen wurden, sind nur noch die folgenden Typ- und Strukturänderungen möglich:

- Merkmals-InfoObjects hinzufügen
- Kennzahlen-InfoObjects hinzufügen
- Merkmals-InfoObjects vom Datentyp `CHAR` verlängern
- Merkmals-InfoObjects vom Datentyp `DATS`, `NUMC` oder `TIMS` in den Datentyp `CHAR` ändern. Die Zeichenlänge darf dabei nicht verkürzt werden.
- Merkmals-InfoObjects vom Datentyp `DATS` oder `TIMS` in den Datentyp `NUMC` ändern. Die Zeichenlänge darf dabei nicht verkürzt werden.
- Kennzahl-InfoObjects vom Datentyp `INT4` in den Datentyp `DEC`, `CURR` oder `QUAN` ändern. Die Anzahl der Vorkommastellen darf dabei nicht verkleinert werden.
- bei Kennzahl-InfoObjects vom Datentyp `CURR`, `DEC` oder `QUAN` den Wertebereich (die Anzahl der Vorkommastellen) oder die Genauigkeit (Anzahl der Nachkommastellen) vergrößern
- Kennzahlen vom Datentyp `CURR`, `DEC` oder `QUAN` in den Datentyp ändern, wenn dabei der Wertebereich (die Anzahl der Vorkommastellen) vergrößert wird

Archivierung durchführen

Nachdem Sie einen Datenarchivierungsprozess angelegt haben, können Sie die Archivierung wie folgt durchführen: Wählen Sie in der Administration des aDSO die Schaltfläche (**DataStore-Object (Advanced) verwalten**). Anschließend klicken Sie auf die Schaltfläche (**Archivierung verwalten**). Legen Sie über die Schaltfläche einen neuen Archivierungs-Request an. Als Nächstes müssen Sie die Einschränkungen für die Archivierung festlegen, insbesondere Zeiteinschränkungen und gegebenenfalls weitere Einschränkungen auf Partitionierungsmerkmalen.

Sie können den Archivierungs-Request zunächst als Testlauf ausprobieren, bevor Sie ihn tatsächlich ausführen. Dabei werden Ihnen der Kopierstatus, der Verifikationsstatus, der Löschstatus und der Gesamtstatus des Archivierungs-Requests angezeigt.

Archivierte Daten zurückladen

Es besteht die Möglichkeit, archivierte Daten wieder in den ursprünglichen InfoProvider zurückzuladen. Legen Sie dazu über die Drucktaste in der Spalte **Gesamtstatus** in der Verwaltung der Archivierung (Schaltfläche **DataStore-Object (Advanced) verwalten**) in der Administration des aDSO einen显klade-Request an. Es wird ein DTP angelegt, der den archivierten InfoProvider als Quelle und den ursprünglichen InfoProvider als Ziel hat. Im DTP können Sie dabei Filterkriterien festlegen. Vor der Ausführung muss der DTP noch über die Schaltfläche aktiviert werden.

Berücksichtigung von Cold Data beim Reporting

Im CompositeProvider oder in der Query können Sie festlegen, ob bei der Queryausführung auch Daten aus dem Nearline-Storage (Cold Store) berücksichtigt werden sollen (siehe Abschnitt 6.3.5, »CompositeProvider administrieren: Allgemein«, und Abschnitt 6.4.2., »Queries administrieren: Allgemein«).

Archivierungs-Requests aus dem Nearline-Storage löschen

Um Archivierungs-Requests aus dem Nearline-Storage zu löschen, merken Sie den Archivierungs-Request zunächst manuell zum Löschen vor. Dies tun Sie über die Schaltfläche in der Spalte **Gesamtstatus** in der Verwaltung der Archivierung (Schaltfläche **DataStore-Object (Advanced) verwalten**) in der Administration des aDSO. Klicken Sie dann auf die Schaltfläche (**Archivierung verwalten**). Wählen Sie anschließend **Archivierungsrequest (NL) löschen**, und starten Sie die Löschvormerkung. In der Spalte **Gesamtstatus** erscheint nun das Symbol , und die Daten stehen nicht mehr in Queries zur Verfügung. Das System übernimmt die Löschvormerkung, falls der Archivierungsprozess zurück in das aDSO geladen wurde oder wenn er auf ungültig gesetzt wurde.

Anschließend erfolgt die physische Löschung. Dazu wählen Sie im Bild **Archivierung verwalten** die Schaltfläche (**Archiv bereinigen**). Wählen Sie anschließend **Löschen**. Sie können die Löschung auch über den Prozesstyp **Archiv bereinigen** in einer Prozesskette einplanen (siehe Abschnitt 11.1,

»Prozessketten«). Die physische Löschung der Daten ist irreversibel. Die Zeitscheiben des gelöschten Requests bleiben zunächst gesperrt, können aber manuell im Bild **Archiv bereinigen** oder über die Ausführung des Reports `RSDA_CLEANUP_ARCHIVE` in einer Prozesskette wieder freigegeben werden.

Der folgende Abschnitt informiert über die Data Tiering Optimization (DTO) zur Verwaltung der Daten in den unterschiedlichen Schichten. Sie müssen für jedes aDSO entscheiden, ob DTO oder der Datenarchivierungsprozess genutzt werden soll – beides gleichzeitig ist nicht möglich. Die Archivierung mit Zeitmerkmalen, die nicht im Schlüssel sind, sowie mehrdimensionale Partitionierung im Cold Store sind nur über den Datenarchivierungsprozess möglich.

### 9.4.6 Data Tiering Optimization

**Datentemperatur verwalten**

Bei der *Data Tiering Optimization* (*DTO*) handelt es sich um eine Lösung zur Umsetzung von Data Tiering in SAP BW/4HANA 2.0, mit der Sie über ein zentrales User Interface alle notwendigen Konfigurationen vornehmen können. DTO verwaltet dabei Hot Data in SAP HANA, Warm Data in SAP HANA Extension Nodes und Cold Data in SAP IQ, Hadoop oder über SAP Vora (siehe Abschnitt 9.4.1, »Data Tiering«). Die Temperatur der Daten wird dabei bezogen auf die Partitionen eines aDSO festgelegt. Das Verschieben der Daten erfolgt über Housekeeping-Aktivitäten, beispielsweise regelmäßig und automatisiert über Prozessketten.

Im aDSO können Sie festlegen, welche Temperaturen bzw. Speicherbereiche das aDSO unterstützen soll (siehe Abschnitt 5.6.5, »aDSO administrieren: Allgemein«). Hot Store und Cold Store bilden eine logische Einheit und enthalten die Daten, für die eine hohe Verfügbarkeit gewährleistet sein muss. Der Cold Store wird gesondert davon betrachtet, da er quasi als Archiv dient und auf seine Daten im täglichen Reporting selten bis gar nicht und ausschließlich lesend zugegriffen wird. Für den Cold Store muss die entsprechende Verbindung zum Speicherbereich angegeben werden, da es sich um einen externen Speicherbereich handelt. DTO-Jobs verschieben die Daten regelmäßig in die festgelegten Speicherbereiche.

**Außergewöhnliche Fortschreibungen in den Cold Store**

Für Standard-aDSOs, für die ein Change Log geschrieben wird, gibt es die Möglichkeit, zu festgelegten Zeitpunkten die Daten im Cold Store zu aktualisieren. Die Option **Außergewöhnliche Fortschreibungen im Cold Store** sollten Sie aber nur in Ausnahmefällen nutzen. Sie kann nur deaktiviert werden, wenn das aDSO zuvor komplett geleert wurde. Ist die Option aktiv, wird für das aDSO eine zweite Inbound-Tabelle speziell für als cold klassifizierte Datensätze angelegt. Beim Beladen des aDSO werden die Daten entsprechend in die richtige Inbound-Tabelle geschrieben. Die Aktivierung der Daten erfolgt unabhängig je Inbound-Tabelle. Für jede Aktivierung wird so ein eigener Request mit eigener Request-ID im Change Log erzeugt. Die Daten im Hot Store müssen immer zuerst aktiviert werden. Werden mehrere Requests im Hot Store gemeinsam aktiviert, müssen anschließend die korrespondierenden Requests im Cold Store ebenfalls gemeinsam aktiviert werden. Temperaturveränderungen können nur auf bereits aktivierten Daten erfolgen.

Beim Löschen von Requests müssen Sie immer die korrespondieren Hot- und Cold-Aktivierungs- und die dazugehörigen Lade-Requests löschen (siehe Abschnitt 9.5.1, »Requestweises Löschen«). Wurden die Daten nach der Aktivierung vom Hot Store in den Cold Store verschoben, können Archivierungs-Requests nicht mehr gelöscht werden. Die verschobenen Partitionen müssen in diesem Fall zunächst zurückgeschoben werden. Daten, die im Cold Store über die außergewöhnliche Fortschreibung aktiviert und anschließend in den Hot Store verschoben wurden, können Sie nicht mehr löschen, auch nicht, wenn sie zurück in den Cold Store geschoben wurden.

**DTO auf Partitionsebene**

Um DTO auf Partitionsebene nutzen zu können, müssen die betroffenen aDSOs Partitionen unterstützen. Zur Partitionierung muss ein Schlüsselfeld verwendet werden. Bei aDSOs vom Typ Data-Mart-DataStore-Objekt sind alle Merkmale Schlüssel, sodass Sie hier jedes Merkmal verwenden können (siehe Abschnitt 5.6.5, »aDSO administrieren: Allgemein«). DTO funktioniert auch auf Objektebene, in diesem Fall ist keine Partitionierung erforderlich. Allerdings kann hier auch der Cold Store nicht genutzt werden.

[!]

**Gleichzeitige Verwendung von hot und warm**

Beachten Sie: Bei gleichzeitiger Verwendung von hot und warm kann keine Hash-basierte Partitionierung des aDSO und somit auch keine parallele Datenaktivierung durchgeführt werden, was zu Performanceeinbußen führen kann.

In SAP BW/4HANA 2.0 Web Cockpit finden Sie die App **DataStore-Objekte – Data Tiering verwalten**. In der Übersicht werden die aDSOs mit der Anzahl ihrer Partitionen (Spalte **Partitionen gesamt**) angezeigt (siehe Abbildung 9.36). Der Spalte **Temperaturpflege** können Sie entnehmen, ob für das jeweilige aDSO die Temperaturverteilung auf Partitionsebene erfolgt.

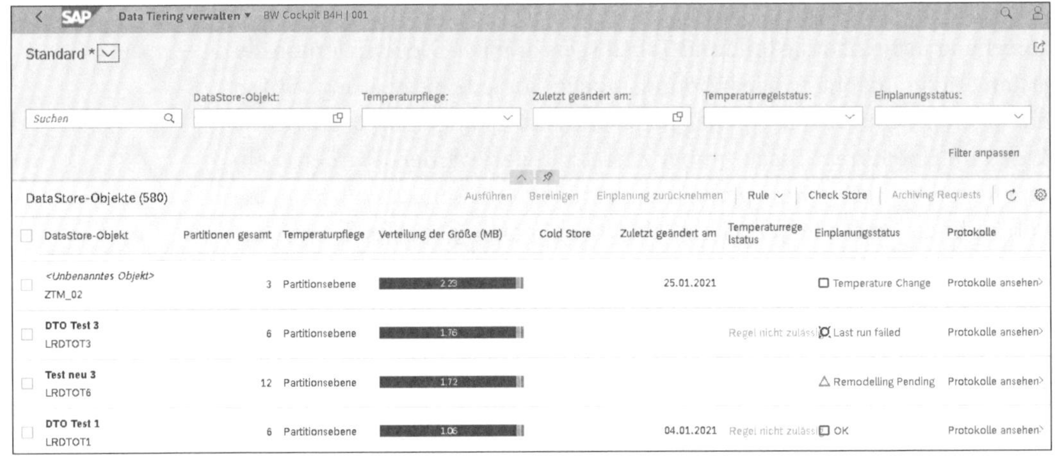


**Abbildung 9.36** Data Tiering verwalten

Wenn Sie auf ein Objekt klicken, werden Ihnen die Detaildaten zum gewählten Objekt angezeigt (siehe Abbildung 9.37). Sie sehen hier die einzelnen Partitionen (Spalte **Partitionsnummer**) und die Werte zur Partitionierung in den Spalten **Niedrig (exklusiv)** und **Hoch (inklusiv)**. In der Spalte **Aktuelle Temperatur** wird der aktuelle Speicherbereich angezeigt, in der Spalte **Geplante Temperatur** der zukünftige Speicherbereich.

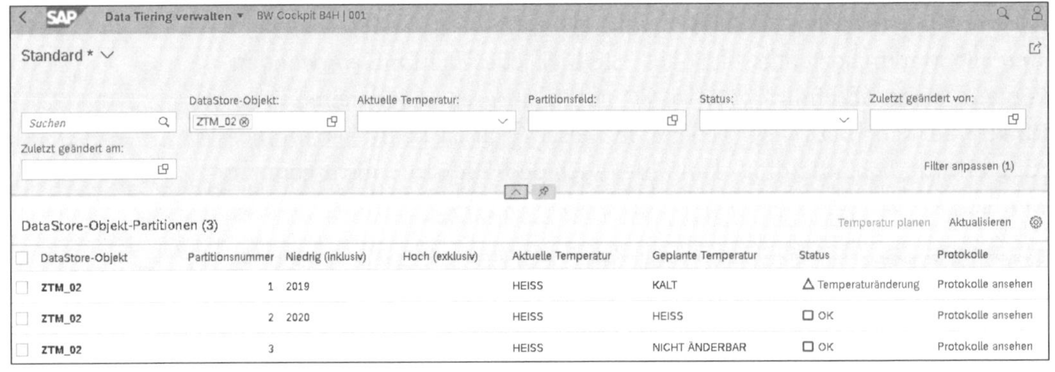


**Abbildung 9.37** Data Tiering auf Partitionsebene

**Temperatur ändern**

Wenn Sie eine Partition durch Aktivierung des Kästchens zu Beginn der Zeile auswählen, können Sie anschließend über die Schaltfläche **Temperatur planen** die **Geplante Temperatur** verändern. Es öffnet sich das Pop-up-Fenster **Temperaturplan** (siehe Abbildung 9.38). Die Auswahl der neuen geplanten Temperatur bestätigen Sie über die Schaltfläche **OK**. Die geplante Temperatur wird erst zur aktuellen Temperatur, wenn ein Änderungslauf für das aDSO durchgeführt wurde. Dazu markieren Sie das aDSO in der Übersicht des Data Tierings und betätigen die Schaltfläche **Ausführen** (siehe Abbildung 9.36). Um eine Partition zu löschen, können Sie ihr die Temperatur **GELÖSCHT** zuweisen. Bei einem Temperaturschema mit den Stufen hot, warm und cold muss die Partition dafür im Cold Store liegen. Bei einem Temperaturschema, das nur Hot und Warm Store umfasst, muss sie im Warm Store liegen. Die Daten werden dabei zum Löschen vorgemerkt. Zum tatsächlichen, irreversiblen Löschen markieren Sie das aDSO in der Übersicht des Data Tierings und betätigen die Schaltfläche **Bereinigen** (siehe Abbildung 9.36).

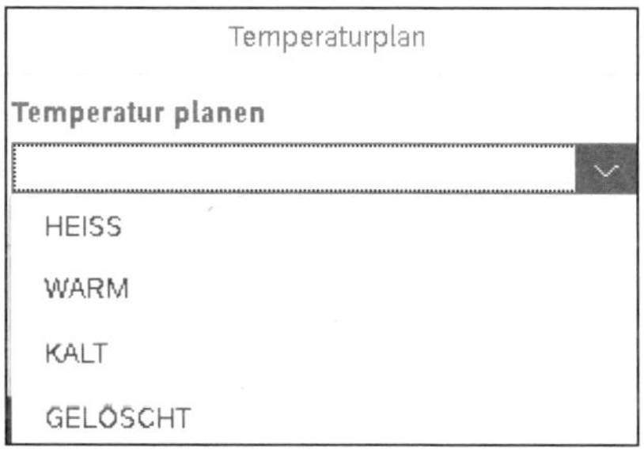

Temperaturplan

Temperatur planen

HEISS

WARM

KALT

GELÖSCHT

**Abbildung 9.38** Temperatur planen

**Automatisierte Verschiebung von Daten**

Über APIs (siehe Hinweiskasten »Application Programming Interfaces (APIs) in Abschnitt 5.6.5, »aDSO administrieren: Allgemein«) für DTO können Sie automatisierte Verschiebungen von Daten zwischen den Temperaturbereichen realisieren. Dazu stehen unter anderem die ABAP-Programme RSO_ADSO_DTO_API_SET_TEMPS und RSO_DTO_AP_EXECUTE für das Setzen und Ausführen von Temperaturveränderungen und RSO_ADSO_DTO_API_GET_INFO zum Auslesen von Temperaturen zur Verfügung. SAP empfiehlt für die meisten Anwendungsfälle die ausschließliche Nutzung der API RSO_ADSO_DTO_API_SET_TEMPS.

Im nächsten Abschnitt beschäftigen wir uns abschließend mit dem Thema Löschen von Daten aus SAP BW/4HANA 2.0.

## 9.5 Löschen von Daten

Auch wenn in ein Data Warehouse wie SAP BW/4HANA 2.0 nicht alle Daten, die sich irgendwo im Unternehmen befinden, geladen werden, sondern nur solche, die für Analyse- und Reportingzwecke interessant sind, wächst die Datenmenge und somit der benötigte Speicherplatz doch stetig an. Denken

Sie nur einmal an die vermehrte Erzeugung von Sensordaten im Umfeld von Industrie 4.0 oder die Auswertung von Social-Media-Daten und Kundenbewertungen.

**Relevanz von Daten**

Die Relevanz der meisten Daten nimmt mit der Zeit ab. Viele Daten können nach Ablauf einer gewissen Frist sogar gelöscht werden. Oft genügt es, aggregierte Daten zu behalten, die Detaildaten werden nicht mehr benötigt. Es gibt jedoch keine festen Werte für sinnvolle Aufbewahrungszeiträumen, beispielsweise dass alle Daten, die älter als drei Jahre sind, gelöscht werden können. Wie lange Daten für ein Unternehmen von Interesse sind, hängt stark von der Art des Unternehmens, von Analyseanforderungen und von den Daten selbst ab.

**Gesetzliche Aufbewahrungsfristen**

Neben den Interessen des Unternehmens gibt es auch externe Anforderungen an die Aufbewahrung von Unternehmensdaten, dazu gehören z. B. gesetzliche Aufbewahrungsfristen für bestimmte Daten. Diese betreffen in der Regel die Daten in den operativen Systemen, aber auch Daten im Data Warehouse können gesetzlichen Aufbewahrungsfristen unterliegen. Diese müssen dann mindestens für den vorgeschriebenen Zeitraum vorgehalten werden. Sind sie dabei für Analysen und für das Unternehmensreporting nicht mehr relevant, können Sie als Cold Data deklariert und so möglichst kostengünstig und ressourcenschonend abgelegt werden (siehe Abschnitt 9.4, »Data Tiering und Multi-Temperature-Speicherstrategien«).

**Altdaten**

Werden Daten überhaupt nicht mehr oder nicht mehr in granularer Form benötigt, empfiehlt es sich, sie zu löschen. So lassen sich zum einen Ressourcen sparen, zum anderen bleibt das Data Warehouse übersichtlicher. Ohne Daten zu löschen, laufen aDSOs auch in SAP BW/4HANA 2.0 irgendwann voll und müssten dupliziert werden, was die Komplexität des Datenmodells erhöht (siehe Abschnitt 9.1, »Datenflussmodellierung«). Daher sollten Sie unter Beachtung etwaiger gesetzlicher Aufbewahrungsfristen gemeinsam mit den Fachbereichen festlegen, welche Daten wie lange in SAP BW/4HANA 2.0 vorgehalten werden sollen.

**Granularität, Aggregation und Redundanz**

Eine zweite Gruppe von Daten, die regelmäßig aus SAP BW/4HANA 2.0 gelöscht werden können, sind Daten in den unteren Schichten der LSA++, insbesondere die aus den Quellsystemen übernommenen Daten im Open ODS Layer. Wurden diese erfolgreich und korrekt in die folgenden Schichten verbucht, können sie hier häufig täglich oder nach wenigen Tagen gelöscht werden. Daten im EDW Propagation Layer werden häufig für verschiedene Auswertungszwecke genutzt. Sie stehen den in SAP BW/4HANA 2.0 implementierten Anwendungen hier in aufbereiteter Form zur Auswertung zur Verfügung. Sind sie in alle Anwendungen in den Architected Data Marts weiterverbucht und ist nicht zu erwarten, dass neue Anwendungen implementiert werden, die gegebenenfalls auf die Daten im EDW Propagation Layer zugreifen müssen, können die Daten bei Bedarf auch im EDW Propagation Layer gelöscht werden. Tendenziell liegen die Daten in SAP BW/4HANA 2.0 im Open ODS Layer am granularsten und in den höheren Schichten immer weiter aggregiert vor. Je älter die Daten sind, desto häufiger genügt es, sie nur noch in aggregierter Form vorzuhalten.

**Automatisiertes Löschen**

Insbesondere das Löschen von Daten aus dem Open ODS Layer sollte regelmäßig und daher möglichst automatisiert stattfinden. Typischerweise erfolgt dies über die Einplanung des Löschvorgangs im Rahmen der täglichen Beladung oder in wöchentlichen oder monatlichen Intervallen. Der Löschprozess wird dabei in eine Prozesskette (siehe Abschnitt 11.1, »Prozessketten«) mit aufgenommen, die regelmäßig (z. B. täglich, wöchentlich oder monatlich) ausgeführt wird. Typische Vorgehensweisen wären »Lösche alle Daten aus dem Open-ODS-Layer-aDSO XY, bevor neu beladen wird« oder »Lösche alle Daten aus dem Open-ODS-Layer-aDSO XY, die älter als X Tage sind, bevor neu beladen wird«. Es empfiehlt sich, automatisiertes Löschen bei der Implementierung von InfoProvidern gleich mit zu konzipieren, zu implementieren und zu testen, bevor diese in den produktiven Betrieb gehen. So minimieren Sie die Gefahr des versehentlichen Verlusts von Daten durch falsche Einstellungen beim Löschen und stellen sicher, dass die Datenmenge kontrollierbar bleibt.

**Manuelles Löschen**

Es kommt auch vor, dass Daten manuell gelöscht werden, beispielsweise um in einer initialen Aufräumaktion zunächst die größten Datenmengen zu löschen, um handlungsfähig zu bleiben und im Anschluss ein Konzept für automatisierte Löschprozesse zu implementieren. Eine solche Anforderung könnte lauten: »Lösche alle Daten aus dem Architected Data Mart XY, die älter als 5 Jahre sind.«

[!]

**Vorsicht beim Löschen von Daten**

Gehen Sie beim Löschen von Daten sehr vorsichtig vor, da es sich hierbei um einen irreversiblen Vorgang handelt. Einmal (versehentlich) gelöschte Daten lassen sich nicht wiederherstellen.

Wenn Sie Daten aus einem aDSO löschen und das aDSO anschließend neu beladen möchten, sollten Sie zunächst prüfen, ob alle zur Neubeladung benötigten Daten auch tatsächlich vorhanden sind.

In den nächsten zwei Abschnitten erläutern wir zum einen das requestweise Löschen, bei dem jeweils die Daten eines gesamten Requests, also eines Beladevorgangs, gelöscht werden, und das selektive Löschen von Daten, bei dem Daten aus dem gesamten Datenbestand anhand von Selektionskriterien und unabhängig vom Request gelöscht werden, z. B. alle Belege zu einem bestimmten Material, Kunden oder zu einer Datumseinschränkung.

### 9.5.1 Requestweises Löschen

Beim *requestweisen Löschen* werden alle Daten eines Requests aus einem InfoProvider gelöscht, d. h. alle Daten, die mit diesem Request gemeinsam geladen wurden. Dies ist z. B. notwendig, wenn beim Beladen ein Fehler passiert ist. Es werden dann ein oder mehrere Requests gelöscht. Anschließend wird der Fehler in der Quelle oder in der Transformation korrigiert, bevor die Daten erneut geladen werden. Requests können nur gelöscht werden, wenn die Daten aus dem Ziel noch nicht weiterverbucht wurden. Wenn dies der Fall ist, müssen die Daten zunächst aus den nachfolgenden Objekten gelöscht werden, bevor der Request gelöscht werden kann.

Aus aDSOs können Sie Requests nur dann löschen, wenn ein Change Log geschrieben wurde (siehe Abschnitt 5.6.5, »aDSO administrieren: Allgemein«). Es kann jeweils nur der zuletzt geladene Request gelöscht werden. Möchten Sie einen älteren Request löschen, müssen alle später geladenen Requests ebenfalls gelöscht werden.

Um Daten aus einem aDSO requestweise zu löschen, öffnen Sie das Kontextmenü zum aDSO und wählen dort den Eintrag **DataStore-Objekt (advanced) verwalten** (siehe Abbildung 9.39).

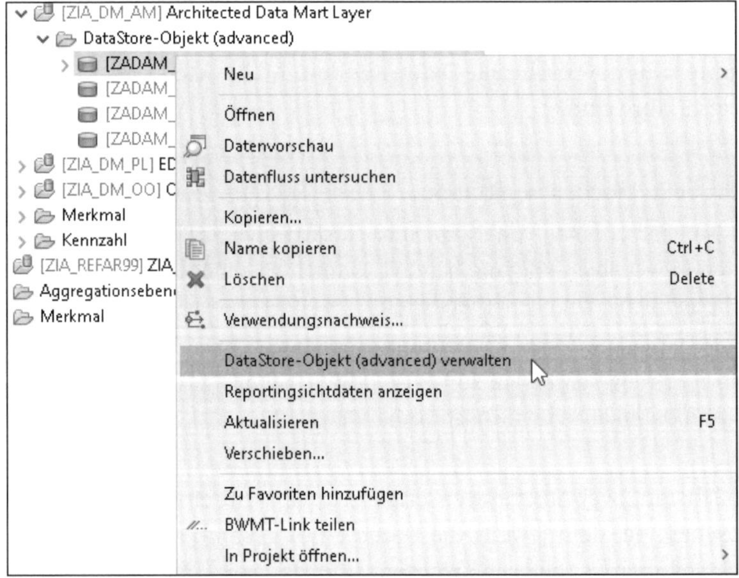


**Abbildung 9.39** Verwaltung des aDSO aufrufen

Es öffnet sich das Fenster **DataStore verwalten** mit der Requestübersicht zum aDSO im SAP BW/4HANA 2.0 Web Cockpit (siehe Abbildung 9.40).

DataStore verwalten
BW Cockpit B4H | 001
E-Bikes (Architected Data Mart Layer)
ZADAM_001
Aktualisieren
Weitere Aktionen
Request öffnen
Standardsicht
Erweiterte Sicht
Requests (2 aus 2)
Status auswählen
Letzten 10 Requests
Request
Speicher
Datensätze
Letzte Aktion
Protokoll
Letzte Aktion an
Changelog-Kennzeichen
{2021-05-29 17:14:52 000010 CET}
Aktive Datentabelle
0
Aktivierung
Protokoll
29.05.2021, 17:14:54
{2021-05-15 19:37:43 000007 CET}
Aktive Datentabelle
48.384
Aktivierung
Protokoll
15.05.2021, 19:37:44

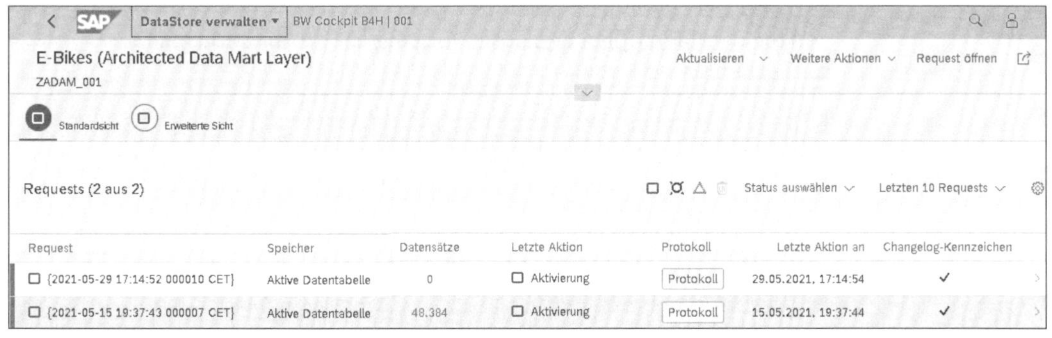

**Abbildung 9.40** aDSO-Verwaltung mit Requestübersicht

Wenn Sie einen Request anklicken, gelangen Sie in die Detailansicht zum Request, das Bild **Request verwalten** (siehe Abbildung 9.41). Über die Schaltfläche **Löschen** entfernen Sie den Request.

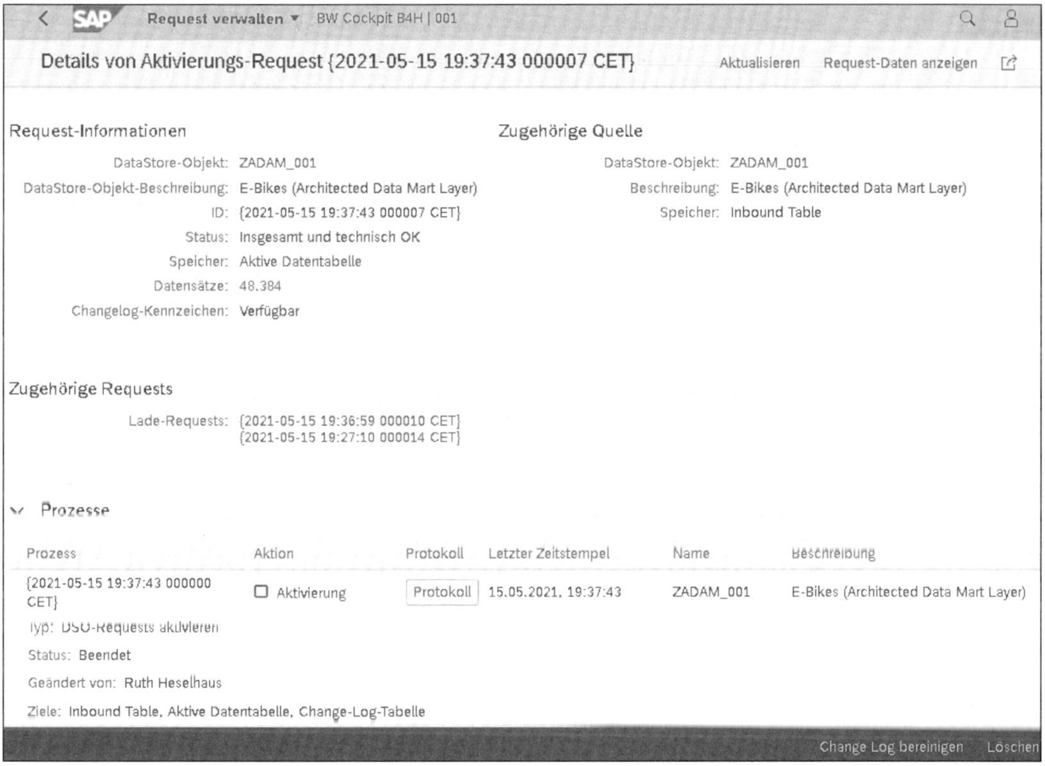

Request verwalten
BW Cockpit B4H | 001
Details von Aktivierungs-Request {2021-05-15 19:37:43 000007 CET}
Aktualisieren
Request-Daten anzeigen
Request-Informationen
DataStore-Objekt: ZADAM_001
DataStore-Objekt-Beschreibung: E-Bikes (Architected Data Mart Layer)
ID: {2021-05-15 19:37:43 000007 CET}
Status: Insgesamt und technisch OK
Speicher: Aktive Datentabelle
Datensätze: 48.384
Changelog-Kennzeichen: Verfügbar
Zugehörige Quelle
DataStore-Objekt: ZADAM_001
Beschreibung: E-Bikes (Architected Data Mart Layer)
Speicher: Inbound Table
Zugehörige Requests
Lade-Requests: {2021-05-15 19:36:59 000010 CET}
{2021-05-15 19:27:10 000014 CET}
Prozesse
Prozess
Aktion
Protokoll
Letzter Zeitstempel
Name
Beschreibung
{2021-05-15 19:37:43 000000 CET}
Aktivierung
Protokoll
15.05.2021, 19:37:43
ZADAM_001
E-Bikes (Architected Data Mart Layer)
Typ: DSO-Requests aktivieren
Status: Beendet
Geändert von: Ruth Heselhaus
Ziele: Inbound Table, Aktive Datentabelle, Change-Log-Tabelle
Change Log bereinigen
Löschen

**Abbildung 9.41** Detailansicht des Requests

Falls Sie nicht den jüngsten Request ausgewählt haben, werden im Pop-up-Fenster **Löschen** neben dem ausgewählten auch alle jüngeren Requests aufgeführt, die ebenfalls gelöscht werden. Über die Schaltfläche **Löschen** starten Sie unwiderruflich den Löschvorgang (siehe Abbildung 9.42).

**Abbildung 9.42** Berücksichtigung jüngerer Requests beim Löschen

Im nächsten Abschnitt beschreiben wir, wie Sie auch die Daten aus dem Change Log eines aDSO entfernen können.

### 9.5.2 Change Log bereinigen

In Abschnitt 5.6.5, »aDSO administrieren: Allgemein«, haben Sie das Change Log und seine Verwendung bereits kennengelernt. Dort haben wir auch darauf hingewiesen, dass das Change Log zusätzlichen Speicherplatz benötigt und daher regelmäßig geleert werden sollte.

**Change Log manuell bereinigen**

Sie können das Change Log manuell bereinigen. Dazu wählen Sie wie in Abschnitt 9.5.1, »Requestweises Löschen«, beschrieben einen Request aus und wechseln in die Detailansicht des Requests (siehe Abbildung 9.41). Betätigen Sie die Schaltfläche **Change Log bereinigen**.

Im Pop-up-Fenster **Change Log bereinigen** wird der gewählte Request angezeigt sowie der Hinweis, dass das Change Log auch für alle vor diesem Request aktivierten Requests, also für alle älteren Requests, bereinigt wird (siehe Abbildung 9.43).

Über die Schaltfläche **Change Log bereinigen** starten Sie die Bereinigung des Change Logs. Sie lässt sich genau wie das Löschen nicht rückgängig machen.

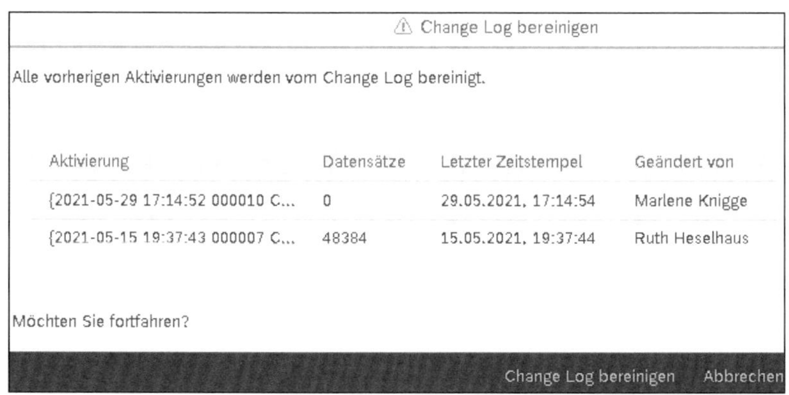


**Abbildung 9.43** Berücksichtigung älterer Requests bei der Bereinigung des Change Logs



Im letzten Abschnitt dieses Kapitels beschreiben wir das selektive Löschen von Daten anhand von Selektionskriterien.

### 9.5.3 Selektives Löschen

In Abschnitt 5.6.5, »aDSO administrieren: Allgemein«, haben wir das selektive Löschen bereits erwähnt. Hierbei werden Daten aus einem Provider anhand von Selektionskriterien wie dem Datum, Materialnummern, Kundennummern oder Ähnlichem gelöscht.

Im SAP BW/4HANA 2.0 Web Cockpit finden Sie im Bild **DataStore verwalten** die Schaltfläche **Weitere Aktionen** (siehe Abbildung 9.40 und Abbildung 9.44). Zum selektiven Löschen wählen Sie hier den Eintrag **Daten löschen**.

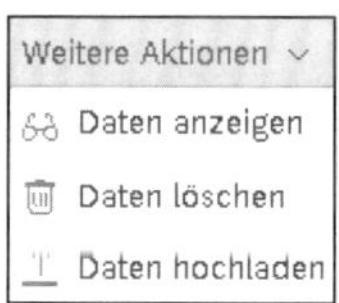


**Abbildung 9.44** Schaltfläche »Weitere Aktionen«

Wählen Sie im nächsten Schritt die Löschoption **Selektives Löschen**. Im unteren Bildbereich wird nach der Auswahl der Bereich **Optionen** angezeigt (siehe Abbildung 9.45)

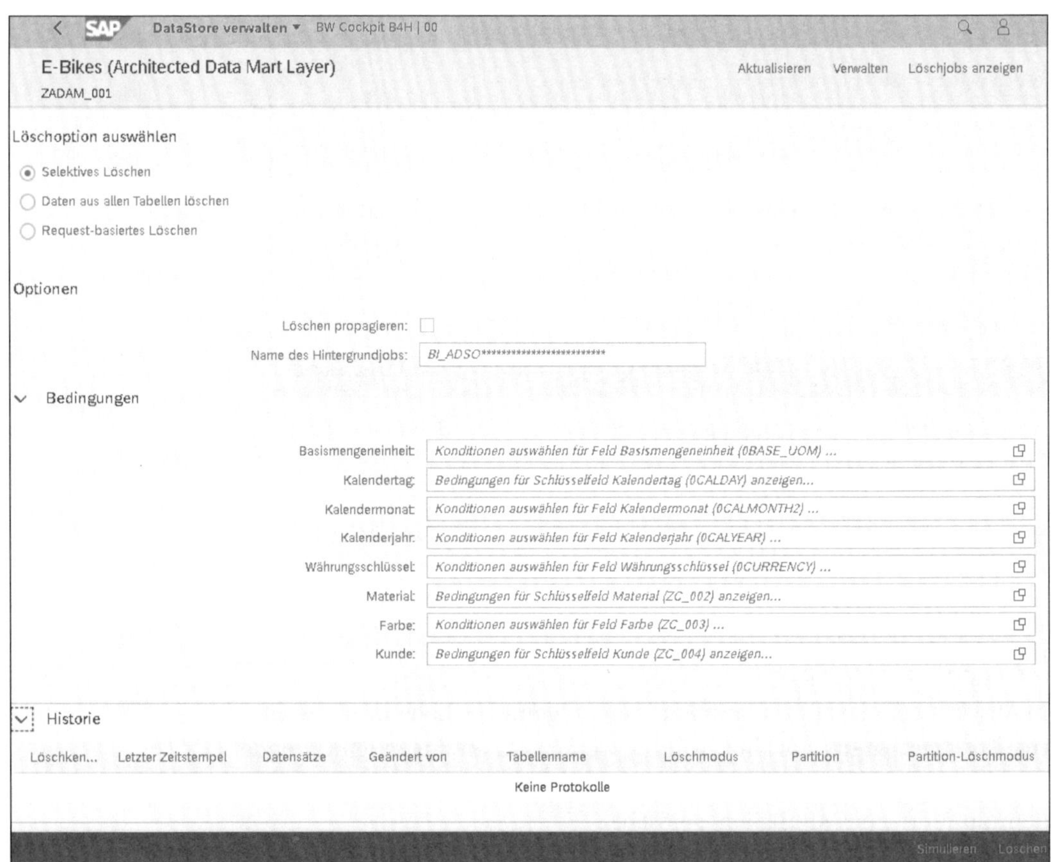


**Abbildung 9.45** Selektives Löschen

**Löschkriterien definieren**

Im Bereich **Bedingungen** können Sie für die InfoObjects und/oder Felder des aDSO Löschkriterien definieren. Wenn Sie auf ein eingabebereites Feld klicken, öffnet sich das Pop-up-Fenster **Bedingungen für <InfoObject- oder Feldname> anzeigen...** (siehe Abbildung 9.46). Dabei können Sie auf dem Tab **AUS LISTE AUSWÄHLEN** konkrete Selektionswerte wie »01.07.2021« für den Kalendertag oder auf dem Tab **BEDINGUNGEN DEFINIEREN** Bedingungen wie »kleiner als 30.06.2021« angeben.

**Löschen simulieren**

Nach Eingabe aller Löschkriterien können Sie über die Schaltfläche **Simulieren** eine Simulation des Löschvorgangs starten (siehe Abbildung 9.45). Im Pop-up-Fenster **Selektives Löschen simulieren** wird Ihnen angezeigt, wie viele Datensätze den Löschkriterien entsprechen und gelöscht würden (siehe Abbildung 9.47).

Abbildung 9.46 Eingabe der Löschselektionen

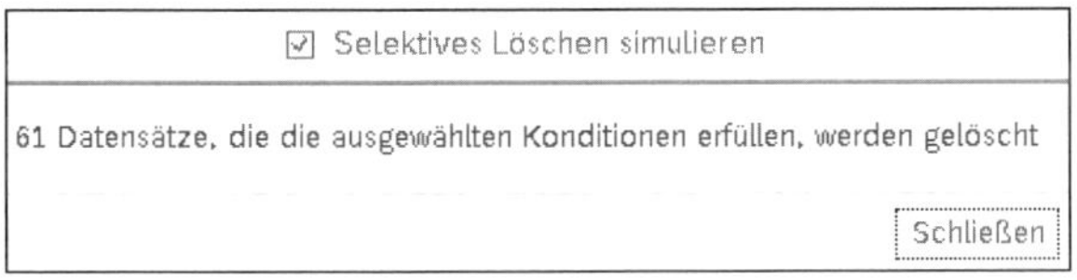

Abbildung 9.47 Ergebnis der Löschsimulation

**Löschung ausführen**

Über die Schaltfläche **Löschen** wird der tatsächliche, irreversible Löschvorgang gestartet (siehe Abbildung 9.45).

Nachdem Sie sich nun das Rüstzeug erarbeitet haben, komplette Datenflüsse aufzubauen, Quelldaten ins SAP-BW/4HANA-2.0-System zu laden und die Daten im BW-System zu verwalten, stellen wir Ihnen im nächsten Kapitel die Frontend-Tools vor, mit denen Sie die aufbereiteten Daten den Endanwenderinnen und Endanwendern in den Fachbereichen zur Verfügung stellen können.

# Kapitel 10
# Frontend-Tools

*In diesem Kapitel geben wir Ihnen einen Überblick über die derzeit prominentesten Frontend-Anwendungen für SAP BW/4HANA 2.0 und ihre jeweiligen Anwendungsschwerpunkte. Wir stellen Ihnen drei SAP-Produkte und zusätzlich die Anwendung Tableau als Beispiel für eine Frontend-Anwendung von einem Drittanbieter vor.*



Neben der Datenaufbereitung und -haltung sind die Bereitstellung und grafische Darstellung der Daten für den Konsumenten, wie auch schon in älteren SAP-BW-Versionen, ein zentraler Faktor in SAP BW/4HANA 2.0. Daher stellen wir Ihnen in diesem Kapitel die derzeit prominentesten Frontend-Tools vor. Zu den hier vorgestellten Anwendungen sei gesagt, dass die Auswahl keineswegs vollständig ist. Aus der Konnektivität zwischen den einschlägigen SAP-Produkten ergibt sich im Rahmen dieses Buches der Fokus auf die SAP-eigenen Frontend-Tools. Wir weisen an dieser Stelle jedoch darauf hin, dass es auch zahlreiche Frontend-Anwendungen anderer Hersteller gibt, mit denen Sie die Daten aus SAP BW/4HANA 2.0 aufbereiten und darstellen können. Unser Ziel ist es, Ihnen eine Übersicht über die einzelnen Anwendungen, die jeweiligen Anwendungszwecke und Zielgruppen sowie den Implementierungsaufwand zu geben. Für die Erlernung der Tools empfehlen wir die Lektüre einschlägiger Literatur oder den Besuch von entsprechenden Schulungen.

Wir beginnen in diesem Kapitel mit der bereits seit einigen Jahren etablierten Anwendung SAP Lumira 2.x in Abschnitt 10.1, »SAP Lumira 2.x«. In Abschnitt 10.2, »SAP Analytics Cloud«, bringen wir Ihnen die SAP Analytics Cloud (SAC) mit ihren Storys und Applications näher. Ein aus vielen Unternehmen nicht mehr wegzudenkendes Produkt ist SAP Analysis for Microsoft Office (AfO), das wir Ihnen in Abschnitt 10.3, »SAP Analysis for Microsoft Office«, vorstellen. Insbesondere das zu SAP AfO gehörende SAP Analysis for Microsoft Excel ist von zentraler Bedeutung. Es hat den SAP BEx Analyzer (siehe Abschnitt 2.2, »Entwicklungs- und Administrationsumgebungen für SAP BW/4HANA 2.0«) abgelöst und ist gerade für Fachbereiche ein nicht zu ersetzendes Tool, insbesondere da es auf dem weit verbreiteten Microsoft Excel basiert. In diesem Abschnitt zeigen wir Ihnen zusätzlich zur Anbindung an SAP BW/4HANA 2.0 exemplarisch die Übersteuerung von BW-Query-Einstellungen.

Um die Forderung nach höherer Flexibilität in der SAP-BW-Anwendungsentwicklung und einer Möglichkeit zur schnelleren Entwicklung von (Ad-hoc-)Lösungen für neue/kurzfristige Anforderungen an das Reporting zu erfüllen, stehen Ihnen in SAP BW/4HANA 2.0 neben der klassischen Modellierung von SAP-BW-Anwendungen durch die SAP-BW-Anwendungsbetreuung die sogenannten *BW Workspaces* zur Verfügung. Darin können Anwenderinnen und Anwender aus den Fachbereichen für einen definierten Bereich auf zentralen SAP-BW-Daten selbst Ad-hoc-Anwendungen erstellen, auch in Kombination mit eigenen (lokalen) Daten. In Abschnitt 10.4, »BW Workspaces für den agilen Zugriff auf Informationen«, erhalten Sie einen Überblick über die BW Workspaces.

Abschließend möchten wir Ihnen in Abschnitt 10.5, »Tableau Desktop«, mit Tableau ein Nicht-SAP Produkt vorstellen und hier insbesondere auf die Integration mit SAP BW/4HANA 2.0 eingehen.

Anwenderinnen und Anwender von BI-Tools sollten immer für die Nutzung des Tools geschult werden, um das Tool effektiv und effizient nutzen zu können.

## 10.1 SAP Lumira 2.x

Das Frontend-Tool *SAP Lumira 2.x* ist in seiner jetzigen Form seit 2017 auf dem Markt und besteht aus zwei verschiedenen Client-Tools: *SAP Lumira Discovery* und *SAP Lumira Designer* (siehe Abbildung 10.1 und Abbildung 10.2).

**SAP Lumira Discovery**

SAP Lumira Discovery ist als Self-Service-Tool für Fachbereiche zur Erstellung einfacher Analysen und Dashboards gedacht und auch Namensgeber für SAP Lumira 2.x. Der Vorgänger SAP Lumira 1.x ist seit 2013 auf dem Markt erhältlich, zunächst unter dem Namen Visual Intelligence und dann als SAP Lumira 1.x. Aufgrund des laut SAP Ende 2022 endenden Supports für SAP Lumira Discovery und der Empfehlung von SAP, die SAP Analytics Cloud als Self-Service-Tool für Fachbereiche zu nutzen, gehen wir in diesem Abschnitt nicht weiter auf die Komponente Lumira Discovery ein.

**SAP Lumira Designer**

Die zweite Komponente von SAP Lumira 2.x ist der SAP Lumira Designer. Vor 2017 war der SAP Lumira Designer als SAP Design Studio auf dem Markt und ging mit dem Release von SAP Lumira 2.0 hierin auf. Bei der Verwendung von SAP Lumira 2.x ist immer auch eine Lizensierung von SAP BusinessObjects (SAP BO) erforderlich.

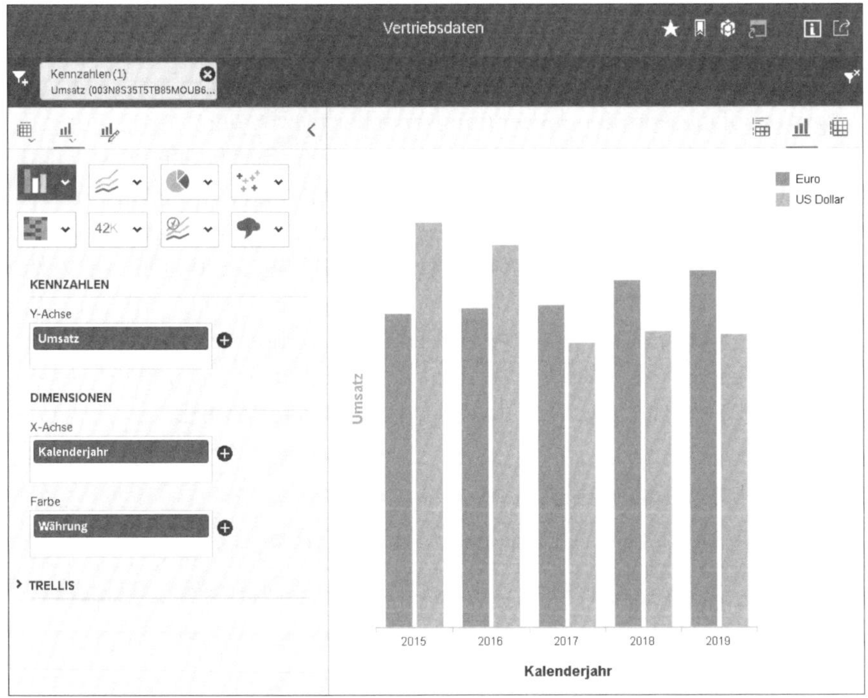


Abbildung 10.1 Lumira Designer – Generic Analysis Template

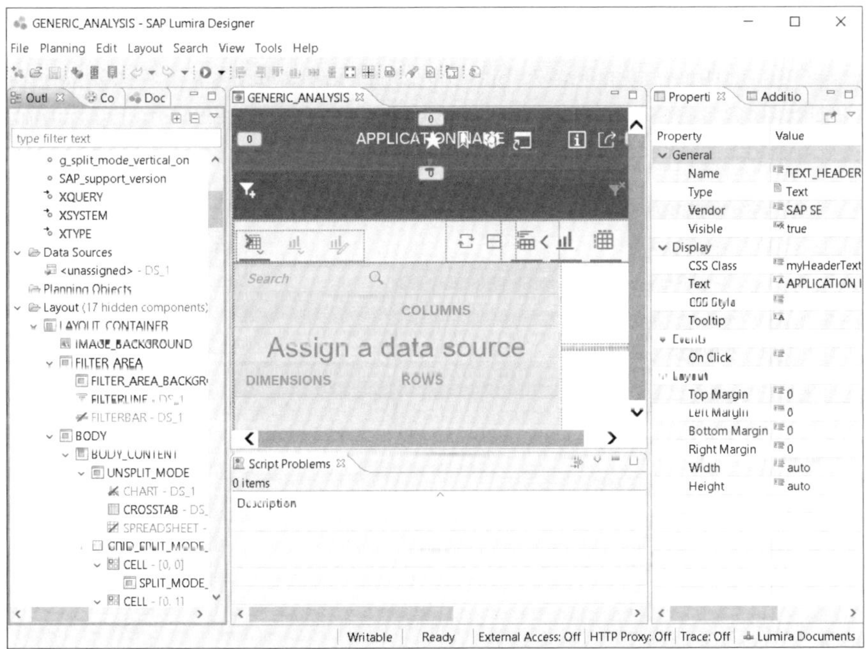


Abbildung 10.2 Entwicklungsumgebung in Lumira Designer

SAP Lumira Designer ist als Anwendung für die Erstellung komplexer, interaktiver Dashboards und Analyseanwendungen mit aggregierten Daten konzipiert. Dabei werden die einzelnen Visualisierungen und Navigationspfade von der Anwendungserstellerin bzw. dem Anwendungsersteller gescriptet. Der Aufwand für die Dashboard-Erstellung ist relativ hoch, sobald sie über die Nutzung der vorgefertigten Templates hinausgeht. Im Lumira Designer wird eine Unterart von JavaScript verwendet. Dabei steht Ihnen eine Teilmenge der JavaScript-Funktionen zur Verfügung. Die Erstellung der SAP-Lumira-Dokumente erfolgt mit dem SAP Lumira Designer. Die erstellten Berichte und Dashboards werden zur Konsumierung durch die Endanwenderinnen und Endanwender üblicherweise auf der SAP BO Business Intelligence Platform veröffentlicht.

**Steckbrief: SAP Lumira 2.x Designer**

**Zielgruppe**: IT-Anwenderinnen und -Anwender

**Implementierungsaufwand**: abhängig von der Komplexität des zu implementierenden Dashboards

**Erforderlicher Skilllevel**: hoch

**Besonderheiten**: SAP BO BI Platform wird benötigt.

**On-premise oder Cloud**: on-premise

**Anmeldung am SAP Lumira Designer**

Beim Start des SAP Lumira Designers melden Sie sich zunächst an der SAP BO BI Platform an (siehe Abbildung 10.3). Dort geben Sie die **Web Service URL** Ihrer SAP BO BI Platform an. Melden sich mit Ihrem Benutzernamen (Abbildung: **User Name**) und Ihrem Passwort an.

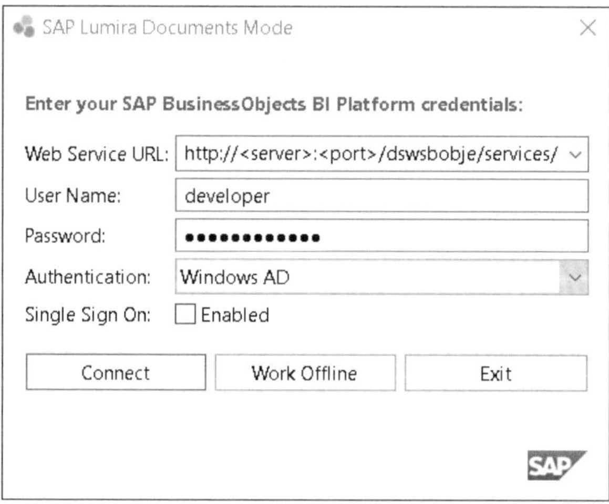


**Abbildung 10.3** Logon an der SAP BO BI Platform

Anschließend wählen Sie im Feld **Authentification** die auf Ihrer SAP BO BI Platform eingerichtete Authentifizierungsvariante aus. Über die Schaltfläche **Connect** verbinden Sie sich nun mit der SAP BO BI Platform. Alternativ können Sie lokal ohne Anbindung an die SAP BO BI Platform arbeiten, dies hat jedoch zur Folge, dass die Dashboards den Anwenderinnen und Anwendern nicht zur Verfügung gestellt werden können. Diese Möglichkeit dient dem lokalen Arbeiten. Die Auswahl können Sie bei jedem Neustart des SAP Lumira Designers treffen.

**Der Tab »Documents«**

Im Tab **Documents** finden Sie eine Übersicht über die bereits vorhandenen SAP-Lumira-Dateien im LUMX-Format der SAP BO BI Platform, lokal gespeicherte Dokumente, deren Verbindungen sowie die in den Dokumenten gespeicherten CSS- und Grafikdateien (siehe Abbildung 10.4).



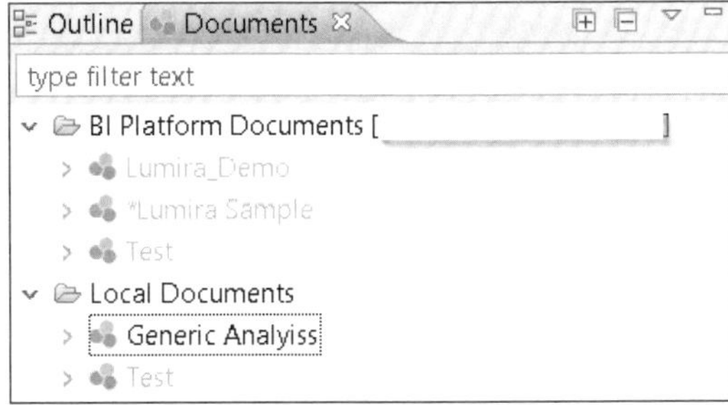


**Abbildung 10.4** Verfügbare Dokumente lokal und auf der SAP BO BI Platform

**Neue Applikation anlegen**

Neue Dokumente in Lumira legen Sie im Reiter **Documents** an. Klicken Sie mit rechts auf die Ordner **BI Platform Documents** oder **Local Documents**, und wählen Sie den Kontextmenü-Eintrag **Create Document...** In Lumira-Dokumenten werden verschiedene Applikationen (z. B. die späteren Dashboards), Composites (wiederverwendbare selbsterstellte Dashboard-Komponenten), CSS- und Grafikdateien abgelegt.

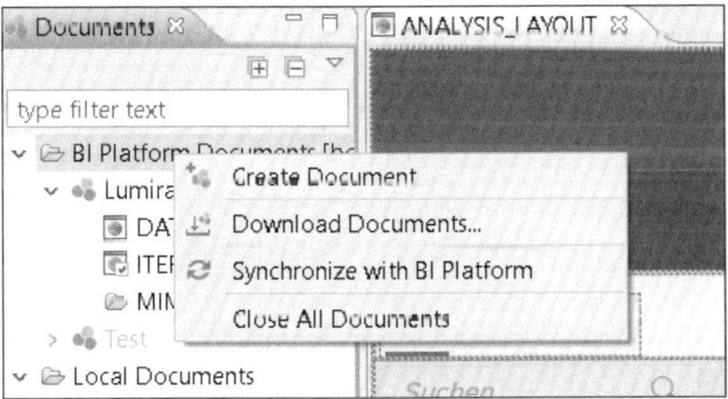


**Abbildung 10.5** Neues Dokument anlegen

Template wählen

Im Pop-up-Fenster **Create Document** können Sie den Namen des Dokuments und über **Folder** den Speicherort festlegen und gegebenenfalls ein Template auswählen (siehe Abbildung 10.6). Dafür stehen Ihnen einige vorgefertigte Templates mit Analyseoptionen (**Generic Analysis**) und Planungsfunktionalitäten (**Planning Layout**) zur Verfügung. Mit **Create** bestätigen sie Ihre Auswahl und legen das Dokument an. Im Legacy-Modus (Kompatibilitätsmodus zum ursprünglichen Design Studio) können Sie auch selbst Templates anlegen.

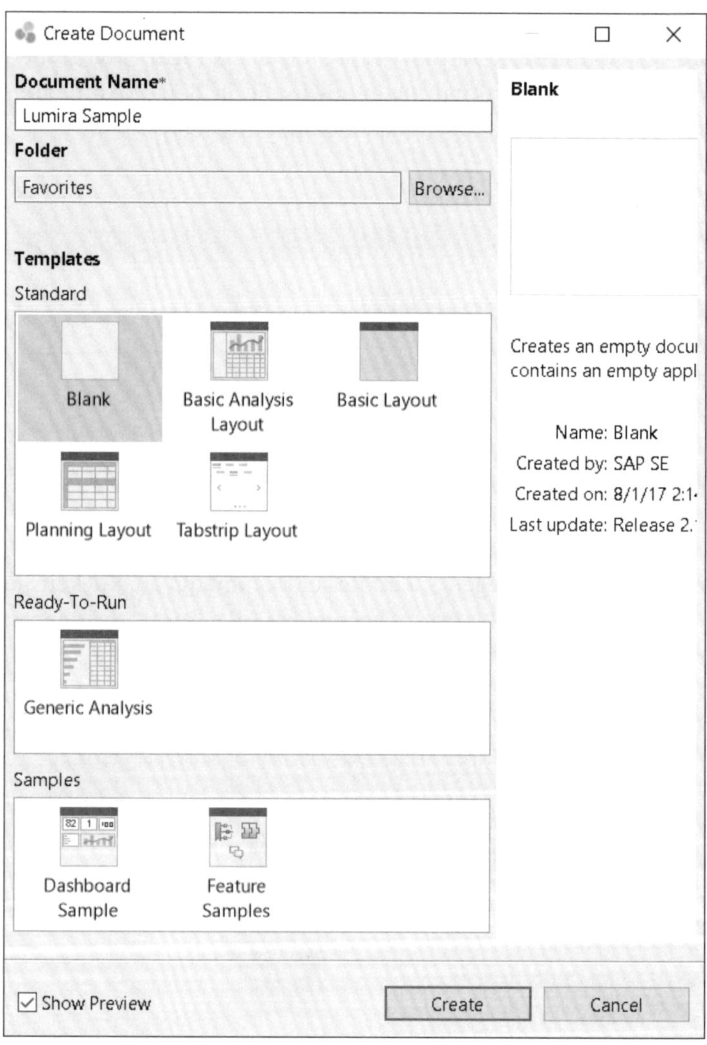


**Abbildung 10.6** Neues Dokument anlegen und Template auswählen

Nach dem Anlegen des Dokuments öffnet sich die Anwendung. Die Elemente der Anwendung werden Ihnen auf dem Tab **Outline** unter **APPLICA-**

**TION** angezeigt (siehe Abbildung 10.7). Hier sehen Sie eine Übersicht über die im Dokument verwendeten Objekte. Um aus Ihrer SAP-Lumira-Anwendung auf Daten in SAP BW/4HANA 2.0 zugreifen zu können, müssen Sie zunächst eine entsprechende DataSource in Ihrer SAP-Lumira-Anwendung anlegen.

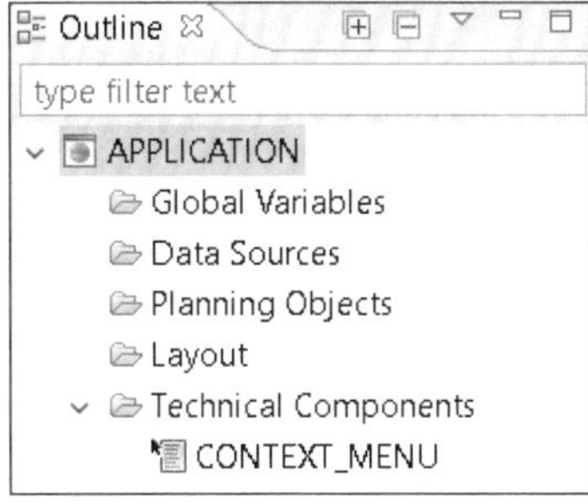


**Abbildung 10.7** Outline einer Anwendung



**Datenquelle hinzufügen**

Über einen Rechtsklick auf den Ordner **Data Sources** öffnen Sie die Auswahl zum Hinzufügen einer Datenquelle (siehe Abbildung 10.8). Folgende Optionen stehen zur Auswahl:

- **Add Data Source...**: Sie können die Verbindung zu einem SAP-BW- oder SAP-HANA-System herstellen und die Datenquelle auswählen.
- **Add Custom Data Source**: Hier fügen Sie Streaming Data Sources hinzu.
- **Add Unassigned Data Source**: Es wird zunächst ein Platzhalter bzw. eine Variable für die DataSource angelegt. Dies kann hilfreich sein, wenn die DataSource erst später festgelegt werden soll.

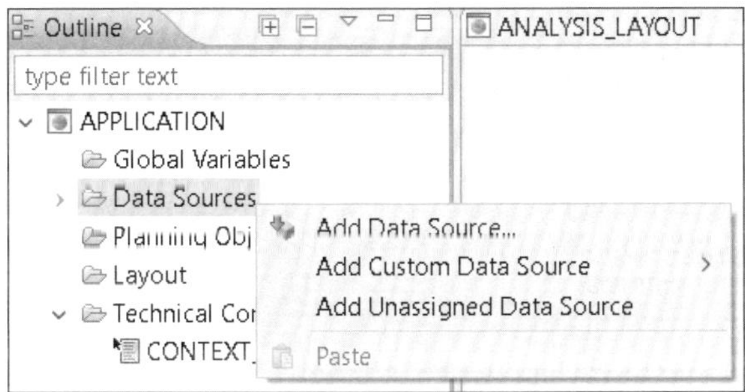


**Abbildung 10.8** Hinzufügen einer Datenquelle

Mit Auswahl von **Add Data Source...** öffnet sich das Pop-up-Fenster **Add Data Source** (siehe Abbildung 10.9). Über die Schaltfläche **Browse...** hinter dem Feld **Connection** öffnen Sie das Pop-up-Fenster **Select Connection** (siehe Abbildung 10.10). Sie können dort unter **Connection** die Verbindung zu einem Ihnen zur Verfügung stehenden SAP-BW- oder SAP-HANA-System auswählen.

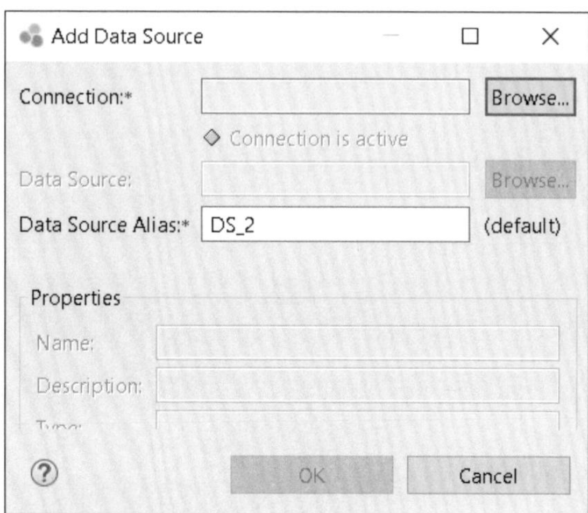


**Abbildung 10.9** Datenquelle wählen

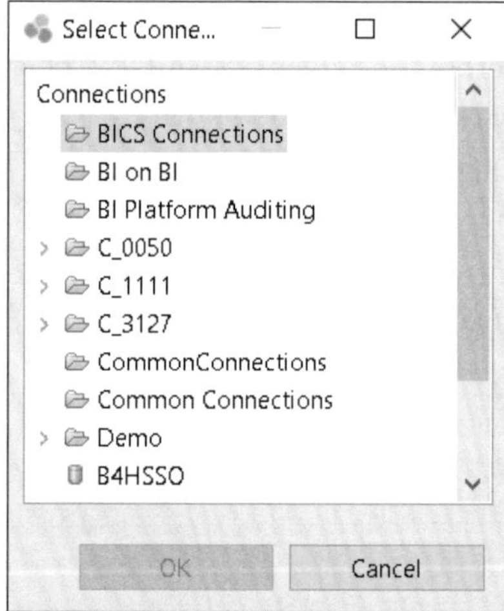


**Abbildung 10.10** Verbindung wählen

**Queryauswahl**

Nachdem Sie die Verbindung festgelegt haben, können Sie über die Schaltfläche **Browse...** hinter dem Feld **Data Source** eine SAP BW Query oder SAP-HANA-View auswählen. Es öffnet sich das Pop-up-Fenster **Select Data Source**, wo Sie eine Query suchen oder durch die Ordnerstruktur navigieren können (siehe Abbildung 10.11). Bestätigen Sie Ihre Auswahl danach über die Schaltfläche **OK**. Im Fenster **Add Data Source** bestätigen Sie ebenfalls mit einem Klick auf **OK**.

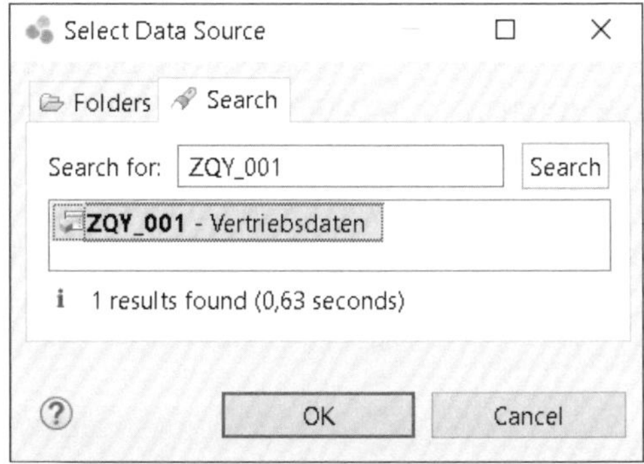


**Abbildung 10.11** Query auswählen



Ihre neue Data Source ist nun angelegt und kann in den verschiedenen Komponenten des Dashboards verwendet werden (siehe Abbildung 10.12).

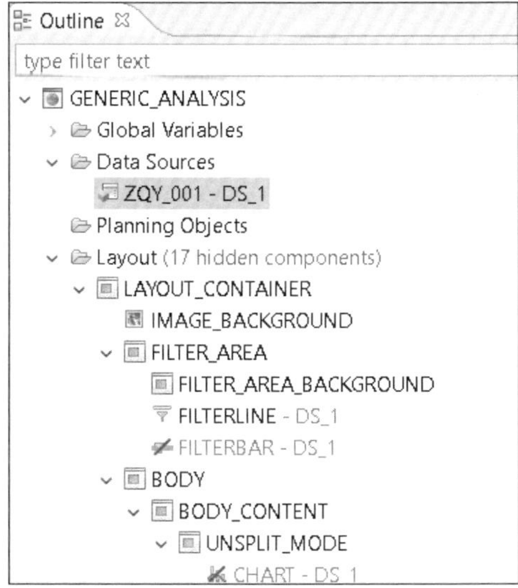


**Abbildung 10.12** Eingebundene DataSource

## 10.2 SAP Analytics Cloud

Die SAP Analytics Cloud (siehe Abbildung 10.13) wurde 2015 zunächst als SAP Cloud for Planning veröffentlicht. Nach SAP Cloud for Analytics (2016) und SAP BusinessObjects Cloud (2015) wurde sie 2017 schließlich in der *SAP Analytics Cloud* (in der Praxis auch häufig als SAC abgekürzt) umbenannt. Bei der SAP Analytics Cloud handelt es sich um eine SaaS-BI-Platform, die alle BI-Analyse-, Planungs-, Vorhersage- und Reportingszenarien abdecken soll.

Basis der SAP Analytics Cloud ist die SAP HANA Cloud Platform. Die SAP Analytics Cloud bietet Ihnen die Möglichkeit der Integration verschiedener Datenquellen wie SAP BW und SAP BW/4HANA, SAP ERP und SAP S/4HANA, SAP HANA sowie zahlreicher anderer SAP-Produkte wie auch SAP-Universen aus dem SAP-BO-Kontext, in Form von Live- oder Importdatenmodellen sowie die Einbindung von Dateien wie z. B. aus Excel. Dabei sind sowohl die Entwicklung als auch der Konsum der Reports, Dashboards etc. vollständig browserbasiert.

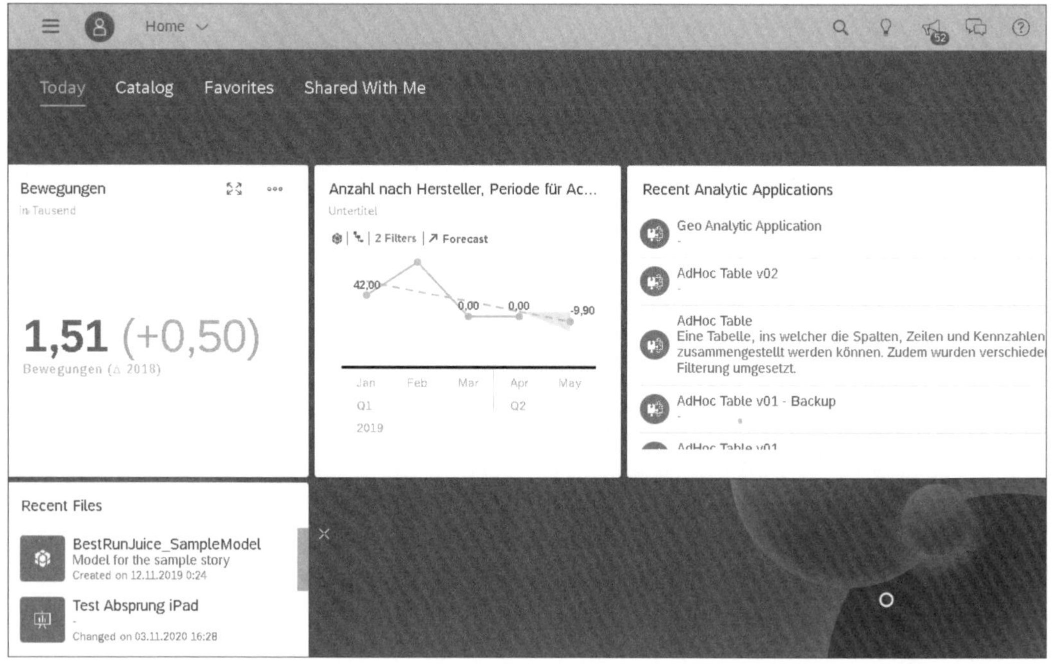


**Abbildung 10.13** Startseite mit Übersicht der zuletzt verwendeten Objekte

**Reporting-möglichkeiten**

Die SAP Analytics Cloud bietet neben dem Digital Board Room, einer Adhoc-Analysemöglichkeit für Entscheiderinnen und Entscheider und der Möglichkeit zur Erstellung prädiktiver Szenarien (Vorhersagen-Szenarien) auch die Möglichkeit des Self-Services für die Fachabteilungen in Form von Storys (siehe Abschnitt 10.2.1, »Storys«) sowie Möglichkeiten zur Erstellung komplexer Dashboards inklusive Scripting mit einer Unterart von JavaScript (siehe 10.2.2, »Analytic Applications«). Für die Erstellung der Analytic Applications sollten Sie mit ungefähr dem gleichen Aufwand und Kenntnisstand rechnen wie bei den Anforderungen für die Entwicklung mit SAP Lumira.

**Modelle in SAP Analytics Cloud**

In SAP Analytics Cloud werden die Daten über Modelle konsumiert. Sie können sich ein Modell als Gerüst für die Daten vorstellen. Als einfaches

Beispiel können Sie sich die Struktur einer BW Query vor Augen führen und sie mit einem Modell in der SAP Analytics Cloud vergleichen. Dabei werden zunächst noch keine Daten abgefragt, aber die Struktur der Daten ist anhand der Query beschrieben. In der SAP Analytics Cloud gibt es zwei verschiedene Arten von Modellen: Live-Modelle und Import-Modelle.

In diesem Abschnitt legen wir den Fokus auf Live-Datenverbindungen zu SAP BW/4HANA 2.0, da über sie primär die Verknüpfung zu SAP BW/HANA 2.0 umgesetzt wird.

**Unterschiede Import- und Live-Modelle**

In der SAP Analytics Cloud können Sie Import-Modelle und Live-Modelle erstellen. Bei Import-Modellen werden die Daten in die Cloud repliziert. Dabei können keine SAP-BW-Analyseberechtigungen verwendet werden. Live-Modelle hingegen verwenden die Daten bzw. Queries von SAP BW/4HANA 2.0 zur Laufzeit. Der Browser, der sich im lokalen Netzwerk befindet, erhält die benötigten Metadaten aus der SAP Analytics Cloud und sendet eine Anfrage für Daten an das SAP-BW/4HANA-2.0-System. Im Browser werden die Daten dann zusammengesetzt, aber nicht in die Cloud geladen. Gleichzeitig wird so die Verwendung der SAP-BW-Analyseberechtigungen sichergestellt, da bei der Anfrage der Daten an das SAP-BW/4HANA-2.0-System immer auch der Nutzer und dessen Berechtigungen geprüft werden.



In der SAP Analytics Cloud können Anwenderinnen und Anwender auf Ordnern und Dokumente Berechtigungen haben, jedoch bietet die Verwendung von Live-Modellen und damit die Verwendung der Analyseberechtigungen von SAP BW/4HANA 2.0 zusätzliche Sicherheit beim Zugriff auf die Daten. Des Weiteren stehen Ihnen immer die aktuellsten Daten aus SAP BW/4HANA 2.0 zur Verfügung, und Sie müssen die Daten nicht erst – wie bei Import-Modellen – für die Aktualisierung einplanen. Import-Modelle haben jedoch den Vorteil, dass beispielsweise auch Kennzahlen modelliert (eingeschränkte und berechnete) werden können und *Data Wrangling*, also beispielsweise die Konkatenation von Dimensionsobjekten, stattfinden kann. Dabei werden Merkmalsobjekte zusammengefügt. Im Gegensatz dazu stellen Live-Modelle tatsächlich ein Abbild der verwendeten Queries dar und können nicht weiter verändert werden. Bei der Verwendung von Import-Modellen stehen Ihnen auch weitere Datenquellen zur Verfügung (siehe Abbildung 10.16).

In diesem Buch liegt jedoch der Fokus auf SAP BW/4HANA 2.0 und damit darauf, die vollen Möglichkeiten von SAP BW/4HANA 2.0 zu nutzen. Daher konzentrieren wir uns auf die Live-Modelle.

**Modell anlegen**

Zum Anlegen eines neuen Modells (siehe Abbildung 10.14) öffnen Sie über das Icon ☰ das Menü und wählen den Eintrag **Erstellen • Modell**.

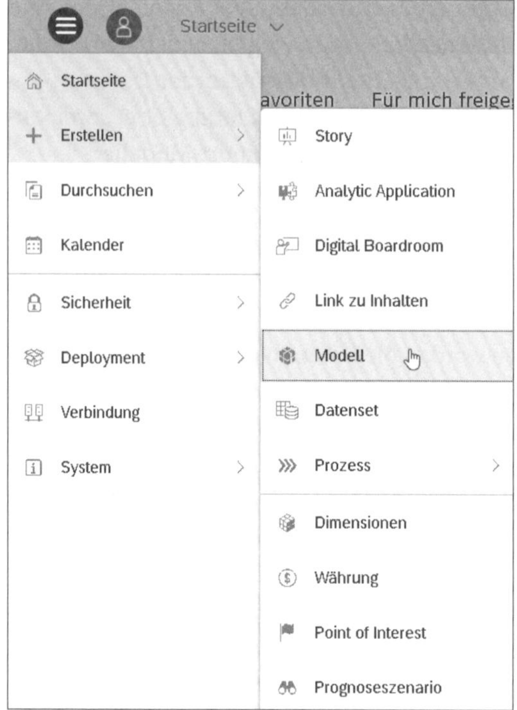


**Abbildung 10.14** Modell erstellen

Auf der folgenden Seite wählen Sie **Daten aus einer Datenquelle abrufen**, um auf vorhandenen Queries ein Modell zu erstellen (siehe Abbildung 10.15). Mit den beiden anderen Alternativen, **Mit einem leeren Modell beginnen** oder **Datei von Ihrem Rechner importieren**, können Sie Import-Modelle erstellen, die wir in diesem Abschnitt nicht weitergehend behandeln.

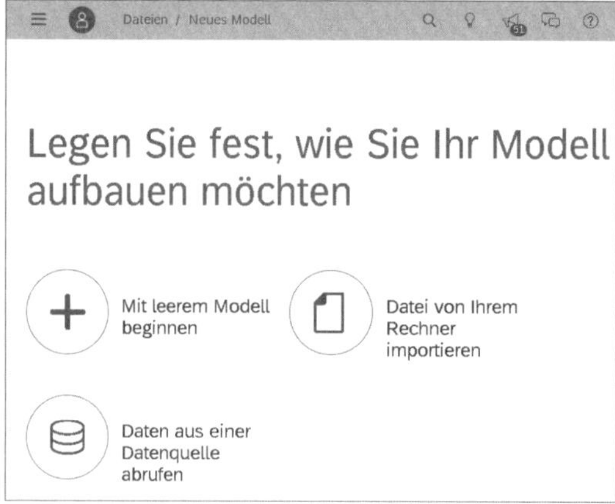


**Abbildung 10.15** Datengrundlage für ein Modell auswählen

Auf der rechten Seite des Bildschirms öffnet sich die Auswahl der Datenverbindung (siehe Abbildung 10.16). Wählen Sie zum Verbinden mit SAP-BW/4HANA-2.0-Datenmodellen den Eintrag **Live-Daten Verbindung** aus dem Bereich **Mit Live-Daten verbinden**. Im Bereich **Daten importieren** finden Sie eine Übersicht über die zur Verfügung stehenden Import-Datenverbindungen.

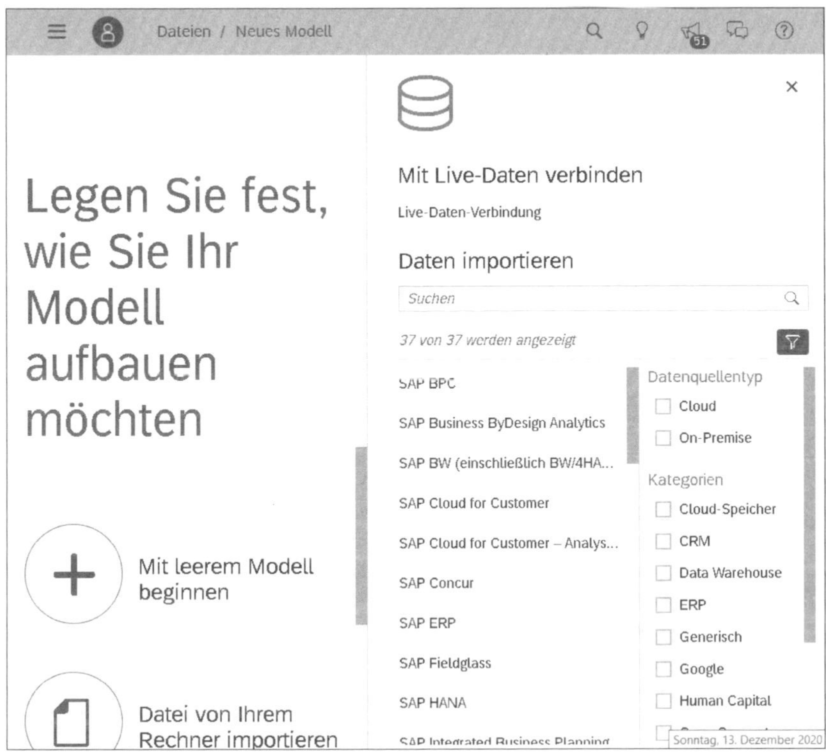


**Abbildung 10.16** Datenverbindung auswählen



Nach Auswahl einer Live Datenverbindung öffnet sich das Pop-up-Fenster **Modell aus einer Live-Datenverbindung erstellen** (siehe Abbildung 10.17). Wählen Sie hier einen **Systemtyp**. Es stehen Ihnen die Systemtypen SAP BPC, SAP BW, SAP HANA und SAP-Universum zur Verfügung. Unter **Verbindung** wählen Sie die Verbindung zu Ihrem SAP-BW/4HANA-2.0-System. Es gibt hier zwei Verbindungstypen: *Direktverbindungen* und *Tunnelverbindungen*. Bei einer Direktverbindung findet die Authentifizierung direkt am BW-System über eine *CORS-Schnittstelle* (*Cross-Origin Ressource Sharing*) statt, wohingegen Tunnelverbindungen Zugriffe von außerhalb des Unternehmensnetzwerk ohne VPN ermöglichen. Dabei ist die Performance von Direktverbindungen im Allgemeinen besser als die von Tunnelverbindungen.

**CORS-Schnittstelle (Cross-Origin Ressource Sharing)**

Bei *Cross-Origin Ressource Sharing* (*CORS*) handelt es sich um einen Browser-Mechanismus, der Zugriff auf Daten außerhalb eines bestimmten Netzwerk erlaubt. Somit kann mit der CORS-Schnittstelle beispielsweise auf Daten innerhalb des Firmennetzwerks zugegriffen werden.

Wählen Sie anschließend unter **Datenquelle** die gewünschte Query aus. Bestätigen Sie abschließend mit **OK** (siehe Abbildung 10.17).

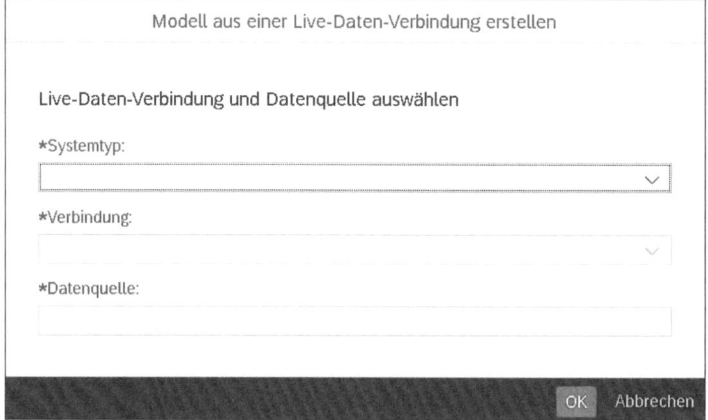


**Abbildung 10.17** Modell aus einer Live-Datenverbindung erstellen

**Übersicht der Kennzahlen**

Es öffnet sich die Übersicht über die **Kennzahlen** der Query als Basis des anzulegenden Datenmodells (siehe Abbildung 10.18). Hier passen Sie die **Skalierung** und die **Dezimalstellen** der einzelnen Kennzahlen an.

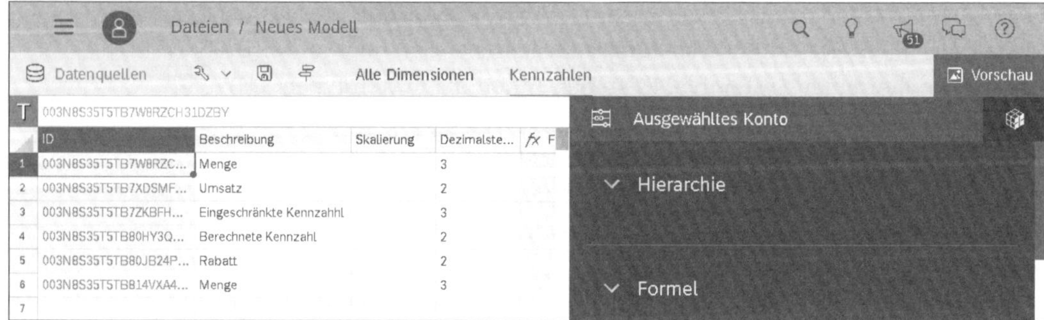


**Abbildung 10.18** Kennzahlen eines Livedatenmodells

**Übersicht der Dimensionen**

Unter **Alle Dimensionen** (siehe Abbildung 10.19) erhalten Sie eine Übersicht über die im Modell verwendeten Dimensionen. Diese können Sie in Gruppen einteilen. Gruppen strukturieren die Daten für Berichterstellerinnen und Berichtersteller und auch für Anwenderinnen und Anwender, wenn diese Ihr Modell für Ad-hoc-Auswertungen nutzen.

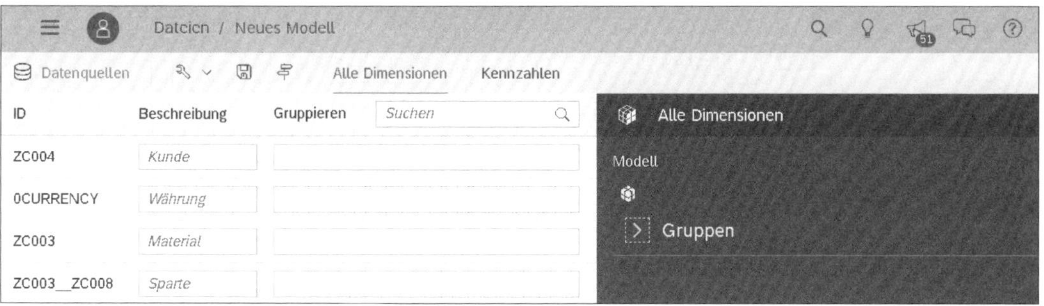


Abbildung 10.19 Dimensionen eines Livedatenmodells



**Speichern eines Modells**

Über die Schaltfläche (siehe Abbildung 10.19) gelangen Sie in das Pop-up-Fenster **Modell speichern** (siehe Abbildung 10.20). Wählen Sie hier den Speicherort, und geben Sie Ihrem Modell einen technischen Namen. Es empfiehlt sich, hier wieder mit Namenskonventionen zu arbeiten. In unserem einfachen Beispiel verwenden wir den nur Querynamen.

Modell speichern

Meine Dateien / Öffentlich / Consulting / 00 Models — Alle Dateien — Suchen

| Name | Beschreibung | Eigentümer |
|---|---|---|
| SAP__PS_BCS_IM_COM... | SAP Public Sector: General - Commitme... | |
| SAP__PS_CRM_IM_CAS... | SAP Public Sector: CRM - Case Manage... | |
| SAP__PS_CRM_IM_GRA... | SAP Public Sector: CRM – Grantor Lifec... | |
| SAP__PS_GEN_IM_SOCI... | SAP Public Sector: General - Social Media | |
| SAP__PS_GEN_IM_SUR | SAP Public Sector: General - Constituen... | |
| SAP__SAC_USAGE_ACT | SAC Usage Activities: Information about ... | |

*Name: ZQY_001

Beschreibung: [illegible]

OK Abbrechen

Abbildung 10.20 Speichern eines Datenmodells

In einem produktiven Szenario im Unternehmen sollte allerdings kritisch hinterfragt werden, ob nicht zusätzlich die Modellart oder Ähnliches berücksichtigt werden sollte. Die **Beschreibung** des Modells können Sie im Nachhinein verändern. Etwaige Namenskonventionen sollten Sie hier ebenfalls berücksichtigen.

### 10.2.1 Storys

**Self-Service in SAP Analytics Cloud**

*Storys* stellen den Self-Service-Bereich für die Erstellung von Dashboards dar und sind insbesondere für die Verwendung durch die Fachbereiche vorgesehen. Dabei gibt es einfache, vordefinierte Verknüpfungs- und Filtermöglichkeiten zwischen den einzelnen Elementen der Story. Die einzelnen Elemente, wie Tabellen, Grafiken, und Textelemente, die in der SAP Analytics Cloud verwendet werden, heißen *Widgets*. Bei der Verwendung wird einem Widget immer ein Modell zugeordnet. Einfache Storys lassen sich mit sehr geringem Aufwand und Wissen erstellen (siehe Abbildung 10.21).

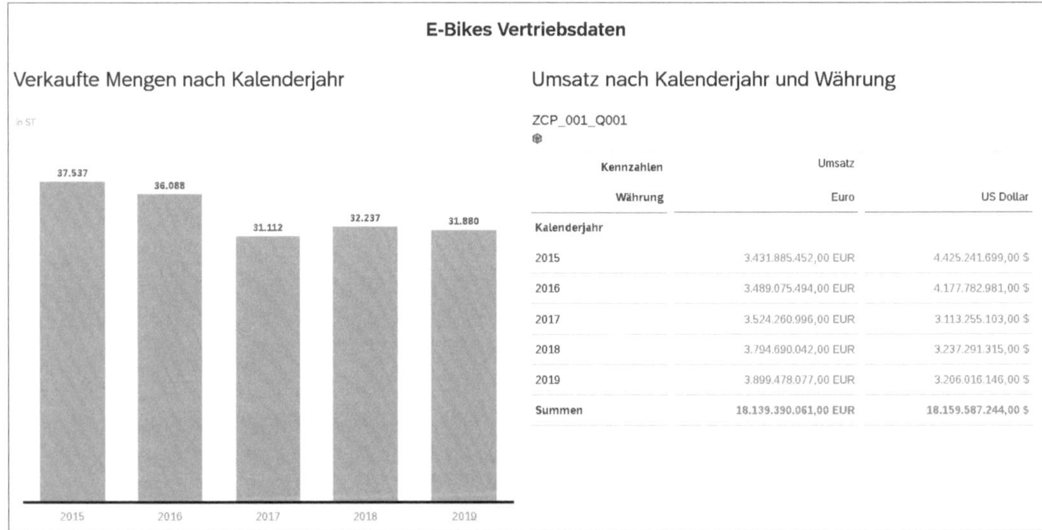


| Kennzahlen | Umsatz | |
|---|---|---|
| Währung | Euro | US Dollar |
| Kalenderjahr | | |
| 2015 | 3.431.885.452,00 EUR | 4.425.241.699,00 $ |
| 2016 | 3.489.075.494,00 EUR | 4.177.782.981,00 $ |
| 2017 | 3.524.260.996,00 EUR | 3.113.255.103,00 $ |
| 2018 | 3.794.690.042,00 EUR | 3.237.291.315,00 $ |
| 2019 | 3.899.478.077,00 EUR | 3.206.016.146,00 $ |
| Summen | 18.139.390.061,00 EUR | 18.159.587.244,00 $ |

**Abbildung 10.21** Einfache Story

**Steckbrief: Storys in der SAP Analytics Cloud**

**Zielgruppe**: Fachanwenderinnen und Fachanwender

**Implementierungsaufwand**: niedrig

**Erforderlicher Skilllevel**: niedrig

**Besonderheiten**: einfache Erstellung von Self-Service-Berichten

**On-premise oder Cloud**: Cloud

Zum Anlegen einer Story navigieren Sie über das Icon ☰ in das Menü und wählen dort **Erstellen • Story** (siehe Abbildung 10.22).

**Abbildung 10.22** Neue Story anlegen

**Story aus Vorlage erstellen**

Im nächsten Fenster können Sie eine Vorlage für Ihre neue Story aus einer SAP-Analytics-Cloud-Vorlage oder einer zuvor erstellten benutzerdefinierten Vorlage auswählen (siehe Abbildung 10.23).

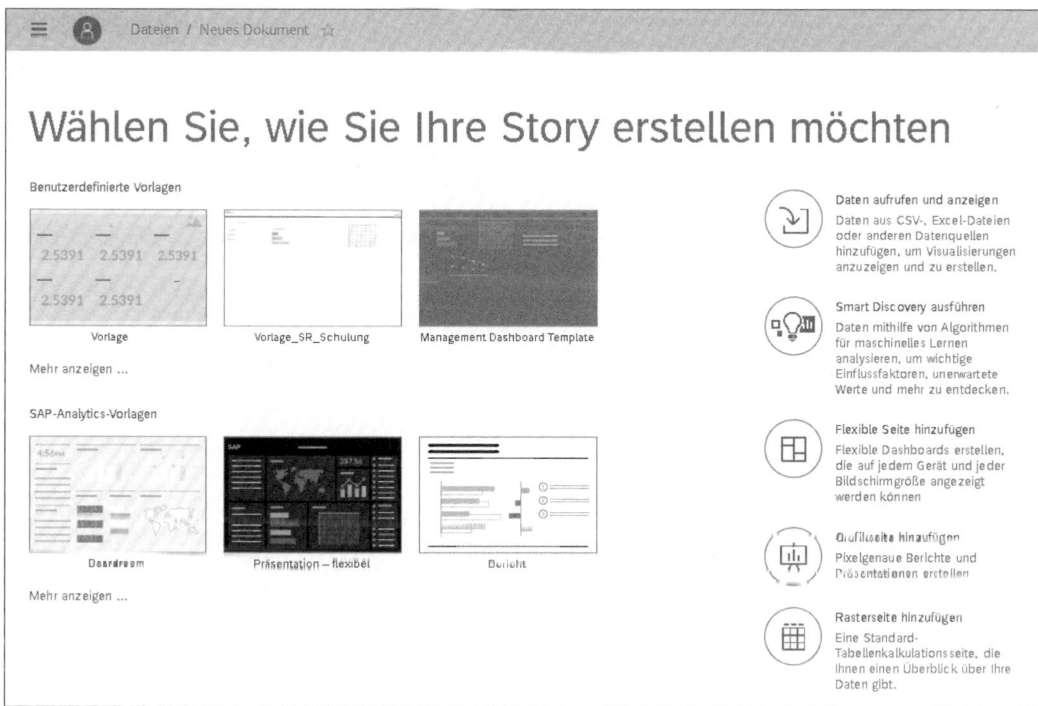


**Abbildung 10.23** Neue Story-Vorlage oder Layout auswählen

Vorlagen sind Berichte, die ohne Daten gespeichert werden, jedoch beispielsweise bereits das Logo, das Corporate-Identity-Farbschema und einen unternehmensspezifischen Standardaufbau für Storys enthalten. Dabei kann eine Vorlage auch mehrere Story-Seiten umfassen, beispielsweise:

- eine *flexible Seite*, die für mobile Endgeräte optimiert ist
- eine *Grafikseite* für pixelgenaue Berichte und Präsentationen
- eine *Rasterseite* für die Tabellendarstellung

Des Weiteren können Sie *Smart Discovery* verwenden. Smart Discovery ist ein Feature der SAP Analytics Cloud, mit dem Sie derzeit (Sommer 2021) Daten von Import-Modellen mit Algorithmen des maschinellen Lernens analysieren können. Falls Sie Daten in die Cloud importieren möchten, wählen Sie **Daten aufrufen und anzeigen** aus.

Flexible Seiten sind in sogenannte *Lanes* aufgeteilt. Bei diesen Lanes handelt es sich um Container für verschiedene Widgets in der Story, die in der mobilen Darstellung immer zusammen dargestellt werden. In unserem Beispiel würde die Übersicht nach Sparten immer mit dem Filter und dem Balkendiagramm zusammen angezeigt (siehe Abbildung 10.24), die Grafik in der nächsten Lane wird nicht dazwischen angezeigt. Einzelne Elemente (Tabellen, Grafiken, Filterpanel) fügen Sie über **Einfügen** zum Dashboard hinzu.

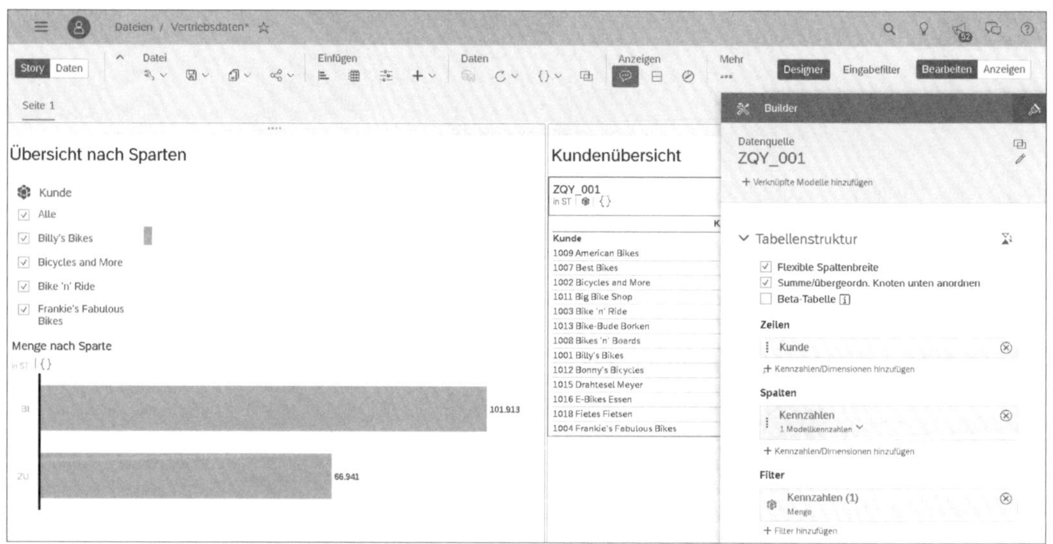


**Abbildung 10.24** Übersicht über eine Story

Über die Schaltfläche **Designer** auf der rechten Seite stellen Sie im Tab **Builder** die Kennzahlen und Merkmale, die in den Grafiken und Tabellen verwendet werden, ein. Im gleichen Fenster wechseln Sie über in den Bereich **Format**. Hier können Sie die Formatierung des ausgewählten Widgets ändern (siehe Abbildung 10.25).

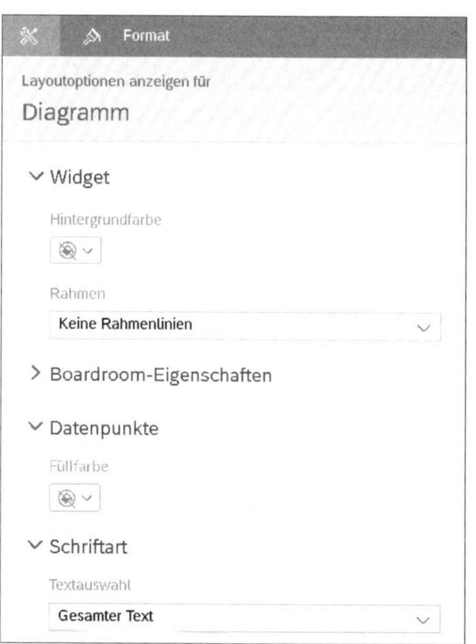


**Abbildung 10.25** Format anpassen

Weitere Einstellungen wie das Ein- und Ausblenden von Überschriften oder Verknüpfungen zu anderen Objekten in der Story nehmen Sie über das jeweilige Kontextmenü direkt an den Widgets vor (siehe Abbildung 10.26).

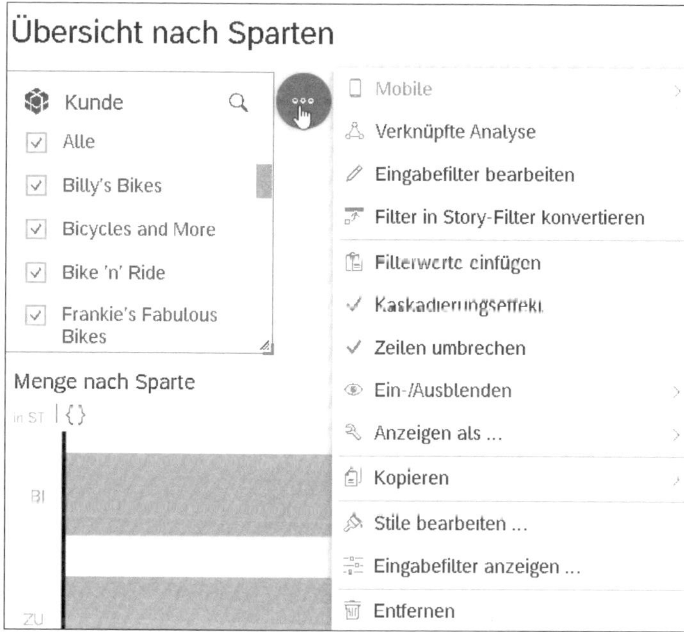


**Abbildung 10.26** Weitere Aktionen

### 10.2.2 Analytic Applications

*Analytic Applications* sind seit 2018 in SAP Analytics verfügbar und vom Einsatzgebiet vergleichbar mit den in Abschnitt 10.1, »SAP Lumira 2.x«, vorgestellten Applikationen. Zusätzlich gibt es bei Analytic Applications die Möglichkeit der Einbindung der Programmiersprache R und somit erweiterte Möglichkeiten der Datenanalyse. Darüber hinaus ist es möglich, Prognoseszenarien in der SAP Analytics Cloud zu verwenden. Da dies inhaltlich jedoch den Rahmen dieses Buches sprengen würde, konzentrieren wir uns in diesem Abschnitt auf die Einbindung von SAP-Analytics-Cloud-Modellen in Analytic Applications. Die User Experience von Analytic Applications und Storys sind identisch, das heißt, für die Anwenderinnen und Anwender macht es bezüglich der Bedienung, Navigation etc. keinen Unterschied, ob eine Story oder Analytic Application verwendet wird.

**Steckbrief: Analytic Applications in der SAP Analytics Cloud**

**Zielgruppe**: IT-Anwenderinnen und -Anwender

**Implementierungsaufwand**: abhängig von der Komplexität des zu implementierenden Dashboards

**Skilllevel**: hoch

**Besonderheiten**: Cloud

**On-premise oder Cloud**: Cloud

Sie erstellen Analytic Applications wie auch Storys, indem Sie über [Menü-Symbol] das Menü öffnen und dann **Erstellen • Analytic Application** wählen (siehe Abbildung 10.27).

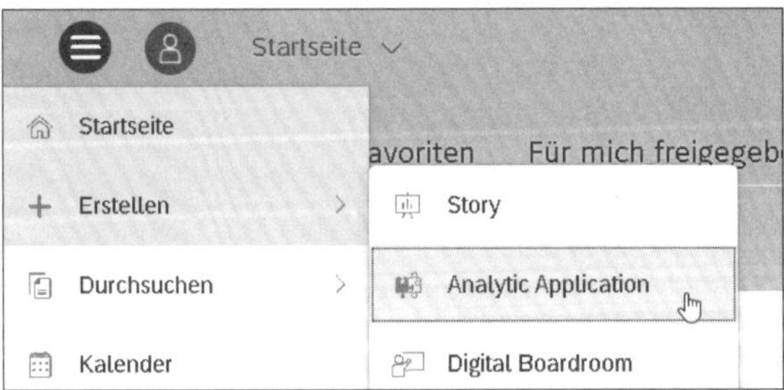


**Abbildung 10.27** Erstellen einer Analytic Application

**Aufbau von Analytic Applications**

Es öffnet sich eine leere Analytic Application (siehe Abbildung 10.31). Auf der linken Seite erhalten Sie eine Übersicht über die in der Analytic Application vorhandenen Objekte. Dabei sind die vorhandenen Objekte in die Bereiche **Layout** und **Scripting** aufgeteilt. Im Bereich **Layout** finden Sie den

**Grafikbereich** sowie eventuelle **Popups**. Alle Scripting-Objekte sind im Bereich **Scripting** aufgelistet. Darüber hinaus haben Sie die Möglichkeit, vorgefertigte Ready-to-run-Templates, ähnlich dem in Abschnitt 10.1, »SAP Lumira 2.x«, verwendeten Generic Analysis Template, zu nutzen. Informationen zur Verwendung der Templates und einen kurzen Überblick finden Sie im Hinweiskasten »Content-Netzwerk«. Bei Ready-to-run-Templates muss der Nutzer nur noch ein Modell auswählen und kann dann die Daten im Layout des Modell-Templates analysieren.

[«]

**Content-Netzwerk**

Im Content-Netzwerk finden Sie Business-Content, also vordefinierte SAP-Analytics-Cloud-Storys und -Applications für verschiedene Businessbereiche, u. a. ein konfigurierbares Ready-to-run-Template zur Analyse von Modellen in der SAP Analytics Cloud wie auch einen Data Analyzer zum Ausführen von BW Queries per Script-API.

Aufgerufen wird das Content-Netzwerk über den Menüeintrag **Durchsuchen • Content-Netzwerk** (siehe Abbildung 10.28). Der Bereich **Business Content** ist in verschiedene Themenbereiche untergliedert (siehe Abbildung 10.29). Die Ready-to-run-Templates finden Sie unter **Beispiele** (siehe Abbildung 10.30).

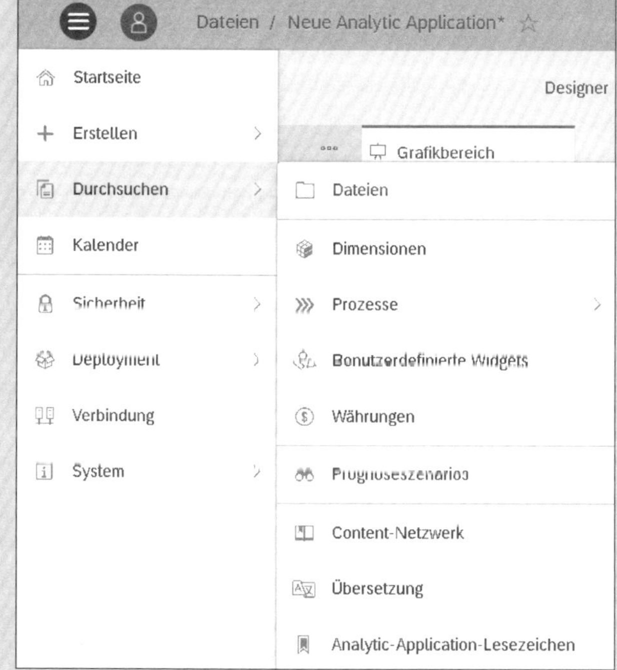


**Abbildung 10.28** Content-Netzwerk aufrufen

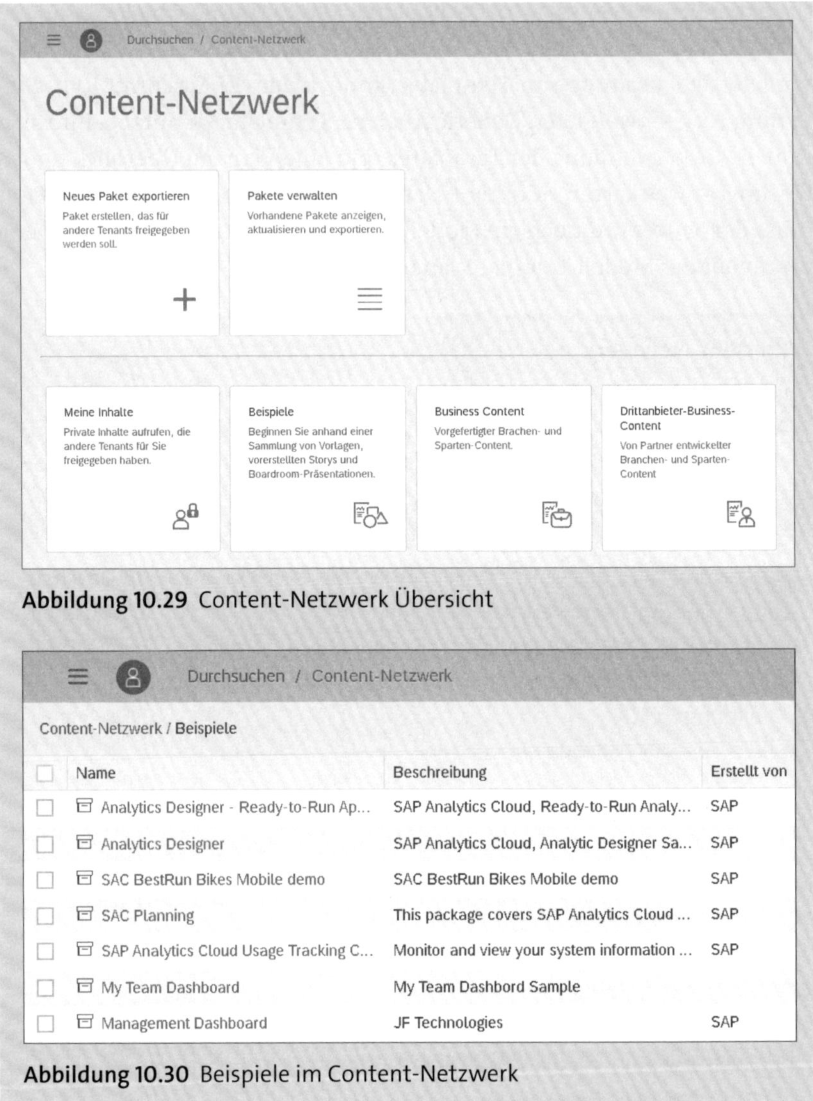


**Abbildung 10.29** Content-Netzwerk Übersicht



| Name | Beschreibung | Erstellt von |
|---|---|---|
| Analytics Designer - Ready-to-Run Ap... | SAP Analytics Cloud, Ready-to-Run Analy... | SAP |
| Analytics Designer | SAP Analytics Cloud, Analytic Designer Sa... | SAP |
| SAC BestRun Bikes Mobile demo | SAC BestRun Bikes Mobile demo | SAP |
| SAC Planning | This package covers SAP Analytics Cloud ... | SAP |
| SAP Analytics Cloud Usage Tracking C... | Monitor and view your system information ... | SAP |
| My Team Dashboard | My Team Dashbord Sample | |
| Management Dashboard | JF Technologies | SAP |

**Abbildung 10.30** Beispiele im Content-Netzwerk

**Hinzufügen von Widgets**

Neue Widgets fügen Sie Ihrer Analytic Application über die Option **Einfügen** hinzu (siehe Abbildung 10.31). Bei einer leeren Analytic Application öffnet sich zunächst ein Pop-up-Fenster zur Auswahl des Modells. Alle weiteren neu hinzugefügten Widgets erhalten automatisch ein Modell, das bereits in der Analytic Application vorhanden ist. Es können aber auch neue, andere Modelle hinzugefügt werden.

**Scripting**

Nach dem Hinzufügen der Widgets können Sie mit einer Java-Script-basierten Programmiersprache die Interaktionsmöglichkeiten implementieren (siehe Abbildung 10.32).

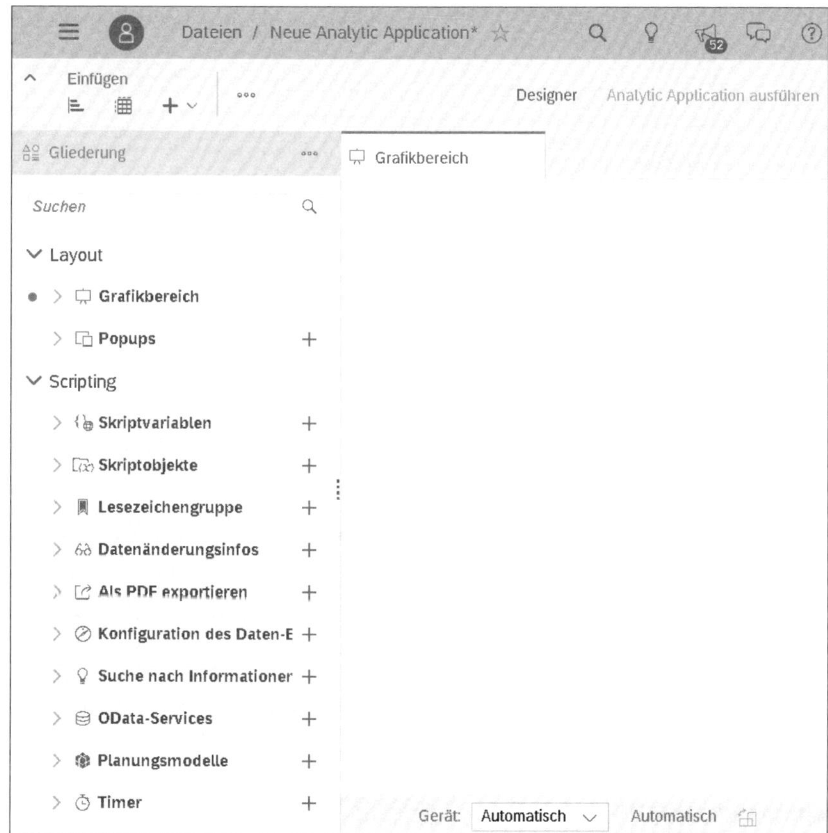


**Abbildung 10.31** Leere Analytic Application

**Abbildung 10.32** Scripting in Analytic Applications

Hierfür wählen Sie im Mouse-over das entsprechende Widget und wählen aus, wann das Script ausgeführt werden soll (siehe Abbildung 10.33). Danach öffnet sich ein neues Scripting-Fenster. Im Bereich Layout wird an den verschiedenen Komponenten durch das Symbol fx ersichtlich, ob ein Script hinterlegt ist.

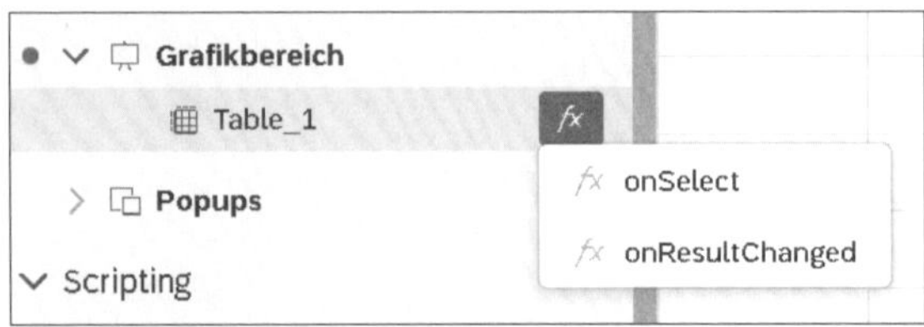


**Abbildung 10.33** Scriptingoptionen bei Widgets

Die Einstellungen der verschiedenen Widgets können Sie analog zu den Einstellungen der Widgets in Storys vornehmen. Nach dem Speichern starten Sie die Analytic Application über die Schaltfläche **Analytic Application ausführen** (siehe Abbildung 10.31).

**Roadmap** Für weitergehende Hinweise zur Erstellung von Analytic Applications verweisen wir Sie auf einschlägige Fachliteratur. Für einen Ausblick verweisen wir Sie auf die Roadmap der SAP Analytics Cloud, die Sie unter *http://s-prs.de/v785404* finden.

## 10.3 SAP Analysis for Microsoft Office

Mit dem Microsoft-Office-Add-in *SAP Analysis for Microsoft Office* können Sie OLAP-Datenquellen, insbesondere SAP BW Queries, analysieren. Aufgrund der großen Relevanz für die Praxis konzentrieren wir uns an dieser Stelle auf SAP Analysis for Microsoft Excel. SAP Analysis for Microsoft Excel löst den SAP BEx Analyzer vollständig ab. Zudem gibt es für Unternehmen, die die SAP BO BI Platform nicht lizensiert haben, die Version *Analysis for Office for SAC* mit leichten Funktionsunterschieden.

SAP Analysis for Office muss jeweils lokal auf den Client-Rechnern installiert werden. Die Anbindung des SAP-BW/4HANA-2.0-Systems kann auf zwei verschiedene Arten geschehen: zum einen über die SAP BO BI Platform und zum anderen direkt über SAP BW/4HANA 2.0. In diesem Abschnitt werden wir uns auf die direkte Anbindung an SAP BW/4HANA 2.0 beschränken.

**Steckbrief: SAP Analysis for Microsoft Office**

**Zielgruppe**: Fachanwenderinnen und -anwender und IT-Anwenderinnen und -Anwender

**Implementierungsaufwand für die Fachanwenderinnen und -anwender:** mittel

**Implementierungsaufwand für die IT-Anwenderinnen und -anwender:** niedrig

**Erforderlicher Skilllevel für die Fachanwenderinnen und Fachanwender:** mittel

**Erforderlicher Skilllevel für die IT-Anwenderinnen und -anwender:** niedrig

**Besonderheiten:** Excel-Integration

**On-premise oder Cloud:** lokale Installation



Die Funktionen von SAP Analysis for Microsoft Excel finden Sie in Excel in den Tabs **Analysis** und **Analysis Design** (siehe Abbildung 10.34).

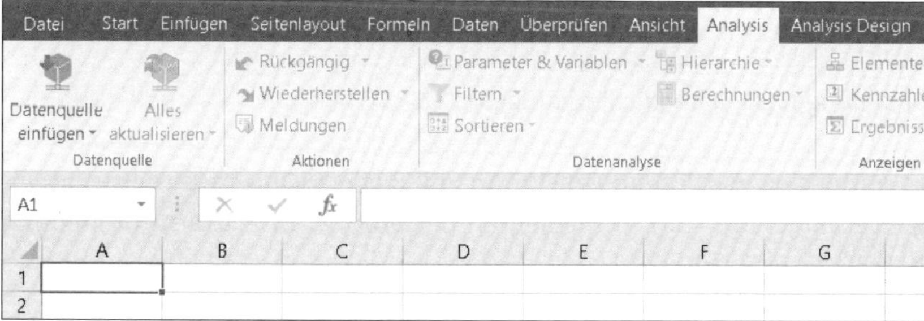


**Abbildung 10.34** Der Tab »Analysis«

**Datenquellen einfügen**

Zum Einfügen einer Query klicken Sie zunächst in die Zelle des Excel-Tabellenblattes, die die obere linke Begrenzung der einzufügenden Query darstellen soll. Wählen Sie anschließend im Menüband die Schaltfläche **Datenquelle einfügen** (siehe Abbildung 10.35). Falls Sie bereits zuvor Datenquellen verwendet haben, werden sie Ihnen als Erstes angezeigt. Anschließend haben Sie folgende Möglichkeiten zum Analysieren der Daten:

- **Datenquelle für Analyse definieren...**: Es wird eine Tabelle mit dem initialen Aufriss der Query in das Tabellenblatt eingefügt.
- **Datenquellen zum Definieren von Formeln auswählen...**: Hier haben Sie die Möglichkeit, nicht die ganze Query zu verwenden, sondern nur einzelne Werte abzurufen. Dies mindert die Last auf das System, verbessert die Performance und ist hilfreich, wenn Sie mit Formeln weiterrechnen möchten. Es lassen sich mit dieser Funktion einzelne Werte aus der Query verwenden, und Sie sind nicht darauf angewiesen, dass der Wert, den Sie weiterverwenden möchten, an einer speziellen Stelle im Tabellenblatt angezeigt wird.

- **Analysis View einfügen...**: Hiermit fügen Sie eine Query nicht mit ihrem initialen Aufriss, sondern als eine durch Navigation und Filtern veränderte Sicht in das Datenblatt ein.

Zum Einfügen einer neuen Query wählen Sie **Datenquelle für Analyse definieren...** (siehe Abbildung 10.35).

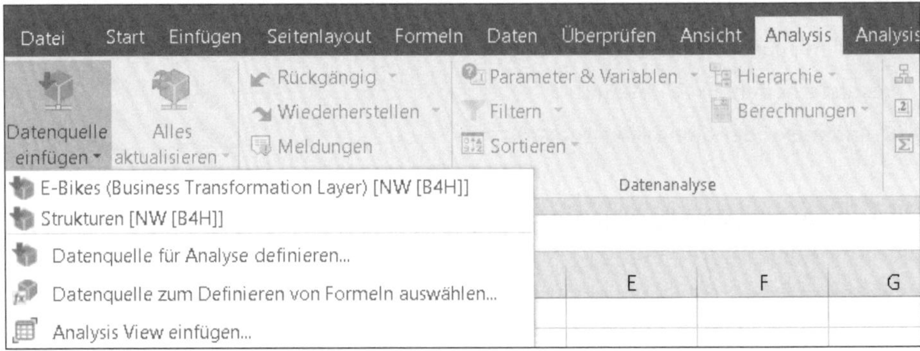


**Abbildung 10.35** Datenquelle einfügen

Es öffnet sich das Pop-up-Fenster **An SAP BusinessObjects Business Intelligence anmelden** zum Anmelden an der SAP BO BI Platform (Abbildung 10.36). Dieser Schritt wird zum direkten Anmelden am BW übersprungen.

**Abbildung 10.36** An der SAP BO BI Platform anmelden

**Zugriff auf Modelle**

Danach öffnet sich das Fenster **Datenquelle auswählen** (siehe Abbildung 10.37). Sie haben dort die Möglichkeit, sich direkt an einem SAP-BW-System anzumelden. Falls Sie eine Verbindung zur SAC angelegt haben, können Sie hier (mit Analysis for Office 2.8 SP6) über die normale Verbindungsanzeige auf die Import-Modelle oder die Live-Datenverbindungen zugreifen. An dieser Stelle können jedoch nur die Direktverbindungen und nicht die Tunnelverbindungen der SAC genutzt werden (siehe Abschnitt 10.2, »SAP Analytics Cloud«, und SAP-Hinweis 2787445).

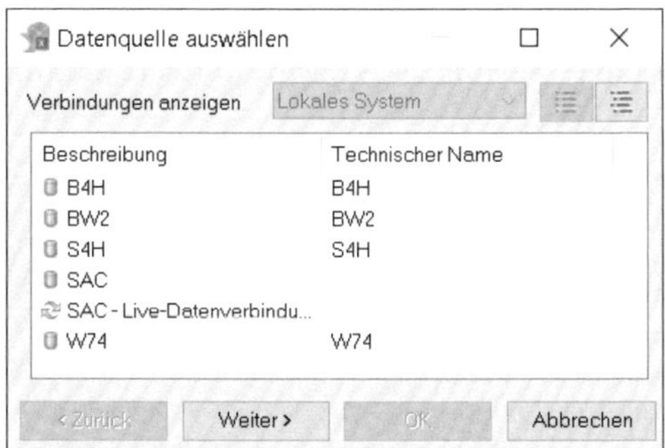


**Abbildung 10.37** Verbindung auswählen

**Verbindungen**



Eine neue SAP-Analytics-Cloud-Verbindung legen Sie mit Rechtsklick auf die Verbindung und die Option **Neue SAC-Verbindung anlegen...** an (siehe Abbildung 10.38). Analog können Sie auch eine SAP-HANA-Verbindung erstellen. Die SAP-BW/4HANA-Verbindungen werden dabei aus dem SAP GUI übernommen und müssen somit zuvor dort angelegt sein.

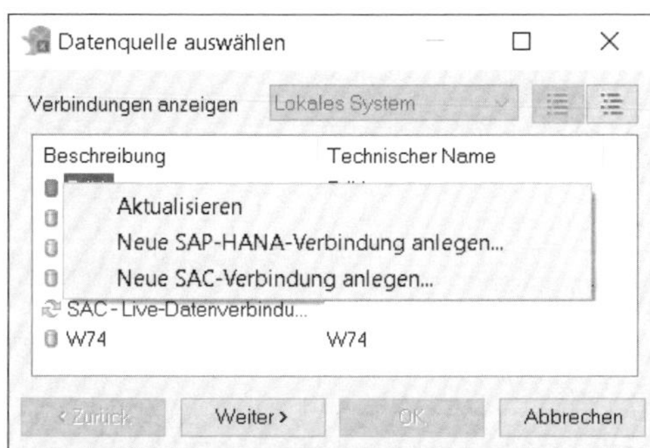


**Abbildung 10.38** Neue Verbindung zu SAP Analytics Cloud anlegen

Im Pop-up-Fenster **Neue SAC-Verbindung** geben Sie nun im Feld **Description** eine Beschreibung und die **Logon URL** an. Mit dem Kennzeichen **Live-Datenverbindung aktivieren** ermöglichen Sie den Aufruf von Live-Datenmodellen.

**Abbildung 10.39** Beschreibung und URL für die Verbindung zu SAP Analytics Cloud angeben

Sie haben nun die Möglichkeit, Queries und InfoProvider über die SAC-Verbindungen zu konsumieren, indem Sie die SAC-Live-Datenverbindung wählen.

**Anmeldung am BW**

Wenn Sie sich direkt an einem BW-System anmelden, öffnet sich das Fenster **Am System anmelden** (siehe Abbildung 10.40), in dem Sie den Mandanten, Ihren Benutzernamen, Ihr Kennwort und das entsprechende Kürzel für die Sprache (z. B. **DE** für Deutsch, **EN** für Englisch) eingeben. Mit **OK** bestätigen Sie Ihre Auswahl.

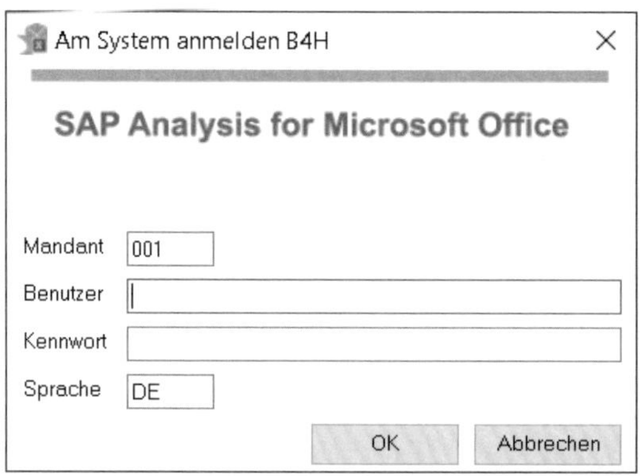


**Abbildung 10.40** Am BW-System anmelden

**Queries und InfoProvider suchen**

Unabhängig davon, ob Sie nun die SAC-Live-Datenverbindung oder die direkte SAP-BW-Verbindung gewählt haben, öffnet sich nach der Anmeldung am entsprechenden System das Pop-up-Fenster **Datenquellen auswählen** (siehe Abbildung 10.41). Hier haben Sie die Möglichkeit, nach Queries oder InfoProvidern zu suchen. Über die Schaltfläche **OK** bestätigen Sie Ihre Auswahl. Die initiale Sicht der Query wird in der zuvor markierten Zelle des Excel-Tabellenblattes eingefügt.

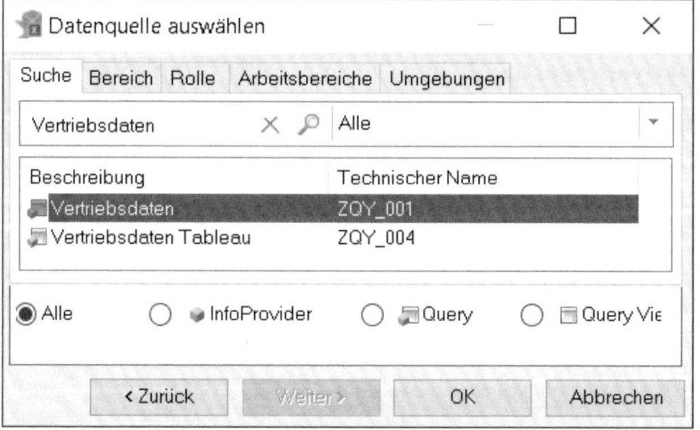


**Abbildung 10.41** Datenquelle auswählen

Auf der rechten Seite des Tabs **Analysis** öffnet sich der Designbereich (siehe Abbildung 10.42). Hier können Sie Merkmale und Kennzahlen per Drag & Drop in die Zeilen und Spalten ziehen bzw. daraus entfernen. Zur Aktualisierung der Daten wählen Sie **Alles aktualisieren**. Im linken Bereich des Fensters werden Ihnen die Daten im aktuell definierten Aufriss der Query angezeigt.

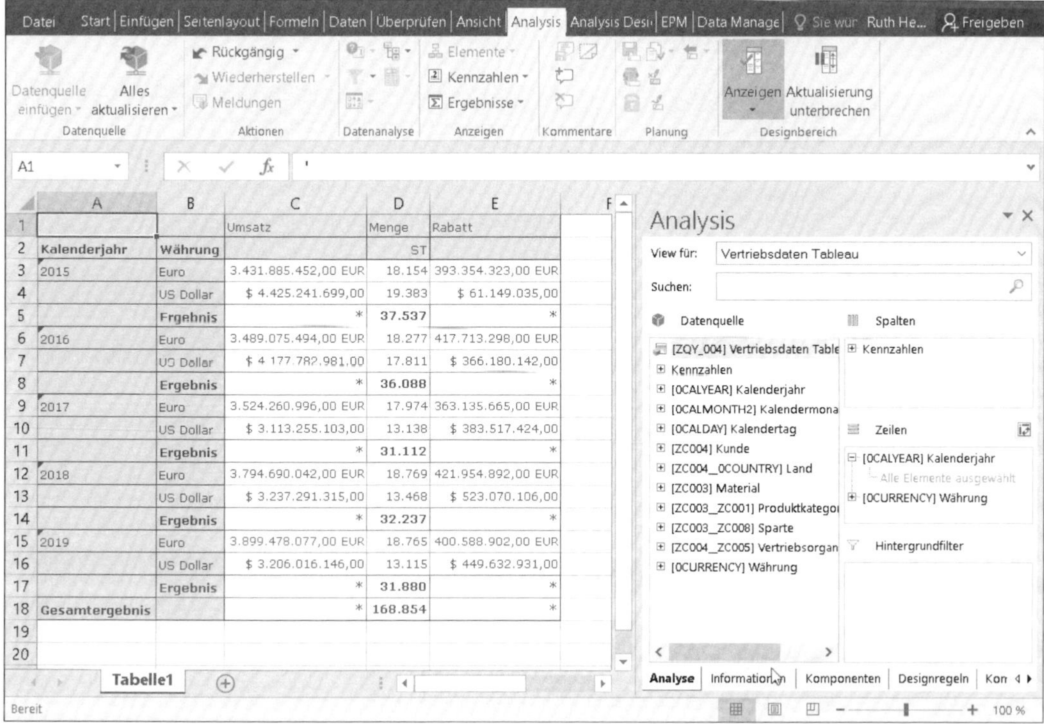

| | Umsatz | Menge | Rabatt |
|---|---|---|---|---|
| **Kalenderjahr** | **Währung** | | ST | |
| 2015 | Euro | 3.431.885.452,00 EUR | 18.154 | 393.354.323,00 EUR |
| | US Dollar | $ 4.425.241.699,00 | 19.383 | $ 61.149.035,00 |
| | **Ergebnis** | * | **37.537** | * |
| 2016 | Euro | 3.489.075.494,00 EUR | 18.277 | 417.713.298,00 EUR |
| | US Dollar | $ 4.177.782.981,00 | 17.811 | $ 366.180.142,00 |
| | **Ergebnis** | * | **36.088** | * |
| 2017 | Euro | 3.524.260.996,00 EUR | 17.974 | 363.135.665,00 EUR |
| | US Dollar | $ 3.113.255.103,00 | 13.138 | $ 383.517.424,00 |
| | **Ergebnis** | * | **31.112** | * |
| 2018 | Euro | 3.794.690.042,00 EUR | 18.769 | 421.954.892,00 EUR |
| | US Dollar | $ 3.237.291.315,00 | 13.468 | $ 523.070.106,00 |
| | **Ergebnis** | * | **32.237** | * |
| 2019 | Euro | 3.899.478.077,00 EUR | 18.765 | 400.588.902,00 EUR |
| | US Dollar | $ 3.206.016.146,00 | 13.115 | $ 449.632.931,00 |
| | **Ergebnis** | * | **31.880** | * |
| **Gesamtergebnis** | | * | **168.854** | * |



**Abbildung 10.42** Übersicht über die Arbeitsmappe

Bereits angelegte Arbeitsmappen können Sie entweder lokal oder auch in SAP BW/4HANA 2.0 speichern (siehe Abbildung 10.43). Hierzu klicken Sie auf **Datei** und wählen den Menüpunkt **Analysis**. Unter **Arbeitsmappe speichern** wählen Sie den zweiten Unterpunkt **Arbeitsmappe speichern – Speichern Sie eine Arbeitsmappe in der SAP-Business-Warehouse-Platform**.

Ausnahmen

Sollen angelegte Ausnahmen (siehe Abschnitt 6.4.7, »Queries administrieren: Ausnahmen«) in SAP Microsoft Analysis for Office aktiviert, geändert oder deaktiviert werden, geschieht dies über den Tab **Analysis Design** im Bereich **Bedingte Formatierung** (siehe Abbildung 10.44).

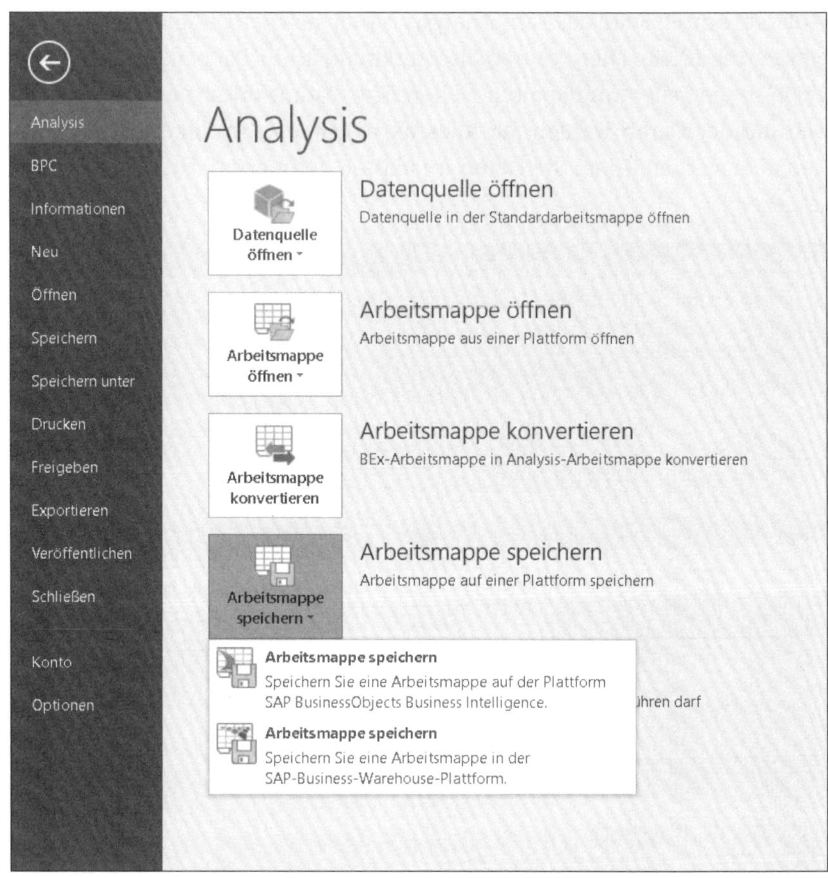


**Abbildung 10.43** Arbeitsmappe in SAP BW/4HANA speichern

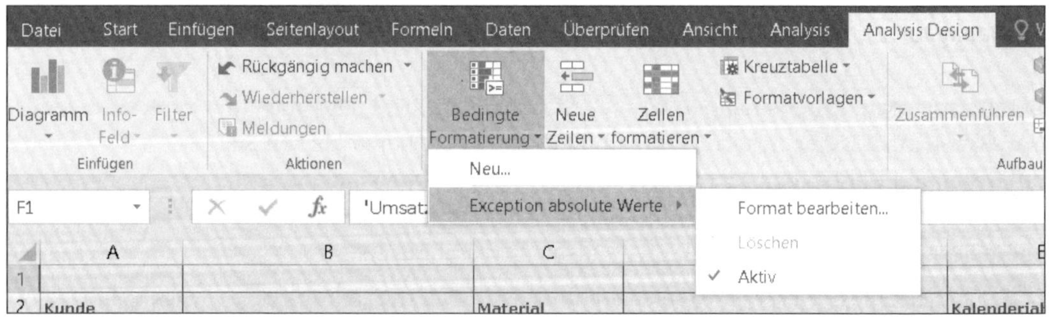


**Abbildung 10.44** Ausnahmen einer Query verwenden

**Bedingungen** Falls Sie Bedingungen in Ihrer Query verwenden, können Sie sie mit einem Rechtsklick auf die entsprechende Kennzahl und die Option **BEx-Bedingungen** auswählen und somit aktivieren (siehe Abbildung 10.45).

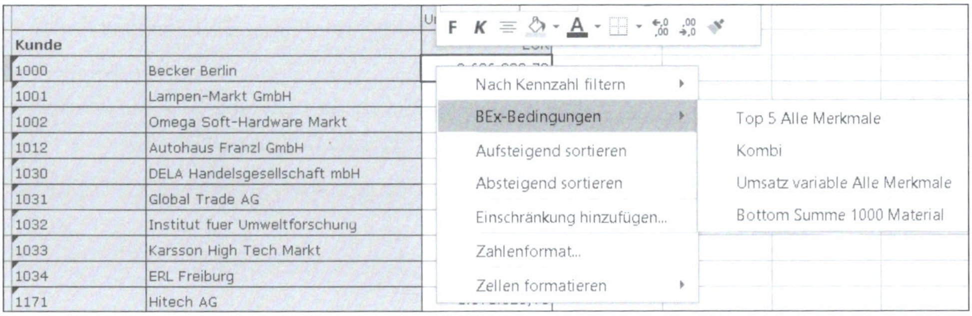

**Abbildung 10.45** Bedingungen aktivieren

## 10.4 BW Workspaces für den agilen Zugriff auf Informationen

**BW Workspaces für Ad-hoc-Szenarien**

In SAP BW/4HANA stehen Ihnen *BW Workspaces* als Mittel für das Erstellen von *Ad-hoc-Szenarien* durch die Fachabteilungen zur Verfügung. Dabei werden die BW Workspaces in der Regel durch die IT-Abteilung bzw. die SAP-BW-Anwendungsbetreuung definiert und verwaltet. Aufgabe der BW Workspaces ist es, den Anwenderinnen und Anwendern eine speziell auf sie zugeschnittene Umgebung zur Verfügung zu stellen, in denen sie selbst schnell Szenarien für neue Anforderungen aufbauen können (Ad-hoc-Reporting und *Rapid Prototyping*). Die BW Workspaces bieten die Flexibilität für die schnelle Modellierung, die bei der zentralen Umsetzung von Anforderungen in SAP BW/4HANA durch die SAP-BW-Anwendungsbetreuung häufig zugunsten einer Implementierung mit Fokus auf Qualitätssicherung, Tests, das Einhalten von Architekturvorgaben und die Wiederverwendbarkeit verloren geht. Die Anwenderinnen und Anwender können im BW Workspace beispielsweise selbst lokale CompositeProvider anlegen. Zu diesen lokalen CompositeProvidern lassen sich dann auch, analog zu den Standard-CompositeProvidern, externe SAP-HANA-Views generieren (siehe Abschnitt 6.3.3, »Der CompositeProvider in SAP BW/4HANA 2.0«).

Ein BW Workspace wird den Anwenderinnen und Anwendern gezielt für einen bestimmten Zweck zur Verfügung gestellt. Sie können im BW Workspace aus zentral in den Data Marts von SAP BW/4HANA 2.0 gehaltenen Daten sowie zusätzlich lokalen Daten Ad-hoc-Szenarien erstellen.

**Steckbrief: BW Workspaces**

**Zielgruppe**: Fachanwenderinnen und Fachanwender

**Implementierungsaufwand für die Fachanwenderinnen und Fachanwender**: mittel

**Erforderlicher Skilllevel für die Fachanwenderinnen und Fachanwender:** mittel

**Besonderheiten:** einfache Erstellung von Ad-hoc-Reporting auf vordefinierten InfoProvidern, Erweiterung um lokale Daten möglich

**On-premise oder Cloud:** on-premise

### 10.4.1 Arbeiten mit BW Workspaces

**BW Workspace Designer und BW Workspace Query Designer**

Für die Arbeit mit BW Workspaces stehen Ihnen die webbasierten Anwendungen *BW Workspace Designer, BW Workspace-Werkzeuge* und *BW Workspace Query Designer* zur Verfügung. Diese können aus dem SAP BW/4HANA 2.0 Web Cockpit über **Startseite • Modellierung • BW Workspace Designer**, über **Startseite • Modellierung • BW Workspace Query Designer** bzw. über **Startseite • Modellierung • Workspace-Werkzeuge** aufgerufen werden (siehe Abbildung 10.46).

**Abbildung 10.46** Aufruf des BW Workspace Designers und BW Workspace Query Designers

Insbesondere haben Sie beim Arbeiten mit BW Workspaces folgende Möglichkeiten:

- Hochladen eigener (lokaler) Daten
- Erstellung neuer Datenmodelle auf den bereitgestellten SAP-BW-InfoProvidern und Ihren lokalen Daten
- Anlegen von Queries

Die in einem BW Workspace enthaltenen Provider können auch als Datenquellen in SAP Business Objects Analysis for Microsoft Office (siehe Abschnitt 10.3, »SAP Analysis for Microsoft Office«) verwendet werden.

### 10.4.2 BW Workspace Designer

Mit dem *BW Workspace Designer* können Sie einem von der SAP-BW-Anwendungsbetreuung bereitgestellten Datenmodell mit InfoProvidern aus Ihrem SAP BW/4HANA 2.0 in einem BW Workspace eigene lokale Daten hinzufügen und so Modelle zur (Ad-hoc-)Datenanalyse erstellen und erweitern. So können Sie insbesondere kurzfristig Felder zu Queries hinzufügen, ohne dass die entsprechenden CompositeProvider im Backend angepasst werden müssen. Abbildung 10.47 zeigt die Startseite des BW Workspace Designers. Wenn Sie durch die verschiedenen Tabs navigieren, wird der aktuell angezeigte Tab immer ganz links angezeigt (in Abbildung 10.47 der Tab **Lokale CompositeProvider**). Wollen Sie zu einem anderen Tab weiter links zurücknavigieren, nutzen Sie dafür das Icon [<] (siehe auch Abbildung 10.54).



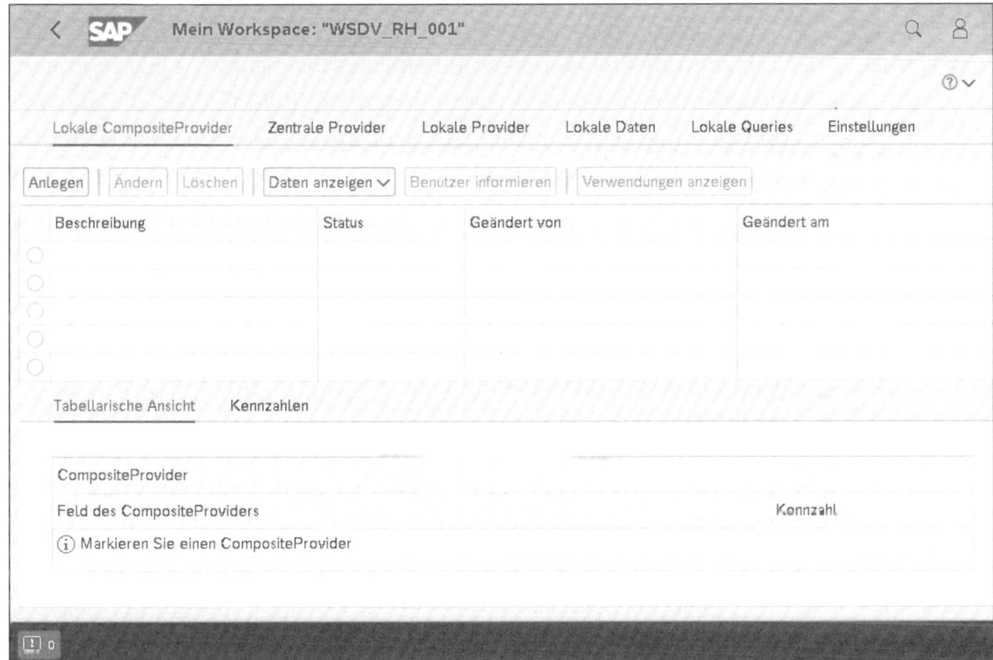


**Abbildung 10.47** Lokale CompositeProvider im BW Workspace

Im Tab **Lokale CompositeProvider** können Anwender ihre eigenen lokalen CompositeProvider anlegen, ändern und löschen (siehe Abbildung 10.47). Wenn Sie einen lokalen CompositeProvider markieren, sehen Sie im unte-

**Lokale CompositeProvider**

ren Teil des Fensters seine Verknüpfungen, Felder und eine Übersicht über die vorhandenen Queries, die Sie hier auch anlegen, ändern und löschen können. Über die Schaltfläche **Daten anzeigen** können Sie die Daten des ausgewählten CompositeProviders in tabellarischer Form oder als BW-Cockpit-Vorschau anzeigen lassen. Über die Schaltfläche **Verwendungen anzeigen** öffnen Sie den Verwendungsnachweis zum selektierten zentralen Provider. Lokale CompositeProvider können folgende Status haben:

- **Entwurf**: Der lokale CompositeProvider wurde als Entwurf gesichert, aber noch nicht aktiviert.
- **Aktiv**: Der lokale CompositeProvider wurde gesichert und aktiviert.
- **Inaktiv**: Ein im lokalen CompositeProvider enthaltener lokaler Provider wurde gelöscht.
- **Inaktiv (veraltet)**: Der CompositeProvider war schon einmal aktiv, es wurden Änderungen vorgenommen und gespeichert, aber noch nicht aktiviert.

Im Bereich **CompositeProvider** finden Sie Informationen zu den Feldern des im oberen Bereich markierten CompositeProviders.

Zentrale Provider

Der Tab **Zentrale Provider** bietet Ihnen eine Übersicht über alle zentral im SAP-BW/4HANA-2.0-System vorhandenen SAP-BW-Provider, die die SAP-BW-Anwendungsbetreuung dem BW Workspace zugeordnet hat (siehe Abbildung 10.48). Dies können sein:

- InfoObjects als InfoProvider (ohne Stammdatenleseklasse)
- CompositeProvider
- aDSOs
- Open ODS Views als PartProvider von CompositeProvidern
- SAP-HANA-Views als PartProvider von CompositeProvidern

Auch hier stehen Ihnen die Schaltflächen **Daten anzeigen** und **Verwendungen anzeigen** zur Verfügung. Im Bereich **Übergabe-Requests** finden Sie die Protokolle zu entsprechenden Beladungen des oben gewählten zentralen Providers.

Lokale Provider

Im Tab **Lokale Provider** können Sie lokale Provider anlegen und löschen sowie Daten und Verwendungsnachweise über die entsprechenden Schaltflächen anzeigen (siehe Abbildung 10.49). Dabei können Sie auf **.csv**- und Microsoft-Excel-Dateien zugreifen oder auch eine Query als Datenquelle nutzen. Falls die Query Variablen enthält, müssen Sie zunächst eine Variante erstellen. Dies können Sie auch im BW Workspace Designer tun. Alternativ können Sie über die Schaltfläche **Daten übergeben** auch eine DataSource als Quelle für einen lokalen Provider nutzen. Diese muss dann den

Direktzugriff erlauben. Ebenso können Sie lokale Provider in Ihre lokalen CompositeProvider einbinden.

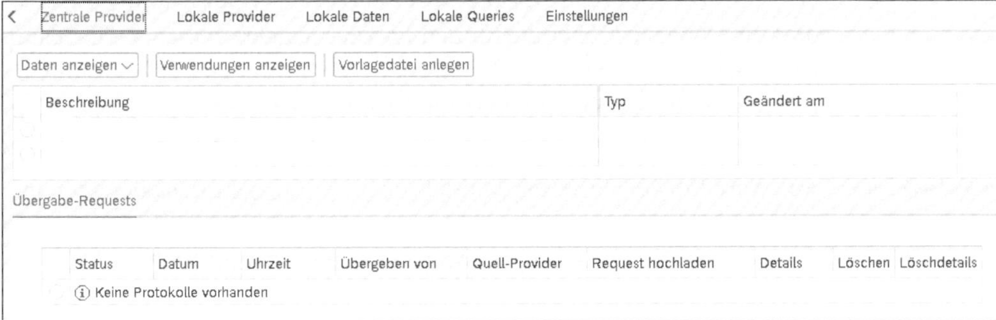


**Abbildung 10.48** Zentrale Provider im BW Workspace

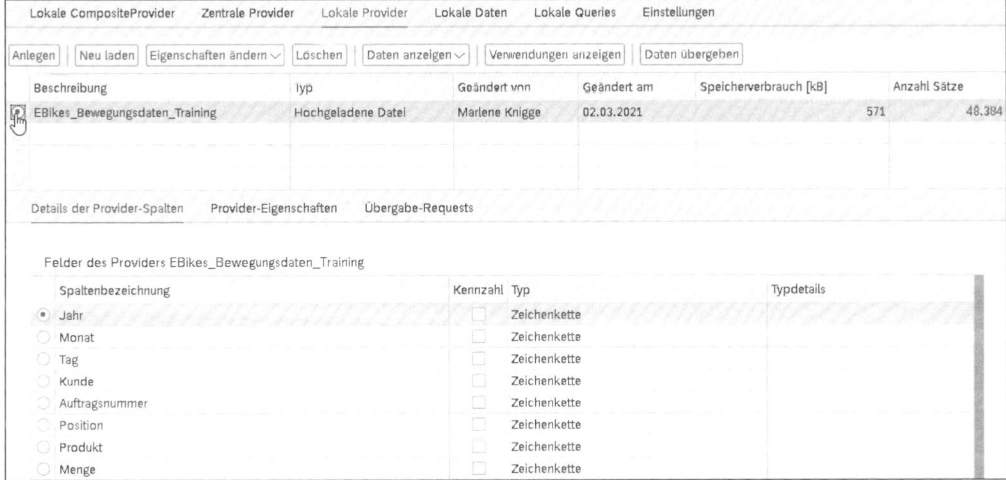


**Abbildung 10.49** Lokale Provider im BW Workspace

**Planung aktivieren**

Über die Schaltfläche **Eigenschaften ändern** klappen Sie das in Abbildung 10.50 gezeigte Menü auf. Sie können hier die Planung und die Auditierung aktivieren bzw. deaktivieren und das Audit ein- und ausschalten.

**Abbildung 10.50** Ändern der Eigenschaften eines lokalen Providers

Im unteren Bereich finden Sie auf dem Tab **Details der Provider-Spalten** Informationen zu den einzelnen Feldern des oben selektierten lokalen Providers (siehe Abbildung 10.49). Auf dem Tab **Provider-Eigenschaften** sehen Sie dort eine Übersicht über die für den Provider vorgenommenen Einstellungen, beispielsweise zum Aktivierungsstatus der Planungs- und Auditfunktionen (siehe Abbildung 10.51). Der Tab **Übergabe-Requests** enthält die Protokolle der Übergabe-Requests von Daten an die entsprechenden Zielprovider.

**Lokale Merkmale**

Auf dem Tab **Lokale Daten** können über Sie **Anlegen • Lokales Merkmal anlegen** lokale Merkmale und über **Anlegen • Lokale Hierarchie anlegen** lokale Hierarchien anlegen, mit **Ändern** bearbeiten und mit **Löschen** entfernen (siehe Abbildung 10.52).

Details der Provider-Spalten
Provider-Eigenschaften
Übergabe-Requests
Provider-Planung
Planung aktivieren
Audit
Audit-fähig
Audit on
Audit off
Upload des Providers
Daten anhängen
Provider-Bereinigung
Duplikate löschen
Zu vergleichende Spalten

| Auswahl | Spaltenbezeichnung |
|---|---|
| ☐ | Jahr |
| ☐ | Monat |
| ☐ | Tag |
| ☐ | Kunde |

**Abbildung 10.51** Eigenschaften des lokalen Providers

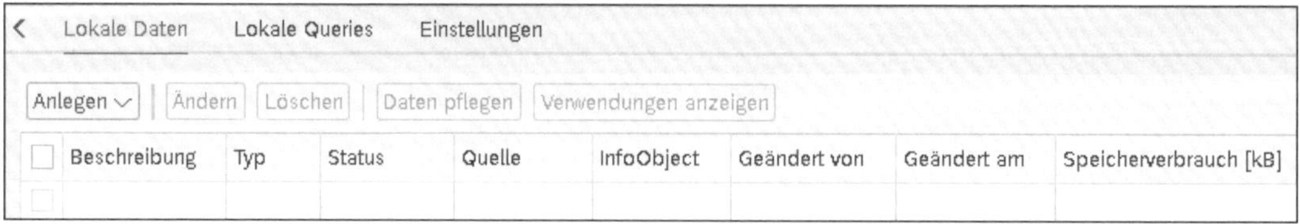


**Abbildung 10.52** Lokale Daten im BW Workspace

Über die Schaltfläche **Daten pflegen** können Sie die Stammdaten bearbeiten sowie sich über die Schaltfläche **Verwendungen anzeigen** den Verwendungsnachweis anzeigen lassen. Ein *lokales Merkmal* kann die Eigenschaften und Attribute von zentralen Master-InfoObjects übernehmen. Dafür muss es in einem zentralen Provider des BW Workspace verwendet werden und Stammdaten besitzen. Es darf sich weder um eine Konstante noch um ein berechtigungsrelevantes oder an ein berechtigungsrelevantes Merkmal geklammertes InfoObject handeln. Änderungen an den Stammdaten des Master-InfoObjects übertragen sich automatisch auch auf die Stammdaten des lokalen Merkmals, sofern die Schlüsselwerte nicht während der Erzeugung des lokalen Merkmals verändert wurden. Das lokale Merkmal ist immer zeit- und sprachunabhängig. Es kann zusätzliche Attribute enthalten, die dann lokal gespeichert werden. Wenn für den BW Workspace die Option **Stammdaten erzeugen erlaubt** nicht aktiviert ist, sind für das Merkmal nur Werte erlaubt, die in den InfoObjects bereits vorhanden sind.



**Änderungen am zentralen InfoObject**

Wenn ein zentrales InfoObject geändert wird, werden automatisch lokale Merkmale, die sich auf dieses zentrale InfoObject beziehen, sowie CompositeProvider, die die Merkmale enthalten, angepasst. In der Administration der BW Workspaces wird ein Änderungsprotokoll angelegt.

**Lokale Hierarchien**

Bei *lokalen Hierarchien* werden die Versionsabhängigkeit, die Zeitabhängigkeit der Hierarchiestruktur, Versionen, Zeitintervalle, externe Merkmale, die Vorzeichenumkehr und virtuelle Hierarchien nicht unterstützt, die bei Standardhierarchien unterstützt werden. Lokale Hierarchien können neu erstellt oder von einer zentralen Hierarchie oder aus einer Datei abgeleitet werden.

**Lokale Queries**

Im Tab **Lokale Queries** werden alle BW-Workspace-Queries angezeigt, die in diesem BW Workspace über den BW Workspace Query Designer angelegt wurden (siehe Abbildung 10.53). Diesen können Sie aus dem SAP BW/4HANA 2.0 Web Cockpit oder direkt über die Schaltfläche **Workspace Query Designer starten** aufrufen. Er öffnet sich auch, wenn Sie eine Query markieren und die Schaltfläche **Ändern** betätigen. Über die Schaltfläche **Vorschau** können Sie sich die Vorschau einer BW-Workspace-Query anzeigen lassen. Über die Schaltfläche **Löschen** können Sie BW-Workspace-Queries aus dem BW Workspace löschen.

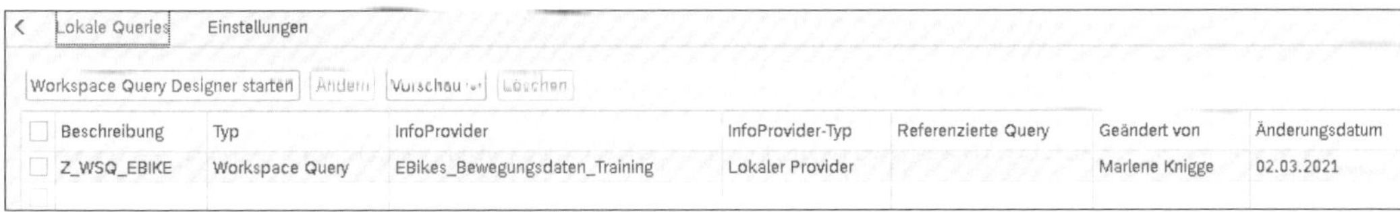


**Abbildung 10.53** Lokale Queries im BW Workspace

Einstellungen überwachen

Auf dem Tab **Einstellungen** können Sie den Namen und das Präfix des BW Workspace einsehen, den maximal zulässigen Speicherplatz für eigene BW Workspaces, den bereits belegten Speicher, den Ansprechpartner sowie das Ablaufdatum des BW Workspace (siehe Abbildung 10.54). Hier kann für den BW Workspace ein Hauptprovider hinterlegt sein (siehe Abschnitt 11.4.1, »Anlegen eines BW Workspace«). In diesem Fall werden dessen Verknüpfungen von den beteiligten InfoProvidern übernommen und können von den Anwenderinnen und Anwendern nicht verändert werden. Auf dem Hauptprovider basierende Queries können Sie als referenzierte Queries für BW-Workspace-CompositeProvider nutzen. Die für den Hauptprovider definierten Berechtigungen greifen auch bei der Ausführung der BW Workspace Queries.

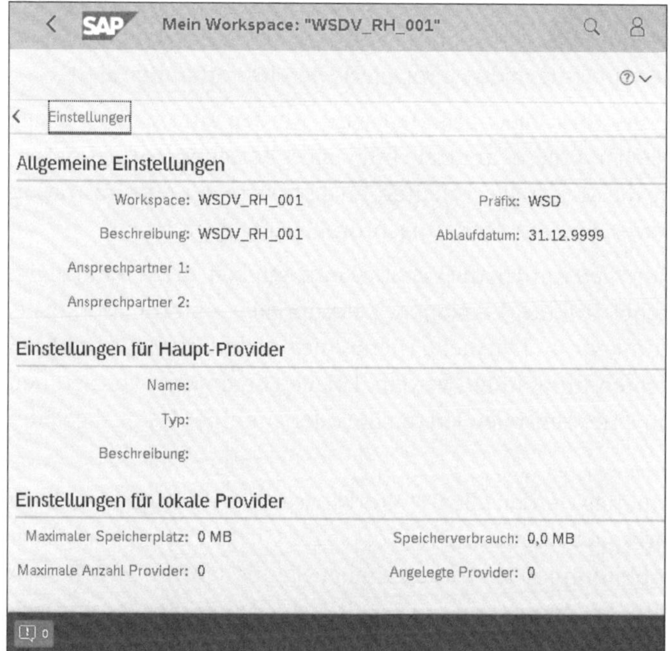


**Abbildung 10.54** Einstellungen im BW Workspace Designer

Weitere Einstellungen können Sie in der Anwendung *BW Workspace-Werkzeuge* vornehmen.

### 10.4.3 BW Workspace-Werkzeuge

BW Workspace wechseln

Wenn Anwenderinnen oder Anwender für mehr als einen Workspace berechtigt sind, können sie in der Anwendung *BW Workspace-Werkzeuge* auf dem Tab **Workspace wechseln** den Workspace auswählen, in dem sie arbeiten möchten (siehe Abbildung 10.55).

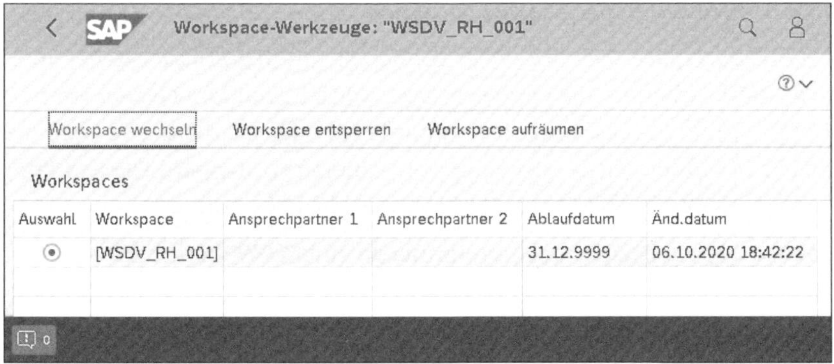


**Abbildung 10.55** BW Workspace Werkzeuge



Sperren

Auf dem Tab **Workspace entsperren** können Sie *Sperren* aufheben, die z. B. auf Browserproblemen beruhen (siehe Abbildung 10.56).

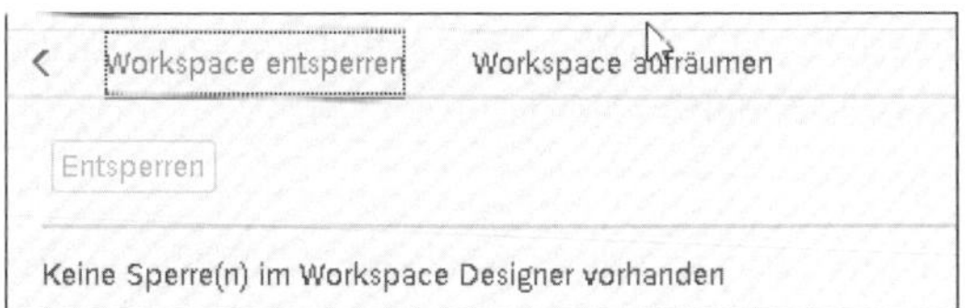


**Abbildung 10.56** Workspace entsperren

BW Workspace aufräumen

Auf dem Tab **Workspace aufräumen** können Sie nicht mehr benötigte CompositeProvider, lokale Provider, lokale Daten und lokale Queries nach verschiedenen Kriterien wie z. B. **Objekte angelegt vor** anzeigen lassen und nicht mehr benötigte Objekte löschen (siehe Abbildung 10.57).

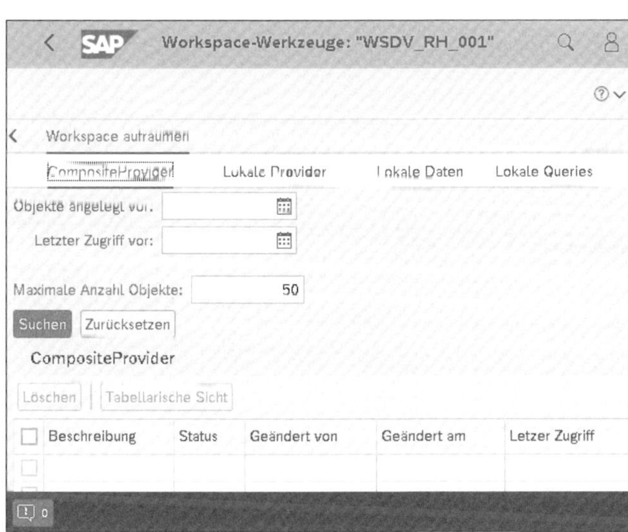


**Abbildung 10.57** BW Workspace aufräumen

### 10.4.4 BW Workspace Query Designer

BW Workspace Queries

Im *BW Workspace Query Designer* können Sie *BW-Workspace-Queries* anlegen und bearbeiten. Im Vergleich dazu werden *Standard-Queries* im SAP HANA Studio jeweils an dem CompositeProvider bearbeitet, zu dem sie angelegt wurden (siehe Abschnitt 6.4, »Queries«). Standard-Queries können im BW Workspace Query Designer referenziert werden.

BW-Workspace-Queries gehören immer zu einem BW Workspace, erhalten aber eine vom SAP-BW-System generierte Query-ID, über die sie wie alle anderen Queries genutzt werden können. Für BW-Workspace-Queries stehen Ihnen die zentralen InfoProvider eines BW Workspace sowie die lokalen CompositeProvider und Provider zur Verfügung.

BW-Workspace-Queries bestehen aus globalen Filtern, Dimensionen sowie genau einer Kennzahlenstruktur. Sie können auf komplexe Standard-Queries referenzieren und so Funktionen nutzen, ohne dass diese von den Anwenderinnen und Anwendern der BW Workspaces selbst implementiert oder verändert werden müssen, beispielsweise Variablen zur Parametrisierung beim Aufruf einer Query.

BW Workspace Query anlegen

Wenn Sie eine BW-Workspace-Query anlegen möchten, klicken Sie im Bereich **Query** auf die Schaltfläche **Anlegen** (siehe Abbildung 10.58). Um eine BW-Workspace-Query mit einer Referenz zu einer bereits bestehenden Query anzulegen, klicken Sie auf **Mit Referenz anlegen**. Eine vorhandene BW-Workspace-Query öffnen Sie über **Geöffnet** (diese Schaltfläche müsste eigentlich »Öffnen« heißen).

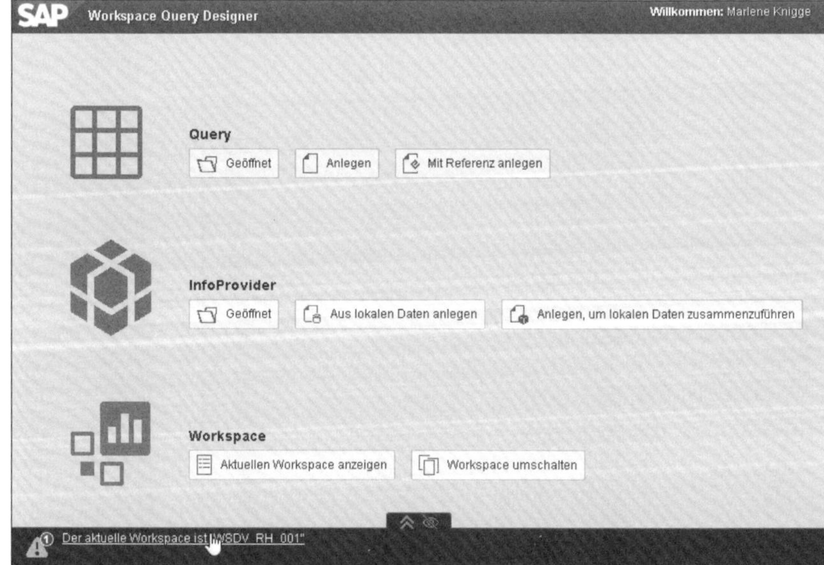


**Abbildung 10.58** Startseite des BW Workspace Query Designers

BW-Workspace-Query definieren

In der in Abbildung 10.59 gezeigten Sicht können Sie eine neue BW-Workspace-Query definieren, indem Sie Merkmale und Kennzahlen per Drag & Drop in die Felder **Zeilen** und **Spalten** ziehen und gegebenenfalls zusätzlich im Feld **Frei** weitere freie Merkmale definieren.

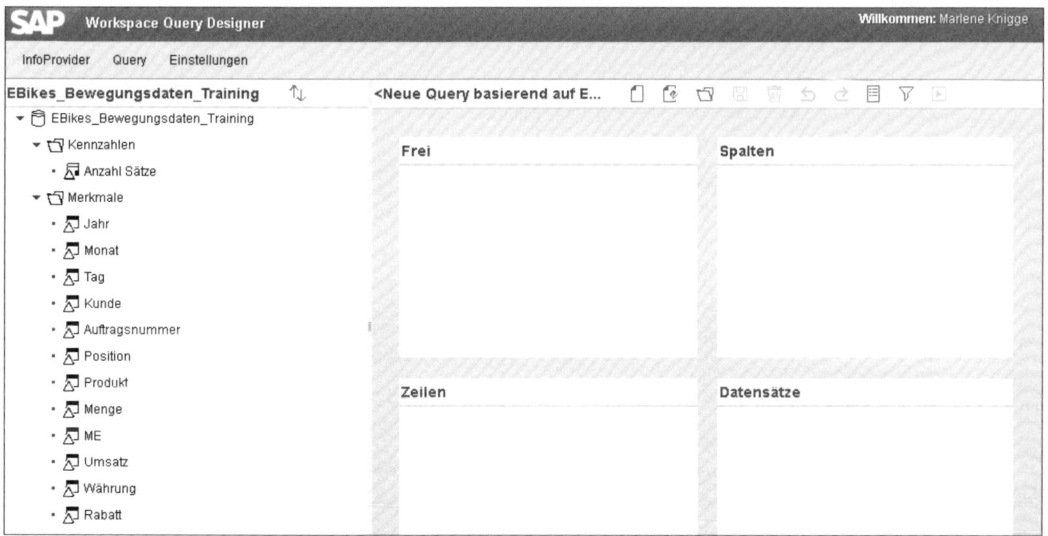


**Abbildung 10.59** BW Workspace-Query anlegen

Globale Einschränkungen

Globale Einschränkungen können Sie über das Icon [Filter-Icon] definieren (siehe Abbildung 10.60). Es öffnet sich das Pop-up-Fenster **Globale Einschränkungen**, in dem Sie zunächst auswählen können, auf welches Merkmal sich der neue globale Filter beziehen soll.

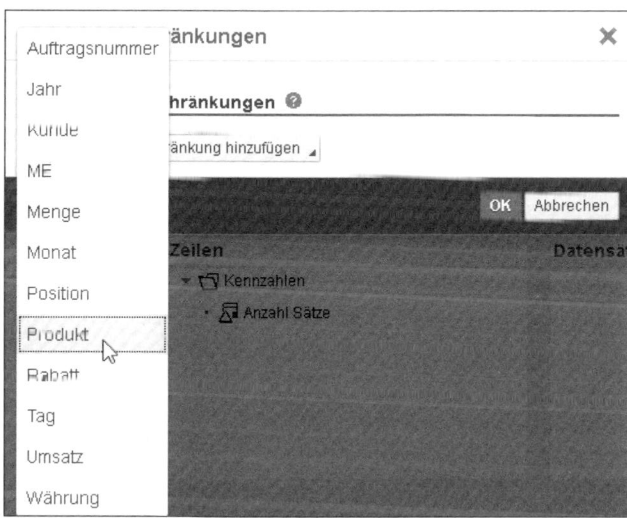


**Abbildung 10.60** Globale Einschränkungen für BW-Workspace-Queries

Für das gewählte Merkmal können Sie anschließend die konkreten zu filternden Werte eingeben. Dabei können Sie die Wertehilfe über die Schaltfläche **Werte hinzufügen** nutzen (siehe Abbildung 10.61).

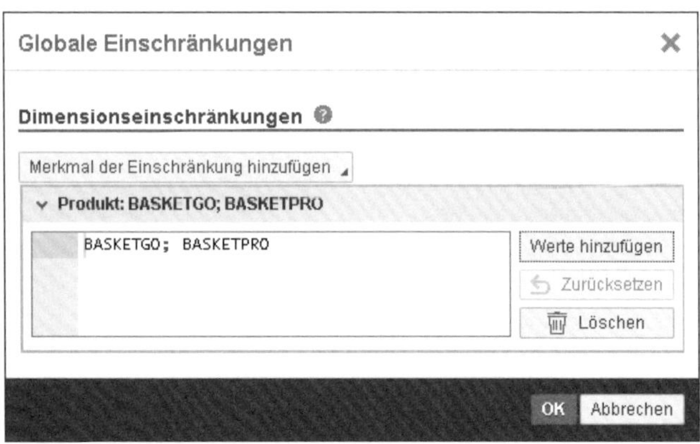


**Abbildung 10.61** Globale Einschränkungen für BW Workspace Queries

Nachdem Sie Ihre Querydefinition gesichert haben, können Sie die BW Workspace-Query über das Icon ▶ ausführen. So gelangen Sie zur Vorschauansicht.

Vorschau: Z_WSQ_EBIKE ▾ BW Cockpit B4H | 001

Z_WSQ_EBIKE ∨ Daten zuletzt geändert am 02.03.2021

| **Produkt** | BASKETGO | BASKETGO | BASKETGO | BASKETGO | BASKETGO | BASKETPRO | BASKETPRO | BASKETPRO | BASKETPRO |
|---|---|---|---|---|---|---|---|---|---|
| **Kennzahlen** | 2015 | 2016 | 2017 | 2018 | 2019 | 2015 | 2016 | 2017 | 2018 |
| Anzahl Sätze | 620 | 609 | 562 | 546 | 531 | 531 | 551 | 480 | 486 |

**Abbildung 10.62** Vorschau BW Workspace Query

Die Funktionen zum Anlegen von Queries sind Ihnen grundsätzlich bereits von den Standardqueries bekannt (siehe Abschnitt 6.4, »Queries«). Im BW Workspace Query Designer stehen sie in abgespeckter Version zur Verfügung.

**Lokalen Provider anlegen**

Im Bereich **InfoProvider** können Sie über die Schaltfläche **Aus lokalen Daten anlegen** einen neuen lokalen InfoProvider erstellen (siehe Abbildung 10.63). Dabei können Sie eine Verbindung zu Daten aus lokalen Dateien aufbauen.

Über die Schaltfläche **Anlegen, um lokalen Daten zusammenzuführen** können Sie einen neuen lokalen oder zentralen CompositeProvider anlegen. Über die Schaltfläche **Geöffnet** (diese müsste eigentlich »Öffnen« heißen) können Sie lokale InfoProvider und CompositeProvider öffnen.

Abbildung 10.63 Lokalen Provider anlegen

**Einstellungen**

Im Bereich **Workspace** können Sie sich über die Schaltfläche **Aktuellen Workspace anzeigen** die Einstellungen des aktuellen BW Workspace im Pop-up-Fenster **Workspace Eigenschaften** anzeigen lassen (siehe Abbildung 10.64).

Abbildung 10.64 Eigenschaften eines BW Workspace

Die Einstellungen umfassen den Workspace-Namen, den technischen Namen, die Kontaktdaten des Verantwortlichen, den Namensraum und das Präfix des BW Workspace, die Anzahl der lokalen Provider und die Speicherplatzbelegung (jeweils als Ampelfarbe), das Ablaufdatum, die anlegende Person und das Anlegedatum, die letzte ändernde Person und das letzte Änderungsdatum sowie die Einstellungen, ob BW Workspace Queries für nicht lokale InfoProvider zugelassen und das Anlegen von Stammdaten erlaubt sein soll.

**BW Workspace wechseln**

Über die Schaltfläche **Workspace umschalten** können Sie – sofern Ihnen mehrere BW Workspaces zugeordnet sind – zu einem anderen BW Workspace wechseln (siehe Abbildung 10.65).

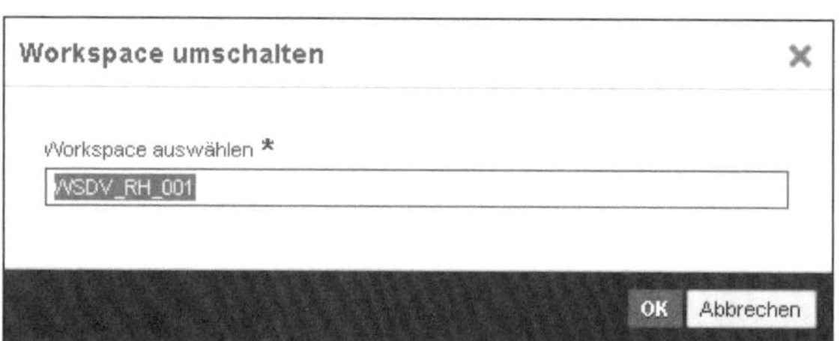


**Abbildung 10.65** BW Workspace wechseln

## 10.5 Tableau Desktop

In diesem Abschnitt stellen wir Ihnen die Nicht-SAP-Anwendung *Tableau Desktop* (im Folgenden kurz »Tableau«) zum Erstellen von Dashboards und Storys vor. Tableau bietet Ihnen die Möglichkeit, Berichte auch für mobile Endgeräte zu erstellen. Unser Fokus in diesem Abschnitt liegt jedoch insbesondere auf der Konnektivität zu SAP BW/4HANA.

**Steckbrief: Tableau Desktop**

**Zielgruppe**: Fachanwenderinnen und Fachanwender

**Implementierungsaufwand**: niedrig

**Erforderlicher Skilllevel**: niedrig

**Besonderheiten**: einfache Erstellung von Dashboards oder Storys

**On-premise oder Cloud**: on-premise

Nach dem Start der Anwendung öffnet sich zunächst die Übersicht der möglichen Verbindungen (siehe Abbildung 10.66). Im Bereich **Mit einem Server** wählen Sie **SAP NetWeaver Business Warehouse** aus.

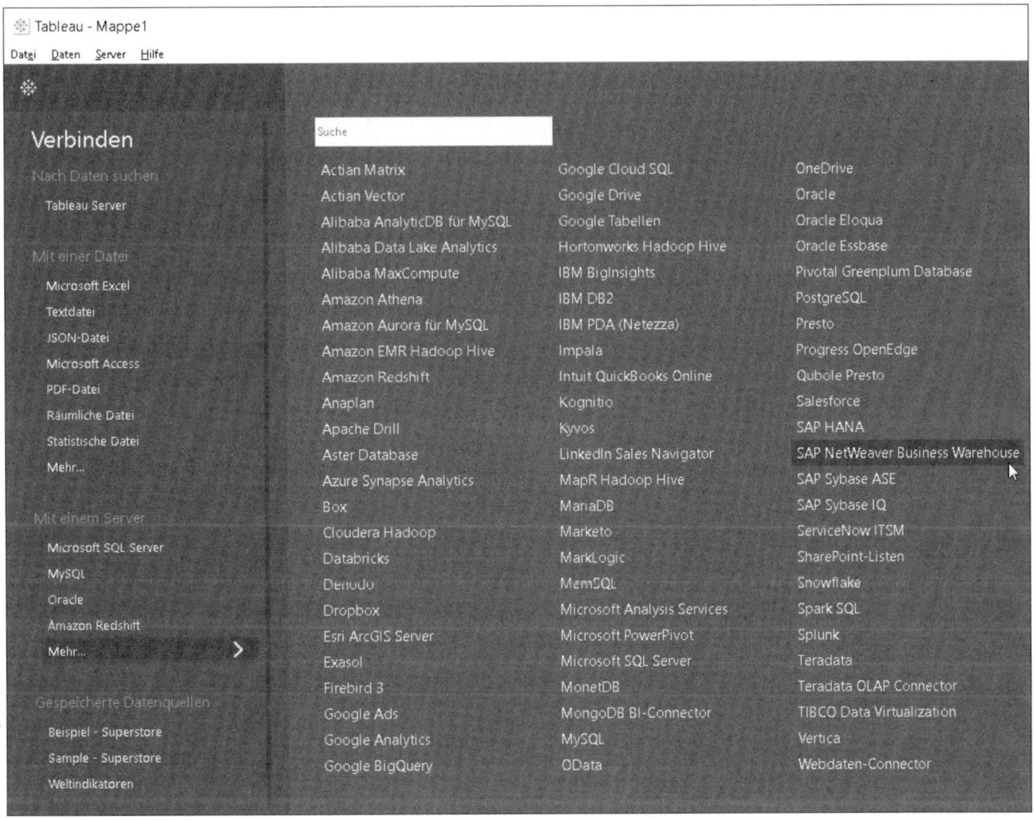

Abbildung 10.66 Verbinden mit SAP BW

**Verbindung auswählen**

Im Pop-up-Fenster **SAP NetWeaver Business Warehouse** können Sie die Verbindung auswählen (siehe Abbildung 10.67).

Abbildung 10.67 Mit SAP BW/4HANA verbinden

Für die Verbindung zu einem SAP-BW-System ist die Installation des SAP GUI Voraussetzung, da Tableau auf die XML-Datei des SAP GUI zugreift, um die Verbindung zum SAP-BW-System herzustellen. Wählen Sie die entsprechende Verbindung und Authentifizierung, und geben Sie Ihren Benutzernamen, Ihr Kennwort, den Client und die Sprache ein.

**ODBO-Treiber** Voraussetzung für die Kommunikation von Tableau mit einem SAP-BW-System ist die Installation des passenden *SAP-BW-ODBO-Treibers*. ODBO steht für *Object Linking and Embedding Database for Online Analytical Processing*. Falls dieser Treiber noch nicht installiert ist, erhalten Sie die in Abbildung 10.68 gezeigte Fehlermeldung.

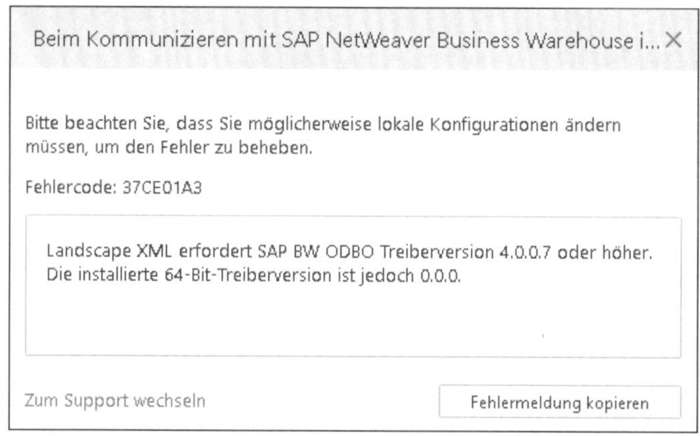


**Abbildung 10.68** Fehlender SAP-BW-ODBO-Treiber

**SAP-BW-ODBO-Treiber** Dieser Fehler ist auch in SAP-Hinweis 2389207 beschrieben (siehe *http://s-prs.de/v785405*). Den entsprechenden Treiber können Sie im SAP Support Launchpad unter *https://launchpad.support.sap.com* mit dem Suchbegriff »SAP ODBO driver« im Bereich **Downloads** suchen und herunterladen (siehe Abschnitt 3.1, »Installation und Einrichtung des SAP HANA Studios«). Nach dem Download und der Installation des Treibers öffnet sich das Fenster zum Auswählen des InfoProviders und der Query (siehe Abbildung 10.69). Dabei muss der InfoProvider, um angezeigt zu werden, eine Query haben, bei der das Kennzeichen **Mit OLE DB for OLAP** für den Remote-Zugriff (siehe auch Abschnitt 6.4.2, »Queries administrieren: Allgemein«) gesetzt ist.

Geben Sie nun im Bereich **Schritt 1: Katalog oder InfoProvider auswählen** den technischen Namen des InfoProviders ein, und wählen Sie den entsprechenden InfoProvider aus der Vorschlagsliste aus. Die verfügbaren Queries werden im Bereich **Schritt 2: Cube oder Abfrage auswählen** angezeigt, und

Sie können die gewünschte Query auswählen. Im unteren Abschnitt erscheint eine Vorschau der Querydaten.

**Abbildung 10.69** InfoProvider auswählen

Über die Schaltfläche **Blatt 1** im unteren Bereich des Fensters gelangen Sie zur eigentlichen Erstellung eines Blattes, eines Dashboards oder einer Story. Ein *Blatt* ist dabei eine einzelne Visualisierung, die später zu einem *Dashboard*, also einer Zusammenstellung von mehreren Visualisierungen mit möglichen interaktiven Filtern, hinzugefügt werden kann. Blätter und Dashboards können Sie danach zu einer *Story* hinzufügen, die durch die verschiedenen Visualisierungen auf verschiedenen Seiten die entsprechende Botschaft vermittelt.

**Blätter, Dashboards und Storys**

Bei der Erstellung eines Blattes (siehe Abbildung 10.70) legen Sie zunächst fest, wie die Daten visualisiert werden sollen: als Tabelle oder Grafik. Außerdem wählen Sie die Inhalte der Zeilen und Spalten aus. Dazu ziehen Sie die Dimensionen und Kennzahlen aus dem Bereich **Daten** per Drag & Drop in die gewünschten Felder.

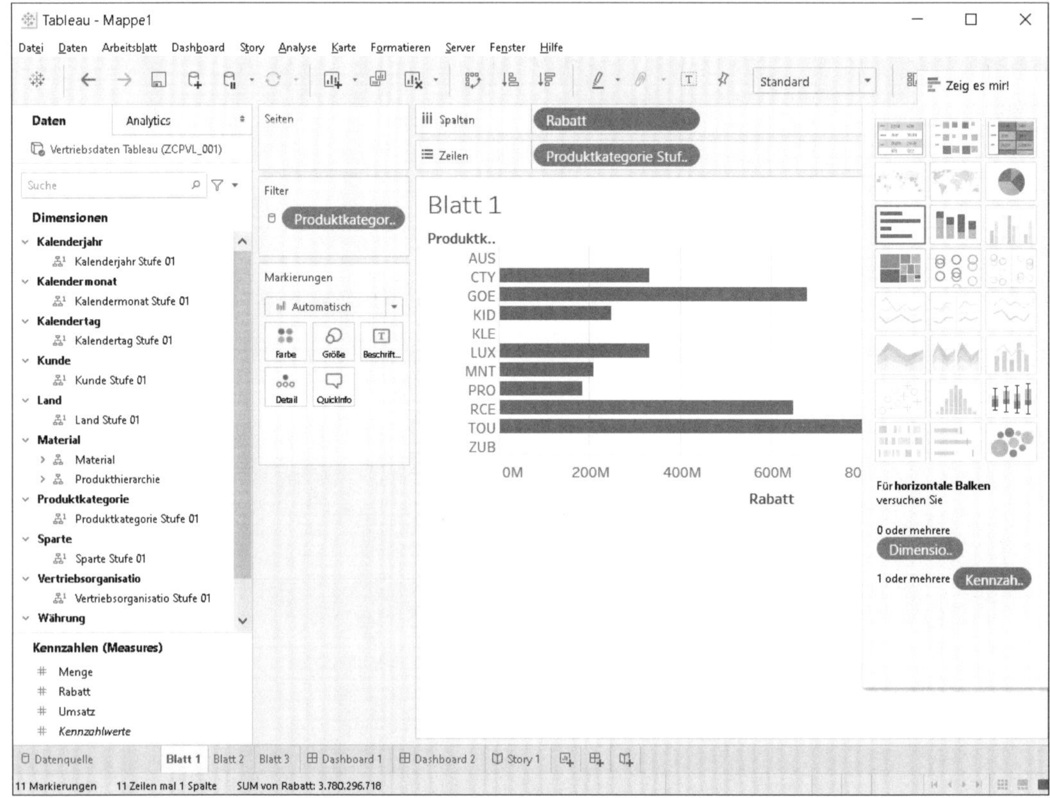


**Abbildung 10.70** Erstellung einer Visualisierung auf einem Blatt

**Trendlinien und Prognosen**

Im Bereich **Analytics** haben Sie zusätzlich die Möglichkeit, abhängig von der gewählten Visualisierung verschiedene Trendlinien, Konstanten oder auch Prognosen in das Blatt einzubinden (siehe Abbildung 10.71).

Die eigentliche Zusammenfassung und Festlegung der Größe der Visualisierungen findet nun in einem Dashboard (siehe Abbildung 10.72) oder einer Story statt. Dabei können Sie über die Menüleiste jeder Visualisierung festlegen, ob bei der Auswahl einer Dimensionsausprägung ein Filter für das Dashboard oder eine Liste zur späteren Filterung erstellt werden soll (siehe Abbildung 10.73).

**Abbildung 10.71** Der »Analytics«-Bereich

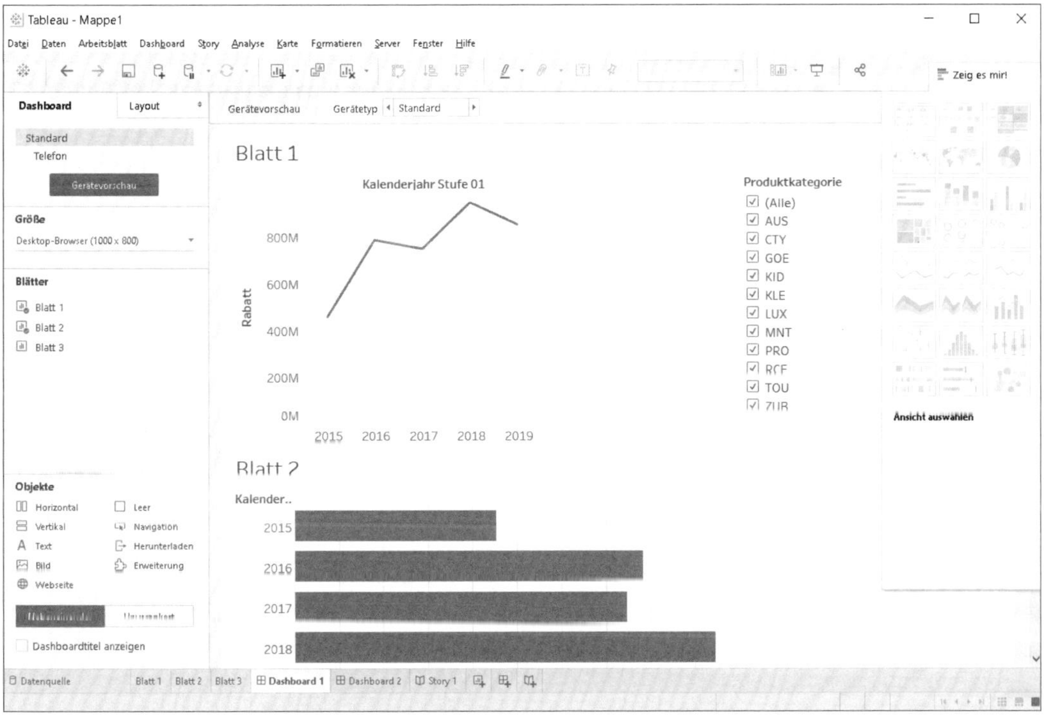

**Abbildung 10.72** Erstellung eines Dashboards

**Abbildung 10.73** Auswahl einer Visualisierung als Filter verwenden

## 10.6 Anwendungsszenarien

Nach der Vorstellung dieser Tools wollen wir nun noch kurz einen Blick auf die typischen Anwendungsszenarien dieser Tools werfen. Die Einsatzgebiete der einzelnen Tools sind nicht immer klar trennbar und überschneidungsfrei. Die strategische Ausrichtung der Tools sowie die Skilllevel der Personen, die die Berichte und Dashboards erstellen, spielen eine wesentliche Rolle. Wir geben an dieser Stelle eine grobe Einordnung:

- Lumira 2.x und die SAP Analytics Cloud Analytic Applications: Komplexere Anwendungen mit tiefen Analysepfaden, in der Regel werden sie durch die SAP-BW-Verantwortlichen erstellt.
- SAP Analytics Cloud und Tableau Desktop: Erstellung von Storys und Dashboards durch die SAP-BW-Verantwortlichen, gegebenenfalls auch durch die Anwenderinnen und Anwender in den Fachbereichen
- Analysis for Office: Analysen von Daten auf Excel-Basis, bei denen die Visualisierung nachrangig ist, in der Regel werden diese durch die SAP-BW-Verantwortlichen, zum Teil auch durch versierte Anwenderinnen und Anwender in den Fachbereichen erstellt.
- BW Workspaces: Erstellung von Queries mit eigenen (lokalen) Daten durch die Anwenderinnen und Anwender in den Fachbereichen. Die SAP-BW-Verantwortlichen stellen den Anwenderinnen und Anwendern dafür spezifische Workspaces mit Zugriff auf eine Untermenge der Daten in SAP BW/4HANA 2.0 zur Verfügung.

Nachdem Sie die Modellierung von Objekten in SAP BW/4HANA 2.0, den Aufbau von Datenflüssen, die Anbindung von Quellsystemen und die Verwaltung von Daten kennengelernt haben, haben wir uns in diesem Kapitel einen Überblick über prominente Frontend-Tools verschafft. Im nächsten Kapitel beschäftigen wir uns mit Aspekten der Administration und des täglichen Betriebs von SAP-BW-Anwendungen.

# Kapitel 11
# Betrieb und Administration

*Dieses Kapitel befasst sich mit Themen des laufenden Betriebs. Wir erläutern die Automatisierung von Beladungen und anderen Funktionen in SAP BW/4HANA 2.0 über Prozessketten. Zudem stellen wir Berechtigungs- und Sicherheitsmechanismen sowie das SAP-eigene Transportwesen vor und erläutern die Administration von BW Workspaces.*



Dieses Kapitel beginnt in Abschnitt 11.1, »Prozessketten«, mit der automatisierten Beladung der Daten in Ihren SAP-BW-Anwendungen. Sie erhalten einen Überblick über die Funktionsweise der Prozessketten und das entsprechende Monitoring. In Abschnitt 11.2, »Sicherheit«, stellen wir Ihnen allgemeine Konzepte zur Sicherheit Ihres SAP-BW/4HANA-2.0-Systems vor. Hierbei gehen wir in Abschnitt 11.2.1, »Standardberechtigungen in SAP BW/4HANA 2.0«, und Abschnitt 11.2.2, »Analyseberechtigungen in SAP BW/4HANA 2.0«, insbesondere auf die Berechtigungen in SAP BW/4HANA 2.0 ein, in Abschnitt 11.2.3 erhalten Sie einen Überblick über die Berechtigungen in SAP Frontend Tools, und das Thema von Abschnitt 11.2.4, »Unterstützung des Datenschutzes durch die Data Protection Workbench«, ist die Data Protection Workbench.

**Regelmäßige Beladung**

Für die Verteilung von Korrekturen und Anpassungen in mehrstufige Systemlandschaften stellen wir Ihnen in Abschnitt 11.3 das Transportwesen vor. Abschließend bringen wir Ihnen in Abschnitt 11.4, »BW Workspaces«, die Erstellung und Bearbeitung von BW Workspaces näher.

Wir beginnen mit der Beladung von Objekten durch Prozessketten.

## 11.1 Prozessketten

Nachdem Sie einen Datenfluss mit datenhaltenden und virtuellen Providern sowie Transformationen und DTPs implementiert haben, soll für die meisten SAP-BW-Anwendungen eine regelmäßige Beladung stattfinden. In diesem Abschnitt erfahren Sie, wie Sie dafür in *Prozessketten* aufeinanderfolgende Aktivitäten zusammenstellen und die Prozessketten anschließend zur regelmäßigen, automatisierten Durchführung einplanen. In Prozessketten können Sie die Beladung von Datenzielen zusammenfassen und sequenzieren, sodass beispielsweise die einzelnen Verarbeitungsschritte der Beladung eines gesamten Datenflusses automatisch nacheinander abgearbeitet werden. Dabei können die DTPs vom Open Operational Data Store Layer über den EDW Propagation Layer bis hin zum Architected Data Marts Layer über eine Prozesskette abgebildet und automatisiert ausgeführt werden (siehe Abbildung 11.1). Sie können eine Prozesskette auch als Prozessschritt in andere Prozessketten aufnehmen, sodass eine verschachtelte Prozesskette entsteht.

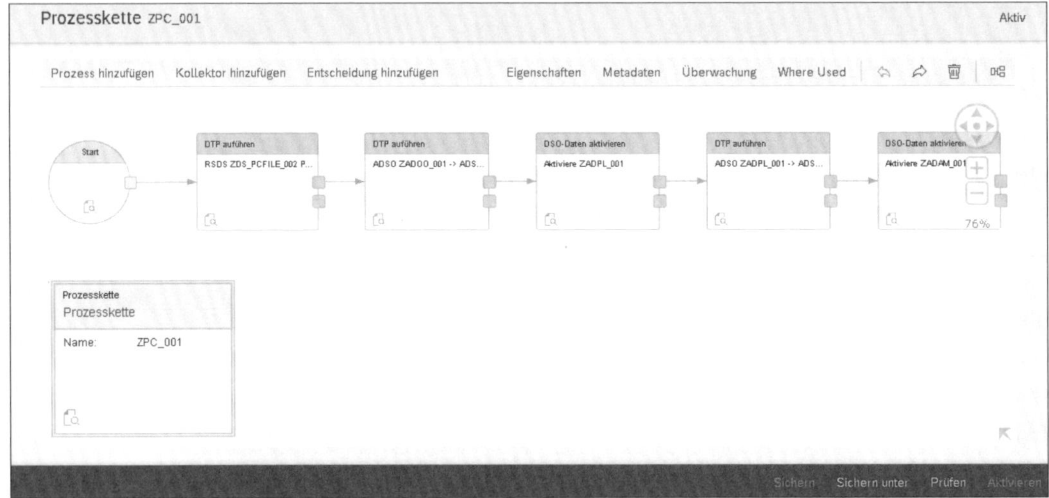


**Abbildung 11.1** Prozesskette

**Metaketten**

Eine Prozesskette kann direkt eingeplant werden, das heißt, Sie legen fest, wann diese Prozesskette ausgeführt werden soll, z. B. täglich um 08:00 Uhr. Es ist jedoch in vielen Unternehmen üblich, Prozessketten nicht direkt einzuplanen, sondern hierfür sogenannte *Metaketten* zu nutzen. Bei einer Metakette handelt es sich um eine normale Prozesskette, die allerdings keine operativen Prozessschritte, sondern nur andere Prozessketten enthält.

**Prozesskette anlegen**

Mit SAP BW/4HANA 2.0 werden Prozessketten über das SAP BW/4HANA 2.0 Web Cockpit angelegt. Daneben ist es möglich, Prozessketten weiterhin über das SAP GUI mit der Transaktion RSPC anzulegen. Um eine Prozesskette anzulegen, wählen Sie auf der Startseite des Web Cockpits den Tab **Modellierung**. Rufen Sie dort die App **Prozessketteneditor – Ketten bearbeiten** auf (siehe Abbildung 11.2).

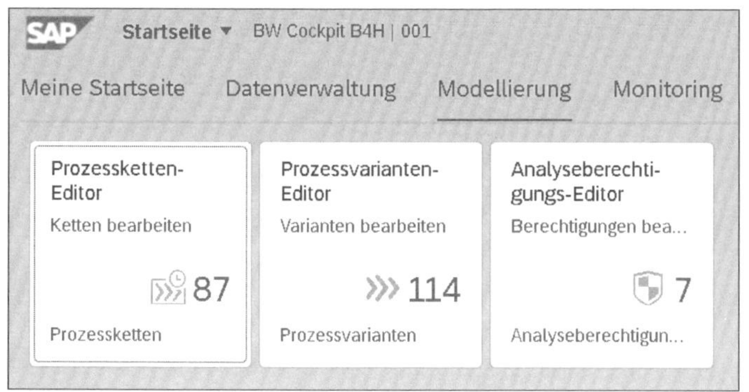


**Abbildung 11.2** Apps zur Verwaltung von Prozessketten auf dem Tab »Modellierung«



**Prozessketten administrieren**

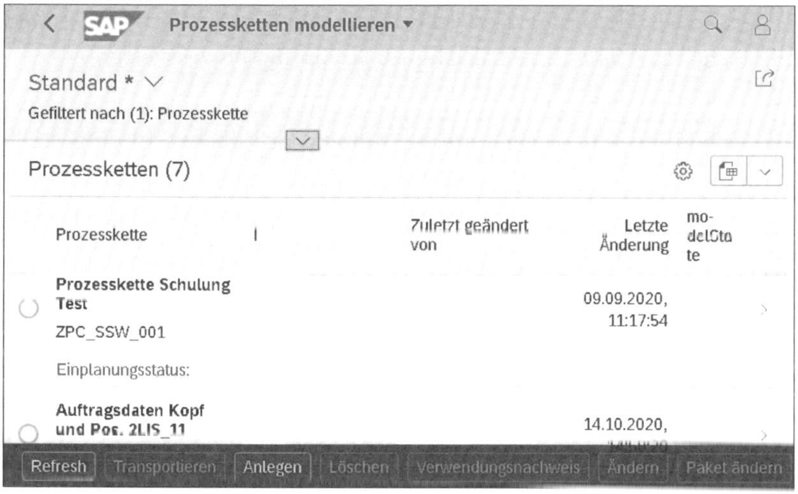

In der Sicht **Prozesskette modellieren** erstellen Sie über die Schaltfläche **Anlegen** eine neue Prozesskette (siehe Abbildung 11.3). Mit der Schaltfläche **Refresh** wird die Ansicht aktualisiert. Mit **Transportieren** schreiben Sie eine Prozesskette auf einen Transportauftrag (siehe Abschnitt 11.3, »Transportwesen«), wenn der Transportauftrag noch nicht auf einem Auftrag liegt. Über **Löschen** wird die ausgewählte Prozesskette irreversibel gelöscht. Über **Verwendungsnachweis** sehen Sie ein, ob eine Prozesskette in andere Prozessketten eingebunden ist. Über **Ändern** wechseln Sie in den Bearbeitungsmodus einer Prozesskette. Über die Schaltfläche **Paket ändern** können Sie das Paket ändern, dem die Prozesskette zugeordnet ist.

Prozessketten modellieren
Standard *
Gefiltert nach (1): Prozesskette
Prozessketten (7)
Prozesskette | Zuletzt geändert von | Letzte Änderung | modelState
Prozesskette Schulung Test
ZPC_SSW_001 | | 09.09.2020, 11:17:54 |
Einplanungsstatus:
Auftragsdaten Kopf und Pos. 2LIS_11 | | 14.10.2020,
Refresh | Transportieren | Anlegen | Löschen | Verwendungsnachweis | Ändern | Paket ändern

**Abbildung 11.3** Prozessketten verwalten

**Prozessketten-Editor**

Über die Schaltfläche **Anlegen** öffnen Sie das Bild **Prozessketten-Editor**, in dem Sie Ihre neue Prozesskette modellieren (siehe Abbildung 11.4).

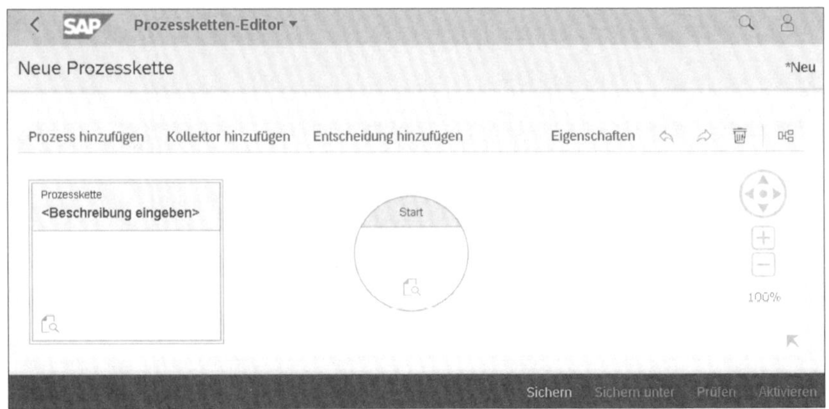


**Abbildung 11.4** Die Übersicht im Prozessketteneditor

Über die Schaltfläche auf der Kachel **Prozesskette** öffnen Sie das Pop-up-Fenster **Eigenschaften von Prozesskette** (siehe Abbildung 11.5). Hier modellieren Sie grundlegende Eigenschaften: Im Bereich **Allgemein** vergeben Sie eine Beschreibung und ordnen die Prozesskette einer InfoArea zu. Im Bereich **Einplanung** legen Sie den **Ausführungs-Server**, den **Ausführenden Benutzer** und die **Jobpriorität** der Prozesskette fest. Als ausführender Benutzer wird für einzuplanende Prozessketten üblicherweise ein **BW-Hintergrundbenutzer** verwendet, Sie können aber auch einen beliebigen anderen Benutzer einstellen. Wenn Sie die Option **Nur aktueller Mandant** auswählen, kann die Prozesskette nur im aktuellen Mandanten verwendet werden. Mit der Eigenschaft **Streaming** lässt sich die Prozesskette in den Streaming-Modus schalten (siehe Hinweiskasten zu Streaming-Prozessketten).

Im Bereich **Überwachung** legen Sie die Einstellungen zur Überwachung fest (siehe Abbildung 11.6). Dabei wird bei **Automatisch überwacht** eingestellt, dass die automatischen Alerts des BW durch das Computing Center Management System (CCMS) eingeschaltet sind. Durch **Automatisch zurückgesetzt** werden zuvor fehlgeschlagene Läufe vor dem nächsten Lauf bereinigt, sodass sie den nächsten Lauf nicht beeinträchtigen. Wählen Sie **Im Fehlerfall Warnmeldung ausgeben**, wenn Sie bei Fehlern in der Prozesskette informiert werden möchten. Weiterführende Informationen finden Sie unter folgendem Link: *http://s-prs.de/785406*. Verwenden Sie mehrere verteilte Prozesse, z. B. Ladeprozesse, so erreichen Sie mit dem **Polling des Hauptprozesses**, dass der Hauptprozess nicht beendet wird, solange noch verteilte Prozesse laufen. Wird **Lokales Fehlschlagen als Erfolg** eingestellt, so wird die Kette, falls sie in eine andere Kette eingebunden ist, immer als Erfolg gewertet.

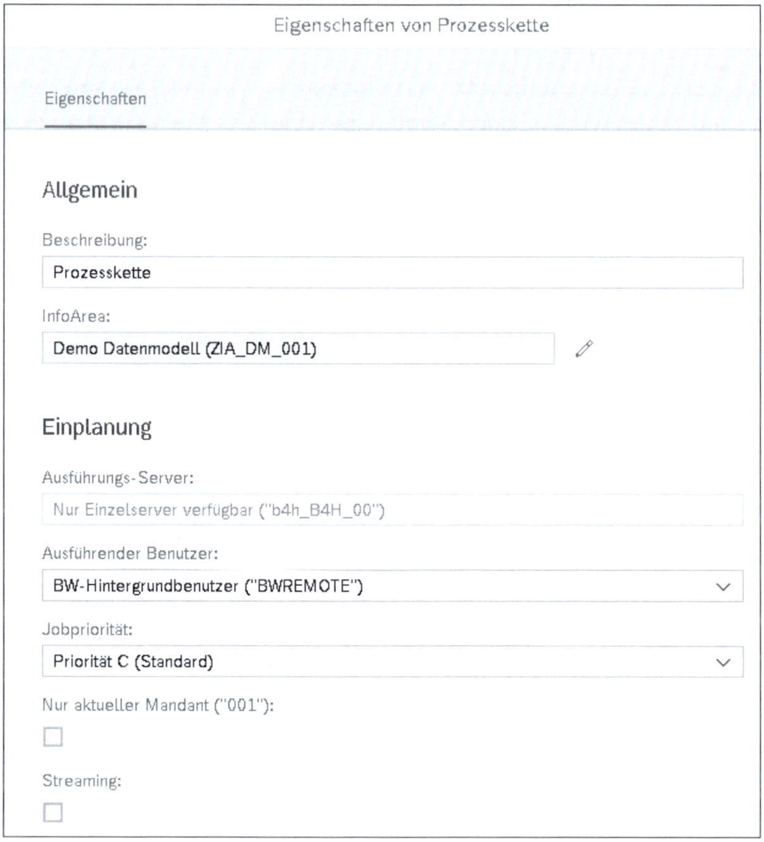

Eigenschaften von Prozesskette
Eigenschaften
Allgemein
Beschreibung:
Prozesskette
InfoArea:
Demo Datenmodell (ZIA_DM_001)
Einplanung
Ausführungs-Server:
Nur Einzelserver verfügbar ("b4h_B4H_00")
Ausführender Benutzer:
BW-Hintergrundbenutzer ("BWREMOTE")
Jobpriorität:
Priorität C (Standard)
Nur aktueller Mandant ("001"):
Streaming:

**Abbildung 11.5** Allgemeine Eigenschaften von Prozessketten

Überwachung
Automatisch überwacht:
Automatisch zurückgesetzt:
Im Fehlerfall Warnmeldungen ausgeben:
Polling des Hauptprozesses:
Lokales Fehlschlagen als Erfolg:
OK
Abbrechen

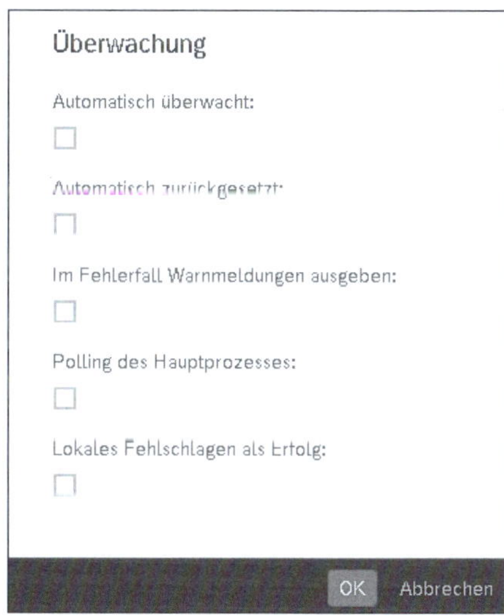

**Abbildung 11.6** Eigenschaften zur Überwachung von Prozessketten

**Streaming-Prozessketten**

Erhält eine Prozesskette das Attribut *Streaming*, so können Sie mit ihr Daten mit hoher Frequenz laden. Somit findet eine Fortschreibung quasi in Echtzeit statt. *Streaming-Prozessketten* können zum einen pull-basiert über einen DTP auf einer (Echtzeit-)SAP-HANA-DataSource getriggert werden. Dabei wird alle 60 Sekunden geprüft, ob es ein fortzuschreibendes Delta gibt. Zum anderen können Streaming-Prozessketten push-basiert über eine (Echtzeit-)SAP-ODP-DataSource angesteuert werden, dabei wird die Kette über eine API getriggert.

**Startprozess anlegen**

Wir beginnen mit der Definition eines *Startprozesses*. Mit dem Startprozess definieren Sie, auf welche Art die Prozesskette mit ihrer Arbeit beginnt. Klicken Sie auf die Schaltfläche . Es öffnet sich das Pop-up-Fenster **Eigenschaften von Trigger**, sie können dort eine der folgenden vier Triggereigenschaften für die Prozesskette auswählen (siehe Abbildung 11.7):

- **Sofortiger Start**: Die Prozesskette wird gestartet, sobald sie eingeplant wird.
- **Datum-/Uhrzeitbasierte Einplanung**: Die Prozesskette wird regelmäßig zu einer bestimmten Uhrzeit an einem bestimmten Datum gestartet.
- **Ereignisbasierte Einplanung**: Die Prozesskette wird gestartet, wenn ein bestimmtes Ereignis eintritt.
- **Arbeitstagbasierte Einplanung**: Anhand eines SAP-BW-Kalenders erfolgt die arbeitstägliche Einplanung.

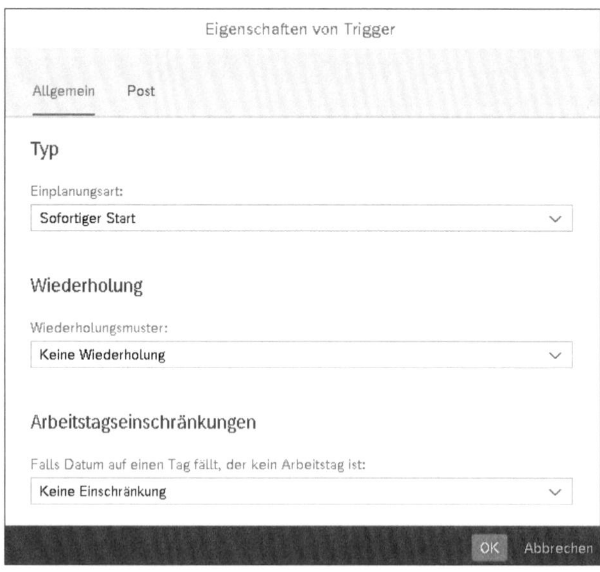


**Abbildung 11.7** Triggereigenschaften festlegen

Die vorgenommenen Einstellungen bestätigen Sie jeweils über die Schaltfläche **OK**.

Im Prozessketten-Editor öffnen Sie über die Option **Prozess hinzufügen** das Pop-up-Fenster **Eigenschaften von Verarbeiten** (siehe Abbildung 11.4). Hier können Sie einen Prozess zur Prozesskette hinzufügen (siehe Abbildung 11.8).

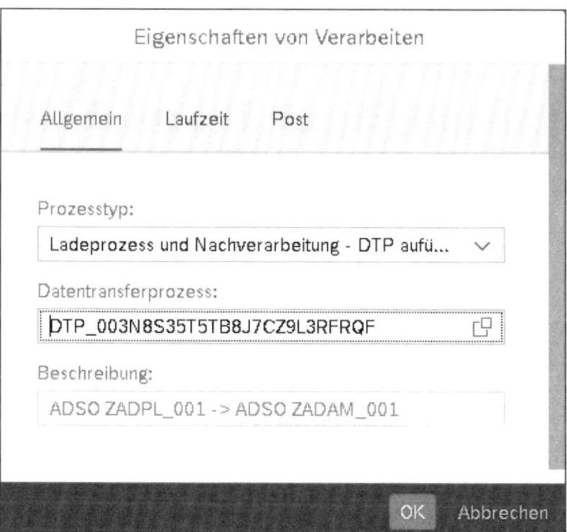


**Abbildung 11.8** Prozesstyp für die Prozesskette auswählen

**Prozesskategorien**

In SAP BW/4HANA 2.0 unterscheiden wir fünf verschiedene *Prozesskategorien*, dabei ist bei der Auswahl des **Prozesstyps** in Abbildung 11.8 immer die Prozesskategorie vorgestellt. Im Folgenden sind die verschiedenen Prozesskategorien mit den zugeordneten *Prozesstypen* aufgelistet:

- **Allgemeine Services**
  - Startprozess (nur einer pro Prozesskette)
  - Unterbrechen
  - ABAP-Programm ausführen
  - Betriebssystem-Befehl ausführen
  - Lokale Kette starten (Es lassen sich Prozessketten in eine bestehende Prozesskette einbinden.)
  - Prozess in Remote-Kette starten
  - Job in Data-Services starten
- **Ladeprozess und Nachverarbeitung**
  - DSO-Requests löschen
  - DTP ausführen

  - Qualitätsstatus für Request setzen
  - Delta-Merge auslösen
  - SAP HANA SDI Remote-Abonnement starten
  - SAP Data Hub Task Workflow starten
  - SAP Data Hub-Diagramm starten
  - SAP BW-Event in SAP BO BI Platform auslösen
- **Datenziel-Administration**
  - Data Tiering anpassen
  - DSO-Daten aktivieren
  - Datenziel entfernen
  - Datenarchivierungsprozess ausführen
  - Cold Store bereinigen
  - DSO-Request bereinigen
  - Stammdaten aktivieren
  - Stammdaten: alte Requests aus Change Log löschen
  - RSPM-Housekeeping
- **Sonstige BW-Prozesse**
  - BW-Analyseberechtigungen nach SAP HANA replizieren
  - SAP-HANA-Analyseprozess ausführen
  - nach neuen Daten im aDSO des Nachfolger-DTPs prüfen
- **Sonstiges**
  - Jobs in SAP CPS starten (SAP Configuration & Pricing Services)
  - Ereignis in SAP CPS auslösen
  - Datenbankstatistik für virtuelle Tabellen anlegen

Über diese Prozesskategorien hinaus gibt es noch gesonderte BPC-Prozesstypen, auf die wir im Rahmen dieses Buches jedoch nicht weiter eingehen.

Mit diesen Prozesstypen können Prozesse aufgebaut werden. Beispielsweise kann im ersten Prozessschritt ein DTP ausgeführt werden (siehe Abbildung 11.8), im zweiten Prozessschritt erfolgt dann die Aktivierung der soeben geladenen Daten (siehe Abbildung 11.9).

Wird ein Startprozess mit diesen beiden Prozessschritten zu einer Prozesskette verknüpft, ergibt sich die Ansicht aus Abbildung 11.10. Im Prozessketten-Editor sehen Sie, dass die Prozesse im Beispiel immer über ein grünes Quadrat verbunden sind und damit immer nur ausgeführt werden, wenn der vorherige Schritt erfolgreich war. Für den Fehlerfall können Folgeschritte über das jeweilige rote Quadrat angeschlossen werden.

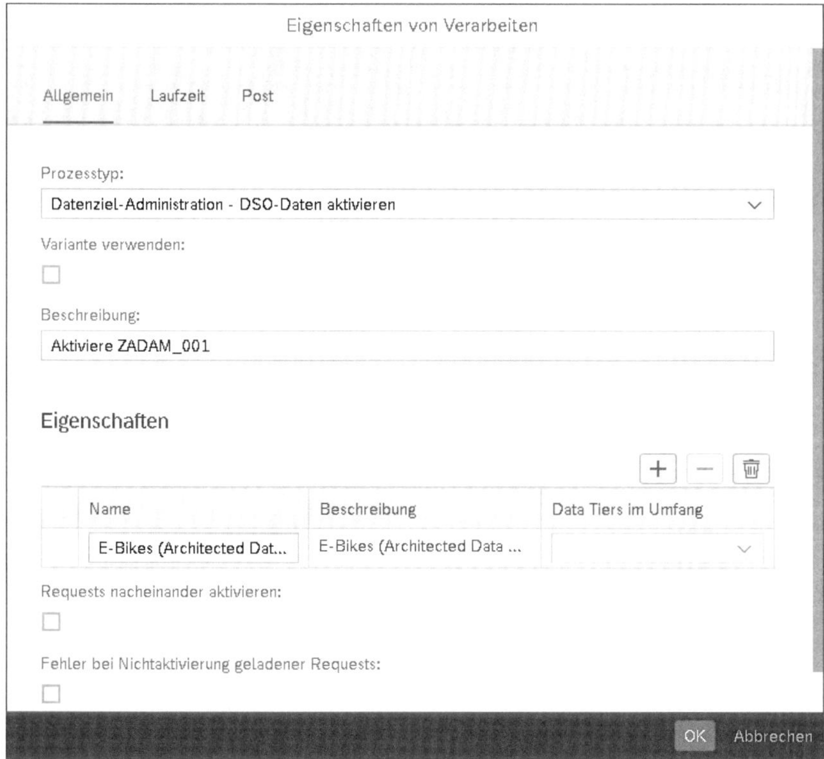


**Abbildung 11.9** Daten aktivieren

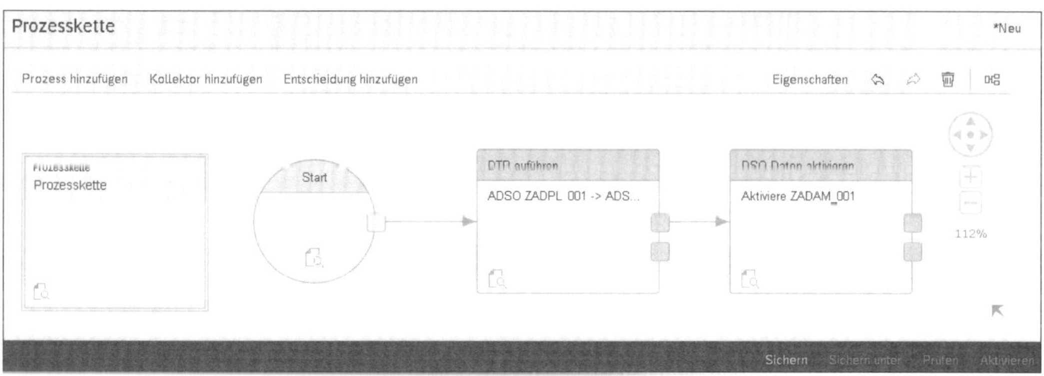


**Abbildung 11.10** Laden und Aktivieren von Daten eines aDSO

**Parallele Prozesse starten**

Es ist möglich, mehrere Prozesse parallel zu starten und dann, wenn alle Prozesse erfolgreich gelaufen sind, weitere Schritte durchzuführen. Wählen Sie hierfür im Prozessketten-Editor die Option **Kollektor hinzufügen**. In der Prozesskettenübersicht wird ein Kollektor hinzugefügt (siehe Abbildung 11.11).

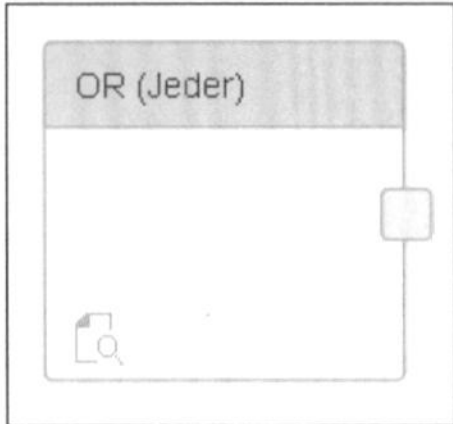


**Abbildung 11.11** Prozessketten-Kollektor

Über die Schaltfläche stellen Sie ein, wie der Kollektor (auch *Sammelprozess* genannt) funktionieren soll. Sie können zwischen den folgenden Eigenschaften (siehe Abbildung 11.12) wählen:

- **AND (Letzter)**: Es wird gewartet, bis alle Vorgängerprozesse beendet wurden. Eingesetzt wird diese Option, wenn beispielsweise alle Beladungen durchgeführt sein müssen, bevor die nächste Beladung stattfinden kann.
- **OR (Jeder)**: Der nächste Prozess in der Kette wird jedes Mal ausgelöst, wenn einer der Vorgängerprozesse erfolgreich beendet wurde. Der Kollektor **OR** wird eingesetzt, wenn Mehrfacheinplanungen eines Prozessschrittes vermieden werden sollen.
- **EXOR (Erster)**: Der nächste Prozess in der Kette wird ausgeführt, sobald der erste Vorgängerprozess erfolgreich beendet wurde. Der Kollektor **EXOR** wird häufig für die Parallelisierung von unabhängigen Prozessen eingesetzt.

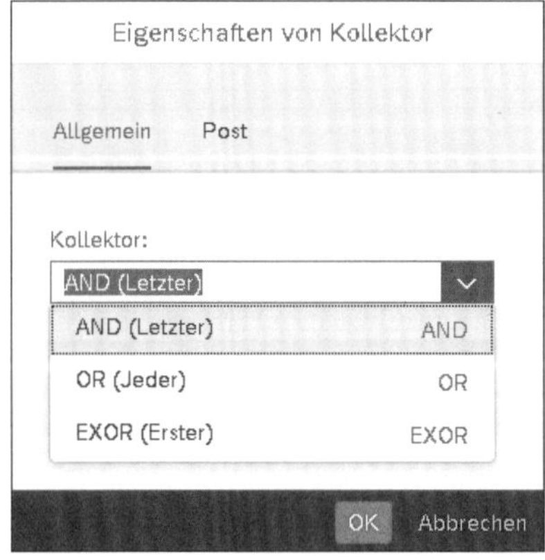


**Abbildung 11.12** Eigenschaften des Kollektors wählen

Entscheidung

Eine weitere Option bei der Modellierung einer Prozesskette ist die *Entscheidung*. Diese wird über die Option **Entscheidung hinzufügen** in die Prozesskette eingebunden und anschließend in der Prozesskettenübersicht als **Entscheidung** angezeigt (siehe Abbildung 11.13). Über die Schaltfläche stellen Sie ein, von welchem Typ die Entscheidung sein soll.

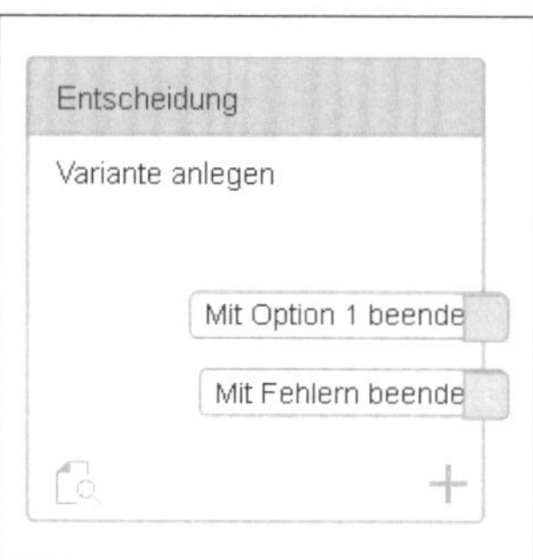


**Abbildung 11.13** Entscheidungen hinzufügen

Ihnen stehen vier verschiedene Entscheidungstypen zur Auswahl (siehe Abbildung 11.14):

- **Workflow starten**: Die Workflow-Modellierung findet im SAP BW/4HANA 2.0 Web Cockpit statt (siehe Hinweiskasten »SAP-Business-Workflow«).
- **Entscheidung**: Die Modellierung einer Entscheidung findet im SAP GUI statt. Sie können beliebig viele Bedingungen für die Entscheidung festlegen, dabei werden die Bedingungen über einen Formeleditor erstellt. Es lassen sich beispielsweise Wenn-dann-Varianten erstellen.
- **Vorheriger Lauf aktiv?**: Die Modellierung findet im SAP BW/4HANA 2.0 Web Cockpit statt. Der Status des vorherigen Laufs wird überprüft, und es können die Events *aktiv* und *inaktiv* ausgegeben werden. Verwenden Sie diesen Entscheidungstyp, wenn die weitere Ausführung der Prozesse vom Status der vorherigen Prozesse abhängt.
- **Anwendung optimieren**: Die Modellierung ist vom Typ BPC und findet im SAP GUI statt.

**SAP-Business-Workflow**

Mit dem SAP-Business-Workflow lassen sich automatisierte Business-Prozesse mit Aufgaben, Events etc. erstellen. Dabei kann beispielsweise ein Prozess für Neueinstellungen angelegt werden, bei dem die verantwortlichen Personen über den nächsten anstehenden Schritt informiert werden. Weitere Informationen finden Sie unter der URL *http://s-prs.de/785407*.

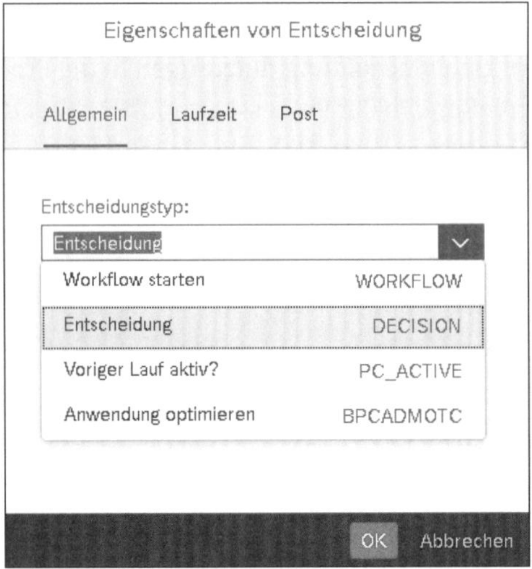


**Abbildung 11.14** Eigenschaften von Entscheidungen festlegen

Sie haben nun die verschiedenen Bausteine zum Aufbau von Prozessketten kennengelernt. Abschließend müssen Sie Ihre neu erstellten oder geänderten Prozessketten speichern, überprüfen und aktivieren.

**Prozessketten speichern**

Zum Speichern der Prozesskette wählen Sie im Prozessketten-Editor unten rechts **Speichern**. Geben Sie im Pop-up-Fenster **Beschreibung, Namen und Paket angeben** eine **Beschreibung**, einen (technischen) **Namen** und ein **Paket** an, und bestätigen Sie mit **Weiter** (siehe Abbildung 11.15).

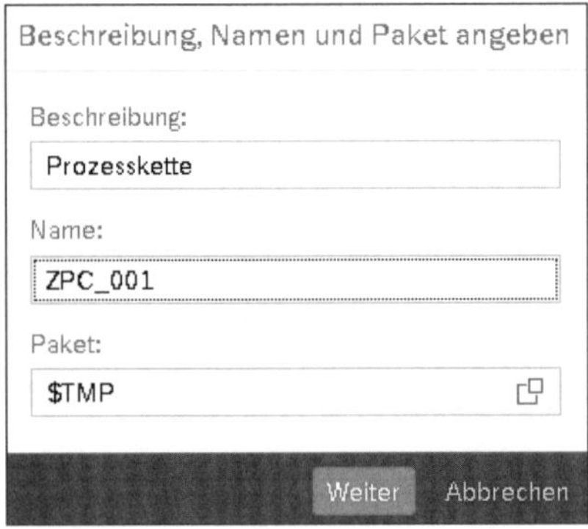


**Abbildung 11.15** Prozesskette sichern

Im nächsten Schritt können Sie die Prozesskette über die entsprechende Schaltfläche prüfen (siehe Abbildung 11.16) und, falls die Prozesskette konsistent ist, anschließend aktivieren.

**Der Prozessketten-monitor**

Danach können Sie den **Prozesskettenmonitor** über den Tab **Monitor** und die App **Prozessketten – Neuesten Stand anzeigen** öffnen. Die Prozesskette kann nun über die Schaltflächen **Einplanen** oder **Ausplanen** eingeplant oder ausgeplant werden (siehe Abbildung 11.17). Dabei bezieht sich die Einplanung immer auf der im Trigger eingestellten Einplanung.

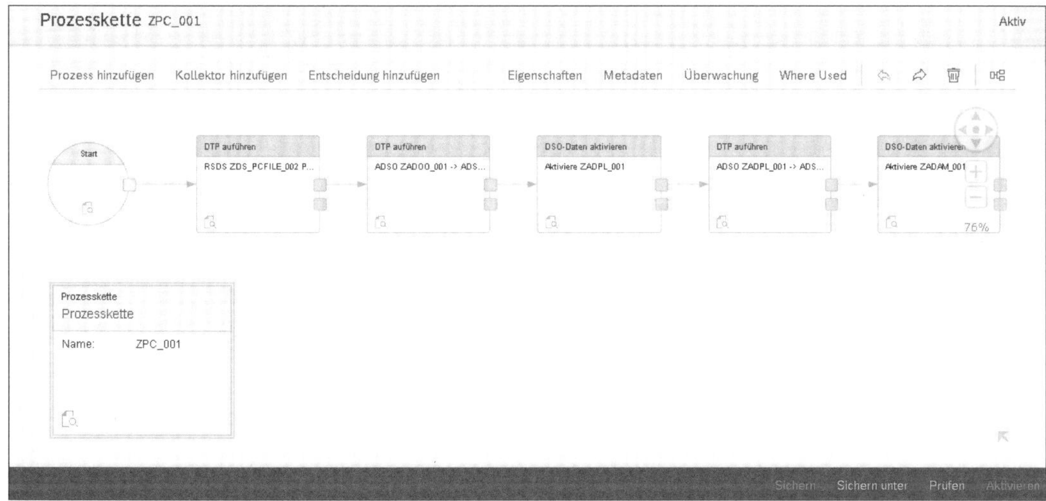


**Abbildung 11.16** Die finale Prozesskette

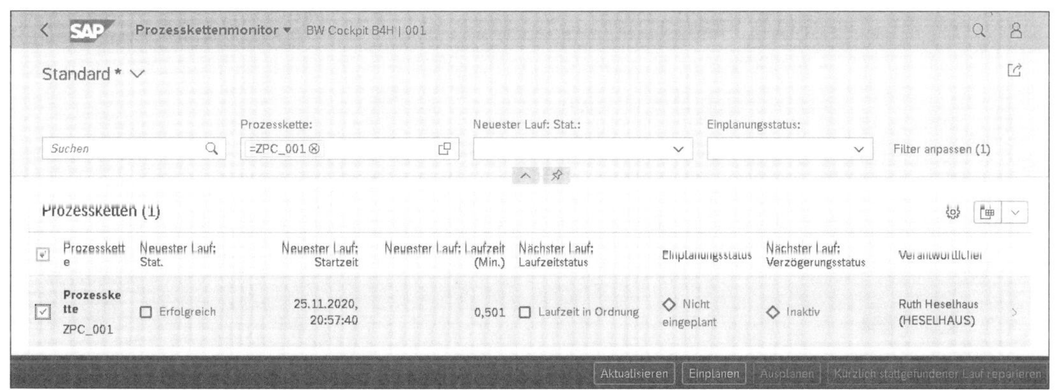


**Abbildung 11.17** Einplanung einer Prozesskette

Im Prozesskettenmonitor können Sie sich auch alle fehlgeschlagenen Läufe anzeigen lassen (siehe Abbildung 11.18).

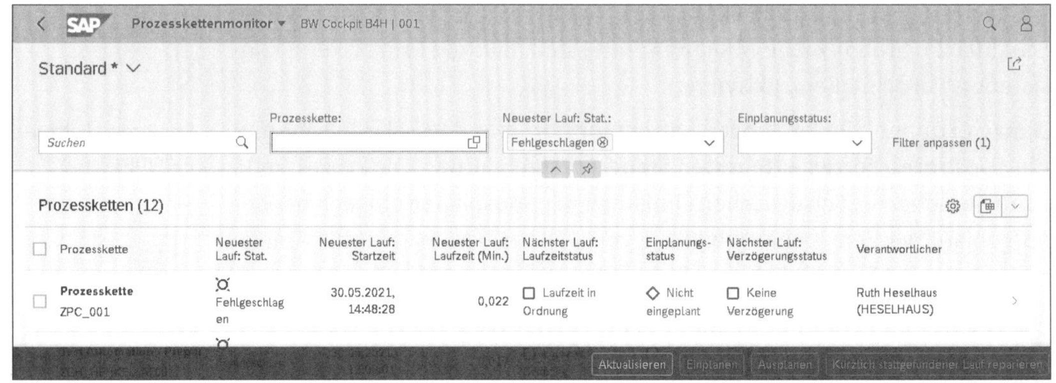


**Abbildung 11.18** Fehlgeschlagene Läufe im Prozesskettenmonitor

**Fehleranalyse bei Abbrüchen**

Falls es beim Ausführen einer Prozesskette zu einem Fehler gekommen ist, müssen Sie diesen analysieren. Häufig genügt es, einen Lauf über die Schaltfläche **Kürzlich stattgefundenen Lauf reparieren** zu reparieren. Es kann jedoch auch erforderlich sein, die einzelnen Schritte im Detail zu analysieren. Dazu wählen Sie die abgebrochene Prozesskette aus und überprüfen, an welchem Punkt die Kette abgebrochen ist. In unserem Beispiel liegt der Fehler darin begründet, dass durch die Hintergrundausführung nicht auf den lokalen Rechner zugegriffen werden kann und die DataSource somit keine Daten in das aDSO ZADOO_001 laden kann (siehe Abbildung 11.19). Dies liegt an der Form der DataSource bzw. an dem Zugriff auf dem lokalen Rechner. In diesem konkreten Fall sollte der DTP zur Beladung des aDSO ZADOO_001 manuell geladen werden, alternativ kann die Datei auf einem Server abgelegt werden, auf den zugegriffen werden kann. Alle anderen Prozessschritte können dann über die Prozesskette abgebildet werden.

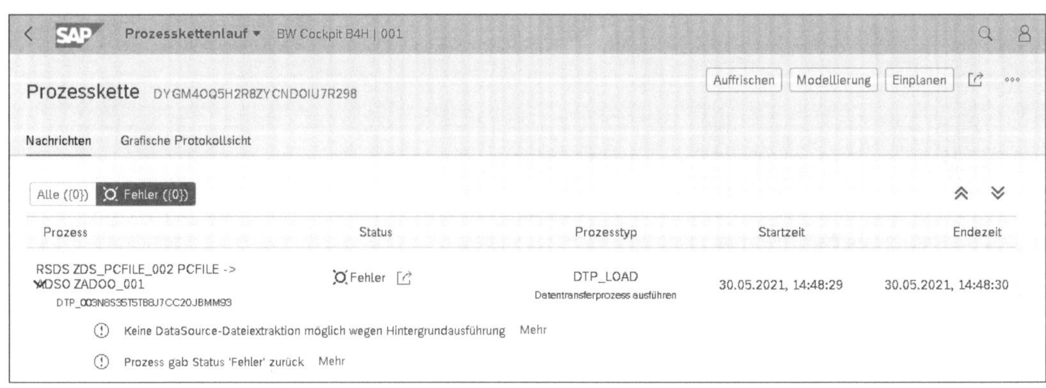


**Abbildung 11.19** Fehleranalyse einer Prozesskette

Im nächsten Abschnitt beschäftigen wir uns mit den Themen Sicherheit und Berechtigungen in SAP BW/4HANA 2.0 sowie Berechtigungen in SAP-Frontend-Tools und der Data Protection Workbench.

## 11.2 Sicherheit

Über die Vergabe von Berechtigungen können Sie sicherstellen, dass alle Anwenderinnen und Anwender Ihres SAP-BW/4HANA-2.0-Systems nur die Daten sehen und die Funktionen ausführen, die sie für ihre Arbeit benötigen. In SAP BW/4HANA 2.0 wird zwischen Standard- und Analyseberechtigungen unterschieden. In Abschnitt 11.2.1, »Standardberechtigungen in SAP BW/4HANA 2.0«, und Abschnitt 11.2.2, »Analyseberechtigungen in SAP BW/4HANA 2.0«, geben wir Ihnen einen Überblick über diese beiden Berechtigungstypen, damit Sie ein grundlegendes Verständnis für diese Themenbereiche erwerben, die häufig durch das oder in Zusammenarbeit mit dem SAP-Basis-Team bearbeitet werden. In Abschnitt 11.2.3, »Berechtigungen in Frontend-Tools«, gehen wir auf die Möglichkeit der Vergabe zusätzlicher Berechtigungen im Frontend-Bereich ein.



Mit SAP BW/4HANA 2.0 steht Ihnen erstmals auch die *Data Protection Workbench* zur Verfügung. Diese Toolbox, die Kunden bei der Einhaltung von Regularien bezüglich des Datenschutzes unterstützen soll, stellen wir in Abschnitt 11.2.4, »Unterstützung des Datenschutzes durch die Data Protection Workbench«, vor. Beginnen wir jedoch zunächst mit den Standardberechtigungen in SAP BW/4HANA 2.0.

### 11.2.1 Standardberechtigungen in SAP BW/4HANA 2.0

*Standardberechtigungen* erlauben es Anwenderinnen und Anwendern, Daten zu modellieren oder zu laden, die Planungsworkbench zu nutzen und Queries zu definieren. Dabei beziehen sich einzelne Berechtigungen auf konkrete Berechtigungsobjekte.

**Rollen**

Diese *Einzelberechtigungen* lassen sich in *Rollen* zusammenfassen. Eine Rolle enthält typischerweise häufig in einem bestimmten Kontext zusammen benötigte Berechtigungen. Mehrere Rollen lassen sich wiederum in einer *Sammelrolle* zusammenfassen. Anwenderinnen und Anwendern werden üblicherweise keine Einzelberechtigungen, sondern Rollen zugewiesen. SAP liefert vorgefertigte Rollen aus, diese können Sie kopieren und anpassen. Wir empfehlen, vor etwaigen Anpassungen zunächst Kopien der SAP-Rollen anzulegen, da die Original-SAP-Rollen, wenn sie angepasst wurden, bei Upgrades oder Releasewechseln überschrieben werden könnten. Weitere, kundenindividuelle Rollen können – in der Regel von Ihrem SAP-Basis-Team – erstellt werden.

**Profile**

In SAP BW/4HANA 2.0 werden Anwenderinnen und Anwendern (Sammel-)Rollen zugewiesen. Aus diesen können Sie *Profile* generieren, mit denen systemintern gearbeitet wird. Auch hier gibt es *Sammelprofile*, die aus mehreren Profilen bestehen. Dieses Berechtigungskonzept basiert auf dem *Standard-Berechtigungskonzept von SAP* (auch *ABAP-Berechtigungskonzept* genannt, siehe Hinweiskasten.

[»]

**Das ABAP-Berechtigungskonzept**

Das ABAP-Berechtigungskonzept bezieht sich nicht auf die Daten in SAP BW/4HANA 2.0, sondern auf die Berechtigungen für Transaktionen, Programme und Services. Die nach diesem Konzept vergebenen Standardberechtigungen legen fest, welche Funktionen die Anwenderinnen und Anwender im SAP-BW/4HANA-2.0-System ausführen dürfen.

Die Berechtigungen hängen dabei am SAP-Benutzernamen, mit dem sich eine Anwenderin oder ein Anwender am System anmeldet. Sie richten sich nach den Tätigkeiten, die eine Person erfüllen soll. Die Berechtigungen werden in Berechtigungsprofilen zusammengefasst, jedes Berechtigungsprofil gehört zu einer Rolle. Diese Rolle wird der entsprechenden Person zugewiesen.

Werden Berechtigungen verändert, hat dies Auswirkungen für alle Anwenderinnen und Anwender, deren Berechtigungsprofil die veränderten Berechtigungen enthält. Berechtigungen können nur von der Systemadministration bearbeitet werden. In Mehrsystemlandschaften können sie transportiert werden.

**Berechtigungsobjekte**

Jede Berechtigung bezieht sich auf genau ein *Berechtigungsobjekt*. Ein Berechtigungsobjekt kann mehrere Felder enthalten. Beispiele für Berechtigungsobjekte sind:

- Arbeiten mit den BW Modeling Tools
- Ausführen von Programmen
- Arbeiten mit InfoObjects, Bearbeiten und Aktivieren von Stammdaten
- Arbeiten mit aDSOs
- Arbeiten mit Prozessketten

Berechtigungsrollen pflegen Sie im SAP BW/4HANA 2.0 Web Cockpit in der App **Rollenverwaltung** (siehe Abbildung 11.20).

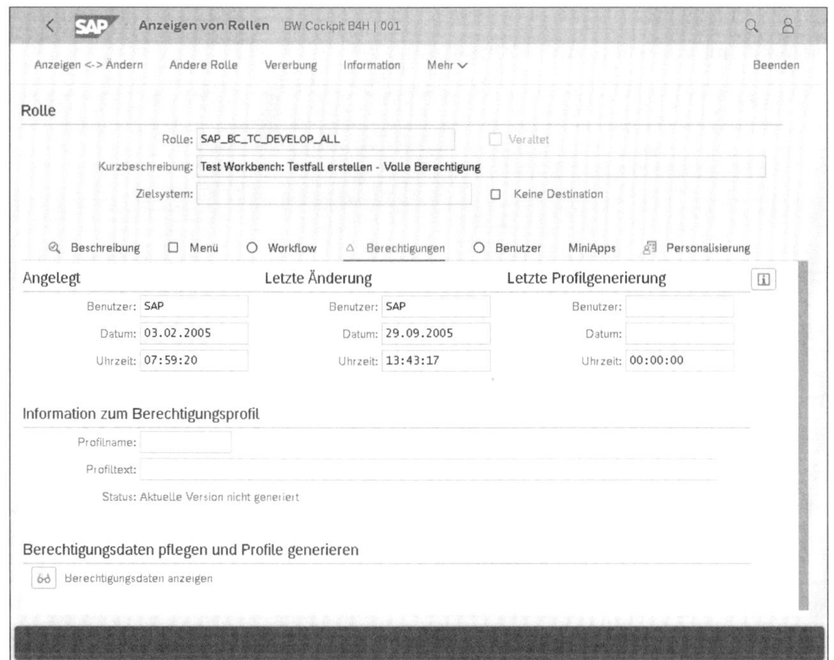


**Abbildung 11.20** Rollenpflege im Web Cockpit

Eine Rolle hat wie jedes andere SAP-BW-Objekt auch einen Namen und optional eine **Kurzbeschreibung**. Über die Schaltfläche **Berechtigungsdaten anzeigen** öffnen Sie die gepflegten Berechtigungen (siehe Abbildung 11.21).

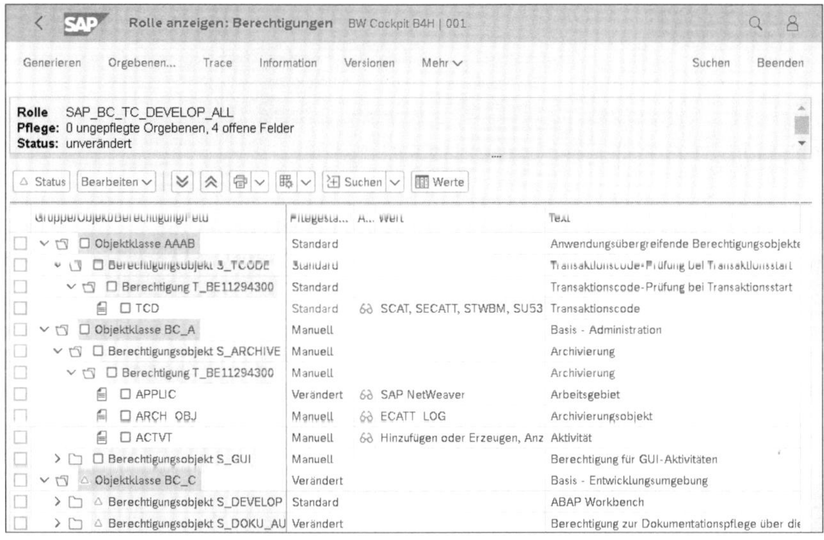


**Abbildung 11.21** Berechtigungen der Rolle SAP_BC_TC_DEVELOP_ALL

Die Zuweisung von Rollen zu Personen nehmen Sie in der App **Benutzerverwaltung** vor (siehe Abbildung 11.22).

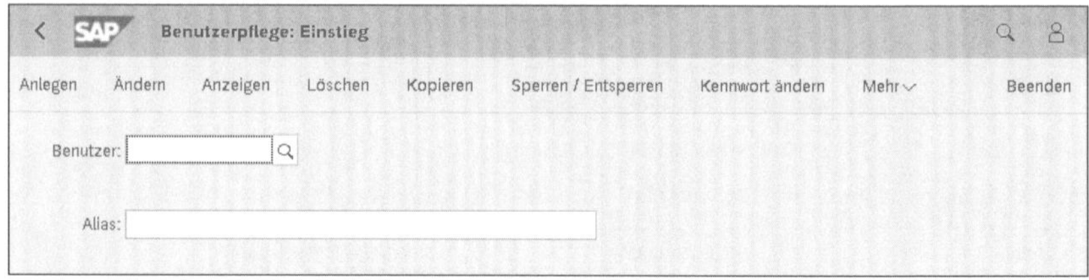


**Abbildung 11.22** Benutzerverwaltung

Wählen Sie einen Benutzer aus, und klicken Sie anschließend auf die Schaltfläche **Anzeigen**. Sie können dann im Tab **Rollen** sehen, dass der Nutzerin **Heselhaus** die Rollen **ZSAP_BW4_MODELER** und **Z_BO_BENUTZER** zugeordnet sind (siehe Abbildung 11.23). Über die Schaltfläche **Anzeigen/Ändern** passen Sie die ausgewählten Nutzer an.

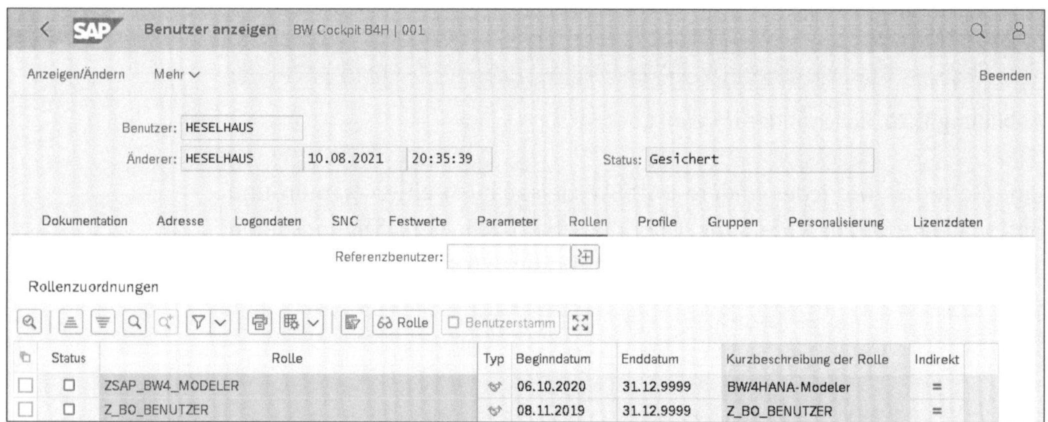


**Abbildung 11.23** Rollen der Nutzerin HESELHAUS

Für tiefgehendere Informationen zu Standardberechtigungen empfehlen wir einen Blick in die SAP-Dokumentation zu SAP BW/4HANA 2.0 (*http://s-prs.de/785408*) bzw. einschlägige Literatur.

### 11.2.2 Analyseberechtigungen in SAP BW/4HANA 2.0

**Berechtigungsrelevante Merkmale**

Im Gegensatz zu Standardberechtigungen handelt es sich bei *Analyseberechtigungen* um Berechtigungen auf Daten. Konkret greifen Analyseberechtigungen bei der Berechtigungsprüfung auf *berechtigungsrelevante Merkmale* zu. Analyseberechtigungen basieren nicht auf dem ABAP-Berechtigungskonzept, sondern gründen auf einem eigenen Konzept mit

Fokus auf Reporting und Analysen. Ein kleines Beispiel zur Unterscheidung von Standard- und Analyseberechtigungen: Standardberechtigungen erlauben Ihnen, überhaupt erst auf Queries zuzugreifen, Analyseberechtigungen legen dagegen fest, welche Daten Sie in der Query sehen dürfen.

Um Analyseberechtigungen verwenden zu können, müssen Merkmale, die geschützt werden sollen, zunächst als berechtigungsrelevant gekennzeichnet worden sein (siehe Abschnitt 5.5.4, »Merkmals-InfoObject administrieren: Allgemein«). Sie können auch Navigationsattribute als berechtigungsrelevant kennzeichnen.

**Analyseberechtigungen beim Ausführen von Queries**

Beim Ausführen einer Query prüft das System, ob berechtigungsrelevante Merkmals-InfoObjects oder Navigationsattribute in der Selektion enthalten sind. Damit die Anwenderinnen und Anwender ein Ergebnis angezeigt bekommen, müssen ihre Berechtigungen die Selektion vollständig erlauben. Ist dies nicht der Fall, erscheint eine entsprechende Meldung. Grundsätzlich funktionieren Analyseberechtigungen nicht wie Filter. Das bedeutet, dass die Anwenderinnen und Anwender beim Ausführen einer Query nicht einfach nur die Teilergebnisse angezeigt bekommen, für die sie berechtigt sind. Sie bekommen nur dann ein Ergebnis angezeigt, wenn die Selektion der Daten so gewählt ist, dass sie nur Daten enthält, auf die die Person berechtigt ist. Eine Ausnahme bildet die Befüllung von Variablen aus Berechtigungen: Hier wird beim Ausführen der Query die Berechtigung der Anwenderinnen und Anwender ausgelesen und vorgenommen, die Selektion wird vom System mit den für die Anwenderin oder den Anwender erlaubten Werten befüllt. Eine weitere Ausnahme gilt bei Hierarchien im Aufriss. Hier sehen die Anwenderinnen und Anwender nur den Teil, für den sie berechtigt sind.

[!]

**Berechtigungsrelevante Merkmals-InfoObjects**

Grundsätzlich werden immer alle berechtigungsrelevanten Merkmale in einer Query oder einem InfoProvider geprüft. Dies kann sich negativ auf die Performance auswirken. SAP empfiehlt daher, nicht mehr als zehn berechtigungsrelevante Merkmals-InfoObjects in einer Query zu verwenden. Ausgenommen von dieser Regel sind berechtigungsrelevante Merkmals InfoObjects mit der Berechtigung »*«.

Analyseberechtigungen können auf einen oder mehrere Einzelwerte, Intervalle, Muster oder (Teile von) Hierarchien berechtigen. Muster sind erlaubt, wenn Sie auf »*« enden, wobei »*« für eine beliebige Anzahl von Zeichen steht: »*« allein erlaubt die Sicht auf alle Werte (keine Einschränkung), und

»K*« schränkt die Sicht auf alle Werte, die mit einem »K« beginnen, ein. Für aggregierte Werte in Summenzeilen und nicht zugeordnete Werte (»#« in der Query) können gesondert Berechtigungen erteilt werden. Negative Berechtigungen (also ein Ausschluss) sind nicht möglich, mit Ausnahme des Merkmals `0TCAVALID` für die zeitliche Gültigkeit.

**Berechtigungen auf InfoAreas und anderen Modellierungsobjekten**

Analyseberechtigungen können auch genutzt werden, um Anwenderinnen und Anwendern den Zugriff auf konkrete InfoAreas oder andere Modellierungsobjekte wie aDSOs und InfoObjects anhand ihres technischen Namens zu gestatten. Wenn Sie diese Option nutzen möchten, ist es von Vorteil, gute Namenskonventionen für die Modellierungsobjekte in SAP BW/4HANA 2.0 zu haben, bei denen der technische Name einer InfoArea beispielweise immer mit dem technischen Namen der übergeordneten InfoArea beginnt, z. B. InfoArea WS mit den untergeordneten InfoAreas `WS_A01`, `WS_A02`, `WS_B01` und `WS_B02`. Sie könnten hier auf WS berechtigen. Die Anwenderin oder der Anwender dürfte dann alle Objekte in der gesamten InfoArea sehen. Sie könnten auch auf `WS_A01` berechtigen oder auf »WS_B*«, was den Zugriff auf `WS_B01` und `WS_B02` umfassen würde.

**Berechtigungsdimensionen und Spezialdimensionen**

Ein Merkmals-InfoObject oder Navigationsattribut wird in einer Analyseberechtigung als *Dimension* bezeichnet. Eine Berechtigung kann mehrere Dimensionen dieser Art enthalten. Daneben enthält eine Analyseberechtigung die folgenden drei *Spezialdimensionen* mit den von SAP standardmäßig ausgelieferten Merkmalen:

- `0TCAACTVT` (Aktivität) mit dem Standardwert »03« für den Lesezugriff; für Planung muss hier zusätzlich »02« für Schreibrechte vergeben werden.
- `0TCAIPROV` (InfoProvider) mit dem Standardwert »*« für alle InfoProvider. Hier können auch Berechtigungen für ganze InfoAreas erteilt werden.
- `0TCAVALID` (zeitliche Gültigkeit) mit dem Standardwert »*« für eine unbegrenzte zeitliche Gültigkeit. Hier haben Sie die Möglichkeit, die Gültigkeit der Berechtigung über einen Einzelwert oder ein Intervall einzuschränken.

Wenn diese Spezialdimensionen nicht mindestens in einer Berechtigung eines Anwenders enthalten sind, kann er die Query nicht ausführen. SAP empfiehlt daher für eine bessere Übersicht, die Spezialdimensionen in jede Berechtigung mit aufzunehmen. Die drei Merkmale dürfen allerdings nicht in Queries verwendet werden.

Darüber hinaus gibt es das Merkmal `0TCAKYFNM` für Kennzahlberechtigungen (früher `1KYFNM`, dieses wird aber nicht mehr verwendet). Hier dürfen Sie keine Hierarchieberechtigungen verwenden, setzen Sie dieses Merkmal also sparsam ein.

**Analyseberechtigungen verwalten**

Analyseberechtigungen können im SAP BW/4HANA 2.0 Web Cockpit in der App **Verwaltung der Analyseberechtigungen** gepflegt werden (siehe Abbildung 11.24).

**Abbildung 11.24** Verwaltung der Analyseberechtigungen

Im nächsten Abschnitt beschäftigen wir uns mit zusätzlichen Berechtigungseinstellungen in den Frontend-Tools.

### 11.2.3 Berechtigungen in Frontend-Tools

In Kapitel 10, »Frontend-Tools«, haben wir bereits verschiedene Frontend-Tools vorgestellt. Allerdings sind wir dort nicht näher auf die Berechtigungen eingegangen. Dies holen wir an dieser Stelle mit einem groben Überblick nach. Für tiefgehendere Lektüre zu diesem Thema verweisen wir auf die einschlägige Fachliteratur. Beginnen werden wir mit der Beschreibung von SAP Lumira 2.x, danach folgt SAP Analysis for Microsoft Office und schließlich SAP Analytics Cloud.

**SAP Lumira 2.x**

Für mit dem Frontend-Tool SAP Lumira 2.x erstellte Dashboards gilt, dass sie in der Regel in der SAP BO BI Platform gespeichert werden. Somit werden auch die Berechtigungen auf die jeweiligen Dashboards über die Ordnerstruktur der SAP BO BI Platform geregelt. Dies bezieht sich jedoch lediglich auf den Zugriff auf das Dashboard und nicht auf die Datenverbindung zum SAP BW. Der Zugriff auf die Daten wird über die in Abschnitt 11.2.1 vorgestellten Analyseberechtigungen geregelt. Somit wird über die SAP BO BI Platform geregelt, welche Anwenderinnen und Anwender mit welchen

Rechten auf die Ordner mit ihren Inhalten wie z. B. Dashboards zugreifen dürfen. Diese Berechtigungen werden in der Regel über *Gruppen* geregelt, denen die Anwenderinnen und Anwender zugeordnet werden. Dabei können Sie Rechte explizit vergeben, nicht vergeben oder verweigern. Eine grobe Übersicht der Zusammenhänge finden Sie in Abbildung 11.25. Sie sehen, dass Gruppen spezifische Rechte auf Ordner erhalten. Diesen Gruppen werden die Nutzer zugeordnet. Dabei kann auch festgelegt werden, auf welche Arten von Dokumenten die Anwenderinnen und Anwender zugreifen dürfen. Grundsätzlich erlaubt die Standardeinstellung keinen Zugriff, Sie müssen die Berechtigungen also aktiv vergeben.

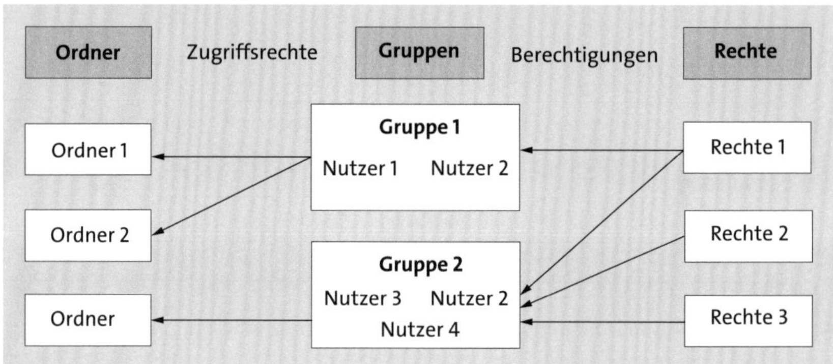


**Abbildung 11.25** Grafische Darstellung von Ordnern, Nutzer und Gruppen in der BO BI Platform

**SAP Analysis for Microsoft Office**

Beim Frontend-Tool SAP Analysis for Microsoft Office besteht, ebenso wie bei SAP Lumira 2.x, die Möglichkeit, Berichte auf der SAP BO BI Platform zu speichern. Dazu wählen Sie unter **Optionen • Analysis • Arbeitsmappe speichern** die Option der Speicherung auf der Plattform SAP BusinessObjects Business Intelligence (siehe Abbildung 11.26).

Hier kommen die Analyseberechtigungen von SAP BW/4HANA 2.0 erneut zum Tragen, wenn eingestellt ist, dass die Berichte ohne Daten gespeichert werden sollen. Andernfalls können die Daten aus SAP BW/4HANA 2.0, wenn sie im Dokument selbst gespeichert wurden, von allen Anwenderinnen und Anwendern mit Zugriff auf den Speicherort gelesen werden, auch wenn diese nicht über die Analyseberechtigungen für den Zugriff auf die Daten in SAP BW/4HANA 2.0 verfügen! Der Zugriff auf die entsprechenden Berichte wird dann über das zuvor erläuterte Berechtigungskonzept geregelt.

**Lokale Speicherung**

Anwenderinnen und Anwender können die SAP-Analysis-for-Office-Berichte auch lokal speichern. In diesem Fall kommen beim Abruf oder bei der Aktualisierung von Daten aus SAP BW/4HANA 2.0 nur die Analyseberechtigungen aus SAP BW/4HANA 2.0 zum Tragen.

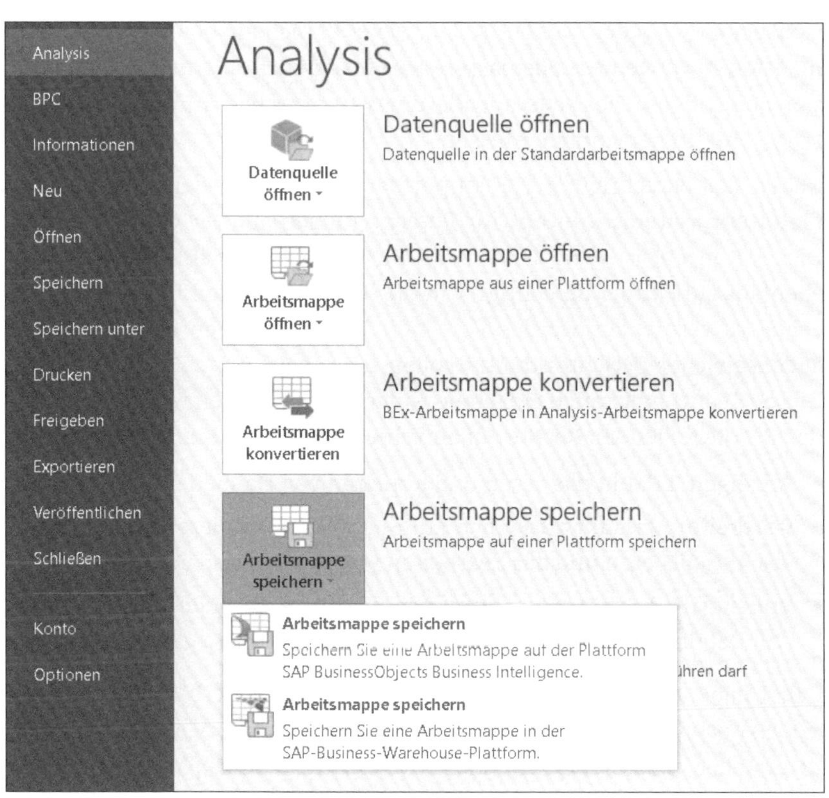


**Abbildung 11.26** Arbeitsmappe auf der Plattform speichern

**Speicherung in SAP BW/4HANA**

Die letzte Möglichkeit ist die Speicherung der SAP-Analysis-for-Office-Berichte auf dem Applikationsserver von SAP BW/4HANA 2.0. Dies geschieht auf dem gleichen Weg wie in Abbildung 11.26 dargestellt, hier wählen Sie jedoch **Speichern Sie die Arbeitsmappe in der SAP-Business-Warehouse-Plattform**. Die Berichte werden hier innerhalb der Rollen auf dem Applikationsserver von SAP BW/4HANA 2.0 abgelegt.

**SAP Analytics Cloud**

In der SAP Analytics Cloud werden – wie bereits in Abschnitt 10.2, »SAP Analytics Cloud«, beschrieben – die Analyseberechtigungen von SAP BW/4HANA 2.0 bei Live-Modellen übernommen. Das bedeutet, dass Sie sich um die Datensicherheit bei Live-Modellen zunächst keine Gedanken machen müssen. Etwas anders gestaltet es sich, wenn Sie Import-Modelle verwenden. Dabei kann die Anwenderin oder der Anwender sich entscheiden, eine *private* oder eine *öffentliche Dimension* zu verwenden. Eine private Dimension kann nur in dem Modell verwendet werden, in dem sie gebraucht wird. Wird das Modell gelöscht, so wird auch die Dimension gelöscht. Öffentliche Dimensionen lassen sich über mehrere Modelle hinweg verwenden. Gerade wenn Datenberechtigungen wiederholt auf Dimensionsebene vergeben werden sollen, bietet es sich an, eine öffentliche Dimension zu verwenden. Hier lassen sich einzelne Ausprägungen der Dimension berechtigen. Dies bedeutet allerdings zusätzlichen Aufwand, da Sie die Daten einzeln berechtigen müssen.

**Ordnerberechtigungen in der SAP Analytics Cloud**

Neben der Berechtigung von Importdaten gibt es in der SAP Analytics Cloud ein weiteres Konzept für Berechtigungen auf der Ordnerstruktur. Dieses Konzept ist dem der SAP BO BI Platform sehr ähnlich: Hier wird ebenfalls auf Ordner berechtigt. Um die Berechtigung auf Einzelpersonenebene zu vermeiden, werden Personen, die die gleichen Berechtigungen auf die gleichen Berichte erhalten sollen, über sogenannte *Teams* gruppiert. Diesen Teams (oder auch einzelnen Nutzern, davon raten wir aber ab) können Sie die folgenden Rechte auf einzelne Ordner zuweisen:

- **Anzeigen**: Erlaubt das Lesen und Kopieren von Dateien und Ordnern.
- **Bearbeiten**: Erlaubt zusätzlich zum Lesen und Kopieren das Erstellen, das Aktualisieren und das Bearbeiten von Dateien und Ordnern.
- **Vollzugriff**: Erlaubt alle Aktivitäten, inklusive Löschen und Freigeben von Dateien und Ordnern.

**Rollen**

Dabei haben die Anwenderinnen und Anwender innerhalb eines Teams jedoch noch keine Berechtigung, beispielsweise eine Story oder Application zu erstellen. Diese Berechtigungen werden über *Rollen* vergeben (siehe Abbildung 11.27). Sie sehen, dass den Rollen verschiedene Berechtigungen (**Erstellen**, **Lesen**, **Aktualisieren** etc.) für den Zugriff auf die Elemente der SAP Analytics Cloud gewährt werden können.

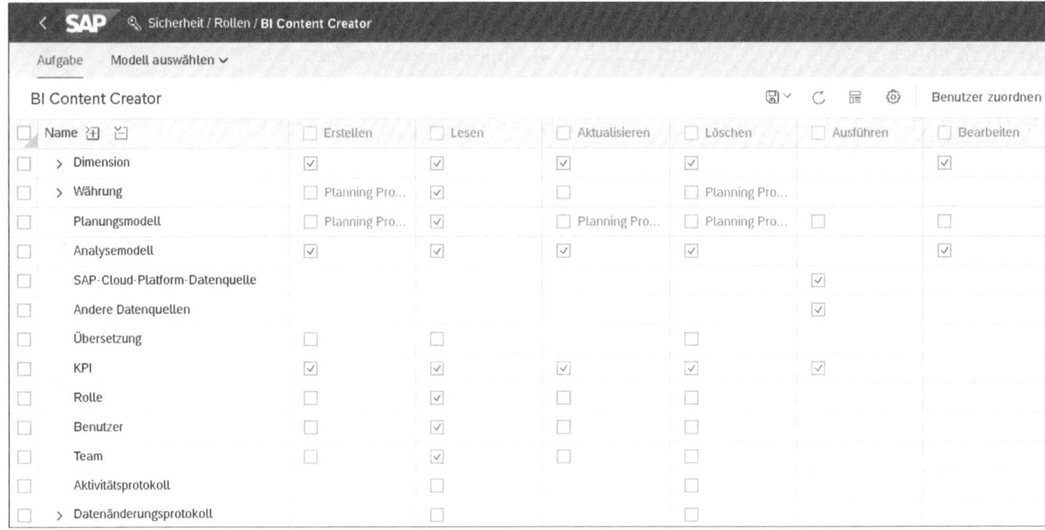


**Abbildung 11.27** Rollen in der SAP Analytics Cloud, hier die Standardrolle BI Content Creator

Die vorgefertigten Standardrollen bieten eine gute Grundlage zum Personalisieren und zum Anpassen an die Bedürfnisse Ihres Unternehmens.

**Beispiel**

Um den Zusammenhang zwischen Ordnern, Teams und Rollen zu verdeutlichen, sehen Sie sich Nutzer 2 in Abbildung 11.28 an: Er ist Team 1 und Team 2 zugeordnet und hat somit Zugriffsrechte auf die Ordner 1, 2 und 3. Zudem sind ihm die Rollen 1, 2 und 3 zugeordnet, die ihm verschiedene Berechtigungen verleihen. Beispielsweise könnte Rolle 2 die Berechtigung sein, analytische Applikationen zu erstellen. Dieses Recht erhält Nutzer 1 nicht, da er nur Team 1 zugeordnet ist, dem wiederum lediglich Rolle 1 zugeordnet wurde.

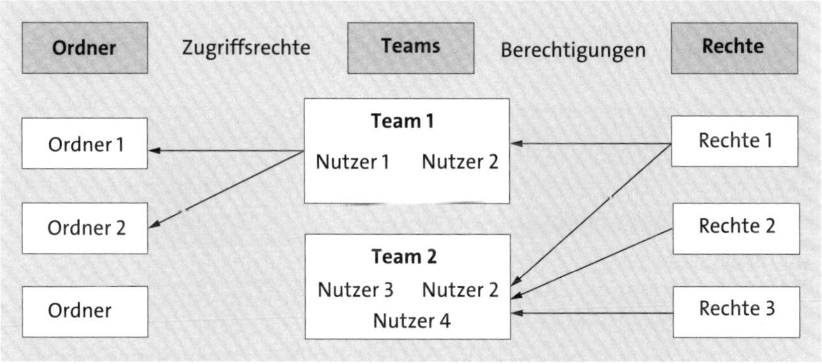

**Abbildung 11.28** Zusammenhang zwischen Ordnern, Teams und Rollen in der SAP Analytics Cloud

Zusammenfassend bleibt zu bemerken, dass sich gerade das Konzept der Berechtigungen in der SAP BO BI Platform nicht zu stark von dem Konzept in der SAP Analytics Cloud unterscheidet. Die Berechtigung auf verschiedene Ordner bietet jedoch eine gute Möglichkeit, die Zugriffe auf Dateien in den Systemen zu reglementieren.

### 11.2.4 Unterstützung des Datenschutzes durch die Data Protection Workbench

**Datenschutz**

Mit SAP BW/4HANA 2.0 steht Ihnen neu die *Data Protection Workbench* zur Verfügung. Es handelt sich hierbei um eine Toolbox, die die Kunden bei der Einhaltung von Regularien bezüglich des Datenschutzes unterstützen soll, die sich beispielsweise aus der seit 2018 geltenden Datenschutz-Grundverordnung ergeben (siehe auch Hinweiskasten »Datenschutz-Grundverordnung (DSGVO)/General Data Protection Regulation (GDPR)«). Die Data Protection Workbench stellt eine erste mit den in (klassischen) SAP-Quellsystemen über das SAP Information Lifecycle Management (siehe Hinweiskasten »SAP Information Lifecycle Management (SAP ILM)«) implementierten Datenaufbewahrungs-Richtlinien integrierte Lösung dar.

[!]

**Datenschutz-Grundverordnung (DSGVO)/General Data Protection Regulation (GDPR)**

Bei der *Datenschutz-Grundverordnung* (*DSGVO*), englisch *General Data Protection Regulation* (*GDPR*), handelt es sich um die seit Mai 2018 geltende Verordnung der EU, die Vorgaben zur Verarbeitung personenbezogener Daten enthält. Ziele sind der EU-weit einheitliche Schutz dieser Daten innerhalb der EU in Kombination mit einem freien Datenverkehr innerhalb des Europäischen Binnenmarktes. Unternehmen sind dazu verpflichtet, die Regeln der DSGVO in ihren IT-Systemen abzubilden.

[»]

**SAP Information Lifecycle Management (SAP ILM)**

*SAP Information Lifecycle Management* (*SAP ILM*) ist ein Konzept zur automatisierten Verwaltung von Datenflüssen sowie von Metadaten. SAP ILM umfasst Regelwerke, Prozesse, Verfahren und Werkzeuge wie das *SAP NetWeaver Information Lifecycle Management* (*SAP NetWeaver ILM*). Im SAP ILM wird festgeschrieben, auf welche Art und Weise Daten und Informationen im Laufe ihres Lebenszyklus auf welchen Speichermedien verwaltet und genutzt werden dürfen. Der Lebenszyklus von Daten umfasst dabei den Zeitraum von der Erstellung oder Generierung und Speicherung der Daten bis zu ihrer endgültigen Vernichtung.

Die Verwaltung der Daten in klassischen SAP-Systemen kann durch die Anwendung SAP NetWeaver ILM unterstützt werden. Im SAP NetWeaver ILM unterstützt die Harmonisierung und Konsolidierung von Systemen, hat aber insbesondere mit dem Inkrafttreten der DSGVO deutlich an Bedeutung gewonnen. So unterstützt und protokolliert SAP NetWeaver ILM beispielsweise die Datenarchivierung außerhalb der Produktivsysteme und die automatisierte Löschung von Daten zu einem bestimmten Stichtag.

**Datenschutz-Anforderungen**

Gerade wenn SAP BW/4HANA 2.0 als strategische Lösung und Single Point of Truth für die unternehmensweite, zentrale Bereitstellung von Daten für die weitere Verarbeitung genutzt werden soll, ist es von elementarer Bedeutung, den Anforderungen an den Datenschutz in SAP BW/4HANA 2.0 gerecht zu werden. Diese Anforderungen umfassen insbesondere die folgenden Punkte:

- Zugriffsverwaltung als flexibles, granulares Konzept für Analyseberechtigungen zur Verwaltung des Zugriffes der einzelnen Anwender auf die Daten (siehe Abschnitt 11.2.1)

- Logging/Monitoring der Lesezugriffe auf sensible Daten, Erkennung von Verletzungen der Datenschutz-Bestimmungen
- Funktionen zum selektiven, vollständigen Löschen personenbezogener Daten aus allen betroffenen Objekten
- Verwendungsnachweis zur sicheren Identifizierung aller Objekte, die sensible, zu löschende Daten enthalten

**Data Protection Workbench und SAP ILM**

Ab SAP BW/4HANA 2.0 werden diese Aufgaben von der neuen Data Protection Workbench übernommen. Durch die Integration mit SAP ILM kann die Data Protection Workbench z. B. die Administratorinnen und Administratoren informieren, wenn in den SAP-Quellsystemen sensible Daten gesperrt oder gelöscht wurden. Die Data Protection Workbench unterstützt die Sperrung bzw. Löschung der entsprechenden Daten aus dem SAP-BW/4HANA-System.



**Konfiguration der Data Protection Workbench**

Die zur Konfiguration und zum Betrieb der Data Protection Workbench benötigten Objekte werden als technischer Content mit SAP BW/4HANA 2.0 ausgeliefert. In den SAP-Quellsystemen müssen die Merkmale, die die sensiblen Daten enthalten, identifiziert werden, um danach im SAP ILM entsprechende korrespondierende ILM-Objekte anlegen zu können. Diese SAP-ILM-Objekte werden dann den SAP-BW/4HANA-2.0-DataSources zugeordnet, sodass die Data Protection Workbench später die betroffenen Datenflüsse entsprechend aufbereiten und grafisch anzeigen kann. Das SAP ILM erzeugt beim Sperren bzw. Löschen von Merkmalswerten Benachrichtigungen, die über eine SAP-BW/4HANA-2.0-DataSource, die mit dem technischen Content der Data Protection Workbench ausgeliefert wird, eingelesen werden kann. Diese Benachrichtigungen werden in SAP BW/4HANA 2.0 hauptsächlich in zwei aDSOs verarbeitet: im aDSO `ODPPNET_I`, das die Benachrichtigungen aus den Quellsystemen enthält, sowie im aDSO `ODPPNOT_R`, das als Grundlage für die Data Protection Workbench genutzt wird. Letzteres enthält nur die Nachrichten, die Daten betreffen, die auch ins SAP BW/4HANA 2.0 repliziert wurden.

Die Data Protection Workbench kann aus dem SAP BW/4HANA 2.0 Web Cockpit aufgerufen werden. Eine gute Übersicht bieten die SAP-Dokumentation unter *http://s-prs.de/v785409* und der SAP-Blogartikel unter *http://s-prs.de/785410*. Für den Transport von Updates, Korrekturen und Eigenentwicklungen in mehrstufigen Systemlandschaften erläutern wir Ihnen im nächsten Abschnitt das Transportwesen von SAP BW/4HANA.

## 11.3 Transportwesen

**Zwei- und Dreisystemlandschaften**

In Abschnitt 2.2.3, »SAP-Systemlandschaften«, haben wir bereits den typischen Aufbau von SAP-Drei- und -Zweisystemlandschaften erläutert. Dabei wird nur auf dem Produktivsystem operativ gearbeitet, nicht auf dem Entwicklungs- und/oder Qualitätssicherungs- bzw. Testsystem. Updates von SAP, neue Eigenentwicklungen und Korrekturen können so außerhalb der Produktivumgebung implementiert und getestet werden, bevor sie im operativen Produktivsystem installiert werden.

**SAP-Transportwesen**

Entwicklungen und Korrekturen, die im Entwicklungssystem durchgeführt wurden, von Hand 1:1 in den Systemen nachzubauen, ist ein ineffizientes und fehleranfälliges Vorgehen. Mit dem Transportwesen bietet SAP Ihnen die Möglichkeit, Anpassungen und Änderungen gebündelt zwischen den einzelnen Systemen hin und her zu schieben, also zu *transportieren*. Entwicklungen werden zur Strukturierung immer einem *Entwicklungspaket* zugewiesen (siehe Abbildung 11.29). Die entsprechenden Pakete werden unternehmensspezifisch angelegt. Neue Objekte weist das SAP-BW-System zunächst dem Paket `$TMP` zu. Zum Transportieren muss diese Zuordnung geändert werden.

**Abbildung 11.29** Entwicklungspaket

**Transportauftrag**

Im nächsten Schritt werden Sie gebeten, einen Transport-Request oder auch *Transportauftrag* auszuwählen (siehe Abbildung 11.30). Sie können einen bereits vorhandenen Transportauftrag auswählen, an dem Sie beteiligt sind (**Choose from request in which I am involved**), einen neuen Request erstellen (**Create a new request**) oder eine Request-Nummer eingeben (**Enter a request number**), um die Änderung oder Entwicklung auf diesen Request zu schreiben. Mit **OK** bestätigen Sie Ihre Auswahl. Transportaufträge bündeln Änderungen, die dann gemeinsam in das jeweils nächste System geschoben werden können.

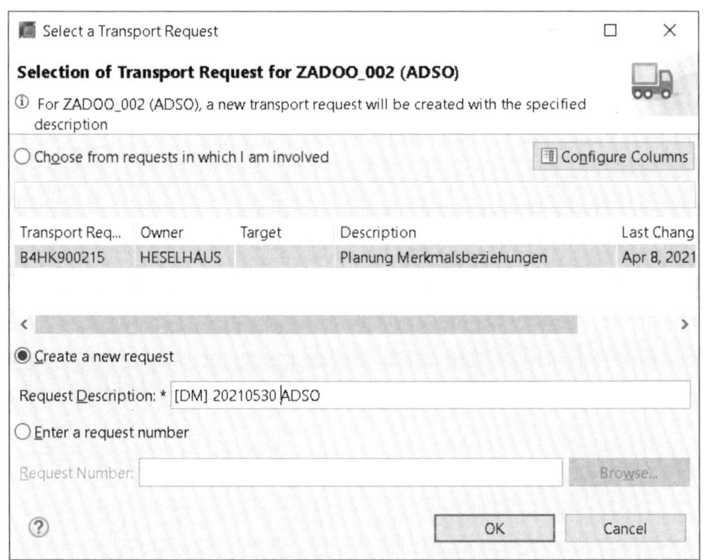


**Abbildung 11.30** Transportauftrag auswählen

Wie Sie Transportaufträge anzeigen und freigeben, beschreiben wir im nächsten Abschnitt.

## 11.3.1 Transporte anzeigen und freigeben

Im SAP BW/4HANA 2.0 Web Cockpit erhalten Sie über die App **Transport Organizer (Erweiterte Sicht)** eine Übersicht über Ihre offenen Transportaufträge (siehe Abbildung 11.31). Noch können Sie dazu auch die Transaktion SE01 im SAP GUI aufrufen. Wie die Objekte auf den einzelnen Transporten zusammengefasst werden sollen, ist häufig unternehmensintern geregelt. Dennoch ist es wichtig zu wissen, dass Transporte fehlschlagen, wenn im Zielsystem beispielsweise Objekte fehlen, die nötig für den Import sind. Ein Beispiel wäre ein neues zu einem aDSO hinzugefügtes InfoObject. Der Transport des aDSO wird fehlschlagen, wenn das InfoObject nicht zuvor ins Zielsystem transportiert wurde. Auch Transformationen oder DTPs können erst dann transportiert werden, wenn auch ihre Quell- und Zielobjekte im Zielsystem vorhanden sind. Über **Anzeigen** sehen Sie sich die Transportaufträge an.

**Aufgaben**

In der Übersicht **Transport Organizer: Aufträge** sehen Sie alle Änderungsaufträge, an denen Sie oder eine zuvor ausgewählte Person beteiligt sind. Alle an einem Transportauftrag beteiligten Entwicklerinnen und Entwickler arbeiten in einer sogenannte *Aufgabe*, die die untere Stufe des Auftrags darstellt.

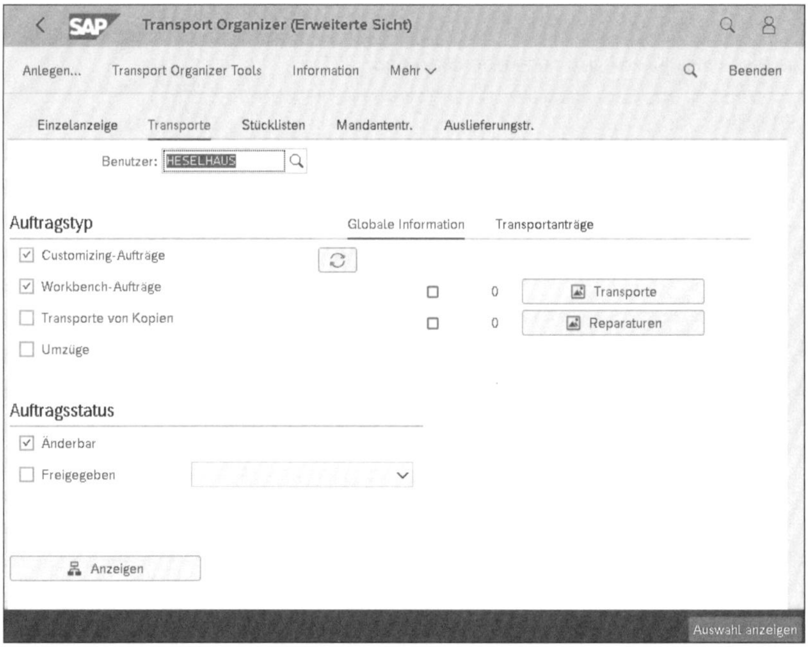

Transport Organizer (Erweiterte Sicht)
Anlegen... Transport Organizer Tools Information Mehr Beenden
Einzelanzeige Transporte Stücklisten Mandantentr. Auslieferungstr.
Benutzer: HESELHAUS
Auftragstyp
Globale Information Transportanträge
Customizing-Aufträge
Workbench-Aufträge
Transporte von Kopien
Umzüge
0 Transporte
0 Reparaturen
Auftragsstatus
Änderbar
Freigegeben
Anzeigen
Auswahl anzeigen

**Abbildung 11.31** Der Transport Organizer

Transport Organizer: Aufträge
Auffrischen Auftrag anlegen... Auftrag anzeigen Mehr Beenden
001 WSS Client
Workbench Workbench-Auftrag
Lokale Änderungsaufträge
Änderbar
B4HK900223 HESELHAUS [DM] InfoObjects
B4HK900224 HESELHAUS Entwickl./Korrektur
InfoArea
InfoObject
B4HK900221 HESELHAUS [DM] 20210530 ADSO
B4HK900215 HESELHAUS Planung Merkmalsbeziehungen
Auffrischen

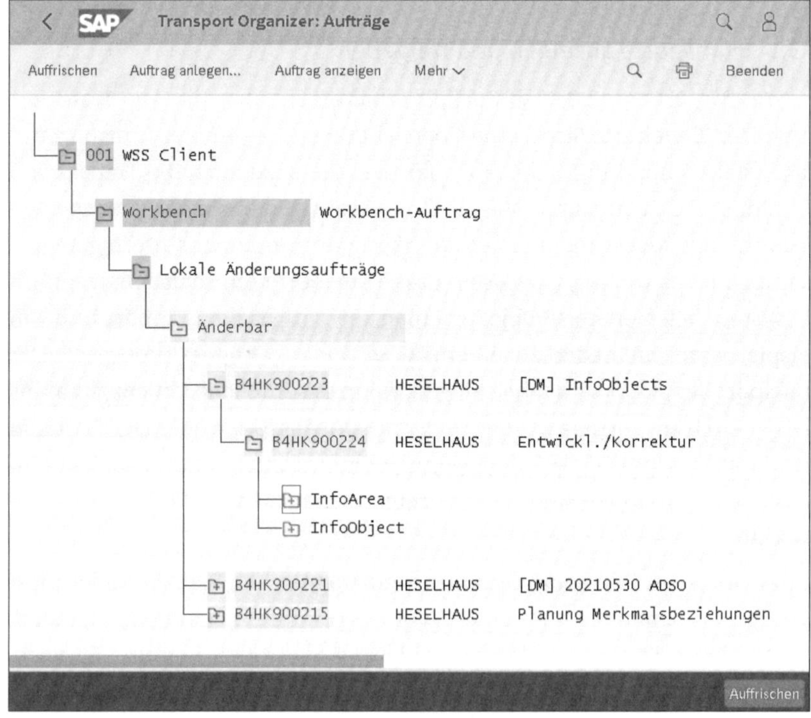

**Abbildung 11.32** Aufträge im Transport Organizer

Über die Taste [F9] geben Sie eine Aufgabe eines Auftrags frei. Überprüfen Sie immer zuvor die Objekte, die auf dem Auftrag liegen. Erst wenn alle enthaltenen Aufgaben freigegeben wurden, kann ein Auftrag ebenfalls über die Taste [F9] freigegeben werden. Sie erhalten nach der Freigabe ein Protokoll. Nachdem der Auftrag freigegeben wurde, muss er im Zielsystem importiert werden. Dies beschreiben wir im nächsten Abschnitt.

### 11.3.2 Transporte importieren

Zum Import eines Transportauftrages im Zielsystem wählen Sie im SAP BW/4HANA 2.0 Web Cockpit des Zielsystems die App **Transport Management System** (siehe Abbildung 11.33). Wählen Sie die **Importübersicht** und anschließend die entsprechende Import-Queue aus (siehe Abbildung 11.34).



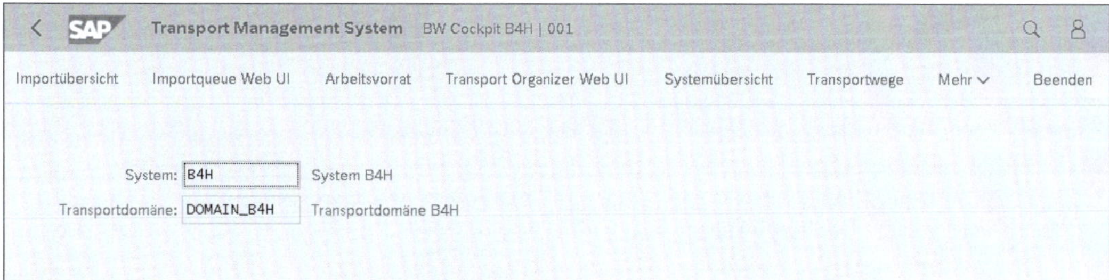


**Abbildung 11.33** Das Transport Management System

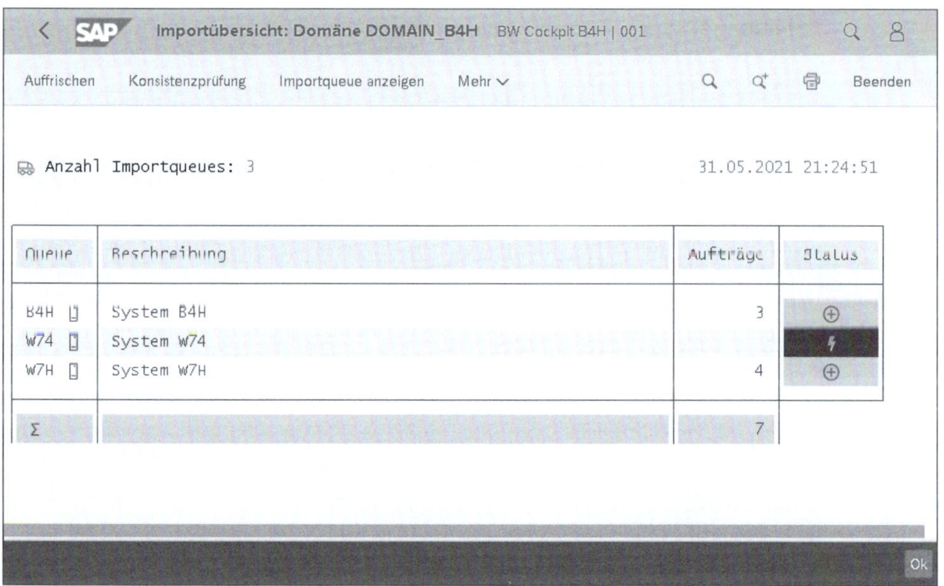


**Abbildung 11.34** Import-Queues in der Importübersicht

**Aufträge importieren**

Wählen Sie nun den Auftrag, den Sie importieren möchten (siehe Abbildung 11.35). Mit einem Doppelklick können Sie erneut den Inhalt des Imports überprüfen (siehe Abbildung 11.36). Zum Importieren des Auftrags wählen Sie **Mehr • Auftrag importieren** oder [Strg]+[F11]. Nach dem Import können Sie sich dort über **Transportprotokolle** die Protokolle ausgeben lassen. Ist der Status des Transports grün, so ist er erfolgreich importiert worden, bei dem Status gelb gibt es Warnungen, die überprüft werden sollten. Ist der Transport fehlgeschlagen, so ist er im Status rot und muss überprüft werden.

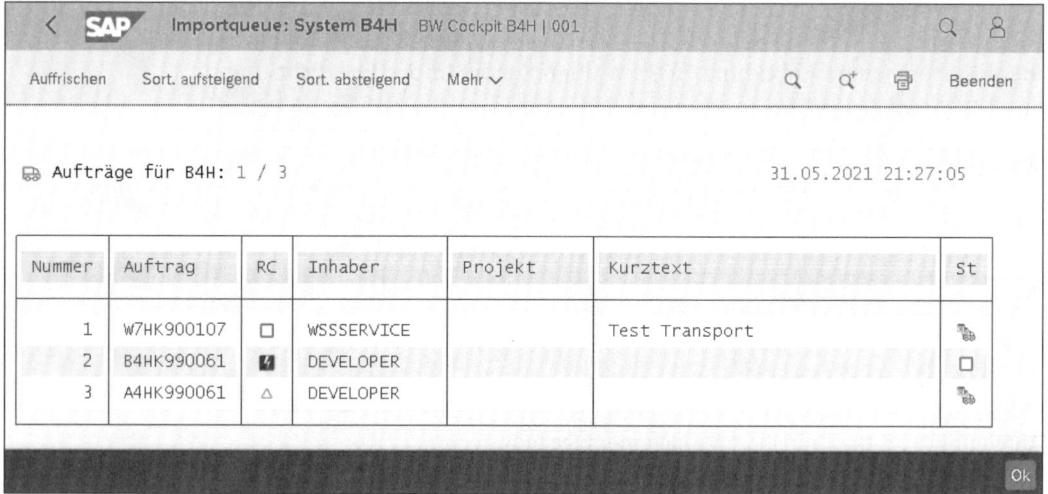


| Nummer | Auftrag | RC | Inhaber | Projekt | Kurztext | St |
|---|---|---|---|---|---|---|
| 1 | W7HK900107 | | WSSSERVICE | | Test Transport | |
| 2 | B4HK990061 | | DEVELOPER | | | |
| 3 | A4HK990061 | | DEVELOPER | | | |

**Abbildung 11.35** Importaufträge auswählen

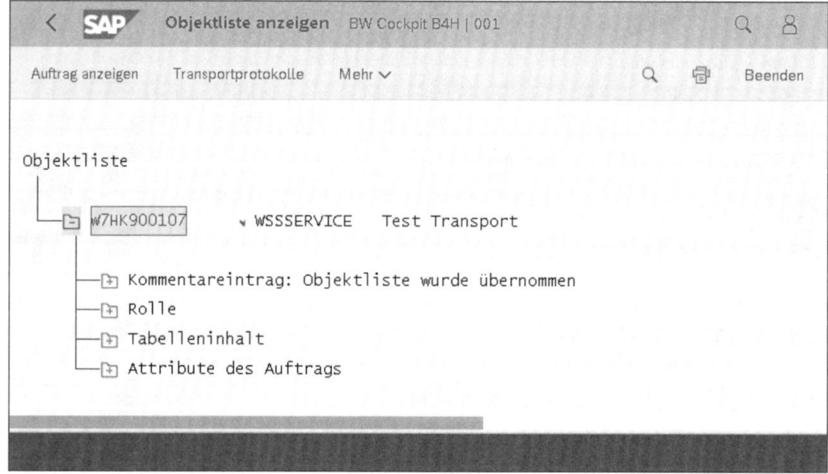


**Abbildung 11.36** Objektliste des Imports

Über die Schaltfläche **Auffrischen** aktualisieren Sie die Ansicht (siehe Abbildung 11.37).

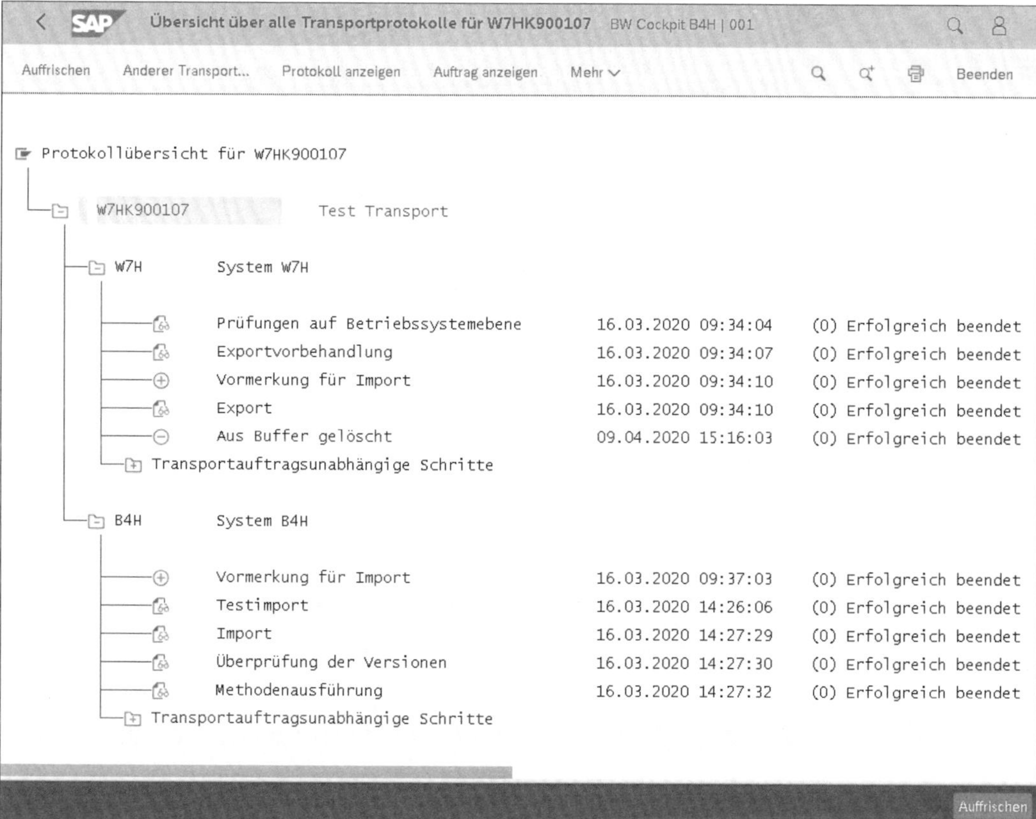


**Abbildung 11.37** Protokollübersicht

Sollte ein Objekt einmal nicht auf einem Transportauftrag liegen, können Sie es auch nachträglich hinzufügen. Das Vorgehen beschreiben wir im nächsten Abschnitt.

### 11.3.3 Objekte nachträglich auf Transportauftrag legen

Mit Transaktion RSA1 können Sie Objekte über den Transportanschluss nachträglich auf einen Transportauftrag schreiben. Wählen Sie hierfür beim entsprechenden Objekttyp die Option **Objekte auswählen** (siehe Abbildung 11.38).

Wählen Sie im Pop-up-Fenster **Data Warehousing Workbench: Transportanschluss** das gewünschte Objekt aus, und bestätigen Sie mit **Auswahl übernehmen** (siehe Abbildung 11.39).

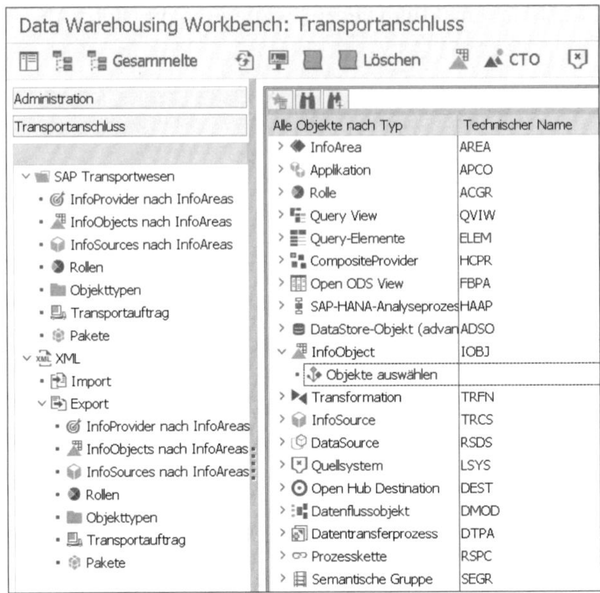

**Abbildung 11.38** Transportanschluss

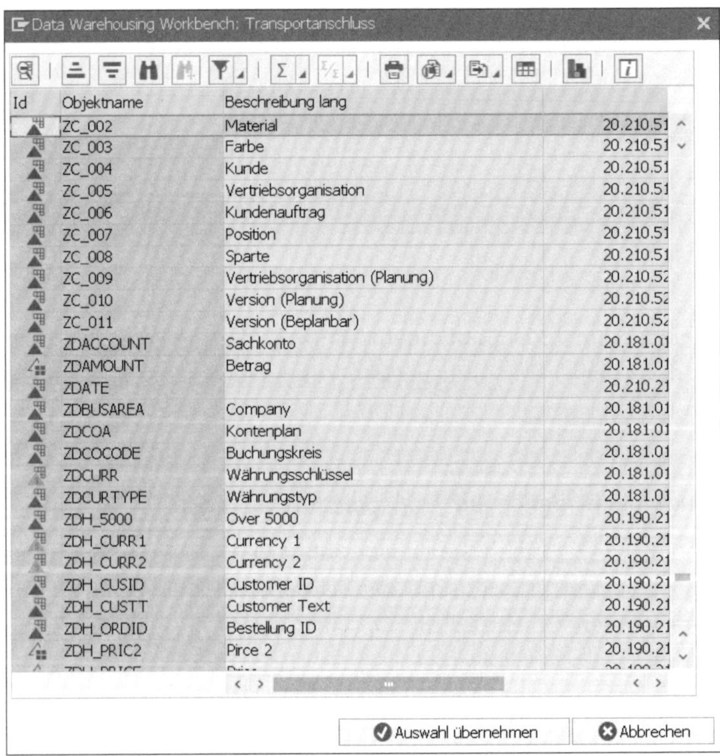

**Abbildung 11.39** Objekte sammeln

**Gesammelte Objekte**

Das Objekt und die entsprechenden abhängigen Objekte werden Ihnen nun im Bereich **Gesammelte Objekte** angezeigt (siehe Abbildung 11.40). In der Spalte **Paket** sehen Sie, auf welchem Paket die Objekte derzeit liegen.

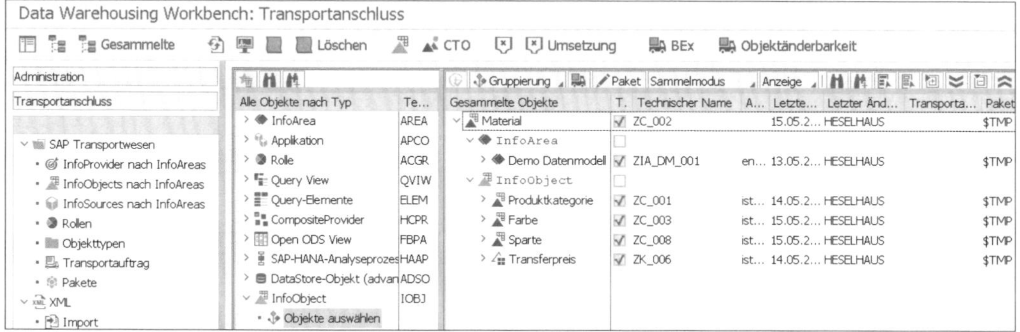


**Abbildung 11.40** Gesammelte Objekte



Über die Schaltfläche Paket gelangen Sie in das Pop-up-Fenster **Objekte zur Änderung des Pakets auswählen** (siehe Abbildung 11.41). Dort wählen Sie die Objekte, für die das Paket geändert werden soll, aus.

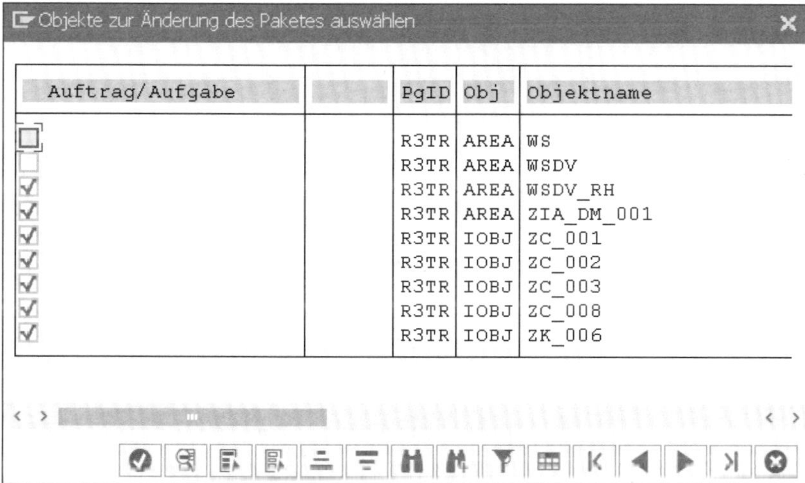
Objekte zur Änderung des Paketes auswählen

| | Auftrag/Aufgabe | | PgID | Obj | Objektname |
|---|---|---|---|---|---|
| ☐ | | | R3TR | AREA | WS |
| ☐ | | | R3TR | AREA | WSDV |
| ☑ | | | R3TR | AREA | WSDV_RH |
| ☑ | | | R3TR | AREA | ZIA_DM_001 |
| ☑ | | | R3TR | IOBJ | ZC_001 |
| ☑ | | | R3TR | IOBJ | ZC_002 |
| ☑ | | | R3TR | IOBJ | ZC_003 |
| ☑ | | | R3TR | IOBJ | ZC_008 |
| ☑ | | | R3TR | IOBJ | ZK_006 |

**Abbildung 11.41** Auswahl der Objekte zur Änderung des Pakets

**Objektkatalogeintrag**

Mit der Bestätigung gelangen Sie in das Pop-up-Fenster **Objektkatalogeintrag ändern** (siehe Abbildung 11.42), in dem Sie unter **Paket** das neue Paket auswählen können. Speichern Sie anschließend Ihre Auswahl.

**Auftrag anlegen**

Anschließend können Sie einen **Auftrag** auswählen (siehe Abbildung 11.43) oder über die Schaltfläche [ ] neu anlegen (siehe Abbildung 11.44). Wenn Sie einen neuen Auftrag anlegen, vergeben Sie eine Kurzbeschreibung und können Aufgaben für weitere Entwicklerinnen und Entwickler hinzufügen.

**Abbildung 11.42** Paket ändern

**Abbildung 11.43** Auftrag auswählen

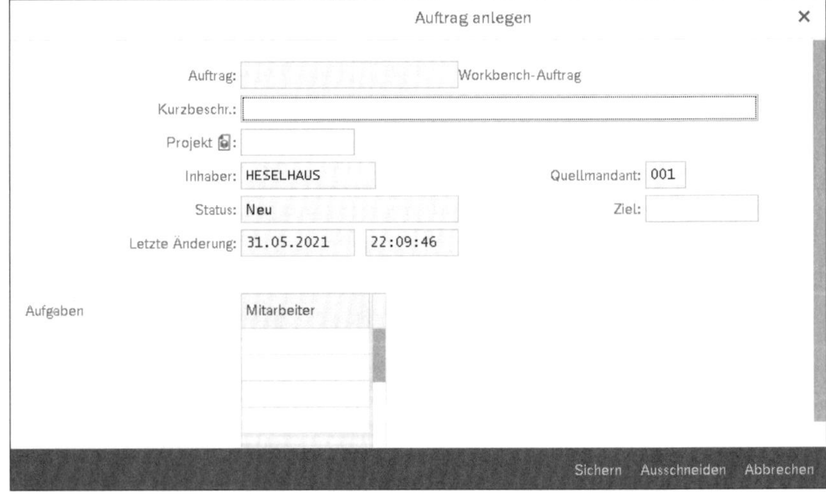


**Abbildung 11.44** Neuen Auftrag anlegen

**Gesperrte Objekte**

Sie erhalten nach der Änderung des Pakets eine Übersicht über das Ergebnis der Änderung (siehe Abbildung 11.45). Dabei kann es sein, dass nicht alle Objekte auf ein anderes Paket geschrieben werden können, da sie noch auf einem anderen Auftrag liegen. Diese Objekte sind dann *gesperrt* und können nur auf einen anderen Auftrag geschrieben werden, wenn sie zuvor freigegeben wurden. Wie Sie die Objekte entsperren, zeigen wir Ihnen im nächsten Abschnitt.

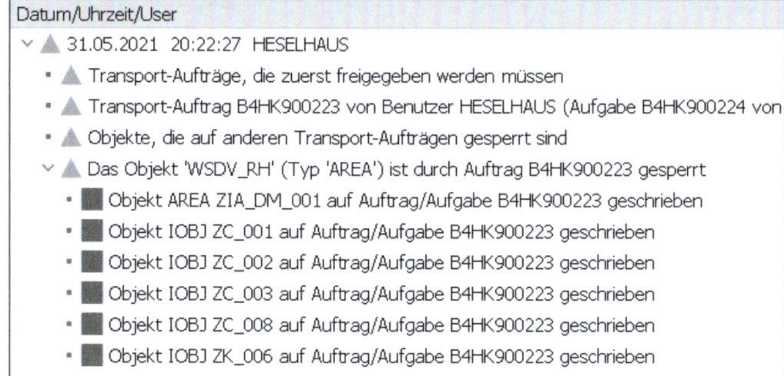


**Abbildung 11.45** Ergebnis der Paketänderung

## 11.3.4 Objekte entsperren

**Transport Organizer Tools**

Um Objekte zu entsperren, wählen Sie im SAP BW/4HANA 2.0 Web Cockpit die App **Transport Organizer Tools** (siehe Abbildung 11.46). Im Bereich **Aufträge/Aufgaben** wählen Sie **Objekte entsperren (Expertenmodus)**.

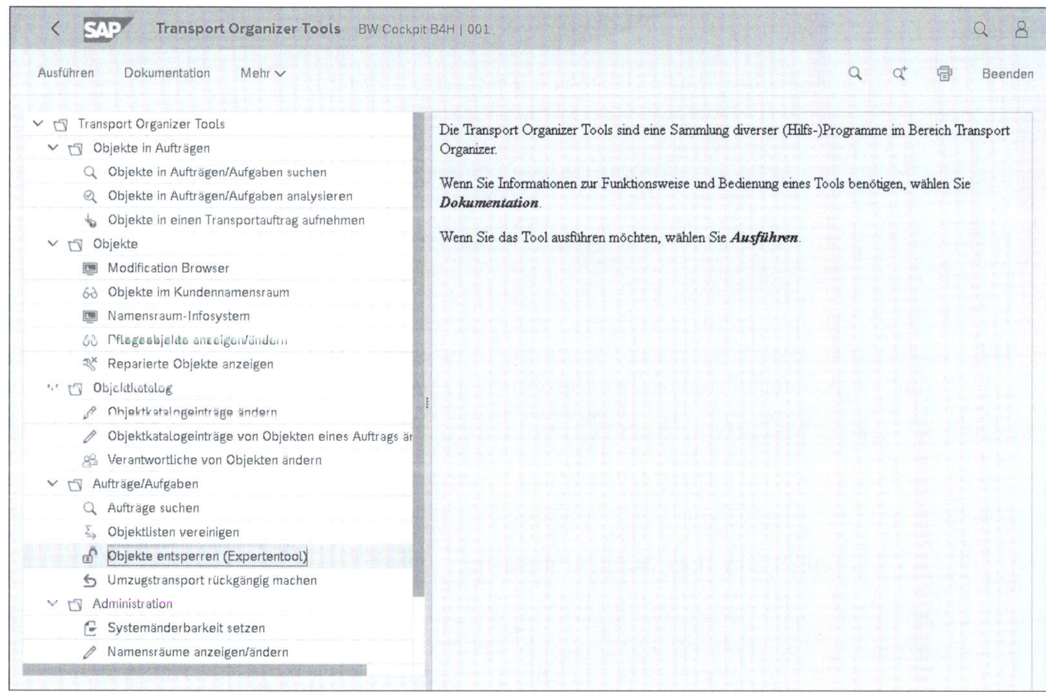


**Abbildung 11.46** Transport Organizer Tools

**Auftrag entsperren**

Wählen Sie den zu entsperrenden Auftrag (siehe Abbildung 11.47). Führen Sie die das Entsperren nur dann aus, wenn Sie sich sicher sind, dass keine Inkonsistenzen entstehen, insbesondere dann, wenn das Objekt auf einem Auftrag eines anderen Nutzers lag. Dies müssen Sie im nächsten Pop-up-Fenster **Auftrag/Aufgabe <Nummer> entsperren** bestätigen (siehe Abbildung 11.48).

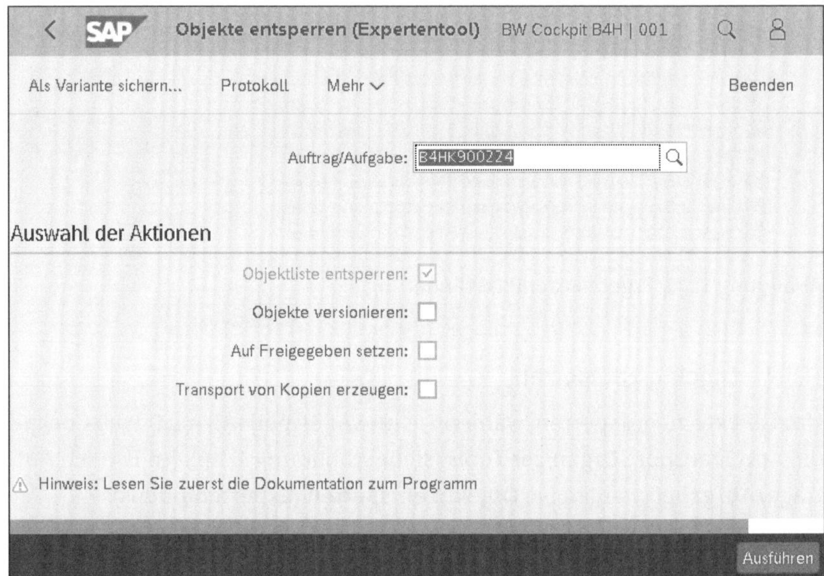


**Abbildung 11.47** Objekte zum Entsperren auswählen

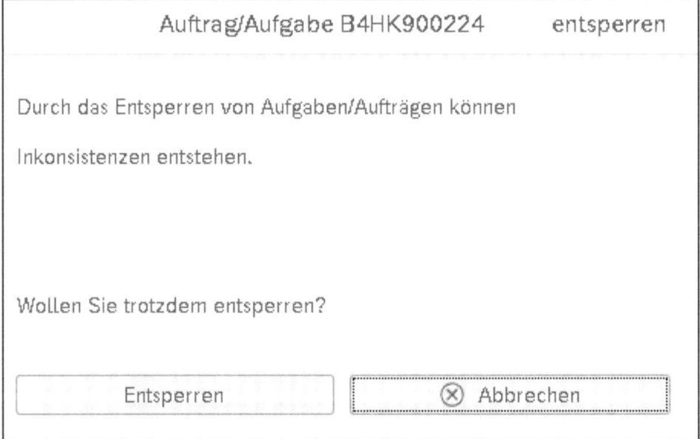


**Abbildung 11.48** Aufgabe entsperren

Nach dem Entsperren der Objekte haben Sie die Möglichkeit, die Objekte, wie in Abschnitt 11.3.3, »Objekte nachträglich auf Transportauftrag legen«, beschrieben, auf einen anderen Auftrag zu legen. Allgemeine Empfehlungen und Hinweise zur Verwendung von Transportaufträgen finden Sie im folgenden Abschnitt.

### 11.3.5 Allgemeine Empfehlungen

**Best Practices**

Vermeiden Sie sogenannte *Überholersituationen*, die entstehen, wenn (Weiter-)Entwicklungen im Entwicklungssystem stattfinden, die auf Änderungen basieren, die noch nicht weitertransportiert wurden oder vielleicht auch noch nicht transportiert werden sollen. Dies kann im schlimmsten Fall dazu führen, dass Transporte fehlschlagen oder im Test- oder Produktivsystem Inkonsistenzen entstehen. Erstellen Sie in Ihrem Unternehmen Richtlinien zur einheitlichen Benennung von Transportaufträgen, zur Dokumentation und Regeln dazu, wie die Objekte auf Transportaufträge verteilt werden sollen. Führen Sie zusätzlich ein Verfahren zur Freigabe von Transporten ein. Wer muss welche Transporte freigeben, was muss von wem vorher getestet werden (Entwicklertest, Test und Abnahme durch Fachbereich), wer transportiert, wann wird transportiert?



## 11.4 BW Workspaces

Zum Abschluss dieses Kapitels möchten wir Ihnen noch die Modellierung von BW Workspaces und deren Bearbeitung näherbringen. In SAP BW/4HANA 2.0 stehen *BW Workspaces* als Mittel für das Erstellen von *Ad-hoc-Szenarien* durch die Anwenderinnen und Anwender in den Fachabteilungen zur Verfügung. Die Nutzung von BW Workspaces haben wir bereits in Abschnitt 10.4, »BW Workspaces für den agilen Zugriff auf Informationen«, beschrieben.

**Aufgaben für die Administration**

Das Anlegen und die Administration der BW Workspaces erfolgt in der Regel durch die IT-Abteilung bzw. die SAP-BW-Anwendungsbetreuung. Typische Administrationsaufgaben, die für BW Workspaces anfallen, sind die folgenden:

- das Anlegen von BW Workspaces inklusive der Definition der Lebensdauer und des maximalen Speicherplatzes
- Überwachung der BW Workspaces
- Bereitstellung von InfoProvidern aus dem SAP-BW-System in den BW Workspaces
- Vergabe von Berechtigungen für BW Workspaces (Wer darf einen Workspace wie nutzen?)

- Vergabe von Berechtigungen für Daten aus dem SAP-BW-System (Welche Datenwerden im BW Workspace angezeigt?)

Sehen wir uns die einzelnen Punkte einmal genauer an.

### 11.4.1 Anlegen eines BW Workspace

**BW Workspace anlegen**

Das Anlegen eines BW Workspace geschieht durch eine Administratorin bzw. einen Administrator. Sie finden die App zum Anlegen und Verwalten der BW Workspaces im SAP BW/4HANA 2.0 Web Cockpit unter **Startseite • Konfiguration • Workspace bearbeiten** (siehe Abbildung 11.49).

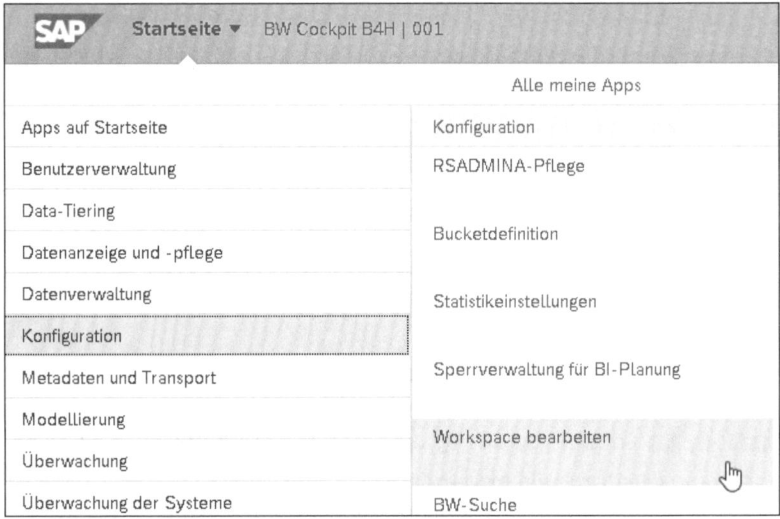


**Abbildung 11.49** BW-Workspace-Administration aufrufen

Geben Sie auf der Seite **Workspace bearbeiten** im Feld **Workspace** den Namen des neu anzulegenden BW Workspace ein, und klicken Sie auf die Schaltfläche **Anlegen** (siehe Abbildung 11.50).

**Abbildung 11.50** BW Workspace bearbeiten

**Ablaufdatum und Präfix**

Im Folgenden können Sie den neuen BW Workspace konfigurieren. Im Tab **Einstellungen** können allgemeine Einstellungen für den BW Workspace vorgenommen werden (siehe Abbildung 11.51 und Abbildung 11.52). Bei den mit einem roten Stern gekennzeichneten Feldern handelt es sich um Pflichtfelder. Im Bereich **Allgemeine Einstellungen** können Sie das **Ablaufdatum** des BW Workspace hinterlegen. Nachdem das Ablaufdatum erreicht wurde, können die Anwenderinnen und Anwender nicht mehr mit diesem Workspace im BW Workspace Designer arbeiten. Mit Administratorrechten können Sie das **Ablaufdatum** jederzeit anpassen. Im Feld **Workspace-Präfix** müssen Sie ein Präfix angeben: Alle Provider und BW Workspace Queries, die in diesem Workspace angelegt werden, erhalten dieses Präfix. Sobald der erste Provider angelegt wurde, lässt sich das Präfix nicht mehr ändern. Es können insgesamt zwei Ansprechpartner (**Ansprechpartner 1** und **Ansprechpartner 2**) für den BW Workspace hinterlegt werden.



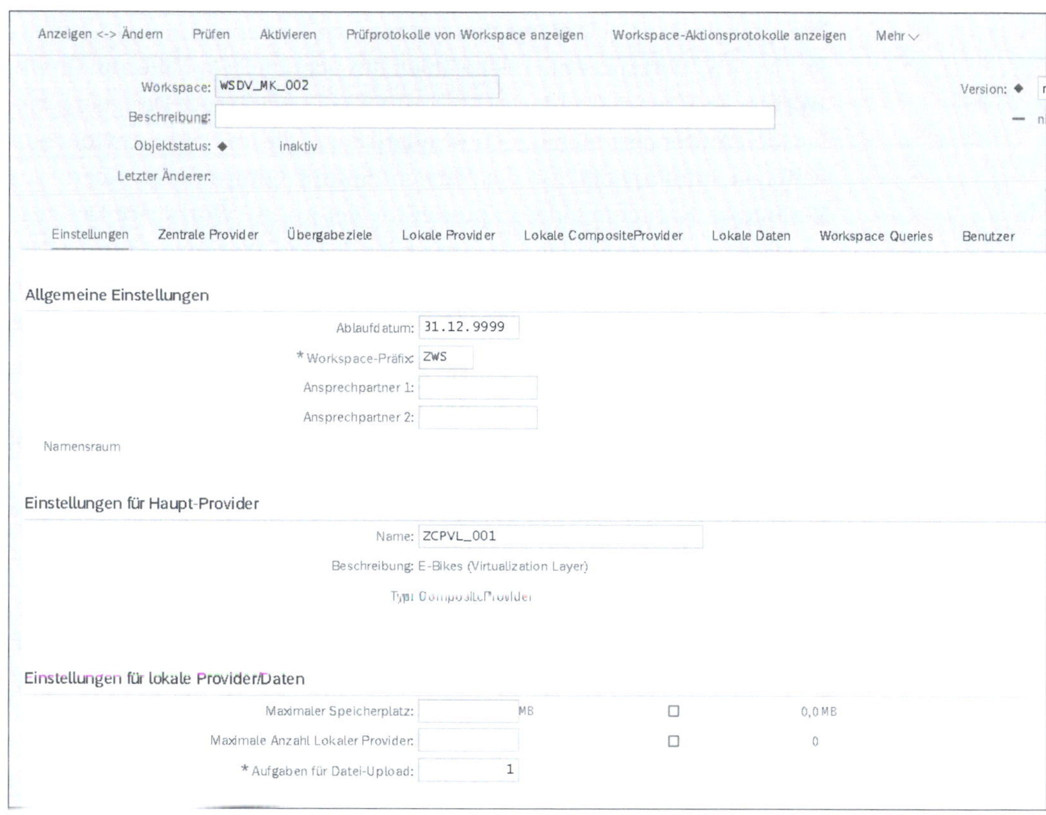


**Abbildung 11.51** BW Workspace konfigurieren

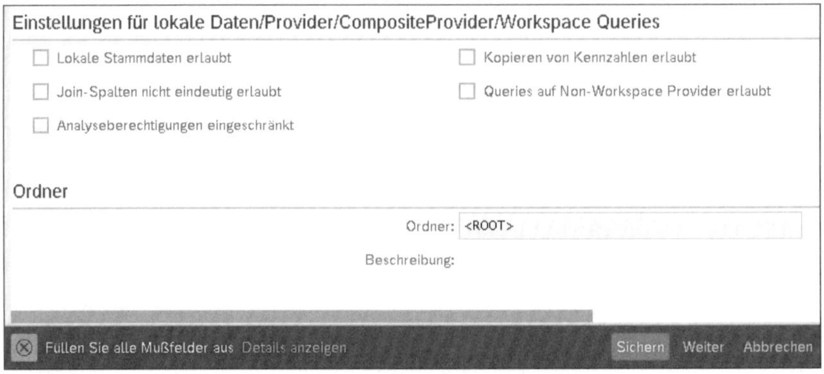

**Abbildung 11.52** Zusätzliche Einstellungen für den Workspace

**Hauptprovider**

Im Bereich **Einstellungen für Haupt-Provider** können Sie dem BW Workspace einen Hauptprovider vom Typ zentraler CompositeProvider zuordnen. Dazu geben Sie im Feld **Name** den technischen Namen des Hauptproviders für den BW Workspace ein oder wählen ihn über die [F4]-Hilfe aus. Im *BW Workspace Designer* (siehe Abschnitt 10.4.2, »BW Workspace Designer«) stehen den Anwenderinnen und Anwendern dann alle im Hauptprovider enthaltenen InfoProvider für die Verwendung in CompositeProvidern zur Verfügung. Nachdem ein CompositeProvider im BW Workspace Designer angelegt wurde, kann der Hauptprovider des BW Workspace nicht mehr verändert werden. Die für den Hauptprovider geltenden Berechtigungen werden bei der Ausführung von Queries übernommen.

**Einschränkungen für lokale Provider und Daten**

Im Bereich **Einstellungen für lokale Provider/Daten** können Sie Einschränkungen für den BW Workspace festlegen, z. B. den maximalen Speicherplatz für Ihre eigenen Daten im BW Workspace und die **Maximale Anzahl Lokaler Provider**. Werden keine Einstellungen vorgenommen, gelten auch keine Beschränkungen. Das System zeigt in dem Fall **0,0 MB** bzw. **0** an.

**Einstellungen für lokale Objekte**

In den **Einstellungen für lokale Daten/Provider/CompositeProvider/Workspace Queries** können Sie folgende Optionen aktivieren bzw. deaktivieren:

- **Lokale Stammdaten erlaubt**: Sie können lokal Stammdaten erfassen, auch wenn sie bisher nicht im zentralen Provider enthalten sind und somit auch in den Stammdatentabellen der BW InfoObjects nicht existieren.
- **Join-Spalten nicht eindeutig erlaubt**: Bei der Modellierung von Join-Verknüpfungen eines CompositeProviders kann eine Vervielfachung von Kennzahlen auftreten.
- **Analyseberechtigungen eingeschränkt**: Die Berechtigungsprüfung berücksichtigt nur die Analyseberechtigungen des Hauptproviders. Ist kein Hauptprovider definiert, wird gegen alle zentralen Provider geprüft.

- **Kopieren von Kennahlen erlaubt**: Berechnete und eingeschränkte Kennzahlen, die für die einzelnen InfoProvider eines CompositeProviders erstellt wurden, können Sie durch Kopieren zu globalen Kennzahlen des CompositeProviders machen. Diese kopierten Kennzahlen können Sie wieder löschen oder aktualisieren, wenn sich die Kopiervorlagen geändert haben.
- **Queries auf Non-Workspace Provider erlaubt**: Queries können nicht nur auf allen InfoProvidern des aktuellen BW Workspace angelegt werden, sondern auch auf solchen, die nicht zum aktuellen BW Workspace gehören.

Im Bereich **Ordner** können Sie den Ordner des BW Workspace einsehen.

**Zentrale Provider**

Wenn dem Workspace ein Hauptprovider zugeordnet ist, ist dieser der *zentrale Provider*. Auf dem Tab **Zentrale Provider** müssen Sie die InfoProvider des Hauptproviders für den BW Workspace explizit auswählen (siehe Abbildung 11.53). Aus dem Baum auf der linken Seite können Sie InfoProvider per Drag & Drop auf die rechte Seite ziehen. Wenn der Baum auf der linken Seite nicht sichtbar ist, blenden Sie ihn über das Icon ein. Die InfoProvider auf der rechten Seite sind anschließend im BW Workspace Designer für die Modellierung von CompositeProvidern verfügbar. Auf der rechten Seite können Sie für die einzelnen Kennzahlen und Merkmale in der Spalte **Verwendbar** jeweils angeben, ob sie im BW Workspace verfügbar sein sollen. Sie können über das Icon zudem DataSources auswählen, die anschließend im BW Workspace Designer als Quellobjekt für einen lokalen Provider genutzt werden können (siehe Abschnitt 10.4.2, »BW Workspace Designer«). Die Verarbeitung von Massendaten über DataSources ist in BW Workspaces nach Auskunft von SAP nicht sinnvoll.

**Abbildung 11.53** Zentrale Provider für BW Workspace auswählen

**BW-Übergabeziele**

Auf dem Tab **Übergabeziele** können Sie auf der rechten Seite BW-aDSOs eintragen, für die ein Transfer von Daten aus lokalen Providern erlaubt ist (siehe Abbildung 11.54). Staging aDSOs ohne Aktivierung der Daten können dabei nicht ausgewählt werden. Über das Icon können Sie sich im linken Bereich den InfoProvider-Baum anzeigen lassen und von hier per Drag & Drop InfoProvider auf die rechte Seite ziehen. In den Spalten **Schreibbar** und **Obligatorisch** legen Sie fest, welche Felder beschreibbar bzw. verpflichtend beschreibbar sein sollen. Die Schlüsselfelder des Ziel-aDSOs sind dabei immer verpflichtend beschreibbar.

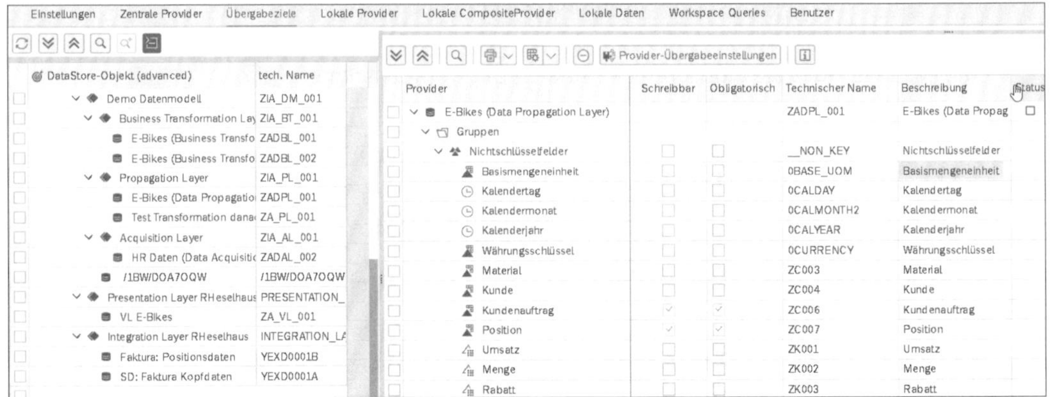


**Abbildung 11.54** aDSO als Übergabeziel definieren

**Einstellungen für die Datenübergabe an BW-Zielprovider**

Über die Schaltfläche **Provider-Übergabeeinstellungen** gelangen Sie zum Pop-up-Fenster **Übergabeeigenschaften festlegen** (siehe Abbildung 11.55). Hier kann über die Option **Direkt aktivieren** festgelegt werden, dass die Daten direkt nach der Übergabe an den Zielprovider aktiviert werden sollen. Bedenken Sie dabei, dass requestweises Löschen nach der Aktivierung der Daten nicht mehr möglich ist. Wenn Sie die Möglichkeit nutzen wollen, Daten nach dem Laden zunächst zu prüfen, sollten Sie diese Option nicht aktivieren. Im Bereich **Übergabeeigenschaften für Provider-Felder** können für einzelne Felder ähnlich wie in einem DTP **Filter** eingegeben werden, um die zu übertragenden Daten einzuschränken. Die Option **Stammdaten prüfen** können Sie ebenfalls für einzelne Felder aktivieren.

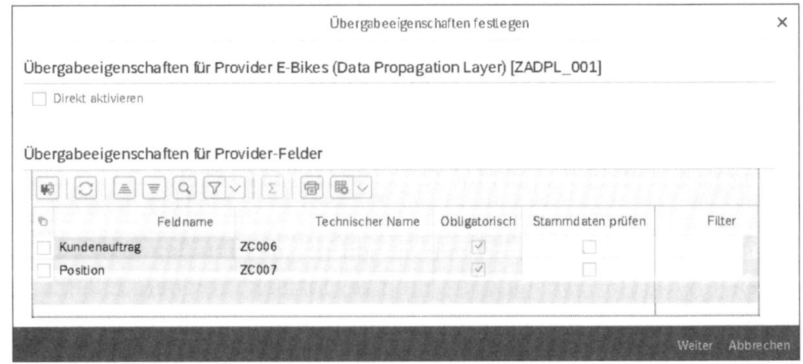


**Abbildung 11.55** Übergabeeigenschaften für Zielprovider definieren

**Lokale Provider**

Nachdem Daten im BW Workspace Designer geladen wurden, sehen Sie auf dem Tab **Lokale Provider** die Liste der dafür angelegten lokalen Provider (siehe Abbildung 11.56). Lokale Provider können die Status **okay**, **fehlerhaft**, **inaktiv** oder **Analytischer Index existiert nicht** besitzen. Für nicht mehr vorhandene analytische Indizes können Sie die Workspace-Zuordnungen aus der Liste löschen. Die Bearbeitung der lokalen Provider erfolgt direkt durch die Anwenderinnen und Anwender im BW Workspace Designer (siehe Abschnitt 10.4.2, »BW Workspace Designer«).

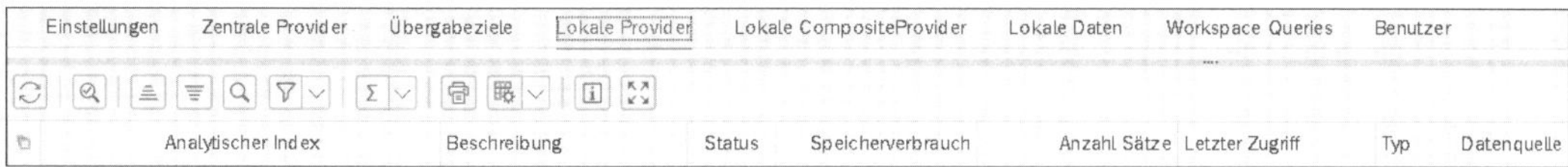


**Abbildung 11.56** Liste der lokalen Provider

**Lokale Composite-Provider**

Wenn im BW Workspace Designer lokale CompositeProvider angelegt wurden, sehen Sie sie auf dem Tab **Lokale CompositeProvider** (siehe Abbildung 11.57). Lokale CompositeProvider können die Status **okay**, **fehlerhaft**, **inaktiv** oder **CompositeProvider existiert nicht** haben. Die Workspace-Zuordnungen für nicht mehr vorhandene lokale CompositeProvider können gelöscht werden.

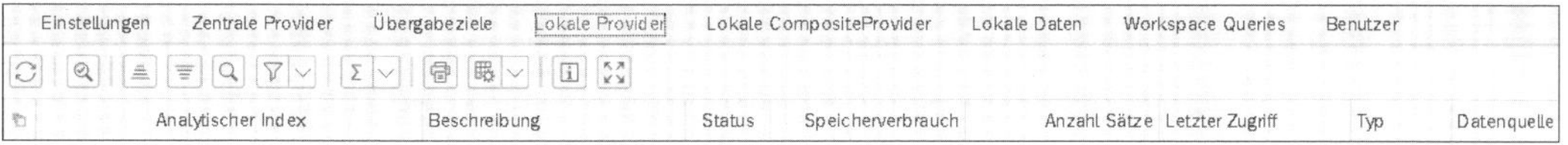


**Abbildung 11.57** Liste der lokalen CompositeProvider

**Lokale Merkmale und Hierarchien**

Auf dem Tab **Lokale Daten** sehen Sie eine Liste der lokalen Merkmale und Hierarchien, die im BW Workspace Designer angelegt wurden (siehe Abbildung 11.58). Lokale Daten können die Status **okay**, **fehlerhaft**, **inaktiv** oder **existiert nicht** haben. Der Speicherverbrauch und die Anzahl der Sätze werden angezeigt. Auch hier können Workspace-Zuordnungen für nicht mehr vorhandene lokale Merkmale und Hierarchien gelöscht werden.

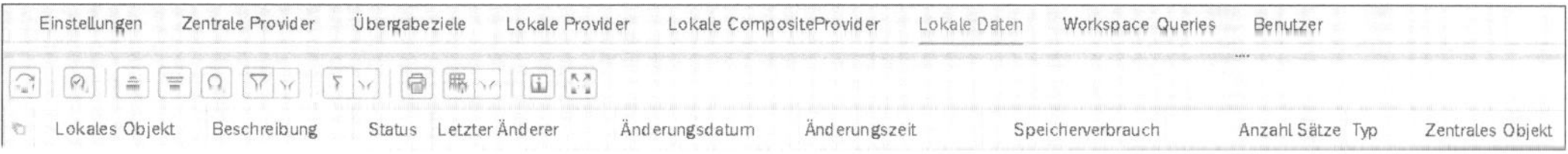


**Abbildung 11.58** Liste der lokalen Daten

**BW Workspace Queries**

Die im BW Workspace Designer angelegten BW Workspace-Queries werden auf dem Tab **Workspace Queries** aufgelistet (siehe Abbildung 11.59).

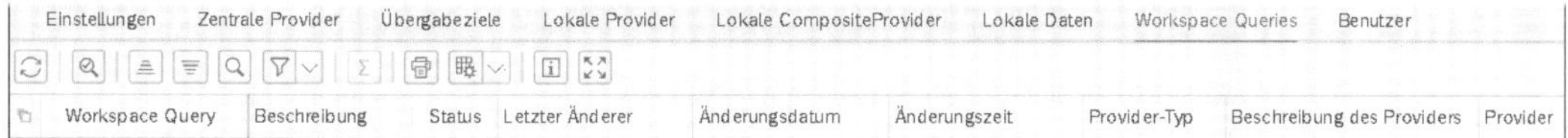


**Abbildung 11.59** Liste der BW Workspace Queries

**BW-Workspace-Benutzer**

Auf dem Tab **Benutzer** finden Sie die Liste der *Benutzer*, die über die entsprechenden Berechtigungen verfügen, um im BW Workspace zu arbeiten bzw. die BW Workspace-Queries auszuführen. Die Berechtigungen werden über die Rollen und Profile zugewiesen, die dem Benutzerstammsatz zugeordnet sind (siehe Abschnitt 11.2.1, »Standardberechtigungen in SAP BW/4HANA 2.0«). Sie können hier allerdings nur Benutzer sehen, für deren Benutzerstammpflege Sie mindestens die entsprechenden Anzeigeberechtigungen innehaben.

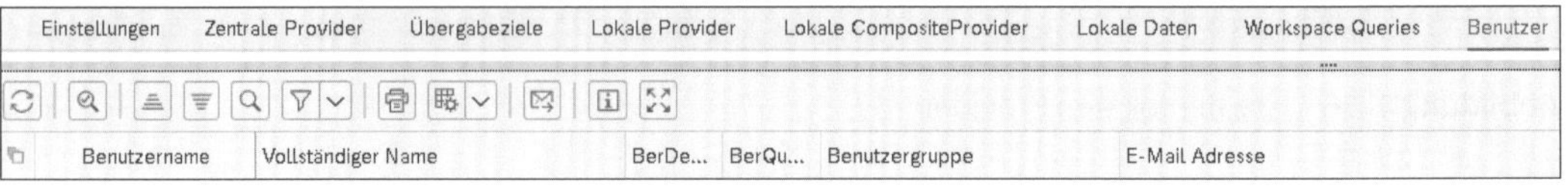


**Abbildung 11.60** Benutzerliste für den BW Workspace

Nachdem Sie den BW Workspace abschließend gespeichert und aktiviert haben, steht er anschließend den entsprechend berechtigten Anwenderinnen und Anwendern im BW Workspace Designer und im BW Workspace Query Designer zur Verfügung.

### 11.4.2 BW Workspaces bearbeiten, löschen und kopieren

**BW Workspaces bearbeiten und löschen**

Um einen bereits vorhandenen BW Workspace anzuschauen oder zu bearbeiten, geben Sie auf der Seite **Workspace bearbeiten** im Feld **Workspace** den Namen des entsprechenden BW Workspace ein (siehe Abbildung 11.50). Dabei steht Ihnen die [F4]-Hilfe zur Verfügung. Über die Schaltflächen **Anzeigen** und **Ändern** können Sie den BW Workspace einsehen oder bearbeiten. Über **Löschen** wird der ausgewählte BW Workspace gelöscht.

**BW Workspaces kopieren**

Über **Kopieren** können Sie den BW Workspace kopieren und die Kopie unter einem anderen Namen abspeichern. Es öffnet sich das Pop-up-Fenster **Workspace <BW Workspace-Name> kopieren**. Mit **Weiter** wird die BW-Workspace-Kopie angelegt und ist anschließend nutzbar.

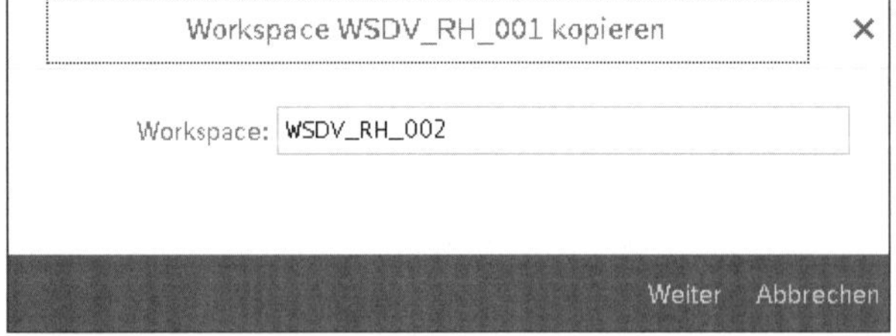


**Abbildung 11.61** BW Workspace kopieren

# Kapitel 12
# Planung

*In diesem Kapitel stellen wir Ihnen verschiedene Planungsfunktionen vor. Wir erläutern die grundlegenden Planungsfunktionalitäten in SAP BW/4HANA 2.0 mit SAP BPC. Als Beispiel dient ein einfaches Planungsmodell, bei dem die Anwenderinnen und Anwender im Rahmen der Planung Plandaten eingeben, die anschließend in die entsprechenden beplanbaren Objekte in SAP BW/4HANA 2.0 geschrieben werden.*



In Unternehmen gibt es verschiedene Szenarien, bei denen *Planungsfunktionen* zum Einsatz kommen. Ein klassisches Beispiel ist die Budgetplanung auf verschiedenen Kostenstellenebenen. Dieses Instrument kommt typischerweise im Controlling zum Einsatz, um eine Übersicht über die aktuellen und die geplanten Kosten zu erhalten. Andere Anwendungsbeispiele sind die Personalplanung, die Finanz- und die Absatzplanung sowie die Produktions- und die Beschaffungsplanung.

**SAP Business Planning and Consolidation**

Für diese verschiedenen Bereiche lassen sich verschiedene Planungsabläufe, wie das *Top-down-* (Planung beginnt auf der Ebene Management/Unternehmensleitung und wird dann heruntergebrochen) oder das *Bottom-up-Verfahren* (Planung erfolgt auf der operativen Ebene und wird dann aggregiert) verwenden. Diese Szenarien lassen sich in verschiedenen Planungsmodellen umsetzen. In SAP BW/4HANA 2.0 werden sie mit dem Add-on *SAP Business Planning and Consolidation* (*SAP BPC*), einem IT-Tool zur Planung, in SAP BW/4HANA implementiert. Beachten Sie, dass SAP BPC vor der Nutzung gesondert lizensiert werden muss. Damit die Berechnungen der Planungsfunktionalitäten in die Datenbankschicht verlagert werden konnen, muss das Planning Application Kit (siehe Hinweiskasten »Das Planning Application Kit«) installiert sein.

[«]

**Das Planning Application Kit**

Das *Planning Application Kit* (*PAK*) ermöglicht einen deutlichen Performancegewinn, da die Berechnungen auf der HANA-Datenbank stattfinden, da es Konnektoren einführt, damit die Planungsprozesse vom SAP BW in die HANA-Datenbank verlagert werden können. Dabei ist das PAK gesondert für die integrierte Planung (Vorgänger des SAP BPC) zu lizensieren und in der Lizenz für SAP BPC enthalten. Zur Verwendung des PAK muss es zunächst eingerichtet werden.

**Grundzüge der Modellierung**

In diesem Kapitel erläutern wir Ihnen die Grundzüge der Erstellung von Planungsmodellen in SAP BW/4HANA 2.0. Dies schließt planungsrelevante Objekte wie Aggregationsebenen, Datenscheiben, Merkmalsbeziehungen, Planungsfunktionen und Planungssequenzen ein. Wir beginnen mit der nötigen Datenbasis für die Planung, d. h. mit der Beantwortung der Frage, welche InfoProvider für die Planung verwendet werden können und welche Besonderheiten es zu beachten gilt. Neben den bereits genannten Planungsobjekten werden für die Persistierung der Plandaten die bereits bekannten Objekte von SAP BW/4HANA verwendet.

Für einen tieferen Einstieg in komplexe Planungsanwendungen empfehlen wir Ihnen das Buch »Unternehmensplanung mit SAP BPC« von Denis Reis (SAP PRESS 2018), da wir im Rahmen dieses Buches nur einen ersten Überblick über die Möglichkeiten der Planung geben können. Ziel dieses Kapitels ist es, dass Sie am Ende einen grundlegenden Überblick über die Möglichkeiten der Planung in SAP BW/4HANA 2.0 haben und in der Lage sind, ein einfaches Planungsmodell zu erstellen (siehe Abbildung 12.1). Wir geben Ihnen hier das Rüstzeug, um die verschiedenen Planungsobjekte und ihre Verwendung im Planungskontext einordnen zu können.

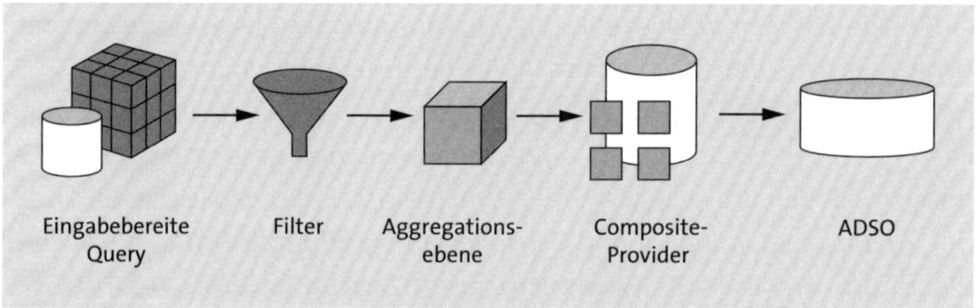


**Abbildung 12.1** Ein einfaches Planungs-Datenmodell

**Beispielaufbau**

In dem einfachen Planungsmodell, das wir in diesem Kapitel als Beispiel nutzen, baut ein CompositeProvider auf einem beplanbaren aDSO auf. Auf diesen CompositeProvider wird eine Aggregationsebene gesetzt, die mit einem Filter in einer eingabebereiten Query für die Planung verwendet wird. Die Endanwenderinnen und -anwender rufen die Query auf und können in der Query-Ergebnisansicht ihre Eingaben machen. Über die Aggregationsebene und den CompositeProvider werden die Eingaben an das aDSO durchgereicht und dort persistiert. Sie stehen anschließend für Auswertungen und Analysen zur Verfügung.

## 12.1 Aufbau eines einfachen Planungsszenarios

**Praxisbeispiel**

In diesem Abschnitt beschäftigen wir uns mit dem generellen Ablauf und der Erstellung von Planungsmodellen. Dazu nutzen wir ein einfaches Datenmodell, das Sie gerne in Ihrem System nachbauen können. Für die Erstellung eines Datenmodells sind verschiedene, teilweise optionale Schritte erforderlich, die wir hier kurz erläutern und später in diesem Abschnitt oder in Abschnitt 12.2, »Komplexere Planungsszenarien«, detaillierter beschreiben:

1. **Datenbasis erstellen**

   Es muss ein geeigneter InfoProvider als Datenbasis für die Planung definiert werden. Die geeigneten InfoProvider stellen wir in Abschnitt 12.1.1, »Datenbasis erstellen«, vor.

   **Sperren verwalten**

   Damit die Daten der Anwenderinnen und Anwender während der Eingabe der Plandaten nicht von anderen Anwenderinnen oder Anwendern verändert werden, müssen die Daten während der Eingabe gegen Änderungen gesperrt werden. Hierfür gibt es verschiedene Sperrkonzepte. Die Funktionsweisen der Sperren beschreiben wir in Abschnitt 12.2.4, »Sperrkonzepte«.

2. **Objekte definieren**

   **Aggregationsebenen** stellen die Ebenen dar, auf denen die Planung stattfindet. Sie bestehen aus Elementen des zugrundeliegenden InfoProviders (siehe Abschnitt 12.1.2, »Aggregationsebenen«).

   **Merkmalsbeziehungen** können einschränken, welche Merkmalskombinationen beplant werden können und welche nicht (siehe Abschnitt 12.2.3, »Merkmalsbeziehungen«). Sie sind optional.

   Datenscheiben dienen der Sicherung von Daten, z. B. wenn Planversionen nach einem gewissen Zeitraum nicht mehr geändert werden sollen (siehe Abschnitt 12.2.5, »Datenscheiben«). Sie sind optional.

   Mit den **Planungsfunktionen** können Sie Prozesse erstellen, durch die die Planung automatisiert erfolgt (siehe Abschnitt 12.2.1, »Planungsfunktionen«). Sie sind optional.

   In **Planungssequenzen** lassen sich verschiedene Planungsfunktionen hintereinander ausführen und somit komplexere Planungsszenarien automatisiert realisieren (siehe Abschnitt 12.2.2, »Planungssequenzen«). Sie sind optional.

Auf **Aggregationsebenen** lassen sich Filter erstellen, die ähnlich wie wiederverwendbare Filter bei Queries funktionieren.

Auch Variablen können für Planungsmodelle angelegt werden, sie sind wie Variablen auf der InfoObject-Ebene zu sehen.

3. **Eingabebereite Query definieren**

   Endanwenderinnen und Endanwender können eingabebereite Queries in Frontend-Tools wie Analysis for Office öffnen und dort Planungen durchführen. Die Plandaten werden in den InfoProvider zurückgeschrieben (siehe Abschnitt 12.1.3, »Eingabebereite Query definieren«).

Abbildung 12.2 zeigt die Spalte E für die Menge, sie ist eingabebereit.

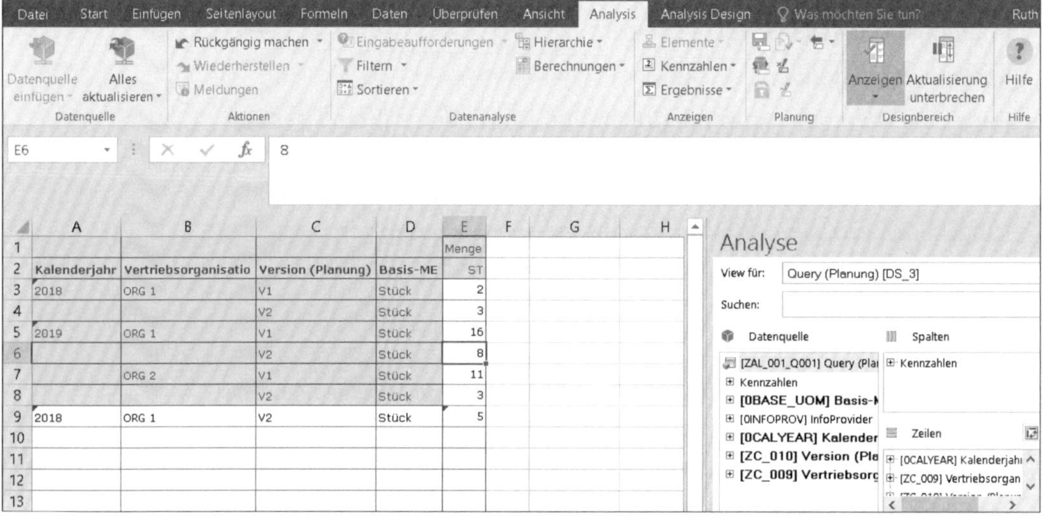


**Abbildung 12.2** Planung in Analysis for Office durchführen und zurückschreiben

In unserem einfachen Beispiel nehmen wir zunächst lediglich drei Schritte vor: Wir erstellen eine Datenbasis in Form eines beplanbaren aDSOs. Darauf setzen wir einen CompositeProvider. Wir definieren die Objekte auf einer Aggregationsebene und definieren eine eingabebereite Query. Auf die weiteren Planungsobjekte gehen wir danach in Abschnitt 12.2, »Komplexere Planungsszenarien«, näher ein.

### 12.1.1 Datenbasis erstellen

**Erstellen eines Basis-InfoProviders**

Für unser einfaches Beispiel wird zunächst ein beplanbares aDSO als Basis-InfoProvider erstellt (siehe Abbildung 12.6). Die Erstellung von aDSOs haben Sie in Abschnitt 5.6, »Advanced DataStore-Objekte«, kennengelernt.

[«]

**Basis-InfoProvider**

Persistierende InfoProvider werden als *Basis-InfoProvider* bezeichnet. Die sind folgenden InfoProvider sind Basis-InfoProvider:

- aDSOs vom Typ **Standard-DataStore-Objekt** mit der Modellierungseigenschaft **Change Log schreiben**, vom Typ **Data-Mart-DataStore-Objekt** oder vom Typ **DataStore-Objekt mit direkter Fortschreibung** – bei diesen kann im Bereich **Besondere Eigenschaften** die Option **Planung aktiviert** gewählt werden. Bei diesen beplanbaren aDSOs können nicht nur Daten gelesen werden, sondern es ist auch möglich, Daten, die über eine Query eingegeben wurden, in die aDSOs zurückzuschreiben.
- InfoObjects (Merkmal):
  - mit der Eigenschaft **Planung**
  - mit der Eigenschaft **Als InfoProvider nutzbar**
  - Als InfoProvider muss das InfoObject sich im Planungsmodus befinden. Stellen Sie hierzu das InfoObject im SAP BW/4HANA 2.0 Web Cockpit in der App **InfoObject verwalten** vom lokalen Modus **Staging** in den Planungsmodus **Planung**. Diese Umschaltung muss immer manuell erfolgen (siehe Abbildung 12.3).

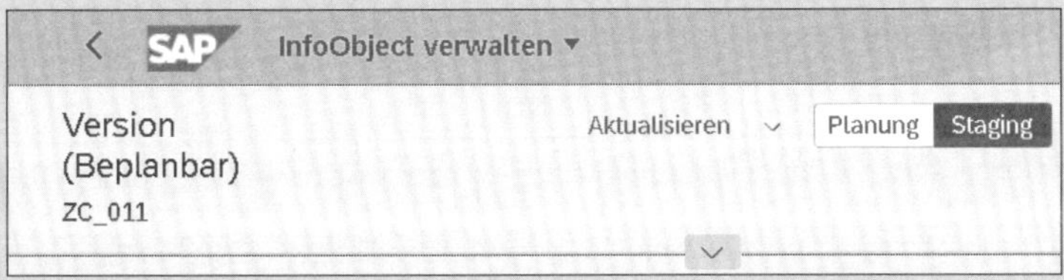


**Abbildung 12.3** InfoObject auf Planungsmodus umstellen

Für die Verwendung eines InfoObjects als Basis-InfoProvider zur Planung von Stammdaten müssen die folgenden Bedingungen erfüllt sein:

- Die Stammdatentabelle darf nicht über SAP-HANA-Views implementiert worden sein, sondern muss durch SAP-BW/4HANA-Mittel angelegt worden sein (siehe Hinweiskasten »Externer Zugriff auf SAP-BW-Daten über externe SAP-HANA-Views« in Abschnitt 5.5.4, »Merkmals-InfoObject administrieren: Allgemein«).
- Die Eigenschaft **Erweiterte Stammdatenfortschreibung aktiviert** darf nicht aktiviert sein.
- Es darf sich nicht um ein XXL-InfoObject handeln.
- Das Merkmal darf nicht auf ein weiteres Merkmal referenzieren.

12

- Wenn für das InfoObject die Eigenschaft **Nur Attribut** oder bei Texten die Eigenschaft **Langtext ist besonders lang** aktiviert ist, kann der entsprechende Text nicht beplant werden.

Lokale Provider im BW Workspace können ebenfalls beplant werden (siehe Abschnitt 10.4, »BW Workspaces für den agilen Zugriff auf Informationen«).

**Planungsmodell erstellen**

Um das Planungsmodell in diesem Kapitel zu erstellen, legen Sie zunächst die InfoObjects **ZC_009 – Vertriebsorganisation (Planung)** (siehe Abbildung 12.4) und **ZC_010 – Version (Planung)** (siehe Abbildung 12.5) an. Aktivieren Sie in den Eigenschaften die Felder **Stammdaten**, **Texte** und **Als InfoProvider nutzbar**. Nach dem Anlegen aktivieren Sie die beiden InfoObjects über [icon].

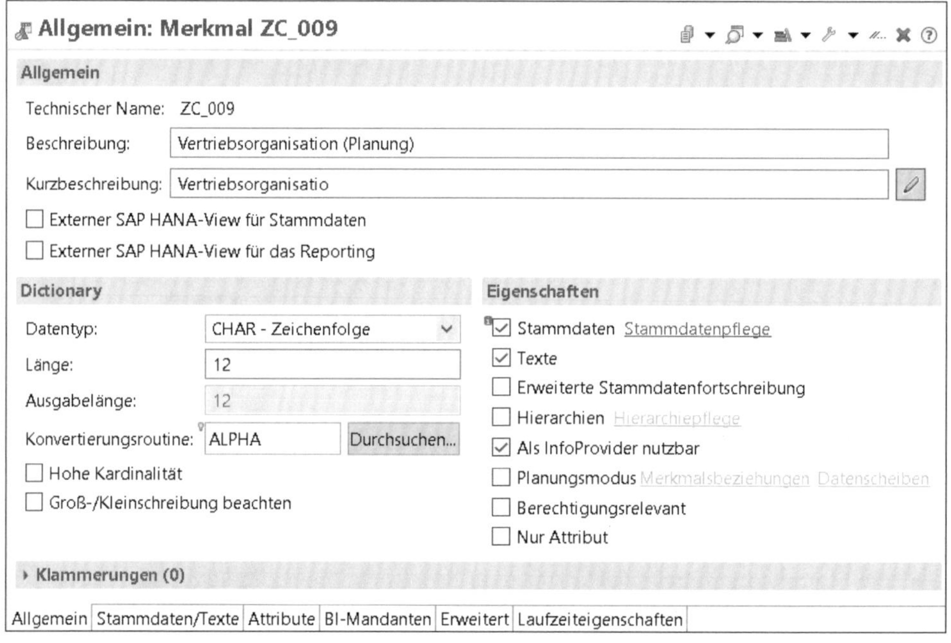


**Abbildung 12.4** InfoObject ZC_009 – Vertriebsorganisation (Planung)

**aDSO anlegen**

Im nächsten Schritt legen Sie, wie in Abbildung 12.6 gezeigt, ein beplanbares aDSO an. Dazu aktivieren Sie die besondere Eigenschaft **Planung aktiviert**. Wählen Sie die Modellierungseigenschaft **Data-Mart-DataStore-Objekt**.

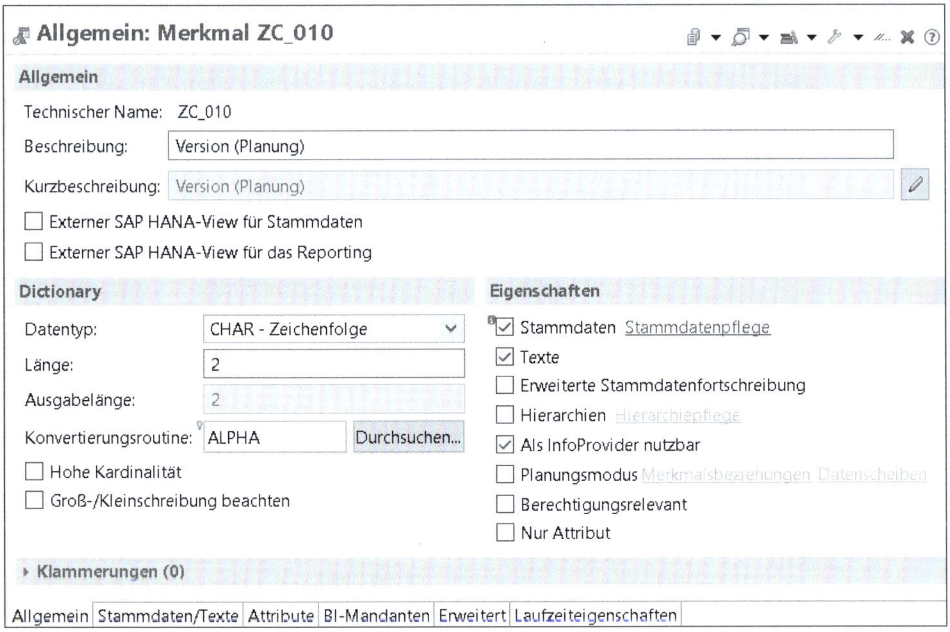

**Abbildung 12.5** InfoObject ZC_010 – Version (Planung)

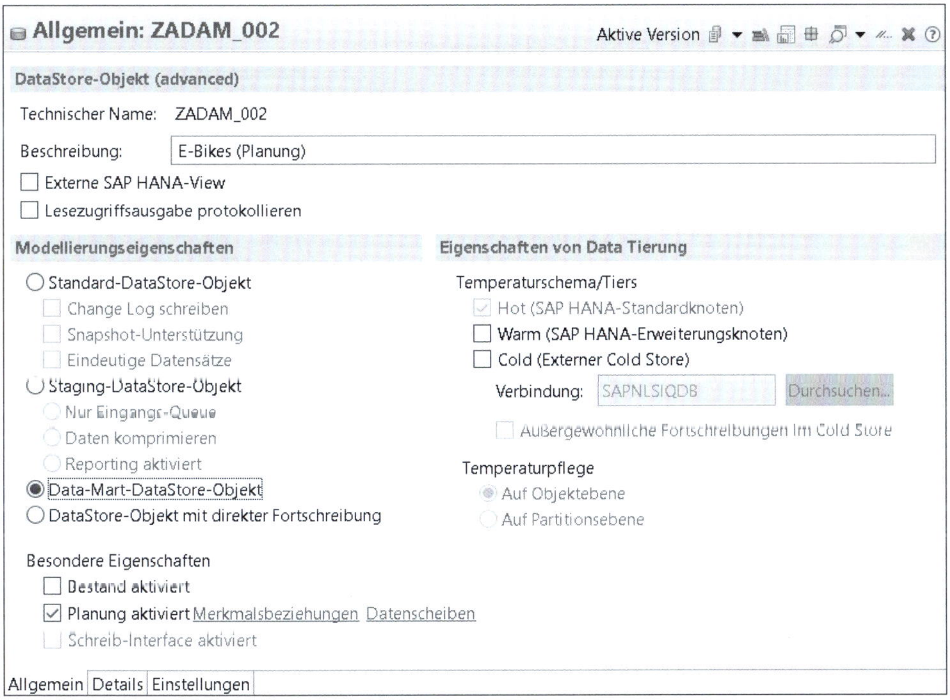

**Abbildung 12.6** Beplanbares aDSO

Durch die Eigenschaft *Data-Mart-DataStore-Objekt* sind alle Merkmale Schlüssel, es wird ein additives Delta (siehe Abschnitt 5.4.3, »DataSource administrieren: Extraktion«) hinzugefügt, und die Daten-Extraktion und das Reporting finden auf Eingangstabelle und aktiven Daten statt. Fügen Sie dem aDSO nun die in Abbildung 12.7 gezeigten InfoObjects zu hinzu.

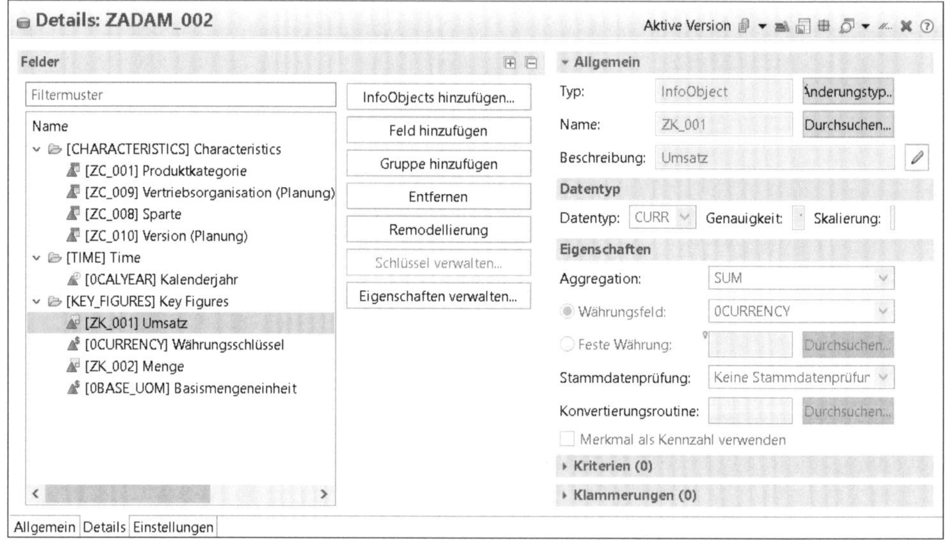


**Abbildung 12.7** Details des Planungs-aDSO

**Planungsmodus**

Um ein Planungs- aDSO tatsächlich beplanen zu können, muss es in den Planungsmodus umgestellt werden. Dies geschieht über den Menüeintrag **DataStore-Objekt (advanced) verwalten** im Kontextmenü des entsprechenden aDSO. Es öffnet sich das SAP BW/4HANA 2.0 Web Cockpit (siehe Abbildung 12.8). Dort können Sie das aDSO von **Staging** auf **Planung** umstellen.

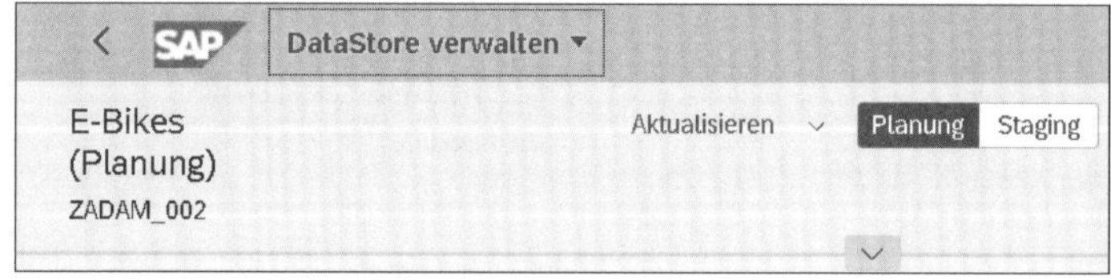


**Abbildung 12.8** Planungsmodus einstellen

**Planversionen vorbereiten**

Durch das Hinzufügen des InfoObjects **ZC_010 – Version (Planung)** können verschiedene Planversionen erstellt werden. Diese müssen zunächst in den Stammdaten vorbereitet werden. Zur Stammdatenpflege öffnen Sie die Stammdatenpflege des InfoObjects (siehe Abschnitt 5.5.6, »Merkmals-InfoObject administrieren: Stammdaten/Texte«). Es öffnet sich im SAP BW/4 HANA 2.0 Web Cockpit das Bild **InfoObject-Stammdaten pflegen** (siehe Abbildung 12.9). Hier fügen Sie für die neue **Version (Planung)** die Ausprägungen **V1** und **V2** jeweils mit dem **Kurztext Version 01** bzw. **Version 02** hinzu. Über die Schaltfläche **Sichern** speichern Sie die hinzugefügten Stammdaten.

**Abbildung 12.9** Hinzufügen einer neuen Version in den Stammdaten des Merkmals-InfoObjects »Version (Planung)«

Pflegen Sie nun auch die Stammdaten des InfoObjects **ZC_010 – Vertriebsorganisation (Planung)** wie in Abbildung 12.10 gezeigt.

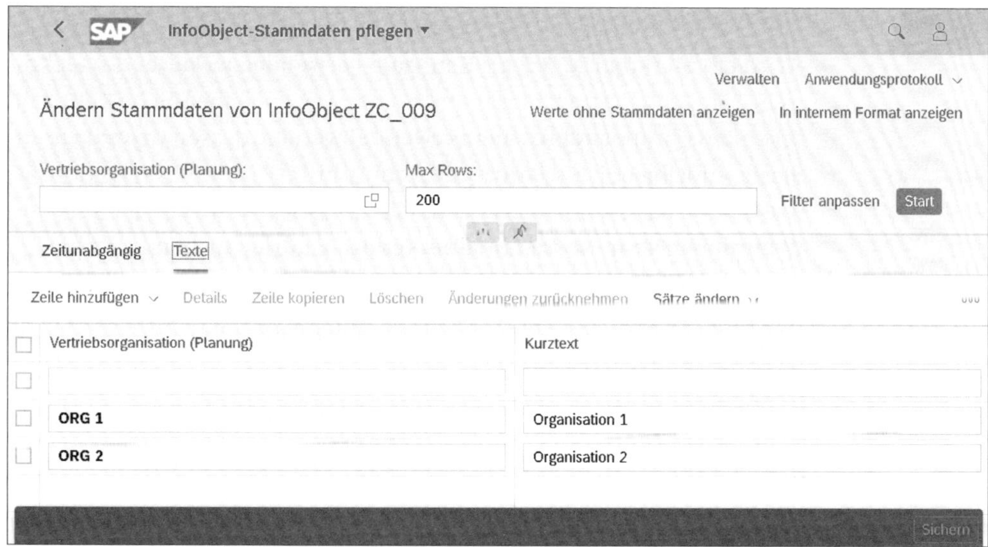


**Abbildung 12.10** Stammdaten zu ZC_009 – Vertriebsorganisation (Planung) pflegen

**Modellierung auf CompositeProvider-Ebene**

Es ist möglich, direkt, also ohne Verwendung eines CompositeProviders, auf einem aDSO zu planen. Wir empfehlen jedoch, stets einen CompositeProvider mit einzubinden. So kann das Datenmodell im Bedarfsfall einfach um weitere InfoProvider erweitert werden. So können Sie komplexere Datenmodelle erstellen, ohne dass Sie an bereits bestehenden Planungsqueries Anpassungen vornehmen müssen. In unserem Beispiel würde sich die Erweiterung des CompositeProviders um Ist-Daten anbieten. Beachten Sie dabei immer, dass eine mehrstufige bzw. geschachtelte Verwendung von Aggregationsebenen nicht möglich ist (siehe Abbildung 12.11).

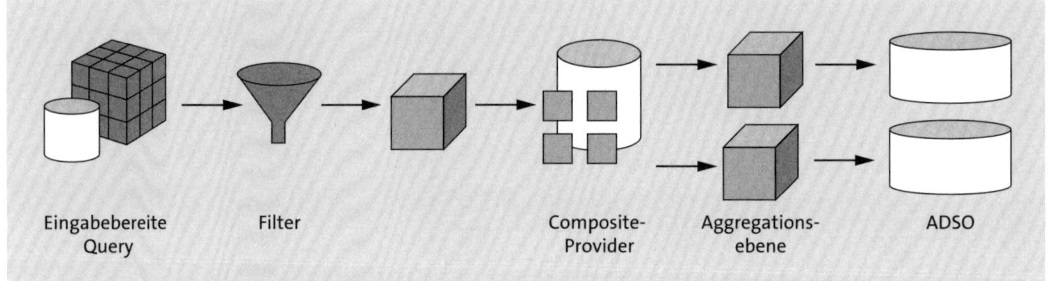


**Abbildung 12.11** Geschachtelte Aggregationsebenen sind nicht modellierbar!

Für im Rahmen der Planung verwendete CompositeProvider gilt allgemein:

- Der CompositeProvider muss mindestens einen beplanbaren Basis-InfoProvider enthalten. Bei der Verwendung mehrerer InfoProvider müssen diese per Union verknüpft werden (siehe Abschnitt 6.3.2, »Union- und Join-Verknüpfungen in SAP BW und SAP BW/4HANA«).
- Wird ein Merkmal `ZC_XXX` als Kennzahl verwendet, so lautet der technische Name der Kennzahl immer `1KYF_ZC_XXX`. Soll eine solche Kennzahl in einem CompositeProvider verwendet werden, dessen Grundlage ein Basis-InfoObject ist, so muss die Kennzahl `1KYF_ZC_XXX` Navigationsattribut des Basis-InfoObjects sein. Datumsfelder sowie Einheiten und Währungen vom Typ Merkmal als Kennzahl dürfen nicht im CompositeProvider zur Verfügung gestellt werden.
- Weitere Einschränkungen finden Sie zudem in SAP-Hinweis 2091885 (siehe *http://s-prs.de/v785411*).

**CompositeProvider anlegen**

Für unser Beispiel legen wir nun den CompositeProvider wie in Abbildung 12.12 gezeigt an.

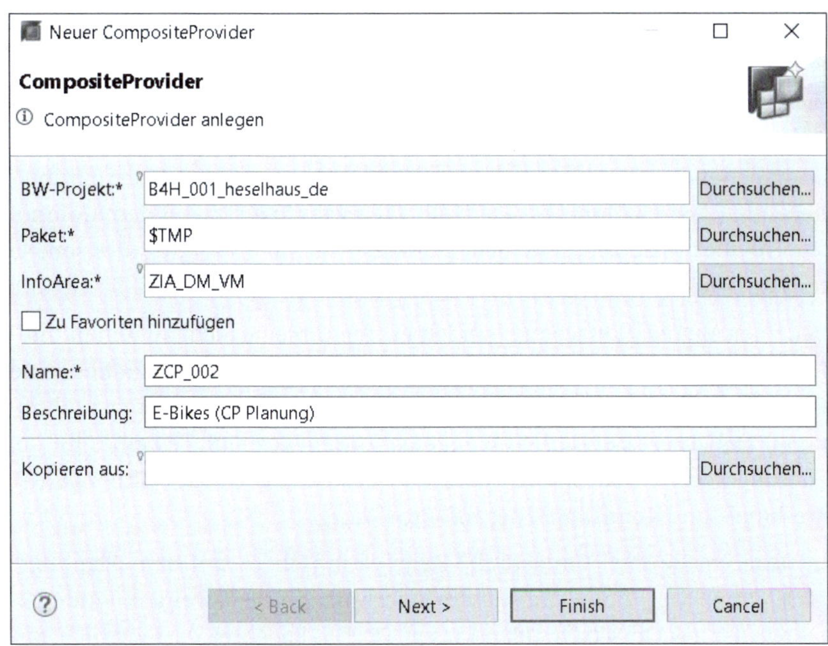


**Abbildung 12.12** CompositeProvider für die Planung erstellen



Fügen Sie dem CompositeProvider das aDSO ZADAM_002 hinzu. Ordnen Sie die Quell- und Zielfelder einander zu. Weiter müssen keine Änderungen an den Einstellungen vorgenommen werden (siehe Abbildung 12.13). Aktivieren Sie den CompositeProvider anschließend über [icon].

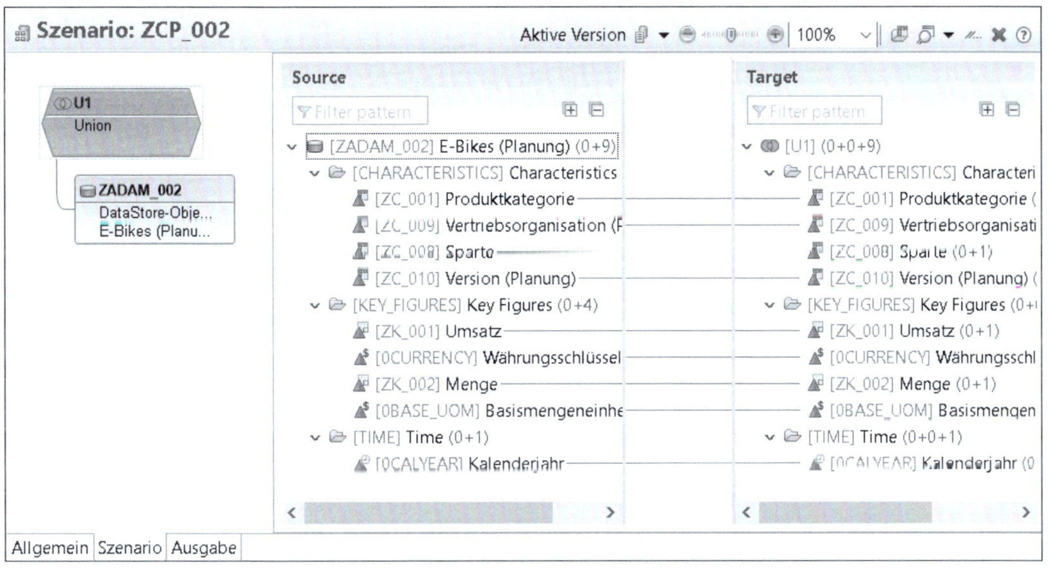


**Abbildung 12.13** Der Tab »Szenario«

### 12.1.2 Aggregationsebenen

**Aggregationsebenen**

Damit auf den Daten der dem CompositeProvider zugrundeliegenden Basis-InfoProvider geplant werden kann, muss eine *Aggregationsebene* auf dem CompositeProvider erstellt werden. Die Planungsqueries werden anschließend nicht auf dem CompositeProvider, sondern auf der darüberliegenden Aggregationsebene erstellt. Queries, die direkt auf dem CompositeProvider aufsetzen, sind nicht beplanbar, da nur die Aggregationsebene festlegt, wie geplant werden kann.

Bei einer Aggregationsebene handelt es sich um eine Sicht auf einen InfoProvider, der die Ebene festlegt, auf der die Planung manuell oder über eine Planungsfunktion stattfindet (siehe Abschnitt 12.2.1, »Planungsfunktionen«). Dabei repräsentiert eine Aggregationsebene einen Teil eines für die Planung geeigneten InfoProviders und besteht aus einer Teilmenge der Merkmale und Kennzahlen des InfoProviders.

In unserem Beispiel umfasst die Aggregationsebene auf dem Planungs-aDSO `ZADAM_002`, die wir in diesem Abschnitt anlegen werden, eine Teilmenge der InfoObjects des Planungs-aDSO. Das bedeutet, dass wir nicht auf der granularsten Ebene des Planungs-aDSO planen können, sondern nur auf der Aggregationsebene.

Wir unterscheiden zwischen einfachen Aggregationsebenen und komplexen Aggregationsebenen. Dabei ist die Basis einer einfachen Aggregationsebenen ein Basis-InfoProvider, einer komplexen Aggregationsebene liegt ein InfoProvider zugrunde, der mindestens einen für die Planung geeigneten Basis-InfoProvider, aber keine einfache Aggregationsebene enthält. Das bedeutet, dass der komplexen Aggregationsebene beispielsweise ein InfoProvider mit mehreren aDSOs zugrunde liegen kann, von denen mindestens ein aDSO für die Planung geeignet ist. Ein Beispiel für eine solche komplexe Aggregationsebene ist eine Aggregationsebene auf einem CompositeProvider, der auf zwei aDSOs aufsetzt: eines mit Plan- und ein weiteres mit Ist-Daten (siehe Abbildung 12.14).

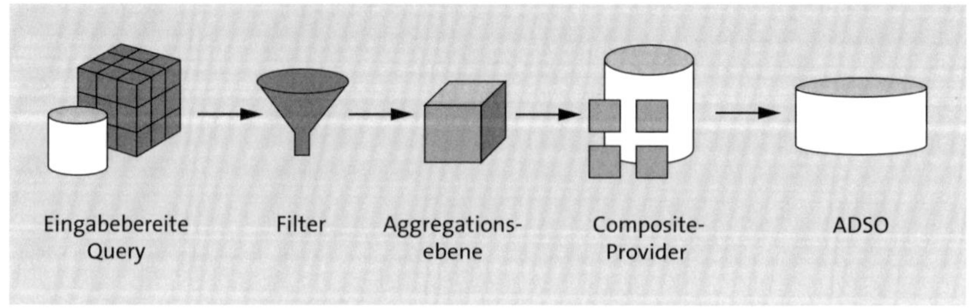


**Abbildung 12.14** Ein einfaches Planungs-Datenmodell mit CompositeProvider auf komplexer Aggregationsebene

Voraussetzungen

Für Aggregationsebenen gelten folgende Regeln:

- Die Aggregationsebene muss mindestens eine Kennzahl enthalten.
- Es können nur die folgenden Datenbankaggregationen verwendet werden: SUM, MIN, MAX oder NO2. Wird MIN oder MAX verwendet, so können die entsprechenden Kennzahlwerte nicht durch die manuelle Planung oder Planungsfunktionen verändert werden.
- Datums- oder Zeitkennzahlen müssen vom Typ DEC sein.
- Kennzahlen dürfen in Aggregationsebenen nicht referenzierend sein, da dies nicht unterstützt wird.
- Wird einer Aggregationsebene ein geklammertes Merkmal hinzugefügt, so müssen auch alle klammernden Merkmale zur Aggregationsebene hinzugefügt werden.
- Werden Kennzahlen mit festen Maßeinheiten oder Währungen verwendet, so müssen die Maßeinheiten oder Währungen ebenfalls zur Aggregationsebene hinzugefügt werden.
- Für Kennzahlen mit Ausnahmeaggregation muss das Merkmal der Ausnahmeaggregation ebenfalls zur Aggregationsebene hinzugefügt werden.
- Wird ein Merkmal eines Basis-InfoProviders verwendet, um zwei Merkmale in einem darüberliegenden InfoProvider zu befüllen, kann keine komplexe Aggregationsebene angelegt werden.
- Konstante Merkmale des InfoProviders, der Grundlage der Aggregationsebene ist, müssen in die Aggregationsebene mit aufgenommen werden.
- Enthält eine Aggregationsebene das Basismerkmal eines Navigationsattributs, so wird dieses Navigationsattribut an die Aggregationsebene vererbt.
- Eine Aggregationsebene, die einen InfoProvider verwendet, der ein Direct-Update-aDSO oder ein beplanbares InfoObject enthält, muss durch Merkmale so gefüllt sein, dass der Schlüssel des aDSO oder des InfoObjects gefüllt werden kann. Sind nicht alle Schlüsselbestandteile in der Aggregationsebene vorhanden, müssen Merkmalsbeziehungen angelegt werden, über die die Schlüsselfelder aus den Merkmalen der Aggregationsebene abgeleitet werden können.

Aggregationsebene anlegen

Nachdem die Voraussetzungen für das Anlegen von Aggregationsebenen geklärt sind, legen wir nun eine neue Aggregationsebene über das Kontextmenü der gewünschten InfoArea über **Neu • Aggregationsebene...** an (siehe Abbildung 12.15).

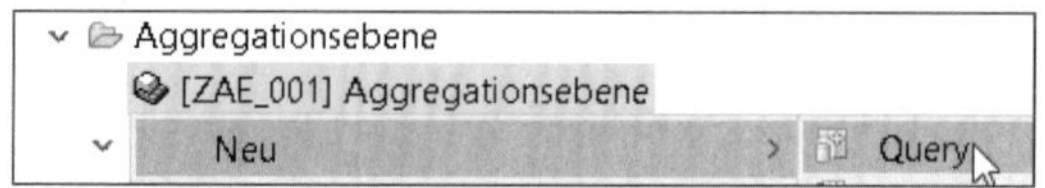


**Abbildung 12.15** Aggregationsebene anlegen

Geben Sie im Pop-up-Fenster **Neue Aggregationsebene** den (technischen) Namen, eine **Beschreibung** und den **InfoProvider** ein, zu dem Sie die Aggregationsebene anlegen möchten (siehe Abbildung 12.16). Legen Sie die Aggregationsebene über **Finish** an.

**Abbildung 12.16** Grundlegende Eigenschaften der Aggregationsebene festlegen

Auf dem Tab **Allgemein** der Aggregationsebene erhalten Sie einen Überblick über den zugrundeliegenden InfoProvider und den technischen Namen und können die **Beschreibung** ändern (siehe Abbildung 12.17).

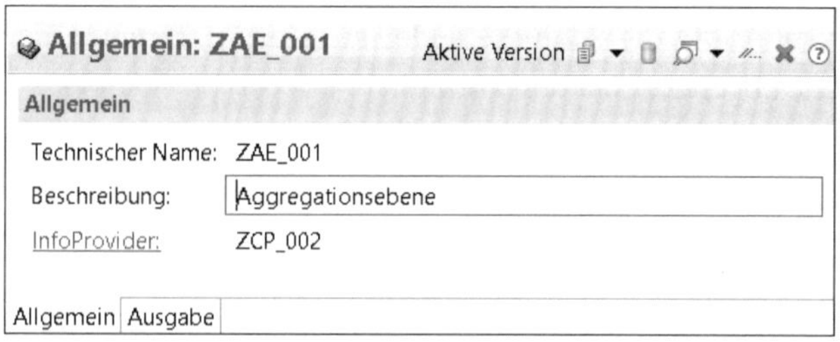

Allgemein: ZAE_001 — Aktive Version
Allgemein
Technischer Name: ZAE_001
Beschreibung: Aggregationsebene
InfoProvider: ZCP_002
Allgemein | Ausgabe

**Abbildung 12.17** Der Tab »Allgemein«

Auf dem Tab **Ausgabe** legen Sie die Struktur der Aggregationsebene fest und gruppieren die Felder gegebenenfalls (siehe Abbildung 12.18). Die Gruppierung dient dabei lediglich der Übersichtlichkeit.

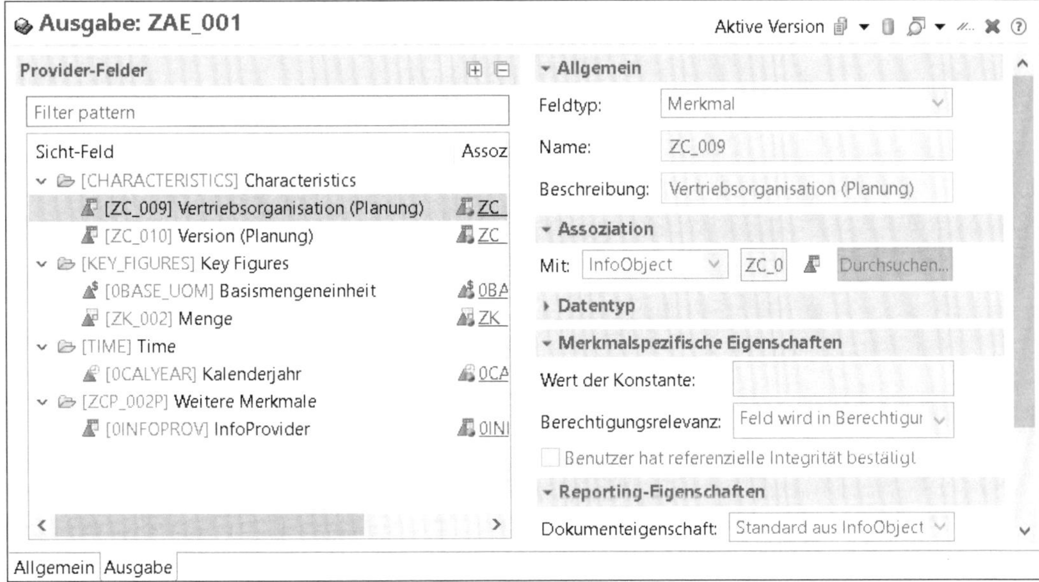


**Abbildung 12.18** Der Tab »Ausgabe«

Die Aggregationsebene muss nun noch über das Icon aktiviert werden.

### 12.1.3 Eingabebereite Query definieren

**Planungsquery oder eingabebereite Query**

Damit eine Query für die Planung genutzt werden kann und somit eingabebereit ist, muss sie auf einer Aggregationsebene angelegt werden. Eine Query, die direkt auf einem beplanbaren CompositeProvider oder aDSO aufsetzt, kann nicht für die Eingabe von Plandaten werden. Legen Sie eingabebereite Queries über das Kontextmenü einer Aggregationsebene mit **Neu • Query...** an (siehe Abbildung 12.19).

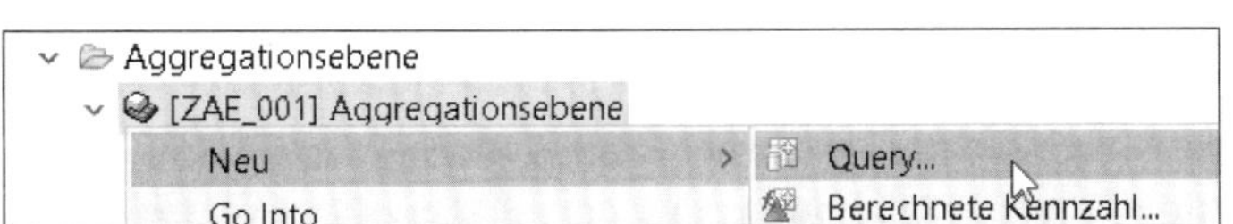


**Abbildung 12.19** Erstellung einer Query auf einer Aggregationsebene

Im Pop-up-Fenster **Neue Query** können Sie einen technischen Namen und eine Beschreibung angeben (siehe Abbildung 12.20).

**Abbildung 12.20** Neue Query auf Aggregationsebene anlegen

**Queries im Eingabemodus starten**

Im Tab **Allgemein** finden Sie den Bereich **Planung** (siehe Abbildung 12.21). Hier können Sie durch Auswahl der Option **Query im Eingabemodus starten** einstellen, dass die Query im Eingabemodus startet. In diesem Fall ist die Query direkt nach dem Aufruf eingabebereit. Andernfalls muss die Eingabebereitschaft zuerst noch manuell oder mit einer Prozesskette aktiviert werden.

**Einschränkung der zu beplanenden Werte**

Wichtig ist, dass Sie die Werte der Query durch Filter auf die Werte einschränken, auf die geplant werden soll, und dass Sie die zu beplanende Version auswählen. Zumeist ist es so, dass Planer nur einen kleinen Teil der gesamten Daten zu einem bestimmten Zeitpunkt, z. B. für ein Quartal, beplanen möchten und auch nur die entsprechenden Daten sehen und beplanen können sollen. Hier können zum einen Berechtigungsfilter und zum anderen Filter auf andere Merkmale wie beispielsweise Produktkategorien eingesetzt werden. Angenommen, Sie möchten auf ein Produkt und eine Planversion Umsätze planen, es gibt für die Umsätze mit dem entsprechenden Produkt aber noch keine verbuchten Werte, da Sie die Stammdaten zu der Planversion erst gerade angelegt haben. Um nun Vorschlagswerte für den Filter zu bekommen, kann es sinnvoll sein, die **Zugriffsart der Ergebnisse** und die **Filterauswahl** auf **Verbuchte Werte** bzw. **Werte in Stammdatentabelle** umzustellen (siehe Abbildung 12.22).

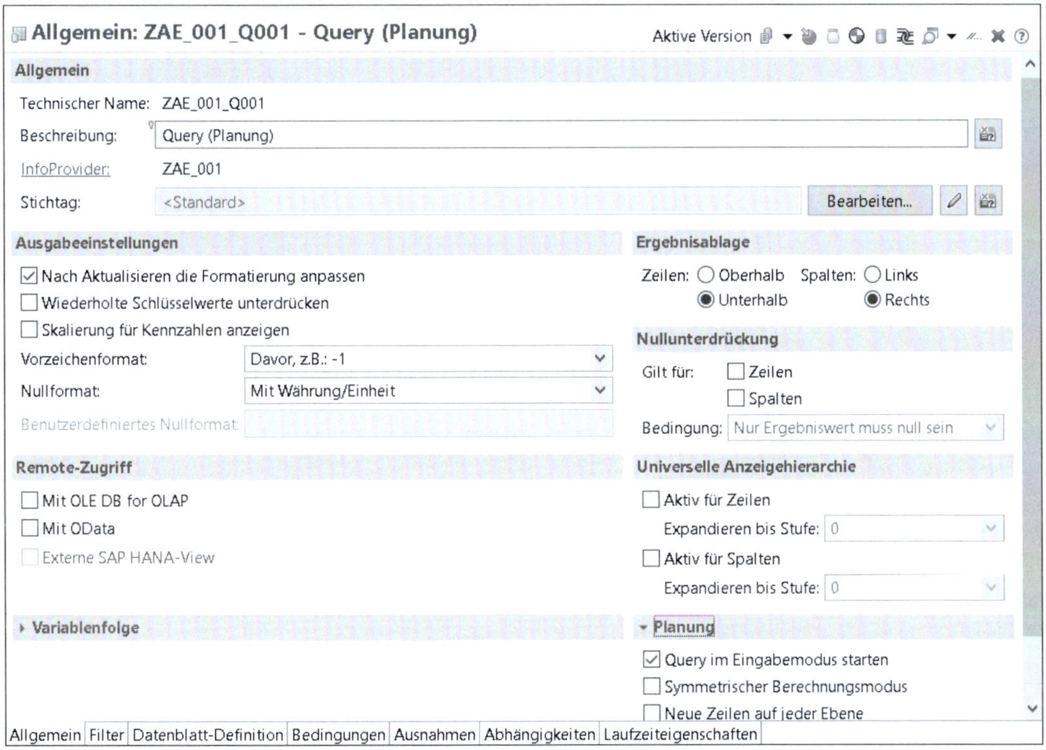

**Abbildung 12.21** Query eingabebereit starten

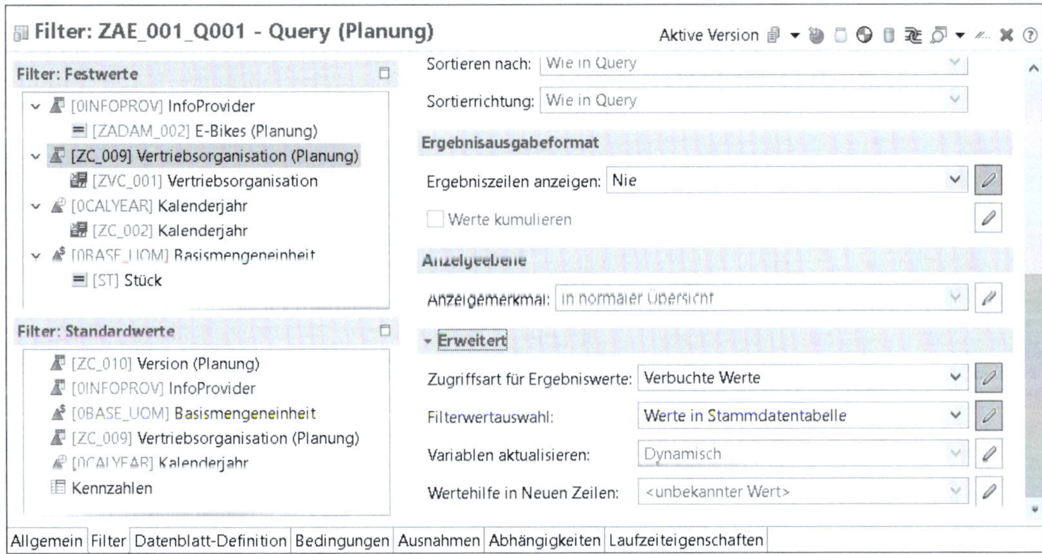


**Abbildung 12.22** Filter und Filtereinstellungen der Planungsquery

Stellen Sie in der **Datenblatt-Definition** die **Zugriffsart für Ergebniswerte** auf **Verbuchte Werte** und die **Filterauswahl** auf **Werte in Stammdatentabelle** für alle Merkmals-InfoObjects um (siehe Abbildung 12.23). Dabei können auch wiederverwendbare Filter auf der Aggregationsebene erstellt werden (siehe auch Abschnitt 6.4.3, »Queries administrieren: Filter«).

**Abbildung 12.23** Datenblattdefinition der Planungsquery

Damit Sie auf der Kennzahl ZK_002 (Menge) planen können, müssen Sie im Tab **Planung** (siehe Abbildung 12.24) für das Feld **Eingabebereit** die Einstellung **Eingabebereit** auswählen. Unter **Disaggregation** stellen Sie ein, ob eine Disaggregation stattfinden soll und wie die **Verteilung** aussehen soll.

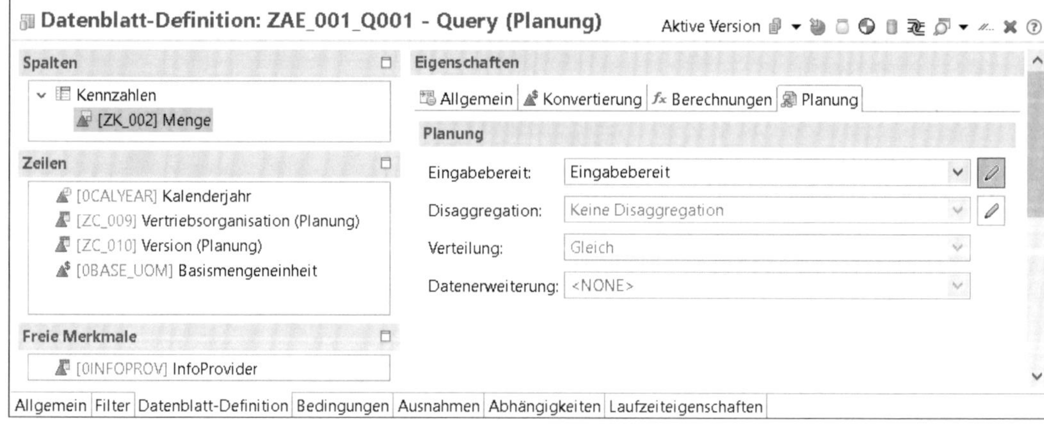


**Abbildung 12.24** Kennzahl auf »eingabebereit« stellen

Das System führt dann bei der Planung eine sogenannte *Top-down-Verteilung* der eingegebenen Werte durch, also eine Verteilung von einer höheren Ebene auf niedrigere Ebenen nach dem vorgegebenen Verteilungsschlüssel. Die Verteilung kann einmal eine Gleichverteilung sein oder auch nach einem anderen Referenzobjekt durchgeführt werden.

**Aktionen in Analysis for Office**

Weitere Einstellungen sind in unserem kleinen Beispiel nicht erforderlich. Nachdem Sie die Query gespeichert haben, haben Sie die Möglichkeit, die Eingabe von Planwerten über die Query beispielsweise über das Frontend-Tool Analysis for Office (siehe Abschnitt 10.3, »SAP Analysis for Microsoft Office«) durchzuführen (siehe Abbildung 12.2). Hier stehen Ihnen im Menüband **Analysis** im Bereich **Planung** die folgenden Funktionen (siehe Abbildung 12.25):

- **Daten speichern**: Die Planwerte werden in den InfoProvider zurückgeschrieben.
- **Neu berechnen**: Die Planwerte werden neu berechnet, beispielsweise wird die eingerichtete Disaggregation angewendet.
- **Zellen sperren**: Ausgewählte Zellen werden für Änderungen gesperrt. Dies umfasst auch Ihre eigenen Änderungen, was bei einer Disaggregation hilfreich sein kann.
- **Arbeitsstatus**: Der Arbeitsstatus der einzelnen Zelle oder der Datenquelle wird geändert. Der Arbeitsstatus ist neben den Datenscheiben (siehe Abschnitt 12.2.5, »Datenscheiben«) ein weiteres Konzept zur Sicherung geplanter Daten. An dieser Stelle verweisen wir auf die einschlägige Fachliteratur.
- **Anzeigen**: Die Datenquellen werden in den Anzeigemodus gesetzt, und es kann keine Planung stattfinden.
- **Ändern**: Die Datenquellen werden in den Änderungsmodus gesetzt, die Planung kann nun durchgeführt werden.
- **Zurück**: Die bearbeitete Zelle zurücksetzen. Dabei können Sie auswählen, ob Sie zum letzten gespeicherten Status im BW oder zum letzten konsistenten Client-Status zurückmöchten.

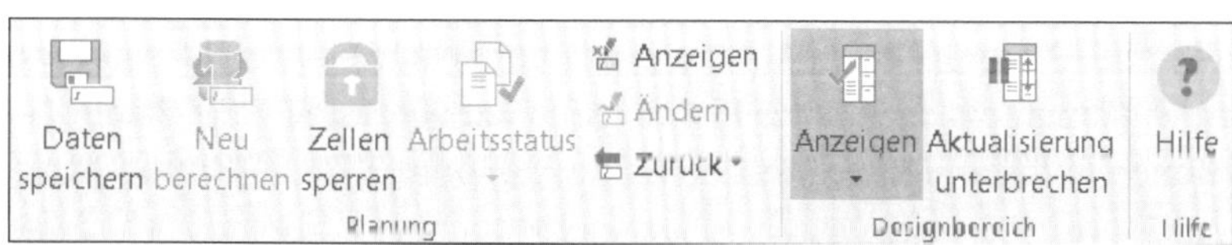


**Abbildung 12.25** Menüband »Planung« in SAP Business Objects Analysis for Office

Ihre eingegebenen Planungsdaten werden mit einem Klick auf **Daten Speichern** im InfoProvider persistiert. Wichtig ist dabei, dass immer nur die Änderungen an den Daten persistiert werden und nicht die konkret eingegebenen Werte. Um dies zu verdeutlichen, nehmen wir an, dass vor dem Speichern die Planwerte auf der Planversion V01 und der Verkaufsorganisation Org 1 alle 10 waren. Somit erhalten Sie zunächst den Datensatz aus Tabelle 12.1.

| Verkaufsorganisation | Planversion | Umsatz |
|---|---|---|
| Org 1 | V01 | 10 |

**Tabelle 12.1** Datensatz vor dem Speichern

Nach der Eingabe eines neuen Umsatzes von 30 erhalten Sie den Delta-Datensatz aus Tabelle 12.2. Das aggregierte Ergebnis beider Datensätze ist dann der neue Umsatz, 30.

| Verkaufsorganisation | Planversion | Umsatz |
|---|---|---|
| Org 1 | V01 | 20 |

**Tabelle 12.2** Delta-Datensatz nach dem Speichern

In diesem Abschnitt haben wir Ihnen aufgezeigt, wie Sie ein einfaches Planungsmodell erstellen. Die Grundlage für die Verwendung von erweiterten Planungsobjekten ist somit geschaffen. Über diese geben wir Ihnen im nächsten Abschnitt einen Überblick.

## 12.2 Komplexere Planungsszenarien

In diesem Abschnitt erläutern wir Ihnen die weiteren in SAP BW/4HANA 2.0 zur Verfügung stehenden Planungsobjekte und ihre Verwendung. Dabei benennen wir auch die Anwendungsgebiete der Planungsobjekte. Für weitergehende Informationen verweisen wir Sie auf die Fachliteratur zum Thema Planung. In Abschnitt 12.1, »Aufbau eines einfachen Planungsszenarios«, haben wir Ihnen ein manuelles Planungsmodell vorgestellt. Mit Planungsfunktionen und Planungssequenzen (siehe Abschnitt 12.2.1, »Planungsfunktionen«, und Abschnitt 12.2.2, »Planungssequenzen«) lassen sich diese Schritte automatisieren und beispielsweise in Prozessketten einbinden.

In Abschnitt 12.2.3, »Merkmalsbeziehungen«, erläutern wir zunächst, warum es wichtig sein kann, bestimmte Merkmalskombinationen in der Planung nicht zuzulassen, und wie Sie dies über Merkmalsbeziehungen abbilden können. Bei der Planung geht es immer um die Änderung von Daten. Es darf dabei nicht passieren, dass bei gleichzeitiger Planung durch unterschiedliche Personen die Daten überschrieben werden. In Abschnitt 12.2.4, »Sperrkonzepte«, stellen wir Ihnen daher generelle Konzepte zum Sperren von Daten vor. In Abschnitt 12.2.5, »Datenscheiben«, beschreiben wir schließlich, wie Sie Daten gegen Änderungen schützen können.

### 12.2.1 Planungsfunktionen

Mit *Planungsfunktionen* werden Plandaten durch das System erzeugt bzw. geändert. Dabei können die Plandaten auf Grundlage der Aggregationsebene, des Planungsfunktionstyps, der Art der Verwendung von Merkmalen und der Parameterwerte für die Erstellung von Planwerten erzeugt oder verändert werden.



**Planungsfunktionstypen**

Dabei bestimmen *Planungsfunktionstypen*, wie die Daten verändert werden. SAP bietet die folgenden Standard-Planungsfunktionstypen an:

- Einheitenumrechnung
- Erzeugen von Kombinationen
- Formel
- Kennzahlwerte setzen
- Kopieren
- Löschen
- Löschen ungültiger Kombinationen
- Prognose
- Umbuchen
- Umbuchen nach Merkmalsbeziehungen
- Umwertung
- Verteilen nach Referenzdaten
- Verteilen nach Schlüsseln
- Währungsumrechnung

**Planungsfunktion anlegen**

Darüber hinaus können eigene Planungsfunktionstypen implementiert werden. Typisches Anwendungsbeispiel für Planungsfunktionstypen ist das Kopieren von Ist-Daten eines aDSO auf Plan-Daten eines weiteren aDSO, um die Daten als Grundlage für die weitere Verteilung zu nutzen. Dabei können sie z. B. auch mit einem Faktor multipliziert werden. Eine Planungsfunktion legen Sie über einen Rechtsklick auf die entsprechende

InfoArea und den Menüeintrag **Neu • Planungsfunktion...** an (siehe Abbildung 12.26).

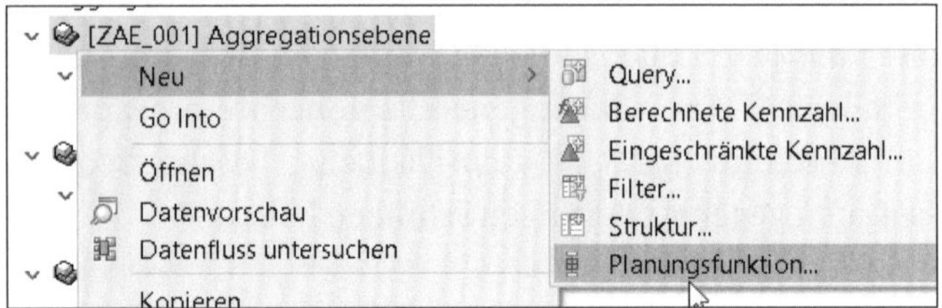


**Abbildung 12.26** Anlegen einer Planungsfunktion

**Planungsfunktion konfigurieren**

Beim Anlegen der Planungsfunktion müssen Sie im Pop-up-Fenster **Neue Planungsfunktion** einen technischen **Namen**, eine **Beschreibung** (optional), eine **Aggregationsebene** und einen **Planungsfunktionstyp** festlegen (siehe Abbildung 12.27). Bestätigen Sie mit einem Klick auf **Finish**.

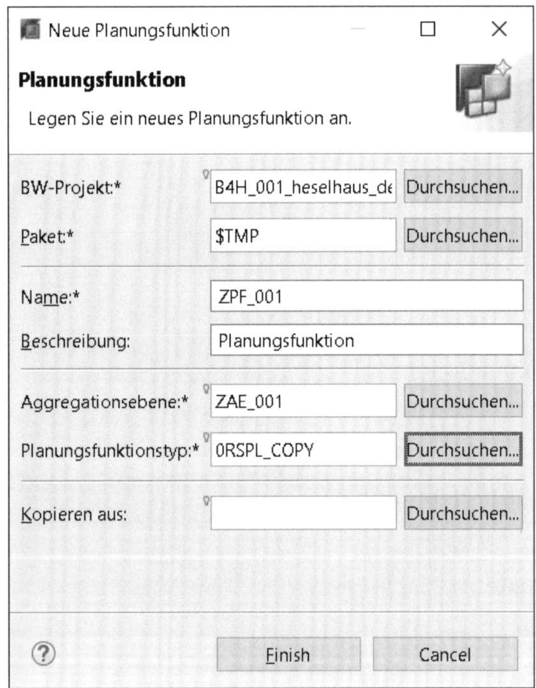


**Abbildung 12.27** Eigenschaften der Planungsfunktion festlegen

Im Tab **Allgemein** können Sie zum einen festlegen, welche Felder durch den Planungsfunktionstyp geändert werden können, und zum anderen, welche Felder für Bedingungen verwendet werden sollen (siehe Abbildung 12.28). In unserem Fall Beispiel wählen wir den Planungsfunktionstyp **Kopieren** und ändern das Feld **Version (Planung)**. Ziel ist es also, von einer Planversion auf die nächste zu kopieren, um damit eine Grundlage für die nächste Planung auf der nächsten Planversion zu schaffen.

**Allgemein: ZPF_001** Aktive Version

**Allgemein**

Technischer Name: ZPF_001
Beschreibung: Planungsfunktion
Aggregationsebene: ZAE_001
Funktionstyp: [0RSPL_COPY] Kopieren
Details: - Von welchen Merkmalswerten möchten Sie auf welche kopieren?
(Z.B.
von Jahr 2004 auf Jahr 2005)
- Kennzeichnen Sie diese Merkmale als zu verändernd.
(Im Beispiel das Merkmal Jahr)
- Wenn Sie mit Bedingungen arbeiten möchten, kennzeichnen Sie die Merkmale,
auf denen Sie Bedingungen anlegen möchten.

**Merkmalsverwendung**

| Merkmale | Zu ändernde Felder | Felder für Bedingungen |
|---|---|---|
| [0BASE_UOM] Basismengeneinheit | ☐ | ☐ |
| [0CALMONTH2] Kalendermonat | ☐ | ☐ |
| [0CALYEAR] Kalenderjahr | ☐ | ☐ |
| [0INFOPROV] InfoProvider | ☐ | ☐ |
| [ZC005] Vertriebsorganisation | ☐ | ☐ |
| [ZC012] Version (Planung) | ☑ | ☐ |

Allgemein | Parameter

**Abbildung 12.28** Der Tab »Allgemein« der Planungsfunktion

Auf dem Tab **Parameter** können Sie im Bereich **Bedingungen** Bedingungen hinzufügen, bearbeiten oder duplizieren (siehe Abbildung 12.29).

**Abbildung 12.29** Der Tab »Details« der Planungsfunktion

Eine Planungsfunktion muss nicht aktiviert werden. Planungsfunktionen können in Planungssequenzen, Prozessketten oder ABAP-Programmen ausgeführt werden.

### 12.2.2 Planungssequenzen

Mit *Planungssequenzen* werden Planungsfunktionen gruppiert und hintereinander ausgeführt. Damit lassen sich Konzepte wie die Bottom-up-Planung, also die Planung, die auf der untersten Ebene beginnt und dann Stück für Stück in den Ebenen höher eingebunden wird, umsetzen. Sie können so auch komplett automatisierte Planungsprozesse implementieren.

**Planungssequenz anlegen**

Planungssequenzen werden genau wie Planungsfunktionen über das Kontextmenü der entsprechenden InfoArea angelegt (siehe Abbildung 12.30). Wählen Sie den Eintrag **Neu • Planungssequenz...**

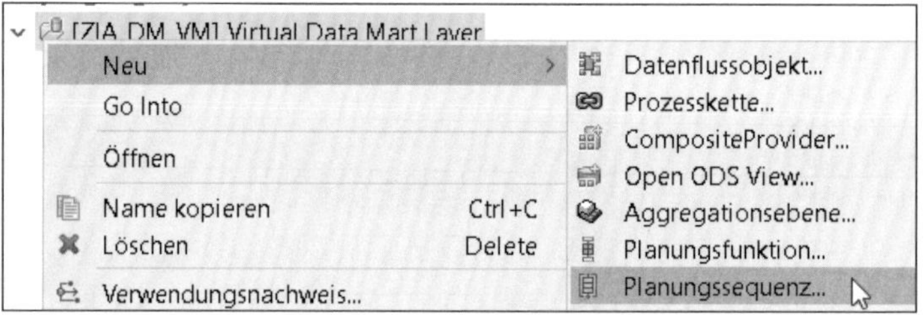


**Abbildung 12.30** Anlegen einer Planungssequenz

Sie können im Tab **Allgemein** die Beschreibung der Planungssequenz ändern und auswählen, ob die Variablen vor dem Ausführen aktualisiert werden sollen (**Variable Reprocess**) oder die Planungssequenz zur Ausführungszeit der Planungssequenz keine Datenscheiben (siehe auch Abschnitt 12.2.5, »Datenscheiben«) berücksichtigen soll (**No DataSlice Check**, siehe Abbildung 12.31). Es wird also der angelegte Schutz der geplanten Daten umgangen.

Allgemein: ZPS_001 Aktive Version

Allgemein

Technischer Name: ZPS_001

Beschreibung: Planungssequenz

☐ Variable Reprocess

☐ No DataSlice Check

Allgemein | Schritte

**Abbildung 12.31** Der Tab »Allgemein« der Planungssequenz

Auf dem Tab **Schritte** haben Sie die Möglichkeit, Planungsfunktionen zur Planungssequenz hinzuzufügen, zu duplizieren oder zu entfernen (siehe Abbildung 12.32). Dazu wählen Sie die entsprechende **Aggregationsebene**, eventuelle **Filter** und eine entsprechende **Planungsfunktion** aus. So haben Sie auch die Möglichkeit, die eingangs beschriebenen Top-down- oder Bottom-up-Planungen zu implementieren.

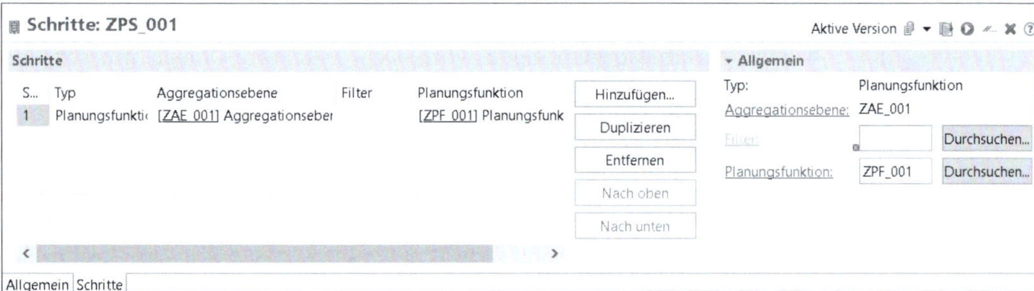


**Abbildung 12.32** Der Tab »Schritte« der Planungssequenz



Planungssequenzen müssen ebenso wie Planungsfunktionen nicht aktiviert werden. Planungssequenzen können in Prozessketten, ABAP-Programmen oder auch manuell ausgeführt werden.

### 12.2.3 Merkmalsbeziehungen

**Erlaubte Merkmalskombinationen festlegen**

Mit *Merkmalsbeziehungen* können Sie verhindern, dass auf Merkmalskombinationen geplant wird, die keinen Sinn ergeben. Sie können Merkmalsbeziehungen in aDSOs oder für planungsbereite InfoObjects erstellen und so bestimmen, welche Merkmalskombinationen erzeugt oder nicht erzeugt werden können. Dabei lassen sich auch Regeln erstellen, mit denen aus Ausprägungen von Merkmalen andere Merkmalswerte abgeleitet werden können.

**Voraussetzungen**

Beispiel: Sie möchten verhindern, dass Umsätze auf die Kombination »Fahrrad« und »Artikelgruppe Zubehör« geplant werden. Diese Kombination ergibt keinen Sinn, da Fahrräder nicht in die Artikelgruppe Zubehör gehören. Mit Merkmalsbeziehungen ist dies möglich, da Sie so festlegen können, dass nur logisch sinnvolle Kombinationen erlaubt sind. Dies unterstützt bei der Erstellung von automatisierten Planungsprozessen.

Für die Erstellung einer Merkmalsbeziehung gibt es mehrere Voraussetzungen:

- Es können nur Merkmalsbeziehungen für einen beplanbaren InfoProvider erstellt werden. Wird ein CompositeProvider verwendet, der einen entsprechenden InfoProvider mit Merkmalsbeziehungen benutzt, so gelten diese Merkmalsbeziehungen weiterhin.

- Für Merkmalsbeziehung vom Typ Attribut gilt, dass das Attribut im Basis-InfoProvider enthalten und Attribut des Basismerkmals sein muss.
- Für Merkmalsbeziehung vom Typ Hierarchie gilt, dass das Merkmal in der Hierarchie und im Basis-InfoProvider enthalten sein muss. Dabei dürfen keine Knoten mehrfach und keine Link-Knoten vorhanden sein.
- Bei Merkmalsbeziehungen vom Typ DataStore-Objekt müssen die aDSOs einen eindeutigen Schlüssel besitzen und dürfen nicht vom Typ Data-Mart-DataStore-Objekt sein.

**Einstellungen für Merkmalsbeziehungen festlegen**

Die Anlage von Merkmalsbeziehungen erfolgt über das Feld **Merkmalsbeziehungen** im entsprechenden aDSO oder InfoObject (siehe Abbildung 12.6 für aDSOs bzw. siehe Abbildung 12.4 für InfoObjects mit aktivierten Planungsmodus). Im Tab **Allgemein** nehmen Sie allgemeine Einstellungen vor (siehe Abbildung 12.33). Unter anderem können Sie den **Stichtag** des Merkmals festlegen und im Bereich **Plandaten sichern** eine Planungssequenz auswählen, die beim Speichern der Daten ausgeführt werden soll. Diese könnte beispielsweise die Daten prüfen und nur dann speichern, wenn die Prüfung erfolgreich war. Falls Sie **Nur geänderte Daten lesen** auswählen, hat dies Auswirkungen auf die Performance: Es muss hierfür eine entsprechende **Aggregationsebene zum Lesen von geänderten Daten** angegeben werden, damit das System nachlesen kann, welche Daten in der Sitzung verändert, aber noch nicht gespeichert wurden.

**Abbildung 12.33** Allgemeine Einstellungen von Merkmalsbeziehungen für ein aDSO

Typen von Merkmalsbeziehungen

Im Tab **Merkmalsbeziehungen** stellen Sie die tatsächlichen Merkmalsbeziehungen ein (siehe Abbildung 12.34). Dies geschieht abhängig von dem Typ der Merkmalsbeziehung. Dabei kann zwischen vier verschiedenen Typen unterschieden werden:

- **DSO hinzufügen...**: Bei diesem Typ wird idealerweise ein zweites, zur Planung geeignetes aDSO verwendet, in dem die Merkmalskombinationen vorgegeben werden. Der Vorteil eines zur Planung geeigneten aDSO ist hier, dass die möglichen Merkmalskombinationen ebenfalls über eine eingabebereite Query gepflegt werden können.
- **Exit-Klasse hinzufügen...**: Sie können eine selbst implementierte Exit-Klasse auswählen, die die gültigen Kombinationen zurückgibt.
- **Attribut hinzufügen...**: Hier lassen sich die Attribute des zugrundeliegenden Merkmals auswählen. Dabei Kombinationen aus Merkmal und Attributen zugelassen.
- **Hierarchie hinzufügen...**: Zulässige Kombinationen ergeben sich aus der Hierarchiestruktur.



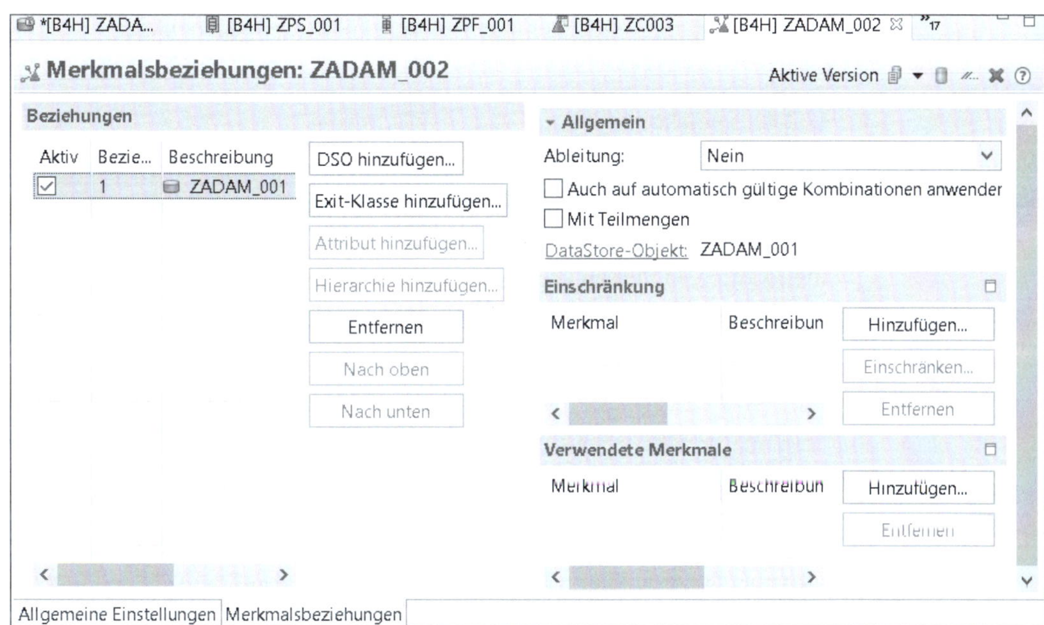


**Abbildung 12.34** Merkmalsbeziehungen pflegen

Grundsätzlich ist die eingabebereite Query dann nicht eingabebereit, wenn auf nicht zulässigen Merkmalskombinationen geplant werden soll. Zudem lassen sich, wenn im Datenmodell vorhanden, mehrere Merkmalsbeziehungen definieren: Die Reihenfolge, in der die Merkmalsbeziehungen abgehandelt werden, entspricht dann der Reihenfolge der im Bereich **Beziehungen** erstellten Merkmalsbeziehungen. Anhand einer angelegten Merkmalsbeziehung wird überprüft, ob die Kombination zugelassen ist oder nicht. Nur zugelassene Kombinationen können in den InfoProvider zurückgeschrieben werden.

**Ableitung erstellen**

Im Bereich **Allgemein** lassen sich *Ableitungen* erstellen. Ableitungen erfolgen, wenn das Quellmerkmal in der Aggregationsebene enthalten ist, das Zielmerkmal aber nicht. Dabei wird dann von dem Quellmerkmal abgeleitet, welche möglichen Ausprägungen das Zielmerkmal haben kann: Sind Quell- und Zielmerkmal in der Aggregationsebene vorhanden, wird außerdem eine Kombinationsprüfung durchgeführt und überprüft, ob die eingegebene Kombination erlaubt ist.

**Einschränkungen**

Mit dem Feld **Auch auf gültige Kombinationen anwenden** werden automatisch gültige Kombinationen verboten. Automatisch gültige Kombinationen sind die Kombinationen von der Form # (nicht zugeordnet) mit anderen Objekten inklusive # (nicht zugeordnet). Im Bereich **Einschränkung** können Sie Ableitungen auch einschränken, dann wird nur der Teil zur Ableitungsprüfung herangezogen, der in der Einschränkung angegeben ist.

### 12.2.4 Sperrkonzepte

**Vermeidung von Inkonsistenzen**

Während der Planung durch die Anwenderinnen und Anwender dürfen dieselben Daten nicht zeitgleich von anderen Anwenderinnen oder Anwendern geändert werden, da es sonst zu inkonsistenten Daten kommen kann. Um dies zu vermeiden, werden im Rahmen der Planung in SAP BW/4HANA 2.0 sogenannte *Sperrkonzepte* genutzt.

Sie können sich eine Sperre wie folgt vorstellen: Zwei Nutzer greifen auf Selektionen mit überlappenden Ausprägungen zu und möchten die Daten beplanen. Beispielsweise wird von Anwenderin A für die Planung auf die Vertriebsorganisation Organisation 1 (Org 1) selektiert. In diesem Fall wäre die Planung für dieselbe Vertriebsorganisation Organisation 1 (Org 1) für alle anderen Anwenderinnen und Anwender gesperrt. Plant Anwenderin A nun aber auf eine Planversion 01 und Anwender B auf eine Planversion 02 und beide auf die Vertriebsorganisation Organisation 1 (Org 1), so würden sie sich nicht gegenseitig sperren. Um zu ermitteln, ob sich Anwenderin A und Anwender B gegenseitig sperren, muss also geprüft werden, ob die jeweiligen Selektionen der Anwenderinnen und Anwender Schnittmengen haben. Ist dies der Fall, so sperrt der erste Anwender bzw. die erste Anwenderin die Daten für die bzw. den zweiten.

### Sperren

**Sperrmodi**

Die so entstehenden Sperren lassen sich in der Sperrverwaltung im SAP GUI über die Transaktion RSPLSE einsehen (siehe Abbildung 12.35). Auf dem Tab **Sperren** wird unter **Kopfeinträge** aus der Spalte **Sperrmodus** ersichtlich, von welcher Art eine Sperre ist:

- E (exclusive): Es besteht eine *Schreibsperre* für alle Daten, die gerade im Änderungsmodus beplant werden. Diese Daten oder Teile der Daten kann kein anderer Nutzer ändern.
- S (shared): Es besteht eine *Lesesperre* zur Laufzeit. Diese wird beispielsweise für Referenzdaten zu Planungsfunktionen erstellt, damit sie zur Laufzeit nicht verändert werden. Sollen also Daten anhand von Referenzdaten berechnet werden, so dürfen sich diese Referenzdaten im Prozess der Berechnung nicht verändern. Dementsprechend gibt es eine Sperre auf die Referenzdaten.



**Sperrsätze**

Im abgebildeten Beispiel aus Abbildung 12.35 gibt es drei Sperrsätze: Das **Kalenderjahr 0CALYEAR** mit der Ausprägung **2019**, die Kennzahl Menge **ZK_002** und die Vertriebsorganisation **ZC_009** mit Ausprägung **ORG 1**. Alle weiteren Anwenderinnen und Anwender, die die Kombination dieser Ausprägungen beplanen möchten oder auf Teile dieser Kombination planen möchten, sodass es Überschneidungen in der Abfrage gibt, erhalten die Nachricht, dass die Daten gesperrt sind. Abhilfe schaffen hier Sperrmerkmale, die von der Sperre ausgenommen werden können und die auf einem eigenen Tab gepflegt werden können.

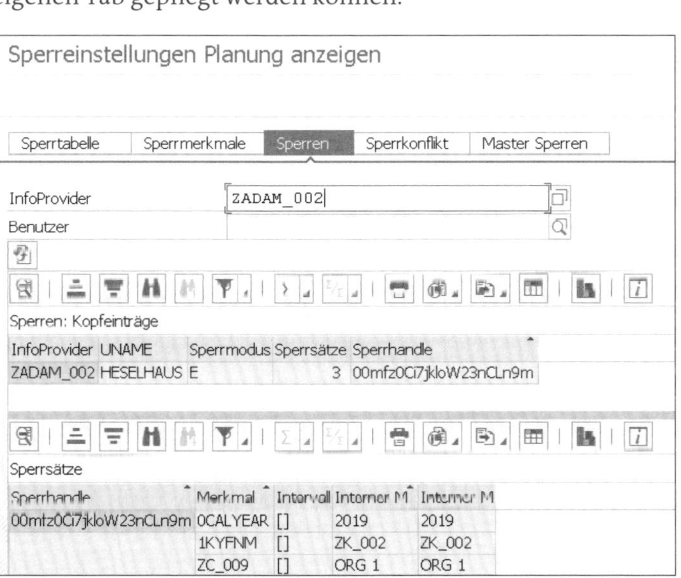


**Abbildung 12.35** Sperrverwaltung

### Sperrkonflikte

Auf dem Tab **Sperrkonflikt** lassen sich eventuelle Sperrkonflikte über die Selektionen genauer analysieren. Es werden immer nur die letzten Sperrkonflikte angezeigt, dabei sind die einzelnen Selektionen angegeben. Im Beispiel aus Abbildung 12.36 sind es das Einheiten-Merkmal **0BASE_UOM** mit der Ausprägung **ST**, das Kalenderjahr **0CALYEAR** mit der Ausprägung **2019**, die Kennzahl Menge **ZK_002** und die Vertriebsorganisation **ZC_009** mit der Ausprägung **ORG 1**. Sie sollen gerade von zwei Nutzern beplant werden (im Beispiel sperrt der Nutzer HESELHAUS die Daten – und versucht selbst, sie ein zweites Mal beplanbar zu öffnen).

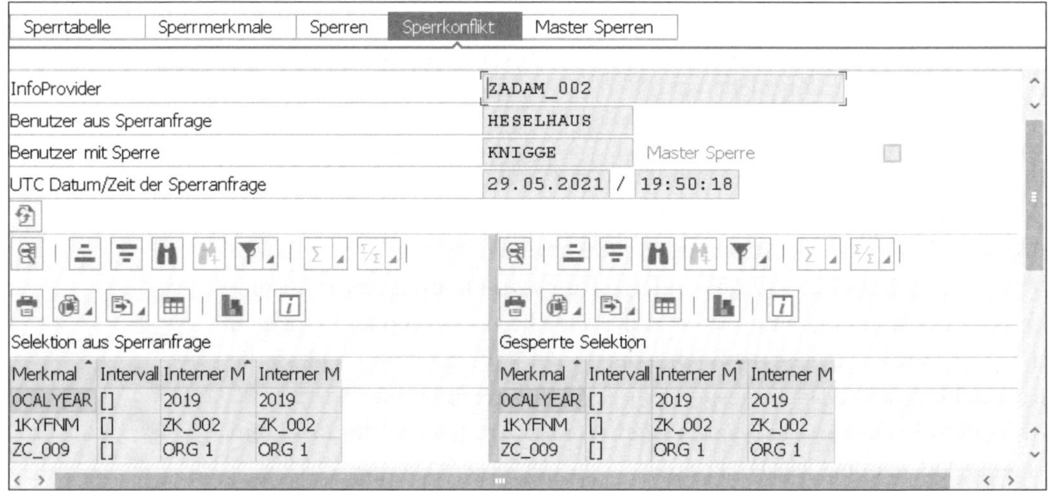


**Abbildung 12.36** Sperrkonflikte

### Master Sperren

Vorrangige Sperren

Auf dem Tab **Master Sperren** erhalten Sie einen Überblick über alle Sperren, die von Planungssequenzen aus Prozessketten erstellt werden. Dabei stellt eine Mastersperre sicher, dass Planungssequenzen nicht abbrechen, weil andere Planer gleiche Daten sperren. Somit sind diese Sperren vorrangig vor aus manueller Planung resultierenden Sperren.

### Sperrmerkmale

Von der Sperre ausgenommene Merkmale

Im Tab **Sperrmerkmale** können Sie für den Basis-InfoProvider auswählen, ob Merkmale von der Sperre ausgenommen werden sollen (siehe Abbildung 12.37). Dies kann sinnvoll sein, wenn alle Planer beispielsweise immer auf den gleichen **Kalendermonat** und das gleiche **Kalenderjahr** sowie die **Basismengeneinheit** und den **Währungsschlüssel** und eine bestimmte **Version** planen. Ohne die Auswahl der nicht sperrrelevanten Merkmale (in

Abbildung 12.37 links zu sehen) würden die Planer sich nun immer gegenseitig sperren, da in der Selektionstabelle der Sperre immer die entsprechenden Auswahlen vorhanden wären. In diesem Beispiel ist es also sinnvoll, dass nur **Produktkategorie**, **Vertriebsorganisation** und **Sparte** *sperrrelevant* (in der Abbildung rechts zu sehen) sind – nicht aber die **Basismengeneinheit** und der **Währungsschlüssel**.

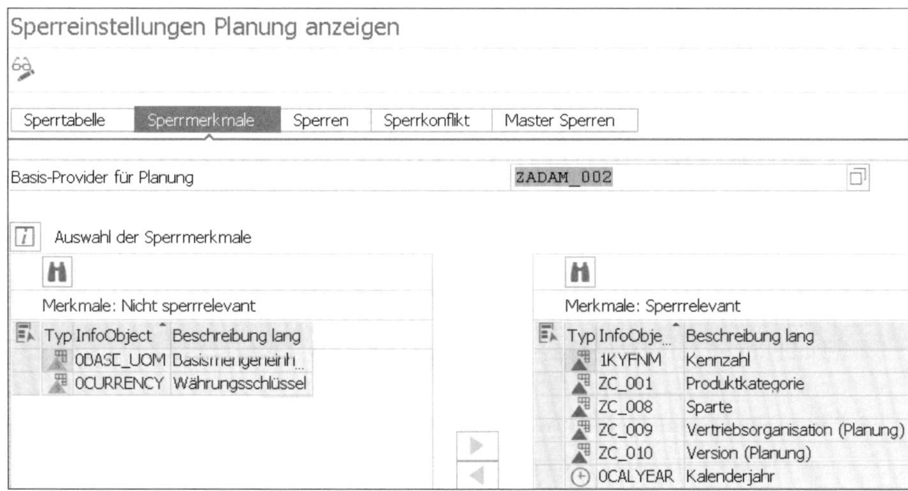


**Abbildung 12.37** Sperrmerkmale im Basis-InfoProvider

## 12.2.5 Datenscheiben

**Geplante Daten schützen**

Zum Schutz von fertig geplanten Daten werden *Datenscheiben* angelegt. Datenscheiben verhindern, dass Daten in einer abgeschlossenen Planung verändert werden. Dabei können Datenscheiben auf Basis-InfoProvidern, also InfoObjects oder aDSOs, angelegt werden. Für InfoObjects klicken Sie im Tab **Allgemein** im Bereich **Eigenschaften** auf **Datenscheiben** (siehe Abbildung 12.38).

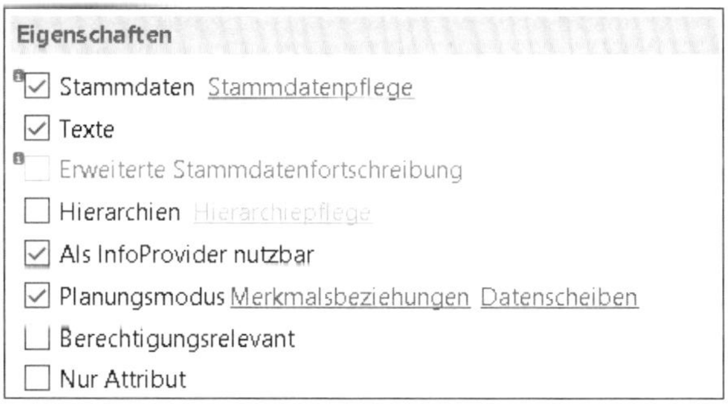

Eigenschaften
- [x] Stammdaten Stammdatenpflege
- [x] Texte
- [ ] Erweiterte Stammdatenfortschreibung
- [ ] Hierarchien Hierarchiepflege
- [x] Als InfoProvider nutzbar
- [x] Planungsmodus Merkmalsbeziehungen Datenscheiben
- [ ] Berechtigungsrelevant
- [ ] Nur Attribut

**Abbildung 12.38** Erstellung einer Datenscheibe für InfoObjects

**Datenscheibe für aDSOs anlegen**

Für aDSOs finden Sie die Möglichkeit zum Anlegen im Tab **Allgemein** unter **Besondere Eigenschaften** (siehe Abbildung 12.39).

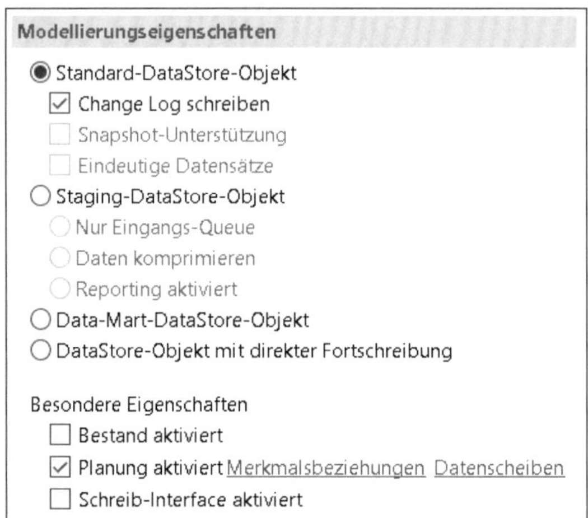


**Abbildung 12.39** Erstellung einer Datenscheibe für aDSOs

Falls die Datenscheibe noch nicht vorhanden ist, werden Sie gefragt, ob Sie sie anlegen möchten (siehe Abbildung 12.40). Bestätigen Sie mit **OK**.

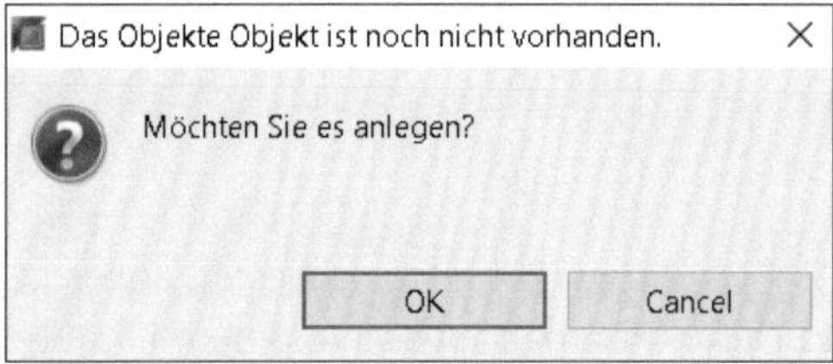


**Abbildung 12.40** Neue Datenscheibe anlegen

**Datenscheibe administrieren**

Danach werden Sie nach einem Paket gefragt und gelangen mit **Finish** in die Modellierung der Datenscheiben. In unserem Beispiel wollen wir alle Selektionen mit **Version (Planung) V01** gegen Änderungen schützen. Dabei muss, damit die entsprechende Selektion aktiv ist, im Bereich **Datenscheiben** der Haken bei **Aktiv** gesetzt sein (siehe Abbildung 12.41).

Eine neue Auswahl fügen Sie über **Auswahl hinzufügen...** hinzu. Sie können im Pop-up-Fenster **Auswahl bearbeiten** die Auswahldetails festlegen (siehe Abbildung 12.42). Dies geschieht analog zur Einschränkung von Kennzahlen oder Selektionen in Queries (siehe Abschnitt 6.4.5, »Queries administrieren: Datenblatt-Definition«).

**Abbildung 12.41** Administrieren von Datenscheiben

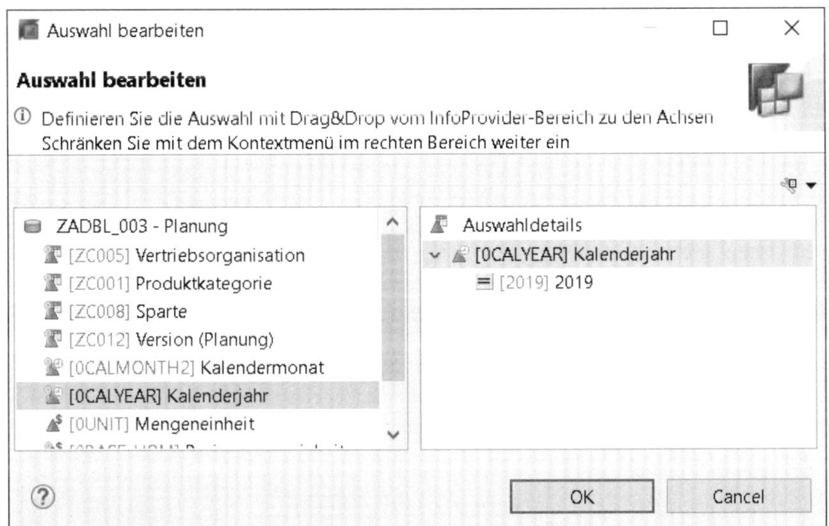


**Abbildung 12.42** Auswahl der Datenscheiben bearbeiten

Datenscheiben müssen nicht aktiviert, sondern nur gespeichert werden. Datenscheiben können auch über User-Exits erstellt werden. Für diesen Fall verweisen wir Sie jedoch auf einschlägige Fachliteratur.

Hiermit beenden wir unsere Einführung in die Planung mit SAP BW/4HANA 2.0. Im nächsten Kapitel geben wir abschließend einen Ausblick auf die weitere Entwicklung im SAP-BW/4HANA-2.0-Umfeld.

# Kapitel 13
# Ausblick

*In diesem Kapitel geben wir Ihnen einen Überblick über avisierte Weiterentwicklungen im Umfeld von SAP BW/4HANA 2.0, soweit sie zum Zeitpunkt des Schreibens dieses Buches bekannt waren. Wir stellen Ihnen die Cloud-Data-Warehouse-Lösung von SAP, SAP Data Warehouse Cloud, als Ergänzung oder Alternative zu SAP BW/4HANA 2.0 und SAP Data Intelligence vor.*

13

In diesem Kapitel werfen wir einen Blick in die nähere Zukunft und gehen auf zum Zeitpunkt der Entstehung dieses Buches angekündigte Weiterentwicklungen im Umfeld von SAP BW/4HANA 2.0 ein. Wir konzentrieren uns dabei zum einen auf die Roadmap für die nächsten Entwicklungsschritte von SAP BW/4HANA 2.0 (siehe Abschnitt 13.1, »Roadmap für SAP BW/4HANA 2.0«), zum anderen stellen wir die Cloud-Lösung von SAP für das Data Warehousing vor: SAP Data Warehouse Cloud. Diese Lösung ist bereits heute verfügbar, sie ist aber noch nicht in der Lage, komplexe Data-Warehousing-Prozesse vollständig abzubilden (siehe Abschnitt 13.2, »SAP Data Warehouse Cloud«). Wir beleuchten dabei auch mögliche Kombinationsszenarien von SAP BW/4HANA 2.0, SAP Data Warehouse Cloud und der SAP Analytics Cloud (siehe Abschnitt 10.2, »SAP Analytics Cloud«). Anschließend stellen wir in Abschnitt 13.3, »SAP HANA Cloud«, der Vollständigkeit halber auch SAP HANA Cloud kurz vor, die die SAP-Produktpalette in der Cloud vervollständigt. In Abschnitt 13.4, »SAP Data Intelligence«, geben wir abschließend einen Überblick über SAP Data Intelligence.

»Cloud first«

Derzeit sind die On-Premise-Lösungen und die Cloud-Lösungen nebeneinander zu sehen, wobei einige der Cloud-Lösungen wie SAP Data Warehouse Cloud noch nicht den Funktionsumfang der On-Premise-Lösungen erreicht haben. SAP propagiert seit geraumer Zeit eine *Cloud-first-Strategie*, sodass für die Zukunft zu erwarten ist, dass die Cloud-Produkte einen ähnlichen Funktionsumfang wie die On-Premise-Produkte enthalten werden und diese mittel- bis langfristig möglicherweise ablösen könnten. Bei allen Cloud-Lösungen dürfte derzeit eines der wichtigsten Entscheidungskriterien für die Nutzung das Vertrauen der Unternehmen in die Sicherheit der unternehmenseigenen Daten in einer Cloud sein.

## 13.1 Roadmap für SAP BW/4HANA 2.0

**Roadmaps**

SAP veröffentlicht zu seinen Produkten Roadmaps, die die für die nächste Zeit geplanten Neuerungen und Änderungen enthalten. Die SAP-Produkte unterliegen mehr oder weniger regelmäßigen Updates, Inhalte und Zeitpunkte der tatsächlichen Veröffentlichungen von Neuerungen und Änderungen können von den Roadmaps abweichen. In diesem Abschnitt fassen wir für Sie die geplanten Neuerungen und Änderungen zum Stand im Sommer 2021 zusammen. Für neuere Informationen schauen Sie bitte im SAP Road Map Explorer (siehe Hinweiskasten zum SAP Road Map Explorer).

**SAP Road Map Explorer**

Die jeweils aktuellen Informationen (Stand: August 2021) zur Weiterentwicklung von SAP BW/4HANA finden Sie im *SAP Road Map Explorer* unter *https://roadmaps.sap.com/welcome*.

Tabelle 13.1 enthält die in der Roadmap für das vierte Quartal 2021 angekündigten Updates für SAP BW/4HANA 2.0. Deutlich werden die zunehmend engere Verzahnung mit der SAP Analytics Cloud sowie Möglichkeiten zur Übertragung von Inhalten, z. B. Queries, aus SAP BW/4HANA 2.0 nach SAP Data Warehouse Cloud (siehe Abschnitt 13.2, »SAP Data Warehouse Cloud«).

**Reduzierung der Total Cost of Ownership**

SAP führt als Vorteil einiger Updates die Reduzierung der *Total Cost of Ownership* (TCO) an. Als TCO werden die Gesamtkosten des Betriebs, also z. B. einer SAP-BW/4HANA-2.0-Lösung, bezeichnet. Diese umfassen nicht nur die Anschaffungskosten (Hardware, Software, Lizenzen, Installation und Einrichtung), sondern auch die Kosten, die während der Nutzung entstehen (Betrieb, Energie, Wartung, Upgrades und Reparaturen).

| Update | Beschreibung |
|---|---|
| Self-Service und kontrollierte Verteilung von Daten aus SAP BW/4HANA 2.0 zu Data Lakes | Zugang zu SAP-BW-Daten für Data-Science-Teams |
| hybride Szenarien mit SAP BW/4HANA 2.0 und SAP Data Warehouse Cloud: SAP-BW-Queries zur SAP-Data-Warehouse-Cloud-Modellierung | Investitionssicherheit durch die Nutzung von SAP-BW-Queries in SAP Data Warehouse Cloud |

**Tabelle 13.1** SAP BW/4HANA 2.0 – Innovationen 4. Quartal 2021 gemäß Roadmap (Quelle: SAP, Stand Sommer 2021)

| Update | Beschreibung |
|---|---|
| hybride Szenarien mit SAP BW/4HANA 2.0 und SAP Data Warehouse Cloud: Import von Metadaten | Investitionssicherheit durch den Import von Metadaten aus SAP BW in SAP Data Warehouse Cloud |
| hybride Szenarien mit SAP BW/4HANA 2.0 und SAP Data Warehouse Cloud: Prozessintegration (Auslösen von Prozessen in beide Richtungen) | Investitionssicherheit durch Prozessintegration |
| Unterstützung von ABAP-Plattform-Innovationen:<br>▪ SQL in der Programmiersprache ABAP: ODBC-API oder JDBC-API mit schlankem Zugriff auf Data-Dictionary-(DDIC-)Tabellen und Views<br>▪ Neue ABAP-DDIC-Typen in SAP BW/4HANA 2.0 mit DSO oder CompositeProvider-Funktionalitäten<br>▪ Integrationsservice für ABAP Analytics | Investitionssicherheit durch die Nutzung von ABAP-Innovationen und vereinfachter Datenmodellierung |
| SAP-Analytics-Cloud-Support für eingeschränkte und berechnete Dimensionen | enge Integration zwischen der SAP Analytics Cloud und SAP BW/4HANA 2.0 |
| SAP HANA Data Lake als Cold Storage – IQ-as-a-Service (IQaaS) | Reduktion der TCO mit SAP HANA Data Lake als Cold Storage Location |

**Tabelle 13.1** SAP BW/4HANA 2.0 – Innovationen 4. Quartal 2021 gemäß Roadmap (Quelle: SAP, Stand Sommer 2021) (Forts.)

**Roadmap Frontend- und Analytics-Tools**

Um zu erfahren, welche Neuerungen und Erweiterungen Sie in den nächsten Monaten bei den in Kapitel 10, »Frontend-Tools«, vorgestellten Frontend-Tools für SAP BW/4HANA 2.0 erwarten können, werfen Sie bitte einen Blick in die Roadmap des jeweiligen Produktes (siehe Hinweiskasten »SAP Road Map Explorer« in Abschnitt 13.1, »Roadmap für SAP BW/4HANA 2.0«). Bei Frontend- und Analytics-Tools von Drittanbietern können Sie sich auf den Webseiten der Drittanbieter informieren oder Kontakt zu den Anbietern aufnehmen.

Im nächsten Abschnitt stellen wir Ihnen das neue SAP Data Warehouse Cloud als vollständig cloudbasierte Data-Warehousing-Lösung und somit als Cloud-Alternative zur SAP BW/4HANA 2.0 SAP vor.

## 13.2 SAP Data Warehouse Cloud

Cloudbasierte Data-Warehousing-Lösung

Neben SAP BW/4HANA bietet SAP seit Ende 2019 eine zweite, rein cloudbasierte Data-Warehousing-Lösung als *Software-as-a-Service* (*SaaS*) an: *SAP Data Warehouse Cloud*. Hierbei handelt es sich nicht um eine in einer Cloud betriebene Version von SAP BW/4HANA, sondern um ein eigenständiges Produkt. Voraussetzung für die Nutzung von SAP Data Warehouse Cloud ist die Bereitschaft eines Unternehmens, seine Daten in einer Cloud-Lösung abzulegen.

SAP Data Warehouse Cloud soll sowohl IT-Abteilungen als auch Fachbereichen einen schnellen, flexiblen Zugriff auf die Unternehmensdaten bieten sowie die agile Entwicklung analytischer Anwendungen unterstützen. Dafür bietet die Lösung zwei Modellierungsschichten für die Benutzergruppen IT-Abteilung (technisch: Data Builder, siehe Abschnitt 13.2.3) und Fachbereiche (semantisch: Business Builder, siehe Abschnitt 13.2.5).

Perspektivisch soll SAP Data Warehouse Cloud ein vollwertiges Enterprise Data Warehouse abbilden. Dabei können Daten aus verschiedenen Quellsystemen (SAP-Systeme, insbesondere auch SAP-BW-Systeme, Systeme anderer Hersteller, Flatfiles etc.) angebunden werden. Die (Transformations-)Logik wird dabei im Wesentlichen über Views abgebildet. Auch für SAP Data Warehouse Cloud gibt es von SAP vorkonfigurierten *Business Content* (siehe Hinweiskasten in Abschnitt 1.2.1, »Von den Anfängen bis zu SAP Business Intelligence 7«). Als Frontend für die Datenkonsumenten empfiehlt SAP die SAP Analytics Cloud (siehe Abschnitt 10.2, »SAP Analytics Cloud«). Dabei verfügt SAP Data Warehouse Cloud über eine eigene SAP Analytics Cloud, kann aber auch an eine bereits vorhandene SAP Analytics Cloud angeschlossen und von dieser genutzt werden. Alternativ greifen Sie über generierte SQL-Views Frontendtools von Drittanbietern auf SAP Data Warehouse Cloud zu. Die Oberfläche von SAP Data Warehouse Cloud orientiert sich an SAP Fiori (siehe Hinweiskasten zu SAP Fiori in Abschnitt 1.3.2, »SAP BW/4HANA 2.0«, und Abbildung 13.1).

Roadmap SAP Data Warehouse Cloud 2021–2023

Die Weiterentwicklung von SAP Data Warehouse Cloud sollten Data-Warehouse-Nutzerinnen und -Nutzer in jedem Fall verfolgen, sie wird derzeit mit hoher Geschwindigkeit vorangetrieben. In der Roadmap sind für Q2 2021 insgesamt 31 Innovationen vorgesehen, für Q3 2021 sechs und für Q4 2021 sieben. Auch für 2022 und 2023 sind in der Roadmap bereits Innovationen vorgemerkt. Dabei geht es häufig um die Integration mit vorhandenen SAP-Lösungen wie S/4HANA Cloud oder der SAP Analytics Cloud, aber auch um das Hinzufügen von Funktionen, die Sie bereits aus SAP BW/4HANA kennen, z. B. BI Content, eingeschränkte Kennzahlen oder

Datenvorschau. Derzeit gibt es im Vergleich zu SAP BW/4HANA 2.0 noch große Lücken, was die Funktionalität insbesondere bei der Abbildung komplexerer Szenarien angeht. Vor einem produktiven Einsatz von SAP Data Warehouse Cloud sollten Sie in jedem Fall prüfen, ob die benötigten Funktionen bereits verfügbar sind. Der Funktionsumfang von SAP Data Warehouse Cloud wird sich dem von SAP BW/4HANA 2.0 weiter annähern. Details entnehmen Sie der Roadmap zu SAP Data Warehouse Cloud (siehe Hinweiskasten zum SAP Road Map Explorer in Abschnitt 13.1, »Roadmap für SAP BW/4HANA 2.0«).



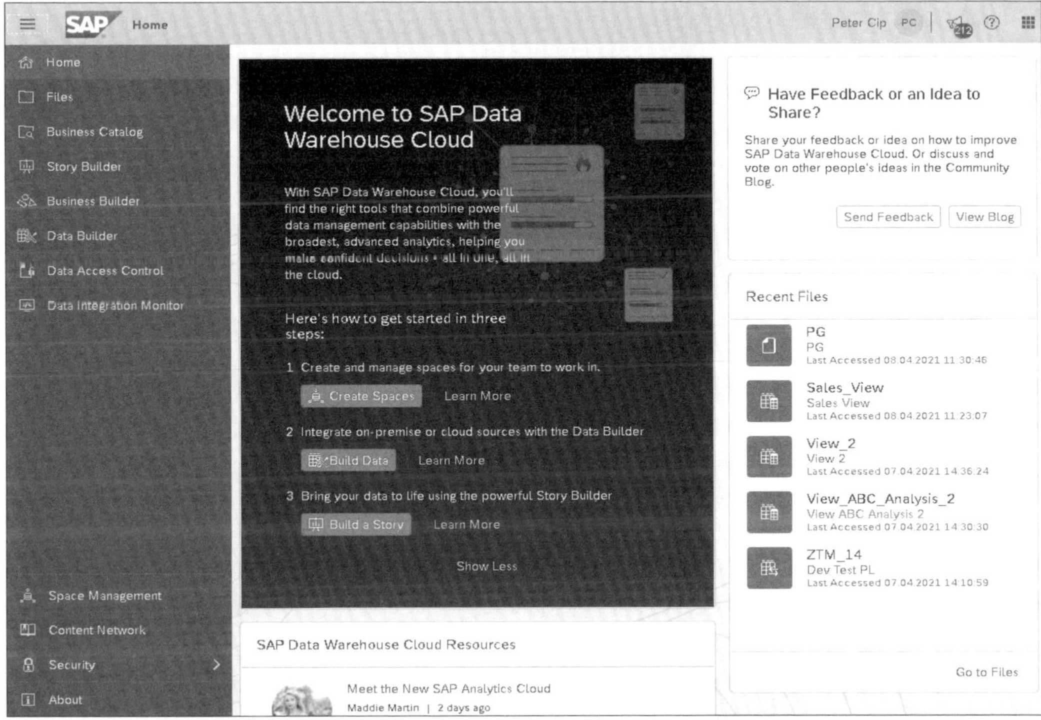


**Abbildung 13.1** Startseite von SAP Data Warehouse Cloud

**Trial-Version SAP Data Warehouse Cloud**

SAP bietet unter *https://s-prs.de/v785412* derzeit eine 30 Tage Trial-Version zum Testen an (Stand: Mitte 2021).

In den folgenden Abschnitten können Sie sich einen Einblick über Aufbau, Design, Umfang und Funktionen von SAP Data Warehouse Cloud verschaffen. Wir konzentrieren uns darauf, Ihnen einen Überblick zu bieten, der Ihnen einen ersten Vergleich zwischen SAP BW/4HANA 2.0 und SAP Data Warehouse Cloud ermöglicht. Wir werden daher nicht detailliert in die Modellierung der einzelnen Objekte einsteigen.

### 13.2.1 Navigation in SAP Data Warehouse Cloud

Menü

Auf der Startseite von SAP Data Warehouse Cloud finden Sie auf der linken Seite das Menü (siehe Abbildung 13.1). Wenn hier nur Icons angezeigt werden, können Sie das vollständige Menü über die Schaltfläche einblenden. Über das Icon oder den Menüeintrag **Home** kommen Sie jederzeit zurück zur Startseite.

Startseite

Außerdem finden Sie auf der Startseite den Bereich **Welcome to SAP Data Warehouse Cloud** (siehe Abbildung 13.1). Ihn können Sie über die Schaltfläche **Show Less** minimieren und über die Schaltfläche **Show more** wieder aufklappen. Sie können aus diesem Bereich über die Schaltfläche **Create Spaces** direkt einen neuen Space (siehe Hinweiskasten »Spaces in SAP Data Warehouse Cloud«) anlegen. Über die Schaltfläche **Build Data** springen Sie in den Data Builder (siehe Abschnitt 13.2.3, »Data Builder«) ab, über die Schaltfläche **Build a Story** entsprechend in den Story Builder (siehe Abschnitt 13.2.4, »Story Builder«). Neben den Schaltflächen finden Sie jeweils eine Schaltfläche **Learn More**, über die Sie in die Onlinehilfe von SAP zu den jeweiligen Tools oder Aktivitäten abspringen können.

[»]

**Spaces in SAP Data Warehouse Cloud**

Innerhalb von SAP Data Warehouse Cloud strukturieren Sie Ihre Arbeit in sogenannten *Spaces*. Ein Space ist dabei ein virtueller, isolierter Arbeitsplatz (also ein *Container*), der den einzelnen Anwenderinnen und Anwendern oder einer Anwendergruppe, z. B. auch einem Fachbereich, zur Verfügung gestellt wird. In einem Space können Daten modelliert und integriert werden, außerdem können Sie hier *Story Dashboards* erstellen. Jedes Modellierungsobjekt in SAP Data Warehouse Cloud wird einem Space zugewiesen.

Jedem Space können individuell Speicherplatz, CPU-Zeit, Laufzeit-Stunden und Arbeitsspeicher zugewiesen werden. Benutzerinnen und Benutzer können die Rolle *Space Administrator* oder *Space Developer* erhalten. Administratoren können Spaces deaktivieren oder sperren, wenn sie nicht mehr benötigt werden oder redundant vorhanden sind. Nur *Space Owner* (Besitzer) können einem Space weitere Benutzer hinzufügen.

Über das Icon oder den Menüeintrag **Space-Management** gelangen Sie in das *Space-Management* von SAP Data Warehouse Cloud. Jeder Space wird durch eine Kachel repräsentiert, die neben dem Titel z. B. auch die Information enthält, wie viel Speicher (Festplatte/in-memory) der Space bereits beansprucht. Daneben werden über verschiedene Icons die Anzahl der Mitglieder (0), die Anzahl der Verbindungen (4) sowie die Anzahl der im Space erstellten Datenmodelle (41) angezeigt (siehe Abbildung 13.2). Welche Spaces gerade benutzt werden, ist durch einen grünen

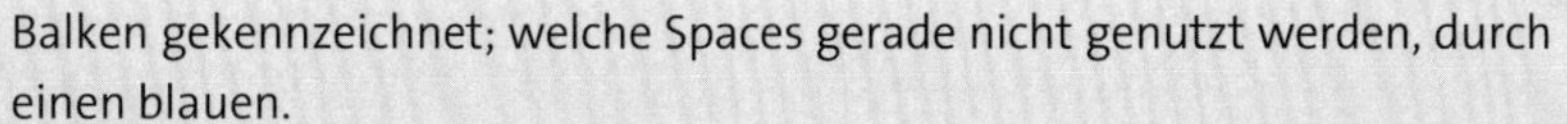

Balken gekennzeichnet; welche Spaces gerade nicht genutzt werden, durch einen blauen.

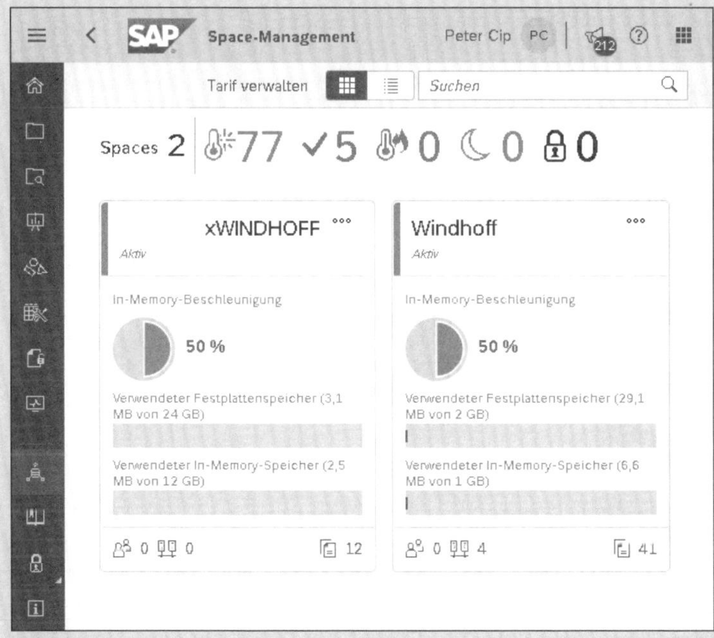


**Abbildung 13.2** Space-Management

Spaces können unterschiedliche Status haben: hot, cold, active und Hibernate Mode, ähnlich wie beim Data Tiering. Spaces, die nicht genutzt werden, sollten in den Hibernate Mode gesetzt werden. Dann verbrauchen sie keine Ressourcen.

Unter dem Bereich **Welcome to SAP Data Warehouse Cloud** sehen Sie den Bereich **SAP Data Warehouse Cloud Resources**. Hier finden Sie Ankündigungen und Neuigkeiten von SAP und SAP-Experten zu SAP Data Warehouse Cloud und weiteren SAP-Produkten aus dem Analytics-Umfeld.

Auf der rechten Seite können Sie oben im Bereich **Have Feedback or an Idea to Share?** über die Schaltfläche **Send Feedback** Ihr Feedback zur Verwendung von SAP Data Warehouse Cloud an SAP senden. Über die Schaltfläche **View Blog** kommen Sie auf eine SAP-Seite, über die Sie auf verschiedene Blogs zu Themen rund um SAP Data Warehouse Cloud und verwandte Themen zugreifen können.

Dateien anzeigen

Darunter finden Sie den Bereich **Recent Files**: Hier werden Ihnen die zuletzt von Ihnen verwendeten Dateien angezeigt. Sie können Sie durch Anklicken direkt öffnen. Über **Go to Files** kommen Sie in die Dateiübersicht, die Sie auch über den Menüpunkt **Files** erreichen.

Wenn Sie in SAP Data Warehouse Cloud navigieren, müssen Sie an einigen Stellen zunächst den Space auswählen, in dem Sie arbeiten möchten (siehe Abbildung 13.3).

**Abbildung 13.3** Startseite des Data Builders mit Aufforderung zum Auswählen eines Spaces

**Dateiübersicht (Files)**

Die Dateiübersicht öffnen Sie über das Icon oder den Menüeintrag **Files**. Hier wählen Sie in der linken Spalte den Space aus, in dem Sie arbeiten möchten. Rechts daneben werden Ihnen Ordner und die in SAP Data Warehouse Cloud vorhandenen Objekte wie Storys, Modelle, Dateien, Lokale Tabellen, Ansichten und Entity-Relationship-Modelle angezeigt. Klicken Sie die einzelnen Objekte in SAP Data Warehouse Cloud jeweils an, um sie zu bearbeiten.

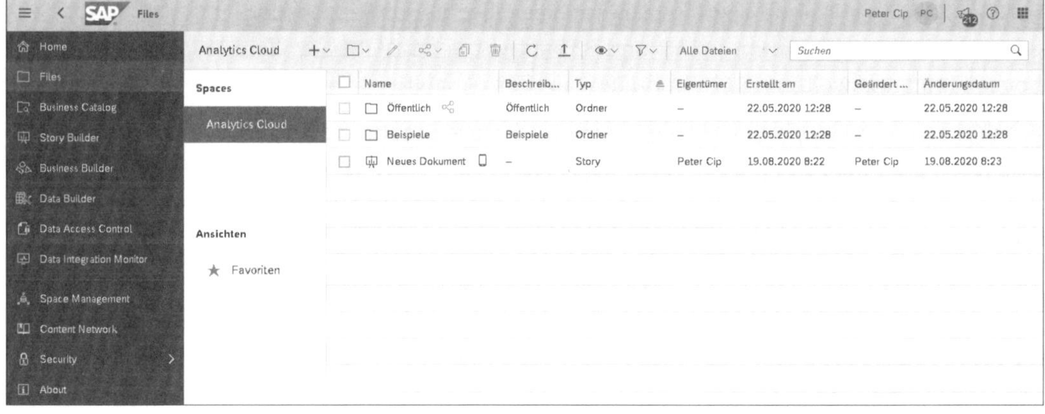


**Abbildung 13.4** Dateiübersicht

**Objekte anlegen**

Über das Menü der Schaltfläche [+ ⌄] legen Sie neue Objekte an: eine Story, eine Analytic Application, einen Link zu Inhalten oder ein Prognoseszenario (siehe Abbildung 13.5).

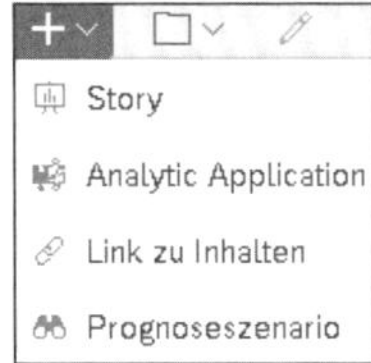


**Abbildung 13.5** Menü neu anlegen

**Ordner freigeben**

Über das Icon [□ ⌄] legen Sie einen neuen Ordner an oder verschieben Ordner und Objekte. Nachdem Sie einen Ordner in der Dateiübersicht markiert haben, können Sie seinen Namen und seine Beschreibung über das Icon [✎] einsehen und bearbeiten. Wenn Sie auf das Icon [⋲ ⌄] klicken, öffnet sich das Pop-up-Fenster **Ordner freigeben** (siehe Abbildung 13.6). Legen Sie hier fest, ob der Ordner und gegebenenfalls die in ihm enthaltenen Unterordner und Dateien freigegeben werden sollen und für wen. Für den **Zugriff** stehen dabei die Optionen **Anzeigen**, **Bearbeiten**, **Vollzugriff** und **Benutzerdefiniert...** zur Auswahl.

**Abbildung 13.6** Ordner freigeben

Wenn Sie **Benutzerdefiniert...** wählen, öffnet sich das Pop-up-Fenster **Benutzerspezifischen Zugriff festlegen** (siehe Abbildung 13.7). Hieraus können Sie ableiten, welche Berechtigungen welche Funktionen enthalten. Die Berechtigung **Bearbeiten** umfasst dabei auch alle Funktionen der Berechtigung **Anzeigen**. **Vollzugriff** umfasst alle angezeigten Funktionen.

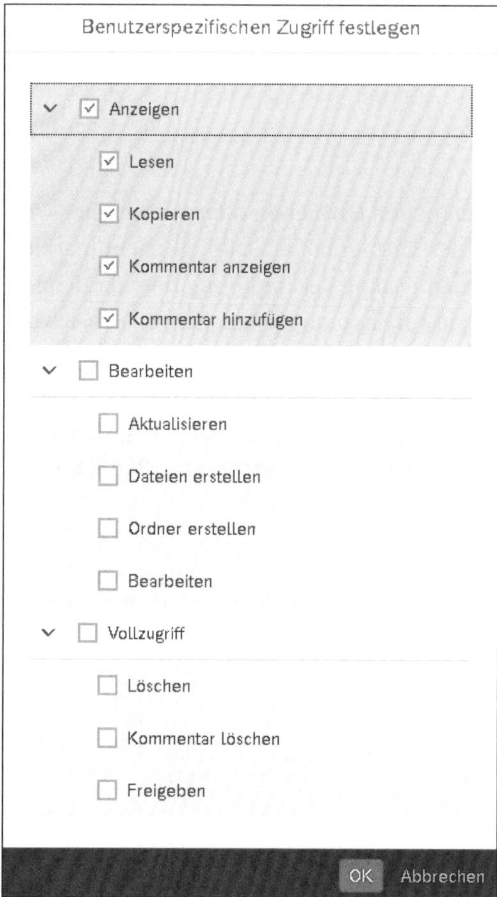


**Abbildung 13.7** Benutzerdefinierter Zugriff

**Objekte löschen, Dateiupload**

Über das Icon [🗑] löschen Sie ein Objekt , über [↻] aktualisieren Sie die aktuelle Ansicht. Über das Icon [⇧] öffnen Sie das Pop-up-Fenster **Datei hochladen**. Hier können Sie eine Datei von Ihrem Rechner in SAP Data Warehouse Cloud hochladen (siehe Abbildung 13.8).

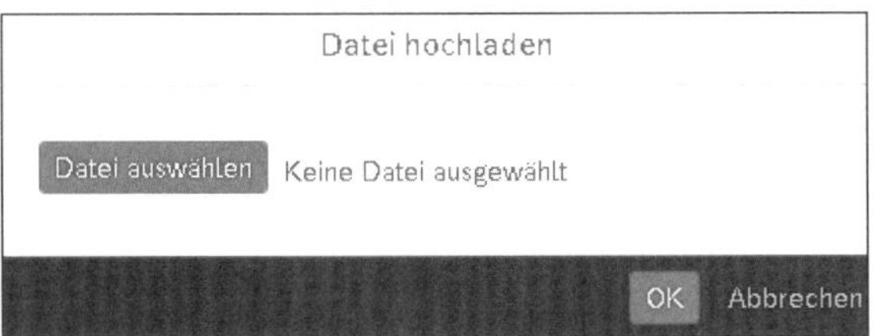


**Abbildung 13.8** Datei hochladen

Über das Menü des Icons definieren Sie, welche Spalten Sie in der Dateiübersicht angezeigt bekommen möchten. In Abbildung 13.9 sehen Sie, welche Spalten zur Verfügung stehen.

Über das Icon wählen Sie den anzuzeigenden Objekttyp aus (siehe Abbildung 13.10).



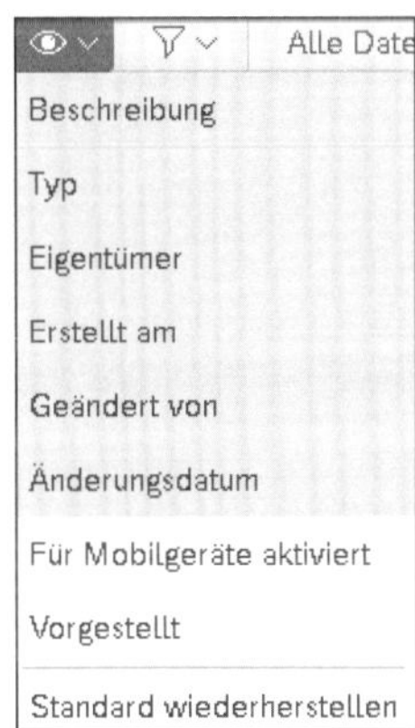


**Abbildung 13.9** Auswahl der anzuzeigenden Spalten

**Abbildung 13.10** Filter der Dateiübersicht

Über das Menü des Icons Alle Dateien definieren Sie, ob Sie alle Dateien angezeigt bekommen möchten, nur die, die Ihnen gehören, oder solche, die für Sie freigegeben sind (siehe Abbildung 13.11).

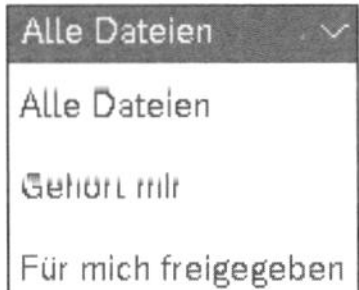


**Abbildung 13.11** Definition der anzuzeigenden Dateien

**Suche** Geben Sie in das Suchfeld eine Zeichenkette ein (siehe Abbildung 13.12). Sie bekommen dann direkt alle Ergebnisse in Ihrer Liste angezeigt, die diese Zeichenkette enthalten. Über das Icon löschen Sie die Suche.

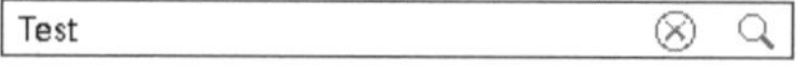


**Abbildung 13.12** Suchfeld

**Explorer** Über das Icon oder den Menüeintrag **Explorer** greifen Sie ebenfalls auf die Inhalte von SAP Data Warehouse Cloud zu, hier in Form einer parametrisierbaren Suche im sogenannten **Explorer**. Auf der linken Seite können Sie im Bereich **Suchen in** Inhalte in einer **Collection** oder in einem **Space** anzeigen lassen (siehe Abbildung 13.13). Wenn Sie sich für **Collection** entscheiden, können Sie noch wählen, ob Sie **Alle** enthaltenen Objekte angezeigt bekommen möchten, nur die kürzlich verwendeten (**Recent**), nur Ihre eigenen Objekte (**My Objects**), geteilte Objekte (**Shared**) oder die von Ihnen als Favoriten markierten Objekte (**Favorites**).

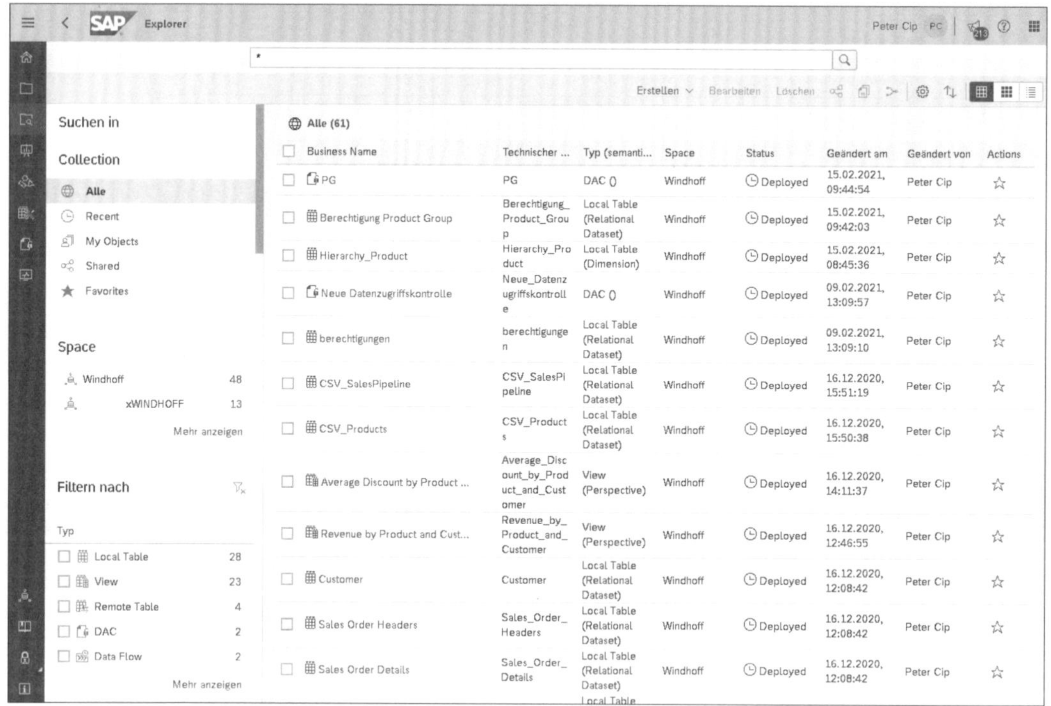


**Abbildung 13.13** Explorer

**Auf Objekttypen filtern** Unter dem Bereich **Suchen in** finden Sie den Bereich **Filtern nach**, in dem Sie auswählen, welche/n Objekttyp/en Sie angezeigt bekommen möchten: Zur Auswahl stehen lokale Tabelle (**Local Table**), **View**, **Remote Table**, **DAC** und

Datenfluss (**Data Flow**). Über die Schaltfläche **Mehr anzeigen** öffnen Sie das Pop-up-Fenster **Filter** (siehe Abbildung 13.14). Hier stehen Ihnen weitere Filteroptionen wie **Erstellt am** und **Erstellt von** zur Verfügung.

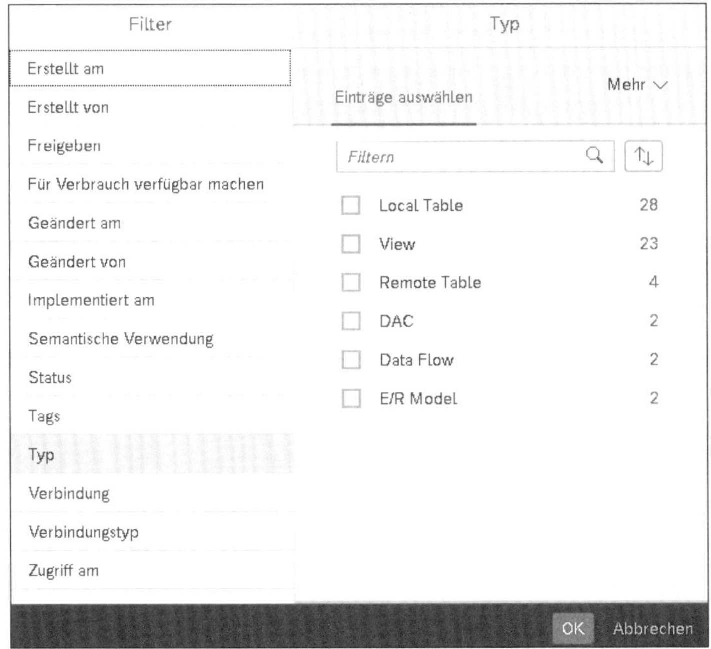


**Abbildung 13.14** Filteroptionen für die Suche im Explorer

**Objekte anlegen und bearbeiten**

Im rechten Teil des Bereichs **Explorer** wird Ihnen in abhängig von der von Ihnen getroffenen Auswahl die Ergebnisliste angezeigt. Über das Menü der Schaltfläche **Erstellen** legen Sie aus dem Explorer heraus neue Objekte an (siehe Abbildung 13.15). Zur Verfügung stehen Ihnen hier **Lokale Tabelle**, **Grafischer View**, **SQL-View**, **Entity-Relationship-Modell**, **Datenfluss** und **Datenzugriffskontrolle**. Markieren Sie ein bereits vorhandenes Objekt in der Ergebnisliste im Explorer, um es über die Schaltfläche **Bearbeiten** zu bearbeiten oder über **Löschen** zu entfernen. Über das Icon kopieren Sie Objekte.

**Abbildung 13.15** Objekt erstellen im Explorer

Datenherkunft

Über das Icon [icon] lassen Sie im Pop-up-Fenster **Analyse der Auswirkungen und der Herkunft** die Datenherkunft sowie die Verwendung eines Objektes anzeigen. Abbildung 13.16 illustriert dies für den View **Sales View**. Dabei werden über die Option **Auswirkungen anzeigen** die Objekte aufgelistet, die auf das gewählte Objekt zugreifen (Datenfluss nach oben). Über die Option **Herkunft anzeigen** werden die Objekte aufgeführt, auf die das Objekt selbst zugreift (Datenfluss von unten). Durch Klick auf ein [icon] blenden Sie Teile des Datenflusses aus. Mit Klick auf ein [icon] blenden Sie weitere Details des Datenflusses ein.

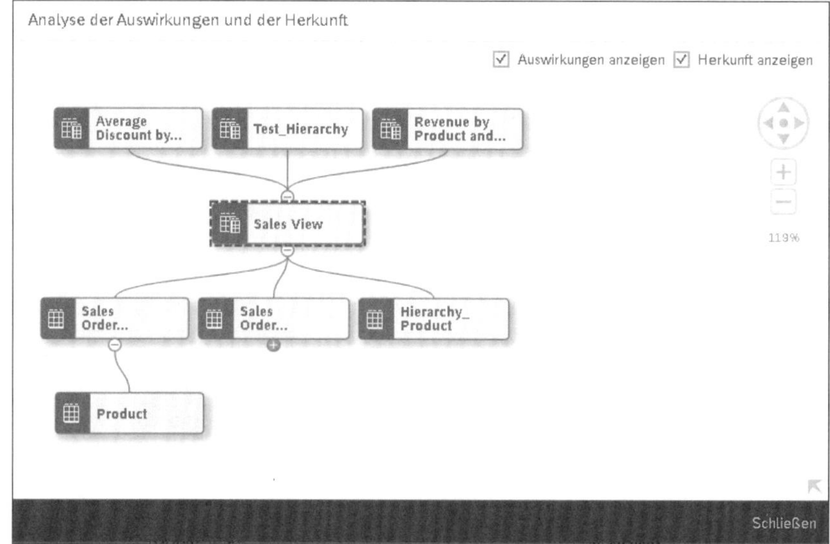


**Abbildung 13.16** Datenherkunft des Views »Revenue by Product and Customer«

Über das Icon [icon] gelangen Sie in die Auswahl der Spalten, die Sie für die Objekte im Explorer angezeigt bekommen möchten – ähnlich wie in der Dateiansicht. Mit dem Icon [icon] wird die angezeigte Liste nach der markierten Spalte sortiert, bei jedem Klick im Wechsel auf- oder absteigend. Durch Auswahl einer der drei Schaltfläche [icons] bestimmen Sie, in welcher Form die Objektliste angezeigt wird: als Tabelle (linkes Symbol, siehe Abbildung 13.17), als Grid mit einer Repräsentation der Objekte als Kacheln (mittleres Symbol, siehe Abbildung 13.18) oder als Liste (rechtes Symbol, siehe Abbildung 13.19). Das Symbol für die gewählte Ansicht ist dabei jeweils dunkelblau hinterlegt (hier: Tabelle, linkes Symbol).

Im nächsten Abschnitt beschäftigen wir uns mit der Anbindung insbesondere von SAP-Datenquellen an SAP Data Warehouse Cloud.

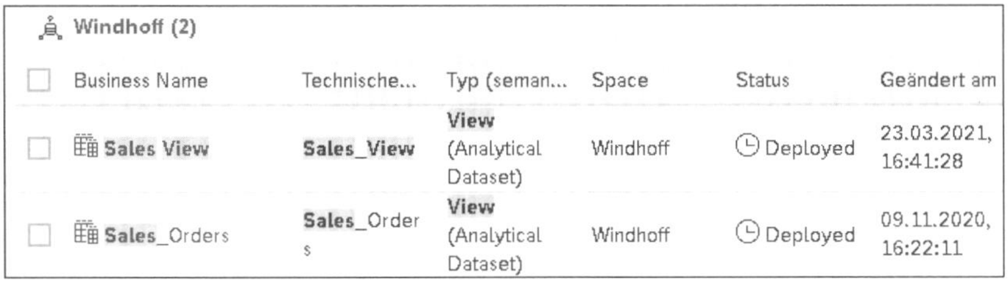

Windhoff (2)

| | Business Name | Technische... | Typ (seman... | Space | Status | Geändert am |
|---|---|---|---|---|---|---|
| ☐ | **Sales View** | **Sales_View** | **View** (Analytical Dataset) | Windhoff | Deployed | 23.03.2021, 16:41:28 |
| ☐ | **Sales**_Orders | **Sales**_Orders | **View** (Analytical Dataset) | Windhoff | Deployed | 09.11.2020, 16:22:11 |

**Abbildung 13.17** Anzeige als Tabelle

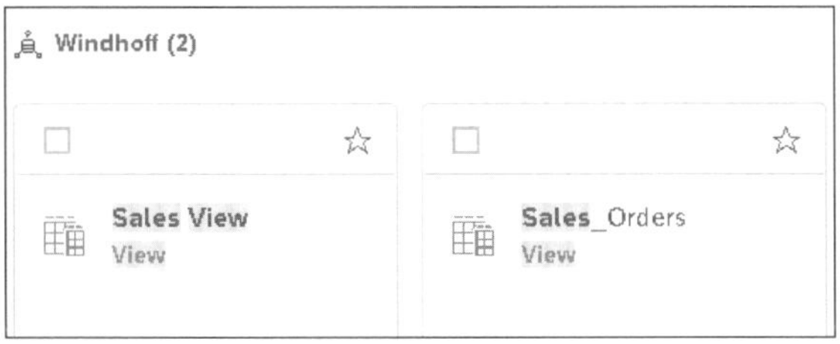

Windhoff (2)

**Sales View**
View

**Sales**_Orders
View

**Abbildung 13.18** Anzeige als Grid

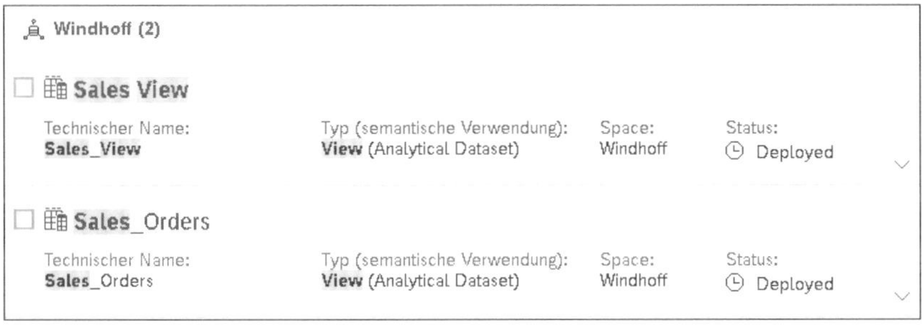

Windhoff (2)

**Sales View**
Technischer Name: **Sales_View** — Typ (semantische Verwendung): **View** (Analytical Dataset) — Space: Windhoff — Status: Deployed

**Sales**_Orders
Technischer Name: **Sales**_Orders — Typ (semantische Verwendung): **View** (Analytical Dataset) — Space: Windhoff — Status: Deployed

**Abbildung 13.19** Anzeige als Liste



## 13.2.2 Verbindungen und Datenquellen

**Verbindungen**

Über das Icon oder den Menüeintrag **Connections** gelangen Sie in den Bereich **Connections**, in dem Sie *Verbindungen* zu Quellsystemen anlegen und verwalten (in unserem Beispiel sind sie ausgeblendet). Hier können Sie eigene On-Premise-Systeme über einen SAP-HANA- (zur SAP-HANA-Datenbank) oder einen ABAP-Adapter (z. B. zu SAP BW/4HANA) anschließen. Die Verbindung wird dabei durch SAP HANA Smart Integration umgesetzt. Hierfür wird ein zentraler *Data Provisioning Agent* on-premise aufgesetzt, über den auf die Quellsysteme zugegriffen wird (siehe Hinweiskasten zum Data Provisioning Agent (DPA) in Abschnitt 8.1.1, »SAP-HANA-Quellsysteme«). Der Zugriff auf die Daten kann anschließend virtuell erfolgen – oder die Daten werden in SAP Data Warehouse Cloud repliziert.

**Administration von Data Provisioning Agents**

DPAs werden in SAP Data Warehouse Cloud im Bereich **Administration** verwaltet. In diesen Bereich gelangen Sie über das Icon oder den Menüeintrag **Administration** (in unserem Beispiel ausgeblendet). Das Anlegen von Datenquellen und die Verwaltung von DPAs werden in Unternehmen häufig von SAP-Administratoren und -Administratorinnen bzw. der SAP Basis übernommen.

**Replikation mit dem Datenintegrationsmonitor**

Über das Icon oder den Menüeintrag **Datenintegrationsmonitor** gelangen Sie in den Datenintegrationsmonitor zu Ihrem aktuell gewählten Space. Hier steuern Sie die Replikation Ihrer Datenquellen. Es werden hier alle Objekte angezeigt, die Daten aus den an SAP Data Warehouse Cloud angeschlossenen Quellen verwenden (siehe Abbildung 13.20).

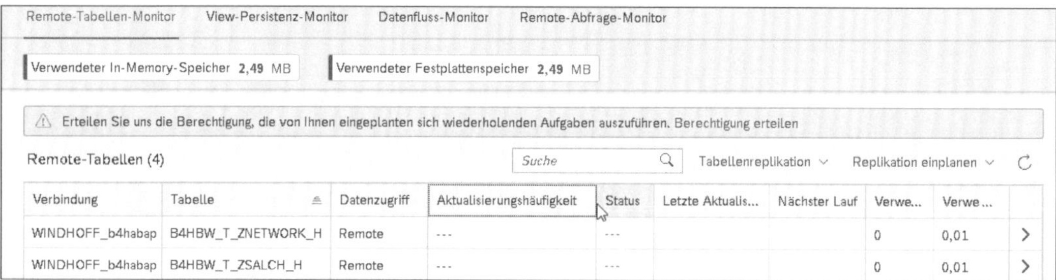


**Abbildung 13.20** Datenintegrationsmonitor

Im nächsten Abschnitt stellen wir den Data Builder zur Modellierung der Daten in SAP Data Warehouse Cloud vor.

### 13.2.3 Data Builder

**Data Builder öffnen und Space auswählen**

Im *Data Builder* von SAP Data Warehouse Cloud können Sie Tabellen und Views anlegen. Tabellen dienen dabei wie gewohnt der persistenten Datenhaltung (die Daten werden aus der Quelle repliziert), bei Views handelt es sich um virtuelle Objekte für den Zugriff auf Daten in den Quellsystemen. Mithilfe von Entity-Relationship-Modellen (ERMs) können Sie Beziehungen zwischen den Objekten verwalten und visualisieren. Über das Icon oder den Menüeintrag **Data Builder** starten Sie den Data Builder. Sofern noch nicht geschehen, wählen Sie zunächst den Space aus, in dem Sie arbeiten möchten.

**Objekte anzeigen**

Im Data Builder werden Ihnen die bereits vorhandenen Objekte angezeigt. Entscheiden Sie über die Auswahl des entsprechenden Tabs, ob Sie **Alle Dateien** oder nur **Tabellen**, **Views**, **ER-Modelle** oder **Datenflüsse** angezeigt bekommen möchten (siehe Abbildung 13.21). Bereits vorhandene Objekte können Sie durch Anklicken zur Ansicht oder zum Bearbeiten öffnen.

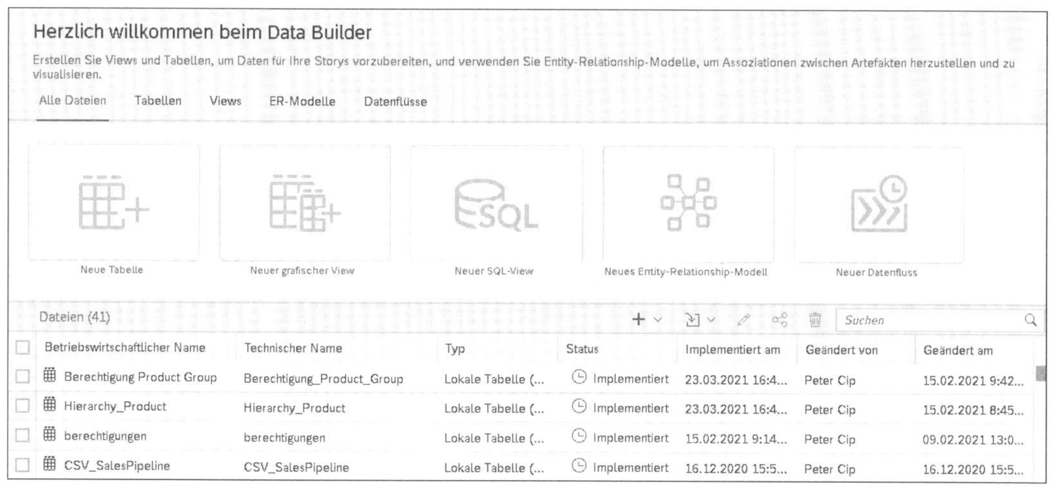


**Abbildung 13.21** Data Builder

**Neues Objekt anlegen**

Über die Schaltflächen legen Sie neue Objekte an: **Neue Tabelle, Neuer grafischer View, Neuer SQL-View, Neues Entity-Relationship-Modell** oder **Neuer Datenfluss**. Alternativ erledigen Sie dies über das Icon [+ ∨] (siehe Abbildung 13.22), dabei ist auch der Upload lokaler Dateien möglich. Wenn Sie **Neuer grafischer View** wählen, können Sie einen neuen View grafisch modellieren, indem Sie z. B. Objekte und Verknüpfungen per Drag & Drop einfügen. Wählen Sie **Neuer SQL-View**, um den neuen View per SQL-Abfrage zu definieren.

**Abbildung 13.22** Neues Objekt anlegen

**Objekt speichern**

Nachdem Sie ein Objekt definiert haben, müssen Sie es vor der weiteren Verwendung abspeichern. Wenn Sie eine Ansicht während der Bearbeitung eines Objektes verlassen möchten, erscheint das in Abbildung 13.23 gezeigte Pop-up-Fenster **Warnung**. Sie können über **Verlassen** weiternavigieren – dann gehen Ihre Änderungen verloren. Alternativ kehren Sie über **Abbrechen** zur Bearbeitung des Objektes zurück.

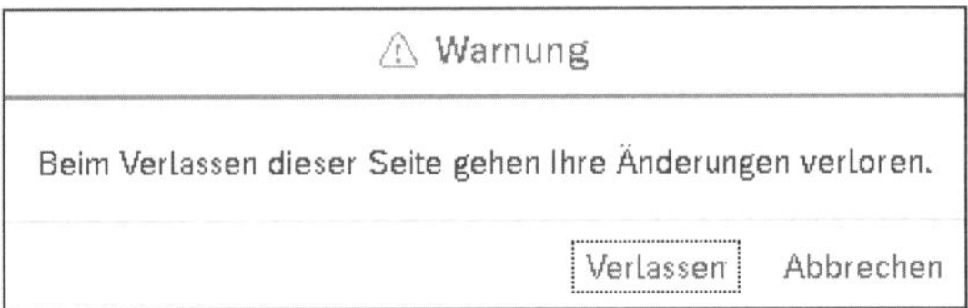


**Abbildung 13.23** Warnung beim Verlassen der Bearbeitung eines Objektes

In Abschnitt 13.2.6, »Sicherheit und Zugriffskontrollen«, erfahren Sie, wie Sie zu Ihrem neuen Objekt eine Datenzugriffskontrolle hinzufügen. Zunächst fahren wir jedoch mit der Einführung des Story Builders fort, mit dem aufbauend auf den im Data Builder definierten Daten Visualisierungen implementiert werden können.

### 13.2.4 Story Builder

**Story Builder öffnen und Space auswählen**

Mit dem *Story Builder* können Sie auf Grundlage Ihrer Tabellen und Views Storys erstellen und hierbei auch grafische Darstellungen der Daten verwenden. Dabei ist die Benutzeroberfläche des Story Builders in SAP Data Warehouse Cloud nahezu identisch mit der des Story Builders in der SAP Analytics Cloud. Sie öffnen den Story Builder über das Icon oder den Menüeintrag **Story Builder**. Auch hier wählen Sie gegebenenfalls zunächst den Space aus, in dem Sie arbeiten möchten. Eine Story kann nicht auf mehrere Spaces zugreifen.

**Storys anzeigen und neu anlegen**

Im Story Builder werden Ihnen die bereits vorhandenen Storys angezeigt. Diese öffnen Sie per Klick zum Bearbeiten. Über die Schaltfläche **Story erstellen** oder das Icon + ⌄ legen Sie eine neue Story an (siehe Abbildung 13.24).

**Abbildung 13.24** Story Builder

Wenn Sie eine neue Story anlegen, müssen Sie zunächst angeben, auf welchem Datenset die neue Story aufbauen soll. Wählen Sie hier z. B. einen zuvor angelegten View (siehe Abbildung 13.25).

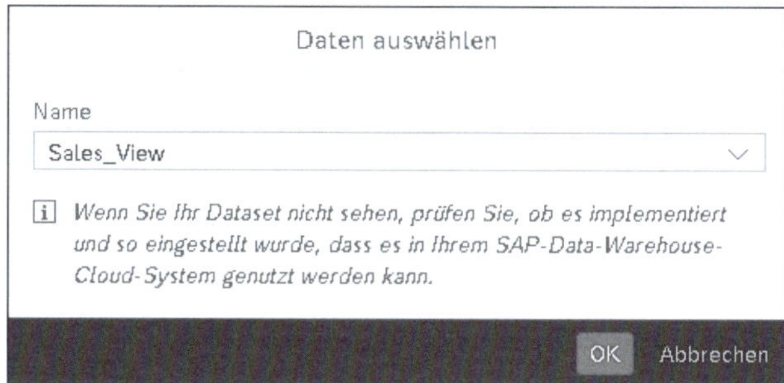


**Abbildung 13.25** Datenset auswählen

Story anlegen

Bauen Sie anschließend Ihre Story auf. Dabei stehen Ihnen folgende Objekttypen zur Verfügung: **Diagramm**, **Landkarte**, **Tabelle**, **Abschnitt**, **Bild**, **Form** und **Text**. Per Drag & Drop fügen Sie ein Objekt dem Grafikbereich (links) hinzu (siehe Abbildung 13.26).

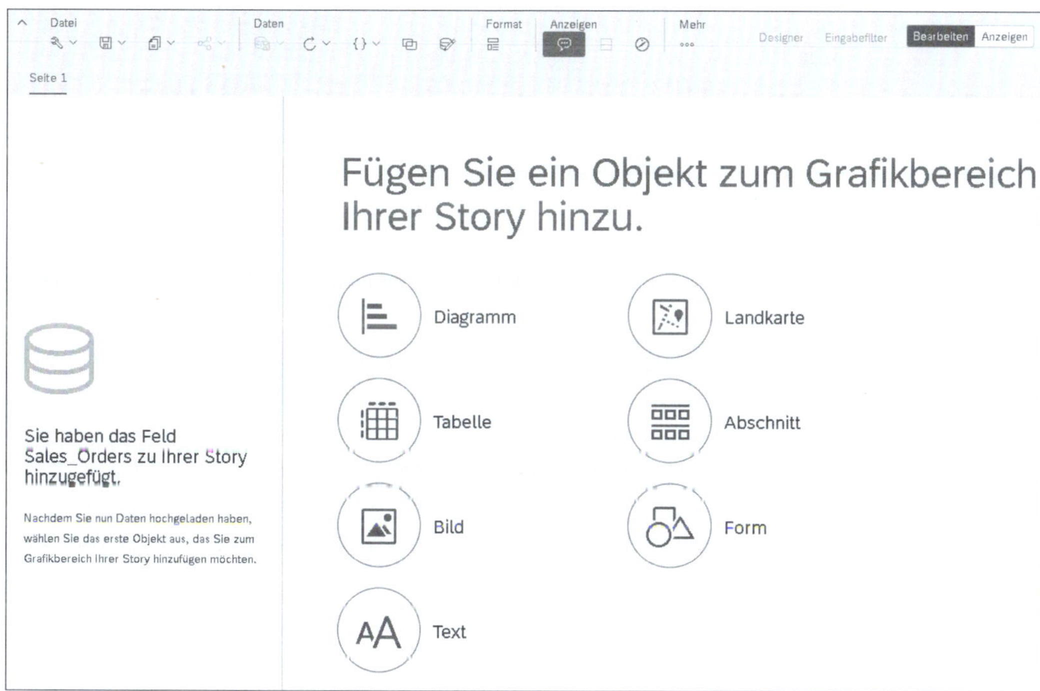


**Abbildung 13.26** Story anlegen

**Styling** Das neue Objekt können Sie anschließend konfigurieren. Dies wird auch als *Styling* bezeichnet. Abbildung 13.27 zeigt dies exemplarisch für ein Diagramm. Über die Schaltflächen Bearbeiten Anzeigen schalten Sie zwischen dem Konfigurationsmodus und einer Vorschau hin und her.

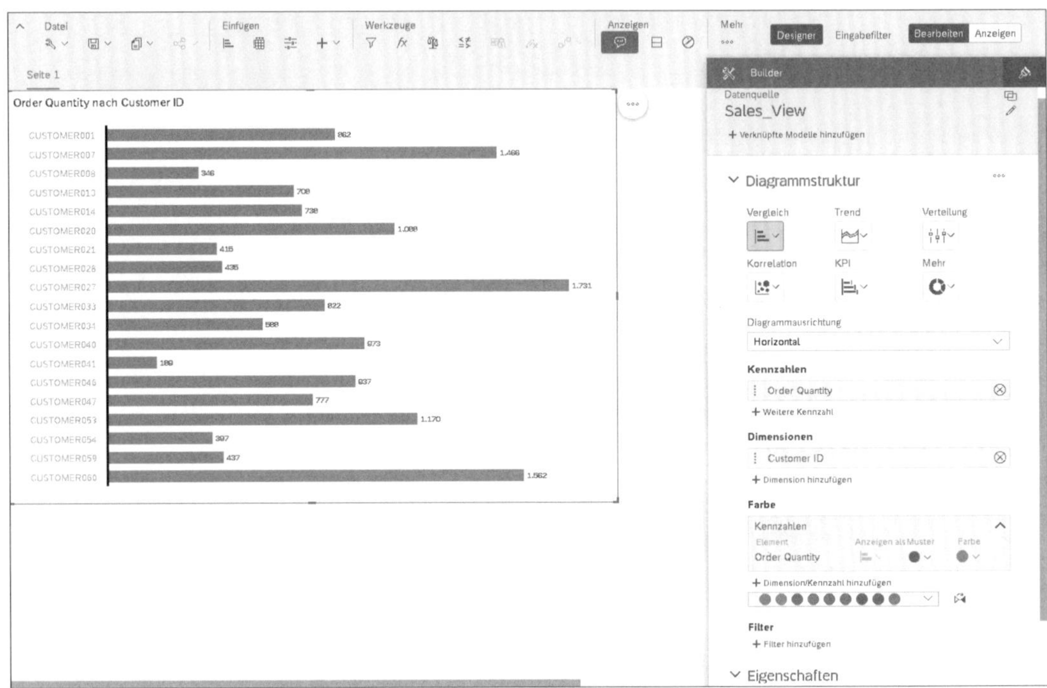


**Abbildung 13.27** Diagramm konfigurieren

Einer Story können Sie anschließend über die Schaltfläche [+ ∨] im Bereich **Einfügen** weitere Elemente hinzufügen.

**Layout-Templates** Alternativ können Sie beim Erstellen einer Story auch auf vorgefertigte *Layout-Templates* zurückgreifen, denen Sie dann im Wesentlichen nur noch Ihre Daten hinzufügen. Wenn Sie ein solches Layout-Template nutzen möchten, wählen Sie beim Anlegen Ihrer neuen Story das Icon im Bereich **Format** (siehe Abbildung 13.26), um den Bereich **Layouts** zu öffnen (siehe Abbildung 13.28). Wählen Sie hier das passende Layout-Template aus, und bestätigen Sie über die Schaltfläche **Übernehmen**. Anschließend können Sie das Template mit Ihren Daten füllen und individuell weiterbearbeiten.

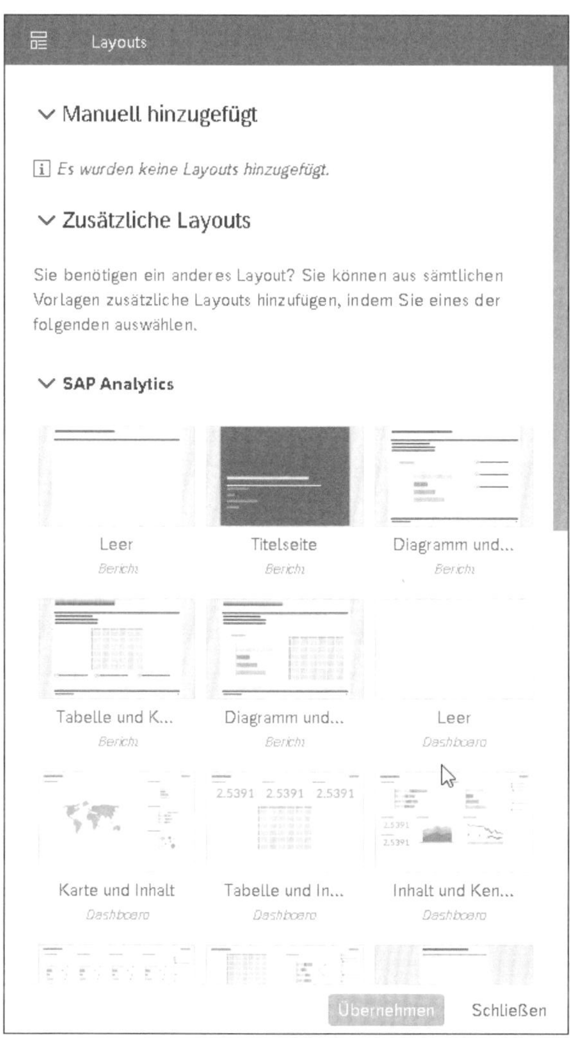


**Abbildung 13.28** Story anlegen mit vorgefertigtem Layout

Der nächste Abschnitt befasst sich mit dem Business Builder, mit dem Daten nicht nach technischen, sondern nach semantischen Gesichtspunkten modelliert werden.

## 13.2.5 Business Builder

**Business Builder öffnen und Space auswählen**

Mit dem *Business Builder* von SAP Data Warehouse Cloud können insbesondere Fachbereiche Geschäftsszenarien modellieren, ohne dabei die darunter liegenden Datenmodelle kennen zu müssen. Somit findet hier die semantische Modellierung getrennt von der Datenmodellierung statt.

Sie öffnen den Business Builder über das Icon oder den Menüeintrag **Business Builder**. Sofern noch nicht geschehen, wählen Sie zunächst den Space aus, in dem Sie arbeiten möchten.

**Objekte anzeigen und neu anlegen**

Im Business Builder legen Sie über die Auswahl des entsprechenden Tabs fest, welche Objekttypen Sie angezeigt bekommen möchten: **Alle Dateien**, **Geschäftsentitäten** (sie entsprechen analytischen Datenmodellen), **Faktenmodelle**, **Verbrauchsmodelle** oder **Berechtigungsszenarios**. Durch Anklicken können Sie die vorhandenen Objekte ansehen oder bearbeiten. Folgende Objekte können Sie durch Druck auf die entsprechende Schaltfläche oder über das Menü des Icons anlegen: **Neue Dimension**, **Neues analytisches Datenset** (entspricht der Geschäftsentität), **Neues Faktenmodell**, **Neues Verbrauchsmodell** oder **Neues Berechtigungsszenario** (siehe Abbildung 13.29). Dabei ist ein Berechtigungsszenario als wiederverwendbares Element konzipiert, das die fachliche Verantwortung einer Anwenderin bzw. eines Anwenders widerspiegelt. Es soll dazu dienen, den Datenzugriff sinnvoll einzuschränken.

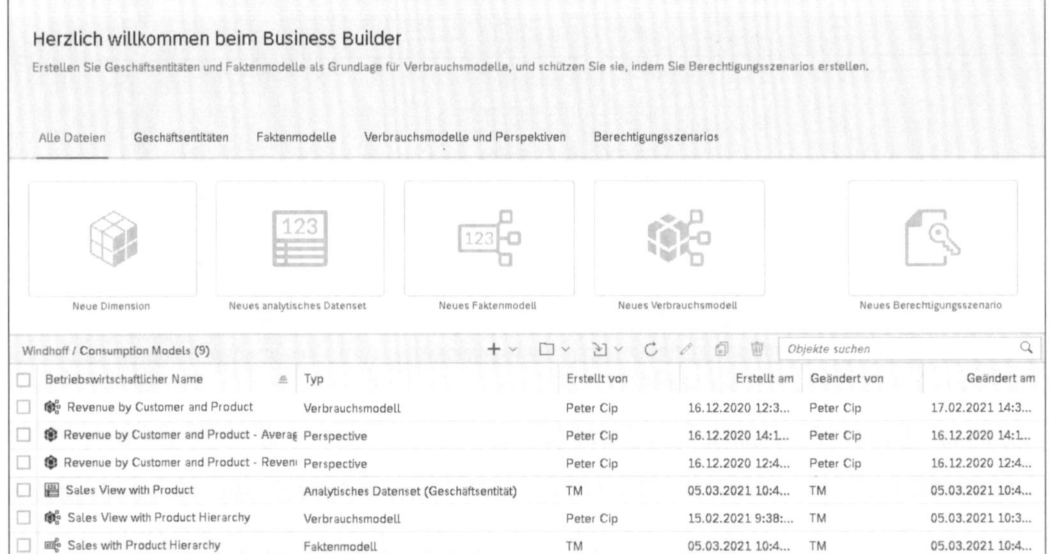


**Abbildung 13.29** Business Builder

Im nächsten Abschnitt stellen wir Ihnen die Mechanismen zur Zugriffskontrolle in SAP Data Warehouse Cloud vor.

### 13.2.6 Sicherheit und Zugriffskontrollen

**User und Rollen**

Über das Icon oder den Menüeintrag **Sicherheit** gelangen Sie in den Bereich **Sicherheit**, in dem User und Rollen verwaltet werden können. Dieser Bereich wird in der Praxis häufig von SAP-Administratoren und -Administratorinnen oder vom SAP-Basis-Team verwaltet.

**Zugriffskontrollen**

*Zugriffskontrollen* auf die Daten verwalten Sie über das Icon oder den Menüeintrag **Datenzugriffskontrolle**. Wenn Sie eine Datenzugriffskontrolle implementieren, werden allen Nutzerinnen und Nutzern anschließend nur die Datenzeilen angezeigt, für die sie entsprechend berechtigt sind.

Die Zugriffskriterien werden in Tabellen oder Views definiert, in denen die Benutzer-IDs für SAP Data Warehouse Cloud enthalten sind. Als Beispiel zeigen wir eine Zugriffskontrolle, die festlegt, für welche Produktgruppen ein Nutzer berechtigt sein soll. Im Bild **Datenzugriffskontrolle** klicken Sie auf die Schaltfläche **Neue Datenzugriffskontrolle** (siehe Abbildung 13.30).

**Abbildung 13.30** Zugriffskontrollen

Im nächsten Bild geben Sie der neuen Zugriffskontrolle einen Namen (im Beispiel: »Produktgruppe«, siehe Abbildung 13.31).

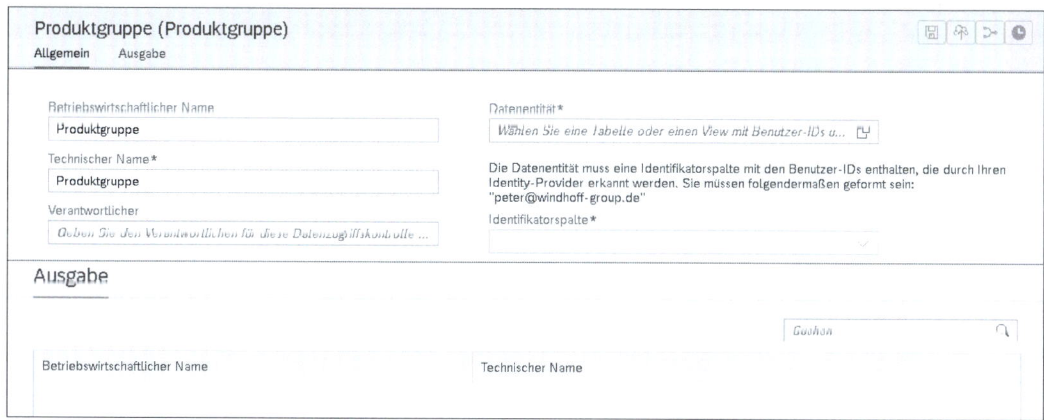


**Abbildung 13.31** Zugriffskontrolle anlegen

**Datenentität wählen**

Öffnen Sie dann über das Icon [icon] im Feld **Datenentität** das Pop-up-Fenster **Datenentität auswählen** (siehe Abbildung 13.32). Wählen Sie hier eine Tabelle oder einen View, der die Regeln für die Zugriffskontrolle enthält, aus. In unserem Fall nutzen wir eine einfache Tabelle (**Berechtigung Product Group**), die nur die beiden Spalten **User** (Benutzer-ID) und **ProductCAT** (Produktgruppe) enthält (Detail zu der im Vorfeld angelegten Tabelle siehe Abbildung 13.34). Im Pop-up-Fenster **Datenentität auswählen** haken Sie nun im Bereich **Verfügbare Spalten** alle Spalten an, die als Filterkriterien verwendet werden sollen (hier **ProductCAT**).

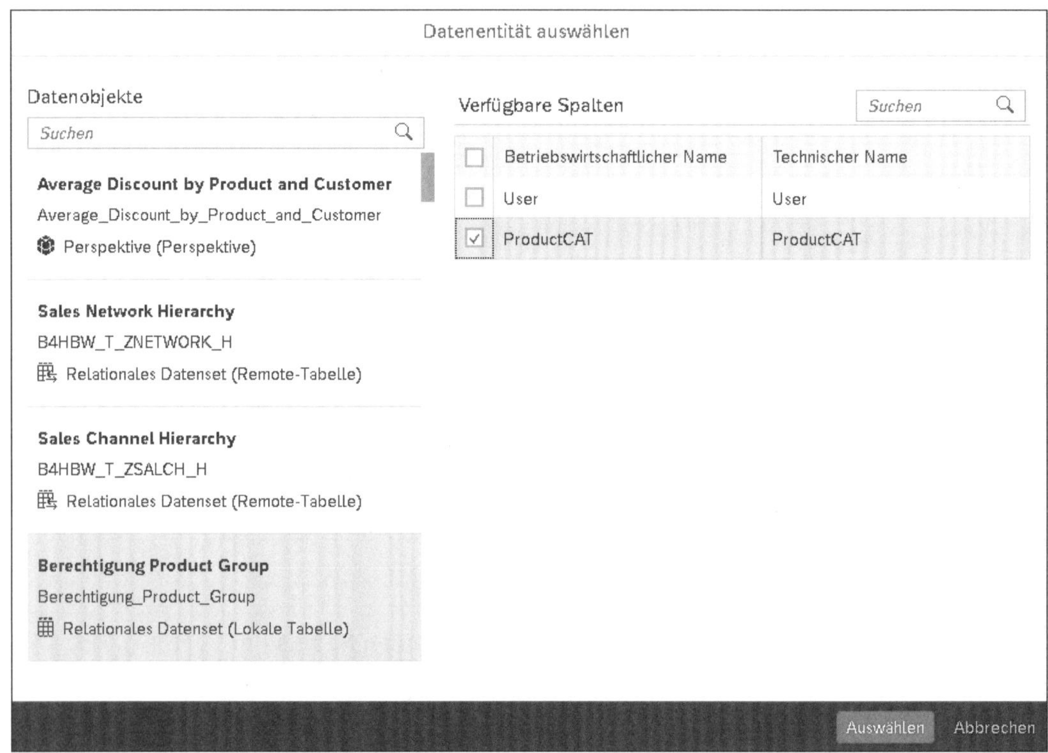


**Abbildung 13.32** Datenentität auswählen

Die unter **User** eingetragenen Benutzer dürften in diesem Beispiel nur Datensätze sehen, bei denen die Produktgruppe (**ProductCAT**) den Wert **Product Category 01** enthält. Zurück im Bild **Datenzugriffskontrolle** müssen Sie nun noch im Feld **Identifikatorspalte** den Namen der Spalte aus der Tabelle eintragen, der die Benutzer-ID enthält. In unserem Beispiel ist das die Spalte **User** (siehe Abbildung 13.33). Unten im Bereich **Ausgabe** werden Ihnen hier nun die Namen der Spalten angezeigt, die beim Filtern berücksichtigt werden.

**Abbildung 13.33** Zugriffskontrolle einrichten



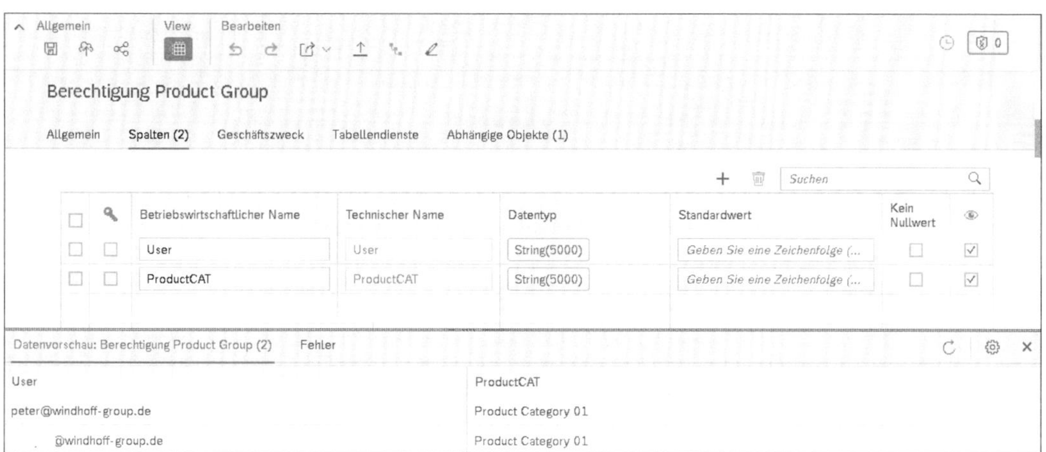


**Abbildung 13.34** Tabelle mit den Regeln für die Zugriffskontrolle

**Zugriffskontrolle aktivieren**

Über das Icon [Speichern] speichern Sie Ihre Einstellungen. Die neue Datenzugriffskontrolle kann jedoch erst genutzt werden, nachdem sie aktiviert wurden. Das geschieht an dieser Stelle über das Icon [Implementieren] (**implementieren**).

Sie können nun beispielsweise im Data Builder einen View bearbeiten. Über [+] fügen Sie dem View die neue Datenzugriffskontrolle hinzu. Dabei müssen Sie die entsprechenden Spalten Ihres Views den in der Datenzugriffskontrolle unter **Ausgabe** definierten Spalten für den Berechtigungsfilter zuordnen.

Abschließend zeigen wir Ihnen im nächsten Abschnitt, wie Sie sich die Versionsinformationen von SAP Data Warehouse Cloud anzeigen lassen können.

### 13.2.7 Versionsinformationen

**Versionsinformationen**

Die Information, auf welcher Version von SAP Data Warehouse Cloud Sie gerade arbeiten, kann z. B. im Supportfall von SAP angefordert werden. Sie finden die Angaben, indem Sie auf das Icon oder den Menüeintrag **Info** klicken (siehe Abbildung 13.35).

**Abbildung 13.35** Versionsinformationen

Um den Überblick über die Cloud-Anwendungen von SAP im weiteren Data-Warehouse-Umfeld zu vervollständigen, stellen wir Ihnen im nächsten Abschnitt die SAP HANA Cloud vor.

## 13.3 SAP HANA Cloud

**Database-as-a-Service**

Um die Produktpalette in der Cloud zu komplettieren, bietet SAP auch eine In-Memory-Datenbank als Service in der Cloud an (*Database-as-a-Service, DBaaS*): *SAP HANA Cloud*. Diese Cloud-Lösung kann Daten aus dem gesamten Unternehmen enthalten und so schnelle Entscheidungen auf Live-Daten ermöglichen. So können z. B. die SAP Analytics Cloud, SAP Data Warehouse Cloud, SAP-Anwendungen wie SAP BW/4HANA 2.0 und auch Produkte von Drittanbietern auf die Daten in der SAP HANA Cloud zugreifen.

Gegenüber einer Datenbank wie SAP HANA, die on-premise betrieben wird, bietet SAP HANA Cloud den Vorteil der schnelleren Skalierung. Sie können SAP HANA Cloud sowohl in Verbindung mit anderen Cloud-Produkten als auch mit On-Premise-Systemen nutzen und dadurch hybride Szenarien aufbauen. Unter anderem durch die Verwendung eines Data Lakes für selten verwendete Daten bietet SAP HANA Cloud eine gute Möglichkeit zur Optimierung von Kosten und Nutzen für verschiedene Speicheroptionen.

SAP HANA Cloud kann somit als Grundlage für die Business Technology Platform (siehe Hinweiskasten) eingesetzt werden.

**SAP Business Technology Platform**

Die *SAP Business Technology Platform* (SAP BTP; bis 2019 *Digital Platform*) ist eine offene, integrierte Plattform mit synergetischem und geschäftsprozesszentriertem Ansatz. Auf dieser Plattform können Anwendungen erstellt, verwaltet und bereitgestellt werden. Daten und Geschäftsprozesse können auf der SAP BTP quellsystemunabhängig (SAP- und Nicht-SAP-Systeme) miteinander verknüpft werden. Sie bietet die Möglichkeit, sowohl On-Premise- als auch Cloud-Anwendungen miteinander zu verknüpfen. Die SAP BTP vereinigt Datenbank- und Datenmanagement, Anwendungsentwicklung und -integration, Analytics sowie intelligente Technologien wie künstliche Intelligenz (KI), Internet of Things (IoT) und Blockchain. Dabei werden Reibungsverluste minimiert, die bei der Verwendung verschiedener Technologien für jeden einzelnen Schritt von den Daten hin zur Handlung entstehen, beispielsweise durch die Vermeidung unnötiger Schnittstellen und Datentransfers innerhalb des Unternehmens. Die IT-Systemgrenzen und Fachbereichssilos verschwinden zugunsten von digitalen End-to-End-Prozessen über System- und Fachbereichsgrenzen hinweg. Die SAP BTP bietet In-Memory-Verarbeitung, nachhaltige, agile Services zur Datenintegration und Anwendungserweiterung, vollständig eingebettete analytische Funktionen sowie intelligente Technologien.

Bei der SAP BTP handelt es sich nicht um ein Produkt oder eine Infrastrukturebene innerhalb der IT-Architektur, sondern um eine modulare Zusammenstellung integrierter Lösungsbausteine für die unternehmensweite Interaktion. So stehen beispielsweise über 160 APIs und Konnektoren für die Anbindung von Nicht-SAP-Systemen sowie ca. 230 KI-Lösungen zur Verfügung. Weitere lassen sich integrieren.

Auf der SAP BTP setzen die Anwendungen der *SAP Intelligent Suite* und der *SAP Industry Cloud* auf. Auf dieser Basis können Geschäftsprozesse im *SAP Business Network* abgebildet werden. Weitere Informationen hierzu finden Sie im Internetauftritt von SAP: *http://s-prs.de/v785413*

13

Abschließen möchten wir dieses Kapitel mit einem ersten Blick auf die übergreifende Datenmanagement-Lösung SAP Data Intelligence als Datenorchestrierungsschicht der SAP BTP.

## 13.4 SAP Data Intelligence

Vor dem Hintergrund wachsender Datenmengen, vielfältiger Datenquellen und -typen und hybriden und verteilten Umgebungen bietet SAP mit *SAP Data Intelligence* eine weitere umfassende Lösung zum Umgang mit großen Datenmengen. Dabei bildet SAP Data Intelligence die *Datenorchestrierungsschicht* der SAP BTP (siehe Hinweiskasten »SAP Business Technology Platform« in Abschnitt 13.3, »SAP HANA Cloud«). SAP beschreibt SAP Data Intelligence mit dem Slogan »Turn Data Chaos into Business Value«.

**Datenmanagement-Lösung**

Bei SAP Data Intelligence handelt es sich um eine übergreifende Datenmanagement-Lösung, die die unternehmensweit verteilten Daten integriert und orchestriert. SAP Data Intelligence ermöglicht so das Finden, Verbinden, Nutzen, Verarbeiten, Analysieren und Anreichern der Unternehmensdaten, auch unter Berücksichtigung der (verteilten) Metadaten. Beispiele für typische Anwendungsszenarien sind die Preisfindung, die Analyse des Kundenverhaltens und die Optimierung von Marketingmaßnahmen. Dabei stellt SAP Data Intelligence die nächste Entwicklungsstufe des *SAP Data Hubs* dar – der Name SAP Data Hub wird zukünftig nicht mehr verwendet. SAP Data Intelligence wird an Nutzer des SAP Data Hubs über Support Packages ausgerollt.

SAP Data Intelligence adressiert die folgenden Herausforderungen:

- Die Menge an Geschäftsdaten (Anwendungen, Streaming, IoT, externe Daten, Social-Media-Daten etc.) nimmt stetig zu.
- Weiterentwickelte Analytics- und Machine-Learning-Verfahren verarbeiten verschiedenartige Datentypen auf unterschiedliche Arten mit unterschiedlichen Processing Engines mit jeweils eigenen Anforderungen.
- Die zu verwaltenden Daten sind in vielfältigen Anwendungen in komplexen, hybriden Landschaften gespeichert.

SAP Data Intelligence übernimmt die Integration auch komplexer Datentypen inklusive der On-the-Fly-Ausführung von Datentransformationen. Dabei kann auf die Processing Engines in vorhandenen Systemen oder in der Cloud sowie auf Open Source Processing Engines wie R und Python zurückgegriffen werden. Es können ein Datenkatalog und ein Geschäftsglossar angelegt werden. SAP Data Intelligence kann als Grundlage für die Implementierung von Data Warehouses auf den heterogenen, verteilten

Daten im Unternehmen dienen. Besondere Herausforderungen stellen die Aufbereitung und Anlieferung von Daten aus SAP- und Nicht-SAP-Quellen (z. B. IoT, Social Media, unstrukturierte Rohdaten) für Machine-Learning-Prozesse und IoT-Anwendungsszenarien dar. Dasselbe gilt für die Wiederverwendbarkeit von Transformationen in verschiedenen, datengetriebenen Anwendungen. Darüber hinaus unterstützt SAP Data Intelligence die Einhaltung von Daten-Compliance-, -Sicherheits- und -Governance-Regeln.

Bei der Verwendung von SAP Data Intelligence können die Daten an ihren originären Speicherorten verbleiben und müssen nicht in einen zentralen, voluminösen Datenspeicher kopiert werden, sodass die bereits vorhandenen Ressourcen zur Speicherung und Ausführung genutzt werden. Dabei geht SAP Data Intelligence über klassische ETL-Funktionen hinaus und integriert neue Technologien wie Docker und Kubernetes. Der Fokus liegt darauf, die Logik dorthin zu bringen, wo die Daten abgelegt sind, und die vorhandene Rechenpower zu nutzen. SAP Data Intelligence bietet einen semantischen Data Lake an, der zum Speichern, Analysieren und Verarbeiten von strukturierten und unstrukturierten Daten genutzt werden kann, in erster Linie zum Trainieren von Modellen etc. für Machine-Learning-Szenarien.



**Data Pipelining und Analytics Data Wrangling**

SAP Data Intelligence bietet Data Pipelining und Analytics Data Wrangling an. *Data Pipelining* befasst sich mit der Aufbereitung und Anreicherung von Streaming- und Batchdaten. Die Daten werden hier regelmäßig transformiert und verarbeitet und anschließend in eine Geschäftsanwendung integriert. Beim *Analytics Data Wrangling* hingegen liegt der Fokus auf der Aufbereitung von Daten für Data-Science-Szenarien.

SAP Data Intelligence kann auf SAP HANA als vollständig gemanagtes System zugreifen und SAP-HANA-Datenflüsse orchestrieren. So können die Algorithmen der SAP HANA Predictive Analysis Library (SAP PAL; siehe Hinweiskasten »SAP HANA Predictive Analysis Library«) und der SAP Automated Predictive Library (*SAP APL*; siehe Hinweiskasten »SAP HANA Automated Predictive Library«) genutzt werden. Machine-Learning-Prozesse können in SAP HANA modelliert und anschließend in SAP Data Intelligence genutzt werden.

**SAP HANA Predictive Analysis Library**

Die *SAP HANA Predictive Analysis Library* (*SAP PAL*) wird mit SAP HANA ausgeliefert. Es handelt sich hierbei um eine *Funktionsbibliothek* (*Application Function Library*, abgekürzt *AFL*), die Funktionen bereitstellt, die aus SAP-HANA-SQLScript-Prozeduren aufgerufen werden kann. Die aufgerufenen

Prozeduren unterstützen die Ausführung analytischer Algorithmen in den folgenden Data-Mining-Kategorien:

- Clustering
- Klassifikation
- Regression
- Assoziation
- Zeitreihen
- Vorverarbeitung
- Statistiken
- Social-Network-Analysen
- Empfehlungssysteme
- Sonstige

Dabei wurden Algorithmen ausgesucht, die in SAP-HANA-Anwendungen benötigt werden, die weit verbreitet sind und die generell auch in anderen Datenbank-Produkten verfügbar sind.

**SAP HANA Automated Predictive Library**

Bei der *SAP HANA Automated Predictive Library* (*SAP APL*) handelt es sich ebenfalls um eine Funktionsbibliothek. Sie stellt Data-Mining-Funktionen in SAP HANA zur Verfügung, die über SQL genutzt werden können, sowohl von Desktop-Anwendungen wie der SAP Predictive Analytics Desktop Edition als auch von On-Premise-Anwendungen und über den SAP Predictive Service von Cloud-Anwendungen. Darüber hinaus kann die SAP HANA APL genutzt werden, um das Modelltraining von SAP Predictive Analytics an die SAP-HANA-Datenbank zu delegieren.

**SAP Data Intelligence Cloud**

SAP Data Intelligence kann als Bring-your-own-License-Version on-premise, im eigenen Rechenzentrum oder in jeder Hyperscaler-Public-Cloud oder privaten Cloud-Umgebung betrieben werden. Ebenso kann es als *SAP Data Intelligence Cloud* als gleichwertige Lösung betrieben werden. Lediglich bezüglich der Zeitpunkte der Veröffentlichung von Releases kann es zu Differenzen zwischen SAP Data Intelligence und SAP Data Intelligence Cloud kommen.

Die SAP Analytics Cloud (siehe Abschnitt 10.2, »SAP Analytics Cloud«) dient als primäre Anwendung in der Analyseschicht von SAP Data Intelligence Cloud. Sie enthält vorgefertigte Inhalte für SAP-Anwendungen. SAP Data Warehouse Cloud ist die primäre Anwendung in der Business-Modeling-Schicht für strukturierte Daten. SAP Data Intelligence Cloud kann dabei sowohl Daten in SAP Data Warehouse Cloud laden als auch Daten mit SAP Data Warehouse Cloud orchestrieren. SAP HANA Cloud dient dabei als Speicherschicht für SAP Data Warehouse Cloud und bringt dabei Vorteile bezüglich der Performance und bei der Visualisierung mit sich.

SAP bietet unter *http://s-prs.de/v785414* eine kostenlose Trial-Version für SAP Data Intelligence an (Stand: Mitte 2021). Die avisierten Erweiterungen für SAP Data Intelligence finden Sie im SAP Road Map Explorer unter *http://s-prs.de/v785415*, Stand Februar 2021; siehe auch Hinweiskasten »SAP Road Map Explorer« in Abschnitt 13.1, »Roadmap für SAP BW/4HANA 2.0«.

An dieser Stelle möchten wir unseren Ausblick in die Zukunft von SAP BW/4HANA 2.0 und in die Cloud-Welt beenden. Wir hoffen, dass wir Ihnen einen umfassenden Überblick über die Funktionen und mögliche Einsatzszenarien von SAP BW/4HANA 2.0 sowie ergänzende/alternative Lösungen von SAP geben konnten. Lob, Kritik und Anmerkungen zum vorliegenden Buch nehmen wir jederzeit gerne entgegen.

# Anhang

In diesem Anhang finden Sie eine ausführliche Übungsaufgabe, mit der Sie die Inhalte dieses Buchs noch einmal praktisch nachvollziehen können. Die Übungsaufgabe startet in Abschnitt A.2; in Abschnitt A.1 stellen wir Ihnen zunächst die Namenskonventionen vor, die für das Verständnis der Übungsaufgabe wichtig sind.

## A.1 Namenskonventionen in der Übersicht

In diesem Buch arbeiten wir mit einem kleinen, übersichtlichen Beispiel. Deshalb können wir auch die Namenskonventionen entsprechend einfach halten. Für komplexere Architekturen und Hinweise zu Namenskonventionen verweisen wie Sie auf Kapitel 4, »Datenarchitektur in SAP BW/4HANA 2.0«, sowie den Hinweiskasten zu Namenskonventionen in Abschnitt 5.1, »Allgemeine Hinweise zur Modellierung«. In Tabelle A.1 finden Sie die in Tabelle A.2 verwendeten Abkürzungen.

| Abkürzung | Beschreibung |
|---|---|
| <N> | Ziffer zur fortlaufenden Nummerierung |
| <L> | Layer (Schicht) in der Data-Warehouse-Architektur (siehe Abschnitt 4.2.2, »Layered Scalable Architecture ++«) |
| OO | Open Operational Data Store Layer |
| PL | EDW Propagation Layer |
| AM | Architected Data Mart Layer |
| VM | Virtual Data Mart Layer |
| <DM> | Datenmodell |
| <Z> | Kürzel für das Zielsystem |

**Tabelle A.1** Kürzel für Layer der Data-Warehouse-Architektur

Tabelle A.2 zeigt eine Übersicht über die Namenskonventionen für die im vorliegenden Buch verwendeten Objekte. Bei der Vergabe der technischen Namen wird die Nummerierung hochgezählt. Das erste angelegte Merkmals-InfoObject bekommt den Namen ZC_001, das zweite ZC_002 und so weiter. Dabei werden wir der Einfachheit halber keinen Unterschied zwischen Planungs- und Nicht-Planungsobjekten machen.

**Tabelle A.2** In diesem Buch verwendete Namenskonventionen

| Objekt | Länge | 1 | 2 | 3 | 4 | 5 | 6 | 7 | 8 | 9 | 10 | 11 |
|---|---|---|---|---|---|---|---|---|---|---|---|---|
| InfoObject (Merkmal) | 9 | Z | C | _ | <N> | <N> | <N> | | | | | |
| InfoObject (Kennzahl) | 9 | Z | K | _ | <N> | <N> | <N> | | | | | |
| InfoObject (Einheit) | 9 | Z | U | _ | <N> | <N> | <N> | | | | | |
| InfoObject (XXL) | 9 | Z | X | _ | <N> | <N> | <N> | | | | | |
| aDSO | 9 | Z | A | D | <L> | <L> | _ | <N> | <N> | <N> | | |
| InfoSource | 9 | Z | I | S | <L> | <L> | _ | <N> | <N> | <N> | | |
| Open ODS View | 12 | Z | O | D | <L> | <L> | _ | <N> | <N> | <N> | | |
| CompositeProvider | 12 | Z | C | P | _ | <N> | <N> | <N> | | | | |
| weitere Backend-Objekte | | | | | | | | | | | | |
| InfoArea | | Z | I | A | _ | <DM>* | <DM>* | _ | <L> | <L> | | |
| DataSource | | Z | D | S | _ | <Quellsystem-ID> | <Quellsystem-ID> | <Quellsystem-ID> | _ | <N> | <N> | <N> |
| Anwendungskomponente | | Z | A | C | _ | <Quellsystem-ID> | <Quellsystem-ID> | <Quellsystem-ID> | _ | <N> | <N> | <N> |
| Prozesskette | | Z | P | C | _ | <N> | <N> | <N> | | | | |
| Query | | Z | Q | Y | _ | <N> | <N> | <N> | | | | |
| Merkmalsvariable | | Z | V | C | _ | <N> | <N> | <N> | | | | |
| Hierarchievariable | | Z | V | H | _ | <N> | <N> | <N> | | | | |
| Hierarchieknotenvariable | | Z | V | N | _ | <N> | <N> | <N> | | | | |
| eingeschränkte Kennzahl | | Z | R | K | _ | <N> | <N> | <N> | | | | |
| berechnete Kennzahl | | Z | R | K | _ | <N> | <N> | <N> | | | | |
| Aggregationsebene | | Z | A | E | _ | <N> | <N> | <N> | | | | |
| Open Hub Destination | | Z | H | <Z> | <Z> | <Z> | _ | <N> | <N> | <N> | | |

## A.2 Übungsaufgabe

Im Folgenden bauen wir ein Datenmodell von der DataSource bis zum CompositeProvider auf. Dabei ist die Architektur in zwei verschiedene Abschnitte gegliedert: Wir beginnen mit der Erstellung der benötigten InfoObjects und dem Anlegen von Stammdaten. Die Material-Stammdaten werden dabei geladen (siehe Abbildung A.1), die anderen manuell gepflegt.

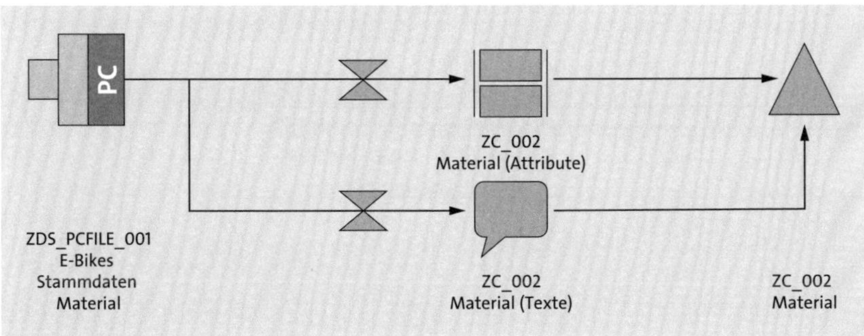


**Abbildung A.1** Datenfluss für die Materialstammdaten und -texte (InfoObject ZC_002)

Im zweiten Teil zeigen wir die Verwendung der zuvor angelegten InfoObjects in einem Datenmodell (siehe Abbildung A.2).

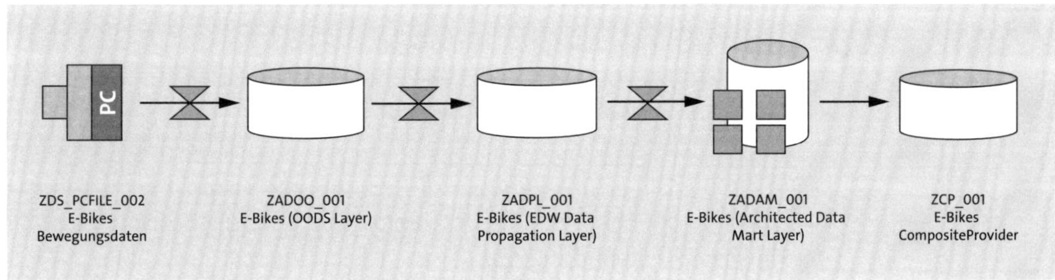


**Abbildung A.2** Datenfluss für die Bewegungsdaten

Für die Erstellung des Datenmodells benötigen Sie die folgenden .csv-Dateien:

- **EBikes_Bewegungsdaten_Datenmodell.csv** für die DataSource ZDS_PCFILE_002
- **EBikes_Stammdaten_Training.csv** für die DataSource ZDS_PCFILE_001

Die Daten können Sie auf der Webseite zum Buch unter *https://www.rheinwerk-verlag.de/5177* herunterladen.

### A.2.1 DataSources anlegen

Damit Sie Daten aus anderen Quellsystemen oder Flatfiles ins SAP-BW/4 HANA-2.0-System laden können, müssen Sie zunächst die Anwendungskomponenten und die entsprechenden DataSources anlegen. Die folgenden DataSources werden in diesem Abschnitt erstellt:

- `ZDS_PCFILE_001` zum Laden der Stammdaten und Texte des Materials
- `ZDS_PCFILE_002` zum Laden von Bewegungsdaten

Die Struktur der anzulegenden Objekte sehen Sie in Abbildung A.3.

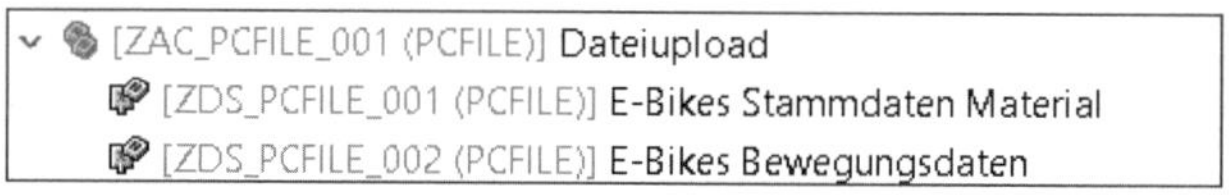

[ZAC_PCFILE_001 (PCFILE)] Dateiupload
[ZDS_PCFILE_001 (PCFILE)] E-Bikes Stammdaten Material
[ZDS_PCFILE_002 (PCFILE)] E-Bikes Bewegungsdaten

**Abbildung A.3** Anzulegende DataSources

Zum Anlegen der DataSources navigieren Sie im SAP HANA Studio in Ihrem BW-Projekt zu den Datenquellen, klappen das Menü auf und wählen den Quellsystemtyp **FILE** (Datei) aus (siehe Abbildung A.4).

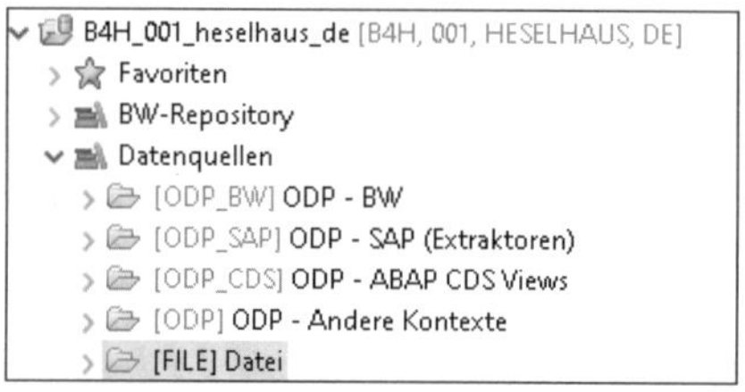

B4H_001_heselhaus_de [B4H, 001, HESELHAUS, DE]
Favoriten
BW-Repository
Datenquellen
[ODP_BW] ODP - BW
[ODP_SAP] ODP - SAP (Extraktoren)
[ODP_CDS] ODP - ABAP CDS Views
[ODP] ODP - Andere Kontexte
[FILE] Datei

**Abbildung A.4** Auswahl der Datenquellenart

Legen Sie hier eine Anwendungskomponente mit dem Namen **ZAC_PCFILE_001** und der Beschreibung **Dateiupload** an. Bestätigen Sie die Auswahl mit **Finish** (siehe Abbildung A.5).

Zum Anlegen der DataSource für die Stammdaten und Texte des Materials öffnen Sie mit einem Rechtsklick auf die neue Anwendungskomponente **ZAC_PCFILE_001** das Kontextmenü und wählen **Neu • DataSource...** (siehe Abbildung A.6).

Im folgenden Pop-up-Fenster, **DataSource**, klicken Sie auf **Next >** und wählen bei **Template oder Quellobjekt** die Option **Nicht verfügbar** aus und bestätigen dies erneut mit **Next >**. Auf der **Bestätigungsseite** geben Sie der DataSource den Namen »ZDS_PCFILE_001« sowie die Beschreibung »E-Bikes Stammdaten Material«. Wählen Sie als **DataSource-Typ** die Option **Stammdatentext** aus. Bestätigen Sie Ihre Eingaben mit **Finish** (siehe Abbildung A.7).

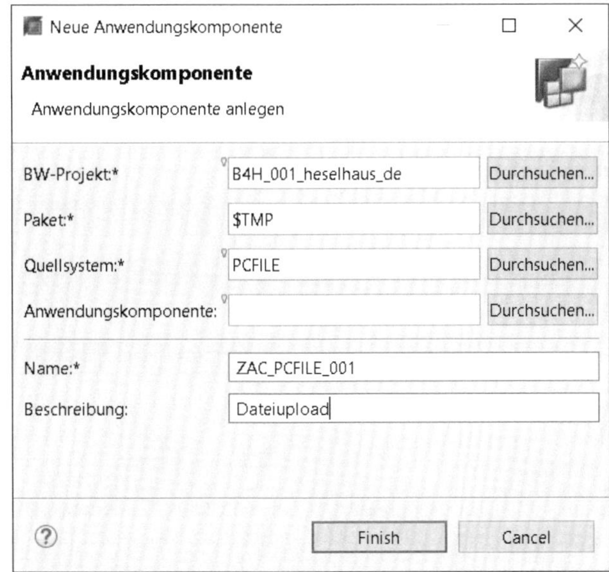


**Abbildung A.5** Anwendungskomponente anlegen

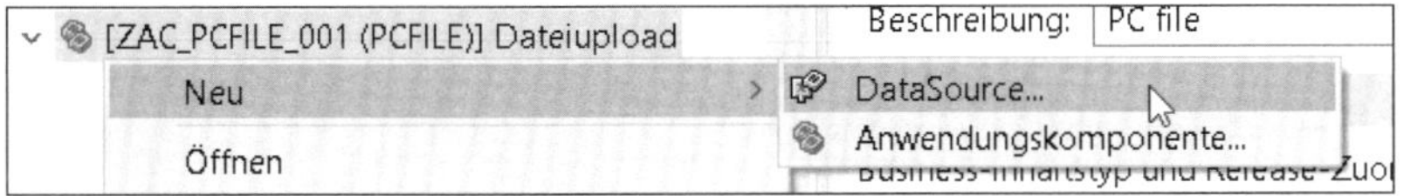


**Abbildung A.6** DataSource anlegen

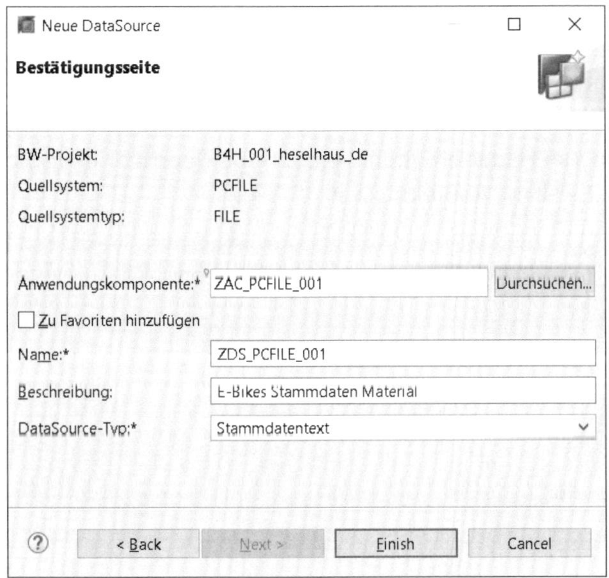


**Abbildung A.7** DataSource-Typ auf der Bestätigungsseite auswählen

Lassen Sie die Einstellungen im Tab **Übersicht** unverändert.

Im Tab **Extraktion** wählen Sie im Bereich **Extraktorspezifische Eigenschaften** die Datei **EBikes_Stammdaten_Training.csv**. Da diese in der ersten Zeile Spaltenüberschriften enthält, geben Sie im Feld **Zu ignorierende Kopfzeilen** eine »1« ein (siehe Abbildung A.8).

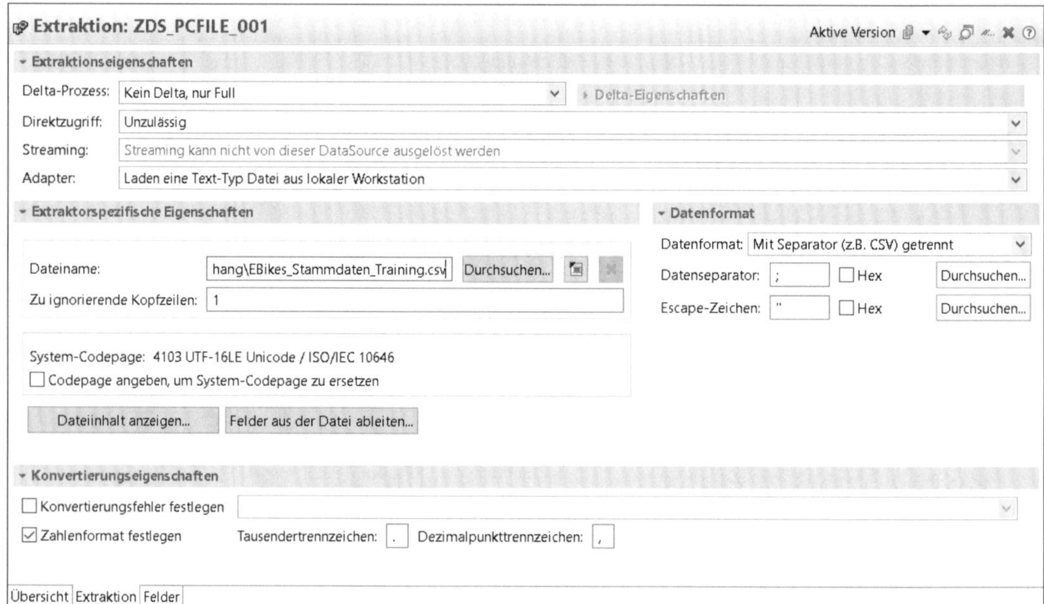


**Abbildung A.8** Extraktorspezifische Eigenschaften

Danach klicken Sie auf die Schaltfläche **Felder aus der Datei ableiten...**, um vom System aus der **.csv**-Datei einen Vorschlag für die Felder der DataSource erstellen zu lassen, damit Sie diese nicht manuell im Tab **Felder** erstellen müssen. Im Tab **Felder** erhalten Sie nun eine Übersicht über die vorgeschlagenen Felder (siehe Abbildung A.9).

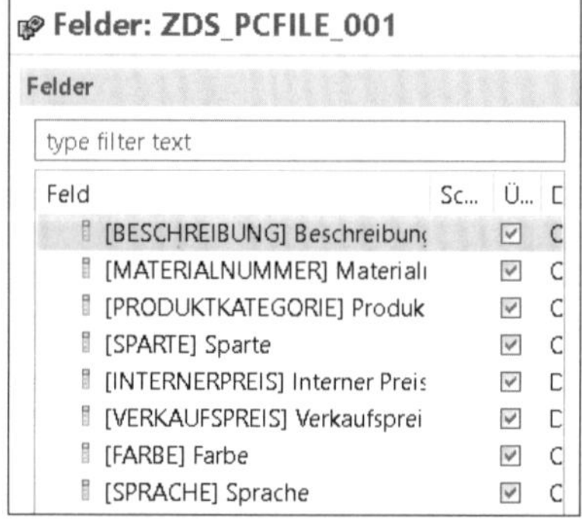


**Abbildung A.9** Felder-Vorschlag für die DataSource ZDS_PCFILE_001

Nachdem Sie den Vorschlag geprüft haben, aktivieren Sie die DataSource über das Icon .

Tabelle A.3 enthält einen Überblick über die gerade angelegte und die außerdem anzulegende DataSource. Beachten Sie, dass die noch anzulegende DataSource vom Typ **Transaktionsdaten** ist. Die Anlage der weiteren DataSources wird im Folgenden beschrieben.

| DataSource | ZDS_PCFILE_001 | ZDS_PCFILE_002 |
|---|---|---|
| Beschreibung | E-Bikes Stammdaten Material | E-Bikes Bewegungsdaten |
| DataSource-Typ | Stammdatentext | Transaktionsdaten |
| Dateiname | EBikes_Stammdaten_ Datenmodell.csv | EBikes_Bewegungsdaten_ Training.csv |

**Tabelle A.3** Übersicht über die DataSources

Beim Anlegen der DataSource ZDS_PCFILE_002 gehen Sie ähnlich vor wie bei der Anlage der ZDS_PCFILE_001, wählen aber als DataSource-Typ **Transaktionsdaten** aus. Geben Sie im Feld **Dateiname** »EBikes_Bewegungsdaten_ Training.csv« ein. Vergeben Sie die Beschreibung »E-Bikes Bewegungsdaten«, und ignorieren Sie erneut eine Kopfzeile. Sie können sich nun erneut die Felder aus der Datei ableiten lassen und werden feststellen, dass die abgeleiteten Felder von denen in Abbildung A.10 abweichen.

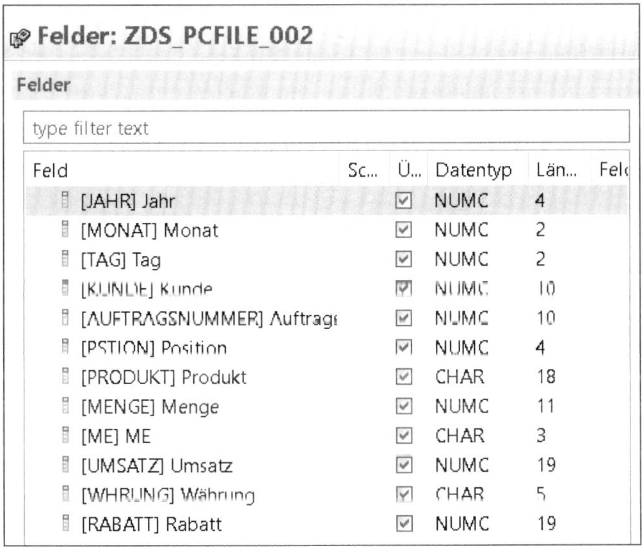

**Felder: ZDS_PCFILE_002**

Felder

type filter text

| Feld | Sc... | Ü... | Datentyp | Län... | Fel |
|---|---|---|---|---|---|
| [JAHR] Jahr | | ☑ | NUMC | 4 | |
| [MONAT] Monat | | ☑ | NUMC | 2 | |
| [TAG] Tag | | ☑ | NUMC | 2 | |
| [KUNDE] Kunde | | ☑ | NUMC | 10 | |
| [AUFTRAGSNUMMER] Auftrag | | ☑ | NUMC | 10 | |
| [PSTION] Position | | ☑ | NUMC | 4 | |
| [PRODUKT] Produkt | | ☑ | CHAR | 18 | |
| [MENGE] Menge | | ☑ | NUMC | 11 | |
| [ME] ME | | ☑ | CHAR | 3 | |
| [UMSATZ] Umsatz | | ☑ | NUMC | 19 | |
| [WHRUNG] Währung | | ☑ | CHAR | 5 | |
| [RABATT] Rabatt | | ☑ | NUMC | 19 | |

**Abbildung A.10** Felder der DataSource ZDS_PCFILE_002

Passen Sie den Vorschlag des Systems an, und aktivieren Sie die DataSource wieder über [icon].

Sie haben nun die beiden benötigten DataSources erstellt. Im nächsten Schritt legen wir die InfoAreas für das neue Datenmodell an.

### A.2.2 InfoAreas anlegen

In diesem Abschnitt erstellen wir die InfoAreas für unser Datenmodell (siehe Abbildung A.11). Sie repräsentieren die Layer (Schichten) der Data-Warehouse-Architektur, strukturieren dabei die verschiedenen SAP-BW-Objekte, was den Aufbau der SAP-BW-Anwendung übersichtlicher macht.

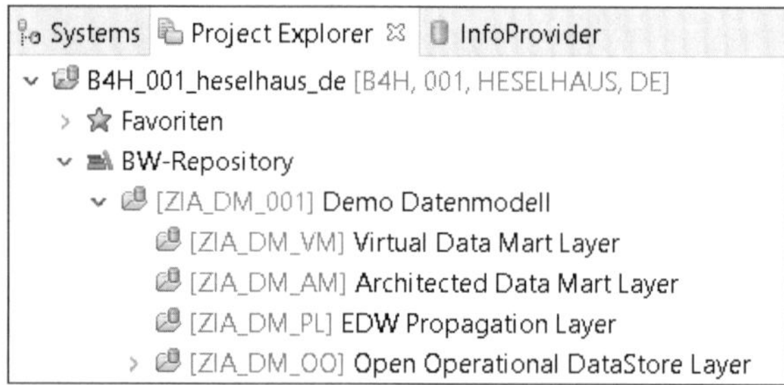


**Abbildung A.11** Abbildung der Architektur über InfoAreas

Legen Sie die InfoArea `ZIA_DM_001` mit der Beschreibung »Demo Datenmodell« für dieses Datenmodell an (siehe Abbildung A.12 und Abbildung A.13). Dabei können Sie die InfoArea natürlich auch in Ihrem persönlichen Bereich anlegen, hierfür wählen Sie unter **Vater-InfoArea** Ihre eigene InfoArea. Die InfoArea wird mit Rechtsklick auf die gewünschte Vater-InfoArea und **Neu • InfoArea...** erstellt.

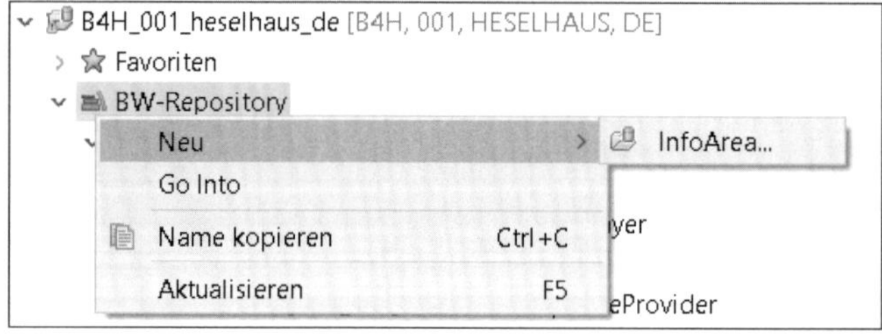


**Abbildung A.12** InfoArea anlegen

**Abbildung A.13** Vergabe des technischen Namens der neuen InfoArea

Legen Sie nun die in Tabelle A.4 aufgelisteten InfoAreas gemäß der Data-Warehouse-Architektur (siehe Abschnitt 4.2.2, »Layered Scalable Architecture ++«) an.

| Technischer Name | Beschreibung |
|---|---|
| **ZIA_DM_OO** | Open ODS Layer |
| **ZIA_DM_PL** | EDW Propagation Layer |
| **ZIA_DM_AM** | Architected Data Mart Layer |
| **ZIA_DM_VM** | Virtual Data Mart Layer |

**Tabelle A.4** InfoAreas für die Layer der Data Warehouse Architektur

Als **Vater-InfoArea** tragen Sie jeweils die InfoArea `ZIA_DM_001` ein (siehe Abbildung A.14).

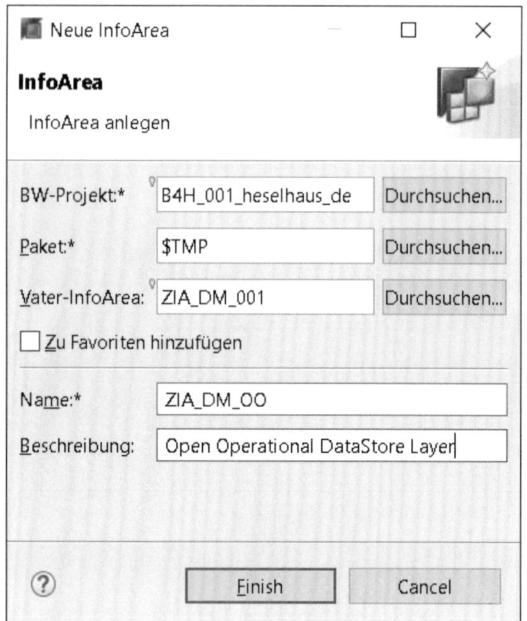


**Abbildung A.14** Layer-Struktur der InfoArea erstellen

### A.2.3 Kennzahl-InfoObjects anlegen

In diesem Abschnitt erstellen wir die für das Datenmodell benötigten Kennzahl-InfoObjects. Diese werden, der Einfachheit halber, in der InfoArea ZIA_DM_001 angelegt. In Tabelle A.5 sind die anzulegenden Kennzahl-InfoObjects beschrieben.

| Technischer Name | Beschreibung | Typ | Datentyp | Einheit/ Währung |
|---|---|---|---|---|
| ZK_001 | Umsatz | Betrag | CURR | 0CURRENCY |
| ZK_002 | Menge | Menge | QUAN | 0BASE_UOM |
| ZK_003 | Rabatt | Betrag | CURR | 0CURRENCY |
| ZK_004 | Interner Preis | Betrag | CURR | USD |
| ZK_005 | Herstellkosten in USD | Betrag | CURR | USD |

**Tabelle A.5** Anzulegende Kennzahl-InfoObjects

Zum Anlegen der InfoObjects öffnen Sie über einen Rechtsklick das Kontextmenü der InfoArea **ZIA_DM_001**. Wählen Sie dort den Menüeintrag **Neu • InfoObject...** (siehe Abbildung A.15).

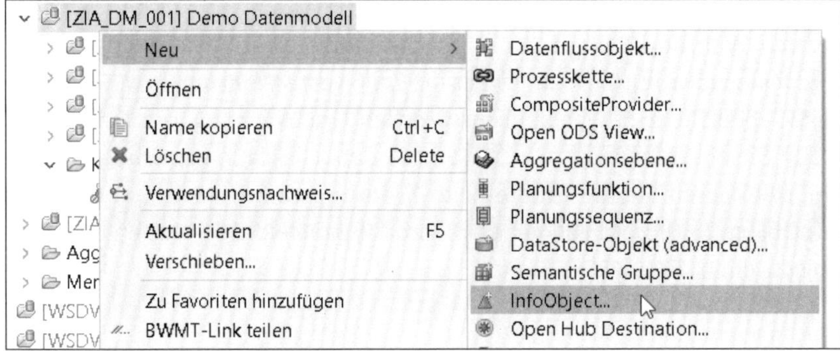


**Abbildung A.15** InfoObject anlegen

Wählen Sie im Fenster **Neues InfoObject** als **InfoObject-Typ** die Option **KYF – Kennzahl** und den in Tabelle A.5 beschriebenen **Datentyp** aus. Geben Sie den technischen **Namen** und die **Beschreibung** ein (siehe Abbildung A.16), und bestätigen Sie mit **Finish**.

**Abbildung A.16** Kennzahl ZK_001 Umsatz anlegen

Die Einstellungen zu Einheit bzw. Währung nehmen Sie anschließend im Bereich **Währung/Einheit** vor (siehe Abbildung A.17). Selektieren Sie für eine feste Währung/Einheit jeweils die Zeile **Feste Währung** bzw. **Feste Einheit**. Geben Sie im Eingabefeld entsprechend die Währung bzw. Einheit ein. Wenn Sie ein InfoObject, wie `0BASE_UOM` oder `0CURRENCY`, verwenden möchten, selektieren Sie die untere Zeile, **Währungs-InfoObject** bzw. **Einheits-InfoObject**. In diesem Fall geben Sie im Eingabefeld den Namen des InfoObjects ein (z. B. `0CURRENCY`).

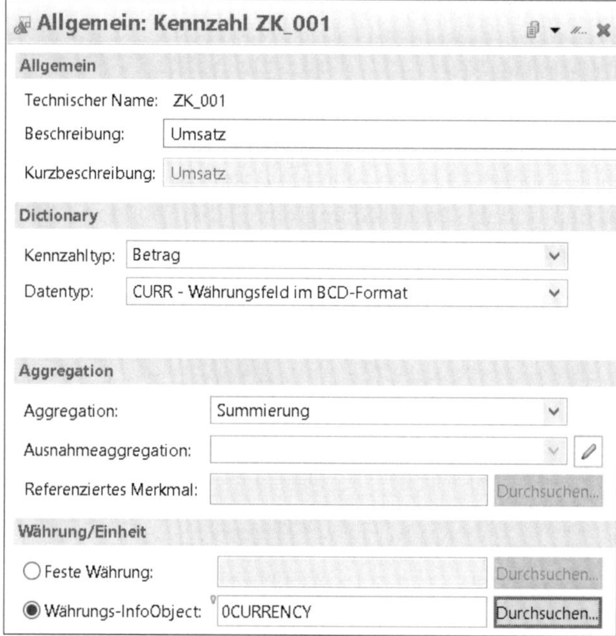


**Abbildung A.17** Allgemeine Einstellungen des Kennzahlen-InfoObjects

Abschließend aktivieren Sie Ihr neues Kennzahlen-InfoObject über . Wenn Sie alle Kennzahlen-InfoObjects angelegt haben, sollte Ihre InfoArea `ZIA_DM_001` wie in Abbildung A.18 gezeigt aussehen.

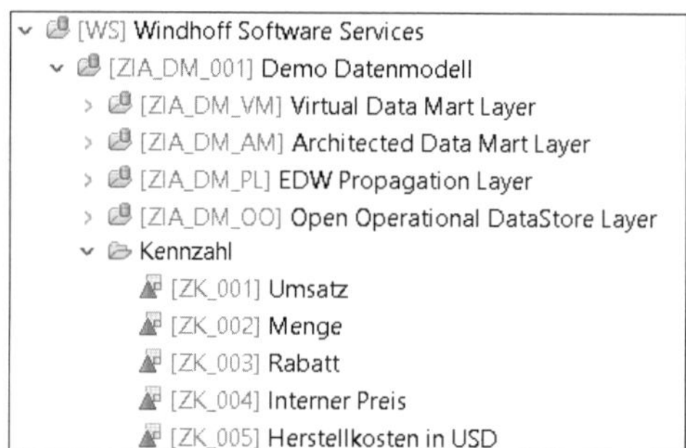


**Abbildung A.18** Die InfoArea ZIA_DM_001 mit den Kennzahlen-InfoObjects

Nach dem Anlegen der Kennzahlen erstellen wir im nächsten Schritt die Merkmals-InfoObjects.

### A.2.4 Merkmals-InfoObjects anlegen

In diesem Abschnitt legen wir die im Datenmodell verwendeten Merkmals-InfoObjects an. Eine Übersicht über die anzulegenden Objekte finden Sie in Tabelle A.6.

| Technischer Name | Beschreibung | Datentyp | Länge | Stammdaten | Texte | Als InfoProvider nutzbar |
|---|---|---|---|---|---|---|
| ZC_001 | Produktkategorie | CHAR | 3 | ja | Kurztext, Sprachenabhängig | |
| ZC_002 | Material | CHAR | 20 | ja | mittellanger Text, Sprachenabhängig | ja |
| ZC_003 | Farbe | CHAR | 20 | ja | Kurztext, Sprachenabhängig | |
| ZC_004 | Kunde | CHAR | 10 | ja | mittellanger Text, Sprachenabhängig | |
| ZC_005 | Vertriebsorganisation | CHAR | 12 | ja | | |
| ZC_006 | Kundenauftrag | CHAR | 12 | ja | | |
| ZC_007 | Position | CHAR | 4 | ja | | |
| ZC_008 | Sparte | CHAR | 2 | nein | Kurztext | |

**Tabelle A.6** Anzulegende Merkmals-InfoObjects

Klicken Sie mit der rechten Maustaste auf die InfoArea **ZIA DM 001**. Wählen Sie im Kontextmenü **Neu • InfoObject** (siehe Abbildung A.15). Im Pop-up-Fenster **Neues InfoObject** vergeben Sie jeweils den technischen Namen und die Beschreibung aus Tabelle A.6 (siehe Abbildung A.19). Wählen Sie als **InfoObject-Typ** die Option **CHA – Merkmal** und als **Datentyp** die Option **CHAR – Zeichenfolge** aus. Bestätigen Sie Ihre Eingaben über die Schaltfläche **Finish**.

Die weiteren Einstellungen zu Stammdaten, Texten und InfoProvidern nehmen Sie im Tab **Allgemein** vor (siehe Abbildung A.20). Im Bereich **Eigenschaften** legen Sie fest, dass das Merkmals-InfoObject **Stammdaten** und **Texte** haben soll und dass es **Als InfoProvider nutzbar** sein soll.

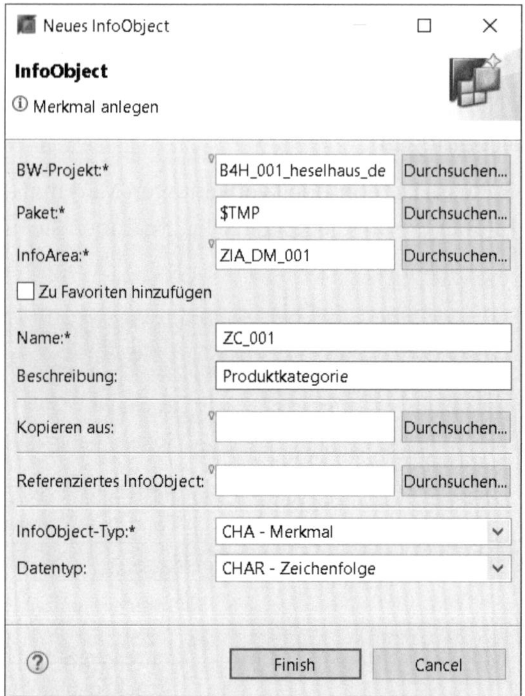


**Abbildung A.19** InfoObject ZC_001 (Produktkategorie) anlegen

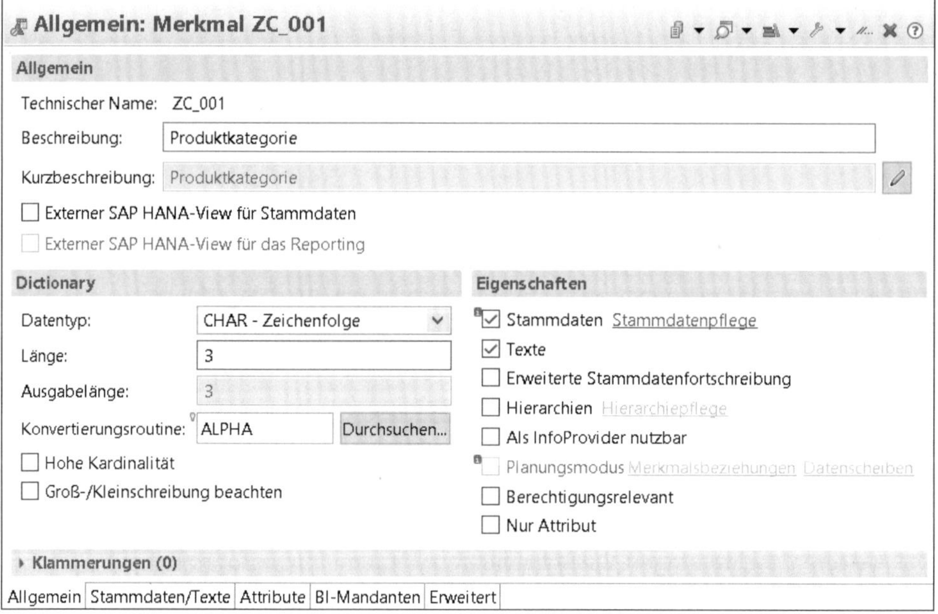


**Abbildung A.20** Der Tab »Allgemein« des Merkmals-InfoObjects ZC_001 (Produktkategorie)

Falls das InfoObject andere Texte als Kurztexte verwenden oder **Sprachenabhängig** sein soll, legen Sie dies im Tab **Stammdaten/Texte** im Bereich **Texte** fest (siehe Abbildung A.21).

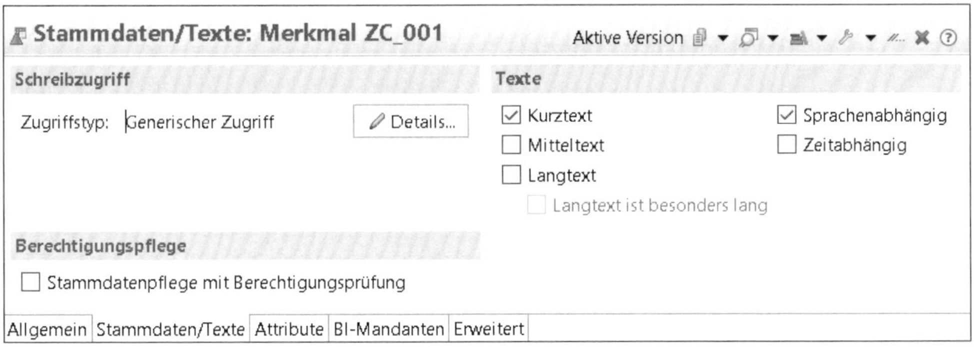

**Abbildung A.21** Der Tab »Stammdaten/Texte« des Merkmals-InfoObjects ZC_001 (Produktkategorie)

Dem InfoObject ZC_002 (Material) sollen darüber hinaus Attribute zugeordnet werden: Diese wählen Sie im Tab **Attribute** über die Schaltfläche **Hinzufügen...** aus (siehe Abbildung A.22). Ordnen Sie dem InfoObject ZC_002 folgende Attribute zu:

- **ZC_001 (Produktkategorie)**
- **ZC_003 (Farbe)**
- **ZC_008 (Sparte)**
- **ZK_004 (Interner Preis)**

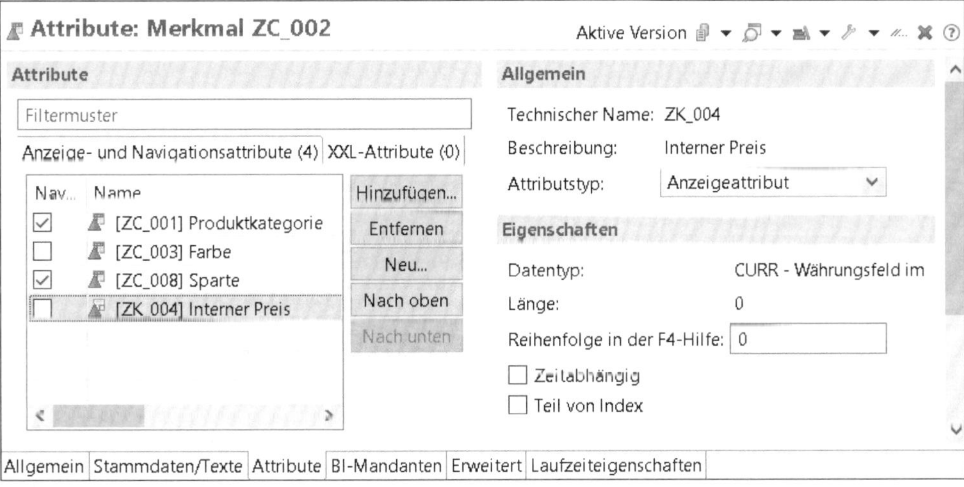


**Abbildung A.22** (Navigations-)Attribute des Merkmals ZC_002 (Material)

Für die Attribute **ZC_001** (**Produktkategorie**) und **ZC_008** (**Sparte**) setzen Sie zusätzlich das Kennzeichen **Navigationsattribut**, somit können Sie diese Attribute im Reporting auch zum Navigieren und Filtern verwenden.

Ordnen Sie außerdem dem InfoObject ZC_004 (Kunde) das Attribut ZC_005 (Vertriebsorganisation) zu.

Abschließend müssen die Merkmals-InfoObjects jeweils über die Schaltfläche [icon] aktiviert werden. Die InfoArea ZIA_DM_001 sollte nach dem Anlegen aller Merkmals-InfoObjects wie in Abbildung A.23 gezeigt aussehen.

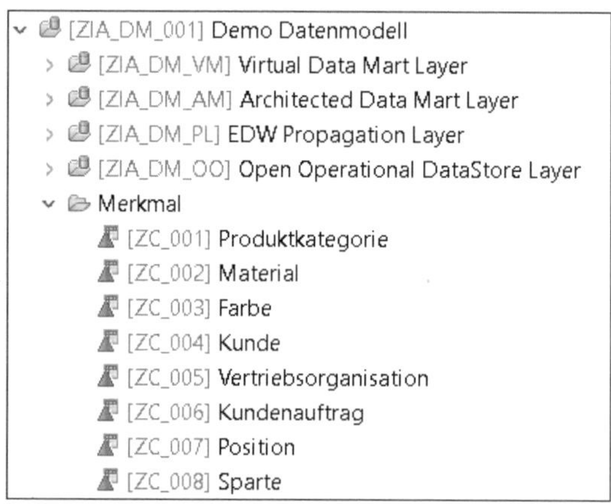


**Abbildung A.23** Die InfoArea ZIA_DM_001 nach Erstellung der Merkmale

### Stammdaten manuell pflegen

In diesem Abschnitt pflegen wir die Stammdaten und Texte zu den Merkmals-InfoObjects ZC_001 (Produktkategorie), ZC_003 (Farbe), ZC_004 (Kunde) und ZC_008 (Sparte). Für das Merkmal ZC_002 (Material) wird eine Beladungsroutine zur Beladung der Stammdaten angelegt, sodass Sie beide Möglichkeiten zur Befüllung von Merkmals-InfoObjects mit Stammdaten kennenlernen.

Zur manuellen Pflege von Stammdaten und Pflege von Texten öffnen Sie die Bearbeitung eines InfoObjects. Klappen Sie dort das Menü der Schaltfläche [icon] auf. Wählen Sie den Menüeintrag [icon] für die Stammdatenpflege. Die Maske für die Pflege öffnet sich im Browser (siehe Abbildung A.24). Klicken Sie auf den Tab **Texte**: Hier können Sie neue Stammdaten anlegen und gleichzeitig die passenden Texte pflegen.

**Abbildung A.24** Stammdatenpflege für das InfoObject ZC_001 (Produktkategorie)

Über die Schaltfläche **Zeile hinzufügen** fügen Sie Zeilen hinzu. In den neuen Zeilen können Sie Daten entweder manuell eingeben oder per Copy & Paste aus Tabelle A.7 kopieren und einfügen (siehe Abbildung A.25).

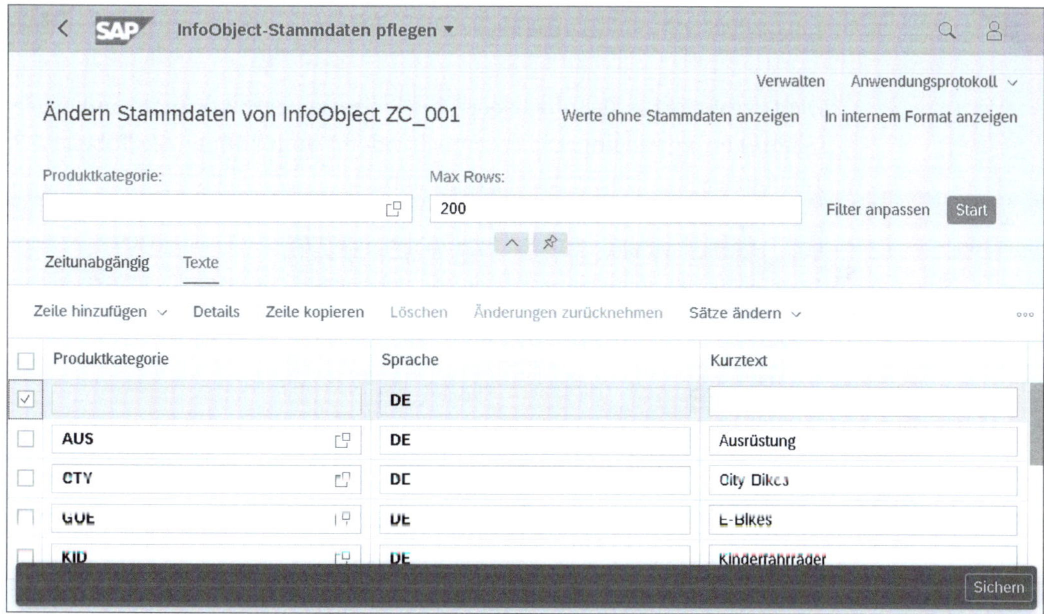


**Abbildung A.25** Einfügen der zu pflegenden Texte für das InfoObject ZC_001 (Produktkategorie) per Copy & Paste

Über die Schaltfläche **Sichern** speichern Sie die neuen Stammdaten.

| Produktkategorie | Sprache | Kurztext |
|---|---|---|
| AUS | DE | Ausrüstung |
| CTY | DE | City-Bikes |
| GOE | DE | E-Bikes |
| KID | DE | Kinderfahrräder |
| KLE | DE | Bekleidung |
| LUX | DE | Luxusfahrräder |
| MNT | DE | Mountainbikes |
| PRO | DE | Professional Edition |
| RCE | DE | Rennräder |
| TOU | DE | Touringräder |
| ZUB | DE | Zubehör |

**Tabelle A.7** Texte für das Merkmals-InfoObject ZC_001 (Produktkategorie)

Die Textpflege für die InfoObjects ZC_003 (Farbe), ZC_004 (Kunde) und ZC_008 (Sparte) erfolgt analog. Die entsprechenden Daten können Sie Tabelle A.8, Tabelle A.9 und Tabelle A.10 entnehmen.

| Farbe | Sprache | Beschreibung kurz |
|---|---|---|
| BLACK | DE | Schwarz |
| BLACK | EN | Black |
| DARK GREEN | DE | Dunkelgrün |
| DARK GREEN | EN | Dark Green |
| GREEN | DE | Grün |
| GREEN | EN | Green |
| GREY | DE | Grau |
| GREY | EN | Grey |
| ICE BLUE | DE | Eisblau |
| ICE BLUE | EN | Ice Blue |
| LIGHT BLUE | DE | Hellblau |

**Tabelle A.8** Stammdaten für das Merkmals-InfoObject ZC_003 (Farbe)

| Farbe | Sprache | Beschreibung kurz |
|---|---|---|
| LIGHT BLUE | **EN** | Light Blue |
| METALLIC BLUE | **DE** | Metallic Blau |
| METALLIC BLUE | **EN** | Metallic Blue |
| NEON YELLOW | **DE** | Neongelb |
| NEON YELLOW | **EN** | Neon Yellow |
| ORANGE | **DE** | Orange |
| ORANGE | **EN** | Orange |
| RED | **DE** | Rot |
| RED | **EN** | Red |
| SILVER | **DE** | Silber |
| SILVER | **EN** | Silver |
| WHITE | **DE** | Weiß |
| WHITE | **EN** | White |

**Tabelle A.8** Stammdaten für das Merkmals-InfoObject ZC_003 (Farbe) (Forts.)

| Kunde | Sprache | Beschreibung mittel |
|---|---|---|
| 1001 | **DE** | Billy's Bikes |
| 1002 | **DE** | Bicycles and More |
| 1003 | **DE** | Bike 'n' Ride |
| 1004 | **DE** | Frankie's Fabulous Bikes |
| 1005 | **DE** | Susi's Sports Shop |
| 1006 | **DE** | Touring and Racing |
| 1007 | **DE** | Best Bikes |
| 1008 | **DE** | Bikes 'n' Boards |
| 1009 | **DE** | American Bikes |
| 1010 | **DE** | U.S. Bikes |
| 1011 | **DE** | Big Bike Shop |

**Tabelle A.9** Texte für das Merkmals-InfoObject ZC_004 (Kunde)

| Kunde | Sprache | Beschreibung mittel |
|---|---|---|
| 1012 | DE | Bonny's Bicycles |
| 1013 | DE | Bike-Bude Borken |
| 1014 | DE | Franz' kleiner Fahrradladen |
| 1015 | DE | Drahtesel Meyer |
| 1016 | DE | E-Bikes Essen |
| 1017 | DE | Outdoor Günther |
| 1018 | DE | Fietes Fietsen |
| 1019 | DE | Sport Heinzelmann |
| 1020 | DE | Pumpe |
| 1021 | DE | Rudis Räder |
| 1022 | DE | Windhoff E-Bikes Gescher |
| 1023 | DE | Räderladen Hamburg |
| 1024 | DE | Outdoor Günther |

**Tabelle A.9** Texte für das Merkmals-InfoObject ZC_004 (Kunde) (Forts.)

| Sparte | Kurztext |
|---|---|
| BI | Bikes |
| ZU | Zubehör |

**Tabelle A.10** Texte für das Merkmals-InfoObject ZC_008 (Sparte)

Pflegen Sie zum Schluss die Stammdaten für das InfoObject ZC_004 (Kunde). Wählen Sie hierfür **Zeitunabhängig** (siehe Abbildung A.24), und fügen Sie die Daten aus Tabelle A.11 ein.

| Kunde | Vertriebsorganisation |
|---|---|
| 1001 | V001 |
| 1002 | V001 |
| 1003 | V001 |

**Tabelle A.11** Zeitunabhängige Stammdaten für das Merkmals-InfoObject ZC_004 (Kunde)

| Kunde | Vertriebsorganisation |
|---|---|
| 1004 | V001 |
| 1005 | V001 |
| 1006 | V001 |
| 1007 | V001 |
| 1008 | V001 |
| 1009 | V001 |
| 1010 | V001 |
| 1011 | V001 |
| 1012 | V001 |
| 1013 | V002 |
| 1014 | V002 |
| 1015 | V002 |
| 1016 | V002 |
| 1017 | V002 |
| 1018 | V002 |
| 1019 | V002 |
| 1020 | V002 |
| 1021 | V002 |
| 1022 | V002 |
| 1023 | V002 |
| 1024 | V002 |

**Tabelle A.11** Zeitunabhängige Stammdaten für das Merkmals-InfoObject ZC_001 (Kunde) (Forts.)

Speichern Sie die gerade gepflegten Stammdaten.

### Transformation zum Beladen von Stammdaten anlegen

Die Stammdaten des Merkmals-InfoObjects ZC_002 (Material) werden nicht manuell gepflegt, sondern aus einer **.csv**-Datei beladen. Dazu nutzen wir die DataSource ZDS_PCFILE_001 (E-Bikes Stammdaten Material). Von dieser DataSource legen wir zwei Transformationen zum InfoObject ZC_002 (Material) an. Mit der ersten werden die Attribute beladen, mit der zweiten die Texte. Zum Anlegen der ersten Transformation öffnen Sie das Kontextmenü zum Merkmals-InfoObject ZC_002 und wählen den Eintrag **Neu • Transformation...** (siehe Abbildung A.26).

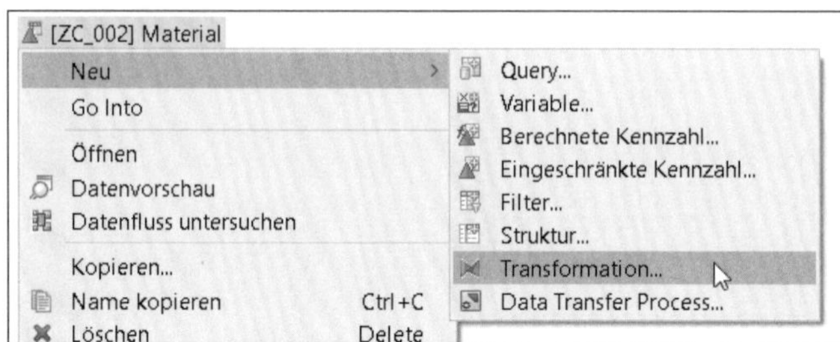


**Abbildung A.26** Transformation zu ZC_002 (Material) anlegen

Im Pop-up-Fenster **Neue Transformation** selektieren Sie im Bereich **Ziel** den **Objekt-Typ InfoObject – Attribut** (siehe Abbildung A.27). Im Feld **Objektname** ist bereits das InfoObject **ZC_002** ausgewählt. Wählen Sie im Bereich **Quelle** als **Objekt-Typ DataSource**, und geben Sie im Feld **Objektname** die DataSource **ZDS_PCFILE_001** ein. Das Quellsystem wird vom System automatisch ermittelt. Über die Schaltfläche **Finish** legen Sie die Transformation an.

**Abbildung A.27** Das Fenster »Neue Transformation«

Auf dem Tab **Allgemein** sind keine weiteren Einstellungen erforderlich (siehe Abbildung A.28).

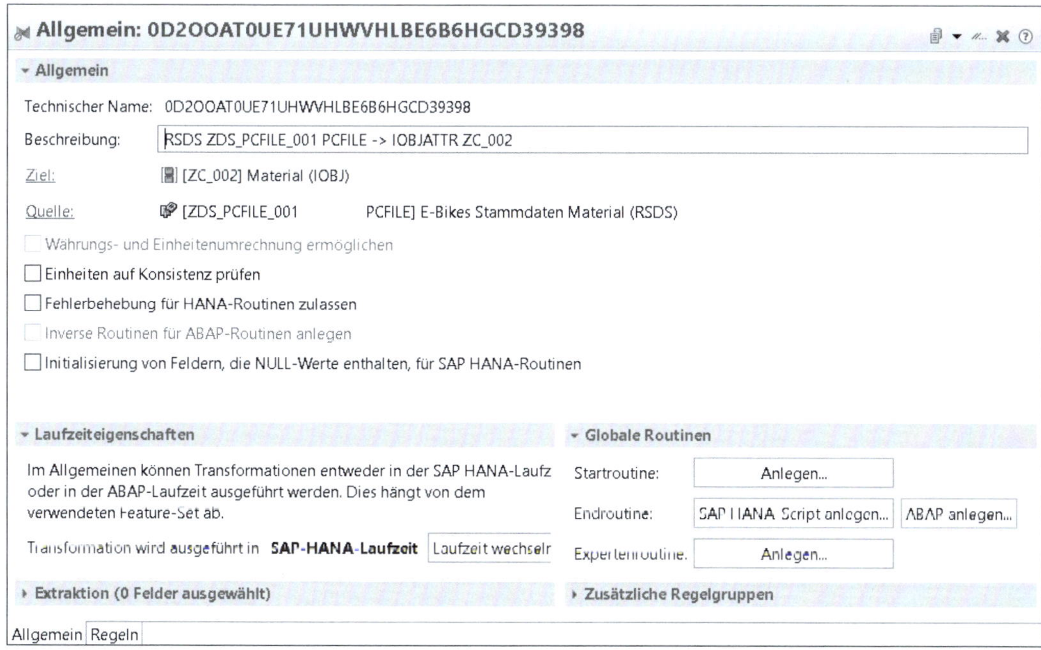


**Abbildung A.28** Der Tab »Allgemein« einer Transformation

Ordnen Sie die Felder im Tab **Regeln** wie in Tabelle A.12 vorgegeben einander zu (siehe Abbildung A.29). Dabei werden die Beschreibungen zunächst nicht geladen. Dies geschieht mit einer weiteren Transformation.

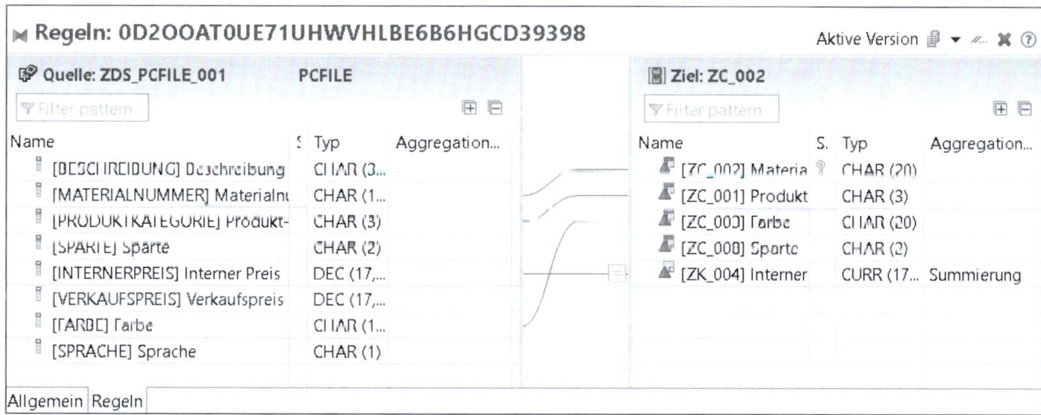


**Abbildung A.29** Der Tab »Regeln« einer Transformation

| Quelle: ZDS_PCFILE_001 | Ziel: ZC_002 |
|---|---|
| BESCHREIBUNG | |
| MATERIALNUMMER | Material |
| SPARTE | Sparte |
| INTERNERPREIS | Interner Preis |
| VERKAUFSPREIS | |
| FARBE | Farbe |
| SPRACHE | |

**Tabelle A.12** Zuordnung der Attribute in der Transformation von der DataSource ZDS_PCFILE_001 zu ZC_002

Aktivieren Sie die Transformation über die Schaltfläche .

Zur Beladung der Texte müssen Sie eine weitere Transformation anlegen. Gehen Sie dabei analog zur Beladung der Attribute vor, wählen Sie jedoch im Fenster **Neue Transformation** im Bereich **Ziel** nun für **Objekt-Typ** die Option **InfoObject – Text** (siehe Abbildung A.30).

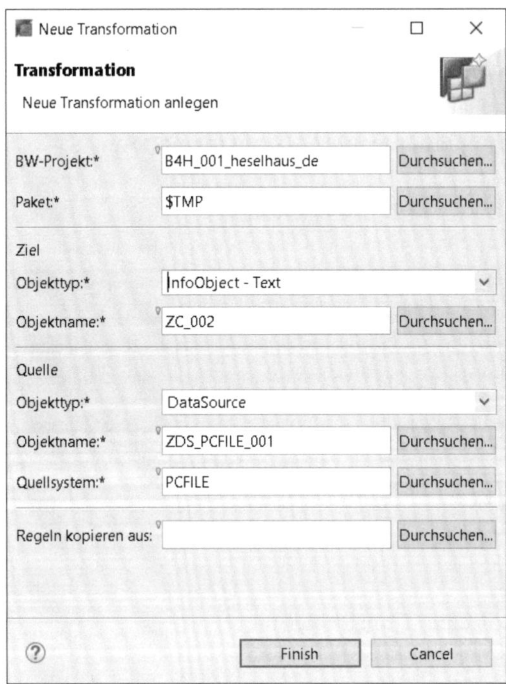


**Abbildung A.30** Das Fenster »Neue Transformation« beim InfoObject-Typ »Text«

Auf dem Tab **Allgemein** nehmen Sie keine Änderungen vor. Ordnen Sie auf dem Tab **Regeln** das Feld **BESCHREIBUNG** (**Beschreibung**) aus der Quelle dem InfoObject **0TXTMD (Beschreibung)** im Ziel zu (siehe Abbildung A.31). Das Feld **MATERIALNUMMER** (**Materialnummer**) aus der Quelle ordnen Sie dem InfoObject **ZC_002 (Material)** im Ziel zu. Das Feld **SPRACHE** ordnen Sie dem InfoObject **0LANGU (Sprachenschlüssel)** zu.

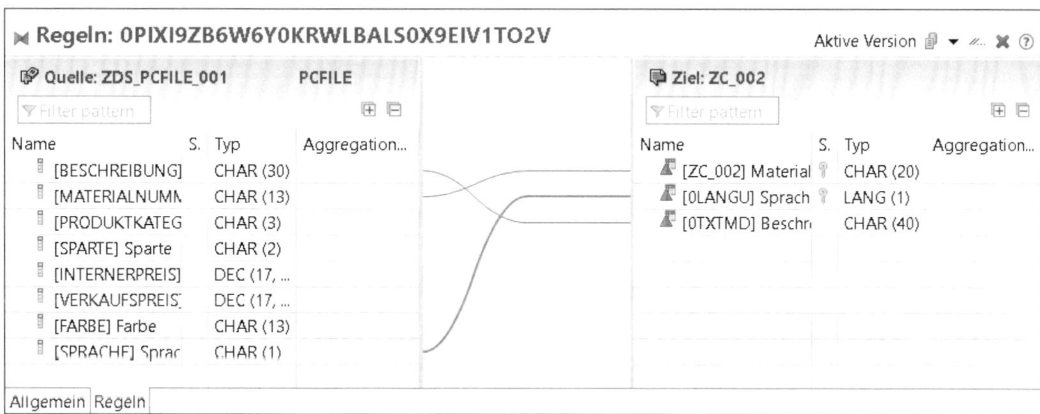


**Abbildung A.31** Zuordnung der Texte in der Transformation von der DataSource ZDS_PCFILE_001 zu ZC_002

### DTP zum Beladen von Stammdaten anlegen

Um die Daten nun in das InfoObject ZC_002 zu laden, erstellen Sie im nächsten Schritt die DTPs zur Ausführung der zuvor angelegten Transformationen. Klicken Sie dazu mit der rechten Maustaste jeweils auf eine Transformation und wählen **Neu • Data Transfer Process...** aus dem Kontextmenü (siehe Abbildung A.32).

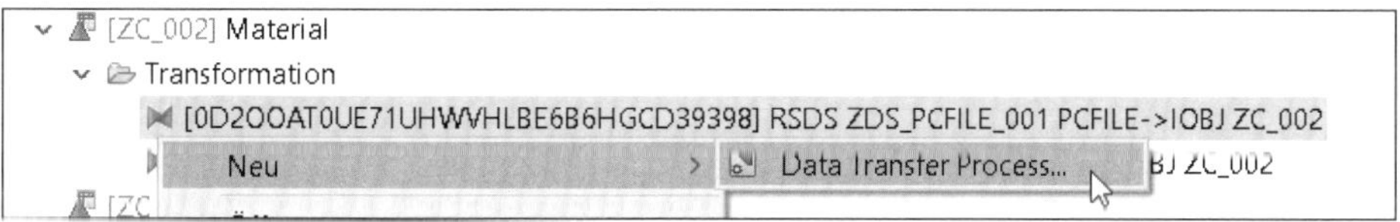


**Abbildung A.32** DTP zu einer Transformation anlegen

Es öffnet sich das Pop-up-Fenster **Neuer Datentransferprozess** (siehe Abbildung A.33).

Bestätigen Sie über die Schaltfläche **Next >**. Legen Sie den DTP auf der **Bestätigungsseite** über die Schaltfläche **Finish** an. Auf dem Tab **Allgemein** des DTP müssen Sie keine weiteren Einstellungen vornehmen (siehe Abbildung A.34). Legen Sie den zweiten DTP analog an.

**Abbildung A.33** Neuen DTP anlegen

Allgemein: DTP_003N8S35T5TB8J7340V1FCJL3 — Aktive Version

**Allgemein**

Technischer Name: DTP_003N8S35T5TB8J7340V1FCJL3

Beschreibung: RSDS ZDS_PCFILE_001 PCFILE -> IOBJ ATTR ZC_002

Typ: Standard, kann eingeplant werden

Ziel: [ZC_002] Material

Quelle: [ZDS_PCFILE_001 (PCFILE)] E-Bikes Stammdaten Material

**Allgemeine Extraktionseinstellungen**

Extraktionseinstellungen

Initialisierung: Keine Informationen verfügbar

Extraktionsmodus: Vollständig

Request-Auswahl

- Nur letzten Request abrufen
- Alle neuen Daten requestweise abrufen
- Alle grünen Requests extrahieren
- Delta-Initialisierung ohne Daten durchführen
- Delta nur einmal abrufen

**Ausführung**

Verarbeitungsmodus: Serielle Verarbeitung mit Teil-SAP-HANA-Ausführung in Dialogprozess

Paketgröße: 100000

Technischer Request-Status: Request-Status wird auf ‚erfolgreich' gesetzt, falls Warnungen auftreten

Gesamtstatus des Requests: Automatisch auf Grundlage des technischen Status setzen

- Rote Requests automatisch wiederholen
- Parallele Verarbeitung

Allgemein | Extraktion | Aktualisieren | Laufzeiteigenschaften

**Abbildung A.34** Der Tab »Allgemein« des DTP

**Abbildung A.35** Angelegte Transformationen und DTPs für das InfoObject ZC_002

Laden Sie anschließend die Stammdaten und Texte für das Material über die neuen DTPs (siehe Abbildung A.35).

In den nächsten Abschnitten erstellen wir die Objekte für den weiteren Datenfluss, bevor die Stammdaten für das Material sowie die Bewegungsdaten in Abschnitt A.2.9, »Datenmodell beladen«, verbucht werden.

## A.2.5 aDSOs anlegen

In diesem Abschnitt legen wir die für das Datenmodell benötigten aDSOs in den jeweiligen Layern der Data-Warehouse-Architektur an. Wir starten mit dem aDSO des Open ODS Layers. Danach werden die aDSOs des EDW Propagation Layers und des Architected Data Mart Layers erstellt.

### aDSO des Open ODS Layers anlegen

In diesem Abschnitt erstellen Sie das aDSO des Open ODS Layers. Klicken Sie mit der rechten Maustaste auf die InfoArea des Open ODS Layers. Wählen Sie dort den Menüeintrag **Neu • DataStore-Objekt (advanced)...** (siehe Abbildung A.36).

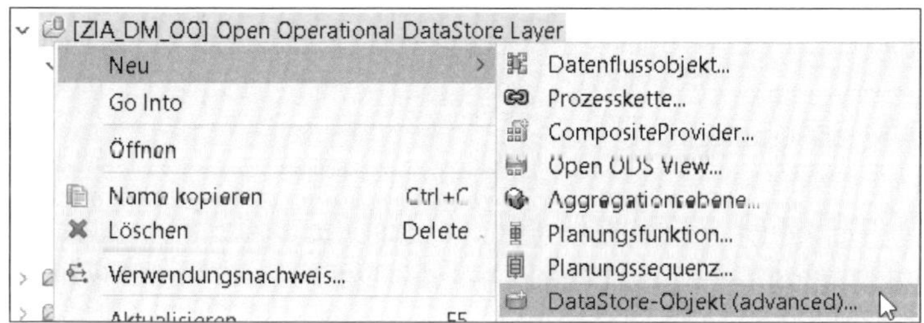


**Abbildung A.36** aDSO anlegen

Es öffnet sich das Pop-up-Fenster **Neues DataStore-Objekt (advanced)**. Geben Sie im Feld **Name** »ZADOO_001« und als **Beschreibung** »E-Bikes (OODS Layer)« ein. Selektieren Sie unter **Vorlage** das Feld **DataSource**, und geben Sie dort die **DataSource** »ZDS_PCFILE_002« ein. Das Feld **Quellsys-**

**tem** wird vom System automatisch mit dem Eintrag **PCFILE** belegt. Über die Schaltfläche **Finish** legen Sie das aDSO an (siehe Abbildung A.37).

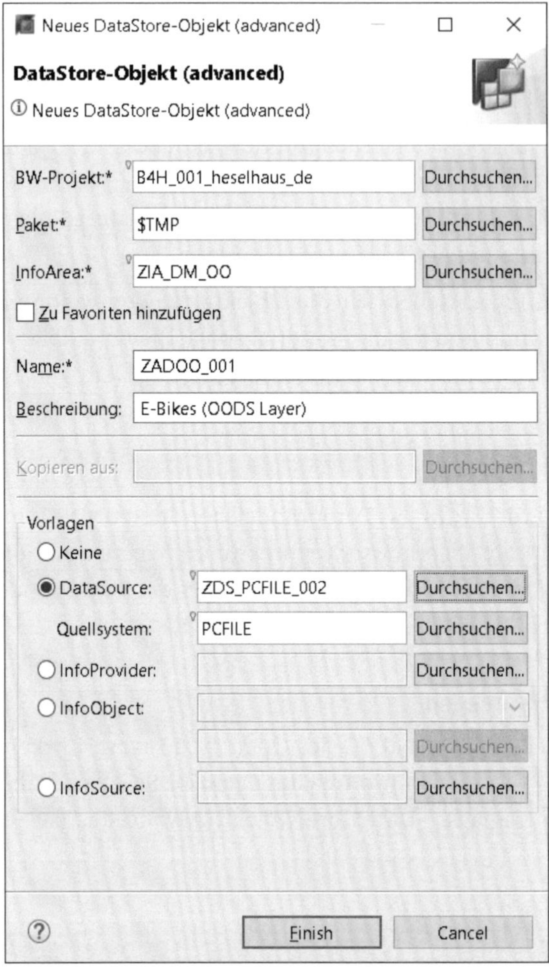


**Abbildung A.37** aDSO anlegen

Auf dem Tab **Allgemein** des aDSO sehen Sie, dass die **Modellierungseigenschaften** auf **Staging-DataStore-Objekt** mit der Eigenschaft **Nur Eingangs-Queue** steht (siehe Abbildung A.38). Dies ist genau die Art von aDSO, die im Open ODS Layer verwendet werden soll.

Auf dem Tab **Details** sehen Sie die feldbasierte Struktur der DataSource (siehe Abbildung A.39).

Es müssen keine weiteren Einstellungen vorgenommen werden. Das aDSO aktivieren Sie über .

Allgemein: ZADOO_001
Aktive Version
DataStore-Objekt (advanced)
Technischer Name: ZADOO_001
Beschreibung: E-Bikes (OODS Layer)
Externe SAP HANA-View
Lesezugriffsausgabe protokollieren
Modellierungseigenschaften
Standard-DataStore-Objekt
Change Log schreiben
Snapshot-Unterstützung
Eindeutige Datensätze
Staging-DataStore-Objekt
Nur Eingangs-Queue
Daten komprimieren
Reporting aktiviert
Data-Mart-DataStore-Objekt
DataStore-Objekt mit direkter Fortschreibung
Besondere Eigenschaften
Bestand aktiviert
Planung aktiviert Merkmalsbeziehungen Datenscheiben
Schreib-Interface aktiviert
Eigenschaften von Data Tierung
Temperaturschema/Tiers
Hot (SAP HANA-Standardknoten)
Warm (SAP HANA-Erweiterungsknoten)
Cold (Externer Cold Store)
Verbindung: SAPNLSIQDB Durchsuchen...
Außergewöhnliche Fortschreibungen im Cold Store
Temperaturpflege
Auf Objektebene
Auf Partitionsebene
Allgemein Details Einstellungen

**Abbildung A.38** Der Tab »Allgemein« des aDSO des Open ODS Layers

**Abbildung A.39** Der Tab »Details« des aDSO des Open ODS Layers

### aDSO des EDW Propagation Layer anlegen

In diesem und dem nächsten Abschnitt werden Sie, anders als zuvor, aDSOs mit der **Modellierungseigenschaft Standard-DataStore-Objekt** mit **Change Log schreiben** erstellen (siehe Abbildung A.40).

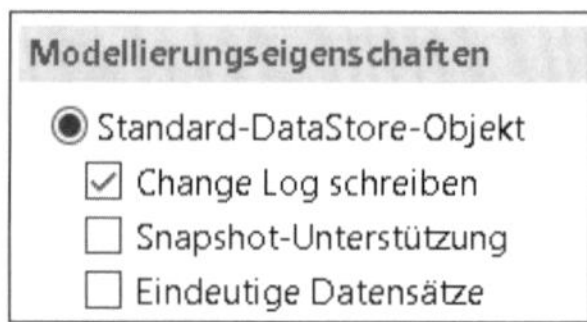


**Abbildung A.40** Modellierungseigenschaft Standard-DataStore-Objekt

Zum Anlegen des nächsten aDSO klicken Sie mit der rechten Maustaste auf die InfoArea **ZIA_DM_PL** und wählen im Kontextmenü den Eintrag **Neu • DataStore-Objekt (advanced)...**. Im Pop-up-Fenster **Neues DataStore-Objekt (advanced)** vergeben Sie den Namen »ZADPL_001« mit der **Beschreibung** »E-Bikes (EDW Data Propagation Layer)«. Im Feld **Vorlagen** wählen Sie **Keine**. Bestätigen Sie die Anlage über die Schaltfläche **Finish**. Unter den **Modellierungseigenschaften** wählen Sie die **Modellierungseigenschaft Standard-DataStore-Objekt** mit **Change Log schreiben** aus (siehe Abbildung A.40). Auf dem Tab **Details** fügen Sie nun über **Gruppe hinzufügen** die folgenden vier Gruppen hinzu (siehe Abbildung A.41):

- **KEY**
- **NON_KEY**
- **EINHEITEN**
- **KENNZAHLEN**

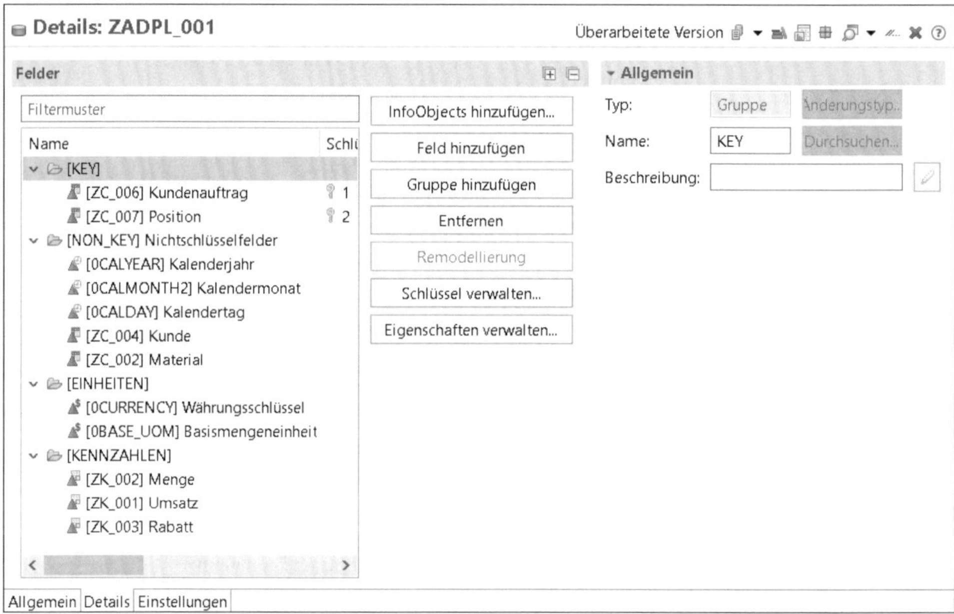


**Abbildung A.41** Der Tab »Details«

Im nächsten Schritt fügen Sie dem aDSO über **InfoObjects hinzufügen...** die InfoObjects aus Tabelle A.13 hinzu (siehe Abbildung A.42). Sie können diese auch **Aus der Zwischenablage einfügen**. Über die Schaltfläche **OK** bestätigen Sie abschließend die Auswahl der hinzuzufügenden InfoObjects.

| InfoObject | Schlüssel | Gruppe |
|---|---|---|
| ZC_007 | true | **KEY** |
| ZC_006 | true | **KEY** |
| 0CALYEAR | false | **NON_KEY** |
| ZC_004 | false | **NON_KEY** |
| ZC_002 | false | **NON_KEY** |
| 0CALMONTH2 | false | **NON_KEY** |
| 0CALDAY | false | **NON_KEY** |
| ZK_001 | false | **KENNZAHLEN** |
| ZK_002 | false | **KENNZAHLEN** |
| ZK_003 | false | **KENNZAHLEN** |
| 0BASE_UOM | false | **EINHEITEN** |
| 0CURRENCY | false | **EINHEITEN** |

**Tabelle A.13** Übersicht der InfoObjects im aDSO ZADPL_001

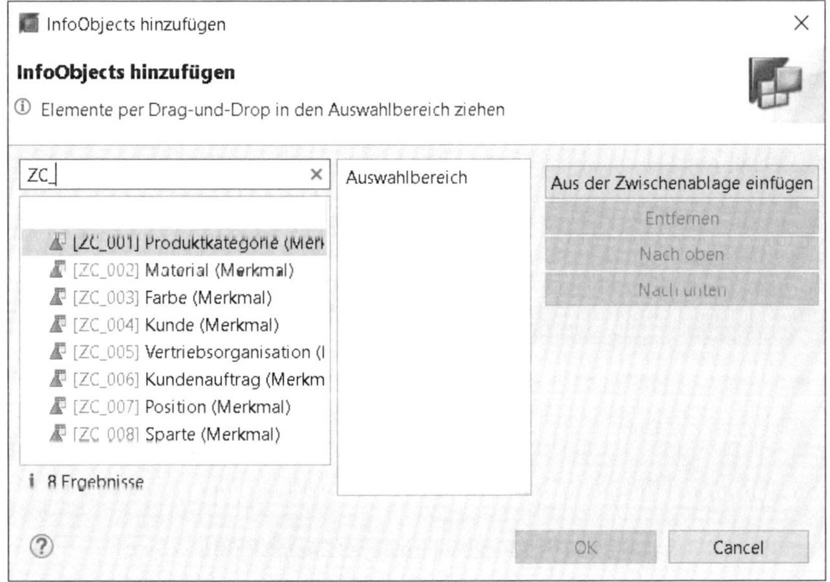


**Abbildung A.42** InfoObjects hinzufügen

Fügen Sie die in Tabelle A.13 beschriebenen InfoObjects über die Schaltfläche **Schlüssel verwalten...** zum Schlüssel hinzu (siehe Abbildung A.41). Es müssen keine weiteren Einstellungen vorgenommen werden. Das aDSO kann nun über [icon] aktiviert werden.

Im nächsten Abschnitt wird das letzte aDSO für unser Datenmodell erstellt. Dabei werden die gleichen Einstellungen, wie in diesem Abschnitt verwendet.

### aDSO des Architected Data Mart Layer anlegen

In diesem Abschnitt erstellen Sie das aDSO des Architected Data Mart Layers. Dieses wird, wie das zuvor erstellte aDSO, mit der **Modellierungseigenschaft Standard-DataStore-Objekt** mit **Change Log schreiben** angelegt (siehe Abbildung A.40).

Zum Anlegen des aDSO klicken Sie mit der rechten Maustaste auf die InfoArea **ZIA_DM_AM** und wählen erneut **Neu • DataStore-Objekt (advanced)...** Im sich dann öffnenden Pop-up-Fenster **Neues DataStore-Objekt (advanced)** vergeben Sie den Namen »ZADAM_001« und die **Beschreibung** »E-Bikes (Architected Data Mart Layer)«. Unter **Vorlagen** wählen Sie erneut den Eintrag **Keine** und bestätigen die Anlage über die Schaltfläche **Finish**. Unter den Modellierungseigenschaften wählen Sie die **Modellierungseigenschaft Standard-DataStore-Objekt** mit **Change Log schreiben** aus (siehe Abbildung A.40). Auf dem Tab **Details** fügen Sie nun über **Gruppe hinzufügen** die folgenden vier Gruppen hinzu (siehe Abbildung A.43):

- **KEY**
- **NON_KEY**
- **EINHEITEN**
- **KENNZAHLEN**

Fügen Sie nun über die Schaltfläche **InfoObjects hinzufügen...** die InfoObjects aus Tabelle A.14 zu den einzelnen Gruppen hinzu.

| InfoObject | Schlüssel | Gruppe |
|---|---|---|
| 0CALDAY | true | **KEY** |
| ZC_004 | true | **KEY** |
| ZC_002 | true | **KEY** |

**Tabelle A.14** Übersicht der InfoObjects im aDSO ZADAM_001

| InfoObject | Schlüssel | Gruppe |
|---|---|---|
| ZC_003 | false | **NON_KEY** |
| 0CALYEAR | false | **NON_KEY** |
| 0CALMONTH2 | false | **NON_KEY** |
| ZK_001 | false | **KENNZAHLEN** |
| ZK_002 | false | **KENNZAHLEN** |
| ZK_003 | false | **KENNZAHLEN** |
| ZK_005 | false | **KENNZAHLEN** |
| 0BASE_UOM | false | **EINHEITEN** |
| 0CURRENCY | false | **EINHEITEN** |

**Tabelle A.14** Übersicht der InfoObjects im aDSO ZADAM_001 (Forts.)

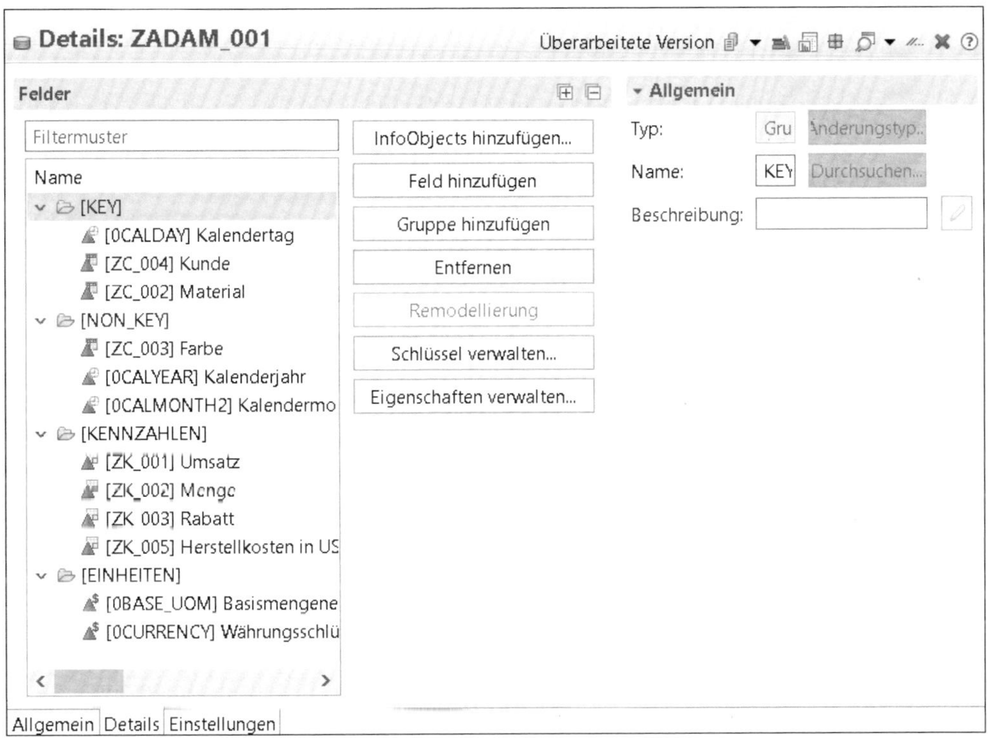


**Abbildung A.43** Der Tab »Details« des aDSO ZADAM_001

Über die Schaltfläche **Schlüssel verwalten...** fügen Sie nun die in Tabelle A.13 beschriebenen InfoObjects zum Schlüssel hinzu (siehe Abbildung A.43). Es müssen keine weiteren Einstellungen vorgenommen werden. Aktivieren Sie das aDSO über die Schaltfläche .

Sie erkennen die Unterschiede zwischen den angelegten aDSOs: Zum einen ist das aDSO des Open ODS Layers feldbasiert, während die aDSOs des EDW Propagation Layers und des Architected Data Mart Layers auf InfoObjects basieren. Zum anderen unterscheiden sich die beiden InfoObject-basierten aDSOs der unterschiedlichen Layer, und zwar in den Merkmalen und Kennzahlen, die sie enthalten, wie beispielsweise den Herstellkosten (ZK_005) und dem Kundenauftrag (ZC_006). Dabei lässt sich erkennen, dass das aDSO des Architected Data Mart Layers eine höhere Aggregation aufweist. Die Transformationen zwischen den einzelnen aDSOs legen wir in Abschnitt A.2.7, »Transformationen anlegen«, an. Vorher erstellen Sie in Abschnitt A.2.6, »CompositeProvider anlegen«, den CompositeProvider, der als Grundlage für Queries auf die Daten dienen wird.

### A.2.6 CompositeProvider anlegen

In diesem Abschnitt erstellen wir den CompositeProvider, den Sie als Grundlage für Queries verwenden können. Zum Anlegen des CompositeProviders klicken Sie mit der rechten Maustaste auf die InfoArea **ZIA_DM_VM** und wählen den Menüeintrag **Neu • CompositeProvider...** (siehe Abbildung A.44).

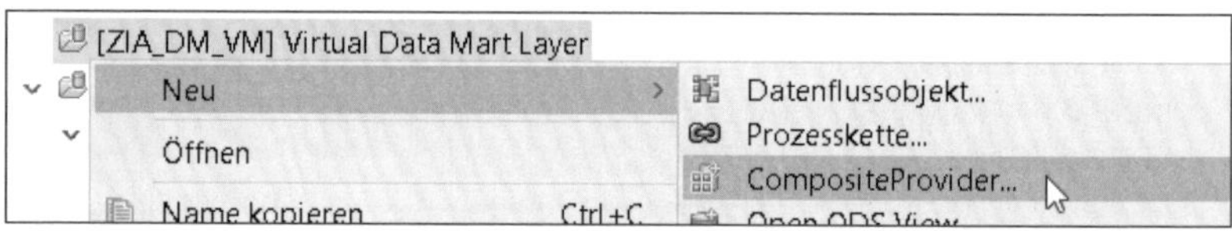


**Abbildung A.44** Neuen CompositeProvider anlegen

Es öffnet sich das Pop-up-Fenster **Neuer CompositeProvider** (siehe Abbildung A.45). Als technischen Namen vergeben Sie dort »ZCP_001« und als **Beschreibung** »E-Bikes CompositeProvider«. Bestätigen Sie die Anlage des CompositeProviders über die Schaltfläche **Finish**.

Wechseln Sie in der Administration des CompositeProviders auf den Tab **Szenario**, und wählen Sie nun aus dem Kontextmenü zu **Union** den Eintrag **Hinzufügen...** (siehe Abbildung A.46).

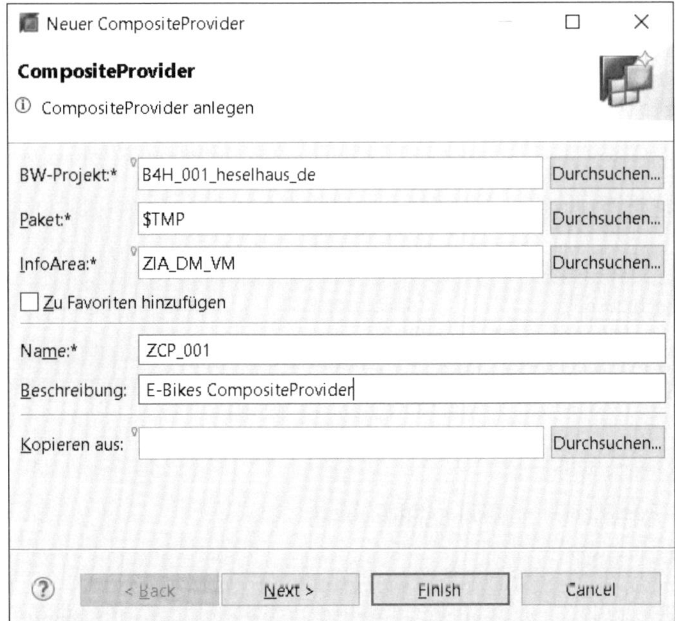


**Abbildung A.45** Das Fenster »Neuer CompositeProvider«

**Abbildung A.46** Hinzufügen eines aDSO

Im Pop-up-Fenster **Provider hinzufügen** wählen Sie das zuvor angelegte aDSO **ZADAM_001** aus (siehe Abbildung A.47).

Die Objekte des ausgewählten aDSO werden Ihnen im Bereich **Source** angezeigt (siehe Abbildung A.48). Um die gewünschten Objekte im CompositeProvider verfügbar zu machen, ziehen Sie sie per Drag & Drop in den Bereich **Target**.

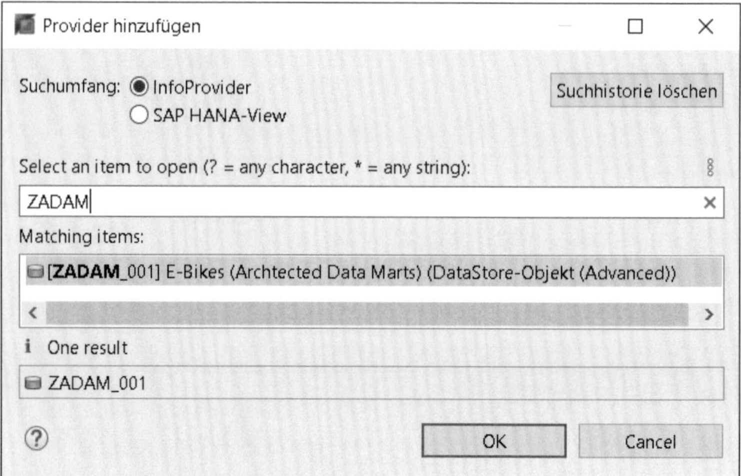


**Abbildung A.47** Das Fenster »Provider hinzufügen«

**Abbildung A.48** Erstellen der verwendbaren Objekte im CompositeProvider

Wenn Sie auch die Navigationsattribute verwenden möchten, öffnen Sie das Kontextmenü des aDSO und wählen **Nicht zugeordnete Navigationsattribute einblenden** (siehe Abbildung A.49). Ziehen Sie nun die gewünschten Navigationsattribute vom **Source**-Bereich in den **Target**-Bereich. Somit stehen Ihnen im Anschluss die ausgewählten Navigationsattribute zur Verfügung.

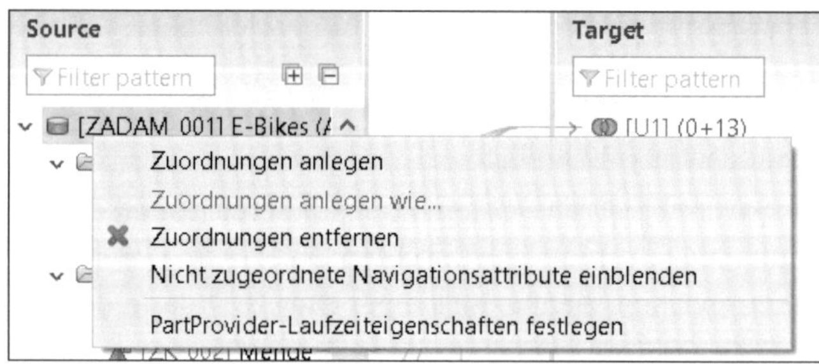


**Abbildung A.49** Einblenden der Navigationsattribute

Abschließend muss der CompositeProviders noch über [Symbol] aktiviert werden. Den fertigen CompositeProvider sehen Sie in Abbildung A.50.

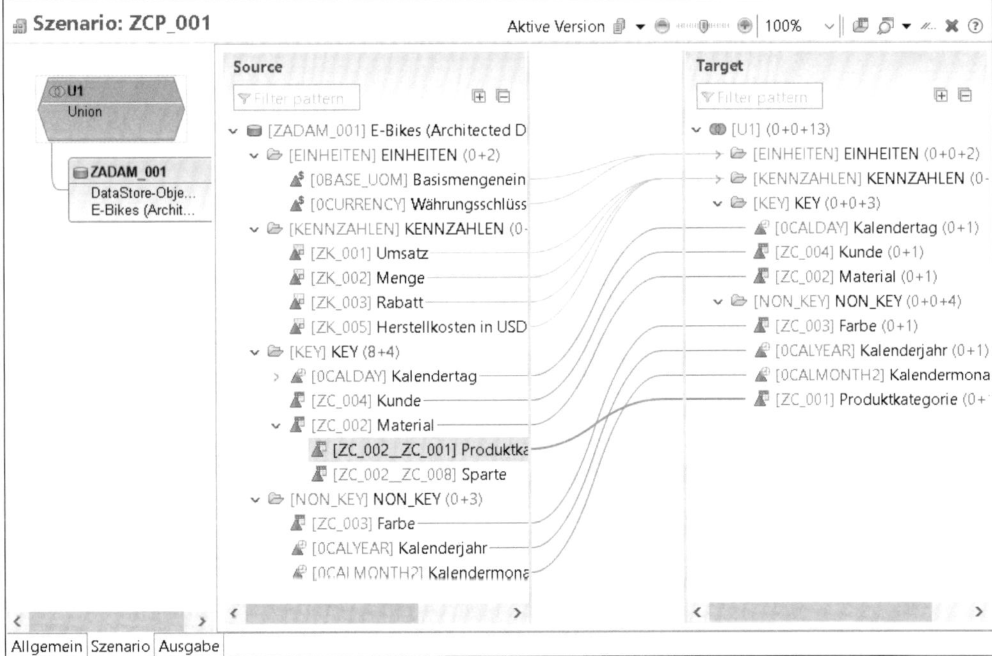

**Abbildung A.50** CompositeProvider ZCP_001

Sie haben nun die datenhaltenden bzw. virtuellen Objekte für das Beispiel erstellt und die Stammdaten eingepflegt bzw. beladen. In den nächsten Abschnitten legen wir den Datenfluss zum Beladen der aDSOs an.

### A.2.7 Transformationen anlegen

In diesem Abschnitt erstellen wir die Transformationen, die zur Beladung der aDSOs benötigt werden. Sie haben bereits in Abschnitt A.2.4, »Merkmals-InfoObjects anlegen«, die Transformationen zur Beladung von Merkmals-InfoObjects mit Stammdaten angelegt.

Zunächst legen wir die Transformation zwischen der DataSource und dem aDSO im Open ODS Layer an. Anschließend erstellen wir die Transformation zwischen dem aDSO im Open ODS Layer und dem im EDW Propagation Layer und zuletzt die Transformation zwischen den aDSOs des EDW Propagation Layers und des Architected Data Mart Layers.

#### Transformation zwischen DataSource und dem aDSO im Open ODS Layer anlegen

In diesem Abschnitt zeigen wir, wie Sie die Transformation zwischen der DataSource `ZDS_PCFILE_002` und dem aDSO `ZADOO_001` anlegen. In dieser

Transformation findet lediglich eine Eins-zu-eins-Fortschreibung aller Felder statt. Die Zuordnung wird Ihnen automatisch vorgeschlagen. Zum Anlegen öffnen Sie das Kontextmenü des aDSO **ZADAM_001**. Wählen Sie den Menüeintrag **Neu • Transformation...** (siehe Abbildung A.51).

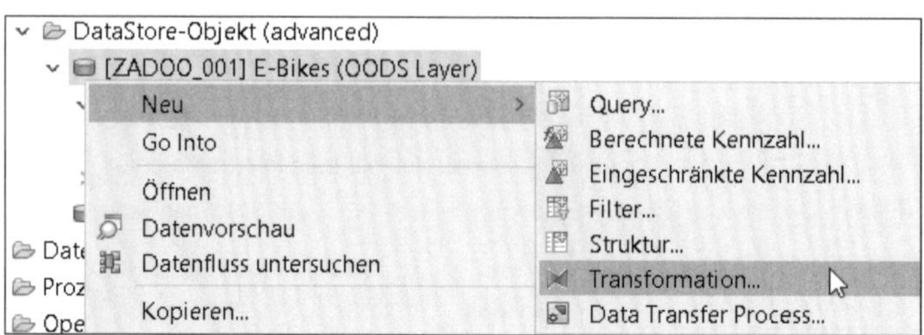


**Abbildung A.51** Transformation anlegen

Im Pop-up-Fenster **Neue Transformation** sind die Felder im Bereich **Ziel** bereits vorbefüllt (siehe Abbildung A.52). Im Bereich **Quelle** wählen Sie für den **Objekttyp** die Option **DataSource**. Geben Sie im Feld **Objektname** »ZDS_PCFILE_002« ein. Das Feld **Quellsystem** wird vom System automatisch befüllt. Über die Schaltfläche **Finish** legen Sie die Transformation an.

**Abbildung A.52** Das Fenster »Neue Transformation«

Auf dem Tab **Allgemein** müssen keine weiteren Einstellungen vorgenommen werden. Auf dem Tab **Regeln** ist als Vorschlag vom System bereits die Eins-zu-eins-Fortschreibung angelegt (siehe Abbildung A.53). Aktivieren Sie die Transformation über die Schaltfläche .

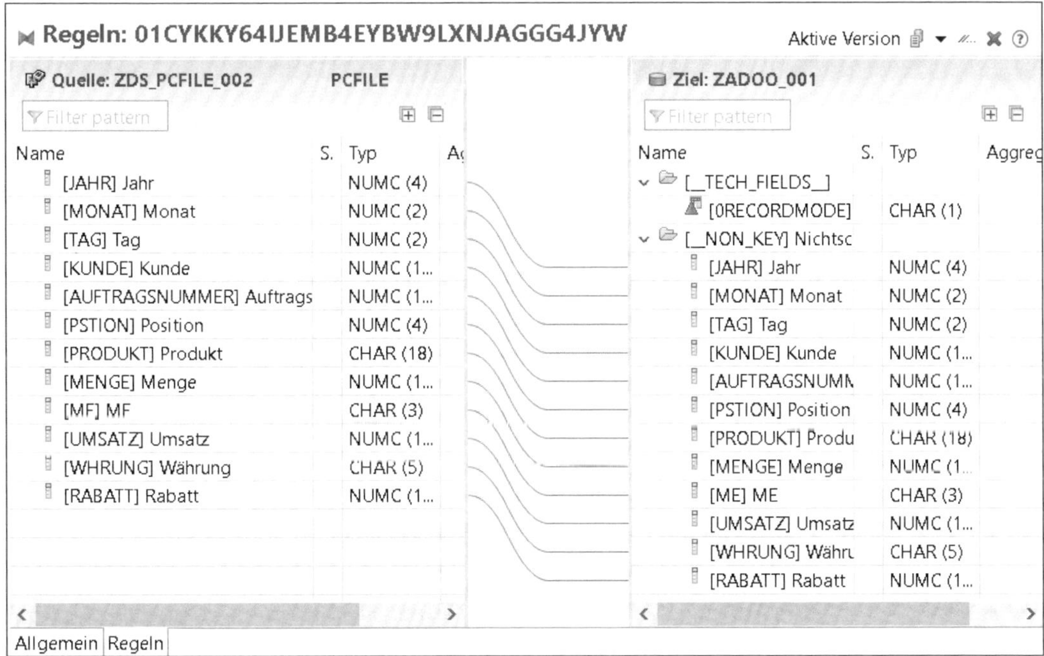


**Abbildung A.53** Die Eins-zu-eins-Fortschreibung von DataSource zu feldbasiertem aDSO

In der nächsten anzulegenden Transformation zeigen wir Ihnen die Fortschreibung von feldbasierten Objekten in InfoObjects.

### Transformation zwischen den aDSOs des Open ODS und des EDW Propagation Layers anlegen

In der Transformation zwischen dem Open ODS Layer und dem EDW Propagation Layer werden in unserem Beispiel Formeln benötigt. Zudem muss die Zuordnung der Felder aus der Quelle zu den InfoObjects im Ziel manuell erfolgen. Abbildung A.54 zeigt die fertige Transformation.

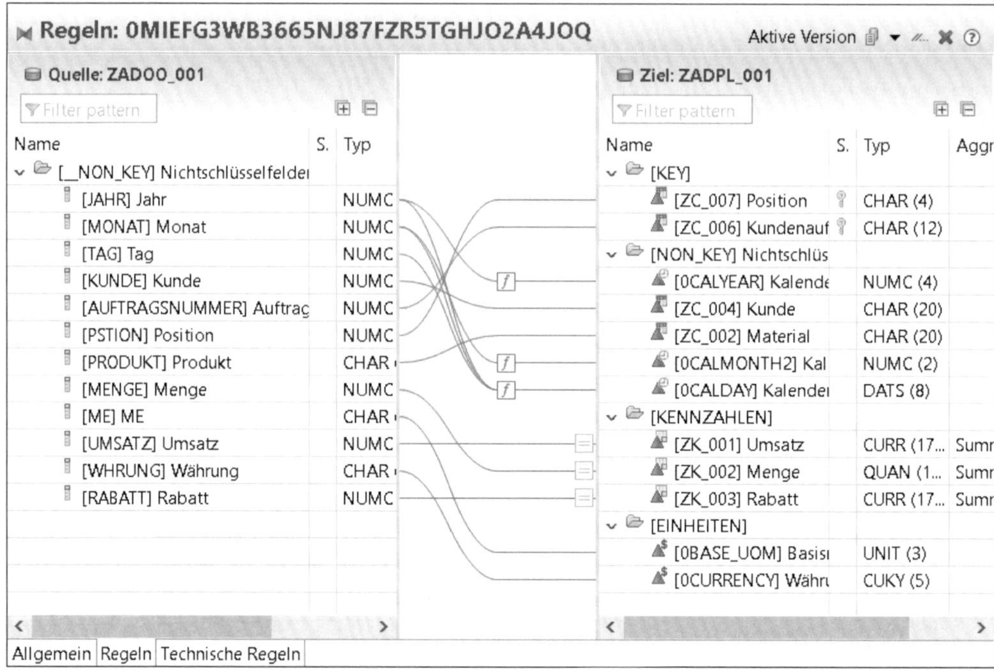


**Abbildung A.54** Transformation nach Erstellung der einzelnen Regeln

Zum Anlegen der Transformation öffnen Sie mit einem Rechtsklick das Kontextmenü des aDSO **ZADPL_001** und wählen dort den Menüeintrag **Neu • Transformation...**. Im Pop-up-Fenster **Neue Transformation** wurde der Bereich **Ziel** bereits vom System vorbefüllt. Im Bereich **Quelle** wählen Sie dieses Mal den Objekt-Typ **DataStore-Objekt (Advanced)**. Im Feld **Objektname** geben Sie »ZADOO_001« ein. Über die Schaltfläche **Finish** legen Sie die Transformation an. Auf dem Tab **Allgemein** müssen Sie keine Änderungen vornehmen. Die auf dem Tab **Regeln** einzustellenden Regeln finden Sie in Tabelle A.15. Die zu erstellenden Formeln finden Sie in Abbildung A.55, Abbildung A.57, Abbildung A.58 und Abbildung A.59.

| Feld: ZADOO_001 | Regel | Ziel: ZADPL_001 |
|---|---|---|
| **TAG** | Formel, siehe Abbildung A.57 | 0CALDAY (Kalendertag) |
| **MONAT** | Formel, siehe Abbildung A.57 | 0CALDAY (Kalendertag) |
| **JAHR** | Formel, siehe Abbildung A.57 | 0CALDAY (Kalendertag) |

**Tabelle A.15** Zuordnung der Felder zu den InfoObjects inklusive Regeln

| Feld: ZADOO_001 | Regel | Ziel: ZADPL_001 |
|---|---|---|
| **MONAT** | Formel, siehe Abbildung A.58 | 0CALMONTH2 (Kalendermonat) |
| **JAHR** | Formel, siehe Abbildung A.59 | 0CALYEAR (Kalenderjahr) |
| **KUNDE** | direkte Zuordnung | ZC_004 (Kunde) |
| **AUFTRAGSNUMMER** | direkte Zuordnung | ZC_006 (Kundenauftrag) |
| **PSITION** | direkte Zuordnung | ZC_007 (Position) |
| **PRODUKT** | direkte Zuordnung | ZC_002 (Material) |
| **MENGE** | direkte Zuordnung | ZK_002 (Menge) |
| **ME** | direkte Zuordnung | 0BASE_UOM (Basismengeneinheit) |
| **UMSATZ** | direkte Zuordnung | ZK_001 (Umsatz) |
| **WHRUNG** | direkte Zuordnung | 0CURRENCY (Währungsschlüssel) |
| **RABATT** | direkte Zuordnung | ZK_003 (Rabatt) |

**Tabelle A.15** Zuordnung der Felder zu den InfoObjects inklusive Regeln (Forts.)

Für die Zuordnung der Felder aus der Quelle zu den InfoObjects im Ziel ziehen Sie per Drag & Drop das Feld auf das entsprechende InfoObject. Ordnen Sie für das Zielfeld 0CALDAY im Fenster **Properties** (siehe Abbildung A.55) im Feld **Quellfelder** die Felder **TAG**, **MONAT** und **JAHR** aus der Quelle zu. Alternativ öffnen Sie mit einem Rechtsklick das Kontextmenü des entsprechenden Elements, um die Regeln zu bearbeiten (siehe Abbildung A.56). Das Zielfeld **0CALDAY (Kalendertag)** ist vom Format JJJJMMTT.

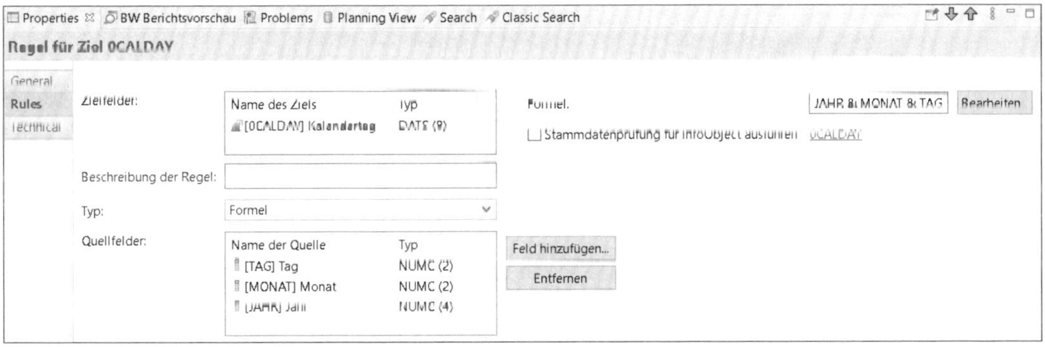

**Abbildung A.55** Zuordnung der Quellfelder TAG, MONAT und JAHR zum Zielfeld 0CALDAY

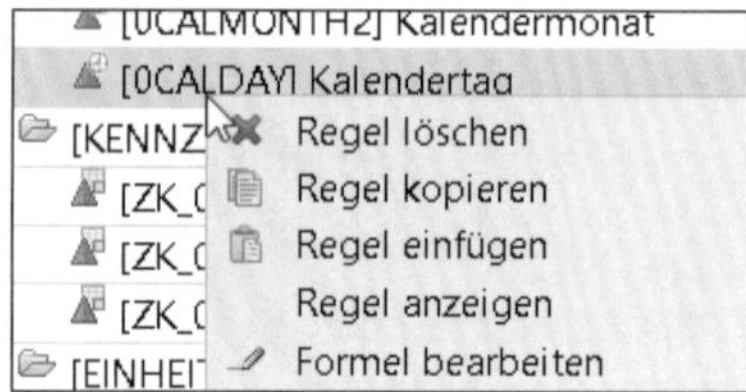


**Abbildung A.56** Kontextmenü zur Bearbeitung von Regeln

Klicken Sie im Bereich **Formel** auf die Schaltfläche **Bearbeiten** (siehe Abbildung A.55). Es öffnet sich das Pop-up-Fenster **Formel bearbeiten** (siehe Abbildung A.57). Konkatenieren Sie die Felder `JAHR`, `MONAT` und `TAG` im Formeleditor jeweils mit dem Verbindungszeichen `&`. Schließen Sie die Eingabe der Formel über die Schaltfläche **OK** ab. Sie haben nun das Format JJJJMMTT des InfoObjects `0CALDAY` (Kalendertag) mit den Feldern des Open-ODS-Layer-aDSO nachgebaut.

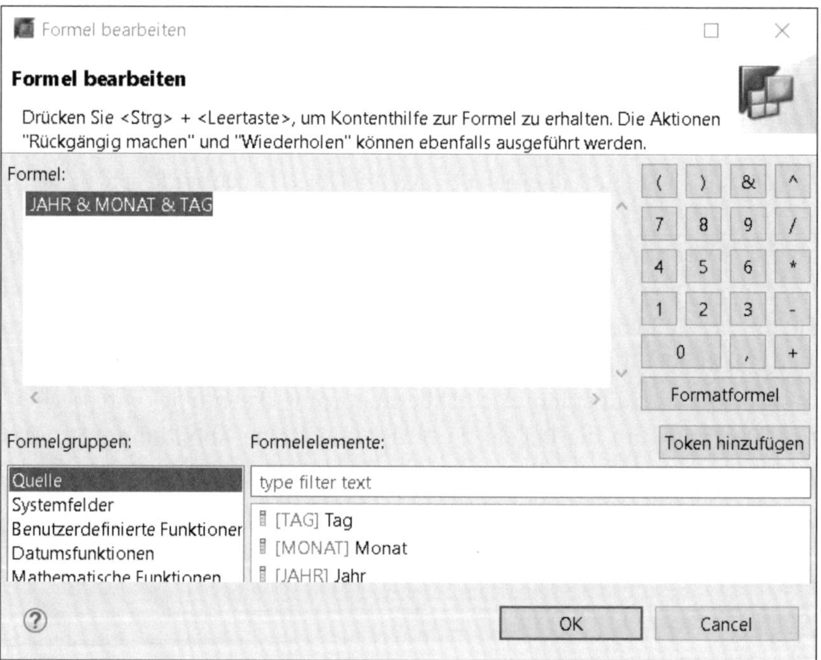


**Abbildung A.57** Formel bearbeiten

Die Quellfelder und Formeln zur Befüllung der Ziel-InfoObjects `0CALMONTH2` (Kalendermonat) und `0CALYEAR` (Kalenderjahr) entnehmen Sie Abbildung A.58 und Abbildung A.59.

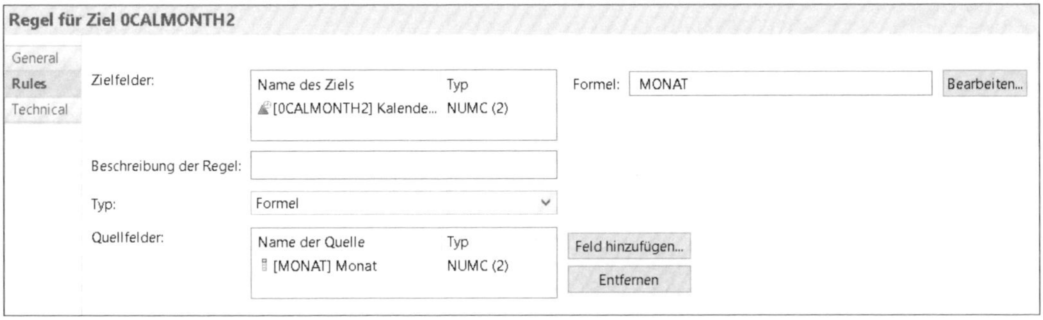

**Abbildung A.58** Ableitung des InfoObjects 0CALMONTH2 aus dem Feld MONAT

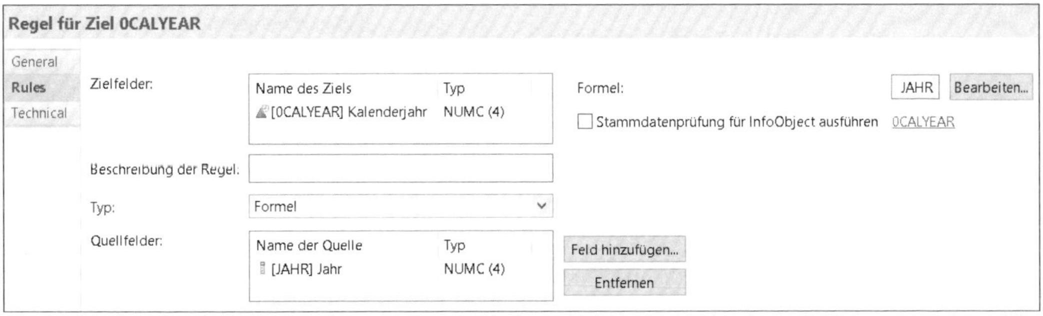

**Abbildung A.59** Ableitung des InfoObjects 0CALYEAR aus dem Feld »JAHR«

Abschließend muss die Transformation wieder über die Schaltfläche aktiviert werden.

In der letzten Transformation müssen Sie nun noch die Herstellkosten für die E-Bikes berechnen. Dies bilden wir zur Veranschaulichung über die Verwendung von Feldroutinen über eine Feldroutine ab. Am Beispiel der Farbe als Attribut des Materials zeigen wir Ihnen, wie Stammdaten nachgelesen werden können.

### Transformation zwischen den aDSOs des EDW Propagation und des Architected Data Mart Layers

Im Architected Data Mart Layer implementieren wir exemplarisch die Logik zur Berechnung der Herstellkosten in einer Feldroutine. Anschließend zeigen wir Ihnen das Nachlesen von Stammdaten. In Abbildung A.60 ist die fertige Transformation zu sehen.

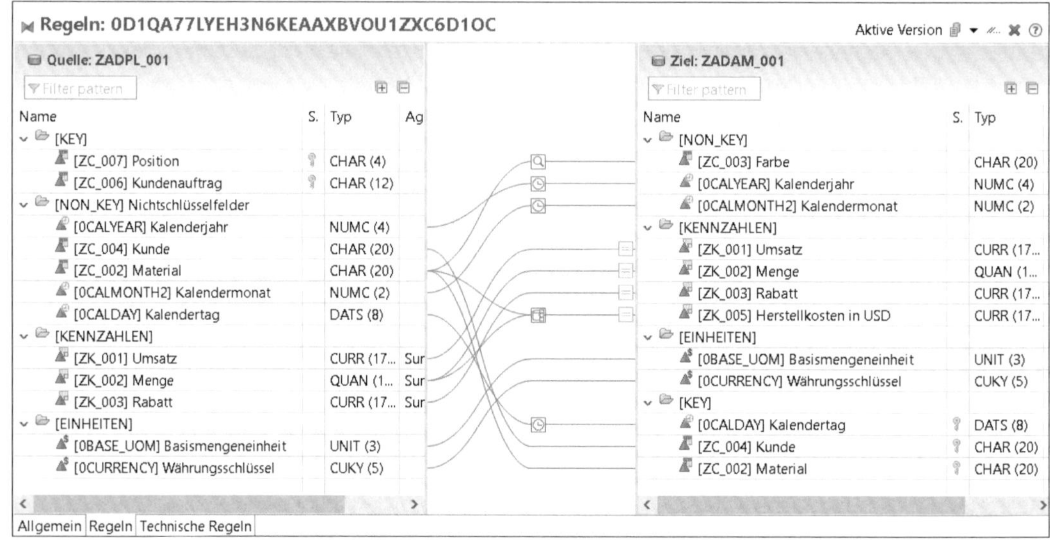


**Abbildung A.60** Transformation zwischen den aDSOs des EDW Propagation und des Architected Data Mart Layers

In Tabelle A.16 finden Sie die Zuordnung der Quell-InfoObjects zu den Ziel-InfoObjects sowie die Übertragungsregeln. Beachten Sie, dass im Ziel-aDSO die **Position** und der **Kundenauftrag** nicht mehr verwendet werden und sich dementsprechend auch die Schlüssel im Ziel- aDSO verändern.

Legen Sie die Transformation mit den in Tabelle A.16 aufgeführten Zuordnungen an. Die Feldroutine und das Nachlesen werden in Abbildung A.63, Abbildung A.61 und Abbildung A.62 erläutert.

| Quelle: ZADPL_001 | Regel | Ziel: ZADAM_001 |
|---|---|---|
| ZC_007 (Position) | keine Zuordnung | |
| ZC_006 (Kundenauftrag) | keine Zuordnung | |
| 0CALYEAR (Kalenderjahr) | direkte Zuordnung | 0CALYEAR (Kalenderjahr) |
| ZC_004 (Kunde) | direkte Zuordnung | ZC_004 (Kunde) |
| ZC_002 (Material) | direkte Zuordnung | ZC_002 (Material) |
| ZC_002 (Material) | Feldroutine, siehe Abbildung A.61 | ZK_005 (Herstellkosten in USD) |
| ZC_002 (Material) | Nachlesen, siehe Abbildung A.63 | ZC_003 Farbe |

**Tabelle A.16** Zuordnung der Quell-InfoObjects zu den Ziel-InfoObjects inklusive Regeln

| Quelle: ZADPL_001 | Regel | Ziel: ZADAM_001 |
|---|---|---|
| 0CALMONTH2 (Kalendermonat) | direkte Zuordnung | 0CALMONTH2 (Kalendermonat) |
| 0CALDAY (Kalendertag) | direkte Zuordnung | 0CALDAY (Kalendertag) |
| ZK_001 (Umsatz) | direkte Zuordnung | ZK_001 (Umsatz) |
| ZK_002 (Menge) | direkte Zuordnung | ZK_002 (Menge) |
| ZK_002 (Menge) | Feldroutine, siehe Abbildung A.61 | ZK_005 (Herstellkosten in USD) |
| ZK_003 (Rabatt) | direkte Zuordnung | ZK_003 (Rabatt) |
| 0BASE_UOM (Basismengeneinheit) | direkte Zuordnung | 0BASE_UOM (Basismengeneinheit) |
| 0CURRENCY (Währungsschlüssel) | direkte Zuordnung | 0CURRENCY (Währungsschlüssel) |

**Tabelle A.16** Zuordnung der Quell-InfoObjects zu den Ziel-InfoObjects inklusive Regeln (Forts.)

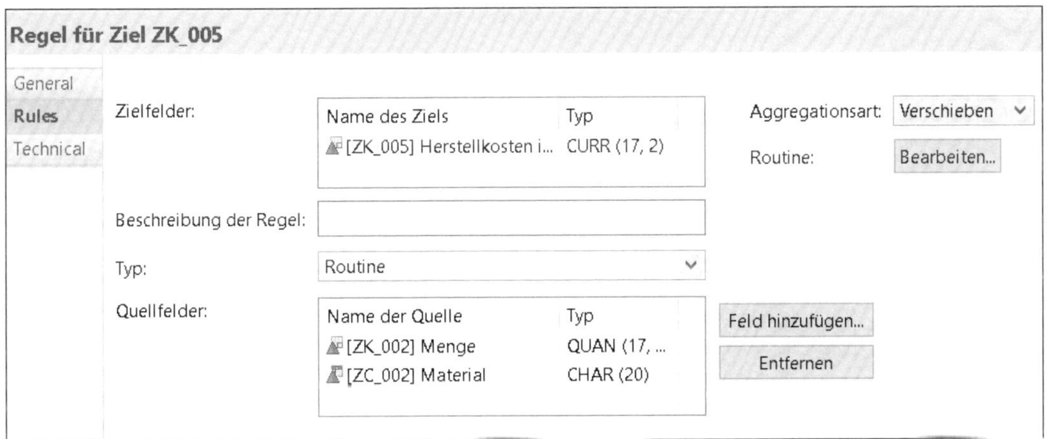


**Abbildung A.61** Feldroutine zur Berechnung der Herstellkosten

Die Herstellkosten sollen über die Formel *interner Preis* (ZK_004) × *Menge* (ZK_002) berechnet werden.

In der Transformation wird die Berechnung der ZK_005 (Herstellkosten in USD) über eine Feldroutine abgebildet. Gehen Sie in die Bearbeitung der Regel, und wählen Sie dort als **Typ Routine** (siehe Abbildung A.61). Die **Quellfelder** für die Feldroutine sind die InfoObjects **ZK_002 (Menge)** und **ZC_002 (Material)**, da die Herstellkosten abhängig von der Menge verwendet werden. Mit einem Klick auf **Bearbeiten** öffnen Sie das Fenster zu Ihrem ABAP-Projekt (siehe auch Abschnitt 7.6.4, »Anlegen von Start-, End- und Expertenroutinen«) und gelangen daraufhin in den Script-Editor.

Abbildung A.62 zeigt die angelegte Feldroutine. Über `USING /BIC/MZC_002` wird die Stammdaten-Tabelle des Materials in die Feldroutine eingebunden. Aus der Stammdatentabelle werden das Material `ZC_002` und der interne Preis `ZK_004` nachgelesen. Zur Berechnung der Herstellkosten in USD (`ZK_005`) wird für jedes Material die Menge (`ZC_002`) mit dem internen Preis (`ZK_004`) multipliziert.

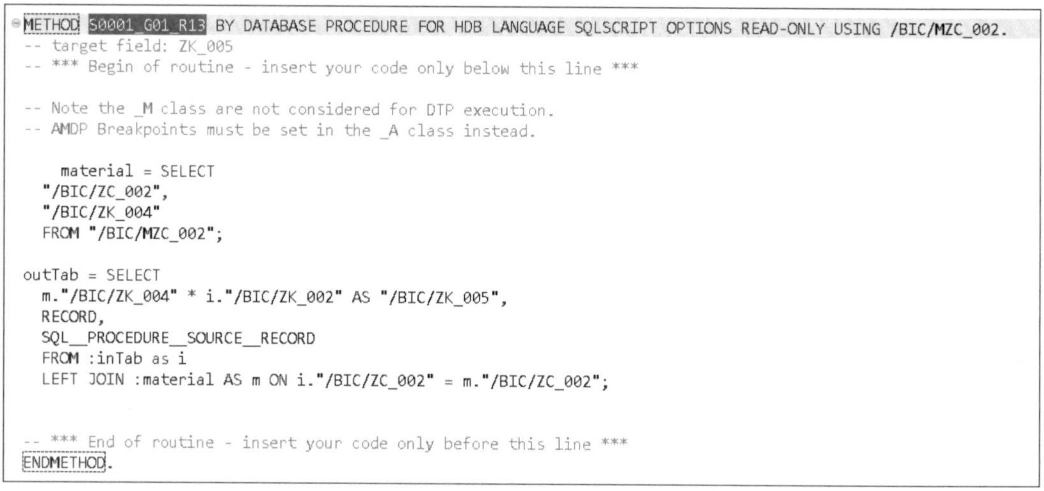

```
METHOD S0001_G01_R13 BY DATABASE PROCEDURE FOR HDB LANGUAGE SQLSCRIPT OPTIONS READ-ONLY USING /BIC/MZC_002.
-- target field: ZK_005
-- *** Begin of routine - insert your code only below this line ***

-- Note the _M class are not considered for DTP execution.
-- AMDP Breakpoints must be set in the _A class instead.

    material = SELECT
  "/BIC/ZC_002",
  "/BIC/ZK_004"
  FROM "/BIC/MZC_002";

outTab = SELECT
  m."/BIC/ZK_004" * i."/BIC/ZK_002" AS "/BIC/ZK_005",
  RECORD,
  SQL__PROCEDURE__SOURCE__RECORD
  FROM :inTab as i
  LEFT JOIN :material AS m ON i."/BIC/ZC_002" = m."/BIC/ZC_002";


-- *** End of routine - insert your code only before this line ***
ENDMETHOD.
```

**Abbildung A.62** Feldroutine zur Berechnung der Herstellkosten (InfoObject ZK_005)

Den gesamten Code finden Sie in Listing A.1.

```
METHOD S0001_G01_R13 BY DATABASE PROCEDURE FOR HDB LANGUAGE SQLSCRIPT
OPTIONS READ-ONLY USING /BIC/MZC_002.
-- target field: ZK_005
-- *** Begin of routine - insert your code only below this line ***

-- Note the _M class are not considered for DTP execution.
-- AMDP Breakpoints must be set in the _A class instead.
  material = SELECT
  "/BIC/ZC_002",
  "/BIC/ZK_004"
  FROM "/BIC/MZC_002";

outTab = SELECT
  m."/BIC/ZK_004" * i."/BIC/ZK_002" AS "/BIC/ZK_005",
  RECORD,
```

```
  SQL__PROCEDURE__SOURCE__RECORD
  FROM :inTab as i
  LEFT JOIN :material AS m ON i."/BIC/ZC_002" = m."/BIC/ZC_002";

-- *** End of routine - insert your code only before this line ***
ENDMETHOD.
```

**Listing A.1** Routine zur Berechnung der Herstellkosten in USD (ZK_005)

Aktivieren Sie die Feldroutine anschließend über die Schaltfläche .

Für das InfoObject Farbe (ZC_003) erstellen Sie eine weitere Regel: Wählen Sie den Typ **Nachlesen** für die Farbe aus den Stammdaten des Materials, wählen Sie als **Quellfeld** die Option **ZC_002 (Material)** und als **Nachlese-Objekt** die Option **ZC_002 (Material)** (siehe Abbildung A.63). Danach können Sie das Fenster einfach schließen.

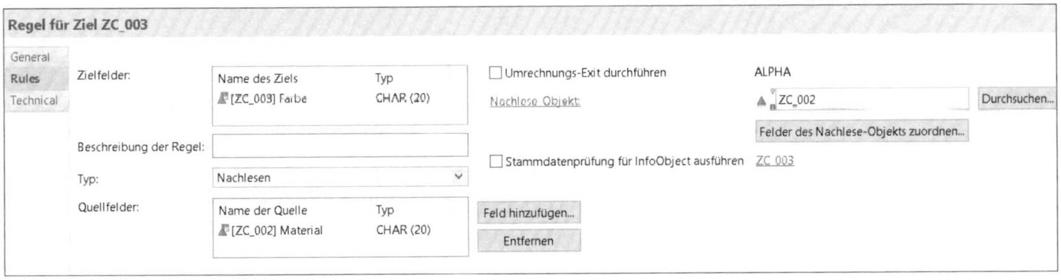

**Abbildung A.63** Nachlesen in den Stammdaten

Nachdem Sie alle Zuordnungen erstellt haben, aktivieren die Transformation wieder über die Schaltfläche .

Sie haben nun alle Regeln erzeugt, die bei der Übertragung der Daten in die Ziel-InfoProvider angewendet werden sollen. Nun fehlen noch die DTPs, über die die Datenbeladungen gesteuert werden müssen. Das Anlegen dieser DTPs beschreiben wir im nächsten Abschnitt.

### A.2.8 DTPs anlegen

In diesem Abschnitt legen wir die DTPs an, um anschließend die Beladung durchführen zu können. Zwischen dem DTP für die Beladung des aDSO des Open ODS Layers und den beiden anderen DTPs zur Beladung des EDW Propagation bzw. des Architected Data Mart Layers besteht ein Unterschied im Extraktionsmodus: Dies liegt daran, dass das aDSO Open ODS Layers kein Change Log verwendet, da die Daten zunächst im Open ODS Layer unverändert persistiert werden. Somit kann dort die Extraktion nicht im Delta-Modus erfolgen.

Ein DTP legen Sie aus dem Kontextmenü zur jeweiligen Transformation heraus an, das Sie über einen Rechtsklick aufrufen. Wählen Sie im Kontextmenü den Eintrag **Neu • Data Transfer Process...** (siehe Abbildung A.64).

**Abbildung A.64** DTP zu einer Transformation anlegen

Es öffnet sich das Pop-up-Fenster **Neuer Datentransferprozess** (siehe Abbildung A.65). Die Quell- und Zielobjekte sind bereits mit denen der Transformation vorbelegt. Bestätigen Sie die Eingaben über die Schaltfläche **Next >** und im nächsten Fenster noch einmal über die Schaltfläche **Finish**.

Neuer Datentransferprozess
Datentransferprozess
Neuen Datentransferprozess anlegen
BW-Projekt:* B4H_001_heselhaus_de Durchsuchen...
Paket:* $TMP Durchsuchen...
Ziel
Objekttyp:* DataStore-Objekt (Advanced)
Objektname:* ZADPL_001 Durchsuchen...
de durchsuche
Quelle
Objekttyp:* DataStore-Objekt (Advanced)
Objektname:* ZADOO_001 Durchsuchen...
Quellsystem:* Durchsuchen...
de durchsuche
Kopieren aus: Durchsuchen...
< Back Next > Finish Cancel

**Abbildung A.65** Das Fenster »Neuer Datentransferprozess«

Der DTP zur Beladung des aDSO des Open ODS Layers wird im **Extraktionsmodus: Vollständig** ausgeführt (siehe Abbildung A.66).

**Abbildung A.66** DTP im Extraktionsmodus »Vollständig«

Im Unterschied dazu werden die DTPs zur Beladung der beiden anderen aDSOs im **Extraktionsmodus: Delta** ausgeführt (siehe Abbildung A.67).

**Abbildung A.67** DTP im Extraktionsmodus »Delta«

In unserem Beispiel müssen Sie für die DTPs keine weiteren Einstellungen vornehmen. Aktivieren Sie die DTPs mit .

Sie sollten jetzt die in Abbildung A.68 gezeigte Struktur des Datenmodells unseres Beispiels in Ihrem **Project Explorer** implementiert haben. Nachdem nun alles für die Beladung bereit ist, führen wir im nächsten Abschnitt die Beladung durch.

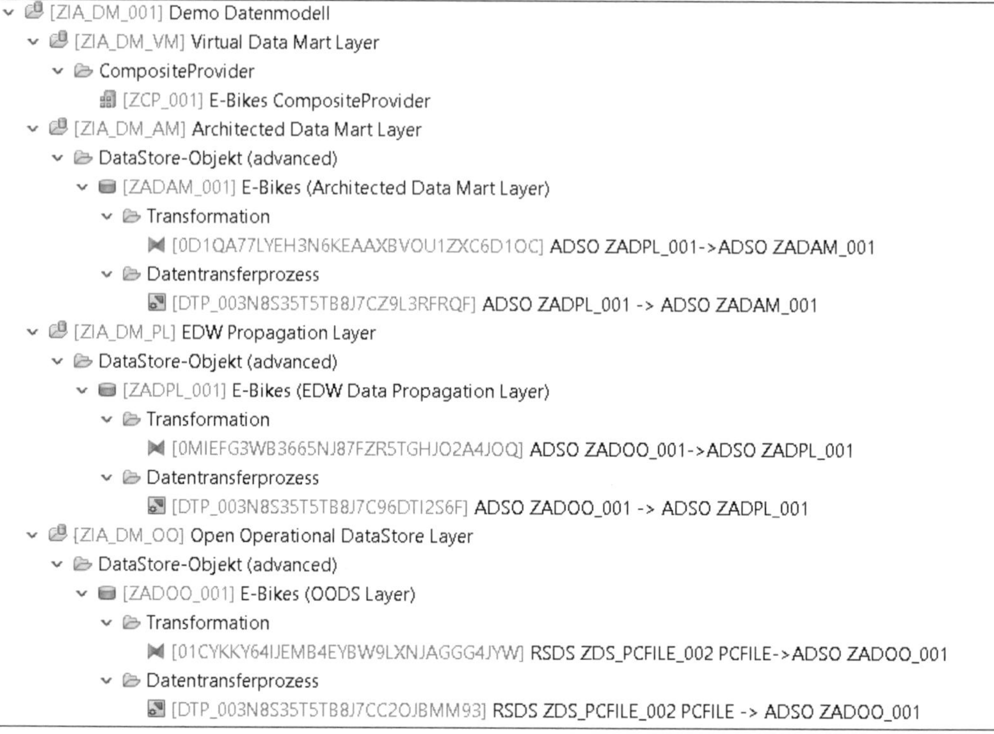


**Abbildung A.68** Fertig implementiertes Beispiel-Datenmodell

### A.2.9 Datenmodell beladen

Insgesamt haben Sie in diesem Datenmodell fünf DTPs angelegt, zwei zur Beladung des InfoObjects ZC_002 (Material) und drei zur Verbuchung der Bewegungsdaten.

Wir führen zunächst den DTP zur Beladung der Attribute des Materials aus, anschließend den DTP zur Beladung der Texte des Materials. Danach werden die aDSOs des Datenmodells befüllt: zuerst das aDSO des Open ODS Layers, danach das aDSO des EDW Propagation Layers, und schließlich werden die Daten des EDW Propagation Layers aktiviert. Zum Schluss wird das aDSO des Architected Data Mart Layers befüllt und die Daten anschließend aktiviert.

#### Stammdaten zum Material (ZC_002) laden

Zum Beladen des InfoObjects ZC_002 (Material) führen Sie die beiden zugehörigen DTPs einmal für die Stammdaten und einmal für die Texte aus (siehe Abbildung A.69). Klicken Sie mit der rechten Maustaste auf den DTP, und wählen Sie im Kontextmenü den Eintrag **Ausführen**.

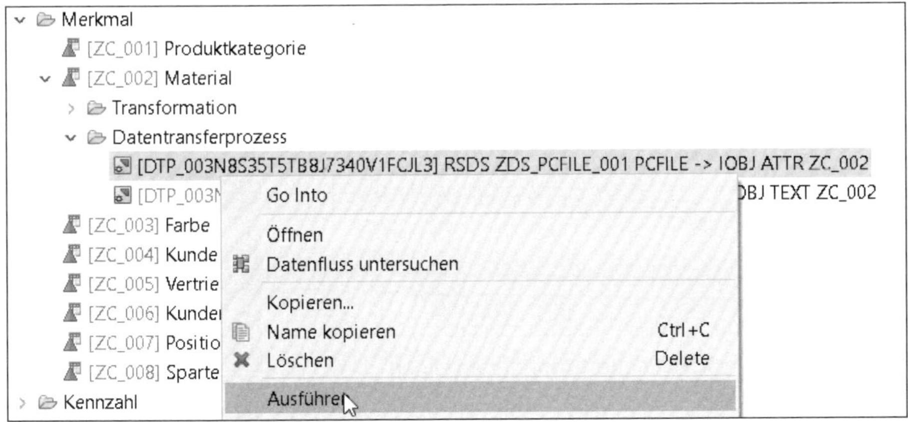


**Abbildung A.69** Ausführen eines DTP

Im SAP HANA Studio öffnet sich die Übersicht **Datentransferprozess <Name des DTP> ausführen** (siehe Abbildung A.70). Klicken Sie hier auf die Schaltfläche **Ausführen**.

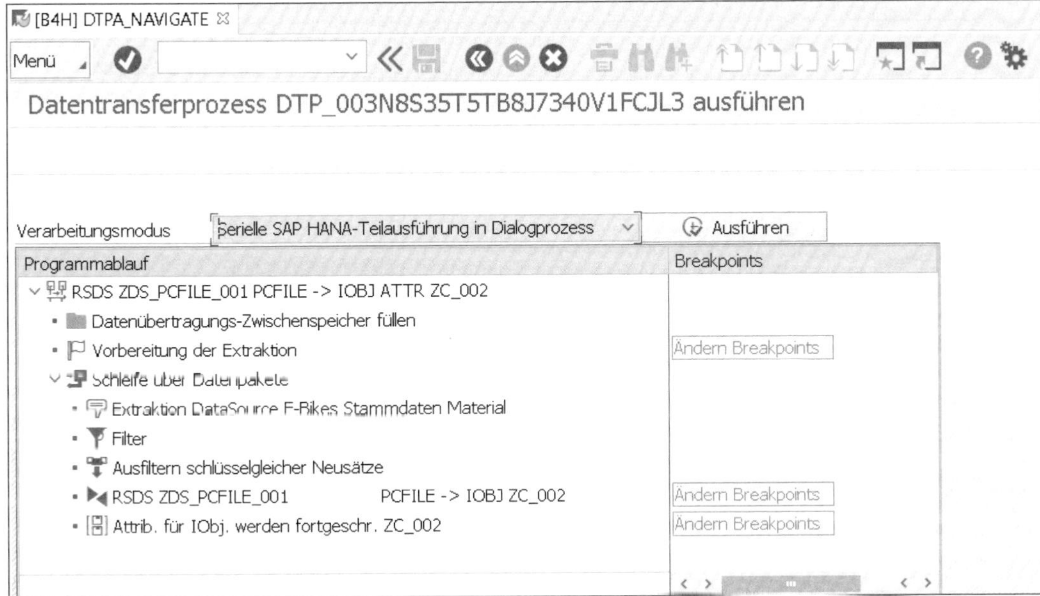


**Abbildung A.70** Fenster zum Ausführen des DTP

Bestätigen Sie, dass Sie den Request ausführen möchten. Bestätigen Sie anschließend im Pop-up-Fenster **Request-Status** über die Schaltfläche **Ja**, dass Sie den Request-Monitor nach der Ausführung angezeigt bekommen möchten (siehe Abbildung A.71).

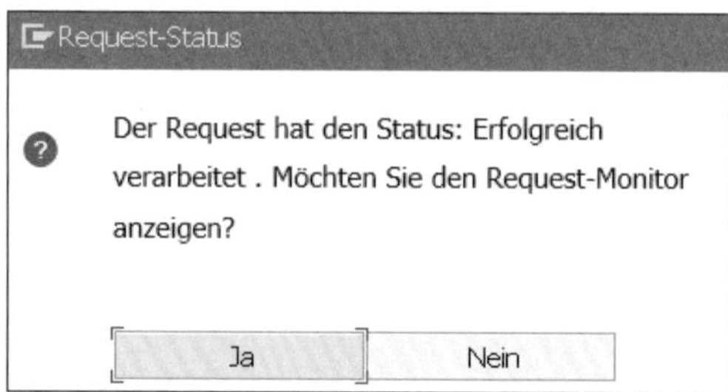


**Abbildung A.71** Request-Monitor anzeigen

Im Request-Monitor sehen Sie die einzelnen Ladeschritte und die geladenen Sätze (siehe Abbildung A.72).

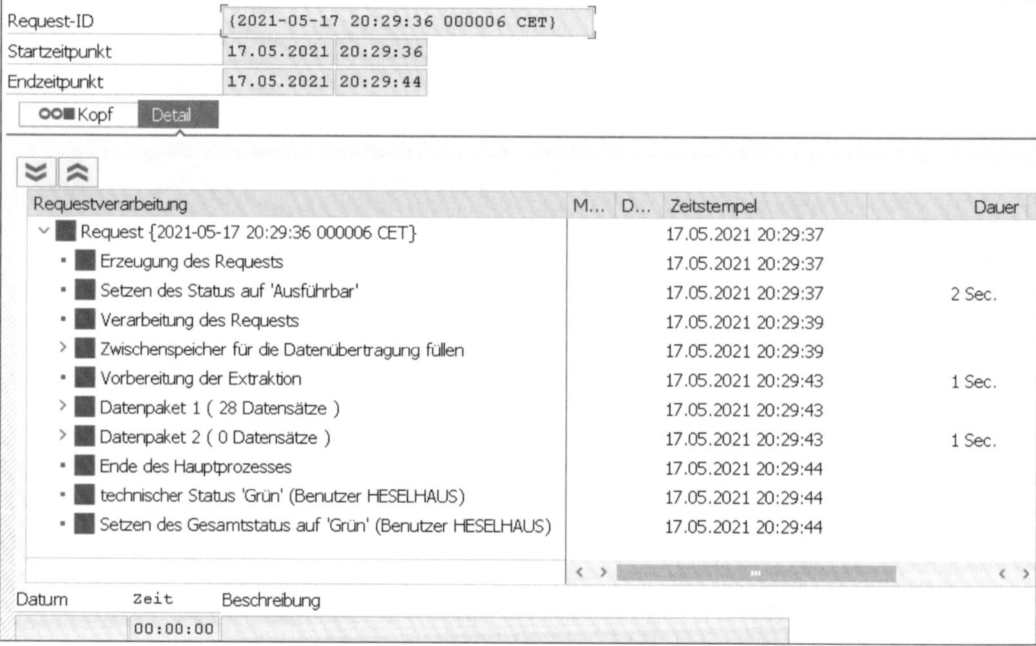


**Abbildung A.72** Der Request-Monitor

Wiederholen Sie den Vorgang für die Texte des InfoObjects mit dem **DTP RSDS ZDS_PCFILE_001 PCFILE -> IOBJ TEXT ZC_002**. Anschließend ist das InfoObject ZC_002 (Material) vollständig beladen.

### Bewegungsdaten laden

Führen Sie nun den DTP von der DataSource ZDS_PCFILE_002 zum aDSO ZADOO_001 (**RSDS ZDS_PCFILE_002 PCFILE -> ADSO ZADOO_001**) aus (siehe Abbildung A.73).

[ZADOO_001] E-Bikes (OODS Layer)
Transformation
[01CYKKY64IJEMB4EYBW9LXNJAGGG4JYW] RSDS ZDS_PCFILE_002 PCFILE->ADSO ZADOO_001
Datentransferprozess
[DTP_003N8S35T5TB8J7CC2OJBMM93] RSDS ZDS_PCFILE_002 PCFILE -> ADSO ZADOO_001

**Abbildung A.73** Erstes aDSO beladen

Sie können den DTP auch öffnen und dort über [Button] starten. Es öffnet sich erneut der Dialog zum Ausführen des DTP, und Sie können ihn mit **Ausführen** starten. Lassen Sie sich erneut den Request-Monitor anzeigen. Damit sind die Daten in die Eingangstabelle dieses aDSO geladen.

Im dem nächsten Schritt führen Sie nun den DTP des aDSO ZADOO_001 zum aDSO des EDW Propagation Layers (ZADPL_001) (**ADSO ZADOO_001 -> ADSO ZADPL_001**) aus (siehe Abbildung A.74).

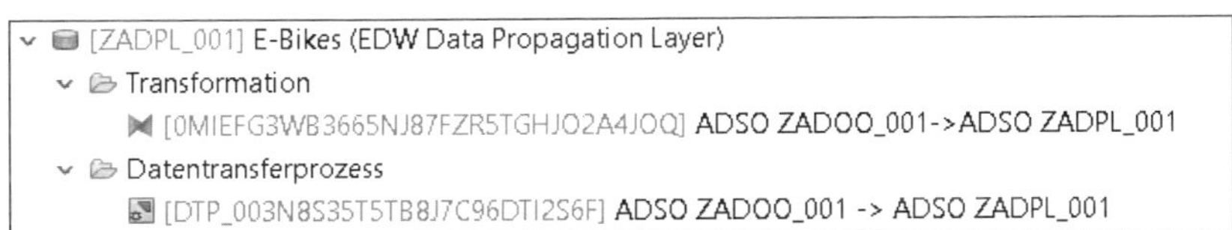


**Abbildung A.74** aDSO des EDW Propagation Layers beladen

Im sich öffnenden Fenster **Im Hintergrund ausführen** können Sie den DTP **Ausführen und Monitor öffnen** (siehe Abbildung A.75).

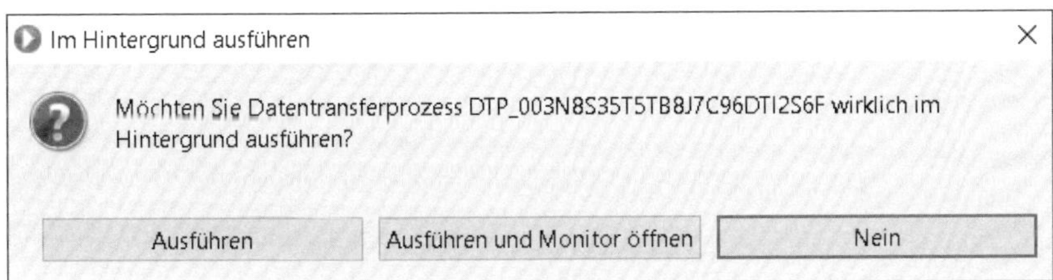


**Abbildung A.75** Das Fenster »Im Hintergrund ausführen«

Es öffnet sich nun das SAP BW/4HANA 2.0 Web Cockpit mit dem Prozessmonitor (siehe Abbildung A.76). Über **Aktualisieren** lassen Sie sich jeweils den aktuellen Stand ausgeben. Über **Request verwalten** aktivieren Sie den Request (Abbildung A.77).

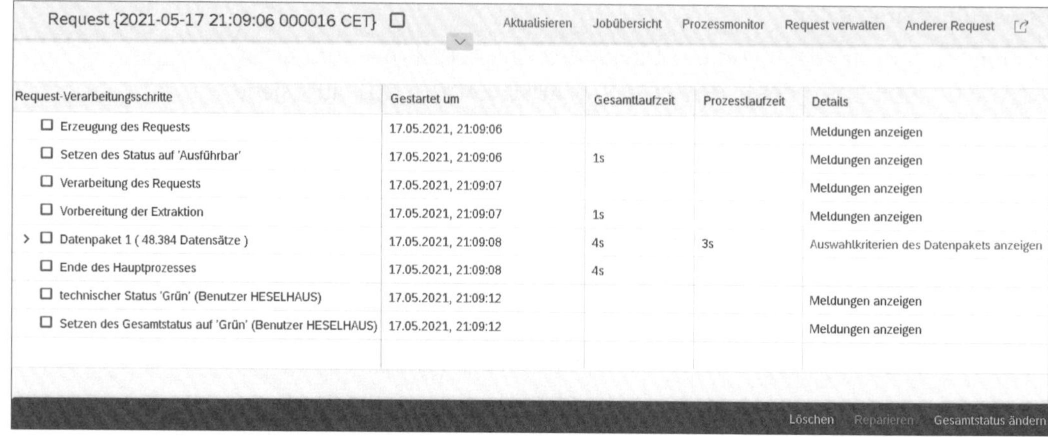


**Abbildung A.76** Der Request-Monitor

**Daten aktivieren** Wählen Sie nun zum Verschieben der Daten aus der Eingangstabelle in die aktive Datentabelle die Option **Aktivieren** (siehe Abbildung A.77).

**Abbildung A.77** Request aktivieren

Es öffnet sich das Pop-up **Aktivieren** (siehe Abbildung A.78), in dem Sie alle offenen Requests aktivieren.

Aktivieren

Alle vorherigen Ladungen werden aktiviert.

☐ Requests einzeln aktivieren

| Lade | Speicher | Datensätze | Letzter Zeitstempel | Geändert von |
|---|---|---|---|---|
| {2021-05-17 21:09:06 000016 C... | Inbound Table | 48384 | 17.05.2021, 21:09:... | Ruth Heselhaus |
| {2021-05-15 19:34:45 000012 C... | Inbound Table | 0 | 15.05.2021, 19:34:... | Ruth Heselhaus |

Möchten Sie fortfahren?

Aktivieren Abbrechen

**Abbildung A.78** Request aktivieren

Nun sind die Daten des EDW Propagation Layers geladen. Verfahren Sie analog mit den Daten des Architected Data Mart Layers. Führen Sie also den DTP **ADSO ZADPL_001 -> ADSO ZADAM_001** aus, und aktivieren Sie die Daten im SAP BW/4HANA 2.0 Web Cockpit. Danach können Sie sich die Daten des CompositeProviders im SAP HANA Studio (siehe Abbildung A.79) über die Schaltfläche [Symbol] ausgeben lassen und auf Basis dieses Composite-Providers Queries erstellen und reporten.

**Abbildung A.79** BW Berichtsvorschau des CompositeProviders ZCP_001

# Die Autorinnen

**Marlene Knigge** ist Diplom-Wirtschaftsinformatikerin und bei der Windhoff Group als Senior Consultant Business Intelligence tätig. Sie ist spezialisiert auf Backend-Themen in verschiedenen SAP BW-Releases von SAP BW 7.0 bis SAP BW/4HANA 2.0 und in Kundenprojekten in unterschiedlichen Branchen im Einsatz. Daneben promoviert sie derzeit und ist als Dozentin für betriebliche Informationssysteme an verschiedenen Hochschulen tätig und Mitautorin des SAP ERP-Lehrbuches »Einstieg in SAP ERP« (SAPPress).

**Ruth Heselhaus** ist Mathematikerin M. Sc. und Senior Consultant Business Intelligence bei der Windhoff Group. Sie ist spezialisiert auf Backend-Themen von SAP BW 7.4 bis SAP BW/HANA 2.0 und Frontend-Themen wie SAP Analytics Cloud, Lumira und Business Objects. Neben Application Management Service im Bereich SAP BW 7.4 und SAP BW/HANA 2.0 für verschiedene Kunden mit zusätzlichen Entwicklungsarbeiten, hat sie unter anderem auch Datenmodelle für Risikobewertung von Beständen im BW 7.5 on HANA erstellt.

# Index

## A



## B

## C

## D

## E



## F



## H



## I



## J



## K



## L

## M



## N



## O

## P



## Q



## R

## S

## T